工程结构裂缝控制

（第二版）

王铁梦 著

中国建筑工业出版社

图书在版编目（CIP）数据

工程结构裂缝控制/王铁梦著. —2版. —北京：中国
建筑工业出版社，2017.7（2025.3重印）
ISBN 978-7-112-20690-2

Ⅰ.①工…　Ⅱ.①王…　Ⅲ.①工程结构－建筑物－裂
缝－修缮加固　Ⅳ.①TU746.3

中国版本图书馆 CIP 数据核字（2017）第 085097 号

本书是在第一版的基础上，加入了"抗与放"的设计原则、跳仓法以及作者参与的大量实际工程修订而成。本书在大量工程实践基础上，对结构物由于变形作用引起的裂缝作了系统的论述。其中包括许多新的观点、分析和处理方法，特别对多年来的实践经验和研究成果作了详细的分析。作者提出的有关伸缩缝计算公式已成功地处理了我国及国外许多重点建设工程的裂缝问题。书中还重点介绍了作者提出的有关"后浇带"的经验及许多城市结构裂缝控制实例，并发表了作者有关现场结构温度收缩应力的实测研究成果。

根据作者在工程实践中裂缝控制的经验，应用"抗与放"的设计原则，探索永久性变形缝法、后浇带法及跳仓法施工的技术特点及其推广应用条件，重点介绍了近年来解决超长大体积钢筋混凝土结构裂缝控制，取代永久性变形缝和后浇带的跳仓法的应用技术。

本书可供土建工程广大技术人员、科研工作者和大专院校师生参考。

责任编辑：仕　帅　王　跃
责任校对：焦　乐　关　健

工程结构裂缝控制

（第二版）

王铁梦　著

*

中国建筑工业出版社出版、发行（北京海淀三里河路9号）

各地新华书店、建筑书店经销

唐山龙达图文制作有限公司制版

北京盛通印刷股份有限公司印刷

*

开本：787×1092 毫米　1/16　印张：49　字数：1223 千字

2017 年 12 月第二版　　2025 年 3 月第十八次印刷

定价：**158.00** 元

ISBN 978-7-112-20690-2

（44303）

作 者 简 介

王铁梦，男，满族，1931年生于辽宁，教授级高工，博士生导师，国家科技进步特等奖获得者，1955年毕业于哈尔滨工业大学土木工程系工民建专业，留校任助教。于哈工大毕业前夕随苏联教授考察东北156项重点建设时，实践的需求，使他开始了工程结构变形缝与裂缝问题的探索，是我国对苏联规范变形缝允许间距规定最早提出异议的人。曾联系中国建设实际工程，完成了两篇初级论文，经苏联建筑科学院推荐，发表于苏联《工业建筑》杂志1958年第10期和1961年第4期。后在中国建筑科学研究院工作，参加首都十大工程建设，在北京人民大会堂科技委员会建筑物主体结构温度伸缩缝问题研究小组从事科研工作。1958年12月28日在专家会议上提出北京人民大会堂132m的结构可不设伸缩缝的建议被采纳，并参加了十大工程中有关伸缩缝及裂缝控制方面的技术服务。1961年调入冶金工业部建筑研究总院，冶金建筑领域工程量大、地下大体积混凝土工程量大、结构复杂、使用条件严峻，他在该领域中长期从事大体积混凝土结构裂缝控制与地基基础研究工作。1970年开始担任该院副院长和副总工程师，为中国的冶金工业包括上海宝钢、鞍钢、包钢、太钢、武钢、攀钢等大型钢厂建设中超长大体积混凝土地下工程裂缝控制与防水进行了科学研究及技术服务。1974~1978年为国家重点工程武钢一米七工程现场进行跟踪试验研究，探索了超长结构温度应力与裂缝控制的机理，联系现场实测，总结出结构的温度收缩应力与结构长度呈非线性关系，温度应力有最大值，对工程的作用效应，或者用释放能量的办法，或者用吸收能量抵抗外来作用的办法解决工程问题，提出"抗与放"的设计原则，辩证地统一了设缝与不设缝的两大流派，处理和解决了现场大量工程问题，首创无缝跳仓法设计施工技术，解决了国内外诸多地基和结构疑难裂缝事故，探索了偶然现象背后的必然规律。1978年至今兼任上海宝山钢铁总厂和宝钢工程建设指挥部副总工程师和顾问，长期进行地基基础与超长大体积混凝土的研究与实践。现任国家工业建筑诊断与改造工程技术研究中心专家顾问，教授博士生导师，中广核电技术顾问，上海浦东新区城市建设局地基基础工程专家组组长。1991年主编我国第一个大体积混凝土施工技术规范 YBJ 224—91。2013年1月被聘为国核电力规划设计研究院特聘专家，俄罗斯波罗的海明珠工程高级技术顾问。

半个世纪以来，王铁梦对中国大型工程建设实践做出了突出贡献，包括新中国成立初期的重点工程，解决了上海宝钢工程建设的重大地基基础位移问题。1979年宝钢发生软土地基桩基位移问题，水平位移值高达 375～500mm，实测结果震惊国内外，有人认为宝钢将滑入长江。王铁梦与合作团队一起，通过现场大量科学试验，成功地解决了继续位移问题，建立了桩基位移的基本公式，确保了宝钢地基稳定性，为国内软土地基条件下桩基水平位移问题提供了宝贵的经验。

王铁梦还为我国城市轨道交通，核电建设地下大体积混凝土基础工程的裂缝控制做出了贡献。他从20世纪50年代开始探索无缝设计施工技术并结合武钢一米七工程研究跳仓法施工，于1975年进行无缝跳仓法计算依据，并在一米七热轧中成功的应用。他最早将工业建筑跳仓法移植到民用建筑领域，为我国工民建超长地下大体积混凝土工程等建设进行了技术服务，解决了大量技术难题，节约了大量投资，确保了工程质量，缩短了工期。并多次应邀赴国外处理工程技术难题，如帮助解决美国华盛顿 M-1 工程、俄罗斯圣彼得堡波罗的海明珠工程、中东伊朗地铁工程、巴基斯坦 CHASHMA 核电站及非洲等地大体积混凝土工程中的裂缝问题。他运用控制裂缝的理论，参与了许多重大工程危房危桥的分析与处理工作。2006年8月根据外交部指示前往美国华盛顿解决跳仓大体积混凝土 M1 号工程裂缝问题，现场由于大量裂缝已停工2个月，经作者提供方案，迅速解决了工程问题，立即复工。

王铁梦经过大量实践，在大体积混凝土工程的施工中形成了完整的具有独创性的"抗与放"设计理念等，包括提出集中式及连续式约束条件下温度收缩应力约束系数法，裂缝间距、裂缝宽度等实用解析计算方法。他对上海市人民广场地下工程推广应用了宝钢跳仓法施工技术，广东及北京机场航站楼建设及地铁桥梁隧道工程领域、国防工程等进行了技术服务。特别是在上海世博会主题馆地下人防工程 350m 超长无缝（无伸缩缝、无沉降缝、无后浇带）采用跳仓法施工取得圆满成功，是上海世博会中唯一采用跳仓法的超长大体积混凝土的工程。在厦门、深圳、广州以及北京等超长工程中均进行了试点建设，超长大体积混凝土达 912m 无伸缩缝、沉降缝及后浇带，并取得成功。在超厚大体积混凝土中不埋设冷却水管，不分层连续浇筑，不掺任何特殊材料，"跳仓法"施工技术突破了多年以来地下工程设置永久性变形缝和后浇带的规范，缩短了工期，降低了成本，提高了地下工程的整体性和防水性。近年来，最长跳仓法无缝浇筑达 1300m。王铁梦控制裂缝的基本理念是：裂缝是不可避免的，其有害程度是可以控制的，工程师的全部艺术是把裂缝控制在无害范围内。根据大量工程经验积累，认为裂缝的要害是混凝土的"均质性"和"韧性"，不采用任何特殊措施，所以他提出了"普通混凝土应好好打"以降低混凝土的变异性和提高抗拉性的技术要求，在工程中被广泛采用。

从 1958 年至今，王铁梦先后在国内外发表地基基础、超长超厚大体积混凝土裂缝控制方面的论文 60 余篇，撰写了《建筑物的裂缝控制》《工程结构裂缝控制》《"抗与放"的设计原则及其在跳仓法施工中的应用》及《薄壳基础工程》等专著。多年的实践经验和理论总结被编入标准《大体积混凝土施工规范》GB 50496—2009 及《跳仓法北京地方规范》DB11/T 1200—2015。

他荣获国家科技进步特等奖（1988 年）、国家科学技术进步二等奖（1999 年）、宝钢建设 30 年"宝钢功勋人物"（2009 年 12 月）、上海市浦东新区开发建设"首届科技功臣"称号等奖项。

他是"抗与放"设计原则与超长大体积混凝土"无缝跳仓法"技术的创始人。

第二版序言

20世纪以来，人类科技进入前所未有的发展阶段，随着中国经济持续不断地发展，建筑工程数量日益增加，新型工业与民用建筑及高层建筑如雨后春笋般拔地而起。中国城镇化的进展日新月异，为调节城市土地利用结构、节约用地、扩充城市空间容量、建立现代化城市综合交通体系、防灾救灾综合空间利用，大规模利用地下空间势在必行，超长超宽超厚超薄大体积混凝土日益增多，结构形式日趋复杂。随着新材料、新技术不断涌现，工程建设速度发展迅速，有关实用的技术资料和技术规程的缺乏成为日益尖锐的问题。

工程结构裂缝问题是十分复杂的，它涉及岩土、结构、材料、施工、环境等多专业、多学科。本书是总结作者40余年来，运用综合分析方法、结合大量工程实践开展现场观测试验研究、参加和指导许多重点工程大体积混凝土结构设计与施工、从事大量工程裂缝事故处理的一些科研成果和实践经验。作者提出的有条件取消伸缩缝和后浇带理论与裂缝分析方法以及进一步发展"抗与放"的原则，并在国内、外某些重点工程中推广应用的经验，在本书中作了详细总结。

根据大量的工程经验和近代工程材料的细观研究，建筑结构的裂缝是不可避免的，但其有害程度是可以控制的。有害与无害的界限是由工程的生产及使用方式决定的，对于某些工程还需要考虑精神和美观的要求。因此，有害与无害的裂缝限制对于不同领域的工程是不同的。如何因地制宜的把裂缝控制在无害范围之内就是结构工程师的艺术。

建筑材料具有热胀冷缩以及地基基础具有差异沉降的特性统称为"变形效应"。近80年来，根据建设经验和弹性理论的计算，在建筑结构中采用了永久性变形缝的技术措施，控制和减少变形效应引起的内力，从而避免裂缝、渗漏及耐久性问题，并已经成为国际性设计规范。但是经过多年的试验，发现留永久性变形缝，往往引起更多的渗漏，永久性变形缝成为渗漏的源泉并降低了整体性和抗震性，延长了工期，给结构施工带来诸多麻烦，有些特殊工程根本无法设置变形缝。20世纪60年代以后，在国内又改进用后浇带取代变形缝的做法，改善了永久性变形缝的缺点，但又有清理后浇带垃圾困难、后浇带可能二次开裂以及拖延工期的缺点。

现如今，后浇带的应用、各种新型掺合料和高效减水剂的出现对裂缝控制做出了有益的贡献。在超长大体积混凝土设计方面，自从 1975 年作者开始探索新的解决变形缝的方法——"跳仓法"，也就是无缝施工方法，弥补了后浇带的缺点，获得了巨大的社会经济效益，并从武钢一米七工程之后首先在地下工程领域得到应用和推广。同时，如何考虑结构环境及受力条件使新型材料适应工程结构裂缝控制的要求，最终使得工程达到"高抗裂及防水性能工程"的目的，也涉及需要研究的诸多设计施工及建筑维护问题。

自然科学正以日新月异的速度向前发展，作为第一生产力的科学技术，是在不断辩证地肯定和否定过程中前进的。一个科技工作者不但要善于遵守和运用规范、规程和规定，而且应该成为向传统的规范、规程和规定挑战的战士，因为当前的一些规范的某些条款已经不能满足当前建筑技术的迅速发展，而且有些规范产生了相互矛盾。

1997 年出版的《工程结构裂缝控制》至今已 20 年，此期间又有很多新的技术进步和发展，本书是在原书的基础上总结国内近年工程裂缝的某些新技术和资料，补充和改进了原作中的一些概念和内容。作者深信，广博丰富的建设实践是认识和解决裂缝这个古老又新颖的课题的基础。这需要广大科技工作者与工程技术人员携手努力、长期探索，使裂缝控制理论日臻完善。本书以此抛砖引玉献给亲爱的读者。

王铁梦

二零一七年二月于上海

第一版序言

近年来，工程建设规模迅猛发展，结构形式日趋大型化、复杂化，质量要求日趋严格，工程裂缝问题是具有相当普遍性的技术难题。

根据大量的工程实践和近代工程材料的细观研究，建筑结构的裂缝是不可避免的，但其有害程度是可以控制的。有害与无害的界限是由工程的生产及生活使用要求确定的，对于某些工程还要考虑精神和美观的要求。因此，有害与无害的裂缝限制对于不同领域的工程是不同的。如何因地制宜地把裂缝控制在无害范围之内就是结构工程师的艺术。

工程结构裂缝问题是十分复杂的，它涉及岩土、结构、材料、施工、环境等多专业、多学科。本书是总结作者 40 余年来，运用综合的分析方法、结合大量工程实践开展现场观测试验研究、参加和指导许多重点工程大体积混凝土结构设计与施工、从事大量工程裂缝事故处理的一些科研成果和实践经验。作者提出的有条件地取消伸缩缝理论与实践依据以及"抗"与"放"的原则，并在国内、外许多重点工程中推广应用的经验，在本书中作了详细总结。

近年来，后浇带的应用、高强混凝土（HSC）及高性能混凝土（HPC）获得迅速发展。如何考虑结构环境及受力条件使新型材料适应工程结构裂缝控制的要求，最终使工程达到"高抗裂及防水性能工程"的目的，涉及需要研究的诸多设计施工及建筑维护问题。

自然科学正以日新月异的速度向前发展，作为第一生产力的科学技术，是在不断辩证地肯定和否定自身的过程中前进的。一个科技工作者不但要善于遵守和运用规范、规程和规定，而且应该成为向传统的规范、规程和规定挑战的战士。

作者深信，广博丰富的建设实践是认识和解决裂缝这个古老又新颖的课题的基础，这需要广大科技工作者与工程技术人员携手努力、长期探索，使裂缝控制理论日臻完善。本书以此作为抛砖引玉献给亲爱的读者。

王铁梦

一九九六年十一月于上海

目　　录

1 工程结构裂缝的基本概念

从 20 世纪 50 年代初,中国进行了大规模的经济建设,建筑工程的规模越来越大,结构形式越来越复杂,钢筋混凝土结构工程、钢混组合结构以及砖混结构等组合结构,获得迅速的发展。在许多混凝土结构、砌体结构、砖混结构、钢混结构、超长超厚超薄大体积混凝土结构等建筑物的建设过程和使用过程中出现了不同程度、不同形式的裂缝,这是一个相当普遍的现象,它是长期困扰建筑工程技术人员的技术难题。从第一个五年计划苏联援助中国 156 项大型重点工程项目至今,工程裂缝问题日趋重要。这里强调的是并非 1921 年发展起来的断裂力学问题,而是大规模经济建设中的工程裂缝问题。虽然结构设计是建立在强度的极限承载力基础上的,但大多数工程的使用标准却是由裂缝控制的。

结构的破坏和倒塌也都是从裂缝的扩展开始的,如强烈地震后震区的建筑物上布满了各种各样的裂缝,荷载试验的钢筋混凝土梁上出现大量裂缝等。所以人们对裂缝往往产生一种破坏前兆的恐惧感。的确,从近代固体强度理论的发展中可以看到,裂缝的出现和扩展是结构建筑物破坏的初始阶段。相对于某些裂缝,作者在工程实践中长期处理了大量工程裂缝问题,调查了辽南地震、唐山地震、汶川地震和许多重大工程倒塌事故,重点研究了工程结构承载力问题。但同时,结构物裂缝可以引起正常使用和耐久性强度的降低,甚至影响结构的渗漏及美观问题,如钢筋腐蚀、保护层剥落、混凝土碳化等。所以,习惯的概念,甚至某些验收规范和某些工程现场都是不允许结构物上出现裂缝的,例如,某些桥梁和引进工程的一位外国专家即要求混凝土不得出现裂缝等。

但是,实践中裂缝问题非常普遍。近代科学关于混凝土强度的细观研究以及大量工程实践所提供的经验都说明,结构物的裂缝是不可避免的。许多裂缝是人们可以接受的,如对建筑物抗裂要求过严,必将付出巨大的经济代价。科学的要求应是将其有害程度控制在允许范围内,即控制在无害范围内,这些关于裂缝的预测、预防和处理工作,统称之为"建筑物的裂缝控制",这方面的科学研究工作具有重要的现实意义和技术经济意义。迄今国际上一些有关的研究论文和技术报告都只是零散地发表在报纸杂志上,专题性问题讨论较多,综合性资料及论著则很少,有大量的裂缝实践和理论研究的前景。

国际上许多国家都有专门的科研机构从事钢筋混凝土在荷载作用下裂缝的研究工作,编制了规范。如:美国混凝土协会 ACI224 委员会;英国水泥与混凝土协会 C&CA 及其规范 BS8110、BS8001;德国钢筋混凝土协会及规范 DIN 1045—1972;法国规范 CCBA;欧洲混凝土协会 CEB;欧洲混凝土协会-国际预应力混凝土协会(CEB-FIP);苏联混凝土及钢筋混凝土研究院及穆拉雪夫学派等。

我国清华大学、东南大学、大连理工大学、中国建筑科学研究院、冶金部建筑研究总院和全国各地研究院所和大专院校等都做了大量研究工作,并编制出钢筋混凝土规范有关裂缝方面的设计规定,在工程设计中发挥了作用。为了有效地控制裂缝,全国都必须按着苏联规范实际施工,主要是垂直分缝水平分层的严格技术措施。垂直分缝间距 30~40m,

垂直分缝2m。施工实践中也是根据苏联规范判定裂缝责任的归属。上述各研究机构及其成果针对外荷载作用引起的裂缝问题是相当丰富的。

工程实践中的许多裂缝现象往往无法用荷载的原因加以解释。大批高层建筑地下室在施工期间出现早期裂缝,其宽度及数量均随时间的推移而增加,并未发现荷载的变化。国内外的设计施工规范都遗漏了施工阶段结构的受力状态,缺乏施工阶段的设计程序,在该阶段中不是荷载效应为主而是变形效应为主,包括温度变形、湿度变形及地基变形等。这样的工程实例大量呈现,数不胜数。此类裂缝约占总裂缝的85%。

所以,我们重点探索了"变形变化引起的裂缝问题"。这种变形作用包括温度(水化热、气温、生产热、太阳辐射等)、湿度(自生收缩、失水干缩、碳化收缩、早期塑性收缩等)、地基变形(膨胀地基、湿陷地基、地基差异沉降等)、膨胀变形(化学膨胀、低温膨胀、地基膨胀等)。

笔者在处理裂缝的经验中,包括混凝土结构、混合结构、砌体结构、地下管线通廊、水池、容器等特殊构筑物,特别是各种工业设备基础、高低温作用下的基础工程、核电站的一些基础等,在这些工程中变形作用引起的裂缝占绝大部分,所以这方面的研究与工程实践显得十分现实和迫切。本人的研究中发现了与荷载不同的奇异现象,那就是结构的变形效应与结构的自身刚度成正比关系,这是荷载效应作用所不存在的。无论在何时何地分析变形效应时,必须注意到这一点。多年的实践迫使我,在理论方面走经典的解析法道路,而没有走现代有限元的道路,尽管有限元能给出大量的精确数据和彩色斑斓的表达方式,但是经常脱离实际,我崇尚经典解析法。它给出的数据没有有限元那么精确,但是它可以给出事物的变化规律,颇有广泛的实用价值。但是,有限元的计算和表达方式是编写学术论文不可或缺的组成。

按现代国际上发展的极限状态设计理论,工程设计必须满足两个极限状态:①承载能力极限状态;②正常使用极限状态。

使用极限状态主要是从生产、生活包括精神等方面要求,对建筑物在裂缝、变形等方面必须控制的状态。

从国内外有关规范及一些重大工程的实际设计可看出,对待建筑结构变形作用引起的裂缝问题,客观上存在着两类学派:

第一类,设计规范规定得很灵活,没有验算裂缝的明确规定,设计方法留给设计人员自由处理。对伸缩缝和沉降缝的设置,没有严格规定,基本上按经验设置,有些工程无法设计变形缝,不留伸缩缝,不留沉降缝,基本上采取"裂了就堵,堵不住就排(有防排水要求的工程)"的实际处理手法。一些有关的裂缝计算则只作为参考资料而不作为规定(包括荷载引起的裂缝)。

第二类,设计规范有明确规定,对于荷载裂缝有计算公式并有严格的允许宽度限制。对于变形引起的裂缝没有计算规定,只要按规范每隔一定距离留一条伸缩缝,荷载差别大,留沉降缝就认为问题不复存在了,即留缝就不裂的设计原则。

采取第一类设计原则的如日本、英国、美国等国家;采取第二类设计原则的如苏联、德国、东欧一些国家和我国。我国现行规范基本上是20世纪50年代初期,沿用苏联规范,至今已有半个多世纪了。

大量的工程实践证明,留缝与否,并不是决定结构变形开裂与否的唯一条件,留缝不一定不裂，不留缝不一定裂，是否开裂与许多因素有关，是一项具有高度综合性的系统工程。

至于把工程建设的安全和防水要求完全寄托在补裂和堵漏的基础上也是靠不住的，因为并不是任何裂缝都能顺利堵住，还引起停工整顿耗费投资，有些开裂经过长时期、多次反复堵漏也不成功，其影响生产和造成的经济损失往往超过土建投资若干倍。例如，某工程施工工期仅一年半，产生严重开裂，堵漏数次却花了三年的时间；有的设备基础长期漏水，影响加热温度，降低了产品质量甚至发生重大质量事故。相对一些轻微裂缝，化学灌浆技术是完全可以解决问题的。

有些裂缝虽然没有达到使建筑物倒塌的危险程度，但由于近代工程质量要求越来越高，精神作用、建筑装修及美观方面的原因，也常常影响到建筑物的正常使用。

控制裂缝应该防患于未然，首先尽量预防有害裂缝，防不住的就堵，堵不住再排（有防排水要求的工程），重点在防。实践证明，只要设计与施工紧密配合，这是完全可以做到的。过去许多工程，凡是采取了控制措施的，一般都取得了良好效果。

本书是笔者根据其工程结构实际裂缝处理和预防方面 60 年来的经验，结合运用一些有关的建筑力学基础理论，并同时参考不同专业的某些资料和论文，提出的有关结构物裂缝控制的若干方法和技术措施的专著。20 世纪 80 年代出版了《建筑物的裂缝控制》，90 年代《工程结构裂缝控制》在中国建筑工业出版社首次出版，于 2007 年出版了"抗与放"的设计原则及其在"跳仓法"施工中的应用一书，书中第一次全面地阐述了无缝设计理念和跳仓法的施工与计算方法。最近根据近年一些新的经验进行了补充修订，可供读者在设计、施工、科研及生产实践中参考。

1.1 裂缝的基本概念

裂缝是固体材料中的某种不连续现象，在学术上属于结构材料强度理论范畴。混凝土的强度理论大致可以分为四种：唯象理论、统计理论、构造理论、分子理论。研究手段包括微观力学（物理力学）、细观力学（材料组成为胶凝材料、粗细骨料及孔隙等）、宏观力学（假定混凝土为各向同性均质弹塑性材料）。本书以宏观力学为基础，考虑混凝土细观构造分析方法。

唯象理论是建立在简单的基本试验基础上的，它归纳分析了大量试验数据，以提出基本假定，建立计算模型，并在均质、弹性、连续假定前提下推导出材料强度的各种计算公式，从而形成材料力学中的一些强度理论，如最大主应力理论、最大变形理论、最大剪应力理论、八面体强度理论等。后期又在弹性假定基础上引进了塑性理论。在设计中，它考虑了混凝土和钢筋混凝土的弹塑性，并发展了极限状态的强度理论，包括极限强度、极限变形和极限裂缝开展三种极限状态。这些理论直至今天，国际上仍在继续发展。外荷载作用下建筑材料强度问题，应用唯象理论研究得相当充分，解决了大量工程实际问题。

但是很早就发现过一些与唯象理论相悖的现象，波恩（Born）于 1932 年用微观力学方法计算物质的原子间作用力时，按连续假定求得材料的理论强度比实际强度大 10～100 倍。又如格里菲斯（Griffith）于 1921 年所做的玻璃丝强度试验，直径由 1.02mm 减少到

0.0033mm，其强度却猛增，由 175MPa 增至 3460MPa。后来证实，玻璃丝存在的"初始缺陷"，即匀质材料中的不连续现象——"微观裂缝"，在较粗的玻璃丝中比高压成型的细纤维中多，所以导致巨大差异。这是最早提出的固体材料中存在"微观裂缝"的概念，并为后来许多试验和工程实践所证实。又如在金属结构方面，第二次世界大战期间，美国近 5000 艘货船共发生 1000 多次破坏事故，其中 238 艘完全报废；1938～1942 年，世界上共有 40 多座桥梁先后倒塌；1954 年英国两架喷气式飞机在地中海上空失事；很多国家多次发生高压锅炉、石油及化工压力容器和管道的爆炸或损坏事故等。早在 21 世纪之初，同类性质的事故亦时有发生，但当时人们并不理解，因为，破坏时的荷载远小于设计荷载，按照常用的固体力学的强度理论和设计方法去推理，是不应该出现这种破坏现象的。后来的研究把这种屈服极限以内的破坏，称为"低应力脆性断裂"，认为是由于材料内部的初始缺陷微裂扩展引起的。因之就产生了断裂力学，当时主要是针对金属结构的。近年来断裂力学的某些原理正在向混凝土领域渗透和发展。但混凝土结构裂缝并不是"低应力脆性断裂"问题，特别是钢筋混凝土更不是"低应力脆性断裂"问题。由于混凝土和钢筋混凝土的复杂组成和物理性质的变化，无规则的应力集中可引起大量微裂，但是裂缝的扩展又受到各种孔隙、骨料及钢筋的阻抗，裂缝的断裂分析比均质材料复杂得多，因此，断裂力学在钢筋混凝土及砖混结构中远未达到实用阶段，还有待于深入研究。

唯象理论忽略了混凝土内部的构造组成，如混凝土内部固相、气相、液相的相互作用，导热过程、水分转移、蒸发过程以及各种孔隙、缺陷、内部微裂等不连续现象，计算结果与实际相差较大。后来又发展了统计强度理论，虽仍把材料当作连续的固体，但视其内部存在的缺陷及微裂、裂纹等分布服从统计规律，从而使强度理论计算结果能接近于实际。

构造理论进一步考虑材料的内部构造，考虑到混凝土是由不同材料组成的非均质体，内部存在着固态、液态、气体，当温度和湿度变化，而且在外荷载作用下，混凝土内部产生了复杂的物理现象，引起了内部"初始应力""初始微裂"、内部扩散及质量转移等随时间变化的现象，从而具体补充了唯象理论所不能解释的现象，如相同组分材料的不同施工及养护工艺条件下抗裂强度可差数倍之多，以及内部微裂对宏观强度之显著影响等。如前所述，可概括地说，唯象理论以及近代发展的极限强度理论的最大缺点是忽略了"时间"参数，只知道最终状态而不了解中间全过程。

最后，关于材料的分子强度理论，它是应用物理力学方法研究分子间的作用力，求出材料的宏观强度，从而可以按人的意志设计超高强度建筑材料的理论。分子强度理论尚处于探索阶段，远不到工程应用阶段。

本书仍然以唯象理论为基础，考虑材料的某些构造、结构形式、施工特点及时间关系，提出结构物裂缝的分析方法。

1.2　混凝土的微观裂缝、宏观裂缝及耐久性

多年来，因有关混凝土的现代试验研究设备的出现（如各种实体显微镜、X 光照相设备、超声仪器、渗透观测仪等），完全证实了在尚未受荷的混凝土和钢筋混凝土结构中存在肉眼不可见的微观裂缝（简称"微裂"），见图 1-1(a)～(i)。据此，有些学者考虑了混

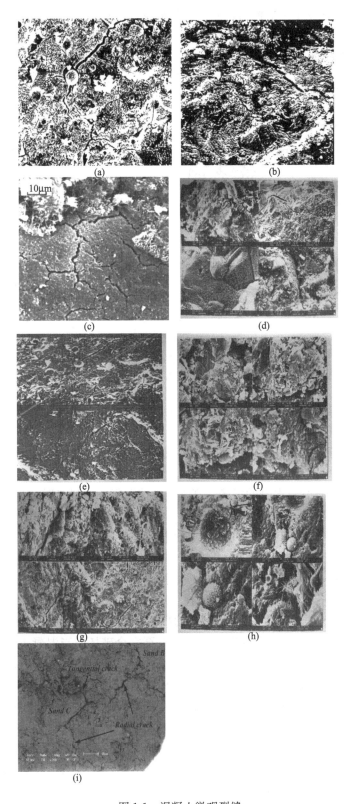

图 1-1　混凝土微观裂缝

凝土的实际结构，建立了构造模型，如骨料和水泥石组成的"层构模型""壳-核模型"和"组合盘体模型"等，并通过弹性理论计算，从理论上证明变形约束应力可以引起微裂。图 1-2 所示为混凝土的微裂及三种计算模型。微裂主要有三种：

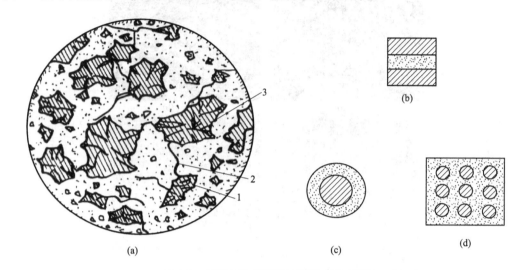

图 1-2 混凝土微观裂缝计算模型示意图

(a) 微裂；(b) 层构模型；(c) 壳-核模型；(d) 组合盘体模型

1—粘着裂缝；2—水泥石裂缝；3—骨料裂缝

1）粘着裂缝是指骨料与水泥石的粘接面上的裂缝，主要沿骨料周围出现，界面裂缝，是普通混凝土较多的裂缝形式。

2）水泥石裂缝是指水泥浆中的裂缝，出现在骨料与骨料之间，区间胶凝裂缝，是普通混凝土较次之的裂缝形式。

3）骨料裂缝是指骨料本身的裂缝。高强高性能混凝土的裂缝形式。

上述微裂纹的宽度，一般在 $10^{-3} \sim 10^{-5} \mu m$，属于肉眼不可见的微观裂缝。

在这三种裂缝中，前两种较多，骨料裂缝较少。混凝土的微裂主要指界面粘着裂缝和水泥石裂缝。混凝土中存在的微裂，当超过临界值时，对混凝土的基本物理力学性质（如弹塑性、徐变、各种强度、变形、泊松比、结构刚度、化学反应等）有重要影响。

荷载试验表明，当混凝土受压，荷载在 30% 极限强度以下时，微裂几乎不变动；到 30%～70% 极限强度时，微裂开始扩展并增加；到 70%～90% 极限强度时，微裂显著地扩展并迅速增多，且微裂之间相互串联起来，直至完全破坏。当混凝土承受拉应力作用，其微裂扩展速率较大，更容易出现肉眼可见裂纹，但是由于受拉混凝土中均有构造钢筋的存在，会产生应力重分布，混凝土的拉应力转移到钢筋上来，因而裂缝趋于稳定，如果此时的裂缝宽度不超过临界值，其耐久性仍然保持基本不变。许多科研单位和学者，研究了微裂纹宽度，对混凝土渗透系数做了深入的研究，证明混凝土的裂纹宽度及裂纹损伤程度是决定耐久性的关键参数，特别是混凝土的裂纹宽度发展到肉眼可视阶段，对混凝土的耐久性和氯离子扩散性产生显著的影响，此时的裂纹宽度约在 0.02～0.05mm，即混凝土结构的耐久性要求。根据不同的腐蚀环境，有害和无害裂缝的界限不同，一般说来比承载力的要求更加严格。

由于微裂的分布是不规则的，沿截面是非贯穿的，故具有微裂的混凝土是可以承受拉力的。但是，在结构的某些受拉力较大的薄弱环节，特别是无筋混凝土和少筋混凝土，微裂在拉力作用下很容易扩展并串联全截面，从而较早地导致断裂。另外，混凝土材料的非均匀性对混凝土抗拉甚为敏感，故抗拉强度的离散程度远较抗压过大。实际工程结构的裂缝，绝大多数由抗拉强度和抗拉变形（极限拉伸）不足而引起，所以任何承受随机性荷载和变形效应的混凝土都应当配置适量的构造钢筋，与微裂混凝土共同承担主拉应力，提高耐久性。但以往的科研和技术工作，在这方面大都只是围绕抗压强度方面进行研究（人们只关心抗压强度），在抗拉方面研究工作却很少，这使得在目前条件下很难找到准确的计算理论和可靠的实践经验。

在混凝土抗剪、微裂扩展串联之前，混凝土截面有良好的抗剪能力，即使微裂扩展并串联横贯全截面，仍可靠摩擦力及交错面的咬合而维持工作。但进一步扩展将会失去抗剪能力，这时欲维持其继续工作必须配置钢筋。结构物纯剪破坏是很少的，而剪拉破坏（主拉应力）则是常见的。

微裂的原因可按混凝土的构造理论加以解释，即视混凝土为骨料、水泥石、气体、水分等所组成的非均质材料的细观研究，在温度、湿度变化条件下，混凝土逐步硬化，同时产生体积变形。这种变形是不均匀的。水泥石收缩较大，骨料收缩很小；水泥石的热膨胀系数大，骨料较小。它们之间的变形不是自由的，产生相互约束应力。在构造理论中一种极为简单的计算模型，是假定圆形骨料不变形且均匀地分布于均质弹性水泥石中，当水泥石产生收缩时引起内应力，这种应力可引起粘着微裂和水泥石裂缝。

混凝土微裂的存在、扩展、增加，使应力-应变曲线向水平线倾斜，应力滞后于应变，泊松比增加，刚度下降，持久强度降低，徐变增加，应力应变关系呈软化现象。

随着混凝土预制工艺的不断改进（如高温高压成型、真空脱水、新型压轧板工艺、掺入各种外加剂和掺合料等）及优质的普通混凝土（精心设计、精料供应、精心施工），都会使微裂逐步减少，从而获得高强和优质抗裂性较高的结构。降低微观裂缝向宏观裂缝的扩展速率，从而获得优质和耐久性良好的混凝土和钢筋混凝土结构。

热拌混凝土的新工艺可使混凝土在硬化前的塑性状态沿全截面受热，促进水化。混凝土各组分产生不均匀热膨胀几乎处于自由状态，从而减少了内部初始应力，具有减少微裂的优点，这是发展热拌的最早理论基础。蒸养的混凝土承受初凝后的剧烈温差，硬化过程中的不均匀热膨胀受到显著的约束，所以含有较多的微裂。处于长期潮湿状态下养护的混凝土初始内应力较小，因为缓慢降温和缓慢收缩可以降低温度梯度和收缩梯度，降温速率较轻和收缩速率较低，微裂程度显著较轻，故施工质量和养护的因素显得十分重要。由于普通混凝土物理力学性质随时间增长的特点，利用混凝土后期性能的空间较大。

1.3　裂缝产生的主要原因、广义荷载及其特点

结构物在实际使用过程中承受两大类荷载，有各种外荷载和变形荷载（温度、收缩、不均匀沉陷），统称为广义荷载。其中静荷载、动荷载和其他荷载，称为第一类荷载；而变形荷载，称为第二类荷载。裂缝的主要成因不外乎以下三种：

1）由外荷载（如静、动荷载）的直接应力引起的裂缝，即按常规计算的主要应力引

起的裂缝。

2）由外荷载作用、结构次应力引起的裂缝。因为许多结构物的实际工作状态同常规计算模型有出入，例如壳体计算常用薄膜理论假定，相对壳面误差不大，相对边缘区域误差较大，于是该区域常因弯矩和切力引起裂缝；而弯矩和切力相对薄膜理论的直接应力来说，称之为次应力。又如屋架按铰接节点计算，但实际混凝土屋架节点却有显著的弯矩和切力，它们时常引起节点裂缝，此处的弯矩和切力称为次应力。还有些常规不计算的外荷载应力，但实际却引起结构裂缝。

3）由变形变化（我们称之为第二类"荷载"）引起的裂缝，如结构由温度、收缩和膨胀、不均匀沉降等因素而引起的裂缝。应特别注意这种裂缝起因是结构首先要求变形，当变形得不到满足才引起应力，而且应力尚与结构的刚度大小有关，只有当应力超过一定数值才引起裂缝，裂缝出现后变形得到满足或部分满足，同时刚度下降，应力就发生松弛。某些结构，虽然材料强度不高，但有良好的韧性，也可适应变形要求，抗裂性能较高。这是区别于荷载裂缝的主要特点。

按普通外荷载的计算原则，从外荷载的作用、结构内力的形成，直至裂缝的出现与扩展，荷载不变条件下，似乎都是在同一时间瞬时发生并一次完成的，是个"一次过程"。但是变形荷载的作用，从环境的变化、变形的产生，到约束应力的形成，裂缝的出现与扩展等都不是在同一时间瞬时完成的，它有一个"时间过程"，称之为"传递过程"，即应力累积和传递的过程，它是一个多次产生和发展的过程，这是区别于外荷载裂缝的第二个特点。

建筑物的裂缝也可能由于特殊的变形变化引起，如地震引起的裂缝可看作地基的"动态变形变化"；滑坡、地基水平位移引起建筑物裂缝也是由于地基变形引起的，可能是缓慢地徐变变形，也可能是突然失稳变形。

次应力引起的裂缝也是由荷载引起，只是按常规一般不计算，但应该看到，随着设计技术的不断发展，所谓的"常规"也在不断改进，计算逐渐做到全面合理，故可归到第一类，即荷载引起的裂缝中去。这样，裂缝就分为两大类：荷载引起的裂缝及变形变化引起的裂缝。

一个令人感兴趣的问题是，引起裂缝的上述两大类原因中，哪一种是主要的。根据笔者的经验和国内外的调查资料，工程实践中结构物的裂缝原因，属于由变形变化（温度、收缩、不均匀沉陷）引起的约占 80％以上；属于由荷载引起的约占 20％。前述 80％的裂缝中也包括变形变化与荷载共同作用，但以变形变化为主；同时，在 20％的裂缝中也包括变形变化与荷载共同作用，但以荷载引起的裂缝为主。

1.4 裂缝的形式与质量控制

1. 按产生原因分类

1）荷载作用下的裂缝（结构性裂缝约 10％）。

2）变形作用下的裂缝（非结构性裂缝约 80％）。

3）混合作用（荷载与变形共同作用）下的裂缝（约 5％～10％）。

4）碱骨料反应（碱硅酸反应、碱碳酸盐反应，超量 CaO、MgO 膨胀应力引起的裂缝小于 1%）。

5）质量力（惯性力）引起的裂缝。

2. 按裂缝有害程度（宽度对使用功能及耐久性要求）**分类**

1）有害裂缝（轻度，按宽度略超规定 20%；中度，超规定 50%；重度，超规定 100%）是指贯穿性纵深及浅层裂缝（到达受力钢筋部位），对有抗渗、防腐、防辐射有特殊要求的有害裂缝宽度应根据生产要求有专门规定，应当联系裂缝深度评估。

2）无害裂缝。微观裂缝，表面裂缝，一定程度的宏观裂缝。对表面裂缝超过允许宽度、长度较短、断断续续、对使用功能有影响者，仍按轻度有害裂缝处理。

3. 按裂缝深度（h）与截面厚度（H）关系分类

1）表面裂缝：$h \leqslant 0.1H$。
2）浅层裂缝：$h < 0.5H$。
3）深层裂缝：$H > h \geqslant 0.5H$。
4）贯穿裂缝：$h = H$。
裂缝深度检测方法有超声法、钻芯法及水迹渗透法。

4. 按裂缝出现时间分类

1）早期。$0 \sim 3d$，其中 $0 \sim 12h$ 初龄塑性收缩裂缝时期，早期最终达 28d。
2）中期。$28 \sim 180d$。
3）后期。$180 \sim 360d$、$720d$，根据混凝土配合比及环境收缩应力潜伏期最终 20 年。
4）裂缝随时间扩展过程：微裂→初裂（断断续续）→通裂→增扩→稳定与不稳定。

5. 按裂缝形状分类

1）横向直裂缝（垂直于板长度方向）。
2）纵向直裂缝（平行于板长度方向，水平缝）。
3）斜裂缝。
4）竖向直裂缝（垂直于长墙及梁方向，个别水平沉缩裂缝）。
5）枣核形裂缝（中宽两端细状）。
6）龟裂缝，亦称均裂（无方向性，有表面龟裂和离密度贯穿龟裂，强约束，碱骨料反应，超量 CaO、MgO 膨胀应力引起龟裂）。
7）45°切角斜裂缝（沿板角部或沿板对角线）。
8）八字斜裂缝（墙上或梁上对称或非对称位置）。
9）鱼鳞式裂缝（弯沉变形多呈 G 形裂缝，公路及桥梁）。
10）连续梁正反 U 形裂缝（自重及荷载作用），隧道的门形裂缝。
11）反射裂缝（基层裂缝影响结构层开裂）。
12）顺筋裂缝（沿钢筋腐蚀裂缝，收缩裂缝）。
13）冲切裂缝。

同一条裂缝上的裂缝宽度是不均匀的，控制裂缝宽度是指较宽区段的平均宽度。所谓较宽区段，指该裂缝长度的 10%～15% 范围。这样确定的平均裂缝宽度为该裂缝的最大宽度，以 δ_{max} 表示；同样可在裂缝长度的 10%～15% 较窄区段内，确定平均宽度为最小的裂缝宽度，以 δ_{min} 表示；在最大及最小之间有平均裂缝宽度，以 δ_f 表示（为最大与最小之平均值）。

在某一构件上的同一受力区存在有最大裂缝宽度（各条裂缝最大宽度的平均值）、最小裂缝宽度（各条裂缝最小宽度的平均值）及最大与最小平均值的平均裂缝宽度。同样方法可确定最大、最小及平均裂缝间距，以 $[L_{max}]$、$[L_{min}]$ 及 $[L]$ 表示。

为了描绘某一工程，如一面墙、一段公路、一块地坪、一块楼板等结构物的裂缝程度，将裂缝条数除以结构物的长度（长条形结构物）、结构物的面积（大面积结构）或体积，称为"裂缝密度"，$e=N/M$。e 为裂缝密度或裂缝率；N 为裂缝条数或裂缝总长度；M 为长度或面积。有时尚须表明具有不同裂缝长度、裂缝宽度及深度的裂缝率。

裂缝分为愈合、闭合、运动、稳定的及不稳定的等。地下防水工程或其他防水结构，在水压头不高（水位在 10m 以下）的情况下，产生 0.1～0.2mm 的裂缝，开始有些渗漏，水通过裂缝同水泥结合，形成氢氧化钙，浓度不断增加，生成胶凝物质胶合了裂缝。此外，氢氧化钙与空气中水分带入的二氧化碳结合，发生碳化，形成白色碳酸钙结晶，使原裂缝被封闭，裂缝仍然存在，但渗漏停止，这种现象称为裂缝的自愈现象。这种裂缝不影响持久应用，是稳定的。

结构的初始裂缝，在后期荷载作用时，有可能在压应力作用下闭合，裂缝仍然存在，但是稳定的。

结构上的任何裂缝及变形缝，在周期性温差和周期性反复荷载作用下产生周期性的扩展和闭合，称为裂缝的运动，但这是稳定的运动。许多防水工程冬季渗漏、夏季停止就是这种道理。有些裂缝产生不稳定性的扩展，视其扩展部位，考虑加固措施。

6. 裂缝有害与无害的界限

1）混凝土的微观裂缝

混凝土的微观裂缝是不可避免的，微裂缝的程度与混凝土的配合比、水胶比、浇灌季节及时间有关。

2）钢筋混凝土的宏观裂缝（结构性裂缝）

混凝土和钢筋的共同作用的必要条件是变形协调条件（变形相容条件）：钢筋应变等于混凝土应变（黏着力良好）$\varepsilon_s = \varepsilon_c$，当钢筋应变大于或等于混凝土的极限拉伸时，即 $\varepsilon_s \geqslant e_p$（极限拉伸），即开裂。

由于非弹性影响，混凝土结构试验开裂时的钢筋实际应力约为 60MPa（按弹性理论计算约为 20～30MPa），而承载能力设计时，钢筋的设计强度为 210～235MPa、300～335MPa、360～400MPa，正常使用状态下的受拉钢筋应力一般均远远超过混凝土开裂时钢筋应力，因此裂缝是不可避免的。有些工程，以高强钢筋等强代换低强度钢筋，对抗裂是不利的。我们常见的无裂缝工程，只是使用条件尚未达到设计工况，钢筋实际应力小于 60MPa。

结论：混凝土的微观裂缝是不可避免的，一定程度宏观裂缝也是不可避免的。钢筋混凝土受弯构件带微裂缝工作是正常的，如业主要求无裂缝，必须把钢筋应力降到60MPa，在经济上是不合理的（例如：上海某大厦）。

裂缝不仅是混凝土的缺陷，同时应当看作是混凝土结构的物理力学性质。一般工程结构，特别是超静定框架结构、剪力墙结构、空间箱体结构等没有出现肉眼可见裂缝是因为其钢筋应力远小于60MPa，经过对投入使用后上海4个工程的钢筋应力实测说明结构尚没有达到设计工况。

3）裂缝的相对性

钢筋混凝土结构的裂缝是绝对的，是物理现象，无裂缝是相对的。裂缝宽度：$W \geqslant 0.02 \sim 0.05mm$，肉眼可见裂缝；$W < 0.02 \sim 0.05mm$，肉眼不可见裂缝；本书作者一般采用0.05mm为界（该裂缝对结构的正常使用功能及耐久性都是无害的）。但是，裂缝等于或超过0.05mm以后，从结构使用功能及耐久性上看，其有害程度是不同的，应根据不同功能要求分为有害裂缝与无害裂缝。混凝土的裂缝是不可避免的，有无裂缝是相对的。

裂缝扩展过程有初裂、通裂及裂缝增扩过程，包括稳定性及非稳定性增扩。

从图1-3中可看出，在钢筋应力比较低的条件下，就已经出现裂缝，其后裂缝陆续增加和扩展，直至承受两倍以上的荷载才能达到屈服和破坏阶段。所以，普通钢筋混凝土的裂缝出现和扩展尚能预报结构的安全储备。在设计中应当给检查裂缝状态创造有利条件，对正常使用及维护均有益处。

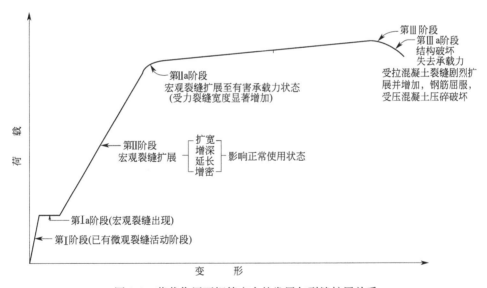

图1-3 荷载作用下钢筋应力的发展与裂缝扩展关系

4）裂缝有害与无害的控制原则

关于裂缝有害与无害的控制原则应当从不同结构、不同环境条件下的作用效应和抗力两方面同时来考虑，考虑安全余地用下式：

$$S_{max} \leqslant R_{min}$$

式中　S——作用效应；

　　　R——抗力。

荷载作用下的钢筋混凝土结构的安全性主要取决于钢筋应力，图1-3说明钢筋应力发展过程与混凝土出现裂缝以及扩展关系。

作用效应与抗力是高度的离散性和随机性函数。因此，我们预估工程结构是否开裂，仍具有概率性质，严格的数字定量是有困难的，所以只有参考价值。

各国关于无害裂缝的规定（最大允许裂缝宽度），如表 1-1 所示。

最大允许裂缝宽度

表 1-1

国名	规范	环境条件		无害裂缝宽度 （mm）
中国	混凝土结构设计规范 （控制等级一、二、三级）	预应力混凝土结构（一、二级）		0～0.2
		非预应力混凝土结构（三级）		0.30
日本	土木学会标准	海洋混凝土工程	干湿交替	0.15
			海水中	0.20
	港湾设计规范	海水中		0.15
		空气中		0.20
	日本工业标准	预应力混凝土管在设计荷载作用下		0.15～0.20
美国	ACI 结构规范	露天结构		0.30
		室内结构		0.40
		防水工程		0.20
俄罗斯	—	非腐蚀性		0.30
		弱腐蚀性		0.20
		中腐蚀性		0.20
		强腐蚀性		0.10
法国	—	正常		0.40
瑞典	—	道路、桥梁、静载		0.30
		荷载加 1/2 活荷载		0.40
英国	CP-110	一般正常		0.30
		侵蚀性		保护层厚×0.04
欧洲	CEB	重腐蚀作用		0.10
		无防护结构		0.20
		有防护结构		0.30

结论：

（1）有侵蚀介质或防渗要求：0.1～0.2mm。

（2）正常条件下无特殊要求：0.3～0.4mm。

（3）中国允许无害裂缝宽度：0～0.3mm 是国际上最严格的，建议发展"部分预应力"结构。

（4）英国水工协会隧道防水标准规定隧道的质量级别为 O、A、B、E、U 五级：O——渗漏水为零；A——1.0L/(m²·d)；B——3.0L/(m²·d)；E——100L/(m²·d)；U——无限。

5）中国隧道裂缝规定：管片：0.2～0.3mm；钢筋混凝土高架：0.25～0.3mm。

目前，国际上关于有害和无害裂缝的研究正在进行，主要是从耐久性角度出发，裂缝允许宽度有逐渐扩大的趋势。由于混凝土的非均质性，每条裂缝内沿长度方向裂缝宽度是不同的，所以笔者提出有最小裂缝宽度、最大裂缝宽度和平均裂缝宽度，建议以平均裂缝宽度作为衡量裂缝有害或无害的标准。

值得注意的是，目前国内外有关裂缝宽度的限制都是指表面裂缝宽度，而没有考虑到裂缝的深度。因此，建议判断结构裂缝有害或无害时，应联系裂缝深度加以判断。一般表面裂缝虽然超过无害界限，只需进行表面环氧封闭处理；遇有纵深或贯穿裂缝，采取压力化学灌浆处理，达到有害裂缝的无害化。除非结构承载力不足采用碳纤维补强，一般变形效应引起的裂缝是无须进行结构补强的。变形效应引起的裂缝是能量释放过程，可使结构需要的变形要求得到满足或部分满足，这是与荷载效应根本不同的地方。切勿用荷载效应的公式验算变形效应引起的裂缝。

根据国内外设计规范及有关试验资料，混凝土最大裂缝宽度的控制标准大致如下：①无侵蚀介质，无防渗要求，0.3~0.4mm；②轻微侵蚀，无防渗要求，0.2~0.3mm；③严重侵蚀，有防渗要求，0.1~0.2mm。

上述标准是设计上和检验上的控制范围，在工程实践中，有一些结构物带有数毫米宽的裂缝工作，但多年并无破坏危险。如冶金建筑中的各种受热结构、各种大型特种结构及设备基础等，一般均存在大量裂缝，想要完全控制裂缝不出现是不可能的，主要根据裂缝的部位，所处环境，配筋情况及结构形式，进行具体分析做出判断。笔者根据实际结构物的裂缝处理经验，认为规范中限制的裂缝宽度应当根据具体条件加以放宽，例如大量性的表面裂缝，如果经分析由变形作用引起，其宽度不受限制，只需作表面封闭处理即可。

一般情况下，在由变形变化引起裂缝的工程中，超静定结构占多数，裂得较严重，如刚架、特种、组合结构等。但是，这类结构的承载能力方面具有较大的安全度，有良好的韧性，能适应较大的变形而不致出现倒塌性破坏，所以在处理问题时可根据裂缝出现后应力衰减等的具体情况放宽控制范围。在基本建筑工程中控制裂缝宽度的质量标准应加以改进，在目前阶段一般可采取既保证质量又保证效率的控制办法。

当结构的裂缝由荷载引起时，荷载（内力 P 或 M）和变形（应变）的关系如图 1-4 所示。从图中可看出，普通钢筋混凝土构件内力不到 30% 极限荷载（混凝土应力达到抗拉强度，钢筋应力达 50~60MPa）便出现裂缝，裂缝宽度在 0.05~0.1mm，这种裂缝对结构的安全度没有影响，还可承受 70%~80% 的极限荷载。应当注意，许多工程的梁式结构、桁架结构等仅在自重静载作用就出现受拉区开裂或剪力区主拉应力裂缝；有的因为拆模过早，抗拉强度不足，自重引起裂缝是经常发生的事，因为其自重引起的内力超过了 30% 的极限内力，这种结构的极限承载力是不会降低的，总的安全度不变。

如果出于某种原因，我们不允许出现裂缝，那么就施加预应力，对构件施加预压变形，压至全部荷载作用下（静、活荷载）都不出现裂缝，图中的全预应力曲线，须付出较大的代价才能获得如此效果，其极限承载力是不变的（钢筋品种相同），但却带来一个缺陷，从裂缝出现到破坏，增加荷载的余地不多了，约 20% 极限荷载，裂缝后变形很小，破坏的前兆很小，形成脆性破坏。近年来发展部分预应力结构（图 1-4 中间曲线），给混凝土一部分预压变形，既适当提高了抗裂性又允许产生轻微裂缝，裂缝后变形增多了，结构破坏的前兆多了一些，极限承载力不变，对于一些大跨结构也是可取的。但是如果我们

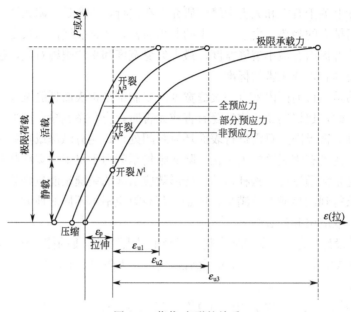

图 1-4　荷载-变形的关系

对钢筋混凝土的裂缝有了正确认识的话，采用普通钢筋混凝土结构，即便是带有一定程度裂缝也是一种很安全的结构。

7. 近年结构裂缝增多的原因

混凝土技术重大进展：泵送现浇商品混凝土，高均质性、高效率、自动化、环境保护好，直接影响到设计施工。但是由预制到现浇，裂缝控制技术难度大大增加了，其综合原因如下：

1) 混凝土由硬性预制化转向泵送流动性商品混凝土，整体现浇施工（现浇量增加，预制量减少）；水泥用量、水用量都增加，水泥活性增加，比表面积加大，水灰比加大，骨料粒径减少，砂率提高，坍落度加大等，导致水化热及收缩变形显著增加，体积稳定性下降了。

2) 混凝土及水泥向高强度化发展，用量不断增加，抗压强度显著提高而抗拉强度提高滞后于抗压强度，拉压比降低，弹性模量增长迅速。随着胶凝材料增多，体积稳定性成比例地下降（温度收缩变形显著增加）。用高强度钢筋代替中低强度钢筋导致钢筋配筋率减少，使用应力显著增加，与裂缝宽度成正比。

3) 现浇混凝土结构、砖混结构刚度增加，抗震烈度提高，结构约束比过去显著增大，约束应力增加，特别是近代超长、超厚、超静定结构已经成为常用结构形式。

4) 结构设计中只重视承载力极限状态忽略正常使用极限状态，忽略构造设计及构造配筋的作用，忽略变形效应及约束作用。

5) 施工工艺缺乏对温度收缩变形较大的混凝土养护方法，经常采用传统一般方法，养护时间不足与工期要求有矛盾。养护质量对于裂缝控制及耐久性都很重要。

6) 外加剂及掺合料在近代混凝土发展中极为重要，被称为第五、第六组分。但种类繁多，对抗压强度试验较多，对体积稳定性缺乏研究，甚至降低体积稳定性和耐久性。

7）对高强高性能混凝土研究较多，但对量大面广的中低强度高性能混凝土几乎没有研究。高强混凝土水化热及收缩偏大，徐变偏小，应力松弛效应偏小。从控制裂缝角度，混凝土强度的门槛值是 C40。

8）混凝土的抗拉性能、温度、收缩、徐变、疲劳、冻融等长期性能试验研究较少。高强混凝土徐变偏小，应力松弛较小。

9）构件拉压区固定不变，结构设计不考虑混凝土承受拉力。

10）现代建筑速度与质量的矛盾（开工前速度服从质量，开工后质量服从速度），房屋建筑缺乏质量标准（特别是变形效应）。

结论：设计、施工、材料、环境及管理等综合性问题。

8. 超长无缝设计施工新的定义

1）无缝：取消永久性变形缝（伸缩缝、沉降缝和抗震缝）。

2）无缝施工法：

（1）一次性整体无缝连续浇筑。

（2）分段多次连续浇筑：后浇带法包括温度后浇带，间歇时间大于 45d 封闭；沉降后浇带，主楼沉降稳定后封闭。

3）跳仓法：分段跳仓，分区跳仓，相邻仓间隔时间大于 7d。跳仓法是将后浇带改变为施工缝，两缝变一缝。

4）超长：超过伸缩缝允许间距。

5）超厚：结构厚度不小于 2m。

6）超薄：结构厚度与长度之比远小于 0.1。

9. 工程建设标准

工程建设中必须强调高质量严要求，但是仍然须强调科学和技术进步，使得工程满足经济合理和施工周期的要求，建议采用如下标准。

1）优良

结构施工后，承受使用荷载前，其变形及施工荷载（包括自重荷载）不超过抗裂荷载时，没有出现肉眼可见裂缝。当变形及施工荷载（包括自重荷载）超过抗裂荷载时，允许出现小于规范规定的裂缝，但不影响使用要求。结构投入使用后，应满足设计使用荷载条件下裂缝宽度限制。结构由于变形作用引起的裂缝，在交工前妥善处理此为轻微裂缝。

2）合格

结构施工后，其变形及施工荷载（包括自重荷载）不超过抗裂荷载时，出现了可见裂缝，但不影响使用要求。当施工荷载（包括自重荷载）超过抗裂荷载时，出现大于或等于规范规定的裂缝。经处理后结构投入使用后，应满足设计使用荷载条件下裂缝宽度限制。此为轻微裂缝。

3）较差

结构物出现了大量超过规范允许的裂缝，还出现蜂窝麻面，但据裂缝性质、部位、结构特点等分析，裂缝对承载力并无严重影响，从持久强度或美观等方面使用要求，须适当处理或略加封闭就可保证工程正常使用。此为中等程度裂缝。

4）不合格

结构物的裂缝远超过规范规定（参考本书建议的控制宽度），同时出现许多蜂窝空洞，经分析，已严重影响到结构的承载力或有失稳及脆性破坏可能性，必须采取相应加固补强措施后才能使用。结构物报废或推倒重建者占极少数，从技术上，一般不宜轻易做出报废的结论。此为严重裂缝。凡影响承载力或使用条件者为有害裂缝，反之为无害裂缝。

除了上述一般标准，结构物出现了非允许裂缝后，还应多作具体分析。例如，大型设备基础保护层较厚，基础内力很低，表面虽出现很宽裂缝（甚至是贯穿性的），但经分析属变形变化引起的，则一般不影响承载力，只需灌缝（贯穿者）、封闭（表面性的）即可正常作用。如武钢一米七热轧设备基础底板曾出现 7～8mm 宽的裂缝，立墙上出现 2～3mm 的裂缝，经采用上述办法处理后，保证了基础的正常使用，无须作承载力方面加固。

1.5　混凝土的裂缝与防水

既然变形变化引起的裂缝一般不影响承载力，那么它的防水防渗问题就值得研究了。根据调查资料，由裂缝引起的各种不利后果中，渗漏水占 60%。从物理概念上说，水分子的直径约 0.3×10^{-6}mm，可穿过任何肉眼可见的裂缝，所以从理论上讲防水结构物是不允许裂缝的，但实际情况不是这样。

据试验资料，一个具有宽度为 0.12mm 的裂缝，开始每小时漏水量 500mL，一年后每小时漏水只有 4mL。另一个试验，裂缝宽 0.25mm，开始漏水量每小时 10000mL，一年后每小时只有 10mL。说明裂缝除有自愈现象外，还有自封现象，即 0.1～0.2mm 的裂缝虽然不能完全胶合，但可逐渐自愈。

据试验，当裂缝宽度超过自愈范围以后，裂缝漏水量和裂缝宽度成三次方比例（图 1-5）。

石川（承压水）公式：

$$Q = \frac{La^3 \rho H}{12\sigma \eta d} \tag{1-1}$$

松下（非承压水）公式：

$$Q = \frac{C\rho g a^3}{12\eta} \cdot L \tag{1-2}$$

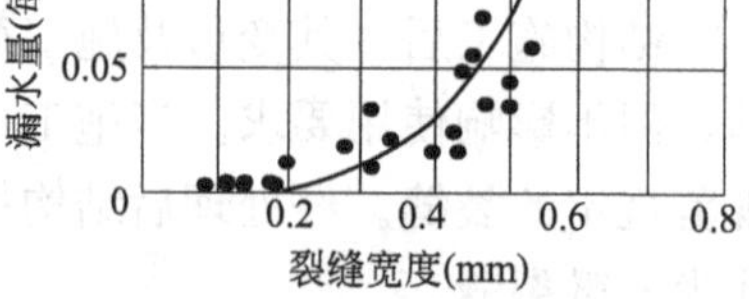

式中　Q——裂缝漏水量；

η——液体黏度；

g——重力加速度；

a——裂缝宽度；

C——经验常数；

ρ——液体密度；

L——裂缝长度；

H——水压头；

σ——经验系数；

d——壁厚。

图 1-5　砂浆试块裂缝宽度
与漏水量关系

如果把裂缝分散，即想办法把具有 a 宽的裂缝分散为 m 条，则 m 条裂缝的总漏水量为：

$$Q = \frac{C\rho g(a/m)^3}{12\eta} \cdot L \cdot m = \frac{C\rho g a^3}{12\eta m^2} L \tag{1-3}$$

由上式可得出结论：漏水量与 m^2 成反比例。这是很重要的结论，据此可通过合理的配筋借以达到"分散裂缝"的目的，可大大地减少渗漏。事实上，应用上述公式计算渗漏量，一般都比实际和试验的渗漏量高。

分散裂缝的防水效果是肯定的。虽然有人提出这样的看法，认为在双向板中，由于某一方向裂缝的分散从而在垂直方向有可能增加沿钢筋纵向裂缝的长度，亦即增加了钢筋锈蚀的程度；但是，这种现象在工程实践中尚未发现，因为裂缝细微，不致引起锈蚀。

鉴于目前国内外在防水工程中大量使用泵送大流态混凝土，其含砂率由普通混凝土的 $35\%\sim36\%$ 增加到 $42\%\sim45\%$，水灰比由 0.5 增加到 0.7，水泥用量也有所增加，多采用所谓的"富配比"；此外，由于规模不断扩大，结构物为适应新的现代化生产工艺和生活要求而不断大型化和复杂化，以及高速、高温、水下、防气、防射线等的特殊要求，城市交通量大幅度增加等原因，都使结构物的裂缝概率大为增加，控制裂缝的难度也比以往增大，所以，控制裂缝的技术研究与开发工作就显得更加必要了。

地下工程的设计中，以水头压力为防水要求，如 P6 或 P8，即耐水头压力 6 个大气压或 10 个大气压。相对地下工程所采用的大体积混凝土厚度，最薄者 $400\sim500$mm，厚者可达 $3000\sim5000$mm，其抗渗能力是相当高的，C25 以上的混凝土达到正常质量标准者可自然满足 P8 的要求。实际上厚度对混凝土的防水有显著影响，如地下五层防水要求，最大允许渗透系数（水头 15m，取最小壁厚 100mm）为 1.7×10^{-9}，当厚度增加至 500mm，允许的最大渗透系数可达 4.25×10^{-8} cm/s，增加 25 倍，可见大体积混凝土的防水能力。因此，地下大体积混凝土采用自防水，取消外防水的做法，完全是可行的，宝钢数百万立方米大体积混凝土地下工程实践证明了这一点。

1.6 混凝土裂缝的自愈与渗漏标准

在地下钢筋混凝土的外墙上，经常看到有白色硬壳层覆盖着的许多裂缝，见图 1-6，由于这种白色沉淀物的封闭，裂缝的渗漏停止了，这是裂缝的自愈现象。

混凝土中存在石灰矿物质，当外界水分通过裂缝向室内渗流时，水与混凝土裂缝处的 CaO 化合形成 $Ca(OH)_2$，游离 $Ca(OH)_2$ 又是很容易溶解于水的矿物质，它必然沿着裂缝向地下室内浸出，室内空气中存在 CO_2，与渗漏水带出的 $Ca(OH)_2$ 结合形成 $CaCO_3$ 沉积在裂缝的表面和里面，形成白色的覆盖层。

在大体积混凝土结构中的裂缝，初期引起渗漏，进一步又浸出 $Ca(OH)_2$ 溶液，又以白色斑体 $CaCO_3$ 体封闭裂缝，石灰的溶解减少了，渗漏减缓，最后全部自封和自愈了。

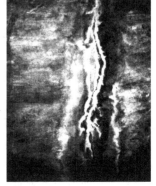

图 1-6 裂缝自愈现象

如果遇有酥松和大量裂缝混凝土的石灰浸出，混凝土表面存在大量密集白色斑痕，对混凝土的强度是一种严重损坏，从持久强度要求是不允许的，这种现象在工程实践中是极少的。

也有一些工程的渗漏并不是随时间而逐渐减缓，而是逐渐增加渗漏量。开始渗漏轻微，其后发展至严重漏水。

这里的原因主要取决于裂缝宽度和水头压力，当裂缝宽度在 0.1～0.2mm，水头压力不大（水头小于 15～20m），容易出现自愈现象。

当裂缝宽度超过 0.2～0.3mm，虽然较低的压力水对裂缝侧壁进行冲刷，$Ca(OH)_2$ 与 $CaCO_3$ 都被水冲走而无法稳定沉淀下来，裂缝漏水量随时间越来越大，这时必须采用化学灌浆堵漏。

按地下工程渗漏程度可分为：

①无润水——无潮湿痕迹，无渗水；

②润水——有潮湿痕迹无渗水现象，包括自愈裂缝；

③渗水——以一滴一滴的滴水形式渗水；

④漏水——以缓慢连续流水形式漏水；

⑤喷水（标水）——以压力水柱形式向室内喷涌。

渗漏水的形式可分为"点"式、"线"式和"面"式，如对拉螺栓孔、预留管孔等为点式渗漏；裂缝、伸缩缝、施工缝等为线式渗漏；由于一片片的蜂窝麻面及混凝土酥松引起渗漏为面式渗漏。

对于点式或面式渗漏，都有成熟的防水材料进行局部堵漏、采用表面涂料及防水砂浆处理。对于线式渗漏则采用化学压力灌浆处理。

地下工程的防水设计原则是首先根据工程所处水文地质条件、结构使用要求及施工条件提出控制裂缝及防水的技术措施，施工过程中有可能出现一些裂缝，采取补裂技术措施加以处理，地下室沿墙边设置排水沟和集水井借以排出生产和生活水（清洗工作），同时也排出个别部位可能产生的渗漏。一般条件下地下大体积混凝土只采取自防水方式，特别需要时可作外防水和内防水涂料。C20～C30 普通混凝土具有 P6～P12 的抗渗能力，过高的抗渗要求导致过大水泥用量，对裂缝控制不利。

对于某些防水困难的地下工程，也可以采取"离壁式"结构，即在外墙内侧作排水沟，在沟的内侧砌筑砖墙隔开，室内装饰及美观不受影响。

1.7　结构物的抗裂和断裂韧性问题及对高性能混凝土（HPC）要求

关于材料"韧性"的研究是 20 世纪 50 年代金属物理研究方面的一项重要进步，是断裂力学中的一项基本课题。早在 1920 年格里菲斯就指出裂缝的传播是由于材料中弹性贮能的下降，并建立了材料断裂的格里菲斯条件。从 1948 年欧文（Irwin）到 1955 年奥温（Orwan）修正了材料断裂的格里菲斯条件，断裂力学获得了迅速的发展。在较为均质的金属材料领域中，断裂力学获得有效的应用，那里"断裂韧性"有明确的定义，并且以若干定量的物理力学参数加以表达。

所谓"韧性"是指使材料达到破坏时单位体积所需要的功，也就是单位体积破坏必需的能量。亦有把韧性看作材料的"黏性强度"的，其含意是材料不仅须有足够的强度，而且还须有良好的变形能力，变形包括弹性和黏性（塑性和徐变）。能量概念和黏性强度概念都能用来表示材料的韧性，并可以用应力-应变关系予以定量化。所以，把材料应力-应变曲线（从加荷直至完全破坏的全过程）所包围的面积叫作材料的韧性，该面积表示材料到达破坏所需的功。如图 1-7 所示，某材料的应力-应变曲线包围的面积即为材料韧性，公式表示如下：

$$\Omega = \int_0^{\varepsilon_u} \sigma \, d\varepsilon \left(MPa \cdot \frac{mm}{mm} \right) \tag{1-4}$$

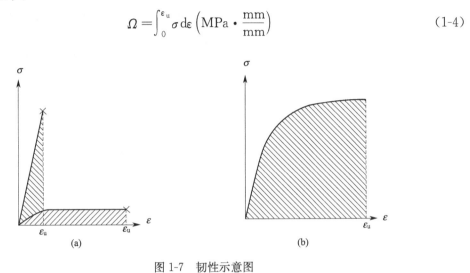

图 1-7 韧性示意图
（a）韧性不好；（b）韧性良好

由图可见，只有很高的强度，但变形很小的材料，韧性不好；或虽有很大的黏性变形，但强度太低韧性也不好；只有二者兼备的材料韧性最好。近代开发以耐久性为中心的适应不同环境条件与荷载条件要求的高性能混凝土（HPC）、高强度、高密实度、低水胶比，自干燥收缩和后期干燥收缩过大，导致许多结构严重开裂，应将材料的研究与结构的研究结合起来，改进提高良好韧性的研究方向。

在钢筋混凝土结构物中，如何表示材料的韧性参数、如何测量、如何定量计算等尚没有理想的结论，但从定性方面，由于裂缝控制的要求，高性能混凝土（HPC）应当把提高韧性作为一项研究目标。是否能直接地把金属断裂的定义和计算公式引用到混凝土及钢筋混凝土建筑结构中来，还值得研究。

断裂力学应用中，相对较均质的金属材料承受拉力作用的断裂韧性研究，在工程实用方面已获得进展。但混凝土是多相复杂组合体，它的抗拉强度只有抗压强度的十分之一，是不能单独作为承拉结构和受弯曲结构使用的。所以，对于钢筋混凝土是不存在由于混凝土内部裂缝传播发展导致低应力脆断的问题的。这是由钢筋混凝土本身的组合构造、弹塑性质及徐变性质对裂缝扩展的复杂影响所决定的。因此，把混凝土自身破坏韧性与金属材料等同起来直接用于建筑结构的设计中是困难的。即使是受压，由于混凝土内部大量无规则微裂的存在、不断扩展而且相互作用，最终导致的破坏是某种"系统破坏"，与金属断裂所研究的单一裂纹扩展的破坏有着很大的不同，所以直接地和定量地应用于结构物的受压区，也会遇到同样的困难。但是，对断裂力学中材料韧性的基本概念，结合混凝土及钢筋混凝土结构的受力特点加以引用却是十分必要的。抗震结构的研究为我们提供了良好的范例，他们用结构的延性比（韧性率）表征抗震结构物的韧性。所谓延性比（韧性率）是结构受力破坏过程中的极限变形与屈服变形的比值。变形可以是轴向变形、弯曲转角或挠度等，这样就把承重钢筋混凝土结构的抗震受力特性概括进去了。因为抗震结构设计原则中要求结构在地震力作用下，尽管瞬时内力可能超过结构物的屈服点，但距离极限承载力还有较长一段的变形过程，在此阶段内结构物通过较大的变形吸收了地震能量，从而保证结构物不出现倒塌性破坏，即所谓"裂而不倒"的状态。这种反映结构韧性的方法是可取的。在变形变化引起结构物开裂研究中，与抗震结构物的研究有许多共同之处，如地基水平变形、建筑承受水平力作用、作用力与结构刚度有关等等。特别是控制变形开裂的关键性要求是结构有良好适应变形的能力，所以笔者认为延性比或韧性率的定义可以移植到结构物裂缝控制中来。按上述定义：

$$G = 结构的韧性率 = \frac{极限破坏时变形}{屈服时的变形} \tag{1-5}$$

例如：

$$G = \frac{\phi_u}{\phi_y}（受弯结构） \tag{1-6}$$

$$G = \frac{\varepsilon_u}{\varepsilon_y}（轴向拉压结构） \tag{1-7}$$

式中　　ϕ_u——极限转角；

ϕ_y——屈服转角；

ε_u——极限拉伸；

ε_y——屈服拉伸。

这种定义对外荷载及变形作用下的结构同样适用。结构具备足够的韧性率可以避免偶然超载引起的脆性破坏，可以在破坏前给人们以预兆并能适应约束应力状态对变形的要求。按常规，混凝土的抗拉能力很小，包括极限拉伸和抗拉强度往往被忽略不计，其实这是一种误解，从笔者工程结构裂缝处理大量的经验，混凝土的抗拉性不可忽略，而且十分重要，特别是面对变形效应时，混凝土的抗拉总变形应该包括：弹性变形、塑性变形、微裂变形、徐变变形、结构滑移变形等，都可以增加混凝土结构的韧性，特别是合理构造配筋更加显著。我们应当充分利用借以提高混凝土结构的抗裂性。

我们在第 2 章里还将谈到材料的极限拉伸，这也是材料控制裂缝能力方面的重要评定指标，是材料韧性的一种参数。但是上述这些表达都不够完善，因为钢筋混凝土的破坏韧性尚不能完全反映结构物的抗裂及扩展韧性。结构物在变形变化作用下以及在荷载作用下的承拉或受拉区应该有三个阶段的变形特征：①出现裂缝时的变形；②钢筋到达屈服时的变形；③钢筋到达极限强度时的变形。

因此，除了①、②表达韧性外，还有②、①及③、①的抗裂韧性特征，进一步考虑在一个结构构件上受压区、剪力区、混凝土及钢筋等的共同工作性能，问题就更加复杂了，关于这方面还有待今后大量的研究。

相对于大量变形变化引起的裂缝领域，混凝土的韧性以及结构的韧性是十分重要的。

如何评定（估计性评定）一项结构物的抗裂能力和裂缝扩展程度是一个有必要研究的问题。对此，建议采用极限拉伸与约束拉伸之比作为"结构物抗裂度因子"K_0，借以定量评比抗裂能力：

$$K_0 = \frac{\varepsilon_p}{(aT + \varepsilon_y + \varepsilon_s)R} \tag{1-8}$$

式中 ε_p——混凝土或钢筋混凝土主要部位（裂缝控制部位）的极限拉伸（mm/mm）；

aT——相应部位的自由相对降温温差变形（mm/mm）；

ε_y——相应部位的自由收缩相对变形（mm/mm）；

ε_s——由差异沉降或其他变形因素在结构相应部位引起的相对拉伸变形（mm/mm）；

R——约束系数，$0 \leqslant R \leqslant 1$，其精确值由约束变形自由变形之比确定，一般情况下，作为估算 R 取值如下：轻微约束 $0.1 \sim 0.2$，中等约束 $0.4 \sim 0.6$，强约束 $0.81 \sim 1.0$。

结构物抗裂度因子 K_0 与结构抗裂能力关系如表 1-2 所示。

K_0 与结构抗裂能力关系 表 1-2

K_0	抗压强度	裂缝状况	K_0	抗压强度	裂缝状况
<0.5	很低	严重开裂	$0.8 \sim 1.0$	一般（中等）	轻微裂缝
$0.5 \sim 0.8$	较低	开裂	>1.0	较高（良好）	无宏观裂缝

试比较施工质量较好的某工程地下筏式基础与施工质量较差的某工程露天水池池壁的抗裂度因子（只考虑温度收缩作用）：施工质量较好，温差 20℃，收缩 $\varepsilon_y = 3.24 \times 10^{-4}$，筏基受地基约束，筏基的抗裂因子 $K_0 \approx 0.95$；而露天水池池壁，施工质量较差，温差 30℃，收缩 $\varepsilon_y = 4.5 \times 10^{-4}$，池壁受混凝土基础较强约束，其 $K_0 \approx 0.2$。根据实际工程调查，露天水池池壁的裂缝概率远大于筏基的裂缝概率。

高层建筑物地下室，根据最近五年来的统计，大底板出现裂缝的数量约占底板总数的 10%，而地下室外墙的开裂数量（外墙开裂工程数量）占被调查工程总数的 85% 以上。控制外墙裂缝的技术难度是很大的，在国内外的工程实践中都没有成熟有效的技术措施，我们从设计、施工、材料、结构等综合性因素出发，研究减轻这种裂缝的方法，确保工程满足使用要求。相信，能解决这方面问题的混凝土应该是一种低收缩、低水化热的高性能混凝土。

1.8 结构长度和基础刚度对混凝土温度收缩应力的影响（美国 ACI 和本书方法）

温度收缩应力不仅与结构（或构件）的长高（L/H）有关，而且与其长度本身有直接关系（详见本书有关大体积混凝土结构裂缝控制章节）。国外的研究表明，他们还没有解决长度对温度收缩应力影响的定量分析问题。

美国 ACI 207.2R 规定：约束（力）的分布随构件的长高比（L/H）的变化而变化，约束程度由 K_R 表示：

$$\frac{L}{H} \geqslant 2.5 \text{ 时,} \quad K_R = \left[\frac{\dfrac{L}{H}-2}{\dfrac{L}{H}+1}\right]^{h/H}$$

$$(1\text{-}9)$$

$$\frac{L}{H} < 2.5 \text{ 时,} \quad K_R = \left[\frac{\dfrac{L}{H}-1}{\dfrac{L}{H}+10}\right]^{h/H}$$

混凝土的拉伸应力:

$$\sigma_x = K_R \Delta_c E_c \qquad (1\text{-}10)$$

式中　K_R——约束程度,比值 $1.0 = 100\%$;

　　　Δ_c——没有约束时收缩值;

　　　E_c——混凝土的弹性模量;

　　　H——结构高度或厚度;

　　　L——结构长度;

　　　h——变高度($0 \leqslant h \leqslant H$)。

混凝土的约束应力随基础材料刚度的降低而成比例地降低,求出的 K_R 要乘以一个系数:

$$\text{系数} = \frac{1}{1 + \dfrac{A_c B_c}{A_F E_F}}$$

式中　A_c——混凝土断面的毛面积;

　　　A_F——基础或其他约束构件的面积,一般取平面接触面积;

　　　E_F——基础或约束构件的弹性模量。

对于岩石上的大体积混凝土,最大影响约束面积 A_F 假设为 $2.5A_c$,所乘的系数值列于表 1-3 中。

基础刚度系数　　　　　　　　　　　　　　　　　　表 1-3

$\dfrac{E_F}{E_c}$	系数	$\dfrac{E_F}{E_c}$	系数	$\dfrac{E_F}{E_c}$	系数
∞	1.0	1	0.71	0.2	0.33
2	0.83	0.5	0.56	0.1	0.20

由此可见,美国 ACI 规范认为,K_R 反与长高比(L/H)有关,与长度本身无关。而本书中:

$$K_R = 1 - \frac{1}{\mathrm{ch}\left(\beta \dfrac{L}{2}\right)} = 1 - \frac{1}{\mathrm{ch}\left[\sqrt{\dfrac{C_x}{HE_c}} \cdot \dfrac{L}{2}\right]}$$

$$(1\text{-}11)$$

$$= 1 - \frac{1}{\mathrm{ch}\left[\sqrt{\dfrac{C_x}{E_c}} \cdot \dfrac{L}{H} \cdot \dfrac{\sqrt{L}}{2}\right]}; \quad \beta = \sqrt{\dfrac{C_x}{HE_c}}$$

由式(1-11) 可知，K_R 不仅与长高比 L/H 有关，还与长度 L 本身有关。

ACI 规范中，在考虑基础刚度影响时，假定基础（或约束体）的最大影响面积为 2.5 倍混凝土结构断面积，根据地基弹性模量的不同给了 $0.20\sim1.0$ 范围内的系数，以反映不同刚度的基础（或约束体）对混凝土温度收缩的约束程度。而本书在考虑基础埋设深度、不同材料及土壤性质、土压力、基础板厚度承受的垂直压力等诸多因素后，并考虑不同约束条件，给出"地基水平阻力系数 C_x"，更加全面而客观地反映出基础对混凝土温度收缩应力的约束影响和约束程度，不仅能给出正应力的大小，还可以算出剪应力和翘曲应力能给出结构裂缝的有序性，这些都是 ACI 约束系数法无法给出的。

2 混凝土的某些基本物理力学性质

2.1 混凝土的收缩

根据处理工程裂缝的经验，作者认为大部分混凝土结构裂缝的原因是由于变形作用引起的，而变形作用包括温度、湿度及不均匀沉降等。

在这几种变形中，湿度变化引起的裂缝又占主要部分，特别对于工民建结构尤为重要。湿度变化不仅对于混凝土结构，对于砌体结构等亦是引起开裂的主要原因。

混凝土的重要组成部分是水泥和水，通过水泥和水的水化作用，形成胶结材料，将松散的砂石骨料胶合成为人工石体——混凝土。

混凝土中含有大量空隙、粗孔及毛细孔，这些孔隙中存在水分，水分的活动影响到混凝土的一系列性质，特别是产生"湿度变形"的性质对裂缝控制有重要作用。混凝土中的水分有化学结合水、物理-化学结合水和物理力学结合水三种。

化学结合水是以严格的定量参加水泥水化的水，它使水泥浆形成结晶固体。化学结合水是强结合的，不参与混凝土与外界湿度交换作用，不引起收缩与膨胀变形，呈微小自生变形。

物理-化学结合水在混凝土中以并不严格的定量存在，表现为吸附薄膜结构，它在混凝土中起扩散及溶解水泥颗粒的作用，一部分水在材料分子周围构成碱性结合水膜。

物理-化学结合水在吸附结合过程中引起分子间相互作用的内力场，这样的吸附水具有与普通水不同的一系列特点：溶解能力低、不导电、热容小于1、高密度等，具有某些类似弹性固体的性质。吸附水的结合强度属中等结合，容易受到水分蒸发的破坏，所以它积极地参与混凝土与环境的湿度交换作用。

物理力学结合水是混凝土中各晶格间及粗、细毛细孔中的自由水，亦称为游离水，含量不稳定，结合强度很低，极容易受水分蒸发影响而破坏结合，它是积极参与和外界进行湿度交换的水。

当混凝土承受干燥作用时，首先是大空隙及粗毛细孔中的自由水分因物理力学结合遭到破坏而蒸发，这种失水不引起收缩。

环境的干燥作用使得细孔及微毛细孔中的水产生毛细压力，水泥石承受这种压力后产生压缩变形而收缩，即"毛细收缩"，是混凝土收缩变形的一部分。

待毛细水蒸发以后，开始进一步蒸发物理-化学结合的吸附水，首先蒸发晶格间水分，其次蒸发分子层中的吸附水，这些水分的蒸发引起显著的水泥石压缩，产生"吸附收缩"，是收缩变形主要部分。

水泥浆的水化过程是一种物理-化学过程，化学结合水与水泥一起在早期硬化过程中产生少量的收缩，叫做"硬化收缩"，这种收缩还与水泥颗粒的吸附水有关。该收缩亦称自生收缩。

当混凝土在应力状态下，由于水的作用，混凝土中的氢氧化钙和空气中的碳酸气体产生化学反应，由此引起"碳化收缩"，这也是一种在一定的条件下产生的物理-化学过程。

在工程上，最常遇到的问题是与湿度变化有关的毛细收缩及吸附收缩。其次，由于混凝土的水分蒸发及含湿量的不均匀分布，形成湿度变化梯度（结构的湿度场），引起收缩应力，这也是引起表面开裂的最常见原因之一。

混凝土的水分蒸发可以引起收缩（构件在干燥中的水分损失对受力及非受力构件大致相同），见图 2-1(a)，增加水分又可以引起膨胀，这可称作"干缩湿胀"。混凝土中水泥活性越高，水泥量越多，膨胀变形亦越大，其性质与收缩相似。由于水灰比的不同，混凝土的孔隙率也不同，则在相同增水条件下，水灰比越小，孔隙率小，胶凝体由于得到充分受湿，膨胀较大。

混凝土的"干缩湿胀"如图 2-1(b) 所示。

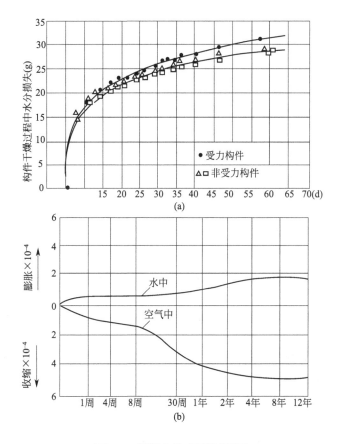

图 2-1 混凝土的"干缩湿胀"

(a) 构件干燥过程中的水分损失；(b) 长龄期混凝土的收缩变形

从图 2-1 可看出，混凝土的体积变形干缩湿胀性质随时间而发展，经过相当长的时间才趋于稳定。水泥用量越大，含水量越高，则收缩变形越高，而且延续时间亦越长。

混凝土的收缩来源于水泥石的收缩，水灰比大，收缩大。为了清楚地表示水泥石的收缩特性，以水灰比为 0.3、0.4 和 0.5 的三组试件，其含水量变化的收缩变形如图 2-2 所示。

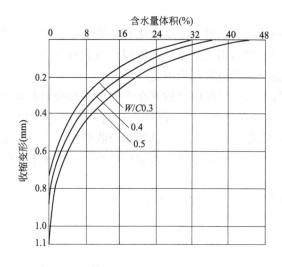

图 2-2 水泥石试件不同水灰比含量与
收缩变形的关系

2.2 混凝土收缩的种类

1. 自生收缩

混凝土硬化过程中由于化学作用引起的收缩，是化学结合水与水泥的化合结果，也称为硬化收缩，这种收缩与外界湿度变化无关。自生收缩可能是正的变形，也可能是负的（膨胀）。普通硅酸盐水泥及大坝水泥混凝土的自生收缩是正的，即是缩小变形，而矿渣水泥的混凝土的自生收缩是负的，即为膨胀变形，掺用粉煤灰的自生收缩也是膨胀变形，尽管自生收缩的变形不大（$0.4 \times 10^{-4} \sim 1.0 \times 10^{-4}$），但是对混凝土的抗裂性是有益的。因为矿渣水泥混凝土及掺粉煤灰混凝土的自生膨胀变形是稳定的，所以作者在工程实践中一直推荐扩大应用范围。

选择减水剂也作为对混凝土收缩影响的一个条件，YJ-2 型减水剂对混凝土的收缩影响是很小的。应当对外掺剂提出控制收缩的要求。

2. 塑性收缩

混凝土浇筑后 4～15h 左右，水泥水化反应激烈，分子链逐渐形成，出现泌水和水分急剧蒸发现象，引起失水收缩，是在初凝过程中发生的收缩，也称之为凝缩。此时骨料与胶合料之间也产生不均匀的沉缩变形，都发生在混凝土终凝之前，即塑性阶段，故称为塑性收缩。

塑性收缩的量级很大，可达 1‰ 左右，所以在浇筑大体积混凝土后 4～15h 内，在表面上，特别在养护不良的部位出现龟裂，裂缝无规则，既宽（1～2mm）又密（间距 5～

10cm），属表面裂缝。由于沉缩的作用，这些裂缝往往沿钢筋分布。

水灰比过大，水泥用量大，外掺剂保水性差，粗骨料少，用水量大，振捣不良，环境气温高，表面失水大（养护不良及用吸水薄膜）等都能导致塑性收缩表面开裂。

对于大底板出现的塑性收缩裂缝，除改正上述缺点加以预防外，一旦出现，可以采取二次压光和二次浇灌层加以平整。

对于地下室外墙，由于厚度较薄，必须采取足够的施工措施（从材料、浇捣至养护等），否则塑性收缩对于薄墙来说引起裂缝的可能性是很大的。

3. 碳化收缩

大气中的二氧化碳与水泥的水化物发生化学反应引起的收缩变形称为碳化收缩。由于各种水化物不同的碱度，结晶水及水分子数量不等，碳化收缩量也大不相同。碳化作用只有在适中的湿度，约 50% 左右才发生。碳化速度随二氧化碳浓度的增加而加快，碳化收缩与干燥收缩共同作用导致表面开裂和面层碳化。干湿交替作用并在二氧化碳存在的空气中混凝土收缩更加显著。碳化收缩在一般环境中不作专门的计算，在特定环境中的持久强度与表面裂缝分析中应当加以考虑。

4. 干缩（失水收缩）

水泥石在干燥和水湿的环境中要产生干缩和湿胀现象，最大的收缩是发生在第一次干燥之后，收缩和膨胀变形是部分可逆的。

混凝土结构的干缩是非常复杂的变形过程，影响混凝土收缩的因素很多，诸如水泥的强度等级、水泥用量、标准磨细度、骨料种类、水灰比、水泥含量、混凝土振动捣实状况、试件截面暴露条件、结构养护方法、配筋数量、经历时间等。以上种种因素不仅仅对收缩产生影响，同时对混凝土另一个重要特性——徐变变形也产生类似影响。所以我们把混凝土的收缩和徐变一并加以考虑。

2.3 混凝土的收缩变形与徐变 变形的实用计算法

结构物在任意内应力作用下，除瞬时弹性变形外，其变形值随时间的延长而增加的现象称为徐变变形。构件的最终变形由弹性变形和徐变变形两部分组成。影响徐变变形的因素和影响收缩变形的因素是共同的，所以我们把收缩变形与徐变变形的计算一并加以考虑。

有关混凝土及钢筋混凝土的收缩和徐变试验资料颇多，但一般都是只考虑某种特定条件下的研究成果，且零散地发表在一些刊物上。作者参阅了相关文献，认为该文献对有关国家近二十年间的 1220 次试验数据进行了整理，归纳出了定量的影响系数，值得参考。现对原文交代不清和影响因素考虑不足的地方进行说明与补充，以便应用。

该法的基础是找出标准状态下最大收缩和最大徐变（相对变形），任何处于其他状态下的最大收缩与最大徐变应用各种不同系数加以修正。任意状态下最大（最终）收缩与最大（最终）徐变（$t \rightarrow \infty$）以 $\varepsilon_y(\infty)$ 及 $\varepsilon_n(\infty)$ 表示，标准状态下以 $\varepsilon_y^0(\infty)$ 及 $\varepsilon_n^0(\infty)$ 表示，则：

$$\varepsilon_y(\infty) = \varepsilon_y^0(\infty) \cdot M_1 \cdot M_2 \cdot M_3 \cdots M_n \tag{2-1}$$

$$\varepsilon_n(\infty) = \varepsilon_n^0(\infty) \cdot K_1 \cdot K_2 \cdot K_3 \cdots K_n \tag{2-2}$$

式中　M_1、M_2、$M_3 \cdots$，见表 2-1 至表 2-7。

　　　K_1、K_2、$K_3 \cdots$，见表 2-1 至表 2-5。

构件截面尺寸对干缩的影响，采用截面水力半径倒数作为反映截面在大气中的暴露程度来表示。水力半径按水力学概念是河流横截面积与其湿周之比（湿周是水与土基接触的周边长度）。相对于混凝土构件的水力半径倒数，即构件受包围截面的周长 L（与大气接触的边长）与该周边所包围的截面面积 F 之比。例如一个截面为 $20cm \times 20cm$ 的棱柱体，其水力半径倒数为：

$$r = \frac{L}{F} = \frac{20 + 20 + 20 + 20}{20 \times 20} = \frac{80}{400} = 0.2cm^{-1}$$

如为相同面积之薄板，取 2cm 厚，200cm 宽，则水力半径倒数为：

$$r = \frac{L}{F} = \frac{2 + 200 + 2 + 200}{2 \times 200} = \frac{404}{400} = 1.01cm^{-1}$$

薄板的水力半径倒数比棱柱体大 5 倍，薄板的收缩远大于同面积棱柱体，具体数量可查表 2-3。由此可看出，大型屋面板的板面收缩远大于其双肋的收缩，板面产生拉应力。请注意，收缩沿截面是不均匀的，计算的是截面平均收缩，因为该收缩决定贯穿性裂缝，而表面裂缝一般不计算；L 不包括与土接触边。

为定量考虑各不同条件对收缩的影响，以下由表 2-1～表 2-7 列出了十种因素的修正系数。

表中符号的意义是：

τ_w——混凝土浇筑后初期养护时间（d）；

　τ——对混凝土施加荷载（产生内力时）龄期（d）；

W——环境相对湿度（%）；

　r——水力半径的倒数（cm^{-1}）；

E_g——钢筋的弹性模量（MPa）；

E_s——混凝土的弹性模量（MPa）；

A_g——钢筋的面积（cm^2）；

A_s——混凝土截面面积（cm^2）。

混凝土所处的大气环境，如温度、湿度、风速等都对收缩有影响，特别是风速的影响不可忽视，因为风速的增大加速了混凝土水分蒸发速度，亦即增加干缩速度，容易引起早期表面裂缝，所以对风速较大的施工场所，如山口、高空、高对流处等，都应注意此问题。

风速对蒸发速度的影响见表 2-6。

混凝土材料组成对于标准状态下混凝土极限收缩与徐变度的修正系数　　表 2-1

水泥品种	M_1	K_1	水泥标号	K_2	水泥细度	M_2
矿渣水泥	1.25	1.20	175	1.35	1500	0.90
快硬水泥	1.12	0.70	275	1.00	2000	0.93
低热水泥	1.10	1.16	325	0.92	3000	1.00
石灰矿渣水泥	1.00	—	425	0.90	4000	1.13
普通水泥	1.00	1.00	525	0.89	5000	1.35
火山灰水泥	1.00	0.90	625	0.87	6000	1.68
抗硫酸盐水泥	0.78	0.88	725	0.86	7000	2.05
矾土水泥	0.52	0.76	825	0.85	8000	2.42

骨料	M_3	K_3	水/灰	M_4	K_4	水泥浆量(%)	M_5	K_5
砂岩	1.90	2.20	0.2	0.65	0.48	15	0.90	0.85
砾砂	1.00	1.10	0.3	0.85	0.70	20	1.00	1.00
玄武岩	1.00	1.00	0.4	1.00	1.00	25	1.20	1.25
花岗岩	1.00	1.00	0.5	1.21	1.50	30	1.45	1.50
石灰岩	1.00	0.89	0.6	1.42	2.10	35	1.75	1.70
白云岩	0.95	—	0.7	1.62	2.80	40	2.10	1.95
石英岩	0.80	0.91	0.8	1.80	3.60	45	2.55	2.15
			—	—	—	50	3.03	2.35

初期养护时间与加荷龄期修正系数　　表 2-2

τ_w	M_6	τ_w	M_6	τ	K_6	τ	K_6
1	$\dfrac{1.11}{1}$	14	$\dfrac{0.93}{0.84}$	1	$\dfrac{2.75}{-}$	20	$\dfrac{1.1}{1.02}$
2	$\dfrac{1.11}{1}$	20	$\dfrac{0.93}{0.84}$	2	$\dfrac{1.85}{-}$	28	$\dfrac{1}{1}$
3	$\dfrac{1.09}{0.98}$	28	$\dfrac{0.93}{0.84}$	3	$\dfrac{1.65}{-}$	40	$\dfrac{0.855}{0.85}$
4	$\dfrac{1.07}{0.96}$	40	$\dfrac{0.93}{0.84}$	5	$\dfrac{1.45}{1.2}$	60	$\dfrac{0.75}{0.75}$
5	$\dfrac{1.04}{0.94}$	60	$\dfrac{0.93}{0.84}$	7	$\dfrac{1.35}{1.15}$	90	$\dfrac{0.65}{0.65}$
7	$\dfrac{1}{0.9}$	90	$\dfrac{0.93}{0.84}$	10	$\dfrac{1.25}{1.1}$	180	$\dfrac{0.6}{0.5}$
10	$\dfrac{0.96}{0.89}$	≥180	$\dfrac{0.93}{0.84}$	14	$\dfrac{1.15}{1.05}$	≥360	$\dfrac{0.4}{0.4}$

注：分子是自然状态硬化，分母是蒸养状态下硬化。

使用环境湿度状态与尺寸对极限收缩与徐变度的修正系数　　　表 2-3

$W(\%)$	M_7	K_7	r	M_8	K_8	应力比	K_9
25	1.25	1.14	0	$\frac{0.54}{0.21}$	$\frac{0.68}{0.82}$	0.1	0.855
30	1.18	1.13	0.1	$\frac{0.76}{0.78}$	$\frac{0.82}{0.93}$	0.2	0.855
40	1.10	1.07	0.2	$\frac{1}{1}$	$\frac{1}{1}$	0.3	0.92
50	1.00	1.00	0.3	$\frac{1.03}{1.03}$	$\frac{1.12}{1.02}$	0.4	0.99
60	0.88	0.92	0.4	$\frac{1.2}{1.05}$	$\frac{1.14}{1.03}$	0.5	1
70	0.77	0.82	0.5	$\frac{1.31}{—}$	$\frac{0.34}{1.03}$		
80	0.70	0.70	0.6	$\frac{1.4}{—}$	$\frac{1.41}{1.03}$		
90	0.54	0.53	0.7	$\frac{1.43}{—}$	$\frac{1.42}{1.03}$		
100	—	—	0.8	$\frac{1.44}{—}$	$\frac{1.42}{1.03}$		

注：分子是自然状态硬化，分母是蒸养状态下硬化。应力比是使用应力与设计强度之比值。

不同配筋率（包括不同模量比）的修正系数　　　表 2-4

$\frac{E_g A_g}{E_s A_s}$	0.00	0.05	0.10	0.15	0.20	0.25
M_{10}	1.00	0.86	0.76	0.68	0.61	0.55

不同操作条件的修正系数　　　表 2-5

操作方法	M_9	K_{10}	操作方法	M_9	K_{10}
机械振捣	1.00	1.00	蒸气养护	0.85	0.85
手工捣固	1.10	1.30	高压釜处理	0.54	—

风速对混凝土水分蒸发的影响及修正系数　　　表 2-6

风速(m/s)	水分蒸发速度 [kg/(m²·h)]	M_{11}	风速(m/s)	水分蒸发速度 [kg/(m²·h)]	M_{11}
0	0.074	1.0	24	0.417	1.4
8	0.186	1.13	32	0.539	1.53
16	0.304	1.27	40	0.662	1.67

环境温度的修正系数[①]　　　表 2-7

环境温度(℃)	12	22	32
M_{12}	0.84	1.0	1.35

在我国基建现场的某些露天构筑物，尽管当地湿度很大，但由于吹风影响，增加了干缩裂缝特别是高耸的构筑物，上部风速风压都很大，容易引起裂缝，如烟囱的上部 1/3 高度内经常出现表面收缩裂缝（呈竖向），开裂深度贯穿保护层。有些山区预制厂，处于迎风处的预制构件裂缝较多，为减少裂缝要采取防风措施。在干燥地区，风速会更加促进干

---

❶　参考重庆大学华建民等的试验研究。

缩裂缝的出现与扩展。由于风速对收缩的影响难以作定量的预测，所以在计算中目前还无从用系数加以考虑，只在施工中加以注意。

在某些具体计算中，有可能遇到表 2-1～表 2-7 中所不能包括的情况，则取影响系数为 1.0。如遇有中间情况，可用插值方法确定。亦有可能实际情况并不像表中规定项目那么多，则计算中也只能抓住主要因素，考虑那些可以预计到的情况，其他情况只好省略了（即取该项影响系数为 1.0）。

2.4　标准极限收缩与标准极限徐变度

标准状态下最终收缩（即极限收缩）量以结构相对收缩变形表示为：

$$\varepsilon_y^0(\infty) = 324 \times 10^{-6} = 3.24 \times 10^{-4} \tag{2-3}$$

标准状态下，单位应力引起的最终徐变变形称为徐变度以 C^0 表示，见表 2-8。

标准极限徐变度　　　　　　　　　　表 2-8

混凝土强度等级（MPa）	$C^0 \cdot 10^{-6}$	混凝土强度等级（MPa）	$C^0 \cdot 10^{-6}$	混凝土强度等级（MPa）	$C^0 \cdot 10^{-6}$
C10	8.84	C30	7.40	C60～C90	6.03
C15	8.28	C40	7.40	C100	0.03
C20	8.04	C50	6.44		

当结构的使用应力为 σ 时，最终徐变变形为：

$$\varepsilon_n^0(\infty) = C^0 \cdot \sigma \tag{2-4}$$

如果无法预先得知使用应力，则最终徐变变形的计算可假定使用应力为混凝土抗拉或抗压强度的一半，即：

$$\varepsilon_n^0(\infty) = C^0 \cdot \frac{1}{2}R \tag{2-5}$$

式中　R——抗拉或抗压强度。

在结构计算中，假定结构抗拉和抗压的徐变规律是相同的，只是在定量方面抗拉徐变度略大于抗压徐变度。一些试验证明这个假定是可用的。

2.5　任意时间收缩计算公式

混凝土收缩经验公式很多，都能在某一特定条件下反映一定的规律。但是，实际工程所处条件变化较多，使得各种经验公式都带有一定的局限性。

我们进行了一些试验，并进一步对各种不同配筋率的钢筋混凝土收缩所取得的较多试验数据进行了分析，从而有可能论证了素混凝土的收缩配筋作为一个影响系数加以考虑的必要，见表 2-7。

关于素混凝土（包括低配筋率钢筋混凝土）的收缩公式，我们推荐下面指数函数表达式：

$$\varepsilon_y(t) = \varepsilon_y^0 \cdot M_1 \cdot M_2 \cdots M_n (1 - e^{-bt}) \tag{2-6}$$

式中　　　$\varepsilon_y(t)$——任意时间的收缩，t（时间）以天为单位；

b——经验系数一般取 0.01；养护较差时取 0.03；

ε_y^0——标准状态下的极限收缩，见公式(2-3)；

M_1、M_2、$\cdots M_n$——考虑各种非标准条件的修正系数，见表 2-1～表 2-7。

将上述常数代入公式(2-6)，得最终收缩计算公式：

$$\varepsilon_y(t) = 3.24 \times 10^{-4}(1 - e^{-0.01t})M_1 M_2 \cdots M_n \tag{2-7}$$

2.6　外加剂对混凝土收缩的影响

近代混凝土进步的一大标志是外加剂的发展。在混凝土中加入各种外加剂也可以使混凝土获得必要特性。外加剂的种类繁多，达数十余种，主要有：加气剂、塑化剂、防水剂、速凝剂、防冻剂等。

掺加加气剂对混凝土有两种作用：从成分方面有增加收缩的作用；另一方面可以减少含水量，又有减少收缩的作用。二者共同作用对收缩几乎不产生明显影响。冬季施工，加气剂可以提高混凝土的抗冻性。

在混凝土中掺加各种塑化剂、减水剂可以在保持良好的工作性条件下减少用水量，因此可以减少收缩。过量地掺加塑化剂和减水剂又会显著增加收缩。

曾进行过塑化剂及两种缓凝剂对易产生收缩裂缝（水灰比＝0.75）和不易产生收缩裂缝（水灰比＝0.60）的混凝土的影响试验：在易产生收缩裂缝的混凝土中，液化剂和塑化剂都有助于防止收缩裂缝的形成；在不易产生收缩裂缝的混凝土中，亦未发现在试验混凝土中有收缩裂缝。

单加缓凝剂，一般说来作用不太好。就是说，它会使收缩裂缝加重，有时还会诱发收缩裂缝。用脂族醇作添加剂，可在其表面形成一层碳氢化合物保护层，防止混凝土的快速干燥，试验表明，这种碳氢化合物可以减小混凝土产生收缩裂缝的敏感性。至于这种材料的实际可用性，目前还没有对此作出最后的决断。

在冬期施工中，常采用氯化钙作促凝剂，利用其发热特点促进速凝。但是，掺入氯化钙后，显著增加收缩，容易引起裂缝，特别容易引起沿钢筋长度方向的纵向裂缝，水蒸气侵入后，钢筋锈蚀膨胀，使混凝土进一步严重开裂，因此，除具备严格技术条件外，一般不建议采用。

近代混凝土中掺活性粉料——粉煤灰的研究应用获得很大发展。由于可提高工作性，降低水化热（掺水泥用量的 15%，降低水化热的 15% 左右），应当尽可能利用，特别是对于泵送大体积混凝土，更为必要。但同时应当注意到掺粉煤灰的混凝土早期抗拉强度及早期极限拉伸有少量的降低（约 10%～20%），后期强度不受影响。因此，对早期抗裂要求较高的工程，粉煤灰的掺量应限制在较小的范围内，对收缩没有影响。

粉煤灰也是配制 HPC 混凝土的重要组分，它可以降低碱度，有利于抑制碱骨料反应；减少拌合黏度，提高流变特性，改善施工性能。

2.7　混凝土和钢筋混凝土的极限拉伸

混凝土结构的裂缝一般均由拉应力引起，如轴拉、弯拉、剪拉，即使是轴向受压荷载的结构物，其内部也存在劈拉应力区，容易引起裂缝。所以就材料自身来说，"抗拉强度不足引起开裂"这种说法不够确切。对于变形变化引起的裂缝问题，仅仅看到抗拉强度是不全面的，更重要的是要看到"材料的抗变形能力"。所谓材料的"极限拉伸"，即是指最终相对拉伸变形。在工业与民用建筑领域中，对抗压强度的研究与应用较为注重，规范、规程都把抗压强度作为控制工程质量的主要指标，然而绝大多数工程的裂缝问题是抗拉强度和极限拉伸问题，但这方面的研究工作太少了。

可以设想，某一结构虽由抗拉强度不太高的材料组成，但它却有良好的抗变形能力，亦即有较大的极限拉伸，能适应结构的温度收缩变形需要，那么它就不会开裂。我们说，这种有一定强度和较高极限拉伸的材料具有良好的"抗裂韧性"。

关于混凝土的极限拉伸，多年来试验研究得很不够，试验结果出入颇大。仅就国内外大多数的试验研究看，混凝土在静荷载作用下，其极限拉伸约在 1×10^{-4} 左右，慢速加荷时可提高到 1.6×10^{-4}。

后来，人们开始研究影响极限拉伸的各种因素，其中主要是"荷载速度"的影响，即"徐变"影响。

斯库德拉（A. M. Скудра）1956 年经过试验认为，当荷载速度每分钟为 $0.002 \sim 0.1$MPa 时，混凝土的极限拉伸约在 0.8×10^{-4} 左右摆动。

美国在华西坝混凝土的试验研究表明，混凝土的极限拉伸一般为 1×10^{-4}，快速加载时，该值降至 0.8×10^{-4}，慢速加荷时可提高到 1.6×10^{-4}。

苏联瓦西里耶夫（П. И. Васильев）认为混凝土不考虑徐变时，即一般静载下其极限拉伸约 $0.7 \times 10^{-4} \sim 1.0 \times 10^{-4}$。由于很缓慢的荷载（即拉应力很慢地增加），其极限拉伸可提高至 $1.5 \times 10^{-4} \sim 2.0 \times 10^{-4}$。

苏联阿列克谢耶夫（К. В. Алексеев）在布拉茨克水电站的研究和库泽维奇（О. В. Кузевич）的研究是探讨不同强度等级的混凝土的极限拉伸值的，他们认为 C10 左右的混凝土极限拉伸为 $6.5 \times 10^{-5} \sim 7.5 \times 10^{-5}$，即 $0.65 \times 10^{-4} \sim 0.75 \times 10^{-4}$。从 28d 龄期至 180d 龄期，极限拉伸增加 15%。

苏联克拉斯诺维斯克水电站的混凝土极限拉伸为 $0.7 \times 10^{-4} \sim 1.0 \times 10^{-4}$。

日本大野和南作试验，当荷载速度慢至每日 0.2MPa 时，抗拉强度很低的水泥砂浆试件（抗拉强度 1MPa）的极限拉伸竟达到 4×10^{-4}，这是所有试验中最高的，可见变形速率对抗拉能力的影响。

美国科克（D. J. Cock）多年来进行的拉伸徐变试验表明，约束应力和抗拉强度比值越小，拉伸徐变变形越大。平均徐变变形约为 1×10^{-4}。

在快速受荷条件下，混凝土的极限拉伸在 $0.6 \times 10^{-4} \sim 1.1 \times 10^{-4}$ 范围内，与混凝土的强度等级有关（表 2-9）。

混凝土的极限拉伸与强度等级的关系　　　　　　　　　　　表 2-9

混凝土的强度等级	C20	C25	C30
混凝土的极限拉伸(mm/mm)	0.7×10^{-4}	0.8×10^{-4}	0.9×10^{-4}

混凝土的极限拉伸与粗骨料的种类有明显关系，在慢速荷载条件下，即考虑到徐变特性时，其极限拉伸见表 2-10。快速荷载（瞬时荷载）条件下，其极限拉伸取上列数值的一半。

慢速荷载条件下的极限拉伸　　　　　　表 2-10

粗骨料种类	极限拉伸 ε_p	粗骨料种类	极限拉伸 ε_p	粗骨料种类	极限拉伸 ε_p
卵　石	1.3×10^{-4}	碎　石	1.8×10^{-4}	轻质骨料	4.0×10^{-4}

2.8　配筋对混凝土极限拉伸的影响

关于配筋对混凝土极限拉伸的影响，在国内外是一个有争议的问题。一种观点认为，配筋对混凝土的极限拉伸没有影响；另一种观点认为，配筋可以提高混凝土的极限拉伸。但双方共同的观点是，钢筋能起到控制裂缝扩展，减少裂缝宽度的作用。

笔者认为，混凝土材料结构是非均质的，承受拉力作用时，截面中各质点受力是不均匀的，有大量不规则的应力集中点，这些点由于应力首先达到抗拉强度极限，引起了局部塑性变形，如无钢筋，继续受力，便在应力集中处出现裂缝。如进行适当配筋，钢筋将约束混凝土的塑性变形，从而分担混凝土的内应力，推迟混凝土裂缝的出现，亦即提高了混凝土极限拉伸。大量工程实践证明了适当配筋能够提高混凝土的极限拉伸，其关键在于"适当"两字。以适当的构造配筋控制温度收缩裂缝。

所谓"适当"，简而言之，配筋应该做到细、密。反应这一关系的有如下经验公式：

$$\varepsilon_{pa} = 0.5 R_f \left(1 + \frac{p}{d}\right) \times 10^{-4} \tag{2-8}$$

式中　ε_{pa}——配筋后的混凝土极限拉伸；

R_f——混凝土抗裂设计强度（MPa）；

p——截面配筋率 $\mu \times 100$，例如配筋率 $\mu = 0.2\%$、0.5%，则 $p = 0.2$、0.5；

d——钢筋直径（cm）。

上述公式为经验公式，各参数无量纲代入。根据近年来国外某些试验，对于薄壁结构，较细较密的配筋可以提高抗裂能力的论断是肯定的。

极慢速荷载条件下，混凝土和钢筋混凝土的最终极限拉伸由两部分组成：弹性极限拉伸和徐变拉伸。

$$\varepsilon_{pa}^0 = \varepsilon_{pa} + \varepsilon_n(\infty) \tag{2-9}$$

式中　$\varepsilon_n(\infty) = \varepsilon_n^0(\infty) \cdot K_1 \cdot K_2 \cdots K_n$；

$\varepsilon_n^0(\infty) = C^0 \dfrac{R_f}{2}$；

K_1、K_2、$\cdots\cdots K_n$ 及 C^0 查表 2-1～表 2-8。

设计中无法预知的条件取修正系数为 1.0。

2.9　钢筋混凝土结构中钢筋对混凝土收缩应力的影响

根据实践经验，在混凝土结构中适当地配置构造钢筋，无论对于温度应力或收缩应力，都能提高结构的抗裂性。但是也有一种观点认为，混凝土配置钢筋不但不能抵抗收缩应力，反而增加了自约束应力。从直观上看，混凝土收缩，钢筋不收缩，因而必然产生收缩应力，但在含钢率较低的条件下，数值是微小的，一般可以忽略不计。当然在某些配筋率比较高的构件中，例如配筋率达 5%～10% 的中心受拉构件，收缩应力值尚为可观，计算中应考虑徐变影响。

收缩应力的定量计算按弹性徐变理论作如下分析。

1）收缩变形公式

$$\varepsilon_y(t) = 3.24 \times 10^{-4} \cdot M_1 \cdot M_2 \cdots M_n(1 - e^{-0.01t}) \tag{2-10}$$

2）收缩作用（对称配筋）引起的钢筋应力

$$\sigma^*_{ay}(t) = -\frac{\varepsilon_y(t)E_a}{1 + \mu n(t)} + \mu E_a \int_{\tau_1}^t \sigma_{ay}(\tau) \frac{\partial}{\partial \tau}\left[\frac{1}{E(\tau)} + C(t, \tau)\right]\frac{d\tau}{1 + \mu n(t)} \tag{2-11}$$

3）混凝土应力

$$\sigma^*_{by}(t) = \frac{\mu\varepsilon_y(t)E_a}{1 + \mu n(t)} + \mu E_a \int_{\tau_1}^t \sigma_{by}(\tau) \frac{\partial}{\partial t}\left[\frac{1}{E(\tau)} + C(t, \tau)\right]\frac{d\tau}{1 + \mu n(t)} \tag{2-12}$$

以上式（2-11）和式（2-12）中第一项为弹性应力，第二项为徐变应力。工民建中大体积混凝土工程的配筋率很低（$\mu \leqslant 0.005$），如取配筋率 $\mu = 0.01$，自浇筑后混凝土龄期 $\tau_1 = 1d$ 算起，至 t 时钢筋及混凝土的徐变收缩应力与弹性收缩应力的比值如表 2-11、表 2-12 所示：

例：$\varepsilon_y^0 = 3.24 \times 10^{-4}$，$\tau_1 = 1$（d），$\mu = 1\%$（最大构造配筋率），$E_a = 2.1 \times 10^5 \text{MPa}$，$E_b = 2 \times 10^4 \text{MPa}$，$n(t) = \dfrac{E_a}{E_b} \approx 10$。

关于徐变度据试验取：

$$C(t, \tau) = \left[\frac{4.82}{\tau_1} + 0.9\right]\left[1 - e^{-0.026(t-\tau_1)}\right] \times 10^{-5} \tag{2-13}$$

考虑混凝土徐变的钢筋应力与钢筋弹性收缩应力比值，即松弛系数 $H(t, 1)[\tau_1 = 1, \mu = 1\%]$

表 2-11

t		7d	14d	28d	3月	1年	∞
$\dfrac{\sigma_{ay}(t)}{\varepsilon_y E_a}$	忽略徐变	−0.057	−0.120	−0.231	−0.561	−0.882	−0.899
$\dfrac{\overline{\sigma}^*_{ay}(t)}{\varepsilon_y E_a}$	考虑徐变（上限）	−0.057	−0.117	−0.281	−0.496	−0.747	−0.762
$\dfrac{\widetilde{\sigma}^*_{ay}(t)}{\varepsilon_y E_a}$	考虑徐变（下限）	−0.056	−0.113	−0.210	−0.471	−0.698	−0.710
$\overline{H}_{ay}(t,1,1) = \dfrac{\overline{\sigma}^*_{ay}(t)}{\sigma_{ay}(t)}$		1.000	0.977	0.942	0.883	0.848	0.848
$\widetilde{H}_{ay}(t,1,1) = \dfrac{\widetilde{\sigma}^*_{ay}(t)}{\sigma_{ay}(t)}$		0.969	0.943	0.910	0.839	0.791	0.790
$H^*_{ay}(t,1,1) = \dfrac{\overline{H}^*_{ay}(t,1,1) + \widetilde{H}_{ay}(t,1,1)}{2}$		0.985	0.960	0.926	0.861	0.819	0.819

注：表中考虑徐变（上限）及（下限）为积分方程(2-11)近似解的钢筋应力上限值及下限值。

混凝土的徐变与弹性收缩应力比值，即松弛系数 H $(t, 1)$ $[\tau_1=1, \mu=1\%]$ **表 2-12**

t		7d	14d	28d	3月	1年	∞
$\dfrac{\sigma_{by}(t)}{\varepsilon_y E_b}$	忽略徐变	0.0057	0.0120	0.023	0.056	0.088	0.090
$\dfrac{\overline{\sigma}^*_{by}(t)}{\varepsilon_y E_b}$	考虑徐变（上限）	0.0056	0.1113	0.021	0.047	0.070	0.071
$\dfrac{\widetilde{\sigma}^*_{by}(t)}{\varepsilon_y E_b}$	考虑徐变（下限）	0.0057	0.0117	0.022	0.050	0.075	0.076
$\overline{H}^*_{by}(t,1,1)=\dfrac{\overline{\sigma}^*_{by}(t)}{\sigma_{by}(t)}$		1.00	0.977	0.942	0.883	0.848	0.848
$\widetilde{H}^*_{by}(t,1,1)=\dfrac{\widetilde{\sigma}^*_{by}(t)}{\sigma_{by}(t)}$		0.969	0.943	0.910	0.839	0.791	0.790
$H^*_{by}(t,1,1)=\dfrac{\overline{H}_{by}+\widetilde{H}_{by}}{2}$		0.985	0.960	0.926	0.861	0.819	0.819

据表 2-11 及表 2-12，考虑徐变影响，取上下限应力的平均值，得钢筋应力及混凝土应力：

$$\sigma^*_{ay}(t \to \infty)=-50.077\text{MPa}$$

$$\sigma^*_{by}(t \to \infty)=0.476\text{MPa}$$

各种地下现浇钢筋混凝土结构物及设备基础的配筋率为 $0.15\%\sim0.3\%$，这种自约束引起的应力可以忽略不计；但是从另一方面看，适当配置构造筋对于混凝土的极限拉伸是有益的，对于薄壁结构更为显著，即便是中体积混凝土结构，虽然从总截面看来配筋率较低，但配置在面层区域，对防止常见的表面裂缝也是有效的。总之，虽然合理配筋增加了一定程度的收缩应力是个缺点，但是它提高极限拉伸和约束裂缝扩展的优点大于缺点，在工程实践中可看出增加构造钢筋对抵抗变形作用的抗裂效果。如果配筋率过大（大于 $5\%\sim10\%$），则收缩应力可导致开裂。

关于偏心配筋梁的钢筋与混凝土相互约束应力的近似计算可参见本书有关章节。

2.10 混凝土硬化过程中的早期沉缩及 收缩裂缝（塑性裂缝）

在工业与民用建筑的各种现浇钢筋混凝土结构中，经常发现一种早期裂缝，即在浇灌后拆模时发现断断续续的水平裂缝，裂缝中部较宽，两端较窄，呈梭形。裂缝常出现在结构的变截面处、梁板交接处、梁柱交接处及板肋交接处。

因混凝土的流动性不足或流动过大，硬化前没有沉实或沉实不足或不均就会发生裂缝，这种裂缝是在混凝土浇筑后 $1\sim3h$，尚处于塑性阶段，水分大量蒸发沿着梁上面和地板上面钢筋的位置发生的激烈收缩和不均沉缩，这种裂缝称为沉缩裂缝，亦称为塑性收缩裂缝，裂缝的深度通常达到钢筋面。

混凝土的沉缩变形与混凝土的流态有关，中等流态混凝土相对沉缩变形为 $60×10^{-4}$～$100×10^{-4}$，大流态混凝土相对沉缩变形为 $200×10^{-4}$，比收缩大数十倍。可见流动性大的混凝土，其相对沉缩变形几乎超过普通干缩变形的 30～60 倍，是十分可观的，如不注意，容易引起早期裂缝。宝钢能源中心及电厂的钢筋混凝土结构，都出现过沉缩裂缝。

宝钢某工程的二楼梁板结构，于 1981 年 3 月 26 日浇灌，楼板平面尺寸为 30m×63m，板厚 150mm，梁为 300mm×600mm～300mm×800mm，跨度 6～7.2m，首先浇灌梁，紧接着连续浇灌楼板，初凝期间（浇灌后 1.5～2.5h）发生了沉缩，梁的沉缩大于板的沉缩。4 月 8 日拆模时，在梁板交接处出现了水平裂缝，裂缝宽度为 0.1～0.3mm，经凿开检查，属表面性质。裂缝形式见图 2-3(a)。

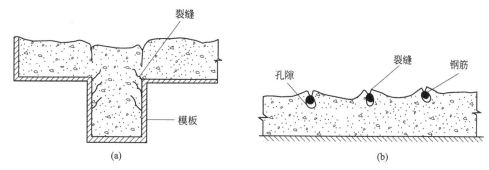

图 2-3 沉缩裂缝剖面图

（a）梁板结构；（b）箱形基础底板

在首都某重点工程中，箱形基础的底板，混凝土浇灌后，经过一天时间，发现有塑性沉缩裂缝，其宽度达 0.5～1.5mm，裂缝均沿着钢筋方向，见图 2-3(b)。这种裂缝使钢筋上表面保护层开裂，钢筋下部则出现孔隙，影响黏着力。塑性沉缩裂缝通过二次抹面或二次浇灌层，得到处理。

由此可见，混凝土的沉缩裂缝与混凝土的沉缩量和流动性有直接关系。遇高低差悬殊的部位而且混凝土的沉缩量大、流动性较小、浇灌速度快，则在变断面处容易出现沿水平方向的沉缩裂缝。有时在较大截面的中部与靠近模板的边缘部位出现差异沉缩裂缝。

为了避免塑性沉缩裂缝，应注意：

（1）严格控制水灰比，宁可小一些；

（2）振捣要密实，振捣时间以 5～15s/次为宜；

（3）凝固时间不宜过快，柱、墙、深梁与板等变截面结构宜分层次浇灌；

（4）混凝土下料不应太快；

（5）注意高温季节给硬化带来的影响，采取适当措施缓凝，炎热气温和日晒能促进混凝土失水；

（6）施工中避免遭遇大风袭击，引起剧烈水分蒸发，形成上部和下部或截面中部与边缘部位硬化不均和差异收缩；

（7）掺加减水剂和适量的粉煤灰，可减少沉缩量，促进工作性和流动性；

（8）在混凝土浇灌 1～2h 后，对混凝土进行二次振捣，表面拍打振实；

（9）避免过长时间的混凝土搅拌。

2.11　混凝土抗拉力学性能随龄期变化
规律的试验研究 ❶

1. 试验目的

大体积混凝土产生裂缝的原因很多，但总的来讲，绝大部分是由于混凝土水化热引起的温度应力及收缩作用超过了混凝土的抗拉强度，或更确切地从变形角度出发则认为温度及收缩变化而引起的约束拉应变超过了混凝土的极限拉伸值。为此对混凝土抗拉力学性能进行试验研究是非常必要的。抗拉力学性能包括强度和极限拉伸。

众所周知，新鲜混凝土具有流动性材料的特性。随时间的增长，混凝土逐渐硬化，习惯认为从混凝土浇灌开始到充分硬化须经过 28d 时间，此期间混凝土的变形性能发生了根本性的变化。许多外掺材料加入混凝土发生共同作用并随着龄期增长而变化。龄期愈早变化愈大，混凝土裂缝往往产生在早期，早期混凝土的强度，极限拉伸变形都较低，而混凝土内部温度较高。此时，遭受寒潮或大风袭击，突然降温。内外温度梯度较大，裂缝就会出现。所以为了控制大体积混凝土结构发生有害的温度裂缝，除一方面采取有效措施控制温度变形外，掌握混凝土早期的抗裂性能，即力学特征及其随龄期增长的变化规律是一个非常重要的问题，特别是混凝土的极限拉伸变形。混凝土的抗拉强度、弹性模量随龄期的变化，在大体积混凝土结构物的设计中都是极重要的，然而这方面的研究工作目前开展甚少。

混凝土的极限拉伸变形性能国内外曾进行过一些试验研究。例如苏联布拉茨克和克拉斯诺亚尔斯克水电站的试验表明混凝土轴向拉伸应变值变化范围为 $0.5 \times 10^{-4} \sim 1.0 \times 10^{-4}$。法国鲍斯进行的轴向拉伸试验。在抗拉强度为 2.05MPa 时，极限拉伸值为 0.9×10^{-4}。美国卡普兰在轴向拉伸试验中极限拉伸值为 0.8×10^{-4}。苏联齐斯克列里提出当轴向抗拉强度为 1.2MPa 时，极限拉伸为 0.7×10^{-4}。我国一些单位（研究单位和工程单位）对混凝土的极限拉伸值也作过不少研究，并在工程中采用。如丹江工程混凝土极限拉伸值为 $(0.58 \sim 0.8) \times 10^{-4}$，乌江渡工程为 $(0.86 \sim 1.02) \times 10^{-4}$ 等等。

冶金系统，不少设备基础，特别是高炉基础，混凝土的浇筑量大多都在 $1000m^3$ 以上，开裂后引起钢筋的锈蚀，降低持久强度及刚度，防止和控制这类基础的温度裂缝也是很重要的。为此我们在民用建筑工程中开展了混凝土轴向拉伸强度及变形性能的试验研究，并取得了一定的成果，无疑为防止和控制这类结构产生有害的温度裂缝提供了重要的力学性能参数，具有重要的实用价值。

---

❶　参加本试验研究工作的有魏福伟、田青、罗菊平等。

2. 试验内容及所用材料

本试验研究的主要目的在于描述混凝土从早龄期到硬化时的部分材料力学性能的变化规律，包括抗压强度、轴心抗拉强度、应力-应变关系、劈裂抗拉强度、抗拉弹性模量、极限拉应变等，进行了从较早龄期到硬化（28d）时的性能发展的试验研究。

试验所用材料配合比见表 2-13。

试件材料表 表 2-13

组别	水泥品种	掺合料	粗集料	细集料	外掺剂（%）	水泥用量（kg/m³）	配合比 水：水泥：灰：砂：石
Ⅰ	华新		5～23mm 碎卵石	中砂	木钙 0.25	360	0.52：1：0：2.05：2.99
Ⅱ	矿渣水泥	磨细粉煤灰	同上	同上	同上	324	0.49：0.85：0.15：1.82：2.83

注：粗集料——北京郊区碎卵石；细集料——北京郊区砂。

另外，混凝土中掺加粉煤灰对改善混凝土的和易性，降低温升，减少收缩，提高混凝土早期抗裂性具有良好的效果。为了了解粉煤灰对混凝土强度及变形性能的影响，在以上的试验项目中还进行了掺灰与不掺灰的对比试验。

3. 试验方法的选择

1）混凝土的立方强度

试件尺寸为 150mm×150mm×150mm，养护条件有标准养护、7d 标养后室外自然养护、室外草袋覆盖洒水养护、全过程室外自然养护等六种养护条件。全部试验均以三个试件为一组，取其平均值作为资料分析依据。

2）劈裂抗拉强度

劈裂强度测试方法是非直接测定混凝土抗拉强度的方法。它是巴西费尔南多卡尼罗（Fernado Carneiro）建议的，所以也称为"巴西试验法"。由于它方法简单且测试变异性小，在施工管理中作为评定混凝土抗拉能力也是很重要的，试件尺寸为 150mm×150mm×150mm 立方体。

以往试验证明，劈裂测试结果受垫条尺寸的影响较大。国际上混凝土立方体试件的劈裂抗拉强度近几年来趋向于采用圆弧形垫条，采用圆弧垫条受力比较合理。本次试验中选用国际标准的 ϕ150mm 圆弧形垫条。试验时，在垫条和混凝土试件之间垫一层柔性垫层使得受力均匀。试件按龄期从标准养护室取出即在 30t 压力试验机上进行试验，试验数据的选取同立方强度。

3）轴向拉伸试验

用轴向拉伸试验的方法来确定混凝土的抗拉强度，从试验的角度看，是最困难的方法。但作为结果提出来的抗拉强度，在一定情况下可以看作是混凝土的真实抗拉强度。由于测验技术上的原因，目前各国虽然都在进行研究，但至今尚未制定出标准。

制定混凝土轴向拉伸试验方法考虑的原则：①荷载确实轴向施加，沿试件长度方向上产生一均匀拉应力的应力段，并且断裂在均匀应力段的概率高；②试件形状易于制作，费用低；③试件与试验机装卡方式简单易行，且能重复使用。由于没有统一的试验方法，目前各家采用的试件形状和装卡方式也不相同，总括起来可以列于表 2-14。

轴向拉伸试验试件装卡方式尺寸和形状　　　　　　　　　　表 2-14

提出单位或作者	试件装卡方式	试件形状	试件尺寸(cm) 断面	长度	偏心率(%)	断裂在等直段概率(%)
C.D.Johuston	外夹式	棱柱状	10×10	96.5	<3.0	
			15×15			
B.H.Elverg		锥端圆柱体	φ6.6	30.5	<1.0	
J.J.Brooks		锥端圆柱体	φ7.6	36.5		85
长办科研院		翼形棱柱体	10×10	60	<5.0	78
水科院		锥端圆柱体	φ15	50	<1.0	
华东水利学院	内埋式	棱柱体	10×10	55	<5.0	75~80
水科院		翼形棱柱体	10×10	50	<1.0	
		棱柱体	10×10	50		
			15×15	55		
		圆柱体	φ15	52	<1.0	85
V.M.Mathotra	粘贴式	圆柱体	φ10	20		
			φ15	30		
B.P.Hughes		方锥棱柱体	6.35×6.35	30.4		
水科院		圆柱芯样	φ15	30~50		

表中所列装卡方式各有特长。外夹式简单易行，不需要埋设拉杆和粘贴拉板，但试件体积大。内埋式试件体积适中，拉杆埋设须有胎具保证与试件对中，拉杆可以重复使用。粘贴式效率低，粘贴表面需要预先处理。除此而无更简单的方法。

混凝土轴拉试件不论采用那种装卡方式，当施加荷载时，在试件几何形状转折处，埋件头部或粘线面上都会产生不同程度的应力集中。光弹模型和试件表面电测结果表明，外夹式翼形棱柱体和内埋式拉杆头部应力集中影响范围约 25~30mm，此范围以外等直段应力分布基本均匀。

基于以上考虑，本试验选用内埋装卡方式。试件形状选用翼形棱柱体，试件全长600mm，中间断面为 100mm×100mm 的正方形，长 300mm。两端断面放大，埋设钢环。具体尺寸见图 2-4。

试件标准养护，按 3、4、7、14、21、28d 龄期分组，每组四根。为了保持试件的湿度，试件从标准养护室拿出后立即在其表面涂上速凝漆。试验在岛津万能试验机上进行。

为了提高断裂在应力均匀段的概率，减少试件在变断面处破坏的危险，试件端部使用了高强混凝土。这部分混凝土和试验部分混凝土都是在尚未凝结前浇制好，以保证两部分混凝土完全粘结。

试验时为了减少偏心，试件两端安装有球形铰座。

关于加荷速度的考虑：水科院的试验结果指出，对同一试件在不同加荷速度下，抗拉强度及弹性模量均随加荷速度加快而提高，但极限变形相差不大。欧洲混凝土委员会经过许多试验研究，确定了受拉混凝土的加荷方式，其总加荷时

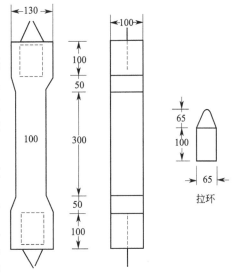

图 2-4　混凝土拉伸试件的形式及尺寸（mm）

间为 3h。在这个时间内不会有徐变出现，也就是说采用慢速加荷，时间有一下限，以无徐变产生为限度，本试验选取慢速加荷。

关于量测仪表：在轴向拉伸试验中，量测变形值所用的仪表，以往不外乎杠杆引伸仪、千分表、电阻应变片等，测量效果各有利弊。如杠杆引伸仪，仪器构造简单，对变形的反应比较灵敏，测值可靠，使用方便。但当试件被拉断时，仪器会受到较大的振动，且破坏时的应变值难以读到。千分表本身构造复杂，试验时一系列传动部分具有较大的惯性，降低了千分表的灵敏度，同样读不到破坏时的应变值。采用电阻片量测变形反应很灵敏，但由于混凝土是非均质材料，各点变形不完全相同，试验结果分散性大。

本试验中量测变形值所用量测工具为冶金部建研总院自制的夹式引伸计。该引伸计是一种应变式测量传感器。传感器在额定量程范围内线性好，体积小，构造简单，安装方便。特别是试件破坏时能自动脱离，避免受损，且能测出即将破坏时的应变值。与杠杆引伸仪比较，还有较高的技术性能指标，测量范围 ± 2mm，分辨率 1×10^{-3}mm。试验时，将试件首先安装在试验机上，在试件的中段量出 200mm 作为基准测距，基准测距的上下两端装上夹具，引伸计卡在夹具上，试件的相对面各装一支。

试验开始，将试件先预拉三次。试验证明，预拉两次后弹性模量即趋于稳定，预拉荷载为破坏荷载的 15% 左右。预拉时读取试件两面引伸计的读数，还可校正试件的偏心。

轴向拉伸试验，在同一根试件上可以同时得到混凝土轴向抗拉强度、抗拉弹性模量、极限拉伸变形值。全部试验结果以试件相对面两个引伸计读数的平均值作为分析资料的依据，极限拉伸值、抗拉强度、抗拉弹性模量均以 4 个试件测值的平均值作为试验结果。当试件的断裂位置与变截面转折点的距离在 2cm 以内时，该测值剔除，测试方法见图 2-5。

 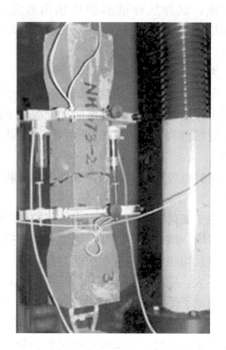

(a)　　　　　　　　　　　　　　　　　　　(b)

(c)

图 2-5　轴向拉伸试验

（a）轴向拉伸试验之一；（b）轴向拉伸试验之二；（c）轴向拉伸试验之三

4. 试验结果分析

1）混凝土抗压强度随龄期增长的变化规律

混凝土抗压强度是混凝土配合设计和质量标准的一个主要指标，也是广泛研究过的性能。本试验的主要目的，是了解混凝土的早龄期到硬化抗压强度的变化规律。这一变化规律可见图 2-6 的曲线。

表 2-15

混凝土强度随龄期变化

试件编号	龄期(d)	轴心抗拉强度(0.1MPa)				抗拉弹性模数 $E(10^4 MPa)$				极限拉伸变形 $\varepsilon_p \times 10^{-4}$				附注
		未加粉煤灰		掺加粉煤灰		未加粉煤灰		掺加粉煤灰		未加粉煤灰		掺加粉煤灰		
		测试值	平均值	测试值	平均值	测试值	平均值	测试值	平均值	测试值	平均值	测试值	平均值	
3-1	3	5.50		7.75		0.95		1.33		0.75		0.58		1. 混凝土试件断面 10cm×10cm
3-2	3	4.85	5.74	6.90		0.67		0.93		0.81		0.68		2. 配合比:
3-3	3	5.35		8.40	7.95	0.81	0.82	1.27	1.13	0.74	0.75	0.64	0.68	未加粉煤灰 水泥:灰:砂:石
3-4	3	7.25		8.75		0.84		0.99		0.72		0.83		=0.52:1:0:2.05:2.99
4-1	4	7.20		10.50		1.09		1.42		0.71		0.81		掺加粉煤灰
4-2	4	10.30	8.96	8.00		1.20	1.12		1.51	1.08	0.87	0.42	0.54	水:水泥:灰:砂:石
4-3	4	10.55		6.70	8.43	1.09		1.59		0.89		0.40		=0.49:0.85:0.15:1.82:2.83
4-4	4	7.80		8.50		1.05				0.78				3. 水泥用量:
7-1	7	9.65		10.20		1.24		1.34		0.96		0.86		未加粉煤灰:360kg/m³
7-2	7	13.75	11.77	11.65	10.93	1.53	1.18	1.57	1.46	0.90	1.07	0.80	0.83	掺加粉煤灰:324kg/m³
7-3	7	11.90				0.77				1.34				4. 骨料最大粒径 25mm
7-4	7													5. 加荷速度 $\upsilon=0.01\sim0.05MPa/min$
14-1	14	16.25		14.50		1.33		1.10		1.35		1.32		6. 坍落度:12~14cm
14-2	14	14.85	16.56	16.80	14.50	1.33	1.52	1.70	1.27	1.02	1.14	1.40	1.22	
14-3	14	16.65		12.80		1.67		1.33		1.15		1.08		
14-4	14	18.51		13.75		1.75		1.40		1.04		1.09		
21-1	21	19.60		16.25		1.80		1.16		1.42		1.06		
21-2	21	20.50	19.97	17.65	16.43	1.65	1.73	1.70	1.50	1.14	1.22	0.95	0.95	
21-3	21	19.80		16.80				1.35		1.09		0.96		
21-4	21			15.00				1.79				0.83		
28-1	28	20.50	20.0	18.90	19.2	2.05	1.92	1.55	1.64	1.11	1.05	1.13	1.08	
28-2	28	19.50		19.40		1.79		1.73		0.92		1.03		
自28-1				4.75	3.63			1.70				0.35		自然养护
自28-2				2.50										

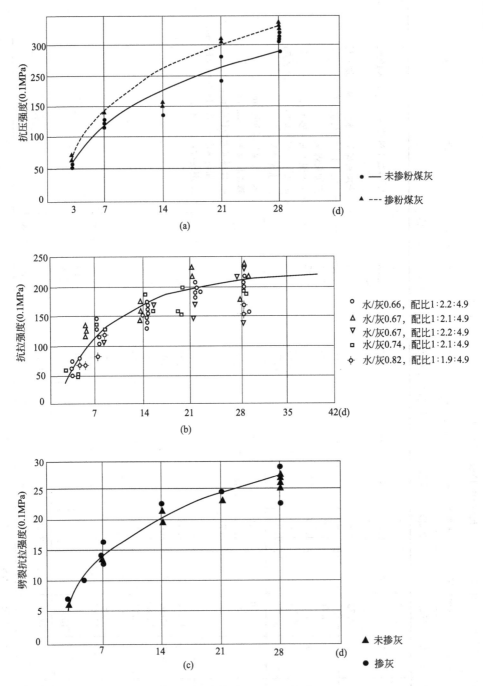

图 2-6 混凝土强度与龄期关系

（a）混凝土立方抗压强度-龄期关系曲线；（b）混凝土抗压
强度-龄期关系曲线；（c）混凝土劈裂强度-龄期关系曲线

图 2-6（b）为苏联水工科学院所作的试验曲线，图 2-6（a）为本试验的试验结果统计曲线，实线为未掺粉煤灰的试验统计曲线，虚线为掺灰试验统计曲线，试验数据见表 2-16。

从图 2-6 可以看出混凝土抗压强度随龄期增长而增长，早期增长的速率快，随后减慢，到 28d 仍有增长的趋势，这个强度的增长往往要延续几年。

2）劈裂抗拉强度随龄期增长的变化规律

在钢筋混凝土工程中，混凝土抗拉强度大多数是采用劈裂法。如前所述，在圆柱体或立方体的劈裂试验中，其结果受垫条尺寸和形状的影响较大。例如水科院用 4mm 圆垫条所得到的劈裂强度为 5mm 方垫条得到的劈裂强度值的 75%。在本试验所采用的垫条情况下得到掺灰和未掺灰混凝土随龄期变化的试验结果见表 2-16，试验统计曲线见图 2-6(c)。

材料强度随龄期变化　　　　　　　　　　　　表 2-16

试件编号	龄期 (d)	抗 压 强 度 (0.1MPa)				劈 裂 抗 拉 强 度 (0.1MPa)			
		未加粉煤灰		掺加粉煤灰		未加粉煤灰		掺加粉煤灰	
		测试值	平均值	测试值	平均值	测试值	平均值	测试值	平均值
3-1	3	54.5		64				5.92	
3-2	3	53	54	70	66	5.05	5.40	5.63	5.80
3-3	3	54		70		5.78			
7-1	7	118		141		16.46		13.57	
7-2	7	126	122	141	141	14.15	14.40	14.58	14.20
7-3	7	121		141		12.71		14.44	
14-1	14	138		153		21.37		21.95	
14-2	14	139	139	147	153	21.37	20.80	21.08	22.04
14-3	14	140		156		19.64		23.10	
21-1	21	218		266		24.83		23.39	
21-2	21	197	218	262	261	23.39	24.10	24.84	24.1
21-3	21	238		255					
28-1	28	262		279		29.45		27.43	
28-2	28	269	267	294	286	27.43	26.70	25.41	26.5
28-3	28	271		285		23.10		26.57	

从图 2-6(c) 看出，劈裂强度随龄期增长而增长，与抗压强度的变化类似，但掺灰组与不掺灰组数据接近，也就是说掺加粉煤灰对劈裂强度影响不大。

前边讲过，用劈裂法测定混凝土抗拉强度是间接法。从国外资料看，大多数人认为劈裂法所得到的抗拉强度 R_s 高于轴拉强度 R_1。但从理论分析，在劈裂试验中圆柱体试件的中部可以认为是平面应变状态，如图 2-7 所示。由弹性理论可求得沿 AB 断裂线上水平拉应力（σ_x）和垂直压应力（σ_y）的分布见图 2-7。

从图 2-7 中知，在圆柱体或立方体劈裂断面上，混凝土单元体是处于压-拉两向受力状态，在中心 $\frac{7d}{10}$ 范围内 σ_x 几乎不变。$\sigma_x = \frac{2P}{\pi d l}$，而 σ_y 在中心处最小，$\sigma_y = 3\left(\frac{2P}{\pi d l}\right)$，

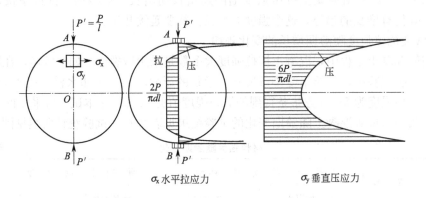

图 2-7　圆柱体劈裂面上的应力分布

向两端沿抛物线增大。试验结果表明，在压-拉两向应力状态下混凝土抗拉强度随着抗压强度的增大而降低，即在压-拉两向应力状态下混凝土拉断应力总是低于单轴拉断应力。所以 R_s (σ_x) 总是小于 R_1，以上从理论分析，混凝土劈裂抗拉强度不等于轴向抗拉强度，且小于轴向抗拉强度。但试验中，混凝土劈裂试件的断裂面由压板接触点所固定，而轴拉试件的断裂面是随机的，一般情况劈裂抗拉强度大于轴向抗拉强度。而垫条尺寸很小时劈裂抗拉强度又低于轴向抗拉强度，有人认为，可以确定一个适当的垫条尺寸和形状使劈裂强度接近或等于轴向抗拉强度。我们认为，若以劈裂强度代替轴向抗拉强度，除了试件标准化外，垫条形状和尺寸应该统一，寻求与轴向抗拉强度的系数关系，以利于技术的交流。

另外，用劈裂抗拉强度对一般普通钢筋混凝土结构选定设计抗拉强度和施工管理检测混凝土质量是可行的。但对大体积混凝土温度应力计算，特别是龄期早时，强度低，应力很敏感，不可用劈裂强度代替混凝土轴向抗拉强度，从控制大体积混凝土裂缝的形成和开展这个意义上讲，劈裂强度指标是不安全的。

3）混凝土轴向抗拉强度随龄期增长的变化规律

要评价混凝土开裂的危害，就需要混凝土真实抗拉性能的资料。用混凝土轴向拉伸试验的方法来确定混凝土的抗拉性能，虽然是最困难的方法，但它最能真实反映混凝土的应力状态，是抗拉强度的真实指标。有时也通过混凝土的轴向抗拉强度间接地衡量混凝土的其他力学指标，如混凝土的冲切强度等。另外通过混凝土轴向拉伸试验可以在一根试件上同时得到轴向抗拉强度，抗拉弹性模量以及极限拉

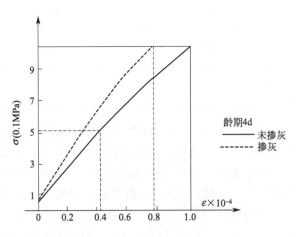

图 2-8　轴向拉伸应力-应变曲线

伸值，所以是很重要的。本次试验所得到的轴向拉伸试验应力-应变曲线见图 2-8。

混凝土轴向抗拉强度随龄期的变化见图 2-9，试验数据见表 2-21。

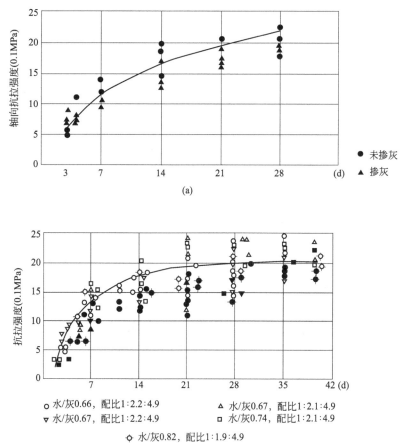

(a)

(b)

图 2-9　混凝土强度变化图
(a) 混凝土轴向抗拉强度-龄期关系曲线；(b) 混凝土抗拉强度-龄期关系曲线

从图 2-9 中可知混凝土轴向抗拉强度随龄期增长而增长，粉煤灰对混凝土轴向抗拉强度没有显著影响。

(1) 轴向抗拉强度与抗压强度的关系

以往人们认为，轴向抗拉强度增长的主要影响因素与抗压强度相同。因此，轴向抗拉强度与抗压强度之间有着密切的关系，但却不是正比关系。

混凝土在早龄期的这种关系只有 Weigeer 和 Karl（1974）间接地提出过，他们的结果表明，在早龄期，混凝土轴向抗拉强度与抗压强度的增长呈线性关系，抗拉/抗压强度之比约为 0.08。本试验的结果，提供了 3～28d 的资料，随着龄期的增长轴心抗拉强度与抗压强度以相似的趋势增长，抗拉/抗压强度之比随着龄期的增长在 0.087～0.095 以很低的速率增长，其值见表 2-17 及图 2-10。这与英国 A.M. 内维尔的试验结果完全一致，他还指出一个月后，R_1/R 比值随时间减小。

(2) 混凝土轴心抗拉强度与劈裂抗拉强度之间的关系

如前所述，工程中大多采用劈裂法，探明劈裂强度与轴向抗拉强度之间的关系及其随

表 2-17

龄期(d)	抗拉/抗压
3	0.087
7	0.088
14	0.092
21	0.094
28	0.095

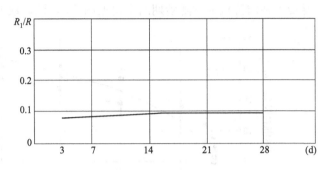

图 2-10　混凝土抗拉/抗压强度之比随龄期变化的关系

龄期的变化有着工程实际意义。

　　轴拉与劈拉之间的关系比较复杂，由于垫条影响较大难以用简单表达式来表示。根据太原理工大学、湖南大学等单位的 137 组劈裂试验统计结果，取得劈裂 28d 强度测值如乘以系数 0.9，则与规范所得的轴向抗拉强度值非常接近，如用国际标准规定的 ϕ150mm 垫条进行劈裂试验，则相应换算成轴向抗拉强度的系数应是 0.85。

　　在本试验的条件下提供了混凝土轴向抗拉强度与劈裂抗拉强度随龄期变化的关系，具体数据见表 2-18。

轴向抗拉强度与劈裂抗拉强度随龄期的比较　　　　表 2-18

龄　期 (d)	轴向抗拉强度 (0.1MPa)	劈裂抗拉强度 (0.1MPa)	轴拉/劈拉
3	5.74	5.4	1.06
7	11.77	14.4	0.82
14	16.56	20.8	0.80
21	19.97	24.1	0.83
28	20.50	26.7	0.77

　　从表 2-18 可知，在较早龄期如 3d，轴向抗拉强度与劈裂抗拉强度接近，随着龄期的增长，劈裂抗拉强度高于轴向抗拉强度，在 7d 之后轴向抗拉强度约为劈裂抗拉强度的 80%。

　　4）混凝土轴向抗拉弹性模量随龄期增长的变化规律

　　（1）弹性模量的取值方法

　　众所周知，混凝土不是一种纯粹的弹性材料，严格讲混凝土的应力-应变关系是非线性的。另外，混凝土又是一种带有徐变趋势的材料，这就引起了不同形式的静力和动力弹性模量的存在。静弹性模量亦称为"瞬时变形模量"，是以应力-应变的斜率来确定的。在一般情况下，$\sigma\varepsilon$ 关系曲线常为略有弯曲的曲线，所以不同的计算方法就会得到不同的弹性模量。计算弹性模量的方法有原点切线弹性模量、切线弹性模量、割线弹性模量。

　　实际上混凝土的静弹性模量多数通过短期试验以正割模量来确定，割线弹性模量与所取的割线段有关，所截取的割线段不同，弹性模量值就不同。本试验中采取（0～0.5）断裂强度 R_p 割线弹性模量。采取（0～0.5）R_p 是考虑到试件预拉三次后，在 $0.5R_p$ 以下经过修正的试验曲线，接近于直线，取得的弹性模量有较好的代表性。同时在各龄期有相同的意义，便于比较。

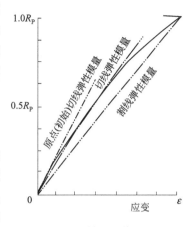

图 2-11　弹性模量取值方法示图

（2）弹性模量随龄期增长的变化规律

混凝土弹性模量反映瞬时荷载作用下的应力应变性质与结构最终应力状态有直接关系，严格说混凝土受压和受拉的弹性模量是不同的。本试验以轴向拉伸法得出了在应力水平为（0～0.5）R_p 时作为正割模量确定的弹性模量，是在加荷速度以不产生徐变为限的外荷载短促作用下得到的瞬时变形模量 E。E 随龄期的变化也是混凝土弹性性质的重要特征。

混凝土弹性模量随龄期的变化规律有双曲函数和指数函数的两种表示法。本试验得到的试验数据列于表 2-14 中，根据试验数据统计结果采用指数关系式来描述混凝土瞬时弹性模量随龄期的变化规律。混凝土弹性模量随龄期变化的曲线表示于图 2-12。

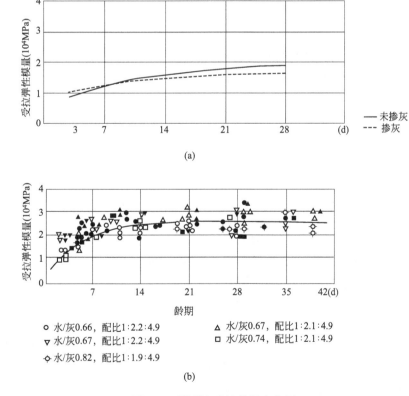

图 2-12　混凝土弹性模量变化图
（a）混凝土受拉弹性模量-龄期关系曲线；（b）混凝土
受拉弹性模量-龄期关系曲线

图 2-12(a) 为本试验的结果曲线，从图中可以看出，混凝土弹性模量，随龄期增长而增长。7d 之前增长速度较快，7d 以后增长速度开始减慢，见表 2-19。一个月后，随混凝土龄期的增长，弹性模模量增长渐趋稳定。

不同龄期混凝土特征值的比较（以龄期 28d 为 1.0）　　　　　　表 2-19

龄　期 (d)	3	4	7	14	21	28
抗拉强度	0.26	0.35	0.53	0.76	0.90	1.00
弹性模量	0.45	0.50	0.63	0.83	0.94	1.00
极限拉伸	0.57	0.64	0.77	0.89	0.96	1.00

值得注意的是近年来水泥标号不断提高，水泥用量不断增加，弹性模量增长速率及模量数值都将有所增大（当然抗拉强度亦必相应增加）。

5）混凝土极限拉伸值随龄期增长的变化规律

在混凝土和钢筋混凝土中对于变形变化引起的裂缝问题，仅仅看到抗拉强度是不全面的，更重要的是要看到"材料的抗变形能力"即材料的"极限拉伸"。对混凝土的极限拉伸性能问题，试验研究很不够，国内外科技工作者也曾做了一些试验研究。但结果出入颇大，特别是轴向受拉状态下的混凝土极限拉伸值，低的仅为 0.5×10^{-4}，而高的可达 2.65×10^{-4}。

图 2-13 曲线为本试验用轴向拉伸试验所得出的试验结果统计曲线，数值见表 2-15。该曲线仍可用对数关系来描述。

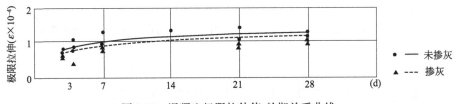

图 2-13　混凝土极限拉伸值-龄期关系曲线

从图 2-13 可知，极限拉应变随龄期增长而增长，但增长速率是缓慢的，如 3d 时，极限拉伸值为 0.75×10^{-4}，而 28d 的极限拉伸值为 1.05×10^{-4}。也就是说早期增长的很快，3d 的极限拉伸值已达 28d 极限拉伸值的 70%。

混凝土的极限拉伸与抗拉强度的关系，一般受水灰比和水泥用量的影响较大。

混凝土极限拉伸、弹性模量与抗拉强度随龄期的变化关系如表 2-15 与图 2-14 所示，混凝土极限拉伸、弹性模量与轴向抗拉强度均随龄期增长而增长。混凝土极限拉伸、弹性模量随抗拉强度的增长而增长。从增长的速率来看，极限拉伸的增长率最高，弹性模量次之，且均高于混凝土抗拉强度的增长率，从图中还可以看出，早期增长率高一些，后期增长较小。

6）掺加粉煤灰对混凝土性能的影响

混凝土中掺入适量粉煤灰对改善混凝土和易性、降低温升、减少收缩、提高抗浸蚀性

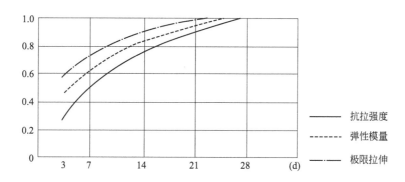

图 2-14　混凝土抗拉强度、弹性模量与极限拉伸随
龄期增长速率比较

具有良好效果。在本试验粉煤灰掺量情况下，掺灰使混凝土抗压强度增长 7％～20％，尤其使早龄期混凝土抗压强度的增长更为明显。如 3d 时增长 20％，28d 增长 7％。

试验还发现掺加粉煤灰对混凝土抗拉强度没有显著影响。

掺加粉煤灰对混凝土变形性能亦有影响，可使混凝土弹性模量降低。表 2-20 数据说明 7d 之前掺灰组弹性模量略有提高，7d 之后随着龄期的增长而降低，14d 时降低 21％，28d 时降低 15％，这对混凝土的抗裂是有利的。与此同时掺灰使混凝土极限拉伸也有所降低，见表 2-20，单以极限拉伸来看，掺入粉煤灰使极限拉伸降低对混凝土早期抗裂不利。但实践证实掺加粉煤灰还可降低混凝土的温升，减少混凝土内外温差，这对混凝土抗裂又是有利的。所以掺加粉煤灰对混凝土早期抗裂性的影响要视降低温升与极限拉伸降低哪个占优势而定，可以根据水化热推算绝热温升引起的温度变形与减少的极限拉伸进行比较。

据水工部门资料介绍：如广西大化水电站工程采用粉煤灰超量取代水泥配制混凝土。粉煤灰掺量大对降低混凝土温升，简化温控，提高质量，节约水泥，节约资金起了重要作用。据统计水泥用量从 1978 年平均 267kg/m³ 降到 150kg/m³，而混凝土裂缝基本消除。由于掺加多量粉煤灰降低水泥用量，从而能在夏季较高温度下正常施工，所以认为掺加粉煤灰不仅节约水泥，而且可以提高混凝土的质量。

5. 养护条件对混凝土强度的影响

为了获得高质量的混凝土，进行适宜环境的养护是问题的另一个重要方面。

确切地说，养护的目的是要使混凝土保持或尽可能接近于饱和状态，使水化作用达到其最大的速度，得到更高强度的混凝土，不同的养护和维护可使结构的抗裂能力成倍地变化。不当的养护则会造成强度损失，在大体积混凝土中会造成有害的温度裂缝。所以说混凝土的养护条件对强度发展有很大影响。混凝土的养护条件指混凝土的潮湿状态及养护温度。

关于湿养护的影响：如果混凝土潮湿状态低于相对湿度的 80％，水化几乎会完全停止，因此湿度的供给情况对混凝土的影响是一个重要方面。潮湿养护对混凝土强度的影响可由表 2-21 及图 2-15 给出。

混凝土力学性能实测与表达式计算值的比较　　　　表 2-20

龄期(d)	立方抗压强度(0.1MPa)				劈裂强度(0.1MPa)		轴拉强度(0.1MPa)			受拉弹性模量(10^4MPa)				极限拉伸值($\epsilon_p \times 10^{-4}$)			
	未掺粉煤灰		掺粉煤灰		未掺粉煤灰		未掺粉煤灰		掺粉煤灰	未掺粉煤灰		掺粉煤灰		未掺粉煤灰		掺粉煤灰	
	实测值	计算值	实测值	计算值	实测值	计算值	实测值	计算值	计算值	实测值	计算值	实测值	计算值	实测值	计算值	实测值	计算值
3	54/60.6	5.6	66/100.0	66	5.40	6.88	5.74	5.74	5.74	0.82/72.6	0.86	1.13/100.0	1.10	0.75/115.4	0.74	0.65/100.0	0.66
4	—	—	—	—	—	—	8.96	7.60	7.60	1.12/74.2	0.96	1.51/100.0	1.15	0.87/161.1	0.83	0.54/100.0	0.74
7	122/86.5	121	141/100.0	141	14.40	14.06	11.77	11.40	11.40	1.18/80.8	1.20	1.46/100.0	1.28	1.07/128.9	0.99	0.83/100.0	0.88
14	139/90.8	181	153/100.0	212	20.80	20.58	16.56	16.42	16.42	1.52/126.7	1.58	1.20/100.0	1.48	1.14/93.4	1.15	1.22/100.0	1.02
21	218/83.5	219	261/100.0	256	24.10	24.60	19.97	19.49	19.49	1.73/115.3	1.79	1.50/100.0	1.58	1.22/128.4	1.24	0.95/100.0	1.10
28	267/93.4	247	286/100.0	289	26.70	27.50	20.50	21.70	21.70	1.92/117.1	1.91	1.64/100.0	1.64	1.05/97.2	1.15	1.08/100.0	1.15

养护条件对混凝土抗压强度的影响（0.1MPa）　　　　表 2-21

编号　　龄期(d)	3	7	14	21	28	养护方式	入模温度（℃）
（0）	54	122	139	218	267	标准养护	15
（1）	109		181	249	299	标养 7d 后室外自然养护	23～27
（2）			249	290	297	标养 14d 后室外自然养护	23～27
（3）	136	220	284	299	350	室外盖草袋洒水养护	23～27
（4）	139	226	285	290	326	室外盖塑料膜，盖草袋洒水养护	23～27
（5）	109	187	269	288	277	标养 3d 后室外自然养护	23～27
（6）	109	188	242	268	257	拆模后室外自然养护	23～27

表 2-21 和图 2-15(a)，是本试验根据大体积混凝土浇筑现场可能遇到的条件，对混凝土不同龄期抗压强度的发展进行测定所得到的结果。

从表 2-21 和图 2-15 看出，在入模温度相同的情况下，干燥状态比湿养护状态强度显著降低，且随龄期增长而变化。3d 时强度降低 21％，28d 强度降低 27％。另外，从图中还可以看出，在养护温度相同的情况下，连续湿养护（即盖草袋洒水养护）时混凝土强度在各龄期均为最高。标准养护 14d 后放室外自然养护次之，28d 强度降低 14％。最不利的情况，脱模后随即放室外自然养护，28d 强度比连续湿养护降低 27％。

潮湿状态对混凝土抗拉强度影响更为敏感，这方面工作做得少，具体见表 2-15，自然养护 28d 抗拉强度为标准养护的 20％，甚至更低。

上述结果说明：在早龄期如果想使混凝土硬化后达到预期的强度，良好的供湿是非常重要的，缺少湿养护使混凝土强度降低的原因除了水化受到抑制外，干缩可能引起内应力和微裂缝也是混凝土强度降低的原因之一。

另外，如果先干燥后又恢复湿养护。其结果，湿养护被耽误的时间越长，则强度的恢复越少。如果在中断 24h 之后，重新开始湿养护，强度几乎完全恢复。

除潮湿状态对混凝土强度影响较大外，养护温度对混凝土的影响同样不容忽视。

我们知道，养护温度的升高加速了水化的化学反应，因此对混凝土早期强度产生有利影响，对后期强度亦无不利影响。可是若浇筑和凝结期间的温度较高，虽然使早期的强度得以提高，但从约 7d 以后对强度就有不利的影响。其原因在于初期的快速水化似乎形成了物理结构不良的水化产物，大都是多孔结构，以致大部分孔隙仍保持着未被填充的状态。

早期高温对混凝土后期强度有不利影响的这一解释被英国的费贝克（Verbek）和海尔缪斯（Helmuth）所引申，他们认为较高温度下水化速率加快减缓了此后的水化速率，且在浆体内部产生了不均匀分布的水化产物，水化产物不均匀分布对强度产生不利影响，局部的薄弱点使整个强度降低。

若干现场试验也已证实浇筑时温度对强度有影响，具有代表性的资料是温度每升高

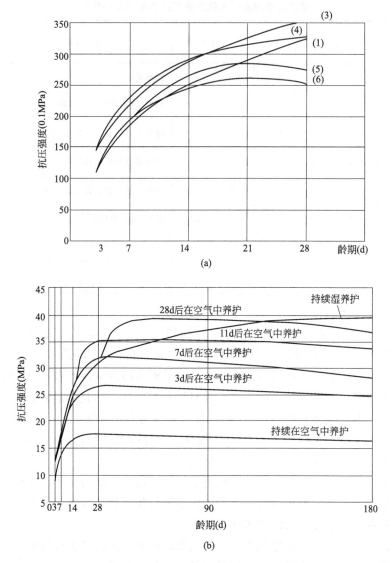

图 2-15 养护条件对混凝土强度影响图

(a) 不同养护条件对混凝土强度的影响；(b) 湿养护

对混凝土强度的影响（水灰比 0.50）

5℃，强度下降 1.9MPa。

英国的普顿斯（Pvice），关于温度对捣拌后头 2h 混凝土（水灰比为 0.53）强度的影响见图 2-16，他所研究的温度范围介于 2～46℃，时间达到 2h 之后，全部试件均放在 21℃下养护。

有人还做过试验，说明了较高温度只在浇筑后头几天中获得较高的强度，而超过四周情况即发生了迅速变化。温度介于 4～23℃下养护 28d 的试件，其强度全高于 32～49℃下养护的试件强度。图 2-17 显示了温度对 1d 和 28d 混凝土强度影响的典型曲线。但决不要误会，即超出凝结与硬化初期以后湿度的影响，较高温度加速了强度的发展。

另外，沙伦（Shalon）发现浇筑之后立即发生蒸发失水是有益的，但是要防止表面干

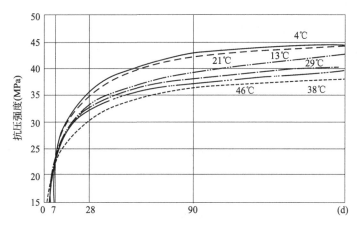

图 2-16 浇筑之后头两小时温度对强度发展的影响

（所有试件均密封，2h 后放在 21℃下养护）

燥，否则会发生塑性收缩与开裂。一般说来夏天浇筑的混凝土比冬天浇筑的混凝土强度要低（拌合物相同）。

以上的论述提示我们，为了防止和控制温度裂缝的发生，在大体积混凝土施工中，混凝土养护工作十分重要。浇筑后混凝土内部处于升温阶段要适时进行湿养护，若有条件该阶段应该适当散热。一方面可以降低混凝土温升峰值，又可防止影响后期强度，在降温阶段混凝土处于收缩状态拉应力可能出现。除保湿养护很重要外，同时要注意保温，以降低混凝土的内外温差。

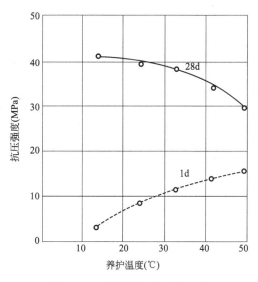

图 2-17 养护温度对 1d 和 28d 抗压强度影响

6. 混凝土轴拉试验结论

从以上一系列的试验研究，可以得到以下几点初步结论：

1）从国内外试验研究资料来看，对于混凝土轴向抗拉强度与极限拉伸的研究其少，而对抗压与抗拉强度之间的关系，各强度指标和变形指标随龄期的变化规律，特别是在工民建领域大体积混凝土较早龄期研究的就更少。为此我们做了以上的系列试验研究，并通过这些试验研究了混凝土各种强度和变形指标随龄期变化的关系，这对控制大体积混凝土的温度裂缝及温度应力的计算无疑具有实用的价值。

2）混凝土轴向拉伸试验较真实地反映结构物中混凝土拉应力状态，是混凝土抗拉强度的真实指标，所以混凝土的抗拉强度，特别是大体积混凝土抗拉强度应以轴向抗拉强度为基准，且应以抗拉强度及极限拉伸为主要控制因素，混凝土工程现场质量检测除抽样检测混凝土抗压强度外，同时也应检测混凝土的抗拉强度。

3）本试验中所采用的混凝土轴向拉伸试验测试准确，方法简单，安装方便，可作为大体积混凝土变形性能现场质量检测手段之一。

4）圆柱体或立方体劈裂抗拉强度理论分析不等于轴向抗拉强度，且低于轴向抗拉强度。但试验时劈裂试验断面被固定和轴拉试验的随机性无法在理论分析中考虑，故而实测抗拉强度却高于轴向抗拉强度，本试验中 $R_1 = 0.80R_s$。立方体试件劈裂抗拉强度受垫条尺寸和形状的影响较大，故应该统一垫条尺寸，求得劈裂抗拉强度与轴向抗拉强度之间的系数关系。

5）粉煤灰在混凝土中主要起物理填充作用，加强了粉末效应，增加了混凝土的密实性。所以试验指出在混凝土中掺加适量粉煤灰不仅可以提高混凝土强度，降低混凝土弹性模量，又可以节约水泥，降低混凝土的温升，减少收缩，提高抗浸蚀性等，对提高混凝土的质量及抗裂性能有着积极的效果。

6）为了防止和控制混凝土块体发生有害的温度裂缝，在混凝土浇筑完毕之后，适时采取养护措施是十分重要的。混凝土的潮湿状态及养护温度对混凝土强度有着显著影响，所以在混凝土浇筑后的升温阶段要及时供湿以加速混凝土的水化反应。这样一方面可以降低混凝土内部的温度峰值，另一方面又可防止后期的强度损失。在混凝土进入降温阶段，要加强保温保湿养护措施。该阶段混凝土开始收缩，混凝土内部应力由受压状态向受拉状态转化，尽量降低混凝土内外温差及降温速度，是确保工程质量的重要步骤。

防止大体积混凝土发生温度裂缝是一个综合性的问题。在混凝土原材料的选择、配合比的确定以及施工工艺等方面应该全面采取措施。如：保证混凝土具有较高的抗拉强度；选用水化热低的水泥；适量掺用优质的粉煤灰等活性混合材料，以保证混凝土中含有一定的胶凝材料总量，而不提高水化热温升；考虑骨料的种类，采用一部分弹性模量低的骨料，在施工中注意混凝土的均匀性，以提高混凝土的拉伸变形性能等。并根据理论分析和现场观测资料，积极从温度应力方面研究与混凝土实际变形性能相适应的一整套温度控制措施，用以防止大体积混凝土发生有害的温度裂缝。

本试验只对常用配合比下在不出现徐变荷速条件下混凝土轴向抗拉性能及随龄期的变化规律作了一些初步探讨，其中还有许多问题诸如水灰比的影响、抗拉强度对混凝土极限拉伸的关系、抗拉强度与养护条件的关系、钢筋对混凝土力学性能的影响以及极慢速荷载条件下混凝土极限拉伸值等，尚需作进一步的研究。

2.12 极慢速加载条件下混凝土抗拉性能试验研究[❶]

上一节介绍了在常规加载速率条件下抗拉试验的结果，比只按抗压试验结果讨论混凝土的裂缝问题前进了一步。但是，这次试验的加载速率是以混凝土不出现徐变为前提的，即 $5 \times 10^{-2} \mathrm{MPa/min}$。

实际上，在温度应力和收缩应力的发展过程中，约束拉应力，即约束拉应变的发展是以极慢的速度进行的（约20天至数月），这一变形中包括弹性变形和徐变变形。约束变形达到最大值，即极限拉伸中也同样包括弹性变形和徐变变形，这对于混凝土的抗裂有很大益处。我们应当进行极慢速荷载下的抗拉性能试验。过去虽然思考到这一点，但是加载

---

❶ 参加试验的有宝钢钢研所汪承甫，冶建院黄勤敏、罗菊平等。

的装置不具备条件。已做试验的加载速率约 $5×10^{-2}$ MPa/min。

我们在宝钢钢研所应用计算机控制 MTS 电液伺服动态材料试验系统，自动采集处理数据，可以做到加载速率约 $7×10^{-5}$ MPa/min，这样速率比较接近实际情况 0.1 MPa/d，当然在可能条件下再降低加载速度会更进一步接近收缩和气温变化速率，但在改进加载装置方面将遇到难以克服的困难。好在加载速度越慢越增加徐变变形，增加极限拉伸，可以多留一些抗裂安全度。

这里我们特别强调，包括徐变变形的极限拉伸才是真正需要的极限拉伸，只有考虑这一因素，才能解释那些按弹性理论计算混凝土在约束条件下只能承受 10℃ 就开裂，而实际承受 20~30℃ 也没有开裂的工程现象。

在变形作用引起的裂缝控制研究中，徐变性质可以大大提高极限拉伸，对抗裂性能带来不可忽视的益处。

当结构处于约束状态下，约束变形不变时，混凝土的徐变又引起约束应力的松弛，同样提高了抗裂性。

应当注意的是徐变性质的利用，只有在慢速加载，即慢速变形（温度、收缩、地基沉降等）条件下才能有效；急剧的降温、干缩和沉降等条件下是不可能有徐变效应的，抗裂性必将大大降低。极慢速试验室见图 2-18。

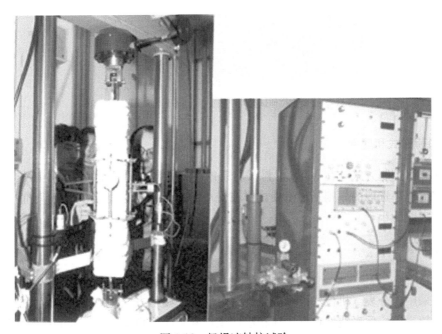

图 2-18　极慢速轴拉试验

1. 试样

本方法选用内埋装卡式试样，形状为翼形棱柱体。试样全长 600mm，中间平行部分断面为 100mm×100mm 的正方形，平行部分长 300mm，两端断面放大。试样与试验机连接处设计成易于对中的钢拉环。为保证试样受载时具有良好的同心度，采用两种拉环。各部件形状、尺寸见图 2-19。

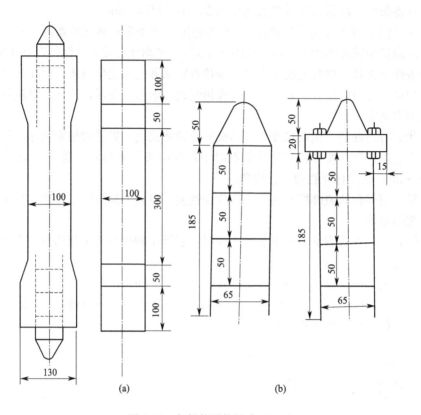

图 2-19　各部件形状尺寸（mm）

（a）混凝土拉伸试样外形图；（b）拉环形状及尺寸图

2. 加荷形式和速率

以计算机控制方式，在 MTS 材料试验系统上对龄期小于 7d 的混凝土试样实施程序加载。加荷速率选取的原则是尽量使试样在受载到 28d 龄期时达到或接近其抗拉强度值，恒加荷速率取为小于 0.7N/min。

3. 变形测量

1）形式

同时采用千分表（机械式）和应变规（电子式）两种方式。前者测量值可靠，对变形的反应比较灵敏。后者线性良好、体积小，试样断裂时能自动脱离，并能精确测量记录试样断裂时的极限拉伸值。

2）夹具

试样相对侧面各装一对千分表和应变规。我们自行设计、加工制作了粘贴式和紧固式两种变形测量夹具。

4. 试验方法

试验开始先对试样预拉三次，预拉伸载荷设定为当时龄期断裂载荷的 15%。预拉过程中同时测定试样相对两侧面的变形量来校正试样夹持的同心度。然后再实施程序加荷慢拉伸试验，并且在相同养护条件下同步测定自由状态对比试样的干缩湿胀变形量，以便对慢拉伸试验结果进行修正。

5. 测试技术难点及处理方法

因为整个慢拉伸试验过程试样断裂前的总变形量小于 0.1mm，相应于每天的变形量只有 0.001～0.002mm（对应试样应变为 5～10$\mu\varepsilon$），所以必须保证变形测量的可靠性和精度要求。要尽量克服传统测量方法中温度和湿度波动及零点漂移等因素的影响，采取了包括对比试验、改善试样外部环境等措施在内的方法来实现。另外变形测量夹具是试验取得成功的关键之一。本试验分别采用不同的夹具形式并以石英杆代替金属杆做试样变形传递杆来提高测量精度。

6. 试验结果分析

1）极慢加荷速率拉伸试验方法基本性能考核

MTS 电液伺服闭环材料试验系统能对材料和结构进行室内模拟试验。伺服控制方式易于精确控制载荷、位移或变形，具有广泛的通用性和灵活性。闭环控制的基本原理是：测出试样所受载荷、变形（应力、应变）后与所需的控制输入量不断比较，由所测得的数值与控制量之差向伺服阀发出连续的校正信号，使此差值尽可能小。各传感器的调节器激发、调整传感器的输出信号将之用于控制和测量。试验过程中载荷、变形均可作为控制参量。闭合回路控制框图如图 2-20 所示。

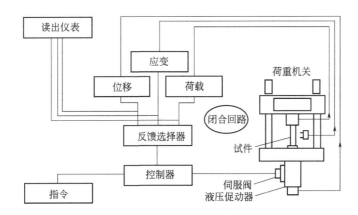

图 2-20 MTS 闭合回路控制框图

MTS 810.22 动态材料试验系统采用计算机实时控制，自动采集、处理数据。试验过程中控制器根据函数发生器提供的波形信号与传感器测出的反馈信号进行判断后给出进一步指令。TESTLINK 在时钟控制下逐个扫描，各传感器信号经 A/D 转换以 DMA 方式置入计算机内存，采集到的数据另外通过 DATA I/O（数据输入/输出）接口监控控制器的状态参量，使各保护单元联锁动作并发出指令控制试验的运行/终止状态。试验完毕，系统退出计算机实时控制状态，内存采集到的数据存入磁盘文件作数据计算及绘图处理。

该系统的载荷传感器主要技术指标为：重复性——0.03％、非线性——0.10％、温度零漂——0.001％，DVM 数字显示输出最小刻度为 1N。应变规（电子式）为交叉挠动式结构，它的工作弯轴不随变形而漂移。它具有滞后低、线性高、夹持力小诸特点。尤其在长时期试验测定微小变形时输出量稳定，校正精度可达 0.0005mm，零点漂移不大于 0.1％（F.S）。

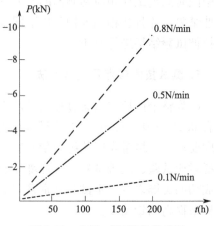

图 2-21　载荷-时间线性关系图

（1）加荷速率稳定性考核

模拟试样实施稳定性考核的加荷速率分别为 0.1N/min、0.5N/min 和 1N/min，试验周期最长达 240h。试验结果显示长期稳定性和线性度均能符合慢拉伸试验条件要求。表 2-22 示出稳定性考核结果。图 2-21 为线性关系图。

加荷速率稳定性结果　　　　　　　　　　　　　　表 2-22

试验时间 (h)	设定载荷 (N)	实测载荷 (N)	相对误差 (%)	加荷速率 (N/min)
63	378	383	1.3	
135	810	820	1.2	
168	1008	1014	0.6	0.1
183	1098	1099	0.1	
237	1422	1426	0.3	

（2）变形测量精度及稳定性分析

满量程为 1.25mm 的应变规的试验误差为最大 -0.00065mm，最小 -0.00005mm（技术规格）。长时间零点漂移实际测定时间分别为 40h 和 240h，零点漂移量最大为满量程的 0.1％、即 0.00125mm。采用 INSTRON 标定仪对应变规的标定结果如表 2-23 所示。

应变规标定数据表　　　　　　　　　　　　表 2-23

INSTRON 标定仪读值 ($\times 10^{-4}$mm)	0	5	10	15	20	25	30	35	40	45
	50	55	60	65	70	75	80	85	90	95
	100	120	140	160	180	200	250	300	400	
应变规读值 ($\times 10^{-4}$mm)	1	6	11	16	20	26	31	36	40	45
	50	55	60	65	71	76	80	85	91	95
	100	120	140	161	180	200	250	300	397	

该标定仪的最小刻度是 0.0005mm。因为极慢加荷速率混凝土试样的标距长度是 200mm，所以上述应变规试验误差、校正精度和零点漂移对应试样的应变测量精度则分别为 0.25～3.25$\mu\varepsilon$、2.5$\mu\varepsilon$ 和 6.25$\mu\varepsilon$。通过慢拉伸试样和对比试样试验结果的修正能扣

除零点漂移的影响。因此，本试验方法的应变测量精度可达 $3\mu\varepsilon$ 量级。

（3）慢拉伸程序

采用 IBM PS/2 计算机控制完成试验，自编的拉伸程序可以任意设定加荷速率。该程序经由 MTS 设备的控制器对试样实施恒加荷率缓慢加载，并自动采集应力-应变数据，以屏幕显示和打印方式记录、贮存数据。

2）试验实测

（1）试验实例一

首组试验的慢拉伸试样和对比试样只裸露在试验室环境中，加荷速率为 0.7N/min。试验结果表明：由于试样受载过程中未作任何养护处理，其拉伸应变量远小于干缩引起的应变量，抗拉强度/抗压强度之比也远小于 0.08 这个一般关系。另外，环境因素的变化也对应变测量结果带来很大的波动。因此需要改善试样的外部环境，即使如此实测结果表明应力、应变的增长趋势正常，表 2-24 为该组试验数据表。

试验数据表（第一组） 表 2-24

试样号	抗压/(拉)强度(折算值)(MPa)	加荷速率(N/min)	应力率(MPa/d)	开始拉伸龄期(d)	拉伸断裂龄期(d)	抗拉强度(MPa)	极限拉伸($\mu\varepsilon$)	干缩应变($\mu\varepsilon$)
1	30.9 (2.47)	0.7	0.1	7	19	1.19	<10	370
2		0.7	0.1	10	34	1.28	32	1

（2）试验实例二

此组试验试样养护条件改善为用棉花密封包住，并定期加水保持潮湿，变形测量夹具由粘贴式改成紧固式，试样加荷速率各不相同。表 2-25 为试验数据表，图 2-22 是 3 号试样计算机处理的应力-应变图和数据表，它完全符合试验方法要求。

试验数据表（第二组） 表 2-25

试样号	抗压(拉)强度(折算值)(MPa)	加荷速率(N/min)	应力率(MPa/d)	开始拉伸龄期(d)	拉伸断裂龄期(d)	抗拉强度(MPa)	极限拉伸($\mu\varepsilon$)	干缩应变($\mu\varepsilon$)
3	24.2 (1.94)	0.7	0.1	7	25	1.75	304	3
4		600	86	25	25	2.01	44	/
5		100	14	28	28	1.97	60	/

注：慢拉伸试样极限拉伸已作相应的干缩应变修正。

该养护条件能维持试样湿度恒定（约 80%），对比试样干缩引起的应变接近为零。抗拉强度随龄期的变化满足：

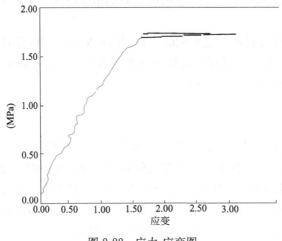

图 2-22 应力-应变图

$$R_f(\tau) = 0.8R_{f0}(\lg\tau)^{2/3} \tag{2-14}$$

式中 $R_f(\tau)$——不同龄期的抗拉强度；

R_{f0}——龄期为 28d 的抗拉强度；

τ——龄期。

抗拉强度随加荷速率的增加略有提高。3 号试样在极慢速加荷下进行试验，代入式(2-14)计算可知其抗拉强度实测值比计算时约下降 10%。4、5 号试样加荷速率正常、处于同一数量级，它们的抗拉强度实测值和计算值十分接近，满足式(2-14)。

相同养护条件下极慢加荷速率试样的极限拉伸比正常加荷下试样的极限拉伸增加 1.4 倍，它比 28d 龄期正常养护试样的极限拉伸也增加 0.7 倍。

用应力-应变图求弹性模量，图 2-23、图 2-24 分别示出 3 号试样和 5 号试样的应力-应变图。

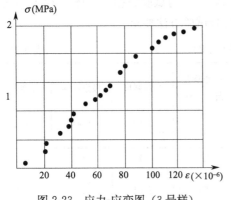

图 2-23 应力-应变图（3 号样）

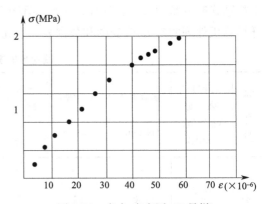

图 2-24 应力-应变图（5 号样）

混凝土不是一种纯粹的弹性材料，严格而言混凝土的应力、应变关系是非线性的。本试验采取割线弹性模量计算法，以（0～0.5）断裂强度 R_p 割线求解。慢拉伸 3 号试样割线弹性模量由应力-应变图实测为 $E(7)=1.96\times10^4$ MPa，同样快拉伸 5 号试样成龄期弹性模量 $E_0=4.34\times10^4$ MPa。

$$E(\tau) = E_0(1 - \beta e^{-\alpha\tau}) \qquad (2\text{-}15)$$

式中　$E(\tau)$——不同龄期的弹性模量；

　　　　E_0——成龄期的弹性模量；

　　　　α、β——经验系数取为 0.09 和 1.00。

以 $\tau = 7\mathrm{d}$ 龄期代入式(2-15)，3 号试样的弹性模量计算值为 $2.03 \times 10^4 \mathrm{MPa}$，它与实测值的相对误差仅为 3%，所以试验结果可靠、合理。

（3）试验实例三

本组试样的养护方式为封蜡保护，试样拉环改成压板式(图 2-19b)，且采用测量精度更高的微应变规(最小显示读数为 0.00005mm)。表 2-26 显示本组试样的试验数据。

试验数据表（第三组）　　　　　　　　　表 2-26

试样号	抗压(拉)强度(折算值)(MPa)	加荷速率(N/min)	应力率(MPa/d)	开始拉伸龄期(d)	拉伸断裂龄期(d)	抗拉强度(MPa)	极限拉伸($\mu\varepsilon$)	干缩应变($\mu\varepsilon$)
6		0.5	0.07	4	38	2.72	203	85
7	34.7(2.70)	156	22	38	38	2.70	88	/
8		3000	420	38	38	2.69	20	/

试样采用封蜡保护，水分失散产生的干缩应变较大达 $85\mu\varepsilon$，养护条件有待改善。

加荷速率对极限拉伸的影响显著。6 号、7 号试样试验结果表明极慢加荷速率试样的极限拉伸比正常加荷速率试样的极限拉伸增加 1.3 倍。加荷速率对不同龄期的抗拉强度影响甚微。

7. 结论

1）MTS 动态材料试验系统加荷稳定，计算机可控制设定加荷速率，数据处理系统可靠，电子式应变规和机械式千分表的变形测量数据吻合，能形成混凝土试样极慢加荷速率轴向拉伸试验方法。建议采用电子式平均应变规来提高变形测量精度，利用本方法能开展混凝土抗裂性能研究。

2）本方法测定的混凝土试样轴向抗拉强度 R_{f0} 与抗压强度 R_0 之间基本满足式 $R_{f0} = 0.08R_0$。其抗拉强度随龄期变化的规律服从等式 $R_f(\tau) = 0.8R_{f0}(\lg\tau)^{2/3}$。

3）加荷速率对抗拉强度影响不大。

4）混凝土试样的极限拉伸受变形测量夹具、试样同心度、预拉伸比率、养护条件和试验环境等因素的影响。加荷速率的不同会明显改变极限拉伸值，极慢速加荷条件下(0.1MPa/d)的极限拉伸能提高一倍以上。计算中可以偏安全的取 2×10^{-4}，从试验的曲线可知最大达 $2.5 \times 10^{-4} \sim 3.0 \times 10^{-4}$。

5）本方法可测定早龄期混凝土试样的瞬变弹性模量，测定结果基本遵循关系式 $E(\tau) = E_0(1 - \beta e^{-\alpha\tau})$。

根据本次试验，可以得出一个重要结论，使大体积混凝土降温速率和收缩速率尽可能减缓可以提高混凝土的抗裂度达一倍以上，这对地下工程大体积混凝土的裂缝控制提供了一条有实践价值的途径。

从材料研究角度看，如何提高材料极限拉伸适应最大的约束拉伸变形比提高抗拉强度还重要。

利用各种纤维对混凝土配筋，可以有效地提高极限拉伸，应当开发与研究。

研制新型外加剂，能产生稳定性微膨胀，补偿一部分收缩或创造预压变形从而提高拉伸性能的方法，对大体积混凝土的裂缝控制是有重要意义的。

2.13 龄期对混凝土的弹性模量、抗拉强度和极限拉伸的影响汇总与建议

无论是外界变形荷载的作用，还是结构自身的抗裂能力，矛盾的双方都是时间的函数，所以，有关结构的计算可以按照两种方法进行：一是选择变化过程中某一时刻的状态作为结构的最不利状态而按瞬时问题进行计算；二是计算结构各阶段应力应变的全过程。

第一种方法简单，但须较准确地预估变化过程中的不利时刻；第二种方法精确，但计算复杂，有时也常采用分若干阶段最后叠加的计算方法。

无论采用哪一种方法，结构材料物理力学性质随时间变化的规律应当是已知的。

1. 龄期对混凝土弹性模量的影响

弹性模量反映瞬时荷载作用下的应力应变性质，与结构最终应力状态有直接关系。根据国内外大量试验资料，证实混凝土在瞬时荷载作用下也不具备完全弹性性质，所以，弹性模量亦称为"瞬时变形模量"，不过，当荷载作用极短促时，非弹性变形并不显著，材料基本上呈弹性性质。

混凝土弹性模量随龄期变化的规律有两种表示方法：双曲函数和指数函数表示法。严格说来，混凝土受压弹模和受拉弹模是不同的，后者一般低于前者。考虑到既要接近试验结果，又应便于计算，采用指数函数表示法并且对拉压作用相同。

$$E(\tau) = E_0(1 - \beta e^{-\alpha\tau}) \tag{2-16}$$

式中 $E(\tau)$——不同龄期的弹性模量；

E_0——成龄期的弹性模量；

β、α——经验系数，$\beta = 1$，$\alpha = 0.09$；

τ——龄期（d）。

上式中 E_0 可根据混凝土强度等级按规范取值。任意龄期弹性模量变化公式：

$$E(\tau) = E_0(1 - e^{-0.09\tau}) \tag{2-17}$$

2. 龄期对混凝土抗拉强度和极限拉伸的影响

根据苏联水工科学院所做的试验，抗拉强度的变化规律服从下式：

$$R_f(\tau) = 0.8 R_{f0}(\lg\tau)^{2/3} \tag{2-18}$$

式中 $R_f(\tau)$——不同龄期的抗拉强度；

R_{f0}——龄期为 28d 的抗拉强度。

当然，同样可以确定不同龄期的极限拉伸：

$$\varepsilon_p(\tau) = 0.8\varepsilon_{p0}(\lg\tau)^{2/3} \tag{2-19}$$

式中 $\varepsilon_p(\tau)$ ——不同龄期的极限拉伸；

$\qquad\quad$ ε_{p0} ——龄期 28d 的极限拉伸。

在计算中遇有弯拉、偏拉受力状态，考虑低拉应力区对高拉应力区的约束作用，乘以 $\gamma=1.7$ 系数，借以表达受弯时抗拉能力的提高。

如上所述，混凝土抗裂能力随时间增长，与此同时，变形变化引起的应力（约束应力）亦随时间增长，各自的增长规律以相应的曲线描绘，见图 2-25。当抗拉强度曲线高于约束应力曲线时，$\sigma_1(t)$ 则不会开裂；当两条曲线相交时，$\sigma_2(t)$ 则在相应时刻结构开裂。

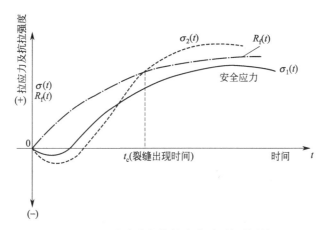

图 2-25 温度应力与抗拉强度随时间的增长

设计和施工以及生产维护都应从施工到生产全过程尽力控制强度曲线高于应力曲线。

所采取的技术措施中，除设计上的合理配筋及结构选型外，施工中的良好养护及维护对提高抗裂能力影响很大。

由于水泥的水化作用只有在充水的毛细管中才能进行，浇筑后硬化过程中必须保证较长时期的潮湿环境，防止剧烈蒸发而使毛细管失水。混凝土构筑物在生产及使用维护中亦应尽可能避免激烈的温湿度作用。养护及维护的效果，对工民建中薄壁结构来说，尤为灵敏。不同的养护及维护可使混凝土结构的抗裂能力成倍地变化。

通过大量的工程实测，发现近年来，由于水泥强度等级的提高和用量的增加以及保温的效果，弹性模量和抗拉强度增长速率都有增加的趋势，故采用指数函数描写增长速率的幂，例如 $E(t)=E_0(1-e^{-\alpha t})$，其中的 α 值、水化热增长速率、收缩增长速率以及极限拉伸和强度增长速率的有关系数都相应的有所增加。

目前，从实测资料分析，实测应力有时高于理论计算值，但由于实际极限拉伸及抗拉强度也高于理论值，最终的安全度仍然得到保证，所以现有的有关速率增长计算公式仍然是可以应用的。

3 温度应力理论的若干问题

　　建筑结构由于变形作用引起的应力状态，采用什么样的力学工具来分析，是一项十分重要的方法问题，作者通过多年的实践，认为弹性理论是最好的基本工具，深信弹性理论可以解决绝大部分工程结构问题。其他的非线性分析方法，诸如弹塑性、塑性、黏弹性、流变、断裂、损伤等力学工具，都各有其特点和长处，但都没有弹性理论系统和成熟。所以充分地利用弹性理论、材料力学、结构力学工具解决工程问题是本书的主要方法，但是其他非线性理论的长处仍然采取适当系数方法予以采用，对弹性分析结果加以补充和修正。

3.1　约束的概念

　　在解决结构物变形变化引起的应力状态时，有一个很重要的切不可忽略的基本概念，即约束的概念。当结构产生变形运动时，不同结构之间、结构内部各质点之间，都可能产生相互影响，相互牵制，这就是"约束"。由于建筑物有各种结构组合，约束的形式也因之而有许多种，但大致可分为"外约束"与"内约束"两大类。

1. 外约束

　　一个物体的变形受到其他物体的阻碍，一个结构的变形受到另一结构的阻碍，这种结构与结构之间，物体与物体之间的相互牵制作用称作"外约束"。例如地上框架变形受到地基基础的约束，挡土墙体变形受到基础的约束，结构横梁变形受到立柱的约束等，均属外约束。

　　由于各种建筑结构所处的具体条件不同，便在结构之间产生不同程度的约束，故按约束程度大小，外约束又可分为三种：无约束（自由体）、弹性约束、全约束（嵌固体）。

　　1）无约束（自由体）

　　所谓自由体是指，一个物体或构件，其变形不受其他物体或构件的约束，呈完全自由的变形。它们之间的连接构造是通过可滑动的滚轴，通过可滑动的自由接触来实现的，接触面上的摩擦力小到可以忽略不计的程度。

　　如图 3-1 所示的地基上自由变形 ΔL 的薄板，各端变形为 $\frac{1}{2}\Delta L$。图 3-2 所示的桥梁与桥台的滚动支座，图 3-3 所示的自由吊挂炉顶板等，均属自由体。

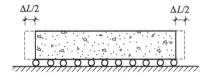

图 3-1　自由体示意之一

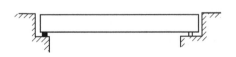

图 3-2　自由体示意之二

　　无约束自由体的变形既然不受到阻碍，便不会产生约束应力（外约束应力），变形变化的"荷载"在结构内部不引起应力，当然也无须担心外约束引起裂缝。

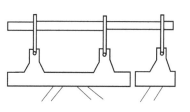

图 3-3　自由体示意之三

　　2）弹性约束

　　弹性约束是指，物体或构件的变形不是完全自由的，而是受到其他物体或构件的约束。但被约束体所受到约束体的约束，由于被约束结构或约束结构都是弹性可变形的，所以被约束体不可能一点不动，而是部分变形，即不完全自由变形。这种状态，在实际工程中颇为常见。

　　如图 3-4 所示，框架横梁的变形受到框架柱子的约束，横梁使柱子产生弹性侧移，柱子对横梁给予弹性压缩，使横梁的膨胀变形相应减少，从而只产生了部分变形。又如图 3-5 所示，滚轴上梁的两端受到弹性地基的约束，如同在端部受到弹簧的阻碍，地基梁的水平变形受到弹性抵抗而只产生了部分变形。如果梁底没有滚轴，便会受到水平剪切阻碍，同样会因约束而部分变形。弹性约束将引起约束应力。

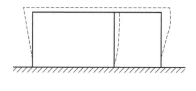

图 3-4　弹性约束示意之一

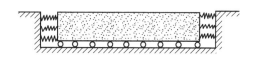

图 3-5　弹性约束示意之二

　　3）全约束（嵌固体）

　　全约束是指，物体或构件的变形受到其他物体或构件的完全约束，致使变形体完全不能变形，该物体即称为"嵌固体"。如图 3-6 所示，全约束梁（嵌固梁）没有变形的余地。在实际工程中，地基梁的收缩变形受到柱基的约束，几乎完全不能变形，接近于全约束。全约束状态的约束应力最大。

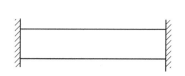

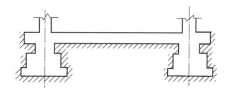

图 3-6　全约束示意图

　　根据约束的形式，外约束又分为"集中式"约束和"连续式"约束两种。

　　如果约束体对被约束体（变形体）通过若干节点集中地传递约束作用，称为"集中式"约束。例如，框架结构的横梁变形通过许多柱头（节点）受到立柱的约束即属此例。

图 3-7　连续式约束示意图

　　如果约束体对被约束体通过无穷多节点传递约束作用，则称为"连续式"约束，如长墙受到地基的约束，水坝受到坝基的约束（图 3-7）。

在外约束条件下，为了反映结构物所承受的约束程度，也就是反映结构物的可变形程度，可定义结构的约束系数和自由度系数如下。

结构的自由变形可分为两部分：一部分是实际变形；另一部分是被约束的变形：

$$\Delta = \delta_1 + \delta_2 \tag{3-1}$$

式中　Δ——无约束条件下的自由变形；

　　　δ_1——实际变形；

　　　δ_2——约束变形。

兹定义：δ_1/Δ 为自由度系数 η，δ_2/Δ 为约束系数 R。全自由条件下，自由度系数为 1，约束系数为 0。弹性约束条件下，这两个系数均介于 0 与 1 之间，并呈互补。全约束条件下，自由度系数为 0，约束系数为 1，即：

自由度系数：

$$\eta = \delta_1/\Delta \tag{3-2}$$

约束系数：

$$R = \delta_2/\Delta \tag{3-3}$$

$$\eta + R = 1 \tag{3-4}$$

结构构件的自约束程度与组成构件的分子（颗粒、质点）结合强度及刚度有关。相对黏性介质，其自由度系数近于 1.0（$\eta = 1.0$），约束系数近于 0（$R = 0$）；相对固体结构材料，如钢材、混凝土等，自由度系数近于 0（$\eta = 0$），约束系数近于 1.0（$R = 1.0$）。

构件的自约束应力（见 3.1、3.2 节）是由非线性的不均匀变形引起，所以只能产生局部裂缝（表面或中部）。

构件的外约束应力起因于结构与结构的约束，约束变形可能有各种形式，因此，既可能产生贯穿性断裂，也可能产生局部裂缝。

2. 内约束（自约束）

一个物体或一个构件本身各质点之间的相互约束作用称为"内约束"或"自约束"。沿一个构件截面各点可能有不同的温度和收缩变形，引起连续介质各点间的内约束应力，例如，深梁承受非均匀受热或非均匀收缩（图 3-8a）、烟囱筒壁的非均匀受热以及各种大体积混凝土设备基础的非均匀温差或收缩（图 3-8b）。相对没有外约束的自由体构件，只有非线性不均匀变形（温度、湿度等）引起自约束应力（详见 3.5 节，无应力温度场）。

研究内约束时，一般假定混凝土及钢筋混凝土构件为均质弹性体。但在特殊情况下，如研究混凝土内部微裂的出现时，需要考虑混凝土内部构造，探讨石子骨料与水泥浆的约束应力。假定水泥的收缩变形受到不变形的骨料约束，则按外约束计算方法进行。因此，外约束

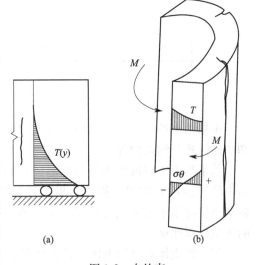

图 3-8　自约束

与内约束是相对的，在不同条件下可以采取不同的假定。

3.2 温度应力的基本概念

结构物可能承受由各种温湿度及其他原因引起的变形。如图 3-9 所示的悬臂梁，承受一均匀的温度差 T（升温为正，降温为负），梁将产生自由伸长 ΔL，梁内不产生应力。

梁端自由伸长值（自由位移）：

$$\Delta L = \alpha T L, \qquad \varepsilon = \frac{\Delta L}{L} = \alpha T \qquad (3\text{-}5)$$

式中　α——线膨胀系数（杆件每升高 1℃ 的相对
　　　　变形）（1/℃）；

　　　T——温差（℃）；

　　　L——悬臂梁的跨度（cm）；

　　　ε——相对自由变形。

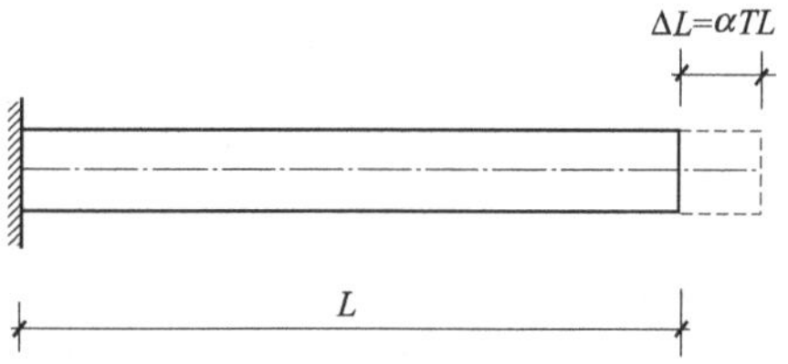

图 3-9　自由变形梁示意

如果悬臂梁的右端呈嵌固状，则梁的温度变形受到阻碍，完全不能位移，梁内便产生约束应力，其应力数值由以下两个过程叠加而得，见图 3-10。

假定梁呈自由变形，梁端变形 $\Delta L = \alpha T L$。施加一外力 P，将自由变形梁压缩回到原位，产生的应力即为变形约束应力。根据外力 P 的作用，位移 $\Delta L = \dfrac{PL}{EF}$，$P = \dfrac{\Delta L EF}{L}$，则将自由变位 ΔL 压回原位的压应力即约束应力为：

$$\sigma = -\frac{P}{F} = -\frac{\Delta L EF}{LF} = -\frac{\alpha T L EF}{LF} = -E\alpha T \qquad (3\text{-}6)$$

这就是自由变形全部被压回到原位时的最大约束应力，其值与温差、线膨胀系数及弹性模量成比例，而与长度无关。

当悬臂梁的右端呈非嵌固状属弹簧约束梁的变形时，由于温差 T，梁将产生位移，此时弹簧受到水平推力，产生一变位 δ_1，梁同时也受到弹簧的反作用，产生一压缩变位 δ_2，见图 3-11。

图 3-10　全约束作用梁示意　　　　　图 3-11　弹性约束作用梁示意

梁的自由变位即弹簧自由长度 $\Delta L = \alpha T L$ 受到了弹性约束，只获得了部分变位 δ_1，而其余部分 $\Delta L - \delta_1 = \delta_2$ 是被弹簧压缩的变位，该变位是约束变位，其相对值为 $\delta_2/L = \varepsilon_2$，同时产生相应的约束应力 $\sigma_x = E\varepsilon_2$。

自由变位直观上为梁端实际变位 δ_1 与约束变位 δ_2 之和，即：

$$\Delta L = \delta_1 + \delta_2 \qquad (3\text{-}7)$$

但是，由于变位有正负号，科学的表达应是梁端的实际变位 δ_1 等于约束变位 δ_2 与自

由变位 ΔL 之代数和。若用相对变形表达，则悬臂梁端的实际变位为：

$$\varepsilon_1 = \varepsilon_2 + \alpha T = \frac{\sigma_x}{E} + \alpha T \tag{3-8}$$

上式中 σ_x 及 T 都带有正负号，如拉力 σ_x 为正，升温差 T 为正，反之均为负号。公式(3-8)是变形变化（温变、收缩、沉降等）状态下基本应力-应变关系，与普通荷载状态下应力-应变关系不同之处，在于多出一个自由变位项，在解决工程问题或整理试验资料中应特别予以注意。

3.3　温度应力与变形的关系

如果欲分析的结构物是一个由无数多个微小立方体连接组成的连续整体、均质、弹性的结构物，则当结构物承受某种不均匀温度变化作用时，各微小立方体由于体积微小，可视为一个点，该点呈均匀受热（冷）。如果结构物没有内外约束，则小立方体变成一个膨胀（收缩）的另一相似微小立方体，不引起应力，只有变形。但实际上，既可能有外约束，也可能有内约束，由于温度分布不均，一般产生弹性约束，则各点，即各微小立方体的实际变形便会由两部分组成，一是约束应变，二是自由温度相对变形。假定某点的温度初始值为0℃，承受温差为 T，线膨胀系数为 α，则任何一点（微小立方体）的相对自由变形为 αT。

1. 空间问题（三维问题），**即三向约束问题**

1）弹性约束条件下

$$\left.\begin{array}{l} \varepsilon_x = \dfrac{1}{E}[\sigma_x - \mu(\sigma_y + \sigma_z)] + \alpha T \\[2mm] \varepsilon_y = \dfrac{1}{E}[\sigma_y - \mu(\sigma_x + \sigma_z)] + \alpha T \\[2mm] \varepsilon_z = \dfrac{1}{E}[\sigma_z - \mu(\sigma_x + \sigma_y)] + \alpha T \end{array}\right\} \tag{3-9}$$

由于小立方体自身的温度是均匀的，所以只有约束剪应变，没有自由剪变形：

$$\left.\begin{array}{l} \varepsilon_{xy} = \dfrac{1}{2G}\tau_{xy} = \dfrac{1}{2}\gamma_{xy} \\[2mm] \varepsilon_{yz} = \dfrac{1}{2G}\tau_{yz} = \dfrac{1}{2}\gamma_{yz} \\[2mm] \varepsilon_{zx} = \dfrac{1}{2G}\tau_{zx} = \dfrac{1}{2}\gamma_{zx} \end{array}\right\} \tag{3-10}$$

2）全自由条件下

全自由条件下，无约束应力，有最大变形（任意长度不留伸缩缝）：

$$\left.\begin{array}{l} \sigma_x = \sigma_y = \sigma_z = 0 \\[2mm] \tau_{xy} = \tau_{yz} = \tau_{zx} = 0 \\[2mm] \varepsilon_x = \varepsilon_y = \varepsilon_z = \alpha T \\[2mm] \varepsilon_{xy} = \dfrac{1}{2}\gamma_{xy} = \varepsilon_{yz} = \dfrac{1}{2}\gamma_{yz} = \varepsilon_{zx} = \dfrac{1}{2}\gamma_{zx} = 0 \end{array}\right\} \tag{3-11}$$

3) 全约束条件下

全约束条件下，无变位，有最大应力。在公式(3-5) 中，令 $\varepsilon_x = \varepsilon_y = \varepsilon_z = 0$，则得：

$$\sigma_{max} = \sigma_x = \sigma_y = \sigma_z = -\frac{E\alpha T}{1-2\mu} \tag{3-12}$$

可见，最大应力与结构物几何尺寸无关。

由于各点原位不动，承受均匀压缩或拉伸，没有剪变位，没有剪应力：

$$\left.\begin{array}{l} \varepsilon_{xy} = \frac{1}{2}\gamma_{xy} = \varepsilon_{yz} = \frac{1}{2}\gamma_{yz} = \varepsilon_{zx} = \frac{1}{2}\gamma_{zx} = 0 \\[2mm] \tau_{xy} = \tau_{yz} = \tau_{zx} = 0 \end{array}\right\} \tag{3-13}$$

全约束条件下结构物的最大应力与长度无关，与伸缩缝间距无关。即任意长度不留伸缩缝其应力达到最大值，是一常数。

2. 平面问题（二维问题），**即双向约束问题**

1) 弹性约束条件下

$$\left.\begin{array}{l} \varepsilon_x = \frac{1}{E}(\sigma_x - \mu\sigma_y) + \alpha T \\[3mm] \varepsilon_y = \frac{1}{E}(\sigma_y - \mu\sigma_x) + \alpha T \\[3mm] \varepsilon_{xy} = \frac{1}{2G}\tau_{xy} = \frac{1}{2}\gamma_{xy} \end{array}\right\} \tag{3-14}$$

2) 全自由条件下

全自由条件下，无约束应力，有最大变形：

$$\varepsilon_x = \varepsilon_y = \varepsilon_{max} = \alpha T \tag{3-15}$$

3) 全约束条件下

全约束条件下，无变形，有最大约束应力：

$$\left.\begin{array}{l} \sigma_{max} = \sigma_x = \sigma_y = -\frac{E\alpha T}{1-\mu} \\[3mm] \tau_{xy} = 0 \\[3mm] \varepsilon_x = \varepsilon_y = 0 \\[3mm] \varepsilon_{xy} = \frac{1}{2}\gamma_{xy} = 0 \end{array}\right\} \tag{3-16}$$

此状态下，结构物的最大应力与长度无关。

3. 一维问题，即单向约束问题

1) 弹性约束条件下

$$\varepsilon = \frac{\sigma}{E} + \alpha T \tag{3-17}$$

2）全自由条件下

全自由条件下，无约束应力，有最大变形：

$$\left.\begin{array}{r} \sigma = 0 \\ \varepsilon = \alpha T \end{array}\right\} \tag{3-18}$$

3）全约束条件下

全约束条件下，无变形，有最大约束应力：

$$\left.\begin{array}{r} \sigma_{\max} = -E\alpha T \\ \varepsilon = 0 \end{array}\right\} \tag{3-19}$$

由上述可知，结构物最大应力与长度无关，并且很容易计算。所以有些工程的设计，曾用上述公式对温度应力作简单估算。但实际情况说明，这种作法过高地估算了温度应力。

3.4 弹性应力平衡基本方程

1. 弹性理论应力平衡方程

按弹性理论一般方法，在各向同性、均质和弹性假定条件下，在直角坐标系中，从结构中某一点 x、y、z 处取一立方微分体，其上作用如图 3-12 所示力系，其应力平衡微分方程：

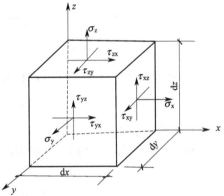

$$\left.\begin{array}{l} \dfrac{\partial \sigma_{\mathrm{x}}}{\partial x} + \dfrac{\partial \tau_{\mathrm{xy}}}{\partial y} + \dfrac{\partial \tau_{\mathrm{xz}}}{\partial z} + X = 0 \\[2mm] \dfrac{\partial \tau_{\mathrm{xy}}}{\partial x} + \dfrac{\partial \sigma_{\mathrm{y}}}{\partial y} + \dfrac{\partial \tau_{\mathrm{yz}}}{\partial z} + Y = 0 \\[2mm] \dfrac{\partial \tau_{\mathrm{xz}}}{\partial x} + \dfrac{\partial \tau_{\mathrm{yz}}}{\partial y} + \dfrac{\partial \sigma_{\mathrm{z}}}{\partial z} + Z = 0 \end{array}\right\} \tag{3-20}$$

式中 X、Y、Z——体积力，且考虑了剪应力互等关系。

$$\tau_{\mathrm{xy}} = \tau_{\mathrm{yx}},\ \tau_{\mathrm{yz}} = \tau_{\mathrm{zy}},\ \tau_{\mathrm{zx}} = \tau_{\mathrm{xz}} \tag{3-21}$$

图 3-12 微分体的空间受力状态

在圆柱坐标系中（图 3-13a）：

$$\left.\begin{array}{l} \dfrac{\partial \sigma_{\mathrm{r}}}{\partial r} + \dfrac{1}{r} \dfrac{\partial \tau_{\mathrm{r\theta}}}{\partial \theta} + \dfrac{\partial \tau_{\mathrm{rz}}}{\partial z} + \dfrac{\sigma_{\mathrm{r}} - \sigma_{\theta}}{r} + R = 0 \\[3mm] \dfrac{\partial \tau_{\mathrm{rz}}}{\partial r} + \dfrac{1}{r} \dfrac{\partial \tau_{\mathrm{\theta z}}}{\partial \theta} + \dfrac{\partial \sigma_{\mathrm{z}}}{\partial z} + \dfrac{\tau_{\mathrm{rz}}}{r} + Z = 0 \\[3mm] \dfrac{\partial \tau_{\mathrm{r\theta}}}{\partial r} + \dfrac{1}{r} \dfrac{\partial \sigma_{\theta}}{\partial \theta} + \dfrac{\partial \tau_{\mathrm{\theta z}}}{\partial z} + \dfrac{2\tau_{\mathrm{rz}}}{r} + \Theta = 0 \end{array}\right\} \tag{3-22}$$

式中 R、Z、Θ——沿 r、z、θ 方向的体积力。

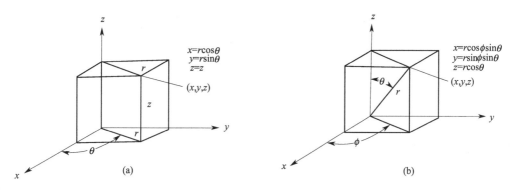

图 3-13 不同坐标系的几何关系

(a) 圆柱坐标系；(b) 球坐标系

在球坐标系中（图 3-13b）：

$$\left.\begin{array}{l}\dfrac{\partial \sigma_r}{\partial r}+\dfrac{1}{r}\dfrac{\partial \tau_{r\theta}}{\partial \theta}+\dfrac{1}{r\sin\theta}\dfrac{\partial \tau_{r\varphi}}{\partial \varphi}+\dfrac{1}{r}(2\sigma_r-\sigma_\theta-\sigma_\varphi+\tau_{r\theta}\cot\theta)+R=0\\[3mm]\dfrac{\partial \tau_{r\theta}}{\partial r}+\dfrac{1}{r}\dfrac{\partial \sigma_\theta}{\partial \theta}+\dfrac{1}{r\sin\theta}\dfrac{\partial \tau_{\theta\varphi}}{\partial \varphi}+\dfrac{1}{r}\left[(\sigma_\theta-\sigma_\varphi)\cot\theta+3\tau_{r\theta}\right]+\Theta=0\\[3mm]\dfrac{\partial \tau_{r\varphi}}{\partial r}+\dfrac{1}{r}\dfrac{\partial \tau_{\theta\varphi}}{\partial \theta}+\dfrac{1}{r\sin\theta}\dfrac{\partial \sigma_\varphi}{\partial \varphi}+\dfrac{1}{r}(3\tau_{r\varphi}+2\tau_{\theta\varphi}\cot\theta)+\Phi=0\end{array}\right\}\quad(3\text{-}23)$$

2. 相对变形与绝对变形的关系

直角坐标系：

$$\left.\begin{array}{l}\varepsilon_x=\dfrac{\partial u}{\partial x},\varepsilon_y=\dfrac{\partial v}{\partial y},\varepsilon_z=\dfrac{\partial w}{\partial z}\\[3mm]\varepsilon_{xy}=\dfrac{\gamma_{yx}}{2}=\dfrac{1}{2}\left(\dfrac{\partial u}{\partial y}+\dfrac{\partial v}{\partial x}\right)\\[3mm]\varepsilon_{yz}=\dfrac{\gamma_{yz}}{2}=\dfrac{1}{2}\left(\dfrac{\partial v}{\partial z}+\dfrac{\partial w}{\partial y}\right)\\[3mm]\varepsilon_{zx}=\dfrac{\gamma_{xz}}{2}=\dfrac{1}{2}\left(\dfrac{\partial w}{\partial x}+\dfrac{\partial u}{\partial z}\right)\end{array}\right\}\quad(3\text{-}24)$$

式中 u、v、w——x、y、z 方向的位移（绝对变形）。

圆柱坐标系：

$$\left.\begin{array}{l}\varepsilon_r=\dfrac{\partial u}{\partial r},\varepsilon_z=\dfrac{\partial w}{\partial z},\varepsilon_\theta=\dfrac{u}{r}+\dfrac{1}{r}\dfrac{\partial v}{\partial \theta}\\[3mm]\varepsilon_{r\theta}=\dfrac{1}{2}\left(\dfrac{1}{r}\dfrac{\partial u}{\partial \theta}+\dfrac{\partial v}{\partial r}-\dfrac{v}{r}\right)\\[3mm]\varepsilon_{zr}=\dfrac{1}{2}\left(\dfrac{\partial u}{\partial z}+\dfrac{\partial w}{\partial r}\right)\\[3mm]\varepsilon_{z\theta}=\dfrac{1}{2}\left(\dfrac{\partial v}{\partial z}+\dfrac{1}{r}\dfrac{\partial w}{\partial \theta}\right)\end{array}\right\}\quad(3\text{-}25)$$

球坐标系：

$$\left.\begin{array}{l} \varepsilon_r = \dfrac{\partial u}{\partial r}, \varepsilon_\theta = \dfrac{u}{r} + \dfrac{1}{r}\dfrac{\partial v}{\partial \theta}, \varepsilon_\varphi = \dfrac{u}{r} + \dfrac{v}{r}\cot\theta + \dfrac{1}{r\sin\theta}\dfrac{\partial w}{\partial \varphi} \\[3mm] \varepsilon_{r\theta} = \dfrac{1}{2}\left(\dfrac{1}{r}\dfrac{\partial u}{\partial \theta} + \dfrac{\partial v}{\partial r} - \dfrac{v}{r}\right) \\[3mm] \varepsilon_{r\varphi} = \dfrac{1}{2}\left(\dfrac{1}{r\sin\theta}\dfrac{\partial u}{\partial \varphi} + \dfrac{\partial w}{\partial r} - \dfrac{w}{r}\right) \\[3mm] \varepsilon_{\theta\varphi} = \dfrac{1}{2}\left(\dfrac{1}{r}\dfrac{\partial w}{\partial \theta} + \dfrac{\cot\theta}{r}w + \dfrac{1}{r\sin\theta}\dfrac{\partial v}{\partial \varphi}\right) \end{array}\right\} \qquad (3\text{-}26)$$

3. 变形谐调方程

如图 3-14 所示，一微平面的两个相邻边 dx、dy 之交点 0，由于变形，移动至 $0'$ 点，水平位移 u，垂直位移 v，同时 dx 边转一 ψ_1 角度，dy 边转一 ψ_2 角度，dx 的端点 A 移至 A'，dy 的端点 B 移至 B'，试看角变位与线变位之间的变形谐调关系。

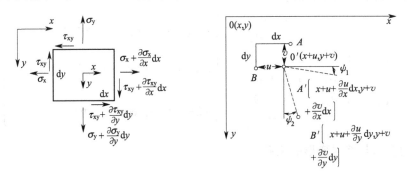

图 3-14 平面微体的应力与变位

dx、dy 位移 u 及 v 后，其总的角变位：

$$\gamma_{xy} = \psi_1 + \psi_2 = \frac{\mathrm{d}v}{\mathrm{d}x} + \frac{\mathrm{d}u}{\mathrm{d}y} \qquad (3\text{-}27)$$

由于：
$$\varepsilon_x = \frac{\partial u}{\partial x}, \varepsilon_y = \frac{\partial v}{\partial y}, \varepsilon_{xy} = \frac{1}{2}\gamma_{xy} \qquad (3\text{-}28)$$

对 ε_x 取两次相对 y 的导数；对 ε_y 取两次相对 x 的导数；对 γ_{xy} 取一次相对 x，一次相对 y 的导数：

$$\frac{\partial^3 v}{\partial^2 x \partial y} = \frac{\partial^3 v}{\partial y \partial x^2}, \quad \frac{\partial^3 u}{\partial x \partial y^2} = \frac{\partial^3 u}{\partial y \partial x \partial y} \qquad (3\text{-}29)$$

则得到线变位与角变位的变形谐调（变形相容）方程：

$$\frac{\partial^2 \varepsilon_x}{\partial y^2} + \frac{\partial^2 \varepsilon_y}{\partial x^2} = \frac{\partial^2 \gamma_{xy}}{\partial x \partial y} = 2\frac{\partial^2 \varepsilon_{xy}}{\partial x \partial y} \qquad (3\text{-}30)$$

任何荷载变化及变形变化所引起的结构内部变形必须满足变形谐调方程(3-30)。

3.5 无应力温度场

一般情况下，当结构或构件承受不均匀温差或收缩作用，无外约束，但可能产生内约束，结构内部便会产生内约束应力。但是，在一些特殊条件下却例外，具体说明如下。

满足以下条件者不产生应力（既无外约束应力又无内约束应力）：

①结构是自由体、静定结构，无外约束；

②截面内部没有热源；

③截面上温度场是稳定的，即定常的，并沿截面呈线性分布。

上述三条中，主要是①条的最后一句话和③条。即概括地说，无外约束（虽然可能产生内约束），其截面温度呈线性分布。若有热源，非稳定温度场，就不可能使截面温度分布呈线性规律。

1. 杆系

一个最简单的桁架，其中一个杆件发生伸长或缩短甚至弯曲时，桁架各杆件均不受力。当然应注意，这种分析局限于桁架系由铰接组成。在工程实践中，节点都具有一定刚度，为精确计算，研究节点次应力时，在采用非铰接假定条件下，就会产生应力。一般情况下，若忽略节点的次应力，就可以认为是具有小截面的简支梁和简单的桁架。静定的桁架不具有温度收缩应力，但是混凝土桁架在外荷载作用下引起桁架拉杆裂缝的现象相当普遍，是正常现象。

有时，遇有桁架的零件，如受压很小的压杆等，有横向裂缝，那是由于杆件的收缩（杆截面内外不均匀收缩及非理想铰接对均匀收缩的约束）引起的。此外，运输及吊装也可引起压杆开裂。处于侵蚀环境中的桁架，各杆件的纵向裂缝常与钢筋锈蚀膨胀有关。

2. 空间问题

相对截面很大的块体结构，不受其他物体的约束或约束很小，外约束应力可以忽略不计时，尚有可能存在内约束应力，现分析结构完全无应力条件如下。

让我们分析一下可以承受理想均匀温差或均匀收缩的无限小块体。如果该小块体是自由体，其变形不受任何约束，则一个矩形块受温差后必然变成一个同原矩形相似的矩形块，只是其外形稍有膨胀或收缩；一个圆形块变成一个相似的圆形块；一个圆环变成一个相似的圆环（图 3-15d）。同样，一个方形块变成一个相似的方形块，方块的每相邻边间夹角不变，因是均匀温差又无约束（图 3-15）。微方块取得足以认为温度是均匀变化那么小的程度。

当物体各点的初始温度为 $0℃$，温差为 T，无应力条件下，无限小的块体各边只产生相对线变位，各边夹角变位为零：

$$\left.\begin{array}{l} \varepsilon_x = \varepsilon_y = \varepsilon_z = \alpha T \\ \gamma_{xy} = \gamma_{yz} = \gamma_{zx} = 0 \end{array}\right\} \tag{3-31}$$

将上述关系代入弹性理论变形谐调方程(3-30) 得：

$$\left.\begin{array}{ll} \dfrac{\partial^2 \varepsilon_x}{\partial y^2} + \dfrac{\partial^2 \varepsilon_y}{\partial x^2} = \dfrac{\partial^2 \gamma_{xy}}{\partial x \partial y} = 0, & \dfrac{\partial^2 T}{\partial x^2} + \dfrac{\partial^2 T}{\partial y^2} = 0 \\[3mm] \dfrac{\partial^2 \varepsilon_y}{\partial z^2} + \dfrac{\partial^2 \varepsilon_z}{\partial y^2} = \dfrac{\partial^2 \gamma_{yz}}{\partial y \partial z} = 0, & \dfrac{\partial^2 T}{\partial y^2} + \dfrac{\partial^2 T}{\partial z^2} = 0 \\[3mm] \dfrac{\partial^2 \varepsilon_z}{\partial x^2} + \dfrac{\partial \varepsilon_x}{\partial z^2} = \dfrac{\partial^2 \gamma_{zx}}{\partial z \partial x} = 0, & \dfrac{\partial^2 T}{\partial z^2} + \dfrac{\partial^2 T}{\partial x^2} = 0 \end{array}\right\} \tag{3-32}$$

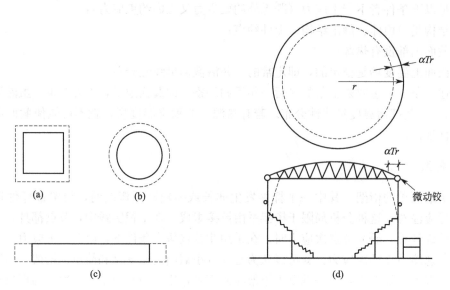

图 3-15 方形、矩形及环形结构无应力温度变形

（a）方形体自由变体；（b）环形体自由变形；（c）矩形体自由变形；
（d）环形体育馆顶盖对称变形受到边柱轻微约束

$$\frac{\partial^2 T}{\partial x \partial y}=0, \quad \frac{\partial^2 T}{\partial y \partial z}=0, \quad \frac{\partial^2 T}{\partial z \partial x}=0 \tag{3-33}$$

方程式(3-32)、式(3-33) 有唯一解：

$$T=A+Bx+Cy+Dz \tag{3-34}$$

这是一线性方程，是三维空间的线性函数，是空间中的某一平面。

3. 平面问题

对于平面问题，只要当作空间问题的特殊情况考虑，就容易解决了，取 $z=0$，只需注意方程式(3-33) 及式(3-34)，可知其解答为：

$$T=A+Bx+Cy \tag{3-35}$$

以此类推，相对一维问题的解答为：

$$T=A+Bx \tag{3-36}$$

总的说来，当温度分布是几何自变量的一次函数时，便是无应力温度场。这里还要强调指出，该结论是相对无外约束的物体而言，如果有外约束，任意温差都将引起应力。

对无应力温度场条件中的②条，有的资料还更加严密地证明，在截面内部的任一封闭曲线内无热源，而不是以简单的"截面内部无热源"作为无应力条件。这进一步说明，在多连通结构内部有热源，虽然并不在截面内（图3-16a）也会引起应力，如烟囱壁就属于这种

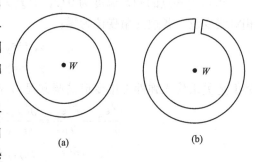

图 3-16 环形壁热源条件示意

（a）封闭环内有热源（如烟囱）；
（b）开口环内有热源

情况。当物体截面是开口的，如图 3-16（b）所示，就可作为无应力条件之一。关于这方面的理论证明不拟赘述，因为不证明也可知道在封闭曲线内有热源（如烟囱），则壁内的温度分布不可能是直线而是曲线，是几何自变量的高次（高于一次）函数。有些工程，由于壁薄而近似地按直线分布假设进行计算，而实际则是曲线分布。

如上所述，当温度是空间自变量的线性函数时，结构无外约束（如静定杆件、自由支撑的梁、板构件等），则结构无约束应力而只有变形。由于稳定温度场（即不随时间变化）是创造线性温度分布的必要条件，因此，稳定温度场在静定结构系统中不引起热应力。

在工程实践中，遇有温差作用的结构物，特别是直接接触高温作用的结构物，在投产使用、日常维护及停产检修时，应尽可能地给这些构件创造稳定温度场条件。截面温差不随时间或缓慢地随时间波动，是减少变形变化引起开裂的措施之一。

有些环形结构虽然其内部没有热源，但可能出现环内外的湿度差引起壁内外的非均匀收缩，这种"湿度源"同热源一样会引起约束应力。

3.6 变形应力解答的"等效荷载法"或 "杜哈梅（Duhamel）相似"

变形变化引起的应力状态与荷载变化引起的应力状态有许多不同之处，这一点在控制裂缝过程中要充分注意。

但是，在变形变化与荷载裂缝的内力分析方法中，它们又有许多共同之处，利用这些共同点可以将变形变化引起的应力状态，按照荷载变化引起的应力状态进行分析，这种相似关系的原理称作"杜哈梅相似"，又称"等效荷载法"，不仅用于结构分析，也用于结构试验。

现就最一般的情况试作分析，把任意形状的结构分解为无数离散的立方微体，去掉它们之间的一切连系。微体很小以至于在这一点上的温度、收缩都可以看作是均匀的。这些完全自由的微体承受温差作用后，自由地膨胀（或收缩）成为一相似立方微体，其各边的自由相对变形为 αT，即 $\varepsilon_x = \varepsilon_y = \varepsilon_z = \alpha T$。由于呈均匀膨胀，没有转角，即 $\gamma_{xy} = \gamma_{yz} = \gamma_{zx} = 0$，如果初始温度为零，则 T 便是温差。

其次，我们把已膨胀的立方体复原，在立方体的六个方形表面施加外力（外荷载），如果外力的数量为：

$$\sigma_x = \sigma_y = \sigma_z = -\frac{E\alpha T}{1-2\mu} \tag{3-37}$$

也就是上述的全约束状态应力，在该应力作用下，立方体将被约束得完全不动，也就是得到了复原。这样施加的外力，从结构内部的每一质点起，直至结构物的表面，相当于结构的体积力和表面力。

根据一般静力平衡方程包括体积力的典型表达式：

$$\frac{\partial \sigma_x}{\partial x} + \frac{\partial \tau_{xy}}{\partial y} + \frac{\partial \tau_{yz}}{\partial z} + X = 0 \tag{3-38}$$

因为全约束使微体均匀变形（压缩或膨胀），则 $\tau_{xy} = \tau_{yz} = \tau_{zx} = 0$，即：

$$\frac{\partial \tau_{xy}}{\partial y} = \frac{\partial \tau_{yz}}{\partial z} = \frac{\partial \tau_{zx}}{\partial x} = 0 \tag{3-39}$$

相当于结构每点都作用着如下的体积力：

$$\left.\begin{aligned} X &= -\frac{\partial \sigma_x}{\partial x} = -\frac{\partial}{\partial x}\left(-\frac{E\alpha T}{1-2\mu}\right) = \frac{E\alpha}{1-2\mu}\frac{\partial T}{\partial x} \\ Y &= -\frac{\partial \sigma_y}{\partial y} = -\frac{\partial}{\partial y}\left(-\frac{E\alpha T}{1-2\mu}\right) = \frac{E\alpha}{1-2\mu}\frac{\partial T}{\partial y} \\ Z &= -\frac{\partial \sigma_z}{\partial z} = -\frac{\partial}{\partial z}\left(-\frac{E\alpha T}{1-2\mu}\right) = \frac{E\alpha}{1-2\mu}\frac{\partial T}{\partial z} \end{aligned}\right\} \tag{3-40}$$

注意，这里的体积力不是真正的体积力，而是为了迫使各点（即各立方体）恢复原位所施加的外力，即等效的"体积力"，依靠该力使结构的各质点都完全约束和嵌固。

以上完成了两个步骤：一是给结构以温差变形；二是从体内到表面给以全约束作用，使之完全嵌固原位不动，各点的应力为：

$$\sigma'_x = \sigma'_y = \sigma'_z = -\frac{E\alpha T}{1-2\mu} \tag{3-41}$$

但是，结构只有温差和原边界条件，并无后来施加的约束，所以下一步就是释放约束。在结构的各质点施以相反方向的体积力：

$$\left.\begin{aligned} X &= -\frac{\alpha E}{1-2\mu}\frac{\partial T}{\partial x} \\ Y &= -\frac{\alpha E}{1-2\mu}\frac{\partial T}{\partial y} \\ Z &= -\frac{\alpha E}{1-2\mu}\frac{\partial T}{\partial z} \end{aligned}\right\} \tag{3-42}$$

在结构的表面上各质点施以表面应力：

$$\frac{\alpha E T}{1-2\mu} \tag{3-43}$$

由于这两种作用，在结构内部产生应力 σ''_x、σ''_y、σ''_z。

把释放约束产生的应力与前两步骤产生的应力叠加便得到最终欲求的应力状态：

$$\left.\begin{aligned} \sigma_x &= \sigma'_x + \sigma''_x = -\frac{E\alpha T}{1-2\mu} + \sigma''_x \\ \sigma_y &= \sigma'_y + \sigma''_y = -\frac{E\alpha T}{1-2\mu} + \sigma''_y \\ \sigma_z &= \sigma'_z + \sigma''_z = -\frac{E\alpha T}{1-2\mu} + \sigma''_z \end{aligned}\right\} \tag{3-44}$$

不言而喻，σ' 是已知的，而 σ'' 是释放约束引起的应力，即施加一组与约束相反的荷载引起的应力，其解法与温度无关，所以可把温度问题化作荷载问题，这就是"等效荷载法"，应用很广。这种方法的基本原理与超静定框架计算的"弯矩分配法"的原理是相同的。

3.7 简支梁式结构承受非线性温差（或收缩）的温度应力

简支梁无外约束，非线性温差作用下只能引起自约束应力，其计算方法可用"等效荷载法"，国际上称"补偿法"。

　　如图 3-17 所示，一简支梁，高为 $2h$，截面为矩形，承受非线性温差作用，温度只沿梁高变化（取梁高方向为 y 向）：

$$T = T(y) \tag{3-45}$$

　　温度沿梁的厚度方向（z 向）及梁的水平截面（x 向）是均等的，所以该梁可视为一维应力问题：

$$\left.\begin{array}{l} \sigma_z = \sigma_y = 0 \\ \sigma_x = \sigma_x(y) \end{array}\right\} \tag{3-46}$$

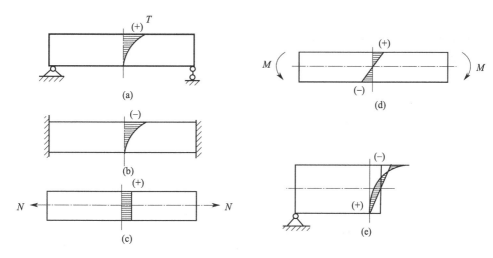

图 3-17　梁式结构等效荷载法（补偿法）的基本步骤

（a）简支梁承受非线性温差；（b）将梁的两端实施全约束产生的应力；（c）将梁的两端施加一轴力，轴力等于（b）应力的平均值，但方向相反；（d）将梁的两端施加一力矩，力矩等于（b）应力相对中和轴的力矩，方向相反；（e）将（a）、（b）、（c）、（d）叠加得自约束应力

　　补偿法（Compensation method）是利用等效荷载的概念，先将结构全约束，再逐步释放约束后，将各应力叠加，得到自约束应力。

　　梁的计算中仍然采用弹性和平截面假定，显然在全约束的节点处不均匀的应力可分解为轴力引起的均匀应力、弯矩引起拉压应力以及非线性自约束应力。

　　释放节点约束使结构达到简支梁原状，首先释放轴力，给梁两端一轴力，大小等于全约束应力的平均值，只是方向相反，这一部呈线性分布的应力被释放了；其次再给两端施加一力矩，大小等于全约束应力对中和轴的力矩，方向相反，又一部分呈线性分布的异号应力被释放了。最后以全约束应力减掉轴力引起的应力（线性），再减掉弯矩引起的异号应力（线性），即把上述三项叠加，剩余的便是非线性温差引起的自约束应力（非线性）。这种全约束应力是变形引起，释放约束又以当量外力（轴力和力矩）施加于结构，最后叠加或补偿求得最终由于非线性温差在简支梁中的自约束应力。

　　根据"等效荷载法"，首先将梁的各点固定，为达此目的，只需在梁的两端施加 $\sigma'_x = -E\alpha T(y)$ 即可，因为温度沿 x 方向（水平方向）是不变的，所以等效体积力 X 沿 x 方向不变，梁端有了表面力 σ'_x，则梁内各质点即可被完全约束：

$$X = -E\alpha \cdot \frac{\partial T}{\partial x} = -E\alpha \cdot \frac{\partial T(y)}{\partial x} = 0 \tag{3-47}$$

梁的各截面上都引起约束应力 $\sigma'_x = -E\alpha T(y)$。

其次，再释放约束。由于梁端约束应力分布是随温度变化的任意图形，故可分解成轴力与力矩的叠加：

梁的轴力：

$$N = \int_{-h}^{h} \alpha E T(y) \mathrm{d}y \tag{3-48}$$

梁的力矩：

$$M = \int_{-h}^{h} \alpha E T(y) y \mathrm{d}y \tag{3-49}$$

计算中取单位宽度，A 为截面面积，$A = 1 \times 2h = 2h$。

梁端轴力与力矩在梁中引起相应的应力：

$$\sigma''_x = \frac{N}{A} = \frac{N}{2h}, \quad \sigma'''_x = \frac{M_y}{J} = \frac{3y}{2h^3}M \tag{3-50}$$

最终的简支梁自约束热弹应力（图 3-17e 的阴影部分）：

$$\left.\begin{array}{l} \sigma_x = \sigma'_x + \sigma''_x + \sigma'''_x \\[2mm] \sigma_x(y) = -E\alpha T(y) + \dfrac{1}{2h}\displaystyle\int_{-h}^{h} E\alpha T(y) \mathrm{d}y + \dfrac{3y}{2h^3}\displaystyle\int_{-h}^{h} E\alpha T(y) y \mathrm{d}y \end{array}\right\} \tag{3-51}$$

已知梁的温度分布 $T(y)$，代入式 (3-51) 便可求出弹性自约束温度应力，第一项是全约束应力；第二、第三项是释放约束的应力。最终应力还要根据温差变化速度考虑，如果考虑由于徐变引起的应力松弛，则最终徐变应力：

$$\sigma_x(y)^* = \sigma_x(y) H(t, \tau) \tag{3-52}$$

$H(t, \tau)$ 可按第 5 章表 5-1 选取，估算中，一般约取 $0.3 \sim 0.5$（温差形成越慢越小，越快越大）。如果最终应力超过抗裂强度，便会引起表面裂缝。

3.8 厚壁梁及墙式结构由于表面冷却及收缩引起的自约束应力

根据调查，结构物的裂缝中，非贯穿的表面裂缝占 $60\% \sim 70\%$。其开裂原因主要是变形变化引起的自约束应力。当梁及墙类结构的壁厚大于或等于 500mm 时，就可能由于水化热的不均匀降温和不均匀收缩引起显著的自约束应力，导致表面开裂。

关于厚壁墙或梁的不均匀冷却及收缩分布的严格计算十分复杂，其最终计算结果是得到某种分布函数，如误差函数、指数函数、抛物线等，其中某些函数可用无穷级数表达。为了简化计算，根据实测经验，在已知内外最大温差及收缩差条件下，可假定分布曲线为二次抛物线。

1. 简支梁或墙的对称冷却或收缩应力（自约束应力）

如图 3-18 所示任意梁的温度分布，梁由某一初始温度升温，中心温度较高，两侧温度由于冷却（或收缩）而偏低，里外温差为 T_0，则冷却（或收缩当量温差）状态的温度分布假定按抛物线，即升温曲线为：

$$T(y) = T_0 \left(1 - \frac{y^2}{h^2}\right) \qquad (3\text{-}53a)$$

$$\left. \begin{array}{l} 在边界上\ T(y)_{y=\pm h} = 0 \\ 梁中心\ T(y)_{y=0} = T_0 \end{array} \right\} \qquad (3\text{-}53b)$$

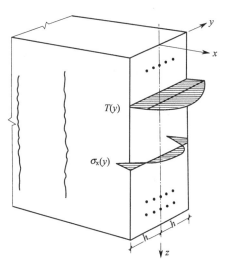

图 3-18　梁或墙的双面冷却及应力

该状态相当于初始温度为 T_0，其后边界降温为 T_0，中部保持不变（降温为 0）的冷却状态。

根据前一节梁的"等效荷载法"由于温度分布的对称性，只分两步计算应力，首先在梁端沿 x 方向施加全约束作用，算出全约束应力，其次算出释放梁端约束引起的应力，将以上两种应力叠加后得水平方向的弹性应力。

全约束应力为：

$$\sigma_x'(y) = -E\alpha T(y) = -E\alpha T_0\left(1 - \frac{y^2}{h^2}\right)$$

$$(3\text{-}54)$$

由于冷却是对称于 x 轴的，故为了释放约束作用，在梁端只需施加轴力等效荷载 N，不产生力矩，$M=0$，温度沿梁高（z 方向）不变，取单位高度 $z=1$，由 N 引起的平均应力（由于温度对称，故 M 不存在）：

$$\sigma_x'' = \frac{1}{2h}\int_{-h}^{h} E\alpha T(y)\mathrm{d}y = \frac{1}{2h}\int_{-h}^{h} E\alpha T_0\left(1 - \frac{y^2}{h^2}\right)\mathrm{d}y$$

$$= \frac{E\alpha T_0}{2h}\left(2h - \frac{2h^3}{3h^2}\right) = \frac{2}{3}E\alpha T_0 \qquad (3\text{-}55)$$

$$\sigma_x = \sigma_x' + \sigma_x'' = -E\alpha T_0\left(1 - \frac{y^2}{h^2}\right) + \frac{2}{3}E\alpha T_0$$

$$= E\alpha T_0\left(\frac{2}{3} - 1 + \frac{y^2}{h^2}\right) = E\alpha T_0\left(\frac{y^2}{h^2} - \frac{1}{3}\right) \qquad (3\text{-}56)$$

由于梁及墙的实际应力状态是平面应力问题，应将上述结果除以 $1-\mu$，再考虑由徐变引起的应力松弛，乘以松弛系数 $H(t, \tau)$ 见表 5-1 和表 5-2 得到最终的内约束（自约束）徐变应力：

$$\sigma_x(y)^* = \frac{H(t, \tau)E\alpha T_0}{1-\mu}\left(\frac{y^2}{h^2} - \frac{1}{3}\right) \qquad (3\text{-}57)$$

当 $\sigma_x(y)^*$ 超过 R_f 时便引起垂直裂缝。在垂直方向还有同样的 σ_z 作用，亦是由于内外温差引起，这可能引起水平裂缝。但由于垂直方向一般配筋较多，无外约束，且梁的上下边缘都处于散热状态下，又有垂直压力作用，故工程中很少见到水平裂缝。常见的是由 σ_x 引起的垂直裂缝。但在水平方向，简支梁端受到立柱阻力作用，降温或收缩时梁端尚有部分外约束作用，增加了一部分水平拉应力，本计算中忽略了。

2. 工程裂缝验算实例

我国某经济特区有些高层建筑达 30～48 层，其下部几层均为大厅，有承重框架支承其上部剪力墙和其他重量，梁的截面 2m×0.8m，跨度 5～8m。混凝土强度很高，水泥用

量达 $400 \sim 450 \text{kg/m}^3$。一些厚壁大梁的施工采用大流态泵送混凝土，水灰比约在 0.7 左右。引进的胶合木模板，保温效果很好，但由于低温季节，浇筑后 $7 \sim 10 \text{d}$ 迅速拆除模板，降温很快，在浇灌后一个月左右，梁上出现多条 $0.2 \sim 0.5 \text{mm}$ 垂直裂缝，楼梯间墙（60cm 厚）也出现类似垂直裂缝。需要认真分析产生裂缝的原因以及对未来上部荷载承重能力的影响。

鉴于国外同类工程大梁中部的水化热温升实测值为 $35.3 ℃$ 左右，预计内外最大温差约 $40 ℃$，同时，混凝土收缩在表面激烈发展，其值可根据本书建议的公式(2-7)推算。大梁截面配筋主要配置受拉区，其次受压区，中部水平腰筋极少（通常 $1.5 \sim 2 \text{m}$），高梁只中部有一根水平筋，不起任何构造作用，大梁于较冷季节施工，拆模较早，冷却较快，应力松弛较少，松弛系数较大。

今简化计算如下：

1）内外水化热温差

一个月内平均取值 $T' = 40 ℃$。

2）外表面至中心的降温和收缩规律

大梁的截面较大，轴向抗拉刚度远大于立柱的侧移刚度，所以梁的外约束较小而忽略不计，只考虑非均匀降温和收缩，假定大梁从表面至中心的降温和收缩变化都按相似的抛物线分布。

（1）梁表面的相对收缩变形（$t = 30 \text{d}$）：

$$\varepsilon(t) = 3.24 \times 10^{-4}(1 - e^{-0.01t}) \times 1.62$$
$$= 3.24 \times 10^{-4}(1 - 0.74) \times 1.62$$
$$= 1.36 \times 10^{-4}$$

（2）收缩当量温差

$$T'' = \frac{\varepsilon}{\alpha} = \frac{1.36 \times 10^{-4}}{10 \times 10^{-6}} = 13.6 ℃$$

梁表面总温差：

$$T_0 = T' + T'' = 40 + 13.6 = 53.6 ℃$$

（3）计算温度应力

考虑到梁从拆模时（$\tau_1 = 10 \text{d}$）开始显著降温，其后逐渐降温至 $t = 30 \text{d}$ 时发现裂缝，松弛系数 $H(t, \tau)$ 按表 5-1 取 $t = 10 \sim 30 \text{d}$ 的平均值 0.6，代入公式(3-57)：

$$\sigma_x(y)^* = \frac{0.6 E \alpha T_0}{1 - \mu}\left(\frac{y^2}{h^2} - \frac{1}{3}\right)$$
$$= \frac{0.6 \times 3.3 \times 10^4 \times 10 \times 10^{-6} \times 53.6}{1 - 0.15}\left(\frac{y^2}{h^2} - \frac{1}{3}\right)$$
$$= 12.486\left(\frac{y^2}{h^2} - \frac{1}{3}\right)$$

（4）表面应力

$$\sigma_x^*(y = \pm h) = 12.486 \times \frac{2}{3} = 8.323 \text{MPa}(拉)$$

据实际散热条件（降温较快），松弛系数 $H(t, \tau)$ 有可能大于 0.6，则应力还有可能增高，裂缝可能在 30 天之前已出现。

（5）大梁中心部位的应力

$$\sigma_x^*(y=0)=12.486\left(-\frac{1}{3}\right)=-4.162\text{MPa（压）}$$

对于 C40～C50 混凝土，其抗拉强度 $R_f=2.55～$ 2.85MPa，考虑偏心非均匀受拉，取 $\gamma=1.7$。

$$\sigma_x^*(y=\pm h)=8.323\text{MPa}>\gamma R_f$$
$$=1.7\times2.85$$
$$=4.845\text{MPa（开裂）}$$

以上的应力计算是按图 3-18、公式（3-54）进行的，图 3-18 所示的计算模型是梁截面出现中部升温 T_0，表面 $T=0$ 的状态。该状态与图 3-19 所示的表面降温为 $-T_0$，中部降温为 $T=0$ 是一致的。

3）裂缝有害程度分析及处理

该裂缝对承载力无影响（自约束应力系自平衡应力，开裂后应力大部消失），只需表面封闭。

为了使这种结构避免开裂，可采用如下预防措施：分层散热浇灌，其后保温保湿，延长养护时间（不少于一个月），缓慢均匀降温，加强水平构造配筋，合理选定材料及配比，提高极限拉伸等。

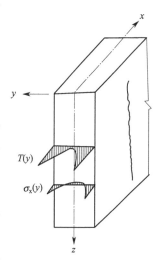

图 3-19　混凝土梁的降温
差及应力分布图

验算方法也可以按约束应变小于极限拉伸的方法：

$$\varepsilon_x=\frac{H(t,\tau)\alpha T_0}{1-\mu}\left(\frac{y^2}{h^2}-\frac{1}{3}\right)<[\varepsilon_p] \tag{3-58}$$

此时，$[\varepsilon_p]$ 与配筋、降温速度有关，具体计算与强度计算类同，不再重复。请注意，在考虑徐变提高极限拉伸时，就不要对弹性应力再打松弛系数，二者只取其一。

有些结构物长时期处于恒温或保温受热状态，由于某种原因，突然冷却，如对梁的两侧对称冷却降温或对称干缩也可引起类似开裂。

3.9　简支梁的变位与外约束应力

1. 简支梁的变位

沿截面温度均匀增加 T 值引起非约束杆或梁沿长度产生下列增长值：

$$\Delta L=\alpha LT$$

如果梁以这样的方式支承着：其纵向膨胀可以自由地产生。那么，温度均匀变化将不会使梁中产生任何应力。这种梁不会存在任何横向挠度，因为没有使梁弯曲的趋势。

如果温度沿梁的高度不是常数，梁的状态就完全不同了。例如，假设有一简支梁，原来是直的，处于均匀温度 T_0 下，然后其顶面温度变为 T_1，底面温度变为 T_2，如图 3-20（a）所示。如果我们假定梁顶和梁底之间的温度为直线变化，那么梁的平均温度为 $T_p=(T_1+T_2)/2$，该温度沿梁的全截面均布。此平均温度和其初始温度 T_0 之间的任何差异，将引起梁的长度改变。如上段所述，梁顶与梁底之间的温度差 $\Delta T = T_2 - T_1$ 将引起梁轴弯曲，这意味着产生横向挠度。

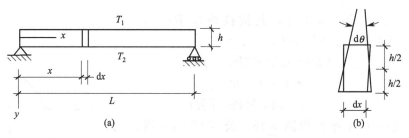

图 3-20　简支梁受热变形示意图

(a) 简支梁受热；(b) 梁截面的温度变形

为了研究此横向挠度，我们可讨论长度为 dx 的单元的变形（图 3-20b）。该单元底面和顶面长度的变化分别为 $\alpha(T_2 - T_0)dx$ 和 $\alpha(T_1 - T_0)dx$。如果 T_2 大于 T_1，那么该单元的两侧将彼此相对地旋转 $d\theta$ 角。此 $d\theta$ 角把按图形几何关系所得的下列方程与其尺寸的变化联系起来。

$$h\,d\theta = \alpha(T_2 - T_0)dx - \alpha(T_1 - T_0)dx \quad \text{或} \quad \frac{d\theta}{dx} = -\frac{\alpha(T_2 - T_1)}{h} \tag{3-59}$$

式中　h——梁的高度。

已知 $d\theta/dx$ 这个量代表梁的挠度曲率，故可导出挠度曲线 $y(x)$ 的微分方程：

$$\frac{d^2 y(x)}{dx^2} = -\frac{\alpha(T_2 - T_1)}{h} = \frac{\alpha(T_1 - T_2)}{h} \tag{3-60}$$

此方程中的减号是遵守通常所采用的正负号规则所必需的。注意，当 T_2 大于 T_1 时，其曲率将为负值，梁将向下挠曲，反之则上拱。

现在，已建立方程式(3-60)，它为梁顶和梁底之间温度变化下梁的基本微分方程，我们可以应用弯矩效应一段中所说的方法来求解此方程。亦即，我们可以连续地积分此方程得到 $dy(x)/dx$ 和 $y(x)$，然后应用边界条件去求其积分常数，从而求出简支梁的挠度与角变位。

将式(3-60)两边各乘以抗弯刚度 EJ 得：

$$EJ\,\frac{d^2 y(x)}{dx^2} = -EJ\,\frac{\alpha(T_2 - T_1)}{h}$$

令 $T_2 - T_1 = T$，得：

$$EJ\,\frac{d^2 y(x)}{dx^2} = -EJ\,\frac{\alpha T}{h}$$

积分一次：

$$EJ\,\frac{dy(x)}{dx} = -EJ\,\frac{\alpha T}{h}x + C$$

再积分：
$$EJy(x) = -EJ\,\frac{\alpha T}{2h}x^2 + Cx + D$$

根据简支梁的边界条件求积分常数：

$x=0$，$y=0$，可得：

$$D=0$$

$x=L$，$y=0$，可得：

$$-EJ\frac{\alpha T}{2h}L^2+CL=0$$

$$C=\frac{EJ\alpha TL}{2h}$$

梁的温度转角：

$$\theta(x)=\frac{\mathrm{d}y(x)}{\mathrm{d}x}=-\frac{\alpha T}{h}x+\frac{\alpha TL}{2h}=\frac{\alpha T}{h}\left(\frac{L}{2}-x\right) \tag{3-61}$$

梁的挠度 $y(x)$：

$$y(x)=-\frac{\alpha Tx^2}{2h}+\frac{\alpha TL}{2h}x=\frac{\alpha T}{2h}(Lx-x^2)=-\frac{\alpha T}{2h}(x^2-Lx) \tag{3-62}$$

跨中的挠度：

$$x=\frac{L}{2},y\left(x=\frac{L}{2}\right)=\frac{\alpha TL^2}{8} \tag{3-63}$$

两端的转角：

$$x=0,x=L$$

$$\left.\begin{array}{l}\theta(x=0)=\dfrac{\alpha TL}{2h}\\[2mm]\theta(x=L)=\dfrac{\alpha TL}{2h}\end{array}\right\} \tag{3-64}$$

2. 梁的外约束力

假定简支梁的两端受到全约束（嵌固约束），既不能水平位移，又不能转角。

图 3-21 简支梁全约束的分解示意

(a) 不能水平位移，可以转角；(b) 可以水平位移，不可转角

因图 3-21(a) 约束引起轴力 N，故可由平均升或降温引起的水平位移求出：

$$\Delta L=\left(\frac{T_1+T_2}{2}\right)\alpha L \tag{3-65}$$

从材料力学可知，外力作用下轴力 N 与位移 ΔL 的关系：

$$\Delta L=\frac{NL}{EF} \tag{3-66}$$

将自由温度位移以轴力约束回原位，则：

$$\frac{NL}{EF}=\left(\frac{T_1+T_2}{2}\right)\alpha L,\quad N=\left(\frac{T_1+T_2}{2}\right)\alpha EF \tag{3-67}$$

式中　N——约束轴力。

至于图 3-21(b) 的约束，可把自由挠曲的梁以约束力矩 M 施加于梁，使曲梁恢复到直梁的原位。

梁的温度曲率：

$$\frac{1}{\rho(x)} = \frac{\alpha(T_1 - T_2)}{h} \qquad (3\text{-}68)$$

从材料力学可知，外力矩作用下，力矩与梁的曲率有如下关系：

$$M(x) = EJ \frac{1}{\rho(x)} \qquad (3\text{-}69)$$

将自由温度转角以 $M(x)$ 约束回到原位，则：

$$M(x) = EJ \frac{\alpha(T_1 - T_2)}{h} \qquad (3\text{-}70)$$

式中　$M(x)$——约束力矩，梁的下边缘受拉为正，上边缘受拉为负。

请注意，在变形约束内力的分析中，约束力矩的方向和梁的温度挠曲方向相反（轴力 N 的方向亦和位移方向相反），在一般弹性约束状态下，即部分约束、部分变形时常遇此情况。它完全不同于荷载弯矩与变形的关系，所以约束应力引起的开裂部位与外荷载引起的裂缝部位不同。约束应力与荷载应力完全不同，它与结构刚度成比例。

3.10　矩形水池池壁内外温差应力计算

设有一矩形水池如图 3-22 所示，各壁厚及抗弯刚度可能不同，由壁内外表面温差引起的约束弯矩可简化计算如下。

首先在转角节点切开或代之以铰，各壁自由弯曲，其曲率：

$$\frac{1}{\rho_i} = \frac{\alpha T_i}{h_i} \qquad (3\text{-}71)$$

式中　h_i——壁厚；

　　　ρ_i——曲率半径；

　　　T_i——温差。

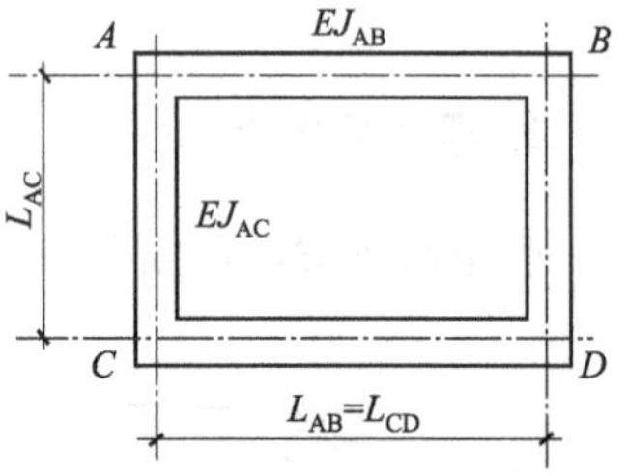

图 3-22　水池平面

在各节点处，相邻壁的转角 θ_i 各不相同，如 A 节点的相邻角：

$$\theta_{AB} = \frac{\alpha T L_{AB}}{2 h_{AB}} ; \quad \theta_{AC} = \frac{\alpha T L_{AC}}{2 h_{AC}} \qquad (3\text{-}72)$$

约束力矩在节点处必须平衡，$M_{AB} = -M_{AC}$。由于相邻壁在节点处刚性连接，所以由约束力矩引起的相邻壁转角之和必然等于自由温度转角之和。由力矩引起的转角：

$$\theta_{ABM} = \frac{M_{AB} L_{AB}}{2 EJ_{AB}} \qquad (3\text{-}73)$$

$$\theta_{ACM} = -\frac{M_{AC} L_{AC}}{2 EJ_{AC}} \qquad (3\text{-}74)$$

因：　　　　$$M_{AB}\left(\frac{L_{AB}}{2EJ_{AB}} + \frac{L_{AC}}{2EJ_{AC}}\right) = \alpha T\left(\frac{L_{AB}}{2h_{AB}} + \frac{L_{AC}}{2h_{AC}}\right)$$

则：
$$M_{AB} = \frac{\alpha T \left(\dfrac{L_{AB}}{h_{AB}} + \dfrac{L_{AC}}{h_{AC}} \right)}{\dfrac{L_{AB}}{EJ_{AB}} + \dfrac{L_{AC}}{EJ_{AC}}} = -M_{AC} \tag{3-75}$$

考虑材料塑性及徐变、裂缝等影响，抗弯刚度以 B 代替 EJ。不允许开裂 $B = 0.85EJ$；慢速的温差变化 $B = 0.5 \times 0.85EJ$；允许开裂及慢速作用 $B = 0.5 \times 0.5 \times 0.85EJ$。

矩形水池池壁在均匀降温及收缩作用下，受地基基础的约束应力计算属于"长墙计算"，见 6.5 节。

矩形水池由于生产工艺要求，内部贮存高温液体和池壁外表面收缩大于内表面时，可能在外表面引起表面裂缝，约束力矩按公式(3-70)计算，裂缝呈垂直方向。

矩形水池的池壁在均匀降温及收缩作用下，受到地基的约束，这种约束应力可导致结构的贯穿性裂缝，其计算方法属于连续式约束条件下的应力分析，见 6.5 节。

露天池壁往往经受两种温差及收缩的共同作用，即均匀的温差与收缩引起长墙的约束应力和池壁内外不均匀温差与收缩引起的弯曲应力，二者叠加形成偏拉受力结构，一般表现为壁外宽、壁内窄的贯穿裂缝和外表面裂缝，因而壁外表面裂缝多于内表面。

3.11 热弹理论的应力函数法与位移函数法

热弹应力的求解有多种方法，应力函数法也是常用的方法之一，以平面问题为例简介如下：

平面问题之应力平衡方程：
$$\left. \begin{array}{l} \dfrac{\partial \sigma_x}{\partial x} + \dfrac{\partial \tau_{xy}}{\partial y} = 0 \\[3mm] \dfrac{\partial \sigma_y}{\partial y} + \dfrac{\partial \tau_{xy}}{\partial x} = 0 \end{array} \right\} \tag{3-76}$$

单独计算应力时，无体积力。如果能找到某一函数 φ，它具有如下性质：
$$\sigma_x = \frac{\partial^2 \varphi}{\partial y^2}, \quad \sigma_y = \frac{\partial^2 \varphi}{\partial x^2}, \quad \tau_{xy} = -\frac{\partial^2 \varphi}{\partial y \partial x} \tag{3-77}$$

则应力平衡方程自然得到满足。函数 φ 称为"艾瑞应力函数"。根据热弹应力-应变关系公式(3-9)，应变可以通过应力函数表示，再代入变形谐调方程式(3-30)，可得到非齐次双调和方程：
$$\nabla^4 \varphi + E\alpha \nabla^2 T = 0 \tag{3-78}$$

式中　∇^2——拉普拉斯算子，$\nabla^2 \equiv \dfrac{\partial^2}{\partial x^2} + \dfrac{\partial^2}{\partial y^2}$；$\nabla^4 \equiv \dfrac{\partial^4}{\partial x^4} + \dfrac{2\partial^4}{\partial x^2 \partial y^2} + \dfrac{\partial^4}{\partial y^4}$。

这样，求解热弹应力问题便归结为寻求能满足双调和方程式(3-78)的艾瑞应力函数 φ。已知 φ 便可列出应力的表达式，进一步根据所讨论的结构边界条件求出表达式中的待定常数，便可求出结构物中任何一点的应力，得到结构中的应力场。

这种方法是一经典的计算方法，远在 30 年代已被应用，解决了一系列工程问题。

类似应力函数法，还有位移函数法，亦颇有实用价值，简介如下：

分析结构物中任意点的应力状态时，在立方微体上一般有九个未知应力：三个法向应力及六个剪应力。应该有九个方程式求解九个未知量。通过应力平衡、变形谐调及应力-应变关系等把九个方程化简成为只包括三个位移分量的三个微分方程的方程组，称作热弹理论的位移方程。

令 $S=\sigma_x+\sigma_y+\sigma_z$，法向应力-应变关系又可表示：

$$\varepsilon_x=\frac{1}{2G}\left(\sigma_x-\frac{\mu}{1+\mu}S\right)+\alpha T$$

$$\varepsilon_y=\frac{1}{2G}\left(\sigma_y-\frac{\mu}{1+\mu}S\right)+\alpha T$$

$$\varepsilon_z=\frac{1}{2G}\left(\sigma_z-\frac{\mu}{1+\mu}S\right)+\alpha T$$

$$G=\frac{E}{2(1+\mu)}$$

$$\varepsilon_{xy}=\frac{\gamma_{xy}}{2}$$

$$\varepsilon_{yz}=\frac{\gamma_{yz}}{2}$$

$$\varepsilon_{zx}=\frac{\gamma_{zx}}{2}$$

为简化表示，采用如下符号：

$i,k=x,y,z$，定义 δ_{ik} 为：

$$i\neq k，则 \delta_{ik}=0$$
$$i=k，则 \delta_{ik}=1$$

剪应力与剪应变关系亦可表示为：

$$\varepsilon_{ik}=\frac{1}{2G}\left[\tau_{ik}-\frac{\mu}{1+\mu}S\cdot\delta_{ik}\right]+\alpha T\delta_{ik} \tag{3-79}$$

可得用一个微分方程表达的包括三个位移分量的三个微分方程的方程组：

$$\nabla^2 u_i+\frac{1}{1-2\mu}\frac{\partial e}{\partial i}-\frac{2(1+\mu)}{1-2\mu}\alpha\frac{\partial T}{\partial i}=0 \tag{3-80}$$

式中 $i=x、y、z$；

u_i——沿 x、y、z 方向位移；

$\nabla^2 u_i=\dfrac{\partial^2 u_i}{\partial x^2}+\dfrac{\partial^2 u_i}{\partial y^2}+\dfrac{\partial^2 u_i}{\partial z^2}$。

设有某函数 ϕ，具有下列性质能满足微分方程式(3-80)：

$$u_i=\frac{\partial\phi}{\partial i},u_x=\frac{\partial\phi}{\partial x},u_y=\frac{\partial\phi}{\partial y},u_z=\frac{\partial\phi}{\partial z}$$

则：

$$\nabla^2 u_i=\frac{\partial}{\partial i}\nabla^2\phi,e=\Sigma\frac{\partial^2\phi}{\partial i^2}=\nabla^2\phi$$

则方程(3-80)可写成：

$$\frac{1-\mu}{1-2\mu}\frac{\partial\nabla^2\phi}{\partial i}-\frac{1+\mu}{1-2\mu}\alpha\frac{\partial T}{\partial i}=0 \tag{3-81}$$

对 i 积分，则最后得到的泊松方程：

$$\nabla^2\phi = \frac{1+\mu}{1-\mu}\alpha T \tag{3-82}$$

即包含位移函数的非齐次二阶偏微分方程组，是数学物理中有名的"泊松方程"，提供了一些求解方法。位移函数亦称为"位移势"，与艾瑞应力函数的意义相似。

一旦找到函数 ϕ，立即可求出各应变分量：

$$\varepsilon_{ik} = \frac{\partial^2\phi}{\partial i\partial k} \tag{3-83}$$

也就是：

$$\left.\begin{array}{l} \varepsilon_x = \dfrac{\partial^2\phi}{\partial x^2}, \quad \varepsilon_y = \dfrac{\partial^2\phi}{\partial y^2}, \quad \varepsilon_z = \dfrac{\partial^2\phi}{\partial z^2} \\[2mm] \varepsilon_{xy} = \dfrac{\gamma_{xy}}{2} = \dfrac{\partial^2\phi}{\partial x\partial y}, \\[2mm] \varepsilon_{yz} = \dfrac{\gamma_{yz}}{2} = \dfrac{\partial^2\phi}{\partial y\partial z} \\[2mm] \varepsilon_{zx} = \dfrac{\gamma_{zx}}{2} = \dfrac{\partial^2\phi}{\partial x\partial z} \end{array}\right\} \tag{3-84}$$

有了位移，应力分量也可求得：

$$\sigma_{ik} = 2G\left[\frac{\partial^2\phi}{\partial i\partial k} - \nabla^2\phi\delta_{ik}\right] \tag{3-85}$$

也就是：

$$\left.\begin{array}{l} \sigma_x = -2G\left[\dfrac{\partial^2\phi}{\partial y^2} + \dfrac{\partial^2\phi}{\partial z^2}\right], \tau_{xy} = 2G\dfrac{\partial^2\phi}{\partial x\partial y} \\[2mm] \sigma_y = -2G\left[\dfrac{\partial^2\phi}{\partial z^2} + \dfrac{\partial^2\phi}{\partial x^2}\right], \tau_{yz} = 2G\dfrac{\partial^2\phi}{\partial y\partial z} \\[2mm] \sigma_z = -2G\left[\dfrac{\partial^2\phi}{\partial x^2} + \dfrac{\partial^2\phi}{\partial y^2}\right], \tau_{zx} = 2G\dfrac{\partial^2\phi}{\partial z\partial x} \end{array}\right\} \tag{3-86}$$

当然，最初选择的函数 ϕ 可满足泊松方程，但不能同时满足边界条件，因此可能求得的应力分布，到边界上出现了矛盾，即出现了边界上的表面力，该表面力在求解温度问题时是不存在的，所以应叠加一组大小相等方向相反的外力，求出附加的应力分布，再将两个结果叠加即可求出最终应力了。

3.12 烟囱、水池、容器、贮仓的温度应力及边缘效应

1. 温度应力

普通钢筋混凝土圆形烟囱、水池、容器及贮仓等特殊构筑物的裂缝常由变形变化引起，一般条件下，可应用长圆柱壳热弹理论应力松弛效应进行分析。

当长圆柱壳的两端是自由的、无外约束作用、内部无热源、均匀温差及收缩不引起约束应力时，只有自由温度变形。

当环形截面内部有热源（或环内外湿差），必然引起壳壁内外表面的温度差或湿度差，尽管壁厚较薄。此时，可以假定温差（或湿度差）沿截面呈线性分布，并必然产生温度（或湿度）应力。

地基上的长圆柱壳一端嵌固，另一端自由。在远离自由边界的各截面（包括垂直截面和水平截面）失去弯曲变形的条件，将在正交的两个方向上引起相同的约束力矩，径向（纵向）及环向力矩，见图 3-23。

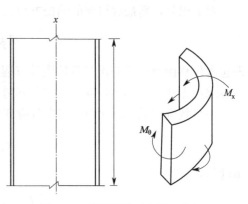

图 3-23　圆柱壳的双向约束力矩

与梁式结构受到端部弯曲约束的力矩相似，圆柱壳的纵向力矩及环向力矩（单位长度上力矩）：

$$M_x = M_\theta = \frac{1}{h}(1+\mu)D\alpha T = \frac{E\alpha Th^2}{12(1-\mu)} \tag{3-87}$$

式中　D——圆柱壳的抗弯刚度，$D = \dfrac{Eh^3}{12(1-\mu^2)}$；

　　　h——壁厚；

　　　T——内外壁面温差 $T = T_1 - T_2$。

由温度约束力矩 M_x 及 M_θ 产生的应力：

$$\sigma_x = \sigma_\theta = \frac{M}{J}y = \frac{12(1+\mu)D\alpha T}{h^4}y \tag{3-88}$$

壳壁边缘处 $y = \pm \dfrac{h}{2}$ 有最大应力：

$$\sigma_{xmax} = \sigma_{\theta max} = \pm \frac{6(1+\mu)D\alpha T}{h^3} \tag{3-89}$$

将 D 值代入式(3-89)：

$$\sigma_{xmax} = \sigma_{\theta max} = \pm \frac{E\alpha T}{2(1-\mu)} \tag{3-90}$$

该应力和薄壁圆环的最大环向应力是相同的，只是分母中增加一项 $(1-\mu)$，因为薄壁圆环是一维问题，而长圆柱壳是双向弯曲二维问题。

考虑温差（或收缩）的时间特征，会出现徐变从而引起应力松弛，视温差变化快慢程度，取松弛系数 $H(t,\tau) = 0.3 \sim 0.5$。

$$\sigma^*_{xmax} = \sigma^*_{\theta max} = \pm \frac{E\alpha T H(t,\tau)}{2(1-\mu)} \tag{3-91}$$

如 $T_1 > T_2$（内热外冷），则外壁面的纵向及环向均呈拉应力，内壁面呈压应力。当最大应力超过抗拉强度时，便在外表面出现裂缝。纵向力矩引起环向裂缝，环向力矩引起纵向裂缝。一般纵向裂缝常见，而环向裂缝少见。尽管双向的力矩在理论上相同，但实际上有所不同，纵向约束程度由于自由端影响小于环向，纵向配筋较多，并有自重压力作用等，所以环向裂缝不多见。

按常规设计的烟囱，使用状态均呈内热外冷，其裂缝出现在筒壁外表面，但也偶有设计尚未考虑的内部开裂现象。

某些工程，混凝土浇筑后长期不予投产使用，烟囱底部留有烟道连接孔洞、施工用门洞等，从这些开孔至烟囱顶部形成沿烟囱内部内表面的空气强烈对流，促成筒壁内表面剧烈干缩，使干缩量远大于外表面。如将收缩换算为"当量温差"，则 $T_1 < T_2$，长时间作用，烟囱内表面几乎沿全高出现 $2\sim3$ 条严重的竖向裂缝，开裂宽度达数毫米。

其后遇有同类工程，如宝钢的某些工程，除在施工中注意养护外，遇有不能按设计投入使用的烟囱，均封闭上下洞口，避免强烈的空气对流，还采取了适当的养护，取得了良好的效果。

有些工程，如烟囱及容器贮仓等，在反复受热和不规则温差作用下，在受热面出现了裂缝，确与理论计算相违。

关于这种"应力异常"现象，在 5.2 节中已有阐述，根据这类工程的现场反映，裂缝确实在降温冷却阶段发生。

对于严重开裂的混凝土烟囱可采用强度较高的化灌材料进行化学灌浆处理以满足使用要求。

总结上述情况，对于烟囱及各类大型容器贮仓等结构，不应只按常规计算采用单面配筋，而应采取对称地双层配筋，以有利于裂缝控制。

2. 圆柱壳与其他容器的边缘效应

从上节可知，沿圆柱壳的纵向有 M_x 作用，沿圆柱壳的环向有 M_θ 作用，到顶部自由端处 $M_x=0$、$\sigma_x=0$，与理论解答有一定出入。为了满足自由端的边界条件，须在边界沿壳体圆周施加与 M_x 大小相等，方向相反的 M_0：

$$M_0 = -\frac{E\alpha T h^2}{12(1-\mu)} \tag{3-92}$$

壳体自由端的力矩：

$$M_x + M_0 = 0 \tag{3-93}$$

边界条件得到满足，$\sigma_x=0$。

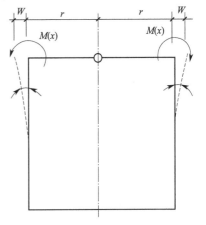

图 3-24 圆柱壳自由端的释放力矩与变形（外倾）

但是，这样处理的结果将给环向受力状态带来影响：

1) 由于释放了边界上的 M_x，纵向应力 $\sigma_x=0$，边界区的环向应力 σ_0 由二维受力变成一维受力，原来的 $\sigma_{\theta1} = \frac{E\alpha T}{2(1-\mu)}$ 变成 $E\alpha T/2$，这是有利的影响，虽然影响很小，$\sigma_{\theta1} = \frac{E\alpha T}{2}$。

2) 圆柱壳在原来 M_x 作用下是不弯曲的，为了释放边界上 M_x，施加与 M_x 相反的

M_0，必然引起边界壳板的轴发生对称弯曲变形（图 3-24），边界产生径向位移 W，圆柱边界的周长有所伸长，从而在边界区域引起环向拉力 N_θ，其值可根据 W 求出，N_θ 增加了边界区的拉应力 σ_θ，后果不利。

圆柱壳边缘作用 $M(x) = M_0$ 引起径向位移 W，从圆柱壳基本理论可知：

$$
\left.
\begin{aligned}
& W = -\frac{M_0}{2\beta^2 D}, \ \beta^2 = \sqrt{\frac{3(1-\mu^2)}{r^2 h^2}}, \\
& D = \frac{Eh^3}{12(1-\mu^2)}
\end{aligned}
\right\}
\tag{3-94}
$$

$$
\begin{aligned}
N_\theta &= -\frac{EhW}{r} = \frac{EhM_0}{2r\beta^2 D} \\
&= \frac{Eh\alpha T}{2\sqrt{3}(1-\mu)}\sqrt{1-\mu^2}
\end{aligned}
\tag{3-95}
$$

$$
\sigma_{\theta 2} = \frac{N_\theta}{h} = \frac{E\alpha T}{2\sqrt{3}(1-\mu)}\sqrt{1-\mu^2}
\tag{3-96}
$$

将上式 $\sigma_{\theta 2}$ 与原有 $\sigma_{\theta 1}$ 叠加得最终弹性应力：

$$
\sigma_\theta = \sigma_{\theta 1} + \sigma_{\theta 2} = \frac{E\alpha T}{2}\left[1 + \frac{\sqrt{1-\mu^2}}{\sqrt{3}(1-\mu)}\right]
\tag{3-97}
$$

考虑徐变影响（考虑温差变化速度）：

$$
\sigma^*{}_\theta = \sigma_\theta H(t,\tau), H(t,\tau) = 0.3 \sim 0.5
\tag{3-98}
$$

矩形水池、贮仓等也有类似情况。上部自由端的环拉力增加了 66% 左右（$\mu = 0.15$），相当可观。由于原拉应力是弯矩 M_θ 引起，当 $T_1 > T_2$ 时，外边受拉，内边缘受压，在此异号应力图形上叠加由 N_θ 引起的均匀拉应力，得到偏心受拉的应力图形，外表面有最大拉应力。

这种现象称作"边缘效应"，其影响程度随着远离自由端而迅速衰减，见图 3-25。

环拉力的衰减方程式：

$$
N_\theta = -2\sqrt{2}\,r M_0 \beta^2 e^{-\beta x}\sin\left(\beta x - \frac{\pi}{4}\right)
$$

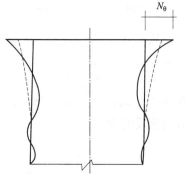

图 3-25　边缘效应

烟囱、水池、容器、贮仓等结构物的上部区域，所以常常出现上宽下窄的竖向开裂，这是一个主要原因，这样的工程实例为数不少。

为此，建议在设计中对上部自由边的构造予以加强，如加肋、加梁、加暗梁、增配构造筋等，详细构造见图 7-33。

3.13　厚壁圆管的温度应力

设有无限长厚壁圆管，内壁温度 $T_1 = T_0$，外壁温度 $T_2 = 0$，内径等于 a，外径等于 b。

我们选用圆柱坐标，管的轴向为 z，径向为 r，以 r 及 θ 角确定任意点的位置，定义拉普拉斯算子在圆柱坐标系中的表达形式：

$$\nabla^2 \equiv \frac{\partial^2}{\partial x^2} + \frac{\partial^2}{\partial y^2} \equiv \frac{\partial}{\partial r^2} + \frac{1}{r}\frac{\partial}{\partial r} + \frac{1}{r^2}\frac{\partial^2}{\partial \theta^2} \tag{3-99}$$

应力函数在圆柱坐标系中必须满足方程：

$$\left(\frac{\partial^2}{\partial r^2} + \frac{1}{r}\frac{\partial}{\partial r} + \frac{1}{r^2}\frac{\partial^2}{\partial \theta^2} \right)^2 \varphi = 0 \tag{3-100}$$

如果找到应力函数 φ，则应力：

$$\left.\begin{aligned} \sigma_r = \frac{1}{r}\frac{\partial \varphi}{\partial r} + \frac{1}{r^2}\frac{\partial^2 \varphi}{\partial \theta^2}; \sigma_\theta = \frac{\partial^2 \varphi}{\partial r^2} \\ \tau_{r\theta} = -\frac{\partial}{\partial r}\left(\frac{1}{r}\frac{\partial \varphi}{\partial \theta} \right) \end{aligned}\right\} \tag{3-101}$$

由于轴对称的温度分布，$\tau_{r\theta}$ 对 θ 所取的各导数必然等于零：

$$\left.\begin{aligned} \nabla^2 \varphi = \frac{d^2 \varphi}{dr^2} + \frac{1}{r}\frac{d\varphi}{dr} = \frac{1}{r}\frac{d}{dr}\left(r\frac{d\varphi}{dr} \right) \\ \sigma_r = \frac{1}{r}\frac{d\varphi}{dr} \\ \sigma_\theta = \frac{d^2 \varphi}{dr^2}, \ \tau_{r\theta} = 0 \\ \nabla^2 T = \frac{1}{r}\frac{d}{dr}\left(r\frac{dT}{dr} \right) = 0 \end{aligned}\right\} \tag{3-102}$$

这是平面定常温度场，必须满足拉普拉斯方程。温度场的边界条件是 $r=a$，$T=T_0$；$r=b$，$T=0$。

试选上述方程的解为：

$$T = T_0 \frac{\ln\dfrac{b}{r}}{\ln\dfrac{b}{a}} = \frac{T_0}{\ln\beta} \cdot \ln\frac{b}{r}, \ \left(\beta = \frac{b}{a} \right) \tag{3-103}$$

方程式能满足这个解又能满足既定的边界条件。

这里还引入表达位移的"位移函数"，以 ϕ 表示。圆柱坐标系中，各位移可通过位移函数求出。如管壁任一点的径向位移 u：

$$u = \frac{d\phi}{dr} \tag{3-104}$$

环向位移 v 由于轴对称：

$$v = \frac{1}{r}\frac{d\phi}{d\theta} = 0 \tag{3-105}$$

与应力函数必须满足双调和方程类似，位移函数必须满足"泊松方程"，在圆柱坐标条件下：

$$\frac{1}{r}\frac{\mathrm{d}}{\mathrm{d}r}\left(r\frac{\mathrm{d}\phi}{\mathrm{d}r}\right) = \frac{1+\mu}{1-\mu}\alpha T \tag{3-106}$$

此式的详细推导从略。

选择这个方程的一个特解：

$$\phi = \frac{K}{\ln\beta}r^2\left(\ln\frac{b}{r}+1\right) \tag{3-107}$$

$$K = \frac{1}{4}\cdot\frac{1+\mu}{1-\mu}\alpha T_0$$

将选择的 T、ϕ 代入式(3-102)，方程得到满足。

$$\frac{1}{r}\frac{\mathrm{d}}{\mathrm{d}r}\left(r\frac{\mathrm{d}\phi}{\mathrm{d}r}\right) = \frac{1+\mu}{1-\mu}\alpha\frac{T_0}{\ln\beta}\lg\frac{b}{r} \tag{3-108}$$

已知位移函数，可求位移。

径向位移：

$$\bar{u} = \frac{\mathrm{d}\phi}{\mathrm{d}r} = \frac{K}{\ln\beta}r\left(2\ln\frac{b}{r}+1\right) \tag{3-109}$$

环向位移：

$$\bar{v} = \frac{1}{r}\frac{\mathrm{d}\phi}{\mathrm{d}r} = 0 \quad （轴对称） \tag{3-110}$$

根据位移，求出应变，其后便可求出应力：

$$\bar{\sigma}_r = -2G\frac{1}{r}\frac{\mathrm{d}\phi}{\mathrm{d}r} = -\frac{2GK}{\ln\beta}\left(2\ln\frac{b}{r}+1\right) \tag{3-111}$$

$$\bar{\sigma}_\theta = -2G\frac{\mathrm{d}^2\phi}{\mathrm{d}r^2} = -\frac{2GK}{\ln\beta}\left(2\ln\frac{b}{r}-1\right) \tag{3-112}$$

根据 $\bar{\sigma}_r$ 的分布可以找到管壁内外表面还作用着法向荷载。

在 $r=a$ 的内表面：

$$p_a = -2GK\left(2+\frac{1}{\ln\beta}\right) \tag{3-113}$$

在 $r=b$ 的外表面：

$$p_b = -\frac{2GK}{\ln\beta} \tag{3-114}$$

众所周知，计算管壁温度应力时，内外表面均无法向压力，即 $p_a = p_b = 0$，但是由于预选的位移函数 ϕ 是一个特解，虽然能满足泊松方程，却无法同时满足原题的边界条件，这就出现了法向压力 p_a 及 p_b，所以在求得的应力符号上加一横线，表示不是最终的应力状态。

欲得最终解答，只需在壁面上加一组与 p_a 及 p_b 大小相等、方向相反的法向压力，使表面上压力为零，满足式(3-113) 和式(3-114)。

厚壁管受到这种压力是外荷载问题，已有成熟解答，其应力：

$$\left.\begin{aligned}
\bar{\bar{\sigma}}_r &= \frac{1}{b^2-a^2}\left[a^2 p_a\left(1-\frac{b^2}{r^2}\right)-b^2 p_b\left(1-\frac{a^2}{r^2}\right)\right] \\
\bar{\bar{\sigma}}_\theta &= \frac{1}{b^2-a^2}\left[a^2 p_a\left(1+\frac{b^2}{r^2}\right)-b^2 p_b\left(1+\frac{a^2}{r^2}\right)\right]
\end{aligned}\right\} \tag{3-115}$$

将 $\bar{\sigma}_r$、$\bar{\sigma}_\theta$ 与相应的 $\bar{\bar{\sigma}}_r$、$\bar{\bar{\sigma}}_\theta$ 叠加使得到既满足泊松方程，又满足边界条件的最终弹性解答：

$$\left.\begin{aligned}
\sigma_r = \bar{\sigma}_r + \bar{\bar{\sigma}}_r &= 2GK\left[-2\frac{\ln\dfrac{b}{r}}{\ln\beta}-\frac{1}{\ln\beta}+\frac{2\left(\dfrac{b^2}{r^2}-1\right)}{\beta^2-1}+\frac{1}{\ln\beta}\right] \\
&= -4GK\left[\frac{\ln\dfrac{b}{r}}{\ln\dfrac{b}{a}}-\frac{\dfrac{b^2}{r^2}-1}{\dfrac{b^2}{a^2}-1}\right] \\
\sigma_\theta = \bar{\sigma}_\theta + \bar{\bar{\sigma}}_\theta &= 2GK\left[-2\frac{\ln\dfrac{b}{r}}{\ln\beta}+\frac{1}{\ln\beta}-\frac{2\left(\dfrac{b^2}{r^2}+1\right)}{\beta^2-1}+\frac{1}{\ln\beta}\right] \\
&= -4GK\left[\frac{\ln\dfrac{b}{r}-1}{\ln\dfrac{b}{a}}+\frac{\dfrac{b^2}{r^2}+1}{\dfrac{b^2}{a^2}-1}\right]
\end{aligned}\right\} \tag{3-116}$$

考虑徐变影响再根据结构受热的变化时间及速度，将弹性应力乘以松弛系数 $H(t,\tau)=0.3\sim0.5$。

$$\left.\begin{aligned}
\sigma_r^* &= \sigma_r H(t,\tau) \\
\sigma_\theta^* &= \sigma_\theta H(t,\tau)
\end{aligned}\right\} \tag{3-117}$$

一项不常用到的纵向应力 σ_z，计算中已被忽略，其值：

$$\left.\begin{aligned}
\sigma_z &= -4GK\left[\frac{2\ln\dfrac{b}{r}-\mu}{\ln\dfrac{b}{a}}+\frac{2\mu}{\dfrac{b^2}{a^2}-1}\right] \\
\sigma_z^* &= \sigma_z H(t,\tau)
\end{aligned}\right\} \tag{3-118}$$

3.14 厚壁圆环及薄壁圆环的温度应力

厚壁圆环板及薄壁圆环均属平面应力状态，其由位移函数表达的泊松方程与空间问题的泊松方程只差 $1-\mu$，所以：

$$\nabla^2\phi = (1+\mu)\alpha T \tag{3-119}$$

此处位移函数的选取，可利用空间受力的厚壁管位移函数，只是需注意，在该函数中要去掉 $1-\mu$。当内外温差为 T_0，在厚壁管位移函数中的 K：

$$K = \frac{1}{4}\times\frac{1+\mu}{1-\mu}\alpha T_0 \tag{3-120}$$

在厚壁环中板的 K：

$$K = \frac{1}{4}(1+\mu)\alpha T_0 \tag{3-121}$$

代入位移函数：

$$\phi = \frac{K}{\ln\beta} r^2 \left(\ln\frac{b}{r} + 1\right) \tag{3-122}$$

和厚壁管的推导方法一致，导出应力：

$$\left.\begin{array}{l} \sigma_r = -4GK\left[\dfrac{\ln\dfrac{b}{r}}{\ln\dfrac{b}{a}} - \dfrac{\dfrac{b^2}{r^2}-1}{\dfrac{b^2}{a^2}-1}\right] \\[6mm] \sigma_\theta = -4GK\left[\dfrac{\ln\dfrac{b}{r}-1}{\ln\dfrac{b}{a}} + \dfrac{\dfrac{b^2}{r^2}+1}{\dfrac{b^2}{a^2}-1}\right] \end{array}\right\} \tag{3-123}$$

　　当圆环板的壁厚与半径相比相当薄时称为薄壁圆环，其弹性热应力可由厚壁圆环板的温度应力导出。

　　圆环的内径 a，外径 b；应力方向见图 3-26，图中 h 值较小时，便是薄壁圆环板。

$$T = T_a - T_b = T_0$$

　　假定平均半径为 R，$a = R - \delta$，$b = R + \delta$，$b - a = 2\delta$，令 $\varepsilon = \delta/R$，当 ε 很小时（$\varepsilon \to 0$），则薄壁环的温度应力（由于壁薄，$\sigma_r = 0$）属一维应力问题。

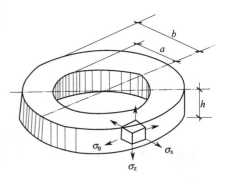

图 3-26　厚壁圆环温度应力计算简图

　　内边缘的应力：

$$\begin{aligned} \sigma_\theta\bigg|_{\substack{r=a \\ \varepsilon\to0}} &= -4GK\left[1 - \frac{1}{\ln\left(\frac{1+\varepsilon}{1-\varepsilon}\right)} + \frac{\left(\frac{1+\varepsilon}{1-\varepsilon}\right)^2+1}{\left(\frac{1+\varepsilon}{1-\varepsilon}\right)^2-1}\right] \\[3mm] &= -4GK\left[1 - \frac{1}{2\varepsilon} + \frac{\dfrac{2}{1-2\varepsilon}}{\dfrac{4\varepsilon}{1-2\varepsilon}}\right] \\[3mm] &= -G(1+\mu)\alpha T_0 = -\frac{E\alpha T_0}{2} \end{aligned} \tag{3-124}$$

　　外边缘的应力：

$$\begin{aligned} \sigma_\theta\bigg|_{\substack{r=b \\ \varepsilon\to0}} &= -4GK\left[\frac{-1}{\ln\left(\frac{1+\varepsilon}{1-\varepsilon}\right)} + \frac{2}{\left(\frac{1+\varepsilon}{1-\varepsilon}\right)^2-1}\right] \\[3mm] &= -4GK\left[\frac{-1}{2\varepsilon} + \frac{2}{\dfrac{4\varepsilon}{1-2\varepsilon}}\right] \\[3mm] &= \frac{E\alpha T_0}{2} \end{aligned} \tag{3-125}$$

考虑徐变应力松弛式(3-124) 和式(3-125) 再乘以 $H(t)=0.3\sim0.5$ 系数。上式在工程中，$\delta/R\leqslant0.1$ 便具有足够的精确度。当 $\delta/R\leqslant0.5$，误差不超过 15%。

上式计算中的极限：

$$\lim_{\varepsilon\to0}\ln\frac{1+\varepsilon}{1-\varepsilon}=2\varepsilon$$

$$\lim_{\varepsilon\to0}\left(\frac{1+\varepsilon}{1-\varepsilon}\right)^2-1=\frac{(1+\varepsilon)^2}{(1-\varepsilon)^2}-\frac{(1-\varepsilon)^2}{(1-\varepsilon)^2}=\frac{4\varepsilon}{1-2\varepsilon}$$

则：

$$\lim_{\varepsilon\to0}\frac{\left(\frac{1+\varepsilon}{1-\varepsilon}\right)^2+1}{\left(\frac{1+\varepsilon}{1-\varepsilon}\right)^2-1}=\frac{1}{2\varepsilon}$$

当 $\delta/R=0.1$ 时，误差不超过 7%；当 $\delta/R=0.05$ 时，误差不超过 3%；当 $\delta/R=0.01$ 时，误差不超过 0.7%。故对于厚壁环形结构按薄壁环计算，其误差在工程上是可以允许的。

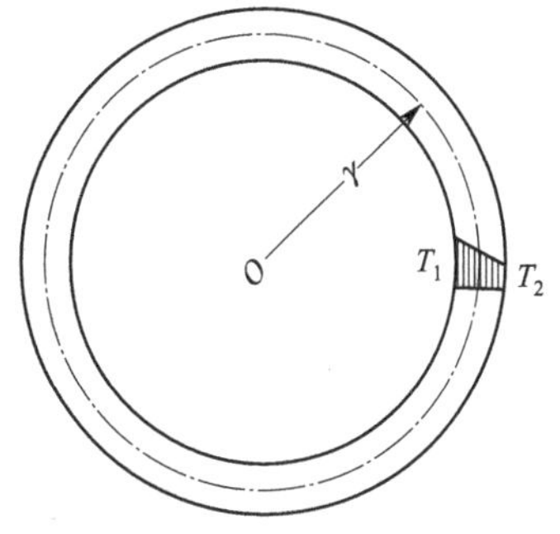

图 3-27 所示一圆环 $T_a=T_1$，$T_b=T_2$，温差为 T_0，圆环承受弯曲应力，当 T 为升温（正温）时，壁内表面应力为压应力，外表面应力为拉应力。

不难证明，由于截面上的 σ_θ 分布，必定产生弹性环向力矩：

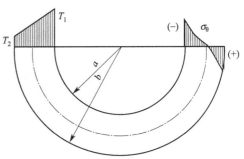

图 3-27 薄壁圆环的温度分布

$$M_\theta=\sigma_\theta W=\frac{EJ\alpha T_0}{h}, \quad \sigma_\theta\underset{\substack{r=b\\r=a}}{=}\pm\frac{E\alpha T_0}{2} \qquad (3-126)$$

式中 $W=\dfrac{2J}{b-a}$；

J——截面惯性矩；

h——壁厚 $h=b-a=2\delta$。

圆环属于三次超静定结构，内外温差引起的力矩等于同截面水平梁受到转动约束的力矩，见 3.9 节，其应力等于全约束梁最大应力的一半。这是因为环形结构承受 $T_a=T_1$、$T_b=T_2$、$T_1-T_2=T_0$ 温差作用，即在里边为 T_0、外边为 0 的温差作用下，平均温度 $T_p=\dfrac{T_0}{2}$ 只引起圆环的均匀膨胀，不产生应力；而异号温差引起纯弯曲应力，边界上最大应力值为 $\pm\dfrac{E\alpha T_0}{2}$，里为压应力，外为拉应力，见图 3-28。考虑材料的徐变，据温差变化速度，上述各弹性应力乘以松弛系数可得最终应力：

$$\left.\begin{array}{l}\sigma_r^*=\sigma_r H(t,\tau)\\\sigma_\theta^*=\sigma_\theta H(t,\tau)\\\sigma_z=0\end{array}\right\} \qquad (3-127)$$

图 3-28 薄壁圆环的弯曲应力

日照辐射引起筒壁温度应力的分析。

假设：

1）筒身方向太阳辐射引起的温差相等。

2）温差沿圆周方向分布为（图 3-29）：

$$\begin{cases} T_\theta = T_{\max}\cos\theta & (-90° \leqslant \theta \leqslant 90°) \\ T_\theta = 0 & (90° < \theta < 270°) \end{cases}$$

θ 角在向阳方向为 0°。

3）沿筒身壁厚方向温差呈线性分布。

4）符合平面应变问题假定。

这是一个轴对称结构承受非轴对称温差问题，据有限元分析，日照引起的温度应力（内壁环向拉应力）分布为（图 3-30）：

$$\left.\begin{array}{l} \sigma_\theta = \sigma_{\theta\max}(0.8\cos\theta + 0.2) \qquad (-90° \leqslant \theta \leqslant 90°) \\[2mm] \sigma_\theta = 0.2\sigma_{\theta\max} \qquad\qquad\qquad (90° < \theta < 270°) \\[2mm] \sigma_{\theta\max} = \dfrac{K_1\alpha E T_{\max}}{2(1-\mu)} \cdot H(t) \qquad (K_1 \text{ 一般取 } 0.9) \end{array}\right\} \qquad (3\text{-}128)$$

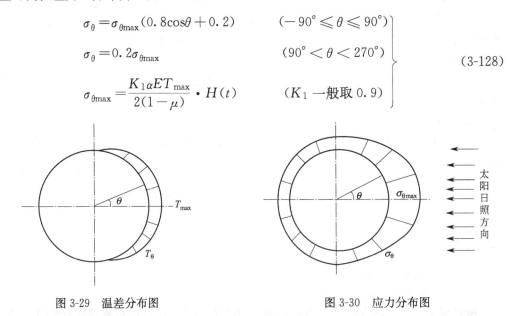

图 3-29　温差分布图　　　　　　　　图 3-30　应力分布图

如前所述，各种结构的温度应力均与温差成比例。但是，当温差超过一定范围之后，结构裂缝和钢筋塑性得到充分发展，约束应力将迅速衰减，至极限状态时趋近于零，这是变形变化引起应力状态的主要特点。

对脆性材料或急冷急热作用的构件，变形变化引起的应力足使结构产生断裂、破坏。

3.15   高层建筑及高耸构筑物的热变形

1977 年 10 月 20 日，在某建设基地的施工单位发现几座 80m 高的钢结构烟囱垂直度出现问题，烟囱顶部的水平位移达 20～75mm。在大块式钢筋混凝土基础上，一座刚刚施工完的引进项目怎么会发生这么大的水平位移。当天风力只有 2～3 级，不能归结为风振摆动。通过实测，稳定条件下摆动振幅只有 20mm，地基也较好。后来继续严密观测，进一步发现这个位移是不稳定的，中午以前向西侧偏移，下午向东侧偏移；每天都按时周期性地变动。而且，太阳出来的日子位移大，阴天则位移小；白天大，夜间小。其水平位移示于图 3-31、图 3-32❶。

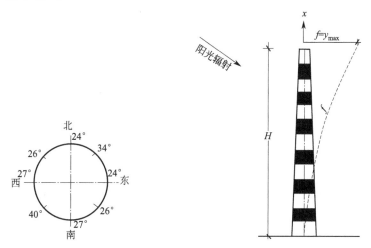

图 3-31 高耸钢烟囱结构的温差及温度挠曲

根据现场实测资料，某钢烟囱的最大倾斜在上午 10 时至下午 3 时出现，顶部弯曲变形最大；当时又测定了烟囱外表面温度，如下午 1 时至 3 时，烟囱根部朝阳面 40～45℃，背阴面 22～26℃。

根据分析，这种倾斜的主要原因是温度引起。

钢烟囱顶部垂直度（变位）实测值 表 3-1

烟囱编号	实测顺序	垂 直 度		垂直度（变位）	测 定 时 间		
		坐 标			月	日	时
		y	x				
3 号烟囱	1	−74.7	11.5	75	9	29	10：00
	2	+42.4	−15	45	9	29	15：35
	3	−33.1	−50	60	9	29	19：50
	4	−43.2	−42	60	9	30	6：00
	5	−41.5	−40	58	9	30	8：35
	6	−36.4	−35	50	9	30	11：30
	7	+37.4	−25	28	9	30	15：00
	8	0	−40	40	9	30	15：30
	9		−33	40	9	30	20：30
	10		−17	53	10	1	8：00
	11		+20	75	10	1	9：43
	12		+25	75	10	1	10：20
	13		+5	42.5	10	1	11：35
	14	−40	0	40	10	1	11：40
	15		−5	30	10	1	11：50
	16		−10	25	10	1	12：00
	17		−15	25	10	1	12：15
	18	−20	−20				12：30
	19	−15	−34				15：30
	20	−26	−34				18：00
	21	−24	−35		10	2	8：00

❶ 该图由十九冶工业安装公司洪德昌工程师实测，参阅表 3-1 数据。

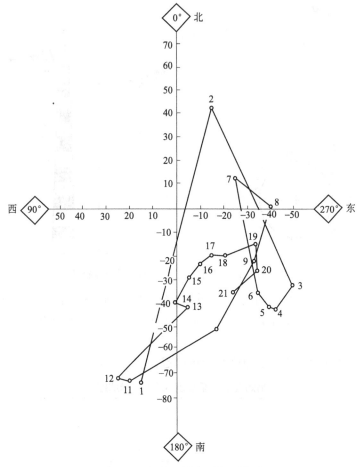

图 3-32 烟囱顶端实测水平位移

但是，实测变形细节相当复杂，温度差沿截面圆周和沿高度都不均匀，加之有风荷载的作用，因此该变形具有某种随机性，且是空间变形，严格的计算十分困难。我们只能根据最大的偏移，假定变形呈平面弯曲，作近似地验算。

温差引起高耸结构物的变形，不仅钢烟囱存在，其他任何结构也都存在，只是程度不同。

钢烟囱的倾斜，容易引起建设单位的两点疑问：①倾斜是否是施工质量问题；②如属温度变形，那么烟囱截面上有多大的温度应力。

先就第二个问题进行讨论，这类结构物承受较大温差的截面宽度（或直径）一般较小其温差可近似地假定呈线性分布。

根据无应力温度场的定义，在这种线性温度分布下，只有挠曲变形而无约束应变，不必担心温度应力引起的结构强度问题，参见 3.5 节。

我们在这里简单地重复一下无应力温度场的定义，即在静定结构内部无热源的截面上，其温度是按（线性）直线规律分布的，则各点的温度变形服从自由变形谐调方程，只产生均匀膨胀或收缩，没有转角，自约束应力等于零。由于是静定结构物，其外约束应力也等于零，也即不产生约束应力。

高层民用建筑的温度变形与应力问题曾引起许多设计、科研单位的重视，对有些高层建筑还编制出了温度应力计算程序。计算是相当复杂的。

高层建筑可以看作是一个悬臂矩形箱体结构，在太阳辐射作用下产生温度变形。结构上最不利的温度分布是受太阳辐射的朝阳面与背阴面温差，假定温度差沿结构宽度呈线性分布，只有伸长和挠曲，不存在约束应力，那么任何线性温差都可由图 3-33 中的（b）和（c）组合而成。

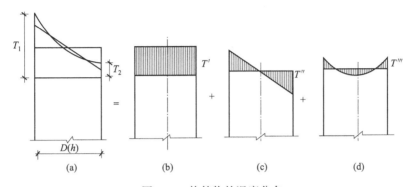

图 3-33 构筑物的温度分布

（a）温差分布；（b）均匀膨胀；（c）纯弯曲变形；（d）有约束应力

实际温度可能呈非线性分布，则可分解为均匀膨胀的线性温度 T'、线性挠曲温度 T'' 及非线性自约束温度 T'''。T' 及 T'' 不引起约束应力，T''' 引起的非线性自约束应力，只要不是剧烈地变化，其数量很小，可以忽略不计。故一般高层建筑纵向基本上不存在太阳辐射引起的温度应力，而只有挠曲变形。变形与温差及高度平方成正比，与建筑水平宽度成反比。

所以对于既高又窄的塔楼式建筑物（包括一侧很长，但另一侧很窄的建筑物），垂直度的变化观测中应当考虑阳光辐射引起的变形，不要把这部分变形当作质量问题。重要高耸设备的安装及垂直度量测检验应尽可能在夜间进行，因在此期间结构物处于热运动中的"休眠状态"，可借此校核质量问题。

相对来说，混凝土结构物温度变形比钢结构小，其原因是材料传热性质及壁厚有差别，在瞬时周期性温差作用下（日温差），因混凝土结构壁厚较大，故出现传热及热应力的"滞后"现象。

仍以本节开首的工程为例，该钢结构烟囱高 80m，下部直径 6.4m，上口直径 4.3m，平均直径 5.3m，安装质量良好，安装时各段的垂直度偏差按规范要求都小于 $H/2000 = 40mm$（H——烟囱高度）。实测的钢烟囱现场见图 3-34。

图 3-34 具有周期性位移的某厂钢烟囱现场

引起烟囱弯曲变形的因素有：

1）风荷载

由于各级风力产生的风压引起烟囱悬壁梁的弯曲变形，按材料力学公式计算，2～3级风作用下，其最大位移为 0.17～0.38cm。

2）烟囱固有振动

由于风荷载的脉动，烟囱将产生自振振幅 0.7～0.32mm。

3）安装偏差

施工中有安装偏差，该值引起的位移远小于 $H/2000$，并在全高不是单向弯曲，所以最终偏差位移是很小的。

4）太阳辐射

烟囱朝阳面和背阴面的温差引起烟囱的弯曲将随时间而波动，其位移达到可观程度。

烟囱顶部实测最大位移为 75mm，该处的温度位移如表 3-1、图 3-31、图 3-32 所示，烟囱如图 3-34 所示。该工程于 1978 年投产，烟囱使用正常。

根据梁纯弯曲理论公式可知：

$$\frac{\mathrm{d}^2 y}{\mathrm{d}x^2} = \frac{\alpha T}{h} = \frac{1}{\rho} \tag{3-129}$$

式中　h——梁高。

积分：
$$\frac{\mathrm{d}y}{\mathrm{d}x} = \frac{\alpha T}{h} x + C$$

再积分：
$$y = \frac{\alpha T}{2h} x^2 + C_{\mathrm{x}} + D$$

由地基上悬臂梁（垂直方向 x，水平方向 y，坐标原点位于地面）边界条件定积分常数，则：

$$x = 0, \ y = 0, \ D = 0$$

$$x = 0, \ \frac{\mathrm{d}y}{\mathrm{d}x} = 0, \ C = 0, \ （地基视作嵌固点），则：$$

$$y = \frac{\alpha T x^2}{2h}, \ y_{\max} = f = \frac{\alpha T H^2}{2h} \tag{3-130}$$

对圆形结构：$h = d$，$y_{\max} = f = \dfrac{\alpha T H^2}{2d}$，$d$ 为烟囱直径。

当温差 $T_1 - T_2 = 16℃$（温差最大部位），按平面假定估算顶部变位 f（取平均直径 5.3m）：

$$y_{\max} = f = \frac{\alpha T H^2}{2d} = \frac{12 \times 10^{-6} \times 16 \times 8000^2}{2 \times 530} = 11.59\text{cm}$$

实测的最大变位为 7.5cm。

由于实际温差沿全高不同，截面变化以及烟囱初始位移、风振等复杂影响，故理论值难以准确地同实测对比，但从现场工程实测变形中扣除稳定摆动变形后，数量相差不大。

这一现象说明：高耸构筑物，如塔楼高层建筑，特别是高耸金属结构，由于比热较小，导热系数较大，受温度影响较为敏感，太阳辐射引起弯曲变形可能超过允许值，但一

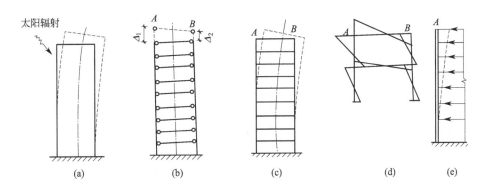

图 3-35 高层建筑不同结构形式的变形与内力

（a）筒体式，连续墙式，箱体式；（b）铰接的框架；（c）刚性连接的框架；（d）刚性连接
框架简化计算，最上二层的温度弯矩；（e）单侧柱的变形与阻力

般不属质量问题，是正常的物理现象，而过去这常被误认为是地基不均沉陷或其他的质量问题。

严格地讲，温度沿截面的变化是非线性的，但变化不剧烈，可分解为线性膨胀、纯弯曲及自约束应力三部分，见图 3-33。从图 3-33（d）中可看出，自约束应力一般很小，可以在设计中忽略，因此筒体式、连续墙式及箱形组合结构在太阳辐射作用下纵向温度变形几乎是自由的，约束应力基本上不存在，建筑物将发生倾斜（图 3-35a）。

任何高耸构筑物，高层建筑，以及任何梁板结构，当它们充分变形时，包括充分弯曲时，恰好是没有内力的状态。国内外一些书籍和资料中，常根据结构的弯曲方向，用荷载应力的概念，判断有弯曲就有弯矩，拱曲的外边缘受拉应力，内边缘受压应力，这是基本概念上的错误。

高层结构的梁柱为铰接时，A 柱与 B 柱的不同变形，$\Delta_1 = \alpha T_1 H$，$\Delta_2 = \alpha T_2 H$，只产生不同的自由变位而无应力（图 3-35b）。

高层结构为刚性框架时，太阳辐射作用下，既产生倾斜位移又产生内应力，其变形小于图 3-35（a）的自由位移；其应力在顶部最大，向下迅速衰减，故可简化为两层（最上两层）计算（图3-35d）。一般刚架结构可忽略温度应力。

高层结构的某一侧立柱承受外热内冷（或外冷内热）时，柱子将产生弯曲变形，

图 3-36 某塔楼式高层钢结构在安装中

如果是独立的悬臂柱只有弯曲变形而无应力，但由于另一侧水平构件的阻力（核心筒）而引起约束应力，可按一端嵌固的多跨连续梁求解。

对于高层建筑结构的自由变形及约束变形，都应注意装修结构及填充结构的裂缝问题，例如某些高层建筑常采用铝合金结构装修立面，其线膨胀系数较大（$\alpha = 29 \times 10^{-6}$），容易产生挤压失稳、翘曲和裂缝，宜选用小块组合结构。

特别值得注意的是那些塔楼式钢结构高层建筑，如图 3-36 所示。其安装偏差、风振位移及自振振幅等的分析中应考虑温度的影响。本书第 12 章表 12-3 给出一般的变形控制标准。

关于高层建筑的箱形或筏式基础，一般 50～60m 长者不设置任何变形缝（相邻低层大厅除外），也不设置后浇缝；70～80m 长以上者既可连续浇筑亦可设后浇缝。其验算方法见第 7 章。

3.16 圆形厚板的内约束应力

在工程中圆形板的径向（呈放射状）裂缝，这类板包括不同厚度的圆形水池底板、容器底板、高炉顶部承台以及其他圆盘形设备基础。

对于厚板承受水化热温升的降温曲线作用，中心部分温度高，边缘区温度低的温差引起温度应力。其次对于薄板又有边缘收缩大，中心部位收缩小，可用当量温差加以描绘，亦和中部温度高于边缘温度作用的结果是相同的。根据我们的实测，圆板的温度变化总可以近似的以线性温度 T_0 和非线性温度 $T(r)$ 叠加合成：$T = T_0 + T(r)$，$T(r) = T_{\max} \left(1 - \dfrac{r^2}{R^2}\right)$，其中 T_0 线性分布不引起自约束应力。$T(r)$ 非线性分布见图 3-37。

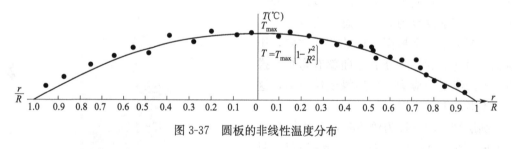

图 3-37 圆板的非线性温度分布

该问题可按圆盘轴对称一维温度应力问题进行分析计算。推导环向应力 $\sigma_\theta(r)$ 及径向应力 $\sigma_r(r)$：

根据圆盘受力特性，在板的厚度方向温度是相同的。由于轴对称剪应力等于零（$\tau_{r\theta} = 0$），是平面应力问题。对于钢筋混凝土又可假定泊松系数 r 等于零，则根据 Тимошенко. С. П. Теория упругости（铁摩辛柯，弹性理论 1934）：

$$\sigma_\theta(r) = A + \frac{B}{r^2} + \frac{\alpha E}{r^2} \int T(r) r \, dr - E\alpha T(r)$$

$$T(r) = A_{\max} \left(1 - \frac{r^2}{R^2}\right)$$

首先寻找常数 B，则：

$$B = -r^2 A - \alpha E \int T(r) r \, dr + r^2 E \alpha T(r)$$

当 $r=0$，$B=0$

$$\int T(r) r \, dr = T_{\max} \int \left(1 - \frac{r^2}{R^2}\right) r \, dr$$

$$= T_{\mathrm{m}} \left(\frac{r^2}{2} - \frac{r^4}{4R^2}\right)$$

$$\sigma_{\mathrm{r}}(r) = A - \frac{\alpha E}{r^2} \int T(r) r \, dr$$

$$= A - \alpha E T_{\max} \left(\frac{1}{2} - \frac{r^2}{4R^2}\right)$$

$$r = R, \ \sigma_{\mathrm{r}}(r) = 0$$

$$A = \frac{1}{4} \alpha E T_{\max}$$

$$\sigma_{\theta}(r) = \frac{1}{4} \alpha E T_{\max} + \frac{\alpha E}{r^2} \int T(r) r \, dr - E \alpha T(r)$$

$$= E \alpha T_{\max} \left(\frac{3r^2}{4R^2} - \frac{1}{4}\right)$$

$$= \frac{3}{4} E \alpha T_{\max} \left(\frac{r^2}{R^2} - \frac{1}{3}\right) \tag{3-131}$$

$$\sigma_{\mathrm{r}}(r) = E \alpha T_{\max} \left(\frac{r^2}{4R^2} - \frac{1}{4}\right)$$

$$= \frac{1}{4} E \alpha T_{\max} \left(\frac{r^2}{R^2} - 1\right) \tag{3-132}$$

$$\sigma_{\theta\max}_{r=R} = \frac{1}{2} E \alpha T_{\max}$$

$$\sigma_{\theta\min}_{r=0} = -\frac{1}{4} E \alpha T_{\max}$$

$$\sigma_{\mathrm{r}\min}_{r=0} = -\frac{1}{4} E \alpha T_{\max}$$

$$\sigma_{\mathrm{r}\min}_{r=0} = 0$$

考虑温度及干缩速率，将弹性应力乘以松弛系数 $H(t, \tau) = 0.3 \sim 0.5$，升降温越快系数越大，越慢越小。当应力超过抗拉强度，引起放射状裂缝，从侧面看即竖向裂缝。

上海某圆形板的温度应力裂缝见图 3-38，核反应堆基础亦可能出现该种裂缝。

图 3-38   圆形底板的温度应力裂缝

当圆盘的厚度增加，形成一实心柱体，如大截面柱、灌注桩、耐火块体等。截面中部由于水化热作用，引起里热外冷；截面中部和边缘水分蒸发不均，形成蒸发膨胀应力，不仅产生平面应力 σ_r 和 σ_θ，而且产生纵向，即沿柱高方向的应力 σ_z，即三维应力状态，经推导，σ_r 及 σ_θ 和平面应力相同，而：$\sigma_z(r) = -\dfrac{1}{2}T_{max}\left(1 - \dfrac{2r^2}{R^2}\right)$，$r = R$，$\sigma_z(r) = \dfrac{1}{2}E\alpha T_{max}$。当热膨胀很快发生时，松弛系数 $H(t) \to 1.0$，可能引起水平断裂或爆炸。

4 对荷载裂缝的若干探索

4.1 概 述

钢筋混凝土结构在外荷载（第一类荷载）作用下产生裂缝问题的研究工作从 20 世纪 30 年代起即已开始。苏联穆拉舍夫（Мурашев）、英国塞林杰（Salinger）、瑞典布罗姆斯（Broms）、葡萄牙费瑞-博格斯（Feery-Borges）等人，苏联钢筋混凝土研究院（НИЖБ）、美国混凝土协会（ACI）、英国水泥和混凝土协会（CCA）、欧洲混凝土协会国际预应力混凝土协会（CEB-FIP）以及我国的东南大学、大连理工大学、中国建筑科学研究院等都进行了大量的研究工作，一些科研成果已编入设计规范，许多国家有自己的裂缝计算方面的规范规定。绝大多数的计算公式均以试验室试验为基础，并以经验公式表达计算方法。各国有关裂缝的计算结果和强度计算公式各不相同，离散过大。兹举波兰希古拉（S. Sygula）和英国毕比（A. W. Beeby）的统计表为例，从中可以看出裂缝理论及其计算公式本身的出入程度（见 8.3 节），其统计结果最大误差竟达 300% 之多。

在处理工程裂缝时，经常发现结构的实际裂缝宽度与钢筋应力控制裂缝理论或规范计算差别很大。

有时，设计施工单位按结构物的实际裂缝宽度反算钢筋应力，得出钢筋的应力状态早已超过极限强度，从而判定该工程为"危险工程"，做出承载力加固的抉择。类似这样的矛盾和争议俯拾即是。

对某些工程的屋架结构受拉杆件裂缝，用各种不同方法验算，有的误差竟达几倍乃至 40 余倍之多，可见这一问题实有探索的必要。

在裂缝问题中，首先应把变形变化（温度、收缩、沉降等，特别是收缩）这一因素作为一项重要因素来考虑。

在实际工程裂缝检测过程中，殊感一个结构物的裂缝状态相当复杂。在任何一个构件，任何一相同内力区的结构物上，没有一项工程的裂缝是保持一个共同的裂缝间距和一个共同裂缝宽度（如理论和规范中规定的计算）的，至少波动在一倍以上，有时还更大。对同一结构的裂缝，不同人的量测可得到不同的宽度和间距。

如欲和实际工程相接近，至少应有三个等级的参数比较合理：最小值、平均值及最大值。

有关结构物的某部位裂缝状态及结构物的裂缝状态的客观描述，起码应能给出有关裂缝间距及裂缝宽度的最大、最小及平均值，即使是一条裂缝，其宽度也应有最大、最小及平均值，这会更加接近实际工程状况。可否从理论上给出这样的计算方法呢，试述如下。

作者在从事变形变化引起的裂缝研究基础上，试图把计算温度裂缝中的基本假定移植到荷载裂缝计算中，从而探索钢筋混凝土结构裂缝控制理论计算方法。

作者设想的出发点是：既然裂缝是钢筋和混凝土的相互作用问题，那么是否可以把这两种材料的关系看作是相互"约束"关系，进而采用温度裂缝中一个基本假定，例如轴拉构件（图 4-1）假定，$\tau = -C_x u$。

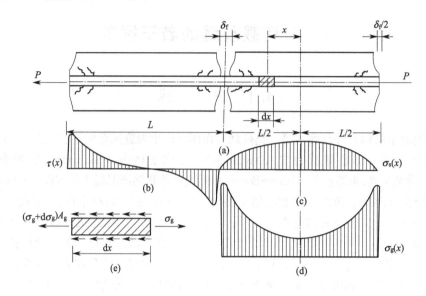

图 4-1 中心受拉构件开裂内力分析模型

（a）中心受拉开裂构件；（b）混凝土与钢筋接触面上剪应力 $\tau(x)$；（c）混凝土与钢筋接触面处
混凝土水平应力 $\sigma_s(x)$；（d）钢筋中应力 $\sigma_g(x)$；（e）示意计算简图

由此可以推导出裂缝控制计算的理论公式。

作者初步探试，采用弹性和平截面假定，且为避免过分复杂的表达式，拟忽略不计一些对最终结果影响较小的参数，以便验算控制裂缝时参考应用。其他因素，如弹塑性、开裂后的变形协调关系等有待进一步研究和改进。

4.2 钢筋混凝土中心受拉的应力状态

设有钢筋混凝土中心受拉构件，长度为 L，截面面积为 A_s，内部对称配筋面积 A_g（由 n 根直径为 $D = 2r$ 的钢筋组成 $A_g = n\pi r^2$），构件端部有中心拉力 P 作用于钢筋，覆盖钢筋的混凝土厚度与裂缝间距之比小于或等于 0.1（计算单元取两条裂缝之间的一段构件），见图 4-1(a)。

1. 钢筋应力

为了清楚起见，假定一根钢筋示意计算简图，见图 4-1(e)，从构件内截出 dx 段钢筋，四周作用着剪应力 τ，钢筋一端的应力为 σ_g，另一端为 $\sigma_g + d\sigma_g$，列出平衡方程：

$$d\sigma_g(x)A_g + n\pi D dx\tau = 0 \tag{4-1}$$

$$\frac{d\sigma_g(x)}{dx} + \frac{2n\pi r}{A_g}\tau = 0 \tag{4-2}$$

将 $\tau = -C_x u$，$\dfrac{d\sigma_g(x)}{dx} = E_g \dfrac{d^2 u}{dx^2}$ 代入式(4-2)：

$$\frac{\mathrm{d}^2 u}{\mathrm{d}x^2} - \frac{2n\pi r C_\mathrm{x}}{E_\mathrm{g} A_\mathrm{g}} u = 0 \tag{4-3}$$

将 $A_\mathrm{g} = n\pi r^2$ 代入式(4-3)：

$$\frac{\mathrm{d}^2 u}{\mathrm{d}x^2} - \frac{2C_\mathrm{x}}{E_\mathrm{g} r} u = 0$$

令 $\beta = \sqrt{\dfrac{2C_\mathrm{x}}{E_\mathrm{g} r}}$

$$\frac{\mathrm{d}^2 u}{\mathrm{d}x^2} - \beta^2 u = 0 \tag{4-4}$$

$$u = A\,\mathrm{ch}\beta x + B\,\mathrm{sh}\beta x \tag{4-5}$$

据边界条件求积分常数（计算单元取两条裂缝之间的构件）：

$$\left. \begin{array}{l} x = 0, \text{构件中点，其位移 } u = 0 \\[2mm] x = \pm\dfrac{L}{2}, \text{构件两端，钢筋应力 } \sigma_\mathrm{g}(x) = \sigma_\mathrm{gmax} = \dfrac{P}{A_\mathrm{g}} \end{array} \right\} \tag{4-6}$$

据 $x = 0$，$u = 0$，$A = 0$，$x = \pm\dfrac{L}{2}$，$\sigma_\mathrm{gmax} = \dfrac{P}{A_\mathrm{g}}$，$\sigma_\mathrm{gmax} = E_\mathrm{g}\dfrac{\mathrm{d}u}{\mathrm{d}x} = E_\mathrm{g} B\beta\,\mathrm{ch}\beta x$，

$$\mathrm{ch}\beta\left(-\frac{L}{2}\right) = \mathrm{ch}\beta\frac{L}{2}$$

$$B = \frac{P}{A_\mathrm{g} E_\mathrm{g} \beta\,\mathrm{ch}\beta\dfrac{L}{2}} \tag{4-7}$$

得到位移 u 的解：

$$u(x) = \frac{P}{A_\mathrm{g} E_\mathrm{g} \beta\,\mathrm{ch}\beta\dfrac{L}{2}}\,\mathrm{sh}\beta x \tag{4-8a}$$

$$u(x) = \frac{\sigma_\mathrm{gmax}}{E_\mathrm{g} \beta\,\mathrm{ch}\beta\dfrac{L}{2}}\,\mathrm{sh}\beta x \tag{4-8b}$$

最大位移 $x = \dfrac{L}{2}$：

$$u_\mathrm{max} = \frac{\sigma_\mathrm{gmax}}{E_\mathrm{g} \beta}\,\mathrm{th}\beta\frac{L}{2} \tag{4-9}$$

剪应力分布 $\tau(x)$：

$$\tau(x) = -C_\mathrm{x} u = -\frac{C_\mathrm{x} \sigma_\mathrm{gmax}}{E_\mathrm{g} \beta\,\mathrm{ch}\beta\dfrac{L}{2}}\,\mathrm{sh}\beta x \tag{4-10}$$

钢筋应力分布 $\sigma_\mathrm{g}(x)$：

$$\sigma_\mathrm{g}(x) = E_\mathrm{g}\frac{\mathrm{d}u}{\mathrm{d}x} = \sigma_\mathrm{gmax}\frac{\mathrm{ch}\beta x}{\mathrm{ch}\beta\dfrac{L}{2}} = \frac{P\,\mathrm{ch}\beta x}{A_\mathrm{g}\,\mathrm{ch}\beta\dfrac{L}{2}} \tag{4-11}$$

2. 混凝土截面的应力 $\sigma_\mathrm{s}(x)$

根据平衡条件：

$$\sigma_{gmax}A_g = \sigma_s(x)A_s + \sigma_g(x)A_g \tag{4-12}$$

$$\sigma_s(x) = \frac{\sigma_{gmax}A_g - \sigma_g(x)A_g}{A_s}$$

$$\sigma_s(x) = \sigma_{gmax}\mu\left(1 - \frac{\text{ch}\beta x}{\text{ch}\beta \dfrac{L}{2}}\right) \tag{4-13}$$

$$C_x = \frac{1}{\sqrt{\mu}}(\text{N/mm}^3) \tag{4-14}$$

式中 μ——配筋率$= \dfrac{A_g}{A_s}$；

C_x——混凝土对钢筋变形的水平阻力系数，配筋率越低，水平阻力越大。

抗裂荷载 P_c（当混凝土应力 $\sigma_s = R_f$）：

$$P_c = \sigma_{gmax}A_g = \frac{R_f A_g}{\mu\left(1 - \dfrac{\text{ch}\beta x}{\text{ch}\beta \dfrac{L}{2}}\right)} \tag{4-15}$$

式中 R_f——混凝土抗裂抗拉强度（MPa）。

混凝土及钢筋的应力示于图 4-1。

4.3 中心受拉构件的裂缝间距

当构件中部混凝土的拉应力刚刚到达抗拉强度但尚未开裂时，构件的连续长度为最大裂缝间距；当构件中部混凝土的拉应力刚刚到达抗拉强度，且已经开裂时，则开裂后各段的连续长度为最小裂缝间距：

$$\sigma_s = R_f = E_s\varepsilon_p \tag{4-16}$$

代入式(4-13)，考虑到混凝土的最大拉应力在 $x=0$ 处（二相邻裂缝间距之中点），则 $\text{ch}\beta x = 1$，从而得：

$$E_s\varepsilon_p = \sigma_{gmax}\mu - \frac{\sigma_{gmax}\mu}{\text{ch}\beta \dfrac{L}{2}}$$

式中 ε_p 为极限拉伸，考虑配筋及徐变影响：

$$\text{ch}\beta\frac{L}{2} = \frac{\sigma_{gmax}\mu}{\sigma_{gmax}\mu - E_s\varepsilon_p}$$

得最大裂缝间距（当 $\sigma_s = R_f$ 尚未开裂的极限状态）：

$$[L_{max}] = 2\frac{1}{\beta}\text{arcch}\frac{\sigma_{gmax}\mu}{\sigma_{gmax}\mu - E_s\varepsilon_p} \tag{4-17}$$

$$[L_{min}] = \frac{1}{2}[L_{max}](\sigma_s = R_f \text{ 已开裂的状态}) \tag{4-18}$$

平均裂缝间距：

$$[L] = \frac{1}{2}[L_{min} + L_{max}] = 1.5\frac{1}{\beta}\text{arcch}\frac{\sigma_{gmax}\mu}{\sigma_{gmax}\mu - E_s\varepsilon_p} \tag{4-19}$$

中心受拉构件的配筋率较高（5%～8%），混凝土收缩受到钢筋的约束，即承受荷载前构件已受拉，这部分收缩变形 ε_y 应从极限拉伸中减去：

$$[L] = 1.5 \frac{1}{\beta} \operatorname{arcch} \frac{\sigma_{\mathrm{gmax}}\mu}{\sigma_{\mathrm{gmax}}\mu - E_{\mathrm{s}}(\varepsilon_{\mathrm{p}} - \varepsilon_{\mathrm{y}})} \tag{4-20}$$

其他 $[L_{\max}]$ 及 $[L_{\min}]$ 类推。

当构件受预应力作用时，则应在极限拉伸变形上增加一预压变形（相当于提高了极限拉伸）。

4.4 中心受拉构件裂缝开展宽度

前面根据剪应力-水平位移关系假定曾推算出钢筋的应力、位移以及混凝土的应力。由于覆盖钢筋的混凝土厚度远小于裂缝间距，混凝土基本上是中心受拉的，则裂缝两侧钢筋变形与混凝土变形之差便是平均的开裂宽度，平均裂缝宽度：

$$\delta_{\mathrm{f}} = 2(u_{\mathrm{g}} - u_{\mathrm{s}}), x = \frac{L}{2} \text{（裂缝处）}$$

式中 $L = [L]$——平均裂缝间距。

根据式(4-8a)、式(4-8b) 及式(4-13) 得：

$$\delta_{\mathrm{f}} = 2\left[u_{\mathrm{g}} - \int_0^{\frac{L}{2}} \frac{\sigma_{\mathrm{s}}}{E_{\mathrm{s}}}\mathrm{d}x\right] = 2\left[\frac{\sigma_{\mathrm{gmax}}}{E_{\mathrm{g}}\beta}\mathrm{th}\beta\frac{L}{2} - \frac{P}{A_{\mathrm{s}}E_{\mathrm{s}}}x\Big|_0^{\frac{L}{2}} + \frac{P\,\mathrm{sh}\beta x}{\beta A_{\mathrm{s}}E_{\mathrm{s}}\mathrm{ch}\beta\frac{L}{2}}\Big|_0^{\frac{L}{2}}\right]$$

$$= 2\left[\frac{\sigma_{\mathrm{gmax}}}{E_{\mathrm{g}}\beta}\mathrm{th}\beta\frac{L}{2} - \frac{PL}{2A_{\mathrm{s}}E_{\mathrm{s}}} + \frac{P}{\beta A_{\mathrm{s}}E_{\mathrm{s}}}\mathrm{th}\beta\frac{L}{2}\right]$$

$$= 2\sigma_{\mathrm{gmax}}\left(\frac{\mathrm{th}\beta\frac{[L]}{2}}{E_{\mathrm{g}}\beta} - \frac{\mu[L]}{2E_{\mathrm{s}}} + \frac{\mu\,\mathrm{th}\beta\frac{[L]}{2}}{\beta E_{\mathrm{s}}}\right)$$

$$= 2P\left(\frac{\mathrm{th}\beta\frac{[L]}{2}}{\beta A_{\mathrm{g}}E_{\mathrm{g}}} + \frac{\mathrm{th}\beta\frac{[L]}{2}}{\beta E_{\mathrm{s}}A_{\mathrm{s}}} - \frac{[L]}{2E_{\mathrm{s}}A_{\mathrm{s}}}\right) \tag{4-21}$$

在式(4-21) 中，以 $[L_{\max}]$、$[L_{\min}]$ 取代 L，得到最大裂缝宽度 δ_{fmax}、最小裂缝宽度 δ_{fmin}。

$$\left.\begin{array}{l}\delta_{\mathrm{fmax}} = 2P\left(\dfrac{\mathrm{th}\beta\dfrac{[L_{\max}]}{2}}{\beta A_{\mathrm{g}}E_{\mathrm{g}}} + \dfrac{\mathrm{th}\beta\dfrac{[L_{\max}]}{2}}{\beta E_{\mathrm{s}}A_{\mathrm{s}}} - \dfrac{[L_{\max}]}{2E_{\mathrm{s}}A_{\mathrm{s}}}\right) \\[4mm] \delta_{\mathrm{fmin}} = 2P\left(\dfrac{\mathrm{th}\beta\dfrac{[L_{\min}]}{2}}{\beta A_{\mathrm{g}}E_{\mathrm{g}}} + \dfrac{\mathrm{th}\beta\dfrac{[L_{\min}]}{2}}{\beta E_{\mathrm{s}}A_{\mathrm{s}}} - \dfrac{[L_{\min}]}{2E_{\mathrm{s}}A_{\mathrm{s}}}\right)\end{array}\right\} \tag{4-22}$$

4.5 受弯结构的应力状态

结构承受弯曲作用开裂后，结构受弯曲区域分为开裂区应力状态与非开裂区应力状态。

受弯结构的中和轴位置在这两个部位是不同的,并且是连续变化的。中和轴位置随材料的弹塑性、徐变、收缩、配筋率、受力形式等因素不同而变化,严格求解颇为复杂,为简化计算,假定非开裂区有一固定中和轴位置,开裂处有另一固定中和轴位置,即受弯区有两个受压区高度:非开裂区受压区高度及开裂处受压区高度。此外,钢筋的保护层厚度与裂缝间距之比仍然小于或等于 0.1。

非开裂区受压区高度以 Z_0 表示;非开裂区边缘拉应力以 σ_s 表示;受压区边缘混凝土压应力以 σ'_s 表示,钢筋拉、压应力以 σ_g、σ'_g 表示。开裂处受压区高度以 Z'_0 表示。中和轴位置(受压区高度)的确定如下所示。

1. 开裂处 Z'_0

1)矩形截面,单筋(受压区构造筋忽略不计)

仍然采用平截面假定,在开裂处作用着钢筋拉力与受压区混凝土压力,写出二力平衡方程:

$$-\frac{1}{2}\sigma'_s Z'_0 b + A_g \sigma_g = 0 \qquad (4\text{-}23)$$

钢筋应变与混凝土应变有线性关系:

$$\varepsilon_g = \varepsilon_s \frac{h - Z'_0}{Z'_0} (h_0 \approx h)$$

$$\sigma_g = E_g \varepsilon_g, \sigma' = E_s \varepsilon_s$$

将 $\sigma_g = \sigma'_s \dfrac{E_g}{E_s} \cdot \dfrac{h - Z'_0}{Z'_0} = \sigma'_s n \dfrac{h - Z'_0}{Z'_0}$ 代入式(4-23),其中 $n = \dfrac{E_g}{E_s}$

$$-\frac{1}{2}\sigma'_s Z'_0 b + A_g \sigma'_s n \frac{h - Z'_0}{Z'_0} = 0$$

整理得:

$$Z'^2_0 + \frac{2A_g n}{b} Z'_0 - \frac{2A_g n h}{b} = 0$$

解该方程得开裂处受压区高度 Z'_0:

$$Z'_0 = n\mu \left(-1 + \sqrt{1 + \frac{2}{n\mu}} \right) h \qquad (4\text{-}24)$$

2)矩形断面,双筋

为求得开裂处 Z'_0(受压区高度)同样列出水平力平衡方程:

$$-\frac{1}{2}\sigma'_s Z'_0 b - \sigma'_g A'_g + \sigma_g A_g = 0 \qquad (4\text{-}25)$$

$$\frac{Z'_0}{h - Z'_0} \varepsilon_g = \varepsilon_s$$

$$-\frac{1}{2}\sigma'_s Z'_0 b - E_g \varepsilon_s A'_g + E_g \frac{(h - Z'_0)\sigma_s A_g}{Z'_0 E_s} = 0$$

$$-\frac{1}{2}\sigma'_s Z'_0 b - n\sigma_s A'_g + n\sigma_s \frac{(h - Z'_0)A_g}{Z'_0} = 0$$

$$-\frac{1}{2}Z_0'^2 b - nA_g'Z_0' + nA_g(h - Z_0') = 0$$

$$-\frac{1}{2}bZ_0'^2 - n(A_g' + A_g)Z_0' + nA_g h = 0$$

$$\frac{1}{2}bZ_0'^2 + n(A_g' + A_g)Z_0' - nA_g h = 0$$

$$Z_0' = \frac{-n(A_g' + A_g) + \sqrt{n^2(A_g' + A_g)^2 + 2bnA_g h}}{b} \tag{4-26}$$

2. 未开裂区受压区高度 Z_0

1) 矩形截面双筋

$$-\frac{1}{2}\sigma_s'Z_0 b - A_g'\sigma_g' + A_g\sigma_g + \frac{\sigma_s(h - Z_0)b}{2} = 0$$

$$-\frac{\sigma_s}{2}Z_0 b \frac{Z_0}{h - Z_0} - A_g'n\sigma_s \frac{Z_0}{h - Z_0} + n\sigma_s A_g + \frac{\sigma_s(h - Z_0)b}{2} = 0$$

$$-\frac{bZ_0^2}{2(h - Z_0)} - A_g'n \frac{Z_0}{h - Z_0} + nA_g + \frac{h - Z_0}{2}b = 0$$

$$-\frac{b}{2}Z_0^2 - A_g'nZ_0 + nA_g h - nA_g Z_0 + \left(\frac{h^2 - 2hZ_0 + Z_0^2}{2}\right)b = 0$$

$$(-A_g'n - nA_g - bh)z_0 + nA_g h + \frac{bh^2}{2} = 0$$

$$\left. \begin{array}{l} Z_0 = \dfrac{nA_g h + \dfrac{bh^2}{2}}{A_g'n + nA_g + bh} \\[4mm] Z_0 = \dfrac{\left(n\mu + \dfrac{1}{2}\right)h}{n\left(\mu' + \mu + \dfrac{1}{n}\right)} \end{array} \right\} \tag{4-27}$$

2) 矩形单筋

式(4-27) 中 $\mu' = 0$ 时，即可得：

$$Z_0 = \frac{\left(n\mu + \dfrac{1}{2}\right)}{1 + n\mu}h \tag{4-28}$$

式中　$n = \dfrac{E_g}{E_s}$；

μ——配筋率；

h——截面高度；

b——截面宽度。

弯曲作用下的应力，见图 4-2。

考虑到混凝土处于开裂阶段，假定开裂截面应力图形为三角形。

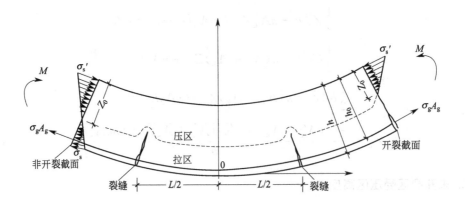

图 4-2 受弯构件开裂后的内力分析简图

将坐标原点置于两条裂缝间的中点上，列出 $-\dfrac{L}{2}$ 至 $\dfrac{L}{2}$ 非开裂区的力矩平衡方程（取 $h \approx h_0$），混凝土受拉区边缘拉应力为 σ_s，则：

$$\sigma_g A_g \left(h - \frac{Z_0}{3} \right) + \sigma_s \left(\frac{h - Z_0}{2} \right) \frac{2bh}{3} = M \tag{4-29}$$

钢筋在混凝土中的应力分布与中心受拉相同，见式(4-11)：

$$\sigma_g(x) = \sigma_{gmax} \frac{\mathrm{ch}\beta x}{\mathrm{ch}\beta \dfrac{L}{2}}$$

在裂缝处的力矩平衡：

$$\sigma_{gmax} = \frac{M}{A_g \left(h - \dfrac{Z_0'}{3} \right)} \tag{4-30}$$

将上式代入式(4-29)：

$$M = \sigma_{gmax} \frac{\mathrm{ch}\beta x}{\mathrm{ch}\beta \dfrac{L}{2}} \cdot A_g \left(h - \frac{Z_0}{3} \right) + \sigma_s \frac{(h - Z_0)bh}{3}$$

$$= \frac{M}{\left(h - \dfrac{Z_0'}{3} \right)} \left(h - \frac{Z_0}{3} \right) \frac{\mathrm{ch}\beta x}{\mathrm{ch}\beta \dfrac{L}{2}} + \sigma_s \frac{(h - Z_0)bh}{3}$$

混凝土的应力 σ_s：

$$\sigma_s = \frac{3M}{(h - Z_0)bh} - \frac{3M \left(h - \dfrac{Z_0}{3} \right) \mathrm{ch}\beta x}{(h - Z_0) \left(h - \dfrac{Z_0'}{3} \right) bh \, \mathrm{ch}\beta \dfrac{L}{2}}$$

$$= \frac{3M}{(h - Z_0)bh} \left[1 - \frac{\left(h - \dfrac{Z_0}{3} \right) \mathrm{ch}\beta x}{\left(h - \dfrac{Z_0'}{3} \right) \mathrm{ch}\beta \dfrac{L}{2}} \right] \tag{4-31}$$

4.6 弯矩作用下的裂缝间距

在混凝土应力公式中，当混凝土应力等于抗拉强度时的最大长度便是最大裂缝间距：

$$\sigma_s = R_f = E_s \varepsilon_p \qquad （式中 \varepsilon_p 为极限拉伸）$$

求 L_{max}，由式(4-31)：

$$\mathrm{ch}\beta \frac{L}{2}\left[\frac{3M}{(h-Z_0)bh}-R_f\right]=\frac{3M\left(h-\dfrac{Z_0}{3}\right)}{(h-Z_0)\left(h-\dfrac{Z_0'}{3}\right)bh}$$

$$\mathrm{ch}\beta \frac{L}{2}=\frac{M\left(h-\dfrac{Z_0}{3}\right)}{M\left(h-\dfrac{Z_0'}{3}\right)-\dfrac{(h-Z_0)}{3}\left(h-\dfrac{Z_0'}{3}\right)bhE_s\varepsilon_p}$$

$$[L_{max}]=\frac{2}{\beta}\,\mathrm{arcch}\,\frac{M\left(h-\dfrac{Z_0}{3}\right)}{M\left(h-\dfrac{Z_0'}{3}\right)-\dfrac{(h-Z_0)}{3}\left(h-\dfrac{Z_0'}{3}\right)bhE_s\varepsilon_p}$$

最小裂缝间距 $[L_{min}]=\dfrac{1}{2}[L_{max}]$，平均裂缝间距 $[L]=1.5[L_{min}]$ （4-32）

抗裂力矩 M_t（出现裂缝之力矩），将弯矩 M 代以 M_t（抗裂弯矩）得：

$$M_t - \frac{M_t}{h-\dfrac{Z_0'}{3}}\left(h-\frac{Z_0}{3}\right)\frac{1}{\mathrm{ch}\beta\dfrac{L}{2}}=\sigma_s\frac{(h-Z_0)bh}{3}$$

$$M_t\left[1-\frac{h-\dfrac{Z_0}{3}}{\left(h-\dfrac{Z_0'}{3}\right)\mathrm{ch}\beta\dfrac{L}{2}}\right]=\sigma_s\frac{(h-Z_0)bh}{3}$$

$$M_t=\frac{\sigma_s\dfrac{(h-Z_0)}{3}bh}{1-\dfrac{h-\dfrac{Z_0}{3}}{h-\dfrac{Z_0'}{3}}\cdot\dfrac{1}{\mathrm{ch}\beta\dfrac{L}{2}}}=\frac{\sigma_s(h-Z_0)bh}{3\left(1-\dfrac{3h-Z_0}{3h-Z_0'}\cdot\dfrac{1}{\mathrm{ch}\beta\dfrac{L}{2}}\right)}$$

在弯拉情况下，由于混凝土的弹塑性特征，已知 $\sigma_s=\gamma R_f$；在临界开裂时，可以视 $Z_0'=Z_0$；代入上式得：

$$M_t=\frac{\gamma R_f(h-Z_0)bh}{3\left(1-\dfrac{1}{\mathrm{ch}\beta\dfrac{L}{2}}\right)} \qquad (4-33)$$

式中　γ——塑性系数（一般取 1.7）。

抗裂力矩 M_t 与 bh 成正比，与 L、C_x 及 r 成非线性关系。L 越长，C_x 越大，抗裂弯矩越小。增加配筋 A_g，可提高抗裂力矩。当钢筋半径 r 增加时可提高 M_t，但由于加大 r，又降低了极限拉伸。

4.7 受弯构件的裂缝开展宽度

与中心受拉类同，由于保护层厚度远小于裂缝间距，基本上中心受拉，故裂缝两侧钢筋与混凝土的变位差便是平均裂缝宽度：

$$\delta_f = 2(u_g - u_s) = 2\left(u_g - \int_0^{\frac{L}{2}} \frac{\sigma_s}{E_s} dx\right), x = \frac{L}{2}(裂缝处)$$

根据式(4-8a)，式(4-8b) 及式(4-31) 得：

$$\delta_f = 2\left[\sigma_{gmax} \frac{1}{E_g \beta} th\beta \frac{L}{2} - \int_0^{\frac{L}{2}} \frac{3M}{(h-Z_0)bhE_s} dx\right.$$

$$\left. + \int_0^{\frac{L}{2}} \frac{3M}{(h-Z_0)bhE_s} \cdot \frac{h-\dfrac{Z_0}{3}}{h-\dfrac{Z_0'}{3}} \cdot \frac{ch\beta x}{ch\beta \dfrac{L}{2}} dx\right]$$

$$= 2\left[\sigma_{gmax} \frac{1}{E_g \beta} th\beta \frac{L}{2} - \frac{3ML}{2(h-Z_0)bhE_s}\right.$$

$$\left. + \frac{3M}{(h-Z_0)bhE_s} \cdot \frac{h-\dfrac{Z_0}{3}}{\left(h-\dfrac{Z_0'}{3}\right)\beta} th\beta \frac{L}{2}\right]$$

平均裂缝宽度：

$$[L] = L$$

$$\delta_f = \frac{2M}{\left(h-\dfrac{Z_0'}{3}\right)\beta} th\beta \frac{L}{2} \left[\frac{1}{A_g E_g} + \frac{3\left(h-\dfrac{Z_0}{3}\right)}{(h-Z_0)bhE_s}\right] - \frac{3ML}{(h-Z_0)bhE_s} \tag{4-34}$$

注意式(4-34) 中，以 $[L_{max}]$、$[L_{min}]$ 及 $[L]$ 取代 L，则可算出最大、最小及平均裂缝宽度，$[L_{max}]$、$[L_{min}]$ 及 $[L]$ 为裂缝间距。

关于剪力斜裂缝的问题，比较复杂，尚待研究。

最大裂缝宽度：

$$\delta_{fmax} = \frac{2M}{\beta\left(h-\dfrac{Z_0'}{3}\right)} th\beta \frac{[L_{max}]}{2} \left[\frac{1}{A_g E_g} + \frac{3\left(h-\dfrac{Z_0}{3}\right)}{(h-Z_0)bhE_s}\right] - \frac{3M[L_{max}]}{(h-Z_0)bhE_s} \tag{4-35a}$$

最小裂缝宽度：

$$\delta_{fmin} = \frac{2M}{\left(h - \frac{Z_0'}{3}\right)\beta} \mathrm{th}\beta \frac{[L_{min}]}{2} \left[\frac{1}{A_g E_g} + \frac{3\left(h - \frac{Z_0}{3}\right)}{(h - Z_0)bh E_s}\right] - \frac{3M[L_{min}]}{(h - Z_0)bh E_s} \quad (4\text{-}35b)$$

式中　A_g、E_g——钢筋的截面积及弹性模量；

　　　A_s、E_s——混凝土的截面积及弹性模量；

　　　　　M——外力矩；

　　　　　Z_0——非开裂区受压区高度；

　　　　　Z_0'——开裂处受压区高度；

　　　　　h——截面高度；

　　　　　b——截面宽度。

4.8　工字形截面钢筋混凝土受弯构件

1. 较精确计算法

如图 4-3(a) 所示的工字形截面，列出内外力矩平衡方程。

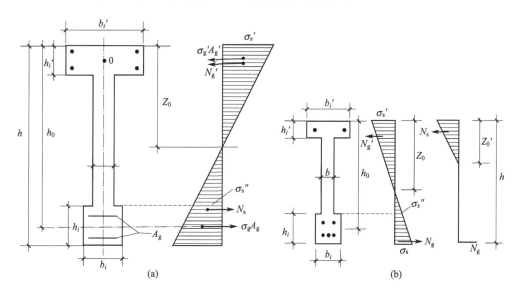

图 4-3　工字形截面计算简图

1）受压区混凝土部分

$$M_1 = -\frac{1}{2}\sigma_s' b Z_0 \left(\frac{Z_0}{3} - \frac{h_i'}{2}\right)$$

式中　σ_s'——受压区混凝土最大的压应力。

2）腹板受拉部分

$$M_2 = \frac{1}{2}\sigma_s b(h-Z_0)\left[\frac{2}{3}(h-Z_0)+\left(Z_0-\frac{h'_i}{2}\right)\right]$$

$$= \frac{1}{2}\sigma_s b(h-Z_0)\left(\frac{2}{3}h+\frac{Z_0}{3}-\frac{h'_i}{2}\right)$$

3）下翼缘部分

$$M_3 = \frac{2h-2Z_0-h_i}{2(h-Z_0)}\sigma_s(b_i-b)h_i\left(h_0-\frac{h'_i}{2}\right)$$

$$\sigma''_s = \frac{h-Z_0-h_i}{h-Z_0}\sigma_s$$

式中　σ''_s——下翼缘的上边缘混凝土拉应力，如图 4-3 所示。

4）钢筋部分

$$M_4 = \sigma_g A_g\left(h_0-\frac{h'_i}{2}\right)$$

外力矩与内力矩平衡（$K=1.0$）：

$$M = M_1+M_2+M_3+M_4 = \sigma_s\frac{b(h-Z_0)}{2}\left(\frac{2}{3}h+\frac{Z_0}{3}-\frac{h'_i}{2}\right)$$

$$+\sigma_s\frac{2h-2Z_0-h_i}{2(h-Z_0)}\times(b_i-b)h_i\times\left(h-\frac{h'_i}{2}\right)$$

$$+\sigma_g A_g\left(h_0-\frac{h'_i}{2}\right)-\frac{\sigma'_s}{2}Z_0 b\left(\frac{Z_0}{3}-\frac{h'_i}{2}\right) \tag{4-36}$$

已知：　　　　$\sigma'_s = \sigma_s\dfrac{Z_0}{h-Z_0}$，$\sigma_g = \sigma_{gmax}\dfrac{\mathrm{ch}\beta x}{\mathrm{ch}\beta\dfrac{L}{2}}$

式中　σ_{gmax}——出现裂缝时，裂缝处钢筋应力，$\left[\sigma_{gmax}=\dfrac{M}{A_g\left(h_0-\dfrac{Z'_0}{3}\right)}\right]$；

　　　Z'_0——开裂处受压区高度。

代入式(4-36) 经整理得：

$$M = \sigma_s\left[\frac{b(h-Z_0)}{2}\left(\frac{2}{3}h+\frac{Z_0}{3}-\frac{h'_i}{2}\right)+\frac{2h-2Z_0-h'_i}{2(h-Z_0)}(b_i-b)\right.$$

$$\left.\cdot h_i\left(h-\frac{h'_i}{2}\right)-\frac{Z_0}{h-Z_0}\cdot\frac{Z_0 b}{2}\left(\frac{Z_0}{3}-\frac{h_i}{2}\right)\right]$$

$$+\sigma_{gmax}\frac{\mathrm{ch}\beta x}{\mathrm{ch}\beta\dfrac{L}{2}}\cdot A_g\left(h_0-\frac{h'_i}{2}\right) \tag{4-37}$$

设：

$$\sigma_s\left[\frac{b(h-Z_0)}{2}\left(\frac{2}{3}h+\frac{Z_0}{3}-\frac{h'_i}{2}\right)+\frac{2h-2Z_0-h'_i}{2(h-Z_0)}(b_i-b)h_i\left(h-\frac{h_i}{2}\right)\right.$$
$$\left.-\frac{Z_0}{h-Z_0}\cdot\frac{Z_0 b}{2}\left(\frac{Z_0}{3}-\frac{h'_i}{2}\right)\right]=A \tag{4-38}$$

当 $x=0$, $\sigma_{smax}=R_f$ 时, $A=A_f$, $ch\beta x=1$, $R_f=E_s\varepsilon_p$

$$A_f=R_f\left[\frac{b(h-Z_0)}{2}\left(\frac{2}{3}h+\frac{Z_0}{3}-\frac{h'_i}{2}\right)+\frac{2h-2Z_0-h_i}{2(h-Z_0)}(b_i-b)h_i\left(h-\frac{h_i}{2}\right)\right.$$
$$\left.-\frac{Z_0}{h-Z_0}\cdot\frac{Z_0 b}{2}\left(\frac{Z_0}{3}-\frac{h'_i}{2}\right)\right] \tag{4-39}$$

$$M=\frac{M\left(h_0-\frac{h'_i}{2}\right)}{ch\beta\frac{L}{2}\left(h_0-\frac{Z'_0}{3}\right)}+A_f \tag{4-40}$$

$$ch\beta\frac{L}{2}=\frac{M\left(h_0-\frac{h'_i}{2}\right)}{(M-A_f)\left(h_0-\frac{Z'_0}{3}\right)} \tag{4-41}$$

当 σ_{smax} 刚刚到达 R_f 时, 也可能不开裂, 也可能开裂。

不开裂时: $\qquad\qquad L=[L_{max}]$——裂缝最大间距

开裂时: $\qquad\qquad L=[L_{min}]$——裂缝最小间距

$$[L_{max}]=2\frac{1}{\beta}arcch\frac{M\left(h-\frac{h'_i}{2}\right)}{(M-A_f)\left(h_0-\frac{Z'_0}{3}\right)} \tag{4-42}$$

$$[L_{min}]=\frac{1}{\beta}arcch\frac{M\left(h-\frac{h'_i}{2}\right)}{(M-A_f)\left(h_0-\frac{Z'_0}{3}\right)} \tag{4-43}$$

$$[L]=\frac{1}{2}[L_{max}+L_{min}]=1.5\frac{1}{\beta}arcch\frac{M\left(h-\frac{h'_i}{2}\right)}{(M-A_f)\left(h_0-\frac{Z'_0}{3}\right)} \tag{4-44}$$

抗裂弯矩:

$$\sigma_{smax}=R_f=E_s\varepsilon_p, x=0, M=M_t$$

$$M_t-\frac{M_t\left(h_0-\frac{h'_i}{2}\right)}{ch\beta\frac{L}{2}\left(h_0-\frac{Z'_0}{3}\right)}=A_f \tag{4-45}$$

$$M_t=\frac{A_f}{1-\frac{h_0-\frac{h'_i}{2}}{ch\beta\frac{L}{2}\left(h_0-\frac{Z'_0}{3}\right)}} \tag{4-46}$$

A_f 与 R_f 成比例，$R_f = E_s \varepsilon_p$，故提高 ε_p 可直接提高抗裂能力。

混凝土的拉应力（根据力矩平衡方程）：

$$M = \sigma_g A_g \left(h_0 - \frac{h_i'}{2} \right) + \sigma_s' B \tag{4-47}$$

$$B = \frac{A}{\sigma_s} = \left[\frac{b(h - Z_0)}{2} \left(\frac{2}{3}h + \frac{Z_0}{3} - \frac{h_i'}{2} \right) \right.$$
$$+ \frac{2h - 2Z_0 - h_i}{2(h - Z_0)} (b_i - b) h_i \left(h - \frac{h_i'}{2} \right)$$
$$\left. - \frac{Z_0}{h - Z_0} \cdot \frac{Z_0 b}{2} \left(\frac{Z_0}{3} - \frac{h_i'}{2} \right) \right] \tag{4-48}$$

$$\sigma_s = \frac{M - \sigma_g A_g \left(h_0 - \dfrac{h_i'}{2} \right)}{B} \tag{4-49}$$

将 $\sigma_g' = \dfrac{M \operatorname{ch}\beta x}{\left(h_0 - \dfrac{Z_0}{3} \right) \operatorname{ch}\beta \dfrac{L}{2}}$ 代入式（4-49），得受拉区混凝土的应力：

$$\sigma_s = \frac{M - \dfrac{M \operatorname{ch}\beta x}{\left(h_0 - \dfrac{Z_0'}{3} \right) \operatorname{ch}\beta \dfrac{L}{2}} \left(h_0 - \dfrac{h_i'}{2} \right)}{B} \tag{4-50}$$

根据常用工字形截面梁的构造尺寸可近似地取：

$$h_0 - \frac{h_i'}{2} \approx h_0 - \frac{Z_0}{3} \tag{4-51}$$

$$\sigma_s = \frac{M}{B} \left(1 - \frac{\operatorname{ch}\beta x}{\operatorname{ch}\beta \dfrac{L}{2}} \right) \tag{4-52}$$

即得到类似于中心受拉构件图 4-1 的应力图形。

裂缝的平均宽度是裂缝两侧混凝土变形与钢筋变形之差：

$$\delta_f = 2(u_g - u_s)$$

推导方法与矩形截面梁相同：

$$\delta_f = 2 \left[\sigma_{g\max} \frac{1}{E_g \beta} \operatorname{th}\beta \frac{L}{2} - \int_0^{\frac{L}{2}} \frac{M}{BE_s} \mathrm{d}x + \int_0^{\frac{L}{2}} \frac{M}{BE_s} \cdot \frac{\operatorname{ch}\beta x}{\operatorname{ch}\beta \dfrac{L}{2}} \mathrm{d}x \right]$$

$$= 2 \left[\frac{M}{A_g \left(h - \dfrac{Z_0'}{3} \right)} \cdot \frac{1}{E_g \beta} \operatorname{th}\beta \frac{L}{2} - \frac{ML}{2BE_s} + \frac{M}{BE_s \beta} \cdot \operatorname{th}\beta \frac{L}{2} \right]$$

$$= \frac{2M}{\beta \left(h_0 - \dfrac{Z_0'}{3} \right)} \operatorname{th}\beta \frac{L}{2} \left[\frac{1}{A_g E_g} + \frac{h_0 - \dfrac{Z_0'}{3}}{BE_s} \right] - \frac{ML}{BE_s} \tag{4-53}$$

在式（4-53）中以 $[L_{\max}]$ 及 $[L_{\min}]$ 取代 L，则得 $\delta_{f\max}$ 和 $\delta_{f\min}$：

$$\left.\begin{array}{l}\delta_{fmax}=\dfrac{2M}{\beta\left(h_0-\dfrac{Z_0'}{3}\right)}\mathrm{th}\beta\dfrac{[L_{max}]}{2}\left(\dfrac{1}{A_g E_g}+\dfrac{h_0-\dfrac{Z_0'}{3}}{BE_s}\right)-\dfrac{M[L_{max}]}{BE_s}\\[4ex]\delta_{fmin}=\dfrac{2M}{\beta\left(h_0-\dfrac{Z_0'}{3}\right)}\mathrm{th}\beta\dfrac{[L_{min}]}{2}\left(\dfrac{1}{A_g E_g}+\dfrac{h_0-\dfrac{Z_0'}{3}}{BE_s}\right)-\dfrac{M[L_{min}]}{BE_s}\end{array}\right\}\quad(4\text{-}54)$$

2. 简化计算法

如图 4-3(b) 所示一工字形截面梁承受弯矩 M 的作用, 中和轴位于梁的腹板之中, 不考虑受压区上翼缘作用, 假定 $h_0\approx h$, 则计算可大为简化。

列出内外力矩平衡方程式(非开裂区):

$$N_g\left(h-\dfrac{Z_0}{3}\right)+N_s Z_s=M \quad(4\text{-}55)$$

注意上式中 $N_g=A_g\sigma_g$, Z_s 为总力臂, 则:

$$N_s Z_s=\sigma_s''\times\dfrac{1}{2}(h-h_i-Z_0)\times b\times\dfrac{2}{3}(h-h_i)$$
$$+\dfrac{1}{2}(\sigma_s+\sigma_s'')h_i b_i\times\left(h-\dfrac{Z_0}{3}-\dfrac{h_i}{2}\right)$$

式中　N_s——受拉区混凝土拉应力之合力;

　　　σ_s''——下翼缘的上边缘应力。

假定所计算的下翼缘部分的合力中心位于翼缘的中心, 下翼缘部分上下层混凝土拉应力关系为:

$$\sigma_s''=\dfrac{h-Z_0-h_i}{h-Z_0}\sigma_s \quad(4\text{-}56)$$

在本节 1. 中为简化计算, 亦可近似地取 $\dfrac{1}{2}(\sigma_s+\sigma_s'')=0.8\sigma_s$, 代入公式(4-36), 得:

$$\sigma_g A_g\left(h-\dfrac{Z_0}{3}\right)+\sigma_s''\dfrac{1}{2}(h-h_i-Z_0)b\dfrac{2}{3}(h-h_i)$$
$$+\dfrac{1}{2}(\sigma_s+\sigma_s'')h_i b_i\left(h-\dfrac{Z_0}{3}-\dfrac{h_i}{2}\right)=M \quad(4\text{-}57)$$

$$\sigma_g=\sigma_{gmax}\dfrac{\mathrm{ch}\beta x}{\mathrm{ch}\beta\dfrac{L}{2}},\ \sigma_{gmax}=\dfrac{M}{A_g\left(h-\dfrac{Z_0'}{3}\right)}$$

$$Z_0=\begin{cases}Z_0,\ -\dfrac{L}{2}<x<\dfrac{L}{2}\\[2ex]Z_0',\ x=\pm\dfrac{L}{2}\end{cases}$$

为了简化, 设:

$$A=\dfrac{1}{3}\sigma_s''(h-h_i-Z_0)(h-h_i)b+\dfrac{1}{2}(\sigma_s+\sigma_s'')\times\left(h-\dfrac{Z_0}{3}-\dfrac{h_i}{2}\right)h_i b_i \quad(4\text{-}58a)$$

实际 A 表示混凝土未开裂时净混凝土内力矩。

代入式(4-36)，得：

$$\frac{M}{A_g\left(h-\dfrac{Z_0'}{3}\right)} \cdot \frac{\mathrm{ch}\beta x}{\mathrm{ch}\beta\dfrac{L}{2}} \cdot A_g\left(h-\frac{Z_0}{3}\right)+A=M$$

当 $x=0$，$\sigma_s=\sigma_{smax}$，混凝土刚要出现裂缝时，$\sigma_{smax}=R_f$，$\mathrm{ch}\beta x=1$，则 $A=A_f$：

$$\frac{M}{A_g\left(h-\dfrac{Z_0'}{3}\right)} \cdot \frac{1}{\mathrm{ch}\beta\dfrac{L}{2}} \cdot A_g\left(h-\frac{Z_0}{3}\right)+A=M \tag{4-58b}$$

$$\mathrm{ch}\beta\frac{L}{2}=\frac{M\left(h-\dfrac{Z_0}{3}\right)}{(M-A_f)\left(h-\dfrac{Z_0'}{3}\right)}$$

最大裂缝间距［L_{max}］：

$$[L_{max}]=\frac{2}{\beta}\mathrm{arcch}\frac{M\left(h-\dfrac{Z_0}{3}\right)}{(M-A_f)\left(h-\dfrac{Z_0'}{3}\right)} \tag{4-59}$$

当混凝土 $\sigma_s=R_f$ 开裂时，则最小裂缝间距：

$$[L_{min}]=\frac{1}{2}[L_{max}]$$

平均裂缝间距：

$$[L]=\frac{1}{2}[L_{max}+L_{min}]=1.5\frac{1}{\beta}\mathrm{arcch}\frac{M\left(h-\dfrac{Z_0}{3}\right)}{(M-A_f)\left(h-\dfrac{Z_0'}{3}\right)} \tag{4-60}$$

按式(4-58)，$\sigma_s=R_f$，得：

$$A_f=\frac{1}{3}\sigma_s''(h-h_i-Z_0)(h-h_i)b+\frac{1}{2}(R_f+\sigma_s'')\left(h-\frac{Z_0}{3}-\frac{h_i}{2}\right)h_ib_i$$

$$\sigma_s''=\frac{h-Z_0-h_i}{h-Z_0}R_f$$

为简化计算，考虑到 Z_0 与 Z_0' 之差对计算结果影响甚微，可近似地取 $Z_0\approx Z_0'$，则：

$$[L]=1.5\frac{1}{\beta}\mathrm{arcch}\frac{M}{M-A_f} \tag{4-61}$$

$$\beta=\sqrt{\frac{2C_x}{E_gr}}, C_x=\frac{1}{\sqrt{\mu}}(\mathrm{N/mm^3})$$

式中　　r——钢筋半径；

　　　　μ——配筋率；

　　　　C_x——水平阻力系数；

　　　　E_g——钢筋弹性模量。

对于［L_{max}］及［L_{min}］类推即可。

梁的抗裂力矩按如下推求。

$x=0$，$\sigma_{smax}=R_f$，根据式(4-58b)，$Z_0' \approx Z_0$ 得：

$$M_t\left(1-\frac{1}{\mathrm{ch}\beta\dfrac{L}{2}}\right)=A_f$$

得抗裂力矩：

$$M_t=\frac{A_f}{1-\dfrac{1}{\mathrm{ch}\beta\dfrac{L}{2}}} \tag{4-62}$$

混凝土的应力计算如下，假定 $Z_0 \approx Z_0'$，根据式(4-37) 求得混凝土的应力 σ_s：

$$\sigma_s=\frac{M}{B}\left(1-\frac{\mathrm{ch}\beta x}{\mathrm{ch}\beta\dfrac{L}{2}}\right) \tag{4-63}$$

其中：

$$B=\frac{1}{3}\cdot\frac{(h-Z_0-h_i)^2}{h-Z_0}(h-h_i)b+\frac{1}{2}\left(1+\frac{h-Z_0-h_i}{h-Z_0}\right)\cdot\left(h-\frac{Z_0}{3}-\frac{h_i}{2}\right)h_ib_i \tag{4-64}$$

裂缝开展宽度的推导如下，受弯构件的裂缝开展宽度与中心受拉构件同理，即裂缝两侧钢筋变形与混凝土变形之差为：

$$\delta_f=2(u_g-u_s)$$

以矩形截面的相同推导方法求出最大、最小及平均裂缝宽度：

$$\delta_f=2\left[\sigma_{gmax}\frac{1}{E_g\beta}\mathrm{th}\beta\frac{L}{2}-\int_0^{\frac{L}{2}}\frac{M}{BE_s}\mathrm{d}x+\int_0^{\frac{L}{2}}\frac{M}{BE_s}\cdot\frac{\mathrm{ch}\beta x}{\mathrm{ch}\beta\dfrac{L}{2}}\mathrm{d}x\right]$$

$$=2\left[\frac{M}{A_g\left(h-\dfrac{Z_0'}{3}\right)}\cdot\frac{1}{E_g\beta}\mathrm{th}\beta\frac{L}{2}-\frac{ML}{2BE_s}+\frac{M}{BE_s\beta}\cdot\mathrm{th}\beta\frac{L}{2}\right]$$

$$=\frac{2M}{\left(h-\dfrac{Z_0'}{3}\right)\beta}\mathrm{th}\beta\frac{L}{2}\left[\frac{1}{A_gE_g}+\frac{h-\dfrac{Z_0'}{3}}{BE_s}\right]-\frac{ML}{BE_s} \tag{4-65}$$

式中以裂缝间距 $[L]$、$[L_{max}]$、$[L_{min}]$ 取代 L 便得裂缝宽度 δ_f、δ_{fmax} 及 δ_{fmin}。

4.9 相似模型的试验结果及应力与几何尺寸关系

在变形变化引起的应力状态中可导出一个约束应力与长度呈非线性关系的概念，以反映实践中的问题。但是这概念又引入荷载变化引起的应力状态，亦即几何尺寸对外荷载引起的裂缝状态有影响，裂缝状态不仅与几何比例有关，而且与绝对尺寸有关，同样呈非线性。

这一概念和常用的模型规律不符。按相似理论，相似模型按模型规律配筋和加载，其裂缝规律也应当相似。

但是，根据本书得到的公式，在一定的几何尺寸范围内，跨度较大的梁（或者中心受拉的较长杆件）比跨度较小（杆件较短）的梁（杆）裂缝出现早，密度大。

柯尔（Paul. H. Kaar）曾以足尺寸试件、1/2 缩尺试件及 1/4 缩尺试件进行载荷试验，三种相似的模型试验结果表明，足尺寸梁的裂缝最多且密，1/2 缩尺梁的较少较稀，而 1/4 缩尺梁的裂缝最少，见图4-4。

该试验总结的结论是："关于裂缝数量和宽度的相似性，在这些呈线性的比例模型试件中并不存在。"

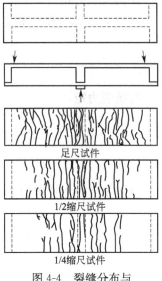

图 4-4　裂缝分布与
试件尺寸关系

中冶建筑研究总院光弹组曾进行了地基上长墙温度应力的光弹模型试验，在长墙和地基的弹模比不变，长墙的高长比亦不变的条件下，长度不同的墙承受均匀温差的最大拉应力有明显的差异。当长度增加 5 倍时，$(\sigma_x)_{max}$ 由 0.415MPa 增至 0.612MPa，较长者具有较大的应力，应力与长度呈非线性关系。

这些试验结果说明本书的公式反映某种规律，但由于试验太少，尚须做更多的工作方可作出确切的结论。我们在裂缝调查中，对于中小型构件可见到这种现象，但因素复杂，分析中遇到不少困难，须待搜集更多的材料，才能作最后的结论。不过，这种计算方法作为工程近似验算，实属可行。

笔者根据处理工程裂缝的实践经验，探索了荷载作用下的裂缝控制计算公式，可供处理工程结构的裂缝时参考。从理论方面看，尚有缺陷和不严密之处，但至少可以把它用作半经验公式。

在前面的推导中，不难看出从基本假定到推导出钢筋及混凝土的应力，最后得出裂缝间距及裂缝宽度，均建立在静力平衡条件基础上，两条裂缝之间的混凝土和钢筋的共同作用是通过剪应力与水平位移的线性关系来表达的。

实际上，从某些试验研究资料可知，无论轴拉构件，还是受弯构件的受拉区，局部含钢率较高，保护层薄的地方，沿钢筋表面附近已出现许多微裂、局部塑性变形及微小的滑动，边界区域混凝土与钢筋的弹性变形谐调条件严格说来，已不复存在，该状态如何严密地从理论上予以考虑，尚有待于深入研究。

本书所推导的公式在一定程度上能反映控制裂缝的各主要因素之间的关系，在理论上有一定的依据，同时在处理工程裂缝的实践中已获得应用和改进，因此可认为是一种半经验半理论的计算方法。

5 混凝土的应力松弛与裂缝的若干特点

由于混凝土受力破坏时的极限延伸率很小，受压时为 $1\sim5\times10^{-3}$，受拉时仅为 $0.5\sim1\times10^{-4}$，故通常把混凝土当作脆性材料和断裂敏感的材料。因为混凝土抗裂的延伸率（极限拉伸）很小，所以，一般把提高延伸率作为很重要的研究方向。

另一方面，我们应当看到普通混凝土在某些条件下还是相当好的韧性材料，有很可观的变形能力，不是通常认为的"脆性材料"，不能单纯地认为材料本身的物理力学性质决定材料是否属于脆性，还应看到材料力学性质的表现与外界环境有关，具体说，就是与荷载作用速度有关。

混凝土有动力学特征，即与时间参数有关的重要性质——徐变。当结构承受某一固定约束变形时，由于徐变性质，其约束应力将随时间下降，称之为"应力松弛"。约束应力降低到一定数值所经过的时间叫做"松弛周期"。固体，如钢材、岩石等材料应力松弛得相当慢，松弛周期特别长；而液体应力松弛得非常快，松弛周期特别短。黏性介质的松弛周期介于上述两者之间。一种结构是黏性的还是脆性的，不仅看材料的物质组成，还要看造成约束应力的作用时间（或者荷载作用时间）比该结构的松弛周期长些还是短些。

试验证明：一种易流动的液体，在高速的子弹射击下，也会像玻璃一样地脆性碎裂。相反，地壳上岩石在亿万年地质年代缓慢的内应力作用下，却像黏性液体一样地流变。如果人的跑步速度可以快到使人在水上落足时间短于水的松弛周期，则人就能像走在固体上一样，走在水面上而不沉落。

混凝土是具有流变特征的材料，如果尽力降低荷载速度（或降低约束变形变化速度），那么通常认为的脆性混凝土也变得相当黏滞了，它的极限拉伸可以提高 $1\sim3$ 倍，对控制裂缝是十分有利的。降低荷载速度（降低约束变形速度）的条件在工程实践中是存在的，例如混凝土工程中的保温保湿养护、结构遭受的年温差及湿度收缩都是在相当长的时段变化中进行的，特别是一些地下工程承受的变形变化较小较慢，更应当充分利用缓慢约束应变速度，以大大提高极限拉伸变形这一有利条件控制裂缝。

另一方面，从混凝土强度分析，超快速变化的荷载可以提高混凝土强度，超慢速的荷载可以降低混凝土的

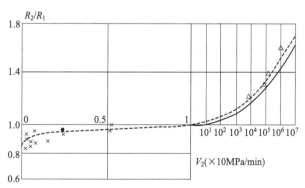

图 5-1 荷载速度对强度的影响

$V_1=6.0\text{MPa/min}$ 加载速度时强度 R_1，

加载速度 $V_2=x\times10\text{MPa/min}$ 时强度 R_2；

x—图中水平轴上所示坐标，×、●、△—不同

试验结果，－－－－－理论计算结果

强度（徐变强度），但降低得较小（5%～15%），见图 5-1。所以缓慢的变化对控制裂缝仍然是十分有利的。

5.1 混凝土的徐变和应力松弛

结构在外荷载作用下产生变形，一般建筑力学中，采用简单的胡克定律描绘应力-应变关系，把材料看成理想的弹性体，应力-应变成正比，即所谓"线性关系"，去掉荷载后，变形立刻全部恢复。

实际上，建筑材料都不能严格地服从胡克定律，其应力-应变关系不是严格的线性关系。如果以垂直坐标表示应力，水平坐标表示应变，那么应力-应变曲线不是一条直线，而是一条缓慢向水平轴倾斜的曲线，即应力滞后于应变。这种性质称做结构材料的"非弹性行为"。

就材料非弹性性质的具体研究内容来说，可分为塑性和徐变两大类。

按塑性理论研究，截面上的应力超过一定数量（常称之为弹性极限）后，材料显示出非弹性性质。这里，须注意该种性质只与应力大小有关（即与荷载，包括广义荷载大小有关），而与时间无关。

徐变亦称蠕变，它研究结构材料在任意荷载、任意小的应力作用下，随时间的增长所产生的非弹性性质。这种性质是由材料内部应力作用下产生的"黏性流动或内部微裂扩展"所引起，所以，在力学中属于"流变学"的研究范围。

混凝土的徐变性质在结构中可能引起两种现象：一种是应力不变（外荷载不变），但变形随时间增加，称为"徐变变形"；如工程实践中常见到受荷载作用的构件的挠度随时间而逐渐增加的现象，长期的挠度可能达到加荷载时挠度的 2～3 倍。另外一种现象是变形不变，但由于徐变作用，其内力随时间的延长而逐渐减少，称为"应力松弛"。

结构材料的徐变变形和应力松弛对于研究结构物由变形变化引起的应力状态是很重要的，是必须加以考虑的因素。

对于大体积混凝土及低配筋率中体积钢筋混凝土可应用线性徐变理论。考虑一维问题，一棱柱体在龄期 τ_1 时，作用轴向单位压应力 $\sigma_x(\tau_1)=1$，以后保持常量，经过 t 时间，它的相对变形 $\delta(t,\tau_1)$ 由弹性变形 $1/E(\tau_1)$ 和徐变变形叠加而成。单位应力下的徐变变形 $C(t,\tau_1)$ 称为徐变度，最大徐变度即标准极限徐变度已在 2.4 节中介绍。单位应力下（应力作用时）龄期为 τ_1 的混凝土受压构件，经历时间 t 的相对变形（图 5-2）：

$$\delta(t,\tau_1)=\frac{1}{E(\tau_1)}+C(t,\tau_1) \quad(5\text{-}1)$$

当构件承受非单位应力 $\sigma_x(\tau_1)$，其后保

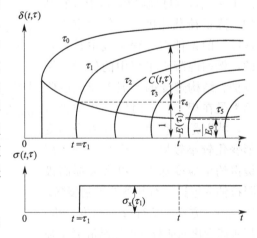

图 5-2 单位应力下徐变变形

持常量 $\sigma_x(\tau_1)=\text{const}$，其相对变形：

$$\varepsilon_x(t,\tau_1)=\sigma_x(\tau_1)\left[\frac{1}{E(\tau_1)}+C(t,\tau_1)\right] \tag{5-2}$$

当构件承受随时间变化的应力 $\sigma_x(t)$ 作用时，则

$$\varepsilon_x(t)=\sigma_x(\tau_1)\delta(t,\tau_1)+\int_{\tau_1}^{t}\frac{\mathrm{d}\sigma_x(\tau)}{\mathrm{d}\tau}\delta(t,\tau)\mathrm{d}\tau$$

$$=\sigma_x(\tau_1)\left[\frac{1}{E(\tau_1)}+C(t,\tau_1)\right]+\int_{\tau_1}^{t}\left[\frac{1}{E(\tau)}+C(t,\tau)\right]\frac{\mathrm{d}\sigma_x(\tau)}{\mathrm{d}\tau}\mathrm{d}\tau \tag{5-3}$$

这就是考虑徐变的应力-应变方程式。

假定在混凝土构件的某一龄期 τ_1，不是外荷载应力作用，而是给构件一强迫变形（约束应变），其后变形保持常量，则：

$$\varepsilon_x(t)=\varepsilon_x(\tau_1)=\frac{\sigma_x(\tau_1)}{E(\tau_1)}=常量 \tag{5-4}$$

即由于材料的徐变（黏性流动）作用，约束变形不变时，其内应力必然随时间逐渐减少，称作"应力松弛"。

将式(5-4)代入式(5-3)求松弛后的应力 $\sigma_x^*(t,\tau_1)$：

$$\sigma_x(\tau_1)C(t,\tau_1)+\int_{\tau_1}^{t}\frac{\mathrm{d}\sigma_x(\tau)}{\mathrm{d}\tau}\left[\frac{1}{E(\tau)}+C(t,\tau)\right]\mathrm{d}\tau=0 \tag{5-5}$$

按弹性假定计算出，在龄期 τ_1 施加强迫变形 $\varepsilon_x(\tau_1)$ 的瞬时产生弹性应力 $\sigma_x(\tau_1)$，又求出随时间增加而使应力降低的松弛应力 $\sigma_x^*(t,\tau_1)$，该松弛应力与弹性应力 $\sigma_x(\tau_1)$ 之比值，即为"松弛系数"，以 $H(t,\tau_1)$ 表示，它与加载（或产生约束应力）的龄期 τ_1 有关，又与延续时间 t 有关：

$$H(t,\tau_1)=\frac{\sigma_x^*(t,\tau_1)}{\sigma_x(\tau_1)} \tag{5-6}$$

$H(t,\tau_1)$ 按理论求解积分方程十分复杂，如能算出一般条件下的定量结果并列成表格就可给工程界一个考虑材料徐变的简便计算方法，一般常遇条件下的松弛系数相应值见表 5-1 及表 5-2。

$H(t,\tau)$ 与发生约束应力大小无关，而与发生约束变形时混凝土龄期 τ_1 有关，与其后至某一时间 t 的间隔时间长短有关。混凝土龄期越早（越小），经历时间越长，应力松弛越显著。

一般条件下应力松弛系数表 表 5-1

\multicolumn{2}{}{$\tau_1=2d$}		$\tau_1=5d$		$\tau_1=10d$		$\tau_1=20d$	
t	$H(t,\tau)$	t	$H(t,\tau)$	t	$H(t,\tau)$	t	$H(t,\tau)$
2	1	5	1	10	1	20	1
2.25	0.426	5.25	0.510	10.25	0.551	20.25	0.592
2.5	0.342	5.5	0.443	10.5	0.499	20.5	0.549
2.75	0.304	5.75	0.410	10.75	0.476	20.75	0.534
3	0.278	6	0.383	11	0.457	21	0.521
4	0.225	7	0.296	12	0.392	22	0.473
5	0.199	8	0.262	14	0.306	25	0.367
10	0.187	10	0.228	18	0.251	30	0.301
20	0.186	20	0.215	20	0.238	40	0.253
30	0.186	30	0.208	30	0.214	50	0.252
∞	0.186	∞	0.200	∞	0.210	∞	0.251

注：表中 τ_1 表示产生约束应力时的龄期，t 表示约束应力延续时间。

忽略混凝土龄期影响的松弛系数表（一般在简化计算中应用） 表 5-2

$t-\tau_1$(d)	0	0.25	0.5	0.75	1	3	10	20	40	∞
$H(t)$	1	0.667	0.626	0.617	0.611	0.570	0.462	0.347	0.306	0.283

混凝土结构浇筑 20d 后已够成熟（足够老化），产生约束变形，因这时的龄期影响很小，可忽略不计，松弛系数只与发生约束变形后经历时间 t 有关，可按表 5-2 取。

所以，考虑徐变的计算就简化为按常规算出弹性应力再乘以松弛系数便是最后结果。这种计算方法对工民建中的各种低配筋率（一般构造配筋 0.15%～1%）构造物是可行的，计算是简便的。

如果约束变形的全部一次瞬时出现，且当时的瞬时应力最高并接近弹性应力，那么，以后逐渐松弛的现象对工程并无实用价值，因为最高应力值已经出现。但是如能使约束变形分成许多小变形陆续出现（台阶式出现），每一段变形引起的约束应力逐渐松弛，那么，以最终叠加起来的松弛应力以及受力过程中的任何时间应力都将达不到一次出现时的瞬时最大应力，且远比一次出现的弹性应力为小，这就有着很大的实用价值。其条件是：尽可能让随时间陆续出现的台阶式变形的级差小些，延续时间长些，亦即尽可能缓慢地降温，缓慢地收缩和沉降等。概括地说就是"利用时间控制裂缝"，其效果已为不少工程证实。

5.2 应力异常现象

在热应力的试验研究中和现场观测中，常发现一种反常的现象，实测试验数据与热弹理论的计算之间出现很大误差。如果仅仅是数量上的误差，即便大一些还是可以理解的。然而，竟有一些误差不只是量方面的，而是性质上的误差。譬如说，应该出现压应力的地方，有时却出现了拉应力。反之，在拉应力区出现了压应力，也有时发生弯矩方向异号。这种现象不仅在国内的试验研究中出现，也在国外的一些研究室报告中发现。

伴随这种现象也发生了工程结构裂缝部位的"异常"现象。裂缝似乎是出现在混凝土的受压区，乍看起来是令人费解的。

其实，追究下来并不奇怪，就是在于热弹应力理论尽管很严密，但是在实际工程中存在着的由徐变带来的应力松弛和收缩现象常被人忽略，致使结构应力状态不仅有量上的改变，而且在某些条件下改变了应力性质。

例如有一两端嵌固的梁，承受一逐渐升温的作用（例如水化热），升温按指数函数，由于保温较好，故可假定构件是均匀受热的。梁的升温可用指数函数表示：

$$T(t)=T_0(1-e^{-\beta t}) \tag{5-7}$$

式中 T_0——最高温差；

β——与升温速度有关的系数（取 0.03）。

按热弹理论计算 60d，其压应力见图 5-3 中的弹性应力线。

假设 $T_0=27$℃，初始 $T_0'=23$℃上升至 50℃：

$$\sigma(t)=-E\alpha T_0(1-e^{-\beta t})=-2.1\times10^4\times10\times10^{-6}\times27(1-e^{-0.03\times60})$$

$$=-2.1\times10^{-1}\times27\times0.835=-4.733\text{MPa}$$

但是，由于徐变引起应力松弛，其应力如图 5-3 中的徐变应力线，压应力有显著降低，但仍然是压应力。经 $t=60\mathrm{d}$ 时，应力$-4.733\mathrm{MPa}$下降到$-1.2\mathrm{MPa}$，平均松弛系数 $H(t)=0.253$，即：

$$\bar{\sigma}(60)=-1.2\mathrm{MPa} \qquad (负号为压应力)$$

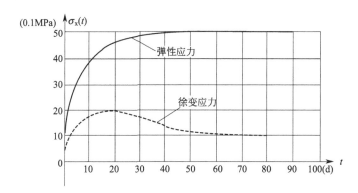

图 5-3 嵌固梁承受温升作用的弹性应力与徐变应力随时间的变化

与此同时，在混凝土中发生了收缩。如取一般状态下收缩变形为：

$$\varepsilon_{\mathrm{y}}(t)=3.24\times10^{-4}(1-e^{-\mathrm{bt}})M_1\cdots M_{10}$$

正常养护条件下，$b=0.01$；当温度增加时，养护较差，水分蒸发速度显著增加，收缩速度也增加。根据过去的试验，计算中取 $b=0.03$，考虑水灰比的影响：

$$M_4(水／灰=0.6时)=1.42$$

$t=60\mathrm{d}$ 的收缩：

$$\begin{aligned}
\varepsilon_{\mathrm{y}}(60)&=3.24\times10^{-4}(1-e^{-0.03\times60})\times1.42\\
&=3.24\times10^{-4}\times0.8347\times1.42\\
&=3.840\times10^{-4}
\end{aligned}$$

两端嵌固杆件内由收缩引起的约束拉应力：

$$\sigma_{\mathrm{y}}(60)=E\varepsilon_{\mathrm{y}}(60)=2.1\times10^4\times3.840\times10^{-4}=8.06\mathrm{MPa}$$

如果收缩速度与升温速度相同，考虑徐变引起应力松弛，$\sigma_{\mathrm{y}}^*(60)=8.06\times0.253=2.04\mathrm{MPa}$，最终应力 $\sigma^*(60)=\bar{\sigma}(60)+\sigma_{\mathrm{y}}^*(60)=-1.2+2.04=0.84\mathrm{MPa}$（拉应力）应力变化见图 5-4 所示。该应力能否引起开裂，还要看施工质量和材料抗拉强度增长情况。不过，有可能引起开裂。

该例题证明，约束梁承受一升温温差时，理应出现压应力，但是没有增加任何外载，只是经 60d 后，杆件内出现了相当可观的拉应力，简单说是"时间改变了应力符号"，实际是收缩改变了应力性质。假如收缩速度快一些，那么拉应力就更大了。

更严重的"异常现象"是，经过某一时间升温或恒温，其后突然降温。设以上题为例，升温 60d 后，其徐变应力为$-1.2\mathrm{MPa}$，突然降温，降温差 $T_0'=-27℃$（与原来最大升温相同），按热弹理论，初始应力为零的杆，升温 27℃，再降温 27℃，其应力依然为零才对，但是由于降温速度很快，瞬时降温时，混凝土徐变发挥不出来，松弛系数≈1，当时引起的应力便是弹性应力，则实际降温应力为：

$$\bar{\sigma}'(60)=E\alpha TH(t)=2.1\times10^4\times10\times10^{-6}\times27\times1=5.67\mathrm{MPa}$$

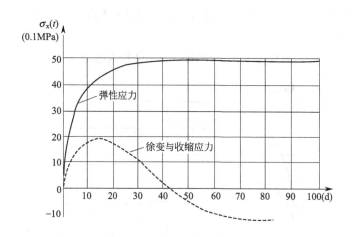

图 5-4　考虑混凝土收缩应力的应力-时间曲线

瞬时降温时的总应力：

$$\sigma^*(60) = \bar{\sigma}(60) + \bar{\sigma}'(60) = -1.2 + 5.67 = 4.47\text{MPa（拉应力）}$$

这证明了缓慢升温突然降温，尽管温差相同，但拉应力超过了混凝土的抗拉强度，可以引起开裂。如缓慢升温又经恒温，则因突然降温引起的拉应力就更大了，高温设备的停产检查就常遇此情况。

其实不仅是突然降温，只要降温速度大于升温速度，不考虑收缩，也会产生拉应力。因为降温速度快于升温，其应力松弛系数大于升温时的应力松弛系数，故降温拉应力大于升温压应力，二者叠加便产生拉应力。

在升降温度速度相同的周期性温度变化条件下，其实际应力状态下又如何呢。

苏联某试验结果是颇引人感兴趣的，15 个混凝土棱柱体试件，长 1480mm，截面100mm×100mm，C50 混凝土，按如下规律承受单向周期拉伸变形作用（施加"变形荷载"）：

$$\varepsilon(t) = \varepsilon_0(1 - \cos\omega t) \tag{5-8}$$

试验中选用参数：

$$\varepsilon_{\max} = 2\varepsilon_0, \ \varepsilon_0 = 5 \times 10^{-5}, \ \omega = \frac{2\pi}{\theta}, \ \theta = 36\text{d}$$

构件受拉应力每级约 0.8MPa（0.3～0.4R_f 这样应力可用线性徐变理论），周期性的变形"荷载"是小台阶式施加于试件的，试验时间达 6 个月，变形每隔 36d 由零到 10×10^{-5}，再到零，一个反复，是单值函数，亦即按弹性理论都是拉应变和相应的拉应力。

但是试验结果却是"异常"的，由于徐变原因，出现了异号应力——压应力，其数量为 -1.1MPa，初期较大，后期较小，180d 时异号应力约为 -0.8MPa，见图 5-5（a）、（b）。

总之，各种不规则的升降温及其反复作用都可能在结构中引起异号应力：如缓慢升温，突然降温；突然升温，经一段时间的恒温，又突然降温；缓慢升温，经一段时间的恒温，又缓慢降温或突然降温等，都由于应力松弛效应，可在压应力区出现拉应力，见图5-5（c）。

难道这种由于徐变引起"异常现象"是工程中的个别偶然现象吗，不是的。各种受周期性的生产温差、年温差的露天结构物、加热炉、冶金炉、高温烟囱、一些受高温的结构

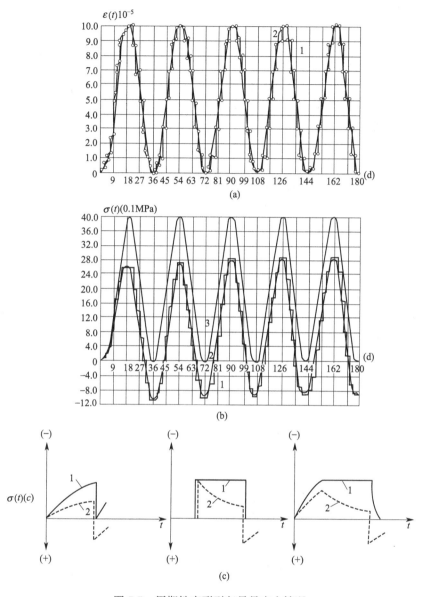

图 5-5 周期性变形引起异号应力情况

(a) 施加"变形荷载"：1—阶梯式变形；2—拟合曲线；

(b) 构件应力变化：1—实测应力；2—拟合应力；3—弹性理论应力；

(c) 升降温引起的热应力：1—弹性应力；2—徐变应力

物设备基础等，都有可能出现这种应力状态而导致裂缝。基尔布赖得（East Kilbride）通过现场试验证明，激烈的反复日温差可以引起大型砌块墙体的开裂。

由以上分析可得：

1）结构承受变化的温差、周期性的温差以及随时间增加的收缩作用下的内力分析都应当考虑徐变作用，哪怕是用最简单的乘以松弛系数的方法。

2）一般说来，徐变引起弹性应力大幅度降低，是有利的。温度应力只按弹性计算太保守,造成材料浪费,例如宝钢工程受热结构的配筋是完全按热弹应力计算的,其结果是配筋过高,超过应配钢筋一倍以上。

3)徐变引起的应力松弛也有不利的一面,如随时间变化的变形荷载可以引起异号应力,在压应力区引起拉应力,特别是降温速度大于升温速度,更易开裂。所以温度收缩应力筋、构造筋都不要仅仅配在弹性应力受拉区,在受压区也应有一定的构造钢筋,只要那里有抗裂要求。

图 5-6 高炉基础平面

例如,国内许多受热框架结构的裂缝出现在受热面,即出现在受压面。一些高炉基础大修时,发现其裂缝不在边缘环向拉应力区,也不在大量配筋的基础底部,而在中部受压区严重开裂破坏(图 5-6)。又如日本某高炉基础,经 8 年使用后大修时,其破裂区都在中部。这些现象说明,国内外有关高炉基础设计法都把大量受拉钢筋按热弹理论计算集中配置在圆形边缘(外环配筋)区,并假定基础承受线性温差处于全约束状态,从而在底板配置大量温度筋,是一个错误。近代高炉基础设计都采用了冷却水管装置,见图 5-7,可确保高炉基础顶面温度在 150℃以下,此状态条件下基础中部亦应配置构造钢筋承受异号应力,而边缘环向受拉区及基础底部的温度应力钢筋可以大为减少。宝钢一号高炉基础顶部配置环状钢板带的作法,对控制裂缝很有益处,这样,大块式设备基础的配筋趋近于较为均匀的构造配筋基础。

图 5-7 现代大型高炉基础采用冷却水管防止生产高温对基础的破坏,
宝钢 4063m³ 高炉基础冷却水管的安装实照

对于受有反复温差作用并受约束的结构物或构件,升温速度与降温速度有一定关系,为了使结构不产生拉应力,降温速度必须远小于升温速度:

$$V'_t \ll V_t(℃/h) \tag{5-9}$$

式中　V_t——升温速度；

　　　V'_t——降温速度。

　　一切受热结构的升降温制度都应尽可能保证满足这一条件，如果不得已，有所超过时，也不宜过快（抗拉强度较小）。结构受热引起附加收缩使受热区产生附加拉应力也可引起开裂。

　　有许多结构物的温差及干湿交替的缩胀作用很难按人的意志控制，例如露天水池池壁、容器、挡墙、渠道、路面等，控制裂缝的难度较大，裂缝出现期可能达数年之久，对于这种构筑物的裂缝控制方法，除了尽力减少收缩外，主要应在提高材料的抗拉能力方面进行工作，实际上要求材料在一定的强度条件下，具有较高的极限拉伸，也就是提高"韧性"。异号应力的幅度并不是很大的，合理配筋及各种纤维研制和改善混凝土这方面性质的工作是十分有意义的。

5.3　裂缝运动的稳定性

　　通过观测，证实结构物的裂缝是时刻不停地在运动着。裂缝运动包含两种意思：一是裂缝宽度的扩展与缩小；二是裂缝长度的延伸及裂缝数量的增加。裂缝稳定地运动是正常的，要防止的是不稳定的裂缝运动。

1. 变形变化引起裂缝运动

　　结构物所处的环境状态都随时间而变化，如温度、收缩、沉降、各种外荷载以及材料自身的某些性质（如徐变、塑性、持久强度等），这些都是引起裂缝运动的主要原因。

　　裂缝把结构物的表面或整体分为许多区段，使结构物形成不连续状态。某裂缝就是某一区段长度的边界，是该区段变形集中的部位，也就是变形最大的部位。例如在随时间变化的温湿度作用下，承受连续式约束的地基上梁板结构物，根据本书第 6 章的推导，具有裂缝间距为 L 的裂缝宽度公式：

$$\delta_{\max} = 2\psi \frac{\alpha T}{\beta} \text{th}\left(\beta \frac{L}{2}\right) \tag{5-10}$$

式中　T——温差；

　　　ψ——经验系数，取 0.3；

　　　$\beta = \sqrt{\dfrac{C_x}{HE}}$（其中 C_x——水平阻力系数；H——结构厚度；E——弹性模量）。

　　当温差为年均气温差时，温度随时间呈周期性变化，可用如下周期函数近似表示：

$$T(t) = \frac{1}{2} T_0 (1 - \cos\omega t) \tag{5-11}$$

式中　T_0——平均最高温差；

$\omega = \dfrac{2\pi}{\theta}$ （其中 θ 是周期为 360d）。

将 $T(t)$ 代入裂缝宽度公式(6-37)，则裂缝宽度也是一个时间函数，即裂缝在随时间运动，见图 5-8。

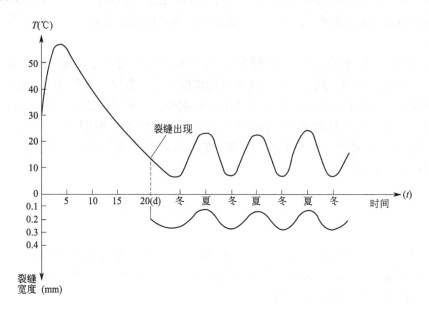

图 5-8　裂缝宽度随季节的变化

例如，某大型设备基础，由于水化热降温引起开裂，其后裂缝宽度随温度波动。

如某地下工程 100cm 厚底板的裂缝间距为 700cm，实测裂缝宽度为 0.7mm，地基为岩石，$C_x = 1.5 \text{N/mm}^3$，地下室冬夏期间温差为 15℃，试问裂缝随时间的波动幅度有多大。

据式(6-37)：

$$\delta(t) = 2 \times 0.3 \dfrac{10 \times 10^{-6} \times 15}{\sqrt{\dfrac{1.5}{1000 \times 2.6 \times 10^4}}} \left(1 - \cos \dfrac{2\pi \times 180}{360}\right) \dfrac{1}{2} \text{th} \sqrt{\dfrac{1.5}{1000 \times 2.6 \times 10^4}}$$

$$\times \dfrac{7000}{2} = 3.75 \times 10^{-1} \times (1+1) \times \dfrac{1}{2} \text{th} 0.84$$

$$= 3.75 \times 10^{-1} \times 0.686 = 0.257 \text{mm}$$

裂缝最大振幅为 0.257mm，即每年的冬季宽度扩张，夏季缩小，早晚扩张，中午缩小，周期性地稳定运动。任何已存在的裂缝，如伸缩缝、沉降缝及其他变形缝都有这种稳定运动，它不受所承受荷载的影响。任何裂缝都是变形集中的部位，裂缝宽度在运动，裂缝处的钢筋应力也在随温度变化。图 5-9 为钢筋应力的现场实测情况。

2. 静荷载增减引起的裂缝运动

结构承受外荷载作用出现裂缝时，钢筋的使用应力只有 50～70MPa，还不到设计荷载的 30%。其后每有荷载增加，钢筋应力也增加。根据本书推荐的公式，可见不仅裂缝宽度增加，而且裂缝数量亦增加，裂缝密度加大；荷载稳定后，经过一个阶段的扩展，裂缝趋于稳定；以后又有荷载增加，裂缝又重新扩展；经过一个阶段，又趋于稳定。这样可能出现多次的扩展、稳定过程，在钢筋应力尚未到达屈服点之前稳定下来，见图 5-10，这种运动也是稳定的。

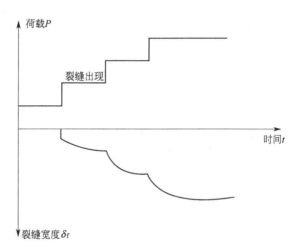

图 5-9　裂缝处钢筋应力的实测　　　　　　图 5-10　裂缝的稳定性扩展示意图

裂缝的运动不仅与温度变化及荷载变化有关，还与周围环境的湿度变化有关，干湿交替会引起收缩与膨胀。

结构物建成后的最初二、三年内裂缝的运动较为显著，因为在此期间结构物周围环境变化大，龄期短的混凝土收缩大、徐变大、沉降不稳定等等。随着时间的推移，裂缝的波动幅度逐渐衰减，最后趋于稳定状态，只在微小的变动幅度内运动。

所以，对裂缝的化学灌浆堵漏，往往不是一次成功，而需经过若干次才能奏效。例如某大型工程地下主电室的裂缝堵漏及地下水泵房的堵漏工作虽然在施工期间即已完成，但投产后仍然发现一些原裂缝拉开，以后又经数次补灌才得以堵住。韧性灌浆材料比较能适应裂缝运动，这种材料的研制目前已有成果，并获应用。

如裂缝随时间开展的关系曲线不是朝水平方向而是朝垂直方向发展，那么裂缝运动就是不稳定的。此时，钢筋应力可能接近和达到流限，对承载力有严重影响，必须及时加固。在笔者所遇到的工程质量问题中，不稳定扩展的裂缝极少。例如，1959 年北京某多层建筑物的底层钢筋混凝土柱由于压力引起柱头劈裂，裂缝在半月中发展很快，裂缝扩展速率迅速增长，柱头部箍筋亦被胀断。后来采取了"顶梁改柱为墙"的方法，即在底层增加钢筋混凝土墙并把柱包起的加固方法，始得补救。

该柱的破裂是由于设计上未曾考虑到偏心受压与纵向弯曲共同作用下的第二类纵向弯曲内力，以及施工质量不好。它不属于一般质量问题，而是严重失误，虽然是极个别现象，也应当特别加以注意。

3. 反复荷载作用下的裂缝运动

各种梁式结构受反复荷载作用与受外荷载静力作用有显著区别。如果说，静载作用下开裂宽度主要取决于钢筋应力高低，那么，在钢筋应力小于抗裂应力时，反复荷载作用下裂缝的开展主要还与混凝土的受拉区疲劳有关。

结构物在反复荷载作用下，微裂缝也跟随着产生运动，既有扩展又有增加，特别是在受拉区，这一现象更为突出。有许多工程在使用初期开裂轻微，虽然荷载不大，钢筋应力很低，但是经多年反复荷载作用后，其裂缝数量增加 3～4 倍，这是大量反复应力引起的"裂纹累积损伤"的结果。

但是，对正常配筋的钢筋混凝土结构来说，这一现象并不可怕，它仍然有着静荷载作用下裂缝运动的共同规律，即在一定内力条件下，开展——稳定——开展——再稳定的运动规律。

例如，钢筋应力在 80MPa 以下的梁，出现裂缝后，经反复荷载作用其裂缝有所扩展和增加，但在 400 万次的反复荷载作用后又稳定了下来。许多试验证明，钢筋应力不太高时（$\sigma_{gmax} \leqslant 100\text{MPa}$），裂缝虽然有扩展，但是稳定的。一般认为，当重复荷载力矩不超过静荷载抗裂力矩的一半，重复次数在百万次以下，结构不会开裂；如超过 70％静载的抗裂弯矩，则将开裂。

当梁的钢筋应力达 180～200MPa，经 200 万次重复作用后，裂缝逐渐稳定下来；当钢筋应力增加至 280MPa 时，裂缝又继续增加和扩展，又经过 100 万次重复作用后而稳定下来。（该梁所用钢筋的屈服强度为 320MPa）

一般情况下，低应力时，梁受弯区裂缝的发展大于边缘的剪弯区；高应力时，梁端部剪弯区的裂缝发展大于中部受弯区。因此，剪弯区裂缝的扩展与增加意味着钢筋应力偏高。

有个别的观点认为，钢筋应力纵使达到 290～340MPa，经四百万次反复作用，裂缝的扩展也是稳定的。有的试验，其钢筋应力 $\sigma_{gmax} = 320\text{MPa}$，经 350 万次稳定下来。

反复荷载作用下裂缝开展（包括增加）时间相当持久，但也会逐步衰减而趋于稳定，等环境条件有变化时，会再发展运动。

5.4 吴淞大桥的裂缝与超载通行

吴淞大桥位于上海西北部吴淞镇，是连接上海和宝钢的主要交通干道逸仙路上一级桥梁。该桥建于 1950 年，于 1953 年竣工投入使用，原始设计资料无法寻找，仅查到 1962 年的加固资料，根据该资料进行承载力及裂缝控制验算。该桥横跨 80 余米宽的蕴藻浜河，水深 8m 左右，水上交通频繁，可航行 100～150t 驳船。桥上车流量大，货运量很高，特别自宝钢开工以来，运输量猛增。全桥共有五跨组成，中间主跨为 36m，两侧辅助跨各 21.8m，全长 103.6m，桥梁外观见图 5-11 及其要害部位配筋图，见图 5-12(a)、(b)。

全桥的跨度结构为普通钢筋混凝土结构，跨度为 36m 的结构系采用 12.6m 预制梁 6 根，通过铰接形式搭置于双悬臂之变截面挑梁上，位于河流中部的主桥墩采用桩基，桩长 30m，两岸桥台没有地基加固。

(a)

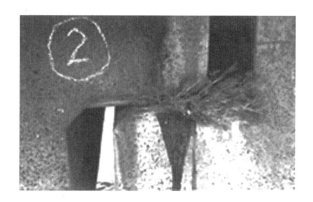

(b)

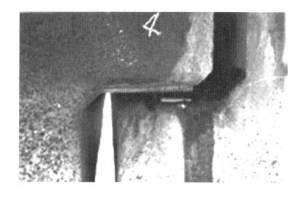

(c)

图 5-11 吴淞大桥照片

（a）大桥主跨；（b）、（c）跨中企口搭接节点

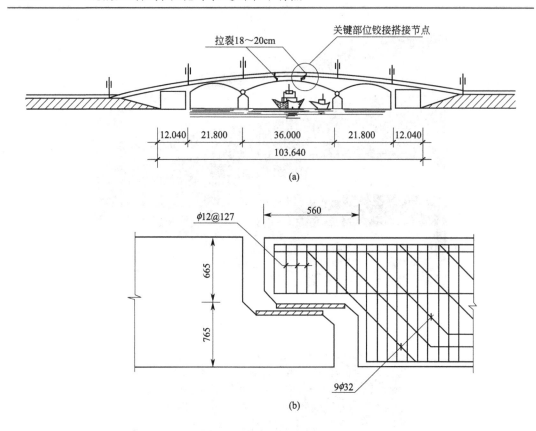

图 5-12 吴淞大桥示意图

（a）吴淞大桥立面图；（b）节点钢筋图

　　该桥运行 8~9 年后，发现桥上栏杆有拉裂现象，预制栏杆的节点被拉开 18~20cm，预制梁的企口搭接处移动约 9cm，桥梁腹部发现裂缝 14 条，为避免搭接节点的滑脱，曾对预制梁端进行钢筋 6Φ23 拉结加固，其后随时间的推移，车流量的不断增加，桥梁的裂缝不断增加，主梁的裂缝数量增加至 41 条，裂缝开展宽度 0.1~0.3mm，有些达 0.4~0.6mm，个别处裂缝达数毫米，有的节点拉开 10cm。

　　有关单位为了桥梁的安全，采取了减载使用的办法，限制载重车辆不得超过 80t。

　　1978 年宝钢动工兴建，1979 年已开始大规模土建工程，急需大型施工机械——重型起重吊车，宝钢从德国 DEMAG 公司引进五台 300t 履带吊车，该吊车已通过水运至上海港九区，停泊在港口码头，无法运至宝钢工地。它的重量超过了吴淞大桥的允许载重。该吊车去掉零件后的主件自重 68t，拖车重 35t 总重达 103t，超过允许负荷的 30%，对于一座带有 41 条裂缝和严重变形的桥梁，能否超载通行是一个重大的疑难问题。当时外轮停泊在码头每天压船费 4500 美元，问题已经拖了半个多月。

　　作者对桥梁进行了现场调查，详细进行了承载力及裂缝开展宽度的验算，区别了三种裂缝：

　　（1）荷载引起的裂缝，其宽度都在 0.3mm 以下；位置一般在弯曲受拉区，剪力区未发现开裂。

　　（2）收缩引起的裂缝，没有规则的分布，大部分的深度为 10~15mm 以内，属表面裂缝。

　　（3）由于差异沉降引起的裂缝占的比例不多，10% 左右，但其宽度很大，1~5mm，个别拉开 10 余厘米。主要是桥台下沉多，桥墩下沉少，差异沉降很大引起裂缝及变位。

对承载力验算，钢筋应力只有 125MPa，抗弯的强度安全系数 $K=2.076$；斜截面抗剪强度安全系数 $K=1.787$，裂缝开展宽度 $\delta_f=0.28$mm。

最后，认为该种桥梁的要害部位是中部预制主梁的搭接节点，是否有应力集中（特别是疲劳应力集中）引起开裂裂纹。过去日本内城田大桥的加固以及美国田纳西大学对桥梁破坏的研究都证明该种搭接节点可能引起剪切断裂破坏，见图 5-13。

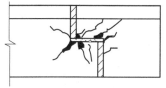

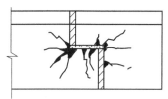

图 5-13　日本某桥梁搭接点的裂缝（上下游侧面）

经详细检查，没有发现节点裂缝，决定通车运送大件，大件通过时，为检验桥梁是否会由于超载受损，减少使用寿命，作者悬吊在桥梁下观测№10、№12最宽裂缝的动态反应。

1979 年 5 月 18 日下午 3 时，交通被临时中断，载重吊车在拖车上，拖运速度 5km/h，相当缓慢，通过桥面现浇板的分布作用，使 6 根主梁都不同程度受力，结果既未发现裂缝扩展，又未发现新裂缝出现，证明这次超载运行，桥梁并未受到损伤。

过桥后，有关方面认为此桥年久失修，数十处开裂，早已决定报废重建，今又超载通行，随时都可能发生塌桥事故，后果是不堪设想，多次提出警告。作者对该桥的运行状况进行了长期跟踪观测，发现裂缝有动态变形，既有扩展也有闭合，是"稳定性运动"。

该桥又经使用近 10 年，随交通量剧烈增加，有些裂缝仍有些扩展和增加，但都未超过安全允许范围，最后于 1989 年因交通流量需要，必须更换新桥时，作者检查了拆卸下来报废的主梁，其裂缝宽度均小于 0.2mm，许多裂缝已闭合。

该类钢筋混凝土桥梁的裂缝主要由以下三种原因引起：桥台填土和桥墩的差异沉降、搭接节点的应力集中以及主梁的受力裂缝。其中第一种裂缝相当普遍，在新建的桥梁中亦常出现，应当引起设计工作者对地基处理的重视。第二种裂缝宜从加强节点构造方面加以解决。至于第三种受力性裂缝，主要从控制钢筋应力方面加以解决。

一般桥梁的裂缝宽度约在 0.1～0.2mm 以内，按照钢筋混凝土规范和国际上常用的规定，也都在允许范围之内。反复荷载作用主要引起裂缝的增加与扩展，甚至超过了允许宽度，但对受力筋的应力影响不大，裂缝的扩展仍然会趋于稳定。

由上可知，裂缝的稳定扩展主要取决于钢筋及钢筋应力。若钢筋的配置存在隐患，如钢筋搭接接头断开，设计或施工中漏配钢筋，钢筋有脆断危险等问题，都会导致裂缝的不稳定运动。对裂缝扩展稳定性的判断要非常慎重，除必需的设计审查外，一般可以从实测的扩展速率上及施工情况调查方面观察有关征兆。

除荷载的反复作用外，有些结构物处于冷热、干湿的反复作用下，如生产热的反复作用、露天结构的气温反复作用、水池容器的干湿反复作用等都可以引起"变形疲劳"，促使混凝土裂缝扩展和裂缝密度的增加，一般要在使用后，经过数年的波动才能稳定下来，通常不影响承载力。

稳定以后的结构物并不是永远不会再扩展和开裂了，主要看所处的环境是否稳定。有的工程已施工许多年，有的已投产多年，都已经处于裂缝的稳定状态，但是，遇有较大的温度变化、湿度变化、地基变形及荷载变化等，同样会再引起裂缝的扩展与新裂缝的出现。如某工程多年未出现开裂现象，但生产工艺的变化和生产散热影响引起了新的开裂，此后，仍然按前述的原则作了处理，通常如无严重超载问题，一般也是稳定的。

最后，即便是静荷载不变，自重荷载占设计荷载的 $70\% \sim 90\%$，或使用应力偏高，由于材料的蠕变强度（持久强度）有所下降，加上施工方面原因，如施工质量不佳、过早拆模等，也会促使裂缝过早地出现和扩展，其延续时间少者数月，多者 $2 \sim 3$ 年才趋于完全稳定。这种现象亦属于稳定扩展范围，例如上海某剧场的楼座主梁（当时有专家根据裂缝在变化的现象，建议推倒重建），宝钢某主电室大梁的早期（施工期）裂缝即属于这种稳定扩展。

此处再强调一下，由于裂缝的出现始发于承载为设计荷载的 $30\% \sim 50\%$（尚不包括温度收缩裂缝），所以静荷重较大的结构（如自重很大，占 $70\% \sim 90\%$ 的设计荷载），出现裂缝是必然的，但也是稳定的。当然，实践中这类结构亦有不开裂的，这只能说明该结构的实际抗裂安全度高于设计规范要求。

由于自重荷载比重较大所引起的早期裂缝是稳定的，所以无须作承载力的加固。

稳定及非稳定的判别标准是：当裂缝-时间扩展曲线趋向于平行水平轴时，为稳定发展；如趋向下方向平行垂直轴发展，则为不稳定发展。例如，根据实测得到裂缝宽度：

$$\delta = \delta(t)$$

稳定发展：　　　　　$\dfrac{\mathrm{d}^2\delta(t)}{\mathrm{d}t^2} < 0$（扩展速率随时间减少）

不稳定发展：　　　　$\dfrac{\mathrm{d}^2\delta(t)}{\mathrm{d}t^2} > 0$（扩展速率随时间增大）

在实践中，这种判别，可用刻度放大镜量测裂缝扩展 δ 与时间 t 的有限关系，按有限差分法（$\Delta^2\delta/\Delta t^2$）进行。简单地说，稳定的运动指裂缝扩展速率逐渐衰减，而不是逐渐增加。因此，裂缝的观测是很重要的判断依据。其次是使用应力的验算进行判别：受力钢筋的使用应力小于或等于 0.8 倍屈服应力（$\sigma_{g\max} \leqslant 0.8\sigma_T$）条件下的裂缝扩展属于稳定性运动；钢筋应力大于 0.8 倍屈服应力（$\sigma_{g\max} > 0.8\sigma_T$）条件下的裂缝扩展属于不稳定性运动（即安全度不足）。

值得注意的是一些受弯曲构件，特别是超配筋率受弯构件，其破坏不是由于受拉区裂缝的扩展破坏，而是由于受压区混凝土被压碎破坏。一般这类结构都是由于受荷载较大，接近或超过设计负荷时才会发生。遇有这类构件的裂缝，应首先验算其负荷程度，验算受压区应力，除注意受拉区裂缝发展外，还应注意受压区的变化，如结构受压区是否出现水平裂缝、表皮剥落等，见图 5-14。

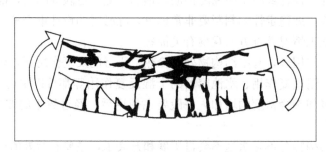

图 5-14　梁受压区压碎破坏

剪拉斜裂缝的扩展与弯拉裂缝的扩展有共同点，同样亦有扩展再稳定的过程。首先应注意箍筋的配置是否满足强度要求，了解实际应力程度，同时注意斜裂缝方向棱柱压裂的现象，再判断是否需要加固。对于大跨度预应力梯形屋架及拱形屋架，亦具有类似情况，下弦杆出现裂缝并不严重，应特别注意承压杆的纵向受力裂缝，防止弯曲破坏，此类结构的极限承载力约为设计荷载的 2.5 倍。

5.5 动荷载作用下裂缝运动的现场观测

绝大部分桥梁、路面及各种动力设备基础都是超静定结构，构造比较复杂，试验室无法进行裂缝运动的试验。1979 年作者为了取得某钢筋混凝土五跨桥梁在超载载重量通过时的裂缝变化，曾用刻度放大镜观测到裂缝的扩展与闭合，但当时无法记录动态反应。

近年，中冶建筑研究总院（以下简称冶建院）结构试验室研制成的裂缝运动现场观测装置，有 TY-2 型夹式引伸仪（图 5-15a）及 LW-2 型二维裂缝传感器（图 5-15b）。后者可测得裂缝的双向变化（扩展和错动），通过在钢筋及混凝土上贴以电阻片，采用动态电阻应变仪和日本 R-570 及 R-280 磁带数据记录器，最后可由 X-Y 仪绘出动态变化曲线，也就是裂缝运动反应谱。电阻测温片也比过去测温仪器大为简单（图 5-15c）。

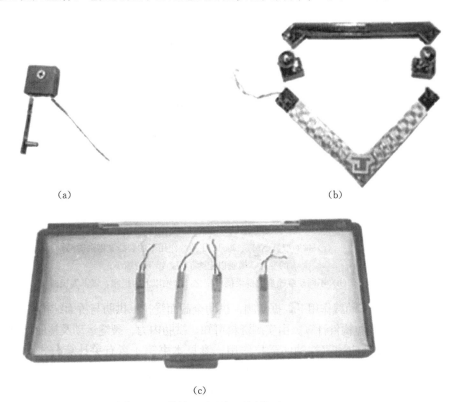

(a)   (b)

(c)

图 5-15　裂缝运动现场观测装置
(a) 夹式引伸仪；(b) 二维裂缝传感器；(c) 测温片

工程实例：

冶建院结构试验室使用上述仪器为配合某厂改造，鉴定带有大量裂缝的双曲拱铁路桥梁继续使用的可能性，进行了大型现场动载观测，包括钢筋应力、混凝土应力、裂缝运动、桥梁纵横向位移（采用激光跟踪仪）等等。本例引用其中有关裂缝开展宽度和挠度的一些动测数据，应用本书第 4 章的理论公式进行简略验算与分析如下。

该桥全长 150m，5 跨，主要受力部件为拱肋，在机车与重载列车作用下，顶部带有许多裂缝，裂缝宽度 0.2～0.3mm，裂缝间距 40～60cm，桥梁年运输量 50 万 t。拱肋配筋 5Φ22，配筋率约 0.1%。动载作用下，实测非开裂处（相邻裂缝的中部）的钢筋拉应变 55～115$\mu\varepsilon$（1×10^{-6}）。应用本书第 4 章理论公式验算裂缝处钢筋应力与裂缝开展宽度。应用夹式引伸仪实测的某裂缝运动及拱肋挠度见图 5-16。

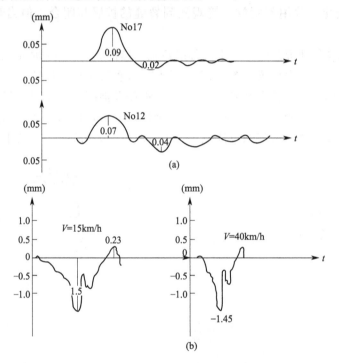

图 5-16　拱肋裂缝运动及挠度变化曲线

（a）拱肋裂缝 No17、No12 在动载作用下的裂缝宽度随时间
的变化，横轴以上为扩展，以下为缩小；

（b）不同动载速度的桥梁挠度变化，横轴以上为拱起，以下为挠曲

在机车和列车动载作用下，据实测，拱肋全截面受拉（拱肋与桥面结构共同承受弯曲作用结果），故可按受拉构件计算。由实测资料可知，拱肋内力、裂缝运动及挠曲是谐调的。

1）验算钢筋应力（按轴向受拉作用，参见本书第 4 章有关计算公式）

$$C_x = \frac{1}{\sqrt{\mu}} = \frac{1}{\sqrt{0.01}} = 10\text{N/mm}^3$$

$$\beta = \sqrt{\frac{2C_x}{E_g r}} = \sqrt{\frac{2\times10}{2.1\times10^5\times11}} = 29.42\times10^{-4}$$

实测非开裂处钢筋应力：

$$\varepsilon = 115\mu\varepsilon, \sigma_g = 115 \times 10^{-6} \times 2.1 \times 10^5 = 24.15\text{MPa}$$

$$\varepsilon' = 55\mu\varepsilon, \sigma'_g = 55 \times 10^{-6} \times 2.1 \times 10^5 = 11.55\text{MPa}$$

裂缝处钢筋应力:

$$\sigma_g(x) = \sigma_{gmax}\frac{\text{ch}\beta x}{\text{ch}\beta\dfrac{L}{2}}, x = 0, \sigma_g(0) = \sigma_{gmax}\frac{1}{\text{ch}\beta\dfrac{L}{2}}$$

$$\sigma_{gmax} = \sigma_g\text{ch}\beta\frac{L}{2} = 24.15\text{ch}0.7355 = 30.982\text{MPa}$$

$$\sigma_{g'max} = 11.55\text{ch}0.7355 = 14.817\text{MPa}$$

2) 验算裂缝开展宽度

$$\delta_{fmax} = 2P\left[\frac{\text{th}\beta\dfrac{L}{2}}{\beta A_g E_g} + \frac{\text{th}\beta\dfrac{L}{2}}{\beta E_s A_s} - \frac{L}{2E_s A_s}\right]$$

$$P = \sigma_{gmax}A_g = 58882.36\text{N}(\varepsilon = 115\mu\varepsilon)$$

$$P' = \sigma'_{gmax}A_g = 28162.13\text{N}(\varepsilon' = 55\mu\varepsilon)$$

$$\delta_{fmax} = 2 \times 58882.36\left[\frac{\text{th}0.7355}{29.42 \times 10^{-4} \times 5\pi \times 11^2 \times 2.1 \times 10^5}\right.$$

$$+ \frac{\text{th}0.7355}{29.42 \times 10^{-4} \times 2.6 \times 10^4 \times 1000 \times 5\pi \times 11^2}$$

$$\left. - \frac{50}{2 \times 2.6 \times 10^4 \times 1000 \times 5\pi \times 11^2}\right]$$

$$= 117764.72[53.345 \times 10^{-8} + 0.431 \times 10^{-8} - 0.051 \times 10^{-8}]$$

$$= 0.063\text{mm}$$

$$\delta'_{fmax} = 2 \times 28162.13[53.345 \times 10^{-8} + 0.431 \times 10^{-8} - 0.051 \times 10^{-8}]$$

$$= 0.03\text{mm}$$

根据拱肋 4 处裂缝的夹式引伸仪实测结果:拱肋较高拉应力区的裂缝扩展宽度 δ_{fmax}(实测)= $0.07 \sim 0.09$mm,较低拉应力区 δ'_{fmax}(实测)= 0.04mm 均略高于理论计算值。裂缝动态反应的缩小值相当于钢筋应力的压缩,由于数量较小,验算省略。

3) 验算该处可靠性

将桥梁自重引起钢筋应力 σ_{gW} 叠加动载引起之附加应力 σ_{gmax} 之和远小于 $0.8\sigma_T$,安全。

5.6 变形变化的失稳破坏

一些较长的跨度结构,特别是高空梁式、桁架以及大薄壳结构等,由于与垂直构件的搭接长度有误差而造成承压面不足;或者由于设计上按理想铰接设计(例如大薄壳的边缘构件、隔板与壳板的连接），没有考虑到温度收缩变形可能引起节点滑脱，而产生突然的失稳破坏事故，都必须防止。为此，一般应对节点进行构造加强，如铰接节点或滑动支座都应是只可"微动"而不可"大动"。宁可由于构造加强使节点产生超静定次应力，也不要为追求理论上的铰接，而使结构形成可能滑脱的隐患。对于节点处裂缝及变形运动都应注意到这种"失控"的可能。今后设计和研究工作都要更多地创出"韧性节点"构造的设计，以满足释放约束应力的需要，同时又要防止连接上大变形滑脱引起的"雪崩"式倒塌事故。

从处理裂缝问题的实践可知，习惯上遇有非变化的裂缝时，比较放心，采用化学封闭便可以解决问题。但是，遇有随时间变化的裂缝，常因产生裂缝恐惧心理而采取了不必要的加固措施，甚至推倒重来。所以，应当掌握裂缝变化的规律，进行具体分析再作抉择。

从大量结构破坏试验中可以看到裂缝与承载力的一般关系。如轴向受拉构件，裂缝出现在承载大到设计荷载的 30%～50%，而实际极限承载力则为设计荷载的 2.5 倍。对于梁式受弯结构，裂缝出现时间稍晚，在设计荷载的 50%～80%，而其实际极限承载力亦约为设计荷载的 2.5 倍。

预应力结构，裂缝出现较晚，约在达到设计荷载的前后出现裂缝，特别是冷拔钢丝预应力构件，受力的裂缝荷载距破坏荷载很近，由于钢筋延伸率低，裂缝扩展甚微，结构接近脆性破坏。此时必须注意，钢筋有脆性断裂可能，施工前应做机械性能试验，如冷弯等，特别要注意一些进口钢材。

部分预应力混凝土结构的裂缝出现虽然早于一般预应力混凝土结构，但其抗裂韧性较好，结构自裂缝出现至破坏前，其裂缝及变形有充分的扩展和延续过程，有利于使用过程中对结构安全的控制，较为经济合理。

某工程不稳定的裂缝扩展实例：某重点工程采用内框架外承重墙的混合结构，地下一层地上七层，内框架为现浇钢筋混凝土框架，混凝土于北方的冬季施工，掺外加剂。内框架的梁柱连接均为刚性节点，柱内埋有卫生管道。钢筋混凝土柱均按中心受压柱设计。

1959 年 9 月竣工后，立即投入使用，建筑物各层荷载均逐渐增加。1962 年 3 月初地下室柱顶出现裂缝，裂缝的数量由最初 2～3 条，经 10 余天发展至 15 条，其宽度由 0.3mm 扩展至 2～3mm。半月后发现裂缝处的箍筋已被拉断（图 5-17），柱子已倾斜 1.68～4.75cm，柱子挠度 2～3cm。裂缝扩展速率不断增加，钢筋使用应力超过屈服应力，认为是不稳定扩展，采取了加固措施。

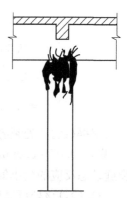

图 5-17　某重点工程八层框架结构底层柱不稳定裂缝开展图

我们认为该工程主要由于设计失误造成不稳定开裂。实际上柱子不是中心受压柱，而是偏心受压柱，并且同时受纵向弯曲作用（最下层柱为圆形截面 $D45cm$，高 4.8m，而其上各层为 3.2m），经核算柱子实际的极限承载力 1189.380kN，而已有荷载为 1443.000kN，超极限荷载 253.620kN，钢筋应力远远超过屈服强度，同时又加上冬季混凝土施工不良，混凝土强度等级为 C20 偏低，最终导致不稳定裂缝扩展。这种偏心受压与纵向弯曲共同作用下引起的强度破坏称为"第二类纵向弯曲破坏"。加固方法是在地下室将柱子包钢筋混凝土并将柱子间以钢筋混凝土墙连成整体，使原来大厅成为许多小房间，确保了长期安全使用。

钢筋混凝土柱在轴压作用下可能出现两种破坏形式：压剪破坏，见图 5-18(a)；劈裂破坏，见图 5-18(b)。

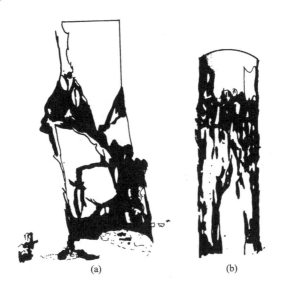

(a)　　　　　　　　　　(b)

图 5-18　破坏形式

(a) 柱压剪破坏；(b) 柱劈裂破坏

5.7　变形变化中的"声发射"

各种建筑结构承受反复温差作用或激烈的胀缩变形作用，会在结构的各组合构件之间引起相对运动，由于结构构件之间的连接、摩擦、粘结等对变形变化产生外约束作用，从而在各构件内部储存了弹性应变能，当这种能量积累到足够克服连接阻力、摩擦力等外约束时，就会在瞬时释放弹性应变能，在结构之间产生相对滑动，粘结面突然破裂。这种积蓄弹性能的瞬时释放，使滑动具有动力效应，同时必然带有"声发射"，经常呈"咔咔"的短促声音，声响好像断弦、断索，相当强烈，给人一种"结构破坏"的印象。

由于气温年温差是周期性的，所以在每年的夏季最热和入冬最冷的日子里（温度变化较剧烈的日子），就会听到这种声音。有些结构在日温差较大时，由于年温差的叠加作用，也会由日温差引起声发射。但并不是任何建筑物都有这种不愉快的现象，只在隔热层很差，温差变化激烈且又波动和变化很大的组合结构中才会发生。民用建筑中，一般只在顶层屋盖板结构与砖石组合的混合结构中发生，因该结构承受激烈气温变化及太阳辐射热（可达 60～70℃左右）温差的反复作用。

遇有这种现象，如经查实并非其他种承载力破坏，则无须紧张，只要实行隔热，改善结构（如增加隔热层，设散热通风层，增设反辐射板或面层），进行维修及加强日常维护，声发射就完全可以避免。假如结构的构造满足变形要求，节点无"滑脱"

可能，那么这种周期性的运动，甚至周期性的声发射，对建筑物的安全使用是没有影响的。当然，作为工程评价来说，质量问题是存在的，应通过维修加以解决。

上海宝钢工程某单身宿舍是二十年前建造的三层混合结构，施工质量是优良的，墙体砌筑强度及刚度也都是好的，只是由于屋面是预制板钢筋网细石混凝土加油毡沥青，吸热能力很强，又没有隔热层，因此，夏日太阳辐射温度很高，夜间降温幅度较大，不仅白天室内顶板有烘烤之感，而且每逢季节变化或日气温变化较大时，都可在夜里听到温度变形的声发射。顶板和墙体接触部位都曾出现大量水平错动裂缝，但没有发生安全问题及严重渗漏问题。

因此，可以认为，一切建筑物的组件永远随温度的变化而运动着，建筑工作者的任务就是利用建筑技术控制这种变形，使其不产生有害影响。

此外，在宝钢某地下工程施工后，由于迅速拔除钢板桩引起地基扰动，致使附近地下电缆沟的混凝土突然裂缝也引起了强烈声发射。

5.8 裂缝的"模箍作用"

具有连续式约束的结构物，如地基上的长墙，承受温度或收缩变化时，最大的约束应力在约束边，因此裂缝应该由约束边出发向上发展。但是，实际观察到的裂缝并不是完全由约束边出发，而是离约束边有一定距离逐渐向上发展，见图5-19。还有在梁板结构中，板的四个边缘有加筋肋，楼板收缩变形时，受到肋的约束，最大约束应力应在肋的边缘，裂缝理应在肋边出现，但是，裂缝距肋边也保持一定的距离，形成了枣核形（梭形）裂缝，见图5-20。

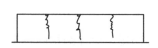

图 5-19 结构裂缝的
模箍现象之一

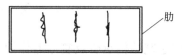

图 5-20 结构裂缝的
模箍现象之二

在配置受拉和受压钢筋的高梁中部，也常出现枣核形裂缝。有些高层建筑地库由于收缩和水化热降温较大，不仅外墙出现裂缝，框架大梁及楼板也出现大量贯穿性裂缝，由于腰筋很少，故呈枣核形见图5-21。

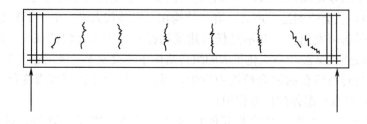

图 5-21 大梁裂缝图

　　形成这种裂缝的机理是由于被约束体大梁的变形受到约束体柱或墙的约束作用，并与内热外冷形成约束应力裂缝。裂缝形成过程中，在裂缝处必然产生剧烈的变形，而这种变形又受到约束体的约束作用，推迟了裂缝的出现和限制了裂缝的扩展。所以可以认为，由于约束作用引起裂缝，又由于同样的约束作用约束了裂缝的扩展。腰筋的不足是抗裂低的原因。

　　如钢筋混凝土梁的钢筋对混凝土的收缩起了引起约束应力的作用，但是，当裂缝形成时，钢筋又起了约束裂缝形成和扩展的阻力作用，因此，裂缝距约束边有一定距离，这种作用叫做"模箍作用"。

　　苏联米哈依洛夫（B. B. Михайлов）曾作过混凝土和槽钢组合梁的弯曲试验。由于混凝土梁在受弯过程中，混凝土的拉伸应变受到了起模箍作用的槽钢牵制，使混凝土极限拉伸大幅度提高，根据实测，混凝土梁受拉区的应变由 2×10^{-4} 提高到 $5 \sim 8 \times (2 \times 10^{-4})$。试验梁构造见图 5-22。钢管混凝土的试验研究表明，混凝土在钢管中的延伸率由于钢管对混凝土的模箍作用，同样大为提高，其极限压缩应变达 $1\% \sim 2\%$，提高约 10 倍。混凝土结构物的模箍作用对于控制裂缝扩展是有益的，所以，在设计中，对容易引起裂缝的部位，做加筋肋，配置构造钢筋，设置暗梁（在等截面梁板边缘区，增配构造筋，形成暗梁）等，均可起到良好的"模箍作用"，从而提高结构的抗裂能力和控制裂缝的扩展。

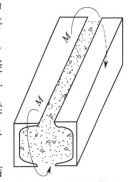

图 5-22　试验梁构造

　　各种大型高炉基础上部与高炉接触部位常为大直径圆柱形结构。在高炉投产前容易产生降温和收缩裂缝，即外边缘收缩大于中部导致放射状开裂；投产后中部温度高于边缘区域，也使边缘出现由环拉力引起的放射状开裂。据国外设计，在此区域沿圆柱上边缘配置外包环形带钢箍，也起到了良好的"模箍作用"，宝钢 1 号高炉（4063m³）基础由于采用了这种环箍而没有发现裂缝。

6 大体积混凝土结构裂缝控制

6.1 概　况

在工业与民用建筑结构中，一般现浇的连续墙式结构、地下构筑物及设备基础等是容易由温度收缩应力引起裂缝的结构，通称为"大体积混凝土结构"。本定义与美国 ACI 116R 的大体积混凝土定义一致。实际上这类结构的体积和厚度都远小于水工结构的体积和厚度。从水工大体积混凝土的经验中可知，这类工程均以永久伸缩缝或施工缝来释放温度应力。1930 年以前，修建大型混凝土工程初期阶段，伸缩缝间距为 25～40m 或更大些。1976 年阿里伍德（Allywood）坝采用 45m 间距。后来发现坝体出现巨大的温度裂缝，因而逐渐缩小伸缩缝间距，同时也采取了施工后浇缝法等补救措施。在厚度方向也有采用分层间歇浇灌混凝土以加快散热等各种方法的，在具体实践中作法颇不一致。现在就所了解的国内外在工业民用建筑中大体积混凝土（即现浇整体式结构）控制裂缝的情况介绍如下。

1. 国内情况

自从 1958 年以来，为了避免永久式伸缩缝带来的缺点，在一些重大工程中采用临时性的伸缩缝即后浇缝的办法控制裂缝。如人民大会堂的后浇缝间距为 44m，毛主席纪念堂后浇缝间距为 30m，武钢 1.7m 工程贮水构筑物后浇缝间距 30～40m，施工缝间距24～28m 等。

1972 年国家某重点工程大型设备基础长 48m、宽 33m、深 10.7m，混凝土量 5625m³，是国内较大的设备基础，采用连续一次浇筑完毕，出现 17 组裂缝，其中严重的贯穿性裂缝有 4 条，裂缝宽 0.9～1.25mm。当时分析，认为结构尺寸超过规范但未设伸缩缝和施工缝是主要原因之一。

1975 年某大型地下工程，长达 686m 的现浇钢筋混凝土筏式基础，每隔 24～48m 设置施工缝，部分区段出现 60 余条裂缝，个别裂缝是贯穿的，宽度达 3～7mm，但亦有 200 余米长范围内基本上无开裂。

2. 国外情况

1）苏联及东欧一些国家

苏联及东欧一些国家一贯以伸缩缝作为控制裂缝的措施。按苏联规范连续式结构的伸缩缝间距，处于室内和土中者 40m，露天者 25m。苏联几十年来一直沿用该规定进行设计。

2）德国

德国钢筋混凝土结构规范 DIN1045 有关温度变化对结构的影响只规定了计算温差的

取值范围，对于伸缩缝间距并无明确规定，但在设计实践中设置伸缩缝，其间距一般为30m。德国为武钢1.7m工程设计的冷轧设备基础的伸缩缝间距为30～40m，接近苏联规范的规定。

3）法国

法国的钢筋混凝土规范规定对不能自由膨胀收缩的结构应当考虑温度收缩影响。法国一些连续墙式结构设计采用30～40m的伸缩缝间距。

4）英国

英国规范规定处于露天条件下的连续浇灌钢筋混凝土构筑物最小伸缩缝间距为7m。在设计实践中，不同设计单位根据自己的经验进行设计。

5）美国

美国的混凝土协会中有207及224委员会专门从事混凝土、钢筋混凝土及大体积混凝土的裂缝研究，要求设计者对这类结构进行温度应力计算和配筋，在伸缩缝方面尚无明确规定，也没有给出具体计算方法，由设计者自己确定合理的伸缩缝间距。

6）日本

日本土木学会混凝土规范的《混凝土标准示方书》中，对大体积混凝土作了原则规定，要求采取措施控制温度裂缝，根据混凝土一次浇灌量和裂缝控制的要求设置施工缝。

日本《土木设计资料》要求对露天连续现浇混凝土的配筋，每米厚的钢筋断面大于$5cm^2$，横向间距小于300mm；同时要求混凝土的伸缩缝间距不大于30m，施工缝间距为9m。

日本的设计人员往往不能严格地按规范作设计，各公司都有一套自己的经验，有他们的内部设计规定。同时，即便是同一公司的设计人员也可能作法各不相同，个人按自己的经验作设计。

例如，新日铁大分厂热轧设备基础500余米未设置伸缩缝；武钢1.7m热轧设备基础686m未设伸缩缝，施工缝间距24～28m；新日铁君津厂初轧车间设备基础伸缩缝间距30～40m；宝钢初轧厂均热炉基础的伸缩缝间距40m，主轧基础连续500余米未留伸缩缝。

按日本经验，伸缩缝处钢筋断开，以橡胶止水带阻水；施工缝处钢筋连续，仍然要设置橡胶止水带防止渗漏。

新日铁一些大块高炉基础一般按水平分层（1.5m左右），每层间歇时间很长（半个月左右）；超长的转炉基础垂直分段，水平分层。采取多层次施工方法，不仅拖长了工期，还增加了施工麻烦，施工缝降低了整体刚度。一些不设缝的基础，没有任何预防措施，最后开裂相当严重，曾进行多次堵漏。

综观上述，目前大多数国家靠设置永久式伸缩缝来控制裂缝，伸缩缝间距为30～40m，个别的为10～20m。有少数工程采取不留伸缩缝的作法，其主要依据是经验性的。这类工程一般也要靠设置临时性的伸缩缝，即后浇缝，其间距为10～30m。按日本习惯，多留施工缝（包括纵向的和水平的），在施工缝中还要求做橡胶止水带，这增加了特殊材料用量，施工麻烦，不易做好，容易渗漏。特别是当混凝土施工工艺由半机械化转到现代化泵送工艺后，由于水灰比大，含砂率高，水泥用量多，浇灌速度快，工程裂缝的险情增加了，裂缝控制难度也随之增大。看来裂缝是难以避免的，所以在工程中都留有排水沟，实行"裂了就堵，堵不住就排"的设计方法。关于是否需要伸缩缝，在机理方面以及裂缝与建筑物的长度究竟是怎样的关系问题，到目前为止，尚无明确的定论。

在科技工作方面，水工大体积混凝土的研究较多，但在工业及民用建筑结构方面，除荷载引起构件裂缝方面有些成果外，有关变形变化引起的裂缝问题研究得很少。

6.2 承受连续式约束的现浇大体积钢筋混凝土裂缝控制

1. 筏式底板、长墙、箱形基础等的温度收缩应力特点

工业与民用建筑的设备基础、箱形基础、筏式底板、立墙以及地下隧道的温度收缩应力是值得深入研究并加以解决的问题。这些结构的特点是：

1）均为地下或半地下建筑，有防水要求，钢筋混凝土须控制裂缝开展，一般不存在承载力不足问题。

2）结构形式常采用现浇钢筋混凝土超静定结构，温差和收缩变化复杂，约束作用较大，容易引起开裂。

3）既不完全同于水工的大体积混凝土结构，又不完全同于工民建杆件系统。从大体积混凝土的定义来看，我们认为只有坝体混凝土及工业民用建筑中的少数特厚壁结构（大于 1.5～2.0m）的混凝土可称为"大体积混凝土"。其他的地下特构，如厚度只有 20～30cm 的水池、水处理池；20～40cm 的地下隧道、通廊；20～50cm 的各种立墙以及厚度为 100cm 左右的筏式基础等，严格说来，仅按几何尺寸不应列为大体积混凝土，而是介于两者之间的"中体积钢筋混凝土结构"，但从温度收缩裂缝控制角度仍然称为"大体积混凝土"。

4）超静定的地下和半地下构筑物，凡能满足工艺和构造要求的截面尺寸，一般都能满足承载力要求，且有较大的安全度。因此，掌握温度收缩作用是控制裂缝的主要因素。

5）混凝土标号较高，水泥用量较大，壁厚较小，收缩变形较大，常见收缩裂缝。

6）控制裂缝必须考虑钢筋作用，这些结构一般均为配筋结构，其构造配筋率约为 0.2%～0.5%，抗不均匀沉降的受力配筋率达 0.5% 以上，屋盖结构受弯构件配筋率为 1%～1.5%，桁架受拉构件为 5%～10%。

7）水化热温升较高，降温散热较快，因此收缩与降温共同作用是引起混凝土裂缝的主要因素。其次，不均匀沉降及抗震问题都须适当考虑。

8）控制裂缝的方法不像坝体混凝土那样采用特殊低热水泥及复杂的冷却系统，而主要是靠改进构造设计、合理配筋及改进浇筑、加强养护等方法提高结构的抗裂性能。

但是，各种现浇混凝土又都有共性的方面，所以在探讨控制裂缝方法时，有些是参考大体积混凝土经验；有些是参考工民建杆件系统，如现浇构架结构及薄壁结构的经验；也有些是根据类似地下工程的设计施工经验。

2. 高层建筑地下结构出现裂缝的典型状况

近年来高层建筑地下结构、大底板、外墙及楼板、梁等裂缝问题屡见不鲜，下面举一个工程实例：上海某高层地库结构分二期施工，在一期和二期结构完成后，尚未建高层时，均发现外墙板与顶板存在不少规则的贯穿裂缝。

混凝土施工是按照国家规范所规定的要求进行的，所有方案程序均在征得有关方面同意和办理正常手续后按部就班地执行，过程中也未发生过异常情况。但从裂缝的情况分析，有以下几个特点值得注意：

1）所有裂缝均出现在外墙及顶板上，而梁、柱、剪力墙上较少。

2）所有裂缝的方向基本与外墙长边方向垂直，个别墙端有斜裂缝。

3）外墙裂缝的位置绝大部分在梁与外墙板的搁置点上。

4）裂缝的出现和分布均以 C45 混凝土部位居早、居多，特别在高标号水泥用量较多部位。

5）一期地库的顶板裂缝分布以长边方向的中点轴对称，中部集中，逐渐向两边分散减少。

6）二期地库虽形状不规则，但仍以最长边外墙裂缝分布较多，最早出现的裂缝在中部区间（即后浇带之间地区）。

7）裂缝的数量和长度随时间的推移而增多、延伸，裂缝出现时间在浇灌后 20～30d，发展至 6 月余。

8）外墙裂缝从底板向上发展，地库二层（最底层）居多，一层较少，延伸至顶板，±0.00 以上顶板裂缝多于底板。

9）类似的裂缝还出现在地库主次梁上、剪力墙和大底板上。

10）裂缝宽度一般 0.2～0.5mm，少数达 1mm 以上，两端偏窄中间偏宽，呈枣核形；当墙的高长比较小（$H/L \leqslant 0.1 \sim 0.2$）、裂缝贯穿全高。

11）裂缝相对分布筋较少的结构居多（配筋率 0.2%）。

12）裂缝对于坍落度较大的部位居多（水灰比较大）。

13）潮湿养护较差，保温效果不良的裂缝较多、较早。

14）夏季施工的裂缝多于秋冬季施工的。

15）有的部位在出现裂缝后 2～3 个月便进行修补和堵漏，其后又发现新的裂缝，须再进行修补。对这类工程进行调查，发现这类裂缝不仅与设计、施工有关，而且主要与水泥用量、特别是高标号水泥（以提高细度提高标号的水泥品种），当水泥用量为 400～500kg/m³ 时，外墙和楼板的裂缝延续达 2～3 年之久。

3. 长墙（长梁、长板）的竖向开裂实况

许多特种构筑物，诸如水池（特别是露天水池）水库、挡土墙、水渠、隧道、涵洞、路面及飞机跑道等，裂缝沿侧面为竖向，沿道面的长度方向为横向。

近代高层建筑地下室外墙、剪力墙、梁板上也常出现竖向裂缝，不仅在国内，在国外也常见这种裂缝，几个工程的裂缝实照如图 6-1 所示。

图 6-1 工程裂缝实照

(a) 上海某大型露天水池裂缝；(b) 上海某高层地下室外墙裂缝；

(c) 香港某水处理厂的裂缝；(d) 香港某地铁车站外墙的裂缝；

(e) 香港某地铁车站外墙的裂缝

4. 基本假定

根据大量的工程裂缝的现场调查研究，从裂缝的发生时间、扩展过程、与荷载的关系以及施工条件等方面的原因分析，裂缝是由于变形作用引起，包括水泥的水化热、气温变化、生产过程中产生的温度变化、混凝土的收缩以及地基的变形等等。裂缝与约束主拉应力垂直。

从有规律性的裂缝方向分析,裂缝经常是呈垂直于纵向方向,即结构的长度方向,说明这种受力状态为结构的"纵向工作",而我们知道结构的计算只是考虑"横向工作",纵向是不计算的,这一方向的配筋称为"分布筋"或"构造筋",根据构造要求凭经验设置。

但是,问题就是出在这一方向,由于温度收缩变形引起纵向工作方面,即纵向约束问题,这方面的研究工作是很少的。

某一长墙结构产生温度和收缩变形,在高度方向是自由的,但在纵向却受到另一结构的约束,另一结构可能是地基、基础及其他结构。如长墙承受降温和收缩作用,必将产生缩短变形,受到地基或基础的约束,引起拉应力,当拉应力超过抗拉强度时便引起开裂,裂缝永远垂直于拉应力方向,故为竖向。

为了解决这方面规律性裂缝,首先应选择合理的计算模型,我们认为"地基上的长墙"作为计算模型是比较符合实践的,当然在工民建领域,结构形式是非常复杂的,有各式各样的约束条件,所以这里所提的"地基"是广义的约束体,而所谓的"长墙"也是广义的被约束体。

在这里我们必须看到,影响工程裂缝的因素是很多的,并且它们是很复杂地相互作用着。任何理论都不可能精确的考虑到所有起作用的因素,作为一种应用理论,只能放弃一些次要的因素,抓住主要因素,在基本模型假定的基础上,探索引起裂缝各主要因素之间的关系,寻求其中规律性问题,推导中始终紧密联系实际,力求概念清楚,其结果又要简单明了,便于应用,其精确程度只能达到解决工程问题之目的。今后,在理论上还要不断的改进和进一步精确化。地基上长墙典型裂缝如图6-2所示。

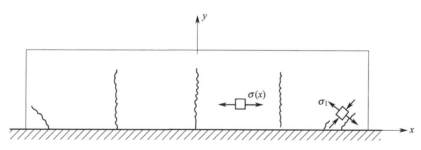

图 6-2 地基上长墙的典型裂缝

从对裂缝的调查分析,可看出一些规律:

1) 收缩及温差越大,越容易开裂;裂得越宽,裂缝越密,随时间从中向两边延伸。

2) 收缩和温度变化的速度越快,越会产生上述同样的结果。

3) 结构材料越薄(温差梯度越大,承受均匀温度收缩的层厚越小),越容易开裂。

4) 开裂后的薄层呈现翘曲,即分层剥落现象。

5) 基层或底层(即结构物的地基)对结构的约束作用越大,越容易开裂。

6) 一般条件下,结构物的几何尺寸越大,越容易开裂。裂缝经常垂直于较长方向,但不呈绝对关系,有些结构尺寸虽小,但开裂严重;有些结构尺寸虽大,但却没有显著开裂。

以上是工程实践提供的一些启示。另一方面，从理论研究资料来看，"地基上长墙"的计算模型，可追溯到 1934 年，马斯洛夫（Г. Н. Масслов）为解决水坝的温度应力问题，最早应用弹性力学理论算出了浇筑在无限刚性基岩上一矩形平面墙的温度应力（假定矩形墙高为长度的四分之一，相对基岩增加一温差 T，该温度在墙内是均匀的，应用弹性理论进行计算），该计算是求解重调和方程的混合边值问题，得到非封闭的无穷级数解。这个成果当时作为该问题弹性理论的解答，曾引起重视并为后人经常引用。

马斯洛夫的计算，过程相当复杂。从他的计算结果可看出墙体内部的应力分布规律。但是，从设计实践来看，该成果由于采用了地基为无限刚性的假定而限制了应用的范围，特别对于工民建结构工程。

其次，与无限刚性地基相连接处（即墙体靠近基岩处），各点的应力为完全约束状态，其应力无须求解任何微分方程就为已知值：$\sigma_{max} = -E_\alpha T$。墙体其他各点的应力均小于该值，如为了找出设计控制最大应力，完全可以不进行复杂的计算，况且该理论本身尚有一些缺欠甚至错误。1973 年，亚历山德罗夫斯基（С. В. Александровский）指出

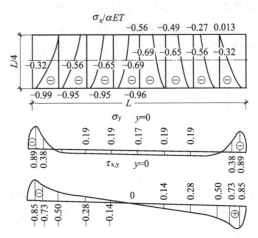

图 6-3 地基上墙体的温度应力 σ_x、σ_y、σ_{xy}

马斯洛夫公式中的某些错误（假定中的缺欠以及印刷中的错误），并对马斯洛夫理论计算进行了校正与补充，计算出一边嵌固三边自由墙体由于均匀温升引起的内应力（图 6-3）。

阿氏模型比马氏模型在选取边界条件上更为接近实际情况，但是最基本的假定，即假定地基为无限刚性和马氏相同，故其结果可以从图中看到嵌固边外最大应力同边界条件和墙体尺寸无关，和马氏结果一致。

1961 年日本京都大学森忠次研究了类似问题，基本假定仍然是地基为无限刚性，而比马氏多考虑了各种温度分布（包括非线性温度分布）。1962 年森忠次又研究了地基为非刚性的解答，其内力与墙体尺寸的关系，只与高长比（墙高与墙长之比）有关，而与绝对尺寸无关。森忠次的计算过程也极为复杂，计算结果非常繁琐。由于无穷级数解索取项数有限，内力曲线形成明显不规则跳跃，故不便实用。美国垦务局考虑基岩非刚性，采取"有效弹性模量 E_c"代替混凝土的实际弹性模量 E_s，使非刚性基岩上结构的温度应力比刚性基岩上结构的温度应力有所降低，E_c 由下式确定：

$$E_c = \frac{E_s}{1 + 0.4\dfrac{E_s}{E_f}} \tag{6-1}$$

式中，E_f 是基岩的弹性模量。我国水利电力科学院通过试验，认为 0.4 偏小，又改进了

这一公式，但是，其结构应力与长度无关，一般都没有考虑墙体长度在非刚性地基条件下对温度应力影响的定量关系。

联邦德国很早就提出采用"影响线法"计算一边嵌固浇筑块的温度应力，其他一些国家也有所应用。假定基岩是无限刚性的，这一方法在估算自约束应力时颇为方便。

我国水利工程部门对有关问题进行了大量理论研究及模型试验，一些资料的计算结果考虑了浇筑块高长比对温度应力的影响，一些资料采用乘系数的办法来考虑浇筑块的长度影响。

我们有一个粗略的设想，既然工民建这类结构的几何尺寸不像水工结构那么厚大，实际上是"中体积钢筋混凝土"或"中体积混凝土"，它承受的温差与收缩主要部分是均匀温差及均匀收缩，因而外约束应力占主要比重。从控制裂缝情况看，一些结构产生表面裂缝，其危害性较小，主要防止贯穿性裂缝，这就更加需要把研究重点放在外约束方面。这也是决定伸缩缝间距的主要因素，而这一问题在工民建中长期以来含糊不清，影响设计和施工。为了能捕捉到结构相互约束的几何关系，假定相互约束的结构物都是可变形的弹性结构，如地基对基础的约束，老基础对新基础的约束以及其他各种组合结构之间的约束等，都通过它们之间的剪应力与变位的关系反映出来。这样作，既可找到结构长度对约束应力的影响关系，同时概念明确，计算过程简单，可得到封闭解，便于实用。当然这样处理的结果并不是精确的和严格的，只是一种简化和近似。

在处理软土地基水平位移问题中，实测得基础位移与水平推力呈线性关系变化，当超过一定荷载后位移迅速增加，所以在一般的变形变化（如水化热、气温、收缩等）条件下可以近似地假定水平剪力与位移呈线性关系。这样处理使问题大为简化，可得到有关结构长度影响的封闭解。但是从定量上分析，这也只能作为一种粗略的简化。

6.3 关于地基水平阻力系数 C_x

当两种物体沿水平面接触，产生相对位移时，在水平接触面上由于摩擦和粘结阻力，必然产生剪应力。相对位移越大，剪应力亦越大。作为某种近似，土力学曾假定某点的剪应力与该点水平位移成正比，其比例系数便是引起单位位移的剪应力：

$$\tau = -C_x u \qquad (6\text{-}2)$$

负号表示剪应力方向与水平位移相反。严格地说，C_x 值不是常数，相对各种建筑材料以及土壤，剪应力与位移也并不是线性关系。但是，采用线性关系的简化假定，解决了许多工程问题。特别是在地基的结构动力学领域，关于 C_x 的研究做了大量工作。影响 C_x 值变化的因素很多，首先与埋设深度及承受土压有关，基础板在不同垂直压力下，水平剪应力与水平位移的关系见图 6-4，图中垂直轴表示剪应力，水平轴表示相应的位移。

我们根据现场经常遇到的地质条件，进行了现场水平推力试验，对不同标贯值 $N(0\sim50)$ 之间的剪应力与位移关系 $\tau\text{-}u$ 如图 6-5 所示。

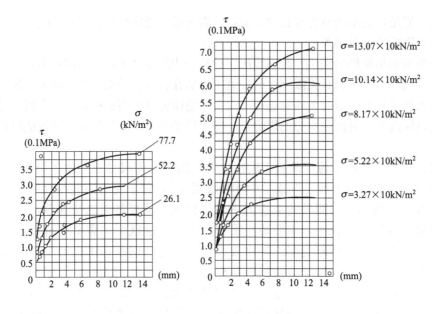

图 6-4   垂直压力对水平阻力系数的影响

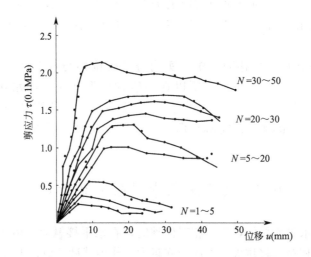

图 6-5   不同标贯值 N 条件下的 τ-u 曲线

对 C_x 的称谓很不统一，在结构动力学中常叫"抗剪刚度系数""侧移刚度系数""均剪刚度系数""均剪弹性系数"等，本书在变形变化应力状态中称为"水平阻力系数"。

从我们进行的试验和文献等研究中可知 C_x 与地基性质、弹性模量、塑性、徐变有关，随弹性模量增大而增大，随徐变而减少，随变形速度增加而增大，随结构的几何尺寸增加而减小，随垂直压力增大而增加等，并且这些因素的影响是非线性关系，所以难以严格定量确定。通过动力基础承受水平力的试验，建立水平阻力系数 C_x 与垂直阻力系数 C_z 的关系：$C_x=0.7C_z$ 可作参考，但应理解动力刚度一般高于静力刚度。

整理各有关试验资料，以及通过现场进行的试验和大量工程裂缝实例的反演，推荐如下定量数据，见表 6-1。

各种地基及基础约束下的 C_x 值表 表 6-1

土质名称	承载力 [R] (kN/m²)	C_z (kN/m³)	C_x (kN/m³)	C_x 推荐值 (N/mm³)	附 注
软黏土	80~150	14000~35000	9800~24500	$1~3×10^{-2}$	
硬质黏土	250~400	41000~75000	28700~52500	$3~6×10^{-2}$	见注1
坚硬碎石土	500~800	88000~135000	61600~94500	$6~10×10^{-2}$	
岩石混凝土	5000~10000	880000~1760000	616000~1232000	$(60~100~150)×10^{-2}$	见注2

注：1. 本表中 C_x 的下限值（较低值）用于基础埋深等于或小于 5m，上限值（较高者）用于基础埋深大于 5m；

2. 在岩石上、大块混凝土上、大块钢筋混凝土上浇筑新混凝土时，C_x 取 $100~150×10^{-2}$N/mm³；

3. 在钢筋混凝土梁上浇筑楼板时，C_x 取 $60~100×10^{-2}$N/mm³；

4. 在钢筋混凝土楼板上延续浇筑挑檐板、阳台板、墙板上延续浇筑墙板时，C_x 取 $60×10^{-2}$N/mm³；

5. 混合结构中，砖石砌体上浇筑楼板 C_x 取 $30×10^{-2}$N/mm³。

从地基对长墙的水平阻力系数中即可看出，为什么土壤上的大体积混凝土底板的裂缝远远轻于底板上的长墙和墙上的楼板，为什么在基岩上浇筑大体积混凝土板更容易开裂。

从已建工程的调查中发现，底板出现裂缝概率较低，大底板上外墙裂缝概率很高约占 85%，控制外墙裂缝是难度较高的，如果将地下连续墙设计兼作承重外墙，则该约束将不存在，裂缝问题得到解决。当然，槽壁接缝必须是防水的。

6.4　结构中的温度场

1. 温度场的基本方程

一般条件下，如果某一点 $(x，y，z)$，在时刻 t 时的温度是 $T(x，y，z，t)$，那么，结构的温度 T 由下列偏微分方程来描述：

$$\frac{\partial T}{\partial t} = \alpha \nabla^2 T + \frac{W_0}{c\gamma} \tag{6-3}$$

$$\nabla^2 T = \frac{\partial^2 T}{\partial x^2} + \frac{\partial^2 T}{\partial y^2} + \frac{\partial^2 T}{\partial z^2} \tag{6-4}$$

取 α 表示导温系数，即：

式中　γ——重度；

　　　c——比热；

　　　λ——物质的导热系数。

$$\alpha = \frac{\lambda}{c\gamma} \tag{6-5}$$

将 dt 时间内流过以 n 为法线的面元素的热量 dq 与温度梯度 $\dfrac{\partial T}{\partial n}$ 联系起来：

$$dq = -\lambda \frac{\partial T}{\partial n} dF dt \tag{6-6}$$

式(6-3) 中的 W_0，表示某一体积元素 dv 内部的热源，在单位时间内和单位体积内发生的热量（例如水泥水化热发生的热量），这样，一个体积元素 dv 在时间 dt 内所产生的

热量就是 $W\mathrm{d}v\mathrm{d}t$。

如果温度的分布状态和时间无关，温度只是一个空间地点函数，则这是一个"定常的温度状态"（稳定温度状态）。在简化的计算中，常把不稳定状态的某阶段最不利温差状态，作为稳定状态计算，稳定状态的微分方程：

$$\frac{W_0}{\lambda} + \nabla^2 T = 0 \tag{6-7}$$

当构件比较薄，热源可以忽略不计时，$W_0 = 0$，则定常分布的微分方程：

$$\nabla^2 T = 0 \tag{6-8}$$

即所谓"拉普拉斯方程"。

只有微分方程能说明结构内部微元之间的温度变化规律，但还不能解决工程具体问题，欲了解结构物内部的具体温度分布状态，还必须了解结构的边界条件和初始条件。初始条件就是当 $t=0$ 或者在任意已知时间，温度状态是已知的，$T(x,y,z,0)=f(x,y,z)$，计算中常把初始温度状态假定为 0℃。

结构物的边界条件有四种：

1）在某时刻 $t=t_1$ 结构表面的温度分布是已知的：

$$T(x,y,z,t_1)=f(x,y,z,t_1) \tag{6-9}$$

2）结构周围环境对结构表面的热流交换是已知的。即 $t>0$ 的某时刻，结构表面与周围气温的关系是表面温度梯度与温差（结构表面与环境气温差）成比例：

$$\left(\frac{\partial T}{\partial n}\right)_0 = \frac{k}{\lambda}(\theta - T_0) \tag{6-10}$$

式中　　k——散热系数；

　　　　λ——导热系数，$5.852\sim10\times10^3\mathrm{J}/(\mathrm{h}\cdot℃\cdot\mathrm{m})$；

　　k/λ——相对散热系数；

$\left(\dfrac{\partial T}{\partial n}\right)_0$——表面的温度梯度。

3）两种结构接触面上温度相同，沿接触面：

$$T_1(x,y,z,t)=T_2(x,y,z,t) \tag{6-11}$$

$$k_1\frac{\partial T_1}{\partial n}=k_2\frac{\partial T_2}{\partial n} \tag{6-12}$$

4）结构物四周是绝热的，沿周边：

$$\frac{\partial T}{\partial n}=0 \tag{6-13}$$

在边界具有不同的边界条件时，称为"混合边值问题"，须分别加以处理。

2. 混凝土的绝热温升、散热温升及降温曲线

假定混凝土处于上下左右都不能散发热量的绝热状态，混凝土内的温度持续上升，随时间上升的规律由下式确定：

$$T_r(t)=\frac{WQ_0}{C\gamma}(1-e^{-mt}) \tag{6-14}$$

绝热最高温升：

$$T_{rmax} = \frac{WQ_0}{C\gamma} \tag{6-15}$$

式中　W——每 $1m^3$ 中水泥含量（kg/m^3）；

　　　Q_0——每 $1kg$ 散热量（J/kg）；

　　　C——比热，一般为 $0.92\sim1.0\times10^3 J/(kg \cdot ℃)$；

　　　γ——混凝土重度 $2400\sim2500kg/m^3$；

　　　m——水泥品种与温升速度有关的系数，$0.3\sim0.5$。

但是，实际结构都不是绝热的，在水化热升温的同时，就有散热发生。水化热升温直至峰值后，水化热能耗尽，继续散热便引起温度下降，随着时间逐渐衰减，延续十余天至三十余天。水化热在水工大体积混凝土中消散可延续数年。

升温时间很短，大约在浇筑后的 $2\sim5d$。混凝土的弹性模量很低，基本上处于塑性及弹塑性状态，约束应力很低，升温阶段自约束应力可按 6.7 节计算。降温阶段，弹性模量迅速增加，约束拉应力也随时间增加，在某时刻超过抗拉强度便出现贯穿性裂缝。

因此，降温曲线十分重要，该问题属于热传导理论中的混合边值问题，如果通过理论求解，不仅相当冗繁，而且由于许多施工条件难以预测，其理论结果也不可能很严格。根据最近几年来的现场实测降温曲线及实测数据，统计整理水化热温度状态，可直接应用于相似的工程裂缝控制工作中，并偏于安全地以截面中部的最高温度降温曲线代替平均降温曲线，求得近似的解答，见表 6-2、图 6-6。

混凝土结构物水化热温升值（T'）（在一般两层草包保温养护条件下）　　表 6-2

壁厚 （m）	温升 T'（℃）	夏季（气温 32～38℃）		壁厚 （m）	温升 T'（℃）	冬季（气温 +3～−5℃）	
		入模温度 （℃）	最高温度 （℃）			入模温度 （℃）	最高温度 （℃）
0.5	6	30～35	36～41	0.5	5	10～15	15～20
1.0	10	30～35	40～45	1.0	9	10～15	19～24
2.0	20	30～35	50～55	2.0	18	10～15	28～33
3.0	30	30～35	60～65	3.0	27	10～15	37～42
4.0	40	30～35	70～75	4.0	36	10～15	46～51

表 6-2 的基本条件是：水泥品种，矿渣水泥；水泥强度等级，32.5 级；水泥用量，$275kg/m^3$；钢模板。当用其他品种水泥，强度等级、模板、水泥用量有变化时，将上述数值乘以如下修正系数：$T_{max} = T' \cdot k_1 \cdot k_2 \cdot k_3 \cdot k_4$。$k_1$、$k_2$、$k_3$、$k_4$ 各修正系数如下表所列，加以选用。

修正系数表　　表 6-3

水泥强度等级修正系数 k_1	水泥品种修正系数 k_2	水泥用量修正系数 k_3	模板修正系数 k_4
	矿渣水泥　　　　1.0	$k_3 = \dfrac{W}{275}$	钢模板　　　　1.0
	普通硅酸盐水泥　1.2		木模板　　　　1.4
32.5 级　　1.00		W 为实用水泥量	（其他保温模板 1.4）
42.5 级　　1.13		（kg/m^3）	

注：如遇有中间状态可用插入法确定。

3. 计算示例

某工程混凝土厚度 2m，采用普通硅酸盐 42.5 级水泥，水泥用量 360kg/m³，木模板，夏季施工，试问最高温升为多少？

计算：

$$T_{max} = T' \cdot k_1 \cdot k_2 \cdot k_3 \cdot k_4 = 20 \times 1.13 \times 1.2 \times 360/275 \times 1.4 = 49.7℃$$

夏季入模温度 32.5℃，则混凝土的最高温度可达 49.7+32.5=82.2℃（英国某类似工程实测温度记录为 80℃）。

4. 外加剂对水化热的影响

外加剂的种类繁多，但一般常用的有两种：木钙减水剂和活性粉料——粉煤灰。

掺木质素磺酸钙（简称木钙）减水剂，可延迟水化热释放速度，热峰也有所降低。这种减水剂可以缓凝，在大体积混凝土中可以避免冷接缝，提高工作性及流动性，有利于泵送。对收缩及抗拉强度几乎没有什么影响，宜推广采用（水泥用量的 0.25%）。

掺粉煤灰能改善混凝土的黏塑性。泵送混凝土，粒径为 0.3mm 以下的细骨料应占 20%，最好用粉煤灰补充。掺粉煤灰还可降低水化热约 15%（掺水泥量的 15%）。

一般地下工程，各种基础采用 32.5~42.5 级水泥为宜，尽可能用 32.5 级，高强度等级水泥不仅经济上不合理且在技术上还有缺点，尽可能不用。

值得注意的是，以进口 42.5 级硅酸盐水泥为例，水化热偏高（在前表中以系数 k_1、k_2 考虑），施工注意保温养护，徐缓降温，特别是在早期龄期。图 6-5 为各种厚度混凝土结构物在不同季节施工的水化热升降温曲线。图中：

A 线：壁厚 2.6m（夏季施工），测温曲线的 $T_{max}=60.8℃$，$t_{max}=3d$；（水泥温度高）

B 线：壁厚 1.3m（夏季施工），测温曲线的 $T_{max}=39.1℃$，$t_{max}=3d$，掺粉煤灰；

C 线：壁厚 2.6m（冬季施工），测温曲线的 $T_{max}=31.4℃$，$t_{max}=5.5d$；

D 线：壁厚 1.3m（冬季施工），测温曲线的 $T_{max}=22.3℃$，$t_{max}=3d$；

E 线：壁厚 2.5m（夏季施工），测温曲线的 $T_{max}=52℃$，$t_{max}=3d$；

F 线：壁厚 4.59m（秋季施工），测温曲线的 $T_{max}=64.4℃$，$t_{max}=7d$；

G 线：壁厚 0.5m（冬季施工），测温曲线的 $T_{max}=17℃$，$t_{max}=2d$；

H 线：壁厚 0.5m（夏季施工），测温曲线的 $T_{max}=38℃$，$t_{max}=1.5d$。

T_{max} 为基础混凝土内部最高温升；t_{max} 为达到基础混凝土内部最高温的时间。

5. 大块式基础温升的估算

对于某些工程，结构呈大块形式，往往由于施工支模及绑钢筋的要求而分层浇筑。其水化热温升也可以参考表 6-2 和图 6-6 进行预测。但有时为了更加精确地估算各层水化热的相互影响，可用有限元、差分等方法求出升温曲线。

例如，某高炉基础平面尺寸为 35.75m×35.75m，混凝土用量 5913m³，块体厚度 9.2m，钢筋 412t。根据施工中钢筋工序要求分三层浇筑：第一层 2.0m，2556m³；第二层 2.5m，2000m³；第三层 4.69m，1357m³；基础下部有 144 根 914mm 直径的钢管桩，桩深 60m。

大体积混凝土按日方施工方案分五层施工，每层间歇时间约半个月。中方采用三层施

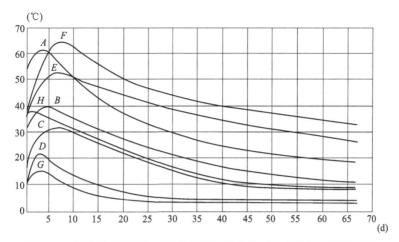

图 6-6 各种厚度混凝土结构物在不同季节施工的水化热升降温曲线

工可加快施工进度并可简化施工组织，但对水化热引起的温升及热应力问题缺乏经验，为此施工前进行了估算：

设地基温度为已知，浇灌第一层，其入模温度为 T_p，气温为 T_a，绝热温升：$\dfrac{WQ_0}{C\gamma}$ $(1-e^{-mt})$，间歇一段时间浇灌第二层，其入模及绝热温升均为已知，如此继续，最终求出三层浇灌过程中及浇灌后的温度变化数据。我们最关心的是块体中部的最高温度，忽略侧面散热，只考虑上下表面的单向散热，热传导简化为一维问题。

采用一维差分，将混凝土沿厚度分许多有限段 Δx，时间分许多有限段 Δt。相邻三点的编号为 $n-1$、n、$n+1$，在第 k 时间里，三点的温度 $T_{n-1,k}$、$T_{n,k}$ 及 $T_{n+1,k}$，经过 Δt 时间后，中间点的温度 $T_{n,k+1}$，可按差分式求得：

$$T_{n,k+1}=\frac{T_{n-1,k}+T_{n+1,k}}{2}\cdot 2\alpha\frac{\Delta t}{\Delta x^2}-T_{n,k}\left(2\alpha\frac{\Delta t}{\Delta x^2}-1\right)+\Delta T_{n,k} \tag{6-16}$$

式中 α——导温系数，取 $0.0035\text{m}^2/\text{h}$。

已知上一段时间的温度后，便可根据上式算出下一段时间温度。

在混凝土的上表面属于第二类边界条件，下表面与土接触的边界属于第三类边界条件。

浇筑第一层时地基温度取地温为初始温度，混凝土入模温度为混凝土初始温度，当达到混凝土上表面时，可假定上表面边界温度为大气温度（实际边界温度稍高于气温）。

混凝土内部热源为 t_1 至 t_2 时间内散热的温升：

$$\Delta T=T_{rmax}(e^{-mt_1}-e^{-mt_2}) \tag{6-17}$$

在混凝土与地基接触面上的散热温升可取 $\Delta T/2$。

如此类推，从第一层进行到第二层，直至最后一层。

如果我们适当选取 $\alpha\dfrac{\Delta t}{\Delta x^2}=\dfrac{1}{2}$ 或 $\dfrac{1}{4}$，则各段温度计算可大为简化：

$$T_{n,k+1}=\frac{1}{4}(T_{n-1,k}+2T_{n,k}+T_{n+1,k})+\Delta T_{n,k} \tag{6-18}$$

此处取 $\alpha \dfrac{\Delta t}{\Delta x^2} = \dfrac{1}{4}$。

计算中取如下参数：

$$\gamma = 2400\text{kg/m}^3, C = 0.96 \times 10^3 \text{J/(kg} \cdot \text{℃)}$$
$$\alpha = 0.0035\text{m}^2/\text{h}, \lambda = 10 \times 10^3 \text{J/(h} \cdot \text{℃} \cdot \text{m)}$$
$$\Delta t = 1\text{d}, \Delta x = 0.5\text{m}$$

算出高炉基础分层浇灌的温度场如图 6-7 所示。关于混凝土上表面温度，今后验算中可根据实测加以修正，约高于气温 2~3℃（一层草袋养护覆盖）。

实测温度与估算接近，因此采用差分法计算水化热温升是可行的。

根据温度场可验算各时期的自约束应力，其简化计算方法是：已知最高的中心温度和边界上的表面温度后，按抛物线曲线分布算出自约束应力，详见 6.7 节。

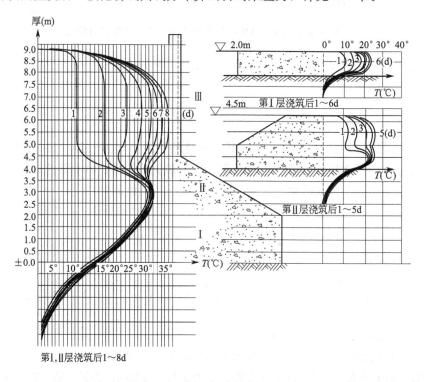

图 6-7 某高炉基础（9.2m 分三层浇灌）的水化热温升曲线
（水泥用量 260kg/m³），不包括初始温度（$T_0 = 0$）

6.5 长墙及地基板的温度收缩应力

计算长墙及地基板的约束应力主要是计算外约束应力。一般计算中，都要作地基刚度的假定，如假定地基为无限刚性，则温度收缩最大控制应力与结构尺寸无关。但该假定与事实不符，从现浇底板、墙式结构的裂缝调查分析结果看，裂缝分布有其规律性，且与结构的尺寸有关。同时还应考虑到在工民建中所遇到的地基情况一般均比坝基软弱，更需要采用非刚性假定。

有关的土力学理论提供的假定是，结构物同地基接触面上的剪应力与水平变位成线性比例：

$$\tau = -C_x u \tag{6-19}$$

式中　τ——结构物同地基接触面上的剪应力（MPa）；

$\quad\quad u$——上述剪应力处的地基水平位移，即基础面该点水平位移（mm）；

$\quad\quad C_x$——比例系数，地基水平阻力系数，引起单位位移之剪应力（N/mm³），负号表示剪应力方向永远与位移相反。

根据 6.3 节，C_x 偏于安全地（偏高地）取：

软黏土：　　　　　　$1\sim3\times10^{-2}$N/mm³；

一般砂质黏土：　　　$3\sim6\times10^{-2}$N/mm³；

特别坚硬黏土　　　　$6\sim10\times10^{-2}$N/mm³；

风化岩、低强度等级素混凝土：　　$60\sim100\times10^{-2}$N/mm³；

C10 以上配筋混凝土：　　　　　　$100\sim150\times10^{-2}$N/mm³。

这是在目前条件下的简化措施，C_x 的准确数值有待试验研究。实际上，C_x 值随地基的变形模量增加而增加，随地基的塑性变形（黏弹性）增加而减少，随水平位移速度增加而增加，随地基对结构反压力的增加而增加，随几何尺寸增加而减少等，所有这些关系的定量研究都不能设想在短期内得到解决。从 C_x 值可知，分层浇筑的约束应力远大于整体浇筑。

其次，许多工程结构的墙体，不是直接同地基土相接触，而是通过基础再同土发生相互约束关系。因此，计算墙体时，把基础当作混凝土地基对墙体的约束，以简化计算。

1. 温度收缩应力基本公式的推导（作者 1974 年发表）

工业及民用建筑的整体式基础、箱形基础的底板、车间现浇混凝土地面、各种路面等结构物的温度收缩应力，与地下隧道、管涵等结构的底板温度收缩应力计算原则相同，可一并加以考虑。该类底板的特点是，其厚度（高度）远远小于其他两个方向尺寸（长、宽）。根据过去的理论及试验研究，当厚度（高度）小于或等于 0.2 倍的长度时，底板在温度收缩变形变化作用下，离开端部区域，靠近中部全截面受力较均匀（均匀受拉或受压），实践证明绝大多数底板满足这一条件。因此，可建立弹性地基上一长条板均匀受力计算模型如图 6-8 所示。如遇有高长比大于 0.2 时，宜引进一个"有效高度"概念来解决。

当基础板相对地基有一温差 T（约束体与被约束体间相对温差）时，试计算板内约束应力，此时只考虑对贯穿裂缝起控制作用的平均拉力。

混凝土的强度理论有许多种，根据作者对长墙裂缝的调查研究，主拉应力是控制长墙开裂的主应力，通过光弹试验也证明主拉应力理论是可以应用到长墙混凝土裂缝的分析中，概念清楚，简单实用。因此在今后的计算中均采用主拉应力分析法。

在筏式底板的任意点 x 处，截取一段 dx 长的微体，由于均匀受力假定，微体的高度取全高 H，其厚度为 t，承受均匀内力为 N（即 σ_x 的合力），地基对板的剪力为 Q（τ 的合力）。取水平投影（暂时忽略地基对板的垂直应力 σ_y），列出平衡方程 $\sum x=0$：

$$N + dN - N + Q = 0 \tag{6-20}$$

$$Ht\,d\sigma_x + \tau t\,dx = 0$$

$$\frac{d\sigma_x}{dx} + \frac{\tau}{H} = 0 \tag{6-21}$$

任意点的位移由约束位移与自由位移合成：

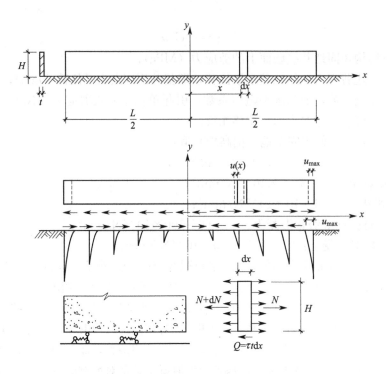

图 6-8　长墙受地基约束计算简图

$$u = u_\sigma + \alpha T x \tag{6-22}$$

$$\sigma_x = E\frac{\mathrm{d}u_\sigma}{\mathrm{d}x}, \frac{\mathrm{d}u}{\mathrm{d}x} = \frac{\mathrm{d}u_\sigma}{\mathrm{d}x} + \alpha T \tag{6-23}$$

$$\frac{\mathrm{d}^2 u}{\mathrm{d}x^2} = \frac{\mathrm{d}^2 u_\sigma}{\mathrm{d}x^2}, \frac{\mathrm{d}\sigma_x}{\mathrm{d}x} = E\frac{\mathrm{d}^2 u_\sigma}{\mathrm{d}x^2} = E\frac{\mathrm{d}^2 u}{\mathrm{d}x^2} \tag{6-24}$$

$$\tau = -C_x u \tag{6-25}$$

$$E\frac{\mathrm{d}^2 u}{\mathrm{d}x^2} - \frac{C_x u}{H} = 0 \tag{6-26}$$

设：

$$\sqrt{\frac{C_x}{HE}} = \beta \tag{6-27}$$

$$\frac{\mathrm{d}^2 u}{\mathrm{d}x^2} - \beta^2 u = 0 \tag{6-28}$$

此微分方程的通解：

$$u = A\,\mathrm{ch}\beta x + B\,\mathrm{sh}\beta x \tag{6-29}$$

$$\mathrm{ch}\beta x \equiv \mathrm{ch}(\beta x),$$

$$\mathrm{sh}\beta x \equiv \mathrm{sh}(\beta x)$$

……以下类推

边界条件定积分常数：$x = 0$，$u = 0$，$\mathrm{sh}0 = 0$，得 $A = 0$。

$$x = \frac{L}{2}, \ \sigma_x = 0 \tag{6-30}$$

$$E\frac{\mathrm{d}u_\sigma}{\mathrm{d}x} = E\left(\frac{\mathrm{d}u}{\mathrm{d}x} - \alpha T\right) = 0 \tag{6-31}$$

$$\frac{\mathrm{d}u}{\mathrm{d}x} = \alpha T, \quad \frac{\mathrm{d}u}{\mathrm{d}x} = B\beta \mathrm{ch}\beta \frac{L}{2} \tag{6-32}$$

则：

$$B = \frac{\alpha T}{\beta \mathrm{ch}\beta \dfrac{L}{2}} \tag{6-33}$$

得位移 u 的表达式（端部位移 u，最大水平法向应力、剪应力都由位移导出）：

$$u = \frac{\alpha T}{\beta \mathrm{ch}\beta \dfrac{L}{2}} \mathrm{sh}\beta x \tag{6-34}$$

$$\sigma_x = E\left(\frac{\mathrm{d}u}{\mathrm{d}x} - \alpha T\right) = -E\alpha T \cdot \left[1 - \frac{\mathrm{ch}\beta x}{\mathrm{ch}\beta \dfrac{L}{2}}\right] \tag{6-35}$$

$$\tau = -C_x u = \frac{-C_x \alpha T}{\beta \mathrm{ch}\beta \dfrac{L}{2}} \mathrm{sh}\beta x \tag{6-36}$$

$$x = 0, \quad \sigma_z = \sigma_{x\max} = -E\alpha T\left[1 - \frac{1}{\mathrm{ch}\beta \dfrac{L}{2}}\right] \tag{6-37}$$

根据推导结果绘出水平法向力及剪应力分布如图 6-9 所示，其中垂直应力 σ_y 将在后面的推导中给出。

假定地基（或旧混凝土基础）与周围环境气温相同，均为初始温度，大板温升很快，混凝土尚呈塑-硬性状态，热膨胀受到约束将产生较小的压应力，作为安全储备，升温应力忽略不计，则大底板或长墙的水化热温升降至周围气温的温差 T 为负值，板产生水平应力为正值，σ_x 便为拉应力；如果后期升温，T 为正，σ_x 便为压应力。

任何板的温度分布都是不均匀的，但验算贯穿性裂缝时，只取截面中均匀降温差。为简化计算并偏于安全，取截面中部水化热温升作为全截面均匀温度，该温度降至周围气温的过程便是引起板内拉应力的过程。这样偏于安全地取相对温差验算应力，一般可不再打安全系数。

从工程实践方面可知，水平应力 σ_x 是设计主要控制应力，是经常引起垂直裂缝的主要应力，其最大值在截面的中点 $x=0$ 处，此处剪应力 $\tau=0$，即最大主应力：

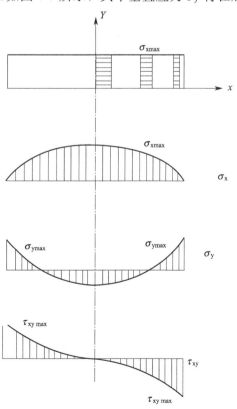

图 6-9　长墙的主要应力图形

$$x = 0, \text{ch}\beta x = 1$$

$$\left. \sigma_{\text{xmax}} = -E\alpha T \left[1 - \frac{1}{\text{ch}\beta \dfrac{L}{2}} \right] \right\} \tag{6-38}$$

在该值上乘以应力松弛系数得徐变应力：

$$\sigma_{\text{xmax}}^* = -E\alpha T \left[1 - \frac{1}{\text{ch}\beta \dfrac{L}{2}} \right] H(t, \tau) \tag{6-39}$$

为了较为确切地计算早期混凝土的温度应力，考虑弹性模量的变化及松弛系数随时间的变化，将温差分为许多区段 ΔT，各段内将 $E(t)$ 及 $H(t, \tau)$ 看作常量，最后叠加得考虑徐变作用的应力（一般大块或厚板均属二维平面应力）：

$$\sigma_{\text{xmax}}^* = \sum_{i=1}^{n} \Delta \sigma_i = -\frac{\alpha}{1-\mu} \sum_{i=1}^{n} \left[1 - \frac{1}{\text{ch}\beta_i \dfrac{L}{2}} \right] \Delta T_i E_i(t) H_i(t, \tau_i) \tag{6-40}$$

式中　　ΔT_i——将从温升的峰值至周围气温总降温差分解为 n 段，ΔT_i 为第 i 段温差；

$E_i(t)$——相当于第 i 段降温时的弹性模量，按第 2 章计算；

$H_i(t, \tau_i)$——相当于第 i 段龄期 τ_i，经过由 t 至 τ_i 时间的应力松弛系数，t 为由峰值温度降至周围气温的时间，$H(t, \tau)$ 查 5.1 节表 5-1 和表 5-2。

应用上述公式可计算任意时间的应力状态，但根据裂缝出现的实践经验，浇筑后 15～30d 出现较为不利的应力状态，可按此阶段进行验算，工程实例见 7.1 节。

从公式(6-40)可看出，温度应力首先和温差成正比，升温为正，应力为负，即引起压应力；降温为负，应力为正，即引起拉应力；收缩值换算为当量温差，永远为负值，应力为拉应力，因此混凝土结构的降温与收缩同时发生时，混凝土结构将承受互相叠加的拉应力，容易开裂，所以夏季施工的工程比秋冬施工的更容易开裂。

2. 开裂有序性

水平法向应力 $\sigma_{\text{xmax}}^*(t)$ 超过抗拉强度，在中部出现第一条裂缝，一块分成两块，每块板又有自己的水平应力分布，且其图形完全相似，但其最大值由于长度减少了一半而减少，如果该值仍然超过抗拉强度，则形成第二批裂缝，每块板再分成两块，共四块板三条裂缝。如此持续下去一直到最后那块板中部最大水平应力小于或等于抗拉强度，裂缝便稳定，不再增加。因此，此类结构的裂缝"一再从中部开裂"是比较有规律的，许多现场裂缝观察实践证明基本上如此，只是由于混凝土抗拉强度不均匀和双曲函数分布比较平缓，而使裂缝部位有时不完全位于正中部。上述裂缝有序过程可参见图 6-10。由于基础的降温或收缩，在基础和地基的接触面上出现剪应力 τ，在基础中出现水平应力 σ_x'，如图6-10 (a) 所示；当 $\sigma_{\text{xmax}}' \geqslant R_f$ 时，便出现第一次开裂并引起应力重分配，如图 6-10(b) 所示。由于裂缝后的墙体长度比原墙减少一半，所以 $\sigma_{\text{xmax}}'' < \sigma_{\text{xmax}}'$，但仍然大于或等于 R_f，所以出现第二次开裂并引起二次应力重分配，如图 6-10(c) 所示，此时 σ_{xmax}''' 如能小于 R_f，则开裂便稳定在此状态。图中所示的剪应力在个别情况下（地基约束极大）引起图 6-1(c)

中的端部斜裂缝，由于墙体较高，裂缝由下向上发展。中部"梭形缝"系指上下有约束的构造（如肋、配筋等）或有收缩差的情况。

从公式(6-30)可看出：底板的最大控制应力同温差、收缩差及线膨胀系数成正比，为线性比例关系。底板的弹性模量增加，应力增加；底板受地基的约束程度，即地基对底板的阻力系数 C_x 增加，应力增加；底板的厚度增加，应力降低。但所有这些关系都不是线性比例关系，增加或减少的速度呈非线性变化。特别是在这样简单的公式中显而易见的是，最大应力不仅与高长比（H/L）有关，而且与绝对尺寸底板长度有关。长度增加，应力增加，但不是线性关系。在较短的范围内，长度对应力影响较大，超过一定长度后，影响变微，其后趋近一常数，继之，长度无论如何增加，应力不变，见图 6-11。该图显示的是具有不变的（H/L）$=\dfrac{1}{10}$，具有各种不同水平阻力系数 C_x，由于底板绝对尺寸的变化而有不同的应力的关系曲线。可看出，C_x 越小，应力增加越缓慢；随着长度的

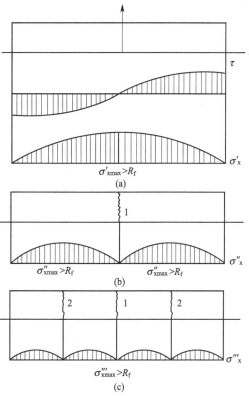

图 6-10 裂缝有序性
（a）主要应力分布；（b）一次开裂；（c）二次开裂

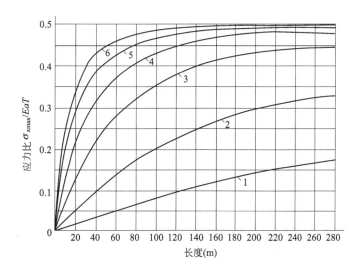

图 6-11 温度应力与结构长度关系

1—$C_x=3\times10^{-2}$N/mm³；2—$C_x=10\times10^{-2}$N/mm³；3—$C_x=30\times10^{-2}$N/mm³；

4—$C_x=60\times10^{-2}$N/mm³；5—$C_x=1$N/mm³；6—$C_x=1.5$N/mm³

增加，应力增长速率不断下降，如长度超过 $100\sim1000m$，应力变化极微（6‰以下），长度 80000m 及 100000m 甚至无穷长，应力也不超过 $0.3\sim0.5E\alpha T$（0.3～0.5 是考虑混凝土徐变引起的应力松弛系数）。

由图 6-10 中的曲线可得出结论，伸缩缝作为工民建筑中控制裂缝的主要措施之一，只在较短的间距范围对削减温度收缩应力起显著作用，超过一定长度，即使设置伸缩缝也没有意义。简而言之，"留伸缩缝，宜短些；若过长，则失去效用"。留伸缩缝不仅麻烦，且主要缺点是漏水并对抗震不利，应尽量避免。

如果想在超长或加长（理论上可以无限长）的底板上不设置伸缩缝，而又想控制不开裂，是否可能呢，公式(6-28)给出的回答是肯定的，那就要调整公式中的其他因素，只要所得出的拉应力（或最大约束应变）不大于结构材料的抗拉强度（极限拉伸）就可以保证结构不会开裂，任意长度的无缝工程完全可以实现。

这一事实，在铁路系统近代新技术中，已得到了令人信服的证明：用无缝长钢轨取代普通 12.5m 的短钢轨就同出此理，这一技术成就不仅减少了大量钢轨中的伸缩缝，同时也大大提高了乘客的舒适感，减少了车辆磨损，提高了使用寿命，这具有很大的实用价值和经济意义。但是无缝长钢轨实际并非无缝，而是 12.5m 长的伸缩缝间距扩大到了 $1000\sim2000m$，仍然是有缝长钢轨。假定把钢轨长度做任意延伸，如几十乃至几百公里，仅使其应力数值不变，约束条件适当，也不能增加变形，岂非更好。当然，解决这个问题还要综合地考虑到其他因素。最近，上海八万人体育场近千米周长不设伸缩缝及后浇带是一证明。

关于长墙的裂缝区域，一般是在远离边界的中部区域，裂缝呈竖向，较为均布。如混凝土质量很不均匀，则裂缝间距波动较大。如中部遇有截面变化，如壁柱、梁托、沟槽等，则在变断面处产生应力集中，裂缝在壁柱、梁托、沟槽处容易出现，已为许多实践证实。

3. 用极限变形控制伸缩缝间距（裂缝间距的推导）

为了进一步说明伸缩缝的作用，并且兼顾施工中"后浇缝"的设置理论依据，用极限变形概念研究伸缩缝作用，并作为一种实用计算方法推导出具体公式，对设计与施工是当务之急。

根据试验，混凝土构件承受拉应力作用时，其应力-应变关系直至破坏都接近线性关系，见图 6-12。

试以抗拉强度与极限拉伸的正比关系将最大应力公式改造一下，即得 σ_{xmax}^* 达到抗拉强度时的结构允许最大长度（伸缩缝许可间距），如果结构物的长度超过伸缩缝间距，则此伸缩缝间距就是裂缝间距。

当水平应力达到抗拉极限强度时，混凝土的拉伸变形即达到极限拉伸变形：

$$\sigma_{xmax}=R，\varepsilon=\varepsilon_p，R=E\varepsilon_p \qquad (6-41)$$

此状态下提取 L 即为伸缩缝最大间距：

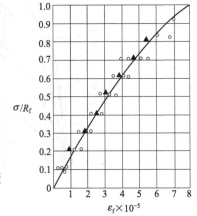

图 6-12 混凝土受拉时
应力-应变关系

$$\left.\begin{array}{l} \sigma_{x\max} = E\varepsilon_p = -E\alpha T + \dfrac{E\alpha T}{\mathrm{ch}\beta\dfrac{L}{2}} \\[4mm] \mathrm{ch}\beta\dfrac{L}{2} = \dfrac{E\alpha T}{E\alpha T + E\varepsilon_p} \\[4mm] \dfrac{L}{2} = \dfrac{1}{\beta}\mathrm{arcch}\dfrac{\alpha T}{\alpha T + \varepsilon_p} \end{array}\right\}$$ (6-42)

最大伸缩缝间距以 $[L_{\max}]$ 表示（亦是不留伸缩缝的裂缝间距）：

$$[L_{\max}] = 2\sqrt{\dfrac{EH}{C_x}}\,\mathrm{arcch}\dfrac{\alpha T}{\alpha T + \varepsilon_p}$$ (6-43)

式中　arcch——双曲余弦的反函数，查数学手册或利用计算器直接运算。

公式中的分数部分，如 T 为正值（升温），极限应变 ε 为负值（压应变）；如 T 为负值（降温或收缩），极限变形为正值（拉伸）。分母两项永远异号，为便于表示和应用，以绝对值表示：

$$[L_{\max}] = 2\sqrt{\dfrac{EH}{C_x}}\,\mathrm{arcch}\dfrac{|\alpha T|}{|\alpha T| - \varepsilon_p}$$ (6-44)

该式建立在最大应力刚达到抗拉强度 $\sigma_{\max} = R_f$ 尚未开裂的依据之上。如稍超过则开裂，间距减少一半，得最小间距 $[L_{\min}] = \dfrac{1}{2}[L_{\max}]$，因此最后得平均伸缩缝间距的公式：

$$[L] = 1.5\sqrt{\dfrac{EH}{C_x}}\,\mathrm{arcch}\dfrac{|\alpha T|}{|\alpha T| - \varepsilon_p}$$ (6-45)

在该式中混凝土极限拉伸 ε_p 值可考虑配筋影响及徐变影响。

应用这一公式，注意温差 T 中包括水化热温差、气温差、收缩当量温差：

$$T = T_1 + T_2 + T_3$$ (6-46)

式中　T_1——水化热温差（壁厚大于、等于 500mm）；

T_2——气温差；

$T_3 = -\dfrac{\varepsilon_y}{\alpha}$（$\varepsilon_y$—收缩变形，$\alpha$—$10 \times 10^{-6}$）；

ε_p——极限拉伸，当材质不佳，养护不良 $0.5 \times 10^{-4} \sim 0.8 \times 10^{-4}$；当材质优选养护优良，缓慢降温 2×10^{-4}；中间状况 $1 \times 10^{-4} \sim 1.5 \times 10^{-4}$。

如果结构物的长度小于 $[L]$ 或偏于安全地取 $[L_{\min}]$，则结构物可不设置温度伸缩缝，即是取消伸缩缝的条件。在缓慢变形条件下，考虑徐变，再考虑构造配筋，极限拉伸可能超过 2×10^{-4}。

由上式可看出：地基对底板的阻力系数 C_x 变化时，伸缩缝间距也随着变化，当 $C_x \to 0$ 时，即地基对底板几乎不产生阻力，底板接近自由变形时，伸缩缝间距可任意长，即取消伸缩缝。一些工程在底板与垫层之间设滑动层，如铺两层油毡、施沥青涂层以及用其他当地可用的垫层。相反，如果在坚硬地基（如岩石、旧混凝土）上做许多键槽，高低变化频繁，则大大增加 C_x 值，增加水平应力，减少伸缩缝间距。嵌入底板的桩基也会引起相同结果，伸缩缝间距宜减小。

从公式(6-45)还可看出，温差或收缩相对变形与结构材料的极限拉伸之间的关系（即 αT 和 ε_p 之间关系）很重要，一般总是 $|\alpha T|$ 大于 $|\varepsilon_p|$，故分数永远是正的，它们的差

别越大，伸缩缝间距越小；差别越小，伸缩缝间距越大。如果采取措施使$|\varepsilon_p|$值趋近于$|\alpha T|$，arcch∞趋近于∞，则完全无需伸缩缝。这就需要降低温差或收缩，提高混凝土的极限拉伸。这种可能是存在的，特别是在地下工程中，其可能性更大，因这里所处的经常性温差波动不大，而且又能对混凝土起良好作用。当然$|\varepsilon_p|$大于$|\alpha T|$，数学上无解，但物理概念上伸缩缝尽可取消。

在工程实践中，遇到形状复杂，结构变化多端，其受力状态，难以严格求解，则可采用温差（包括收缩）变形小于或等于极限拉伸的原则控制裂缝：$\alpha T \leqslant \varepsilon_p$。即所谓"抗"的原则。

4. 裂缝开展宽度的推导

从公式(6-34)得到结构端部的位移为u，如果不留伸缩缝，在最大应力处即引起开裂，开裂的两侧分为两个块体，每一块的端部变形之和也就是裂缝宽度。根据最大裂缝间距、平均裂缝间距及最小裂缝间距，得到最大、最小及平均裂缝宽度。

应用本文提供的板端最大位移公式可求出裂缝开裂宽度，即把裂缝处看作是两块板的板端，裂缝宽度亦即两个端点的位移之和，$\delta = 2u$：

$$u = \frac{\alpha T}{\beta \,\mathrm{ch}\beta \dfrac{L}{2}} \mathrm{sh}\beta x \tag{6-47}$$

当$x = \dfrac{L}{2}$，即在最大应力处开裂，裂缝宽度公式写为：

$$\delta_f = 2U_{max} = 2\frac{\alpha T}{\beta} \mathrm{th}\beta \frac{L}{2} \tag{6-48}$$

如上所述，当我们求出平均、最大及最小裂缝间距后，可以求出相应的平均、最大及最小裂缝开裂宽度：

$$\left. \begin{array}{l} \delta_f = 2\psi \sqrt{\dfrac{EH}{C_x}} \alpha T \mathrm{th}\beta \dfrac{[L]}{2} \\[3mm] \delta_{fmax} = 2\psi \sqrt{\dfrac{EH}{C_x}} \alpha T \mathrm{th}\beta \dfrac{[L_{max}]}{2} \\[3mm] \delta_{fmin} = 2\psi \sqrt{\dfrac{EH}{C_x}} \alpha T \mathrm{th}\beta \dfrac{[L_{min}]}{2} \end{array} \right\} \tag{6-49}$$

式中　$\mathrm{th}\beta \dfrac{[L]}{2} = \mathrm{th}\left(\beta \dfrac{[L]}{2}\right)$——双曲正切函数；

$$\beta = \sqrt{\frac{C_x}{EH}};$$

$\psi = FH(t)$——裂缝宽度衰减系数；考虑混凝土虽开裂，但钢筋尚牵掣而阻止裂缝扩展，以F表示牵掣影响，以及开裂后由于徐变，裂缝两侧混凝土不能全部恢复到弹性变形位置的系数$H(t)$，见表6-4。

注意以允许长度作为裂缝间距，$[L]$、$[L_{min}]$、$[L_{max}]$算出裂缝宽度；用结构长度L，算出的是端部最大位移。

裂缝宽度衰减系数 表 6-4

μ（配筋率）(%)	$0\sim0.2$	$0.3\sim0.4$	$0.5\sim0.6$	$0.7\sim0.8$	$0.9\sim1.0$
F	1.0	0.8	0.6	0.4	0.2
$H(t)$	0.3	0.3	0.3	0.3	0.3
$\psi=FH(t)$	0.3	0.24	0.18	0.12	0.06

5. 地基垂直反力 σ_y 值的估算

前面，在长墙与地基接触面上还有一项在工程上不太重要的应力 σ_y，在工民建领域，竖向约束很小，σ_y 一般不考虑，这里我们可以做近似的求算。

当长墙的高长比 $H/L\leqslant0.2$，假定长墙是轴拉的，求得了主要应力 σ_x，实际上由于 $\tau(x)$ 非对称于长墙的水平轴，必然引起长墙受到某种程度的偏心受力作用。剪力对长墙的弯矩 M：

$$M=\frac{H}{2}\int_0^{\frac{L}{2}}t\tau(x)\mathrm{d}x \qquad (6\text{-}50)$$

$$\tau(x)=-\frac{C_x\alpha T}{\beta\mathrm{ch}\beta\frac{L}{2}}\mathrm{sh}\beta x \qquad (6\text{-}51)$$

$$M=-\frac{H}{2}\cdot\frac{C_x\alpha Tt}{\beta\mathrm{ch}\beta\frac{L}{2}}\int_0^{\frac{L}{2}}\mathrm{sh}\beta x\,\mathrm{d}x$$

$$=-\frac{HC_x\alpha Tt}{2\beta^2\mathrm{ch}\beta\frac{L}{2}}\left(\mathrm{ch}\beta\frac{L}{2}-1\right)(6\text{-}52)$$

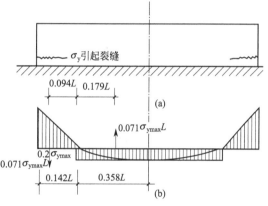

由 $\tau(x)$ 引起长墙的翘曲，当翘曲变形受到地基约束时，便产生弯矩，此弯矩必然与 σ_y 引起的弯矩平衡。σ_y 的分布假定如图 6-13(b) 所示单位厚度墙体的折线分布。

图 6-13　长墙与地基接触面上的垂直应力与变形裂缝

在 $L/2$ 范围内，由 σ_y 引起的弯矩 M'（墙厚为 t）：

$$M'=0.071\sigma_{y\max}Lt(0.094L+0.179L)=0.0194\sigma_{y\max}L^2t \qquad (6\text{-}53)$$

在 $L/2$ 范围内，σ_y 和 τ 引起力矩相互平衡，$M=M'$，求出 $\sigma_{y\max}$：

$$\sigma_{y\max}=\frac{M}{0.0194L^2t}=-\frac{HC_x\alpha T}{0.0388L^2\beta^2\mathrm{ch}\beta\frac{L}{2}}\left(\mathrm{ch}\frac{L}{2}-1\right) \qquad (6\text{-}54)$$

当降温或收缩时，T 为负值，边缘区 σ_y 为拉力，中部 σ_y 为压力，见图 6-13，所以，降温及收缩很大的地基上板、大体积混凝土的表面层，遭受剧冷或剧烈干缩，受热炉衬工程面层突然降温等，首先引起沿垂直截面由 σ_x 拉断，同时由 σ_y 在边缘区与接触面拉开，或在墙角开裂，从而变成一段一段的翘曲板，见图 6-13 逐步发展成表面剥落。该机理与大量现场经验相符，读者可简单地从雨后黏土层迅速干燥形成的一块块翘曲土片现象中得到证实，见图 6-13(c)。

6. 现浇钢筋混凝土长墙，$H/L > 0.2$ 的简化方法

关于地基上长条形结构物的计算公式的推导，适用于薄板、矮墙，也就是板厚或墙高与长度之比 $H/L \leqslant 0.2$ 的情况。在此范围内，采用均匀受拉（压）的假定，其误差在工程实用上可忽略不计，这已为国内外水工结构理论和试验研究所证实。但是，有些结构，如高墙、水池池壁、挡墙、滑模施工的高层建筑立墙等，其高长比远大于 0.2，墙内水平应力极不均匀，不能采用均匀受力的假定。

高墙承受均匀温差或均匀收缩产生均匀变形，一边受地基约束（称为外约束）。最大约束应力在约束边，离开约束边向上，应力迅速衰减，见图 6-14(a)。约束作用影响范围只限于约束边附近区域，类似于弹性理论中"边缘干扰问题"。这一现象，在地上框架结构温度收缩应力的实测工作，以及在简化的理论计算中得到证实和应用（多层框架均匀温差应力只算最下两层，太阳辐射顶板只算上部两层，其他各层不参加工作）。

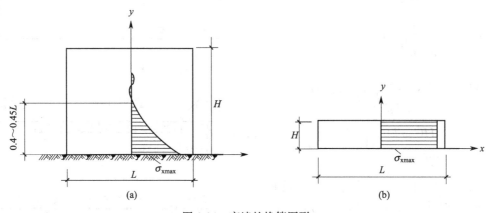

图 6-14 高墙的换算图形
(a) 水平应力的衰减；(b) 具有换算高度的长墙

从一些研究成果中可见，半无限长墙体边缘干扰范围大致在 $0.38 \sim 0.46L$ 以内，超过这个限度，墙体高度影响范围（即水平应力的零值点）为 $0.4L$。水平应力沿墙高的衰减与弹性力学中"边缘干扰"问题相似，呈指数函数规律。但不同高长比墙体衰减速度不同，参用一边嵌固内力分布（如图 6-15 所示，$H/L = 0.20 \sim 0.5$）全约束边引起的应力分布曲线。建议用公式(6-55)逼近衰减曲线，但其最大值 σ_{xmax} 采用本书中弹性约束的计算结果。

水平应力 $\sigma_x(y)$ 的指数衰减曲线取：

$$\sigma_x(y) = \sigma_{xmax} e^{-m\frac{y}{L}}\left(1 - m\frac{y}{L}\right) \quad (6-55)$$

式中 m——按表 6-5 取值；

L——底边全长。

1936 年，费伦（L. Felon）曾计算

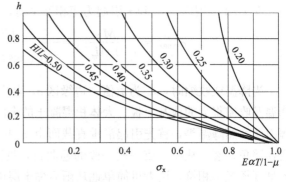

图 6-15 嵌固式浇筑块中心线上的温度应力

过无限长截条端部承受一对边缘扰力时产生的水平应力分布。1943 年，瓦尔瓦克（П. М. Варвак）用差分法；1954 年，德国巴格（H. Bag）用弹性基础梁法；1963 年，特拉佩兹尼科夫（Л. И. Трапезников）用影响线法等都计算过类似的问题。

近年来，我国水利工程界进行了许多有关不同高长比条件下，温度应力分布规律的理论与试验研究。按有限元法计算结果，墙体的温度应力只与高长比（H/L）有关，而与长度绝对值无关。

试作这样一个简化处理，把具有不同高长比并承受不均匀应力的弹性约束墙体，按等效作用原理，用一承受均匀应力的"计算墙条"所代替，计算墙条均匀应力值，取不均匀受力值中最大值（即在约束边处应力值）。那么，计算墙条的高度必然低于不均匀受力的墙体。按内力相等条件求出计算墙体的高度，称为"计算高度"或"有效高度"，以 $\overline{H}$ 表示之。以 $\overline{H}$ 代替 H，见图 6-14(b)，则长条板的全部计算公式可应用于 $H/L > 0.2$ 的高墙。

水平应力衰减参数 m 值　　　　　　　　　　　表 6-5

墙　　高	m 值	墙　　高	m 值
$H \leqslant 0.2L$	0.00	$H = 0.35L$	1.70
$H = 0.25L$	1.10	$H \geqslant 0.40L$	2.50
$H = 0.30L$	1.35		

$$\overline{H} = \frac{\int_0^h \sigma_x(y)\mathrm{d}y}{\sigma_{x\max}} \tag{6-56}$$

由图 6-14(a)、（b）按公式(6-56) 得到具有不同高长比墙体的计算高度大致偏摆于 $0.15 \sim 0.20L$；为简化计算，对一切 $H/L > 0.2$ 的墙体，一律采用计算高度 $\overline{H} = 0.2L$。这样简化处理之后，前面全部公式同样适用于高墙，只需将 β 中的实际高度 H 用计算高度 $\overline{H}$ 代替。

6.6 桩基对结构的附加约束

施工场地布有桩基，对基础的变形增加了阻力作用，但尚无计算方法。我们利用桩基承受水平力的基本微分方程可以导出按无桩计算的定量的公式：

$$EI\frac{\mathrm{d}^4 y}{\mathrm{d}x^4} + K_h y = 0 \tag{6-57}$$

$$y = e^{\beta x}(A\cos\beta x + B\sin\beta x) + e^{-\beta x}(C\cos\beta x + D\sin\beta x) \tag{6-58}$$

铰接的桩头：

$$y = \frac{H}{2EI\beta^3} e^{-\beta x}\cos\beta x \tag{6-59}$$

固接的桩头：

$$y = \frac{H}{4EI\beta^3} e^{-\beta x}(\cos\beta x + \sin\beta x) \tag{6-60}$$

$$\beta = \sqrt[4]{\frac{K_h b}{4EI}} \tag{6-61}$$

铰接时：
$$H = 2EI\left(\frac{K_h b}{4EI}\right)^{\frac{3}{4}} \qquad (6\text{-}62)$$

固接时：
$$H = 4EI\left(\frac{K_h b}{4EI}\right)^{\frac{3}{4}} \qquad (6\text{-}63)$$

式中　y——桩的水平变位（mm）；

K_h——地基水平侧移刚度，取 $1\times10^{-2}\text{N/mm}^3$；

b——桩的直径（mm）；

H——桩头单位侧移的水平力。

每个桩分担的地基面积 $A\times B=F$，其中地基面积 F_1，桩的面积 F_2，桩承担的水平力及底板面积见图 6-16。

单位面积地基的阻力：
$$\frac{C_x\times F_1}{F} = C_{x1}（宝山软黏土 C_x 取 1\times10^{-2}\text{N/mm}^3） \qquad (6\text{-}64)$$

单位面积地基上桩的阻力：
$$\frac{nEI}{F}\left(\frac{K_n b}{4EI}\right)^{\frac{3}{4}} = \frac{H}{F} = C_{x2}(n=2 或 4) \qquad (6\text{-}65)$$

总的阻力：　$C_x = C_{x1} + C_{x2}$（按无桩基础）　(6-66)

相对桩距 3m、$\phi 900$（mm）的钢管桩，大约增加 20%左右：
$$C_x = C_{x1} + 0.2C_{x1} = 1.2C_{x1} \qquad (6\text{-}67)$$

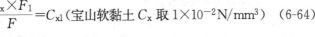

图 6-16　桩基对侧移的影响，侧面及平面

6.7　地基上大块式设备基础的自约束应力

地基上大块式及厚板基础的非均匀温差，如水化热温升、表面降温、表面收缩等都可能引起自约束应力。自约束应力超过混凝土的抗拉强度便出现裂缝。

严格说来，这是一个不稳定温度场引起的应力状态，为了简化计算，近似地按稳定温度场计算，取某时的不利温差。

非均匀的温度分布形式繁多，但具有代表性的有三种：

①对称的内热外冷，图 6-17(a)；

②非对称的内热外冷，图 6-17(b)；

③非对称的地表面降温或表面收缩，图 6-17(c)。

任何不均匀温差（或收缩）都可分解为三种变形作用：①均匀膨胀（或压缩）直线 1+3；②平面翘曲直线 4；③非线性变形 2，即图 6-16 中的阴影部分，只有这一部分引起自约束应力。无论均匀变形或翘曲变形都属线性变形。

当地基上厚为 $2h$ 块体保温条件很好，上下表面温差很小时，温度分布接近于对称抛物线，按图 6-17(a) 所示，温度分布：
$$\left.\begin{array}{l} T(y) = T_0\left(1-\dfrac{y^2}{h^2}\right) \\[2mm] T_0 = T_{max} - T_{min} \end{array}\right\} \qquad (6\text{-}68)$$

自约束应力，按照"等效荷载法"：

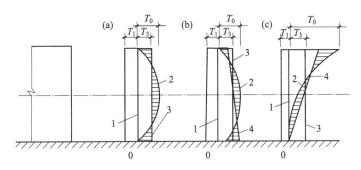

图 6-17 块体的温度分解

$$\sigma_x(y) = -E\alpha T(y) + E\alpha \frac{1}{2L}\int_{-h}^{h} T(y)\mathrm{d}y$$

$$= \frac{E\alpha T_0}{1-\mu}\left(\frac{y^2}{h^2} - \frac{1}{3}\right) \tag{6-69}$$

上下边缘最大弹性拉应力：

$$\sigma_{x\max} = \underset{y=\pm h}{\sigma_x} = \frac{2E\alpha T_0}{3(1-\mu)} \tag{6-70}$$

考虑徐变作用：

$$\sigma_{x\max}^{*} = \underset{y=\pm h}{\sigma_x^{*}} = \frac{0.3E\alpha T_0 \times 2}{3(1-\mu)} = \frac{0.2E\alpha T_0}{1-\mu} \tag{6-71}$$

式中　T_0——基础中心与外表温差；

　　　0.3——松弛系数（亦可根据具体条件，按表 5-1、表 5-2 取值）；

　　　$2h$——基础厚度，中心轴位于截面中心（$y=0$）。

当地基上块体上下表面温差不同时，温度分布为非对称抛物线，设上表面为 T'，下表面为 T''，中部最高温度为 $T_{\max}$（位置在中部偏下）。$T_0 = T_{\max} - T'$。则可近似地按下式计算：

$$\sigma_x(y)_{\max} = \frac{0.375E\alpha T_0}{1-\mu} \times H(t,\tau) \tag{6-72}$$

当温度变化缓慢时，$H(t,\tau)=0.3$，则：

$$\underset{y=\pm h}{\sigma_{x\max}} = \frac{0.1125E\alpha T_0}{1-\mu} \tag{6-73}$$

如果进一步考虑不同龄期的弹性模量、松弛系数等的变化，则最终应力可用分段计算叠加求和法（在升温速度很缓慢条件下）计算：

$$\sigma_{x\max} = \sum_{i=1}^{n} \Delta\sigma_{xi} = \frac{0.375\alpha}{1-\mu} \times \sum_{i=1}^{n} E_i(t)\Delta T_{0i}H_i(t,\tau) \tag{6-74}$$

式中　$H_i(t,\tau)$——不同龄期松弛系数，查表 5-1 和表 5-2；

　　　$E_i(\tau)$——不同龄期的弹性模量，按式(2-14) 计算；

ΔT_{0i}——每段时间内，中部温度与边缘温度差，每段时间可取一天或几天，共分 n 段，越小，越精确。

采用这一简化与实测进行对比，见图 6-18。由图中可知，简化计算与实测定性相符；相对边缘处拉应力，理论与实测接近（略偏安全）；相对中部压应力，理论值小于实测值（根据实测图形，内力不能自平衡，所以可能有量测误差）。

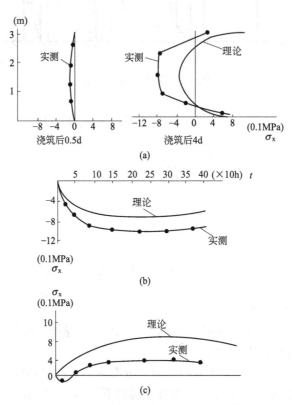

图 6-18　块体自约束应力理论值与实测值比较
(a) 截面应力分布；(b) 中部压应力变化；(c) 边缘拉应力变化

6.8　不稳定热传导的"滞后现象"

人们常把大气温度的变化作为结构物的温差，近似地计算温度应力，而温度应力则和温差呈线性关系，其结果不免偏高地估算了应力。

实际上，任何结构都有一定的厚度，外界环境气温的变化通过表面向结构内部传递有一个"时间"过程。结构物越厚，经历时间亦越长，因此，当外界气温波动时，结构内部温度亦必然波动，但并非同步，而是有一段"时差"，即周期运动的相位差。这种内部波动迟于外表面波动的现象称为"传热的滞后现象"。

传热的滞后不仅有时差特征，而且由于内部温度峰值尚未到达之前，外表面温度峰值已下降，因而在结构内部波动的峰值也低于外表面，截面内部振幅小于外表面振幅，越厚的结构越低，起着降低按普通算法求得的热弹应力之作用。一般薄壁结构滞后作用极微，可忽略不计。

该问题属于不稳定热传导的第三类边值问题，已有解答。根据一维不稳定热传导理论分析，最终求得的温度随时间沿大块式基础深度方向分布：

$$T(x,t) = T_0 \left[A(x)\cos\frac{2\pi t}{\theta} + B(x)\sin\frac{2\pi t}{\theta} \right] \tag{6-75}$$

$$A(x) = P(H\cos kx - k\sin kx)e^{-(kx)} \tag{6-76}$$

$$B(x) = P(k\cos kx + H\sin kx)e^{-(kx)} \tag{6-77}$$

$$k = \sqrt{\frac{\pi}{\theta\alpha}} \tag{6-78}$$

$$H = \frac{\beta}{\lambda} + k \tag{6-79}$$

$$P = \frac{\beta}{\lambda(H^2 + k^2)} \tag{6-80}$$

$$\alpha = \frac{\lambda}{C\gamma} \tag{6-81}$$

式中　　T_0——外表面温度振幅；

　　　　θ——波动周期；

$A(x)$、$B(x)$——周期衰减函数；

　　　　β——混凝土表面放热系数；

　　　　λ——导热系数；

　　　　α——混凝土导温系数；

　　　　C——比热；

　　　　γ——重度。

为定量地说明传热的滞后现象，仅以年温差对不同壁厚结构的影响为例，作如下计算分析：

取：　　　　$C = 0.96 \times 10^3 \text{J}/(\text{kg} \cdot \text{℃})$，$\lambda = 7 \times 10^3 \text{J}/(\text{h} \cdot \text{℃} \cdot \text{m})$，

　　　　　　$\gamma = 2400 \text{kg/m}^3$，　　$\theta = 8760\text{h}$，

　　　　　　$\beta = 60 \times 10^3 \text{J}/(\text{m}^2 \cdot \text{h} \cdot \text{℃})$；

则：　　　　$\alpha = \dfrac{7 \times 10^3}{960 \times 2400} = 3 \times 10^{-3} \text{m}^2/\text{h}$

$$k = \sqrt{\frac{3.14}{8760 \times 3 \times 10^{-3}}} = 0.346\text{m}^{-1}(\text{设 } T_0 = 18\text{℃})$$

$$H = \frac{\beta}{\lambda} + k = 8.917\text{m}^{-1}$$

$$P = \frac{\beta}{\lambda(H^2 + k^2)} = 0.1076\text{m}$$

于是可计算结构外表面温度波动与内部温度波动的关系，详见表 6-6 和图 6-19。

温度沿厚度变化 $T(x)$℃值 表 6-6

深 度 x(m)	温度 $T(x)$℃
0	$T_0\left(0.95947\cos\dfrac{2\pi t}{\theta}+0.03723\sin\dfrac{2\pi t}{\theta}\right)$
0.5	$T_0\left(0.78961\cos\dfrac{2\pi t}{\theta}+0.16977\sin\dfrac{2\pi t}{\theta}\right)$
2.5	$T_0\left(0.25011\cos\dfrac{2\pi t}{\theta}+0.31764\sin\dfrac{2\pi t}{\theta}\right)$
5.0	$T_0\left(-0.03348\cos\dfrac{2\pi t}{\theta}+0.16690\sin\dfrac{2\pi t}{\theta}\right)$
10	$T_0\left(-0.02827\cos\dfrac{2\pi t}{\theta}-0.01055\sin\dfrac{2\pi t}{\theta}\right)$
15	$T_0\left(0.00264\cos\dfrac{2\pi t}{\theta}-0.00465\sin\dfrac{2\pi t}{\theta}\right)$
20	$T_0\left(0.00074\cos\dfrac{2\pi t}{\theta}+0.00059\sin\dfrac{2\pi t}{\theta}\right)$
25	$T_0\left(-0.00012\cos\dfrac{2\pi t}{\theta}+0.00011\sin\dfrac{2\pi t}{\theta}\right)$

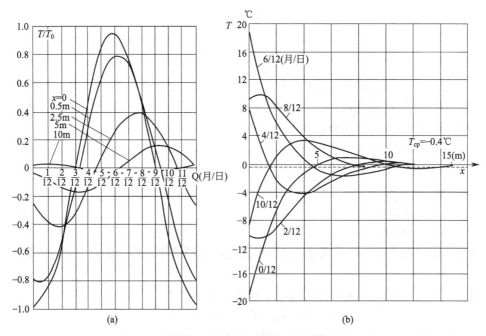

图 6-19　周期性温度变化下结构厚度对滞后的影响

(a) 沿结构物断面不同深度处年温差的波动；(b) 表面周期温差对结构内部的影响

在工民建承受年温差的一般结构中，对于壁厚不大的结构 $t\leqslant200$mm，温度峰值降低约 10%～20% 左右，这一因素只作安全储备而不作定量计算，但在大块式设备基础中，厚板等结构物承受外界气温周期性变化时应当加以考虑。

图 6-19(a) 表示一厚壁结构在一年内不同季节表面温度波动及沿深度变化情况。

图 6-19(b) 表示具有半无限厚度结构物在不同季节，温度沿深度滞后程度及峰值衰减情况。

根据传热的滞后现象，承受瞬时（周期很短）反复温差（如日温差、生产周期性散热等）的结构物温度应力低于按表面温差计算的温度应力（即便是工民建结构，也降低约20％～30％）。

对于这类结构物温度应力可按近似的"准稳定分析方法"计算，其步骤是：

（1）计算气温时，据表面温度变化算出构件（或结构物）内部温度场；计算水化热时，以截面中部为准。

（2）在不同时间出现的温度场中选择一最不利温度分布。

（3）据边界约束条件算出该不利温度分布下的应力场，短周期反复温差条件下忽略徐变，长周期条件下考虑徐变引起的应力松弛。

严格计算是首先求解不稳定温度场，继之，再计算不稳定温度应力场。

6.9 弹性地基上超长超厚大体积混凝土结构物温度收缩应力的光弹性实验研究

1. 问题的提出

结构物承受的温差与收缩，主要部分是均匀温差和均匀收缩，因而外约束应力占主要比重；相互约束的结构物都是可变形的弹性结构，因而这些约束都是通过它们之间的剪应力与变位的关系反映出来；水平剪力与该点的位移呈线性关系。由此，推导出弹性地基上高为 H、全长为 L 的板或长墙在温度改变 T 时的位移方程：

$$u = \frac{\alpha T}{\beta \cdot \mathrm{ch}\beta L/2} \mathrm{sh}\beta x \tag{6-82}$$

式中　α——为线膨胀系数；

　　$\beta = \sqrt{C_x/EH}$，C_x 是地基水平阻力系数；

　　E——结构物弹性模量。

根据应力与位移的关系，得出水平应力 σ_x 和剪应力 τ 的表达式：

$$\sigma_x = -E\alpha T\left(1 - \frac{\mathrm{ch}\beta x}{\mathrm{ch}\beta L/2}\right) \tag{6-83}$$

$$\tau = -\frac{C_x\alpha T}{\beta \cdot \mathrm{ch}\beta L/2}\mathrm{sh}\beta x \tag{6-84}$$

它们沿长度 x 的应力分布曲线如图 6-20 所示。

我们用光弹性方法研究了这个混凝土中热应力问题。

2. 光弹性实验

早在 20 世纪 30 年代，就已开始用光弹性方法研究热应力问题了。热应力是通过透明模型中的干涉条纹显示出来。它的优点在于能够直观地给出热应力的分布和变化。热应力的模拟法分为两大类，一类是"力模拟法"，一类是"热模拟法"。本研究所涉及的温度收缩应力，主要是由外约束引起的热应力，故选用"等效力模拟法"，即用外力所产生的机械变形来模拟因温度差所引起的温度变形。

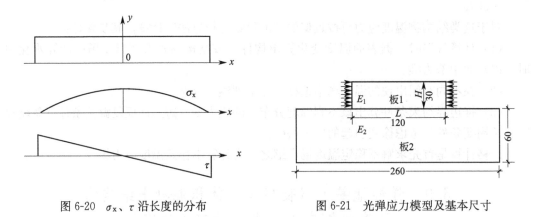

图 6-20 σ_x、τ 沿长度的分布　　　图 6-21 光弹应力模型及基本尺寸

1) 光弹实验模拟

光弹模型的设计如图 6-21 所示。在光弹模型板 1 端部施加一均布力 σ_0，由于 σ_0 的作用，板 1 将产生变形，但由于受到板 2 的约束，板 1 内将会产生约束应力如下：

$$\sigma_x = \frac{\sigma_0}{\text{ch}\beta L/2}\text{ch}\beta x \tag{6-85}$$

$$\tau = -\frac{C_x \sigma_0}{E\beta \cdot \text{ch}\beta L/2}\text{sh}\beta x \tag{6-86}$$

若取 $\sigma_0 = E\alpha T$，并在式(6-85)中减去均布外力 σ_0，则光弹应力模型和温度应力模型之间的相应应力值完全等价，即该约束应力与温度收缩应力相当。

2) 光弹应力模型

按照结构物受约束的特点，光弹模型采用弹性模量不同的两种环氧树脂板 E_1 和 E_2，分别模拟结构物和支承地基。交接处用环氧型胶粘接，基本模型尺寸见图 6-21。

温度收缩应力的大小，受施工、养护及环境等条件的影响，还与结构物的材料性质、弹性模量、约束情况、绝对长度及高长比等因素有关。近几年来，我们就其长度、弹性模量和高长比这三个因素对温度收缩应力的影响进行了试验探讨，以下介绍的是其中的一部分。

模型分 L 组、E 组和 H 组三组，各组分别有六个模型。其中，L 组探索结构物长度变化对温度收缩应力的影响以及长度与水平阻力系数 C_x 之间的关系；E 组探索弹性模量对温度收缩应力的影响以及地基弹性模量与 C_x 的关系；H 组探索结构物高长比对温度收缩应力的影响。各模型的具体参数列于表 6-7。

光弹应力模型的力学、几何参数　　　　　　　　　　表 6-7

模型号	E_1(MPa)	E_2(MPa)	E_1/E_2	L(mm)	H(mm)	H/L
L-1	3490.86	546.01	6.38	40	10	0.25
L-2	3490.86	546.01	6.38	80	20	0.25
L-3	3490.86	546.01	6.38	100	25	0.25
L-4	3490.86	546.01	6.38	120	30	0.25
L-5	3490.86	546.01	6.38	160	40	0.25
L-6	3490.86	546.01	6.38	200	50	0.25

续表

模型号	E_1(MPa)	E_2(MPa)	E_1/E_2	L(mm)	H(mm)	H/L
E-1	546.01	3490.86	0.16	120	30	0.25
E-2	3490.86	3490.86	1.00	120	30	0.25
E-3	3490.86	546.01	6.38	120	30	0.25
E-4	3490.86	263.86	13.23	120	30	0.25
E-5	3490.86	130.55	26.74	120	30	0.25
E-6	3490.86	47.10	74.12	120	30	0.25
H-1	3490.86	546.01	6.38	120	10	0.083
H-2	3490.86	546.01	6.38	120	15	0.125
H-3	3490.86	546.01	6.38	120	20	0.167
H-4	3490.86	546.01	6.38	120	30	0.250
H-5	3490.86	546.01	6.38	120	40	0.333
H-6	3490.86	546.01	6.38	120	60	0.500

3）试验及其结果

试验在 PA-300 型光弹性试验仪上进行。通过试验观察，可得到两组干涉图形，其中等色线图指示模型内主应力差值大小，等倾线图指示模型内主应力的方向。

纵观以上试验资料可以发现，各模型内的等色线图与等倾线图变化规律相似。因而本研究仅择其中的 E-3 等色线图和等倾线图示于图 6-22(a)。图 6-22(b) 是根据图 6-22(a) 等倾线绘制的主应力迹线图，图 6-23 为 E-2 的等色线照片。

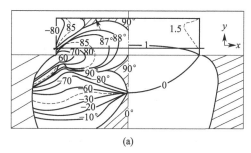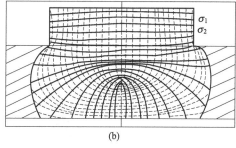

(a)   (b)

图 6-22　E-3 的图示

（a）E-3 的等倾线图（左）和等色线图（右）；（b）E-3 的主应力迹线

根据试验得到的等色线图和等倾线图，即可计算模型内的应力。试验值的计算截面均选在距交接面 5mm 处。点位号由坐标原点向 X 正向依次编排，点与点之间距取 5mm。

由计算可知，各模型的最大水平应力值均发生在 0 位上，即计算截面的正中点。表 6-8 列出了各模型的最大水平应力值 $(\sigma_x)_{\max}$。计算截面上其他各点的应力分布情况如图 6-24 各实线所示。图 6-25 所示的是 σ_x 沿对称截面的分布情况。图 6-24 中的虚线是它们相对应的温度应力计算值分布曲线，它们是通过式(6-28)和式(6-29)计算得出的。L-2 和 L-4 的试验应力值和计算应力值见表 6-9。

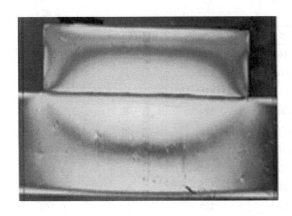
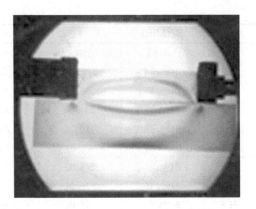

图 6-23   E-2 的等色线照片

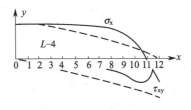
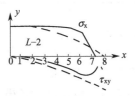

图 6-24   水平应力和剪应力沿计算截面的分布情况

模型的 $(\sigma_x)_{max}$ 值（MPa）   表 6-8

模型号	L 组	E 组	H 组
1	0.415	1.331	0.787
2	0.492	0.793	0.565
3	0.645	0.579	0.466
4	0.579	0.529	0.551
5	0.603	0.341	0.607
6	0.612	0.216	0.517

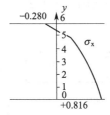
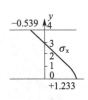

图 6-25   水平应力沿对称截面的分布

计算截面上各点的应力值（MPa）   表 6-9

点位号	L-4 σ_x 实验值	L-4 σ_x 计算值	L-4 τ_{xy} 实验值	L-4 τ_{xy} 计算值	L-2 σ_x 实验值	L-2 σ_x 计算值	L-2 τ_{xy} 实验值	L-2 τ_{xy} 计算值
0	0.579	0.582	0.000	0.000	0.492	0.494	0.000	0.000
1	0.578	0.578	−0.009	−0.045	0.491	0.487	−0.016	−0.058
2	0.575	0.567	−0.024	−0.091	0.486	0.465	−0.075	−0.118
3	0.573	0.548	−0.035	−0.137	0.484	0.428	−0.098	−0.178
4	0.570	0.521	−0.048	−0.184	0.480	0.375	−0.137	−0.240
5	0.564	0.486	−0.060	−0.232	0.470	0.307	−0.203	−0.305
6	0.558	0.443	−0.081	−0.281	0.395	0.222	−0.292	−0.373
7	0.545	0.392	−0.098	−0.332	0.091	0.120	−0.311	−0.444
8	0.512	0.332	−0.167	−0.385	−0.258	0.000	0.000	−0.520
9	0.438	0.263	−0.237	−0.440				
10	0.296	0.185	−0.340	−0.497				
11	−0.038	0.098	−0.352	−0.557				
12	−0.335	0.000	0.000	−0.620				

注：表中计算值 $E\alpha T = \sigma_0 = -1.96$MPa；$C_x$ 值，L-4 取 230MPa/cm，L-2 取 280MPa/cm。

3. 实验结果分析和结论

根据表 6-9 所列的应力值进行分析，可以进一步得到结构物长度与水平应力的关系曲线（图 6-26），结构物和支承物弹性模量比值 K_E（$K_E = E_1/E_2$）同水平应力的关系曲线（图 6-27）以及结构物高长比与水平应力的关系曲线（图 6-28）。

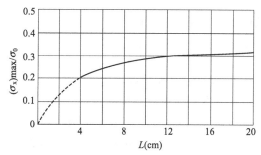

图 6-26　结构物长度与水平应力关系

应用公式(6-35)，可由试验应力值推算出各模型上的相应 C_x 值。图 6-29 和图 6-30 分别示出了水平阻力系数 C_x 随结构物长度和地基弹性模量而变化的规律。

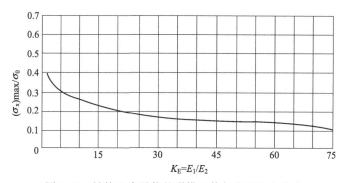

图 6-27　结构和支承物的弹模比值与水平应力关系

综合以上分析，对于结构物内的温度收缩应力问题，可以从光弹性实验研究中得出如下结论：

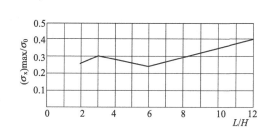

图 6-28　结构物高长比与水平应力关系

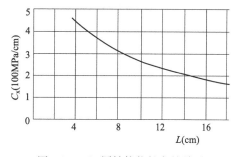

图 6-29　C_x 同结构物长度的关系

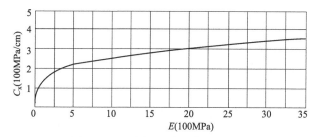

图 6-30　C_x 同地基弹性模量的关系

1）结构物内温度应力的分布：水平应力 σ_x 呈左右对称，最大值发生在中部，逐渐向两端减小，在中部区段内，应力值变化相当平缓；剪应力 τ_{xy} 呈左右反对称，中部为 0，最大值发生在两端附近 $\left(X = \pm\dfrac{3}{8}L\right)$，$(\sigma_x)_{max} > (\tau_{xy})_{max}$，一般 $(\sigma_x)_{max}$ 起控制作用。

2）结构物的温度应力同结构物的长度、高长比、弹性模量以及地基的弹性模量等因素有关。在由温差所产生的相对变形一定时，随着结构物长度或弹性模量增大，温度应力也相应增大，但它们之间是非线性关系；在结构物高长比 $H/L \leqslant 0.2$ 时，随着高长比的增大，其温度应力相应减小；随着地基弹性模量增大，结构物内的温度应力也相应增大，然而这种关系也是非线性的。

3）地基水平阻力系数 C_x 不仅取决于地基本身的力学性质，而且还同结构物长度等其他因素有关，是一个受多种因素制约的复杂函数。当地基的弹性模量增大时，C_x 值也随之增大；当结构物的长度增大时，C_x 值却随之减小。上述关系也都是非线性的。

以上结论若与温度应力的简化计算公式和有关论述相对照，则不难看出：两者关于温度收缩应力的分布规律基本上是一致的，其量值在中部应力控制区段也大小相当；光弹性实验所提供的长度、弹性模量和高长比等因素与温度应力的关系，同简化计算公式中所包含的相应参数在应力计算中所起的作用是十分相似的。其次，两者关于地基水平阻力系数变化的因素及变化规律的论述也是吻合的。

6.10 连续式约束边的剪应力修正及其裂缝

为了解决经常遇到的长墙竖向裂缝问题，我们在前面已经推导出起控制作用的正应力，即水平方向正应力 $\sigma(x)$ 及其最大值。同时根据平衡条件求出了剪应力 $\tau(x)$，剪应力的最大值是根据位移 $U(x)$ 求出，最大值位于 $x = L/2$ 处，这一点是不严格的。因为在自由端正交面上的剪应力应该等于零，通过光弹试验证明剪应力的最大值 $\tau(x)_{max}$ 在 $x = 3L/8$ 处，在 $L/2$ 处迅速衰减为零，根据作者处理工程裂缝的经验，这种剪应力裂缝也是在端部靠近 $3L/8$ 附近，且开裂部位不是一个点，而是一个区域，所以我们近似地进行如下修正，满足剪应力边界条件：

$$U(x) = \frac{\alpha T}{\beta \cdot \text{ch}\beta\dfrac{L}{2}}\text{sh}\beta x; \quad \beta = \sqrt{\frac{C_x}{HE}}; \quad \tau(x) = -C_x U(x)$$

$$\tau(x) = \left\{ \begin{array}{l} -\dfrac{C_x \alpha T}{\beta \cdot \text{ch}\beta\dfrac{L}{2}}\text{sh}\beta x \cdots\cdots\cdots\cdots\cdots\cdots\cdots\cdots 0 \leqslant x \leqslant \dfrac{3}{8}L \\[4mm] -\dfrac{C_x \alpha T}{\beta \cdot \text{ch}\beta\dfrac{L}{2}}\left[\text{sh}\beta x - \dfrac{\text{sh}\beta\dfrac{L}{2}}{1 - e^{\frac{L}{8}}}(1 - e^{(x-\frac{3}{8}L)})\right]\cdots\cdots \dfrac{3}{8}L \leqslant x \leqslant \dfrac{L}{2} \end{array} \right. \quad (6\text{-}87)$$

剪应力的分布与结构在端部的约束程度、结构的收缩（包括降温）量、几何尺寸（长度及有效约束高度或厚度）有关，见图 6-31、图 6-32、图 6-33、图 6-34，由这种剪应力引起的裂缝形式见图 6-35(a)、(b)、(c)。

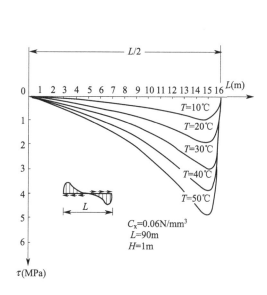

图 6-31 温度变化引起约束边剪应力变化

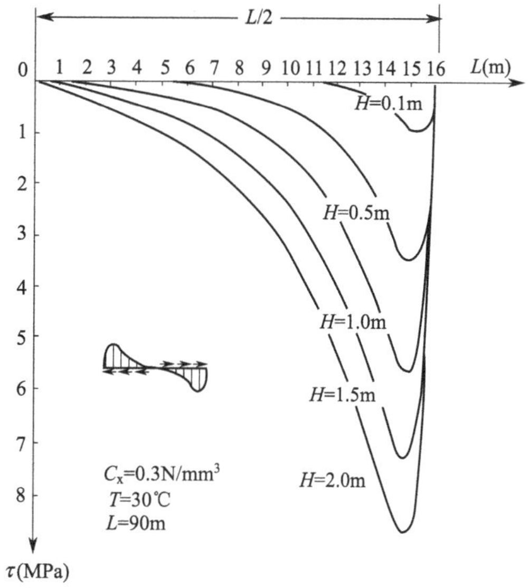

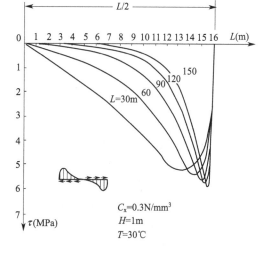

图 6-32 高度变化引起约束边剪应力变化

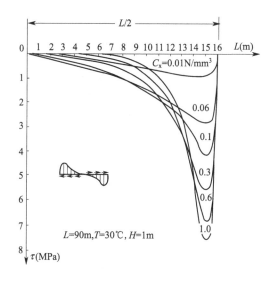

图 6-33 地基水平阻力系数变化
引起约束边剪应力变化

图 6-34 长度变化引起约束
边剪应力变化

当建筑物的长度很长或很短时，剪应力的最大值位置亦将改变，特别长的工程 $x > \frac{3}{8}L$，特别短的工程 $x < \frac{3}{8}L$，但总是靠近 $\frac{3}{8}L$ 附近，这一点已为大量工程实践所证实。

公式(6-87) 即为修正后的剪力公式。剪应力最大值所在位值 $x \approx \frac{3}{8}L$ 附近形成一剪应力较高区域，在该区域内可能出现斜裂缝及水平裂缝，详见12.2节。

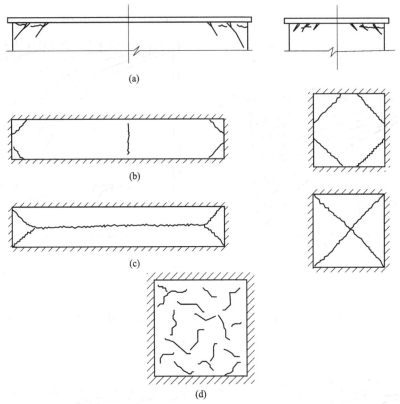

图 6-35　温度收缩作用下端部剪力引起的主要裂缝形式与荷载引起的裂缝的形式

(a) 混合结构顶板热膨胀引起的正八字裂缝；(b) 楼板收缩受双向约束引起的切角裂缝；

(c) 楼板承受均布荷载引起的对角线裂缝；(d) 楼板收缩受双向相等约束引起的龟裂裂缝

剪应力公式(6-87)与未经修正的公式(6-36)在计算最大剪应力时都是可用的，定量差别是很小的，在定性方面修正公式(6-87)是比较严格的。

无论式(6-87)或式(6-36)只是弹性假定条件下的应力，具体应用时，考虑温度收缩变化的缓慢程度再乘以松弛系数 $H(t,\tau)=0.3\sim0.5$；变化速率越慢松弛系数越小，反之则越大；突然的温差或剧烈的干缩，该系数接近 0.8 左右。

对于板双向约束相等的状况下，楼板表面常会出现不规则的龟裂，如图 6-35 中（d）所示。因双向约束相等情况下，不产生剪切应力，即 $\tau_x=\tau_y=0$，约束应力 $\sigma_x=\sigma_y$，在该应力状态下，通过材料力学任一斜截面（α 截面）上的应力 α_α，τ_α 的计算公式：

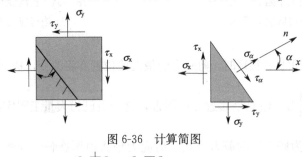

图 6-36　计算简图

$$\sigma_\alpha=\frac{\sigma_x+\sigma_y}{2}+\frac{\sigma_x-\sigma_y}{2}\cos2\alpha-\tau_x\sin2\alpha$$

$$\tau_\alpha = \frac{\sigma_x - \sigma_y}{2}\sin2\alpha + \tau_x\cos2\alpha$$

可知 $\sigma_\alpha = \sigma_x = \sigma_y$，$\tau_\alpha = 0$，在双向约束相等情况下，各方向的拉应力均相等，在这样的应力状态下如果温度应力超过材料的抗裂强度就会形成无方向性的不规则的龟裂，工程实际龟裂见图 6-37。

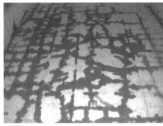

图 6-37 板面龟裂

6.11 关于剪力裂缝的工程实例

在深圳的某地很漂亮的别墅区室内和女儿墙都出现了剪力裂缝，见图 6-38；有的层间楼板出现了"切角裂缝"，见图 6-39。

图 6-38 深圳某别墅区室内和   图 6-39 别墅区层间楼板切角裂缝
女儿墙的剪力裂缝   图 6-38 计算简图   （双向剪力约束引起）

在上海黄浦区某高层建筑地下室的剪力墙和外墙连接边（竖向）出现斜裂缝，见图 6-40。切角裂缝特别常出现在混凝土墙和混凝土板之间的双向剪力约束处，图 6-41 为某地下室顶板的切角裂缝。

上海浦东康桥某钢筋混凝土多层厂房（五层）采用强度等级 C30，车间长 82.5m，横向 27.0m，纵向超过伸缩缝间距，在中部设一条后浇带，60d 后封闭，以 C35 混凝土填充。

本工程于 1993 年 4 月施工，1994 年 2 月完工，1994 年 7 月发现裂缝，在纵向两端的两个角区出现切角斜裂缝，见图 6-42，而在它对面的两个角区未发现裂缝，令人不解。

图 6-40 剪力墙与外墙连接
的下端斜裂缝

图 6-41 地下室顶板转角区由
双向剪力约束引起的切角裂缝

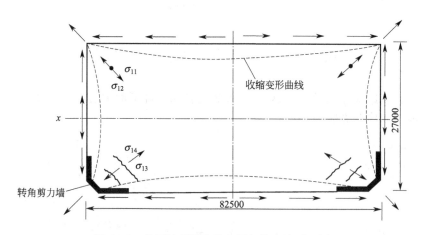

图 6-42 某厂转角剪力墙与框架填充墙平面图

经仔细研究，出现裂缝的两个角区外框架是以现浇混凝土剪力墙做成的转角，而在它对面的两个角是框架填充墙结构，显然剪力墙转角和楼板浇在一起的约束度高于填充墙对楼板的约束。

验算如下：

1）框架填充墙转角，砖混之间约束（楼板与梁上表面浇在一起，上下受砖砌体约束）：

$$C_x = 30 \text{kg/cm}^3 = 0.3 \text{N/mm}^3$$

2）剪力墙转角，混凝土与混凝土之间约束：

$$C_x = 80 \text{kg/cm}^3 = 0.8 \text{N/mm}^3$$

计算填充墙转角处的纵向约束（楼板和梁及转角剪力墙浇成一体）：

由于纵长 82500mm，横向 27000mm，取强约束的有效高度 $0.2 \times 27000 = 5400$mm，经详细计算降温差 10℃，及收缩当量温差 62.3℃，$T = 72.3$℃。

按修正后剪力公式（6-87）：

$$\tau(x)_{\max}_{x=\frac{3}{8}L} = \frac{C_x \alpha T \operatorname{sh}\beta x}{\beta \operatorname{ch}\beta \dfrac{L}{2}} \cdot H(t,\tau)$$

计算 β 值：

砖混转角纵向：　　　$\beta_1 = \sqrt{\dfrac{0.30}{5400 \times 2.6 \times 10^4}} = 4.62 \times 10^{-5}$

砖混转角横向：　　　$\beta_2 = \sqrt{\dfrac{0.30}{16500 \times 2.6 \times 10^4}} = 2.64 \times 10^{-5}$

混凝土剪力墙转角纵向：　$\beta_3 = \sqrt{\dfrac{0.80}{5400 \times 2.6 \times 10^4}} = 7.55 \times 10^{-5}$

混凝土剪力墙转角横向：　$\beta_4 = \sqrt{\dfrac{0.80}{16500 \times 2.6 \times 10^4}} = 4.32 \times 10^{-5}$

框架填充墙的双向剪力约束主拉应力：

由于该区的正应力极小，故 $\sigma_{\mathrm{I}} = \tau_{\max}$；

沿纵向 $\sigma_{\mathrm{I}1} = \tau_{\max 1}$（$L = 82500\mathrm{mm}$）：

$$\sigma_{\mathrm{I}1} = \tau_{\max 1} = \frac{C_x \alpha T \operatorname{sh}\beta \dfrac{3}{8}L}{\beta \operatorname{ch}\beta \dfrac{L}{2}} \cdot H(t,\tau)$$

$$= \frac{0.3 \times 10^{-5} \times 72.3 \times \operatorname{sh}(2.64 \times 10^{-5} \times \frac{3}{8} 82500)}{2.64 \times 10^{-5} \times \operatorname{ch}\left(2.64 \times 10^{-5} \times \frac{1}{2} 82500\right)} \times 0.5$$

$$= \frac{0.3 \times 10^{-5} \times 72.3 \times 0.91}{2.64 \times 10^{-5} \times 1.65} \times 0.5 = 2.26\mathrm{MPa}$$

沿横向 $\sigma_{\mathrm{I}2} = \tau_{\max 2}$（$L = 27000\mathrm{mm}$）：

$$\sigma_{\mathrm{I}2} = \frac{0.3 \times 10^{-5} \times 72.3 \times \operatorname{sh}\left(4.62 \times 10^{-5} \times \frac{3}{8} 27000\right)}{4.62 \times 10^{-5} \times \operatorname{ch}\left(4.62 \times 10^{-5} \times \frac{1}{2} 27000\right)} \times 0.5 = 0.95\mathrm{MPa}$$

钢筋混凝土转角剪力墙双向剪力约束主拉应力：

$\sigma_{\mathrm{I}3} = \tau_{\max 3} = 3.9\mathrm{MPa}$　（沿纵向）

$\sigma_{\mathrm{I}4} = \tau_{\max 4} = 2.1\mathrm{MPa}$　（沿横向）

所以，根据上述计算，沿框架填充的楼板的主拉应力 $\sigma_{\mathrm{I}1}$ 和 $\sigma_{\mathrm{I}2}$ 均小于极限抗拉强度 2.4MPa；而沿剪力墙转角 $\sigma_{\mathrm{I}3} = 3.9\mathrm{MPa}$ 必然引起斜裂缝。当然，并不是说混合结构楼板不裂，还要看约束程度、收缩程度和结构长度，例如经常将楼板和圈梁（或框架梁）浇成一体，$0.3 \leqslant C_x \leqslant 0.8 \text{N/mm}^3$，干缩较大时，容易产生斜向裂缝。对于无隔热层的现浇顶层楼板，由于太阳辐射热膨胀变形引起屋顶大梁的垂直裂缝。

6.12 高强混凝土（HSC）及高性能大体积混凝土（HPC）的裂缝控制

随着建筑荷载的不断增大，预应力混凝土技术的发展及抗震轴压比的要求，结构截面尺寸亦不断增加，不仅导致混凝土消耗量增加，而且浪费建筑面积和空间。解决这一问题的方法之一是提高混凝土的强度，混凝土有高强化的发展趋势。

过去一般工民建常用的大体积混凝土强度等级为 C20～C25，实践证明，它满足了各种工艺和防水的要求，达到上述强度等级的混凝土自然地满足 S8 至 S12 的防水要求。近年来，由于超高层的建设需要，大体积混凝土的强度等级有日趋增高的发展趋势。其中有些是由于结构荷载的需求，还有相当多数量工程是由于一种"强度越高越好"的错误概念方面的原因。

我们现在讨论由于结构的需要而必须采用高强大体积混凝土的技术问题，我们把它列为高性能（HPC）大体积混凝土的研究范畴。

在工民建一般结构和构件中，混凝土的强度等级达到或超过 C50 的混凝土称为高强混凝土。但在国际上尚无严格统一规定，最早有资料认为达到或超过 C40 的混凝土称为高强混凝土。

我们还是采用一般的定义，C25 以下称为"低强混凝土"，C30～C45 称为"中强混凝土"，C50 以上的混凝土为"高强混凝土"（HSC），我国目前生产的高强混凝土为 C50～C80，正研制更高强度的混凝土。大于或等于 C100 的混凝土称为"超高强混凝土"。国外最高强度等级混凝土达 C300。为了适应裂缝控制的要求，高性能混凝土（HPC）应当低热，低收缩，低弹模，高极限拉伸，适当的抗压强度，较高的抗拉强度，极限拉伸和适当的徐变特征并在施工中有良好的流动度。这里我们强调，高强混凝土（HSC）只应用在柱子一类构件上，尽可能不用于大体积混凝土，用量是很少的。

1. 水泥的成分

水泥的种类很多，可选用 42.5 级硅酸盐水泥或普通硅酸盐水泥，如果强度等级不超过 C60，也可以用 32.5 级水泥配制，最好能采用普通硅酸盐水泥，施工时再加入粉煤灰或炉渣等活性混合材料。如混凝土的强度要求不大于 C50 时，采用矿渣硅酸盐水泥、粉煤灰水泥也是可行的。

水泥的矿物成分和细度都可以提高混凝土的强度，一般说来，矿物成分中铝酸三钙的含量应当尽可能低，水泥中的游离氧化钙、氧化镁和三氧化硫等尽可能少。

改善水泥的矿物组成是提高混凝土强度的有效途径。

高细度的水泥亦必然带来较高的强度，但是提高细度也必然带来较大的收缩，显著的增加收缩应力，因此细度应尽可能低一些，最好不要以提高细度的办法提高强度。

2. 水泥的用量与高效减水剂

配制高强混凝土的水泥用量较多，是大体积混凝土出现裂缝的主要原因之一。如对于 C70 级混凝土，其立方强度近 80MPa，水泥用量约在 $500\sim550kg/m^3$ 之多，控制大体积混凝土裂缝的难度就更大了。此时应采取外加活性矿物混合料来减少水泥的用量。

降低水灰比是提高强度的重要措施，但必须外加高效减水剂，如果将大体积混凝土的水灰比降低到 0.3，且坍落度仍能满足泵送要求，即至少也得 $10\sim12cm$，则必须外加高效减水剂。

如配制大体积混凝土 C50～C60，水泥用量可以介于 $400\sim450kg/m^3$，外掺硅粉矿物料不仅可以有效地提高强度、减少水泥用量，还可对泵送、防渗、密实性等带来一系列的好处。

据报道，国外有用 $260\sim270kg/m^3$ 水泥配制出抗压强度达 70MPa 的高强混凝土。所以，对于高强大体积混凝土说来，尽可能减少水泥用量不仅节约投资（节约水泥投资潜力巨大），而且对控制裂缝带来很大的好处。低用量水泥配制高强大体积混凝土是高技术水平标志。

3. 骨料及粉煤灰

骨料的强度对高强混凝土十分重要，如果骨料不能精选，其他上述措施都起不到应有的效果。必须注意粗骨料的粒径、形状及矿物成分。对大体积混凝土最宜采用 5～40mm 粒径。粗骨料的碎石优于卵石。试验证明，粗骨料和细骨料的比例为 2.0，砂率为 0.33 的混凝土强度较高。非大体积高强混凝土粗骨料最大粒径为 20mm。高强混凝土的粗骨料宜采用连续级配。

细骨料应选用含泥量最低的中粗砂，砂子细度模量约在 2.7～3.1 为佳。有时环境限制，无法找到较高模量的砂子，细度较低的砂子也可配制高强混凝土，可以加较大剂量的高效减水剂。

粉煤灰可改善混凝土的工作度，减少混凝土的用水量，减少泌水和离析现象，可代替部分水泥，减少水化热。它能减少混凝土中的孔隙，提高密实性和强度。掺入一定量的粉煤灰比继续增加水泥的强度来得大（尽管等量取代），所以对抗裂很有好处。

粉煤灰的掺量有日趋增大的趋势，从以前的 15% 左右到 30%，有的加至 50%。这种掺量对混凝土的影响，必须通过试验确定，利用 $R_{90}d$ 后期强度。

4. 控制高强大体积混凝土裂缝的理论与计算

如前所述，控制低强、中强及高强大体积混凝土裂缝的理论依据及计算公式是共同的，原则是一致的，没有区别，只是计算中所代入的物理力学参数和工程条件参数是不同的。

施工中对材料的配比、材料的质量及要求、称量装置、温控方法等更加严格。为了降低水化热影响常采用冷却水管冷却、以冷却水或冰屑代水搅拌混凝土降低入模温度等。分块降低约束是最有效的办法，利用后期强度。

5. 工程实例

上海建工集团一公司承建 88 层金茂大厦的筏基，高强 C50 大体积混凝土温控由该公司监测。

该工程位于浦东新区陆家嘴金融开发区，占地 2.3 万 m²，地下 3 层，地上 88 层，主楼高 420m，主楼基础为建造在钢管桩基上的大体积混凝土筏式基础，筏基长宽 64m×64m，厚度为 4m，混凝土强度等级 $C50R_{56}$，即 56d 强度等级为 C50，工程总量 13500m³，施工现场见图 6-43。

图 6-43   上海首次大体积采用 C50 高强度混凝土的金茂大厦基础 1.35 万 m³
仅用 45h 一次浇捣成功（照片由建工集团材料公司摄）

一公司进行了一系列的试验研究和理论计算并与材料公司配合，采用的材料配比：矿渣水泥 32.5 级，460kg/m³，中砂 593kg/m³，碎石 5～40，1021kg/m³，自来水 193kg/m³，粉煤灰 70kg/m³，减水剂 2.76 kg/m³。

温度应力计算公式采用本书的基本公式：

$$\sigma_{\max} = -\frac{\alpha}{1-\mu} \sum_{i=1}^{n} \left(1 - \frac{1}{\mathrm{ch}\beta_i \dfrac{L}{2}}\right) E_i(t) \cdot \Delta T_i \cdot H_i(t)$$

由于水化热温升很大，采取冷却水管冷却降温的办法，采用 φ25 黑铁管，竖向共 3 层，纵横交错，水平向间距 1m，利用正反循环冷却调节温度，实现信息化施工，加强保温保湿养护，控制温差及降温速率，最后取得圆满成功。

大体积高强混凝土的温度分布见图6-44。由测温曲线可知最高温度达 94.7℃，由于降温缓慢，内外温差小于 30℃，最终达到控制裂缝的目的。地下室外墙是两墙合一，连续墙兼永久性外墙，先做连续墙后做底板，对外墙不存在约束拉应力，只有槽壁接缝防水问题，否则墙体裂缝将难以避免。

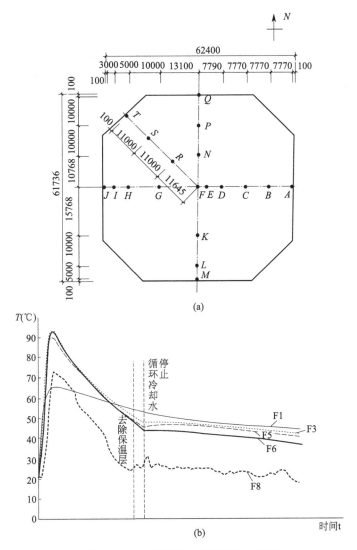

图 6-44 C50 高强度大体积混凝土温控

（a）主楼承台混凝土测温点平面布置图；

（b）基础混凝土升降温曲线（一公司实测）

7 大体积混凝土结构裂缝控制实践

在大体积混凝土工程施工中，由于水泥水化热引起混凝土浇筑内部温度和温度应力剧烈变化，而导致混凝土发生裂缝的现象。因此，控制混凝土浇筑块体因水泥水化热引起的温升、混凝土浇筑块体的里外温差及降温速度，防止混凝土出现有害的温度裂缝（包括混凝土收缩）是施工技术的关键问题。几十年来在高炉、转炉、热风炉、焦炉、轧钢基础等块体类基础大体积混凝土工程施工中，在科学实验的基础上，采取以防为主，成功地采用了温控施工技术，在块体基础的设计、混凝土材料的选择、配合比设计、拌制、运输、浇筑及混凝土的保温养护及施工过程中混凝土浇筑块体内部温度及温度应力的监测等环节，采取了一系列的技术措施，成功地完成了宝山钢铁公司、马鞍山钢铁公司、重庆钢铁公司、唐山钢铁公司、邯郸钢铁总厂、武汉钢铁公司等高炉基础、热风炉基础、转炉基础底板、焦炉基础底板、自备电厂汽机基础、超高的钢和钢筋混凝土烟囱基础、高层建筑地下工程、给水排水工程、公共建筑、核电工程等大体积混凝土工程的施工，取得了丰富的施工经验。

7.1 宝钢转炉基础大体积混凝土的裂缝控制 ❶

大体积混凝土设备基础浇灌中的一个重大技术课题是，如何控制裂缝的扩展。为了满足工艺和构造要求，这些设备基础截面尺寸一般较大，由于荷载而引起裂缝的可能性较少。但是国内外的实践证明：大体积混凝土释放的水化热，会产生较大的温度变化和收缩作用，由此而产生的温度和收缩应力，是导致混凝土出现裂缝的主要因素，从而影响基础的整体性、防水性和耐水性，成为结构物隐患。为此，在大体积设备基础混凝土施工中，对这种性质的裂缝，必须认真对待。

宝钢转炉基础采用了平面尺寸为 31.3m×90.8m，厚为 2.5m 的整体筏式基础。基础下面布有 253 根 ϕ914.4mm×11mm、长 60m 的钢管桩，施工时采用 C20 大流动度泵送混凝土（按日方提出混凝土圆柱体试块强度 180 号换算到立方体强度），混凝土量为 6190m³，连续浇灌时间 28h。底皮和面部钢筋采用 ϕ32@150 双向布置，含筋率为 0.4%。按我国设计规范规定，地下连续现浇钢筋混凝土结构的伸缩缝间距不得超过 30m。

日本对长距离的设备基础一般也采取设置水平施工缝，进行分块、分层浇捣的方法，如新日铁八幡三炼钢厂的长 108m、厚 2.8m 的转炉基础，在长度方向分为三块，布置了三条垂直施工缝，另外沿高度布置了一条水平施工缝，使整个基础分为厚 1.3m、1.5m 的六块。在宝钢建设的"A"阶段谈判中，日方曾提出转炉整个基础宜采用分三段施工的意见。根据以上情况，转炉基础施工开始时曾设想过两个方案：第一方案将基础分为 28.6m×31.3m 的三块，中间预留两条 1m 宽的"后浇带"，待三块混凝土浇灌完毕养护

❶ 该工程由上海市建三公司施工，奚正修、高勖华及林应清等总工协作。

40d 后，再将后浇带的空档灌满混凝土；第二方案同样将基础分为三块，但采用"跳仓浇灌"方法，先浇灌第一、第三块，养护 40d 后再浇灌中间一块。这两个方案的优点是符合我国设计规范的有关要求，亦能减少温度收缩应力和控制裂缝的开展。但主要问题是后浇带或施工缝的设置，由于钢筋、支架比较密集，给支模带来一定困难，混凝土施工缝的表面凿毛和垃圾清理工作量较大，同时停歇时间太长，既不利于保证施工质量，又增加了工序间的交叉，延长了施工期。

为此，我们对整个转炉基础底板可否不设水平缝和垂直缝，一次浇灌完成，作为技术上的一个重大课题进行了认真的研究和探讨。特别是又遇到了比过去一般大体积混凝土施工时更加不利的条件，如：浇灌时的最高气温达 32～34℃，长达 90.8m 的混凝土基础，采用大流动度泵送工艺。按过去经验，这些都增加了出现裂缝的危险。但是，本工程的施工条件已无法改变，只能采取慎重的科学态度和严密的技术措施，来积极解决这一技术难题。对转炉基础混凝土一次泵送浇灌后的温度场进行了详细计算，结果表明，只要在整个施工过程中对原料质量、混凝土级配管理、泵送工艺、保温养护、测温等各个环节采取一系列切实有效的技术组织措施，一次浇灌混凝土不留任何施工缝是完全可以保证质量的。

作出一次浇灌决策的主要依据是关于温度应力的理论分析和估算。虽然基础超长超厚，但温度应力与结构的几何尺寸并非呈线性关系，且基础受地基的约束作用是较小的，根据估算水化热降温差 20℃，一个月收缩当量温差 15℃，综合温差 35℃。由于当时尚不能估计降温速率，无法分段详细计算，而采用公式(6-39)，偏于安全地，按一次降温近似计算，松弛系数取 0.5，估算最大拉应力：

$$\sigma^*_{xmax} = 7.355\text{kg/cm}^2 = 0.7355\text{MPa} \ll 1.3\text{MPa} = R_f$$

其后，基础施工中进行了详细测温，有条件进行分段计算，并得以校核施工前的估算，计算得出降温时混凝土累积拉应力为 0.486MPa，抗拉强度为 1.3MPa，两者比较，安全度 $K = 2.67$，说明降温和收缩不会产生混凝土贯穿裂缝。现该处混凝土浇灌完毕已有数年，施工实践证明，施工前理论验算数据是正确的，混凝土大块基础通体上下未发现任何裂缝。此举冲破了国内外每 20～30m 必须设置伸缩缝的设计规定，也突破了国外惯用的"垂直分缝，水平分层"施工方案，为今后大体积混凝土的设计和施工提供了新的经验和依据。现将其抗裂理论演算（根据实测资料分段计算更能接近实际便于今后应用）及施工时采取的保证工程质量的若干措施，作一简单介绍。

1. 大体积混凝土基础抗裂计算

1）绝热温升

$$T_{max} = \frac{W \cdot Q}{c\gamma} \tag{7-1}$$

式中　T_{max}——绝热温升（℃），是指在基础四周无任何散热条件、无任何热损耗的条件下，水泥与水化合后产生的反应热（水化热）全部转化为温升后的最高温度；

Q——水泥水化热（J/kg），用中低热的 32.5 级矿渣硅酸盐水泥，其 28d 的水化热为 334×10^3 J/kg；

W——每立方米混凝土中水泥的实际用量（kg/m³），为了降低水化热，利用 60d 的强度为 22.5MPa，水泥用量 280kg/m³；

　　c——混凝土的比热，J/(kg·℃)，取 0.96×10³J/(kg·℃)；

　　γ——混凝土的重度（kg/m³），取 2400kg/m³。

代入各值得：

$$T_{max} = \frac{280 \times 334 \times 10^3}{0.96 \times 10^3 \times 2400} = 40.5℃$$

　　基础处于散热条件下，考虑上下表面一维散热，应用差分法算的结果，散热影响系数约为 0.6，水化热温升 $T_{max} = 0.6 \times 40.5 = 24.3℃$，预算基础中心最高温度 28+24.3=52.3℃（28℃为入模温度）。

　　2）各龄期的实际温升情况与计算温差

　　根据浇灌时实测混凝土的入模温度为 28℃，2.5m 厚底板实测升降温曲线见图 7-1，现求各龄期水化热升降温值。根据差分法算得 30d 基础中心温度 31.8℃，预算中心部位降温差 52.3−31.8=20.5℃。

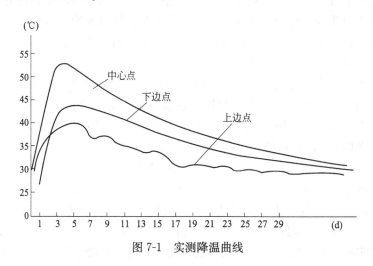

图 7-1　实测降温曲线

　　在温度应力计算中，主要考虑基础总降温差引起的外约束应力。总降温差偏于安全地取水化热最高温升冷却至某时的环境气温差（本例取 20℃），将总降温差分成台阶（步距 3d）式降温计算如下（养护期间 30d）：

　　(1) 3d $T_{(3)} = 52℃$（实际最高温升与施工前理论估算接近）；

　　(2) 6d $T_{(6)} = 49.5℃$，$\Delta T'_{(6)} = 52 - 49.5 = 2.5℃$；

　　(3) 9d $T_{(9)} = 46℃$，$\Delta T'_{(9)} = 49.5 - 46 = 3.5℃$；

　　(4) 12d $T_{(12)} = 42.5℃$，$\Delta T'_{(12)} = 46 - 42.5 = 3.5℃$；

　　(5) 15d $T_{(15)} = 39.5℃$，$\Delta T'_{(15)} = 42.5 - 39.5 = 3.0℃$；

　　(6) 18d $T_{(18)} = 37.5℃$，$\Delta T'_{(18)} = 39.5 - 37.5 = 2.0℃$；

　　(7) 21d $T_{(21)} = 35.7℃$，$\Delta T'_{(21)} = 37.5 - 35.7 = 1.8℃$；

　　(8) 24d $T_{(24)} = 34.8℃$，$\Delta T'_{(24)} = 35.7 - 34.8 = 0.9℃$；

　　(9) 27d $T_{(27)} = 33.5℃$，$\Delta T'_{(27)} = 34.8 - 33.5 = 1.3℃$；

　　(10) 30d $T_{(30)} = 32℃$，$\Delta T'_{(30)} = 33.5 - 32 = 1.5℃$。

　　3）实际非均匀温度分布及降温差

结构裂缝的主要原因是降温和收缩。转炉基础施工中，对 2.5m 厚大底板的水化热温升及一个月内的降温状态作了观测，在标准断面中选择出大底板顶部 C_1、中部 C_3 及底部 C_5 三测点，其温度变化见表 7-1。任一降温差（水化热温差加上收缩当量温差）都可以分解为平均降温差及非均匀降温差。前者产生外约束应力，是产生贯穿性裂缝的主要原因，后者引起自约束应力，主要引起表面裂缝。因此，首先要控制好两个降温差，减少和避免裂缝的开展。非均匀降温差过去一般都将混凝土内外温差控制在 20℃，这次采用了 30℃ 的规定。在一般情况下，现浇混凝土结构升温阶段出现裂缝的可能性不大。

C_1、C_3、C_5 测点逐日温度升降值　　　　　　表 7-1

日　期	1	2	3	4	5	6	7	8	9	10	11	12	13	14	15
C_1 测点	35	35.5	38.5	39	36	35	34.8	34.5	33.9	32.5	31	30.5	31	30.5	29.5
C_3 测点	38	50.5	52	51.7	50.5	49.5	48.5	47	46	45	43.5	42.5	41.5	40.5	39.5
C_5 测点	36	39.2	42	42.5	43	43	43	42.5	42	41.2	40.5	40.5	40	39.5	39
日　期	16	17	18	19	20	21	22	23	24	25	26	27	28	29	30
C_1 测点	29	30	30	29.5	29.5	29.7	28.5	29.3	29	29	29	28.5	28.2	27.9	28.5
C_3 测点	38.5	38	37.5	36.5	36.2	35.7	35.4	35	34.8	34.5	34	33.5	32.5	32.3	32
C_5 测点	38	38	37.5	36.7	36.5	36	35.5	35.3	35	34.7	34.5	34	33.2	33	33

温度应力计算中，首先须算出总降温差，过去常以水化热最高温升与基础最终稳定温度之差作为总降温差，计算方便且偏于安全。实际上，水化热最高温度只发生在截面的中下部，全截面的平均温度略低于水化热最高温度，控制贯穿性裂缝的温差应该是平均最高温度与稳定温度之差。以下就温差问题作简单的分析。

为方便计算把基础截面实际非均匀温度分布，假定为相对中心轴的对称抛物线，示于图 7-2。

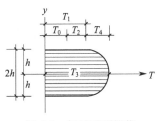

图 7-2　保温下厚板截面温度近似假定

图中　　T_0——混凝土入模温度（28℃）；

T_1——在两层草包养护下混凝土表面温度（℃）；

T_2——$T_1 - T_0$；

T_3——基础中心最高温度（℃）；

T_4——$T_3 - T_1$；

$T_c(t)$——平均温度 $T_1 + \dfrac{2}{3} T_4$。

（1）混凝土浇灌后 3d，中心最高温度达 52℃，上边缘由 28℃ 上升至 38.5℃，中心与边缘温差 13.5℃，按抛物线假定求得平均最高温度：

$$\mathop{T_c(t)}\limits_{t=3d} = T_1 + \frac{2}{3} T_4 = 38.5 + \frac{2}{3} \times 13.5 = 47.5℃ < 52℃$$

（2）浇灌后 30d，环境气温 27℃，中心与边缘温差 5℃，截面的平均温度：

$$\mathop{T_c(t)}\limits_{t=30d} = 27 + \frac{2}{3} \times 5 = 30.33℃$$

实际总降温差：

$$T = T_c(3) - T_c(30) = 47.5 - 30.33 = 17.17℃$$

计算温差 20℃，误差 20－17.7＝2.3℃（偏于安全而且误差不大）。

根据实测结果，由于底板上下表面散热的条件不同，因此在断面上的温差呈非对称抛物线分布，但是在本工程保温良好的条件下，混凝土浇灌 3d 时即已接近对称抛物线，上下边缘差 3.5℃。为了简化计算，可将一个非对称抛物线假定为对称抛物线，这在实际工程上也是允许的，即取表达式：

$$T(y) = T_1 + T_4\left(1 - \frac{y^2}{h^2}\right)(-h < y < h) \tag{7-2}$$

式中 $T(y)$——基础断面上任意深度处的温度；

  $2h$——基础厚度；

  y——基础断面上任意一点离开中心轴的距离；

  T_4——$T_3 - T_1$，见图 7-2。

水平轴通过基础中心 $y = 0$。

由非均匀温度场引起的自约束应力计算方法见 6.7 节。

实测基础中心点 C_3 的降温曲线及分段计算中必需的台阶式温差划分，如图 7-3 所示。

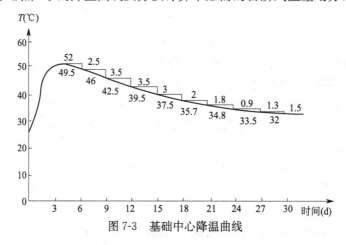

图 7-3 基础中心降温曲线

4）各龄期混凝土收缩当量温差

混凝土随着多余水分的蒸发必将引起体积的收缩，其收缩量甚大，机理比较复杂，随着许多具体条件的差异而变化，根据国内外统计资料，可用下列指数函数表达式进行收缩值的计算：

$$\varepsilon_y(t) = \varepsilon_y^0 M_1 M_2 \cdots M_{12}(1 - e^{-0.01t}) \tag{7-3}$$

式中 $\varepsilon_y(t)$——任意时间的收缩（mm/mm）；

  t——由浇灌时至计算时，以天为单位的时间值；

$\varepsilon_y^0 = \varepsilon_y(\infty)$——最终收缩（mm/mm），标准状态下 $\varepsilon_y^0 = 3.24 \times 10^{-4}$；

  $M_1 \cdots M_{12}$——考虑各种非标准条件的修正系数；

  M_1——水泥品种为矿渣水泥，取 1.25；

  M_2——水泥细度为 4900 孔，取 1.35；

  M_3——骨料为花岗石，取 1.00；

  M_4——水灰比为 0.709，取 1.64；

  M_5——水泥浆量为 0.2，取 1.00；

M_6——自然养护 30d，取 0.93；

M_7——环境相对湿度为 90%，取 0.54；

M_8——水力半径倒数为 0.4，取 1.2；

M_9——机械振捣，取 1.00；

M_{10}——含筋率为 0.4%，取 0.9；

M_{11}——风速影响修正系数，取 1.0；

M_{12}——环境温度影响修正系数，取 1.0。

混凝土内的水分蒸发引起体积收缩，这种收缩过程总是由表及里，逐步发展的。由于湿度不均匀，收缩变形也随之不均匀，基础的平均收缩变形助长了温度变形引起的应力，可能导致混凝土开裂，因此在温度应力计算中必须把收缩这个因素考虑进去。为了计算方便，把收缩换算成"收缩当量温差"。就是说收缩产生的变形，相当于引起同样变形所需要的温度：

$$T_y(t) = \frac{\varepsilon_y(t)}{\alpha} \tag{7-4}$$

计算各时期的收缩及台阶式当量温差：

(1) 30d

$$\varepsilon_y(30) = 3.24 \times 10^{-4} \times 1.25 \times 1.35 \times 1.00 \times 1.64 \times 1.00 \times 0.93$$
$$\times 0.54 \times 1.2 \times 1.00 \times 0.9 \times (1 - e^{-0.01 \times 30})$$
$$= 1.26 \times 10^{-4}$$

$$T_y(30) = \frac{1.26 \times 10^{-4}}{1 \times 10^{-5}} = 12.6℃$$

(2) 27d

$$\varepsilon_y(27) = 1.151 \times 10^{-4}$$
$$T_y(27) = 11.51℃$$

(3) 24d

$$\varepsilon_y(24) = 1.038 \times 10^{-4}$$
$$T_y(24) = 10.38℃$$

(4) 21d

$$\varepsilon_y(21) = 0.921 \times 10^{-4}$$
$$T_y(21) = 9.21℃$$

(5) 18d

$$\varepsilon_y(18) = 0.801 \times 10^{-4}$$
$$T_y(18) = 8.01℃$$

(6) 15d

$$\varepsilon_y(15) = 0.677 \times 10^{-4}$$
$$T_y(15) = 6.77℃$$

(7) 12d

$$\varepsilon_y(12) = 0.55 \times 10^{-4}$$
$$T_y(12) = 5.5$$

(8) 9d

$$\varepsilon_y(9) = 0.419 \times 10^{-4}$$
$$T_y(9) = 4.19℃$$

（9）6d

$$\varepsilon_y(6) = 0.282 \times 10^{-4}$$
$$T_y(6) = 2.82℃$$

（10）3d

$$\varepsilon_y(3) = 0.144 \times 10^{-4}$$
$$T_y(3) = 1.44℃$$

台阶式收缩当量温差：

（1）$\Delta T_y(6) = 2.82 - 1.44 = 1.38℃$

（2）$\Delta T_y(9) = 1.37℃$

（3）$\Delta T_y(12) = 1.31℃$

（4）$\Delta T_y(15) = 1.27℃$

（5）$\Delta T_y(18) = 1.24℃$

（6）$\Delta T_y(21) = 1.20℃$

（7）$\Delta T_y(24) = 1.17℃$

（8）$\Delta T_y(27) = 1.13℃$

（9）$\Delta T_y(30) = 1.09℃$

5）台阶式综合降温差及总综合温差

（1）各阶段台阶式降温的综合温差

为了较精确地计算考虑徐变作用下的温度应力，把总降温分成若干台阶式降温，分别计算出各阶段降温引起的应力，最后叠加得出总降温应力。台阶式综合温差 $\Delta T(t) = \Delta T'(t) + \Delta T_y(t)$：

$$\Delta T_{(6)} = 2.5℃ + 1.38℃ = 3.88℃$$
$$\Delta T_{(9)} = 3.5℃ + 1.36℃ = 4.86℃$$
$$\Delta T_{(12)} = 3.5℃ + 1.31℃ = 4.81℃$$
$$\Delta T_{(15)} = 3.0℃ + 1.27℃ = 4.27℃$$
$$\Delta T_{(18)} = 2.0℃ + 1.24℃ = 3.24℃$$
$$\Delta T_{(21)} = 1.8℃ + 1.20℃ = 3.00℃$$
$$\Delta T_{(24)} = 0.90℃ + 1.17℃ = 2.07℃$$
$$\Delta T_{(27)} = 1.3℃ + 1.13℃ = 2.43℃$$
$$\Delta T_{(30)} = 1.5℃ + 1.09℃ = 2.59℃$$

（2）总综合温差

$$T = \Delta T_{(6)} + \Delta T_{(9)} + \cdots + \Delta T_{(30)}$$
$$= 3.88 + 4.86 + 4.81 + 4.27 + 3.24 + 3.00 + 2.07 + 2.43 + 2.59$$
$$= 31.15℃$$

以上各种降温差均为负值。

6）各龄期的混凝土弹性模量

基础混凝土浇灌初期，处于升温阶段，呈塑性状态，混凝土的弹性模量很小，由变形变化引起的应力也很小，温度应力一般可忽略不计。经过数日，弹性模量随时间迅速上升，此时由变形变化引起的应力状态（即混凝土降温引起拉应力）随着弹性模量的上升显著增加，因此必须考虑弹性模量的变化规律，一般按下列公式计算：

$$E_{(t)} = E_0(1 - e^{-0.09t}) \tag{7-5}$$

式中　$E_{(t)}$——任意龄期的弹性模量；

　　　E_0——最终的弹性模量，一般取成龄的弹性模量 $2.6 \times 10^4 \text{N/mm}^2$；

　　　t——混凝土浇灌后到计算时的天数。

各时段弹性模量：

$$E_{(3)} = 2.6 \times 10^4(1 - e^{-0.09 \times 3}) = 0.615 \times 10^4 \text{N/mm}^2$$
$$E_{(6)} = 1.08 \times 10^4 \text{N/mm}^2$$
$$E_{(9)} = 1.443 \times 10^4 \text{N/mm}^2$$
$$E_{(12)} = 1.717 \times 10^4 \text{N/mm}^2$$
$$E_{(15)} = 1.926 \times 10^4 \text{N/mm}^2$$
$$E_{(18)} = 2.085 \times 10^4 \text{N/mm}^2$$
$$E_{(21)} = 2.21 \times 10^4 \text{N/mm}^2$$
$$E_{(24)} = 2.30 \times 10^4 \text{N/mm}^2$$
$$E_{(27)} = 2.37 \times 10^4 \text{N/mm}^2$$
$$E_{(30)} = 2.43 \times 10^4 \text{N/mm}^2$$

7）各龄期混凝土松弛系数

当结构的变形保持不变时，结构内的应力因徐变而随时间衰减的现象称松弛。

在计算温度应力时，徐变所导致的温度应力的松弛，有益于防止裂缝的开展。徐变可使混凝土的长期极限抗拉值增加一倍左右，即提高了混凝土的极限变形能力。因此在计算混凝土的抗裂性时显然需要把松弛考虑进去。其松弛程度同加荷时混凝土的龄期有关，龄期越早，徐变引起的松弛亦越大。其次同应力作用时间长短有关，时间越长则松弛亦越大。根据"考虑徐变计算混凝土及钢筋混凝土结构的温度及温度的应力"，本书表5-1、表5-2，考虑龄期及荷载持续时间影响下的应力松弛系数为 $H(t=30, \tau=3、6、9\cdots)$：

$$H_{(3)} = 0.186, H_{(6)} = 0.208, H_{(9)} = 0.214,$$
$$H_{(12)} = 0.215, H_{(15)} = 0.233, H_{(18)} = 0.252,$$
$$H_{(21)} = 0.301, H_{(24)} = 0.524, H_{(27)} = 0.570,$$
$$H_{(30)} = 1.0$$

8）最大拉应力计算

$$\sigma(t) = -\frac{\alpha}{1-\mu} \sum_{i=1}^{n} \left(1 - \frac{1}{\text{ch}\beta_i \frac{L}{2}}\right) E_i(t) \Delta T_i H_i(t, \tau_i) \tag{7-6}$$

式中　$\sigma(t)$——各龄期混凝土基础所承受的温度应力；

　　　$E_i(t)$——各龄期混凝土的弹性模量；

　　　α——混凝土线膨胀系数 1.0×10^{-5}；

ΔT_i——各龄期综合温差，均以负值代入；

μ——泊松比，当基础为双向受力时取 0.15；

$H_i(t, \tau_i)$——各龄期混凝土松弛系数；

L——基础的长度，本例为 90800mm；

β——$\sqrt{\dfrac{C_x}{HE_{(t)}}}$；

H——基础底板厚度（2500mm）；

C_x——总阻力系数（地基水平剪切刚度）（N/mm³），此处 $C_x = C_{x1} + C_{x2}$；

C_{x1}——宝钢地区软土地基侧向刚度系数，取 1×10^{-2}N/mm³；

C_{x2}——地基单位面积侧向刚度受钢管桩影响系数，$C_{x2} = \dfrac{Q}{F}$；

Q——钢管桩产生单位侧移时的水平力（N/mm）；

F——每根桩分担的地基面积 3m×3m = 9m² = 9×10^4cm² = 9×10^6mm²。

当钢管桩与基础铰接时：

$$Q = 2EJ \left(\sqrt[4]{\frac{K_h \cdot D}{4EJ}} \right)^3 \tag{7-7}$$

式中 K_h——侧向压缩刚度系数 1×10^{-2}N/mm³；

E——钢管桩的弹性模量 2.0×10^5MPa；

J——钢管桩（ϕ914.4mm×11mm）的惯性矩，$J = 319 \times 10^7$mm⁴；

D——钢管桩的直径 ϕ914.4mm。

本例中：

$$Q = 2 \times 2.0 \times 10^5 \times 319 \times 10^7 \left(\sqrt[4]{\frac{914.4 \times 10^{-2}}{4 \times 2.0 \times 10^5 \times 319 \times 10^7}} \right)^3$$

$$= 1.869 \times 10^4 \text{N/mm}$$

$$C_{x2} = \frac{Q}{F} = \frac{1.863 \times 10^4}{9 \times 10^6} = 0.207 \times 10^{-2} \text{N/mm}^3$$

$$C_x = C_{x1} + C_{x2} = (1 + 0.207) \times 10^{-2} = 1.207 \times 10^{-2} \text{N/mm}^3$$

(1) 6d

（第 1 台阶降温）自第 6d 至第 30d 的徐变应力：

$$\beta = \sqrt{\frac{1.207 \times 10^{-2}}{2500 \times 1.08 \times 10^4}} = \sqrt{0.0447 \times 10^{-8}}$$

$$= 0.000021 = 2.1 \times 10^{-5}$$

$$\beta \frac{L}{2} = 0.000021 \times \frac{90800}{2} = 0.9534$$

查双曲线函数表得 $\text{ch}\beta \dfrac{L}{2} = 1.490$

$$\sigma_{(6)} = \frac{1.08 \times 10^4 \times 1.0 \times 10^{-5} \times 3.88}{1 - 0.15} \times \left(1 - \frac{1}{1.490} \right) \times 0.208$$

$$= 0.0337 \text{MPa}$$

(2) 9d

（第 2 台阶降温）自第 9d 至第 30d 的徐变应力：

$$\beta = \sqrt{\frac{1.207 \times 10^{-2}}{2500 \times 1.443 \times 10^4}} = 0.0000183 = 1.8 \times 10^{-5}$$

$$\beta \frac{L}{2} = 0.8172$$

查表得 $\mathrm{ch}\beta \dfrac{L}{2} = 1.35$

$$\sigma_{(9)} = \frac{1.443 \times 10^4 \times 1.0 \times 10^{-5} \times 4.86}{1 - 0.15} \times \left(1 - \frac{1}{1.35}\right) \times 0.214$$

$$= 0.046\mathrm{MPa}$$

（3）12d

（第 3 台阶降温）自第 12d 至第 30d 的徐变应力：

$$\beta = \sqrt{\frac{1.207 \times 10^{-2}}{2500 \times 1.717 \times 10^4}} = 0.0000168 = 1.68 \times 10^{-5}$$

$$\beta \frac{L}{2} = 0.7627$$

查表得 $\mathrm{ch}\beta \dfrac{L}{2} = 1.30$

$$\sigma_{(12)} = \frac{1.717 \times 10^4 \times 1.0 \times 10^{-5} \times 4.81}{1 - 0.15} \times \left(1 - \frac{1}{1.30}\right) \times 0.215$$

$$= 0.0482\mathrm{MPa}$$

（4）15d

（第 4 台阶降温）自 15d 至第 30d 的徐变应力：

$$\beta = \sqrt{\frac{1.207 \times 10^{-2}}{2500 \times 1.926 \times 10^4}} = 0.0000158 = 1.58 \times 10^{-5}$$

$$\beta \frac{L}{2} = 0.717$$

查表得 $\mathrm{ch}\beta \dfrac{L}{2} = 1.27$

$$\sigma_{(15)} = \frac{1.924 \times 10^4 \times 1.0 \times 10^{-5} \times 4.27}{1 - 0.15} \times \left(1 - \frac{1}{1.27}\right) \times 0.233$$

$$= 0.048\mathrm{MPa}$$

（5）18d

（第 5 台阶降温）自第 18d 至第 30d 的徐变应力：

$$\beta = \sqrt{\frac{1.207 \times 10^{-2}}{2500 \times 2.085 \times 10^4}} = 0.0000152 = 1.52 \times 10^{-5}$$

$$\beta \frac{L}{2} = 0.69$$

查表得 $\mathrm{ch}\beta \dfrac{L}{2} = 1.25$

$$\sigma_{(18)} = \frac{2.085 \times 10^4 \times 1.0 \times 10^{-5} \times 3.24}{1 - 0.15} \times \left(1 - \frac{1}{1.25}\right) \times 0.252$$

$$= 0.0401\text{MPa}$$

（6）21d

（第 6 台阶降温）自第 21d 至第 30d 的徐变应力：

$$\beta = \sqrt{\frac{1.207 \times 10^{-2}}{2500 \times 2.21 \times 10^4}} = 0.0000148 = 1.48 \times 10^{-5}$$

$$\beta \frac{L}{2} = 0.672$$

查表得 $\text{ch}\beta \frac{L}{2} = 1.23$

$$\sigma_{(21)} = \frac{2.221 \times 10^4 \times 1.0 \times 10^{-5} \times 3.00}{1 - 0.15} \times \left(1 - \frac{1}{1.23}\right) \times 0.301$$

$$= 0.044\text{MPa}$$

（7）24d

（第 7 台阶降温）自第 24d 至第 30d 的徐变应力：

$$\beta = \sqrt{\frac{1.207 \times 10^{-2}}{2500 \times 2.30 \times 10^4}} = 0.0000145 = 1.45 \times 10^{-5}$$

$$\beta \frac{L}{2} = 0.658$$

查表得 $\text{ch}\beta \frac{L}{2} = 1.22$

$$\sigma_{(24)} = \frac{2.30 \times 10^4 \times 1.0 \times 10^{-5} \times 2.07}{1 - 0.15} \times \left(1 - \frac{1}{1.22}\right) \times 0.524$$

$$= 0.0529\text{MPa}$$

（8）27d

（第 8 台阶降温）自第 27d 至第 30d 的徐变应力：

$$\beta = \sqrt{\frac{1.207 \times 10^{-2}}{2500 \times 2.37 \times 10^4}} = 0.0000143 = 1.43 \times 10^{-5}$$

$$\beta \frac{L}{2} = 0.649$$

查表得 $\text{ch}\beta \frac{L}{2} = 1.21$

$$\sigma_{(27)} = \frac{2.37 \times 10^4 \times 1.0 \times 10^{-5} \times 2.43}{1 - 0.15} \times \left(1 - \frac{1}{1.21}\right) \times 0.57$$

$$= 0.0670\text{MPa}$$

（9）30d

（第 9 台阶降温）即第 30d 的徐变应力：

$$\beta = \sqrt{\frac{1.207 \times 10^{-2}}{2500 \times 2.43 \times 10^4}} = 0.0000141 = 1.41 \times 10^{-5}$$

$$\beta \frac{L}{2} = 0.64$$

查表得 $ch\beta\dfrac{L}{2} = 1.21$

$$\sigma_{(30)} = \frac{2.43 \times 10^4 \times 1.0 \times 10^{-5} \times 2.59}{1 - 0.15} \times \left(1 - \frac{1}{1.21}\right) \times 1$$

$$= 0.129 \text{MPa}$$

（10）总降温产生的最大拉应力

$$\sigma_{\max}^* = 0.0337 + 0.046 + 0.0482 + 0.048 + 0.0401 + 0.044 + 0.0529$$

$$+ 0.0670 + 0.129 = 0.509 \text{MPa}$$

混凝土 C20，取 $R_f = 1.3 \text{MPa}$

$$K = \frac{R_f}{\sigma_{\max}^*} = \frac{1.3}{0.509} = 2.55 > 1.15，满足抗裂条件$$

2. 考虑早期升温约束压应力的计算结果

在一般计算中，忽略升温约束压应力，作为安全储备，但实际上早期压应力是存在的，为了进行对比，作了详细计算得到如下结果：

浇灌后第一天压应力 $\sigma_{(1)} = -0.058 \text{MPa}$，第二天 $\sigma_{(2)} = -0.249 \text{MPa}$，第三天 $\sigma_{(3)} = -0.130 \text{MPa}$，第四天 $\sigma_{(4)} = -0.061 \text{MPa}$，第五天拉应力 $\sigma_{(5)} = 0.027 \text{MPa}$……$\sigma_{(30)\max}^* = 0.435 \text{MPa} < 0.509 \text{MPa}$，该详细计算早期压应力将在本章7.25节实测中得到证实。

3. 确保工程质量的技术措施

为了防止裂缝开展，我们着重从控制温升，减少温度应力方面采取了一系列技术措施。但是这些措施不是孤立的，而是相互联系、相互制约的，必须结合实际全面考虑合理采用，才能收到防止有害裂缝的效果。

1) 水泥

在大体积混凝土施工中，水化热引起的温升较高，降温幅度大，容易引起温度裂缝。为此，在施工中应选用水化热较低的水泥以及尽量降低单位水泥用量：

（1）采用吴淞水泥厂生产的32.5级中低热矿渣硅酸盐水泥，28d的水化热为334.94kJ/kg。

（2）根据日本有关技术资料规定，"泵送混凝土水泥用量一般宜控制在300～340kg/m³，小于300kg/m³则难于泵送"。从满足可泵性及利用60d后期强度两方面考虑，水泥用量减到275～280kg/m³，水灰比为0.709，砂率为43%，到现场坍落度为11～13cm，$R_{60} = 22.5 \text{MPa}$，相当于 $R_{28} = 19.1 \text{MPa}$。一般来说水泥用量每增减10kg，温度亦相应升降1℃，这样水泥用量减少了20～30kg/m³，温度也随着降低2～3℃。

从这次转炉基础混凝土抗压强度（标准养护：20±3℃，90%湿度）统计来看，不论28d或60d都超过了设计强度。例如，单位水泥用量为275kg/m³，到现场平均坍落度为12.92cm（9～15cm），平均强度 $R_3 = 6.49 \text{MPa}$，$R_7 = 10.65 \text{MPa}$，$R_{28} = 22.6 \text{MPa}$，$R_{60} = 25.033 \text{MPa}$；单位水泥用量为280kg/m³，到现场平均坍落度为11.83cm（8.5～15cm），平均强度 $R_3 = 7.083 \text{MPa}$，$R_7 = 11.933 \text{MPa}$，$R_{28} = 24.03 \text{MPa}$，$R_{60} = 27.967 \text{MPa}$。

2) 掺合料及外加剂

为了满足送到现场的混凝土具有11～13cm的坍落度，如单纯增加单位用水量，不仅多用了水泥，加剧混凝土的干燥收缩，而且会使水化热增大，容易引起开裂。因此，在这次施工中除了调整级配外，还掺加了木质素磺酸钙减水剂。

木质素磺酸钙是吉林省山屯化学纤维浆厂利用亚硫酸盐纸浆液作为原料，采用生物发酵脱糖及喷粉干燥生产工艺制成的一种混凝土减水剂。在转炉基础大流动混凝土中掺入水泥重量 0.25% 的木钙减水剂，不仅使混凝土的工作性有了明显的改善，同时又减少了 10% 拌合用水，节约 10% 左右的水泥，从而降低了水化热。

在这次转炉基础施工中，由于各方面条件的限制，未曾掺用。但是根据国内外大量试验资料说明，混凝土中掺入粉煤灰后不仅能代替部分水泥，而且由于粉煤灰颗粒呈球形状起润滑作用，可大大改善混凝土工作性和可泵性，且可明显地降低混凝土水化热。因此今后还是应该积极创造条件，在大体积混凝土和大流动度混凝土尽可能采用粉煤灰。

近年来，开发一种新型"减低收缩剂"，是掺入后可使混凝土空隙中水分表面张力下降从而减少收缩的新材料，它可减少收缩 40%～60%，但是，能否起到有效的控制收缩裂缝的作用，还应注意其施工条件和后期收缩。

3）粗细骨料

大体积混凝土施工时，骨料的最大尺寸与结构物的配筋，混凝土浇灌工艺等因素有关。

（1）粗骨料

根据转炉基础钢筋间距为 150mm，泵车输送管为 125mm、150mm 的具体情况，选用了大量 5～40mm 的无锡石子。由于增大了骨料粒径，减少了用水量，混凝土的收缩和泌水随之减少。同时由于水泥用量的减少，水泥的水化热减少，降低了混凝土的温升。当然骨料粒径增大后，容易引起混凝土的离析，因此必须调整好级配设计，施工时加强振捣作业。另外 5～40mm 石子要求针片状少，超规少，颗粒级配符合筛分曲线要求。这样可避免堵泵，减少砂率、水泥用量，提高混凝土强度。

由试验结果表明：

采用 5～40mm 石子比采用 5～25mm 石子每立方米混凝土减少用水量 15kg 左右，在相同水灰比情况下，水泥可减少 20kg 左右（水灰比 0.709）。

当 5～40mm 石子符合筛分曲线要求时，其砂率控制在 42%～44% 左右即可满足泵送要求。

（2）细骨料

采用中、粗砂，其细度模数为 2.79，平均粒径 0.381mm，它比采用细砂（细度模数为 2.12，平均粒径 0.336mm）时，每立方米混凝土减少用水量 20～25kg，水泥相应也减少 28～35kg，从而降低混凝土的干缩。

（3）砂、石料的含泥量控制

砂、石的含泥量必须严格控制。根据国内某些地区的经验，砂、石含泥量超过规定，不仅增加了混凝土收缩，同时又降低了混凝土抗拉强度，对混凝土的抗裂是十分不利的。因此在这次大体积混凝土施工中，我们提出了石子含泥量控制在小于 1%，黄砂含泥量控制在小于 2%。在施工中，4 个搅拌站砂、石堆场的实测结果表明含泥量都在要求范围以内：石子平均含泥量为 0.297%，黄砂平均含泥量为 1.23%。

（4）掺加大石块

在大体积混凝土中掺加无裂缝、冲洗干净、规格为 150～250mm 的坚固大石块，不仅减少了混凝土总用量，进而减少了水泥用量，降低了水化热，而且石块本身也吸收发热量，使水化热能进一步降低，给控制裂缝开展带来一定好处。

4）控制混凝土出机温度及浇灌温度

为了减少混凝土的总温升，减少基础温差和内外温差，控制出机及浇灌温度也是一项重要措施。

（1）控制出机温度

搅拌前混凝土原材料总的热量与搅拌后混凝土总热量相等的情况下，可得出混凝土出机温度 T_0 如下：

$$T_0 = \frac{(C_s + C_w Q_s) W_s T_s (C_g + C_w Q_g) W_g T_g + C_c W_c T_c + C_w}{C_s W_s + C_g W_g + C_w W_w + C_c W_c}$$
$$+ \frac{C_w (W_w - Q_s W_s - Q_g W_g) T_w}{C_s W_s + C_g W_g + C_w W_w + C_c W_c} \tag{7-8}$$

式中　C_s、C_g、C_c、C_w——分别为砂、石、水泥、水的比热；

W_s、W_g、W_c、W_w——分别为每立方米混凝土砂、石、水泥、水的用量；

T_s、T_g、T_c、T_w——分别为砂、石、水泥、水的温度；

Q_s、Q_g——分别为砂、石的含水量。

一般取 $C_s = C_g = C_c = 800 \text{J}/(\text{kg} \cdot ℃)$，$C_w = 4000 \text{J}/(\text{kg} \cdot ℃)$，根据转炉基础混凝土配合比，结合上式的分析：

$$W_s = 280 \text{kg}, \ W_g = 1095 \text{kg}, \ W_c = 825 \text{kg}, \ W_w = 200 \text{kg}$$

石子、水、砂、水泥每升高 1℃ 则使混凝土出机温度分别升高 0.342℃、0.313℃、0.258℃、0.088℃。

从以上计算可见，其中石子的比热较小，但每立方米混凝土中石子所占重量为 45.6%，水的重量在每立方米混凝土中只占 0.83%，但比热较大，因此对混凝土出机温度影响最大的是石子及水的温度，砂的温度次之，水泥的温度影响较小。因此降低出机温度的最有效办法是降低石子的温度。在气温较高时，为防止太阳的直接照射，砂、石堆场宜设置遮阳棚，必要时尚须喷射水雾。

这次转炉基础混凝土由二十冶、十三冶、华电、建工四个集中搅拌站同时供应商品混凝土，其中华电一家为袋装水泥，另外三家为散装水泥，根据对两种水泥温度的测定结果：袋装水泥为 30℃；散装水泥本身温度较高，且测得搅拌后出机的混凝土温度为 28℃，而袋装水泥仅为 25℃，温度升高 3℃（根据上述的理论计算为 4.375℃），这不利于控制总温升，因此，我们认为在今后的大体积混凝土施工中，尽量避免这种情况的出现，以利降低混凝土的最高温度。

（2）控制浇灌温度

混凝土从搅拌机出料后，经搅拌车运输、卸料泵送、浇灌振捣、平仓等工序后的温度为浇灌温度。转炉基础混凝土是从 1979 年 5 月 30 日上午 9 时开始浇灌到 31 日中午 13 时结束，当时白天外界温度为 32～34℃，高于出机温度，这样浇灌温度就比出机温度高。为了降低混凝土最高温升，减少基础温差和内外温差，尽量减少冷量损失，采取了两个措施：

①在泵车水平输送管的整个长度范围内，覆盖一层草袋，经常喷洒冷水，减少混凝土泵送过程中吸收太阳的辐射热；

②考虑到冷量损失在浇灌过程中影响较大，因此采用 8 台泵车同时压送，加大了浇灌

强度，缩短浇灌时间。

5）混凝土的施工

混凝土抗拉强度远较抗压强度小，这是混凝土容易开裂的内在因素。根据有关试验资料，普通混凝土的极限拉伸离散性很大，这与水泥用量、水泥砂浆量、水灰比、粗骨料品种、砂石含泥量、混凝土捣固程度以及养护条件等有关。同时质量很差的混凝土在瞬时应力作用下极限拉伸只有 $3\sim5\times10^{-5}$，在正常质量条件下约为 $8\sim10\times10^{-5}$，在优良质量条件下，约为 $12\sim15\times10^{-5}$。因此，在施工中必须创造各种条件，确保混凝土均匀密实。

（1）坍落度

在各搅拌站的大力配合下，除个别坍落度有差异外，平均坍落度为 12.8cm。转炉基础混凝土施工实践证明，如果能提高搅拌车卸料落差（垫筑搅拌车卸料台，提高其卸料高度），确保卸料畅通，泵车与搅拌车匹配适当，泵车受料处布局合理，可同时停放两台搅拌车，从而保证连续卸料，不间断泵送，则坍落度可相应减少到 10cm 左右，且不会影响台班产量。如片面强调台班产量而要求坍落度提高到 $15\sim16$cm，那么在同样强度条件下就要增加单位水泥量，提高混凝土总温升，增加混凝土的收缩，降低混凝土抗拉强度，对大体积混凝土带来极为不利的影响。

（2）混凝土的浇灌

搅拌车在卸料前，要求高速运转一分钟，确保进入泵车受料斗的混凝土质量均匀。

转炉基础采用软管在上皮钢筋的表面上直接布料，以一个坡高（1∶7～1∶6 即 8°～10°）循序推进，一次到顶的浇灌方法。这种混凝土浇灌形式可以使混凝土的暴露面减至最小，以减少混凝土在昼间外界气温 32℃时的冷量损失。

（3）排除泌水

大流动度混凝土在浇灌振动过程中会产生大量的泌水，由于混凝土为一个大坡面，泌水沿坡面流到坑底，使大部分泌水顺着横向 2cm 坡度的垫层，通过两侧模板底部预留孔排出坑外。少量来不及排除的泌水随着混凝土浇灌向前渗移，最终集中在基坑顶端，由顶端模板下面的预备孔排至坑外。当混凝土大坡面的坡脚接近顶端模板时，改变浇灌方向，从顶端往回浇灌，使最后一部分泌水汇集在柱基预留洞内，用软轴泵及时排除。

由于在整个混凝土浇灌过程中不断排除了大量泌水，有利于提高混凝土质量和抗裂。

6）水化热测定

为了进一步摸清大体积混凝土水化热的高低、不同深度温度场的变化以及施工阶段早中期温差的发展规律，公司成立一个专门测温小组。在混凝土不同部位及深度埋设了 70 个测温点，在浇灌过程中以及浇灌后进行温度变化的测定。

（1）测温设备

采用自行改装的 XQC-300 大型长图自动平衡记录仪，一台仪器满足了周期复测 70 点的要求，在每个测温点上埋置了 WZG 型铜热电阻。为了确保铜热电阻的正常工作，在埋置前必须进行筛选，改善稳定性防老化处理，环氧树脂浸封测定等。

（2）测温点布置

如图 7-4 所示。

（3）测温记录

①记录要求

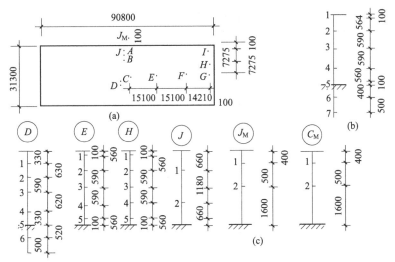

图 7-4 基础测温点布置

（a）测点平面图；（b）ABCFGI 测点剖面图；（c）其他测点剖面图

1～5d　　每 2h 测温一次

6～25d　　每 4h 测温一次

26～30d　　每 8h 测温一次

31～37d　　每 12h 测温一次

38～60d　　每 24h 测温一次

②5 月 30 日上午 9 时开始，从东向西浇灌，到 5 月 31 日零时浇灌到基础中心 C 点。5 月 31 日 12 时开始温升，其平均速率为每小时 0.375℃，到 6 月 3 日 8 时达到最高温度 52℃，60 天时降至 30.5℃，并逐渐接近于常温。在 30～60d 范围内，在大气温度周期性的变化影响下，混凝土中心温度波动范围在 1℃左右。中心点各龄期实测温度如表 7-2 所示。

截面中心降温记录　　　　　　　　　　　　　　　　表 7-2

龄期(天)	3	6	9	12	15	18	21	24	27	30
温度(℃)	52	49.5	46	42.5	39.5	37.5	35.7	34.8	33.5	32

③2.5m 厚底板在两层草袋养护的散热条件下，最高温升与绝热温升的比值 $\dfrac{T_{(t)}}{T_{max}}$ 如表 7-3 所示。其中，$T_{(t)}$ 为各龄期水化热温升（即各龄期混凝土最高温减去浇灌温度）；T_{max} 为混凝土绝热温升理论值。

散热温升与绝热温升的比值　　　　　　　　　　　　表 7-3

龄期(天)		3	6	9	12	15	18	21	24	27	30
		比		值							
$\dfrac{T_{(t)}}{T_{max}}$	理论值	0.65	0.62	0.57	0.48	0.38	0.29	0.23	0.19	0.16	0.15
	实测值	0.610	0.547	0.458	0.369	0.293	0.242	0.196	0.173	0.130	0.102

④ 基础中心与基础上表面草袋内外逐日（1～30d）升降温度见表 7-4。

⑤ 基础中心与基础侧面草袋内外逐日（1～25d）升降温变化情况见表 7-5。

基础温度场的实测

表7-4

日期(d)	1	2	3	4	5	6	7	8	9	10	11	12	13	14	15	16	17	18	19	20	21	22	23	24	25	26	27	28	29	30
混凝土中心温度(℃)	49.5	51.5	51.6	52	50.7	50	49	48	46	45	44	43	41.5	41	39.5	39	38	37.5	37	36.2	35.5	34.9	35	34.5	34	34	33.5	32.7	32.3	32
草袋内温度(℃)	28	28	26.2	36.5	32	32.5	32.5	32.5	31	30	27	27	29	28	26	25	22	29	27	24	24.5	25	27.5	29.6	27.5	26.5	22.5	24.8	23.3	26.5
草袋外温度(℃)	20.5	20.5	20.8	22	21.5	20	21	20	20.5	23	19.5	17	18	19.5	19.5	21	20	28	22.5	23	23.5	24.2	27	29	27	25.5	22	24	23	25.5
混凝土中心与草袋内温差(℃)	21.5	23.5	25.4	15.5	18.7	17.5	16.5	15.5	15	15	17	16	12.5	13	13.5	14	16	8.5	10	12.2	11	9.9	7.5	4.9	6.5	7.5	11	7.9	9	5.5
混凝土中心与草袋外温差(℃)	29	31	30.8	30	29.2	30	28	28	25.5	22	24.5	26	23.5	21.5	20	18	18	9.5	14.5	13.2	12	10.7	8	5.5	7	8.5	11.5	8.7	9.3	6.5
草袋内外温差(℃)	7.5	7.5	5.4	14.5	10.5	12.5	11.5	12.5	10.5	7	7.5	10	11	8.5	6.5	4	2	1	4.5	1	1	0.8	0.5	0.6	0.5	1	0.5	0.8	0.3	1

注：草袋外温度即大气温度。

基础温度随龄期的变化

表7-5

日期(d)	1	2	3	4	5	6	7	8	9	10	11	12	13	14	15	16	17	18	19	20	21	22	23	24	25
混凝土中心温度(℃)	49.5	51.5	51.6	52	50.7	50	49	48	46	45	44	43	41.5	41	39.5	39	38	37.5	37	36.2	35.5	34.9	35	34.5	34.5
草袋内温度(℃)	26.5	28.7	27.5	28	28	28	27	25.5	27	27	26.5	24	24	26	26	25	25.7	29.5	26.5	26.5	27.5	27.2	28	29.3	28
草袋外温度(℃)	20.5	21	20.8	22	21.5	20	21	20	20.5	23	19.5	17	18	19.5	19.5	21	20	28.5	22.5	23	23.5	24.2	27	29	27.5
混凝土中心与草袋内温差(℃)	23	22.8	24.1	24	22.7	22	22	22.5	19	18	17.5	19	17.5	15	13.5	14	12.3	8	10.5	9.7	8	7.7	7	5.2	6.5
混凝土中心与草袋外温差(℃)	29	30.5	30.8	30	29.2	30	28	28	25.5	22	24.5	26	23.5	21.5	20	18	18	9	14.5	13.2	12	10.7	8	5.5	7
草袋内外温差(℃)	6	7.7	6.7	6	6.5	8	6	5.5	6.5	4	7	7	6	6.5	6.5	4	5.7	1	4	3.5	4	3	1	0.3	0.5

第 26d 开始从侧模板外取掉草袋,准备拆除模板,但继续测定基础中心温度。

7) 养护工作

在尽量减少混凝土内部温升的前提下,大体积混凝土的养护是一项关键的工作,必须切实做好。养护主要是保持适宜的温度和湿度条件,混凝土的保温措施常常也起保湿的效果,因此兼收两方面的效果。从温度应力的观点出发,保温的目的有两个:其一是减少混凝土表面的热扩散,减少混凝土表面的温度梯度,防止产生表面裂缝,其二是延长散热时间,充分发挥混凝土强度的潜力和材料松弛特性,使平均总温差对混凝土产生的拉应力小于混凝土抗拉强度,防止产生贯穿性裂缝。潮湿养护的作用是:首先刚浇灌不久的混凝土,尚处于凝固硬化阶段,水化的速度较快,适宜的潮湿条件可防止混凝土表面的脱水而产生干缩裂缝;其次混凝土在保温(25~40℃)及潮湿条件下可使水泥的水化作用顺利进行,提高混凝土极限拉伸和抗拉强度,早期抗拉能力上升很快。

基础上表面待混凝土浇灌结束用木蟹抹平后,铺上两层草袋浇水养护。基础侧面钢模板组装结束后,在模板外侧悬挂两层草袋并经常浇水润湿。铺设草袋时要特别注意,应紧密地固定在混凝土表面或模板表面,以便形成不透风的围护层,否则效果不良。

混凝土浇灌结束后,在 6 月 1 日下午大气温度突然下降,根据测温数据,基础中心温度每隔 2h 升高 1℃,当时基础中心温度为 51.6℃,混凝土上表面与草袋之间的温度为 26.2℃,温差为 25.4℃。混凝土侧面模板与草袋之间的温度为 27.5℃,温差为 24.1℃。为防止大气温度可能继续下降而出现内外温差超过 30℃ 的规定,立即采取了措施:基础上面加盖,遮油布防止空气对流;上表面在操作脚手架下用碘钨灯加温(图 7-5)。

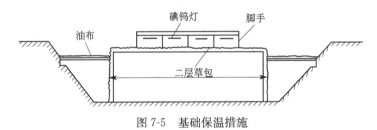

图 7-5 基础保温措施

在施工过程中正确规定拆模时间对于防止裂缝的开展关系较大。国内外很多工程的实践证明,早期因水泥水化热使混凝土内部温度很高,如过早拆模,混凝土表面温度较低,形成很陡的温度梯度,产生很大拉应力。而早期强度低,极限拉伸小的混凝土处于不利的温度条件下,就极易形成裂缝。因此,大体积混凝土除要求强度外,还必须考虑防裂的要求,防止过大的内外温差而引起裂缝。

6 月 29 日开始拆模,当时基础中心温度为 34.5℃,室外温度为 27.5℃,内外温差仅相差 7℃,当然不会引起表面裂缝。如施工衔接比较紧凑,那么内外温差在 20~25℃,在大气温度不会发生骤变的情况下,提早拆模还是可行的。

通过转炉基础的实践,认为用草袋养护的效果较佳,侧模用草袋养护是必要的。

从基础中心与基础上表面草袋内外逐日升降温变化来看:1~6d 基础中心最高温度为 49.5~52℃,室外温度为 20~22℃,内外温差 29~31℃,接近和超过内外温差必须控制在 30℃ 范围内的规定。由于采用了两层草袋浇水保护,草袋和混凝土上表面之间的温度为 26.2~36.5℃,内外温差 15.5~25.4℃,满足了规定要求,防止了混凝土的开裂。同时草袋的内外温差为 5.4~14.5℃，说明草袋养护的效果是令人满意的。

从基础中心与基础侧面草袋内外逐日升降温变化表来看：基础中心最高温度为 49.5~52℃，室外温度为 29~22℃，内外温差 29~30.8℃。草袋和侧模之间的温度为 26.5~28.7℃，内外温差 22~24.1℃，草袋内外温差为 6~8℃。如果模板外侧不用草袋保温养护，那么由于钢模板导热系数较大，靠近模板面的混凝土温度接近室外大气温度，形成较陡的温度梯度，混凝土的开裂就很难避免。因此，钢模板外侧采取草袋保温养护十分必要。

从每天降温速率来看，由于草袋具有良好的养护性能，使每天降温速率基本上保持在 1℃ 左右。

从等温线来看，I 点布置在基础的角端，有两面热扩散条件，一般来讲其温度应该比 H、G 点为低，但是根据我们这次测温结果发现各龄期 I 点的温度基本上与 H、G 点接近。从这一点也可以说明草袋养护的效果颇为显著。实测温度分布如图 7-6 所示。

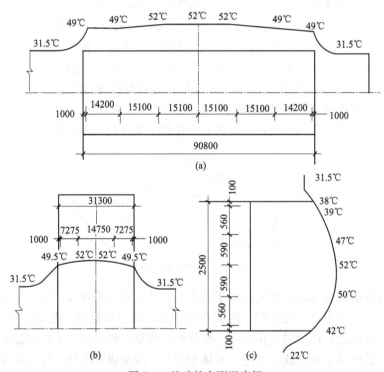

图 7-6　基础的实测温度场

（a）基础纵向温度曲线图；（b）基础横向温度曲线图；（c）基础厚度方向温度曲线图

拆模后基础混凝土表面暴露时间不宜太长，避免温湿度的变化引起开裂。因此在决定拆模及回填土日期后，应作好一切准备，拆模后三天内马上进行回填。

4. 结论

1）大体积混凝土的定义

本书中所谓的大体积混凝土是指，其规格尺寸，要求必须采取措施，妥善处理温差的变化，正确合理地减小或消除变形变化引起的应力，且必须把裂缝开展控制到最低程度的现浇混凝土。

2）温度变化引起的应力

在大体积混凝土中，温度变化引起的应力对结构具有重要影响。有时温度应力往往超过普通静力及动力荷载引起的应力。因此，谙熟温度应力的一系列特点，掌握温度应力的变化规律尤为重要。

3）控制温度应力，防止裂缝开展是技术上的关键问题

国内外大体积混凝土基础中，控制温度应力，防止裂缝开展是技术上的一个关键问题。国际上如苏联、德国以及东欧一些国家的规范，均要求按结构长度设置伸缩缝，并补装冷却水管降温，在设计中沿用温度应力和长度成正比关系的假定。我国的实践说明结构长度超过规定后，温度应力增加的规律呈非线性关系，因此任意长度的结构，可以采取技术措施调整有关参数控制裂缝。本工程未产生宏观裂缝就充分证明了这个论断。

4）在大体积混凝土中控制裂缝的开展

主要从降低温度应力和提高混凝土的极限拉伸强度两方面着手：

（1）做好冷却和保温。浇筑前避免材料过热，浇筑后保温，降低温度应力。降温冷却方面，采取保温及缓慢降温方法减少混凝土表面的急剧热扩散，延长混凝土散热时间，防止形成过大的温差而引起表面或贯穿裂缝。工民建工程一般不采用埋设冷却水管方法。

（2）提高混凝土的极限拉伸，缓慢降温可充分发挥混凝土的应力松弛效应，提高抗拉性能，尽可能使各龄期的 $\varepsilon_p(t) > \alpha T(t)$，这是防止裂缝的有效措施。

严格控制砂、石质量，限制含泥量，正确选用混凝土级配，适当掺用外加剂，减少用水量，改进混凝土浇灌工艺，可提高混凝土强度。

适宜的温湿度养护可减少收缩，充分发挥水泥水化作用，促使混凝土强度潜在能力得到充分发挥。

通过转炉基础的实践，认为以 30℃ 作为控制平均降温差及非均匀降温差的最大值是可行的。

转炉基础超长尺寸 90.8m，混凝土总量 6910m³，浇灌时间 28h，不留任何变形缝及施工缝，没有发现开裂。

我国工民建领域，采用泵送施工工艺较早，积累了宝贵经验，为了与国外情况进行对比，下面引用美国一快速浇灌工程实例及我国宝钢 1979 年泵送施工的几项工程表（表 7-6）。

①美国某工程快速浇灌轧钢基础

美国福特电机公司建成一套新的 68 英寸（1.7m）热轧带钢设备以代替使用将近四十年的旧设备。这项工程共需浇灌混凝土 93000 立方码（71000m³），包括墙、板和基础，土建工期为 1972 年 2 月至 1973 年 7 月。六个主要设备基础的混凝土量，每个都在 2000 立方码（1540m³）以上，不但数量大，而且需要连续浇灌。对精轧机基础，要求在 36h 内泵送混凝土 6850 立方码（5240m³）。

在整体可以支模以前，需要先浇灌一层厚度为 $3\frac{1}{2}$ 英尺（107cm）、面积为 135 英尺×170 英尺（41m×52m）的混凝土垫层。垫层下面的地基，打入 388 根钢管桩，桩径为 10～14 英寸（25.4～35.6cm），管内填充 3～5 立方码（2.3～3.8m³）、强度为 7000 磅/

平方英寸（49.0MPa）的混凝土。桩的长度为 90～100 英尺（27.4～30.4m），承载能力为 100～200t。

在 8 月 22 日开始浇灌混凝土之前，有 95t 地脚螺栓须先安装完毕，精度要求达到 0.002。每一螺栓由垫层混凝土中的埋设铁件支承和拉固，用由角钢和槽钢组成的固定框保持螺栓位置，并与支承铁件焊固。

有三条地道也灌筑在基础内。地道宽度为 6 英尺（1.83m）、高度为 7 英尺 6 英寸（2.69m），其用途不单是作为基础内部的通道，也是设备管道的通路，还包括压力通风系统。当混凝土必须从各方面同时浇灌时，地道墙壁的浇灌尤其是关键，因为混凝土产生的侧压力会把地道的侧模推移变位。

经过三个月的准备，进入 36h 的连续浇灌作业。在这期间还要安装 20000 平方英尺（1860m²）的模板，拉设必须牢固。如果模板有移位，所有内部材料，包括螺栓固定框都会移位。

需要 470 车混凝土才能把这个大块基础浇筑成 16、19 和 22 英尺（4.9、5.8 和 6.7m）三种厚度。在这三个平面上要安装 6 台 7000 马力的电动机，6 组减速齿轮，5 个副齿轮和 6 台精轧机。要求整体浇灌是为了避免施工缝，不使大块基础发生断裂。

每车混凝土的容量为 10～14 立方码（7.6～10.7m³），混凝土运输车到达现场后，分送给四个泵站。在外部的三个泵站，由两台运输车可以同时卸料；在内部的一个泵站，其旁边的空间只能容纳一台运输车，所以用一个 20 立方码（15.3m³）本身带有转鼓的贮料漏斗，使两台运输车能同时把料卸入该漏斗。

混凝土由 4 台泵通过 5 英寸（13cm）直径的管道和 70 英尺（21.3m）长的臂杆浇灌。每台泵的设计能力为每小时 100 立方码（76m³），浇灌安排每小时 60 立方码（46m³）。虽然泵送混凝土的强度是 3000 磅/平方英寸（21.0MPa），但 28d 的试块强度大多数超过了 4000 磅/平方英寸（28.0MPa）。

②上海宝钢 1979 年几项大体积混凝土设备基础泵送施工实例

施工实例见表 7-6，施工现场实照见图 7-7～图 7-9。

图 7-7 上海宝钢 300t 氧气顶吹转炉基础大流态混凝土泵送施工现场

泵送混凝土施工实例 表 7-6

工程名称	浇灌混凝土量（m³）	混凝土设计强度（MPa）	每立方米混凝土水泥用量（kg）	碎石粒径（mm）	浇灌日期	使用混凝土泵台数以及输送方法	输送管管径（mm）	泵送时间（h）	单机最大排量（m³/h）	混凝土养护方法	混凝土外观质量
热风炉基础第一次浇灌厚2m	2372	$R_{60}=22.5$	270	5～40	1979年5月16日	5台泵用水平管和12台泵用布料杆输送	水平管管径150，布料杆管径125	23	28.3	混凝土表面铺一层草袋并贮水养护，模板侧面挂一层草袋保温	没有发现裂纹
转炉基础2.5m×31.3m×90.8m	6910	$R_{60}=22.5$	275 280	5～40	1979年5月28日	8台泵用水平管输送	水平管管径150	28	48	混凝土表面铺两层草袋，模板侧面挂两层草袋，第二天又在基坑加盖雨布并用碘钨灯加热	没有发现裂纹
1号高炉基础第一次浇灌	2420	$R_{60}=22.5$	275	5～40	1979年6月21日（雨天）	6台泵用布料杆输送	布料杆管径125	12.5	48	混凝土表面铺两层湿草袋，模板侧面用雨布保温	没有发现裂纹
1号高炉基础第二次浇灌	2000	$R_{60}=22.5$	275	5～40	1979年7月16日	6台泵用布料杆输送	布料杆管径125	14	48	混凝土表面铺两层湿草袋	没有发现裂纹
1号汽轮机基础	2252	$R_{60}=22.5$	280	5～40	1979年7月27日下午4时	4台泵用水平管和1台泵用布料杆输送	水平管管径150，布料杆管径125	16	48	混凝土表面铺两层湿草袋，模板侧面挂两层草袋	没有发现裂纹
1B焦炉基础底板	3096	$R_{60}=22.5$	280	5～40	1979年7月29日下午4时	3台泵用水平管和4台泵用布料杆输送	水平管管径150，布料杆管径125	13	54	混凝土表面铺一、两层湿草袋，模板侧面挂两层草袋保温	没有发现裂纹
2号汽轮机基础	2252	$R_{60}=22.5$	280	5～40	1979年7月31日下午1时	4台泵用水平管和1台泵用布料杆输送	水平管管径150，布料杆管径125	12	54	混凝土表面铺两层湿草袋，模板侧面挂两层草袋	没有发现裂纹
1号锅炉基础	3283	$R_{60}=22.5$	280	5～40	1979年8月10日下午4时	3台泵用水平管和1台泵用布料杆输送	水平管管径150，布料杆管径125	13	54	混凝土表面铺两层湿草袋，模板侧面挂两层草袋	没有发现裂纹
1A焦炉基础底板	2300	$R_{60}=22.5$	275 280	5～40	1979年8月23日上午	6台泵用布料杆输送	布料杆管径125			混凝土表面铺一层草袋并贮水养护，炉头两侧挂雨布保温	没有发现裂纹
2号锅炉基础	3283	$R_{60}=22.5$	270 275 280	5～40	1979年8月31日上午	3台泵用水平管和4台泵用布料杆输送	水平管管径150，布料杆管径125			混凝土表面铺两层湿草袋，模板侧面挂两层草袋	没有发现裂纹

续表

工程名称	浇灌混凝土量（m³）	混凝土设计强度（MPa）	每立方米混凝土水泥用量（kg）	碎石粒径（mm）	浇灌日期	使用混凝土泵台数以及输送方法	输送管管径（mm）	泵送时间（h）	单机最大排量（m³/h）	混凝土养护方法	混凝土外观质量
均热炉Ⅱ段基础底板标高最深10.3m	1711	$R_{28}=25.2$	315	5～40	1979年8月26日上午	用4台带布料杆的泵组成2个接力泵，另有3台泵用长距离弯曲管道输送	水平管管径150，布料杆管径125	16		混凝土表面铺两层湿草袋，模板侧面挂两层草袋	没有发现裂纹

图 7-8　高炉基础大体积混凝土基础厚 9.19m，分三次浇灌，
第一次 2.0m，第二次 2.5m，本图为第三次 4.69m 浇灌中

(a)

(b)

图 7-9 现浇混凝土工程温控自动测试仪表现场实照

（a）转炉基础温控监测室；（b）高炉基础温控自动记录仪

7.2 686m 长无伸缩缝基础的裂缝

1. 概况

某热轧厂大型箱体基础，全长 686m，设计未留伸缩缝。我方施工时，采取分段跳仓浇灌，首先从精轧区基础开始，然后齐头向前（粗轧机区、加热炉区），向后（卷曲机区）分段推进。这就是施工单位所采取的分段施工，跳仓浇灌，最后连成整体的方案，对施工组织和控制裂缝都是有利的。

1975 年 5 月，土建开始浇灌精轧机基础垫层，1976 年 6 月，土建机电公司安装设备，基础工程的施工时间一年左右。

箱体基础的混凝土强度等级统一为 C20（按日本圆柱体强度 180 号），分别采用"新华"、"一冶"、"邯郸"等水泥厂生产的 32.5 级矿渣水泥，同时也采用了少量的朝鲜 42.5 级水泥。由于水泥混堆和保管不善，将 42.5 级水泥当 32.5 级水泥使用，尤其是将 32.5 级号当 325 号（当时标号）使用较多，约占 325 号水泥的 20%～30%。

混凝土采用的粗骨料有两种，施工初期多用碎石，后期多用矿渣。混凝土的配合比统一由十九冶三公司试验室提供。工程施工开始时，C20 混凝土采用 325 号（当时标号）水泥为 378kg/m³、368kg/m³ 随后减至 348kg/m³。有的部位掺入了减水剂，有的部位没有掺。减水剂有两种：开始用"NNO"，后因货源不足改用木质素磺酸钙。加水过程没有严格计量控制，所以在现场实测的混凝土坍落度最低只有 0～1cm，高的达 10～20cm。坍落度波动较大，加水不均。现场混凝土未留试块，均以搅拌站留的试块为准。

混凝土试块强度月平均为 C21。C28 以上的试块只占 15%，在 1975 年 5 月 13 日至 8 月 4 日期间平均试块强度只有 C18，而在 1976 年 6 月又高达 C34 号，因此，试块强度早期过低，后期增长较快，离散性较大。

箱体基础钢筋主要采用 16Mn。由于箱基的外形比较整齐，所以配筋也比较简单，钢筋直径的种类较少。基础的横向（箱体的短向）配置受力筋，基本用 φ18、φ20、φ22 三种，纵向配置构造筋 φ14 一种。横向钢筋间距为 150、200mm，纵向钢筋间距为 150、

200、300mm。除基础边角处的钢筋需加工外，大部分钢筋不必加工，而是将原料直接运至现场进行绑扎。钢筋搭接长度为40倍直径。搭接部位的钢筋断面面积占同一断面钢筋总面积的百分比，最初为100%，后经研究改为在同一断面只允许搭接钢筋断面为该断面钢筋总面积的50%。但是，墙、柱在实际施工中搭接钢筋断面面积还是100%。

基础的模板当时大量采用木模，混凝土的表面质量较差。箱体基础的顶板（如主电室地下室和油库地下室楼板）采用桁架支模，浇灌时模板下沉最多达4cm左右，后来不得不将模板预先提高1～2cm。

基础混凝土的浇灌工作，绝大部分是用容量为0.12m³的双轮手推车通过串筒将混凝土浇入基础之中。由1.6m³的解放牌翻斗车将混凝土由搅拌站运来，首先浇灌底板，其次是立墙、立墩、立柱部分，最后浇灌箱基的顶板。由于按上述分段浇灌，所以形成了三道大的水平施工缝。在支承设备的立墙、立墩中，为方便地脚螺栓的安装，可在底板上和螺栓下不小于200mm处设置一道水平施工缝，一般不在螺栓中部设置水平施工缝。沿基础长度，每隔30～70m左右设置一道垂直施工缝，如，精轧区从柱列41线至44线，长36m为一施工单元，垂直施工缝设置在单元的周边；在粗轧机区，从柱列18线半至25线，长78m为一施工单元；加热炉区基本上以一个加热炉为一施工单元，在单元周边分设施工缝。垂直施工缝的设置宜考虑结构的受力状态，如遇有顶板、交叉梁，最宜留在跨度的1/3处，顶板及底板设缝的位置基本一致，对于一个轧机机组，包括机架、齿轮座、减速机、主马达等基础均划为一施工单元，其中不设置施工缝。

施工缝的构造型式分为三种：

（1）企口缝。底板和外墙的垂直缝用凹缝，外墙的水平缝用凸缝。

（2）平缝。内墙的水平缝和垂直缝，顶板的垂直缝，柱和设备基础的水平缝等均采用平缝。

（3）钢丝网缝。顶板和加热炉基础的垂直施工缝多采用钢丝网接缝。此种作法，施工方便。通过实践，证明结合良好，钢丝保留在基础中，减少施工拆模的麻烦。各施工缝间混凝土浇筑间歇时间：水平缝较短，一般半月至一周；垂直缝较长，一般一个月至几个月。

图7-10 大型筏式底板跳仓施工现场

由于施工缝把许多单元分隔开，施工时采用了"跳仓交叉作业"的方法，对于削减温度收缩应力，起了良好作用，见图7-10。

每个施工单元的划分，考虑施工方便，每段连续浇筑的混凝土量为1200～2000m³。混凝土的振捣一般采用振动棒，浇筑的次序都是由单元的一端向另一端推进，或由两端向中间推进。原定分薄层连续浇筑，分层振捣，但是在实际施工中混凝土运料不均，分层浇筑和分层振捣的工作做得较差。

混凝土的养护方法采用覆盖草袋浇水，养护时间一般3～5d，施工初期养护较差，后期有所改进。

曾在精轧区底板上采用筑小坎灌水养护的办法，但是养护时间很短，由于下一道工序要求放线支模，将水放掉，使得泡水后的混凝土暴露在直接风吹日晒条件下，对温度收缩应力产生不良影响。

2. 裂缝出现情况

箱体设备基础出现裂缝是不均匀分布的,主要在精轧区,其他部位较少。主电室地下室范围裂缝共76条。其中66条裂缝宽度为:0.2mm以下的30条,0.2~2mm的25条,2~4mm的8条,7~8mm的2条。粗轧(机)区裂缝最少,卷曲机及加热炉区的裂缝也是比较少的。

精轧区底板和墙壁的浇筑时间在1975年6~8月,最高气温为38~39℃,当时水泥混堆现象较为严重,水泥强度等级高,用量较多,水灰比控制不严。混凝土的骨料以碎石为主,粗细骨料的含泥量远远超过规定,一般达5%~7%,个别达6%~8%。试块强度在早期龄期普遍不足,最低C13,最高C23,可以设想其抗拉强度也是成比例不足。

同时,精轧区及地下室部分回填土较晚,使混凝土长时间暴露于大气之中,收缩增加,造成了较多的裂缝。精轧区主电室底板、立墙、电缆沟底板均出现裂缝,立墙的裂缝间距约10~15m,个别的裂缝间距3~5m,裂缝宽度0.5~2mm,个别裂缝宽度达7~8mm。施工缝处开裂轻微,一般0.5~1mm。

从精轧区向粗轧区方向,约336m的粗轧区长墙和423m的地下室顶板均未发现明显开裂。该区域的浇灌时间是1975年11月~12月,气温较低,经常下雨。混凝土采用矿渣骨料,没有含泥量问题。混凝土中掺加减水剂较为普遍,较为严格地控制了水灰比。施工缝的间距较小,一般采用24m,养护时间较长,回填较早。水化热温升35~40℃,且降温较慢。

总结上述的裂缝情况,可把热轧设备基础裂缝归纳为以下几个特点:

(1)热轧设备基础的裂缝均出现在施工阶段。从1975年8月开始,至同年冬季较多,最早的是精轧区,浇灌后14d开始出现裂缝。设备基础的主要裂缝出现在1976年以前,少数裂缝出现在1977年冬季。后期裂缝包括收缩应力引起。投产后有的部位继续出现裂缝和渗漏,经几次处理,最终比较稳定。

(2)裂缝在全部基础中分布极不均匀,精轧区及电缆沟区域较多,约占全部裂缝的70%,其他区域约占30%。

(3)炎热季节浇筑的混凝土裂缝较多,秋冬季节浇筑的混凝土裂缝较少。

(4)裂缝的方向与基础纵长方向垂直,即与构造配筋方向垂直,而与横短方向平行,即与受力筋方向平行。

(5)构造配筋率低的部位裂缝较多,构造配筋率较高的部位裂缝较少。

(6)裂缝容易出现在变断面部位,并且此种裂缝较宽。

(7)沿基础平面,裂缝首先在边缘开裂,由边缘向基础内部(即由边缘向中部)延伸。当基础的宽度很窄,长度很长时,容易产生贯穿性裂缝。

(8)在深度方面,裂缝一般呈外宽内窄现象,一些裂缝的深度只有230~250mm,呈表面裂缝性质。有些裂缝的深度是贯穿全厚度的。

(9)箱形基础的裂缝多数出现在底板上,其次出现在立墙上,尚未发现顶板开裂。

(10)当裂缝的宽度在0.3mm以下时,一般不引起渗漏,超过0.5mm宽的裂缝引起明显的渗漏。

(11)设备基础回填土较早的部位裂缝较少,或基本不开裂,回填土较晚的部位裂缝较多。

（12）掺入减水剂的部位裂缝轻微，不掺减水剂的部位裂缝较重。

（13）以矿渣为粗骨料的混凝土裂缝很少，以碎石为骨料的混凝土裂缝较多。

全长 686m 大底板的裂缝分布极不均匀，主要裂缝集中在精轧区，所以把精轧区的裂缝情况描绘如图 7-11 所示。图中的裂缝只表示出宽度为 0.5mm 以上的裂缝，其他轻微的表面裂缝没有表示在图上。

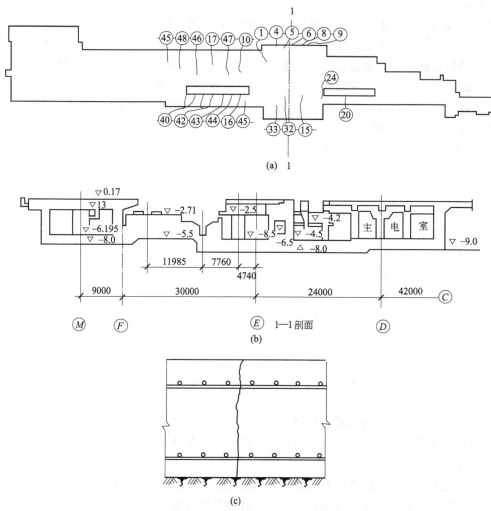

图 7-11　686m 长无伸缩缝基础

（平面图中示主要裂缝按出现次序编号）

（a）平面图；（b）剖面图；（c）贯穿裂缝图

1975 年 7 月，大体积混凝土施工初期，底板留有立墙插筋部位，钢筋附近出现断断续续的沉缩裂缝。这种裂缝经检查属表面裂缝，但是宽度达 2～3mm，裂缝呈梭形。这种裂缝是由于该处振捣不良，骨料下沉引起。

1975 年，武汉地区突然降温，粗轧区有一单元没有采取草袋覆盖措施，在垂直施工缝外出现表面裂缝，裂缝间距较小，约 2～3m，裂缝呈表面性质，如图 7-12 所示。

在箱体基础的纵向，遇有变截面部位，出现温度收缩应力集中现象，如热轧设备基础

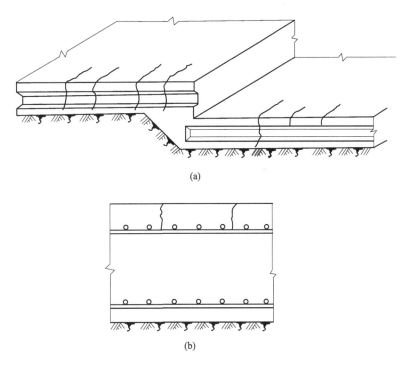

图 7-12 底板表面开裂示例

（a）施工缝处表面开裂；（b）横截面处表面开裂

的变截面附近，出现了断裂，裂缝贯穿全墙，裂缝宽度 2～3mm，引起渗漏，采用化灌处理，裂缝如图 7-13 所示。

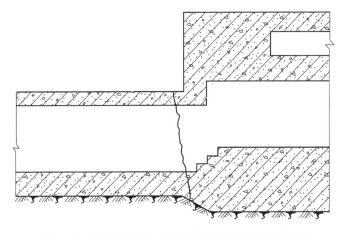

图 7-13 大箱体基础中电缆隧道变断面处的严重开裂

箱体设备基础的立墙施工缝结合较好，一般没有出现裂缝，个别部位有裂缝，但不是在施工缝位置，而是在施工缝附近，如图 7-14 所示，图中虚线表示施工缝。

设备基础的孔洞较多，在温度收缩作用下也会引起应力集中现象，在转角及孔洞处出现斜裂缝，如图 7-15 所示。

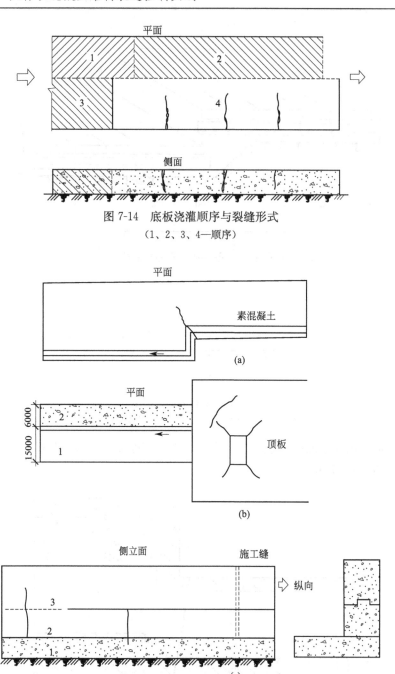

图 7-14 底板浇灌顺序与裂缝形式

(1、2、3、4—顺序)

图 7-15 底板局部裂缝形式

（a）变截面应力集中开裂；（b）孔洞应力集中裂缝平面图；（c）局部裂缝侧立面图

3. 裂缝实测情况

1）箱体基础的水化热温度实测

为了掌握混凝土内部温度变化情况，在混凝土施工过程中进行了温度实测，测温部位选择在精轧区主电室底板，测温仪器为普通水银和酒精温度计，同时准备了电阻测温计和水工电桥。后来在实测过程中，电阻测温计的测点在施工中遗失，测温方法主要靠两种普通温度计：一种是长杆（100cm）测温计，另一种是短杆（50cm）测温计。长杆测温计使用方便，可直接测得温度，但容易折断，损坏较多；采用短杆测温计需系绳量测，测时要小心细致。

在精轧区底板上选择三个测点，每一个测点有三个测温孔，其深度不同，最浅35cm，其次75cm，最深130cm。

测温的时间是在浇灌后立即开始，每隔4h测一次，测3d后，每12h一次，一星期后每天测一次，直至温度平稳为止。

底板浇灌后第二天达到最高温度59.5℃，该温度是在底板断面的中部，上表面37℃，底部45℃，呈一不对称的抛物面形分布。

底板水化热温升从第三天开始下降，到第十六天降至周围气温，其后随气温有较小的波动。图7-16所示为基础底板水化热升降温曲线。

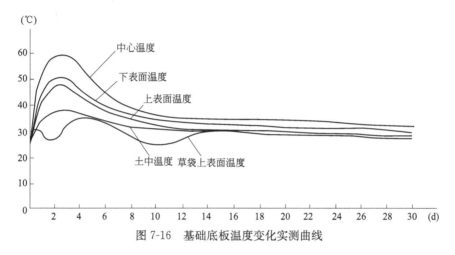

图7-16 基础底板温度变化实测曲线

测试表明，温度随时间逐渐下降，至14～16d时，底板开始出现裂缝，此时，周围平均气温是28～30℃。

冬季施工的底板水化热温升最高达45℃，比夏季施工的低14.5℃，因此裂缝的危险大为减少。

夏季施工的精轧区底板、电缆沟底板、立墙等主要裂缝出现在1975年8～9月，其后为少量裂缝出现，与混凝土的收缩有关。例如精轧区主电室外墙的裂缝延续到1976年初才逐渐稳定，有些裂缝开始只有0.2～0.5mm，后来逐渐扩展到1～2mm。

2) 混凝土裂缝处钢筋温度应力实测

设备基础施工过程中产生的裂缝，其主要原因是温度应力，其次是收缩应力。为了掌握基础中温度收缩应力的定量数值，对钢筋的应力进行实测。钢筋中的最大温度应力出现在最大裂缝部位。

量测钢筋应力的仪器是由瑞士引进的手测引伸仪。测试方法是首先在裂缝处凿开一段混凝土，长约200～250mm，把此段钢筋暴露出来，钢筋处于张紧状态，把表面的混凝土清理干净，将手测引伸仪卡在钢筋的预贴钢制"卡帽"上，卡帽是用"502"胶水固定在钢筋上的。

　　将引伸仪固定之后，利用钢锯之一端锯断，钢筋的应力立即松弛至无应力状态，产生回弹变形，在引伸仪的千分表面上出现的定量记数，即是引伸仪卡距之间的绝对变形。以卡距除以绝对变形便得相对变形，即应变值。以应变值再乘以钢筋的弹性模量便得钢筋之温度应力，该应力是裂缝附近处即200mm左右范围内的应力平均值。测试情况见图7-17。

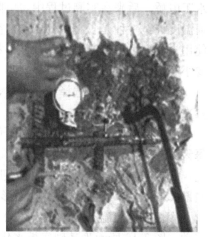

图7-17　大体积钢筋混凝土温度应力现场实测情况

　　测试结果分析：精轧区底板厚1.5m，浇筑单元长度48m、46m，最长连续120m，其高长比$H/L<0.1$。因此，底板的温度应力状态呈轴向受拉状态。如按普通的钢筋混凝土设计规范中有关静荷载作用下的裂缝计算方法进行核算，具有1.5～7.0mm宽之裂缝，其钢筋应力早已达到极限强度而缩颈破断。但是，通过实际检验，在九处裂缝部位，无一处钢筋破断。所有测量应力的钢筋都处于弹性工作阶段。具有7mm宽裂缝处的钢筋应力只有310MPa，没有缩颈现象。表7-7中列举了若干裂缝处实测的钢筋温度应力值。

钢筋温度应力实测值 表7-7

测试部位	8号缝	16号缝	17号缝	20号缝
应力值(MPa)	270	165	174	310
裂缝宽度(mm)	2.0	1.5	2.0	7.0

　　这说明两个问题：一是对于设备基础，表面裂缝宽度和靠近钢筋的裂缝宽度是不一致的，表面较宽，内部较窄；二是变形变化的应力状态与荷载引起的应力状态性质不同，混凝土和钢筋中的应力都会由于裂缝的出现而松弛。在裂缝附近区域，钢筋的弹性变位可以满足变形变化的要求，使得早期温度应力和温差成比例上升，其后缓慢下降而趋于稳定，钢筋没有缩颈破断的危险。

　　因此，大体积混凝土的配筋不是满足强度要求，而是满足裂缝扩展要求，应当按照裂缝扩展理论配置钢筋。在尚未出现裂缝的部位，钢筋的应力很小，一般不超过20～30MPa。裂缝出现后，尽管裂缝宽达1～2mm，钢筋应力只有100～200MPa。

　　3）混凝土裂缝宽度的量测

　　为了检验混凝土的裂缝宽度，在底板和墙上共凿开裂缝九处（除原量测钢筋应力四处外），将凿开之裂缝清理干净之后，量测靠钢筋处的裂缝宽度。在凿开之前量测了表面裂缝宽度。

　　在凿开裂缝的过程中，靠近裂缝附近的混凝土很容易松动，宽度大约250～300mm，离开此距离开凿异常困难，混凝土显得非常密实。把这段混凝土称作"裂缝疏松带"，此区域内混凝土微裂较多，混凝土和钢筋的黏着力已大部遭到破坏，所以导致混凝土疏松现象。

　　在裂缝的深度方面也作了检验，可归纳为三种：表面裂缝，纵深裂缝，贯穿裂缝。电缆隧道较为细长的大底板上裂缝大部分贯穿全厚度。

表面裂缝及非贯穿性的纵深裂缝不引起渗漏，也不降低承载力，一般无须处理；对于贯穿性裂缝，超过 $0.1\sim0.2$mm 就会引起渗漏。对于大体积结构物，虽然 $0.1\sim0.2$mm 就开始渗漏，但是这种裂缝有可能"自愈"，常因缝中的氢氧化钙之类的胶体封闭而停止漏水。实际上，在热轧设备基础中必须进行处理的裂缝宽度约在 0.5mm 以上。

按照钢筋混凝土规范，一般工程允许裂缝宽度 0.3mm，该宽度在实际工程中指表面裂缝宽度。根据本工程中裂缝观测的结果，内外宽度之差达 1：3，故可放宽裂缝允许宽度标准，并且与墙缝标准也相适应。设备基础的堵缝目的是预防渗漏和钢筋锈蚀，一般无需作补强。

4）对混凝土产生裂缝及不留伸缩缝原因分析

（1）设计对不留伸缩缝的解释

国外设计人员认为，该设计没有考虑设置温度伸缩缝，是考虑到如设置温度伸缩缝，设置的位置都在地下水位以下，纵横交叉的橡胶止水带处容易漏水。据已建成的类似设备基础的经验看，未设温度伸缩缝，也没有出现问题。

关于温度应力的计算问题，国外设计人员认为，温度应力和长度无关，温度变化为 15℃时，计算结果表明，混凝土的温度应力为 0.3MPa 左右，混凝土能够承受，不会出现裂缝。

国外设计人员的另一种观点认为，基础的温度应力很大，还有沉降因素，因此，产生裂缝是不可避免的。从日本的君津、大分制铁所的设备基础来看，有很多微小的肉眼看不出的裂缝，但不是集中在一个地方，不影响工厂安全和正常生产。实际上他们采取"堵与排"方法解决了较宽裂缝与防水问题。

国外技术人员还根据日本抗震方面的经验认为，日本地震较多，在新潟大地震调查中发现，温度伸缩缝对结构是个缺陷，伸缩缝处震害较重，而且比裂缝还难以修复。因此，新日铁在设计君津厂时，不设置温度伸缩缝。

如上所述，新日铁对不留伸缩缝的依据，主要是经验的。我们进行的现场研究，探索了其内在规律。

（2）对混凝土出现裂缝的看法

关于混凝土的裂缝问题存在不同的认识。一种观点认为混凝土工程，特别是地下混凝土工程应该是无裂缝的。我国混凝土施工验收规范就是这种观点的反映。另一种观点认为混凝土的裂缝是难以避免的，只需控制宽度和数量，使其对工程不产生有害影响。对引起渗漏的裂缝进行化灌处理，表面裂缝进行封闭，其使用经验证明，比留永久变形缝好得多。

热轧厂设备基础的实践过程也支持了后一种观点。

4. 热轧设备基础验算例题

1）电缆沟及精轧区主电室底板的裂缝计算中采用的基本参数

（1）地基的水平阻力系数

考虑属较硬质的黏土，埋深 $-8\sim-9$m，$C_x=10\times10^{-2}$N/mm^3。

（2）混凝土的弹性模量

考虑该混凝土的早期弹性模量 $10\sim15\mathrm{d}$ 时约为 $1\times10^4\mathrm{MPa}$。

（3）混凝土的极限拉伸

$$\varepsilon_\mathrm{p}=0.5R_\mathrm{f}(1+p/d)\times10^{-4}$$

该区域混凝土试块早期一般偏低 $30\%\sim50\%$，砂石骨料的含泥量高达 $5\%\sim7\%$，其抗拉强度也相应较低，一般约在 $0.5\sim0.6\mathrm{MPa}$。

$p=0.13\sim0.135=\mu$（μ——配筋率）。

钢筋直径 $d=1.4\mathrm{cm}$。

极限拉伸 $\varepsilon_\mathrm{p}=0.5\times0.6\times\left(1+\dfrac{0.135}{1.4}\right)\times10^{-4}=0.3\times1.0965\times10^{-4}=0.329\times10^{-4}$。

考虑混凝土有某种程度徐变，只考虑正常徐变变形的一半，即增加 50%。

最终极限拉伸 $\varepsilon_\mathrm{p}=1.5\times0.329\times10^{-4}$。

（4）水化热温差

水化热最高温度 $59.5℃$，周围平均气温为 $30℃$，取分布图形的平均值：

$$T_1=(59.5-30)\times\frac{2}{3}=19.7℃$$

（5）收缩当量温差

$$\begin{aligned}\varepsilon_\mathrm{y}(t)&=3.24\times10^{-4}\times(1-e^{-0.01\times15})\\&=3.24\times10^{-4}\times(1-0.861)\\&=0.45\times10^{-4}\end{aligned}$$

$$T_2=\frac{\varepsilon_\mathrm{y}(t)}{\alpha}=\frac{0.45\times10^{-4}}{1.0\times10^{-5}}=4.5℃$$

（6）综合温差

$$T=T_1+T_2=19.7+4.5=24.2℃$$

最大裂缝间距：

$$\begin{aligned}[L_{\max}]&=2\sqrt{\frac{1500\times10^4}{0.1}}\cdot\mathrm{arcch}\left(\frac{1\times10^{-5}\times24.2}{1\times10^{-5}\times24.2-0.494\times10^{-4}}\right)\\&=2\times1.22\times10^4\cdot\mathrm{arcch}1.26\\&=2.44\times10^4\times0.71\\&=1.73\times10^4\mathrm{mm}\\&=17.3\mathrm{m}\end{aligned}$$

最小裂缝间距：

$$[L_{\min}]=\frac{1}{2}[L_{\max}]=8.6\mathrm{m}$$

平均裂缝间距：

$$[L]=\frac{1}{2}\times(17.3+8.6)=12.95\mathrm{m}$$

实际裂缝最大间距 $18\mathrm{m}$，最小 $8\mathrm{m}$，平均 $13\mathrm{m}$ 左右，有个别部位后期非贯穿裂缝间距 $2\sim4\mathrm{m}$。这可能是由于后期收缩引起。

我们还可以利用以前推导的公式验算裂缝宽度，原公式是计算底板变位的公式，即底板端部变位之两倍便是裂缝宽度。

$$\delta_f = 2\psi\alpha T \frac{1}{\sqrt{\dfrac{C_x}{H \cdot E}}} \text{th}\left(\sqrt{\dfrac{C_x}{H \cdot E}} \cdot \dfrac{L}{2}\right)$$

$$= 2 \times 2.41 \times 10^{-4} \times 1.22 \times 10^4 \text{th}(0.816 \times 10^{-4} \times 6500) \times 0.3$$

$$= 5.8 \times (\text{th}0.53) \times 0.3$$

$$= 5.8 \times 0.48 \times 0.3 = 0.864\text{mm}$$

实际裂缝最小 0.5mm，最大 1.5mm。

2）热轧厂精轧主电室外墙

主电室外墙厚度 2m、高 8m，其施工次序是在底板浇灌后 15d 才浇筑墙体，再过 15～20d 后出现裂缝。

仍然取计算温差 24.1℃，考虑底板对墙的约束，取 $C_x = 1\text{N/mm}^3$，$\varepsilon_p = 0.492 \times 10^{-4}$。

最大裂缝间距：

$$[L_{\max}] = 2\sqrt{8000 \times 10^4} \text{ arcch} \frac{2.41 \times 10^{-4}}{2.41 \times 10^{-4} - 0.492 \times 10^{-4}}$$

$$= 2 \times 8.9 \times 10^3 \times \text{arcch}1.26$$

$$= 2 \times 8.9 \times 10^3 \times 0.71 = 12550\text{mm} = 12.55\text{mm}$$

最小裂缝间距：

$$[L_{\min}] = \frac{1}{2}[L_{\max}] = \frac{1}{2} \times 12.55 = 6.28\text{m}$$

实际裂缝间距最大 12m，最小 4m，平均 8m。裂缝宽度验算：

$$\delta_f = 2 \times 0.3 \times 2.41 \times 10^{-4} \times \sqrt{8000 \times 10^4} \cdot \text{th}\left(\sqrt{\frac{1}{8000 \times 10^4}} \times \frac{9415}{2}\right)$$

$$= 0.3 \times 4.82 \times 10^{-4} \times 8.9 \times 10^3 \text{th}0.53$$

$$= 0.68\text{mm}$$

实际裂缝宽度 0.5～2.0mm。

3）无裂缝区的验算

热轧厂北部粗轧区约 300 余米长范围底板及侧墙没有明显开裂，顶层楼板 400 余米没有发现裂缝，只有部分蜂窝麻面渗水，后作了处理。这一点说明长度不是决定开裂的唯一因素。对于该区域的施工过程及材质情况进行了分析，主要情况如下：

（1）混凝土采用矿渣骨料，含泥量显著减少，水灰比控制得比较严格（精轧区产生裂缝后，专门召开了会议，改进了施工管理），减水剂能正常供应。

（2）施工的季节较为有利，秋冬季节浇筑的混凝土初始温度低，水化热反应较慢，温度（45℃左右）发散较快。

（3）减少了施工缝间距，以前一般为 48～60m，个别达 120m，而后期一般 24m。顶板配筋率高。

（4）回填土及时，使基础在较短的时间内暴露于大气之中，从而减少了收缩和激烈的温差作用。

验算如下：

最高温度 45℃，平均气温 15℃，平均温差为：

$$T=(45-15)\times\frac{2}{3}=20℃$$

普通混凝土的极限拉伸 1×10^{-4}，矿渣混凝土比普通混凝土高，而且由于徐变增加了变形，偏于安全地取 2×10^{-4}（实际还可能高一些），降温缓慢使徐变效应得到充分发挥。这样就有：

$$\alpha T=\varepsilon_p=2\times10^{-4}$$

在基本公式中：

$$[L]=1.5\sqrt{\frac{H\cdot E}{C_x}}\ \text{arcch}\ \frac{|\alpha T|}{|\alpha T|-\varepsilon_p}$$

$$=1.5\sqrt{\frac{1500\times10^4}{0.1}}\ \text{arcch}\ \frac{2\times10^{-4}}{2\times10^{-4}-2\times10^{-4}}$$

$$=1.5\sqrt{\frac{1500\times10^4}{0.1}}\ \text{arcch}\ \frac{2\times10^{-4}}{0}$$

$$=1.5\sqrt{\frac{1500\times10^4}{0.1}}\ \text{arcch}\infty\rightarrow\infty$$

这是理论解，实际上前面已分析过，当长度超过一定数量（$C_x=1.5\text{N/mm}^3$，$L\approx$ 80m），长度对温度应力无影响，$[L]$ 等于 300 余米或无限长是一样的应力状况。所以如能满足这一段的具体条件，全长不留神缩缝而不产生有害的裂缝是完全可能的。

5. 结论意见

1）由外方设计中方施工的热轧厂大箱体基础，全长 686m 无伸缩缝的作法基本是成功的，可以保证工艺生产的正常使用，满足设计要求。这样的基础在我国是第一次，突破了苏联、德国、我国的现行规范有关规定。国内施工、设计及科研单位又作了大量现场研究工作，这一经验值得重视与推广。这种无缝工程能较好地适应大型现代化生产需要并根本上解决了地下工程伸缩缝漏水和堵漏的难题。本节从理论上和现场观测资料基础上解释了这一经验。

2）影响裂缝的因素既多又复杂，初步分析主要有七个：温差（包括收缩当量温差）、材料的弹性模量、线膨胀系数、混凝土的极限拉伸、板厚度或墙高度、结构的长度、混凝土的徐变及约束。对于不同的结构，它们在不同的施工条件下，不同程度地影响裂缝。

3）从微观（肉眼不可见）概念上说，混凝土的裂缝是不可避免；从宏观意义上说，以肉眼不可见裂缝为无裂缝，无裂缝的混凝土是存在的，但是相对的。裂缝是可以控制的，可以控制在对结构无害状态。实践证明，对于设备基础具有 0.2mm 的裂缝并不影响防水要求。

4）按规范和习惯概念，认为设置了伸缩缝就可以避免裂缝，不留伸缩缝就一定会产生裂缝，是片面的。用伸缩缝控制结构的长度只是减少温度应力的许多因素之一，而不是唯一的因素。伸缩缝只在一定范围内（较小的尺寸范围内）对温度应力起显著影响，超过一定范围，温度应力趋近于常数，其后，温度应力与长度无关。

5）国内外常用的温度应力计算方法有两种：一种是假定温度应力与长度成正比，即按长度设置伸缩缝；另一种是假定温度应力与长度无关，即新日铁的观点。这是两种极端情况，实际上温度应力和长度呈非线性关系。从本工程裂缝规律也证明了这一观点。

6）温度应力不同于普通静荷载下的应力，它是变形变化引起的应力状态，其主要特点是材料首先要求自由变形，如结构的边界条件允许自由变形，则不存在约束应力；但是，如果自由变形得不到满足，必然产生约束应力，应力超过一定数值就会开裂，裂缝本身也是一种变形，从而导致应力松弛，因此，温度应力不像弹性理论计算那么大，而应考虑徐变影响。

7）混凝土的徐变理论相当复杂，作为工程应用，采用松弛系数是可行的，一般可降低弹性应力的 50% 以上。长期的温度变化影响较大，瞬时温度变化不考虑徐变影响。

8）地下结构的合理配筋可提高结构的抗裂性。最佳构造配筋率为 0.5%，一般不低于 0.3%。这对于梁板体系可以做到，对于大块基础是无法满足的。因此，大块基础配筋的极限拉伸，对抗裂有一定好处，但不是决定裂与不裂的唯一因素。

例如热轧水处理厂的露天水池壁，尽管配筋率不低，但由于过大的温差（反复温差），过大的收缩作用，裂缝仍然较多。

9）地下结构的截面设计应尽量减少截面突变，防止应力集中，在不得已时，应配以钢筋网加强。

10）在岩石地基上或在旧的混凝土基础上浇筑设备基础时，可在垫层上做沥青砂150mm 厚，可减少地基对基础的阻力系数，从而大大削减温度应力。

11）大型筏式基础的混凝土施工，采用分段跳仓浇筑的方法可以削减施工期间的温度收缩应力，施工单元的长度以 20～30m 为宜。施工中留"后浇缝"的方法也可大量削减施工期间的温度收缩应力。后浇缝间距 1m，间歇时间不少于 40d，常用膨胀水泥配制的混凝土封缝。

12）现浇混凝土的施工缝，最适宜用企口式，不用橡胶止水带（日本作施工缝用橡胶止水带），采取保温养护，使之徐徐降温，防止寒潮袭击。

13）混凝土浇筑后，保温养护一阶段，应尽快回填土，这对于预防混凝土由于收缩引起裂缝有重要意义，必须从施工组织上加以保证，不仅对控制收缩应力有好处，对于预防激烈温差也有实际意义，这在国内其他工程也有类似经验。

14）大体积混凝土工程的减水剂是提高工作性、节约水泥的有效措施，同时也是降低水灰比、控制加水量、延缓水化热、提高抗裂性的有效措施，必须做好准备，确保供应。

15）地下结构物的轻微裂缝是难以避免的，同时还可能出现一些蜂窝麻面、管孔渗水的现象，因此采用内排水沟的作法对使用是有利的。

16）大力发展处理裂缝的化学灌浆技术，施工系统应组织专门的化灌队伍，科研部门要设专题研究组。

17）关于设备基础的构造配筋问题，相对梁板体系，在材料的极限拉伸没有显著改善的条件下，构造钢筋是必须加强的，且不可少，本工程设计的缺点是受力筋有余，而构造筋不足。在我国目前亦有构造筋不足的缺点，根据以往的施工经验，一般不宜小于0.3%。结构受力筋数量满足构造要求的不再增配构造筋，受力筋达不到构造要求的应满足构造要求。结构断面的薄弱环节应配构造筋加强。构造钢筋的直径一般为 Φ8、Φ12 及Φ14 等，应尽可能采用螺纹筋。间距 150～200mm，从一米七轧机的经验看 150mm 较好。

18）本节提供的温度应力计算方法，是一种简化的计算方法，它可以定性地分析一些结构的温度应力问题，解释一些"异常"现象。在定量的计算方面，不同条件下会产生不同程度的误差，最大可达 30％，但是预计这种误差是偏于安全方面，所以可以参考应用。

本引进工程的缺点是，无论设计计算书或是有关设计和资料的说明中，对不留伸缩缝的设计抉择，都没有作出交代或阐述其理论依据，只凭简单的工程经验（尚无详细资料）。这样的引进工程由我国负责施工，如既不采取任何技术措施，又不对已开裂工程进行施工期间和投产后的化灌处理，那么该引进工程的裂缝将更加严重，其后果是难以保证高度自动化的轧钢生产。作者根据该工程的现场研究分析，认为引进工程及我国的基础工程都存在着"受力钢筋有余，构造筋不足"的缺陷。

7.3　某大型设备基础裂缝的分析和处理

1. 基础概况

某轧钢车间主轧机基础，主要平剖面见图 7-18，混凝土用量为 5625m³，强度等级为 C18。基础垫层用量为 1500m³，强度等级为 C5。基础钢筋量 260t，地脚螺栓 860 根，其最重者约为 3.5t。

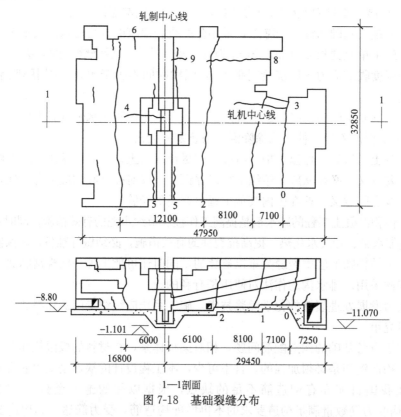

图 7-18　基础裂缝分布

基础长 48m，宽 33m，最深为 11.7m。基础顶、底面标高较多，基础内部大小沟道约 38 条，基础未设伸缩缝和施工缝。

基础施工于 1972 年 7 月 27 日至 7 月 30 日，将 5625m³ 混凝土连续一次浇筑完毕。基础施工采用了焦作及锦西出产的 325 及 425 号（当时的水泥标号）矿渣硅酸盐水泥，水泥用量每立方米混凝土为 320～337kg，砂子用当地细砂，石子用当地河卵石。

基础浇灌完毕后于 11 月初首先发现少量裂缝，经检查相继发现很多裂缝，经归纳共有 17 组，其中比较严重的有 0 号、1 号、2 号及 7 号裂缝（图 7-18）。特别是 7 号缝使整个基础断面裂透，裂缝最宽 0.9～1.9mm。5 号缝多条，经观测未见裂透，裂缝最宽 0.25mm，大部分系发丝缝。但 5 号缝位于主轧机机座下部，此部位受力大而频繁，是整个轧机基础的要害部位。

2. 产生裂缝的原因分析

该轧钢车间主轧机基础开裂之后，经调查研究分析对比，初步认为该基础裂缝的发生是由于水化热温升回降速度过快，基岩约束过大以及基础构造上存在较多薄弱环节，由于温度应力及干缩应力引起的。基础内大量沟道纵横交错、上下重叠，断面变化繁多，各部位刚度差别很大，最厚的部位 8.47m，最薄的 0.25m，造型极为复杂，轧机下冲渣沟将基础分为两大块，有六根大梁嵌固连接，基础实际上是一个极不规则的多孔箱形结构，形成许多应力集中区。基础与基岩是多台阶接触，受到了严重的约束。

基础灌注混凝土时，正值盛暑，施工时为避免水泥水化热过高引起基础开裂，曾采取了一些降低混凝土浇灌温度及水泥水化热温度的措施，但做得很不得力。在基础沟道内设置了 10 台通风机散热，混凝土降温速度很快，引起了较大的拉应力。这种温度应力再与 2～3 个月期间的干缩（此地区气候颇干燥，即便是小型的预制构件，裂缝现象也相当普遍）作用引起的收缩应力叠加，另外还经过几次寒流袭击，在强大的基岩约束下，引起了严重的开裂。由于降温及收缩在 3 个月左右的时间内达到了相当可观的数值，所以裂缝是随着时间陆续发展的。其次，原材料选材不当，石子粒度偏小，砂子采用当地细砂，含砂量大，使混凝土的抗拉强度降低，同时增大混凝土的收缩值。

该基础施工养护不良，基础采取敞开式施工，浇筑混凝土后没有采取保温养护，也没有得到充分的潮湿养护，基础暴露于大气之中经受风吹日晒、寒流袭击、湿度突变等不利因素作用，也使基础的裂缝增多和扩展。

3. 基础裂缝的加固措施

对于该基础各部的裂缝，根据裂缝的特点和受力大小，动力负荷频繁程度，分别给予不同的处理。对于不影响承载力的裂缝，只进行封闭；对于有强度要求的裂缝，采用化学灌浆补强；对于有防水要求的裂缝，采用防渗堵漏。在设备基础的重要受力部位，增加了钢筋网细石混凝土加固层把各地脚螺栓连成整体。对于大量表面裂纹（小于 0.2mm），用环氧液涂面进行表面封闭。这样处理之后，保证了设备安装和生产使用。

4. 温度收缩应力的估算

1）温差

浇筑温度：$T_1 = 25℃$

水化热温升：$T_2 = 55 - 25 = 30℃$

稳定温度：$T_3 = 15℃$

$$T' = T_1 + T_2 - T_3 = 55 - 15 = 40℃$$

三个月的收缩（$t=90\text{d}$）：
$$\varepsilon_y=3.24\times10^{-4}\times(1-e^{-0.01\times90})=1.922\times10^{-4}$$

收缩当量温差：
$$T''=\frac{\varepsilon_y}{\alpha}=\frac{1.922\times10^{-4}}{10\times10^{-6}}=19.22℃\text{，}C_x=1.5\text{N/mm}^3\text{（岩石地基）}$$

总降温差：$T=T'+T''=-(40+19.22)=-59.22℃$

2）验算基础的最大拉应力 σ_{xmax}
$$\sigma_{xmax}=-E\alpha T\left(1-\frac{1}{\text{ch}\beta\dfrac{L}{2}}\right)H(t,\tau)$$
$$=-2.1\times10^4\times10\times10^{-6}\times(-59.22)$$
$$\times\left[1-\frac{1}{\text{ch}\left(\sqrt{\dfrac{1.5}{2.1\times10^4\times9000}}\times\dfrac{47950}{2}\right)}\right]\times0.5$$
$$=12.4362\times\left(1-\frac{1}{\text{ch}2.1358}\right)\times0.5$$
$$=6.2181\times\left(1-\frac{1}{4.2912}\right)$$
$$=6.2181\times0.7669$$
$$=4.76866\text{MPa}$$
$$\sigma_{xmax}=4.76866>R_f=1.9\text{MPa（开裂）}$$

3）裂缝间距

平均裂缝间距 $[L]$，当施工质量较差时，$\varepsilon_p=0.6\sim0.8\times10^{-4}$：
$$[L]=1.5\sqrt{\frac{E\cdot H}{C_x}}\text{arcch}\frac{\alpha T}{\alpha T-\varepsilon_p}$$
$$=1.5\sqrt{\frac{2.1\times10^4\times9000}{1.5}}\text{arcch}\frac{10\times10^{-6}\times59.22}{10\times10^{-6}\times59.22-0.8\times10^{-4}}$$
$$=9260\text{mm}$$

最小裂缝间距 $[L_{min}]$：
$$[L_{min}]=\frac{[L]}{1.5}=6174\text{mm}$$

最大裂缝间距 $[L_{max}]$：
$$[L_{max}]=2[L_{min}]=12.347\text{mm}$$

理论裂缝间距与实际比较接近。

4）裂缝宽度
$$\delta_f=2\psi\frac{\alpha T}{\beta}\text{th}\beta\frac{L}{2}$$
$$=2\times0.3\times\frac{5.922\times10^{-4}}{\sqrt{\dfrac{1.5}{9000\times2.1\times10^4}}}\times\text{th}\left(\sqrt{\frac{1.5}{9000\times2.1\times10^4}}\times\frac{9260}{2}\right)$$

$$= 1.56\text{mm}$$

$$\delta_{fmax} = 2 \times 0.3 \times 6.6582\text{th}\left(\sqrt{\frac{1.5}{9000 \times 2.1 \times 10^4}} \times \frac{12347}{2}\right)$$

$$= 2.00\text{mm}$$

$$\delta_{fmin} = 2 \times 0.3 \times 6.6582\text{th}\left(\sqrt{\frac{1.5}{9000 \times 2.1 \times 10^4}} \times \frac{6174}{2}\right)$$

$$= 1.07\text{mm}$$

理论裂缝宽度接近实际。

5. 预防此类裂缝的措施

从设计方面，应尽可能提高基础的抗裂性。基础内部空洞是由工艺决定的，但是必须在变截面的应力集中部位和一般断面上适当加强构造钢筋布置。基础底面不应单纯地为节约混凝土而设计成凹凸不平（实际上由于施工开挖达不到节约目的）。基础与基岩接触面做油毡沥青滑动层，释放应力。

施工方面，首先注意精选材料。砂石级配、含泥量、水灰比及外加剂等，都必须严格控制。浇注前可以采取冷却骨料措施，但混凝土入模后，不应再进行冷却，应当采取保温养护，以两层草袋覆盖，在当地多风季节还应做挡风帆布棚，长时间潮温养护。

是否留伸缩缝是一个有争议的问题。按规范应该留伸缩缝，但是在该基础的具体条件下即便是留了伸缩缝，也难以避免开裂（只有把伸缩缝间距缩小到裂缝间距的时候，才可以避免裂缝），所以根据本书的计算，设计方法采用综合性的多种措施控制裂缝，不留伸缩缝仍然可以把裂缝控制在设计容许范围之内。

从本例估算应力中可知，基岩不是完全嵌固的，其约束系数接近 0.7，拉应力是有方向性的。沿长度方向较大，所以裂缝垂直纵向，当一个方向开裂后，根据平面应力原理另外一向的应力得到削减，从而不出现纵向裂纹。

7.4　宝钢中央水处理吸水池混凝土池壁裂缝

中央水处理吸水池是宝钢主要贮水构造物，平面尺寸 61000mm×10000mm，为现浇钢筋混凝土水池，大部分属于地下结构。有 3m 高、61m 长墙外露于大气之中，全高 10.8m，底部标高 -7.3m，池壁为 400mm 和 500mm 厚度，池内分大小不等的小池，用闸门隔开，控制水量。

1. 施工情况

1981 年 4 月开工，8 月结束。整个构造物分五次浇灌，混凝土为 C20，坍落度 12cm 浇灌后暴露一段时间，其后逐步回填，施工质量基本良好，拆模时没有发现裂缝、蜂窝麻面及露筋现象。

2. 裂缝情况

第一次浇灌的混凝土拆模后，在回填土之前经 20 余天的时间，发现在纵墙中部产生一条宽度达 1mm 的裂缝。为了避免裂缝的扩展和增加，表面用环氧树脂和玻璃布贴密封闭。陆续浇灌 2、3、4、5 次后，经过半个月至一个月左右的时间，陆续发现裂缝，裂缝次序基本上从已有裂缝的中间区域再开缝。凡是回填土的下部部位的裂缝，都不再扩展，也不再增加，而暴露在外面的裂缝则不断增多和扩展，裂缝分布如图 7-19 所示。

有些细微裂缝已被氢氧化钙等白色析出物封闭而达到裂缝自愈。

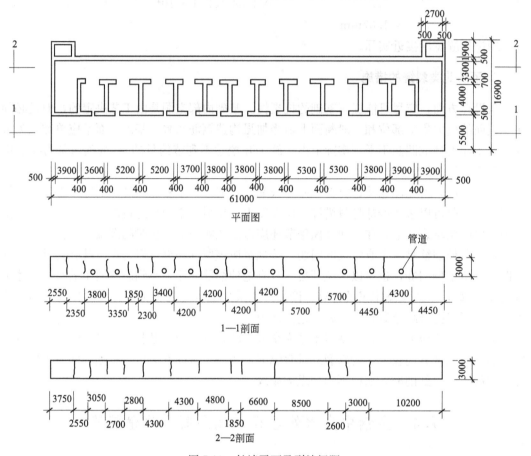

图 7-19　长墙平面及裂缝间距

3. 裂缝产生的原因分析

裂缝产生的原因可能有两个：一个是不均匀沉降；另一个是温度收缩。从沉降观测资料看，六次观测结果中，水池四角点的沉降为 -103、-89、-79 和 -58mm，这样的沉降差异，不会引起结构的裂缝。根据裂缝的暴露条件、出现和发展过程，特别是回填土后裂缝就不再增加和扩展，而外露结构物的裂缝，经一年的时间而稳定下来，可以断定，裂缝是由温度收缩应力引起。考虑到这种裂缝对于结构承载力没有影响，只进行封闭就行了。

4. 露天长墙裂缝验算

本例中，混凝土中最高温度为：

$$T_1 = 45℃$$

最低温度为：

$$T_2 = 5℃$$

其余参数取值如下：

$$\alpha = 1 \times 10^{-5}, \quad H(t) = 0.5, \quad \psi = 0.3,$$

$$C_x = 1 \text{N/mm}^3（混凝土长墙受混凝土底板的约束），$$

$$H = 3000 \text{mm},$$

$$L = 61000 \text{mm},$$

$$\varepsilon_p = 1.2 \times 10^{-4}$$

混凝土的收缩应变：

$$\begin{aligned}
\varepsilon_y &= 3.24 \times 10^{-4} \times (1 - e^{-0.01 \times 40}) M_4 \cdot M_7 \\
&= 3.24 \times 10^{-4} \times (1 - e^{-0.40}) \times 1.18 \times 1.62 \\
&= 2.04 \times 10^{-4}
\end{aligned}$$

当量温度：

$$T_y = -\frac{\varepsilon_y}{\alpha} = \frac{-2.04 \times 10^{-4}}{1 \times 10^{-5}} = -20.4℃$$

温度差：

$$T = -(T_1 - T_2) + T_y = -(45 - 5) - 20.4 = -60.4℃$$

$$\beta = \sqrt{\frac{C_x}{H \cdot E}} = \sqrt{\frac{1}{3000 \times 2.5 \times 10^4}} = 0.00011547 = 1.1547 \times 10^{-4}$$

极限拉应力：

$$\sigma_{xmax} = -E\alpha T \left(1 - \frac{1}{\text{ch}\beta \dfrac{L}{2}}\right) H(t)$$

$$= 2.5 \times 10^4 \times 10^{-5} \times 60.4 \left(1 - \frac{1}{\text{ch}3.522}\right) \times 0.5$$

$$= 7.1 \text{MPa}$$

最大裂缝间距：

$$[L_{max}] = 2\sqrt{\frac{H \cdot E}{C_x}} \text{arcch} \frac{|\alpha T|}{|\alpha T| - |\varepsilon_p|} = 11950 \text{mm} = 11.95 \text{m}$$

最小裂缝间距：

$$[L_{min}] = \frac{1}{2}[L_{max}] = 5.97 \text{m}$$

平均裂缝间距：

$$[L] = 1.5[L_{min}] = 8.96 \text{m}$$

裂缝宽度的验算。在本例中，根据现场实测的裂缝间距 $L = 400$cm，应用本书提供的公式验算裂缝宽度：

$$\delta_f = 2\psi\alpha T \sqrt{\frac{HE}{C_x}} \text{th}\beta \frac{L}{2}$$

$$=2 \times 0.3 \times 10^{-5} \times 60.4 \sqrt{\frac{3000 \times 2.5 \times 10^4}{1}} \text{th} 0.2309$$

$$=0.7 \text{mm}$$

7.5　某轧钢厂铁皮沉淀池侧墙的裂缝

各种地下工程在施工阶段承受较大的温差和收缩作用，一旦回填之后，土体对结构起到有益的保温和保湿作用，所以地下工程后期开裂较少。唯半地下工程处于更为不利的温差和收缩状态，一般上部分（外露）的温差及收缩较大，而土中的混凝土结构，如底板的温差及收缩较小，它们之间产生了显著的外约束应力，常常引起开裂，某轧钢厂铁皮沉淀池的裂缝是一典型例子。其概况如下：

1）对铁皮沉淀池内外墙面混凝土裂缝进行了实测。

2）铁皮沉淀池底板于1980年5月施工完，墙体7月施工完，共分两次施工。墙厚1300mm，属于大体积混凝土结构。墙体混凝土浇灌完后6h开始养护，时间15d。并做了测温：大气温度平均25～27℃（7月份），混凝土温度最高达48℃。模板材料为钢模板。混凝土设计抗渗等级为S10，设计强度为C23，现场试块强度为32MPa以上，抗渗等级为S14以上。

3）裂缝于1980年9月5日发现，见图7-20。

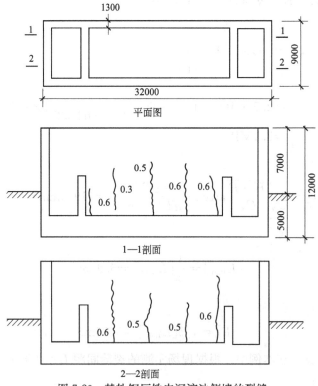

图 7-20　某轧钢厂铁皮沉淀池侧墙的裂缝

4）外部裂缝已在回填土前用纱布环氧树脂封闭。

7.6 某半地下油泵房的裂缝

某油泵房为地下现浇钢筋混凝土结构，上半部为砖砌墙体，从1975年3月至1977年5月陆续发现16条裂缝，裂缝很有规律，凡混凝土开裂部位，墙体亦随着开裂，大多为垂直裂缝，裂缝基本上贯穿，引起渗漏。砖砌墙体顶部尚有顶板收缩引起的斜裂缝。裂缝的次序及分布情况见图7-21。裂缝经过多次化学灌浆处理，并在上部增加圈梁加固，工程可以使用。

从裂缝记录来看，裂缝的出现次序基本上服从墙体收缩受到基础约束从而使墙体"一再从中间开裂"的规律。相互约束作用中，底板承受压应力，所以底板未发现开裂现象。墙体裂缝主要属于温度和收缩应力引起，除约束应力偏高以外，混凝土浇灌后，回填土及拔除钢板桩等增加了差异沉降引起的变形应力，且混凝土的材质及施工质量偏低，抗拉能力过弱，导致严重开裂。

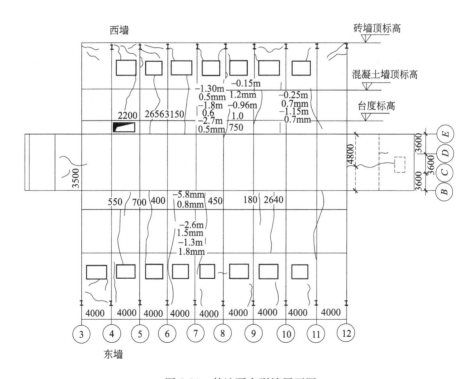

图 7-21　某油泵房裂缝展开图

7.7 钢筋混凝土地下隧道裂缝

大型工业设施的联络系统，如运输通廊、电缆隧道、公用管网、地下铁路等工程，经常采用地下现浇钢筋混凝土箱形结构。我国几大钢铁基地，如鞍钢、武钢、太钢及首都车站地下隧道等，特别是武钢一米七、上海宝钢以及各地众多地下铁道、地下人防等工程经验说明，钢筋混凝土隧道结构的裂缝是地下工程建设的重要技术问题。

地下隧道裂缝漏水，使电气设备受潮腐蚀，影响设备正常运转；高温隧道裂缝的漏水，会使炉温降低，恶化车间劳动条件，甚至造成停产。厂矿在雨季中，会因此降低产品质量和产量。特别是电缆隧道裂缝的漏水，会引起短路导致火灾，甚至爆炸。我国某大钢厂就曾发生过这样的事件。

冶金部自从 1964 年以来多次组织了全国性的调查研究和技术攻关，笔者参加了这一工作。事实证明，地下隧道裂缝的漏水，是工程建设中的重要技术问题，必须防患于未然，采取有效的技术措施加以解决。

宝钢地下隧道系国外设计，国内施工。总的来看，地下隧道的施工质量与过去相比有了很大提高。由于质量要求严格，施工精心，施工程序安排较为合理，因此混凝土打得内实外光，形状整齐，尺寸准确，底面一般无积水。但是，在某些部位仍不同程度地出现了裂缝和渗漏。为此进行了深入探讨，以期进一步改进设计和施工。本章研究目的是为了探索隧道开裂的机理和预防引起渗漏的裂缝。

1. 渗漏部位及其主要原因

主要渗漏部位：①变形缝（温度伸缩缝、沉降缝）；②裂缝；③施工缝；④蜂窝麻面；⑤对穿螺栓、预埋件；⑥管道预留孔。其中③、④、⑤、⑥四项引起的渗漏易于处理，本书不加详细讨论；重点研究①、②项问题。

在表 7-8 中，质量较好的橡胶止水带嵌入到 2～3cm 宽的变形缝中，允许拉伸变形及剪切变形（错位拉伸）可达 8～12cm，足以满足一般变形需要。当变形裂缝宽度增至 8cm 时，变形可增至 30 余厘米。

橡胶止水带的物理力学性能 表 7-8

常温下力学性能	捷 克	英 国	苏 联	中 国
抗拉强度(MPa)	15～20	24.5	15～20	10～20
延伸率(%)	600～800	500	300～400	482～521
硬度 （Grad）	30～55	60～70	40～70	47～60
密度 （t/m³）	0.95～0.97	1.15	1.15	1.23
抗冻能力(℃)	—	—	—45	—40

但是，橡胶止水带和混凝土及钢筋混凝土的结合不易做到密实，易出现空洞而引起漏水，所以必需精心施工，参见图 7-22。

如在设计中减少甚至取消变形缝，就能减少薄弱的一环。合理地设置变形缝是设计工作中急待解决的问题，它和引起漏水的裂缝问题紧密相关，所以我们为了避免有害裂缝而研究了变形裂缝的合理间距。

变形缝（温度伸缩缝、沉降缝）引起漏水相当普遍。例如武钢一米七工程某地下电缆隧道全长 1380m，施工后发现有 130 条裂缝，引起漏水者 46 条（裂缝宽度 0.5～2.0mm），其中伸缩缝的漏水有 26 条，裂缝漏水 9 条，其他 11 条。交通、水利工程也有类似情况。如某水利工程有长达 98km 水渠，全部采用混凝土衬砌，多年使用的经验是：

"混凝土衬砌伸缩缝的漏水是影响衬砌效果，造成衬砌混凝土板冻胀裂缝的一个重要原因。"

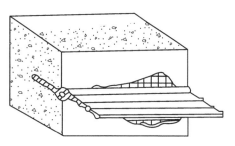

图 7-22 止水带与混凝土的不良连接

伸缩缝和沉降缝统称为"变形缝"，起释放某种"变形能"的作用，是为预防结构破坏而设置的。沉降缝是释放不均匀沉降引起的应力的，沉降缝又兼有温度伸缩缝的作用。

变形缝是结构物变形的集中部位，其变形较大，小者几毫米，大者可达数十厘米。它既要有足够的抗拉伸、抗剪切变形能力，又要具有良好的防水性能。它用各种止水带防水，有钢板、紫铜片、沥青麻丝、橡胶板、塑料板等。国内外使用经验表明，较好的止水构造是在变形缝中嵌入橡胶止水带。橡胶止水带的老化寿命，国内使用经验为 30 年，国外有关技术界认为不少于 65 年。它的基本物理力学性能见表 7-8。

2. 温度伸缩缝的合理间距

按我国现行规范，处于室内或土中条件下，现浇钢筋混凝土连续结构的伸缩缝间距为 30m，露天结构为 20m，无筋混凝土相应为 20m 及 10m。这里忽略了一些重要条件，在笼统的规定下导致有些结构已满足了规定，甚至小于规定还产生了严重的裂缝；而另外一些结构远远地超过规定却没有开裂。原因就是规范把结构长度看成控制开裂的唯一因素，并认为温度应力与长度成线性比例关系。

现据大量的现场调查研究和变形观测，结合处理裂缝的经验，推导了简单实用的计算式，在一批重点工程中作了应用。

1）单孔矩形或圆形截面隧道

当地下单孔矩形或圆形截面隧道，在施工中注意材质质量而且养护良好又能及时回填者，其承受的温差及收缩都很小，隧道底板、侧壁及顶板共同工作，因此只考虑土对隧道的约束。

图 7-23 所示计算简图，隧道壁厚为 t，平均周长 s（即通过截面中心的周长），任意点的水平位移为 u，假定土阻碍隧道变形的剪应力与该点的水平位移成比例：

$$\tau = -C_x u \tag{7-9}$$

式中 C_x——比例系数，土对基础的水平阻力系数，单位 N/mm^3。

从隧道某处截取一微体 dx 段，其平衡方程：

$$\left.\begin{array}{l} d\sigma_x ts + \tau s\, dx = 0 \\ d\sigma_x + \dfrac{\tau}{t} dx = 0 \end{array}\right\} \tag{7-10}$$

$$u = u_0 + \alpha T x \quad (u_0 \text{ 为约束位移}) \tag{7-11}$$

$$\sigma_x = E\frac{du_0}{dx}, \quad \frac{du}{dx} = \frac{du_0}{dx} + \alpha T \tag{7-12}$$

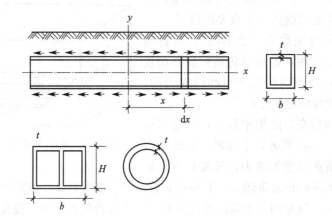

图 7-23　地下隧道计算简图

$$\frac{\mathrm{d}^2 u}{\mathrm{d}x^2} = \frac{\mathrm{d}^2 u_0}{\mathrm{d}x^2} \qquad (7\text{-}13)$$

$$\frac{\mathrm{d}\sigma_x}{\mathrm{d}x} = E\,\frac{\mathrm{d}^2 u_0}{\mathrm{d}x^2} = E\,\frac{\mathrm{d}^2 u}{\mathrm{d}x^2} \qquad (7\text{-}14)$$

$$E\,\frac{\mathrm{d}^2 u}{\mathrm{d}x^2} - \frac{C_x u}{t} = 0 \qquad (7\text{-}15)$$

$$\frac{\mathrm{d}^2 u}{\mathrm{d}x^2} - \beta^2 u = 0 \qquad (7\text{-}16)$$

$$\beta = \sqrt{\frac{C_x}{tE}} \qquad (7\text{-}17)$$

方程式(7-16)是线性二阶常微分方程，其全解为：

$$u = A\,\mathrm{ch}\beta x + B\,\mathrm{sh}\beta x \qquad (7\text{-}18)$$

式中　A、B——积分常数。

由边界条件确定：

（1）$x = 0$，$u = 0$（变形不动点），$A = 0$ $\qquad (7\text{-}19)$

（2）$x = \dfrac{L}{2}$，$\sigma_x = 0$（自由端）

$$\left.\begin{aligned} E\,\frac{\mathrm{d}u_0}{\mathrm{d}x} &= E\left(\frac{\mathrm{d}u}{\mathrm{d}x} - \alpha T\right) = 0 \\[4pt] \frac{\mathrm{d}u}{\mathrm{d}x} &= \alpha T = B\beta\,\mathrm{ch}\beta x \end{aligned}\right\} \qquad (7\text{-}20)$$

$$B = \frac{\alpha T}{\beta\,\mathrm{ch}\beta\dfrac{L}{2}} \qquad (7\text{-}21)$$

式中　T——温差；

　　α——线胀系数。

变位（此式可用作验算裂缝宽度，即一端变位的 2 倍）：

$$u = \frac{\alpha T}{\beta \mathrm{ch}\beta \frac{L}{2}} \mathrm{sh}\beta x \tag{7-22}$$

法应力：

$$\sigma_{\mathrm{x}} = E\left(\frac{\mathrm{d}u}{\mathrm{d}x} - \alpha T\right)$$

$$= -E\alpha T\left(1 - \frac{\mathrm{ch}\beta x}{\mathrm{ch}\beta \frac{L}{2}}\right) \tag{7-23}$$

剪力：

$$\tau = -C_{\mathrm{x}}u = -\frac{C_{\mathrm{x}}\alpha T}{\beta \mathrm{ch}\beta \frac{L}{2}} \mathrm{sh}\beta x \tag{7-24}$$

上述应力为弹性应力，实际上具有黏弹性，混凝土也具有徐变性质，将引起应力松弛，松弛系数取 $0.3 \sim 0.5$，以 $H(t)$ 表示，则最终应力：

$$\sigma_{\mathrm{x}} = -E\alpha T\left(1 - \frac{\mathrm{ch}\beta x}{\mathrm{ch}\beta \frac{L}{2}}\right)H(t) \tag{7-25}$$

最大应力（$x=0$）：

$$\sigma_{\mathrm{xmax}} = -E\alpha T\left(1 - \frac{1}{\mathrm{ch}\beta \frac{L}{2}}\right)H(t) \tag{7-26}$$

得出的应力如图 7-24 所示，最大应力在中间。如其超过抗拉强度，则出现开裂，于是应力重分布，而最大应力仍然在开裂后的每段中部出现；当其仍超过抗拉强度时，又将第二次出现裂缝，如此下去，一再从中间开裂，一直到中间最大应力小于抗拉强度为止。

式(7-26)概括了七个因素相互作用，结构长度只是其中的一个因素，而且与温度应力呈非线性关系。只在较短范围内，长度增加，应力也增加；但超过一定数值之后，长度无论增加多少，应力却不再增加而趋于常数，见图 7-25。

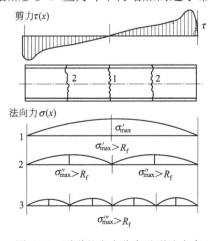

图 7-24 隧道的应力分布及裂缝次序

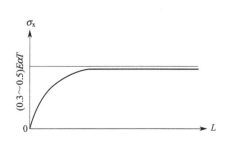

图 7-25 应力与长度关系

可见，如能适当控制条件，就可以少留或不留伸缩缝也能确保结构不开裂；但若忽视具体条件，即使是不长的结构也会严重开裂。从过去处理工程裂缝的实际经验，认为以上论述较为合理，而国内外现行规范有关伸缩缝间距的规定则是不够全面的。

令最大应力 $\sigma_{xmax} = R_f$（混凝土标准抗拉强度），拉伸变形 $\varepsilon = \varepsilon_p$（混凝土的极限拉伸），则可求出最大的伸缩缝间距，亦即最大裂缝间距：

$$\sigma_{xmax} = R_f = E\varepsilon_p = -E\alpha T + \frac{E\alpha T}{\text{ch}\beta \dfrac{L}{2}}$$

$$\text{ch}\beta \frac{L}{2} = \frac{E\alpha T}{E\alpha T + E\varepsilon_p}$$

$$\frac{L}{2} = \frac{1}{\beta}\text{arcch}\frac{\alpha T}{\alpha T + \varepsilon_p} \tag{7-27}$$

当 T 为正温差时，约束应力即压应力，极限拉伸是压缩变形（负值）；当 T 为负值时，极限拉伸变形为正。为了方便计算，取绝对值，得最大间距：

$$[L_{max}] = 2\sqrt{\frac{E \cdot t}{C_x}}\,\text{arcch}\frac{|\alpha T|}{|\alpha T| - |\varepsilon_p|} \tag{7-28}$$

当 $\sigma_{xmax} = R_f$ 时，最可能从中间开裂，得最小间距：

$$[L_{min}] = \frac{1}{2}L_{max} \tag{7-29}$$

计算时取平均值：

$$[L] = 1.5\sqrt{\frac{Et}{C_x}}\,\text{arcch}\frac{|\alpha T|}{|\alpha T| - |\varepsilon_p|} \tag{7-30}$$

采用 6.5 节的相同方法求得裂缝开展宽度：

$$
\left.
\begin{aligned}
\text{平均值：} \quad & \delta_f = 2\psi\sqrt{\frac{Et}{C_x}}\,\alpha T\,\text{th}\beta\frac{[L]}{2} \\
\text{最大值：} \quad & \delta_{fmax} = 2\psi\sqrt{\frac{Et}{C_x}}\,\alpha T\,\text{th}\beta\frac{[L_{max}]}{2} \\
\text{最小值：} \quad & \delta_{fmin} = 2\psi\sqrt{\frac{Et}{C_x}}\,\alpha T\,\text{th}\beta\frac{[L_{min}]}{2}
\end{aligned}
\right\} \tag{7-31}
$$

ψ 值根据 6.5 节表 6-3 取值。

2）矩形多孔隧道

地下工程常遇到多孔隧道，其平衡方程和单孔隧道是相似的，只改变 β 参数，如双孔隧道，高度为 H，壁厚为 t，底板总宽为 b，靠土一面的平均周长为 s，则平衡方程式：

$$d\sigma_x t(s+H) + \tau s dx = 0 \tag{7-32}$$

$$\frac{d^2 u}{dx^2} - \frac{C_x s}{E(s+H)}u = 0, \quad s = 2(H+b) \tag{7-33}$$

$$\frac{d^2 u}{dx^2} - \beta^2 u = 0, \quad \beta = \sqrt{\frac{C_x s}{E(s+H)t}} \tag{7-34}$$

其他解答形式完全相同，只是 β 的参数不同。

依此类推，可知具有 n 孔的隧道，当总宽为 b，$s=2(H+b)$，则：

$$\beta=\sqrt{\frac{C_{\mathrm{x}}s}{Et[s+(n-1)H]}}\qquad(7\text{-}35)$$

其他如应力、变形、裂缝间距、伸缩缝间距及开裂宽度的公式完全相同，只是 β 参数有变化。

3）隧道施工程序带来的裂缝问题

一般施工方法是把隧道分为三段，即底板一次、侧壁一次及顶板一次，留有三条施工缝。这三段的间歇时间，顺利时为半月至月余。这种情况下，如能及时回填，其约束内力的计算都可按整体隧道在土中的工作考虑，即应用前两节的公式。

但是，有可能在程序上发生间歇时间过长造成自约束应力而产生裂缝。结构的约束状态具有相对性，相对隧道整体为自约束，而相对底板和地基、侧壁和底板、顶板和侧壁之间又可当作外约束计算。

地基和底板的约束见 6.5 节。

由于地基基础早已施工完毕，经较长时间施工侧壁及顶板，旧基础对壁板和顶板的约束应力计算，特别是侧壁及顶板浇灌后长期暴露不回填，门形结构受到基础板的约束计算可按如下方法考虑。

对于矩形单孔及多孔隧道，都可分解为 Т 形及 Γ 形截面构件受到基础的约束。首先算出该构件相对基础的相对温差及收缩当量温差，其次可按前面第 6.5 节公式计算，只要注意 β 值有变化：

$$\beta=\sqrt{\frac{C_{\mathrm{x}}}{\left(H+\dfrac{b}{2n}\right)E}}\qquad(7\text{-}36)$$

式中　H——隧道高度；

　　　b——隧道总宽度；

　　　n——隧道孔数；

　　　E——混凝土弹性模量。

约束应力引起的裂缝形式是 Π 形，这是地下隧道中的常见裂缝之一。

（1）计算例题一

某单孔电缆隧道壁厚 200mm，构造配筋率 0.2%，混凝土 C23，施工季节为秋季，土内最大温差 10℃，软土地基 $C_{\mathrm{x}}=0.01\text{N/mm}^3$，施工质量正常，隧道断面 2m×1.5m。

计算：假定该工程施工正常，回填土及时，3 个月后经受最大温差 10℃。首先计算其收缩量：

$$\varepsilon_{\mathrm{y}}(t)=3.24\times10^{-4}\times(1-e^{-0.01t})\times M_1M_2\cdots\cdots M_{12}$$
$$=3.24\times10^{-4}\times(1-e^{-0.01\times90})\times1.0\cdots\cdots\times0.7\times0.86$$
$$=1.16\times10^{-4}$$

收缩当量温差：

$$T_{\mathrm{y}}=\frac{\varepsilon_{\mathrm{y}}}{\alpha}=\frac{1.16\times10^{-4}}{10\times10^{-6}}=11.6℃$$

总降温差：

$$T=T_{\mathrm{B}}+T_{\mathrm{y}}=10℃+11.6℃=21.6℃$$

混凝土的弹性极限拉伸考虑配筋影响：

$$\varepsilon_{p\alpha} = 0.5 R_f \left(1 + \frac{p}{d}\right) \times 10^{-4} \qquad (7\text{-}37)$$

式中 $R_f = 2.0 \text{MPa}$；

$\quad p$——配筋率$\times 100$；

$\quad d$——钢筋直径（cm）。

代入得：

$$\varepsilon_{pa} = 0.5 \times 2.0 \times \left(1 + \frac{0.2}{1.2}\right) \times 10^{-4}$$
$$= 1.15 \times 10^{-4}$$

考虑徐变：

$$\varepsilon_p = 2 \times \varepsilon_{pa} = 2.3 \times 10^{-4}$$

混凝土的弹性模量：

$$E = 3.0 \times 10^4 \text{MPa}$$

伸缩缝间距：

$$[L] = 1.5 \sqrt{\frac{tE}{C_x}} \, \text{arcch} \, \frac{|\alpha T|}{|\alpha T| - \varepsilon_p}$$

在本例中，自由温度变形：$\alpha T = 1.17 \times 10^{-4}$，小于混凝土的极限拉伸：$\varepsilon_p = 2.3 \times 10^{-4}$，上式的分母是负值，在数学上不成立。我们知道如果温差增加到 23℃，自由变形等于极限拉伸，则 $[L]$ 趋于无穷大，也就是材料的抗拉伸能力完全能满足全约束变形需要，则任意长度可不留伸缩缝，在物理概念上是明确的。因为温度应力和温差成正比，小于极限拉伸的温度变形更应当使 $[L]$ 趋于无穷，所以，在满足本例条件下，任意长度可不留伸缩缝。故在计算中：

$$\alpha T \leqslant \varepsilon_p \text{ 时，取 } \alpha T = \varepsilon_p$$

伸缩缝间距：

$$[L] = 1.5 \sqrt{\frac{tE}{C_x}} \, \text{arcch} \, \frac{|\alpha T|}{|\alpha T| - \varepsilon_p}$$
$$= 1.5 \sqrt{\frac{200 \times 3 \times 10^4}{0.01}} \, \text{arcch} \, \frac{2.3 \times 10^{-4}}{0} \to \infty$$

（2）计算例题二

在例一所示基本参数的情况下，如果条件不良，不能及时回填，施工期 3 个月，混凝土质量不好，水灰比达到 0.7 以上，养护很差，使侧墙顶板相对底板有较大的温差及收缩差，其中温差 20℃，则收缩相对变形：

$$\varepsilon_y = 3.24 \times 10^{-4} \times (1 - e^{-0.01 \times 90}) \times M_1 M_2 \cdots M_{12}$$
$$= 3.24 \times 10^{-4} \times 0.5935 \times M_1 M_2 \cdots M_{12}$$

式中，$M_1 \cdots M_{10}$ 为条件系数，只考虑水灰比过大，$M_7 = 1.62$，其余系数均取 1.0，则收缩值：

$$\varepsilon_y = 3.24 \times 10^{-4} \times 0.5935 \times 1.62 = 3.115 \times 10^{-4}$$

当量温差：

$$T_y = \frac{\varepsilon_y}{\alpha} = \frac{3.115 \times 10^{-4}}{10 \times 10^{-6}} = 31.2℃$$

质量很差的混凝土，其极限拉伸较低，ε_p 值约为 0.5×10^{-4} 左右（比正常条件下低 50%）。配筋率较低，不计其影响。由于侧墙顶板相对底板和地基有显著的温差及收缩差，所以底板对侧壁的水平阻力系数 $C_x = 1\text{N/mm}^3$，它们之间的约束试算伸缩缝间距（按 Γ 形断面考虑）：

$$
\begin{aligned}
[L] &= 1.5 \sqrt{\frac{(H+0.5b)E}{C_x}} \, \text{arcch} \frac{\alpha T}{\alpha T - \varepsilon_p} \\
&= 1.5 \sqrt{\frac{(2000+0.5\times1500)\times3\times10^4}{1.0}} \, \text{arcch} \frac{10\times10^{-6}\times51.1}{10\times10^{-6}\times51.1-0.5\times10^{-4}} \\
&= 1.5 \times 9082 \, \text{arcch} \frac{5.11\times10^{-4}}{4.61\times10^{-4}} \\
&= 6288\text{mm} = 6.288\text{m}
\end{aligned}
$$

可见，当施工条件不良，即便按规范每隔 30m 设置一道伸缩缝仍然会开裂，裂缝间距平均 6.28m，即最短 4m 左右，最长 8m 左右。

验算裂缝宽度：

$$
\left.
\begin{aligned}
\delta_f &= 2\alpha T \sqrt{\frac{(H+0.5b)E}{C_x}} \cdot \frac{\text{sh}\beta\dfrac{L}{2}}{\text{ch}\beta\dfrac{L}{2}}\psi \\
\delta_f &= 2\psi \frac{\alpha T}{\beta} \text{th}\beta\frac{L}{2}
\end{aligned}
\right\}
\tag{7-38}
$$

式中 ψ——考虑结构材料非弹性及钢筋的约束作用系数，据武钢一米七工程实测，该数 $0.3 \sim 0.5$，取 0.3。

$$
\begin{aligned}
\delta_f &= 2\times0.3\times10^{-5}\times51.1\sqrt{\frac{(2000+0.5\times1500)3\times10^4}{1}} \\
&\quad \times \text{th}\left(\sqrt{\frac{1}{(2000+0.5\times1500)3\times10^4}}\times\frac{6290}{2}\right) \\
&= 3.066\times10^{-4}\times9082\times\text{th}0.346 \\
&= 0.927\text{mm}
\end{aligned}
$$

这种裂缝宽度将引起渗漏，为此必须改进施工质量和设计条件，才能确保不出现渗漏裂缝。某 11 万伏地下电缆隧道全长 380m，留伸缩缝，间距 30～40m，裂缝 132 条，Ⅱ型裂缝 46 条，裂缝的形状如图 7-26 所示。某核电站隧道裂缝（渗漏）如图 7-27 所示。

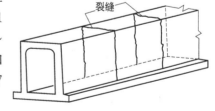

图 7-26 隧道常见的裂缝形状

当基础及侧墙已施工完毕，间隔很长时间浇灌顶板，顶板浇灌后又未能及时回填，则顶板的收缩受到侧墙的约束可能引起顶板开裂。顶板厚 h，侧墙厚 t，隧道高度为 H，计算公式不变只需考虑 β 值变化：

$$
\beta = \sqrt{\frac{C_x t}{E \dfrac{bh}{2n}}}
\tag{7-39}
$$

该计算考虑靠边跨一半顶板变形受到一侧墙的约束。

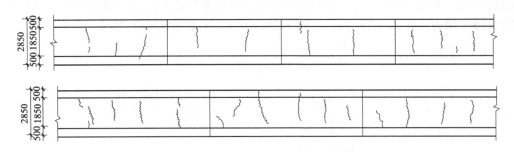

图 7-27 某核电站隧道裂缝（渗漏）

3. 地基不均匀沉降引起隧道的裂缝

根据我国地基基础现行设计规范规定，在软土地基上建造工程，若建筑体型比较复杂，应根据其平面形状和高度差异，在适当部位用沉降缝将其划分成若干个刚度单元；当高度差异（或荷载差异）较大，可将两者隔开一定距离。还要求在房屋和构筑物的下列部位设置沉降缝：

① 建筑平面转折部位；

② 高度差异（或荷载差异）处；

③ 过长的砖石承重结构或钢筋混凝土框架结构的适当部位；

④ 地基土的压缩性有显著差异处；

⑤ 建筑结构（或基础）类型不同处；

⑥ 分期建造的交界处。

沉降缝的宽度不小于12cm。上海市地基基础设计规范以及国外有关规范也都作了类似规定，不一一列举。

从各国规范的有关规定中，关于沉缩缝的设置，只有定性的要求，没有定量的规定，故在实际设计中灵活性过大。究竟平面多大转折，高低多大差别，荷载差异如何等等都没有定量的规定，这是一个不够明确而复杂的概念，在各种工程具体处理上出入颇大。

软土地基上的构筑物裂缝漏水，经常是由地基的不均匀变形引起的。宝钢厂址的地基，除地表有 3m 左右的亚黏土硬壳层外，下部有 20m 深的淤泥质土，其压缩性很大，天然含水量 51%，孔隙比 1.55，液限 49.7%，液性指数 1.12，压缩系数 0.119，压缩模量 1.95MPa，无侧限抗压强度只有 0.021MPa，标贯击数 1~3，这层土一般在电缆沟底部标高位置。特别在隧道

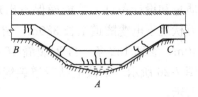

图 7-28 标高变化的电缆沟裂缝

跨马路的加深部位，地基经常泡水和受扰动，而上部荷载较大，故加深部位都要比相邻区域有较大的沉降。又因设计经常先提供较浅部位结构图纸，后提供加深部位图纸，于是不得不倒置施工次序为"先浅后深"，加重了差异沉降，加深部位见图7-28。

虽然，隧道自重要比同体积土体小，但由于开挖后地基回弹，继续施工时，隧道在纵向仍然有不均匀沉降而引起纵向弯矩。在非处理软弱地基上建造长隧道，必然引起纵向弯

矩。宝钢的深厚层软弱地基的水平位移极为敏感，在不对称回填土时必然同样引起纵向（侧向）力矩，内应力超过材料抗拉强度便出现有规律的裂缝，见图 7-29。断面不同的地下隧道抗不均匀变形能力亦有差异，双孔隧道抗弯刚度要比单孔刚度大一倍，承受土压也平均较小，故双孔隧道裂缝较少。

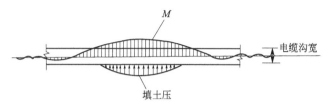

图 7-29 不对称回填引起的力矩

关于隧道的纵向受力状态，有关的规范及一般参考书都不提及，故设计不作考虑。但是工程实践，特别是软土地基上构筑物的实践证明，这种忽略经常导致裂缝事故。

学术界、科研界对这一问题进行了许多工作，目的是尽可能考虑地基变形及其上部结构的共同作用。

根据使用极限状态设计理论，有以下几种原因会使结构物到达不能继续满足使用要求的极限状态：

① 地基到达稳定的极限状态，地基破坏；

② 地基变形达到使结构不能继续使用的极限状态，包括破坏、裂缝漏水等；

③ 结构物自身受力达到极限状态，失去承载力。

在地基和结构两者间，只要一方不能满足使用要求，虽然另一方尚有继续工作余地，作为一个整体，认为它们都到达了极限状态。

根据变形理论，设计计算应满足下述不等式：

$$s < s_{(极限)} \tag{7-40}$$

式中 s——地基变形计算值；

$s_{(极限)}$——按建筑物使用要求的极限许可变形值。

这涉及地基变形的计算方法和结构物的允许变形。

从土力学开始发展起，出现各种计算方法，如半无限弹性空间理论、半无限大弹性平面理论、土压力直线分布法、基床系数法以及有限压缩层厚度法等。这些计算方法都以某种假定为基础推导系列计算公式。

自从 20 世纪 30 年代起，工程技术界作了大量的建筑物沉降观测以检验各种计算理论，但到目前为止仍然得不到明确的答案。影响结构物沉降的因素十分复杂，有的计算虽在理论上相当严密，但在实践中误差颇大；有的计算虽在实践中广泛采用，但与理论存在矛盾。理论总是朝着严密复杂的方向发展；实践却趋向简明实用的近似计算方法。

地下隧道变形的计算理论尚在探索，目前多用"基床系数法"。由于采用半弹性空间理论得出的弯矩偏高，导致大量配筋。

结构物的抗裂极限变形，欲用严密的计算理论计算是困难的。从大量实测经验去解决问题是比较现实的，经验方法主要考虑地基变形的若干特征。

地基变形特征包括：

① 倾斜——框架两相邻支柱间、基础的两点间、基础某一段内的沉降差与其间距之比；

② 相对弯曲——结构挠度与弯曲部分长度之比；

③ 结构物的平均沉降。

对于地下隧道，其抗裂极限变形应按"相对弯曲"确定，见图 7-30$\left(\text{相对弯曲 } i=\dfrac{f}{L}\right)$。

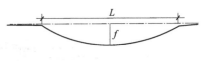

极限变形与长高比有定性的关系，在一定范围内极限变形几乎为一常数，超过此范围与长高比成正比，见图 7-30。

至于相对弯曲，如按弹性地基结构物计算，使混凝土受拉区的应变达到极限拉伸的极限相对弯曲只有 2×10^{-4}。

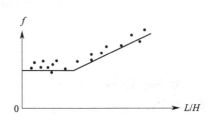

图 7-30　隧道极限变形与长高比关系

根据国内外的实践和我们对于裂缝工程的调查资料，认为上述数字偏于保守。由于结构材料的非弹性，最大允许相对弯曲为 5×10^{-3}。

有几例试验表明，一批开裂的地下隧道，由于不均匀沉降或水平侧移引起的相对弯曲都超过了最大允许相对弯曲 5×10^{-3}（该数字与沉降速度有关）。

4. 结束语

1) 钢筋混凝土地下隧道的施工及使用经验说明，裂缝问题是主要的技术问题。隧道的裂缝，一般不影响承载力，只影响渗漏。

2) 目前国内外有关隧道设计的规范及计算方法，只考虑隧道的横断面，尽管横断面一般不按"裂缝出现"进行设计，但实际上横断面都不出问题。由此可见，隧道的横断面设计尚存在可节约的潜力。

3) 按现行规范及设计参考资料，不考虑隧道的纵向受力。但裂缝说明，隧道的纵向受力存在问题，这主要是人们对引起纵向受力的温度、收缩、不均匀沉降及侧移等方面注意不够。这是设计和施工的缺陷，根据不同的条件，两者所占比重有所不同。在宝钢厂区的软土地基条件下，隧道地基，尤其是在高低差悬殊部位，一律未作处理，又未作结构处理，这属于设计问题。

但个别地方存在施工程序颠倒，填土不及时或不对称，填土厚度不足即行车，长期暴露，养护不良，混凝土质量不好等，这属于施工问题。

4) 隧道的纵向配筋一般按构造配置，不进行计算，配筋率约 0.2%～0.3%，数值并不算低，但是钢筋间距偏大（设计中常用直径 10～14mm，间距 200～300mm）。建议对纵向构造钢筋适当加密，最佳间距 100～150mm，纵向双层配筋，隧道的变截面处、通风井及转弯处都应加强构造配筋。

5) 隧道裂缝的另一常见原因是对温度收缩力的考虑不足。各因素的相互影响可从上述计算式(7-26)得到。主要有七种因素，影响最大的是引起变形的温差、收缩和结构材料抵抗强度变形的能力。因此应从设计施工的各方面努力，以减少温差收缩和提高材料极限拉伸。

6）施工中应注意隧道浇筑后混凝土强度的增长与受载情况。混凝土早期强度很低，特别是抗拉强度及抗剪强度更低，不能承受较高的应力，因此宜避免早期快速加荷。例如在宝钢就常常发生由于拔除钢板桩引起开裂的状况。

7）变形缝是释放变形应力的一种方法，但是必须保证较高的施工质量，否则反而成为漏水的通道，且很难修补。尽可能减少和取消伸缩缝及沉降缝是可行的。

8）地下现浇大量混凝土，要完全避免裂缝是不可能的。要求避免引起漏水的裂缝（其宽度超过 0.2mm），通过设计施工的合作是可以做到的，当出现漏水裂缝，采用化学灌浆处理可以保证工程质量。

7.8　露天钢筋混凝土薄壁结构物的裂缝

露天现浇钢筋混凝土薄壁结构物的裂缝控制，如各种小池、水槽、容器、挡土墙、箱形的半露结构等，长时间暴露在大气之中，承受反复的温差、剧冷剧热、反复的干湿作用，结构内部不断产生裂缝和扩展，这种累积损伤可以使混凝土的宏观裂缝出现时间延续三年之久，所以露天薄壁钢筋混凝土的裂缝控制是技术难度较大的问题。

近年来，在国内建设了一批大型工业建筑物，特别是在一些引进工程中，有许多超规范长度的钢筋混凝土水池施工后，在非受力（构造）方向出现裂缝，即沿池壁竖向出现大量裂缝，引起严重漏水，见图 7-31。

图 7-31　某工程露天水池壁由温度收缩应力引起有规律性的开裂实照
（照片中裂缝已用环氧煤焦油封闭，即竖向宽条黑影）

设计单位曾长时间多次通过设计联络与国外设计代表进行技术谈判，国外设计代表承认，他们仍然没有解决这个问题。一般工程都没有考虑温度收缩引起的开裂问题，在技术谈判中，对于有抗裂要求的工程，根据经验限制钢筋使用应力不超过120MPa。

为了能深入探索这类结构物裂缝的机理，掌握控制裂缝的方法，设计施工与科研合作，冶金部第五建设公司焦化耐火研究院曾进行了大量的现场测试和裂缝调研工作，并在现场进行了控制裂缝的工程试点。有些超长工程，如60～112m长的槽形结构，没有出现超过规范允许的裂缝。

有些工程出现了裂缝。应用本书提供的公式对宝钢焦化厂几项工程裂缝进行验算，其结果如下：

宝钢焦化厂由于工艺需要有许多比较长大的地面、地下和半地下的钢筋混凝土特殊构筑物。如焦炉两侧烟道长76.2m，煤气精制电气室长89.1m，硫铵仓库露出地面的地中梁长85.0m，煤焦综合电气室半地下室长50.0m等。这些建筑物和构筑物施工以后，经过一个冬季低温相继出现了裂缝。

1. 裂缝出现过程及理论验算

1）1A焦炉烟道

1A焦炉烟道是捣制钢筋混凝土结构，伸缩缝间长度为76.2m，高4.84m，宽3.81m。底板下部外侧是ϕ406.2mm×12.6mm，间距2.6m×3.4m的钢管桩基，里侧与焦炉基础承台板连成整体。底板厚1m，侧墙厚0.4m，顶板厚0.495～1m。采用日本180号混凝土（相当于我国C20混凝土）、SD30钢筋（相当于16Mn），施工60d后烟道底板出现裂缝，200d后侧墙、顶板均出现裂缝。

2）煤气精制电气室混凝土墙

煤气精制电气室混凝土墙长89.1m，宽21m，捣制钢筋混凝土结构，下部为箱形基础，半地下室钢筋混凝土墙，墙高3.65m，露出地面3m，墙厚0.3m，采用日本180号混凝土，SD30钢筋。施工过程中地下室墙出现裂缝。

3）硫铵仓库地中梁

硫铵仓库长85.0m，宽50m，地中梁高2.5m（地下1.5m，地上1m），梁宽0.4m。地中梁与柱基承台相连，承台下是预应力混凝土桩基。原设计日本180号混凝土，实际采用210号（相当于我国C24），SD30钢筋，施工72d后梁出现裂缝。

4）煤焦综合电气室

煤焦综合电气室为捣制钢筋混凝土结构，长49.5m，宽20m，下部为箱形基础，半地下室，混凝土墙高3.05m（地下1.55m，地上1.5m），墙厚0.3～0.4m，采用日本标准的180号混凝土，SD30钢筋，施工后134d出现裂缝。

上述四项工程施工经过、材质物理力学性质、配合比及裂缝出现时间见表7-9。

2. 裂缝情况

1）1A焦炉烟道

混凝土表面光洁，仅内表面有较多虎皮印。底板浇灌混凝土60d后，侧墙和顶板浇灌混凝土200d后发现裂缝。底板是外边的裂缝出现在距端部15～17m处，裂缝间距在2～7.8m之间，最大裂缝宽度0.7mm，多为贯通缝。侧墙和顶板裂缝多数在烟道全长的中间三分之一区段上，缝先出现在墙的中部或上部，然后往下发展，在烟道内测量得最大裂缝宽度为 0.4mm，裂缝间距 5～8m，而外侧裂缝宽度较小，均在 0.1mm 左右。

宝钢四项工程施工简况及裂缝出现时间　　　　　　表 7-9(a)

项　目	1A 焦炉烟道		煤气精制电气室混凝土墙	硫铵仓库地中梁	煤焦综合电气室混凝土墙
	底　板	焦　侧　墙			
开始降水	1979.5.5	—	1980.7.28	1980.7.16	1980.4.26
停止降水	1979.8.28	—	1980.10.20	1980.10.9	1980.9
挖土	1979.6.20～21	—	1980.8.3～27	1980.7.23～27	1980.5.19～24
打混凝土垫层	1979.6.29	—	1980.8.5～10	8.5	
打混凝土底板	1979.9.15	—	9.11		
打混凝土侧墙	—	1980.5.18	10.4	10.5	7.28
拆模	—	1980.5.22～6.12	10.16～23	10.12～22	8.6
养护	板顶放水养护	浇水养护 13d	浇水养护 14d	浇水养护 16d	8.9～22
回填土			1980.12.6～10	10.23～11.19	9.1～10 初
发现裂缝	1979.11.15	1980.12.5	1980.12.8	1980.12.16	1981.12.9

混凝土材质物理力学性质及配合比　　　　　　　表 7-9(b)

项　目	1A 焦炉烟道		煤气精制电气室混凝土墙	硫铵仓库地中梁	煤焦综合电气室混凝土墙
	底　板	墙　顶			
矿渣水泥标号（当时的水泥标号）	425 号		450 号	450 号	450 号
水泥(kg)	271	310	310	350	310
粒径 5～40 石子(kg)	1103	1095	1095	1085	1095
中砂(kg)	834	780	780	725	780
水(kg)	192	185	185	190	185
水灰比	0.7	0.597	0.597	0.548	0.597
木酸钙(kg)	0.677	0.775	0.775	0.875	0.775
木酸钙含量	0.25%	0.25%	0.25%	0.25%	0.25%
坍落度(cm)	12.2	7～12	—	10	—
砂率	0.43	0.416	0.416	0.416	0.416
7 天强度(MPa)	—	—	15.3	14.2	18.2
28 天强度(MPa)	28.1	28.1	28.3	30.8	31.9

2) 煤气精制电气室混凝土墙

露出地面部分无明显缺陷。裂缝先出现在墙的施工缝顶部，+1.150m 处，然后往下发展，B 轴（南面）外侧土先回填，裂缝仅到达 ±0.00 处没往下发展，F 轴外侧因施工排水管，土回填较晚，裂缝开展至 ±0.00 以下，最大裂缝宽度 0.3mm。

3) 硫铵仓库地中梁

露出地面的梁表面有起砂、脱皮现象（据反映混凝土中减水剂较多），浇灌混凝土 72d 以后出现裂缝，裂缝很有规律，都出现在柱子两侧，最大裂缝宽度 0.87mm。

4) 煤焦综合电气室

浇灌混凝土 134d 后出现裂缝，大多出现在墙中部，仅有少数几条缝裂到顶部，最大裂缝宽度 0.2mm。

3. 裂缝间距与裂缝开展的验算

1）混凝土干缩和温度收缩拉应力计算

$$\sigma_{\max} = -E(t) \cdot \alpha T \left(1 - \frac{1}{\mathrm{ch}\beta \frac{L}{2}}\right) H(t) \text{（拉为正，压为负）} \tag{7-41}$$

$$\beta = \sqrt{\frac{C}{H \cdot E}} \tag{7-42}$$

式中　$E(t) = E_0(1 - e^{-0.09\tau})$——计算龄期混凝土的弹性模量值（MPa），$E_0$ 为混凝土的弹性模量 MPa；

t——混凝土龄期（d）；

α——混凝土线膨胀系数；

$T = T_1 + T_2 + T_3$——总温差（℃），以升温为正，降温为负；其中：$T_1 = T_1' - T_1''$ 是季节温差（T_1' 是混凝土入模温度或入模时气温℃；T_1'' 是裂缝出现时气温）；$T_2 = \varepsilon_y/\alpha$ 是混凝土干缩当量温差；T_3 是混凝土水化热温度差；

L——结构物的长度；

C——地基约束系数（N/mm³）；

H——构件高度，指裂缝时施工高度；

$H(t)$——徐变松弛系数。

混凝土计算龄期的收缩值为：

$$\varepsilon_g = \varepsilon_0 (1 - e^{-0.01t}) \cdot M_1 M_2 M_3 \cdots M_{10} \tag{7-43}$$

式中　$\varepsilon_0 = 3.24 \times 10^{-4}$——标准状态下混凝土极限收缩值；

M_1——对标准条件 275 号（当时的水泥标号）普通水泥的水泥品种修正系数；

M_2——对标准条件水泥标准磨细度（比表面积 2500～3500cm²/g）的修正系数；

M_3——对标准条件花岗岩石骨料的修正系数；

M_4——对标准条件水灰比 0.4 的修正系数；

M_5——对标准条件水泥浆含量 20% 的修正系数；

M_6——对标准养护期为 7d 的修正系数；

M_7——对标准空气相对湿度 50% 的修正系数；

M_8——对标准水力半径倒数 0.2cm⁻¹ 的修正系数，水力半径 r 的倒数，即 $r = \dfrac{L（截面周长）}{F（截面面积）}$；

M_9——对标准条件机械振捣的修正系数；

M_{10}——不同配筋率修正系数。

各系数值参见表 7-10。

2) 混凝土裂缝间距计算（表 7-11）

混凝土干缩和温度收缩拉应力计算系数值　　表 7-10

项　　目	结　　构　　物				
	1A 焦炉烟道		煤气精制 电气室墙	硫铵仓库 地中梁	综合电气 室　墙
	底　板	侧　墙			
E_0	2.6×10^4	2.6×10^4	2.6×10^4	2.85×10^4	26×10^4
t	60	200	55	72	134
$E(t)$	2.59×10^4	2.6×10^4	2.58×10^4	2.84×10^4	2.6×10^4
α	1×10^{-5}	1×10^{-5}	1×10^{-5}	1×10^{-5}	1×10^{-5}
T_1'	32.6*	18.1	18.8	20.2	28
T_1''	15.8	8.8	8.8	6.6	8.8
T_1	-16.8	-9.3	-10	-13.6	-19.2
M_1	1.25	1.25	1.25	1.25	1.25
M_2	1.35	1.35	1.35	1.35	1.35
M_3	1.0	1.0	1.0	1.0	1.0
M_4	1.62	1.42	1.42	1.31	1.42
M_5	1.0	1.0	1.0	1.0	1.0
M_6	0.93	0.93	0.93	0.93	0.93
M_7	0.7	0.7	0.7	0.7	0.7
M_8	0.54	0.55	0.56	0.55	0.55
M_9	1.0	1.0	1.0	1.0	1.0
M_{10}	0.957	0.895	0.938	0.86	0.963
ε_y	1.34×10^{-1}	2.1×10^{-4}	1.12×10^{-4}	1.13×10^{-4}	1.98×10^{-4}
T_2	-13.4	-21	-11.2	-11.3	-19.8
T_3	-15	-15	-15	-15	-15
T	-45.2	-45.3	-46.2	-39.9	-54
L	76200	76200	89100	85000	49500
H	1000	3840	1750	2500	1800
C	1.5	1.5	1.5	1	1.5
β	$\dfrac{1}{4.16 \times 10^2}$	$\dfrac{1}{8.16 \times 10^2}$	$\dfrac{1}{5.49 \times 10^2}$	$\dfrac{1}{8.43 \times 10^2}$	$\dfrac{1}{5.59 \times 10^2}$
$H(t)$	0.3	0.3	0.3	0.3	0.3
σ_{max}(MPa)	3.511	3.467	2.900	3.355	4.111

混凝土徐变变形计算系数与裂缝间距　　表 7-11

项　　目	结　　构　　物				
	1A 焦炉烟道		煤气精制 电气室墙	硫铵仓库 地中梁	综合电气 室　墙
	底　板	侧　墙			
R_L	1.67	1.67	1.67	1.75	1.83
d	1.6	1.6	1.3	1.9	1.3
p	0.2	0.5	0.89	0.79	0.29
ε_{pa}	0.94×10^{-4}	1.09×10^{-4}	1.02×10^{-4}	1.24×10^{-4}	1.12×10^{-4}
K_1	1.2	1.2	1.2	1.2	1.2
K_2	0.9	0.9	0.91	0.91	0.91
K_3	0.89	0.89	0.89	0.89	0.89
K_4	2.8	2.1	2.1	1.8	2.1
K_5	1.0	1.0	1.0	1.0	1.0
K_6	1.0	1.0	1.0	1.0	1.0

续表

项　　目	结　　构　　物				
	1A焦炉烟道		煤气精制 电气室墙	硫铵仓库 地中梁	综合电气 室　墙
	底　板	侧　墙			
K_7	0.7	0.7	0.7	0.7	0.7
K_8	0.68	0.69	0.69	0.69	0.69
K_9	1.0	1.0	1.0	1.0	1.0
K_{10}	1.0	1.0	1.0	1.0	1.0
C_0	7.53×10^{-6}	7.53×10^{-6}	7.53×10^{-6}	7.4×10^{-6}	7.4×10^{-6}
$\varepsilon_n^0(\infty)$	6.29×10^{-5}	6.29×10^{-5}	6.29×10^{-5}	6.48×10^{-5}	6.77×10^{-5}
$\varepsilon_n(\infty)$	8.06×10^{-5}	6.31×10^{-5}	6.2×10^{-5}	5.48×10^{-3}	6.67×10^{-5}
ε_p	1.746×10^{-4}	1.703×10^{-4}	1.64×10^{-4}	1.788×10^{-4}	1.784×10^{-4}
αT	4.52×10^{-4}	4.53×10^{-4}	3.62×10^{-4}	3.99×10^{-4}	5.4×10^{-4}
$\mathrm{arcch} \dfrac{|\alpha T|}{|\alpha T| - \varepsilon_p}$	1.07	1.50	1.21	1.20	0.96
$[L]$(mm)	6680	12850	9960	15170	8100
L 实测值(mm)	5000~8000	6000~18000	10000 左右	集中在柱两侧	无规律

$$[L] = 1.5 \sqrt{\frac{\overline{H} \cdot E}{C_x}} \, \mathrm{arcch} \, \frac{|\alpha T|}{|\alpha T| - \varepsilon_p} \qquad (7\text{-}44)$$

式中　　　　　　　　　$\overline{H}$——板或墙的计算厚度或高度,当 $H \leqslant 0.2L$ 时,取 $\overline{H} = H$;

　　　　$\varepsilon_p = \varepsilon_{pa} + \varepsilon_n(\infty)$——最终极限拉伸值;

　　$\varepsilon_{pa} = 0.5 R_L \left(1 + \dfrac{p}{d}\right) \times 10^{-4}$——弹性状态下极限拉伸值（$R_L$ 为混凝土抗拉标准强度

　　　　　　　　　　　　MPa，p 为配筋率即 $\mu \times 100$，d 为钢筋直径 cm）;

　　$\varepsilon_n(\infty) = \varepsilon_n^0(\infty) \cdot K_1 \cdot K_2 \cdots K_{10}$——徐变变形；$\varepsilon_n^0(\infty) = C_0 \cdot \dfrac{1}{2} R_L$ 为标准状态下徐变

变形，K_1 为水泥品种徐变度修正系数，K_2 为水泥标号徐变度修正系数，K_3 为骨料品种徐变度修正系数，K_4 为水灰比徐变度修正系数，K_5 为水泥浆含量徐变度修正系数，K_6 为加荷龄期徐变度修正系数，K_7 为相对湿度徐变度修正系数，K_8 为水力半径倒数徐变度修正系数，K_9 为应力比徐变度修正系数，K_{10} 为操作方法徐变度修正系数，C_0 为标准极限徐变度见公式(2-2)，各系数 K_i 值参见表 2-1~表 2-5。

　　3）裂缝宽度计算（结果见表 7-12）

裂缝宽度计算参数　　　　　　　　　　　　　表 7-12

项　　目	结　　构　　物				
	1A焦炉烟道		煤气精制 电气室墙	硫铵仓库 地中梁	综合电气 室　墙
	底　板	侧　墙			
$[L]$(mm)	6680	12850	9960	15170	8100
P	0.2	0.5	0.29	0.79	0.29
F	1.0	0.6	0.8	0.4	0.8
ψ	0.3	0.18	0.24	0.12	0.24
δ_f 理论	0.75	0.87	0.69	0.58	0.90
δ_f 实测值	0.7	0.4	0.3	0.87	0.2

$$\delta_f = 2\psi \cdot \alpha \cdot T \cdot \frac{1}{\beta} \text{th}\beta \left[\frac{L}{2} \right] \tag{7-45}$$

式中　$\psi = F \cdot H(t)$；

$\quad\quad H(t) = 0.3$；

$\quad\quad F$——含钢率影响系数。

计算结果表明，以本书提供的理论公式验算内力及裂缝是可行的。

7.9　"后浇缝"的设计与施工

在现浇整体式钢筋混凝土结构中，只在施工期间保留的临时性变形缝，称为"后浇缝"。该缝根据具体条件，保留一定时间后，再进行填充封闭，后浇成连续整体的无伸缩缝结构。因为这种缝只在施工期间存在，所以是一种特殊的施工缝。但是，又因为它的目的是取消结构中的永久性变形缝，与结构的温度收缩应力和差异沉降有关，所以它又是一种设计中的伸缩缝和沉降缝，一种临时性的变形缝。它既是施工措施，又是设计手段，后浇缝亦称为"后浇带"。

这种缝首先应满足削减温度收缩应力的需要，还要尽力与施工缝相结合（因为后浇缝的分段可能与施工分段相结合），为施工创造便利条件。

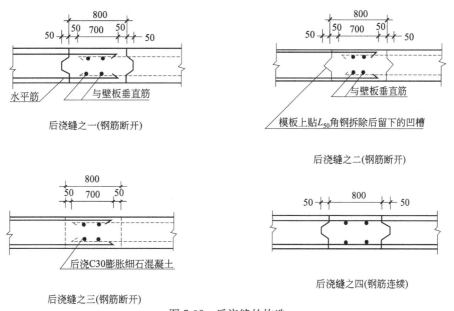

图 7-32　后浇缝的构造

我国最早的后浇缝设计与实践是湖北大冶钢厂的 850 初轧机基础（图 7-32），该基础全长为 37m，中间设置一道后浇缝，缝宽为 700mm，后浇缝把基础分为 16550mm、19750mm 两段，后浇缝间隔时间 6 周，基础用防水混凝土。基础埋深 $-5\sim-6$m，地下水位在 $-1.16\sim-4.19$m。其后在我国许多重大工程中采用后浇缝二十余年的实践证明，后浇缝是一种扩大伸缩缝间距和取消伸缩缝的有效措施。大冶钢厂 850 车间设备基础，人民大会堂立体框架，首都工人体育馆，鞍钢某工程，武钢一米七工程某冷轧水处理工程、热轧水处理工程，首都体育场等，都成功地应用了"后浇缝"方法，取消了伸缩缝。这样做的优点是对结构抗震、防水有利，简化建筑构造，便于施工，并可节约一些材料（如橡胶带、紫铜板、金属片等）。此外，无伸缩缝结构的裂缝处理也比处理伸缩缝漏水容易。当然，后浇缝的清理与凿毛也会给填缝施工带来一定麻烦。

1. 后浇缝的设计原则

分析许多实际裂缝出现过程，基本上可分为三个活动期。一般中体积钢筋混凝土结构承受的温差有气温、水化热温差及生产散发热温差。混凝土入仓后，经 $24 \sim 30h$ 可达最高温度，最高水化热引起的温度比入模温度约高 $30 \sim 35℃$，以后根据不同速度降温，经 $10 \sim 30d$ 降至周围气温，此期间大约还进行 $15\% \sim 25\%$ 的收缩，地基亦可能出现早期的不均匀沉降，有些结构在这期间出现裂缝，对此阶段称为"早期裂缝活动期"。往后到 $3 \sim 6$ 个月，收缩完成 $60\% \sim 80\%$，可能出现"中期裂缝"。至一年左右，收缩完成 95%，可能出现"后期裂缝"。因此，结构出现裂缝与降温和收缩有直接关系。

施工一年之后，如无外界条件变化，一般结构将处于裂缝"稳定期"，出现裂缝概率很小；但是，也有例外情况，当结构养护不良，遇有突然风吹曝晒，引起湿度急剧变化，以及急剧降温、寒潮袭击引起激烈温差等不利因素，都可能随时引起裂缝，有些结构由于地基变形变化引起开裂。

如上所述，地下或半地下结构经常遭受的最大温差、收缩及沉降等变形作用是在施工期间发生，在这之后的温差就比较小，只剩余一部分收缩。工程实践说明，一些现浇混凝土结构出现裂缝大多在"早期裂缝活动期"，特别是施工条件多变，回填不及时，养护较差等情况下，更容易出现"早期裂缝"。所以有些工程在尚未投入使用或刚刚投入使用时，就出现裂缝漏水现象。

前面已讲过，结构长度是影响温度应力的因素之一，并且只在一定范围内（结构长度较小）对温度应力影响较为显著。为了削减温度应力，取消伸缩缝，可把总温差分为两部分。在第一部分温差经历时间内，把结构分成许多段，每段的长度尽量小一些，并与施工缝结合起来，可有效地减少温度收缩应力。在施工后期，把这许多段浇成整体，再继续承受第二部分温差和收缩，两部分的温差和收缩应力叠加小于混凝土设计抗拉强度，这就是利用"后浇缝"办法控制裂缝并达到不设置永久伸缩缝的目的的原理。这已被国内许多单位在一些重大工程中应用，可称为"先放后抗"的原则，已在实践中获得良好的效果。

2. 后浇缝间距

后浇缝间距首先应考虑能有效地削减温度收缩应力，其次考虑与施工缝结合。通过计算（按本书建议的最小伸缩缝间距公式）及实践经验调查，在正常施工条件下，后浇缝的间距约为 $20 \sim 30m$。

3. 后浇缝保留时间

后浇缝保留时间当然越长越好，但必须在施工期间不致影响设备安装，一般不应少于 $40d$，最宜 $60d$（考虑施工可能），在此期间，"早期温差"以及至少有 30% 的收缩都已完成。

4. 后浇缝的宽度及构造

后浇缝的理论宽度，只需1cm已足够保证温度收缩变形，但是考虑施工方便，并避免应力集中，使"后浇缝"在填充后承受第二部分温差及收缩作用下的内应力（即约束变形），一般宽度应在70~100cm左右，实践中较多采用100cm。后浇缝处钢筋连续不断，不必担心附加应力引起钢筋破断（为便于清理凿毛亦可断开钢筋）。后浇缝可做成企口式，见图7-32。无论何种形式，后浇前都必须凿毛清理干净，首都某重点工程后浇缝的支模与浇筑后的情况见图7-33（a）、（b），图7-33(c)是武钢一米七工程水池池壁"后浇缝"。近年来，常用钢板网做模板。

(a)

(b)

图7-33 "后浇缝"施工实照

(c)

（a）浇筑前的首都某工程"后浇缝"支模实照；

（b）拆模后钢筋不断的首都某工程"后浇缝"实照；

（c）武钢一米七工程水池池壁"后浇缝"实照

5. 后浇缝的填充材料

最宜采用浇筑水泥及其他微膨胀水泥，例如，普通水泥铝铅粉等配制混凝土。当现场缺乏这类水泥时，亦可采用普通水泥拌制的混凝土，但要求混凝土比原结构的强度等级高

C5～C10，长期潮湿养护（不少于 15d）。我国早期工程的"后浇缝"大多是用普通混凝土填充的，没有发现问题。

后浇缝的模板过去都用木模，支模及拆模都比较麻烦，钢筋从板条拼成的模板中穿过。近年来，国内外成功地采用了不必拆除的、以钢筋为骨架制成的钢板网模板。

设计中，当地下地上均为现浇结构时，"后浇缝"应贯通地下及地上结构，遇梁断梁，遇墙断墙（钢筋不断），遇板断板。必须在设计中标定留缝位置，施工中还应注意拆模后支撑。墙的"后浇缝"与底板相同，可作企口式。有防水要求的结构宜作企口式。"后浇缝"应尽力设在梁或墙中内力较小位置。

除"后浇缝"办法外，对一些大型工程还出现一种"跳仓打"的办法，即把整体结构按施工缝分段，隔一段浇一段（跳开一段浇一段），经过不少于 5d 时间再填浇成整体，如此也可避免一部分施工初期的激烈温差及干缩作用。其原理相同，只是以施工缝区段做后浇缝，停留时间较短，但许多情况下，如果能停留较长一些时间，效果就会更好。

7.10 关于有条件地取消后浇带

由于主裙房的自重、基础埋深、工程桩的桩径、桩长等不尽相同，在施工过程中将造成主裙房在垂直方向上的沉降有一定的差异，对于一个连续的基础底板，这种差异沉降将引起较大的剪力和弯矩，在一定的条件下可能造成底板开裂漏水，甚至更大的破坏，同时对于超长、超厚的混凝土底板，温度应力是一个不容忽视的问题。设置施工后浇带能部分解决施工过程中主裙房的沉降差，同时将大体积混凝土底板在浇筑前期由于水泥水化热升温膨胀后，在降温过程中产生的拉应力予以消散。然而，在实际施工操作过程中，后浇带往往带来一系列问题，主要有以下五点：

1）留于基础底板上的后浇带，将历经整个结构施工的全过程，直至结构封顶，对于高层和超高层建筑，需要几个月甚至几年的时间，在这样长的时间里，后浇带中将不可避免地落进各种各样的垃圾杂物，由于底板钢筋较粗且密，再加上局部加强筋，使得清理工作非常艰难，而若不清理干净，势必影响工程质量，如图 7-34 所示。后浇带的开敞期间，对释放差异沉降引起的内力程度甚微。

2）后浇带贯穿整个地下、地上结构，所到之处遇梁断梁，遇板断板，给施工带来很多不便，影响施工进度。

3）在后浇带灌充混凝土前，需将两侧混凝土凿毛，施工非常困难，如图 7-35 所示，而底板混凝土

图 7-34 后浇带上垃圾成堆

与后浇带混凝土浇筑时间间隔数月，新老混凝土的粘结强度很难保证，又由于浇筑时间

差，造成底板混凝土的干缩大部分已于后浇带灌充前完成。因此，后浇带混凝土的干缩极易在新老混凝土的连接处产生裂缝。设置施工后浇带的初衷是防止底板裂缝的产生，而后浇带处理不好却人为地在每条后浇带处造成两条贯穿裂缝，引起漏水，见图7-36。

图 7-35　后浇带打毛清理困难

图 7-36　后浇带的开裂

4）在软土地基尤其是上海，地下水位较高，一般在-0.5～-1.5m，后浇带填充前，地下室处于漏水状态，严重影响施工。

5）后浇带将底板分成若干块，换撑时（爆炸支撑）底板抗水平力的能力大大削减，必须采取特殊措施方能确保底板稳定性，由于底板的移动还可导致上部结构的位移。

如果取消或尽早灌充后浇带混凝土，将基本克服以上诸多困难，给施工带来很多便利，唯一需要解决的问题是如果取消后浇带，塔-裙楼的沉降差引起的弯曲应力及底板和侧墙温度应力是否会导致底板开裂，作者经过分析计算，在 10 余栋高层建筑工程施工前提出取消后浇带的建议，供业主和设计单位考虑并抉择。

取消后浇带的理论依据是：

1）基础工程的温度收缩应力和结构的长度呈非线性关系，长度是控制裂缝因素之一而不是唯一的裂缝因素，所以调节其他有关因素仍然可以作到取消后浇带而不产生有害的裂缝。有关依据可见本书第 6 章及本章工程实例。

2）后浇带释放差异沉降问题，我们对软土地基条件下桩筏及桩箱基础的沉降观测，不仅竣工前的观测（上海已有的资料主要是竣工前的观测，最长的观测时间 3～6 年，建成后的详细资料尚未见到），在工程投入使用后，我们继续进行了长达十八年的详细观测，说明后浇带在结构封顶前能释放的差异沉降应力约 20％～45％；如果后浇带封闭时间提前到 2～3 个月，释放应力是微不足道的。一般设计并不因为后浇带而减少或间断配筋，配筋是连续的；如果遇有沉降缝的设置，须验算和补强构造措施。我们在上海一些软土地基桩箱基础调查中，发现主裙楼的后浇带封闭时，没有差异沉降（后浇带处连在一起的素混凝土垫层表面砂浆也无裂纹），是一个证明，后浇带在这里起了"安慰作用"。

3）根据实测，桩筏及桩箱基础的差异沉降与基础的整体刚度有明显关系，主裙楼的基础联合为一体的差异沉降远小于主裙楼以后浇带或沉降缝分离基础的差异沉降。

所以，取消后浇带，以主裙楼的桩基调节差异沉降，利用主裙楼联合基础的整体刚度来减少差异沉降是完全可能的。这就是把各种不同荷载的基础连成一"船式基础"的依据。按照作者的"抗与放"的原则，这是以"抗"为主导思想的解决不同荷载下基础差异沉降的新方法，它与习惯上必须设缝的指导思想相比是一种新概念。

已建成的有代表性高层建筑有：

1）上海世界金融大厦

上海世界金融大厦地处浦东陆家嘴金融开发区，南邻陆家嘴路、北接区内规划道路、东近浦东南路、西临规划中的浦城路。由同济大学设计院作地下结构设计，该工程主楼共 43 层、裙房共四层，主楼高度 186m，裙房高度 20m。基础平面形状呈钻石形，最大边长为 57.0m，短边边长为 33.0m，对角线长 80 余 m，裙房挑出 46.5m。地下室共三层，底板面标高为 -12.90m，主楼底板厚 3.30m，裙房底板厚 1.60m，底板混凝土为 C30、S8 级抗渗。基础采用钢管桩基，主楼共有 ϕ609.6 钢管桩 571 根，裙房共有 ϕ609.6 钢管桩 54 根。现浇钢筋混凝土基础底板采用一次性连续浇筑，不留后浇带，如图 7-37 所示，混凝土浇筑总量约 16450m³。

2）上海东海商业中心二期

上海东海商业中心二期基础边长为 100m，宽度为 47m，塔楼处底板厚 2.5m，裙房处底板厚 1.1m。现浇钢筋混凝土基础底板采用一次性连续浇筑，不留后浇带，混凝土浇筑总量约 7400m³。

3）上海金融广场

上海金融广场大体积混凝土基础为边长 63.3m、宽 45.5m、主楼底板厚 2.5m、裙房底板厚 1.2m 的现浇钢筋混凝土基础，基础底板采用一次性连续浇筑，不留后浇带，见图 7-38，混凝土浇筑总量 6870m³。

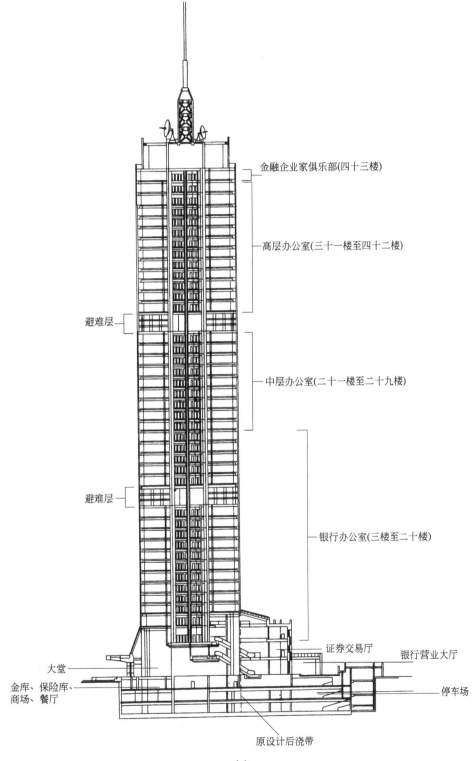

金融企业家俱乐部(四十三楼)

高层办公室(三十一楼至四十二楼)

避难层

中层办公室(二十一楼至二十九楼)

避难层

银行办公室(三楼至二十楼)

证券交易厅

银行营业大厅

大堂

金库、保险库、商场、餐厅

停车场

原设计后浇带

(a)

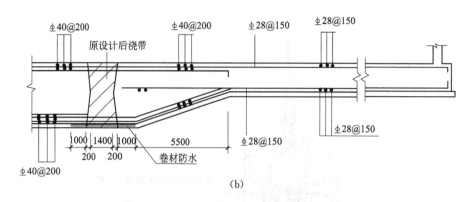

(b)

(c)

图 7-37　世界金融大厦

(a) 大厦剖面图；

(b) 主裙楼取消后浇带处截面构造图；

(c) 世界金融大厦及新上海国际大厦封顶后，主裙楼平均沉降 20～25mm

（照片中由左向右第三、四幢）

4）上海浦贸大厦

上海浦贸大厦大体积混凝土基础为边长 67.0m、宽 48.0m、主楼底板厚 2.3m、裙房底板厚 1.2m 的现浇钢筋混凝土基础，基础底板采用一次性连续浇筑，不留后浇带，混凝土浇筑总量约 9500m³。

5）上海远东国际大厦

上海远东国际大厦基础边长为 80m，宽度为 40m（图 7-39），主楼底板厚 2.0m，裙房底板厚 1.5m。底板混凝土强度等级为 C30，S6 级抗渗。现浇钢筋混凝土基础底板采用一次性连续浇筑，不留沉降缝和后浇带，混凝土浇筑总量约 6000m³。

6）上海金都大厦

上海金都大厦基础边长为 65m，宽度为 45m，主楼底板厚 2.5m，裙房底板厚 1.5m，底板混凝土强度等级为 C30。现浇钢筋混凝土基础底板采用一次性连续浇筑，不留沉降缝和后浇带，混凝土浇筑总量约 8000m³。

7）上海东锦江大酒店

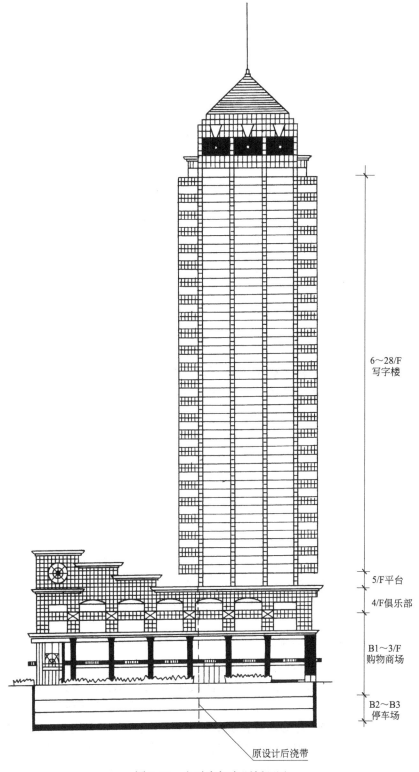

图 7-38 金融广场大厦剖面图

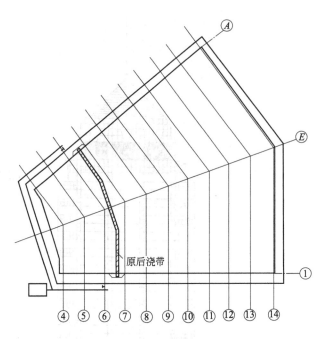

图 7-39　远东国际大厦取消后浇带平面图

上海东锦大酒店一期主楼基础呈宝石形，三条长边为 42.0m，三条短边为 18.0m，基础底板厚 3.80m，中部底板厚达 5.0m。现浇钢筋混凝土基础底板采用一次性连续浇筑，不留后浇带，混凝土浇筑总量约 13000m³。

8）上海虹口商城

虹口商城主楼地下二层，地上二十二层；裙房地下二层，地上六层。主裙楼建在一座桩-箱基上，主楼底板厚 1.8m，埋深 9.4m，桩长 27.5m；裙房底板厚 1.0m，桩长 23.8～26m，基础形状呈宝石形。经设计优化，主楼桩长由 27.5m 减至 25.74m；裙房的桩长改为 16m。原设计在主楼与裙房相邻处设置后浇带一道，按原设计主楼沉降 7～9cm，裙房沉降 3～4cm。主楼与裙房的差异沉降 5～5.7cm。

经我们的整体沉降分析，考虑桩-土-箱共同工作，取消后浇带后，基础的最大沉降 6.4cm，边缘区 3.5cm 和 3.8cm，最大差异沉降为 2.9cm，在原后浇带部位增加弯矩 3459 kN·m，原设计配筋仍能满足使用要求，进行温度应力计算，实行温控，确保不产生有害裂缝。

9）宝钢三期工程热轧超长箱基 535m

本工程将厂房柱基础及各种设备基础建在一整体箱基上，简称 BOX 基础。桩-箱组成的大型筏式基础，由 1.5m 厚大底板及外墙形成的箱体，承受厂房、辊道、粗轧机、飞剪、精轧机、卷曲机、油库、电缆隧道等各种差异荷载，基础全长 535m，宽 83.5～110m，全长的大体积混凝土分段跳仓浇筑，不留伸缩缝，不留后浇带。采取温控，合理配筋，优选配合比，增设滑动层，加强保温保湿措施等。混凝土浇灌后 20～30d 陆续出现一些轻微裂缝，经化灌和封闭处理后确保正常投产。这样的工程，从施工和使用角度看，留许多伸缩缝及沉降缝要好得多。

10) 上海国际网球中心取消施工后浇带工程实例❶

上海国际网球中心位于上海市徐汇区衡山路、吴兴路口，整个建筑是由 2 栋高 22 层的塔楼和中部 3～4 层裙房组成的框剪结构，下设一层联通地下室，采用桩-箱基础，底板采用 C30 混凝土，塔楼处厚 1.8m，裙房处厚 1.2m。工程桩为直径 φ650 的钻孔灌注桩，塔楼处桩长 40m，裙房处桩长 25m。原设计在两座塔楼与裙房连接处各设一条施工后浇带，带宽 1m，采用浇筑当时的水泥标号 350。根据作者的建议取消后浇带。

通过计算得到：

(1) 单桩竖向刚度：塔楼：$6.522 \times 10^4 \, \text{kN/m}$

裙房：$6.522 \times 10^4 \, \text{kN/m}$

(2) 相当基床系数：塔楼：$1.340 \times 10^4 \, \text{kN/m}$

裙房：$1.351 \times 10^3 \, \text{kN/m}$

(3) 作用于箱基上的荷载：15kN/层

(4) 如果留后浇带至结构封顶，早期沉降为：

塔楼中心处：2.61cm

塔楼后浇带处：2.341cm

取混凝土底板内外温差 20℃为温度应力计算基准，最大拉应力为 0.47MPa，叠加弯曲应力后得到总拉应力为 1.06MPa，小于 C30 混凝土的设计抗拉强度 1.5MPa，底板抗剪强度经验算也能满足要求。

本工程目前两座塔楼和裙房的施工已结构封顶，相当一部分差异沉降已经完成，又因为底板顶标高为 −6.0 和 −6.1m，在四季温度变化过程中底板内外温差必然远小于 20℃。因此，实际工况要好于本计算工况。

基于以上理论计算，及大量工程实践，认为本工程取消后浇带的设计方案是完全可行。

裙房中心处：5.87cm

裙房后浇带处：5.58cm ⎫ 设置后浇带沉降状况

后浇带处两侧沉降差为 3.24cm。⎭

如取消后浇带，典型早期沉降曲线如图 7-40 所示。其中，中心沉降为 4.08cm，边缘沉降为 2.03cm。后浇带处弯矩为 4433.9kN·m，底板弯曲拉应力为 0.59MPa。根据我们的经验，这样的差异沉降是可以确保工程满足正常使用要求。

如上所述，后浇带作为一种短时期释放约束应力的一种技术措施，较永久性变形缝已大大前进了一步，已经获得广泛的应用。但是，由于它存在一些缺点，所以在有条件的时候可以取消后浇带，沉降状况反而更好，实现无缝结构。最后得如下结论：

1) 主裙楼荷载差异虽然很大，但都建在桩基或改良的地基上，包括坚硬的天然地基，可以利用桩基和坚硬地基调整主裙楼的沉降，使主裙楼的差异沉降控制在较小范围，特别是利用大底板的整体性抵抗差异沉降的潜力，确保主裙楼在整体底板上具有较小的差异沉降，须通过计算加经验进行分析，加强变截面处的抗弯刚度和配筋。已封顶的工程平均沉降均在 20～30mm 以内。

---

❶ 参加本项工作的有博士生陈洋。

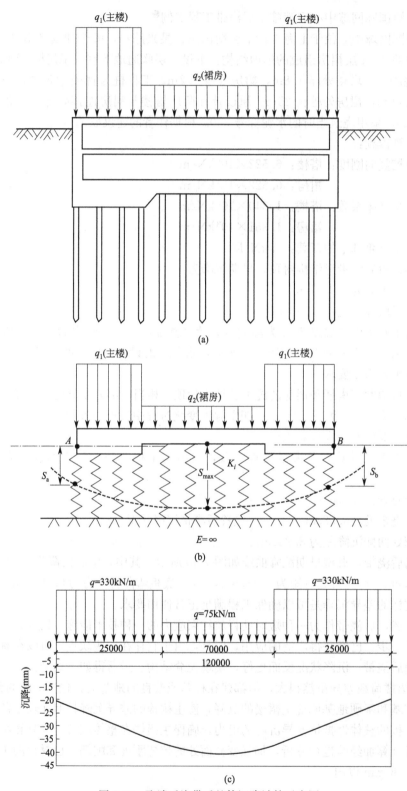

图 7-40 取消后浇带后整体沉降计算示意图

（a）、（b）计算模型；（c）计算结果

2）作温度收缩应力的分析和计算，控制结构不出现有害裂缝，采取相应的设计配筋，调整约束状况、合理的确定混凝土强度等级、优选混凝土配合比、严格的施工养护和温控措施等。

7.11　混凝土面层的膨胀受压失稳破坏

在坚硬地基上或在旧混凝土基层上浇筑新混凝土面层，层厚数厘米至数十厘米的后浇层，因面层一般不留伸缩缝，或者伸缩缝间距较大时，该类结构降温及收缩引起的拉应力计算问题已在 6.5 节中阐明。

但是，亦会出现因受压而导致破坏的现象。如在炎热季节，太阳辐射使面层混凝土的温度激烈上升，与夜间气温差可达 $40\sim50℃$，此时混凝土表面的温度可达 $60\sim70℃$。

由于面层结构与基层之间常出现黏着力薄弱或脱节现象，即所谓"起壳"现象，面层与基层脱空。在这种条件下，热作用使面层产生很大压应力，黏着力不足或脱空部位变成受压构件，压应力足够大的时候便引起失稳拱起和弯曲破坏，甚至突然爆裂，见图 7-41 及图 7-42。

地面拱起现象随着降温而逐渐消失，遗留下来的破碎带约 $20\sim30cm$ 宽。

经现场检查，破碎带两侧混凝土都已脱离基层，面层与基层的黏着力已不复存在。起壳的区域也很不均匀，长宽约 $2\sim5m$ 不等。

图 7-41　混凝土底板受气温破坏现场

各种地面、路面都在露天条件承受激烈季节温差、日温差和太阳辐射作用，面层的温度很高并有温度梯度，除挤压作用外，还有翘曲作用，因此更容易产生挤压失稳破坏。假定粘结力薄弱或起壳的板承受均匀的约束压应力（非均匀温时取平均温差），则压应力：

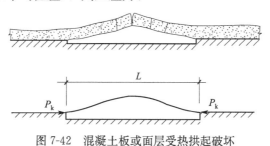

图 7-42　混凝土板或面层受热拱起破坏

$$\sigma^*_{\max} = -\frac{E\alpha T}{1-\mu}H(t,\tau) \tag{7-46}$$

式中　$H(t,\tau)$——考虑徐变的应力松弛系数，在激烈温差条件下 $H(i,\tau)=1.0$；

　　　　T——考虑太阳辐射作用下板的日温差。

单位宽度板条受到的挤压力，当板厚为 δ 时：

$$P_t = \sigma^*_{\max}\delta = -\frac{E\alpha T\delta}{1-\mu}H(t,\tau) \tag{7-47}$$

考虑现场的裂缝规律是单向出现，可假定板的失稳模型是受压板条的失稳问题。

根据欧拉临界力公式，在以下不同边界条件下：

嵌固端条件下：

$$P_{k1} = \frac{4\pi^2 EJ}{L^2} \quad （压力） \tag{7-48}$$

自由端条件下：

$$P_{k2} = \frac{\pi^2 EJ}{L^2} \quad （压力） \tag{7-49}$$

式中　EJ——板的弯曲刚度；

　　　　L——板的脱空长度。

在地板及路面等条件下，面层既不是嵌固，也不是自由，而是介于二者之间，取其平均值较为合适：

$$P_k = \frac{1}{2}(P_{k1} + P_{k2}) = \frac{2.5\pi^2 EJ}{L^2} \tag{7-50}$$

地面及路面板不失稳的条件：

$$P_t < P_k，即 \frac{\alpha T\delta}{1-\mu}H(t,\tau) < \frac{2.5\pi^2 J}{L^2} \tag{7-51}$$

现举一算例：某工程在旧混凝土基层上浇筑一层细石混凝土面层，厚 40mm，温差 50℃，脱空距离 3m，验算稳定破坏情况。

$$P_t = \frac{10\times10^{-6}\times50\times4\times E}{1-0.15} = 0.00235E$$

$$P_k = \frac{2.5\times3.14^2\times\frac{1\times4^3}{12}\times E}{300^2} = 0.00146E$$

$$P_t = 0.00235E > 0.00146E = P_k \quad （失稳破坏）$$

如选取板厚 $\delta=150$mm，其他条件相同，则：

$$P_t = \frac{10\times10^{-6}\times50\times1\times15\times E}{1-0.15} = 0.00882E$$

$$P_k = \frac{2.5\times3.14^2\times\frac{15^3}{12}\times E}{300^2} = 0.0770E$$

$$P_t = 0.00882E < 0.0770E = P_k \qquad (安全)$$

如板厚仍然是 40mm，但脱空长度 $L = 100$cm，则：

$$P_t = \frac{10 \times 10^{-6} \times 50 \times 1 \times 4 \times E}{1 - 0.15} = 0.00235E$$

$$P_k = \frac{2.5 \times 3.14^2 \times \frac{4^3}{12} \times E}{100^2} = 0.0131E$$

$$P_t = 0.00235E < 0.0131E \qquad (安全)$$

所以，地面拱起破坏的三个主要因素是温差、面层厚度和脱空长度（或粘结力不足长度）。其中在施工方面需加控制的开裂因素是起壳（脱空）和粘结力薄弱。这是常见的施工失误，所以，应当注意两层结构之间的良好粘接，如采取打毛、留插筋、附加粘合砂浆等等。同时，在面层构造设计上也应选择具有牢固结合的构造设计。当板厚较大（大块整体式基础）时，表面激烈升温一般不会出现拱起失稳破坏，只可出现抗压强度不足的破裂。

在某些建筑物的楼板结构伸缩缝、沉降缝及其他变形缝等处，都由于留缝而形成变形集中部位，亦可出现拱起挤碎现象。

7.12　裂缝控制措施

1. 裂缝控制的设计措施

1) 增配构造筋提高抗裂性能。薄壁结构（壁厚 200～600mm）如墙、板、梁等，采取增配构造钢筋，使构造筋起到温度筋的作用，能有效地提高抗裂性能。

配筋应尽可能采用小直径、小间距。采用直径 8～14mm 的钢筋和 100～150mm 间距是比较合理的。全截面的配筋率不小于 0.3%，应在 0.3%～0.5%。受力筋能满足变形构造要求的，不再增加温度筋；构造筋不能起到抗约束作用的，应增配温度筋。

日本以及其他一些国家设计其配置受力筋大大超过实际需要，而构造筋却非常薄弱，值得注意。我国的设计也有忽略构造筋作用的。

2) 超长工程不设置伸缩缝须有裂缝控制措施。从日本"新日铁"引进的轧钢厂设备基础工程，超长数百米不留伸缩缝的大胆设计经验对于大规模建设颇有实践意义，但不采取任何措施的直接施工，只靠"排堵"的方法是消极且不可靠的，必须防患于未然，以大大减少开裂情况，并为事后处理创造便利条件。如果没有施工技术的改进和化学灌浆的补缝措施，从日本引进的 686m 无伸缩缝大型空间箱体基础，欲维持正常自动化生产，是难以想象的。

3) 设滑动层和压缩层。考虑到焦化厂水池同时受到地基和桩基的约束，在最长一座水池的垫层上表面和底板下表面贴一毡一油作为滑动层。

在露出池底突入地基中的地中梁两侧和池内水沟的里侧，设置1～3cm厚的聚苯乙烯硬质泡沫塑料压缩层，以减小地基对水池的侧面阻力。

4）避免结构突变（或断面突变）产生应力集中。当不能避免断面突变时，应作局部处理，做成逐渐变化的过渡形式，同时加配钢筋。

5）控制应力集中裂缝。工业与民用建筑的各种底板、立墙、顶板以及地下箱形基础和其他特殊构筑物都可能遇到各种形状的孔洞，如圆形的、方形的、矩形的等等，还有一些结构在长度方向遇有断面突变的情况。在孔洞和变断面的转角部位，由于温度收缩作用，也会引起应力集中，导致裂缝的产生，这是结构裂缝的常见现象。

如有一块自由板，其中带有圆孔或方形孔，由于降温或干缩作用，使板产生自由收缩，板的尺寸缩小，其中的圆孔由原 D 缩小到 D'，则：

$$D' = D - \alpha TD \tag{7-52}$$

如为方孔，其边长由原长 a 缩小到 a'，则：

$$a' = a - \alpha Ta \tag{7-53}$$

其他形状也可类推。

与升温膨胀变形相似，当板边界受到全约束，板承受均匀降温或均匀收缩作用，无孔板内将产生均匀拉应力，拉应力轨迹线（简称力流）均匀分布。如板内存在圆孔、方孔或矩形孔，力流将产生绕射现象，在孔附近密集和集中，应力增高（图 7-43）。

在孔洞的转角处，主拉应力线呈斜向，该处的应力值最大，超过弹性均布拉应力 $E\alpha T$ 的数倍（3 倍以上）。由于钢筋混凝土的材质具有塑性和徐变性能，孔口转角带有一定程度的圆滑性，使得该处的应力没有按应力集中理论推导得那么大，但对于混凝土的抗拉能力来说，亦足以引起开裂。因此，在结构物的孔洞转角处经常出现斜向开裂，例如河南某工程箱形基础，武钢的某主电室地下工程，在其顶板的许多设备孔洞的转角处出现斜向裂缝。湖北某工程在箱形基础立墙门孔上角出现斜向裂缝，开裂后，应力集中程度大大松弛（释放了大量应变能），对钢筋混凝土结构的承载能力并无影响，在一般条件下，不须作承载力加固，只做表面处理，以防钢筋锈蚀和裂缝漏水。

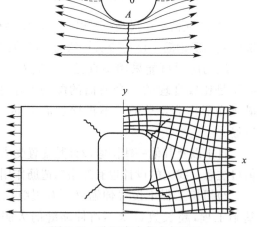

图 7-43　孔洞应力集中与裂缝

从目前已有的资料来看，尚无法作严格的弹塑性定量计算，可近似地简化，按均质弹性体计算，得到应力偏高的结果（转角处必裂），实际情况虽不完全如此，但裂缝比较普遍，因此，遇有这类结构，作繁琐的运算是没有必要的。

　　因此，目前采取有效的构造加强，比作应力集中理论计算更有现实意义。有两种有效办法：一是转角或圆孔边作构造筋加强，转角处增配斜向钢筋或网片。二是孔洞边界设护边角钢，即使是很小的角钢（如边宽 50mm）也可起到良好的抗裂作用。角钢配在孔洞所有转角边界。如某引进轧钢车间箱形基础顶板孔洞作了护边角钢以后，均未发现应力集中裂缝。圆形大体积基础上边缘宜配置环形护边钢板（500mm ×9mm）。

　　在混凝土柱边缘、墙角、门孔边等部位镶护边角钢，不仅可保护边角免致破裂，还有利于今后技术改造及施工的需要。

　　6) 设置"暗梁"。水池类现浇混凝土结构一般厚度不大（300～500mm），高度也不高，池壁高在 4～5m 以上，这类结构最容易从池壁的上部出现边缘效应引起的裂缝，裂缝上宽下窄。为此在水池纵、横断面的四角，以及施工缝上、下，各配 4φ16～φ22 的钢筋予以加强，称这些部位为"暗梁"。这样处理以后，易裂的薄弱部位含钢率增大，混凝土的极限拉伸提高，结构抗裂性得到增强，见图 7-44。

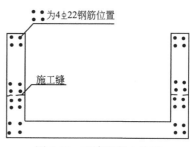

图 7-44　现浇混凝土池壁施工缝的加强构造

　　7) 从构造上提高混凝土的极限拉伸及抗拉强度可以有效地提高"抗"的作用。

　　8) "后浇缝"和"跳仓打"是一个道理，可控制施工期间的较大温差与收缩应力。

　　9) 以预防为主。在设计阶段就应考虑到可能漏水的内排水措施以及施工后的经济可靠堵漏方法，这才是较为合理的裂缝控制原理。

　　10) 从未来的发展方向看，无论是静动荷载作用还是变形作用，提高混凝土材料的韧性将是十分有意义的。

2. 裂缝控制的施工措施

　　1) 严格控制混凝土原材料的质量和技术标准，特别是在泵送混凝土工艺中，一定要采取"精料方针"，粗细骨料的含泥量应尽量减少（1%～1.5%），一些重要工程的原料必须预先多点选择。

　　2) 混凝土集料的配比应作细致分析，强度等级和水化热及收缩有矛盾，应根据工程所处条件，如防水、防渗、防气、防射线等进行最优方案的选择。设备基础一般的强度等级为 C20～C25，重要特殊构筑物为 C30。混凝土的水灰比很重要，应在满足强度要求及泵送工艺要求条件下尽可能降低，为此掺入减水剂是必要的。

　　3) 根据工程特点，可以利用后期强度，如 60d、90d、120d 强度，即允许工程在60d、90 天或 120d 达到设计强度，这样可以减少水泥用量，减少水化热和收缩。

　　4) 混凝土的浇灌振捣技术对混凝土密实度是很重要的，最宜振捣时间 5～15s。泵送流态混凝土也仍然需要振捣。

　　5) 相对大块式、厚壁的混凝土工程，控制裂缝的主要因素是水化热降温引起的拉应力，所以必须尽可能减少入模温度，薄层连续浇筑，随后采取保温养护，以减少内外温差。很重要的一环是缓慢降温，越慢越好，为混凝土创造充分应力松弛的条件，与此同时还要使混凝土保持良好的潮湿状态，这对增加强度和减少收缩是十分有利的。宝钢 9.2m 厚大块式高炉基础采取保温养护、缓慢降温，取得良好的控制裂缝效果，其施工现场情况见图 7-45～图 7-46。

6）对于薄壁结构，裂缝的主要因素是收缩，所以应分层散热浇灌，其后保湿养护很重要，无须专门的保温。预防激烈的温度变化与湿度变化对控制裂缝是有利的。薄壁结构中要设法保证混凝土浇灌振捣的密实性。

7）混凝土拆模时间可根据工程具体条件（如工序要求、施工荷载状况）确定，应尽可能多养护一段时间。拆模后混凝土表面的温度不应下降 15℃ 以上，拆模时混凝土的现场试块强度等级不宜低于 C5。

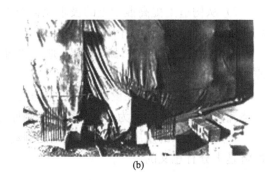

(a) (b)

图 7-45 宝钢 9.2m 厚高炉基础施工之一
(a) 泵送浇灌上部直径 18.5m，高 4.6m 基础，采用弧形可变桁架支模（由十九冶施工）；
(b) 挡风棚保温养护现场

8）混凝土的施工缝可留企口接头，设止水带。一般工程采用企口施工缝，只要凿毛清理干净，是可以满足设计要求的。止水带的施工质量很重要，只要确保施工质量，止水效果是优良的。

9）关于施工季节的选择，一般难以准确确定。较冷、较暖的季节比炎热季节好，但季节不是唯一的条件，如果组织得好，措施可靠，炎热季节，即便是在最高气温 35℃ 时，也可保证工程质量。例如宝钢一批大体积混凝土工程就是在炎热季节浇灌的。

10）对于地下工程，拆模后及时回填土是控制早期、中期开裂的有利因素。土是混凝土最佳的养护介质，施工经验说明，迟迟不回填的暴露工程裂缝是最多的。

11）为了减少地基与基础间的摩阻力，两者之间设一层沥青油毡，或涂抹两道海藻酸钠隔离剂，以减少地基水平阻力系数 C_x，一般可减少至 $0.1～0.3×10^{-2} N/mm^3$。

图 7-46　宝钢 9.2m 厚高炉基础施工之二

拆模后的高炉基础地上部分，于基础顶部 9.2m 高处配置

环形钢板（800mm×9mm）

3. 采用两次振捣技术

采用两次振捣技术，改善混凝土强度，提高抗裂性，也是裂缝控制的重要措施，见图 7-47。

图 7-47　某工程现场钢筋－混凝土池壁 120m

无伸缩缝的施工养护（由上建三公司施工）

在一批大体积设备基础工程中采用混凝土两次振捣取得较密实的结果。当混凝土浇筑后即将凝固时，在适当的时间内给予再振捣。它的作用是增加混凝土的密实度，减少内部微裂和提高混凝土的强度，提高抗渗性能等。要求掌握好两次振捣的时间间歇（2h 左右为宜），否则会破坏混凝土内部结构，使强度等性能降低。见试验结果如下：

1）试验用原料

（1）胶结材料。吴淞 32.5 级矿渣硅酸盐水泥，初凝 2h 25min，终凝 6h 47min，$R_7=$ 36.8MPa，$R_{28}=52.6$MPa。为了比较，还选用了吴淞 42.5 级普通硅酸盐水泥。

（2）粗骨料。5～40mm 连续级配砂岩碎岩。

（3）细骨料。中粒海砂，搅拌站配制商品混凝土用料。

（4）减水剂。吉林开山屯化纤厂的木钙，为了比较，还选用了"JN"和"FDN"混凝土减水剂。

2）试验结果

（1）试块成型。用人工将料拌匀装入试模，第一次振捣后静放；到指定间隔时间进行第二次振捣，第二次振捣的持续时间，以混凝土表面翻浆为好；将成型好的试块放入养护室进行养护，到指定龄期将试块取出，对其性能进行试验。

（2）两次振捣对混凝土抗压强度的影响见表 7-13。

两次振捣对混凝土抗压强度影响 表 7-13

间隔时间(h)	2	2.4	4	6	8
			龄 期		
3d 龄期		20%		11%	3%
7d 龄期	13%、73% 22%、21%		14%、17% 20%、13%	13%、20% 20%、20%	7%
23d 龄期	22%、22% 9%、13%		12%、13% 14%、20%	5%、5% 12%、28%	5%
60d 龄期	20%、12%		26%、19%	21%、22%	

注：各栏内百分数为第二次振捣后，抗压强度提高的百分数。一栏内有 4 个或 2 个百分数者，为 4 种或 2 种混凝土提高的抗压强度百分数。

（3）两次振捣对不同减水剂的效果。对 FDN 减水剂的矿渣水泥混凝土来说，通过对指定的 3 种间隔时间进行第二次振捣所得的 2 个龄期的抗压强度看，仅提高不超过 5%，效果可以忽略不计。

对木钙、JN 减水剂混凝土具有明显的效果，可提高抗压强度 10%～20%。超长超厚工程的裂缝控制见表 7-14。

近年来一些高层和超高层建筑的箱形基础长 60～80m，不设置任何变形缝；超过 80～100m 者只留后浇缝。

超长超厚现浇钢筋混凝土工程实例

表 7-14

序号	工程地点	名称	结构形式	地基处理	基础形式(m×m×m)	裂缝状况
1	上海宝钢	焦化厂水池	钢筋混凝土槽(露天)	软基 30m桩基	51×38×6.9 无缝	未开裂
2	上海宝钢	焦化厂水池	钢筋混凝土槽(露天)	软基 30m桩基	66.15×19.2×3.6 无缝	未开裂
3	上海宝钢	焦化厂水池	钢筋混凝土槽(露天)	软基 30m桩基	79.35×20.8×4.7 无缝	在变截面处有两条裂缝宽0.2~0.4mm
4	上海宝钢	焦化厂水池	钢筋混凝土槽(露天)	软基 30m桩基	50.8×30.8×5 无缝	高在施工中
5	上海宝钢	高炉基础	钢筋混凝土大块式	软基 60m钢桩	35.75×35.75×9.2 无缝	未开裂(水平有施工缝,沿高度分三次浇)
6	上海宝钢	热风炉基础	钢筋混凝土厚板式	软基 60m钢桩	55.8×25×4 无缝	未开裂(水平施工缝,沿高度分两次浇)
7	上海宝钢	氧气顶吹转炉	钢筋混凝土厚板式	软基 60m钢桩	90.8×31.3×2.5 无缝	未开裂(连续浇筑7000m³,28小时)
8	上海宝钢	焦炉基础	钢筋混凝土厚板式	软基 60m钢桩	76.2×29.4×26 无缝	未开裂(烟道有裂缝)
9	上海宝钢	铁水包坑	地下槽式	软基	32×40×16.5 无缝	有一条轻微裂缝(0.1mm)
10	上海宝钢	脱锭模(图7-47)	地下槽式	软基	120×20×4 无缝	有一条轻微裂缝(0.1mm)
11	武汉一米七工程	热轧厂基础	大型地下箱体筏式	黏土	686×80×8 无缝	中部有较多开裂,两端200余米未开裂
12	北京毛主席纪念堂	基础	地下箱体基础	黏土(短桩)	90×90×8 无缝	未开裂,留后浇缝30m
13	北京防爆墙	露天框架墙	整体长墙框架	黏土	66×26×17.2 无缝	未开裂,加强构造筋
14	舞阳轧钢厂	设备基础	不规则块体	岩石	48×32×8 无缝	严重开裂
15	上海宝钢	中央水处理	半地下水池	黏土	61.9×16.9×10 无缝	出现均匀分布的裂缝,间距3~4m,0.2mm

续表

序号	工程地点	名称	结构形式	地基处理	基础形式 (m×m×m)	裂缝状况
16	上海宝钢	江边水泵房	地下沉井	软基(钢桩)	39.45×39.45×16.2 无缝	下沉,有轻微裂缝
17	上海武装警察总队礼堂地下室	箱形基础	箱体结构	软基	68×42×3.5 无缝	未开裂
18	煤气站	地下结构	箱式筏形基础	桩基	111.5×39×2.25	无伸缩缝,未开裂
19	煤炭工厂	地下结构	槽状结构	桩基	92.3×48.1×13.4×1	无伸缩缝,未开裂
20	某核电站	基础	筏基	天然地基	90×80×(1.5~2.0)	无伸缩缝,未开裂
21	珠江商业大楼	超高层(44层)建筑	筏基	桩基	76.1×32.2×3	两道间距28m后浇缝,未开裂
22	某煤矿井基地	地下矿井	超长筒形结构	黏土	直径6m长300m 厚0.6m双层	无伸缩缝,未开裂
23	上海亚洲宾馆	地下工程	箱基	桩基	70×18.4×8×1.0	无伸缩缝,未开裂
24	天津大无缝工程	基础	环形基础	桩基	62×10.8×3m周长190	无伸缩缝,未开裂
25	上海污水处理	基础	环形基础	连续墙	62×3.0×3.0	无伸缩缝,未开裂
26	上海电力工程	基础	环形基础	连续墙	60×3.0×1.2	无伸缩缝,裂缝宽0.3~1.0mm
27	上海宝山钢铁厂	连铸车间基础	筏式底板	桩基	160×90×1.0	无伸缩缝,未开裂
28	太原钢铁厂	高炉基础	大块体基础	桩基	33.6×33.6×7.0	无伸缩缝,未开裂
29	重庆	高炉基础	大块体基础	岩石	20×20×6.22	无伸缩缝,未开裂
30	武汉	高炉基础	大块体基础	粉质黏土	33.5×31.1×8.11	沿高度三次浇筑,未开裂
31	上海宝山钢铁厂	3号高炉基础层(1)	大块体基础	钢管桩基	45.14×31.0×2	无伸缩缝,未开裂
32	上海宝山钢铁厂	3号高炉基础层(2)	大块体基础	钢管桩基	45.14×31.0×2.5	无伸缩缝,未开裂

续表

序号	工程地点	名称	结构形式	地基处理	基础形式 (m×m×m)	裂缝状况
33	上海宝山钢铁厂	3号热风炉基础	厚板基础	钢管桩基	55.8×25×4	无伸缩缝，未开裂
34	沈阳地下街	地下结构	无梁楼盖	砂质黏土	234×96×6.8×0.5	间距30~40m后浇缝，未开裂
35	上海太阳广场	地下结构	箱基	桩基	96.3×75.5×5	出现1300余条裂缝0.3~0.6mm
36	上海车海广场	地下结构	箱基	桩基	90×54×9.6	无后浇带，出现轻微裂缝
37	上海人民广场	地下车库	箱基	爆扩桩抗浮	175×150×10	无伸缩缝，无后浇带，未出现有害裂缝
38	上海伦宾馆	地下车库	箱基	桩基	53×56×8	出现裂缝
39	上海国际大厦	地下车库	箱基	桩基	76.2×82×14.5	未出现裂缝
40	大连高科技园	地下结构	箱基	岩基	170×30×8	未出现裂缝
41	上海地铁车站	地下结构	箱基	软基	370×25×11	出现轻微裂缝
42	巴基斯坦	核电站	筏基	砂基	80×82×8	未出现有害裂缝
43	上海新世界金融	地下车库	箱基	桩基	130×90×16	出现轻微裂缝
44	上海金融广场	地下车库	箱基	桩基	55×60×11	出现轻微裂缝
45	上海金都大厦	地下车库	箱基	桩基	60×50×11	出现轻微裂缝（部分较重）
46	上海远东国际大厦	地下车库	箱基	桩基	50×40×10	未出现裂缝
47	上海八万人体育场	地下结构	箱基R.C框架	桩基	直径300m，圆环形结构	出现轻微裂缝，无伸缩缝，无后浇带
48	上海人民广场	地下变电站	筏基	天然地基	直径60m，圆形厚板	出现裂缝（分层浇筑）
49	上海金桥花园	地下车库	箱基	桩基	60×50×11	出现裂缝，有3条后浇带
50	上海中区广场	地下结构	箱基	桩基	104×52×2	出现裂缝，有后浇带
51	上海高科大厦	地下结构	箱基	桩基	80×69×2.2	出现裂缝，有后浇带

7.13 上海某广场大厦工程裂缝分析与处理

1. 概况

上海某广场大厦工程位于上海市西郊虹桥开发区，该工程共分东西塔楼区、低层区和机械栋及附属车道五大部分。东西塔楼为高层区，地上 29 层，地下 1 层，高 99.0m，其余裙楼为低层区。混凝土强度等级由下向上依次为 C40、C35 和 C30，框架柱尺寸为 1.05m×1.05m，大梁断面尺寸为 1.4m×0.4m。

该工程地下土层多为软弱黏性土和一般黏性土，在高层区打有 H 型钢（360mm× 410mm×18mm×18mm）桩基，间距为 2000mm×2200mm，持力层在 62.98m 左右，裙楼桩基持力层在 41.5m 左右，每根柱下 2~3 根 H 型钢桩。地下室底板厚 3000mm，其中中间裙房下部为箱形基础，底板或箱基上地下室主要作为停车场使用。到 1992 年 12 月为止，西栋建至地上 4 层，东塔楼建至地上 2 层。

1990 年 8 月开始浇筑混凝土，至 1990 年 11 月施工暂停。1992 年 10 月准备继续施工，由新施工承接单位对原施工部分现状进行普查时发现车道，车道壁，地下室挡土墙，地下室梁板及部分地上框架梁均发现有大量裂缝，有些部位产生渗漏水现象，有些裂缝贯穿大梁全截面。为找出裂缝产生原因及其危害程度，进而确定补强方案，首先对裂缝进行了调查鉴定。

2. 裂缝调查结果

通过对裂缝的全面现场调查统计和量测，共发现裂缝 2320 条，其中贯穿裂缝或深层裂缝达 1608 条，占裂缝总数的 69%。

地下室墙共发现裂缝 179 条，A 轴 64 条，K 轴 31 条，1 轴 45 条，18 轴 39 条，裂缝宽度 0.2~0.9mm 不等，裂缝间距 1.5~4.5m，18 轴裂缝有渗水，但大部分有盐析并自愈。裂缝绝大多数为竖向裂缝。在墙体开洞处裂缝较多，如 A 轴的 13、14 轴间开洞墙截面变薄，洞口裂缝间距仅 0.7m。

地下室梁板裂缝亦较多，梁尺寸一般为 1000mm×600mm，板为工地预制，隔天后与梁整浇在一起，在调查中发现，部分板已开裂并渗水，大部分梁有横向及斜向裂缝，宽度 0.2~0.7mm，间距 1.5~2.5m，梁的裂缝有些为表面裂缝，有些沿截面贯通，但梁顶部和底部宽度较小，梁腰裂缝较宽。对两个主梁端的典型裂缝进行深度探测，证明裂缝贯穿全截面，整个地下室梁板共发现裂缝 1700 余条。

东塔楼地上框架梁共发现裂缝 96 条，其中 F-G 轴跨的梁裂缝为 43 条，占 45%，其余裂缝零星分布于其他各跨，F-G 轴每根梁上均开有 4~5 个 $\phi300$ 的圆孔，裂缝均穿过孔洞，裂缝宽度 0.2mm 左右，均匀分布于梁的两个侧面。根据设计资料，孔洞周围增加了斜向与周向构造筋，每孔单边配 8Φ13，$L=1100$mm，但仍未控制住开裂。

西塔楼地上框架梁共发现裂缝 65 条（图 7-48），二层 8 条，三层 2 条，四层 55 条。

另外，车道路面裂缝发现 28 条，部分已渗漏水，车道壁裂缝 131 条，机械栋地下室梁裂缝 64 条，板裂缝 41 条。

图 7-48　框架大梁裂缝

3. 混凝土强度试验

对地下室的挡土墙和地下室梁进行了拉拔强度测定，共进行三个部位 15 点的现场拉拔试验。第一部位 SN1 五个点实际强度 38.93MPa，比设计强度（30MPa）高 30％，第二部位 SN2 五个测点实际强度 62.14MPa，比设计强度（40MPa）高 55％，第三部位 SN3 五个点实际强度 44.87MPa，比设计强度 40MPa 高 12％，所以，混凝土强度达到了设计要求。具体数据见表 7-15。

混凝土现场拉拔数据表　　　　　　　　　　表 7-15

A 轴⑤⑥跨间挡土墙 SN1				
测点编号	1	2	3	4	5
实测值(MPa)	30.72	30.13	39.04	58.12	46.99
平均值(MPa)	38.93				

18 轴$(C)(D)$跨间挡土墙 SN2				
测点编号	1	2	3	4	5
实测值(MPa)	65.10	73.39	57.76	56.37	64.76
平均值(MPa)	62.14				

H 轴⑧⑨跨间地下室梁 SN3				
测点编号	1	2	3	4	5
实测值(MPa)	47.6	43.8	43.0	43.2	66.0
平均值(MPa)	44.87				

4. 裂缝产生原因分析

大厦工程地下虽为软弱土层，但打有桩基且底板较厚，保证了地基承载力和沉降的要求，第一阶段施工后 1990 年 12 月份的沉降观测最大仅为 1mm，不足以引起开裂。地基原因可以排除。

车道和地下室挡土墙除承受上部压力外，主要外荷载为土的侧压力，从裂缝方向（竖向）分析，挡土墙裂缝并非外荷载和土压力引起。

地下室梁和地上框架梁在调查时仅承受少量施工荷载和堆料，也不会引起梁板开裂。

从结构的截面厚度分析，多属大体积混凝土工程。根据多年大体积混凝土工程的施工经验可以知道，温度收缩作用是一种不可忽视的"荷载"。这是一种"变形荷载"，在裂缝工程中，这种变形荷载引起的裂缝约占 85%。

地下室以上除车道和车道斜壁外，均为 C40 混凝土。混凝土配合比为：42.5 级水泥，460kg/m³，水灰比 0.44，砂细度模数 2.83，含泥量 1%，石子为 5～25 碎石，含泥量小于 1%，减水剂为上海麦斯特生产的 C6210，用量 1.35kg/m³。混凝土由上海人防搅拌站提供，现场实测坍落度 13～15cm。混凝土浇筑施工大都在 8、9 月份，气温较高，浇筑后表面覆盖一层麻袋浇水养护 3d。养护期过后在高温和日照以及风等作用下表面失水较快，增加了收缩量。据测定，上海市 11、12 月份相对湿度最低可达 30%，使结构在浇筑后的三个月内承受气温下降和长期暴露引起的收缩大大增加。

设计强度过高，水泥用量过大，养护不良，使混凝土水化热高、收缩大，又遇高温季节，导致总降温及收缩引起的约束应力超过了混凝土的抗拉强度，从而产生大量裂缝。针对本工程的实际条件，我们对地下挡土墙用裂缝专家系统进行了计算分析。

本例中，充分地研究了地基对基础的约束、基础对挡土墙的约束，框架柱对横梁的约束，包括外约束与内约束应力。

地下室墙厚 400mm，配筋为双向 φ13@200，计算结果温度收缩造成的总降温差达到 60.08℃，由于地基板的外部约束，将产生温度收缩裂缝，平均裂缝间距 2.53m，平均裂缝宽度 0.445mm。

地下室的梁尺寸一般为 1600mm×600mm 或 1000mm×600mm，截面较大，地下室梁板沿①、⑦、K 轴留了后浇带，设置不尽合理，减少应力有限，没有起到控制开裂的目的。对分区段的框架结构温度应力用有限单元法进行分析得出梁最大拉应力达到 2.905MPa，超过其抗拉强度。地下室梁纵向腹筋间距或腹筋与主筋间距较大（300～400mm），也不利于有效抵抗温度收缩应力。

地上梁板、车道及侧壁，机械栋的裂缝也主要是由温度收缩引起。

总之，在高温季节，高标号水泥和过多的水泥用量将导致过高的温升，在外界气温下降后将产生较大降温差，失水养护和长期暴露也将导致较大收缩，当温度收缩应力超过其抗拉强度，就会引起结构开裂。

5. 裂缝处理建议

本工程裂缝大致分为四类：

1）宽度不大于 0.3mm 的非贯穿裂缝。对结构承载力及持久强度无有害影响，此类裂缝可不做处理。

2）宽度大于 0.3mm 的非贯穿裂缝。此类裂缝会引起钢筋锈蚀，影响结构持久承载力，这种裂缝应用环氧胶泥进行封闭。

3）贯穿性漏水裂缝。此类裂缝引起钢筋锈蚀，影响使用功能，应采用水溶性聚氨酯进行化学灌浆。

4）贯穿性非渗漏裂缝，应用环氧树脂灌浆补强。

整个需要处理的裂缝约占出现裂缝的 70%，裂缝处理需工期约 2.5 个月，化学灌浆可与上部结构施工同步进行，经处理后工程可以满足建筑结构对承载力和耐久性的要求。

7.14　香港某水处理厂水池裂缝的分析

1. 概况

香港某水处理厂各种水池图 7-49 所示。从 1992 年元月开始施工，到 1994 年 10 月竣工结束。其基础建筑在中等风化的凝灰质基岩上，水池基础与基岩之间有一层厚度为 75mm 的混凝土垫层。甲池的基础有三个深入基岩的变截面结构，乙池则为普通的矩形截面；基础底板的厚度 1m。水池的最大长度 75.8m，宽度 54.5m，深度 6m。

水池混凝土强度等级为 C35，Type Ⅱ deformed 钢筋（相当于国内Ⅱ级钢筋）大多为 Φ32mm，少量为Φ25mm，钢筋间距 150mm，基础部分配筋率 2.7%，上部结构（池壁）配筋率 3.7%，局部区域（包括构造钢筋后）高达 30%。本工程属超长的现浇钢筋混凝土结构，但设计未考虑设置 Movement joint，也未作计算和制定提出其他控制温度收缩的措施。

图 7-49　香港某水处理厂

甲池基础的混凝土总量约 4300m³，施工时分成多块跳仓浇灌，每仓混凝土量 250～350m³；其中中间通廊的基础系一次浇灌，混凝土量 990m³。乙池的基础底板一次浇灌，混凝土量 950m³。水池池壁的浇灌是分段进行的，每段浇灌完毕到邻近下一段浇灌，间隔时间 25d；每段混凝土量在 $80 \sim 150 \mathrm{m}^3$。

施工完毕一段时间后，水池在很多部位出现裂缝。裂缝主要分布在池壁，且绝大部分是垂直方向的裂缝；只在个别位置出现斜向裂缝，但长度不大。在池底则出现少量不超过允许宽度的表面裂缝，裂缝分布情况可见图 7-50 水池试水检查因渗漏不合格后采取了防渗堵漏处理。

图 7-50 香港某水处理厂典型裂缝分布

2. 裂缝原因分析

根据上述概况介绍，可以判断造成水池渗漏的裂缝系贯穿性裂缝，而在这些贯穿性裂缝之间尚且分布着大量的表面裂缝。这些裂缝主要是由于温度、混凝土收缩、内外温差、钢筋约束、内外混凝土收缩差等多种原因的综合作用造成的。由于裂缝主要分布在池壁，所以以下的分析和计算也主要是针对池壁而言。

1）气候温度从高温降至低温（冬季平均最低温度）时的温差将在混凝土池壁受到外部约束时产生温度应力，根据气象资料在香港地区的气温温差：

$$T_1 = 20℃$$

2）水化热温差 T_2 计算如下：

水泥含量：$W = 380 \mathrm{kg/m^3}$；

散 热 量：$Q = 334 \times 10^3 \mathrm{J/kg}$；

比　　热：$C = 1.0 \times 10^3 \mathrm{J/kg \cdot ℃}$；

重　　度：$\gamma = 2500 \mathrm{kg/m^3}$；

散热系数：$k = 0.5$。

$$T_2 = k T_{\max}$$

$$= k \cdot \frac{WQ}{C\gamma}$$

$$= 0.5 \times \frac{380 \times 334 \times 10^3}{1.0 \times 10^3 \times 2500}$$

$$= 25.4℃ \approx 25℃$$

水化热温差 25℃ 在降温时也将产生温度应力。

3）混凝土干缩：

$$\varepsilon_y(t) = \varepsilon_y \cdot (1 - e^{-bt}) \cdot M_1 \cdot M_2 \cdots M_{12}$$

修正系数 M_i 各值为：

$M_1 = 1.00$，　　$M_2 = 1.13$，　　$M_3 = 1.00$，　　$M_4 = 1.26$，　　$M_5 = 1.00$，

$M_6 = 1.04$，　　$M_7 = 0.77$，　　$M_8 = 0.60$，　　$M_9 = 1.00$，　　$M_{10} = 1.00$

$M_{11} = 1.00$，　　$M_{12} = 1.00$。

取 $b = 0.01$，按 1 年的收缩量考虑时：

$$\varepsilon_y(t) = 3.24 \times 10^{-4} \times (1 - e^{-0.01 \times 365}) \times 1.00 \times 1.13 \times 1.00 \times 1.26$$

$$\times 1.00 \times 1.04 \times 0.77 \times 0.60 \times 1.00 \times 1.00$$

$$= 2.14 \times 10^{-4}$$

则当量温差：

$$T_3 = \frac{\varepsilon_y(t)}{\alpha} = \frac{2.14 \times 10^{-4}}{1 \times 10^{-5}} = 21.4℃$$

计算时取 $T_3 = 20℃$。

4）池壁混凝土总温差：

$$T = T_1 + T_2 + T_3$$

$$= 20 + 25 + 20 = 65℃$$

水池池壁在这 65℃ 的降温作用下引起收缩变位，必将产生约束应力。根据本工程施工顺序，可以认为：首先，基岩对池底产生约束应力；其次，池底对池壁也产生相似的约束；这种外界的约束将对混凝土产生拉应力。由于池壁的高度（6m）小于 0.2 倍的池壁长度（54.5m），混凝土内部约束应力接近于轴向受拉状态，在离开端部区域后，全截面可以认为是均匀受拉，最大拉应力发生在池壁的中部区域。

池壁混凝土最大拉应力计算如下：

$$E = 2.28 \times 10^4 \mathrm{MPa}；$$

$$\alpha = 1.0 \times 10^{-5}；$$

$$T = -65℃；$$

$$L = 54500 \mathrm{mm}；$$

$$H(t, \tau) = 0.5；$$

$$C_x = 1.5 \text{N/mm}^3 ;$$

$$H = 6150 \text{mm} ;$$

$$\beta = \sqrt{\frac{C_x}{HE}} = \sqrt{\frac{1.5}{6150 \times 2.28 \times 10}}$$

$$= 1.03428 \times 10^{-4}$$

$$\sigma_{max} = -E \cdot \alpha \cdot T \cdot \left(1 - \frac{1}{\text{ch} \dfrac{\beta L}{2}}\right) \cdot H(t, \tau)$$

$$= -2.28 \times 10^4 \times 1.0 \times 10^{-5} \times (-65)$$

$$\times \left(1 - \frac{1}{\text{ch} \dfrac{1.03428 \times 10^{-4} \times 54500}{2}}\right) \times 0.5$$

$$= 6.53 \text{MPa}$$

C35 混凝土抗拉强度 $R = 2.8 \text{MPa}$，$\sigma_{max} > R$，池壁混凝土必将产生裂缝。

3. 池壁裂缝的间距和宽度

混凝土极限拉伸：$\varepsilon_p = 1.0 \times 10^{-4}$；

裂缝宽度衰减系数：$\psi = 0.06$；

其余各值同上。

平均裂缝间距：

$$[L] = \frac{1.5}{\beta} \text{arcch} \frac{|\alpha T|}{|\alpha T| - \varepsilon_p}$$

$$= \frac{1.5}{1.03428 \times 10^{-4}} \text{arcch} \frac{|1.0 \times 10^{-5} \times 65|}{|1.0 \times 10^{-5} \times 65| - 1.0 \times 10^{-4}}$$

$$= 8618 \text{mm}$$

最大裂缝间距：

$$[L_{max}] = \frac{2}{\beta} \text{arcch} \frac{|\alpha T|}{|\alpha T| - \varepsilon_p}$$

$$= \frac{2}{1.03428 \times 10^{-4}} \text{arcch} \frac{|1.0 \times 10^{-5} \times 65|}{|1.0 \times 10^{-5} \times 65| - 1.0 \times 10^{-4}}$$

$$= 11491 \text{mm}$$

最小裂缝间距：

$$[L_{min}] = \frac{1}{\beta} \text{arcch} \frac{|\alpha T|}{|\alpha T| - \varepsilon_p}$$

$$= \frac{1}{1.03428 \times 10^{-4}} \text{arcch} \frac{|1.0 \times 10^{-5} \times 65|}{|1.0 \times 10^{-5} \times 65| - 1.0 \times 10^{-4}}$$

$$= 5745 \text{mm}$$

平均裂缝宽度：

$$\delta = \frac{2\psi\alpha T}{\beta} \text{th} \frac{\beta L}{2}$$

$$= \frac{2 \times 0.06 \times 1.0 \times 10^{-5} \times 65}{1.03428 \times 10^{-4}} \text{th} \frac{1.03428 \times 10^{-4} \times 8618}{2}$$

$$= 0.32 \text{mm}$$

最大裂缝宽度：

$$\delta_{max} = \frac{2\psi\alpha T}{\beta} \text{th} \frac{\beta L_{max}}{2}$$

$$= \frac{2 \times 0.06 \times 1.0 \times 10^{-5} \times 65}{1.03428 \times 10^{-4}} \text{th} \frac{1.03428 \times 10^{-4} \times 11491}{2}$$

$$= 0.40 \text{mm}$$

最小裂缝宽度：

$$\delta_{min} = \frac{2\psi\alpha T}{\beta} \text{th} \frac{\beta L_{min}}{2}$$

$$= \frac{2 \times 0.06 \times 1.0 \times 10^{-5} \times 65}{1.03428 \times 10^{-4}} \text{th} \frac{1.03428 \times 10^{-4} \times 5745}{2}$$

$$= 0.22 \text{mm}$$

池壁裂缝间距和宽度的计算值和现场照片情况基本吻合（图 7-50）。

4. 表面裂缝

钢筋混凝土结构中配筋率对混凝土中自约束应力有着很大的影响。本水池某些部位的配筋相当粗而密（图 7-51），有些部位的配筋率高达 30％；这些部位的混凝土仅在钢筋的自约束作用下，约半年后即可出现自约束裂缝。而本工程里正交布置的⌀32、⌀25 钢筋距表面又较近，削弱了混凝土截面，产生了应力集中。在混凝土内外温差、钢筋约束和收缩差的综合作用下造成大量表面裂缝，这些表面裂缝很有规律地与大直径钢筋的间距（150～300mm）相符。这从图 7-51(b) 和图 7-52 混凝土收缩与钢筋间自约束应力图里可明显得到证实。

(a)

(b)

图 7-51 配筋照片

(a) 直径 32mm 钢筋密集的实况;

(b) 直径 32mm 钢筋作为分布筋的布置实况

配筋直径过粗,数量过多引起的自约束应力,曾用两种方法验算,按本书考虑徐变的计算方法;又根据收缩大,养护不良,收缩速率较快,可按弹性力学从钢筋与混凝土的变形协调方程求解(对称配置构造筋):

当混凝土的收缩为 $\varepsilon_y(t)$ 时:

混凝土拉应力:

$$\sigma_c = \frac{E_c \cdot \varepsilon_y(t)}{1 + \dfrac{1}{n \cdot \rho}} \tag{7-54}$$

钢筋的压应力:

$$\sigma_s = -\frac{E_s \cdot \varepsilon_y(t)}{1 + n \cdot \rho} \tag{7-55}$$

式中 ρ——配筋率;

$n = E_s/E_c$,根据上式作图 7-52。

5. 结论

1) 钢筋 $\Phi 32$(少部分 $\Phi 25$)用在水池这种属于薄壁结构的特种工程中,特别是本工程的超长水池中实属不当。根据国内外大量经验,这种露天结构对温度收缩作用极为敏感,容易产生裂缝,因此各国设计规范都有钢筋直径尽可能细一些的要求。

从式(2-8) $\varepsilon_{pa} = 0.5R$ $(1 + P/d) \times 10^{-4}$ 来看,此处 $P = \rho$,钢筋直径越大,混凝土允许的极限应变就越小,导致伸缩缝允许间距也越小。根据我国大量给排水工程,包括冶金、石油等行业的设计经验,抗温度构造钢筋一般选用在 $\Phi 10 \sim \Phi 16$,从未采用过如此大直径($\Phi 32$)正交钢筋作为水池的配筋。粗钢筋,间距又很密,导致钢筋作用有效区相互交叉,从而降了配筋效果。钢筋直径过粗,在薄壁结构中与混凝土的共同作用较差,钢筋起不到控制混凝土裂缝的作用,失去了构造钢筋的意义。显然采用 $\Phi 32$ 间距 150mm 正交配置的双层钢筋骨架作为抗裂分布筋,是引起水池中贯穿性裂缝的主要原因之一。从许多国家计算钢筋混凝土裂缝宽度的公式中裂缝宽度与钢筋直径成正比的关系也可说明这一结论。

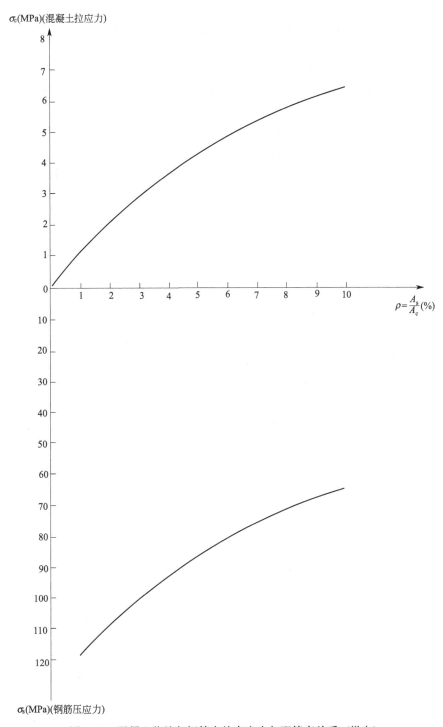

图 7-52 混凝土收缩与钢筋自约束应力与配筋率关系（纵向）

2）构造配筋过高，从 2%～30%，根据本工程情况分析，结构在无外约束状态下，配筋率约超过 10%时，既浪费大量钢筋，且仅仅由于混凝土收缩的自约束应力产生的裂缝就不可避免了。

3）设计、施工和使用期内的状况，对设计者而言应作为一个整体在设计过程中加以考虑。在长达75m底板的强烈约束，且混凝土收缩量如此大的情况下；设计未采取相应设计计算与构造措施，如Movement joint、后浇带、滑移层等，也未对施工过程提出控制要求，实属失误之处，应视作这些贯穿性裂缝的主要原因。

4）一般情况下，收缩大部分完成需要2～3年，特别是富配合比的混凝土收缩完成周期更长，即使分仓施工，除非邻仓浇灌混凝土的间隔时间很长，否则对收缩帮助不大。

5）本例的验算中，采用了一般条件下的收缩值；但由于施工方面的原因，如水泥强度等级偏高，用量偏大，养护不良，湿度波动亦偏大等因素，混凝土的收缩值将增加，亦是促使裂缝增多，宽度增加的一个原因。

6）由于本工程具有严格的防水要求，在裂缝出现后采取了防渗堵漏及化学灌浆技术处理，经过长达一年的处理，完全满足了设计要求，又经过一年多的使用证明工程完全正常，确保了水处理工艺要求，但是拖延了工期并付出了千余万元港币的损失（这尚不包括多余的配筋及其他间接损失），这一教训值得工程界记取。

7.15 上海某地铁车站裂缝控制

地铁车站平面尺寸宽20～30m，长300～1000m，侧壁为连续墙无缝连续浇筑，内部框架结构、底板、楼板及顶板均嵌入连续墙，最后成为箱体结构。侧壁、底板及顶板均有防水要求。地下车站所处的约束条件极为复杂，特别是长达数百米的地下连续墙，在其温度变形及收缩变形已基本稳定的基础上浇筑顶板、底板、楼板，板的变形受到连续墙的严重约束，这是无法改变的事实。

由于侧壁及底板所处的环境湿度较大，一侧长期处于饱和黏土和地下水中，温差也很小，混凝土将产生膨胀，与自生收缩和降温变形叠加，最终收缩变形数量不大，应力较小，但是，由于另一侧表面处于地下空间，受到温湿作用，可能产生一些表面裂缝，在少数墙壁接缝处也可能产生漏水现象，应采取一定技术措施解决。

由于顶板的纵向温度变形及干缩都比连续墙大，顶板与侧壁的相互约束使顶板产生拉应力，尤其施工期间最大。顶板与连续墙的相对温差及收缩差是引起顶板裂缝的主要原因。

裂缝的有害程度按深度分：

凡地下结构控制最大裂缝宽度不大于0.1mm之贯穿性裂缝者均可为优良工程；超过0.1mm并引起渗漏者，裂缝率不大于0.33（约30m一条），但经处理后，仍能保证防水要求的工程，仍为优良工程；有渗漏裂缝率超过0.3者，经处理满足防水要求者仍为合格；竣工项目始终无法满足防水要求者为不合格工程。

有些地下工程，虽然出现一些裂缝，其宽度超过0.1mm，小于0.5mm，但由于其他措施，没有产生渗漏，仍能保证正常使用要求者亦可为优良工程，对于没有渗漏的裂缝，从持久强度要求，仍需作表面封闭，防止钢筋锈蚀。

地下工程主体结构，虽然常有超过允许宽度之裂缝，但由于预留孔洞，管线穿墙等部位防水质量不良造成漏水，必须于交工验收前处理完毕，达到优良标准。

裂缝的有害程度按深度分：

$h \leqslant 0.1H$ 表面裂缝

$0.1H < h < 0.5H$ 　　浅层裂缝

$0.5H \leqslant h < H$ 　　纵深裂缝

$h = H$ 　　　　　　贯穿裂缝

式中　H——结构厚度;

　　　h——裂缝深度。

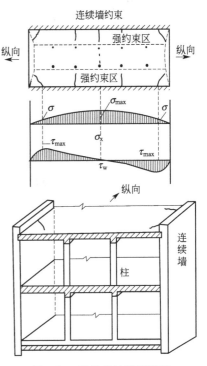

图 7-53　地铁车站计算简图

正常空气条件下,$\delta \leqslant 0.3\text{mm}$,中等腐蚀环境 $\delta \leqslant 0.2\text{mm}$,严重腐蚀及防水要求 $\delta \leqslant 0.1\text{mm}$。

满足上述要求的表面及浅层裂缝为无害裂缝,$\delta > 0.3\text{mm}$ 的纵深裂缝及宽度 $> 0.1\text{mm}$ 的贯穿性裂缝为有害裂缝,必须处理。

裂缝按出现时间分为:

浇筑后一个月内为早期裂缝;浇筑后一个月至六个月为中期裂缝;浇筑六个月以后,为后期裂缝。

如裂缝由荷载引起,需满足设计规范要求,还应验算裂缝处钢筋最大应力及稳定性验算。

由于顶板中跨受柱子约束极轻微,但是顶板的两边跨为强约束区,近似地按单侧约束板计算,见图 7-53。在"抗"与"放"的设计原则中,相对约束状态无法改变的条件下,则只能采用"以抗为主,抗放兼施"的方法控制裂缝。

水平拉应力:$\sigma_x = E_\alpha T \left[1 - \dfrac{\text{ch}\beta x}{\text{ch}\beta \dfrac{L}{2}} \right] H(t,\tau)$ 　　　　　(7-56)

平均裂缝宽度:$\delta_f = 2\psi \sqrt{\dfrac{EH}{C_x}} \alpha T \text{th}\beta \dfrac{L}{2}$ 　　　　　(7-57)

式中　$\beta = \sqrt{\dfrac{C_x}{EH}}$;

　　　E——混凝土弹性模量;

　　　C_x——地基水平阻力系数;

　　　α——线膨胀系数;

　　　L——被约束板的长度;

　　　H——被约束板的高度;

　　　ψ——裂缝宽度衰减系数,取 0.06;

　　　T——顶板与连续墙的相对综合温差,包括水化热降温,气温与收缩当量温差。

最大伸缩缝间距及最小伸缩缝间距为:

$$[L_{\max}] = 2\sqrt{\dfrac{EH}{C_x}} \text{arcch} \dfrac{\alpha T}{\alpha T - \varepsilon_p} \tag{7-58}$$

$$[L_{\min}] = 0.5[L_{\max}] \tag{7-59}$$

ε_p 钢筋混凝土极限拉伸,如养护条件适宜,缓慢降温及干缩,则叠加徐变变形。

实际工程验算：考虑到分段施工，长度50~100m，区段承受20d综合温差35℃（包括收缩当量温差）试算顶板中部和端部的主应力，（假定顶板靠连续墙跨承受连续约束，该跨为强约束区），计算20d约束应力：

$$\beta \frac{L}{2} = 1.458 \qquad C_x = 0.55 \text{N/mm}^3$$

$$\beta \frac{3}{8}L = 1.094$$

$$E = 2.1 \times 10^4 \text{MPa} \qquad \text{ch}\beta\frac{L}{2} = 2.265$$

$$H = 700 \text{cm（边跨宽度）}$$

$$\text{ch}\beta\frac{3}{8}L = 1.661$$

$$L = 5000 \text{cm（纵长中间段）}$$

$$\text{sh}\beta\frac{L}{2} = 2.032$$

20d混凝土的抗拉强度约1.5MPa（若养护条件不良抗拉强度下降至1.0MPa）

$$\sigma_x = 0.98 \text{MPa} \qquad \text{（端部）}$$
$$2.05 \text{MPa} \qquad \text{（中部）}$$
$$\tau = 1.26 \text{MPa} \qquad \text{（端部）}$$
$$\sigma_1 = 1.84 \text{MPa} \qquad \text{（端部）}$$
$$2.05 \text{MPa} \qquad \text{（中部）}$$
$$\sigma_1 = \frac{1}{2}\sigma_x + \frac{1}{2}\sqrt{\sigma_x^2 + 4\tau^2}$$

σ_x 很小忽略不计。

中部裂缝方向与连续墙垂直，端部裂缝方向呈斜向（近40°角）。

裂缝宽度$\delta_f = 0.6$mm，会引起渗漏，须进行化学灌浆或可靠的封闭防水措施后，再按原设计做外防水。在人民广场地铁车站，由于养护及温控较好，裂缝轻微。

7.16 毛主席纪念堂大体积混凝土基础工程的温控

毛主席纪念堂建于1976年冬季，由北京市建筑设计院设计，北京第三、五、六公司施工。平面89.5m×89.5m正方形，地上两层，地下一层，钢筋混凝土框架结构，底板厚1.0m，为超长大体积混凝土结构，混凝土为C30。混凝土通过汽车运输至现场，再用溜槽，手推车及塔吊吊罐浇注。当时北京气候寒冷而干燥，控制裂缝难度很大。

底板纵横向都超长，而且地基的约束度较大，砂性土打混凝土预制桩，同时考虑抗震要求，增强底板配筋。

如果采用永久性伸缩缝作法，不仅防水有问题，整体刚度下降，对抗震不利。于是采取了后浇带的方法控制裂缝。

89.5m×89.5m大底板用1.0m宽后浇带分为9块底板，跳仓浇灌，再进行温控，平面布置如图7-54所示，作者参加了大体积混凝土温控工作。

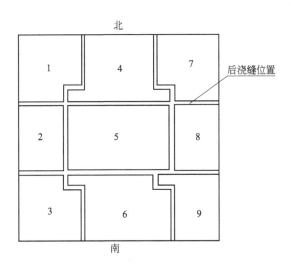

图 7-54　毛主席纪念堂基础底板后浇缝（带）平面位置

由于当时没有泵送，采取现场搅拌供应混凝土，所以反而有利于控制最小的水灰比 0.5 和相应的坍落度 4～6cm。由于当时有关大底板的温度应力规律缺乏资料，在 1.0m 厚底板中间部位增配纵横两排温度筋，后被取消。底板上部纵横 4 层 ⫶20@200 的 16 锰钢筋，下部同样 4 层配筋。采用 500 号水泥（当时的水泥标号），每 1m³ 370kg。后浇缝的封闭时间为 45d，后浇缝从底板向上贯穿全部结构，施工图如图 7-55 所示。

（a）

（b）

图 7-55　毛主席纪念堂施工现场

（a）施工现场实照；（b）侧墙中的后浇带

施工中石子含泥量控制在 1% 以下，砂子含泥量控制在 2% 以下。这次温控中，不仅测试了底板，还测试了墙板 500mm 厚的水化热降温曲线，温差曲线类似，说明墙体仍按"大体积混凝土"施工。一层塑料薄膜二层草袋养护。

混凝土浇筑后 6h，揭开草袋检查，发现有表面塑性裂缝，裂缝分布不均，较宽但很浅，两个星期内有些发展，后逐渐稳定，有的裂缝沿钢筋位置分布，深度 20～25mm，由于干缩与里表温差引起，混凝土的沉缩也有一定影响。以二次浇灌层处理，对工程是无害的。

混凝土温控指标是内外最大温差不大于 25℃，总降温差不大于 30℃，温度曲线如图 7-56 所示，自约束应力如图 7-57 所示，可看出保温养护的效果。

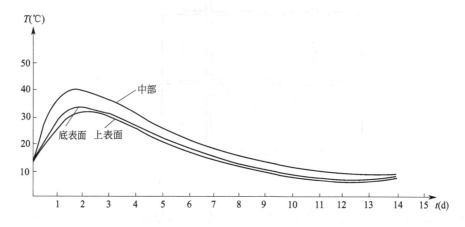

图 7-56 毛主席纪念堂大体积混凝土工程温控曲线（简易法）

有关单位最后总结认为纪念堂大体积混凝土裂缝控制是成功的，由于后浇带的不规则位置，其中垃圾的清理和打毛是很困难的工序，保证各处都能连接密实也很不容易，如果后浇带开裂，原来可能出现一条裂缝的部位，有可能出现两条裂缝，所以，施工单位建议在今后的建设中，后浇带亦应尽可能少留或不留。

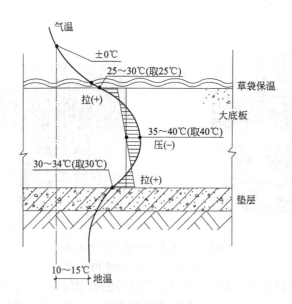

图 7-57 毛主席纪念堂大体积混凝土底板自约束应力
（采用补偿法 Compensation Method）

混凝土底板的自约束应力系板内非线性温差引起，故在总温差中减掉平均温差及弯曲变形的温差，剩余的便是非线性温差（图 7-57 中阴影部分），乘以 αEH (t, τ) 便是自约束应力，上表面产生拉应力 $6\sim6.5\text{kg/cm}^2$，中部压应力 $9\sim9.2\text{kg/cm}^2$，上表面与干缩应力叠加应出现表面裂缝，与实际情况一致。

7.17 陕西蒲城电厂 20000m³ 大块式大体积混凝土设备基础[❶]

陕西蒲城电厂由罗马尼亚引进 $2\times330\text{MW}$ 发电机组，包括 1035t/h 大型锅炉等，其设备基础均采用大块式大体积钢筋混凝土。锅炉基础为 $63.3\text{m}\times55.4\text{m}$，厚 5.84m，混凝土量 19800m³。汽机基础为 $37.5\text{m}\times15.1\text{m}$，厚 4.3m，混凝土量 2380m³。这二种设备基础均属大体积混凝土工程，必须考虑混凝土的温控，避免有害裂缝的产生。

罗方有关设计院按照国外常规方法提出，大体积混凝土应按水平分层，每层再分块，间歇冷却的温控原则，如建议锅炉基础应分 2 层，每层分 12 块，即 2 层 24 块的浇筑方案。

当时，中方认为中国水电部《电力建设施工及验收规范》SDJ69—87 规定与罗方方案基本相同，但是该方案分块过多，必定大大增加模板工程量，施工周期过长，浇灌难度较大。在温差较大，干燥环境的西北，能否有效地控制裂缝还是一个疑问。我们应电力部西北电建四公司邀请，科研配合设计施工，采取了如下的温控方案：

锅炉基础的混凝土可以一次连续浇灌，但是由于混凝土量过大，现场搅拌供应能力有限；锅炉钢架地脚螺栓支架需要固定在中部位置以及钢筋绑扎等，5.84m 厚分 2 层不变，但上层仅分 4 块，下层 1 块，即 2 层 5 块的方案。

汽机基础采取一次连续浇灌不留任何变形缝及施工缝的方案。此外还采取了控制裂缝的综合措施：

1）优选材料级配，采用 32.5 级矿渣水泥，$Q_{3d}=197\text{kJ/kg}$，$Q_{7d}=230\text{kJ/kg}$；混凝土强度等级 C23；水泥用量 272kg/m³；粗骨料 5-40；YJ-2 减水剂；掺粉煤灰，利用双掺效应；严格控制含泥量（骨料）；降低水灰比。

2）控制坍落度 $12\pm2\text{cm}$，严禁现场加水，薄层连续浇灌。

3）全面温控最高温升、内表温差、总降温差、降温速率。

4）保温、保湿养护，保温棚，避免寒潮袭击和剧烈干燥。

5）大体积混凝土温度收缩应力计算结合抗拉性能试验参数，使温度收缩应力计算接近实际，计算公式是采用本书提供的拉应力公式，另用差分法计算分层浇灌温度场。

6）基础与地基间设置滑动层。

锅炉基础大体积混凝土的温控长达半年的时间，是测温时间最长的一次，升降温曲线如图 7-58 所示。测温仪器有 XQJ-300 型长图仪和 7V08。

通过施工、科研与设计及管理多方的配合，中间经历 $-20℃$ 寒潮袭击，实现了良好的温控目的，最终取得没有产生有害裂缝的成功，确保了生产使用，节约了投资，减少了施工周期。

---

❶ 参加本项科研工作有魏福伟、牟宏远、田青、张世良、李林等。

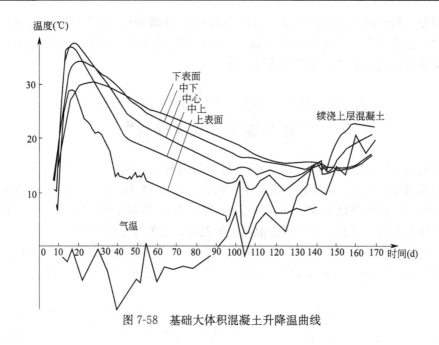

图 7-58 基础大体积混凝土升降温曲线

7.18 天津无缝钢管总厂环形加热炉基础 大体积混凝土工程温控❶

扎管车间环形加热炉基础为钢筋混凝土结构，其形状为一圆环，中心直径为 48.8m，外径 59.6m，内径 38m，环宽 10.8m，厚 4.25m。混凝土体积 6300m³，混凝土强度等级为 C23。基础坐落在 196 根 450mm×450mm、长 31.5m 的钢筋混凝土方桩上，基础埋深为 3m，配有 ⚲25@200 的环向和径向钢筋，配筋率为 0.18%，其平面形状及标准断面如图 7-59 所示。

环形加热炉是无缝钢管生产工艺中的关键设备，基础周长 153.3m，远远超出了我国现行的钢筋混凝土结构设计规范对构筑物设置伸缩缝的长度规定。原计划设置 4 道伸缩缝，分 4 次浇筑混凝土，后经我们与设计、施工单位合作研究，决定取消全部伸缩缝一次浇筑混凝土，并将强度等级 C23 改为 C18。为了保证工程质量和施工的顺利进行，从原材料选择、配合比设计及混凝土浇筑等都进行了周密细致的研究，根据大量的试配及以往的经验，确定混凝土施工配合比见表 7-16（强度等级 C18，泵送）。

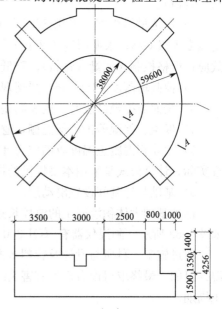

图 7-59 环形加热炉基础平面图、立面图

---

❶ 本工程由北京钢铁设计院设计、冶金部十三冶施工（当时）。

混凝土施工配合比　　　　　　　　表 7-16

材料名称	水　泥	水	砂	石　子	粉煤灰	YNH-2	CON-A	水灰比	和易性
每立方米用量（kg）	255	185	797	1148	35	2.9	21.7g	0.64	8～10cm

实测混凝土强度（平均强度）　　　　表 7-17

强度等级	实测结果 f_{cu}(MPa)				备　注
C 18	3d	7d	28d	60d	平均强度
	12.4	18.3	27.8	29.3	

　　从实测强度（表 7-17）看，早期强度较高，7d 达到设计强度，为抵抗温度应力创造了有利条件，且后期强度增长也较高，满足了设计要求。

　　混凝土的浇灌是 1991 年 6 月 5 日 9 时开始，到 6 月 7 日 19 时结束，共用了 58h，实际浇筑量为 4750m³，比预计需用 96h 缩短了 38 小时，图 7-60 为施工现场。天津地区 6 月初平均气温 22.6℃，实测气温最高达 28℃；中旬平均气温为 24℃，实测最高温度达 33℃，混凝土入模温度为 27℃。

图 7-60　天津无缝钢管总厂环形加
热炉基础大体积混凝土施工现场

　　从温度场的计算结果看，总温差为 39.95℃，计算升温值 30.68℃，降温差为 29.36℃，降温从 3～15d 为 21.49℃，平均每天为 1.79℃；15～30d 为 7.87℃，平均每天降温 0.52℃，前 15d 的降温为总降温的 73.2%。因此，关键是控制好 15d 以内的降温速率。根据实测温度场计算，总降温为 31.5℃，实际温升值为 32.5℃，比计算值高 1.82℃，两值基本相符。实测升降曲线见图 7-61。

　　经过各方面的共同努力，取得了这次环形加热炉基础大体积混凝土工程取消伸缩缝，一次连续浇筑混凝土温控施工成功，无有害裂缝产生。

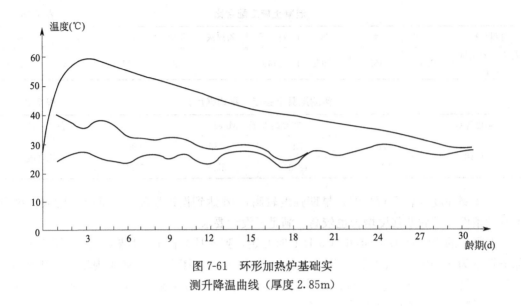

图 7-61 环形加热炉基础实
测升降温曲线（厚度 2.85m）

7.19 北京首都国际机场航站区扩建工程
旅客航站楼结构温度应力计算

1. 工程简介

本工程属国家级大型工程，位于首都机场候机楼东侧，系东西向平面。中央大厅西侧外墙距原有候机楼中心线约 454m，平面呈南北向工字形（图 7-62），其外形轴线尺寸：南北向为 746.4m，东西向为 341.8m，北京市建筑设计研究院已进行了结构初步设计，结构计算分十一区段。基底占地面积约 8 万 m²，总建筑面积约 24 万 m²，各楼层高度：地下室 6m，首层 6m，二层 4.5m，三层 4.5m。根据国家规定，本工程尚未施工，我们作预估算。

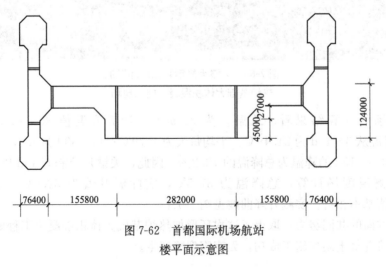

图 7-62 首都国际机场航站
楼平面示意图

结构基础选用筏型基础方案,持力层土质以灰色~黄灰色粉质黏土、重粉质黏土③层与粉质黏土、砂质黏土③1层互层为主。经设置变形缝分割后,平板型筏基最大平面尺寸为282m×120m(中央大厅区段)。基础底板采用C30混凝土,厚度为650mm;基础垫层采用C10混凝土,厚度为100mm;地下室外墙采用C40混凝土,厚度为400mm。由于建筑使用功能的要求,上部结构平面构成了9m×9m(局部为12m×9m)的大尺度柱网,梁柱均拟采用C40混凝土,梁宽为1400mm,梁高为800mm,由于建筑空间要求,柱截面一律为圆形,直径$D=1000$mm,对于受荷较大的柱拟采用较高强度等级劲性钢筋混凝土构件。

为防止施工和温度裂缝对结构的影响,初步设计中已规定:凡建筑物的暴露面均采用较高保温效果的聚苯材料,且外墙作双层密闭窗或中空密闭窗,屋顶设架空层;结构不得直接外露,其建筑物的暴露面(建筑物的周界外墙和屋顶层)的建筑保温条件不得小于610砖墙的效果;中央大厅区段的屋面温度影响极大,所以屋面保温及结构水平承力构件尽可能符合一体;为降低水化热,以满足抗裂要求,初步确定在大体积混凝土内掺活性材料——粉煤灰,结合底板刚性防水,在混凝土内掺防水剂(抗渗等级不小于25),并可加少量的木钙。

在楼(屋)面板施工时,可以把平面分成若干单元,"跳仓交叉"浇筑混凝土,对于消减温度的收缩应力可以起到良好作用;地面(±0.00)以上结构的各区段内,可按施工规范规定的长度和第二次浇筑时间预留施工缝;室外地面的内外墙与基础,可按20~40m长预留后浇缝。

(1)计算公式(筏基)

$$\sigma_{max} = \frac{H(t,\tau)}{1-\mu} \times E\alpha T \left(1 - \frac{1}{\mathrm{ch}\beta \times L/2}\right) \tag{7-60}$$

式中 σ_{max}——混凝土温度收缩作用产生的最大拉应力(MPa);

$H(t,\tau)$——混凝土松弛系数,通常可取0.3~0.5,当养护较好时,取为0.3;

μ——泊松比,当基础双向受力时取0.15;

E——混凝土弹性模量,对C30混凝土,$E=30000$MPa;

α——混凝土线膨胀系数,可取为0.00001;

β——$\beta=\sqrt{C_x/E \times H}$,其中$H$为基础底板厚度;$C_x$为地基水平阻力系数,本例中可取为0.03N/mm³,当在底板下设置滑动层后可取为0.01N/mm³;

L——基础底板分块长度,本例为45000mm;

T——综合降温差,$T=T_1+T_2+T_3$;T_1为大体积混凝土水化热降温差,T_2为环境温差,T_3为收缩当量温差。此处T_1、T_2、T_3分别取为8℃、25℃、15.6℃,所以$T=48.6$℃。

(2)计算结果及讨论

按上述取值进行计算可得:$\sigma_{max}=1.51$MPa。对C30混凝土,$R_f \approx 1.5$MPa,基本满足抗裂条件。筏基裂缝完全可以控制。

初步设计中所取分块尺寸基本是合理的,在施工时应注意采取必要的养护及监测等措施,以保证计算条件的实现。如进一步在筏板下设置滑动层而其他条件不变,抗裂性能可以大大提高。地下室外墙既采用预应力又掺微膨胀剂,承受底板约束较大,养护条件较复杂,能否控制开裂尚不清楚(目前尚未施工),难以计算。

2. 框架结构温度应力计算

仍取中央大厅 $282m \times 120m$ 典型区段进行计算。

1) 计算简图

多层框架结构温度应力计算甚为复杂。考虑到柱内切力（温度应力）与柱高三次方成反比，随着远离地基基础的约束面，温度应力迅速衰减，所以可把多层框架简化成两层计算，即假定高于两层之结构是自由变形的，这样引起的误差不大。因柱断面、每层楼柱高及柱距均相同，故受温度作用后，不动点在框架中部，不动点左右两部分完全对称，所以仅需计算左半部。计算简图如图 7-63 所示。

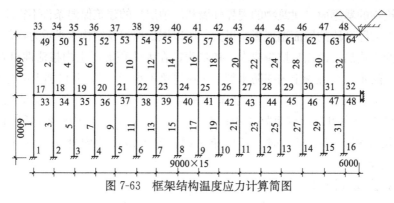

图 7-63　框架结构温度应力计算简图

2) 计算参数

(1) 材料：C40 混凝土，$E=32500MPa$，线膨胀系数 α 可取 0.00001。

(2) 梁、柱断面及刚度折减系数：

梁断面：$b/h=1400/800$；

柱断面：$D=1000$；

刚度折减系数 $\beta=0.25$，考虑了混凝土的徐变、裂缝开展及弹塑性。

(3) 计算温差：$T=25℃$。

3) 温度应力计算

本计算以降温过程为例。因升温或降温数值相同时，温度应力数值相同但反号，故本计算对升温过程也适用。在计算中作为考虑弹性抵抗的一种近似，将非线性的柱顶剪力-位移关系假定为线性，并与柱刚度成比例。主要计算过程如下：

(1) 计算各柱顶剪力

$$Q_n = \frac{E\alpha Y_n}{\dfrac{Y_1^2 + Y_2^2 + \cdots + Y_n^2}{EAY_n} + \dfrac{H^3}{K \times B_n}}$$

(2) 计算约束位移

$$\Delta_{n2} = -\frac{1}{EA}\left(\sum_{i=1}^{n} Q_i \times Y_i + \sum_{m=1}^{m} Q_{n+m} \times Y_n\right)$$

(3) 计算各柱顶实际位移

$$\Delta_n = \alpha T Y_n - \frac{1}{EA}\left(\sum_{i=1}^{n} Q_i \times Y_i + \sum_{m=1}^{m} Q_{n+m} \times Y_n\right)$$

（4）根据柱顶位移，采用简化计算方法计算框架内力。简化计算弯矩的方法是将整体框架分解为许多两跨和单跨的框架，并假定每个柱子位移引起的力矩只影响到相邻跨。

（5）计算出温度作用引起的内力之后，应将其与静载、活荷载、风载及地震作用等进行组合（荷载组合系数可取为 0.7），得到各构件的最不利内力状态，然后进行配筋校核。

4）主要计算结果

（1）边柱柱顶最大位移 $\Delta=1.48$cm。

（2）因边柱柱顶位移最大，因而弯矩最大。边柱柱顶弯矩 $M=639.2$kN·m，边柱柱底弯矩 $M=810.9$kN·m。边柱柱顶剪力最大，为 241.7kN。框架中部变形不动点处横梁轴力最大，为 1333kN。

其余计算结果见图 7-64。

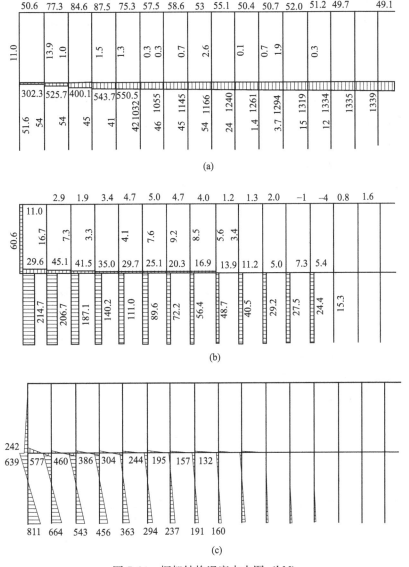

图 7-64　框架结构温度内力图（kN）

（a）轴力；（b）剪力；（c）弯矩

3. 结论

1) 本工程初步设计中，从变形缝到后浇带的布置，以及其他降低温度应力的设计、施工措施基本上是合理的。在进一步完善设计及严格按设计精心施工保证计算条件实现的基础上，避免产生有害于承载力的裂缝是完全可能的。

2) 中央大厅后浇带分块满足抗裂条件。分块尺寸基本是合理的，在施工时应注意采取必要的养护及监测等措施，以保证计算条件的实现。如进一步在筏板下设置滑动层而其他条件不变，抗裂性能可以大大提高。

3) 框架中部横梁内力最大，变形最小；端部内力最小，变形最大。最不利部位是变形不动点处（一般位于中部）的横梁。本次计算中取降温差为25℃时，而且是在假定养护较好的情况下，中部横梁最大轴拉力仍达1333kN。此时横梁成为拉弯构件，易产生裂缝。横梁承受温度作用的裂缝与混凝土浇筑时温度、最冷期平均计算温度以及混凝土收缩当量温差等有关，设法改善上述一些条件（如在冬季施工时加强养护）可以降低计算温差，即可以减少裂缝发生或减小裂缝宽度。当计算温差较大时，亦可适当增加计算配筋或构造配筋加以解决。

4) 无论升温或降温都可能对柱产生不利影响。柱纵向组合最大弯矩一般以底层柱下部为最大，底层柱端部最为不利。由于承受最大弯矩和剪力，配筋不足时可能出现柱底弯曲或剪切破坏。

5) 适当考虑构造配筋，可以提高混凝土极限拉伸能力，同时也可约束裂缝的扩展。构造配筋应注意不使构件产生薄弱环节以免裂缝集中而发展成有害于承载力的裂缝。

7.20 秦山核电站核岛底板混凝土施工裂缝控制[❶]

秦山核电站（图7-65）核岛底板由反应堆厂房、一回路辅助系统厂房和核燃料贮存厂房三个子项工程的底板组成，合于一块，平面尺寸85.3m×89.6m。如图7-66所示，底板标高参差不齐，最深处为-20.9m，最高处-2.75m，底板厚度分别为1.2m、1.5m、2.35m、2.70m和7.75m数种。

底板混凝土采用C30密实性防水混凝土，抗渗要求P8，钢筋采用由Φ28@200及Φ32@250组成的钢筋网片，上下各设若干层，配筋最密处共有24层钢筋平均每立方米混凝土含筋125kg。

设计对上述钢筋混凝土底板未设伸缩缝。作者应邀参加了该工程技术专家论证，提出在采用本书有关防裂技术基础上，在底板与垫层之间增设一层干铺油毡层作为滑动层，可以在很大程度上减少约束。

根据工程的具体条件，施工时采用分层、分段浇筑法，将底板分为二段、九层、十四块进行混凝土浇灌，各层段的混凝土实际浇灌日期见表7-18。核岛底板混凝土总量约20000m³。

---

❶ 本工程由核工业部二二建设公司施工（当时）。

图 7-65 秦山核电站

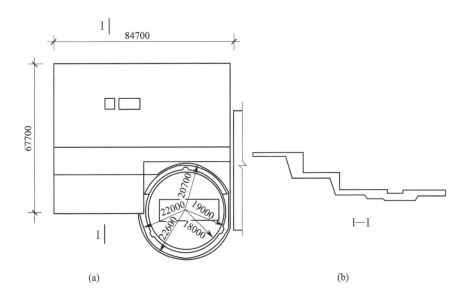

图 7-66 秦山核电站核岛底板平面示意图
（a）底板平面图；（b）Ⅰ段分层图

对混凝土施工进行温控，其中位于Ⅰ段不同板厚的混凝土内外温差及采用两层草袋保温的情况下气温和混凝土表面温差如图 7-67 所示。工程最终没有发现有害裂缝，取得大体积混凝土裂缝控制的成功。

核岛底板各层段混凝土浇灌情况表 表 7-18

浇灌情况\分层号\分段号	Ⅰ 段		Ⅱ 段		同一标高相邻段混凝土浇灌间隔时间(d)
	混凝土量(m³)	浇灌日期(1986年)	混凝土量(m³)	浇灌日期(1986年)	
一层	2300	3月21~24日	3720	5月7~11日	44
二、三层	673	4月15~16日	228	5月25日	39
三层	392	3月20~21日	931	5月27日	67
四层	392	4月1日	519	6月8~10日	68
五层	2565	4月5~8日	1147	6月20~22日	76
六层	1508	4月25~26日			
七层	1903	5月22日起			
八层	1937	6月10~12日			
九层	1228	6月24~26日			
小计混凝土量	12898		6545		
总计混凝土量	19443m³				

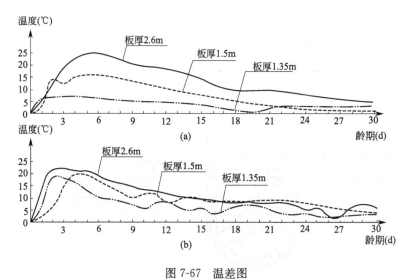

图 7-67 温差图

(a) 不同板厚的混凝土内外温差图；(b) 气温和混凝土表面温差曲线图

7.21 人民大会堂主体结构 132m 取消伸缩缝

1958 年，为了解决人民大会堂主体结构 132m 是否设置伸缩缝问题，国庆工程办公室科学技术委员会曾多次召开专门技术论证会。当时有几种不同观点进行讨论：

1) 从结构设计角度认为该工程主体现浇钢筋混凝土框架如图 7-68 所示，为超长结构，按照规范，每隔 40m 必设一条伸缩缝，沿纵向共需设置两条伸缩缝，横向 75.6m 应设一条伸缩缝。

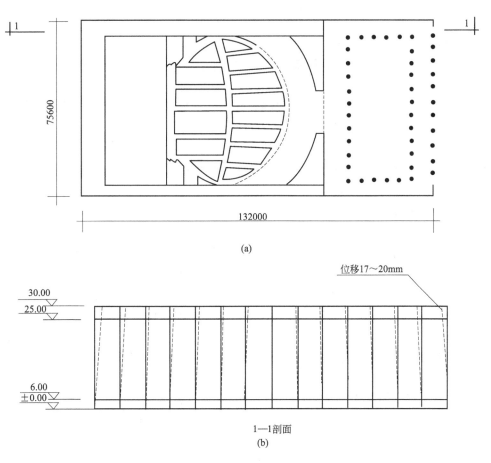

图 7-68 北京人民大会堂平剖面图
(a) 平面图；(b) Ⅰ—Ⅰ剖面图

2）如设置伸缩缝，必然采用双排框架，势必降低结构整体刚度，对抗震、防水、保温不利，严重影响建筑美观并在大厅内造成不规则柱距，给会堂的屋顶装修带来困难，因此希望尽可能取消伸缩缝。

3）作者当时对人民大会堂的温度收缩应力进行了计算，即按本书框架温度应力计算方法，得出框架之最不利温差在施工阶段，收缩变形在施工期间完成 75%，故不设置伸缩缝之最大位移为 1.7~2.0cm。最大弯矩为 750kN·m，从而认为取消伸缩缝是可能的，于 1958 年 12 月 28 日提出。

经专家多次论证，都希望控制内力及位移能否再小一些。作者提出在 132m 范围内如能设置两条短期后浇缝（后来被称作后浇带），则可将内力及位移降低 2/3，只剩 0.6cm 位移及 150kN·m 弯矩，最后经设计和施工抉择采用两条后浇带办法解决了伸缩缝问题，后浇带宽为 1.0m，3 个月后浇筑成为一整体。本工程的主框架使用至今没有发现由于温度应力引起有害裂缝现象。

7.22 地上露天 9MV 直线加速器探伤室大体积混凝土裂缝控制

加速器探伤室长度 38.4m、宽 16.95m、高 16.3m，它的主射墙厚 2.85m，副主射墙及山墙厚分别为 2.1m、2.2m，屋盖 1.3m，基础底板 0.6m 厚，全部为现浇大体积钢筋混凝土结构，总工程量为 7000m³。

本工程具有严格的防辐射要求，限制裂缝宽度不超过 0.1mm，如裂缝宽度出现超过 0.5mm，工程使用功能全部报废。

工程地处哈尔滨地区，气候严寒，温差较大，水化热及干缩作用显著增加。特别是对露天结构，承受的温湿度变化很大，控制裂缝的难度更高了。采取如下措施：

1）整个结构连续整体现浇，不留伸缩缝，不留施工缝，不留后浇带。

2）采用中低强度混凝土 C20，重度保证在 2350kg/m³ 以上，选用 32.5 级普通硅酸盐水泥，295kg/m³，水 179kg/m³，中砂 652kg/m³，碎石 1323kg/m³，沙粒控制在 33%，选用吉林省开山屯造纸厂木钙 0.25%，坍落度 11cm。混凝土拌合水采用深井地下水，降低了混凝土入模温度，在混凝土中掺入 10% 块石。

3）控制混凝土内外温差 25℃，总降温差 30℃。在钢模板外侧覆盖 3 层草袋，从而保证了每天降低温度 1～1.5℃。基础外部作临时支架，外侧挂满一层草袋，顶盖苫板，起到保温和防风作用。

4）拆模时间 1 个月，养护 2 个月，拆模后使混凝土周围环境相对湿度 80% 以上。

5）对混凝土内部和环境进度监测。

6）按本书提供的大体积混凝土温度应力公式进行温度应力的全过程计算，使混凝土的最大温度应力小于混凝土的抗拉强度，安全系数 1.5（按抗裂控制要求的安全系数为 1.15）。

全部施工过程在严格的科学管理及监测，信息化施工的条件下取得控制裂缝的成功。值得指出的不足是添加块石因施工组织困难而落空，并未影响工程质量。

7.23 上海 8 万人体育场 300m 直径现浇大体积钢筋混凝土结构不留伸缩缝、沉降缝和后浇带

现代化 8 万人体育场坐落在上海市徐家汇万人体育馆东侧，总占地面积 190000m²，总建筑面积 150000m²，拥有可容纳 8 万名观众的三层环型全天候看台，四季常绿足球场和 9 条塑胶跑道，是目前国内规模最大、具有国际标准的现代化体育场，是上海最新标志性建筑之一。该工程由上海市建筑设计院设计，上海市第八建筑工程公司土建总承建，1994 年 5 月动工兴建，1997 年 8 月竣工，工程现场如图 7-69 所示。

直径 300m 现浇大体积混凝土结构不留伸缩缝，不留沉降缝和后浇带，加强构造筋、混凝土 C35R60、加强养护，施工时分 30 块跳仓浇筑。施工过程中曾发现一些轻微裂缝，部分自愈，大部分是无害的，部分裂缝是在变截面及孔洞应力集中处，经处理后结构完全满足使用要求，结构整体刚度好，抗震性能优良。在不设伸缩缝的结构

图 7-69 建设中的上海 8 万人无伸缩缝体育场

方面达到了全国之最，有关混凝土温度收缩应力计算和分析均采用本书的计算公式。本工程充分证明结构长度与温度应力的非线性关系，普通中低强度 C30～C35 是最佳大体积混凝土强度等级。

这样大型体育场按常规每隔 40m 设置伸缩缝，将周长近 1000m 的结构分成许多"西瓜瓣"式独立框架，不仅给施工带来麻烦，更给使用带来伸缩缝渗漏水问题，实践证明，是长期难以解决的困难。

7.24 某车站候车大厅框架大梁裂缝分析与处理

高架候车大厅包括六个长为 72m，宽 25.5m，2 层现浇钢筋混凝土框架（图 7-70）。柱距 4m、8m、12m。框架横向的两个边跨 5m 和中间 15.5m 横向次梁。

主梁高 1500、宽 400mm，上翼缘 700mm，柱子截面 700mm×700mm，设计强度等级 C30。

图 7-70 某车站候车室

钢筋混凝土框架于 1988 年 4 月开工，混凝土浇灌均在夏季，1988 年 11 月完工，1990 年 7 月在大梁上发现几条轻微小于 0.2mm 裂缝，在规范允许范围之内。工程于 1990 年 12 月验收，后通车运行。1991 年陆续增加裂缝并扩展宽度，裂缝经过两年多时间增加至 3583 条，横梁 1840 条，纵梁 1743 条，其中裂缝宽度大于 0.3mm 384 条，贯穿大梁截面裂缝 127 条，绝大部分裂缝呈竖向呈枣核形，梁底没有裂缝，在梁端有轻微斜裂缝。

仔细分析了裂缝特征、设计条件及施工过程，认为裂缝的主要原因是收缩应力；温度、自重及附加荷载起了促进作用。从收缩方面看，混凝土配比、水灰比、坍落度控制、养护条件都有关系；从设计方面在梁的纵向构造筋，特别是高梁的腹筋配置（间距大数量少），按现行规范显然是不足的。梁收缩的自约束应力是主要原因，外约束是次要的原因，绝大部分裂缝（95%）是非贯穿裂缝，5% 的贯穿裂缝是由外约束应力引起。靠近端部的斜裂缝，虽然很轻微，但却说明自重及附加荷载起了促进作用。

可以判断这种裂缝不影响极限承载力。为了确保持久强度及钢筋防腐蚀，由当时的冶金部建筑研究总院材料所对贯穿裂缝进行自动压力化学灌浆，对非贯穿裂缝进行封闭。化灌及表面封闭后的大梁见图 7-71，工程已正常投入使用至今。

图 7-71　候车大厅大梁裂缝

7.25　大体积混凝土温度应力现场测试的研究

大体积混凝土温度应力的研究包括两方面的内容：一是结构的温度场，二是结构的应力场。目前结构的温度场问题已完全解决，而应力场问题至今尚处于研究阶段，许多理论计算方法都很复杂而且尚不知其结果与实践的误差。

本书所提供的分析与近似计算方法是在大量工程实践基础上，特别是结合工程裂缝处理经验基础上，提出一种简单、明了、实用的计算公式，大量的工程应用证明是一种可行的计算方法，用这些公式分析裂缝的原因也是可行的，解释了许多异常的裂缝现象。但是它与实际的应力状态到底有多大定量的误差，还有待深入的研究。

首先必须解决用什么样的传感器把温度应力测出来，早期我们曾用电阻片、钢弦式引伸仪、卡尔逊应变计、钢筋切断松释法等，都不够准确，测出的数据波动很大，特别是持久稳定性不良是一严重缺陷。

在温度应力的测试方面必须注意一个特殊性问题，变形变化引起的应力状态下"应力应变关系"比荷载变化状态下的"应力应变关系"多一项：$\varepsilon_1 = \varepsilon_2 + \alpha T$，即实际变形等于约束变形与自由变形的代数和。不可以用实际变形乘以弹模当作为约束应力，约束变形是 ε_2 不是 ε_1。

结合冶金工业领域大量温度问题需要，数十年来，中冶建筑研究总院结构试验室研究开发了一种新型混凝土温度应力传感器，见图 7-72(a)，这种传感器经十余年的现场观测应用，证明是很好的约束应变传感器，其长期稳定性也是很可靠的。将这种传感器埋置于

混凝土中可直接测出混凝土的约束应变,与英国施伦伯杰公司出品——分散式数据采集器
IMP相连,再与计算机、打印机、绘图仪相连,实现了温度应力遥控测试系统,可以在
任意时间看到温度应力变化曲线。温度场(水化热及气温分布)也以同样的方法给出任意
时间的升降温曲线。现场遥控监测系统见图7-72(b),裂缝扩展及结构变位观测的引伸仪
见图7-72(c)。

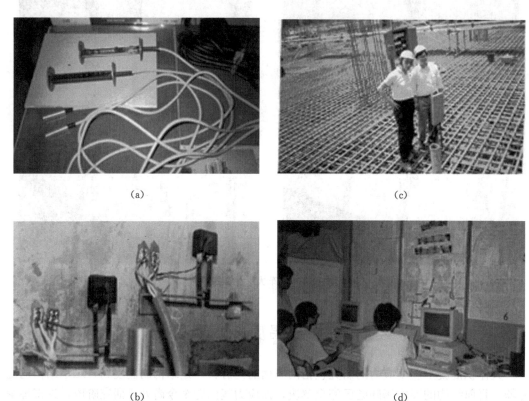

(a)   (c)

(b)   (d)

图 7-72 大体积混凝土温度应力现场测试系统

(a) 温度应力传感器;(b) 通过 IMP 与计算机连接遥控监测系统;

(c) 现场图片;(d) CJY 型裂缝扩展引伸仪

1. 人民广场地下车库温度应力

上海人民广场地下车库二层●,外墙为地下连续墙(有内衬)、主体结构为现浇钢筋
混凝土无梁楼盖,平面 176000mm×145000mm,为支护结构的稳定性需要,首先做圈顶
板宽 14000mm,即沿连续墙四周做一圈顶板厚 500mm,为提高刚度,不设伸缩缝或后浇
带,圈顶板周长达 591600mm。

圈顶板形成后,采用"中心岛"方案挖土,从中部挖土后浇灌混凝土中心岛框架,再
将楼板延伸支顶圈顶板后,再分段开挖圈顶板下部土方,最后混凝土分区"跳仓"浇筑,
全部结构设有伸缩缝及后浇带,采用普通 C30 混凝土,没有用特殊外加剂,没有出现有

---

❶ 上海地下建筑设计院设计,建工集团四建施工,林松涛高工等参加温控。

害裂缝，使用正常。

车库平面见图 7-73。

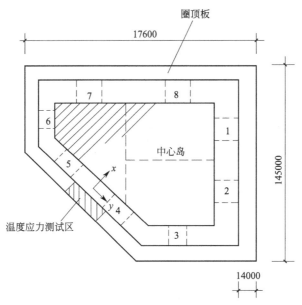

图 7-73 上海人民广场地下车库及圈顶板平面图
（周长 591.6m 无伸缩缝及后浇带）

这次温控针对 C30 强度等级，500mm 厚板，最长边 176m，圈顶板周长 591.6m，其水化热温升按常规可忽略不计，但是从本次实测升降温曲线，见图 7-74，已具有典型大体积混凝土升降温曲线，只是温升峰值偏低而已。所以我们建议，达到大体积混凝土的起码厚度不是 1.0m，而是 0.5m。但当厚度小到 0.5m 以下，虽然水化热小，收缩却增大，仍然属大体积范畴。

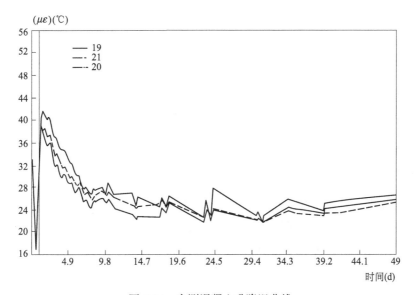

图 7-74 实测混凝土升降温曲线

相应的温度应力曲线如图 7-75 所示，可知如此超长结构，其温度应力最大值约 1.6MPa，仍然小于 C30 的极限抗拉强度。

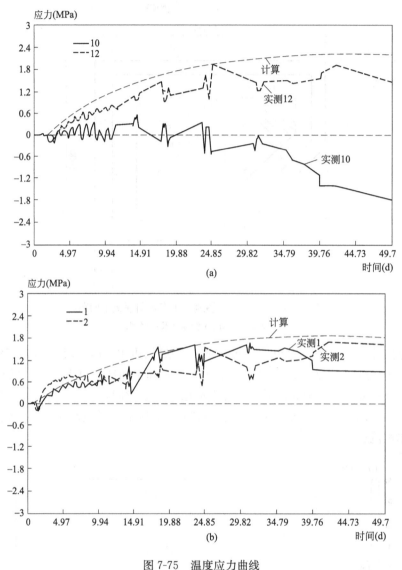

图 7-75 温度应力曲线

(a) 周长 591.6m（单边 121m）$\sigma_{(x)}$；(b) 周长 591.6m（单边 121m）$\sigma_{(y)}$

2. 上海市合流污水工程高位水池大墙大体积混凝土的温度应力❶

上海市重点工程合流污水工程主泵房的大体积混凝土裂缝控制十分重要，主要包括圆形地下大底板、环形圈梁、筒形防水内衬和 1.2m 厚、10.3m 高、60m 长污水池大墙，都对抗裂防水（地下水和污水）有严格要求，不许出现有害裂缝。

---

❶ 本工程由船舶总公司第九设计院设计、宝钢冶金建设公司施工。

本工程的四种大体积混凝土的抗裂技术措施均用本书提供的理论，都不考虑用伸缩缝释放应力的办法，而采用了"抗"的方法。其中技术难度较高的是水池大墙的温度应力及裂缝控制。

大墙的混凝土强度等级 C30R60P8，即利用后期强度降低水泥用量，32.5 级矿渣水泥，加 YJ-2 型减水剂。这样的混凝土相当 C25R28。

加强了保温及潮湿养护，设置专门喷淋装置，工程于 1992 年浇灌混凝土，1994 年投产，使用至今未发现有害裂缝，取得圆满成功。

像这样超长超厚大型水池池壁，未产生渗漏水的裂缝，在国内外均属罕见，经上海市邀请各界专家鉴定，一致赞誉为国际先进水平。

大体积混凝土入模温度 20～22℃，最高温升在 60h 左右达 55℃，里外温差较小，都在 10℃ 以内，升降温曲线如图 7-76 所示。

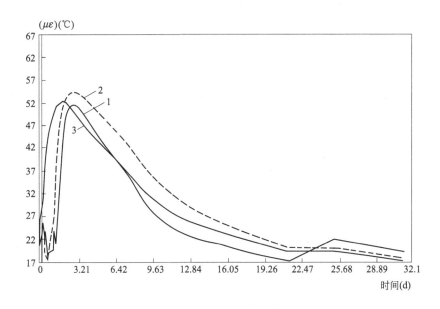

图 7-76　混凝土升降温曲线

由于气温下降较快，混凝土的降温速率较大，但由于保湿养护好，收缩量大大减少，因此虽然拉应力增长较快，但是都在抗拉强度（极限拉伸）以下，见温度应力图形，图 7-77。

3. 新上海国际大厦大体积混凝土温控[1]

1）概况

新上海国际大厦工程位于上海浦东陆家嘴金融贸易开发区，结构体系为主楼 38 层，地下 4 层的现浇框筒结构。主楼与裙房不设结构缝，取消后浇带。

基础采用钢筋混凝土钻孔灌注桩基，其承压平台底板为整浇大底板，最长处为 76m，最宽处为 71m，厚 3.5m，混凝土浇筑量约 17000m³，为全国之首。

---

[1]　本工程由上海建工集团三建施工、加拿大 B＋H 公司设计、上海冶金设计院顾问设计。

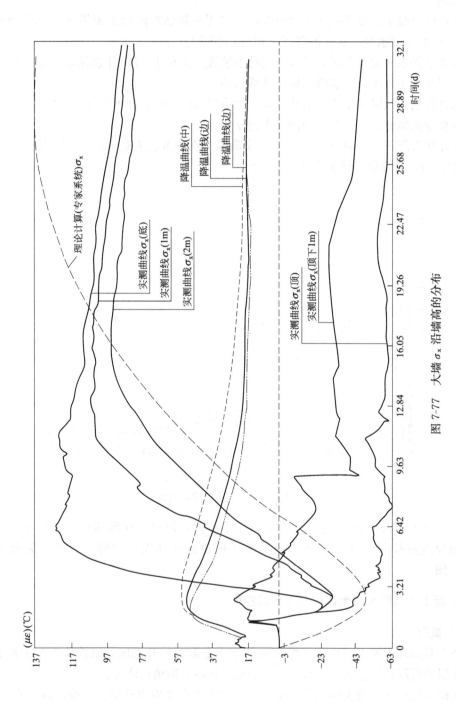

图 7-77 大墙 σ_x 沿墙高的分布

为保证整体性，该底板采用一次性连续浇捣，不留任何结构与施工缝，在技术上存在着一定的难度。对于这样超大混凝土工程，无论采用何种浇筑方案，首先要解决的技术问题就是控制混凝土浇筑完后块体内的温度应力，防止基础产生有害的深层、贯穿性裂缝的发生，以保证基础的强度、整体性和耐久性。

2）技术措施

（1）首先，在结构构造方面，为了提高混凝土表面的抗裂性能，在表面配置有双向 $\phi 8@200$ 的构造钢筋。

（2）其次，在材料上及配合比上，为满足泵送混凝土施工工艺的特点，经专家研究讨论，采用低热矿渣硅酸盐水泥配制双掺混凝土，其配合比如表 7-19 所示。

混凝土配合比　　表 7-19

材　料	32.5 级水泥	黄　砂	石　子	粉煤灰	外加剂	水
量(kg/m³)	320	700	1030	70	1.92	193
备　注	低热矿渣硅酸盐水泥	中粗砂模数要求 2.4 以上含泥量不大于 3%	粒径 5～40 符合筛分比要求含泥量不大于 1%	磨细度为一级或二级掺量为 20% 水泥重量	EA-2 缓凝剂减水剂每 100kg 水泥加 0.8kg	

混凝土强度等级采用 C25，利用后期 60d 强度作为混凝土立方强度。浇筑时，为满足泵送混凝土和易性要求，坍落度控制在 12 ± 2cm 内。

水泥产地：上海水泥厂、川沙水泥厂、宝山水泥厂、吴淞水泥厂、嘉定水泥厂。粉煤灰产地：闵行电厂、宝钢电厂、高桥电厂。

（3）在施工浇筑方案上，采用连续薄层推移式浇筑，加大散热面。同时，层面最长间隔时间应不大于初凝时间。为了确保混凝土的密实度，采用二次振捣。

（4）保温保湿养护措施。为了充分发挥混凝土松弛特性，采用四层草袋两层塑料薄膜骑马铺设保温保湿养护。另外，为使水泥水化充分进行，还采用蓄水养护。如遇气温骤降，在基坑内加塑料薄膜及草袋加强养护，或用碘钨太阳灯照射，提高环境气温。

（5）对大体积混凝土基础施工应进行现场监测，进行温度及温度应力监控，确保施工安全，实现信息化施工。

①及时掌握已浇筑混凝土块体内部温度及温度应力在各龄期的变化，为温控防裂提供实际数据，为施工指挥人员及时采取相应对策提供科学依据。

②为基础大体积混凝土施工全过程实施全面质量管理。大体积混凝土基础施工温控，必须在全过程各环节中体现，包括施工方案的确定，机械设备的管理、调配，原材料控制，混凝土的搅拌、运输、泵送、浇筑、养护及钢筋工程、模板工程等环节，保证温控技术全面有效的实施。

③施工中将基础底板浇筑至地下连续墙，使连续墙对大底板的水化热膨胀造成预压应力，从而减少后期拉应力，做为抗裂安全度储备，计算中未考虑，见图 7-78。

3）测试监测方案

（1）裂缝控制技术安全监测系统

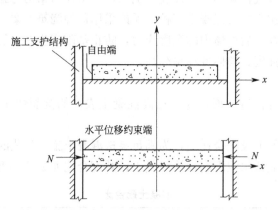

图 7-78 利用施工支护结构和水化热胀产生预压应力
减少后期拉应力示意图

①数据采集系统：采用英国 Schlemberger 公司生产的 3595 系列分散式数据采集器，将现场多点汇总，利用一根网络信号线与室内计算机联网，实现全天候 24h 连续监测，可根据现场实际要求，自动、同步数据扫描。

②数据处理系统：本系统对数据进行现场跟踪、分析及处理。及时生成图像图表，提供报表，反馈现场信息并预测其趋势。

（2）监测方案

测点布置：根据现场实际情况，基础底板呈长方形，因此选择块体半轴线作为测试区，详见图 7-79。

其中，在 A 截面沿厚度分上、中、下位置布置了双向（X，Y 向）温度应力传感器 6 台，沿厚度等份布置了 5 台温度传感器；在 B、C 截面上、中、下布置了 3 台单向（X 向）温度应力传感器与温度传感器；在 D 截面上、中、下位置布置了 3 台温度传感器，在上、中位置布置了 2 台单向（X 向）温度应力传感器，共 14 台温度应力传感器、14 台温度传感器。各截面传感器编号对应见表 7-20。

图 7-79 温度与温度应力
传感器测点布置图

各截面传感器编号对应表 表 7-20

截 面	温度传感器			温度应力传感器		
	上	中	下	上	中	下
A	A1 A2	A3	A4 A5	AX1 AY1	AX2 AY2	AX3 AY3
B	B1	B2	B3	BX1	BX2	BX3
C	C1	C2	C3	CX1	CX2	CX3
D	D1	D2	D3	DX1	DX2	

4）测试结果分析

（1）实测温度结果分析

　　基础温度场在 30d 龄期随时间变化曲线如图 7-80 所示，实测混凝土平均入模（仓）温度为 27℃。开始浇筑时，气温达 33℃，较为炎热。A、B、C 和 D 截面温度峰值达 71.8℃、69.7℃、66.8℃和 64.9℃分别为第 5d（1995 年 6 月 2 日）、第 4d（6 月 1 日）、第 3d（5 月 31 日）到达。由于浇捣顺序由 D 截面向 A 截面推移。因此，D 截面较 A 截面早到达。另外，边缘区降温较快，中心降温较慢，所以符合中心温度高边缘温度低的原则。

　　从温度峰值可看出 A、B、C 和 D 点温升值（在入模温度基础上的温度升高值）分别为 44℃、42℃、39℃和 37℃。在炎热季节，将温升值控制在 30℃较难。另外，搅拌运输时间过长使水泥水化开始，造成温升值超标。若后期养护效果不佳，过高的温升值将造成综合降温差过大，形成较大的拉应力，所以，必须严格加强养护，虽然温升较高，降温速率控制较好，保证大体积混凝土不出现有害裂缝。理论计算与实测基本符合，降温曲线见图 7-80。

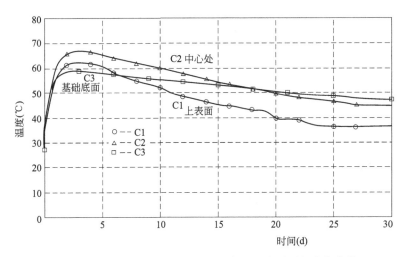

图 7-80　大体积混凝土基础底板 C 断面温度随时间变化曲线

　　温度在升降期间沿厚度变化分布曲线可看出，在早期为了控制表面出现裂缝，要加强控制表面内表温差。A、B、C 和 D 截面内表温差平均在 28℃左右，极端达 31～35℃。即在第 12d（6 月 9 日），出现梅雨季节，气温骤降，气温最低达 17℃，为此，监测提请施工单位加强养护，在表面又加一层塑料薄膜，使内表温差得以控制。另外，在测点 A 附近养护没有达到最佳效果，故内表温差较大。

　　为了充分利用混凝土在慢速荷载作用下的应力松弛效应，通过后期养护来控制降温速率，使降温始终处于缓慢阶段，避免降温速率过快，产生有害裂缝，充分发挥松弛效应。降温速率平均下降 1.5～2.0℃，均在温控指标内。

　　温度由中心到边缘沿半轴分布曲线可以看到，温度梯度变化较小，完全控制在每米 1.5℃之内，这也说明养护效果较好。另外，在边缘处，没有完全裸露或用钢模养护，而是利用地下维护结构作为模板。完全处于良好的养护状态，避免边缘温度梯度下降过快。由于后期养护良好及使用了监测手段和监测信息的及时反馈，使得温控达到预期目的。

（2）实测温度应力结果分析

温度应力场在 30d 龄期内随时间变化过程曲线可以看到应力随时间变化滞后于温度，即温度降温时，应力没有马上下降减少，而是延缓一段时间，约在第 10d 左右，开始下降，说明发挥了松弛效应。A、B、C 与 D 截面 X 方向的温度压应力峰值为 -4.5MPa，约在第 8d 左右出现，拉应力约在第 16d 出现，主要是表面出现拉应力。由于基础很厚，基底相对地基保温很好，降温很慢。而表面气温变化较大，因此表面降温较大，出现拉应力较早。最大拉应力值为 0.3MPa，远小于 C30 混凝土极限抗拉强度，不会出现裂缝。从现场实地详查也未发现裂缝，说明温度应力控制很成功。

温度应力沿厚度方向分布可看出，温度应力呈非线性分布，中间大，两端（上下表面）小，符合以往经验规律及理论数值计算结果，所以本监测测试结果完全反映了基础受力的真实状态。

在基坑支护系统拆除第三道支撑（最下层）时，基础底板还受压，起到了换撑作用，分担了第三道支撑拆除后，土压力传递的荷载，对基础底板受力有益的，使拉应力大为减少。

综上结果可知，温度应力控制很成功。

后期在侧墙（外墙）的施工中，采取同样的技术措施，周长约 300m 外墙一次连续浇筑，没有出现有害裂缝。

大底板混凝土的温度场及应力场见图 7-81，现场实测见图 7-82，施工现场见图 7-83。

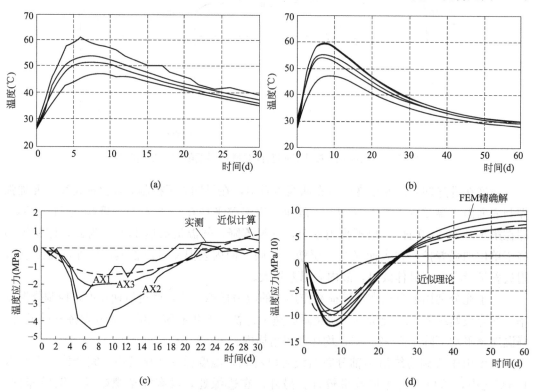

图 7-81 大底板混凝土的温度场及应力场（中心 A 区）

(a) 实测温度曲线；(b) 理论计算温度曲线（FEM）；

(c) 实测温度应力与近似计算对比；(d) 按有限元精确计算温度应力曲线

图 7-82　大体积混凝土温度及温度应力现场实测

图 7-83　新上海国际大厦基础底板大体积混凝土浇捣

4. 上海东海商业中心（Ⅱ）基础大体积混凝土浇筑施工温度场、应力场测试研究

1）概况

上海东海商业中心（Ⅱ）地处黄浦区繁华商业区，南邻延安东路、北接北海路、东连已建成的东海商业中心一期工程、西临广西北路。该工程基础平面近矩形，长度约 90m，宽度约 47m，塔楼处厚 2.5m，裙房处厚 1.1m。底板混凝土强度等级为 C30（R60）、P8级抗渗。采用一次性连续浇筑，不留后浇带，底板钢筋 1500 余吨，混凝土浇筑总量约 7400m³。

2）原材料要求与配合比（表 7-21）

（1）水泥：采用上海水泥集团生产的矿渣 32.5 级水泥；

（2）粉煤灰：采用Ⅱ级磨细粉煤灰，生产厂：石洞口电厂、宝钢发电厂；

（3）砂：采用中粗砂，细度模数大于 2.3，含泥量小于 3%，其他指标必须符合规范的要求；

（4）石：采用粒径 5～40mm 碎石，含泥量小于 1％，颗粒级配等指标必须符合规范的要求；

（5）外加剂：采用普 C6220 普通型外加剂；

（6）水：自来水；

（7）生产配合比（kg/m³）。

混凝土配合比　　　　　　　　　　表 7-21

水　泥	水	粉煤灰	石　子	砂	外加剂（普 C6220）
365	199	55	1048	702	1.2775L

3）施工技术措施

（1）混凝土坍落度要求到达现场为 （120±20)mm，按规定每车检测；

（2）在施工浇筑方案上，采用一个坡度，连续薄层推移式浇筑，循序渐进，一次到顶的浇筑方法。

4）温度及应力监测方案及测试结果

（1）测温仪表和元件

现场温度监测采用英国施伦伯杰公司生产的高精度多通道测量单元 IMP，通过 S-网络与中央控制器组成的分散式数据采集系统。测温元件采用高精度铜电阻温度传感器，测力元件采用高精度双自补偿埋入式温度应力传感器。系统巡检时间小于 1s。

（2）测试系统

如图 7-84 所示，温度应力测试现场如图 7-85 所示。

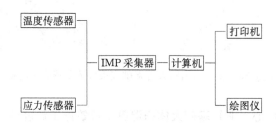

图 7-84　现场温度及应力监测系统

5）测试结果及分析

基础底板于 1995 年 12 月 14 日 20 点开始浇筑，至 12 月 16 日 5 点浇筑完毕，全部采用商品混凝土，实际浇筑混凝土 7768m³，入模温度 13.6℃，开始浇捣时气温 7.5℃。各段面升降温过程中，温度沿底板厚度的分布曲线见图 7-86。各段面温度应力随时间变化的曲线见图 7-87，水化热升温时，各段面的中心测点温度最高，基本都在该段面混凝土浇筑后的第 4d 升至最高点，其中 A 段面的 T2 点 61.9℃、B 段面的 T6 点 59.0℃、C 段面的 T11 点 58.9℃、D 段面的 T16 点 59.0℃、E 段面的 T20 点 58.8℃，最高温升为 T2 点，达 48.3℃，中心温度在最高点维持 6h 左右即开始降温。降温过程中，上层测点降温较快，中层次之，下层测点降温较慢。混凝土浇筑半个月后，即 1996 年 1 月 2 日开始，底板内各测温截面上的最高温度点由中心测点

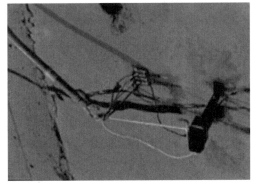

图 7-85 温度应力及裂缝扩展测试现场

变为下部测点。12 月 23 日上午因主楼底板保温层由两膜三草袋改为一膜两草袋时，恰遇冷空气影响本地区，而 C、D 两个测温截面上有积水，致使这两个截面上部测点温度下降较快。

其中 T9 点 24 日降温 6.9℃，25 日降温 6.8℃；T14 点 24 日降温 6.3℃，25 日降温 6.1℃，均大大超过每天降温不超过 1.5℃的指标。与此同时，C、D 两个截面的上部拉应力急剧升高，24 日 SX9 点拉应力上升 0.46MPa，SY9 点拉应力上升 0.87MPa，SX14 点拉应力上升 0.46MPa，25 日 SX9 点拉应力上升 0.74MPa，SY9 点拉应力上升 0.31MPa，SX11 点拉应力上升 0.28MPa。SX9 拉应力达到 1.14MPa，超过了该龄期的设计抗拉强度。经总包单位采取调换湿草袋和清除积水措施后，降温速度和拉应力增长速度基本得到控制。27 日因清除支撑爆破后的碎混凝土的需要，部分保温层被揭除，E 截面的降温和拉应力又有所加快。12 月 31 日，主楼底板上又浇筑了 40cm 厚的混凝土滤水层，起到保温层的作用，此后底板的降温速率平稳正常，除个别测点外，拉应力的发展也基本正常。至 1996 年 1 月 15 日测温工作结束，底板内最高温度为 T8 点 36.7℃，最大内表温差为 17.2℃，最大拉应力为 SY61.74MPa，高于计算值小于极限强度，由于混凝土的松弛特性，拉应力逐渐得到释放。从测试结果中可以发现，由于混凝土浇筑后先升温膨胀后降温收缩的特性，混凝土中基本为先出现一定的压应力，而后压应力减小，出现拉应力，这与理论计算的大体积混凝土基础的不均匀温度场作用下约束应力场变化规律基本一致。

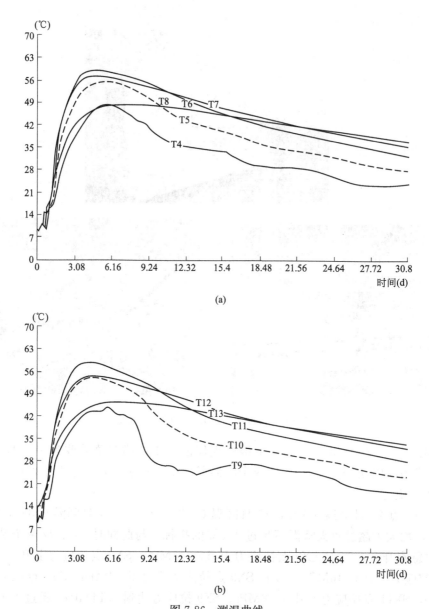

图 7-86　测温曲线

(a) B 段面温度随时间变化曲线；(b) C 段面温度随时间变化曲线

5. 自约束应力的监测与分析

在工民建领域，大体积混凝土结构的厚度一般 0.5～3.0m，而其长度可达 50～200 余米，故一般的高长比 $H/L \ll 0.1$。当保温和保湿条件比较好的条件下，结构在纵向受力比较均匀（离开端部的中部区域），温度升降曲线如图 7-87 所示。结构承受轴拉（或轴压）状态。

在这种情况下，由于水化热的作用，截面最先受压，其后逐渐受拉的规律是正常的（图 7-87、图 7-88 等）。

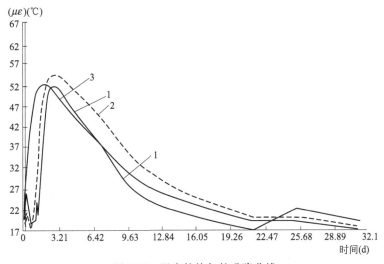

图 7-87　温度较均匀的升降曲线

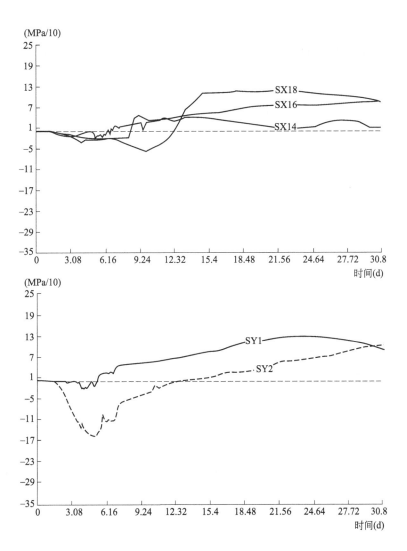

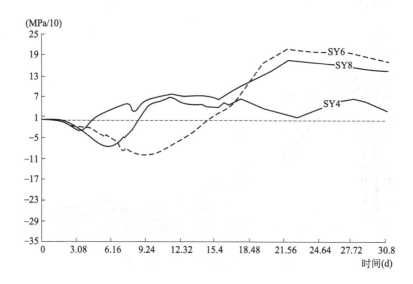

图 7-88　应力随时间变化曲线

　　但是，我们在工业建筑中（或少数民用建筑中）也遇到较厚的结构（3～10m 厚度），里表温差较大，曾测得 $\Delta T = 47℃$ 的温差（也有一些结构，虽然厚度不大，小于 3.0m，但是保温保湿条件很差），温差曲线如图 7-89 所示。这种块体基础及里表温差较大的结构，自约束应力较大，而外约束应力甚微。

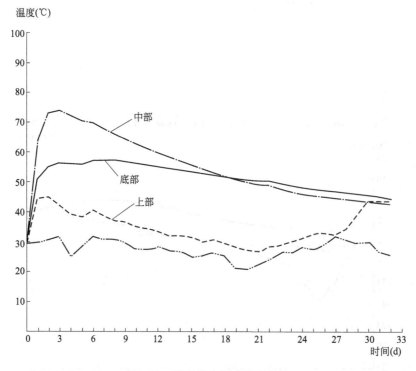

图 7-89　温差较大的升降温曲线

其应力的实测结果如图 7-90 所示，即在初期升温阶段，上表面受拉，下部由于约束承受压应力，其后下部及中下部由于降温而出现拉应力，并且中下部降温较上表面大，故上部表面反而出现压应力，最终结构的中部和下部有可能出现拉应力。所以存在由里向外开裂的可能，里边的裂缝宽度大于外表面的裂缝宽度。这一现象，我们曾在武钢热轧 2.5m 厚的地下室外墙化学注浆工作中发现，即混凝土裂缝不是常见的表面宽里面窄，而是里面宽外表窄的现象。

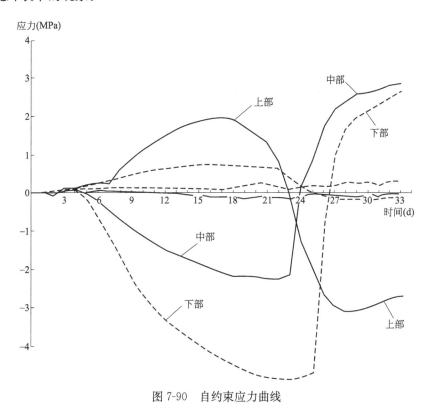

图 7-90 自约束应力曲线

对于壁厚不大的长墙，则出现下宽上窄的裂缝，下部降温大，约束度高，约束拉应力高于上部。

7.26 混凝土强度等级的合理选择与施工

结构设计根据使用用途和各种荷载作用，提出建筑物各部结构的混凝土强度等级。由于超高层结构承受较大的垂直荷重和地震作用，下部承重柱往往须要较高的强度等级 C60 以上，但是仅仅是柱子强度，而楼板、梁及地下室外墙、大底板等绝对不要跟柱子选择相同强度等级，应当根据具体荷载条件尽可能选择中低强度等级，即 C25～C35 并利用后期强度 R60～R90，即 60d 或 90d 强度。

剪力墙亦应选用 C30～C35、R60～R90 的强度等级，设计上还应注意构造配筋和降低结构的约束程度。

地下室外墙一般只承受裙房自重，塔楼及裙楼的主要荷载是通过柱子传至桩基，所以地下室外墙的强度等级用 C25～C30 为宜，柱子强度高、外墙的强度低，必须分别以不同强度混凝土浇筑，绝对不应当迁就施工方便而都采用高标号混凝土，不仅大量浪费水泥，更主要的是裙房长墙受到混凝土的强约束而严重开裂。

当外墙有扶壁柱时，柱子的强度等级应跟外墙的中低强度一致，因为此处立柱比较主楼立柱承受的荷载小很多。

不必要的选择了高强度混凝土或大量使用水泥甚至高标号水泥而导致裂缝的事故实在屡见不鲜，工程实例举不胜举，是近年我国混凝土工程中的错误倾向。

1987 年，一项引进项目的水处理池，包括许多长墙池壁、设计选用了较高 C35、R28 的强度，虽然养护不良，施工试块 28d 强度均超标，达 42～45MPa，管理方面都十分满意。但时过不久，从浇筑一个月后陆续开裂，裂缝日益增多，日益扩展，宽度竟达 2.5mm 之多，超过允许十余倍，裂缝延续时间达二年多之久。

经查证、施工选用的材料配合比是：矿渣 32.5 级水泥用量 575kg/m³，水 230kg/m³，砂 1180kg/m³，碎石 1177kg/m³。水泥用量过高、养护不良并在强约束条件下，虽然伸缩缝间距只有 24m 和 20m，也严重开裂，裂缝状况见图 7-91。

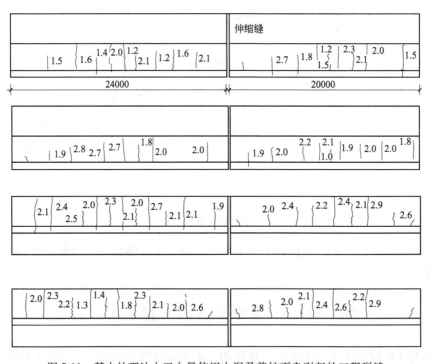

图 7-91　某水处理池由于大量使用水泥及养护不良引起的工程裂缝

近几年来，高强度等级水泥的应用日益广泛，许多地下大体积混凝土采用 42.5 级水泥，甚至 52.5 级水泥，如某水处理工程以及某高层地库，其水泥（42.5 级）用量竟达 450～560kg/m³，产生了大量严重裂缝。

浦东金桥某大厦二层地库，原设计已偏高的选择混凝土强度等级 C40，后来又迁就柱子的混凝土强度，又改为 C45。于 1994 年 10 月浇灌，到了 12 月陆续出现裂缝，裂缝宽度 0.2～0.4mm，最宽的达 0.6～1.0mm，大部分裂缝贯穿，引起严重的渗漏。后来，在检查开裂原因方面，除水泥用量过高外，浇灌时的水灰比大、砂率高、养护不良也是促成开裂的因素。

本工程的长宽只有 48m×45m，还有些工程的伸缩缝间距只有 20 余米，仍然出现了严重开裂和渗漏。

上海八万人体育场直径 300m，周长 900 余米，未留伸缩缝，采用 C35R60 混凝土，跳仓浇灌，其裂缝是相当轻微无害的。

因此，结构的长度和温度应力呈非线性关系，长度是许多因素之一而不是唯一的因素。

大体积混凝土裂缝控制是涉及设计、施工及搅拌站三方面的综合问题，应组织这三方面的领导小组直接领导大体积混凝土的质量控制工作。宝钢 500 万 m³ 大体积混凝土，强度等级为 C22.5～C30 普通混凝土，采用双掺技术，控制裂缝相当成功。

7.27 大体积混凝土裂缝事故处理

大体积混凝土的裂缝机理是十分复杂的，在国际上也是尚不成熟的问题。我们在这一领域里主张首先抓住主要因素，探索它们之间的关系，只要在实践中认真地去执行，一般均未出现质量事故。

但是，在某些复杂条件下的大体积混凝土工程仍然可能出现有害裂缝。对于这类质量问题，应当有正确的处理原则。

1）首先分析有害裂缝的产生原因，概括的说来可能有六种，三种是设计方面，另三种是施工方面。这些原因都应紧密结合工程实际去探索。从设计方面主要是约束条件、配筋状况、混凝土强度等级的选择。从施工方面主要是材料配合比的选择、混凝土浇灌中的水灰比控制和养护条件。

必要时还要通过计算或试验寻找原因，不宜笼统的用下述方法去判断责任：如果结构留了伸缩缝、沉降缝和后浇带，事故责任就是由施工方承担。如果不留缝和后浇带，责任由设计方承担。这样的判断责任仍然是把长度当作控制裂缝的唯一因素，根据本书的大量事实，显然是不全面的。

2）结构的变形引起的应力状态与荷载引起的状态有原则性的区别。主要是约束应力与结构刚度有关，刚度愈大，约束应力愈大，反之约束应力愈小。当结构出现裂缝或产生变位后，结构的约束应力得到释放和松弛，这种应力在结构的极限承载力状态下几乎降到零值，所以裂缝对极限承载力没有影响。何况与这类裂缝有关的方向是构造方向，是非受力方向，构造筋中产生或残余一部分约束内力，更对承载力没有影响。

3）根据使用要求，对裂缝进行修补，采用压力或自动压力灌浆修补后满足使用要求，满足设计要求，工程质量评定不应受到这类裂缝的影响。

4）根据我们处理工程裂缝的经验，地下工程引起渗漏的主要矛盾是裂缝。过高抗渗标号的要求必然带来过大的水泥用量，从而对控制裂缝极为不利。C20～C30 最高不超过 C35R60 是最合理的混凝土强度等级选择，可满足 20m 水头的抗渗要求。

5）任何新材料、新外掺剂不经试点应用，不应大面积推广。

8 大体积混凝土结构裂缝控制的综合措施

按照通常的做法，大体积混凝土结构裂缝控制一般采用留永久性变形缝作法，或用蛇形冷却水管来降低水化热，或使用微膨胀混凝土。这些方法不仅造价高，而且也不完全可靠。根据我们40多年的经验和理论研究，采用以下方法更为有效：

1. 设计方面

1）合理的平面和立面设计，避免截面的突变，从而减小约束应力；
2）合理布置分布钢筋，尽量采用小直径、密间距；变截面处加强分布筋；
3）避免用高强混凝土，尽可能选用中低强度混凝土；采用60d或90d强度；
4）采用滑动层来减小基础的约束。

2. 材料方面

1）科学地选用材料配比，用较低的水灰比、水和水泥用量；
2）严格控制砂石骨料的含泥量。

3. 施工方面

1）用保温隔热法对大体积混凝土进行养护；
2）控制水化热的升温，混凝土中心与外表面的最大温差不高于摄氏25～30℃，总降温差30℃；
3）控制降温速度；
4）用草袋和塑料薄膜进行保温和保湿；
5）用跳仓打方法和企口缝；
6）用后浇带减小温度收缩。

4. 理论研究与设计依据

根据温度应力与长度非线性关系，应用"抗与放"原则，采取超长结构有条件地无缝连续浇筑。

8.1 大体积混凝土的若干设计构造要求

1）根据大体积混凝土工程施工的特点，大体积混凝土基础的工程设计除应满足设计规范及生产工艺的要求外，尚应符合下列要求：

（1）基础混凝土的强度等级宜在C20～C35的范围内选用；利用后期强度R60；

（2）基础的配筋除应满足基础承载力及构造要求外，还应结合大体积混凝土的施工方法（整体浇筑或分层浇筑，泵送混凝土浇筑或非泵送混凝土浇筑等）增配承受因水泥水化热引起的温度应力及控制温度裂缝开展的钢筋，以构造钢筋控制裂缝。对高炉基础的圆形承台还应配置双向受拉钢筋或钢板箍；

（3）当基础设置于岩石类地基上时，宜在混凝土垫层上设置滑动层，滑动层构造可采用一毡二油，在夏季施工时也可采用一毡一油；

（4）大块式基础及其他筏式、箱体基础不应设置永久变形缝（沉降缝、温度伸缩缝）及竖向施工缝。从降低大体积混凝土浇筑块的温升、控制混凝土的裂缝、降低地基的约束、控制大体积混凝土浇筑块体的温度及便于大体积混凝土施工的角度出发，对基础的结构混凝土的强度等级、结构配筋、基础底面滑动及变形缝施工缝的设置提出要求。

关于大体积混凝土截面厚度，块体基础厚度一般由工艺使用要求决定，箱体基础深度由使用要求决定、筏基厚度由抗弯及抗冲切要求决定。特殊构筑物的混凝土墙体，其厚度的确定须作如下考虑：对于箱形结构、环形结构以及各种空间薄壁结构，由于内外表面的温差及收缩差引起较大的约束应力，虽则从第 4 章可看出该应力与壁厚无关，但是，厚壁温差大，薄壁温差小，故间接地影响应力大小，似乎越薄越好；但越薄收缩越快，均质性差，抗裂度也越低，故厚度不宜过薄。对一些大型工程，壁厚应不小于 200mm，双层配筋为宜。

大体积混凝土施工允许设置水平施工缝，水平施工缝的设置应根据混凝土浇筑过程中温度裂缝控制的要求、混凝土的浇筑能力和方便结构钢筋的绑扎等因素确定。

2）大体积混凝土工程的模板宜采用钢模板或木模板或钢木混合模板，对于高炉基础放脚部位的侧模可采用其他材料的模板。

钢模板对保温不利，应根据温控要求采取保温措施。木模板可作为保温材料使用。

3）大体积混凝土工程施工前，应对施工阶段大体积混凝土浇筑块体的温度、温度应力及收缩应力进行验算，确定施工阶段大体积混凝土浇筑块体的升温峰值、里外温差及降温速度的控制指标，制定温控施工的技术措施。其目的是为了确定温控指标（温升峰值、里外温差、降温速度）及制定温控施工的技术措施（包括混凝土原材料的选择、混凝土拌制运输过程中的降温措施、保温养护措施、温度监测方法等），以防止或控制有害温度裂缝（包括收缩）的发生，确保工程质量。

各类温控指标应通过计算确定，以下提出的温控指标为一般性的，主要考虑在计算有困难的条件下可采用的温控指标的数值。

关于温度应力及收缩应力的计算方法有多种，较为精确的可采用有限元法，如用结构分析通用程序 SAP84 进行温度应力分析，一般均可用简化的计算方法，考虑到使用方便，本书给出了温度应力及收缩应力的简化计算方法。在简化计算方法中，混凝土浇筑块体温度场的计算可采用经验曲线或差分法计算。

8.2 "抗"与"放"的裂缝控制原则

全面分析总结处理裂缝的经验后，可概括出"抗"与"放"的自然辩证法原则。我国人民在抗击自然灾害和生产实践中，曾积累了极为丰富的"抗"与"放"的经验。如早在2200 多年前的战国时代，杰出的水利专家李冰，就以"分江导流，无坝引水"的方法，即

"放"的方法，建成闻名于世的分水枢纽"都江堰"，因势利导引洛水抗灾害灌溉万顷良田。李冰治水的方法与惯用的筑坝阻水方法（即"抗"的方法）相比，堪称"放"的典范。

在抗地震的结构设计原则中也存在"刚性抗震"和"柔性抗震"的两种设计原则，近代铁路建设中的"有缝短轨"和"无缝长轨"的两种形式，隧道衬砌对岩石变形压力的抵抗与释放原则，以及在处理地基差异沉降的方法中，以整体刚性基础抵抗差异沉降的"抗"法和以沉降缝将基础划分许多段适应差异沉降的"放"法等，都包含了一种有相当普遍意义的"抗"与"放"即"阻抗"与"疏导"的指导思想。

在许多情况下，我们更适合采取"抗放兼施"的方法，使结构既不产生很大的变位，又不产生很大的应力，确保承载力的极限状态，又满足使用极限状态。这一原则与一方面提高结构的"抗力"，另一方面降低外来的"作用力"原则是一致的，工程师的艺术是在什么样的条件下运用什么样的工具。

在控制结构物裂缝的设计过程中，应充分利用这一概念。根据应力-应变关系的推导，可知变形变化引起的约束应力有它的特点。它首先要求结构的所处环境能给结构以变形的机会，如果变形能得到满足，则不会产生约束应力，即呈全自由状态（既无外约束，又无内约束）。

如以空间（三维）应力-应变关系为例：

$$\left.\begin{array}{l} \varepsilon_x = \varepsilon_y = \varepsilon_z = \alpha T = \varepsilon_{max} \\ \sigma_x = \sigma_y = \sigma_z = \tau_{xy} = \tau_{yz} = \tau_{zx} = 0 \end{array}\right\} \tag{8-1}$$

二维及一维问题也具有相同的应力状态。此状态下结构可以有任意长度，任意温差，不产生约束应力，只需给结构创造自由变形的条件，这就是控制变形引起裂缝的"放"原则。当然，公式(8-1)表达的状态是"理想的放原则"，实际工程中不易做到；但是，减少约束，释放大部分变形，使出现较低的（允许的）约束应力，这一"抗放兼施，以放为主"的设计原则，却已在工程中获得广泛应用。

按这一原则进行设计，可通过各种构造措施满足上述要求，如吊挂炉顶、各种机械设备的伸缩节、锅炉吊挂结构、桥梁的滚轴以及铁路上 12.5m 标准轨留缝 6mm 等。

当结构的变形不是自由的，受到内外约束，而且约束得完全不动，即全约束状态，仍以空间问题为例（其他类推）：

$$\left.\begin{array}{l} \varepsilon_x = \varepsilon_y = \varepsilon_z = \gamma_{xy} = \gamma_{yz} = \gamma_{xz} = 0 \\ \sigma_x = \sigma_y = \sigma_z = -\dfrac{E\alpha T}{1-2\mu} = \sigma_{max} \\ \tau_{xy} = \tau_{yz} = \tau_{zx} = 0 \end{array}\right\} \tag{8-2}$$

则有最大约束应力并与长度无关，只要材料的强度（偏心受力时应考虑塑性影响）能超过最大约束应力：

$$R \geqslant \sigma_{max} \tag{8-3}$$

或者材料的极限拉伸大于最大约束拉伸变形：

$$\varepsilon_p \geqslant \varepsilon_{max} \tag{8-4}$$

则任意长度，不设伸缩缝，亦不开裂，只需所选用的结构材料具有足够的抗拉强度和极限拉伸，该设计原则称为控制裂缝的"抗"原则，如无缝路面、无缝长钢轨、无缝厂房排架、无缝设备基础等。万里长城是世界上最早应用"抗"原则的典范，当然不是自觉的。

实际工程设计中，更多的工程采用"抗放兼施，以抗为主"的设计原则。如图 8-1 所示，某加热炉耐火砖墙通过钢架和弹簧约束，既保证了炉体受热膨胀，有变形的余地，又可保证耐火砌体不致因温度变形而产生破坏，起了箍紧作用。这种情况下，炉体的实际变形占自由变形的主要部分，这是"抗放兼施，以放为主"的设计原则。抗放兼施的机理由弹性约束条件下的变位方程求得，即结构任意点的变位由约束变位与自由变位叠加组成，由公式(3-8) 可概括地写成：

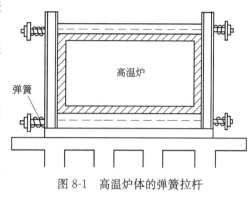

图 8-1 高温炉体的弹簧拉杆

$$\varepsilon_1 = \varepsilon_2 + \alpha T \tag{8-5}$$

式中 ε_1——结构实际变位；

ε_2——结构的约束变位，按虎克定律 $\varepsilon_2 = \alpha / E$ （一维问题）。

实际上，是自由变位 αT 分为两部分：ε_2 及 ε_1，如果 ε_2 占 αT 的绝大部分，则是"以抗为主"的设计原则；如果 ε_1 占 αT 的绝大部分，则是"以放为主"的设计原则。

国际上，刚柔学派之争，留缝与不留缝之争，抗与放之争，在学术界长期存在着，但作者认为这并非正确与错误之争，而是相辅相成的，两者是辩证地统一，不同条件下各有各的优越性和不足。工程结构的设计实践中，采用什么原则合适，要在综合分析具体技术条件、使用要求和经济效果后，方可作出抉择。一般说来，采取抗的方法，必须有足够的强度储备；采取放的方法，必须有充分的变形余地。例如，焊接长钢轨有使用上的优点，是抗的方法，但是，如潜藏着焊缝断裂的危险或压板装置固定能力不足，无法达到完全嵌固不动的状态，那么抗的原则就无法实现。

8.3　关于裂缝宽度的限制问题

国内外工程技术界都认为，钢筋混凝土结构的允许最大裂缝宽度主要是为了保证钢筋不致产生锈蚀。这一论据主要是根据试验室小型试件的锈蚀试验，参考国际上一般规范和某些使用经验得出的。所以各国的规范中有关允许最大裂缝宽度的规定虽不完全一致，但基本相同。如在正常的空气环境中裂缝允许宽度为 0.3mm；在轻微腐蚀介质中，裂缝允许宽度为 0.2mm；在严重腐蚀介质中，裂缝允许宽度为 0.1mm。在许多国家的规范中还列出了裂缝间距及裂缝宽度计算经验公式，公式达数十种之多。各计算公式大多来自试验室简单构件的载荷试验。

由于钢筋混凝土系由复杂材料组成，试验条件经常变化，各国公式差别很大，如英国毕比（A. W. Beeby）的统计如图 8-2(a) 所示，受弯板结构的配筋示于右上角，钢筋应力 $f = 230N/mm^2$。波兰西古拉（S. Sygula）所作的统计则如图 8-2(b) 所示。

从图中可看出，同一构件按不同国家的规范其计算结果差别达 2～3 倍。这仅仅是不同计算方法的差别，如果与实际工程裂缝宽度比较，其差别更大了。根据作者的调查，某些工程理论计算与实际宽度之差可由数倍至数十倍之多。

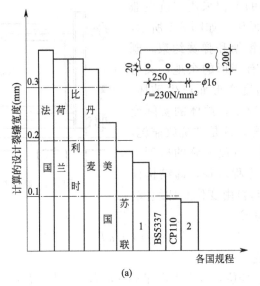

(a)

1—欧洲混凝土委员会典型规范;2—欧洲混凝土委员会1970年规范

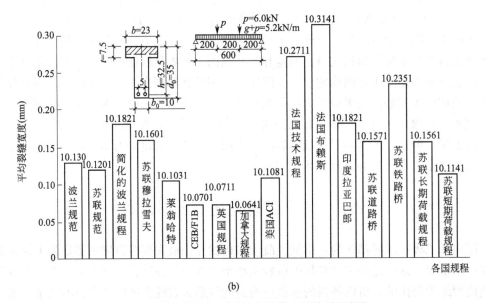

(b)

图 8-2 梁板结构按不同规范计算的设计裂缝宽度

实际工程验算与试验构件的验算不同,现有计算公式的保证率是很低的,误差很大,同时规范中有关裂缝宽度的规定又相当严格,最终目的都是为了保证钢筋不锈蚀。这样,裂缝宽度与锈蚀的关系问题是需要首先弄清的。

我们在实际工程裂缝的处理中发现,冶金系统许多老钢铁基地的一些设备基础、框架结构、特殊构筑物及构件等钢筋混凝土结构物带有较宽裂缝(0.5～1mm),但十余年来,未发现显著变化,锈蚀程度并不和时间呈线性关系,特殊环境中(高温、高湿、酸碱化学浸蚀)结构除外。

近年来国内外的科技界曾作过多次调查和现场试验,探索裂缝宽度和锈蚀的关系。许多现场暴露试验证明裂缝宽度与锈蚀没有直接关系。

现列举具有代表性的调查及试验结果如:

中建四局建科所等八单位调查了海口、广州、武汉、遵义、贵阳、常州、兰州、重庆、青岛等地区的带有裂缝的结构物的钢筋锈蚀问题,其锈蚀程度如表 8-1 及表 8-2。所调查的 48 项工程,均处于正常空气的室内环境和潮湿环境中,裂缝宽度为 0.13~9mm。明显可见的是,一批地处贵阳、武汉的室内工程,其裂缝宽度为 1mm、2mm、4~9mm 的结构中,裂缝宽度超过规范规定 30 倍之多,钢筋没有锈蚀。可见裂缝宽度与锈蚀没有直接关系。但是,调查结论却认为:一般室内结构,横向裂缝不会导致钢筋锈蚀,潮湿环境中的裂缝也只能引起局部锈蚀,锈蚀程度不大,只有在氯化物含量较高的环境中,纵向裂缝才引起较大的锈蚀,这时控制裂缝宽度应取 0.2mm。钢筋混凝土构件的纵向裂缝引起的锈蚀会使保护层剥落,影响耐久性,降低承载力,值得注意。然而,对裂缝宽度仍宜考虑环境及美观要求而加以控制。

从调查统计表中,没有看到裂缝宽度超过 0.2mm 的锈蚀影响承载力和正常使用的记载,这是最关键的问题。如果再分析一下日本铁道电化协会结构物委员会的现场试验报告就更加清楚了。

日本曾进行(目前尚在进行中)长达二十余年的钢筋混凝土试件裂缝宽度与锈蚀及冻融的现场置放试验。该试验开始于 1954 年 6 月~1974 年 3 月进行总结,中间进行过三次检查。试验目的是探索钢筋混凝土电缆支架结构物在产生裂缝后的耐久性问题,具体解决两个问题:

(1)钢筋混凝土产生裂缝后,在长期反复冻融作用下其裂缝扩展如何,为此,将试件自然置放于冬(−10~−18℃)、夏(16~36℃)的环境中进行了长期观测。

(2)裂缝宽度与钢筋锈蚀的关系,包括不同裂缝宽度的钢筋锈蚀深度、面积、钢筋锈蚀后的抗拉强度等。

现场试验研究相当细致,并采用一些比较科学的测量方法,所获得的初步结论很有参考价值。

钢筋混凝土试件首先用人工方法使其产生裂缝,宽度 0.05~0.4mm,其后将试件置放于露天环境,冬季常有雪覆盖,夏季承受日晒风吹雨淋,降水量平均 300mm/月。

检查时将有代表性的试件打开,检查钢筋锈蚀程度,如长度、面积等,并用柠檬酸铵等溶液溶解铁锈,测定锈蚀量,试验的主要结果列入表 8-3 及表 8-4。

从调查总结中可看出裂缝宽度没有扩展,混凝土的碳化也是轻微的。调查的结论认为:

(1)混凝土表面碳化约 0~1cm(与我国的某些调查是一致的);

(2)有 0.1mm 裂缝的钢筋混凝土,钢筋几乎不锈蚀;

(3)有 0.2mm 以上的裂缝,钢筋锈蚀有发展,但并不严重,如 $\phi6$ 钢筋的锈蚀深度 0.02~0.04mm,$\phi13$ 钢筋的锈蚀深度 0.03~0.1mm,截面削减率只有 1.3%~2.6%;

(4)横向锈蚀后钢筋抗拉试验证明,其极限承载力几乎不受影响;

(5)由离心成型的电缆支架预应力离心管结构,在干湿及冻融二十余年反复作用下,未发现内部钢筋锈蚀。

其他国家的研究也有类似的结论,我国许多工程裂缝实例也证实了上述调查结果。

既然作为规范规定的公式计算离散性很大,而且裂缝又不影响钢筋的承载力,那么在

通常室内钢筋混凝土构件裂缝及钢筋锈蚀调查结果　　表 8-1

调查地名	工程名称	构件名称	工程兴建日期	混凝土强度等级或配合比	保护层厚度(mm) 底面	侧面	裂缝 种类	裂缝 宽度(mm)	碳化深度(mm)	钢筋锈蚀	备注
海口市	海口大厦戏院大厅	整体现浇屋面大梁	1923年	1:2:4	40	40	横向裂缝	0.36 0.40 0.46	已达钢筋	无	另加80mm石灰水泥砂浆粉刷层
	海口大厦戏院大厅	看台大梁	1923年	1:2:4	20	20	横向裂缝	1.60	已达钢筋	无	另加40mm石灰水泥砂浆粉刷层
	秀英港办公楼	门厅梁	1960年	C15	35	35	横向裂缝	1.70	20	无	
	秀英港1号仓库	屋面大梁	1956年	C15	25	50	横向裂缝	0.35	已达钢筋	无	
	海南基建局试验室	屋面大梁	1964年	C15	25	35	横向裂缝	0.35	已达钢筋	无	
广州市	省纺织品仓库	屋面次梁 屋面大梁	1958年	C20	16 16	18 25	横向裂缝	0.40 0.35	已达钢筋	无	
	广州钢厂五金仓库	屋面次梁	1958年	C20		25	斜裂缝	0.50	已达钢筋	无	
	广州美专教学楼	走道板	1958年	C30	15		干缩裂缝	0.55	已达钢筋	无	
武汉市	武圣路仓库	屋面大梁	1920年	1:2:4	20	30	横向裂缝	1.00	已达钢筋	无	
	永宁巷三组102号仓库	楼层次梁 楼层大梁	1920年		40 30	61 61	横向裂缝 斜裂缝	9.00 4.00	已达钢筋	无	
	永宁巷三组201号仓库	楼层次梁 楼层主梁	1920年	1:2:4	25 35	40	横向裂缝	2.00 1.00	已达钢筋	无	
	永宁巷204号仓库	屋面主梁	1910年	1:2:4	35	50	横向裂缝	1.50	已达钢筋	无	
	省中药材5号仓库	屋面主梁	1920年	1:2:4	45	55	横向裂缝	1.37	已达钢筋	无	
遵义市	长征电路一厂仓库	组合屋架上弦	1965年	C30	30	20	横向裂缝	0.40	已达钢筋	无	
贵阳市	贵阳火车站贵宾室	主梁	1958年	C20	45	30	横向裂缝	1.20	已达钢筋	无	
	贵州水泥厂粉磨间	副跨主梁	1958年	C20	顶面 40	25	横向裂缝	2.00	15	无	
	惠水纸厂造纸车间	圈梁	1968年	C15	15	40	横向裂缝	1.31	已达钢筋	无	半室外
常州市	电力修造厂钢窗车间	薄腹梁	1959年	C30	55 20	50 40	横向裂缝	0.41 0.54 0.40	40 20 20	无	
	拖拉机厂工具车间	薄腹梁	1960年	C30	65	50	横向裂缝	0.35	15	无	
兰州市	长风机器厂1号车间	次梁	1958年	C20	40 35	30 60	横向裂缝	1.26 0.45	已达钢筋	无	
济南市	百货公司8号仓库	次梁	1926年	1:2:4	60 30 30	30 60 60	横向裂缝	1.80 0.70 0.35	已达钢筋	无	
	百货公司31号仓库	次梁	1926年	1:2:4	25 10	18 45	横向裂缝	0.36 0.27	已达钢筋	无 锈	
	百货公司1号仓库	次梁	1926年	1:2:4	40 35	50 56	横向裂缝	1.20 0.35	已达钢筋	锈 无	
	粮食局13号仓库	主梁	1926年	1:2:4	35 23	56 25	横向裂缝	3.00 1.50	已达钢筋	锈 锈	

表 8-2

潮湿环境钢筋混凝土构件裂缝及钢筋锈蚀调查结果

调查地名	工程名称	构件名称	工程兴建日期	暴露环境	混凝土强度等级或配比	保护层厚度(mm) 底面	保护层厚度(mm) 侧面	裂缝种类	裂缝宽度(mm)	有无氯化物	碳化深度(mm)	钢筋锈蚀	备注
海口市	汽车修配厂翻砂间	屋面大梁	1958年	室内	C17	15	70	横向裂缝	0.20		已达钢筋	无	
	文昌镇大桥	拱肋	1972年	室外		25	35	横向裂缝	0.50		已达钢筋	微锈	
	清澜港盐仓	主梁	1979年	室内	C10	40 / 25	40 / 25	横向裂缝	0.40 / 0.30 / 0.60 / 0.40	含盐量大	已达钢筋	无 / 锈	
常州市	锻造厂锻打车间	薄腹梁	1957年	室内	C30	20 / 10	45 / 45	横向裂缝	0.64 / 0.50	掺有氯盐	已达钢筋	φ38 钢筋锈蚀 后为 φ34 锈	构件上同时存在纵向裂缝
	锻造厂锻打车间	薄腹梁	1957年	室内	C30	55		斜裂缝	0.58	掺有氯盐	已达钢筋	锈	
重庆市	重庆大学炼钢车间	薄腹梁	1958年	室内	C30	40	35	横向裂缝	0.18		已达钢筋	无	
贵阳市	贵州铝厂一分厂溶除车间	联系梁	1958年	室内	C15	70	30	横向裂缝	0.39		已达钢筋	微锈	
	贵州铝厂一分厂蒸发车间	圈梁	1958年	室内	C15	30	40	横向裂缝	0.45		已达钢筋	主筋无锈 箍筋微锈	
	四局科研所试验构件	预应力三角架下弦	1968年	室外	C30	25	25	横向裂缝	0.64 / 0.44 / 0.23 / 0.13 / 0.13		已达钢筋	微锈	
	四局科研所厕所	单肋板	1967年	室内	C20	13	12	横向裂缝	0.50		已达钢筋	微锈	

续表

调查地名	工程名称	构件名称	工程兴建日期	暴露环境	混凝土强度等级或配合比	保护层厚度(mm) 底面	保护层厚度(mm) 侧面	实测结果 裂缝(mm) 种类	实测结果 裂缝(mm) 宽度	有无氯化物	碳化深度(mm)	钢筋锈蚀	备注
武汉市	滨江路仓库	屋面板	1916年	室内	1:2:4	20		干缩裂缝	2.41		已达钢筋	锈	
	市一医院住院部地下室	现浇板	1954年	室内	C20	20		干缩裂缝	1.00		已达钢筋	微锈	
广东台山县	台山糖厂压榨车间	梁	1965年	室外	C20	40 / 40	20 / 40	横向裂缝	0.60 / 0.40		已达钢筋	主筋无锈箍筋微锈	
兰州市	省建工局机修厂翻砂间	吊车梁屋架	1957年	室内	C20	21 / 40	10 / 17	横向裂缝	1.30 / 0.45 / 0.25 / 0.21		已达钢筋	裂缝处均锈微锈	
	省建工局机修厂翻砂间	门过梁	1957年	半室外	C20	25	20	横向裂缝	0.60 / 0.30		已达钢筋	裂缝处均锈	
	省建工预制厂	屋架	1958年	室外	C30	55 / 21 / 26 / 55	49 / 41 / 37 / 49	横向裂缝	0.35 / 0.74 / 0.84 / 0.25		已达钢筋 10	均微锈 无	
	省建工预制厂	走道过梁	1965年	室内	C20	8	40	横向裂缝	0.30		已达钢筋	微锈	
	省建工预制厂	大孔空心板	1956年	室外	C20	32 / 30	18 / 40	横向裂缝	0.17 / 0.17 / 0.15		已达钢筋	微锈 无	

续表

调查地名	工程名称	构件名称	工程兴建日期	暴露环境	混凝土强度等级或配比	保护层厚度(mm) 底面	侧面	实测结果 裂缝(mm) 种类	宽度	有无氯化物	碳化深度(mm)	钢筋锈蚀	备注
兰州市	长风机器厂铸造车间	桁架	1958年	室内	C20	32	25	横向裂缝	0.76 0.12		已达钢筋	锈	使用21年后放在室外
						40	38		0.35		14	箍筋微锈	使用21年后放在室外
	石化机器厂铸造车间	门过梁	1958年	室内	C15	18	18	横向裂缝	0.30		已达钢筋	无	
	石化机器厂铸造车间	吊车梁	1958年	室外	C20	20	25	横向裂缝	0.70		已达钢筋	锈	
	省建工局预制厂	油罐盖	1962年	室外	C20	20	15	横向裂缝	5.00		已达钢筋	φ5钢丝锈蚀后为φ3.5	
济南市	济南铆厂团球车间	次梁	1966年	半室外	C20	25	65	横向裂缝	0.45		已达钢筋	无	
青岛市	四方机车厂铸造车间	薄腹梁	1958年	室内	C20	52	35	横向裂缝	0.30 0.13		已达钢筋	锈	
						62	32				20	无	

钢筋锈蚀深度及强度试验结果 表 8-3

试件分类	试件号	目 测 * 锈蚀程度	裂缝宽度 （mm）	锈蚀深度 10^{-3}（mm）	一根的抗拉强度 T	钢筋直径 （mm）
根据锈蚀程度取出代表性的试件	A—1	aaa	0.1～0.2	42	1.85	φ6
	B—8		0.1～0.2	24	1.75	
	A—1	aa	0.1～0.2	15	1.97	
	A—1			8	1.97	
	A—4	a	0.05～0.1	11	1.83	
	A—4			6	1.92	
	A—4	b	0.05～0.1	6	2.35	
	A—4			2	1.93	
	B—7	c	0.1～0.15	2	1.84	
	B—8		0.1～0.2	2	1.79	
	D—15	aaa	0.15～0.25	102		φ13
	C—12		0.2～0.5	17		
	D—13	aa	0.1	22		
	C—12		0.2～0.5	25		
	C—9	a	0.05～0.3	25		
	D—16		0.1～0.2	28		
	C—11		—	34		
	C—10	b	0.1～0.35	34		
	D—14	c	0.05	2		
根据各试件中选出一根代表试件的试验	A—1	aa	0.10	24	1.70	φ6
	2	b	0.10	4	2.31	
	3	b	0.10	4	—	
	4	b	0.10	4	—	
	B—5	a	0.20	19	2.24	
	6	a	0.05	6	1.87	
	7	aa	0.15	22	1.90	
	8	c	0.10	2	1.85	
	C—9	a	0.20	25		φ13
	10	b	0.35	34		
	11	a	0.25	34		
	12	aa	0.35	25		
	D—13	aa	0.10	22		
	14	c	0.05	2		
	15	aaa	0.20	102		
	16	a	0.15	28		

* 锈蚀程度符号见表 8-4 的"注"。

注：1. 锈蚀平均深度是通过溶解锈的重量和锈蚀面积求得；

2. 锈蚀后钢筋的抗拉试验，有些断在锈蚀处，有些不在锈蚀处，断裂位置与锈蚀无关；

3. 钢筋的实测直径是：φ6—5.95～6.11mm，φ13—12.79～12.94mm。

钢筋锈蚀观测结果　　　　表 8-4

试件		主筋	保护层	裂缝宽度（mm）	锈蚀情况					
					表层筋			里侧筋		
					程度	根数	锈蚀周长（mm）	程度	根数	锈蚀周长（mm）
A	1	φ6 表层筋13根	13	0.1～0.2	a	1	1/3—65	b	1	全周—全长
					aa	9	1/3—94	a	4	全周—140
					aaa	3	1/3—32	aa	5	全周—170
								aaa	3	3/4—70
	2			—	—	—	—	—	—	—
	3			0.05～0.15	c	3	1/3—30	c	4	3/4—90
					b	5	全周—117	b	3	1/2—70
					a	3	1/2—32	a	4	全周—全长
	4			0.05～0.15	c	4	1/3—6	c	2	3/4—90
					b	6	1/3—17	b	6	1/2—70
					a	2	3/4—140	a	5	全周—全长
B	5	里侧筋13根	20	0.1～0.3	c	1	1/3—10	c	1	1/4—7
					b	7	1/3—32	b	1	1/3—40
					a	5	1/2—32	a	5	1/3—58
								aa	5	1/2—35
	6			0.05～0.1	b	1	全周—全长	b	1	全周—全长
					a	5	全周—全长	a	1	全周—全长
					aa	5	1/2—84	aa	9	1/3—50
					aaa	2	1/3—50	aaa	2	1/3—65
	7			0.1～0.15	a	3	全周—165	a	6	1/4—41
					aa	9	1/2—114	aa	1	1/4—110
					aaa	1	1/3—50	aaa	5	1/2—32
	8			0.1～0.2	c	7	1/4—28			
					b	4	1/3—30	c	2	1/3—105
					a	1	1/3—17	b	5	1/3—68
					aaa	1	全周—全长	a	5	1/3—46
C	9	φ13 6根	25	0.05～0.3	b	1	1/3—10			
					a	2	1/3—21			
					aa	1	1/3—45			
					aaa	1	1/2—110			
	10			0.1～0.35	c	1	1/5—30			
					b	2	1/3—16			
					aa	1	2/3—90			
					aaa	1	2/3—80			

续表

试件		主筋	保护层	裂缝宽度 (mm)	锈蚀情况					
					表层筋			里侧筋		
					程度	根数	锈蚀周长 (mm)	程度	根数	锈蚀周长 (mm)
C	11		25	0.1~0.25	c	1	1/3—20			
					b	1	1/5—15			
					a	2	1/3—16			
					aaa	1	3/4—100			
	12			0.2~0.5	aa	4	1/3—31			
		ϕ13 6根			aaa	2	1/2—55			
D	13		20	0.1	a	2	1/3—30			
					aa	4	1/2—31			
	14			0.05	c	1	1/4—20			
	15			0.15~0.25	a	1	1/2—30			
					aa	1	1/4—60			
					aaa	4	3/4—63			
	16			0.1~0.2	a	4	1/4—30			
					aa	2	1/2—68			

注：1. 取有代表性的 1 根试件；

2. 裂缝侧钢筋锈蚀与模型面相接触；

3. 锈蚀程度：a 裂缝浸水后有红色水印，用手指擦不掉；aa 比 a 锈蚀重一些，aaa 比 aa 锈蚀还重一些；b 轻微锈蚀，c 极轻微锈蚀；

4. 具有相同程度锈蚀的钢筋试件，取 1 根代表平均值。

工程设计、现场施工、结构维护及质量评定中，如果为裂缝的严格控制，即便是相差 0.05mm 宽也争论不休，或者靠大量提高配筋率来满足规定的作法是否必要呢。

考虑上述事实，作者的建议是：

1）各种预制构件，如简支梁、板构件、静定结构体系、单层排架等，凡接近于试验室荷载试验条件的，其主要由荷载引起的裂缝，仍可按现行规范中所提供的公式，从钢筋允许应力角度，控制裂缝允许宽度，而不必从钢筋锈蚀角度控制裂缝的允许宽度（特殊化学腐蚀环境及沿钢筋腐蚀纵向裂缝除外）。

2）各种超静定结构系统，如框架、空间结构、箱体结构及其他组合结构，其主要由荷载引起的裂缝，视其部位及危害程度，据作者处理裂缝的经验，控制最大允许宽度 0.4~0.5mm，称为"荷载裂缝控制"。

3）各种结构物中主要由于变形引起的裂缝，只需根据防水、防渗、防气、防辐射、美观及使用要求加以控制，且不必在规范中明确规定，而可由用户提出要求，留给设计者和施工人员自己解决，称为"变形裂缝控制"。一般只需封闭裂缝即可解决问题，表面裂缝宽度不必限制。

4）工程建设施工期间出现"变形裂缝"时，允许修补以满足使用要求，一般不应作为工程质量事故对待。

5）提高控制裂缝的技术水平，改进工程质量，进行有关材料、施工、设计等方面的综合性研究。现有的一些裂缝计算方法，从目前条件看，以暂作为设计施工参考资料而不作为严格规定列入规范较为合适。当然作为规范的附件供设计时参考也是可以的。这样做，可以减少建设中有关裂缝问题的许多不必要的矛盾。

在裂缝控制技术很不完善的条件下，裂缝宽度的严格限制是没有意义的。允许裂缝的宽度越小，控制的难度越大，须付出的代价也就越高。另外，对于高腐蚀、高湿度（包括干湿交替）环境中的结构，出现沿钢筋纵向裂缝，如化工结构，腐蚀对承载力会产生严重破坏，则宜采取专门措施控制裂缝。

8.4 混凝土配合比及其材料

当大体积混凝土的强度等级为 C20 以上时，经设计单位同意，可利用混凝土 60d 的后期强度作为混凝土强度评定、工程交工验收及混凝土配合比设计的依据。

为在大体积混凝土工程施工中降低混凝土浇筑块体因水泥水化热引起的温升，达到降低温度应力水平和保温养护费用的目的，考虑到建设周期长的特点，在保证基础有足够强度满足使用要求的前提下，可以利用混凝土 60d 或 90d 的后期强度，这样可以减少混凝土中的水泥用量，以降低混凝土浇筑块体的温升。如宝山钢铁（集团）公司 1、2 号高炉基础、武汉钢铁公司 3 号高炉基础等大体积混凝土施工中均利用了 R60 的混凝土后期强度作为混凝土配合比以及工程验收的依据，并取得良好的效果。后期强度已在国际上通用，同时，为保证结构混凝土的强度满足使用要求，这种后期强度的利用应经设计单位同意。

大体积混凝土配合比的选择，在保证基础工程设计所规定强度、耐久性等要求和满足施工工艺要求的工艺特性的前提下，应符合合理使用材料、减少水泥用量和降低混凝土的绝热温升的原则。

大体积混凝土工程温控施工的核心是从大体积混凝土施工的各个环节控制混凝土浇筑块体内部温度及其变化，以达到控制混凝土浇筑块体温度裂缝的目的。大体积混凝土配合比选择时应考虑的是施工用混凝土配合比在满足设计要求及施工工艺要求的前提下，应尽量减少水泥用量，以降低混凝土的绝热温升，这样就可以使混凝土浇筑后的里外温差和降温速度控制的难度降低，也可以降低养护的费用。用降低水泥量的方法来降低混凝土的绝热温升值，这是大体积混凝土配合比选择时具有特殊性的问题。

大体积混凝土配合比的确定应符合下列规定：

1）混凝土配合比应通过计算和试配确定，对泵送混凝土尚应进行试泵送。

2）混凝土配合比设计方法应按现行的《普通混凝土配合比设计规程》JGJ 55—2011 执行。

3）混凝土的强度应符合国家现行的《混凝土强度检验评定标准》GB 50107—2010 的有关规定。

4）在确定混凝土配合比时，尚应根据混凝土的绝热温升值、温度及裂缝控制的要求，提出必要的砂、石料和拌合用水的降温以及入模温度控制的技术措施。

配制大体积混凝土所用水泥的选择及其质量应符合下列规定：

1）配制混凝土所用的水泥，应符合现行的国家标准。

2）应优先采用水化热低的矿渣水泥配制大体积混凝土，当混凝土的强度等级为 C20 或 C20 以上时，宜采用 32.5 级的矿渣硅酸盐水泥；也可用 42.5 级水泥，但注意用量。

3）对大体积混凝土所用的水泥，应进行水化热测定，水泥水化热的测定按现行国家标准进行，配制混凝土所用水泥 7d 的水化热宜不大于 250kJ/kg。

大体积混凝土所用骨料的选择与质量应符合下列规定：

1）粗骨料种类应按基础设计的要求确定，其质量除应符合现行标准的规定外，其含泥量应不大于 1.5%。

采用高炉重矿渣碎石作为粗骨料时，其质量应符合现行标准的规定，且含粉尘（粒径小于 0.08mm）量应不大于 1.5%。

2）细骨料宜采用天然砂，其质量应符合现行标准的规定。也可采用本条一款所用岩石破碎筛分后的产品，其质量与有害物质含量应符合现行标准的有关规定。

混凝土中掺用的外加剂及混合料应符合下列规定：

1）在混凝土中掺用的外加剂及混合料的品种和掺量，应通过试验确定。

2）所用外加剂的质量应符合现行标准的要求。

3）当混凝土中掺入粉煤灰时，其质量和应用应符合现行国家标准的规定。

当使用其他材料作为混合料时，其质量和使用方法应符合有关标准的要求。

特别注意外加剂对收缩的影响，任何新外加剂、不经工程试点取得成熟资料，不应大面积推广。

8.5 混凝土的浇筑与养护

混凝土的浇筑方法可采用分层连续浇筑或推移式连续浇筑（如图 8-3 所示，图中的数字为浇筑先后次序），不得随意留施工缝，并符合下列规定：

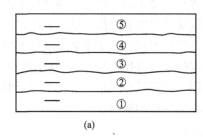 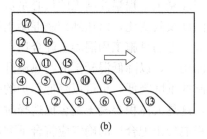

(a)　　　　　　　　　　　(b)

图 8-3　混凝土浇筑方法
(a) 分层连续浇筑；(b) 推移式浇筑

1）混凝土的摊铺厚度应根据所用振捣器的作用深度及混凝土的和易性确定。当采用泵送混凝土时，混凝土的摊铺厚度宜不大于 600mm；当采用非泵送混凝土时，混凝土的摊铺厚度宜不大于 400mm。

2）分层连续浇筑或推移式连续浇筑，其层间的间隔时间应尽量缩短，必须在前层混凝土初凝之前，将其次层混凝土浇筑完毕。层间最长的时间间隔应不大于混凝土的初凝时间。混凝土的初凝时间应通过试验确定。当层间间隔时间超过混凝土的初凝时间时，层面应按施工缝处理。

对于工程量较大、浇筑面积也大、一次连续浇筑层厚度不大（一般不超过 3m）且浇筑能力不足时的混凝土工程，宜采用推移式连续浇筑法。分层连续浇筑法是目前大体积混凝土施工中普遍采用的方法。分层连续浇筑一是便于振捣，易保证混凝土的浇筑质量；二是可利用混凝土层面散热，对降低大体积混凝土浇筑块的温升有利。另外，对分层浇筑的层面间隔时间作了规定，防止因间隔时间过长产生"冷缝"。层间的间隔时间是以混凝土的初凝时间为准的。关于混凝土的初凝时间，在国际上是以贯入阻力法测定，以贯入阻力值为 3.5MPa 时为混凝土的初凝，所以应经试验确定。当由于意外情况层面间隔时间超过混凝土初凝时间时，应按施工缝处理。

大体积混凝土施工采取分层浇筑混凝土时，水平施工缝的处理应符合下列规定：

1）清除浇筑表面的浮浆、软弱混凝土层及松动的石子，并均匀的露出粗骨料。

2）在上层混凝土浇筑前，应用压力水冲洗混凝土表面的污物，充分湿润，但不得有积水。

3）对非泵送及低流动度混凝土，在浇筑上层混凝土时，应采取接浆措施。

混凝土的拌制、运输必须满足连续浇筑施工以及尽量降低混凝土出罐温度等方面的要求，并应符合下列规定：

1）当炎热季节浇筑大体积混凝土时，混凝土搅拌场、站宜对砂、石骨料采取遮阳、降温措施。

2）当采用自备搅拌站时，搅拌站应尽量靠近混凝土浇筑地点，以缩短水平运输距离。

3）当采用泵送混凝土施工时，混凝土的运输宜采用混凝土搅拌运输车。混凝土搅拌运输车的数量应满足混凝土连续浇筑的要求。

在混凝土浇筑过程中，应及时清除混凝土表面的泌水。在大体积混凝土浇筑过程中，由于混凝土表面泌水现象普遍存在，为保证混凝土的浇筑质量，要及时清除混凝土表面泌水的清除工作，因为泵送混凝土的水灰比一般比较大，泌水现象也比较严重。不及时清除，将会降低结构混凝土的质量。

在每次混凝土浇筑完毕后，应及时按温控技术措施的要求进行保温养护，并应符合下列规定：

1）保温养护措施，应使混凝土浇筑块体的里外温差及降温速度满足温控指标的要求。

2）保温养护的持续时间，应根据温度应力（包括混凝土收缩产生的应力）加以控制、确定，但不得少于 15d。保温覆盖层的拆除应分层逐步进行。

3）保温养护过程中，应保持混凝土表面的湿润。保温养护是大体积混凝土施工的关键环节。保温养护的目的主要是降低大体积混凝土浇筑块体的里外温差值以降低温凝土块体的自约束应力，其次是降低大体积混凝土浇筑块体的降温速度，充分利用混凝土的抗拉强度，以提高混凝土块体承受外约束应力时的抗裂能力，达到防止或控制温度裂缝的目的。同时，在养护过程保持良好湿度和防风条件，使混凝土在良好的环境下养护，施工人员应根据事先确定的温控指标的要求，来确定大体积混凝土浇筑后的养护措施。

塑料薄膜、草袋可作为保温材料覆盖混凝土和模板，在寒冷季节可搭设挡风保温棚，覆盖层的厚度应根据温控指标的要求计算。具有保温性能良好的材料可以用于混凝土的保温养护中。在大体积混凝土施工时，可因地制宜地采用保温性能好而又便宜的材料用作大体积混凝土的保温养护中，以上列举了施工中常用的而且又比较便宜的材料。

关于保温养护的计算，一般是根据固体的放热系数，保温材料的热阻参数，把保温层厚度虚拟成混凝土的厚度进行计算，以下给出了虚拟厚度的计算方法，可供参照使用。混凝土浇筑后 4～6h 内可能在表面上出现塑性裂缝，可采取二次压光或二次浇灌层处理。

混凝土浇筑块体表面保温层的计算方法：

1) 多种材料组成的保温层总热阻（考虑最外层保温层与空气间的热阻）可按式(8-6)计算：

$$R_s = \sum_{i=1}^{n} \frac{h_i}{\lambda_i} + \frac{1}{\beta'_u} \tag{8-6}$$

式中 R_s——保温层总热阻（$m^2 \cdot h \cdot ℃/kJ$）；

h_i——第 i 层保温材料厚度（m）；

λ_i——第 i 层保温材料的导热系数 $[kJ/(m \cdot h \cdot ℃)]$；

β'_u——固体在空气中的放热系数 $[kJ/(m^2 \cdot h \cdot ℃)]$，可按表 8-5 取值。

固体在空气中的放热系数   表 8-5

风 速 (m/s)	$\beta'_u[kJ/(m^2 \cdot h \cdot ℃)]$		风 速 (m/s)	$\beta'_u[kJ/(m^2 \cdot h \cdot ℃)]$	
	光滑表面	粗糙表面		光滑表面	粗糙表面
0	18.4422	21.0350	5.0	90.0360	96.6019
0.5	28.6460	31.3224	6.0	103.1257	110.8622
1.0	35.7134	39.5989	7.0	115.9223	124.7461
2.0	49.3464	52.9429	8.0	128.4261	138.2954
3.0	63.0212	67.4959	9.0	140.5955	151.5521
4.0	76.6124	82.1325	10.0	152.5139	164.9341

2) 混凝土表面向保温介质放热的总放热系数（不考虑保温层的热容量），可按式(8-7)计算：

$$\beta_s = 1/R_s \tag{8-7}$$

式中 β_s——总放热系数 $[kJ/(m^2 \cdot h \cdot ℃)]$；

R_s——意义同前。

3) 保温层相当于混凝土的虚厚度，可按式(8-8)计算：

$$\delta = \lambda/\beta_s \tag{8-8}$$

式中 δ——虚的混凝土厚度（m）；

β_s——总放热系数 $[kJ/(m^2 \cdot h \cdot ℃)]$；

λ——混凝土的导热系数 $[kJ/(m \cdot h \cdot ℃)]$。

按保温层相当于混凝土的虚厚度，进行大体积混凝土浇筑块体温度场及温度应力计算，验证保温层厚度是否满足温控指标的要求。

在大体积混凝土保温养护过程中，应对混凝土浇筑块体的里外温差和降温速度进行监测，现场实测在高炉大体积混凝土施工中是一重要环节，根据现场实测结果可随时掌握与温控施工控制数据有关的数据（里外温差、最高温升及降温速度等），可根据这些实测结果调整保温养护措施以满足温控指标的要求。在大体积混凝土养护过程中，不得采用强制、不均匀的降温措施。否则，易使大体积混凝土产生裂缝。

大体积混凝土施工时，主要采用两种模板，即钢模和木模。当采用钢模时，根据保温养护的需要，钢模外也应采取保温措施。而采用木模时，都把木模作为保温材料考虑，无论钢模、木模在模板拆除后，都应根据大体积混凝土浇筑块体内部实际的温度场情况，按温控指标的要求采取必要的保温措施。

对标高位于±0.000以下的部位，应及时回填土；±0.000以上部位应及时加以覆盖，不宜长期暴露在风吹日晒的环境中。

在大体积混凝土拆模后，应采取预防寒潮袭击、突然降温和剧烈干燥等措施。

当采用木模板，而且木模板又作为保温养护措施的一部分时，木模板的拆除时间应根据保温养护的要求确定。

8.6 温控施工的现场监测与试验

大体积混凝土的温控施工中，除应进行水泥水化热的测试外，在混凝土浇筑过程中还应进行混凝土浇筑温度的监测，在养护过程中还应进行混凝土浇筑块体升降温、里外温差、降温速度及环境温度等监测，其监测的规模可根据所施工工程的重要程度和施工经验确定，测温的办法可以采用先进的测温方法，如有经验也可采用简易测温方法。这些试验与监测工作会给施工组织者及时提供信息反映大体积混凝土浇筑块体内温度变化的实际情况及所采取的施工技术措施效果，为施工组织者在施工过程中及时准确采取温控对策提供科学依据。根据宝山钢铁（集团）公司、重庆钢铁公司、武汉钢铁公司、太原钢铁公司等新建高炉基础以及大量高层建筑地下室和特殊构筑物等大体积混凝土施工经验证明：在进行了温度应力分析的基础上，在大体积混凝土施工过程中，加强现场监测与试验，是控温、防裂的重要技术措施，也都取得了良好的效果，实现了情报化施工。

混凝土的浇筑温度系指混凝土振捣后，位于混凝土上表面以下50～100mm深处的温度。混凝土浇筑温度的测试每工作班（8h）应不少于2次。

大体积混凝土浇筑块体里外温差、降温速度及环境温度的测试，每昼夜应不少于2次。大体积混凝土浇筑块体温度监测点的布置，以真实地反映出混凝土块体的里外温差、降温速度及环境温度为原则，一般可按下列方式布置：

1) 温度监测点的布置范围以所选混凝土浇筑块体平面图对称轴线的半条轴线为测温区（对长方体可取较短的对称轴线），在测温区内温度测点呈平面布置。

2) 在测温区内，温度监测的位置与数量可根据混凝土浇筑块体内温度场的分布情况及温控的要求确定。

3) 在基础平面半条对称轴线上，温度监测点的点位宜不少于4处。

4) 沿混凝土浇筑块体厚度方向，每一点位的测点数量，宜不少于5点。

5) 保温养护效果及环境温度监测点数量应根据具体需要确定。

6) 混凝土浇筑块体的外表温度，应以混凝土外表以内50mm处的温度为准。

7) 混凝土浇筑块体底表面的温度，应以混凝土浇筑块体底表面以上50mm处的温度为准。

测温元件的选择应符合下列规定：

1) 测温元件的测温误差应不大于0.3℃。

2）测温元件安装前，必须经过浸水 24h 后，按本条一款的要求进行筛选。

监测仪表的选择应符合下列规定：

1）温度记录的误差应不大于±1℃。

2）测温仪表的性能和质量应保证施工阶段测试的要求。

测温元件的安装及保护应符合下列规定：

1）测温元件安装位置应准确，固定牢固，并与结构钢筋及固定架金属体绝热。

2）测温元件的引出线应集中布置，并加以保护。

3）混凝土浇筑过程中，下料时不得直接冲击测温元件及其引出线；振捣时，振捣器不得触及测温元件及其引出线。

测温元件及测温仪表的选择主要是保证测温元件与二次仪表有足够的精度和可靠性以满足温控施工的需要。根据以往的施工实践经验，二次仪表的温度记录的误差不大于±1℃，测温元件的测温误差不大于0.3℃，是能够满足大体积混凝土温控施工过程中温度监测的需要的，测温元件和二次仪表的精度要求过高会增加测温的费用，在施工现场也难以做到，故在测温元件和二次仪表的选择时，对其精度的要求不宜过高。

但是在测温元件的筛选及测温元件的安装应严格按条文的规定执行，否则将会引起测试误差过大或元件失效而无法取得所需要的数据。另外，在混凝土浇筑过程中，要注意保护测温元件及其引线，振捣器不得触及测温元件及其引线，避免测温元件失效。

9 钢筋混凝土预制构件的裂缝

钢筋混凝土预制构件的类型较多，但无论哪种类型，裂缝现象都相当普遍。由于裂缝对构件的抗渗、钢筋防锈、混凝土的防碳化（防中性化）等都有不利的影响，故应尽力加以控制。

构件在制作和施工过程中出现的裂缝称为"早期裂缝"；在车间投产使用过程中出现的裂缝，称为"后期裂缝"。以下对几种主要构件的典型裂缝做些介绍和初步分析。

9.1 预应力大型屋面板

混凝土屋盖结构，大致可分为肋板结构和平板结构两种。其他还有少量的曲面壳板结构。

由纵横肋组成封闭框，在框上整体连接盖板的结构称为肋板结构。常见的预应力大型屋面板就是其中的一种。预应力大型屋面板由于具有制造简单、施工方便、使用可靠、经济合理、适应机械化制作施工等特点，在工业建筑中，特别是在大、中型工业建筑中应用很广，实践证明，它是一种良好的屋盖结构。

为了预防屋面渗漏，根据使用经验，自防水大型板裂缝控制宽度为 0.1mm；有防水层或防水涂层的大型板裂缝控制宽度为 0.2～0.3mm。超过上述宽度应进行裂缝处理。

当屋面板处在不稳定温度场（常经受高温冲击）、干湿交替、有侵蚀介质以及承受激烈动荷反复作用条件下，裂缝会随时间的增加而扩展，还会产生表面网状裂纹、表面酥松剥落、较快较深的钢筋锈蚀及混凝土碳化和逐渐增加挠度等。这时，宜采取防护或加固措施。

钢筋在大气中的锈蚀速度一般每年 0.02～0.04mm，在干燥地区为 0.005～0.007mm。锈蚀速度先快后慢并趋稳定，一般在头一年内较快，至第三年便趋于稳定。在无侵蚀介质的水或土中锈蚀很慢，一般每年 0.002～0.003mm。混凝土本身具有碱性，对钢筋的锈蚀有防护作用。由于混凝土裂缝的扩展加快了中性化（碳化效应）的进程，从而降低了混凝土对钢筋锈蚀的防护作用。但是，现场调查中，没有发现裂缝宽度与加深锈蚀程度的直接关系，因此，裂缝宽度的控制标准应根据构件周围介质的侵蚀程度和使用条件而放宽。

1. 早期裂缝

大型预制板的早期裂缝包括横向、纵向、端头缝、八字缝及斜裂缝等。常见的是横向裂缝，见图 9-1(a)、(b)、(e)、(f)。这种裂缝一般垂直于纵肋，位于板面中部或靠近中部，其数量一般为 1～3 条，个别情况 4～5 条。裂缝平行于横肋并紧挨横肋，裂缝多数位于表面，少数贯穿全厚度。裂缝长度 400～600mm，个别可达 2m 以上。预制板的平面尺寸规格有 1.5m×6.0m、3.0m×6.0m、3.0m×9.0m、1.5m×12.0m、3.0m×12.0m 等几种。板面尺寸越大，出现裂缝的概率也越大，板上的裂缝一般与较长边垂直。当双向约束程度相同（双向尺寸相同）时，裂缝可能呈任意方向的龟裂，亦可沿对角线方向出现，见图 9-1(c)、(d)。例如，在大肋上的预应力钢筋放张后，可能引起主拉应力斜裂缝，见图 9-1(g)。

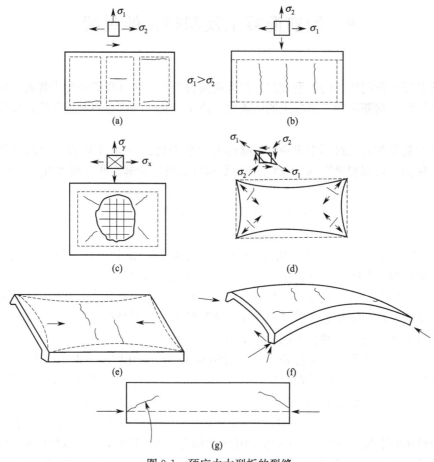

图 9-1 预应力大型板的裂缝

这种裂缝主要是由板与肋的不均匀收缩引起。我们曾在前面介绍过收缩与构件尺寸的关系，指出较薄构件具有较大（较快）的收缩，较厚的肋具有较小的收缩，能定量反映这种关系的是水力半径的倒数（见 2.3 节）。

如以 3.0m×9.0m 板为例，板的水力半径倒数 r（板），当板厚为 3cm，肋为 40cm×15cm 时，则：

$$r(板) = \frac{周边长}{截面面积} = \frac{2 \times 300 + 2 \times 3}{3 \times 300} = 0.67$$

$$r(肋) = \frac{2 \times 40 + 2 \times 15}{40 \times 15} = 0.18$$

由表 2-3 可看出，板面的收缩比边肋大 40%～43%。

具有较大收缩的板受到纵肋的约束，板内产生拉应力。沿纵向（即尺寸较大方向）拉应力较大，产生的裂缝与最大应力垂直，且多呈横向。由于收缩沿板面不均匀，外表面（上表面）收缩大，里表面收缩小，故表面性裂缝多于贯穿性裂缝。

当肋的刚度较大时，板面收缩既受到大肋约束，又受小肋约束，在一个封闭框

（1.5m×3.0m）内双向受拉。有些板除横向裂缝外还会产生纵向裂缝，裂缝常出现在变截面的肋板交界处，这里还有应力集中现象。当纵肋刚度不足，混凝土的弹性模量较低，抗拉强度不足，预应力值过高时，板面的预拉应力（呈反拱状态，反拱的拱度达 2～3cm 以上），也是促成横向裂缝的因素。

由于小肋配筋很少，且下窄上厚，窄处收缩大，厚处收缩小，常因沿高度不均匀收缩会引起均布的垂直裂缝，特别是无包头梁（大型板端无横肋的非标准板）更为明显。

在许多地区发现，裂缝与环境温度变化有直接关系。温度变化包括气温变化和蒸养升降温差。大量观测说明，预制构件的裂缝与降温速度有关。无论是在露天堆放或是养护阶段，都应尽量避免激烈的降温作用。否则，板面冷缩快于肋梁，将由此产生拉应力而导致开裂。

习惯上常采用的升降温制度如图 9-2 中 1 线所示，升温和降温段都需延续 2～3h 左右。但实际上，降温很快。养生窑急速揭盖引起剧烈降温，特别是在冬季，养生窑处于露天条件下，激烈降温立即引起裂缝，而且是脆性断裂，甚至可听到脆裂引起轻微的"咔咔"声。由于降温速度很快，混凝土徐变性质得不到发挥，没有应力松弛效应，呈弹性脆裂，伴随着声发射。不良的降温见图 9-2 中 2 线。

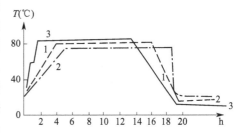

图 9-2 预制构件蒸养的各种升降温制度
1——般升降温制度；2—不良升降温制度；
3—最佳升降温制度

根据这一观点，按图 9-2 中曲线 3，适当地加快升温速度，保持恒温时间不变，然后延长降温时间，即减缓降温速度，这样为好。升温可分两段，中间有一台阶缓冲一下，避免"表面起皮"。就板的整体说来，快速升温引起板内压应力是无关紧要的，而慢速降温却会大量减少板内拉应力（注意到降温时混凝土弹性模量比升温时高得多），从而有效地减少了裂缝。

由于干缩与降温性质相同，所以缓慢降温的同时还必须延长潮湿养护时间，至少也要使混凝土内水分不致急剧蒸发从而引起激烈收缩。这个问题在干燥地区尤为突出。

大型板的端头裂缝包括横肋的上端头裂缝和纵肋上的端头斜裂缝（正八字缝）。横肋端头缝是由于切断预应力钢筋后，胎模对板及肋变形的阻力即"卡模"作用和纵肋变形受横肋的约束引起的端头剪力裂缝。这类裂缝可通过改缓端头胎模角度，采用木和橡皮弹性垫块，涂上减少摩擦的涂料，增配钢筋网片，加强构造（变断面）等措施加以控制。

纵肋端头斜裂缝是放张预应力筋后，由最大剪力区内主拉应力引起的，见图 9-3。

这类裂缝可通过增配网片或螺旋筋，分散端头的集中剪力，分散配置预应力钢筋，提高肋部混凝土密实度，加大肋部断面等措施加以控制。

控制大型板的早期裂缝主要是控制板面裂缝。在制作方法方面，二次压光或三次压光的作法，会大大改善板面质量，但这一方法在重叠生产条件下不易实现。

对其他类型裂缝的控制措施还有：

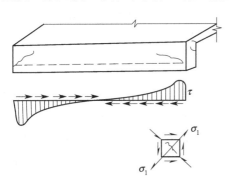

图 9-3 放张裂缝

1) 控制横向裂缝的具体措施

(1) 在板面加预应力钢筋，或将部分非预应力纵向筋改为预应力筋（每块板加 5～10 根 ϕ^b3）。由于在板面增加预应力筋等于在肋端上增加了一个反弯矩 M'，可使大肋预应力筋对板面产生的 M 减少，从而使板的曲率减少，反拱减小，提高了板面的抗裂度。

(2) 在保证抗裂度要求的条件下，把部分板的张拉控制应力适当降低 5%～10%，同时加强操作管理，尽量不使超张拉，以减小板面的反拱和对肋端局部挤压应力。在板的选型上，有时主肋高度偏小（如仅 24cm），刚度较差也是造成反拱较大的原因之一。另外，对板的计算除考虑跨中的挠度和抗裂度外，还应对生产中的端横肋受剪配筋进行适当加强。根据实践，设计上主肋不宜过小，端横肋不宜过高。

屋面板肋预应力筋设计控制应力均较高，这是造成板面裂缝的原因之一。根据试验，即使有严重裂缝的板，大肋荷载抗裂度也在 2.2 以上，比设计要求的 1.15 要大。应进一步考虑板的空间刚度，适当选择控制张拉值，这对减少放张出现的裂缝有很重要的意义。

(3) 施工中要严格控制砂石含泥量及石子粒度，加强振捣，提高密实度和抗拉强度。

(4) 将预应力筋放张强度由 70% 提高到 85% 以上，以提高板放张时的刚度。

(5) 加强养护、遮盖。收缩裂缝大多沿板面出现，裂缝较短且不规则。产生原因有：混凝土水灰比偏大；水泥用量（496kg/m³）过大；养护不好，板受风吹日晒，水分蒸发过快。

应把水灰比严格地控制在 0.5 以下，坍落度不大于 3cm，把水泥用量降低到 450kg/m³ 以下，以减少干缩影响，脱模后继续护盖浇水，养护不少于 14 昼夜。

2) 控制肋端、肋角裂缝措施

出现在板的肋端、肋角及大肋与端横肋交界处的裂缝宽度一般在 0.05～0.15mm，长度 50～100mm，有的仅出现在端横肋的内表面。这类裂缝在放张后半小时出现，有的裂缝在堆放期间还会有一定发展。

肋端与大肋交界处产生裂缝，主要是由于大肋预应力筋放张后，肋端受压缩变形，而底模端横肋、小肋限制其变形，造成板角受拉，横肋端部受剪，而该处断面较小，又仅有一根 $\phi10$ 钢筋，抵抗不住预应力放张产生的拉应力与剪应力所致。

肋端、肋角产生裂缝的原因是：气焊割、切放张钢筋时，混凝土局部过热；肋端钢筋铁件较多，混凝土捣固不密实，强度较低；放张后肋端局部受挤压，应力集中。

所以，应修改大板端头预埋件，使铁件中有一 45°方向的钢筋伸入端肋，增加端横肋与大肋交界处的抗剪强度。在大板端部增加钢筋网片。在板四角各增加两根 $\phi10$、$L = 1000mm$ 的钢筋。对混凝土底模加筋，加在紧贴端头的外模板处；对钢模加元宝筋，加在贴靠钢底模的四角转角处，以增强抗剪能力，克服"卡模"造成的裂缝。

3) 控制板角裂缝的措施

出现在板角的裂缝，一般在距板端 40～50cm 处，与端面成 45°角，裂缝宽一般不大于 0.1mm。这类裂缝脱模时常不出现，多在堆放 2～3 个月后发现，用钢模或混凝土底模生产的各种型号的板，或各层堆放位置不同（有的支承距板端 1m，有的 0.15m）的板，这类裂缝较为普遍，约占整个裂缝板数的 50% 左右，分析原因主要有：预应力放张后，大肋承受较大的压应力，端横肋变形被阻受拉，对板角形成一合力，使板面反拱如一曲率极平的双曲扁壳，在板面四周 45°方向产生较大的拉应力。堆放期间，由于混凝土的干缩和徐变应力的叠加影响，结果在板角拉力大而断面薄弱的部位出现裂缝。其次是混凝土收缩徐变的影响。检查测定表明，大板堆放三个月左右，反拱比刚脱模时大一倍。这样会使板的拉应力增加而产生裂缝。

控制这种裂缝的主要措施有：

（1）在板面四角横向增加四根ϕ^b4、$L=1000mm$ 的钢筋，以增强板面抗拉能力；

（2）板面预应力筋由 $5\phi^b3$ 改为 $10\phi^b3$；

（3）降低用水量以减少混凝土的收缩和徐变影响；

（4）提高大板预应力放张时的混凝土强度；

（5）堆放构件的支承点由距离板端 500mm 改为 300mm，以增大跨度，减少板面徐变反拱。

出现在吊环附近的裂缝宽度一般在 0.1mm 左右，长度 200～300mm，多在脱模时出现。裂缝的主要原因是粘模，在脱模时起吊用力过大或受力不均，将板吊环处拉裂所致。所以还应注意以下几点：

（1）底模仔细均匀刷油；

（2）把大板底模各转角处的坡度改平缓，以便于脱模；

（3）吊环位置原距板端 1000mm，为防止端部卡模，应改为 500mm；

（4）控制大板运输及吊装不当引起的裂缝。

预应力大板一般在预制厂生产，现场运距达几千米至几十千米。运输吊装中如何防止损坏，不使其出现裂缝，是施工中很重要的一个环节。在主要依靠汽车拖车运输的条件下，只要装运当心，也还是能保持不坏的。如 3m×9m 的大板采用拖车运输，3m×6m 的大板用 10t 汽车或 12t 汽车运输，车厢都不够长，应采用接长的办法使悬臂减少，并加上架子。若 10t 车每车运三块，12t 车每车运四块，并借链式起重机将板固定在车厢上，即使运输中道路十分不平，开裂损坏的也极少。

此外，生产的大板还曾出现过三超（超长、超宽、超厚）现象，结果板普遍超重，不仅增加了屋架负荷，而且给大板安装带来一定困难，相邻板面高差不少于设计要求的 5mm，加上屋面板反拱大小不一，屋架上埋设铁件位置不正确，柱头高低差偏大等因素，使大板吊装不平整，达不到设计的平整度，致使吊装后的大板产生显著的次应力，常常导致开裂。板超重问题可通过修整底模，严格控制模板尺寸，以准确地达到浇灌厚度标准。

对已裂缝的屋面板，有的尚未吊装，有的已吊装完毕，在保证生产使用安全的前提下，我们与有关部门多次进行讨论研究，并对较严重的裂缝板作了荷载试验，然后根据板的裂缝情况和使用部位的不同，采取以下处理措施。

1）肋端裂缝处理

根据裂缝板荷载试验，板加荷到设计荷载的 230%，肋端裂缝无扩大现象。但肋端裂缝的持久强度如何，尚难估计。因此规定裂缝宽度超过 0.15mm 不得使用到主要跨间，裂缝宽度在 0.15mm 以内的应用环氧树脂进行表面封闭处理后再吊装。对于肋端板面裂缝集中部位，可在板缝中加钢筋网片，进行加固处理。

2）板面裂缝处理

荷载试验表面，加荷后板面裂缝并无扩大现象，有的裂缝（如板角及吊环处）反而封闭。因此，我们在某工程裂缝处理中，对轧钢主跨的热区，凡板面裂缝宽在 0.05mm 以下的不作处理，缝宽在 0.15mm 以下或局部宽一些而长度不超过 200mm 的可用环氧树脂进行封闭处理后吊装。裂缝宽于 0.15mm 的板决定用到有卷材的屋面部分去。在总机修工程中，则将裂缝放宽到 0.3mm 以下进行封闭处理后吊装，并根据生产使用要求，分别用二毡三乳涂料作屋面防水处理。板面裂缝封闭均在吊装后进行。

2. 后期裂缝

大型板或吊车梁吊装后，常用点焊将其固定在屋盖承重结构上。此后，它将继续承受温差和湿度的变化而收缩，因徐变而使预应力部件产生缩短变形，因吊车制动力引起水平错动等，由于支座的约束，使大型板及吊车梁承受水平力作用，在纵肋端部引起主拉应力，以致生成与主拉应力轨迹相垂直的裂缝，即所谓"外斜裂缝"，如图9-4 所示。

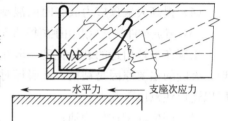

图 9-4 预制板端部为防止外斜
裂缝而作的构造加强

对于这种裂缝，可采用增配弯起构造筋的方法予以处理。弯起方向应平行于主拉应力。

板面的早期裂缝在使用中一般都有所闭合或减少，这是因为后期的使用荷载引起板面受压作用。但也有些大型板由于使用中遇到激烈温差受热收缩及频繁动载的反复作用而引起裂缝增加和不稳定扩展，这类板的挠度显著增加的，必须及时处理。

在多数情况下，后期裂缝经过几年后会趋于稳定，一般不影响承载能力。但是，从持久强度出发，必须考虑恶劣环境中裂缝引起钢筋锈蚀、混凝土的碳化及板面防渗等问题。应采取封闭裂缝的办法以改善使用质量，例如用聚氯乙烯胶泥或马牌油膏嵌缝，用环氧树脂加玻璃布、乳化沥青加玻璃布、甲凝环氧材料补缝等。

修补裂缝要特别注意基层的清洁处理，否则过一段时间就会起皮脱落，再好的补缝材料也达不到预期效果。

各种工业厂房大型板的使用经验中，包括那些处于高温有侵蚀介质环境中的无卷材屋面板的使用经验中很重要的一条，就是加强维护、维修和使用管理，并有专人负责，使维护工作经常化。

9.2 预应力钢筋混凝土梁

1. 早期裂缝

在后张法预应力梁及预应力桁架等构件支座处，梁或杆件的端部锚固区，经常见到的一种裂缝，就是顺着预应力的梭形裂缝，称为"张拉裂缝"，有许多资料直接称之为"劈缝"，见图 9-5(a)。

这里所探讨的问题是梁端局部锚固区的应力分布规律。根据圣维南原理可忽略另一端影响，即假定另一端无限延伸，只考虑一端集中力引起的内力。

预应力筋对梁的作用就是钢筋缩短时的某一变形受到混凝土梁约束，从而使混凝土梁端受一集中力 N 作用。为简化计算，还近似地按平面问题忽略钢筋弯起角，取平均厚度

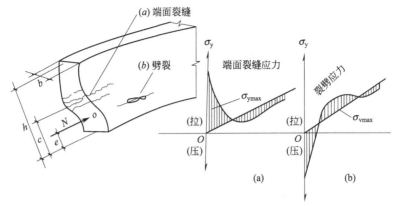

图 9-5 预应力梁端部应力与裂缝

(a) 端面裂缝应力；(b) 劈裂应力

进行分析，见图 9-5（考虑锚固区应力集中对劈裂应力的影响）。一些分析结果表明：

(1) 靠近锚具附近 $(0.1\sim0.2)h$ 是压应力区，混凝土双向受压。

(2) 离开锚具 $(0.25\sim0.4)h$ 处存在着与预应力筋相垂直的拉应力区，拉应力最大值约在离锚具 $0.25\sim0.4h$ 位置，拉应力图形呈梭形。

(3) 拉应力称为"劈裂应力"，其最大值可按如下经验公式计算：

$$\sigma_{ymax} = (0.46\beta^2 - 1.3\beta + 1.1)\frac{N}{bh}(\text{MPa}) \tag{9-1}$$

拉应力的合力为：

$$S = 0.4\beta^3 + 1.5\beta^2 - 1.57\beta + 0.71(N) \tag{9-2}$$

(4) 拉应力的图形和部位同裂缝的方向、部位和形状基本吻合。

(5) 当预应力梁采用自锚时，应力图形不变，其数量比采取表面锚具约高 10%。

(6) 直接影响这种应力的因素是张拉力 N 及"锚板集中系数"β（即锚板高度和梁高之比，亦称之为"荷载集中系数"，$\beta = \dfrac{a}{h}$）。该值越小，劈裂应力越高，即锚具越集中，劈裂应力越高。上述简化计算 σ_{ymax} 及 S 的公式适用于 $0.3 \leqslant \beta \leqslant 0.7$ 的范围。

例如，具有平均断面 $b \times h = 20\text{cm} \times 70\text{cm}$，锚板集中系数 $\beta = \dfrac{a}{h} = 0.3$，张拉控制应力合力 1000kN 的预应力梁，$\sigma_{ymax}$ 约为 5MPa，而 C40～C50 混凝土的极限抗拉强度最大约为 3MPa，容易开裂。

(7) 预应力孔道的存在对应力分布没有多大影响。

(8) 在劈裂应力区采取增配钢筋的方法控制裂缝，如内部已设有构造筋，出现裂缝以后逐渐稳定，则一般不降低承载力。

对于先张法施工的高强钢丝预应力梁，梁断面较高，张拉控制应力亦高，沿梁高离开预应力筋一段距离，靠近中轴附近，在梁端面上出现拉应力 σ_y 常引起端头水平裂缝。这种构件的裂缝数量很大，几乎占整个工程构件数量的 80% 以上，裂缝的最大宽度为 0.5～2mm，长度为 60～80cm，引起了设计和科研人员的重视，进行了细致地研究。裂缝位于荷载的上部区域，大体与荷载轴线平行，称为端面裂缝。关于这种裂缝，玛涅尔和吉普施曼等人曾经进行过研究。根据我国进行的研究（见图 9-5），通过 20 余根梁的模拟试验，建立了端面最大拉应力计算公式：

$$\sigma_{y\max} = k\sigma_0 \tag{9-3}$$

式中　σ_0——梁端横截面上平均压应力；

　　　$\sigma_0 = N/A$（A 为梁端横截面积，等于 $b \times h$）；

　　　k——应力系数。

在工程中经常遇到的情况下，k 值的变化规律可近似表达为：

$$k = \cfrac{1}{18\left(\cfrac{e}{h}\right)^2 + 0.25} \tag{9-4}$$

式中　e——集中力矩底边的距离。

裂缝产生的位置 c（裂缝与梁底面的距离）：

$$c = \sqrt{eh} \tag{9-5}$$

梁的抗裂性验算，必须满足下式要求：

$$\sigma_{y\max} \leqslant \gamma R_t \tag{9-6}$$

式中　R_t——混凝土抗拉强度；

　　　γ——塑性系数（一般取 1.7）。

控制梁端面张拉裂缝的主要措施是：

（1）设计上应尽量减少预应力束在梁端的偏心程度，即增大 e/h，因为开裂荷载与 e/h 接近于平方倍关系。

（2）降低预压应力，即减少张拉应力或增大梁端面的宽度。对先张法构件，在保证支座锚固要求的前提下，可将部分预应力钢筋在梁端部区域做成无粘结力筋。

（3）增加抵抗横向拉力的钢筋网片，以控制这种裂缝，见图 9-6。

在一些重工业建设基地上，预应力吊车梁及其他大型构件的数量很多，构件的断面较大，一般必须提前预制，预制后堆放在现场、田野、公路等场所。长期露天堆放（有些地方堆放达一年之久），构件承受不均匀收缩：上表面风吹日晒，收缩较快，表面温差亦大；而靠近土的底面，由于潮湿，收缩很小，温差也小。出现较大的表面拉应力，形成裂缝，见图 9-7。此外，长期支承在地基上的构件，还因承受不均匀沉降和垫块变形而引起裂缝。此类问题必须通过科学管理，对出厂后尚未吊装的构件加强维护工作。

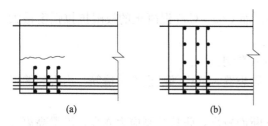

(a)　　　　　　　　(b)

图 9-6　预应力梁端面开裂的控制
（a）开裂；（b）不开裂

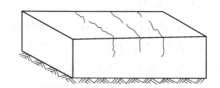

图 9-7　收缩不均引起的裂缝

2. 后期裂缝

各种梁，如屋面梁、吊车梁、构架梁和屋架、托架等预应力钢筋混凝土构件，其与柱头或牛腿的连接，一般是通过钢垫板直接传力。梁端钢垫板与柱头钢板焊接在一起，或通过螺栓连接再点焊。有些结构则是混凝土与混凝土直接接触，这种连接有如下缺点：

1) 梁在支座上失掉了水平变形自由，并在转动方面也受一定约束。各种预制梁式构件一般按简支梁计算，它的支座条件是一端为固定铰支座，另一端为可以水平移动的铰支座。如果不考虑焊接时梁端对转动的约束，仅仅水平不能自由移动，那么该梁也非静定简支梁，而是一次超静定梁。

梁在温差作用下可产生水平变形，混凝土的收缩和具有徐变的特性，在预应力钢筋的压力作用下，都能使梁随时间而逐渐缩短水平长度。吊车制动力也会引起梁端的水平错动。

上述因素使梁的端部承受水平力，这是原设计所未考虑到的，往往在梁端或屋面板纵肋产生"外斜裂缝"，如图 9-8 所示。调查资料表明，在靠近伸缩缝附近的梁上出现的外斜裂缝比较轻或未出现；在远离伸缩缝处，即在伸缩缝区段的中部比较重。这说明外斜裂缝同温度、干缩和徐变变形有关。因为柱子对梁水平变形的约束作用使中部横梁产生较大的拉力，当柱头强度不足时，横梁可把柱头剪裂。还应注意，由于预应力筋弯起，其下部是非预应力区，是形成外斜裂缝或垂直裂缝的薄弱环节。

2) 由于支承钢板和梁端钢板不平，不能均匀地传递压力，梁端钢板处产生较大的剪应力集中，导致开裂，见图 9-9。梁端钢板在焊接时产生的高温可使周围混凝土的强度大为降低，甚至破坏。焊接后降温收缩又使混凝土拉裂，见图 9-10。

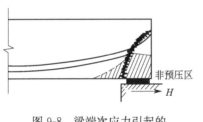

图 9-8 梁端次应力引起的
外斜裂缝

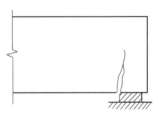

图 9-9 梁端钢板引起
剪力集中开裂

3) 由于设计上忽略了梁端产生的次应力效应，对梁端的构造设计得不够合理，梁的支座长度或高度不足，柱头抗剪能力薄弱，甚至漏掉必要的构造筋，以致端部因次应力而引起剪切破坏，见图 9-11。

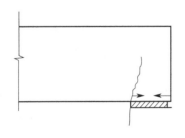

图 9-10 梁端钢板焊接收缩
造成的裂缝

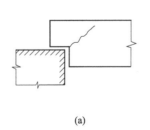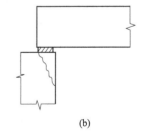

(a)　　　　　　　　　　(b)

图 9-11 由于梁端和柱头次应力引起的裂缝
(a) 梁端裂缝；(b) 柱头裂缝

为了克服上述缺点，建议在设计上考虑适应施工条件的合理连接方式，对梁端构造予以加强，特别应注意支座处变形变化引起的水平力。梁柱连接采用"可微动"接头可有效地削减次应力。常用的微动接头是螺栓连接。当支座压力很大时，就更值得考虑。压力分布层的材料有 0.5mm 钢片、3mm 硬纸板、混凝土或砂浆坐浆层、0.5mm 铝板、2mm 橡胶板、2~3 层油毡等。这类垫层除保证均匀传力外，还能提供节点微动的条件。在梁端部适当增配构造网片，可提高抗裂能力和阻止裂缝扩展。

9.3 板 式 构 件

板式构件包括空心板、夹心板、槽瓦以及由平板组成的板构件。这类构件大部分采用预应力以提高抗裂能力，其纵向（即跨度方向）的强度和刚度都按设计荷载进行计算。按正常使用状态下的支承条件，横向一般不予计算，更不考虑预应力，只配少量构造筋（见图 9-12）。

但是，这类板式构件在制作、翻转、抽心、脱模、起吊、运输、堆放、吊装等过程中，经常承受横向弯曲、不均匀变形、碰撞等作用，使板产生纵向裂缝。某些非预应力板产生横向裂缝。有些平板，如空心板和夹心板的自重比肋形板大，故施工荷载很容易引起裂缝。当然，这类纵向、横向裂缝一般不降低承载力，但为了防水和持久强度的需要，应加以控制，如采取加强横向刚度、改善施工条件等措施，并对已出现的裂缝进行处理。

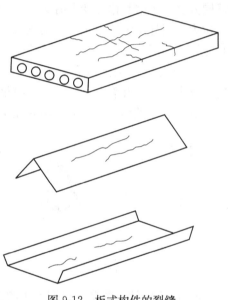

预制混凝土构件的抗裂性能和耐久性，在很大程度上取决于材质的密实性、孔隙率、气泡、微裂程度和含水量的大小。少量预制板生产，质量容易保证，而大量生产的折板屋盖经常出现密实度不足、酥松、裂缝等缺陷，在干湿交替作用下引起钢筋或钢丝的锈蚀。

图 9-12　板式构件的裂缝

目前，国际上大力发展"压轧蒸养"高强混凝土预制新工艺。高压成型的混凝土与普通蒸养混凝土相比具有以下优点：①抗压强度可提高约 1.4 倍；②抗拉强度可提高约 1.5 倍；③抗弯强度可提高约 1.4 倍；④收缩值可降低约 50%；⑤弹性模量可提高约 1.5 倍；⑥粘结强度可提高约 3.5 倍（混凝土和钢筋）；⑦具有良好的抗碳化、温湿度变化能力。

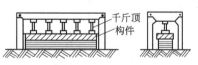

图 9-13　压轧法生产预制构件示意图

生产这种预制构件的预制厂，比普通预制厂增加一套压力成型装置和压力保持（称为"压力养护"）设备。该装置（图 9-13）由刚性很强的承力框架及液压千斤顶组成。

预制混凝土构件在钢模中承受三向压力作用，压力有的用 1MPa，有的用 2~3MPa，可使原混凝土的水灰比由 0.3 左右降到 0.2 左右。有些试验研究单位用 10MPa 压力，其水灰比虽进一步降低，但很有限。

加压成型后，还需加压养护一段时间，再送入蒸养室，蒸养温度为 100℃，约蒸养

2.5 小时后脱模。脱模时构件处于 100℃温度环境中，如果直接暴露在大气中会遭受激烈温差作用，必然导致裂缝的产生。故脱模后应转入"降温槽"，使缓慢地降到大气温度。此法对较厚和较大的构件更为必要。从制作开始到脱模，全过程约 4h，其设计强度可达到 60MPa 以上。

9.4 梁式预制构件的变位与内力

在屋盖系统及其他跨度结构中，常遇有截面为矩形、工字形、T 形、平板等的梁式预制构件，这些构件通过螺栓或局部点焊与承重结构连接，其温度收缩变形可近似地按自由变形计算。

图 9-14 表示一梁，初始温度取零度，其上边缘升温（或降温）T'，下边缘 T''，温度沿截面高度呈线性分布，则中部任何一点温度为已知。如梁有收缩变形，可将收缩换算为当量温差。

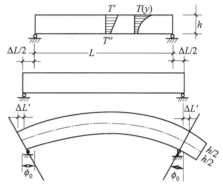

梁的平均温差，在梁的中心轴 $\left(\dfrac{1}{2}h\right)$ 处为 T^0：

$$T^0 = \frac{1}{2}(T' + T'')$$

梁的水平侧移，每端各为：

$$\frac{1}{2}\Delta L = \frac{1}{2}T^0 \alpha L$$

图 9-14 简支梁的温度变形

如果温度分布沿梁高为非线性，设温度沿梁高分布函数为 $T(y)$，则平均温差 T^0 由下式求得：

$$T^0 = \frac{1}{h}\int_{-\frac{h}{2}}^{+\frac{h}{2}} T(y)\mathrm{d}y$$

按上式计算平均侧移时，如果忽略自约束内力对变形的影响（因为非线性温差对自由梁引起自约束应力，对平均变形有影响，但极微）。下面分析简支梁不受约束条件下的弯曲和位移。

由于梁（或板）上下表面温差引起梁端旋转、侧移及产生挠度（拱度），假定温度沿截面呈线性分布，则梁上下边缘的相对温差为：

$$\Delta T = T' - T''$$

梁端的转角为：

$$\varphi_0 = \frac{\alpha \Delta T L}{2h}（弧度） \tag{9-7}$$

由梁端转角引起的水平侧移为：

$$\Delta L' = \frac{h}{2}\sin\varphi_0 = \frac{h}{2}\sin\left(\frac{\alpha \Delta T L}{2h} \cdot \frac{180°}{\pi}\right)$$

$$= \frac{h}{2}\sin\left(\frac{\alpha \Delta T L}{2h} \cdot 57°3'\right) \tag{9-8}$$

预制梁或板接缝处的总变位 $\Delta L''$ 为：

$$\Delta L'' = 2\left(\Delta L' + \frac{1}{2}T^0\alpha L\right) \tag{9-9}$$

当梁或板顶部温度高于底部时，板顶接缝处承受挤压作用；当梁或板顶都温度低于底部时，板顶接缝处承受拉伸作用。如遇有周期性反复温差作用时，接缝处将出现反复的压缩和拉伸，同时相邻板的干缩又加剧接缝处的拉伸作用。

这种变位在相邻板接缝处容易引起裂缝漏水，应采用具有弹性的嵌缝材料。聚氯乙烯胶泥嵌缝可以满足板端周期性温差作用下的变位要求和其他原因引起的变位要求，对自防水屋面（包括涂料防水）特别适用。不受约束的梁有充分的弯曲和位移，约束应力为零。

当水平构件的侧移完全受到约束时，瞬时温差引起的水平力为：

$$H = \frac{\Delta LEF}{L} = T^0\alpha EF \tag{9-10}$$

式中　F——构件截面面积。

当温差缓慢变化（包括收缩）时：

$$H' = 0.5T^0\alpha EF \tag{9-11}$$

当板端转角完全受到约束时，约束力矩为：

$$M = \frac{\alpha \Delta TB}{h} \tag{9-12}$$

式中　B——刚度，注意弯矩与刚度成比例。

在实际工程中，构件既不是自由的，也不受完全约束，而是受弹性约束。当板上表面温度高于下表面时，板向上拱，发生部分变形。还有一部分受到约束力矩 M 的作用而不能向上拱，此时，约束力矩引起的拉应力区在板下边缘处，特别是靠近端部处可能引起开裂，见图9-15，这与静力状态下弯矩作用的板的拱度和端部裂缝部位都在上部的现象完全不同，约束力矩与弯曲方向相反。

对于组合构件，如工字形、Ⅱ形、T形等构件，温度收缩不均匀时，其内力的计算可采用"分割法"，即把构件分割成简单的单体构件，利用切割处接触的变形协调条件写出代数方程组，求出解答。

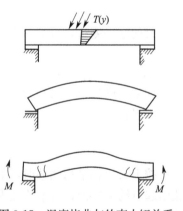

图9-15　温度挠曲与约束力矩关系

9.5　高温车间的屋面板

某些工业建筑由于生产车间产生的高温（一般由炉子、钢水、钢锭产生），其屋面板温度（除注明者外，均指板底温度）一般在100℃以内。其中大部分在60℃以下；少部分，如电炉、转炉、混铁炉的上方，初轧厂的冷库上方和钢坯库、大型厂、中厚板厂的加热炉和冷床上方，在60～100℃内；特殊的，如高炉出铁厂、焦化解冻车间，屋面板与热源相距在6～7m（一般7～8m以上）以内，温度较高，可能会超过100℃，但这部分范围较小。

热源不同，温度变化速度不一，有的变动剧烈，有的基本稳定。外界温度的变化，直接影响屋面板混凝土内部的温度分布，产生不同的温度应力和温度变形。炼钢、炼铁车间，温度升降幅度大，变动速度快；轧钢车间，温度变化频繁，但升降幅度小；钢坯库和冷库区段，则温度较高，变动缓慢，基本稳定。

屋面板温度，由于板与铁水沟相距 7.0m，在出铁前，板各部位的温度与气温基本相同，出铁时温度才急剧上升。在出铁的 22min 内，板底温度从 20℃升至 88℃，平均每分钟升高 3.1℃；肋底温度从 22℃升至 96℃，平均每分钟升高 3.4℃。板底温度和肋底温度均呈直线迅速上升，肋底温度高于板底，随着温度升高温差增大。出铁完毕，温度又迅速下降，约在 10～15min 内即由最高降至接近气温，然后再缓缓降至与大气温度相同。由于两次出铁间隔时间较长，前次出铁的温度影响至第二次出铁时，已基本消失。此种短时急剧的温度变化，对于屋面板这类薄壁构件，能够穿透板面和大肋钢筋的保护层，即在板底表面温度升高的同时，板顶或肋内（如大肋钢筋）的温度也升高。而对于大断面构件，此种温度影响仅在表层，内部温度基本不变。在炼钢车间，出钢时间短，温度变动更快，情况与此相似。

加热炉上方的屋面板温度较高。由于炉内长期连续加热钢坯，因此炉口上方屋面板经常处于较高的温度作用下，当开启炉门推出钢坯时，板的温度又增高。冶建总院抗热组曾在某厂实测了罩式加热炉上方屋面板温度（测温时为冬天），其经常温度为 57℃，当开炉时升至 62℃。这类屋面板经常处在较高的温度下，波动小，但变化频繁。在轧机上方的屋面板，温度稍低，情况与此类似。

在钢坯库、冷床或连续式加热炉上方，由于大面积堆积热钢坯，或连续加热钢锭，屋面板经常处于高温作用下，板的温度超过 60℃。但此区段温度虽高却较稳定，构件内外温差小。如某初轧厂冷库上方屋面板的温度达 80～90℃，但若通风条件好，如某厂钢坯库采用天井式天窗，实测温度未超过 60℃。

温度的影响，引起钢筋和混凝土材料性能的变化，特别对混凝土，其抗拉强度降低，收缩徐变增加。由于构件内部温度不均匀，收缩膨胀不同，还会引起温度应力和温度变形。

在热车间里，由于温度的变动，湿度也跟着变化。湿度降低，引起构件内水分蒸发，也使混凝土强度降低，收缩徐变加剧。通常，当构件周围的空气温度高于气温时，湿度就减小。计算表明，在常温（20℃）和一般相对湿度（60%）下，温度升高 10℃，相对湿度约降低 27%。如高炉出铁场，在出铁前，温湿度与大气相同；出铁时，随着温度增高，湿度降低，实测时干湿度计湿球中的水分完全蒸发，变为极干燥的状态；而当出铁完毕温度下降后，湿度也恢复至大气湿度。如果由于生产操作需要，在厂房内洒水或直接向混凝土构件浇水，此时又可能达到饱和状态，出现干湿交替变化情况，使混凝土反复地产生收缩膨胀。又如在轧钢加热炉上方或钢坯库，经常保持较高的温度和处于干燥的情况，只有停产时，才恢复到大气潮湿的情况。周围环境湿度的变化，引起构件内湿度分布不均匀，内部收缩膨胀不一，也会产生湿度应力。

在各类炉子周围、铸铁铸钢区段、轧机上方，常含有大量二氧化硫、二氧化碳、氯化氢、氟化氢、氯气等酸性气体，当它们渗入混凝土孔隙后，首先将水泥中的氢氧化钙中和，降低混凝土中的碱度，使混凝土失去对钢筋的保护作用引起钢筋锈蚀和该部位混凝土表面酥松剥落，钢筋锈蚀严重。所以，对于屋面板这类薄壁构件，在注意到温度影响的同时，还要注意湿度和气体侵蚀的影响。

9.6 屋面板受热后的状态

通过对板在升温、恒温、降温过程中各阶段的温度分布情况的实测发现，在升温、降温等温度变化剧烈时，温度沿大肋高度呈曲线分布，在恒温时为直线变化，板面温度沿板厚方向为直线变化。各板在抗裂和破坏试验时，恒温状态的温度分布实测情况见表 9-1。

各板经短期加热，抗裂度、刚度显著降低，温度越高，降低越大，试验结果见表 9-2。

不同温度级的试验板，在温度单独作用下，经升温、恒温、降温后在小肋、板面及大肋端部出现了不同程度的裂缝，温度升得越高，裂缝情况越严重。

试验板恒温状态的温度分布 表 9-1

	板底 t_1 （℃）	板顶 t_2 （℃）	肋顶 t_3 （℃）	肋底 t_4 （℃）
板 1	20～23	20～23	20～23	20～23
板 2	65.5	61	49	71
板 3	84	75	73	104
板 4	115	103	109	142.5
板 5	148	120	107	158.8

试验板的开裂、破坏及刚度状况 表 9-2

	板 1	板 2	板 3	板 4	板 5
开裂荷载 （10N/m²）（不包括自重）	5350	4600	3870	3170	2860
破坏荷载 （10N/m²）（不包括自重）	9270	8550	8470	8340	8400
外加 2140N/m² 荷载下的挠度值 （mm）	2.90	2.91	2.87	2.88	2.85
恒温后外加 2140N/m² 荷载下的挠度值 （mm）		3.35	3.43	4.05	4.31

加热试验的屋面板，如图 9-16 所示。该屋面板在经受不同温度作用后再加荷载时，温度越高，大肋裂缝出现越早，且裂缝条数增多，裂缝间距缩小。各板在温度和荷载共同作用下出现有规律的裂缝。最后，对已开裂板进行破坏试验。

在急速升温时，板肋的下表面温度急速升高，中部和上部温度基本不变，温度升高范围仅在下部 3～5cm 内，见图 9-17(b)，这种温度分布将在大肋内引起显著的自约束应力，大肋挠度也增加。

板 1 在荷载加至 5350N/m² 时才在大肋跨中出现第一条裂缝，而板 5 经 150℃恒温后，加载至 2860N/m² 时就出现第一条裂缝，加温后大肋裂缝达到同一宽度时的荷载值也有降低，各板在加荷至 7130N/m² 时裂缝猛增，裂缝高度均超过了肋高的 $\frac{1}{2}$。

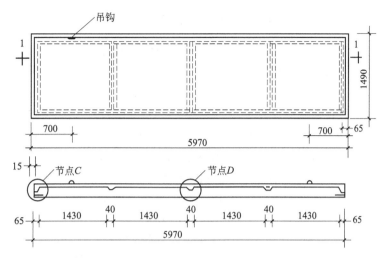

图 9-16 试验板的构造

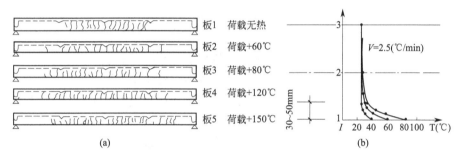

图 9-17 板受热裂缝与板肋温度

(a) 不同温度、荷载共同作用下的板肋裂缝；(b) 板肋温度分布

1—下边缘测点；2—中部测点；3—上边缘测点

各板均系大肋挠度过大，继续加荷挠度已不能稳定，钢筋达到流限而破坏，破坏荷载基本相同。

从试验情况可以看出，从 60℃起，温度对预应力屋面板的抗裂度和刚度就有明显影响。随着温度的升高，抗裂度和刚度降低越加严重。从 80℃起，小肋就出现了温度裂缝，温度再高，板面也产生裂缝。静载试验中，温度变化与板肋开裂的关系见图 9-17(a)，经加热后，屋面板的强度变化不大。

1. 降温阶段板内温度分布的状况

板受热经恒温后，停息热源，屋面板便开始自然降温。当降温缓慢时，板与肋内的温度分布仍呈直线；当降温较快时，为简化计算，板与肋上部和肋底均可近似按直线分布考虑。

面板较薄，降温较快；大肋较厚，降温滞后。于是面板与大肋之间出现了较大的温差，特别在降温的起始阶段，温差最为显著，这种现象应予重视。

车间内长期受热后，当热源停止散热，则屋面板降温速度远大于肋的降温速度，因而板的收缩受肋的约束，可能引起拉应力而开裂。

2. 室外太阳曝晒后经骤雨急冷的屋面板温度场

模拟太阳辐射热作用后，突然淋水急冷降温下的屋面板的温度变化情况如下：

1）急冷初期，靠近顶面处的温度降低极快。急冷 2～3min，温度下降 50～60℃（有面层的板主要在卷材及砂浆层内温度降低较快；无面层的板主要在靠近面板上部 1～1.5cm 深度内降温较快）。

2）两层屋面板曝晒后，卷板顶面为 80℃，经过砂浆层，到面板顶面温度为 62℃。两毡三油和 20mm 砂浆层能起热阻作用，使上部传来的温度降低了 18℃ 左右。急冷 3min后，卷材顶面降到 26.5℃，而面板顶面仍为 62℃，淋水到 18min 时卷材顶面降为 20.5℃，这时屋面板顶面降至 54.5℃。由于面层作用，面板温度在急冷下变化缓慢，降低较少，而且面板上下温差甚少。在淋水的整个过程中，大肋上下温度基本未变。

3）无面层屋面板曝晒后，面板上下温差 6℃ 左右。急冷 2min 后，板顶面温度降低了 40℃，板底面仅降低 5℃。面板上下温差达 35℃ 左右，突然降温使面板上下产生较大收缩差，致使面板顶面混凝土出现裂缝。当淋水 12min 后，面板上下温差已大大减少，说明面板内温度剧烈变化仅是短时间内的现象。在淋水的整个过程中大肋底部温度基本无变化，大肋上部温度则略有降低。

在屋面板制作和使用过程中常会遇到急冷急热的情况，如采用蒸气养生法制作的屋面板，若未经逐步缓慢降温而急速出窑，则板面（特别在板顶面）受到骤冷，降温很快，而大肋降温稍慢，往往就在板顶出现裂缝。又如在车间内生产过程中，若遇热源突然作用，使屋面板板底和肋底温度突然增高，而在面板上部及大肋上部温度升高滞后，那么，当热源突然停息后，因板及肋底降温很快，均会在内部形成温度差。当变化急剧温差很大时，将使屋面板产生较大的变形和温度应力，以致出现裂缝。

自防水板经太阳曝晒，板顶面温度达到 75℃ 后下暴雨的试验表明，板面受急速冷却而收缩，但大肋降温迟缓而阻止其缩短，则板面出现很大拉应力。对于板面厚度为 3cm 的板，在不利的急剧降温 2min 后，其弹性温度应力计算结果见图 9-18。板顶瞬时最大拉应力达 5.35MPa，考虑塑性系数 1.5 后仍然超过混凝土的抗裂强度，因而将引起板面

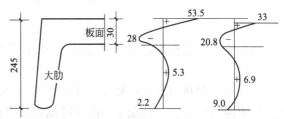

按实际板厚3cm计算 按假定板厚2.5cm计算

图 9-18 较厚板开裂前后应力

横向开裂。板面厚度为 2.5cm 时，其降温更快，拉应力更大，达 7.1MPa，开裂将更为严重，这与实际调查情况是相符合的。当板顶开裂后，若不计开裂部分，在同样的温度变化情况下，裂缝下顶面的温度应力比无开裂层的顶面可以减少。如上述 3cm 厚板，因考虑其顶层 0.5cm 已开裂，若按板面为 2.5cm 厚的断面计算，则此时在离顶面 0.5cm 处的应力为 3.3MPa，比 2.5cm 厚不开裂的板在急冷时的应力 7.1MPa 大为减少，相当于有一层带裂缝的覆盖层，考虑塑性系数后就不致开裂。当继续降温时，板面和大肋的温差减少，温度应力减缓。当板面上有找平层和卷材防水层时，此种温度的急降仅发生在防水层和找平层，经淋水 10 余分钟后，才对板顶温度稍有影响，因而不会产生不利影响。从以上所说可以看出，

当板面上有一定厚度的覆盖时，如有卷材找平层或乳化沥青厚涂层（厚约3~4mm），在表层温度急降时，可使板面温度基本不变，大大减缓温度急速变化的影响，因而可避免由温度应力引起裂缝。光板或表面只有薄涂层时，暴雨直接影响板面，则必须计及温度应力。如果适当增加面板厚度，暴雨急冷的影响仍能引起表面层开裂，但开裂的表层作为覆盖层，则能起到缓冲温度急降的作用，在此情况下，仅温度应力的影响不致使下层继续开裂，从而起到保护下层的作用。因此，适当加厚面板，从温度应力的分析来讲是有效果的。不过由于下部预应力反拱和裂缝处碳化加剧的影响，仍会对自防水板面产生一定的不利影响。

在常温下，当混凝土在空气中硬化时，其自身体积要缩小，这就是混凝土的收缩。收缩是由于游离水分蒸发的结果，如果混凝土在空气中加热，那么水分的蒸发要比不加热时多，因而在加热的情况下，混凝土要产生附加收缩变形。

试验表明，按该试验条件加热到60℃时，试件周围空气是非常干燥的，内部水分大量蒸发，即能出现较大的附加收缩。温度从60℃增加到200℃，收缩变形增加，有些试验指出，在60~120℃时，收缩变形可能出现最大值。在60~200℃范围内稳定加热，混凝土的附加收缩值平均为2.6×10^{-4}。由于温度作用下混凝土产生较大的附加收缩，因而将引起钢筋中的预应力损失40~50MPa。

3. 温度对钢筋及混凝土材性的影响

在屋面板作温度试验的同时，在大肋底部放置3~4组混凝土试块，它和肋底温度接近，同时在大肋侧边预应力钢筋位置处，悬挂2组钢筋试件，随同屋面板一起受温度的作用。在屋面板作破坏试验后，将试件和试块取出，连同未加热的试块和钢筋一起进行力学试验（包括钢筋的屈服点、抗拉强度、弹性模量，混凝土的抗拉强度和立方体抗压强度）。钢筋性能见表9-3。

温度对钢筋物理力学性能的影响　　　　　　　　　　　　　　表9-3

	加热温度（℃）	加热天数（d）	屈服点（MPa）	抗拉强度（MPa）	弹性模量×10^6（MPa）
1	室温（10~30）		714	900	0.172
2	70	15	720	907	0.183
3	103	17	720	890	0.200
4	142	15	748	906	0.210
5	185	21	734	913	0.189

从表中可以看出，经短期（15~21d）加热的冷拉钢筋，在200℃范围内，其性能变化很小。经加热后的屈服点和弹性模量还略有提高，可能系温度对其时效的影响结果。

混凝土的性能随温度而变化，试验结果见表9-4。

4. 温度对屋面板刚度的影响

高温区段屋面板挠度增大是受热作用后的普遍现象。在调查中可以看到板跨中下挠，两端转动，沿屋架上方板接缝处开裂，试验中亦有同样现象。

在相同荷载下，加热后挠度明显增大，且随温度增高而增加得愈多。这主要是加热后混凝土弹性模量降低而引起刚度降低的结果。以短期外加荷载 2140N/m² 为例，在表 9-5 中列出了实测的短期刚度降低系数和加温时混凝土弹性模量折减系数，两者基本相同。

温度对混凝土物理力学性质的影响 表 9-4

龄期（d）	常温（10～30℃）下性能		加温时的性能				加温时的抗拉强度降低系数
	立方抗压强度（MPa）	抗拉强度（MPa）	加热温度（℃）	加热时间（d）	立方抗压强度（MPa）	抗拉强度（MPa）	
84	41.9	2.61					
144	48	2.79	70	15	56	2.65	0.95
166	47.5	3.07	103	17	56	2.71	0.90
199	50	2.96	142	15	58	2.48	0.84
244	50.7	2.86	185	21	58.2	2.22	0.78

试验板受热的刚度变化 表 9-5

	板 1	板 2	板 3	板 5
截面平均温度（℃）	61	82	115	138
加热前，在外加 2140N/m² 荷载下的挠度（mm）	2.91	2.87	2.88	2.85
加热后，在外加 2140N/m² 荷载下的挠度（mm）	3.35	3.43	4.05	4.31
实测刚度降低系数	0.87	0.83	0.71	0.66
混凝土弹性模量折减系数 β	0.85	0.80	0.72	0.68
温度挠度实测值（mm）	2.65	3.83	6.60	8.68
温度挠度计算值（mm）	1.97	3.56	6.45	8.65
$\dfrac{\text{实测温度挠度}}{\text{实测常温荷载挠度}}$	0.91	1.33	2.29	3.05

5. 温度变化对屋面板起伏和伸缩的影响

前已说过，在下部加热并达到恒温状态时，屋面板下部的温度高，板即向下挠曲，但并不是任何情况下都是下挠，因冶金工厂屋面的温度随着生产不断变化，温度急升急降时会出现板面温度较高的情况，使板上拱。温度的变化将引起屋面板上下起伏和沿纵向伸缩运动。

试验中发现，在下部加热情况下，当加温速度稍快时（如大于 5℃/h），在升温的起始阶段，板就向上拱起，只有在恒温或升温很慢时才向下挠，这是由于板面和大肋厚度不同。板薄，升温时热量易从板底传至板顶，使整个板面温度升高快，而大肋相对来讲断面大些，升温迟缓，因而就会产生板面的平均温度高于大肋的情况，使板上拱。在冶金工厂中，一般温度升降都较快，升温速度超过 5℃/h 是常遇到的。在升温的起始阶段会出现上拱现象，随着升温的延续，或达到恒温状态时，大肋的温度会逐步高于板面，板由上拱变为下挠。因此，屋面板随着温度变化在不停地运动着。气温的变化（如日晒雨淋、冬夏、昼夜）也会使板处于不断的运动之中，构件自防水板（光板）对温度变化尤为敏感，如夏季午后，在太阳强烈辐射下，板面温度相对较高，呈现下挠。只要知道气温变化时板内的温度分布即可算出其挠度。如对夏季白天和夜间两个典型状态设想有如图 9-19 所示的温度分布，通过计算，上拱值 $f_{T_1}=2.71\text{mm}$，下挠值 $f_{T_2}=2.75\text{mm}$，可见起伏明显。若跨度值大，肋高又小，例如将上述断面用于 9m 跨度，则上拱值 $f_{T_1}=6.16\text{mm}$，下挠值 $f_{T_2}=6.31\text{mm}$，起伏更为显著。

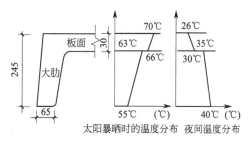

图 9-19 屋面板昼夜温度场

屋面板下部加热，升温时间长时，大肋的温度会高于肋面。连续升温，板由上拱变下挠，板底温度升至最高。开始恒温时，板的上部和肋内需要延迟一些时间温度才达到稳定，此时上下温差最大，挠度这时也是最大。在此稍后，温度分布均匀些，挠度略有恢复。各试验板在升温恒温过程中，均出现起始时反拱，随后下挠，温度升至最高的温度挠度最大，温度达到稳定并延续一段时间以后，温度挠度稍有恢复并基本稳定。

与此同时，屋面板还向两端伸缩。试验是在简支情况下做的，因此，板可自由地伸长。试验在大肋端部底面和顶面处安放百分表，测定其伸长和转动。随着温度升高板就伸长，屋面板重心处的伸长可按下式计算：

$$\Delta L = \alpha_{hz}(T-T_0)L \tag{9-13}$$

式中　α_{hz}——混凝土的综合变形系数；

　　　L——构件总长度；

　　　T_0——起始温度；

　　　T——截面平均温度。

由于存在上下温差，板挠曲，引起端头转动，其转角：

$$\theta = \frac{L}{2\rho_t} \tag{9-14}$$

式中　ρ_t——温度曲率。

板端上下的水平位移分别为平均位移与转动位移之和。

以板 5 为例，在表 9-6 中列出了各级温度（板底温度）下，端部伸长的实测值和计算值。试验起始温度为 20℃。

试验板的温度变形　　　　　　　　　　　　　　表 9-6

温度 （℃）	截面平均温度 （℃）	实测肋下部伸长值 $\Delta_\text{下}$（mm）	实测肋上部伸长值 $\Delta_\text{上}$（mm）	实测重心处伸长值 Δ（mm）	计算重心处伸长值 Δ（mm）	上部分离值 δ（mm）
40	41.9	1.46	0.96	1.10	1.30	1.00
60	61.6	2.73	1.90	2.13	2.48	1.69
80	79.4	4.07	2.74	3.11	3.53	2.66
100	96.3	5.39	3.39	4.06	4.57	5.20
120	109.3	7.66	4.20	5.12	5.31	6.92

从上表可以看出，伸长值是很大的，在 60℃时板端下部伸长 2.73mm，至 120℃时伸

长达 7.66mm。反之，当温度降低，板就缩短。屋面板安装上房后，由于焊接和灌缝的影响，不能完全自由伸缩，则将在板端产生约束力。

由于板端上部向内转动，出现同一屋架上两块板上部板缝分离，引起上部面层开裂。

在试验的温差下，60℃时为 1.66mm，至 120℃时可达 6.92mm，足以使板缝拉开，油毡层开裂，在热区屋架上方的屋面普遍出现裂缝就是这个道理。在荷载下，由于挠曲，板端也会分离，其值在 1～2mm，可见温度对板缝的影响不能忽视。

冶金工厂温度变化是经常反复产生的，那么屋面板的起伏和伸缩就不断进行，日积月累，犹如疲劳引起裂缝累积损伤降低混凝土强度那样，端头和接缝等薄弱部位易产生裂缝，引起渗漏。但一般情况下，极限承载力不受影响。

9.7 预制构件的裂缝处理

普通钢筋混凝土构件的裂缝宽度约 0.1～0.3mm，而预应力钢筋混凝土构件的裂缝宽度约 0.1mm 左右。普通钢筋混凝土构件或预应力钢筋混凝土构件，如果裂缝是由变形变化（温度、收缩）引起的，一般只作封闭处理，不作强度加固。

如果裂缝是由荷载变化引起的，那么应当注意到普通钢筋混凝土构件裂缝只在 50％～60％设计荷载时出现，而极限的破坏荷载大约是设计荷载的 2.5～3 倍，并且主要取决于受力钢筋的应力状态。因此，虽然裂缝的扩展程度、变化速率以及挠度等都能表现出受力程度特征，但是最重要的还要分析受力钢筋的应力大小程度。一般须进行验算结构安全度的贮备量后，再作处理。

预应力构件的裂缝出现较晚，一般在 50％～80％设计荷载时出现，裂缝较细，约宽 0.1mm，直至破坏，其宽度变化甚小，而且很可能出现受压区或受压杆的脆性压坏，这是应当特别注意的。仅仅凭外表的裂缝征兆尚不能判断其受力程度，关键的办法是在检查结构设计施工资料的同时进行荷载分析，判断结构产生裂缝后的受力程度。这类结构的破坏荷载亦相当于标准设计荷载的 2.5～3 倍，应根据具体分析安全贮备再作处理。预应力及非预应力结构中，如果钢筋接头及配置数量得到保证，混凝土施工质量正常，一般距破坏阶段尚远，所以也不宜轻易作出承载力加固的结论，当然遇有特殊情况则另当别论。

某轧钢工程主厂房屋面板裂缝处理实例如下：某轧钢工程，1974 年底开工，1977 年 8 月竣工建成。该工程的屋面板及天窗板肋均有裂缝，影响了工程质量。

为此，对与该工程同批预制且已报废的裂缝最大的屋面板进行了强度检验。选来试验的屋面板，质量存在严重问题（两条肋与板面连续断裂，板面最大裂缝 2.1mm），所加试验荷载（43.3kN）远远超过设计计算破坏荷载，（16.65kN)，强度安全系数超过 2.5（规范规定为 1.5)，但试验板仍未达到破坏阶段，各项试验指标均满足国家规范规定。试验结果表明，有裂缝的 66 块屋面板及 129 块天窗板，经过防腐、防渗补缝处理，在正常生产和维护的情况下，可以保证持久安全生产，但是工程质量水平是低劣的。

还有另外某工程 1000kN 预应力混凝土吊车梁的实例。该吊车梁在露天放置，收缩裂缝 0.2～0.9mm 达 47 条，经载荷试验，承载力也没有降低。

类似上述情况，山西太钢某钢筋混凝土重型吊车梁，在尚未吊装之前长时间置于露天地面上，由于收缩及温度应力引起大量裂缝，人们担心承载力会降低，于是进行承载力试验，其结果仍然证明极限承载力没有降低。

这是因为钢筋混凝土结构由于荷载引起的裂缝与变形约束应力引起的裂缝有根本不同的性质，前者裂缝的出现与不断扩展引起内力的增加，后者引起内力的不断松弛，到了钢筋屈服时的极限状态，变形约束应力几乎已不存在了。

但是在裂缝出现之前，荷载应力（如果有），与温度收缩应力是叠加的，而且接近弹性工作。所以，以弹性理论为基础适当考虑塑性影响计算裂缝出现是可行的。

9.8 工业化建筑节点的裂缝问题

建筑工业化成为未来的发展趋势，钢筋混凝土装配式建筑的现浇节点的湿接头易收缩开裂，现浇节点的裂缝控制成为整个建筑的关键，节点质量关系整个结构的刚度、整体性、抗震性、防水性、耐久性。且大量工程发现，节点处采用无收缩灌浆料反而成为开裂的隐患。类似如桥梁工程多采用装配式，工厂预制段的施工质量容易保证，预制构件裂缝较少，但预制构件的现场节点如湿接头位置常出现开裂。长江隧桥的桥梁墩柱采用分段预制后现场组装进行施工，现浇墩座及湿接头在拆模后均发现多条裂缝，裂缝多为竖向，见图 9-20，这些湿接头成为整个桥梁的薄弱环节。装配式节点的裂缝可用本书的基本理论及公式进行计算处理。

图 9-20　墩座裂缝

10 排架及框架结构的温度应力与温度伸缩缝

10.1 单层工业厂房的温度伸缩缝间距

单层工业厂房的温度伸缩缝的设置间距是结构构造问题，也是带有规范性质的问题，早在 1955～1958 年间，我国进行大规模工业建设过程中就遇到过这一实际问题，当时有关温度伸缩缝许可间距的规定完全套用苏联规范。按照规范规定，为了防止厂房由于温度收缩引起破裂，厂房排架每隔一定距离必须设置伸缩缝，将厂房排架分成若干温度区段，这种"放"的措施，对削减排架温度应力起一定作用。厂房排架的纵向温度区段用横向伸缩缝隔开；横向温度区段用纵向伸缩缝隔开。在伸缩缝处采用双排框架（双排柱、双排屋架），在纵横伸缩缝的交汇点就要遇到四根柱子及四榀屋架的结构（图 10-1）。这样做，不仅增加造价 8%～10%，还影响到厂房结构定型化、工艺布置，使建筑构造复杂，降低了厂房总体刚度。建设经验说明，伸缩缝往往是引起渗漏的根由而且不易处理。

图 10-1 按规范设计的纵横伸缩
缝交叉点构造（四根柱子的节点）

特别是近几年来，由于地震引起结构在伸缩缝处的碰撞破坏现象较多，按抗震要求，伸缩缝的宽度必须达到抗震缝的宽度（约为高度的 1%），在几十米高的厂房上部就要设几十厘米宽的伸缩缝，给防水、防风和保温等建筑构造带来许多困难。

可见，伸缩缝的缺点确实不少。但是，过去规范却给人们这样一种印象：设置伸缩缝是控制结构物由温度收缩应力引起裂缝的唯一措施。所以伸缩缝间距的主要矛盾就归结为结构物的裂缝问题了。

在我国的多年建设经验中出现一些异常现象：有一些厂房，包括处于温差很大的地区的一些厂房，超过伸缩缝间距规定数倍，并没有破裂现象。例如，有些钢结构的伸缩缝间距（包括高温车间）达 307m、330m、402m、413m、472m 等，多年使用正常。在国外，如日本君津热轧厂钢结构全长 780m，大分热轧厂钢结构全长 1126m，均未设置伸缩缝，日本的多数钢结构排架，都超长数百米不设伸缩缝，没有发现问题，生产正常。这些工程都已投产二十余年，其长度远远超过了我国 120m 的规定。

在装配式钢筋混凝土单层厂房排架方面，我国一些厂房排架的伸缩缝间距达 180～200m，远远超过 60m 规定。一些整体现浇单层钢筋混凝土框架超过了 50m 的规定，有些工程达 100 余米，使用中均安全正常。

在 1956～1958 年间，苏联有关设计、科研及规范编制单位对伸缩缝间距的规定，虽然是依据二十余年的建设经验和弹性理论计算确定，但也没有确切的资料可查。而该规定不仅在苏联，并且在东欧许多国家通用，仅以单层排架的 60m 许可间距规定来说，就已应用了二十来年没有改变。笔者于 1957 年、1958 年曾对该伸缩缝规定提出异议。苏联《工业建筑》编辑部发表了笔者论文同时在该杂志上承认"建筑物的温度伸缩缝许可间距问题尚未解决"，由此引起众多讨论。70 年代，苏联、美国等国家的一些科学及设计部门都进行了许多研究工作，但是新规范并没有多大变化。

我们对建筑物伸缩缝的实际变形观测，从 1956 年开始至 1958 年获得初步资料。通过对温差变化剧烈的兰州、哈尔滨、北京等地一批厂房的实测，认为厂房排架的伸缩缝间距可以在很大程度上扩大，以至一般厂房可以取消伸缩缝，据此还提出了纵向及横向具有不同的变形特点。最近几年，我国规范编制组又做了大量调查和部分结构实测工作，一些设计院则提出了设计计算方法。

苏联 1963 年前后曾采用相同手段进行实测，其结果证实了我国实测结论，认为伸缩缝许可间距可在很大程度上扩大，1962 年规范部分修改了具体规定，承认纵、横向应有差别。

1. 伸缩缝温度变形实测

钢结构单层工业厂房排架伸缩缝变形的实测结果说明，排架的实际变形远小于通用算法的理论计算值。图 10-2 为厂房结构伸缩缝变形实测现场情景。据实测：

图 10-2　厂房排架伸缩缝的变形实测

$$\Delta L_{(实)} \ll \Delta L_{(理)} \qquad \Delta L_{(理)} = T\alpha L \tag{10-1}$$

式中　$\Delta L_{(实)}$ ——伸缩缝实际变形；

　　　$\Delta L_{(理)}$ ——伸缩缝理论变形；

T、α——温差、线膨胀系数；

L——实测柱至变形不动点的距离。

以温度变形滑动系数 S 表示差异程度，则：

$$S = \frac{理论变形值}{实测变形值} = \frac{\Delta L_{(理)}}{\Delta L_{(实)}} \tag{10-2}$$

实测中发现：柱距越小，S 值越大；节点构造的连续性越强，S 值越小；节点构造的简支程度越好，S 值越大；随约束程度的增加，S 值也有增加。根据这种实测特点，认为这种变形损失的主要原因是"节点滑动"，还与柱子的弹性抵抗和结构传热稳定性（全截面平均温度滞后于周围气温）有关。我们实测（1955~1957 年）时，6m 柱距的 S 值为 4.0~4.2；12m 柱距为 1.65~2.2。国外实测（1962 年）12m 柱距的 S 值为 1.4~2.0。滑动系数是一个综合因素的反应。

目前，钢结构厂房主要推广 12m 柱距，变形滑动系数取 2.0。考虑变形损失时，取其倒数 0.5。

应当强调，变形滑动系数不是一个常数，它与许多因素有关。主要的水平构件之间的节点构造，如能在设计中给节点以"微动"的余地，S 值亦将增大。当温度区段过长，不留伸缩缝时，S 值亦随水平推力的增加而增加。

支撑（指柱间垂直支撑）的布置对温度变形及应力都有影响，一般希望在中部布置，不宜把支撑布置在区段的两端。因为除在正中间温度变形不动点布置一道支撑外，其他支撑的布置都会增加对横梁的水平抵抗。这样做，主要目的是希望约束越小越好，释放约束力的余地越多越好，从"放"的原则出发控制变形应力。

但是，在实测中以及在考虑弹性抵抗理论的分析时都给人一种新的启示，那就是结构越长，垂直支撑越多，约束越大，约束变形也越大。同时，节点压延性和滑动性亦越突出。S 随约束增加，有增大趋势。这样，就产生了新的处理方法，以"抗"为主的设计原则。

可以概括地说，结构越长，温度变形能量越大，约束吸收能量的能力也越大。例如某工程全长 560m 的钢结构厂房排架，每隔 40m 设一道垂直支撑，共 14 道，均布于全长。柱高 8m，水平杆件截面 200cm²，温差为 20℃，端柱自由变形为 6.72cm，考虑弹性抵抗后，也就是由于约束作用使横梁弹性压缩（拉伸），端柱最大实际变形只有 0.79cm，占自由变形的 12%，即自由度系数 $\eta = \delta_1/\Delta L = 0.12$。这里面没有考虑节点滑动，仅仅由于弹性抵抗，横梁被压缩（或拉伸），使端柱的位移比自由位移减少 88%，端柱的弯矩也相应减少 88%，温度应力与长度呈非线性关系。

由于这种关系，垂直支撑可以设在两端，可以均布，排架分析中以自由度系数加以考虑。

长度增加，支撑增加，也容易使节点滑动。该因素只作为安全储备，而不加定量计算。其他支撑的布置都会增加柱子对横梁的水平抵抗，还会增加节点滑动，都可使端柱头的水平位移减少。

厂房纵向排架的垂直支撑在抗水平力方面是很起作用的。温度作用会显著增加支撑的内力。据国内调查和国外考查资料，一般都没有问题，个别特别长的排架，当支撑置于厂房端部时，发现曾有支撑压杆失稳现象。这种现象的产生原因，归结为温度作用基本上是正确的，当然还要估计到吊车纵向刹车力的作用。

对此，一方面不希望产生这种现象，应该采取措施尽量避免，例如采用椭圆孔螺栓连接等可微动的节点构造。

另一方面，我们认为，这种交叉支撑的压杆失稳现象不能看作是"破坏"现象，而应看作是设计的"意料之中"的事情。一般设计只考虑斜杆受拉而不考虑受压，支撑截面长细比很大，实际应是允许压杆失稳的，现场表现为旁弯现象，这样才能把一次超静定结构按静定计算，见图 10-3。失稳后压杆仍然可以承受拉力。在极个别情况下，温差剧烈，失稳变形较大，节点拉断，亦可通过小修以恢复支撑工作。即使出现这种最不利的情况，也不影响使用，总比留双排架框架伸缩缝为好。因此，支撑可根据结构刚度需要布置，不受温度限制。

对于某些对支撑变形有严格要求的工程结构，支撑压杆稳定的计算，可按经典的稳定公式计算，只是受压杆的计算长度根据结构模型试验得出的结果 $0.8L$，则临界力的计算公式如下：

$$P_k = \frac{\pi^2 EJ}{(0.8L_0)^2} \tag{10-3}$$

计算模型如图 10-3 所示，通过试验认为支撑与柱连接为半嵌固，支撑与交叉点为铰接，其计算结果与两端铰接取 $0.8L$ 为计算长度的结果相同。

宝钢工程中，数百米长的钢结构厂房，每个吊车梁都有一端是长圆孔，以粗制螺栓连接，吊车梁间留有 $0.5\sim1\mathrm{cm}$ 缝隙，使温度变形分散于各个梁端而不是集中在一处（如伸缩缝处），故不会引起应力集中，端柱变形也很小，约束应力也很低。这种构造，同时也保证了结构的总体刚度。

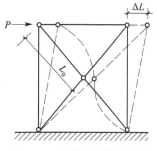

图 10-3 支撑失稳计算简图

我们认为"分散变形"是设计中一个很好的方法，起到了类似"分散裂缝"一样的作用，应当予以充分利用和发挥。在设计上取消伸缩缝，均布支撑是"抗"；设置长圆孔，分散变形是"放"。这样做是贯彻了抗放结合的设计原则。

2. 关于计算温差问题

设计中一个重要的问题是如何计算结构的温差。其中，计算温差的取值，是首先要解决的问题。温度变形和应力是与计算温差成正比的，计算温差越大，温度变形和应力也就越大，因而温度应力也越大。

在计算温度应力和变形时，以结构物安装固定时的温度和安装后该结构物可能遇到的最大或最小温差作为计算温差。习惯上计算温差取：

$$T_P = T_{(\min)}^{\max} - T_0 \tag{10-4}$$

式中　$T_{(\min)}^{\max}$——该地区内所研究的连接构件可能遇到的最高（$T_{\max}$）或最低（$T_{\min}$）的温度（带正负号），并必须在两种极限温度下进行柱的验算；

　　　　T_0——连接构件的支点部分最终固定在柱或其悬臂上时的温度（带正负号），属整体钢筋混凝土连接构件者，取混凝土凝结时的温度。

这是将最后安装固定时的温度与以后可能遇到的最低（或最高）温度的温差，作为计算温差。表面上看，这样的规定是明确合理的，实际上是有问题的。

计算温度是以瞬时（或某一短时间）为准还是以某一段时间为准，考虑到空气温度传给构件表面，再由构件表面传入截面内部，这都需要有一个传递过程，即开始只是表面受到温度作用，而里面还没有受到影响，要经过一段时间后，构件表里的温度才大致均匀。因此，计算应以某一段时间的平均温度为准。

由于混凝土传热能力低，比热较大，空气温度的变化向构件内部传播是很缓慢的。对大块混凝土而言，表面以下 0.3～0.4m 深度处，几乎显示不出周围介质的日平均温度变化，因此温度的日变化仅能引起大块结构物表面的局部应力，而温度的月变化则影响要大得多。

有的资料认为，3h 可以使一般建筑水平构件（吊车梁、连系支撑、檩条等）的温度接近于周围气温。

关于施工安装时间，设计时往往无法掌握，即使确定了安装日期，也不能作为标准，所以有时只能假定安装温度为最热月平均温度或最冷月平均温度。

厂房各种框架及其支撑等水平构件，从安装时起至投产后要经受一系列的温度变化和收缩变化。结构安装后，当温度慢慢变化时，厂房要进行围护结构的安装或砌筑（外墙、屋顶等），以后厂房由室外温度转入室内温度，同时进行设备安装，此后结构可能受到的温差就波动在室内温差之间（结构不会再遇到最初安装时的最冷或最热温度）。根据结构实际工作的研究，各种工业厂房采用的预制框架及其铰接的梁与柱的连接构造特点是，这些预制构件的连接及钢结构的连接常用粗制螺栓来固定，钢筋混凝土梁与柱亦用粗制螺栓固定，然后可能在缝隙中填砂浆或混凝土以承受一定压力（但受拉便开裂），钢筋混凝土吊车梁与柱是通过焊接小钢板进行连接的，其他钢支撑、檩条等都是用粗制螺栓固定。这种通过各种螺栓连接的多跨框架，在载荷初期（安装后进入长期使用的初期）受到各种荷重的作用，即由静荷重引起跨变，由于基础不均匀下沉，特别是由于吊车及设备所引起的动荷重，对各跨及柱距间水平构件与柱的连接处的影响，使连接处产生一定的初滑动。这种滑动现象在沙彼罗（Г. А. Шапиро）所著《工业厂房钢结构真实工作》一书的动荷重作用下螺栓连接的试验及钢结构厂房现场实地调查资料中已予阐明。局部电焊及后填砂浆的吊车梁与柱连接处，由于局部刚度远小于固接刚度，故同样会产生塑性变形，何况填灌砂浆可以在厂房进入室温以后进行，因此一般所认为的结构安装时的最后固定不是真正的最后固定。形象地说，"结构在安装后的初期还没有坐稳"。

所以，一般厂房结构经常遇到的温差是厂房内部的年温差。

在冬季和过渡季（室外温度低于 +10℃），对散热量不大的车间（80×10³J/m³·h 以下），室内计算温度为 10～20℃；对散热量较大的车间（80×10³J/m³·h 以上），室内计算温度为 10～25℃；对主要是放射、辐射热的车间（工作区的辐射强度超过 2400×10³J/m³·h），室内计算温度为 8～15℃。

在暖季（室外温度高于 10℃），室内计算温度不能高于室外温度 3～5℃。

我国大部地区最热月平均温度在 20～30℃，没有超过 30℃的。若以 30℃计，考虑暖季高于室外温度 5℃，冬季室内计算温度为 10℃，则室内气温年温差为：

$$T_{P\max} = 30℃ + 5℃ - 10℃ = 25℃$$

$$T_{P\min} = 15℃$$

所以对于单层厂房（在北方指封闭式，在南方指有房盖），计算温差取 25～30℃ 是可以的。

以大气气温年温差而论，30℃ 可适用于全国大部分地区。东北、内蒙古等地区，冬季需要采暖，故室内的年温差当比大气的年温差小，作为计算温差，钢结构厂房为 25～30℃，混凝土结构为 20～25℃。

对于露天栈桥，因直接暴露于大气之中，太阳曝晒，冷空气直接作用于上面，计算温差当大于室内温差，可取 40～50℃。厂房排架在施工中亦可能遇到露天大气温差和太阳辐射，可采取分段安装法予以解决。

非采暖地区或有其他特殊情况的地区，高温车间等计算温差应根据工程具体条件加以考虑。

3. 排架温度作用的具体计算步骤

1) 系数及其取值

（1）节点滑动系数

①横向排架 $S = 1.5$；跨度 $\geqslant 24\text{m}$，$S = 1.3～1.4$；

②纵向排架 $S = 2$。

计算排架水平构件变形时，将理论变形乘以 S 的倒数，即横向排架 $\dfrac{1}{S} = 0.66$；跨度不小于 24m，$\dfrac{1}{S} = 0.71～0.77$。纵向排架 $\dfrac{1}{S} = 0.5$。

（2）柱的抗弯刚度

①排架有不允许裂缝的严格要求，只考虑材料弹塑性取塑性系数 γ：

$$B = 0.85EJ，\gamma = 0.85 \tag{10-5}$$

②不允许裂缝，温度收缩变化缓慢，考虑徐变影响，根据缓慢程度，松弛系数 $H(t，\tau) = 0.3～0.5$：

$$B = 0.85H(t，\tau)EJ \tag{10-6}$$

③允许裂缝，考虑徐变影响：

$$B = 0.5 \times 0.85H(t，\tau) \tag{10-7}$$

（3）长度与自由度系数 η

长度与自由度系数 η 的关系见表 10-1（包括支撑约束作用）。

不同长度结构的自由度系数 表 10-1

结构＼结构长度	50m	100m	200m	300m	400m	500m	600m
混凝土结构	0.9	0.8	0.7	0.6	0.5	0.4	0.3
钢结构及混合结构	0.8	0.7	0.6	0.5	0.4	0.3	0.2

注：本表用于估算框架实际水平变位 $\delta_1 = \dfrac{\eta}{S}\alpha TL$，$L$ 为计算点至不动点距离，严格计算按考虑弹性抵抗法。

（4）荷载组合系数 m

根据规范中活荷载组合系数 0.7～0.9，考虑到本计算只对裂缝验算中的组合，故取 0.7 即足够，但对待有特殊要求的工程可取 0.9。

（5）安全系数 K

考虑到裂缝验算，根据工程具体条件，取抗裂安全系数 $K=1.15～1.25$，一般条件下 $K=1.15$。

（6）计算温差 T

计算温差 T 按表 10-2 取值。

厂房结构计算温差   表 10-2

室内采暖及非采暖	钢 结 构	25～30℃
	混凝土结构	20～25℃
露 天	钢 结 构	40～50℃
	混凝土结构	35～45℃

为了计算方便，在解排架内力中，一切按结构力学弹性连续假定计算，将其最后结果乘以上述（1）、（2）、（3）、（4）各项系数，再乘以（5）的安全系数，便得最终内力（注意：如果在计算变形中已考虑滑动系数，那么在最终计算中不再乘以（1）项系数，只乘（2）、（3）、（4）项中各系数）。其他参数与此类同。

2）收缩当量温差

收缩当量温差与结构温差叠加成为总温差。按第二章算出 ε_y 后，则收缩当量温差为：

$$T_y = -\frac{\varepsilon_y}{\alpha} \tag{10-8}$$

3）变形不动点的位置

在关于排架温度收缩作用的计算中，首先应该算出变形不动点。设如图 10-4 所示等高不等跨不等刚度的排架，试算其变形不动点。

假定排架左端为计算原点，a 表示由左端至变形不动点的距离，求 a 值。排架柱子顶端侧移为单位值（1mm）所需之水平力为侧移刚度 R。

因为变形不动点位于各柱刚度分布的重心，故总刚度乘以不动点至左端距离的静矩等于各柱刚度乘以该柱离左端距离的静距和。

$$a(R_1 + R_2 + \cdots + R_n) = R_1 O + R_2 L_1 + R_3(L_1 + L_2) + \cdots$$
$$+ R_n(L_1 + L_2 + \cdots + L_{n-1}) \tag{10-9}$$

经整理，得不动点位置：

$$a = \frac{L_1(R_2 + R_3 + \cdots + R_n) + L_2(R_3 + R_4 + \cdots + R_n) + \cdots + L_{n-1}R_n}{R_1 + R_2 + R_3 + \cdots + R_n} \tag{10-10}$$

当纵向排架的垂直支撑任意布置时，将支撑侧移刚度当作一个单柱的侧移刚度，在支撑中心位置设一等刚度（支撑顶端产生单位位移所需之力）单柱，将有支撑的排架用无支撑代换排架替代，而后均按前述等高度排架计算（图 10-5）。

一般构造条件下支撑刚度近于 20 倍单柱的刚度。

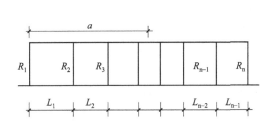

图 10-4 单层厂房排架不动点之计算简图

R 为单柱侧移刚度（柱头产生单位位移

所需之水平推力）

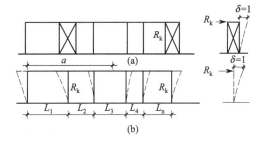

图 10-5 具有垂直支撑排架的等效代换

(a) 原排架；(b) 代换排架

10.2 钢筋混凝土排架结构温度收缩应力分析方法

排架结构的温度收缩应力分析有两种方法：允许变形法和允许应力法。

允许变形法，是排架在温度作用下，端柱的柱头（即主要水平构件与柱子）的连接点的位移控制在一定范围；允许应力法，则是排架由温度引起的内力（一般指端柱力矩及中部横梁轴力）控制在一定范围。根据厂房的使用要求，对具体工程可取其中的一种方法核算，也可同时取两法核算。

1. 允许变形法

厂房排架的允许温度区段长度，亦即伸缩缝的许可间距由下式确定：

$$[L] = S \frac{2[\Delta L]}{\alpha T \eta} \tag{10-11}$$

式中　　S——变形滑动系数，纵向排架取 2.0，横向取 1.5；

　　　　$[\Delta L]$——主要水平构件与柱子连接处的允许位移，以保证柱子附加应力不高、吊车正常运行及维护结构不破裂（表 10-3）；

　　　　T——结构遇到的温差；

　　　　α——线膨胀系数 12×10^{-6}（钢），10×10^{-6}（混凝土）；

　　　　η——自由度系数。

主要水平构件与柱子连接的允许位移　　　　　　　表 10-3

柱高（有吊车时，指轨面标高）	$[\Delta L]$ (cm)	柱高（有吊车时，指轨面标高）	$[\Delta L]$ (cm)
$8 > H \geqslant 6\text{m}$	1.0	$20 > H \geqslant 12\text{m}$	2.0
$12 > H \geqslant 8\text{m}$	1.5	$H \geqslant 20\text{m}$	2.5

公式(10-11)可用于钢结构及钢筋混凝土结构。

通过对钢结构厂房实际变形的量测，特别是对新建厂房温度变形实测，发现新建厂房变形较大，随时间的增加，变形逐渐稳定下来，开始时几乎找不到什么规律，变形的离散性很大，后来逐渐稳定，变形与温差成比例变化，好像大量预制构件在装配后的初期尚未"坐稳"，许多节点由于沉降、吊装荷载和温度等因素影响而产生不规则的滑动。这种滑动可以调节初始应力，以后逐渐稳定。因此，建议计算温差取厂房投产后室内最冷季节与最热季节的月平均温差，对于采暖及非采暖的钢结构厂房，排架计算温差相应取 25℃ 和 30℃；对于钢筋混凝土装配式单层厂房取 20℃，后者比前者导热性能差。

对于处于特殊状态下的车间，应根据上述概念，确定经常性的稳定温差作为计算温差。一些厂房的个别部位实测高温（或低温）不宜作为计算伸缩缝间距的依据。计算伸缩缝间距的温差时应该采用使车间全长都能达到的平均温度，一般高温车间约为 30～40℃。

2. 允许应力法

任何结构都有温度应力，只是大小程度不同。过去多年使用经验表明，许多结构物没有计算温度应力，也没有为温度应力增加断面，结构也使用正常。但是近代工程的几何尺寸越来越大，温度应力和变形也随之增大，应该提出一个控制范围，使结构不致过早地达到流限（与其他荷载组合）。据统计过去的工程，按规范规定设伸缩缝而又不增加断面的，温度内力一般不低于荷载配筋承载能力的 15%。因此建议，计算出的温度应力小于或等于其承载力的 15% 者不予增加断面，超过 15% 的那一部分应考虑加强断面。对于端部柱子，常以力矩为控制指标；对于中部横梁，常以轴力为控制指标。

另一种计算方法是认为结构的长度在规范规定的长度以内者，温度应力不需配筋，所以只计算超长的那一部分，算出其内力，增配钢筋，这样的设计方法与规范是不抵触的，后面将引用一计算实例证明之。

结构的变形应力对裂缝出现及扩展有影响，而与极限承载力是无关的，因为变形应力在极限状态下将消失。温度应力只在使用状态（变形、裂缝）中考虑，在承载力极限状态中不考虑。

为了便于实用，对于装配式钢筋混凝土排架，可引用计算实例的有关数据，采用本书建议的各项参数，进行验算。

1）计算实例一

设有排架如图 10-6 所示。

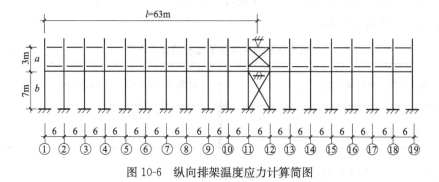

图 10-6 纵向排架温度应力计算简图

已知：上柱 $400\text{mm} \times 400\text{mm}$，下柱 $1400\text{mm} \times 800\text{mm} \times 150\text{mm} \times 100\text{mm}$，上柱惯性矩 $J_上 = 21.33 \times 10^8 \text{mm}^4$，下柱惯性矩 $J_下 = 17.26 \times 10^8 \text{mm}^4$，上柱长度 $l_上 = 3\text{m}$，下柱长度 $l_下 = 7\text{m}$。柱间支撑位于⑪～⑫线之间，计算温差 $\pm 25℃$。

解：横梁不动点位置在柱间支撑中心，至端柱①之距离为 63m，大于 50m，须考虑温度应力之长度为 $63 - 50 = 13\text{m}$，其上下两道横梁（a、b 点）之伸缩值为（考虑节点滑动 $\dfrac{1}{S} = 0.5$）：

$$\Delta_上 = \Delta_下 = 0.50 \times 1 \times 10^{-5} \times 25 \times 1300 = 0.162\text{cm} = 1.62\text{mm}$$

当 a 点有单位水平力作用时：

$$\delta_{aa} = \frac{194}{E}, \quad \delta_{ba} = \frac{110}{E}$$

当 b 点有单位水平力作用时：

$$\delta_{bb} = \frac{66}{E}, \quad \delta_{ab} = \delta_{ba} = \frac{110}{E}$$

$$\left. \begin{array}{l} X_上 \dfrac{194}{E} + X_下 \dfrac{110}{E} = 1.62 \\[2mm] X_上 \dfrac{110}{E} + X_下 \dfrac{66}{E} = 1.62 \end{array} \right\}$$

解之得：$X_上 = -0.1012E$，$X_下 = 0.1933E$

若混凝土为 C18，$E = 2.60 \times 10^4 \text{MPa}$，则 $X_上 = -2630\text{N}$，$X_下 = 5030\text{N}$。

变阶处弯矩：$-2630 \times 3 = -7890\text{N} \cdot \text{m}$，乘以综合折减系数 $\gamma \times H(t,\tau) \times n \times m = 0.85 \times 0.4 \times 0.8 \times 0.7$，再乘以安全系数 $K = 1.15$，便得：

$$KM_上 = 0.2189 \times (-7890) = -1727.59\text{N} \cdot \text{m}$$
$$KM_下 = 0.2189 \times 8910 = 1950.9\text{N} \cdot \text{m}$$

配筋计算：

$$上柱 \quad A_{gt} = A'_{gt} = \frac{172760}{(40-7) \times 34000} = 0.154\text{cm}^2$$

$$下柱 \quad A_{gt} = A'_{gt} = \frac{195090}{(40-7) \times 34000} = 0.173\text{cm}^2$$

式中钢筋屈服强度取 340MPa。

增配筋极少，一般可不增配。

2）计算实例二

设有排架如图 10-7 所示。

已知：柱①、⑥，上柱：矩形 $400\text{mm} \times 400\text{mm}$，$J_上 = 21.33 \times 10^8 \text{mm}^4$；下柱：I$400\text{mm} \times 800\text{mm} \times 150\text{mm} \times 100\text{mm}$，$J_下 = 143.63 \times 10^8 \text{mm}^4$。柱②～⑤，上柱：矩形 $400\text{mm} \times 600\text{mm}$，$J_上 = 72.00 \times 10^8 \text{mm}^4$；下柱：$1400\text{mm} \times 1000\text{mm} \times 200\text{mm} \times 12\text{mm}$，$J_下 = 288.89 \times 10^8 \text{mm}^4$。柱子材料：混凝土 C20。钢筋混凝土屋架，计算温差 $\pm 25℃$。

解：

（1）计算柱子抗剪刚度

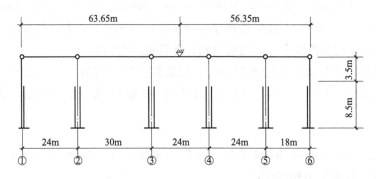

图 10-7　等高横向排架计算简图

柱①、⑥：$\gamma = \dfrac{1}{\delta} = \dfrac{E}{45.8} = \dfrac{2.60 \times 10^4}{45.8} = 568$

柱②～⑤：$\gamma = \dfrac{1}{\delta} = \dfrac{E}{21.4} = \dfrac{2.60 \times 10^4}{21.4} = 1215$

（2）求横梁不动点位置

$$l = \dfrac{1218 \times 24 + 1215 \times 54 + 1215 \times 78 + 1215 \times 102 + 568 \times 120}{568 + 1215 + 1215 + 1215 + 1215 + 568} = \dfrac{38163}{599.6} = 63.66\text{m}$$

①、⑥两柱至横梁不动点的距离大于 50m，需要考虑温度应力。

（3）柱①温度应力之计算

需计算温度应力之长度：63.65m－50m＝13.65m

柱顶温度侧移：$\Delta t = 0.75 \times 1 \times 10^{-5} \times 25 \times 13650 = 2.56\text{mm}$

柱顶水平力：$X = 2.56 \times \dfrac{E}{45.8} = 1450\text{N}$

变阶弯矩：

　　$KM_{上} = 1.15 \times 0.85 \times 0.4 \times 0.7 \times 0.8 \times 1453\text{N} \times 3.5\text{m} = 1113.5\text{N} \cdot \text{m}$

柱底弯矩：

　　$KM_{下} = 1.15 \times 0.85 \times 0.4 \times 0.7 \times 0.8 \times 1453\text{N} \times 12\text{m} = 3817.8\text{N} \cdot \text{m}$

3）计算实例三

设有排架如图 10-8 所示。

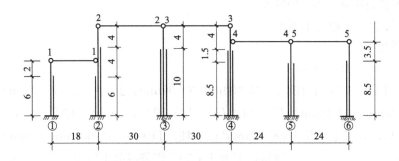

图 10-8　横向排架计算简图

已知：①柱：$J_上 = 21.33 \times 10^8 mm^4$，$J_下 = 72.00 \times 10^8 mm^4$；②柱：$J_上 = 41.67 \times 10^8 mm^4$，$J_中 = 72.00 \times 10^8 mm^4$，$J_下 = 333.3 \times 10^8 mm^4$；③柱：$J_上 = 41.67 \times 10^8 mm^4$，$J_下 = 333.3 \times 10^8 mm^4$；④柱：$J_上 = 41.67 \times 10^8 mm^4$，$J_中 = 72.00 \times 10^8 mm^4$，$J_下 = 333.3 \times 10^8 mm^4$；⑤柱：$J_上 = 41.67 \times 10^8 mm^4$，$J_下 = 170.6 \times 10^8 mm^4$；⑥柱：$J_上 = 21.33 \times 10^8 mm^4$，$J_下 = 170.6 \times 10^8 mm^4$。柱子材料：混凝土屋架。计算温差 $\pm 25℃$。

解：

（1）计算各柱的形常数 δ

$$\delta_{(1)1} = \frac{24.6}{E}$$

$$\delta_{(2)1} = \frac{5.4}{E}, \quad \delta_{(2)2} = \frac{48.2}{E}$$

$$\delta_{(2)1,2} = \frac{12.5}{E}, \quad \delta_{(3)2} = \delta_{(3)3} = \frac{31.9}{E}$$

$$\delta_{(4)3} = \frac{35.6}{E}, \quad \delta_{(4)4} = \frac{19.1}{E}$$

$$\delta_{(4)3,4} = \frac{25.2}{E}$$

$$\delta_{(5)4} = \delta_{(5)5} = \frac{36.3}{E}$$

$$\delta_{(6)5} = \frac{39.6}{E}$$

（2）计算各跨的形常数 δ

$$①～② 跨：\delta_{11} = \frac{24.6}{E} + \frac{5.4}{E} = \frac{30.0}{E}$$

$$②～③ 跨：\delta_{22} = \frac{48.2}{E} + \frac{31.9}{E} = \frac{80.1}{E}$$

$$③～④ 跨：\delta_{33} = \frac{31.9}{E} + \frac{35.6}{E} = \frac{67.5}{E}$$

$$④～⑤ 跨：\delta_{44} = \frac{19.1}{E} + \frac{36.3}{E} = \frac{55.4}{E}$$

$$⑤～⑥ 跨：\delta_{55} = \frac{36.3}{E} + \frac{39.6}{E} = \frac{75.9}{E}$$

（3）计算各跨变形常数 Δ

①～② 跨：　$\Delta_{11} = 0.75 \times 1 \times 10^{-5} \times 25 \times 18000$
　　　　　　　$= 3.375 mm$

②～③ 跨：　$\Delta_{22} = 0.75 \times 1 \times 10^{-5} \times 25 \times 30000$
　　　　　　　$= 5.625 mm$

③～④ 跨：　$\Delta_{33} = 5.625 mm$

④～⑤ 跨：　$\Delta_{44} = 0.75 \times 1 \times 10^{-5} \times 25 \times 24000$
　　　　　　　$= 4.500 mm$

⑤～⑥ 跨：　$\Delta_{55} = 4.500 mm$

假定 Δ 为伸长，故在下面计算中冠以负号。

（4）用传布法计算（表10-4）

传布法变形运算 表 10-4

$\delta_{11}=\dfrac{30.0}{E}$	$\delta_{12}=\dfrac{12.5}{E}$	$\delta_{22}=\dfrac{80.1}{E}$ $-\delta_{12}C_{12}$	$\delta_{23}=\dfrac{31.9}{E}$	$\delta_{33}=\dfrac{67.5}{E}$ $-\delta_{23}C_{23}$	$\delta_{34}=\dfrac{25.2}{E}$	$\delta_{44}=\dfrac{55.4}{E}$ $-\delta_{34}C_{34}$	$\delta_{45}=\dfrac{36.3}{E}$	$\delta_{55}=\dfrac{75.9}{E}$ $-\delta_{45}C_{45}$
	$C_{12}=0.417$	$=-\dfrac{5.2}{E}$	$C_{23}=0.426$	$=-\dfrac{13.6}{E}$	$C_{34}=0.467$	$=-\dfrac{11.8}{E}$	$C_{45}=0.832$	$=-\dfrac{30.2}{E}$
$\delta'_{11}=\dfrac{30.0}{E}$		$\delta'_{22}=\dfrac{74.9}{E}$		$\delta'_{33}=\dfrac{53.9}{E}$		$\delta'_{44}=\dfrac{43.6}{E}$		$\delta'_{55}=\dfrac{45.7}{E}$
$\Delta_{11}=-3.375$		$\rightarrow\Delta_{22}=-5.625$ -1.407		$\rightarrow\Delta_{33}=-5.625$ -2.996		$\rightarrow\Delta_{44}=-4.500$ -4.026		$\rightarrow\Delta_{55}=-4.500$ -7.094
$\Delta'_{13}=-3.375$		$-\Delta'_{22}=-7.032$		$-\Delta'_{33}=-8.621$		$-\Delta'_{44}=-8.526$		$-\Delta'_{55}=-11.594$
$X_1^0=-0.25E$		$X_2^0=-0.0839E$		$X_3^0=-0.1599E$		$X_4^0=-0.1956E$		$X_5^0=-0.2537E$
$-0.1013E$		$\leftarrow-0.1490E$		$\leftarrow-0.18990E$		$\leftarrow-0.2110E$		$\leftarrow$
$X_1=-0.2138E$		$-X_2=-0.2429E$		$-X_3=-0.3498E$		$-X_4=-0.4067E$		$-X_5=-0.2537E$

（5）计算柱子之侧移值（$E=2.60\times10^4\mathrm{MPa}$）

$$X_1=-0.2138E=-5560\mathrm{N}$$
$$X_2=-0.2429E=-6310\mathrm{N}$$
$$X_3=-0.3498E=-9090\mathrm{N}$$
$$X_4=-0.4067E=-10570\mathrm{N}$$
$$X_5=-0.2537E=-6600\mathrm{N}$$

柱顶侧移值以向右为正。

$$\Delta_1=-5560\times\frac{24.6}{E}=-5.26\mathrm{mm}$$

$$\Delta_2=5560\times\frac{12.5}{E}-6310\times\frac{48.2}{E}=2.673-11.698=-9.025\mathrm{mm}$$

$$\Delta_3=(6310-9090)\frac{31.9}{E}=-3.410\mathrm{mm}$$

$$\Delta_4=9090\times\frac{35.6}{E}-1057\times\frac{25.2}{E}=12.466-10.264=2.202\mathrm{mm}$$

$$\Delta_5=(10570-6600)\frac{36.3}{E}=5.543\mathrm{mm}$$

$$\Delta_6=6600\times\frac{39.6}{E}=10.052\mathrm{mm}$$

柱①全高 8m，柱顶允许温度侧移值为：

$$[\Delta_1]=0.75\times1\times10^{-5}\times25\times40000=7.5\mathrm{mm}$$

今柱①温度侧移值 $\Delta_1=0.526\mathrm{cm}<[\Delta_1]=0.7500\mathrm{cm}$，故不需考虑温度应力。

纵向排架各柱截面特征与配筋

表 10-5(a)

编号	上段柱长度 $H_{上}$(m)	下段柱长度 $H_{下}$(m)	柱总长 H(m)	上段柱 截面(mm²)	上段柱 惯性矩(cm⁴)	上段柱 配筋	下段柱 截面(mm²)	下段柱 惯性矩(cm⁴)	下段柱 配筋
1	2	6	8	400×400	$2.13×10^5$	$A_g=A'_g=4\Phi16$	I 400×600×120×100	$1.31×10^5$	$A_g=A'_g=4\Phi16$ $A_g=A'_g=2\Phi16$
2	2	6	8	400×400	$2.13×10^5$	$A_g=A'_g=4\Phi16$	400×600	$3.20×10^5$	$A_g=A'_g=4\Phi18$ $A_g=A'_g=2\Phi16$
3	2	6	8	400×400	$2.13×10^5$	$A_g=A'_g=4\Phi16$	400×700	$3.73×10^5$	$A_g=A'_g=4\Phi18$ $A_g=A'_g=2\Phi16$
4	3.27	6.53	9.8	400×400	$2.13×10^5$	$A_g=A'_g=4\Phi16$	I 400×600×120×100	$1.16×10^5$	$A_g=A'_g=4\Phi16$ $A_g=A'_g=2\Phi16$
5	3	7	10	400×400	$2.13×10^5$	$A_g=A'_g=4\Phi18$	I 400×800×150×100	$1.71×10^5$	$A_g=A'_g=4\Phi20$ $A_g=A'_g=2\Phi16$
6	3	7	10	400×400	$2.13×10^5$	$A_g=A'_g=4\Phi20$	400×800	$4.26×10^5$	$A_g=A'_g=4\Phi22$ $A_g=A'_g=1\Phi16$
7	3.97	7.33	11.3	400×400	$2.13×10^5$	$A_g=A'_g=5\Phi20$	I 400×800×200×120	$2.27×10^5$	$A_g=A'_g=4\Phi18$ $A_g=A'_g=2\Phi16$
8	4.2	7.6	11.8	400×400	$2.13×10^5$	$A_g=A'_g=4\Phi20$	400×800	$4.26×10^5$	$A_g=A'_g=2\Phi22$ $A_g=A'_g=1\Phi16$
9	3.77	8.53	12.3	400×400	$2.13×10^5$	$A_g=A'_g=5\Phi22$	I 400×700×150×120	$1.66×10^5$	$A_g=A'_g=4\Phi18$ $A_g=A'_g=2\Phi16$
10	4	10	14	400×500		$A_g=A'_g=4\Phi22$	I 400×1000×200×120	$2.30×10^5$	$A_g=A'_g=4\Phi22$ $A_g=A'_g=2\Phi16$
11	4	10	14	400×500		$A_g=A'_g=4\Phi22$	400×1000	$5.34×10^5$	$A_g=A'_g=4\Phi25$ $A_g=A'_g=2\Phi16$
12	4	10	14	500×500	$5.21×10^5$	$A_g=A'_g=4\Phi22$	I 500×1000×200×120	$4.40×10^5$	$A_g=A'_g=4\Phi22$ $A_g=A'_g=2\Phi16$
13	4	10	14	500×500	$5.21×10^5$	$A_g=A'_g=4\Phi22$	500×1000	$10.42×10^5$	$A_g=A'_g=4\Phi25$ $A_g=A'_g=2\Phi16$
14	4.5	12	16.5	500×600		$A_g=A'_g=4\Phi25$ $A_g=A'_g=1\Phi16$	I 500×1400×200×120	$4.31×10^5$	$A_g=A'_g=6\Phi25$ $A_g=A'_g=2\Phi20$
15	4.5	12	16.5	500×600		$A_g=A'_g=4\Phi25$ $A_g=A'_g=1\Phi16$	双 500×1400×400	$8.33×10^5$	$A_g=A'_g=4\Phi22$

柱②全高 14m，柱顶允许温度侧移值为：$[\Delta_2] = 0.75 \times 1 \times 10^{-5} \times 25 \times 5000 = 0.9375$cm。今柱②温度侧移值 $\Delta_2 = 0.9025$cm $< [\Delta]$，故不需考虑温度应力。

柱⑥全高为 12m，柱顶允许温度侧移值为 0.9375cm，今柱⑥温度测移值为 $\Delta_6 = 1.0052$cm，大于 0.9375cm，相应考虑温度应力，需要配筋之侧移量为 $1.0052 - 0.9375 = 0.0677$cm，相应的柱顶水平力为：$0.677 \times \dfrac{E}{39.6} = 440$N，乘以安全系数、组合系数、松弛系数、自由度系数、塑性系数等将算得之最终温度力矩加到排架分析所得的弯矩中去。

计算结果是：纵向排架，当横梁不动点到所计算的柱子距离为 50m 时，计算温差 ± 25℃，计算结果如表 10-5(a)（纵向排架截面特征与配筋表）所示，表 10-5(b) 为纵向排架温度力矩计算表。

纵向排架温度力矩计算表   表 10-5(b)

编 号	弯 矩 (10kN·m)		配筋承载能力 (10kN·m)		最终温度力矩 (10kN·m)		占截面配筋承载能力的百分比 (%)	
	$M_{上}$	$M_{下}$	$[M_{上}]$	$[M_{下}]$	$M_{上}$	$M_{下}$	上段柱	下段柱
1	2.26	2.67	6.02	9.21	0.49	0.58	8.22	6.35
2	5.20	7.10	6.02	9.86	1.14	1.55	18.94	15.77
3	6.36	9.40	6.02	9.86	1.39	2.06	23.13	20.87
4	1.97	2.35	6.0	6.0	0.43	0.51	7.19	8.58
5	2.48	2.92	7.6	12.1	0.54	0.64	7.15	5.28
6	3.90	6.20	19.4	15.9	0.85	1.36	9.08	8.54
7	2.13	3.00	0.4	12.0	0.47	0.66	4.08	5.43
8	2.89	4.98	9.4	15.9	0.63	1.09	6.73	6.86
9	1.18	1.59	12.4	12.2	0.26	0.35	2.08	2.90
10	1.49	1.78	11.4	15.9	0.33	0.39	2.86	2.45
11	2.17	4.20	11.4	19.2	0.48	0.92	4.17	4.79
12	2.77	3.55	14.7	20.6	0.61	0.78	4.13	3.77
13	4.76	7.40	14.7	24.6	1.04	1.62	7.09	6.59
14	2.22	0.82	21.9	37.3	0.49	0.18	2.22	0.48
15	3.54	4.70	21.9	29.4	0.78	1.03	3.54	3.50

横向排架，当横梁不动点到所计算的柱子距离为 50m 时，计算温差 ± 25℃，计算结果如表 10-6(a)（横向排架温度应力表）所示，表 10-6(b) 为横向排架温度力矩计算续表。

露天吊车栈桥纵向、横向不动点到所计算柱子的距离为 37.5m，计算温差为 ± 50℃，计算结果如表 10-7（露天吊车栈桥纵向温度应力计算表）所示。

把前面的计算结果绘入图 10-9，可清楚地看出伸缩缝间距超过 200m，绝大部分排架的温度应力都在承载力的 16% 以下，结构物是安全的。

同样，把横向排架计算结果绘入图 10-10，可看出相同的结果。

露天栈桥的伸缩缝间距扩大至 150m，其附加的应力约为承载力的 6%～10%，见表 10-7 及图 10-11。

横向排架各柱截面特征表

表 10-6(a)

编号	上段柱长度 $H_上$(m)	下段柱长度 $H_下$(m)	柱总长 H(m)	上段柱 截面(mm²)	上段柱 惯性矩(cm⁴)	上段柱 配筋	下段柱 截面(mm²)	下段柱 惯性矩(cm⁴)	下段柱 配筋
1	2	6	8	400×400	$2.13×10^5$	$A_g=A'_g=4\Phi16$	Ⅰ400×600×120×100	$6.05×10^5$	$A_g=A'_g=4\Phi16$ $A_g=A'_g=2\Phi16$
2	2	6	8	400×400	$2.13×10^5$	$A_g=A'_g=4\Phi16$	400×600	$7.20×10^5$	$A_g=A'_g=4\Phi18$ $A_g=A'_g=2\Phi16$
3	2	6	8	400×400	$2.13×10^5$	$A_g=A'_g=4\Phi16$	400×700	$11.4×10^5$	$A_g=A'_g=4\Phi18$ $A_g=A'_g=2\Phi16$
4	3.27	6.53	9.8	400×400	$2.13×10^5$	$A_g=A'_g=4\Phi16$	Ⅰ400×600×120×100	$6.05×10^5$	$A_g=A'_g=4\Phi16$ $A_g=A'_g=2\Phi16$
5	3	7	10	400×400	$2.13×10^5$	$A_g=A'_g=4\Phi18$	Ⅰ400×800×150×100	$14.52×10^5$	$A_g=A'_g=4\Phi20$ $A_g=A'_g=2\Phi16$
6	3	7	10	400×400	$2.13×10^5$	$A_g=A'_g=4\Phi20$	400×800	$17.1×10^5$	$A_g=A'_g=4\Phi22$ $A_g=A'_g=2\Phi16$
7	3.97	7.33	11.3	400×400	$2.13×10^5$	$A_g=A'_g=4\Phi20$	Ⅰ400×800×200×120	$14.57×10^5$	$A_g=A'_g=4\Phi18$ $A_g=A'_g=1\Phi16$
8	4.2	7.6	11.8	400×400	$2.13×10^5$	$A_g=A'_g=4\Phi20$	400×800	$17.1×10^5$	$A_g=A'_g=4\Phi22$ $A_g=A'_g=2\Phi16$
9	3.77	8.53	12.3	400×400	$2.13×10^5$	$A_g=A'_g=4\Phi22$	Ⅰ400×700×150×120	$10.21×10^5$	$A_g=A'_g=4\Phi18$ $A_g=A'_g=1\Phi16$
10	4	10	14	400×500	$4.16×10^5$	$A_g=A'_g=4\Phi22$	Ⅰ400×1000×200×120	$28.9×10^5$	$A_g=A'_g=4\Phi22$ $A_g=A'_g=2\Phi16$
11	4	10	14	400×500	$4.16×10^5$	$A_g=A'_g=4\Phi22$	400×1000	$33.3×10^5$	$A_g=A'_g=4\Phi25$ $A_g=A'_g=2\Phi16$
12	4	10	14	500×500	$5.21×10^5$	$A_g=A'_g=4\Phi22$	Ⅰ500×1000×200×120	$35.6×10^5$	$A_g=A'_g=4\Phi22$ $A_g=A'_g=2\Phi16$
13	4	10	14	500×500	$5.21×10^5$	$A_g=A'_g=4\Phi22$	500×1000	$41.7×10^5$	$A_g=A'_g=4\Phi25$ $A_g=A'_g=2\Phi16$
14	4.5	12	16.5	500×600	$9.0×10^5$	$A_g=A'_g=4\Phi25$ $A_g=A'_g=4\Phi16$	Ⅰ500×1400×200×120	$82.5×10^5$	$A_g=A'_g=6\Phi25$ $A_g=A'_g=2\Phi20$
15	4.5	12	16.5	500×600	$9.0×10^5$	$A_g=A'_g=4\Phi25$ $A_g=A'_g=4\Phi16$	双 500×1400×400	$105.32×10^5$	$A_g=A'_g=4\Phi22$

横向排架温度力矩计算表　　　　　　　　表 10-6(b)

编　号	弯　矩 (10kN·m)		配筋承载能力 (10kN·m)		最终温度力矩 (10kN·m)		占截面配筋承载能力的百分比 (%)	
	$M_上$	$M_下$	$[M_上]$	$[M_下]$	$M_上$	$M_下$	上段柱	下段柱
1	1.69	6.75	9.02	21.8	0.37	1.48	4.10	6.78
2	2.0	8.0	9.02	18.3	0.44	1.85	4.85	9.57
3	3.07	12.2	9.02	21.8	0.67	2.67	7.45	12.25
4	1.42	4.28	9.03	14.5	0.31	0.94	3.43	6.46
5	2.76	9.20	11.40	31.1	0.60	2.01	5.30	6.48
6	3.16	10.60	14.10	37.6	0.69	2.32	4.91	6.17
7	2.35	6.67	17.60	25.1	0.51	1.46	2.92	5.82
8	2.43	6.80	14.10	37.6	0.53	1.49	3.77	3.96
9	1.36	4.48	21.3	21.8	0.30	0.98	1.40	4.50
10	2.71	9.55	22.3	57.0	0.59	2.09	2.66	3.67
11	3.05	10.80	22.3	62.0	0.67	2.36	2.99	3.81
12	3.36	11.80	22.3	57.0	0.74	2.58	3.30	4.53
13	3.84	13.40	22.3	62.0	0.84	2.93	3.77	4.73
14	5.16	19.0	35.4	133.0	1.13	4.16	3.19	3.13
15	6.35	23.2	35.4	103.0	1.39	5.08	3.93	4.93

露天吊车栈桥温度力矩计算表（温差 50℃）　　　　　　　表 10-7

柱　高	柱　截　面 (mm²)	截面惯性矩 (cm⁴)	配　筋	弯矩 M (10kN·m)	截面钢筋承受的弯矩 (10kN·m)	最终温度力矩 (10kN·m)	占截面钢筋弯矩的百分比（%）
8.5m	I400×800×150×100	$1.71×10^5$	受力筋 $A_g=A_g'=4\Phi20$ 侧筋 $A_g=A_g'=2\Phi16$	2.60	13.84	0.569	4.11
8.5m	I 500×1000×200×120	$4.40×10^5$	$A_g=A_g'=5\Phi22$ $A_g=A_g'=2\Phi16$	6.70	6.70	22.60	6.4
9.5m	I 400×900×150×100	$1.72×10^5$	$A_g=A_g'=4\Phi20$ $A_g=A_g'=2\Phi16$	5.38	13.84	0.459	3.3
9.5m	I 500×1200×200×120	$4.43×10^5$	$A_g=A_g'=5\Phi22$ $A_g=A_g'=2\Phi16$	5.38	22.60	1.178	5.2
10.5m	I 400×1000×200×120	$2.30×10^5$	$A_g=A_g'=4\Phi22$ $A_g=A_g'=2\Phi16$	2.29	15.87	0.501	3.1
10.5m	I 500×1400×200×120	$4.46×10^5$	$A_g=A_g'=5\Phi25$ $A_g=A_g'=2\Phi20$	4.46	26.5	0.97	3.68
12.5m	I 500×1400×200×120	$4.46×10^5$	$A_g=A_g'=5\Phi25$ $A_g=A_g'=2\Phi20$	3.14	26.5	0.687	2.59
12.5m	双 500×1800×300	$6.25×10^5$	$A_g=A_g'=4\Phi22$	4.40	29.5	0.96	3.26

注：桥排架纵长 $19×600=11400cm$，$\Delta L=0.5×10^{-5}×50×5700=1.42cm$。

总结上述计算结果，参见汇总的图 10-9、图 10-10、图 10-11 可看出，装配式纵横向排架的伸缩缝间距为 100m 时，温度应力约在原截面钢筋承载力的 7.5％～8％ 以下，个别有所超过。因此按一般情况下允许量为 15％ 左右时，伸缩缝间距扩大至 200m 是没有问题的，实践中也已证明是可行的。装配式的露天栈桥同样可以扩大至 200m。

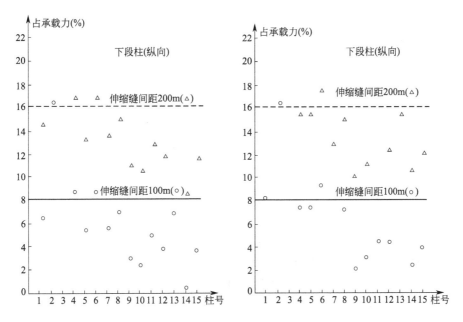

图 10-9　表 10-6(a) 汇总图

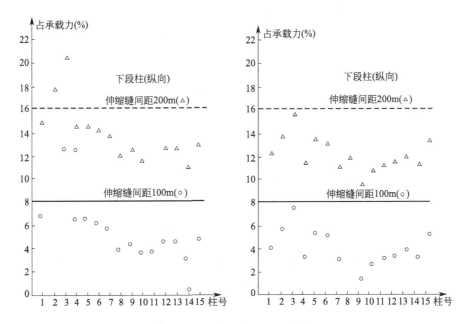

图 10-10　表 10-6(b) 汇总图

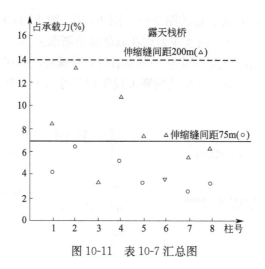

图 10-11 表 10-7 汇总图

10.3 钢结构单层工业厂房温度应力计算

根据我们的实测，钢结构由于导热系数较大，热传导速度快，对温度变化比混凝土结构敏感，并且没有徐变带来的应力松弛问题，这是比较不利的方面。

但是，另一方面，钢结构都是现场螺栓连接，柱子刚度较小，柔性较好；柱子较高，允许较大变形，应力较低；没有裂缝问题。最不利的情况是垂直支撑压杆失稳，也容易修复，对生产及结构使用并无严重威胁。

总之，钢结构抵抗变形作用方面有许多构造上的优点，国外已有许多超长厂房没有出现破坏事故。

影响排架温度应力的构造因素是不可忽视的，过去国外国内均把厂房排架作为杆系结构，应用结构力学方法加以分析，把实际工程理想化为简单的力学模型，在弹性理论基本假定基础上进行计算，其计算结果普遍偏高。

实际上，厂房排架的温度应力同排架的结构有很大关系。例如基础相对地基的转动，柱子相对基础的转动，横梁与横梁、横梁与柱头或牛腿连接的滑动，所有这些都与计算简图有出入，见图 10-12。

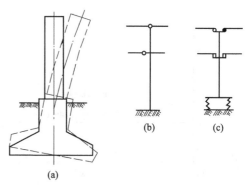

图 10-12 基础转动与梁柱连接的计算模型
（a）基础转动；（b）梁与梁、梁与柱及柱与基础的理想计算图；（c）考虑构造的计算模型

这种实际构造对温度应力的影响是非常可观的。钢结构的弹性模量很高，约为 $2.1 \times 10^5 \text{MPa}$，温差 20℃时，完全约束条件下的应力可达：

$$\sigma_i = E\alpha T = 2.1 \times 10^5 \times 12 \times 10^{-6} \times 20 = 50.4 \text{MPa}$$

但是，如果构件的端头能产生微小滑动（以 12m 构件为例，只要一个节点能有 1.44mm 的微动），则温度应力全部消失。因此，在计算变形变化引起的应力状态时，忽

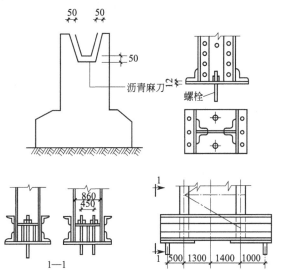

图 10-13 柱子与基础的微动连接

略构造特点,将带来较大误差。上述理由可以说明,理论计算的温度应力很大,实际使用并无问题。有关钢结构方面可削减温度应力的几种构造(如基础转动、梁柱单侧铰接及梁柱双侧铰接等),见图 10-13、图 10-14、图 10-15(a)等。如果能按"分散变形原则"设计,每个吊车梁都有一端采取长圆孔连接,则温度应力将消失,伸缩缝可完全取消。一般长圆孔的构造尺寸如图 10-15(b)所示。在宝钢已有许多实例。

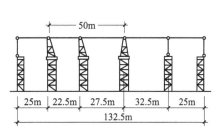

图 10-14 梁与柱顶的连接

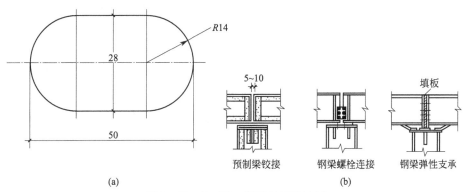

(a)   (b)

图 10-15 吊车梁一端的长圆孔连接

(a) 长圆孔尺寸;(b) 吊车梁与牛腿处的连接

1. 纵向伸缩缝间距

单层工业厂房纵向排架如图 10-16 所示,其计算简图可能有三种:

1)单层排架

考虑到纵向排架的主要水平构件是吊车梁，而上部的支撑或水平系杆的断面很小，其轴力刚度 EF 远小于吊车梁，并且上部构件连接的微动大于水平构件吊车梁，故假定纵向为单层排架，见图 10-16(a)、(b)。

2）等侧移双层排架

考虑上部构件对柱的温度应力起一定的不利作用，假定两层水平的构件具有相同的水平侧移，按双层排架分析，见图 10-17。

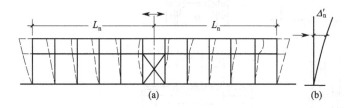

图 10-16　单层厂房纵向排架示意图 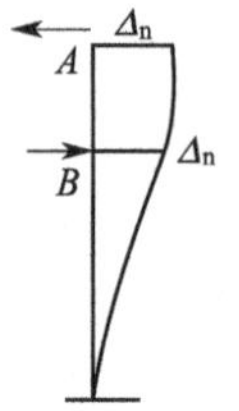　　　图 10-17　等侧移双层梁计算简图

3）不等侧移双层排架

考虑到主要水平构件的温度变形损失，使上部构件的水平侧移约束力大为减少（与等侧移双层排架相比），假定上部构件的侧移达到自由温度变形，而吊车梁的侧移取考虑变形损失的温度变形，即为不等侧移双层排架，见图 10-18。

在以上三种计算简图中，第三种不等侧移排架比较接近实际情况，推荐第三种计算方法（取滑动系数 $S=2.0$，其他基本数据采用钢结构规范修订组选用的数据），作为确定一般钢结构伸缩缝间距的一种方法。

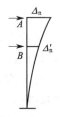

图 10-18　不等侧移双层梁计算简图

$$\Delta_n = \alpha T L_n$$

$$\Delta'_n = \frac{\alpha T L_n}{S}$$

上述 Δ_n 及 Δ'_n，对钢结构只考虑温度，对混凝土结构还要考虑收缩。

钢柱的一般断面及高度如图 10-19 所示。

由于温度变形，在钢柱柱顶产生反力 R_A；在变断面处产生支反力 R_B；其量值由力学的基本方程求得：

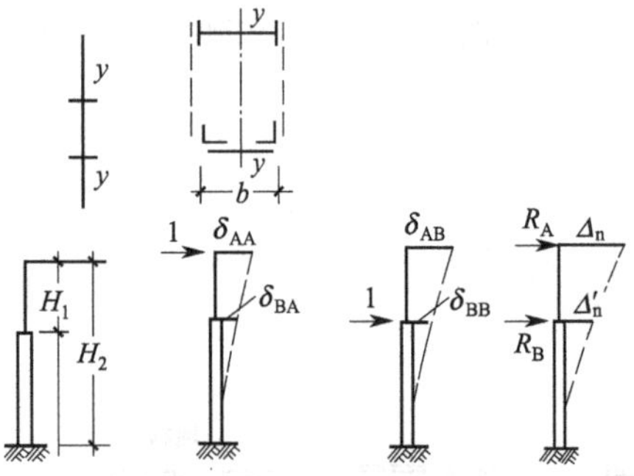

图 10-19　钢柱截面与计算简图

$$\left.\begin{array}{l} R_A \delta_{AA} + R_B \delta_{AB} = \Delta_n \\ R_B \delta_{BB} + R_A \delta_{BA} = \Delta'_n \end{array}\right\} \tag{10-12}$$

令 $\lambda = \dfrac{H_1}{H_2}$，$n = \dfrac{J_1}{J_2}$

$$\delta_{AA} = \frac{H_1^3}{3EJ_1} + \frac{H_2^3 - H_1^3}{3EJ_2} = \left(\frac{\lambda^3}{n} + 1 - \lambda^3\right)\frac{H_2^3}{3EJ_3}$$

$$= \alpha_1 \frac{H_2^3}{3EJ_2} \tag{10-13}$$

$$\delta_{BA} = \delta_{AB} = \frac{H_2^3 - H_1^3}{2EJ_2} - \frac{H_1(H_2^2 - H_1^2)}{2EJ_2}$$

$$= \left(1 - \frac{3}{2}\lambda + \frac{1}{2}\lambda^3\right)\frac{H_2^3}{3EJ_2} = \alpha_2 \frac{H_2^3}{3EJ_2} \tag{10-14}$$

$$\delta_{BB} = \frac{(H_2 - H_1)^3}{3EJ_2} = (1 - \lambda)^3 \frac{H_2^3}{3HJ_2} = \alpha_3 \frac{H_2^3}{3EJ_2} \tag{10-15}$$

将上述结果代入式(10-12)，解之得：

$$R_A = \frac{\Delta'_n \delta_{BB} - \Delta'_n \delta_{AB}}{\delta_{AA}\delta_{BB} - \delta_{AA}^2} = \frac{3EJ_2}{H_2^3}\left(\frac{\Delta_n\alpha_3 - \Delta'_n\alpha_2}{\alpha_1\alpha_3 - \alpha_2^2}\right) \tag{10-16}$$

$$R_B = \frac{\Delta_n\delta_{AB} - \Delta'_n\delta_{AA}}{\delta_{AB}^2 - \delta_{AA}\delta_{BB}} = \frac{3EJ_2}{H_2^3}\left(\frac{\Delta_n\alpha_3 - \Delta'_n\alpha_1}{\alpha_2^2 - \alpha_1\alpha_3}\right) \tag{10-17}$$

在柱根产生的最大弯矩：

$$M_t = R_A H_2 + R_B(H_2 - H_1)$$

$$= \frac{3HJ_2}{H_2^2}\left(\frac{\Delta_n\alpha_3 - \Delta'_n\alpha_2}{\alpha_1\alpha_3 - \alpha_2^2} + \frac{\Delta_n\alpha_2 - \Delta'_n\alpha_1}{\alpha_2^2 - \alpha_1\alpha_3}\right) \times (1 - \lambda)$$

$$= \frac{3HJ_2}{H_2^2} \cdot \beta \tag{10-18}$$

$$\beta = \left(\frac{\Delta_n\alpha_3 - \Delta'_n\alpha_2}{\alpha_1\alpha_3 - \alpha_2^2} + \frac{\Delta_n\alpha_3 - \Delta'_n\alpha_1}{\alpha_2^2 - \alpha_1\alpha_3}\right) \times (1 - \lambda) \tag{10-19}$$

柱根处的温度应力：

$$\sigma_t = \frac{M_t}{W} = \frac{M_t b}{2J_2} = \frac{3EJ_2}{H_2^2} \cdot \frac{b}{2J_2} \cdot \beta = 1.5E \cdot \frac{b}{H_2} \cdot \frac{1}{H_2} \cdot \beta \tag{10-20}$$

这就是计算温度应力的公式。为了确定一般钢结构的伸缩缝间距，还须代入一些具有一般性的特定数值，为此，引用如下的常用钢结构几何尺寸进行分析：

假定轨顶标高 15m，轨道至屋架下弦 4m，柱脚深 1m，吊车梁高 2m，$H_2 = 20m$，$H_1 = 6m$，$\lambda = \frac{H_1}{H_2} = 0.3$。上柱与下柱刚度之比 J_1/J_2 为 0.25~1.0，偏于不利取 $n = 0.2$。下柱宽与柱高之比 $b/H_2 \approx \frac{1}{25} \sim \frac{1}{45}$，取偏于不利值 $\frac{b}{H_2} = \frac{1}{30}$。顶部自由变形，吊车梁有变形损失，$S = 2.0$，则：

$$\Delta_n = \alpha T L_n = 12 \times 10^{-6} T L_n$$

$$\Delta'_n = \frac{\alpha T L_2}{S} = \frac{12 \times 10^{-6} T L_n}{2} = 6 \times 10^{-6} T L_n$$

$$\alpha_1 = \left(\frac{\lambda^3}{n} + 1 - \lambda^3\right) = \frac{0.3^2}{0.2} + 1 - 0.3^2 = 1.108$$

$$\alpha_2 = \left(1 - \frac{3}{2}\lambda + \frac{1}{2}\lambda^3\right) = 1 - 1.5 \times 0.3 + 0.5 \times 0.3^3$$

$$= 0.5635$$

$$\alpha_3 = (1 - \lambda)^3 = (1 - 0.3)^3 = 0.7^3 = 0.343$$

$$\beta = \frac{\Delta_n\alpha_3 - \Delta'_n\alpha_2}{\alpha_1\alpha_3 - \alpha_2^2} + \frac{\Delta_n\alpha_2 - \Delta'_n\alpha_1}{\alpha_2^2 - \alpha_1\alpha_3}(1 - \lambda)$$

$$= \left(\frac{12 \times 0.343 - 6 \times 0.5635}{1.108 \times 0.343 - 0.5635^2} + \frac{12 \times 0.5635 - 6 \times 1.108}{0.5635^2 - 1.108 \times 0.343} \times 0.7 \right) TL_n 10^{-6}$$

$$= \left(\frac{4.116 - 3.381}{0.380 - 0.3175} + \frac{6.762 - 6.648}{0.3175 - 0.380} \times 0.7 \right) TL_n \cdot 10^{-6}$$

$$= \left(\frac{0.735}{0.06251} + \frac{0.114}{-0.06251} \times 0.7 \right) TL_n \cdot 10^{-6}$$

$$= (11.758 - 1.277) TL_n \cdot 10^{-6}$$

$$= 10.481 TL_n \cdot 10^{-6} \tag{10-21}$$

$$\sigma_t = 1.5E \cdot \frac{b}{H_2} \cdot \frac{1}{H_2} \cdot \beta$$

$$= 1.5 \times 2.1 \times 10^5 \times 10.481 \times \frac{1}{30} \times \frac{1}{20000} TL_n \cdot 10^{-6}$$

$$= 3.302 \times \frac{1}{600000} TL_n = \frac{1}{181708} TL_n \tag{10-22}$$

如将柱根处的温度应力用允许应力代替，以伸缩间距为待求量，即是按"允许应力法"的伸缩缝间距的公式：

$$[L] = 2L_n = 2 \times 181708 \frac{[\sigma_T]}{T} = 363416 \frac{[\sigma_T]}{T} \tag{10-23}$$

当选取允许应力不超过钢材计算强度的 15% 时（也就是不增加断面），偏小地取 25MPa：

$$[L] = \frac{9085400}{T} \quad \text{mm} \tag{10-24}$$

这就是确定伸缩缝允许间距的公式，根据不同厂房的温差 T 可直接求出。如为 20℃，则 $[L] = 454$m；如为 30℃，则 $[L] = 302$m 等等。这个公式可应用于已知工程大致轮廓，但尚未确定详细尺寸时的一般伸缩缝间距。

但是，对于已知详细尺寸和具体所处条件的工程，如欲扩大其间距，还须在基本公式中代入具体 a_1、a_2、a_3、Δ_n'、b/H_2、$1/H_2$ 等，用公式(10-18)确定弯矩 M_t 及公式(10-20)的 σ_t、最后确定 $[L]$。

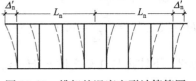

图 10-20　排架的温度变形计算简图

2. 露天栈桥的伸缩缝间距（图 10-20）

露天栈桥按单层排架分析。

端柱根处最大弯矩：

$$M_t = \frac{3EJ_2}{H_2^2} \cdot \Delta_n' = \frac{3EJ_2}{H_2^2} \cdot \frac{\alpha TL_n}{S} \tag{10-25}$$

$$\sigma_t = \frac{M_t \cdot b}{2J_2} = 1.5 \cdot \frac{E\alpha}{S} \cdot \frac{b}{H_2} \cdot \frac{1}{H_2} \cdot TL_n \tag{10-26}$$

一般 $\frac{b}{H_2} \cong \frac{1}{18} \sim \frac{1}{32}$，取 $\frac{1}{22}$；$S = 2.0$；$H_2 = 14$m

$$\sigma_t = 1.5 \times \frac{2.1 \times 10^5 \times 12 \times 10^{-6}}{2.0} \times \frac{1}{22} \times \frac{1}{14000} \cdot TL_n$$

$$= \frac{1}{162962} TL_{\mathrm{n}}$$

$$L_{\mathrm{n}} = 162962 \frac{\sigma_t}{T} \tag{10-27}$$

最大伸缩缝间距 $[L]$：

$$[L] = 2L_{\mathrm{n}} = 325924 \frac{[\sigma_{\mathrm{t}}]}{T} \tag{10-28}$$

露天栈桥的允许温度应力 $[\sigma_{\mathrm{t}}]$ 可取 $25 \sim 30\mathrm{MPa}$。

3. 横向排架的伸缩缝间距

横向排架包括等高及不等高排架，其基本计算方法可参见排架计算手册，只需注意在温度变形中考虑变形损失。以等高排架为例，可首先算出温度变形不动点位置，得知排架两端柱距不动点距离为 L_{n} 及 $L_{\mathrm{n}0}$ 试计算端柱内力。

距不动点为 L_{n} 的端柱（另一端柱类似不再重复）：

$$\Delta_{\mathrm{n}} = \frac{\alpha TL_{\mathrm{n}}}{S}, \ M_{\mathrm{t}} = \frac{KEJ_2}{H_2^2} \cdot \Delta_{\mathrm{n}} \tag{10-29}$$

$$\sigma_{\mathrm{t}} = \frac{M_{\mathrm{t}}C}{J_2} = \frac{E\alpha KC}{SH_2^2} \cdot \Delta_{\mathrm{n}} \cdot L_{\mathrm{n}} \tag{10-30}$$

式中　K——系数，梁柱（屋架与柱）刚接时 $K=3.5$，铰接时 $K=2.5$；

C——中和轴到截面边缘距离，取 $0.55a$；

S——温度变形滑动系数，由于横跨大于纵向柱距，节点少，据不同厂房实测：$S=1.35$（少数），$S=1.5 \sim 1.65$（多数），对铰接节点取 1.65、刚接节点取 1.5；柱子横向宽高比 $\dfrac{a}{H_2} = \dfrac{1}{10} \sim \dfrac{1}{20}$ 的，取 $\dfrac{1}{12}$；$H_2 = 20\mathrm{m}$。

屋架与柱刚接时：

$$
\begin{aligned}
\sigma_{\mathrm{t}} &= E \cdot \alpha \frac{0.55a}{H_2} \cdot \frac{1}{H_2} \cdot \frac{K}{S} \cdot T \cdot L_{\mathrm{n}} \\
&= 2.1 \times 10^5 \times 12 \times 10^{-6} \times \frac{0.55}{12} \times \frac{1}{20000} \times \frac{3.5}{1.5} \times TL_{\mathrm{n}} \\
&= \frac{1}{74212} T \cdot L_n
\end{aligned}
$$

由上式求得：

$$L_{\mathrm{n}} = 74212 \frac{\sigma_{\mathrm{t}}}{T} \tag{10-31}$$

屋架与柱刚接（$S=1.5$），允许间距（变形不动点在中间）：

$$[L] = 2L_{\mathrm{n}} = 148424 \frac{\sigma_{\mathrm{t}}}{T} \mathrm{mm} \tag{10-32}$$

当选取允许温度应力 $[\sigma_{\mathrm{t}}] = 25\mathrm{MPa}$ 时：

$$[L] = 148424 \frac{25}{T} = \frac{3710600}{T} \mathrm{mm} \tag{10-33}$$

屋架柱铰接（$S=1.65$）：

$$L_n = 81633\frac{\sigma_t}{T} \tag{10-34}$$

允许间距：

$$[L] = 2L_n = 163266\frac{[\sigma_t]}{T}\text{mm} \tag{10-35}$$

当选取允许温度应力 $[\sigma_t]=25\text{MPa}$ 时：

$$[L] = 163266 \times \frac{25}{T}$$

$$= \frac{4081650}{T}\text{mm} \tag{10-36}$$

4. 支撑作用与布置及旁弯变形

当钢结构厂房纵向长度扩大很长，不留伸缩缝时，在一个温度区段内，可能布置两道或多道垂直支撑，应尽量使支撑位置对称于中间变形不动点，并且不宜把支撑布置在纵长的端部，以减少支撑内力，避免压杆失稳。

另一方面，支撑大大提高了纵向刚度，按常用构造，一个柱距内支撑抗水平变形的刚度大约等于 20 倍单柱的侧移刚度。从实测变形的资料中分析变形损失，可看出节点滑动随阻力的增加有增大趋势。所以，纵向温度区段增加，支撑数量有所增加，支撑的实际温度应力一般不致引起破坏性后果。

有些厂房排架超长很多而不设伸缩缝，如日本的某些轧钢厂、上海宝钢初轧厂都超过500 余米，对厂房整体刚度有好处，但都发现支撑压杆有旁弯现象，这是正常现象，剪刀撑靠拉杆工作，压杆失稳是正常的，不影响排架使用。拉杆是保证厂房纵向刚度的主要措施。

在钢结构排架中，支撑对吊车梁的压缩及拉伸作用不大，据计算最多 5%～10%，可以忽略弹性抵抗，仍然按前面计算排架所取的侧移值（考虑损失后的自由变形）。

对于超过伸缩缝间距的厂房，如增加支撑，应对支撑与柱的连续构造给予微动余地，从而减少支撑负担，一般采用螺栓连接，或椭圆孔螺栓，其他可调节的构造都能解决问题。

当然，前面说过，即便是压杆失稳，厂房也能正常使用。如屈曲变形较大，并不难处理，总比留双排架方便多了。

在极端情况下，当应力超过钢材的流限时，钢材的塑性变形足以满足变形需要。这时，应力大大松弛，远离极限强度，温度应力已消失大部。故一般缓慢温差作用下的钢结构（包括斜撑及柱子），都不可能产生破断结果，只会产生较大变位。因此，按允许应力的计算方法是控制温度应力在一定范围内，使结构在复杂的荷载组合下，不至过早地达到流限，引起较大的变位。

综上所述，两种控制（允许变形及允许应力）最终都是控制变形，从而防止有害吊车运行及围护结构的破坏。

至于强度，一般是不受影响的。极限状态下，没有温度应力。

表 10-8 为钢结构伸缩缝问题调查表。

注意钢结构导热系数较大，受热变形较快，对于超长钢结构夏季施工，宜采用分段吊装方法，避免太阳辐射及较高气温引起水平位移超偏。

钢结构伸缩缝问题调查 表 10-8

序号	地区	车间名称	车间性质	建成时期（年）	轨顶标高（m）	温度区段长度（m） 纵向	温度区段长度（m） 横向	结构特点	使用情况	附注
1	东北	炼钢厂	热车间	1935	18	362 413（铸锭）	97.5	铁皮屋面，三角形屋架与柱铰接，中间屋架支承于吊车梁体系，柱脚构造平面外近似铰接，柱间支撑在厂房端部，铆接	A 列露天柱倾斜，上部已加联系柱，下沉 70～80mm，锈蚀严重	铸锭跨与一初轧厂相连 4 跨 3×25＋22.5m
2	东北	炼钢厂	热车间	1935 建成 1945 停产 1958 修复	18	402.5 472.5（铸锭）	50 （165.5）	基本同序号 1	炉子跨柱支撑失稳破坏，制动桁架铆钉破坏较多	横向总长 162.5m 但温度区段长 50m
3	东北	均热炉车间	热车间	1936	14	330	97.5	基本同序号 1，但室内气温特高达 70～85℃	吊车啃轨严重，吊车梁与柱连接铆钉破坏多，厂房晃动大	与炼钢厂相接，本车间只一跨
4	东北	初轧精整车间	不采暖	1936 1953～1958 扩建	7.5	250 200 50	50	铁皮屋面，梯形屋架，铆接，中间屋架用小柱支于吊车梁体系，柱脚平面处近似铰接	屋架下弦标高太低使下弦及其支撑碰伤很多	2 跨 2×25m
5	东北	小型轧钢厂	不采暖	1935 1956 接长	8	246	24	原长 200m，基本同序号 1，接长 46m 为焊接，无下弦支撑及系杆，车间端部设型钢交叉柱间支撑		
6	东北	小型轧钢厂	不采暖	1935 1970 接长	8	250	36	铁皮屋面，梯形屋架，铆接，接长部分为焊接，柱间支撑在厂房两端	1970 年冬季，接长柱间支撑仍放端部，次年春季柱间支撑失稳破坏	原长 200m，接长 50m，2 跨 2×18m
7	东北	原料场	露天	1935	7	206	30	结构柱外肢倾斜，柱脚平面处近似铰接，柱间支撑设在两端及中央	钢柱倾斜达 60～70mm 下沉约 20mm，晃动较大	

续表

序号	地区	车间名称	车间性质	建成时期（年）	轨顶标高（m）	温度区段长度（m）纵向	横向	结构特点	使用情况	附注
8	东北	大型轧钢加热炉车间	热车间	1935 1957 接长	9	152	50.60	原建长98m，铁皮屋面，接长54m，为大型屋面板		2跨25.5＋25.15m
9	东北	大型轧钢车间	不采暖	1935 1952～1957 扩建	9	156 144.85 128	128	原三跨，1952年、1957年分别扩建28m和30m各一跨		5跨2×72.5＋28＋30＋15m
10	华北	钢坯库	不采暖	1959	11	108	66	大型屋面，柱及梯形屋架为焊接，吊车梁为铆接，侧墙为砖自承墙，端墙为石棉瓦	端墙石棉瓦破坏严重	2跨2×33m
11	华北	均热炉车间	热车间	1969	14.5	162	30	井式天窗，大型墙板，制动板与吊车梁连接用高强螺栓		
12	华东	麻纺车间	不采暖	1953	下弦标高4.8	256.4	153.8	锯齿形屋面，无吊车，7.325m方格柱网，柱脚铰接，外墙与钢柱分离		
13	华东	船体车间	不采暖	1969	15	120 48	72	石棉瓦屋面及墙皮，钢筋混凝土檩条		3跨3×24m
14	华东	电机试车站	不采暖	1965	上层22 下层16	156	36	双层吊车，上层吊车梁铆接	砖墙裂缝较多，原因可能是基础下沉不均	
15	华东	大气轮车间	不采暖	1962	上层18.5 下层12.5	120	36	基本同序号14	基础不均匀下沉严重，吊车卡轨	
16	华东	均热炉车间	热车间	1961	13.7	150	32	5m间距的柱列为钢筋混凝土柱，15m间距柱列为钢柱	柱基下沉，吊车啃轨，15m桁架式吊车梁下弦拉断5m柱距的柱间支撑拉脱	
17	西南	水压机车间	热车间	1946	21	168 64	33	吊车梁铆接，其余焊接，吊车梁与柱和柱撑连接为高强螺栓	吊车有啃轨现象	

序号	地区	车间名称	车间性质	建成时期（年）	轨顶标高（m）	温度区段长度（m）纵向	横向	结构特点	使用情况	附注
18	西南	金工装配车间	不采暖	1964	上层26 下层17	156	36	上层吊车梁为铆接，其余焊接，大型墙板		
19	西南	重机厂平炉车间	热车间	1967		228		大型板屋面及墙面，浇铸跨为双层吊车，吊车梁铆接		
20	西南	焊接车间	不采暖	1960		156 156	36	一般构造型式		
21	西南	大电机车间	不采暖	1965	上层22 下层16	144 144	36	大型屋面板，焊接，一般构造型式		
22	东北	均热炉车间	热车间	1956	15.5	120 90 75	34	小型板屋面，钢檩条，吊车梁铆接，其他焊接	厂房横向晃动大，吊车梁下翼缘因焊角钢致使梁断裂，制动桁架铆接破坏多，改制动板	
23	北东	轧钢及板坯车间	不采暖	1956～1957	13 10	180 162	93	大型板屋面（部分小型板），钢檩条，吊车梁铆接，其余焊接		4跨3×27+12m
24	东北	钢坯库	不采暖	1957	12	168	99	大型板屋面，吊车梁铆接，其余焊接，墙皮上段为铁皮，下段为砖墙		3跨3×33m
25	东北	半连轧厂	采暖	1957	10 12	180 144 156	84	共三跨，其中有一柱与吊车梁组成纵向刚架代替柱间支撑		3跨2×27+30m
26	东北	加工车间	采暖	1942建 1953投产	7.65	145	92	锯齿形屋盖，屋面上层铁皮，下层石棉瓦（中间保温层），铆接，支撑特密		4跨4×23m
27	东北	成品库	不采暖	1942建 1953投产	7.65	150	23	铁皮屋面，三角形屋架下加平行弦桁架（重叠）	个别平行弦桁架上弦平面外失稳	
28	东北	清管车间	采暖	1942建 1953投产 1960扩建	7.6	120 75 150 75	92	锯齿形屋盖，铁皮屋面（接长部分为小型板），焊接三角形钢管屋架		4跨4×23m

序号	地区	车间名称	车间性质	建成时期（年）	轨顶标高（m）	温度区段长度（m）		结构特点	使用情况	附注
						纵向	横向			
29	东北	轧管车间	热车间	1942建 1953投产	8.5 7.65	208（接长48m）	89	钢管柱,钢管屋架及檩条,横向无窗,扩建部分为大型板角钢梯形屋架	制动桁架有断裂现象,1964年全改为制动板	4跨2×27.5＋11＋23m
30	西南	均热炉车间	热车间	1971	15.5	127	30	井式天窗,大型墙板,柱间支撑在厂房一端		未投产
31	西南	钢坯库	不采暖	1971	12	119	90	共3跨,边列柱为钢筋混凝土,中列柱为钢		3跨3×30m未投产
32	中南	炼钢车间	热车间	1958	18	144 234 108	67.5	大型屋面板,平行弦屋架,铆接吊车梁,共三跨22＋27.5＋18m		在伸缩缝处上面的横向构件下的积灰有70mm的滑动痕迹
33	中南	钢坯库	不采暖	1960	12	120 180	90	开敞式外墙,一般构造型式		3跨3×30m
34	中南	轧钢车间	不采暖	1966	9～12	156, 144 174, 104 84, 114	102	侧墙下部为活动墙板,铆接吊车梁,其余为焊接	精整跨吊车哨轨较严重,钢柱因材质不清予以加固	4跨30＋2×27＋18m
35	中南	铸造材料库	露天		9	105 42		格构式钢柱,吊车梁支承于柱内肢,有部分已加屋盖		
36	中南	铸造车间	热车间			60 84 72	96	旧建筑原有两跨(2×27m),后扩建两跨,壁行吊车甚多		4跨30＋24＋2×21m
37	中南	金工车间（两个）	不采暖	1957 1958	12 14	132 132	30 30	梯形屋架,一般构造型式		
38	华南	船体车间	不采暖	1970	27.9	180	66	大型屋面板,大型墙板,一般构造型式		2跨2×33m

序号	地区	车间名称	车间性质	建成时期（年）	轨顶标高（m）	温度区段长度（m）纵向	温度区段长度（m）横向	结构特点	使用情况	附注
39	华北	船体车间	采暖	1958（2跨）1969（2跨）1970（2跨）	28	168	120 96	纵向双柱宽3m，与交叉缀条相连，间距24m，平行弦托架沿横向布置，屋架沿纵向布置		4跨各30m分两期建成，总计7跨
40	中南	均热炉车间	热车间	1958	15	120	32	一般构造形式		
41	华北	重机装配车间	采暖	1956～1958	上层20下层14	142	30	双层吊车，一般构造型式		
42	华北	重机车间	采暖	1956～1958	14	144	72	吊车梁铆接，其余焊接，一般构造形式		3跨3×24m
43	华北	热处理车间	热车间	1956～1958	上层19下层13.5	72	48	高低跨，高跨为双层吊车，制动板连结为精制螺栓		2跨2×24m
44	华北	锻造车间	热车间	1956～1958	14	144	72	大型屋面板，一般构造形式		3跨3×24m
45	华北	焊接车间	采暖	1954	8.5,12 13.2,11.4 18.5（上）12（下）	108	90	横向5跨，高低不一，中跨为双层吊车，纵向有一单柱伸缩缝		5跨12+21＋24+15+18m
46	华北	均热炉车间	热车间	1958	14	105	33	大型屋面板及墙板，梯形屋架，一般构造形式	啃轨严重	
47	华东	水压机车间	采暖	约1957	12 18	168 150	78.5	大型屋面板，梯形屋架，一般构造形式		3跨24+24＋30+0.5m
48	华东	水压机车间	采暖	约1957	21	120	36	同序号47		
49	华东	铸造车间	热车间	约1957	12,14.5 28（上层）18（下层）	204	74	吊车梁及托架为铆接，其余焊接，高低跨，二低跨梯形屋架与柱铰接		3跨30+18+24m
50	华东	铸造车间	热车间	约1957	20（上层）12（下层）12,12	114	74.5	中跨为高跨，双层吊车		3跨18+30+24m

序号	地区	车间名称	车间性质	建成时期（年）	轨顶标高（m）	温度区段长度（m） 纵向	温度区段长度（m） 横向	结构特点	使用情况	附注
51	华东	铸造车间	热车间	约1957	12	114	66	大型屋面板,梯形屋架,一般构造型式		3跨2×24＋18m
52	华东	露天料场	露天	约1957	10 12	114 114		格构柱外肢倾斜		
53	华东	铸钢清理	采暖	1957		126	78.5	高低跨,高跨有双层吊车,一般构造型式		3跨30＋2×24m
54	华东	露天料场	露天	1957		138		一般构造型式		
55	华东	大型机器车间	采暖	1957	10 14	168	114.5	大型屋面板,一般构造形式		4跨2×24＋30＋36m
56	华东	大型机器车间	采暖	1957	上层23 下层16	168	36	一般构造形式		
57	华东	炼钢车间	热车间	1958	17	128 144	60.5	钢板屋面(原料跨为大型板)吊车梁铆接,其余焊接	原料跨柱基下沉严重	
58	华东	板坯库	露天	约1936	7	306		一列柱为露天,另列为室内车间边柱,铆接,柱脚构造平面处近似铰接		
59	华东	中型轧钢车间		1933（1952、58各接长一次）	8.7	551.2	66	铁皮屋面,低合金钢结构,铆接,原建筑长330m,1952、1958年两端各接长一次	柱基下沉,轨道偏心,柱倾斜,吊车梁与柱连接常破坏	3跨3m×22m
60	华东	重机装配车间	旧建筑1956扩建		11 12	105.16	97	旧建筑3跨,锯齿形屋盖,扩建2跨,大型板梯形屋架		5跨30＋20.8＋19.1＋16.02＋17m
61	华东	重机装配车间		1956		76.48	30	一般构造型式		
62	华东	原料场		1956		96.94		一般构造型式		
63	华东	铸钢车间	热车间	旧建筑1956扩建	10.12,11{上层19 下层14	289.5 144.78（扩建）	77.7	旧建筑2跨,石棉瓦屋面,三角形屋架,扩建2跨,梯形屋架与柱刚接,一高跨有双层吊车		4跨24＋15.2＋19.4＋19.1m

10.4 结构物的长度问题

从上节计算中可以看出，长度和温度应力呈线性关系，结构变形按自由变形乘以常数的方法采用。在本节中，我们将采用两种差别不大的假定，分析出完全不同的两个结果。

从大量的国外设计实践和各国的设计规范中可看出，存在两个学派和设计方法。一是留伸缩缝学派，二是不留伸缩缝学派。留缝派的设计方法是建筑物每隔一定距离必须留缝。无缝派的设计方法是取消伸缩缝，裂了就堵，堵不住就排（有防渗防漏要求者）。属于留缝派的，最早是德国、苏联、东欧一些国家，中国也属于留缝派。无缝派设计方法60年代已为日本和美国在一部分工程设计中所应用，至70年代，"新日铁"先为中国武钢一米七轧机工程设计出686m不留变形缝的热轧设备基础，继而又为宝钢工程设计出500余米无缝基础，此间，这一原则得到了相应的发展。当然，无缝学派的创始者应该属于中国，世界上最早最长的无缝工程是两千年前秦始皇时代的劳动人民建造的万里长城（公元前215～197年）。

就所查找到的资料看，无论哪一学派的设计方法都是由经验决定的，尚未看到系统的理论依据，以下作一简略分析。

1. 按常用简化计算假定，忽略弹性抵抗

现按常用的简化计算假定，忽略弹性抵抗来计算如下例题（图10-21）。

排架的横梁受一均匀温差 T，跨度为 L，其右端的变位为 $\Delta L = \alpha TL$，该位移也就是立柱柱头的水平位移。柱头处产生一水平切力 Q 为：

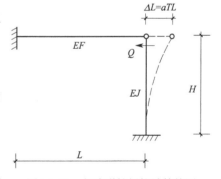

图 10-21 忽略弹性抵抗计算简图

$$Q = \frac{3EJ\Delta L}{H^3} = \frac{3EJ\alpha TL}{H^3} \qquad (10\text{-}37)$$

当 $\Delta L = 1$ 时，所需之水平切力以 R 表示，即侧移刚度：

$$R = \frac{3EJ}{H^3} \qquad (10\text{-}38)$$

柱顶的水平推力必然以轴向压力的形式作用于横梁，轴力 N：

$$N = -Q = -\frac{3EJ\alpha TL}{H^3} \qquad (10\text{-}39)$$

这样，我们得到的结果是，温度变化在横梁与柱中产生的约束内力与结构长度成正比。当长度很长，甚至趋于无穷大时，其约束内力亦必趋于无穷大，且端部变位也趋于无穷大：

$$L \to \infty,\ N = -Q \to \infty,\ \Delta L \to \infty \qquad (10\text{-}40)$$

为了控制开裂，就只能缩短建筑物长度，必须留伸缩缝。再把这一概念推广到连续式约束的结构中去，则任何结构每隔一定距离必须留伸缩缝。整体式结构伸缩缝间距，根据各国不同的经验，偏摆于20～40m，装配式约60～100m。

2. 考虑结构弹性抵抗

图 10-22 所示的结构产生温度变形，受到柱子阻力使横梁产生一回弹变位，柱顶最终稳定于距原柱顶 δ_1 位置，δ_2 为回弹变位（约束变位）。

实际变位是自由变位与约束变位的代数和：

$$\delta_1 = \delta_2 + \Delta L \tag{10-41}$$

$$\delta_1 = \frac{QH^3}{3EJ}, \quad \delta_2 = -\frac{QL}{EF} \tag{10-42}$$

$$\alpha TL = Q\left(\frac{H^3}{3EJ} + \frac{L}{EF}\right) \tag{10-43}$$

$$Q = \frac{\alpha TL}{\dfrac{H^3}{3EJ} + \dfrac{L}{EF}} \tag{10-44}$$

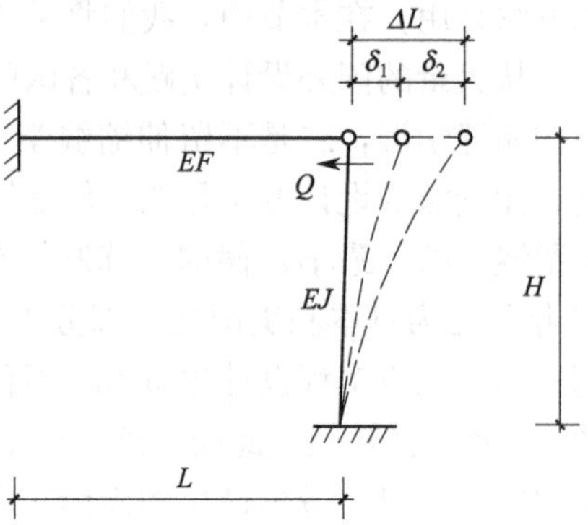

式中 E——结构材料的弹性模量；

J——柱子截面惯性矩；

F——横梁的截面面积。

图 10-22 考虑弹性抵抗计算简图

在此式中，长度与约束内力呈非线性关系。当横梁的轴压（拉）刚度非常大时，理论上可假定：

$$EF \to \infty, \quad \text{则} \quad Q = \frac{3EJ\alpha TL}{H^3} \tag{10-45}$$

当横梁截面很大，有相对柔性的柱子时，横梁的变形接近于自由变形，柱子阻力极微，则温度应力和长度仍然是正比关系。

但在实际工程中，大部分结构物的变形都受到弹性约束，越长的结构物，其回弹变位 δ_2 亦越大。试想，假定逐渐延长本例题中的跨度 L，则约束应力将如何变化呢。

让我们取某实际工程的截面参数来分析：

①横梁断面 $F = 25 \times 50 = 1250 \text{cm}^2$

柱子的抗弯刚度 $EJ = 3.92 \times 10^{13} \text{N} \cdot \text{cm}^2$，$H = 500 \text{cm}$

②温差 $T = 40℃$，$\alpha T = 10 \times 10^{-6} \times 40 = 4 \times 10^{-4}$，$E = 2 \times 10^4 \text{MPa}$

考虑弹性抵抗，当 $L = 6\text{m}$ 时，$Q = 184.20\text{kN}$；$L = 18\text{m}$ 时，$Q = 403.83\text{kN}$；$L = 180\text{m}$ 时，$Q = 871.36\text{kN}$；$L = 400\text{m}$ 时，$Q = 937.71\text{kN}$；最后当 $L \to \infty$ 时，$Q_{max} \to 1 \times 10^3 \text{kN} = \alpha TEF$。

将内力与长度关系绘入图 10-23，可以看出，在较短的跨度 L 范围内，两种假定差别不大，而不考虑弹性抵抗的假定偏于安全（其内力与实际相比偏高）。当 L 增加一定程度之后，误差增大，最后导致性质上的误差。长度与温度应力呈非线性关系，超过一定长度之后，其内力趋近于一常数 $Q_{max} = \alpha TEF$，且与长度无关。柱根部的最大弯矩 $M_{max} = Q_{max} \cdot H = \alpha TEFH$。

这一结果告诉我们，只要结构的材料强度能满足最大应力需要，如横梁的抗压（拉）强度和柱子的抗弯能力满足式(10-46)，则任意长度的结构可以不留伸缩缝。

$$\left.\begin{array}{l}\text{横梁：} [R] > \alpha TEF \\ \text{立柱：} [M] > \alpha TEFH\end{array}\right\} \tag{10-46}$$

式中 $[R]$ 及 $[M]$——横梁的抗压（拉）强度及抗弯力矩。

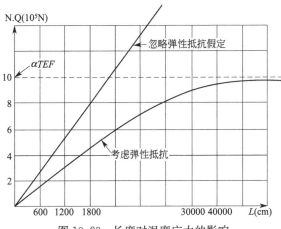

图 10-23　长度对温度应力的影响

在工程实践中，L 的增加必然增加跨数和垂直支撑，由于都增大了约束作用，边柱变形将大为减少。但无论如何增加约束，最大约束内力不变。任何结构物的温度应力存在一有限最大值，使结构的强度超过这一最大值的不留伸缩缝的作法就是"抗"的设计原则。

当然，并不是任何条件下要"抗"，还可利用工程别的可能条件（如温差、约束程度、结构构造方法等）调整其他参数，达到不留伸缩缝的目的。上述概念可以解释有些很长结构没有开裂，很短结构却严重开裂的裂缝反常现象。

10.5　框架结构温度应力近似计算法

所谓框架结构，可以是铰接的排架，也可以是刚性连接的框架。如图 10-24 所示，有一等高多跨框架，求解框架的温度应力。设各杆件承受均匀温差，先计算出该排架不动点。

各柱之侧移刚度：

$$R_i = \frac{KB}{H^3} \quad (i = 1, 2, 3, \cdots, n) \tag{10-47}$$

式中　K——系数，与柱顶节点构造及断面变化有关，属铰接等断面者 $K = 3$，不同形式变断面与刚接时待求；

　　　　B——抗弯刚度，按式（10-5）、式（10-6）与排架刚度取值相同，只是滑动系数取 1.0。

只需考虑不动点一侧之内力分析。如果考虑弹性抵抗，那么 n 个柱便有 n 个未知数，计算复杂。作为考虑弹性抵抗的一种近似，将非线性关系的剪力-距离关系假定为线性，并

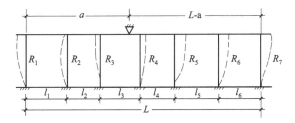

图 10-24　框架结构变形不动点计算简图

与刚度成比例，则可只算不动点一侧各柱的切力（图 10-25）。

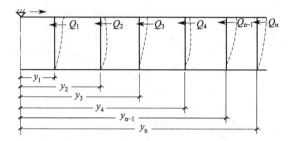

图 10-25　框架结构温度应力计算简图

$$\left.\begin{array}{l} Q_1 = Q_n \dfrac{y_1}{y_n} \cdot \dfrac{B_1}{B_n} = Q_n D_1 \dfrac{y_1}{y_n} \\[2mm] Q_2 = Q_n \dfrac{y_2}{y_n} \cdot \dfrac{B_2}{B_n} = Q_n D_2 \dfrac{y_2}{y_n} \\[2mm] \cdots\cdots \\[2mm] Q_{n-1} = Q_n \dfrac{y_{n-1}}{y_n} \cdot \dfrac{B_{n-1}}{B_n} = Q_n D_{n-1} \dfrac{y_{n-1}}{y_n} \end{array}\right\} \tag{10-48}$$

这样，我们已把 n 个未知数化简成为一个未知数，即边柱 Q_n 为未知量，其中：

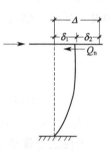

图 10-26　柱的侧移
计算简图

$$D_i = \frac{B_i}{B_n} \tag{10-49}$$

节点的实际位移由约束位移与自由位移的代数和组成（图10-26）：

$$\delta_1 = \delta_2 + \Delta L \tag{10-50}$$

$$\delta_2 = -\frac{Q_1 y_1}{EA_1} - \frac{Q_2 y_2}{EA_2} - \frac{Q_3 y_3}{EA_3} - \cdots - \frac{Q_n y_n}{EA_n} \tag{10-51}$$

$$\delta_1 = \frac{Q_n H^3}{KB_n}, \Delta L = \alpha T y_n \tag{10-52}$$

当横梁截面相同时，$A_1 = A_2 = \cdots = A_n = A$，则约束变形：

$$\delta_2 = -\frac{Q_n (y_1^2 D_1 + y_2^2 D_2 + \cdots + y_n^2 D_n)}{EA y_n} \tag{10-53}$$

$$Q_n = \frac{\Delta L}{\dfrac{y_1^2 D_1 + y_2^2 D_2 + \cdots + y_n^2 D_n}{EA y_n} + \dfrac{H^3}{KB_n}} \tag{10-54}$$

$$D_n = \frac{B_n}{B_n} = 1$$

当柱刚度相同时：

$$D_i = \frac{B_i}{B_n} = 1, \frac{y_1^2 + y_2^2 + \cdots + y_n^2}{y_n} = C$$

$$\tag{10-55}$$

$$Q_n = \frac{\Delta L}{\dfrac{C}{EA} + \dfrac{H^3}{KB_n}}$$

边柱 Q_n 算出之后，可根据线性关系求出各柱头的切力 Q_i，将 Q_i 作用于横梁，使横梁产生约束变形 δ_2；对每个柱头来说，δ_2 是不同的，应算出各柱头的约束位移。假定所计算柱不只是端柱，可能是跨中某 n 柱，即总柱数不止 n 根，可能是 $n+m$ 根（$m=1$, $2\cdots m$），则所计算之 n 柱头的约束位移为：

$$\delta_{n2} = -\frac{1}{EA}\left(\sum_{i=1}^{n} Q_i y_i + \sum_{m=1}^{m} Q_{n+m} y_n\right) \tag{10-56}$$

式中　$\displaystyle\sum_{i=1}^{n} Q_i y_i$——所计算柱之左侧各柱切力及该柱至不动点的距离的乘积；

$\displaystyle\sum_{m=1}^{m} Q_{n+m} y_n$——所计算柱之右侧各柱切力与 n 柱至不动点之距离的乘积（注意 y_n 是不变的），见图 10-27。

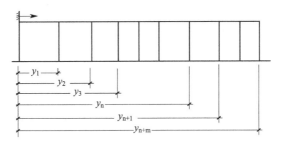

图 10-27　框架具有 $n+m$ 根柱之计算简图

其中 $i=1$, 2, $3\cdots n$；$m=1$, 2, $\cdots m$；负号表示约束位移方向与切力方向相逆。

约束位移求出后，从所计算柱头的自由位移中减掉约束位移，亦即取代数和，便获得各柱头的实际位移 δ_n：

$$\delta_n = \alpha T y_n - \frac{1}{EA}\left(\sum_{i=1}^{n} Q_i y_i + \sum_{m=1}^{m} Q_{n+m} y_n\right) \tag{10-57}$$

继之，根据柱顶的位移，采用简化计算方法便可算出框架之弯矩。

简化计算弯矩的方法是，将整体框架分解为许多两跨和单跨的框架，并假定每个柱子位移引起的力矩只影响到相邻跨。

我们用一张图表（表 10-9），表示中柱 OA 单位位移引起的弯矩值，将所计算柱位移乘以图表中的弯矩，便得到最终弹性弯矩。这样简化，不要求各节点内力平衡。

简单刚架的位移与内力计算式　　　　　　　　　　　　　表 10-9

		简化形式及刚度比	M, Q, K, $\overline{K}\left(b=\dfrac{B}{h}\right)$
单层	1	$\delta=1$　Q→　b　h	$M_{OA}=0$ $M_{AO}=\dfrac{3b}{h}$ $Q=\dfrac{3b}{h^2}=\dfrac{3B}{h^3}=\dfrac{KB}{h^3}$, $K=3$

		简化形式及刚度比	$M,\ Q,\ K,\ \overline{K}\left(b=\dfrac{B}{h}\right)$
单层	2		$M_{\text{OA}}=M_{\text{AO}}=\dfrac{6b}{h}=\dfrac{6B}{h^2}$ $Q=\dfrac{12b}{h^2}=\dfrac{12B}{h^3}=\dfrac{KB}{h^3}$ $K=12$
	3		$M_{\text{OA}}=\dfrac{6b}{h}\left(1-\dfrac{1}{m+n+1}\right)$ $M_{\text{AO}}=\dfrac{3b}{h}\left(2-\dfrac{1}{m+n+1}\right)$ $Q=\dfrac{M_{\text{OA}}+M_{\text{AO}}}{h}=\dfrac{Kb}{h^2}=\dfrac{KB}{h^3}$
	4		$M_{\text{OA}}=\dfrac{6b}{h}\left(1-\dfrac{1}{m+1}\right)$ $M_{\text{AO}}=\dfrac{3b}{h}\left(2-\dfrac{1}{m+1}\right)$ $Q=\dfrac{M_{\text{OA}}+M_{\text{AO}}}{h}=\dfrac{Kb}{h^2}=\dfrac{KB}{h^3}$
多层	5		$M_{\text{OA}}=\dfrac{6b}{h}\left(1-\dfrac{1}{m+n+p+1}\right)$ $M_{\text{AO}}=\dfrac{3b}{h}\left(2-\dfrac{1}{m+n+p+1}\right)$ $Q=\dfrac{M_{\text{OA}}+M_{\text{AO}}}{h}=\dfrac{\overline{K}b}{h^2}=\dfrac{\overline{K}B}{h^3}$
	6		$M_{\text{OA}}=\dfrac{6b}{h}\left(1-\dfrac{1}{m+n+1}\right)$ $M_{\text{AO}}=\dfrac{3b}{h}\left(2-\dfrac{1}{m+n+1}\right)$ $Q=\dfrac{M_{\text{OA}}+M_{\text{AO}}}{h}=\dfrac{\overline{K}b}{h^2}=\dfrac{\overline{K}B}{h^3}$

10.6 多 层 框 架

多层框架温度应力的计算更为复杂。考虑到温度应力，例如柱内切力与柱高的三次方成反比，随着远离地基基础约束面，温度内力迅速衰减，所以就把高层建筑结构简化为两层来计算，即假定高于二层的结构呈自由变形，和单层框架的各柱头位移所引起的内力只影响到相邻跨的简化方法相类似，见图10-28。

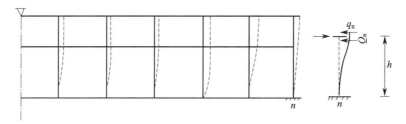

图 10-28　多层框架简化计算图

当然，顶层楼板受太阳辐射，在墙体内引起之内力的计算也只简化到顶部两层。

计算两层框架时亦将整体框架分割成一跨两层或两跨两层的简单刚架进行分析，见表10-9 中5、6 栏图。

首先按单层的同样方法求出变形不动点，计算各柱顶切力 Q_n：

$$Q_n = \frac{\alpha T y_n}{\dfrac{y_1^2 D_1 + y_2^2 D_2 + \cdots + y_n^2 D_n}{EAy_n} + \dfrac{H^3}{KB}} \tag{10-58}$$

式中　K——两层框架柱之系数（单层为 K），其值通过简化求得解答。

各节点处，上下柱对横梁都产生切力，但上层柱的切力很小，可忽略不计，只考虑各下柱柱顶的切力 Q_n 作用于横梁。约束变形的计算方法与单层相同，不再赘述。

从各节点自由位移中减掉横梁的约束位移便得实际位移。根据实际位移，参照表10-9，求出柱内最终弹性约束内力。

关于简化后分离框架因单位位移引起的内力计算，举例如下：

一框架可简化成许多单体框架见图10-29(b) 所示。各单体框架柱高为 H，各杆件的单位刚度是各杆件抗弯刚度与长度之比值，$B_n/H = b$。取立柱为 b，则各横梁可根据几何尺寸化为 mb 及 nb。假定横梁相对立柱产生一单位位移，求解内力。

按变形法，首先将框架中间节点嵌固，其后给立柱一单位位移，在立柱中引起嵌固力矩如图10-29 ⓜ₁ 所示。由于原框架节点并非嵌固，必须释放嵌固的节点，即给节点一个转动，转角为 Z，经转动释放引起的力矩如图10-29 Ⓜ 所示。节点的静力平衡条件是转角引起的力矩和嵌固引起的力矩总合为零。以 r_{11} 表示单位转角引起的内力，以 r_{1t} 表示单位位移引起的内力，则方程为：

$$r_{11}Z + r_{1t} = 0, \quad Z = -\frac{r_{1t}}{r_{11}}$$

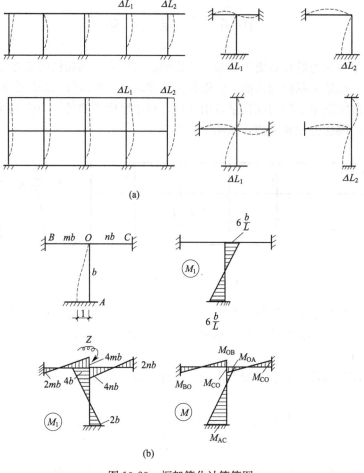

图 10-29 框架简化计算简图

$$M=M_t+M_1Z, \quad r_{11}=4b(m+n+1)$$

$$r_{1t}=\frac{6b}{H}, \quad Z=-\frac{1.5}{H(m+n+1)}$$

$$M_{OA}=\frac{6b}{H}\left(1-\frac{1}{m+n+1}\right)$$

$$M_{AO}=\frac{3b}{H}\left(2-\frac{1}{m+n+1}\right)$$

$$Q=\frac{M_{AO}+M_{OA}}{H}=\frac{Kb}{H^2}=\frac{KB}{H^3} \tag{10-59}$$

$$K=\frac{QH^3}{B}=\frac{QH^2}{b}=\frac{H}{b}(M_{AO}+M_{OA}) \tag{10-60}$$

以类似方法求出两层框架的 K，便可求出全部约束内力。

计算多层框架时为了简化，常常忽略弹性抵抗，将自由位移作为各柱顶的实际位移。

不过，纵使简化，仍然要考虑塑性系数、松弛系数（如果在刚度 B 的计算中已考虑长期荷载效应就不再考虑）、组合系数、自由度系数、安全系数后才取得最终须增配钢筋之内力。

10.7 排架结构温度应力计算法（精确法）

在分析变形变化引起的应力状态时可有各种不同假定，但其精确度各不同。首先按精确法计算一试验框架的温度应力，再用近似法及略算法，最后进行对比。

如图 10-30 所示一温度应力试验框架，等高、等跨，承受均匀温差 T，试算约束内力。

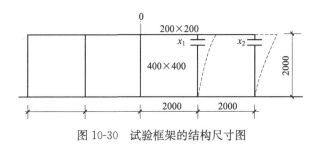

图 10-30 试验框架的结构尺寸图

计算基本条件：

横梁截面 20cm×20cm，柱截面 40cm×40cm，温差 20℃，试算柱及梁的内力。

1）精确法解

排架横梁与柱铰接，由变形不动点算起由 n 根柱和梁组成 n 次超静定排架，在梁柱连接处截断并代之以水平赘余力，力法方程的矩阵表达式：

$$FX + F_0 = \Delta \tag{10-61}$$

$$X = \{X_1 X_2 X_3 \cdots X_n\}$$

系数：
$$F = \begin{bmatrix} f_{11} & f_{12} \cdots f_{1n} \\ f_{21} & f_{22} \cdots f_{2n} \\ \cdots\cdots \\ f_{n1} & f_{n2} \cdots f_{nn} \end{bmatrix}$$

$$F_0 = \{f_{10} f_{20} \cdots f_{n0}\} \quad \Delta = \{\Delta_1 \Delta_2 \cdots \Delta_n\}$$

式中　f_{ik}——由水平力 $X_k=1$，作用于 k 点，引起 i 点沿 X_i 方向的位移；

f_{io}——由温度和收缩在基本体系中，于 i 点沿 X_i 方向引起的自由位移；

Δ_i——是原结构 i 点沿 X_i 方向的实际位移。

$(i, k=1, 2\cdots, n)$，n 次超静定结构具有 n 个切点、n 个未知力和 n 个方程。

上述方程简述为"实际位移等于自由位移与约束位移的代数和"。在排架温度收缩应力计算中，原结构实际位移与该断面处的未知力有关，可将实际位移项移至等号左侧，自由位移项移至右侧，则该方程即化为带有常数项的典型线性代数方程组。

$$X_1\delta_{11} + X_2\delta_{12} - \alpha TL = -\frac{X_1 H^3}{3EJ}$$

$$X_2\delta_{22} + X_1\delta_{21} - \alpha T(L+L) = -\frac{X_2 H^3}{3EJ} \tag{10-62}$$

$$\delta_{11} = \frac{L}{EF} = \frac{2000}{2.1 \times 10^4 \times 40000} = 2.4 \times 10^{-6} \text{mm/N}$$

$$\delta_{22} = \frac{2L}{EF} = 4.8 \times 10^{-6} \text{mm/N}$$

$$\delta_{21} = 2.4 \times 10^{-6} = \delta_{12}$$

$$EJ = 2.1 \times 10^4 \times \frac{400 \times (400)^3}{12} = 4.41 \times 10^{13} \text{N} \cdot \text{mm}^2$$

用代入法求解代数方程（10-61）：

$$\left. \begin{array}{l} X_1 \left(\delta_{11} + \dfrac{H^3}{3EJ} \right) + X_2 \delta_{12} = \alpha TL \\[3mm] X_2 \left(\delta_{22} + \dfrac{H^3}{3EJ} \right) + X_1 \delta_{21} = 2\alpha TL \end{array} \right\}$$

$$\left. \begin{array}{l} X_1 \times 62.868 \times 10^{-6} + X_2 \times 2.4 \times 10^{-6} = 4 \times 10^{-1} \\[2mm] X_2 \times 65.268 \times 10^{-6} + X_1 \times 2.4 \times 10^{-6} = 8 \times 10^{-1} \end{array} \right\}$$

$$1707.295 X_2 = 205.56 \times 10^5$$

$$X_2 = 12.04 \text{kN}$$

$$X_1 = 5.903 \text{kN}$$

2）近似法解

按柱头剪力与距不动点距离呈线性关系并考虑弹性抵抗：

$$Q_n = \frac{\alpha T y_n}{\dfrac{y_1^2 D_1 + y_2^2 D_2 + \cdots + y_n^2 D_n}{EF y_n} + \dfrac{H^3}{KEJ}}$$

$$X_1 = \frac{2000 \times 10 \times 10^{-6} \times 20}{\dfrac{2000^2}{2.1 \times 10^4 \times 200 \times 200 \times 2000} + \dfrac{8 \times 10^9}{3 \times 4.41 \times 10^{13}}}$$

$$= 6.361 \times 10^3 = 6.361 \text{kN}$$

$$X_2 = \frac{4000 \times 10 \times 10^{-6} \times 20}{\dfrac{2000^2 \times 1 + 4000^2 \times 1}{2.1 \times 10^4 \times 200 \times 200 \times 4000} + \dfrac{8 \times 10^9}{3 \times 4.41 \times 10^{13}}}$$

$$= \frac{0.8}{0.591 \times 10^{-5} + 0.605 \times 10^{-4}}$$

$$= 1.204 \times 10^4 = 12.04 \text{kN}$$

3）同题采用略算法计算，其过程和结果如下：

$$X_1 = \frac{3EJ\Delta_1}{h^3}, \quad \Delta_1 = \alpha TL$$

$$X_1 = \frac{3 \times 4.41 \times 10^{13} \times 10 \times 10^{-6} \times 20 \times 2000}{8 \times 10^9} = 6.615 \text{kN}$$

$$X_2 = \frac{3EJ\Delta_2}{h^3}, \quad \Delta_2 = \alpha T(L + L)$$

$$X_2 = \frac{3 \times 4.41 \times 10^{13} \times 10 \times 10^{-6} \times 4000 \times 20}{8 \times 10^9} = 13.23 \text{kN}$$

从上述计算可看出，精确法的应力最小，近似计算法次之，略算法应力最高。本例跨度小，当跨度及跨数增加时，差别还要增大。

我们在工程验算时可用近似法，既考虑了弹性抵抗，又便于计算。但遇有大跨多跨时，须用精确法，此时用计算机求解代数方程组比较方便。

横梁承受压力，中部最大，如按精确法，中间两跨横梁轴向压力 $N_1 = 10.9316 + 5.3854 = 16.317$kN（压），边跨 $N_2 = 5.3854$kN（压），当降温及收缩时为拉力，中间部（不动点区）应力最高，横梁首先开裂区在变形不动点附近。

10.8 以"抗"为主纵向排架的温度应力（精确法）

有钢结构纵向排架，长 900m，其间不设置伸缩缝，每隔 60m 设置垂直支撑一道。垂直支撑的水平侧移刚度（柱顶产生单位位移所需之水平推力）很大，约为 20 倍单柱侧移刚度（随选取断面及构造的不同而有变化，本例取 20 倍单柱刚度）。将支撑作为"假想柱"计算。全排架共有 34 根柱，由于对称，计算一侧共 17 根梁柱组成的排架。横梁为较强断面之吊车梁，试算支撑对吊车梁变形的抵抗作用，暂不考虑滑动影响，采用电算，基本参数为：

柱距 20×10^3mm，柱高 14×10^3mm，吊车梁断面 $F = 20000$mm²，$E = 2.1 \times 10^5$N/mm²，单柱 $EJ = 4.2 \times 10^{12}$N·mm²，假想柱 $EJ = 84 \times 10^{12}$N·mm²，温差 $T = 30℃$，$\alpha = 12 \times 10^{-6}$，单侧计算长度 440×10^3mm。

列出梁柱节点变形协调方程，以节点水平力为未知数，经简化为典型线性代数方程组：

$$Ax = y \tag{10-63}$$

式中　A——刚度系数；

　　　x——未知水平力；

　　　y——常数项（自由位移）。

计算程序（高斯-赛德尔迭代法）：

```
        DIMENSION A (17,17),B(17),Z(17)
        READ ( * ,10)A,B
10      FORMAT(6E12.3)
        CALL GASD(17,100,A,B,1E-8,Z)
        WRITE( * ,20)Z
20      FORMAT(4E16.5/)
        STOP
        END
C
C
        SUBROUTINE GASD(N,KMAX,A,B,EPS,X)
        DIMENSION A(N,N),B(N),X(N)
        DO 1 I=1,N
1       X(I)=0.0
        K=0
```

```
2        E=0.0
         DO 7 I=1,N
         Y=B(I)
         DO 5 J=1,N
         IF(I-J)4,5,4
4        Y=Y-A(I,J)*X(J)
5        CONTINUE
         Y=Y/A(I,I)
         E1=ABS(Y-X(I))
         X(I)=Y
         IF(E1-E)7,7,6
6        E=E1
7        CONTINUE
         IF(E-EPS)8,9,9
8        RETURN
9        K=K+1
         IF(K-KMAX)2,2,3
3        PAUSE 1111
         END
```

计算结果如图 10-31、表 10-10 所示。如考虑节点滑动影响，将内力及位移减小一半；如考虑温差变化，则将计算结果按正比关系增减。根据计算结果，采用较强的吊车梁，其自由度系数 $\eta=\delta_1/\Delta=5.192/15.84=0.33$，而约束系数 $R=\delta_2/\Delta=10.57/15.84=0.67$。所以，"抗"的作用十分显著。可见采用该原则设计，有提高整体刚度、简化施工、节约材料、便于运算的优点。

排架内力的电算结果未知力（10N）   表 10-10

1. 18570E+02	2. 19816E+04	3. 17967E+03	4. 23418E+03
5. 63244E+04	6. 41909E+03	7. 48884E+03	8. 11824E+05
9. 73943E+03	10. 83754E+03	11. 19750E+05	12. 12025E+04
13. 13482E+04	14. 31438E+05	15. 18977E+04	16. 21193E+04
17. 47683E+05			

实际位移（cm）

1. 4.044E−02	2. 2.158E−01	3. 3.913E−01	4. 5.100E−01
5. 6.887E−01	6. 9.127E−01	7. 1.065E−00	8. 1.295E−00
9. 1.611E−00	10. 1.824E−00	11. 2.151E−00	12. 2.619E−00
13. 2.936E−00	14. 3.423E−00	15. 4.133E−00	16. 4.614E−00
17. 5.102E−00			

约束位移（cm）

1. 3.061E−01	2. 1.224E−00	3. 2.218E−00	4. 2.820E−00
5. 3.721E−00	6. 4.577E−00	7. 5.146E−00	8. 5.995E−00
9. 6.759E−00	10. 7.265E−00	11. 8.018E−00	12. 8.629E−00
13. 9.031E−00	14. 9.624E−00	15. 9.992E−00	16. 10.229E−00

续表

自由位移（cm）

1. 0.36E—00	2. 1.44E—00	3. 2.52E—00	4. 3.24E—00
5. 4.32E—00	6. 5.40E—00	7. 6.12E—00	8. 7.20E—00
9. 8.28E—00	10. 9.00E—00	11. 10.08E—00	12. 11.16E—00
13. 11.88E—00	14. 13.96E—00	15. 14.04E—00	16. 14.76E—00
17. 15.84E—00			

梁内力（10N）

1. 1.2856E+05	2. 1.2654E+05	3. 1.2656E+05	4. 1.2638E+05
5. 1.2614E+05	6. 1.1982E+05	7. 1.1940E+05	8. 1.1891E+05
9. 1.0702E+05	10. 1.0628E+05	11. 1.0544E+05	12. 8.5601E+04
13. 8.4386E+04	14. 8.3040E+04	15. 5.1602E+04	16. 4.9715E+04
17. 4.7683E+04			

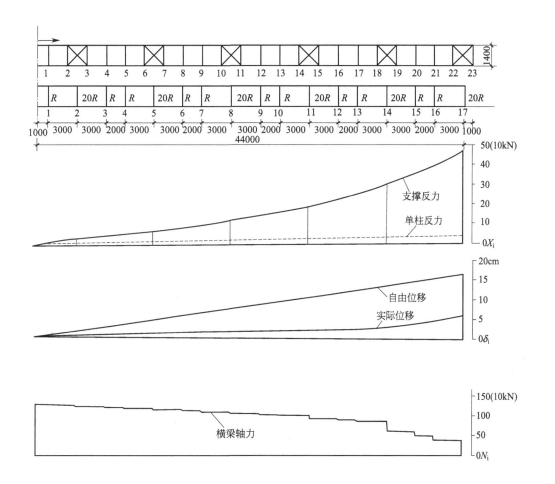

图 10-31　900m 长排架的柱子切力、位移及横梁轴力

10.9　框架结构（包括排架）各跨温差不均匀时的变形计算法

当各跨间温度与收缩发生不同变化时，不能按前述方法求算变形不动点。我们提出一种易于掌握的变形计算方法，称之为"分跨总和法"。

设有一多跨结构如图 10-32 所示，各跨的温差不同，或收缩不同，试计算横梁各点的水平变形。假定多跨结构的变形跨依序变形，而不是同时变形，则先从第一跨起，第一跨横梁的变位受到左侧单柱和右侧 6 根柱子的约束，我们把这 6 根柱子化作一根单柱（侧移刚度等于右侧 6 根柱的刚度和）。计算出向左和向右的位移。

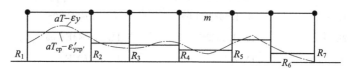

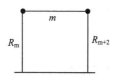

图 10-32　非均匀温差（包括收缩）排架计算简图

$$R_左=R_1,R_右=R_2+R_3+R_4+R_5+R_6+R_7 \qquad (10\text{-}64)$$

变形向左右侧的位移与左右侧的侧移刚度成反比，一般情况下，$R_左=\sum R'_左$（计算跨左侧各柱的刚度之和）。向左侧移分配系数：

$$\beta_左=\frac{R_右}{R_左+R_右}=\beta' \qquad (10\text{-}65)$$

$R_右=\sum R''_右$（计算跨右侧各柱刚度和），向右侧位移分配系数：

$$\beta_右=\frac{R_左}{R_左+R_右}=\beta'' \qquad (10\text{-}66)$$

当有一侧是完全不动时，即 $R\rightarrow\infty$，则 $\beta\approx1$。位移全部向另一侧移动。

如遇有任意布置的垂直支撑，则在支撑中点设一根假想的等刚度（与支撑侧移刚度相等）柱，按排架计算。柱头变位 $\delta=\alpha\left(T'+T''\right)L$，取向左位移为正时，则各右为负，在各跨中箭头（← →）示膨胀，箭头（→←）示收缩。

从任何一跨开始都可以，最好从端跨开始温度变形，根据侧移刚度分配系数，计算跨的温度变化，向左右各移一变位，其他各跨温差暂时不变，在计算跨的两柱一侧注明各柱变位（向左为正，右为负），其他各跨也相应产生一相同变位，计算跨左侧各柱头位移与左柱相同，右侧各柱头与右柱相同，均注于柱侧。其次再算第二跨之变形，同样分配于各柱，逐次进行各跨计算，最后叠加各柱侧之变位，得最终变位。

如遇有某跨两柱之变位异号，则不动点即在此跨，当膨胀收缩不均时，可能不止一个变形不动点。

此跨内不动点的具体位置根据两柱头位移可很容易求得：

$$x=\frac{\sum\delta_左}{\alpha(T'+T'')} \qquad (10\text{-}67)$$

式中　x——不动点距左柱头的距离；

　　$\sum\delta_{左}$——左柱头的最终位移；

　　T'——温差，升温为正，降温为负；

　　T''——收缩当量温差，$T''=-\dfrac{\varepsilon_y}{\alpha}$，（$\alpha$——线膨胀系数$=10\times10^{-6}$，$\varepsilon_y$——相对收缩变形）。

计算不动点的例题：

有一多跨厂房为等高等跨之排架，1、2、3跨为热车间，室内平均温差为40℃、60℃及30℃，4、5跨温差为20℃及10℃，皆为升温差，而各跨横梁收缩$\varepsilon_y=2.76\times10^{-4}$，各柱侧移刚度$R$相等，跨度均为24m，试计算各柱头的位移及不动点位置。

如图10-33(b)所示，2、5跨的两柱有异号变位，此两跨内有变形不动点。

$$2\text{ 跨 } x=\frac{\sum\delta_i}{\alpha T}=\frac{0.368}{10\times10^{-6}\times32.4}=1136\text{cm（距柱 2）}$$

$$5\text{ 跨 } x=\frac{\sum\delta_i}{\alpha T}=\frac{0.133}{10\times10^{-6}\times17.6}=756\text{cm（距柱 6）}$$

用同样方法可计算多层框架的位移不动点，只要每跨各层柱之间的刚度比相同，就可以按一层框架求出不动点，各层轴的变形不动点均在通过此点的垂直线上。

各跨温差侧移见表10-11，各跨综合相对变形和侧移值见图10-33。

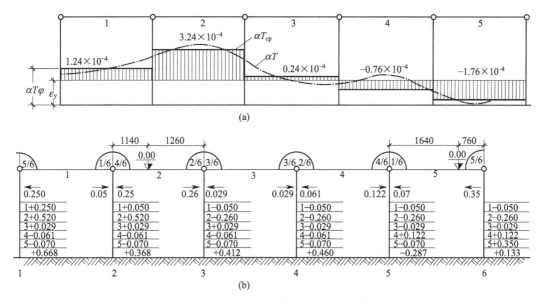

图 10-33　排架按《分跨总和法》计算位移
(a) 各跨综合相对变形；(b) 排架各跨侧移值

各跨的温差侧移值　　　　　　　　　　　　　　　　表 10-11

跨	L（跨度）(cm)	温差 T'（℃）	收缩 ε_y	收缩当量温差 T''（℃）	$R_{左}$	$R_{右}$	变形 δ	$\beta'\delta$	$\beta''\delta$
1	2400	40	2.76×10^{-4}	-27.6	R	$5R$	$+0.300$	$+0.25$	$+0.05$
2	2400	60	2.76×10^{-4}	-27.6	$2R$	$4R$	$+0.780$	$+0.52$	$+0.26$

续表

跨	L（跨度） （cm）	温差 T' （℃）	收缩 ε_y	收缩当量温差 T''（℃）	$R_左$	$R_右$	变形 δ	$\beta'\delta$	$\beta'\delta$
3	2400	30	2.76×10^{-4}	-27.6	$3R$	$3R$	$+0.058$	$+0.029$	$+0.029$
4	2400	20	2.76×10^{-4}	-27.6	$4R$	$2R$	-0.183	-0.061	-0.122
5	2400	10	2.76×10^{-4}	-27.6	$5R$	R	-0.43	-0.07	-0.35

10.10　多层钢筋混凝土框架的温度收缩应力

一般的多层钢筋混凝土框架结构，大多采用现浇整体式，有少数采用装配式和装配整体式。这种结构承受的变形变化包括气温差、生产散热、太阳辐射及混凝土的收缩等。

框架可能承受均匀的普遍的温度收缩作用和局部的温差及收缩作用，后者只引起局部效应，可采取局部构造措施及隔热措施加以解决。

对框架的裂缝控制起主要作用的是普遍的均匀的温差及收缩。

整个框架的所有杆件在温差及收缩作用下都将产生变位，框架各柱的垂直变位是自由的，不引起内力。而水平构件的横向变位受到柱子的约束，在全框架内引起内应力。

我们把促使柱顶产生单位侧移所需要的推力作为度量柱子对横梁的约束程度，称之为"侧移刚度"，以 R 表示，则：

$$R=\frac{C\cdot B}{H^3} \tag{10-68}$$

式中　C——系数，与梁柱连接形式及变截面有关；

　　　B——柱的抗弯刚度；

　　　H——柱高。

可知，框架约束程度与柱高的三次方成反比。所以，我们假定：多层框架在均匀温差、均匀收缩作用下，只考虑地面以上两层框架；二层以上的各层框架假定为自由变形，不受约束，不在计算框架之内。顶层平均受太阳辐射热作用的横梁引起的框架内力，计算时只考虑顶部两层框架。总之，假定基础和地下室不变形，多层框架按两层计算。

根据多年框架结构的使用经验，框架结构的裂缝多数是由降温及收缩引起。为了说明上述假定，并提供具体的计算参考，下面举一个工程的计算实例。

为了说明内力沿高度衰减情况，虽则一般多层框架按两层计算已可以，本计算实例仍按该工程实际情况，即按三层框架计算。

有某三层钢筋混凝土现浇整体式框架结构，全长 77.5m，超过了温度伸缩缝许可间距（30m），混凝土浇筑温度为 +10℃，浇筑后经六个月到冬季，最冷月份平均温度 -10℃，此期间又经历大部收缩作用，施工跨年度，建筑物封闭后经受室内温差，试计算在最不利温差下框架的内力。框架横梁平均断面为 50cm×25cm。

计算主要过程：

1）最不利温差

降温差 $T'=20℃$

2）收缩当量温差

收缩相对变形：

$$\varepsilon_y(t)=3.24\times10^{-4}M_1M_2\cdots\cdots M_n(1-e^{-0.01t})$$

代入：$t=180$d

$M_1=1.0$（普通水泥）

$M_2=1.0$（水泥细度，比表面积 3000）

$M_3=1.0$（采用砾石骨料）

$M_4=1.21$（水/灰$=0.5$）

$M_5=1.2$（水泥浆量，水$+$水泥重量占全重量的 25％）

$M_6=1.07$（初期养护 4d）

$M_7=1.25$（环境相对湿度 25％的车间）

$M_8=0.8$（水力半径倒数 $r=\dfrac{L}{F}=\dfrac{50+50+25+25}{50\times25}=\dfrac{150}{1250}=0.12$）

$M_9=1.0$（机械振捣）

$M_{10}=0.76\left(\dfrac{E_a}{E_b}\cdot\dfrac{F_a}{F_b}=0.1\right)$

得：

$$\begin{aligned}\varepsilon_y\,(t=180)&=3.24\times10^{-4}\times1.21\times1.2\times1.07\times1.25\times0.8\times0.76\times\,(1-e^{-1.8})\\&=3.2\times10^{-4}\end{aligned}$$

收缩当量温差：

$$T'=\frac{\varepsilon_y}{\alpha}=\frac{3.2\times10^{-4}}{10\times10^{-6}}=32℃$$

综合计算温差：

$$T=T'+T''=20+32=52℃$$

框架的几何尺寸及侧移刚度示于图 10-34。

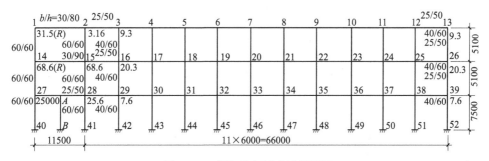

图 10-34　框架几何尺寸计算简图

3）各柱刚度

引起各柱单位侧移之力为其刚度，$R_i=\dfrac{C_iE_iJ_i}{H_i^3}$，若假设各柱端固定情况相同，则其

比例刚度为 $R_i=\dfrac{J_i}{H_i^3}$，见表 10-12。

杆件截面惯性矩及刚度　　　　　　　　　　　　表 10-12

$\dfrac{b}{h}$	$J=\dfrac{bh^3}{12}$	$R_{上}$ ($H=700$)	$R_{中}$ ($H=540$)	$R_{下}$ ($H=750$)	K
$\dfrac{60}{60}$	10.8×10^5	31.5×10^{-4}	68.6×10^{-4}	25.6×10^{-4}	上 146×10^4 中 245×10^4 下 127×10^4
$\dfrac{60}{40}$	3.2×10^5	9.3×10^{-4}	20.3×10^{-4}	7.6×10^{-4}	上 43×10^4 中 73×10^4 下 38×10^4

4）各柱劲度

引起各柱单位侧移之力矩为其劲度，以 K_i 表示，$K_i=\dfrac{6B_i}{H_i^2}$。

$$B=0.5\times0.85\times EJ=0.425EJ（未考虑裂缝对刚度的影响）$$

$$K_i=\frac{2.55E_iJ_i}{H_i^2}，\left(K_i=2.55H_iR_i\frac{1}{C_i}\right)$$

5）各跨梁温度伸长的侧移值

$$\beta'=\frac{R''_{np}}{R'_{np}+R''_{np}}\tag{10-69}$$

$$\beta''=\frac{R'_{np}}{R'_{np}+R''_{np}}\tag{10-70}$$

式中　R'_{np}——各梁左侧各柱刚度之和；

　　　R''_{np}——各梁右侧各柱刚度之和；

　　　β'——各梁左侧侧移变形分配系数；

　　　β''——各梁右侧侧移变形分配系数；

　　　δ——各梁之温差伸长值，$\delta=T\cdot\alpha\cdot L=(20+32)\times L\times10^{-5}$。

　　各节点之水平侧移的计算按过去曾提到的叠加方法，类似于地基沉降的分层总和法，我们可称之为"分跨总和法"。

　　试看排架式框架的每一跨，左边有许多柱子，右边也有许多柱子，这一跨横梁向左右两侧的实际变位与左右两侧各柱刚度成反比，并按侧移刚度分配于左右两端。与此同时，其他各节点也都有一个相应的刚性位移（左边各柱有一相同位移，右边也有一相同位移）。每跨都算一次，最后把每个节点处每次位移叠加起来，即是最后位移，算出后即可看出不动点位置。这样的计算可用于各跨温差收缩不同，柱子不规则等的情况。本框架分三层，表 10-13 列出了每层柱顶的侧移，各点侧移值见图 10-35。柱上下端的位移差值可确定固端弯矩，其后按二次弯矩分配法求得内力。固端弯矩列于表 10-14。框架杆件单位刚度列于图 10-36。最后将计算结果列入图 10-37。

　　通过这个例题的计算，可以得出如下的结论：

各梁侧移值

表 10-13

梁 号	$R'_{np左}$	$R''_{np右}$	$\beta'_左$	$\beta''_右$	$T(\text{℃})$	$\dfrac{\delta(T+32\text{℃})l}{10^{-5}}(\text{cm})$	$\beta'\delta(\text{cm})$	$\beta''\delta(\text{cm})$
1～2	31.5	133.8	0.810	0.190	20	0.598	0.484	0.114
2～3	63.0	102.3	0.620	0.380	20	0.312	0.194	0.118
3～4	72.3	93.0	0.563	0.437	20	0.312	0.176	0.136
4～5	81.6	83.7	0.506	0.494	20	0.312	0.158	0.154
5～6	90.9	74.4	0.450	0.550	20	0.312	0.140	0.172
6～7	100.2	65.1	0.394	0.606	20	0.312	0.123	0.189
7～8	109.5	55.8	0.337	0.663	20	0.312	0.105	0.207
8～9	118.8	46.5	0.282	0.718	20	0.312	0.088	0.224
9～10	128.1	37.2	0.224	0.776	20	0.312	0.070	0.242
10～11	137.4	27.9	0.170	0.830	20	0.312	0.053	0.259
11～12	146.7	18.6	0.114	0.886	20	0.312	0.036	0.276
12～13	156.0	9.3	0.056	0.944	20	0.312	0.018	0.294
14～15	100.1	425.7	0.809	0.191	20	0.312	0.484	0.114
15～16	200.2	325.6	0.619	0.381	20	0.312	0.193	0.119
16～17	229.8	296.0	0.563	0.437	20	0.312	0.176	0.136
17～18	259.4	266.4	0.506	0.494	20	0.312	0.158	0.154
18～19	289.0	236.8	0.450	0.550	20	0.312	0.140	0.172
19～20	318.6	207.2	0.394	0.606	20	0.312	0.123	0.189
20～21	348.2	177.6	0.340	0.660	20	0.312	0.106	0.206
21～22	377.8	148.0	0.280	0.720	20	0.312	0.088	0.224
22～23	407.4	118.4	0.224	0.776	20	0.312	0.070	0.242
23～24	437.0	88.8	0.168	0.832	20	0.312	0.053	0.259
24～25	466.6	59.2	0.110	0.890	20	0.312	0.035	0.277
25～26	496.2	29.6	0.056	0.944	20	0.312	0.018	0.294
27～28	94.2	401.1	0.810	0.190	20	0.598	0.484	0.114
28～29	188.4	306.9	0.619	0.381	20	0.312	0.193	0.119
29～30	216.3	279.0	0.563	0.437	20	0.312	0.176	0.136
30～31	244.2	251.1	0.506	0.494	20	0.312	0.158	0.154
31～32	272.1	223.2	0.450	0.550	20	0.312	0.401	0.172
32～33	300.0	195.3	0.395	0.605	20	0.312	0.123	0.189
33～34	327.9	167.4	0.338	0.662	20	0.312	0.105	0.207
34～35	355.8	139.5	0.282	0.718	20	0.312	0.088	0.224
35～36	383.7	111.6	0.225	0.775	20	0.312	0.070	0.242
36～37	411.6	83.7	0.169	0.831	20	0.312	0.054	0.258
37～38	439.5	55.8	0.113	0.887	20	0.312	0.035	0.277
38～39	467.4	27.9	0.056	0.944	20	0.312	0.018	0.294

注：1. 每层梁的两端侧移值为 $\sum\beta'\delta$ 及 $\sum\beta''\delta$；

    2. 固端弯矩 $M=K\cdot\Delta$，Δ 为柱两端侧移值之差。

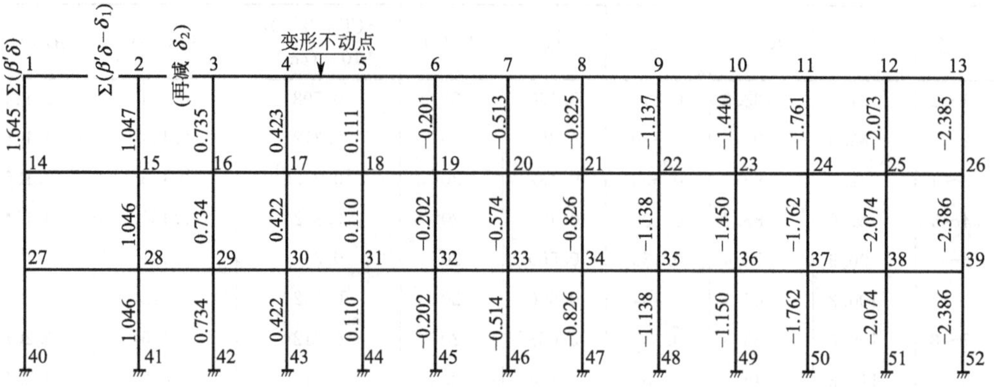

图 10-35 各点侧移值（向左－，向右＋）

固端弯矩   表 10-14

柱　号	K	Δ（cm）	M（10kN·m）
27～40	127×10^4	1.644	21.0
28～41	127×10^4	1.046	13.3
29～42	38×10^4	0.734	2.79
30～43	38×10^4	0.422	1.60
31～44	38×10^4	0.111	0.42
32～45	38×10^4	0.202	0.77
33～46	38×10^4	0.514	1.96
34～47	38×10^4	0.826	3.16
35～48	38×10^4	1.138	4.34
36～49	38×10^4	1.450	5.50
37～50	38×10^4	1.762	6.70
38～51	38×10^4	2.074	7.90
39～52	38×10^4	2.386	9.10

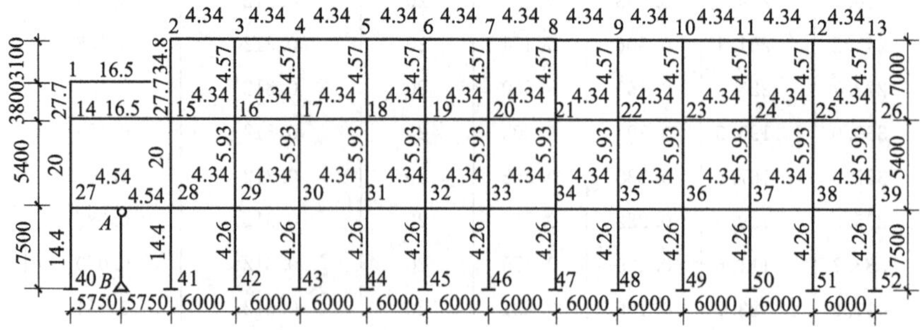

$$\frac{bh^3}{12} = \frac{25 \times 50^3}{12} = 2.6 \times 10^2$$

图 10-36 框架杆件单位刚度

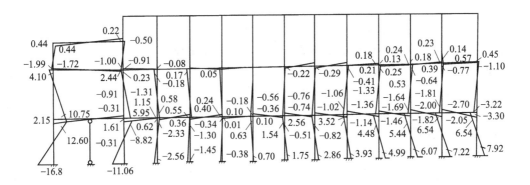

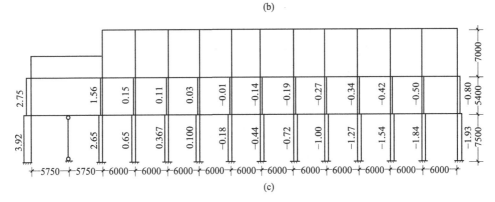

图 10-37 最终内力图

(a) 弯矩 M 图（单位：10kN·m）；(b) 横梁的轴向力（单位：10kN）；(c) 柱内切力（单位：10kN）

（1）多层框架可简化为两层计算，在承受平均温差及收缩作用时，只算与基础相接的下部两层；当计算太阳辐射时，只算顶部两层。其他各层框架的内力极小，可忽略不计。

例如，将计算温差及收缩再增加 15℃，底部弯矩有显著增加，而上层各杆的内力变化却很小。

（2）框架最不利部位是变形不动点处的横梁，后者承受最大的轴拉力（收缩时）。如在冬季施工中采用蒸养法，突然降温，刚度又不受徐变影响，即不乘 0.5 系数，则仅由于骤然的、很大的降温差便可导致横梁楼板拉断。如对称框架，开裂是在框架的中部横梁，并且下部 1、2 层开裂严重。

其次，柱子中不利的是端部柱，由于承受最大弯矩和切力，可能出现柱根弯曲和剪切破坏。

（3）多层框架的简单计算可只算端部跨，其他各柱头剪力，按线性比例分配（即各柱头剪力与该柱头跟变形不动点的距离成正比）求出横梁的轴力，它等于一侧各柱剪力和。这种简化可参见 10.5 节公式(10-48)。

（4）框架中部横梁内力最大，变形最小；端部内力最小，变形最大。如端梁与砌体的连接不当，容易引起砌体的裂缝（对于较长框架），可采取滑动层、可微动节点或在砌体内局部增配构造筋等做法加以解决。

值得注意的问题有：

①温度收缩变形引起的节点滑脱将导致结构失稳破坏，要特别注意大跨（或超多跨）的端节点的连接构造。当搭接长度不足、连接脆弱、没有适应变形能力时，容易产生横梁滑脱或脆断，从而引起结构破坏。对这类结构的梁柱节点（包括大跨度结构的端节点，壳面和边缘构件的连接），应考虑有适应变形的能力，既可微动，又不会产生滑脱或脆断。

②处于较高位置的斜通廊，如承重的横梁很长（多跨），一端固定于地下，另一端自由变形较大，支承柱又高又柔，上部端节点处的变位较大，易引起局部破裂（梁或墙产生严重破坏）。在此情况下，上节点必须考虑微动连接。

要注意各种跨度结构及长梁的端部，这是变形较大的部位，此处与砖石结构相接触时，容易引起砖石砌体的裂缝，为此，须加强墙体配筋或采取可滑动层的措施。

③温度收缩裂缝对动力机械基础和精密机械基础有较大的影响。如热电站的透平机基础，框架承受不均匀的温差作用，局部可达 60℃ 左右，温差及收缩引起不均匀的变形和开裂，裂缝的不断扩展引起刚度激烈变化。有的工程由于这种影响使柱子振幅大大增加，达 120μm 以上，超过允许值许多倍，以致停产。

有些精密机床的基础因温度收缩变位，影响机床的精密程度，甚至破坏了设备。遇有这类情况，除去结构上增强构造配筋外，主要应考虑采取有效的隔热措施。

在结构上尽可能地选用箱形、肋板、折板等整体筏式基础，代替分离式独立基础，对防止温度变形及不均匀沉降都有好处。

④一般情况下，普通钢筋混凝土承重结构可以在较高温度（200℃以下）使用，但是应考虑 60℃ 以上的隔热（如设置反辐射板）和加强通风对流散热等措施，以减少裂缝及控制裂缝的开展，避免大变形导致相连结构的破坏。

受热结构由于热缩及不稳定温度场引起的应力作用，产生裂缝是难免的，但需注意周围环境湿度及腐蚀介质情况。由于多数是处于较为干燥情况下，带裂缝工作的结构物，根据多年的使用经验，这类结构一般没有破坏危险。在具体处理裂缝问题时，应首先考查结构的配筋情况，如满足静力需要，则无须作承载力加固。有关 60℃ 以上材质指标及强度计算，可见专门规范。

10.11 单柱伸缩缝的构造

设计任何变形缝均采取"变形集中"的原则。这种方法，由于规范的要求，在某些情况下是不可避免的。然而，在确认伸缩缝完全适应某些工程需要的前提下，一些可以避免双排框架的改进构造已取得了实践上的成功，北京钢铁设计院和第十三冶金建设公司在这方面做了许多工作，可以为类似的工程提供借鉴，本节拟对这些构造作一介绍。

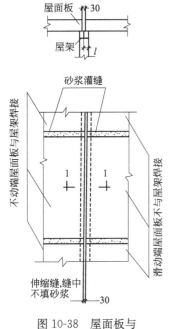

图 10-38　屋面板与
屋架连接平面图

我们主张尽量"分散变形"，即在每个节点都给予一定程度的微动，以避免变形集中的伸缩缝。单柱伸缩缝的构造与"分散变形"的设计构造并不矛盾，并可为分散变形的具体构造设计，提供很有实用价值的参考。在此基础上设计师们可以创造出结构简单、施工方便、变形自由度小一些的分散变形的节点构造，这样的设计在工程实践中更有推广意义。

首先，须将伸缩缝两侧的构件做成一为不动端，一为滑动端。滑动端的构件（包括屋面结构、墙皮、吊车梁、走台板以及厂房内部的纵向连系梁等）在纵向可以自由滑动，在横向固定。下面介绍几种节点做法，供参考。

1. 屋面结构

1）屋面板与屋架的连接（图 10-38）

不动端的屋面板应与屋架焊接，滑动端的屋面板则不与屋架焊接。此外，屋面板在水平方向是一个悬臂梁式的刚性盘体，不可能产生滑动。因此，板缝之间不需采取措施来固定板在侧向的移动。

如果板的支承长度 l 满足不了最小构造要求（l＝结构最小支承长度加伸缩缝的计算宽度），则应在屋架上弦，板主肋的支承部位设置牛腿（图 10-39）。

结构最小支承长度：6m 板为 80mm；9m 板为 90mm；12m 板为 100mm。

2）檩条与屋架的连接（图 10-40）

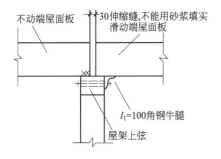

图 10-39　屋面板与屋架连接侧面图

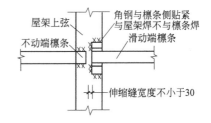

图 10-40　檩条与屋架连接平面图

不动端的檩条应与屋架焊接，滑动端的檩条不与屋架焊接。为了避免滑动端檩条水平移动，可在檩条两侧设置角钢，角钢与屋架焊接不与檩条焊接。这样，檩条在纵向就可以自由滑动。

和屋面板一样，檩条最小支承长度应满足构造要求，否则也应和屋面板一样在屋架上弦设置钢牛腿。

2. 墙皮

1）墙板与柱子的连接

如果墙板和柱子是柔性连接（如用钢筋与柱子拉接等），亦即墙板伸缩不受柱子阻碍，则墙板在伸缩缝处的连接方法与非伸缩缝部位相同；如果墙板和柱子是刚性连接（墙板与柱子焊接），则在伸缩缝处的墙板应设置滑动端，其做法可参照下述墙梁与柱子连接的方法。

2）墙梁、基础梁与柱子的连接

如果墙梁与柱子焊接（如以前建工部标准图的做法，用螺栓连接者可不处理），则在伸缩缝处应设置滑动端，其做法如图 10-41 所示。

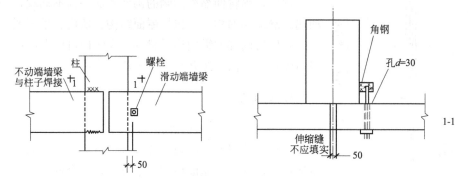

图 10-41 墙梁连接立面

基础梁埋于地下，其变形温差较小，一般在伸缩缝处不作特殊处理。

3. 吊车梁

1）钢吊车梁与柱子的连接

钢吊车梁与柱子的连接可采用长圆孔连接方法（图 10-42）。

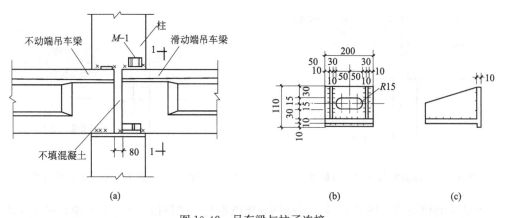

图 10-42 吊车梁与柱子连接
（a）吊车梁可滑动构造；（b）椭圆孔构造平面图；（c）椭圆孔构造剖面图

不动端的吊车梁及制动梁与柱锚接（或焊接），滑动端的吊车梁及制动梁应能沿纵向滑动，同时，必须保证横向刹车力能够可靠地传递给柱子（纵向刹车力由滑动端吊车梁另一端传递给柱子)。为此,在制动梁上开椭圆孔,用螺栓与柱子连接。在吊车梁下翼的弹簧板上,也沿纵向开椭圆孔,用螺栓连接。

2)混凝土吊车梁与柱子的连接(图 10-42)

不动端吊车梁应与柱子焊接,滑动端吊车梁不与柱子焊接。为了使滑动端能传递横向刹车力,在吊车梁底两侧设置角钢,角钢与柱子焊接,不与吊车梁焊接。角钢的作用是在横向固定吊车梁,而让吊车梁在纵向可以自由滑动,见图 10-42(a)。同时,吊车梁上翼缘与柱子连接也是借助于在角钢上开椭圆孔,见图 10-42(b)、(c),用螺栓与柱子连接来实现。

4. 支撑布置

1)柱间支撑

柱间支撑的设置方法仍按一般布置,但为了增加刚度,将支撑尽可能布置在两端,约束越大,节点滑动亦越大,并不增加温度应力,变形滑动系数为 0.15~0.2。

2)屋盖支撑

屋盖支撑系统作用之一是保证每一伸缩缝区间的水平刚度,同时还不能妨碍檩条滑动端的位移,为此设置屋架上弦的水平支撑。由于是多边形屋架,因而可不设置屋架下弦水平支撑。垂直支撑在临近伸缩缝处按压杆设计,其他部位按拉杆设计。

3)走台板与柱子的连接

不动端走台板应与柱子焊接,滑动端走台板则不与柱子焊接。为使滑动端在横向保持固定,在板侧设置两条钢板,钢板与柱子埋设件焊接,不与走台板焊接。

当有其他纵向承重构件时(如天沟板),也可参照前述设计构件滑动端的节点来处理。

有两个问题应在施工图上明显标出:一是明确标出滑动端的方位,比如滑动端设置在柱子左侧,那么伸缩缝处所有纵向构件的滑动端都在柱子右侧,同一条伸缩缝不能有时在柱左,有时在柱右;二是有二次浇灌层时,不能将伸缩缝填实。

考虑到大板能起水平支撑作用(我们采用的是 3m×9m 预应力屋面板),因此一般没有屋架上的下弦水平支撑(我们采用的是多边形屋架,在轴柱子处,局部有屋架下弦水平支撑)。垂直支撑在伸缩缝附近作成桁架式,其他部位按拉杆设计,直接焊在屋面板主肋下面。

应当指出:当采用单柱伸缩缝时,屋架的做法和非伸缩缝处完全相同。

5. 几个问题的讨论

1)滑动节点锈蚀问题

未刷防锈油漆的节点埋设件将会锈蚀。据我们对一些锈蚀节点的观察,尚未看到因此而妨碍节点滑动。分析一下原因有二:一是温度应力较大,锈蚀产生的阻力尚不足以阻止节点滑动;二是构件下小幅度的伸缩时刻都在发生,正如前面谈到的,由于白天和夜晚气温的变化,构件也不断发生伸缩,因而接触面的锈蚀较轻,可以看到有些节点的滑动面很光滑,所以阻力小。

自然,发生锈蚀是不好的,因此,节点必须刷防锈油漆。

2)因施工没注意而产生的问题

由于施工中没注意,曾产生以下两种情况:一是在进行轨道的二次灌浆或其他混凝土作业时,砂浆或混凝土落在滑动端的螺栓上,从而阻碍滑动;二是有些滑动端螺栓的垫板太大，与埋设件的其他零件相碰，也阻碍滑动。我们对这些节点进行过观察，未发现物件有破坏现象。因为在这种情况下，节点虽不能较自由地滑动可也不是完全固定，因而节点可能产生一些肉眼难见的滑动，从而使温度应力部分地减少，所以未导致物件破坏。

3）因错误施工而产生的问题

由于单柱伸缩缝尚不为大家所熟悉，因此有些滑动端被电焊焊住，这样的节点曾发生过几处，有的到现在仍未烧开。凡是发生这种情况的节点，不少都出现了纵向构件破裂的情况，个别情况还较为严重，必须注意。

10.12 工程裂缝调查统计及分析

一批工程裂缝的调查统计参考资料见表 10-15。

建筑结构伸缩缝情况一览表 表 10-15

序号	所属厂矿及车间名称	气温年平均温差（℃）	伸缩缝间距（m）	竣工时间（年）	结 构 特 点	使用情况	附 注
1	沈阳市某厂新主厂房	37.6	横向 114 纵向 81	1971	预制柱，预应力屋架及钢屋架、单槽瓦，无保温层，窗台以下 370mm 厚砖墙，以上大型墙板围护，柱高 24m	良好	
2	北京市某钢厂轧钢车间	31.1	180	1969	预制柱、钢丝网水泥大波瓦、钢屋架、预制 T 形车梁，240mm 厚矿渣水泥空心墙板围护，柱高 10.8m	骨架良好，围护结构大型墙板在厂房中部有部分裂缝	纵向吊车梁与柱有两道单柱伸缩缝
3	四川某锅炉厂不锈钢车间	20	120	1969	预制柱、吊车梁、屋架及预应力单槽瓦，无保温隔热层，围护结构在标高 4.6m 以下是砖墙，以上是预制砖墙板	良好	
4	成都六五厂 216 车间	20	横向 105 纵向 96	1969	预制柱、折线形屋架、少部分钢屋架、屋面为大型板及单槽瓦两种，围护结构窗台以下为混凝土，以上为预制墙板，柱高 11.5m	良好	
5	四○公司某选矿主厂房	20	160	1969	预制柱，预应力单槽瓦，钢房架，钢檩条，未上围护结构，柱高 12.55m	良好	
6	沈阳市某厂主厂房	37.6	168	1969	预制柱，预应力梯形屋架，边跨为拱型木屋架，大型屋面板上铺炉渣保温层，370mm 厚砖墙围护，柱高 10.20m	良好	

续表

序号	所属厂矿及车间名称	气温年平均温差（℃）	伸缩缝间距（m）	竣工时间（年）	结 构 特 点	使用情况	附 注
7	沈阳电机厂主厂房	37.6	168	1959	装配式钢筋混凝土结构，由机械部沈阳第八设计院、建设部建研院、电机厂、市三公司协作建立无伸缩缝试点工程，四跨排架，有30/5t吊车	1961年及1967年两次鉴定情况良好	
8	重庆某钢厂冷弯车间	20.3	108	1958	装配式钢筋混凝土柱、吊车梁、钢屋架	良好	
9	重庆某钢厂平炉车间	20.3	96	新中国成立前	现浇钢筋混凝土柱、吊车梁、系梁、钢屋架	良好	
10	重庆某钢厂转炉车间	20.3	138	1958	原装配式钢筋混凝土结构1959年由于其他原因，结构外包现浇混凝土	屋面由于超载下塌，其他良好	
11	上海铝制品厂主车间	23.8	112	1930	现浇钢筋混凝土结构，瑞士设计	良好	
12	沈阳变压器厂一厂房	37.6	240	1930年前	钢筋混凝土柱、钢吊车梁	良好	
13	沈阳变压器厂三厂房	37.6	200	1930	中间柱为钢结构，二边柱与吊车梁为现浇连续钢筋混凝土结构	良好	
14	沈阳变压器厂四厂房	37.6	216	1950	现浇钢筋混凝土柱、钢吊车梁、钢屋架，侧跨现浇框架	良好	
15	沈阳变压器厂五厂房	37.6	102		钢筋混凝土柱及预制钢筋混凝土吊车梁	良好	
16	马鞍山钢铁公司一炼钢厂房		113.5	1960	装配式钢、钢筋混凝土混合结构，边柱为混凝土，中柱为钢结构	良好	
17	沈阳市某厂五车间	37.6	横向108纵向102	1958	预制柱、梯形屋架、大型屋面板、泡沫混凝土保温层，370mm厚砖墙围护，柱高14.00m	良好	

序号	所属厂矿及车间名称	气温年平均温差（℃）	伸缩缝间距（m）	竣工时间（年）	结构特点	使用情况	附注
18	沈阳市某机械厂主厂房	37.6	72	1958	预制柱、梯形屋架、大型屋面板、炉渣保温层，370mm厚砖墙围护，柱高11.0m	良好	
19	哈尔滨某厂第一车间	45.4	120	1960	预制柱、拱形混合屋架、吊车梁、大型屋面板，有保温层，37mm砖墙围护，柱高11.24m	厂房东部上方砖墙有裂缝	
20	北京市某水压机车间	31.1	132	1971	预制斜腹杆双肢柱、大型屋面板，无保温层，梯形钢屋架，钢吊车梁，窗台以下为预制墙板，以上为砖墙，柱高23m	良好	
21	北京市某厂木模车间	31.1	84	1970	预制柱、拱形屋架、T形吊车梁、大型屋面板、泡沫混凝土保护层，砖墙围护，柱高8.0m	良好	
22	北京市某钢厂整模车间	31.1	96	1960	预制柱、T形吊车梁、大型屋面板、钢屋架，无保温层，240mm厚砖墙围护，柱高10.4m	围护结构砖墙有裂缝	
23	天津总后某仓库	31.2	84	1967	预制门式刚架、大型屋面板，无保温层，240mm厚砖墙围护，柱高7.45m	良好	
24	湖北某厂锻造车间	25	110	1971	预制柱、吊车梁、单槽瓦，轻钢屋架，无保温隔热层，砖墙围护，柱高10.36m	良好	
25	湖北二汽平锻车间	25	102	1971	预制柱、吊车梁、单槽瓦，轻钢屋架，砖墙围护，柱高10.36m	良好	
26	湖北某厂总装车间	25	纵向72 横向83	1970	预制柱，组合式吊车梁，钢丝网水泥四波瓦轻钢屋架，无保温隔热层，干打垒墙围护，柱高8.6m	良好	
27	湖北某厂三泵车间	25	84	1971	预制柱，混合屋架，单槽瓦，无保温隔热层，砖墙围护，柱高6.0m	良好	

续表

序号	所属厂矿及车间名称	气温年平均温差（℃）	伸缩缝间距（m）	竣工时间（年）	结 构 特 点	使用情况	附 注
28	湖北某厂二车间砂芯部	25	72	1970	预制柱，单槽瓦，轻钢屋架，无保温隔热层，砖墙围护，柱高9.23m	良好	
29	湖北某厂曲轴装配车间	25	横向75 纵向84	1971	预制柱，预应力屋架，单槽瓦，无保温隔热层，砖墙围护，柱高8.0m	良好	
30	湖北某厂第二车间	25	66	1971	预制柱，预应力屋架，吊车梁，单槽瓦，无保温隔热层，砖墙围护（干打垒）	良好	
31	三江薄板厂	20	108	1970	预制柱，吊车梁，大型屋面板，预应力屋架，无保温隔热层，砖墙围护，柱高9.8m	良好	
32	嘉兴毛纺厂	19.2	102	1962	预制柱，槽型屋面板，无保温层，砖墙围护	良好	
33	上海某仓库	28.8	48	1965	现浇无梁楼盖，共三层	顶层最外面三根柱子产生裂缝	
34	四川简阳空压机厂	20	114	1971	预制柱，三角形组合屋架，单槽瓦，240mm厚砖墙围护，柱高11.00m	良好	
35	江油矿机厂重金工车间	20	102	1965	预制柱，折线形屋架，大型屋面板，无保温隔热层，砖墙围护，柱高10.00m	良好	
36	江油某厂金工车间	20	119	1970	预制柱，多腹杆折线形屋架，T形檩条，单槽瓦，240mm厚砖墙围护，柱高10.2m	良好	
37	四川某厂铸工车间	20	90	1962	预制柱，拱形屋架，大型屋面板，无保温隔热层，砖墙围护，柱高10.0m	两端砖墙上角有裂缝	
38	成都无线电厂机工车间	20	84	1971	预制柱，三角形组合屋架，单槽瓦砖墙围护，柱高8.5m	良好	
39	四川人民出版社纸库	20	66	1967	预制柱，折线形屋架，大型屋面板，有保温隔热层，砖墙围护，柱高7.0m	良好	

序号	所属厂矿及车间名称	气温年平均温差（℃）	伸缩缝间距（m）	竣工时间（年）	结构特点	使用情况	附注
40	四川某厂锻工车间	20	90	1965	预制柱，拱形屋架，大型屋面板，无保温隔热层，砖墙围护，柱高10.00m	良好	
41	易门汽车保养站	11.8	72	1963	预制柱、三角形屋架、大型屋面板，无保温隔热层，砖墙围护，柱高4.70m	房屋两端、屋檐下面砖墙有水平裂缝	
42	易门某厂铸工车间	11.8	72	1963	预制柱、屋架、屋面梁、吊车梁、檩条和小板，无隔热层，砖墙围护，柱高9.45m	房屋两端、屋檐下面窗顶以上有裂缝	
43	易门某厂综合加工车间	11.8	138	1963	预制柱、屋面梁、大型屋面板、吊车梁，无隔热层，砖墙围护，柱高10.5m	良好	
44	云南内燃机厂铸工车间	11.8	120	1958	现浇柱，预制拱形屋架、大型屋面板，无保温隔热层，砖墙围护，柱高9.0m	良好	
45	云南省印染厂印染车间	11.8	107	1954	现浇柱，预制三角形屋架、檩条及平板屋面，无隔热层，砖墙围护，柱高4.9m	良好	
46	重庆某钢厂冷拉车间	20.3	现浇吊车梁120 厂房40	1964	除现浇T形连续吊车梁外，其余为预制结构，无隔热层，砖墙围护，柱高约6.5m	良好	吊车梁在伸缩缝处未断开
47	昆明某机械厂铸工车间	11.8	174	1958	现浇柱，连续吊车梁，屋面板，出现裂缝后更换预制大型屋面板，无隔热层，砖墙围护，柱高约8m	屋面板及吊车梁均出现许多无规则裂缝，柱子良好	主要原因是材料和施工质量不好
48	昆明某厂加工车间	11.8	144	1958	现浇柱连续吊车梁，无隔热层，砖墙围护，柱高约7.5m	良好	
49	云南省某厂锻工车间	11.8	95	1963	现浇柱，薄壳屋盖，预制吊车梁，无隔热层，砖墙围护，柱高约4.5m	良好	
50	固旧某选矿厂主厂房	11.8	174	1964	现浇柱，连续吊车梁，屋面板，无隔热层，砖墙围护	柱子良好，屋面出现裂缝	

续表

序号	所属厂矿及车间名称	气温年平均温差（℃）	伸缩缝间距（m）	竣工时间（年）	结构特点	使用情况	附注
51	北京某热处理露天栈桥	31.1	66	1969	预制工字形柱，预应力吊车梁，梁高 8.0m	良好	
52	北京某厂铸铁露天栈桥	31.1	72	1970	预测工字形柱，预应力吊车梁，柱高 10.00m	良好	
53	哈尔滨某厂露天栈桥	45.4	200	1968	现浇柱，柱顶焊接 30 号工字钢，柱高 5m	两端各 50m 范围内，柱脚处有裂缝	
54	重庆某煤矿装车仓	20.3	5.4	1957	现浇框架结构，顶部大部分为木屋架，瓦屋面，只有中间为现浇屋面，砖墙围护	良好	
55	安阳钢厂氧气站	26.7	60	1972	预制柱，现浇楼盖，无隔热层	楼盖洞口处有裂缝	
56	北京市工会大楼	31.1	43.7	1955	多层现浇框架、楼盖及屋盖，有保温层，填充墙，现浇带形基础，有地下室	良好	
57	北京市前门饭店	31.1	44.4	1956	同上	良好	
58	成都市东方红饭店	20	58	1960	多层现浇框架，楼盖及屋盖均为预制圆孔板，无保温隔热层，由于屋面开裂漏水，翻修时将砂浆找平层改为油砂	屋面开裂漏水	
59	北京市民族饭店	31.1	37.9	1958	十二层框架，一层及地下室是现浇结构，二层以上是预制装配结构，预应力楼板，矿渣保温层，填充墙	良好	
60	北京市经委办公楼	31.1	98.6	1955	370mm 厚大型砖砌块承重，预应力圆孔板，矿渣保温层，现浇地下室	良好	
61	北京市地铁运营处宿舍	31.1	71.7	1965	七层装配式混合结构，预应力圆孔板，200mm 厚加气混凝土保温层，二道圈梁	良好	

序号	所属厂矿及车间名称	气温年平均温差（℃）	伸缩缝间距（m）	竣工时间（年）	结　构　特　点	使用情况	附　注
62	北京阜外大街统建住宅	31.1	82.88	1966	五层装配式混合结构，预应力圆孔板，200mm厚加气混凝土保温层	良好	
63	北京三里河统建5号楼	31.1	66	1966	同上	良好	
64	北京三里河统建3～2幢	31.1	80	1966	同上	良好	
65	北京水碓大街统建住宅1、2、3号楼	31.1	66.08	1965	同上	良好	
66	北京龙潭住宅小区34、37号楼	31.1	64.34	1965	同上	良好	
67	北京地铁运营处三住宅	31.1	63.84	1965	同上	良好	
68	北京市和平北路统建住宅Ⅵ段二栋	31.1	68.34	1965	六层装配式混合结构，预应力圆孔板，200mm厚加气混凝土保温层，砖墙承重	良好	
69	重庆市某厂易燃品仓库	20.3	46.5	1962	单层混合结构，预制槽形屋面板，120mm厚炉渣保温层，240mm厚空斗墙，无圈梁，素混凝土带形基础	屋面及横隔墙严重开裂	
70	武汉市汉口卷烟厂家属宿舍	25.2	66	1965	五层混合结构，预制圆孔板，无保温隔热层，三道圈梁，毛石混凝土基础	圈梁被拉裂	
71	昆明市和平饭店	11.8	57.6	1966	五层混合结构，预制圆孔板，无保温隔热层，毛石混凝土基础	良好	

续表

序号	所属厂矿及车间名称	气温年平均温差（℃）	伸缩缝间距（m）	竣工时间（年）	结 构 特 点	使用情况	附 注
72	昆明市家属宿舍	11.8	83.4	1965	四层混合结构，预制圆孔板，无保温隔热层，毛石混凝土基础	良好	
73	重庆轮胎厂金工车间	20.3	96	1962	单层混合结构，预制薄腹梁，大型屋面板，油毡防水	良好	
74	哈尔滨711工程	45.4	72	1971	内框架混合结构，预制拱板屋架，保温层放在屋架中部，檐口标高4m	中部砖墙阴角处有裂缝	
75	四川渡口7102住宅	20.3	16	1969	四层现浇混合结构，有隔热层	楼板及屋面有裂缝	
76	四川40公司第一招待所	20.3	现浇屋面17	1970	楼层为预制槽板，屋面为现浇，有隔热层，毛石混凝土基础	屋面及顶层砖墙有严重裂缝	
77	成都工人疗养院文艺室	20	19	1956	二层现浇混合结构，70mm厚炉渣保温隔热层	屋面板女儿墙有裂缝	
78	武汉国棉二厂职工食堂	25.2	48	1965	单层现浇混合结构，无保温隔热层，无圈梁，毛石基础	屋面开裂	
79	武汉第一医院病房大楼	25.2	现浇屋面14	1954	四层局部现浇混合结构，无保温隔热层，毛石混凝土基础	屋面及楼面开裂	
80	重庆某钢厂中心试验室	20.3	60.9	1962	三层现浇混合结构，无保温隔热层	同上	
81	武汉某钢厂铁合金贮料坑	25.2	48	1959	现浇墙式结构，壁高2.2m，厚250mm	池壁有垂直裂缝	
82	湖北恩施县城关沉淀池	25.2	23.6	1964	现浇墙式结构，壁高40m，厚250～350mm	同上	

续表

序号	所属厂矿及车间名称	气温年平均温差（℃）	伸缩缝间距（m）	竣工时间（年）	结 构 特 点	使用情况	附 注
83	重庆某钢厂 8000m³ 高位水池	20.3	24	1964	现浇墙式结构，壁高 6.5～7.5m，厚 400mm	池壁有垂直裂缝	
84	上海某水厂快滤池	23.8	30	1971	现浇墙式结构，壁高 3.6m，厚 200mm	同上	
85	平顶山焦化厂		25		现浇墙式结构，高 4m，厚 200～350mm	同上	
86	重庆某钢厂冷弯型钢车间		108+24+48		装配式钢筋混凝土柱梁，钢屋架	良好	1958 年建成
87	重庆某钢厂平炉车间（连铸段）		96		现浇钢筋混凝土吊车梁及柱顶系梁钢屋架	良好	新中国成立前建成
88	重庆某钢厂葛老溪转炉车间		138		装配式钢筋混凝土，1959 年发生事故后外包现浇混凝土	屋面由于超载下塌，其他部分良好	1958 年夏建成，现已改作车库
89	重庆某钢厂小平炉车间		65		捣制钢筋混凝土柱吊车梁，钢屋架单柱伸缩缝	平炉处出钢口平台梁、吊车梁被烤酥后加固	1942 年建成
90	重庆某钢厂刘家坝转炉车间		90		钢筋混凝土双肢柱及吊车梁钢屋架	良好	现已停止生产
91	北京二通用机械厂铸钢车间		72		装配式钢筋混凝土	良好	1959 年建成 1961 年生产一年
92	重庆某钢厂大平炉车间		72		分离式钢筋混凝土柱及捣制钢筋混凝土吊车梁，炉子上部为钢吊车梁	良好	解放初期建成

续表

序号	所属厂矿及车间名称	气温年平均温差（℃）	伸缩缝间距（m）	竣工时间（年）	结 构 特 点	使用情况	附 注
93	上钢三厂中板车间		78		工字形钢筋混凝土柱及简支吊车梁，钢筋混凝土拱形屋架	良好	
94	上钢三厂平炉车间整理工段		78		工字形钢筋混凝土柱及简支吊车梁，钢筋混凝土拱形屋架	良好	
95	上钢三厂露天栈桥		84		钢筋混凝土结构	良好	
96	上钢三厂二转炉车间		78		钢筋混凝土工字形柱，拱形屋架，连续钢吊车梁	良好	
97	上钢三厂一薄板车间		84		钢筋混凝土工字形柱，装配式吊车梁，钢筋混凝土拱形屋架	良好	
98	上钢某厂二转炉车间		78		钢筋混凝土柱及吊车梁，转炉顶上为钢吊车梁	良好	
99	上钢某厂三转炉车间		72		同二转炉车间	良好	1959 年建成
100	上海铝制品厂主车间		112		捣制钢筋混凝土	良好	1930 年建成，瑞士设计，设计很保守
101	上海某汽轮机厂大气车间		96		装配式钢筋混凝土柱，钢吊车梁、钢桁架，12m 柱距	良好	1960 年建成，尚未投产
102	上海某汽轮机厂二金工车间		70（第二次建成）		捣制框架钢筋混凝土，柱脚为铰接	良好	1947 年建
103	上海某重机厂第一水压车间		81		主跨为钢柱，边跨为钢筋混凝土工字形柱及吊车梁，9m 柱距	良好	

序号	所属厂矿及车间名称	气温年平均温差（℃）	伸缩缝间距（m）	竣工时间（年）	结 构 特 点	使用情况	附 注
104	上海某重机厂万吨水压机车间		96		水压机段为组合钢柱，其余为双肢钢筋混凝土柱，钢吊车梁及钢屋架	良好	
105	大连某重机厂铸铁车间		99.66		捣制钢筋混凝土柱梁，钢（木）屋架	良好	日伪建造
106	大连某起重机厂金工车间		90		装配式钢筋混凝土	良好	
107	大连某起重机厂金工露天栈桥		90		装配式钢筋混凝土	良好	
108	沈阳某电机厂主厂房		168		装配式钢筋混凝土	良好	1958 年建成
109	沈阳某变压器厂一厂房		240		钢筋混凝土矩形柱，钢吊车梁	良好	1930 年前建
110	沈阳某变压器厂三厂房		200		中间柱为钢结构，二边柱与吊车梁为现浇连续钢筋混凝土结构	良好	1930 年建
111	沈阳某变压器厂四厂房		216		钢筋混凝土捣制柱，钢吊车梁钢屋架，侧跨捣制框架	良好	1950 年建
112	沈阳某变压器厂五厂房铁芯车间		102		钢筋混凝土柱，预制钢筋混凝土吊车梁及屋架	良好	1960 年建成
113	马鞍山钢铁公司一炼钢		113.5		装配式结构，边柱混凝土，中柱钢结构	良好	

序号	所属厂矿及车间名称	气温年平均温差（℃）	伸缩缝间距（m）	竣工时间（年）	结 构 特 点	使用情况	附 注
114	哈尔滨汽轮机厂新主机装配车间端横跨		204		全钢结构，6m 开间 12m 柱距，下弦 33m	良好	1978 年建
115	第一重型机器厂金工装配车间		168		全钢结构，6m 开间，12m 柱距，下弦 33m，3.0×6.0 板	良好	1956 年建
116	同上锻压五车间		156 168		全钢结构，6m 开间，12m 柱距，3.0×6.0 大型板，下弦 30m	良好	1957 年建
117	吉林汽标厂冷镦车间		96		全钢结构，6m 柱距，3.0×6.0 大型板，下弦 33m	良好	1958 年建

根据调查资料（表 10-15），结构形式及长度对裂缝的影响可统计成表 10-16。分析结果与习惯概念有些反常。

伸缩缝间距与裂缝关系统计表 表 10-16

结构特点	伸缩缝间距（m）	项目数	有裂数	占本项目百分比（%）	无裂数	占本项目百分比（%）	有无裂数不清	占本项目百分比（%）
现浇（共 38 项）	≤30	8	8	100	0	0		
	>30	30	8	26.7	22	73.3		
装配（共 75 项）	≤100	45	7	15.6	38	84.4		
	>100	30	1	3.3	29	96.7		
装配、混合、现浇	≥（168~200）	12	2	16.6	10	83.4		
现浇（共 112 项）	≥20	49	16	32.7	17	34.7	16	32.7
	<20	63	22	34.9	9	14.3	32	50.8

由表 10-15 可知，按现行规范，对伸缩缝间距不大于 30m 的现浇混凝土所调查的 8 项当中，裂缝率占 100%，而超长大于 30m 的现浇混凝土所调查的 30 项当中，裂缝率仅占 26.7%，说明了按现行规范伸缩缝间距不大于 30m 工程也有可能产生较重的裂缝。

所调查的装配式工程中，按现行规范不大于 100m 工程，裂缝率占 15.6%；而超长大于 100m 工程的裂缝率 3.3%。

对现浇的大体积混凝土航务工程，伸缩缝间距小于 20m 的裂缝为 34.9%，超长大于 20m 的裂缝率为 32.7%，超长的裂缝率几乎与非超长裂缝率相同。当然，不能因此认为较短的结构比较长结构更容易开裂。由于调查的数量有限，加上调查工作中的误差，统计结果尚不严格，但至少可得出结论：在实践中，结构的裂缝与长度没有明显关系，建筑物长度不是决定裂缝的唯一因素，而是影响裂缝的许多因素之一，即在许多不利条件下，一个较短的工程可以严重开裂，而在另一些有利条件下，一个超长的工程可以不产生开裂。据多年来的工程实践与研究工作可以认为，装配式工业厂房及钢与混凝土的混合结构，在一般条件下，其伸缩缝间距可以扩大至 200m；露天排架可以扩大至 150m。相对而言，现浇混凝土框架结构，出现裂缝的概率较高，习惯上认为把伸缩缝间距作得越小越好。其实不然，从调查中得知现浇框架亦有长至 150m 的结构仍在正常使用的，并不是说完全没有裂缝，而是对于超静定框架说来，它具有良好的"韧性"，出现些裂缝对承载力没有影响。如果是温度收缩裂缝，只需要封闭，保证持久承载力不受影响就可以了，并且这种裂缝宽度不应受规范限制，当然结构的配筋必须满足设计要求，所以，一般现浇框架注意到温度收缩应力，采取了构造及施工方面措施后，一般 100m 内不设置伸缩缝是可以的。当超长时，可通过计算确定。笔者总的认为，各种排架及框架结构完全不留伸缩缝是可以的，超长而无把握时，采取后浇缝。即使遇有尚未预计到的不利条件而出现了裂缝，采用化灌处理也无损于工程的正常使用。

当然，裂缝控制的研究宗旨是提出取消伸缩缝的条件，从而确保工程不产生有害的裂缝。排架与框架取消伸缩缝的条件就是本章中计算与分析中提供的条件，设计者所选用的参数应考虑施工条件的可能，施工的工艺应保证计算条件的实现。

对于钢结构排架，由于比热较小，导热较快，应注意施工期间（特别是夏季施工）的温度变形，有时在太阳强烈辐射作用下产生较大的水平位移，酿成安装上的困难。遇有此情况，可采取分段安装最后封闭联成整体的方法，围护结构应在联成整体时开始或部分提前吊装。

11 特殊构筑物的裂缝

特殊结构物一般说来属于高次超静定结构。在温度应力作用下，由于结构本身外部或内部的约束，容易引起拉应力，使结构物产生裂缝。

这种裂缝在实际工程中颇为常见，裂缝宽度 0.5mm 至数毫米，但其危害程度往往轻微，一般没有承载力不足的危险，但对于持久强度却会带来一定影响，应当尽量加以控制。下面就所了解的几大特殊结构物的温度裂缝及其防治情况作一简要的分析。

11.1 梁板结构的裂缝

许多特殊构筑物常采用梁板结构形式，梁板结构的裂缝现象相当普遍，梁板结构可分为现浇整体式和预制装配式结构两种。

裂缝出现在板上者常为贯穿裂缝；出现在梁上者，常为表面裂缝。板的平面为矩形，则裂缝方向与较长边垂直。如图 11-1 所示的大型仓库框架楼板裂缝为横向，是因为板有横肋，裂缝垂直横肋。

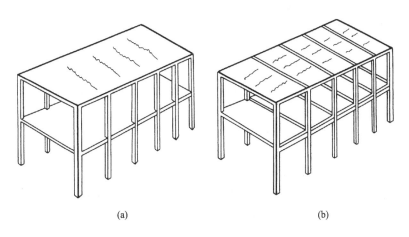

(a)   (b)

图 11-1 楼板收缩裂缝
(a) 无梁楼板；(b) 有横梁板

这种裂缝是由降温及收缩引起，当结构周围的气温及湿度变化时，梁板都要产生变形——温度变形及收缩变形。板的厚度远远小于梁，所以全截面紧随气温变化而变化，水分蒸发较快，收缩变化较大，但是肋较厚（一般大于板厚 10 倍），故其温度变化滞后于板，特别是在急冷急热变化时更为明显。由此产生的两种结构（板与梁）的温差与收缩差的变形，引起约束应力，板内呈拉应力，梁内呈压应力。由于降温引起的应力状态一直到梁板温度平衡时才消失，而收缩应力将长期保持下去。

引起开裂的主要原因是收缩。板的收缩大于肋或梁，必然引起板内拉应力，梁内压应力。尤其在高温环境中，湿度急剧降低，混凝土收缩速度加快，加之板的收缩值又远大于梁的收缩值，附加了热收缩差，从而加重了板面的拉应力，容易导致开裂。

裂缝方向取决于两个因素：一是约束，二是抗拉能力。裂缝方向一般垂直于约束较大的方向和垂直于抗拉能力较弱的方向。以下用工程实例的裂缝特点说明。

1. 工程裂缝特点

图 11-1 所示为现浇钢筋混凝土框架结构，钢筋混凝土平屋顶，梁间的板面尺寸为 24.7m×5.7m。在一批工程中，屋顶裂缝比较普遍，引起渗漏，影响使用。该工程设计者通过二十栋已建工程的调查，归纳裂缝特点如下：

1) 裂缝垂直横肋，呈厂房纵向；
2) 裂缝多位于厂房中部区；
3) 现场调查说明，相同结构的厂房，养护条件差的开裂，养护较好的不开裂；
4) 裂缝出现时间 1～3 个月，此后趋于稳定；
5) 裂缝宽度 0.1～0.8mm，较大的上下贯通；
6) 有裂缝的工程施工季节多在最热、最冷季节。

2. 理论计算的基本假定

1) 均匀温差和均匀收缩为主要因素。影响裂缝的因素很多，也很复杂，"中小体积混凝土"所承受的温差与收缩主要部分是均匀温差及均匀收缩。同时从控制裂缝情况来看，结构表面裂缝危害较小，主要是防止贯穿性断裂，因此，研究重点宜放在板与梁的外约束上。

2) 外约束应力作非刚性假定。

3) 此类板的特点是其厚度远小于其他两个方向的尺寸（长、宽）。根据过去的理论及试验研究，当宽度小于或等于十分之一长时，板在温度收缩变形变化作用下，满足板全截面均匀受力这一条件。当宽度小于五分之一长度时，按均匀受力计算中部断面，其误差仍不超过工程允许范围，因此假定整体浇筑于两根梁间的混凝土板，其约束应力类似于对称两边相似弹性地基上的一个长条板均匀受力的计算模型，如图 11-2 所示。

在框架板任意点 x 处，截取一段 dx 长的微体，由于均匀受力假定，微体的宽度取全宽 H，其厚度为 t，承受均匀内力为 N（即 σ_x 的合力），框架横梁对板的剪切力为 Q（剪应力 τ 的合力）。假定梁板间剪应力与位移服从 $\tau = -C_x u$ 的关系。

当 $\sum x = 0$ 时：

$$N + dN - N + 2Q = 0$$

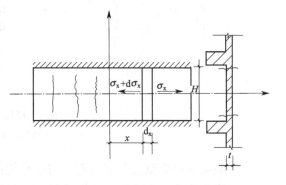

图 11-2 顶板与梁相对收缩计算简图

$$\sigma_x \cdot H \cdot t + \mathrm{d}\sigma_x H \cdot t - \sigma_x \cdot H \cdot t + 2\tau t \mathrm{d}x = 0$$

$$\frac{\mathrm{d}\sigma_x}{\mathrm{d}x} + \frac{2\tau}{H} = 0$$

$$\frac{\mathrm{d}^2 u}{\mathrm{d}x^2} - \frac{2C_x}{HE} u = 0$$

任意点的位移由约束位移与自由位移合成：

$$u = u_\sigma + \alpha T x$$

应用 4.2 节中相同的理论分析方法，并设：

$$\beta = \sqrt{\frac{2C_x}{HE}}$$

则原平衡微分方程式化为：

$$\frac{\mathrm{d}^2 u}{\mathrm{d}x^2} - \beta^2 u = 0$$

（推导过程从略）得主要应力：

$$\sigma_x = -E\alpha T \left(1 - \frac{\mathrm{ch}\beta x}{\mathrm{ch}\beta \dfrac{L}{2}} \right) \tag{11-1}$$

该应力平行于约束边，引起垂直约束的裂缝。

从工程实践中可知，水平应力是设计时的主要控制应力，是引起垂直裂缝的主要应力，其最大值在截面的中点 $x = 0$ 处：

$$\sigma_{xmax} = -E\alpha T \left(1 - \frac{1}{\mathrm{ch}\beta \dfrac{L}{2}} \right)$$

由公式可见，沿板较长方向的拉应力大于较短方向的拉应力。

将 $\beta = \sqrt{\dfrac{2C_x}{HE}}$ 代入最后结果，得到约束应力及约束变形：

$$\sigma_x = -E\alpha T \left(1 - \frac{1}{\mathrm{ch}\sqrt{\dfrac{2C_x}{\overline{H}E}} \cdot \dfrac{L}{2}} \right) \tag{11-2}$$

$$\varepsilon = -\alpha (T_1 - T_2) \cdot \left(1 - \frac{1}{\mathrm{ch}\sqrt{\dfrac{2C_x}{\overline{H}E}} \cdot \dfrac{L}{2}} \right) \tag{11-3}$$

式中 C_x——混凝土板约束边剪应力与水平变位成线性的比例系数，即水平阻力系数，取 $1 \sim 1.5 \mathrm{N/mm^3}$；

     $\overline{H}$——混凝土板换算宽度，考虑到两侧对称约束，取 $\overline{H} = H$，$H \leqslant 2 \times 0.2L$，$L$——板长；$H > 2 \times 0.2L$ 时，取 $\overline{H} = 2 \times 0.2L = 0.4L$。

3. 计算示例

本例两侧约束，$\dfrac{H}{2L} = \dfrac{570}{2 \times 2470} = 0.12$，$\overline{H} = 5700\mathrm{mm}$，$E = 2.6 \times 10^4 \mathrm{MPa}$；$H(t)$ 为

考虑徐变引起的内力松弛系数，平均取 0.5；因为 C20 混凝土加配筋，所以取 $C_x = 1.5\mathrm{N/mm^3}$。

本例混凝土早期裂缝系受昼夜骤降温差影响，故在此予以考虑。

计算隔热情况下板的弹性变形和应力（板平均最高温度根据实测取 36.9℃，梁为 28℃）：

$$\varepsilon_1 = -10 \times 10^{-6} \times (36.9 - 28) \times \left(1 - \dfrac{1}{\mathrm{ch}\sqrt{\dfrac{2 \times 1.5}{5470 \times 2.6 \times 10^4} \times \dfrac{24700}{2}}}\right)$$

$$= -10 \times 10^{-6} \times 8.9 \times 0.676 = -6.02 \times 10^{-5}$$

$$\sigma_{x1} = \varepsilon E = 6.02 \times 10^{-5} \times 2.6 \times 10^4 = 1.565\mathrm{MPa}$$

当板面无隔热处理（板平均最高温度 51.9℃），受太阳辐射后昼夜骤降温差时：

$$\varepsilon_2 = \dfrac{-6.02 \times 10^{-5}(51.9 - 28)}{8.9} = -16.17 \times 10^{-5}$$

$$\sigma_{x2} = 16.17 \times 10^{-5} \times 2.6 \times 10^4 = 4.203\mathrm{MPa}$$

钢筋混凝土板的极限拉伸，按齐斯克列里公式：

$$\varepsilon_{pa} = 0.5R_f\left(1 + \dfrac{\rho}{d}\right) \times 10^{-4} \tag{11-4}$$

式中　R_f——混凝土标准抗拉强度，$R_f = 1.6\mathrm{MPa}$，当混凝土龄期不够 28d 时应乘以 0.8 $(\lg t)^{2/3}$ 修正系数，式中 t 以天为单位；

　　　d——钢筋直径（cm）。

$$\rho\,（配筋率）= 100 \times \dfrac{A_g}{A_s} = 100 \times \dfrac{1.77}{100 \times 8.5} = 0.208$$

$$则：\varepsilon_{pa} = 0.5 \times 1.6\left(1 + \dfrac{0.208}{0.6}\right) \times 10^{-4} = 10.77 \times 10^{-5}$$

当温差收缩呈缓慢变化时，计算钢筋混凝土最终抗拉极限的拉伸变形，应考虑徐变，简化地把弹性极限拉伸近似地提高一倍。较精确计算可按：

$$\varepsilon_{pa}^0 = \varepsilon_{pa} + \varepsilon_n(t)$$

钢筋混凝土板总的抗拉应力为：

$$[R_f] = \varepsilon_{pa}^0 \cdot E$$

本例主要考虑收缩当量温差影响，故 $\varepsilon_n(t)$ 应予考虑。

用约束变形法或约束应力法控制开裂条件，约束变形法：

$$\varepsilon = \alpha T\left(1 - \dfrac{1}{\mathrm{ch}\sqrt{\dfrac{2C_x}{H \cdot E}} \cdot \dfrac{L}{2}}\right) \leqslant \varepsilon_{pa}^0/k \tag{11-5}$$

式中　k——抗裂安全系数，根据工程的重要性，取 1.25；

　　　T——梁与板的相对收缩当量温差。

约束应力法：

$$\sigma_x = \alpha \cdot E \cdot T\left(1 - \dfrac{1}{\mathrm{ch}\sqrt{\dfrac{2C_x}{H \cdot E}} \cdot \dfrac{L}{2}}\right) \leqslant \varepsilon_{pa} \cdot E/k \tag{11-6}$$

考虑徐变计算中，近似地将弹性拉伸提高一倍，取 $n=2$，则：

$$\varepsilon_{pa} \cdot n/k = \frac{10.77 \times 10^{-5} \times 2}{1.25} = 17.23 \times 10^{-5}$$

控制开裂允许收缩当量温差可通过下式计算：

$$T \leqslant \frac{\varepsilon_{pa}^{0}}{\alpha\left(1 - \cfrac{1}{\operatorname{ch}\sqrt{\cfrac{2C_x}{H \cdot E}} \cdot \cfrac{L}{2}}\right) \cdot k} \tag{11-7}$$

代入本例具体参数得梁板相对收缩当量温差：

$$T = \frac{21.57 \times 10^{-5}}{10^{-5} \times 0.676 \times 1.25} = 25.5℃$$

板与梁的允许收缩差：

$$[\Delta \varepsilon_y] = \alpha T = 10 \times 10^{-6} \times 25.5 = 2.55 \times 10^{-4}$$

如施工中养护不良，使用中又缺乏隔热层或其他保护层，板与梁的收缩差超过上述允许值是完全可能的。

通过以上计算和实际调查、观察分析可见：

1）现浇大跨度框架结构屋面板纵向（平行于厂房主梁，垂直于厂房次梁）裂缝是由于板在受框架约束条件下，钢筋混凝土收缩和骤降温差共同作用所致。造成开裂的骤降温差有太阳辐射引起的昼夜骤降温差和夏日曝晒后突受雨淋冷却引起的骤降温差等。至于季节性平均温差，隔热条件下的昼夜温差，以及内外表面温差等对板裂影响是不大的。

2）从上述计算可见：约束应变及应力（ε 及 σ_x）与 L 成非线性的关系，σ_x 的最大值在板中间。当板中约束变形大于极限拉伸时，板中出现第一批裂缝，把一块板分成两块。分块后板中又有自己的水平拉应力 σ_x'，其数值仍按前式计算。但由于板宽 L' 比原来 L 减少一半，因而 σ_x' 值随之减小。如 σ_x' 值小于 $[R_f]$ 值，则不再出现裂缝。裂缝一般将相对集中于板的中部。如 σ_x' 值大于 $[R_f]$ 值，则还会出现第二批裂缝。直至 $\sigma_x''\cdots\cdots$ 值小于 $[R_f]$ 值才能趋于稳定。

从前式还可看出板中裂缝与混凝土的早期抗拉强度有关。裂缝出现在早期，又遇寒流袭击，特别是在冬季混凝土由于早期受冻而影响混凝土强度，当时 R_f 只有 1MPa 左右。

3）适当提高材料的极限拉伸，如提高含钢率或减小钢筋直径都可提高材料的抗裂性能，但减小钢筋直径加密间距要比提高含钢率效果明显一些。增加一倍钢筋只提高材料抗裂性能 5.1%；把钢筋直径减小，由 $\phi6@16$ 改为 $\phi4@7.5$，不提高含钢率基本上也可提高材料抗裂性能 11.3%。但这些都有一定的局限范围。一般情况下，加强养护，注意保温（寒冷地区注意保暖）及时做好隔热层或保温层，板面裂缝完全可以防止。

4）对如何防治现浇大跨度框架结构屋面板裂缝，措施是多方面的。

通过以上定量分析可见，虽然所采用的方法是近似的，不很严格，且计算结果在抗拉强度方面还左右偏摆，但基本上反映了主要规律。因此，定量分析是必要的，从中可找出提高钢筋混凝土梁板抗裂性能的技术措施：一方面可减少温差及收缩影响，另一方面能提高材料的极限拉伸和抗拉强度，是防止有害裂缝的主要措施。

防治屋面板有害裂缝的主要措施：

1）对于由变形变化引起裂缝的屋面板（不是受力裂缝），一般不影响承载力，所以不必加强钢筋，只要把裂缝补好防止钢筋锈蚀，且在板面涂上一层柔性防水材料如湘潭牌防水胶，即可解决问题。如能在板面上再加一层隔热材料，效果就会更好。

2）适当提高材料的抗裂能力和减少材料的收缩能力。如大跨度屋面应尽量避免使用收缩性较大的矿渣水泥，减小水灰比，选用含泥量小的骨料等，另外，适当提高混凝土强度等级和含钢率，尽量减小钢筋直径，加密间距等，这些都是有效措施。

3）防止较大骤降温差的出现对于防止钢筋混凝土屋面裂缝，是至关重要的条件之一，例如早在1958年首都十大工程建设中，军事博物馆的一所梁板式框架结构，经蒸汽养护（约70～80℃）后突然拆除模板及保温设施，骤降温差使大楼框架从中部严重开裂。这一点往往容易被忽视。钢筋混凝土屋面一般都具有一定的抗裂能力，只要加强养护，保持湿润（冬季施工还要注意保暖），及时做好隔热或保温处理，裂缝是完全可以避免的。如某栋建筑物取消了多加的钢筋，只是加强了养护，铺盖了草袋，并且由养护14d延长为一个月，及时做好隔热层，经使用多年至今未发现裂缝，也取得了比较满意的效果。

此外，对特大跨度的屋面采取"后浇缝法"等也是防止裂缝的一种措施，在此就不一一论述了。

总之，对于防治大跨度的现浇钢筋混凝土屋面板的裂缝，必须有足够的重视，总结起来可用"抗""放""防"三个字概括，即"抗""放""防"兼施。所谓"抗"就是增强抗裂能力，如适当提高含钢率、混凝土强度等级等。"放"就是减少约束，允许板自由变位。"防"就是采取措施，减少温差来达到减小板的收缩，防止裂缝发生。这些都是简便易行的有效措施。

4）值得注意的是近年来，常遇到非保温无隔热层的现浇顶板在气温及太阳辐射作用下，其膨胀变形将板下的承重梁拉裂，呈竖向裂缝，由上向下发展，计算类同。采用隔热或设通风层措施，裂缝可闭合。

11.2 钢筋混凝土采矿立井环状裂缝的形成机理

在使用人工冻结法建造双层混凝土采矿立井的实践中，经常发现在钢筋混凝土内井壁上存在许多较有规律的环状裂缝，引起井壁结构的渗漏水现象。对此，设计、施工及科技界，特别是两淮煤炭基建指挥部和建井所等单位进行了多方面的研究工作，主要对矿井井壁结构承受各种外荷载作用，如岩土侧压力、静动水压力、采动压力等作用下的内力状态进行了现场观测和理论分析，并采取了一些结构措施。但是，从外荷载角度分析井壁受力状态，尚不能解释较有规律的环状开裂。作者同煤炭界科技工作者合作对矿井开裂的机理进行了探索和研究。

本节根据冻结法施工中结构承受温度收缩变形的特点，从变形角度分析结构的内力状态，探索环状裂缝的形成机理，并提出控制环状裂缝的防水结构构造措施。

1. 冻结法施工混凝土井壁的温度状态

沿矿井周围的土层经过人工冻结之后，冻结壁的温度约为－6～－5℃。井壁内工作面温度约为3～5℃。土层经过冻结一段时间之后（约2～3个月），开始建造外井壁，一般采用现浇混凝土结构，它是未来承重井壁的支护。工作面气温在5℃左右条件下浇筑外井壁混凝土可保证混凝土的硬化，同时，混凝土硬化散发出的热量也可提高混凝土的养护温度。混凝土浇筑后3～7d的最高温度可达40～45℃。由于导热而使井壁温度随时间下降至－5℃左右，由于分段浇筑混凝土，其升降温度将分层次发展，但是最终将处于某一较低的稳定温度状态。此时工作面气温为5～10℃左右。

其后开始建造承重的钢筋混凝土内井壁。内井壁为较厚的双层配筋钢筋混凝土筒壁，其水化热温升可达45～50℃。由于热传导，外井壁的温度亦有所上升，但受外部冻结井帮的低温控制而上升有限。内井壁升温时间很短，混凝土尚处于塑性阶段，不引起应力；内井壁混凝土硬化后，弹性模量逐渐增长，其温度随时间的推移而逐渐下降至稳定温度10～15℃。此期间内井壁与外井壁有相对温差30～40℃，同时发生干缩及浇筑后至初凝阶段的混凝土自重沉缩变形，这种变形受到外井壁的约束而使内井壁纵向受拉。各种变形都可换算成"当量降温差"。井壁结构的温度变化过程如图11-3所示。

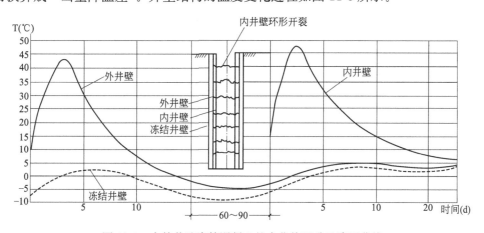

图 11-3　内外井壁浇筑混凝土的水化热温升及降温曲线

当井壁分段浇筑时，其温度变化过程将分段发生，但由于上下段的热传导，以及内部保温作用促使散热较慢的原因，使相当长区段内的混凝土温度趋于较均匀状态，如图11-4所示。因此，内井壁的降温收缩变形虽然有先后逐次地受到外井壁约束，但间隔时间不长，且其总应力基本上不受影响，故可按一次降温及收缩加以考虑。

2. 变形变化的基本概念

地下工程经常是几种复合结构共同工作，如冻结井壁结构包括土体、外井壁及内井壁等三种结构共同工作。各种结构在温度变化作用下都产生变形。如果各结构的变形是自由的，那么相互之间没有约束，不产生约束应力。如果各结构之间存在某种"粘连"，则变形是不自由的，而在结构中产生了约束应力，应力超过材料的强度便引起裂缝。因此，自由与约束的概念是变形分析中的重要问题。约束分为外约束与内约束，井壁之间的约束属外约束。

3. 立井井壁结构变形的基本微分方程

图 11-5 所示为某立井的计算简图。假定外井壁及冻结土体已形成一个整体并处于某一较低的温度状态下，其后开始浇筑钢筋混凝土内井壁，分段连续施工。由于井壁较深，其水化热升降将有先后，温度分布是不均匀的，但其平均温度必将高于外井壁，平均温差为 T。两层井壁之间自然接触或仅设有钢板防水层，内外井壁不能自由相对变形。内井壁的上端及底部都假定为自由端，相当于没有锚固钢筋的条件，如果底部有钢筋锚固则假定底部为固定端。

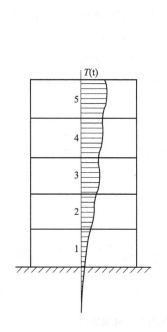

图 11-4　内井壁分层浇灌
温度分布示意图

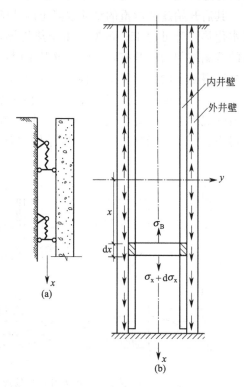

图 11-5　立井井壁温度应力计算简图
（a）两层井壁互相约束计算模型；
（b）井壁应力计算简图

后浇筑的内井壁相对外井壁有附加干缩及自重沉缩，它们都换算成当量温差 $T'=\varepsilon_y/\alpha$；式中，ε_y 为干缩或沉缩的相对变形，α 为材料的线膨胀系数。求解内外井壁相互约束应力状态，应力分析方法和连续式约束相同。

选择井壁中心（环心及上下高度中点）为坐标原点。从井壁的 x 处截出一微环体，其高为 $\mathrm{d}x$，圆环的平均周长为 S，上下边缘分别作用着垂直的法向力 σ_x 及 $\sigma_x+\mathrm{d}\sigma_x$，其侧面作用着剪应力 τ（图 11-5b）。很明显，内井壁及外井壁的相对变形越大，其剪应力亦越大，假定井壁任一点的剪应力与该点的位移呈线性关系：

$$\tau=-C_x u \tag{11-8}$$

式中　u——任一点的垂直位移 mm；

C_x——比例系数亦即水平阻力系数，素混凝土对钢筋混凝土的约束取 $60 \sim 100 \times 10^{-2} \mathrm{N/mm^3}$，黏土对混凝土的约束取 $1 \sim 3 \times 10^{-2} \mathrm{N/mm^3}$。

写出微环的平衡方程式：

$$\sum x = 0, \quad \mathrm{d}\sigma_x \cdot t \cdot S + \tau \cdot S \cdot \mathrm{d}x = 0$$

$$\mathrm{d}\sigma_x + \frac{\tau}{t}\mathrm{d}x = 0$$

井壁任何一点的位移由约束位移与自由位移组成：

$$u = u_\sigma + \alpha t x \tag{11-9}$$

式中　S——圆环的平均周长；

u——实际位移；

t——井壁的厚度；

u_σ——约束位移。

另设：

$$\beta = \sqrt{\frac{C_x}{tE}} \tag{11-10}$$

则式 $\mathrm{d}\sigma_x + \dfrac{\tau}{t}\mathrm{d}x = 0$ 可化为：

$$\frac{\mathrm{d}^2 u}{\mathrm{d}x^2} - \beta^2 u = 0 \tag{11-11}$$

该微分方程的通解为：

$$u = A\,\mathrm{ch}\beta x + B\,\mathrm{sh}\beta x \tag{11-12}$$

式中的常数由边界条件确定。对于内井壁说来，取井壁的上下端是自由的，井壁深度的一半为变形不动点，以该点为坐标原点，分析井壁的内力。

根据边界条件求微分常数：

$$\begin{cases} x = 0, \ u = 0, \\ \mathrm{sh}0 = 0, \ A\,\mathrm{ch}0 = A = 0 \end{cases}$$

$$\begin{cases} x = \pm\dfrac{L}{2}, \ \sigma_x = 0, \ E\dfrac{\mathrm{d}u_\sigma}{\mathrm{d}x} = 0 \\ \dfrac{\mathrm{d}u}{\mathrm{d}x} - \alpha T = 0, \ \dfrac{\mathrm{d}u_\sigma}{\mathrm{d}x} = B\beta\,\mathrm{ch}\beta\dfrac{L}{2} = \alpha T, \ B = \dfrac{\alpha T}{\beta\,\mathrm{ch}\beta\dfrac{L}{2}} \end{cases}$$

得垂直位移的解答：

$$u = \frac{\alpha T\,\mathrm{sh}\beta x}{\beta\,\mathrm{ch}\beta\dfrac{L}{2}} \tag{11-13}$$

从变形函数可求出井壁的正应力：

$$\left. \begin{aligned} \sigma_x &= -E\alpha T\left(1 - \frac{\mathrm{ch}\beta x}{\mathrm{ch}\beta\dfrac{L}{2}}\right) \\ x = 0, \ \sigma_x &= \sigma_{x\max} = -E\alpha T\left(1 - \frac{1}{\mathrm{ch}\beta\dfrac{L}{2}}\right) \end{aligned} \right\} \tag{11-14}$$

该公式说明，沿矿井壁的竖直方向存在拉应力，当温差为正（升温）时，井壁承受垂直压力；当温差为负（降温）时，井壁及环向筋的拉应力将随着温度的变化而波动。即内井壁降温收缩，井壁承受垂直拉力。拉应力超过混凝土的抗拉强度便出现与垂直应力正交的环状裂缝，见图11-6。内井壁竖向冷缩及收缩的同时，环向亦产生冷缩和收缩，同样受到外环的约束，在内井壁中将引起环向拉力，实测证明了这种应力的存在。环形裂缝最早出现在矿井的中部，将矿井井壁分成两段，每一段还有自己的应力，其最大应力仍在各段的中部，如超过抗拉强度，形成第二次开裂，把井壁再分成两段（共分成四段），直至中部最大拉力小于抗拉强度为止，从而形成几乎相等间距的环状裂缝。裂缝开裂的"有序性"见图11-7。

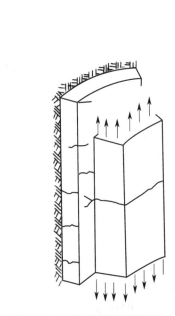

图 11-6　立井井壁的垂直拉应力与裂缝

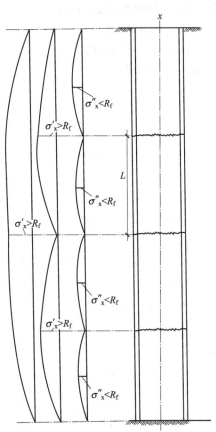

图 11-7　立井井壁"一再从中间开裂"的情况

作者在矿井中观察到了实际裂缝漏水现象，基本上与理论分析一致。

4. 裂缝间距计算公式

如拉应力达到抗拉强度，亦即约束应变达到混凝土的极限拉伸 ε_p（只有正号）时的井壁长度便是裂缝间距。

将 $\sigma_{xmax} = R_f = E\varepsilon_p$ 代入公式，则：

$$\sigma_{xmax} = -E\alpha T + \frac{E\alpha T}{ch\beta \dfrac{L}{2}} = R_f = E\varepsilon_p$$

$$\mathrm{ch}\beta\frac{L}{2}=\frac{E\alpha T}{E\alpha T+E\varepsilon_\mathrm{p}}$$

$$\beta\frac{L}{2}=\mathrm{arcch}\frac{|\alpha T|}{|\alpha T|-\varepsilon_\mathrm{p}}$$

$$[L_\mathrm{max}]=2\frac{1}{\beta}\mathrm{arcch}\frac{|\alpha T|}{|\alpha T|-\varepsilon_\mathrm{p}} \tag{11-15}$$

σ_xmax 达到 R_f 是裂缝的临界状态，小于 R_f 则不裂，大于 R_f 则开裂，等于 R_f 是裂与不裂两可的极限状态。所以最大和最小的裂缝间距差 50%，则裂缝的最小间距：

$$[L_\mathrm{min}]=\frac{1}{2}[L_\mathrm{max}]=\frac{1}{\beta}\mathrm{arcch}\frac{|\alpha T|}{|\alpha T|-\varepsilon_\mathrm{p}} \tag{11-16}$$

平均裂缝间距：

$$[L]=\frac{1}{2}[L_\mathrm{max}+L_\mathrm{min}]=\frac{1.5}{\beta}\mathrm{arcch}\frac{|\alpha T|}{|\alpha T|-\varepsilon_\mathrm{p}} \tag{11-17}$$

式中　$|\alpha T|$——表示绝对值；

T——降温差；

arcch——双曲函数的反函数。

裂缝宽度由位移公式求出：

$$\delta_\mathrm{fmax}=2u=2\psi\frac{\alpha T}{\beta}\cdot\frac{\mathrm{sh}\beta\dfrac{L}{2}}{\mathrm{ch}\beta\dfrac{L}{2}}=2\psi\frac{\alpha T}{\beta}\mathrm{th}\beta\frac{L}{2} \tag{11-18}$$

5. 计算例题

某矿井在外井壁及冻结壁处于较低温度稳定状态时建造钢筋混凝土内井壁，内井壁相对外井壁降温差 $T_1=-20℃$（最小差别）；内井壁比外井壁附加收缩 $\varepsilon_2=1\times10^{-4}$；浇筑后内井壁自重沉缩 $\varepsilon_3=1\times10^{-4}$；壁厚 60cm，井深 200m，考虑双层混凝土井壁的相互约束，取 $C_\alpha=0.6\mathrm{N/mm^3}$，求内井壁承受的垂直拉力、裂缝间距、裂缝宽度。

取 $E=3\times10^4\mathrm{MPa}$，$\alpha=10^{-5}$

相对温差：

$$T=T_1+\frac{\varepsilon_2}{\alpha}+\frac{\varepsilon_3}{\alpha}=-20°-\frac{1\times10^{-4}}{1\times10^{-5}}-\frac{1\times10^{-4}}{1\times10^{-5}}=-40℃$$

$$\sigma_\mathrm{xmax}=-E\alpha T\Big(1-\frac{1}{\mathrm{ch}\beta\dfrac{L}{2}}\Big)$$

$$=3\times10^4\times10^{-5}\times40\times\left[1-\frac{1}{\mathrm{ch}\left(\sqrt{\dfrac{0.6}{3\times10^4\times600}}\times\dfrac{200000}{2}\right)}\right]$$

$$=12\Big[1-\frac{1}{\mathrm{ch}18.257}\Big]=12\times0.99=11.999\approx12\mathrm{MPa}$$

$$\sigma_\mathrm{xmax}(全约束)=-E\alpha T=12\mathrm{MPa}$$

考虑混凝土徐变引起的应力松弛，一般取松弛系数 0.5，即：$\sigma_{xmax}^* = 0.5\sigma_{xmax} = 0.5 \times 12.0 = 6\text{MPa}$。在井底必然开裂，其后井筒亦将开裂。

验算裂缝间距：

$$[L] = 1.5\sqrt{tE/C} \cdot \text{arcch}\left(\frac{|\alpha T|}{|\alpha T| - \varepsilon_p}\right)$$

$$= 1.5\sqrt{\frac{600 \times 3 \times 10^4}{0.60}} \cdot \text{arcch}\left(\frac{4 \times 10^{-4}}{4 \times 10^{-4} - 1 \times 10^{-4}}\right)$$

$$= 6534.6\text{mm}$$

即在 200m 深的立井内，每隔约 6.5m 有一条环形裂缝，裂缝宽度也就是第一段端部变形的 2 倍，即裂缝宽度：

$$\delta_f = 2u = 2\psi\left(\frac{\alpha T}{\beta \text{sh}\beta \frac{L}{2}}\right)\left(\text{sh}\beta \frac{L}{2}\right)$$

$$= 2\frac{4 \times 10^{-4} \times 0.3}{\sqrt{\frac{0.6}{600 \times 10^4 \times 3}}\text{ch}\left(\sqrt{\frac{0.6}{600 \times 10^4 \times 3}} \times \frac{6535}{2}\right)} \cdot \text{sh}\left(\sqrt{\frac{0.6}{600 \times 10^4 \times 3}} \times \frac{6535}{2}\right)$$

$$= 0.7\text{mm}$$

6. 裂缝控制的"抗"与"放"

常用的双层现浇钢筋混凝土井壁的温度应力是很大的，接近全约束状态的温度应力，其最大拉力值为 $\sigma_{xmax} = -E\alpha T$。

混凝土的标准抗拉强度 $R_f = 2.4\text{MPa}$，可求出其最大允许温差为：

$$T_{max} = \frac{2.4}{3 \times 10^4 \times 10 \times 10^{-6}} = 8℃$$

如果考虑降温较慢，取混凝土徐变引起的应力松弛系数 0.5，允许温差为：

$$T_{max} = \frac{2.4}{0.5 \times 3 \times 10^4 \times 10^{-5}} = 16℃$$

所以当温差为 40℃时必定开裂。

解决的途径在构造措施方面有"抗"与"放"的方法。所谓"抗"，如能把混凝土的极限拉伸提高到 4×10^{-4} 或大幅度降低温差才有"抗"的可能：

$$[L] = \frac{1.5}{\beta}\text{arcch}\frac{4 \times 10^{-4}}{4 \times 10^{-4} - 4 \times 10^{-4}} \to \infty$$

实际上，ε_p 提高到 4×10^{-4} 是极为困难的，除非采用特种材料，如钢纤维混凝土、钢丝网水泥、塑料混凝土等。

所谓"放"的途径，是在两层井壁之间设置二或三层油毡、聚酯塑料板或设空气隔离层，待两个月后进行填缝。这样做，使得阻力系数 C_x 值趋近于零，即：

$$[L]_{C_x \to 0} = 1.5\sqrt{\frac{tE}{C_x}} \cdot \text{arcch}\frac{|\alpha T|}{|\alpha T| - \varepsilon_p} \to \infty$$

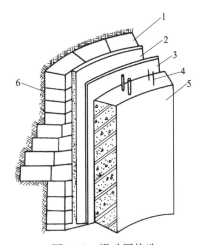

图 11-8　滑动层构造

1—混凝土或砌块外井壁；2—砂浆抹灰找
平层；3—滑动层（兼防水层）；4—垂直
构造筋；5—混凝土内壁；6—冻结壁

这在实践上是可能的（图 11-8）。

目前，一些国外工程或国内的某些工程所用的塑料板隔离层、钢板涂层等技术方案，其出发点是解决防水及采动压力。但是从温度应力角度分析，把内井壁分离变形，也会起到控制环向裂缝的作用。所以，笔者认为：对煤矿立井来说，厚壁混凝土的自防水性能可以满足工程要求；黏土类、砂类及风化岩类覆盖层的采动压力与立井的环向开裂是无关的，只需要解决释放变形应力的滑动层，就可以使立井井壁在采用冻结法施工工艺条件下获得合理的技术经济效果。

根据上述分析，矿井浇灌混凝土过程中的分段施工，即使有不均匀的温度分布，也只影响到定量计算的精确度，而不影响本书的基本结论。最后强调一下，加强立井的垂直构造配筋和保证混凝土的施工质量，对于确保混凝土具有良好的抗拉能力是有重要意义的。

7. 部分煤矿矿井的现场实测

1）煤炭科学研究院建井所关于矿井井壁实测工作中兴隆庄主井的实测情况

此井系传统的井壁结构，内外层井壁之间没有夹层。兴隆庄主井，从它的内井壁浇筑时起，直到冻土墙全部解冻、井筒显示地下水压时止，在一年多时间中，根据实测，内井壁全部承拉，而并非如传统想象的承压。承拉的最大值呈现在环向钢筋上是 75MPa（表现在竖筋上的数值缺）。详见表 11-1 和图 11-9。

88.5m 深度处的环筋应力实测　　　　　　　　　　表 11-1

应力	1975 年	1976 年						1977 年		
	9 月～12 月	3 月	3 月底	5 月	7 月	9 月	12 月	2 月	4 月	6 月
MPa	最高值 68.4	70.8	75.0	56.4	57.0	42.0	13.8	6.0	−2.4	−7.2

注：引自安徽煤炭工业公司总工程师于公纯的论文《在深厚表土冻结中永久井壁的裂漏及其制止》。

表中的正值是拉应力，负值是压应力，其实测曲线如图 11-9 所示。

此井表土深 189m，人工冻结深 220m。1975 年 2 月底开挖，8 月底至 10 月中旬浇筑完内井壁，9 月底停止人工冻结。从 1975 年 9 月停冻到 1976 年 10 月解冻整一年多的时间内，这条被监测的环形钢筋始终处于承拉状态，其拉应力的最高值，是 1976 年 3 月测得的 75MPa，即说明内井壁的冷缩、收缩使内井壁直径的减小、变形，受到了外井壁的约束，从而引起环向拉应力。

2）鲍店北风井的情况

此井也是传统的井壁结构，内外层井壁之间没有夹层。鲍店北风井的内井壁，从浇筑时起的持续承拉情况也与兴隆庄井壁实测大致相同，但测得的最大承拉值，在竖筋上已达

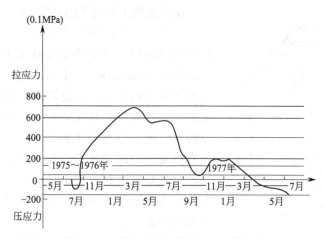

图 11-9　88.5m 深处环筋应力实测曲线

到 157MPa，在环筋上达到了 76MPa，在净混凝土上达到了 3.08MPa 的高值。详见表 11-2 和表 11-3。

74.5m 深度处的混凝土应力实测 　　　　　　表 11-2

年（1979）月日		3月17日 11时	3月17日 16时	3月18日 3时	3月19日	3月21日	3月29日	4月17日	5月26日	6月26日
环向应力 （MPa）	内缘	−0.011	0.202	0.642	0.609	0.699	1.475	1.728	0.990	0.627
	外缘	−0.053	−0.443	0.248	1.060	1.540	1.950	2.780	3.080	3.030
竖向应力 （MPa）	内缘	−0.048	0.193	0.629	0.609	0.926	1.519	1.581	0.670	0.107
	外缘	−0.039	−0.370	0.100	0.550	1.200	1.400	1.880	1.520	0.940

应力持续时间及最大承拉值 　　　　　　表 11-3

井筒名	项　目						
	承拉的持续时间		显示的最大拉应力值（MPa）				
	起止年月	历　时	钢　筋	数　值	在何深度	在何土层	自浇筑后过多少天出现
兴隆庄主井 （无夹层）	1975年9月至 1976年10月	一年多	竖筋	缺			
			环筋	75.0	88.5m	砂土	第五个月
童亭风井 （有夹层）	1981年12月至 1982年3月	120d	竖筋	34.0	176m	黏土	第60d
			环筋	20.0	176m	黏土	第20d
潘三东风井 （有夹层）	1983年1月17日 至2月10日	20d	竖筋	7.8	328m	黏土	第3d
			环筋	一开始就是压应力			
鲍店北风井 （无夹层）	1979年3月至 8月		竖筋	157.0	195m	砂土	第28d
			环筋	76.0	74.5m	黏土	第59d

　　钢筋混凝土的内壁浇筑以后，所有钢筋都长时间处于承拉状态；而混凝土自身的受力，又是怎样情况呢。表 11-4 有鲍店北风井的实测记录，这是一点很好的说明，表中的正值是拉应力，负值是压应力，单位是"MPa"。

此井表土深 196m，冻结深 230m。1978 年 12 月初开挖，1979 年 2 月 21 日至 3 月 24 日浇筑完内井壁，3 月份停止结冻。从表中数值可见：从 1979 年 3 月到 8 月，所浇灌的混凝土也同上述的钢筋一样，无论是环向的还是竖向的，都处于承拉状态。而且还可看出：内壁的外缘（内外井壁接触面）数值基本都大于内壁的内缘（自由边）数值，这很可能是外壁对内壁所起的约束作用引起内井壁的偏心受拉作用，和井壁的实际受力状态是一致的。表中拉应力的最大值，是 5 月份在内壁外缘测得的，环向承拉为 3.08MPa。显然，这样大的拉应力，对强度等级达不到 C50 以上的混凝土来说，很难保证不产生裂缝。

3）童亭风井的情况

由于童亭风井在内外层井壁之间放置了某种材料的夹层，使内井壁的持续承拉时间（根据实测）降低到 120d，特别是它的最大承拉值，下降到竖筋的 34.0MPa、环筋的 20.0MPa。详见表 11-4 和图 11-10。

童亭风井内井壁 176m 深度处钢筋应力实测　　　　　　　　表 11-4

	天　数	11d	20d	40d	60d	80d	100d	120d	140d	160d	180d
钢	内环筋	17.5	20.0	17.0	14.0	16.0	9.5	2.5	−6.0	1.0	−10.0
	外环筋	14.0	14.0	12.0	10.0	12.0	4.5	0	−11.0	−2.0	−17.0
	外竖筋	17.0	23.0	31.0	34.0	29.0	12.0	2.5	−7.0	−10.0	−5.0
筋	内竖筋	22.5	25.0	29.0	31.0	28.0	16.0	1.0	−1.0	−7.5	−4.5

	天　数	200d	220d	240d	260d	280d	300d	320d	340d	360d	
钢	内环筋	−7.0	−14.5	−22.0							
	外环筋	−14.0	−13.0	−23.0	−28.5	−34.0	−32.5	−47.5	−47.0	−47.0	
	外竖筋	−2.5	−27.0	−30.0	−30.0	−34.0	−35.0	−30.0	−24.0	−22.5	
筋	内竖筋	1.0	−29.0	−30.0	−30.0	−30.0	−32.5	−27.0	−20.0	−17.5	

注：表中数值单位为"MPa"。

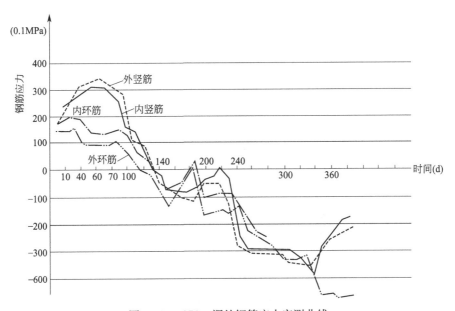

图 11-10　176m 深处钢筋应力实测曲线

表中的正值是拉应力，负值是压应力。根据表中数值，绘制曲线如图11-10所示。

从表中数值和图中曲线可见：童亭风井由于在内、外层井壁之间放置一种夹层，使内壁的承拉时间缩短到120d，钢筋的承拉峰值下降到环筋的20.0MPa、竖筋的34.0MPa。对比兴隆庄井壁实测持续承拉一年多的时间，环筋受拉75.0MPa，以及鲍店的竖筋受拉157.0MPa，可以明显看出，井壁的受力得到了很大的改善，从而基本上控制住了井壁的裂漏。

4）潘三东风井的情况

由于潘三东风井在内外层井壁之间设置了塑料板夹层（单层，不粘结），其内井壁的承拉时间进一步降低到20d，且其最大的承拉值也降低到竖筋的7.8～12.6MPa，而它的环筋，却从一开始就已全部显示了承压，不承受任何拉应力。该状态符合不考虑温度应力的设计条件。详见表11-5和图11-11。表中的正值是拉应力，负值是压应力。根据表中数值，绘制曲线如图11-11所示。

潘三东风井内井壁328m深度处的钢筋应力实测   表11-5

钢 筋			1.5d	2.5d	5d	7d	14d	30d	60d	90d	114d
竖 筋	内	东	2.0	7.8	7.2	5.3	2.8	−1.1	−3.0	−6.2	−9.6
	外	南	−8.5	−10.0	−14.1	−15.4	−15.7	−13.5	−11.9	−15.7	−15.3
环 筋	外	东	−12.6	−12.0	−12.6	−15.3	−21.0	−26.3	−29.6	−30.3	−30.0
	内	南	−21.3	−17.0	−17.0	−20.3	−23.7	−26.3	−27.6	−31.3	−31.6

注：表中数值单位"MPa"。

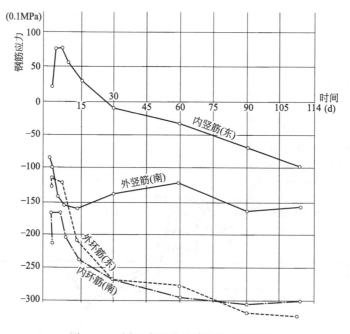

图11-11 潘三东风井钢筋应力实测曲线

从表中数值和图中曲线可见：潘三东风井由于放置的是塑料板夹层，使井壁的承拉时间进一步缩短到 20d，承拉力值进一步降低（只剩 1.0MPa 上下）。具体情况是：在 328m 深处所埋设的 16 个钢筋计测试元件中，8 个测量内、外环形钢筋的元件和 4 个测量外竖筋的元件，都从一开始就显示了承压，而无任何一个元件显示过承拉。另外 4 个测量内竖筋的元件，其中有 3 个显示约 20d 的承拉，其最大的拉应力值为 7.8、10.8、12.6MPa。只有一个竖筋元件，却显示了为期 114d 的全程承拉，但其最大的承拉值，当时尚只是 29.7MPa，估计这个元件可能是出现了异常，有待继续观测、判断和掌握。

从上述实测资料分析，可以看出井壁的真实工作状态，例如井壁的纵向承拉，是引起井壁环向裂缝的主要因素，实践与近似理论分析相接近。同时，从实测资料可见，由于约束面的非对称性，使井壁产生偏拉情况，尽管理论上对偏心受拉问题尚未解决，可预计偏拉作用对基本结果影响较小，故上述实测结果是令人信服的，建井所的大量实测是很有意义的。

在实测资料中还包括了理论尚未预计到的现象，如环向钢筋的承拉问题，最大环向拉应力力达 75MPa，这种应力是由于井壁降温径向收缩受到外井壁的约束，即圆环直径变化的约束，使内井壁受到向外张力作用而产生的。有关的理论及现场实测资料，尚须进一步深入研究。

11.3　沉井的裂缝问题

沉井是一种常见的特殊构筑物，惯用的形式为圆形和矩形现浇钢筋混凝土结构，其壁厚为 1.0～2.0m，高度有 10 余米至 30 余米，直径由 10 余米至 60 余米。沉井位于地下，有较高的防水要求，控制裂缝显得十分重要。沉井的裂缝可以分为三种，下沉前的裂缝、下沉过程中的裂缝及下沉后的裂缝。一般说来，下沉后荷载及温度收缩变化很小，不易出现后期裂缝，但必须注意封底混凝土、底板及井内隔墙的降温及收缩裂缝可能延续到下沉后相当长时间。

1. 下沉前的裂缝

下沉前，在地上浇灌井壁，要预防温度收缩引起的开裂。无论是圆形或矩形沉井，其温度收缩裂缝控制方法都与中体积混凝土裂缝控制方法相同，首先从设计上加强构造钢筋（对圆形者为环形构造钢筋，对矩形者为纵向水平构造钢筋）。沉井的穿墙孔、设备过道都要用构造钢筋加强，井壁的端头或做暗梁或做加筋肋。混凝土施工中，必须组织好混凝土连续供应，防止冷缝的产生；尽量减少施工缝，采用薄层连续浇筑；可以采用滑模施工工艺。混凝土浇筑后必须潮湿养护，外部应设挡风棚，防止剧烈的风吹日晒。

沉井如在冬季施工，在 -5℃ 以上的温度条件下浇灌，可不必采用特殊的冬季施工措施，只采用一般的蓄热法施工，草袋覆盖，设挡风棚，混凝土强度等级不变，适当增加一些水泥用量，增高早期混凝土强度，为提高工作性的外加剂依然可以使用。由于水化热温度应力的矛盾退居第二位，沉井强度问题显得更为重要。

某工程江边水泵站大型沉井冬季施工的实际测温记录见表 11-6。施工时间：1975 年 12 月 15 日至 16 日，最低气温 -5℃。

江边水泵房沉井混凝土测温记录（1975）　　　　　表 11-6

日　期	时　间	气温（℃）	帆布棚内温度（℃）		混凝土内温度（℃）		混凝土表面温度（℃）		混凝土与草袋间温度（℃）	
			南	北	南	北	南	北	南	北
12 月 15 日	7：30	-2	-1		13.5		8			
	10：00	2	7.5	3.5	17	17		8.5		
	14：00									
	16：00	8	10	5	22	18	13	9	18	12
	18：00	1.5	4.5	5	22	17	11	7.5	16	14.5
	20：00	2	7.0	5.5	25	20	14	13.5	20.5	20
	22：00	2	7.0		27		17	16	21	
	4：00	-1	7.0							
12 月 16 日	8：00	-0.5	4.5	0.5	23	23	9.5	7	14	13
	12：00	7	7.5	7.5	24	23	11	10.5	17	10
	16：00	8.5	9.5	7.5	24	24	13	12	16	17
	19：00	6							18	
	22：00	2	7.5	7					13	
	6：00	-5	5							

注：第一冶金建设公司实测部分记录。

这类结构的冬季施工主要靠水泥的水化热自我养护，只要入模温度处于零上状态，其后温度逐渐上升，混凝土不会受冻。

沉井下沉前的温度应力计算参阅长墙（矩形）及环形基础（圆形）的计算公式，详见第 6 章及第 11 章 11.10 节。

只要注意上述问题，下沉前的裂缝是完全可以控制的。

2. 下沉过程中的裂缝

沉井，特别是大型沉井，下沉中出现裂缝颇为常见，往往导致严重渗漏，长期不能正常投产，这是一个很重要的技术难题。

沉井以摇摆方式下沉，而非均匀下沉，下沉中可承受的非均匀的侧土压力则难以预先估算，所以结构物的断面往往凭经验或者基于简单的假定（与实际出入甚大）计算而得。一般说来，圆形比矩形的刚度大，抗裂性较高。但圆形和矩形的选择，主要取决于生产工艺的要求，在条件允许时尽量采用圆形结构。但即便是圆形结构，其内部的各种隔墙仍然需要具备良好的刚度。

控制这种结构的裂缝，除上述设计外，关键在于施工下沉技术。采用"微调慢沉"是控制裂缝的最有效措施，也可以称之为"缓慢摇摆下沉"。摇摆下沉中的允许差异沉降应根据具体工程的结构刚度而定，中型以上的沉井，一般不大于 30cm 为宜，遇到软土地基条件，特别要注意刃脚处地基的稳定性。可采用增加摩擦阻力的措施，控制超沉，控制下沉速率。下面以某工程为例予以说明。

某钢厂水泵站圆形沉井分上、下游两个泵房，中心相距 34m。钢筋混凝土沉井外径 37.4m，刃脚高 5.2m，井筒总高 32.7m，底板表面标高＋2.5m，筒壁顶部标高＋30m，井筒断面从下到上等厚 1.2m，刃脚断面厚度为 1.6m。

井筒内设有两道厚 1m 平行于长江的进出水隔墙，并有 0.8m 厚的纵、横小隔墙，构成泵房的进水间、水泵间和出水间三部分。由于顶管施工工作面的要求，0.8m 厚的纵、横隔墙设计上要求在筒壁及大隔墙上先预埋短钢筋，待顶管施工完后再行施工。

刃脚部分除了两道隔墙外，还设有高为 4.5m、翼缘宽 2m、梁腹厚 1m、断面呈工字形的地梁 4 根与长江垂直，在进出仓大隔墙标高 14m 处各设有宽 0.5m、高 1.8m 的吊车梁牛腿 7 个，在标高 +24.5m、+29m、+30m 处设有操作平台或走道平台。泵房井筒外壁在 30m 处，尚有支承上部建筑的大托架梁 8 个，梁高 1.7m，标高 +14m、+24.5m。吊车梁牛腿和平台梁均在大隔墙上预留牛腿洞和梁洞。因沉井内部结构十分复杂，故沉井、大隔墙分两次施工。

井筒、大小竖墙均为 P8C25 配筋混凝土。钢筋为双面配筋：竖向筋直径为 20～32mm，间距 100～200mm；水平筋直径为 16～25mm，间距 100～200mm。

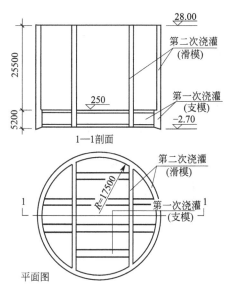

图 11-12 沉井的平剖面图

在井筒和进、出水大隔墙上，共设有进出水套管洞 12 个，最大套管直径 2.8m。在进水隔墙上设有两个高 4.5m、宽 3.6m 的顶管洞，中心标高为 +5m，待顶管施工完后再浇钢筋混凝土封闭。沉井结构形式如图 11-12 所示。

沉井一次制作一次下沉，以减少施工交叉。由于井筒一次制作，自重达 17025t，浇灌后下沉前的基坑单位承压力远远超过了基坑的地基承载能力。故在施工中的基坑地基，按砂层施工要求作了 2.5m 厚的砂垫层（中砂）处理，其上浇筑 10cm 厚的混凝土垫层。这样基坑表面的单位承压力接近地基的承载能力。

上游 −1.3m 以上部分采用水力机械排水吸泥下沉，−2.7m 至 −1.3m 采用灌水空气吸泥下沉。下游泵房采用水力机械排水吸泥下沉。上游泵房刃脚部分混凝土配合比：

混凝土强度等级：	C25，防水等级 P8；
矿渣水泥：	32.5 级，380kg/m³；
水：	209kg/m³；
中砂：	633kg/m³；
矿渣（0.5～2.5cm）：	1108kg/m³；
外加剂：	糖蜜 0.3%，松香酸钠 0.2%；
塌落度：	10～12cm。

上游泵房筒壁、大隔墙 P8C25 混凝土配合比同刃脚混凝土配合比，外加剂中加糖蜜 0.3%。下游泵房筒壁、大隔墙采用滑模 C25S8 级混凝土（因处于冬季施工未加外加剂）。

上、下游泵房沉井下沉完毕封底后，均发现在进出水间大隔墙上产生裂缝，上游泵房并在地梁的大隔墙交接支座附近和大隔墙与筒壁 4 个交接点发现大小裂缝 42 条。地梁裂缝在进水间一侧的靠上游一面；在出水间一侧的靠下游一面，距大隔墙支座均为 0.3～1m 左右。因水下已进行混凝土封底，4.5m 高的梁仅余 1.2m 底板厚度未浇灌混凝土，无法进行实测。根据裂缝向外涌水情况分析，地梁高度部分裂缝已经贯穿，在翼缘上裂缝长度为1/3翼缘宽度，即 60～70cm，裂缝位置如图 11-13 所示。

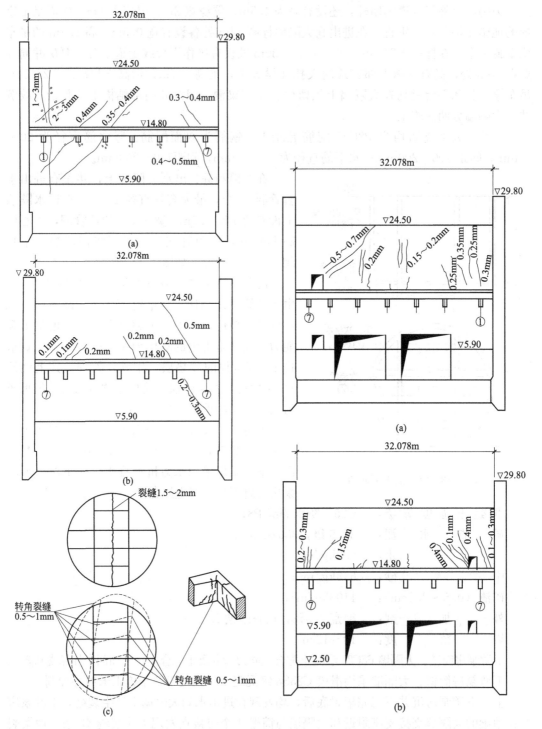

图 11-13 沉井下沉裂缝位置及变形
(a) 上游出水间隔墙背水面裂缝；
(b) 下游出水间隔墙背水面裂缝；
(c) 沉井底板大梁裂缝、沉井扭曲变形（虚线表示）

图 11-14 泵房隔墙的开裂位置图
(a) 上游进水间隔墙背水面裂缝；
(b) 下游进水间隔墙背水面裂缝

上、下游两座泵房大隔墙上共有裂缝 29 条。上游进水间大隔墙上 8 条，最宽裂缝 0.5～0.7mm，长度约为 8m，其余裂缝宽度为 0.2～0.4mm，长度为 1～3m，上游出水间大隔墙上有裂缝 7 条，最宽裂缝 2～3mm，由沉井底到顶长度达 22m 左右。

沉井下沉后对裂缝进行现场观测，根据裂缝分布规律，作者判断沉井已发生弯曲和剪切变形（正八字裂缝）以及下沉扭曲变形如图 11-13(c) 中虚线所示，这种变形及应力是设计难以预料的。

下游泵房井筒进水间大隔墙上有裂缝 12 条，裂缝宽度 0.1～0.4mm，长度 1～3m。出水间大隔墙上有裂缝 8 条，宽度在 0.1～0.5mm，最长裂缝长度达 10m 左右，其余均在 2～3m。

隔墙上裂缝位置多在靠筒壁的两端，标高＋14m 以上，与筒壁方向成 45°左右。仅有上游泵房出水间大隔墙靠下游一端 5 号出水仓的宽 2～3mm、长 22m 的大裂缝近似于垂直，对此裂缝在施工期间曾作过贴石膏饼观察，裂缝未有发展。在 1978 年 8 月，上游泵房出水间灌水试验时，部分裂缝有渗漏水现象，裂缝位置如图 11-14 所示。

裂缝的主要原因首先是下沉过程中产生巨大的非对称土压力，使圆形筒壁产生扭转，地基梁框架的扭转力矩与裂缝的分布符合。其次，由于下沉过程中，沿刃脚地基反力远大于中部隔墙承受的地基反力，大隔墙下坠，使隔墙与外墙之间产生较大的剪应力，引起主拉应力斜裂缝。许多部位的施工质量较差，混凝土振捣不密实，也是引起渗漏的主要原因。另外，施工缝清理不洁净，没有打毛，接合不良也引起渗漏；井筒内部的薄壁结构养护不佳，因干缩应力引起裂缝。

对井壁渗漏采取了多种补漏措施，如氰凝、甲凝堵漏补壁，采用膨胀混凝土，利用木质素磺酸钙止水，外贴糠醛环氧玻璃钢等；大隔墙裂缝、施工缝以及宽度 2～3mm 的大裂缝则都用环氧树脂补缝。

裂缝处理至 1981 年 6 月，在上游泵房取得了一定效果，但还有部分渗漏，特别是下游泵房渗漏十分严重。1981 年 7 月，重新研究了堵漏方案，决定采用氯化铁砂浆堵漏技术。东北工学院在这方面和施工单位配合，做出了显著成绩。至 1983 年下半年，上、下游两个泵房的防漏堵漏工作已初步完成。该工程于 1975 年 4 月动工，1978 年 11 月投产，而防渗堵漏工作一直延续到 1982 年。可见这类特殊构筑物的控制裂缝问题是影响工程质量和生产使用的重大技术问题。

11.4 某厂引水泵房矩形沉井的裂缝控制

1. 工程概况

某电厂循环水泵房沉井，位于长江沿岸，平面尺寸 39.45m×39.8m，总高 16.2m，壁厚 1.7m。沿高度分三节浇筑，第一节为 4m，混凝土量设计预算 1711m³，实浇 1796.8m³，平面如图 11-15 所示。这是国内外较为大型的矩形沉井，对这样的沉井普遍关心的一个主要技术问题是裂缝问题，并认为裂缝难以避免。

2. 现场情况

施工现场，为第一节混凝土的浇灌，配备泵车三台，一台水平管，两台布料管。先按计划投入搅拌车 14 台，后来告急增加至 24 台。原计划每台班浇灌 150m³（60m³/h），实际浇灌只能 26m³/h。后来又临时增调搅拌车，中途由于水泥结块堵塞搅拌站下料口发生故障，混凝土供应停顿，险些造成入模前初凝。为此，临时从 20km 外的搅拌站再调混凝土支援现场，工程时停时进，勉强完成第一节浇灌。第二节混凝土高度为 6m，接受第一节施工的经验教训，经历 24h 浇灌了混凝土 2286m³，工作情况及质量良好。但浇灌中由于水泥含有铁砂粒丸，也造成过堵塞，经 45min 修复。第三节高度为 6.2m，混凝土量 2979m³。

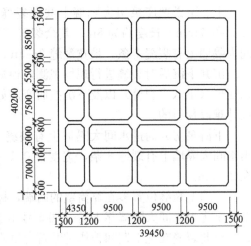

图 11-15　泵房平面图

3. 裂缝的出现过程

由于刃脚地基承载力和轴底部道木的要求，决定在第三节混凝土浇灌之前，抽出道木。抽出道木是瞬时发生的，沉井突然下沉 72cm，井壁立即产生了许多裂缝。这种裂缝是由于下沉中地基反压力产生了剧烈的重分布，中部地梁及隔墙承受了较大的反压力，边侧承受较小反压力，形成负弯矩及剪力引起的，并在门孔上角产生应力集中。沉井内各主要隔墙 Q_3、Q_5 等都有类似裂缝（图 11-16）。沉井排水下沉的现场实况见图 11-17。

应该认识到，该沉井的裂缝由下沉地基反压力非均匀分布引起。此外，更重要的是剧烈的快速下沉加重了裂缝的形成，正如本书论述：变形变化引起的应力状态与变形速率有关。所以为控制裂缝必须尽一切可能使变形缓慢地变化，从而使混凝土的松弛性能得到充分发挥。如果对该沉井抽道木的速率予以显著降低。笔者深信，裂缝是可以避免的。

裂缝出现后施工单位采用了一系列调整下沉速率的措施，控制差异沉降，使裂缝状况不致进一步恶化和扩展。如浇完后实测下沉值：东北角 14.7cm，东南角 9.4cm，西南角 6.9cm，西北角 11.9cm，平均下沉 10.7cm。其后，由于施工单位控制下沉的技术水平较高，对控制沉井裂缝十分有利，易使沉井裂缝稳定下来。

在总结第一、二节沉井施工经验的基础上，第三节沉井圆满地完成了浇筑任务，沉井施工中得到了良好养护，控制了温度收缩裂缝。

沉井的封底采取干封底方案，执行严密的技术措施，并且作了水封底的准备。施工过程中节省了人力物力，提高了工程质量，为工程进度赢得了时间。下沉最终标高要求为 −11.52m，实际下沉标高为 −11.51m，小于允许偏差 ±0.1m，施工单位上海基础公司受到了国内外专家的赞扬。

由于沉井裂缝比较轻微，并且下沉后经过一段时间，地基反力得到新的平衡，原有裂缝有闭合现象，所以只进行了少量的化学灌浆处理后，即顺利地投入正常生产。

同时，在另外一个较小的矩形沉井底板中，由于温度的收缩应力和底板的抗裂能力薄弱而导致开裂，引起漏水。

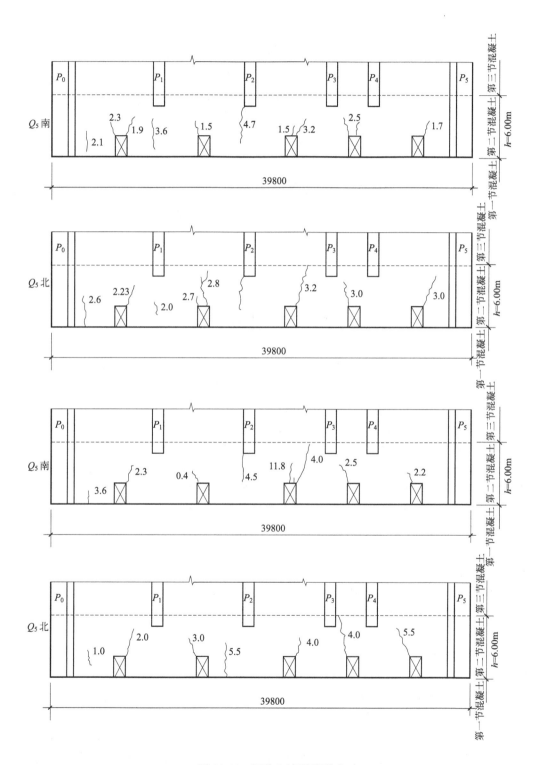

图 11-16 沉井立墙裂缝形式

图 11-17　沉井下沉前之地上结构

11.5　钢筋混凝土烟囱的裂缝

工厂企业的烟囱，特别是冶金工厂的烟囱，裂缝问题较多，裂缝现象相当普遍。据调查，冶金工业的受热普通混凝土结构，避免开裂是困难的。各种特殊构筑物受热后的约束应力，特别是自约束应力相当可观，容易引起开裂。

烟囱结构的环形截面是三次超静定结构，当内外壁产生温差时，便引起约束应力。根据国内外试验室的试验（包括环形结构和纯弯曲梁的试验），筒壁内外的温差达 60～80℃时出现裂缝，增大温差会进一步增加裂缝的扩展，在此试验基础上编制了烟囱设计规程，规程中考虑了各种温度条件下的材质物理力学参数及弹塑性质。

多年来的实践说明，实际工程的裂缝状况远不像设计预测那样，而是比理论计算的裂缝出现要早，密度大，开展宽。

烟囱的裂缝主要在承重筒壁上，有竖向裂缝和环向裂缝。出现的部位并无固定区域，往往在温差大的部位裂缝较多且宽。

环向裂缝与风荷载（或地震荷载）组合会加重竖向受力钢筋的负担，加上钢筋受热及烟气锈蚀，混凝土开裂剥落，逢附加弯矩增加，则筒身开裂倾斜，严重者必须作承载力加固。

一般竖向裂缝最多，其次是环向裂缝。裂缝的长度，竖缝由数米到数十米，环向缝一般不超过烟囱环形圆周的半个周长（温度应力和外力组合成非对称受力状态）。

至于长期受不稳定废气温度作用的烟囱，其裂缝状况越加严重。例如我国一些老的钢铁企业，如鞍钢等，使用二十余年以上的烟囱，开裂情况较重。废气温度越高，裂缝亦越多。炼钢平炉烟囱、轧钢厂烟囱都比焦炉和炼铁厂热风炉烟囱裂缝严重，后者又比发电厂烟囱开裂严重。高温烟囱的裂缝程度与内衬的耐久性有很大关系。内衬强度不足，长期使用后的破坏和脱落都会显著地增加混凝土筒壁的热应力，从而导致严重开裂，这种裂缝呈酥裂状，见图 11-18 烟囱的背阴面较朝阳面热应力为高，这边的温差较大。

图 11-18　内衬脱落，混凝土承受局部高温酥裂实照

　　烟囱隔热层的完好程度亦和内衬一样，影响承重筒壁的裂缝轻重。混凝土的施工质量很重要，环向裂缝多出现在环向施工缝处。竖向裂缝可出现在烟囱下部和中上部（上部 1/3 高度，烟囱顶部）。

　　根据试验和有关设计规范，混凝土筒壁内表面温度不得大于 200℃，筒壁内外温差不得大于 100℃，有的砖砌烟囱用 100℃作为确定是否需配置环形箍筋的条件，其用意是这样的，温差不致引起开裂或只有发丝大小的开裂。

　　实际情况出入颇大，开裂情况比理论计算的严重。例如某厂 200m 钢筋混凝土烟囱，按设计规程计算只会出现肉眼不可见的裂缝（小于 0.05mm），但投产后立即发现竖向裂缝百余条，最大裂缝宽度达 2.0mm，而此间的烟囱筒壁内外温差只有 30～40℃。在许多同类烟囱结构上也出现类似开裂，只是程度有些不同罢了。以下作者拟根据几个厂烟囱裂缝所作的实地调查与收集到的裂缝资料分析，提出其原因所在。

　　如某厂 200m 钢筋混凝土烟囱的设计条件是：风压力（10m 高度处）6.6MPa，烟气温度 202℃，最高气温 40℃，最低气温－12℃。材料导热系数：混凝土 4.72×10^3 J/h・m^2・℃，砖 2.09×10^3 J/h・m^2・℃，水泥珍珠岩板 0.29×10^3 J/h・m^2・℃。

　　烟囱 150～160m 段混凝土筒壁厚 217mm，160m 以上段筒壁厚 200mm。130～160m 段环向筋按 Φ16 @180mm 布置，牛腿处 Φ@90mm；160m 以上段环向筋 Φ12 及 Φ14 间隔布置，@200mm，牛腿处 @100mm。

　　160m 处环向边缘钢筋拉应力计算值是 134MPa，裂缝计算宽度 0.0295mm 裂缝间距 316mm。计算时取混凝土为 C20，施工图上改成 C30，复算结果，边缘钢筋拉应力为 156.9MPa，小于允许应力 180MPa，裂缝计算宽度 0.0339mm，小于允许宽度 0.1mm。其他各段计算结果是：H＝130m 处，无缝；H＝100m 处，缝宽 0.0495mm，钢筋拉应力 194.0MPa；H＝70m 处，缝宽 0.0715mm，边缘环向钢筋拉应力 198.0MPa；H＝16m 处，缝宽 0.141mm，边缘环向钢筋拉应力 209MPa。均小于允许应力 240MPa（16Mn 钢）。

　　烟囱上部（标高为 130～160m）环筋配置情况：Φ16 @180mm；烟囱上部（标高为

160～200m)环筋配置情况：ϕ14@200mm。

建设单位和生产厂对烟囱裂缝进行了详细检查，在193.75m平台处，查得裂缝21条，其中小于0.2mm的1条，0.3～0.5mm16条，0.6～0.9mm1条，1.0～1.2mm3条；在13.75m平台处，查得裂缝51条，其中小于0.2mm的19条，0.3～0.5mm16条，0.6～0.9mm6条，1.0～2.0mm10条；在128.75m平台处，查得裂缝109条，其中小于0.2mm的89条，0.3～0.5mm20条。

其他同类工厂混凝土烟囱在175m平台处（全高180m）发现有裂缝15条，最宽达0.6mm，裂缝最长约5m，局部还有水平缝存在，最长约1m，最宽为0.4～0.5mm。

鞍钢130多个烟囱在地震前后所作调查的情况，鞍钢修建部对此曾有过专题报告，这些烟囱基本上都存在裂缝。

首钢及铜陵冶炼厂的煤烟囱出现了竖向裂缝，只是裂缝部位与上述烟囱裂缝部位不同，不在外表面，而是在尚未投产的烟囱内壁。其他某些工厂企业的个别烟囱也出现过类似裂缝。常见的外壁裂缝形式见图11-19。

看来在烟囱筒壁结构内外表面出现竖向裂缝，是一个较为普遍的现象，值得作一个简略的分析。

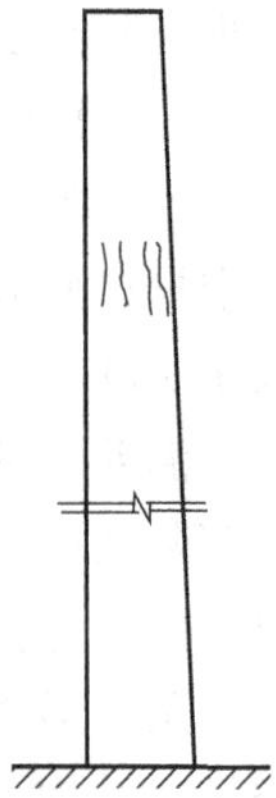

外壁裂缝的特点：

1）裂缝均属表面性质，最浅只有2～3cm，裂在保护层内部；有些裂缝深度达10余厘米，裂缝宽度0.2～3mm。

2）具有裂缝的烟囱，除了高温烟囱外，多数烟囱内外温差很小，约15～50℃，有些烟囱在尚未投产之前就已经出现了裂缝。

3）外表面裂缝多在烟囱上部1/3范围内，此处的烟气温度远比烟囱下部为小，烟囱裂缝区内外温差小于20℃，但气温变化剧烈，风速高，混凝土水分蒸发速度快，养护差。

内壁裂缝的特点：

1）有的烟囱在混凝土浇筑后，长期不砌筑内衬和不投产，烟囱下部入口长期暴露并和烟囱顶口形成强烈的自然对流，致使筒壁内表面水分蒸发速度大大加快，可称作"抽风干缩"。

图11-19 烟囱筒壁裂缝位置图

2）烟囱筒壁内表面及外表面的裂缝一般均在施工后六个月至一年以后陆续出现，随时间的推移而逐渐扩展，其后逐渐稳定。

根据上述特点可知，产生裂缝的主要原因是温度和收缩作用。烟囱内壁或外壁水分蒸发速度较快者收缩大。非均匀降温及收缩发生在环形结构，即三次超静定结构上，因温湿度变化引起的自约束力导致开裂。再者，高空风速大，湿度变化剧烈，无法养护，容易引起外表面收缩裂缝。也有尚未投产的烟囱，由于内部空气对流强烈，引起内壁收缩裂缝。而收缩的发展一般在施工三个月之内较快，延续1～2年方可稳定，这一点与实际观察的裂缝出现时间相符合。

其次，气温反复变化也助长了这类裂缝的发展。例如在收缩的同时，遇有降温共同作用，裂缝更容易出现。太阳热辐射会引起筒壁内表面环向拉力，也是引起内壁裂缝的因素。

烟囱，特别是高温烟囱由内外温差引起的裂缝也是常见的，只是裂缝部位多出现在烟囱温差较大的部位，一般在烟囱下部。烟囱的背阴面裂缝较朝阳面为多。

高温烟囱顶口处也是承受剧烈温度作用的部位，因为这里有空气助燃作用，容易引起破裂。普通温差 $15\sim100℃$ 条件下，环形结构的表面裂缝可按热弹理论考虑徐变进行分析。

1. 工程实例验算某厂 200m 烟囱外表面裂缝

首先将收缩差换算为当量温差。其相对收缩变形为：

$$\varepsilon_y(t) = 3.24 \times 10^{-4} M_1 M_2 \cdots M_n (1 - e^{-0.01t}) \tag{11-19}$$

由于内外表面水分蒸发不一致，根据内外风速不同，混凝土湿度差 50%，假定内外收缩差一倍，时经一年的收缩差为：

$$\Delta\varepsilon_y(t) = \frac{1}{2} \times 3.24 \times 10^{-4} M_2 M_2 \cdots M_n (1 - e^{-0.01 \times 360})$$

$$= 1.58 \times 10^{-4} M_1 M_2 \cdots M_n$$

假定：

$$M_1 M_2 \cdots M_n = 1$$

则：

$$\Delta\varepsilon_y(t) = 1.58 \times 10^{-4}$$

当量温差为：

$$\Delta T_1 = \frac{\Delta\varepsilon_y(t)}{\alpha} = \frac{1.58 \times 10^{-4}}{10 \times 10^{-6}} = 15.8℃$$

该地从 1980 年 7 月下旬至 1981 年 1 月第一次平均降温约为 $30℃$，1982 年 1 月点火，外表面在零度以下，内外温差为 $30℃$（在上部 1/3 处）。所以 $\Delta T_2 = 30℃$，则内外总温差 $\Delta T = \Delta T_1 + \Delta T_2 = 15.8 + 30 = 45.8℃$（在 $160\sim200$m 高空，冬季实际温度更低）。

环向温度弯矩：

$$M_\theta = \frac{\alpha EJ\Delta T}{h(1-\mu)} \qquad 截面矩：W = \frac{2J}{h} \tag{11-20}$$

式中 M_θ——单位高度筒壁的环向弯矩（N·mm）；

       E——混凝土的弹性模量（MPa）；

       J——截面惯性矩（mm⁴）；

       h——筒壁厚度（mm）。

外层边缘的最大拉应力：

$$\sigma_\theta = \frac{M_\varphi}{W} = \frac{\alpha EJ\Delta T}{h(1-\mu)} \bigg/ \frac{2J}{h} = \frac{1}{2} \times \frac{\alpha E\Delta T}{(1-\mu)}$$

$$= \frac{1}{2} \times \frac{10 \times 10^{-6} \times 2.6 \times 10^4 \times 45.8}{1 - 0.15}$$

$$= 6.735\text{MPa}$$

考虑混凝土徐变影响，乘以应力松弛系数 $H(t)$，$H(t) = 0.5$（取平均值），则：

$$\sigma_\theta^* = \sigma_\theta H(t) = 6.735 \times 0.5 = 3.368\text{MPa}$$

$$\sigma_\theta^* = 3.368\text{MPa} > R_f = 2.1\text{MPa（开裂）}$$

这种裂缝出现后，自平衡约束力矩衰减，对承载力并无影响，可不处理。

预防这种裂缝可采取增加环向构造钢筋，加强隔热措施，提高施工质量，增加混凝土极限拉伸等措施，在构造设计上应当增加构造配筋。烟囱竖向裂缝对承载力无影响，但环向裂缝与荷载作用重合，值得重视，对严重者宜予处理。

高温烟囱的根部（包括基础部分），出现裂缝后可能遇到潮湿环境，与高温共同作用使钢筋更加严重腐蚀，混凝土被胀裂剥落，钢筋外露并且此处应力很高，即结构实际处于"高温应力腐蚀"条件下，可能引起破坏，应作承载力加固，一般采取清除开裂部分混凝土再包以新的钢筋混凝土外套。

2. 工程实例验算某厂 120m 烟囱内表面裂缝

该烟囱于 1973 年 9 月浇灌混凝土，隔了两年长的暴露时间，于 1975 年 7 月进行内衬施工时发现向阳的内表面有竖向裂缝，裂缝由标高 15m 一直延伸至标高 80m 其中有两条裂缝的开裂宽度 2.5～3mm，该烟囱混凝土壁配筋只在 10m 以下采取双层配筋，其余采取靠近外边缘单层配筋。

烟囱停工期间，内部抽风引起内壁的附加收缩，约经一年时间，内部收缩大于外部，收缩变形差约为 $\varepsilon_y = 2 \times 10^{-4}$，当量温差：

$$T_y = \frac{\varepsilon_y}{\alpha} = 20°$$

内壁面处的最大弹性环向应力：

$$\sigma_\theta = \frac{1}{2} \times \frac{E\alpha T}{(1-\mu)} = \frac{2.6 \times 10^4 \times 10^{-5} \times 20}{2(1-0.15)} = 3.059\text{MPa}$$

考虑徐变乘以应力松弛系数 $H(t) = 0.5$：

$$\sigma_{\theta 1}^* = \sigma_\theta H(t) = 3.059 \times 0.5 = 1.529\text{MPa}$$

再考虑到抽风期间，外壁承受太阳辐射作用，外表面温度高于内部，因而内冷外热，如日照引起 $T_{max} = 20℃$，则由日照引起的环向拉应力按式(3-128) 为：

$$\sigma_{\theta max} = \frac{K_1 \alpha E T_{max}}{2(1-\mu)} \cdot H(t)$$

$$= \frac{0.9 \times 10^{-5} \times 2.6 \times 10^4 \times 20}{2 \times (1-0.15)} \times 0.5$$

$$= 1.376\text{MPa}$$

在向阳方向两侧（$-70° \leqslant \theta \leqslant 70°$）范围内：

$$\sigma_{\theta 2} \geqslant \sigma_{70°}$$

$$\geqslant \sigma_{\theta max}(0.8\cos 70° + 0.2)$$

$$\geqslant 1.376 \times (0.8 \times 0.342 + 0.2)$$

$$\geqslant 0.65\text{MPa}$$

由于收缩差及日照引起的总环向拉应力：

$$\sigma_\theta^* = \sigma_{\theta 1}^* + \sigma_{\theta 2}$$

$$\geqslant 1.53 + 0.65 \geqslant 2.18\text{MPa} > R_f$$

出现开裂，由于地球自转原因向阳方向是变化的，一般情况下 $T_{max} = 20℃$ 可保持 4～6h，即裂缝区域可扩大 60°～90°，达到朝阳面与背阴面的交界处附近；这与裂缝实际分布区域基本上是吻合的。

综合上述，露天结构物，长期承受不稳定的温差与湿差作用，没有养护措施，很容易产生裂缝，钢筋宜双层对称布置。

我国许多长期使用的高温烟囱（经数十年的不稳定热源作用）一般都有严重的裂缝。其主要原因是热应力，钢筋锈蚀，混凝土碳化及腐蚀共同作用引起。在烟囱顶部开裂更为严重，裂缝宽度可达 200 余毫米，开裂区长度可达数十米。

烟囱的废气温度 200～500℃，由于内衬破坏脱落，筒壁温差激烈，加上顶部"边缘效应"，开裂就更加严重。烟囱废气中含有 SO_3、SO_2 等与水蒸气 H_2O 在高温条件下反应，对混凝土及钢筋都可引起严重的腐蚀，破坏了钢筋与混凝土间的黏着力，钢筋锈蚀膨胀使混凝土保护层破坏、剥落，加重了破裂状况。

由于这种破坏，烟囱的抗弯刚度显著降低，固有振动周期增加。所以日本的《混凝土裂缝调查及修补规程》与《已有建筑物可靠性鉴定方法和检验手册》下册提出，实测固有振动周期与理论计算的固有振动周期之比值为 1.3～1.5 倍时作为烟囱拆除的判定标准。

烟囱的固有周期：

$$T = 2\pi\sqrt{\frac{M}{K}} \tag{11-21}$$

式中 M——烟囱的等效质量；

　　　　K——烟囱的刚度。

笔者认为，这是一种简化的表达式，烟囱的开裂引起刚度降低在定性上是符合规律的，但用上述定量比值作为判定拆除烟囱的标准是不慎重的。因为烟囱固有振动期的理论计算是简化的公式，没有考虑到地基条件、基础条件、结构构造（如衬里及隔热层等）、裂缝分布等各种因素，以及量测手段上的误差，并且缺乏工程试验依据，所以不能作为拆除与否的判定标准。

据经验，除有严重的倾斜，有可能导致倾覆的烟囱必须拆除以外，即便是开裂得相当严重的烟囱（裂缝宽度达 200 余毫米，破坏段长达 20 余米）也可采取围套加固的方案。目前围套加固有两种方案：一是清除酥松剥落的旧混凝土，外面直接包以新鲜的钢筋混凝土；二是在新的加层与旧混凝土之间设置隔离层（高温区段），以起到减少温差，缓冲约束应力的作用，并减少钢筋进一步锈蚀对新混凝土的影响。隔离层可用聚酯材料。

11.6 受热设备基础的裂缝与防水

冶金工业及其他工业系统的受生产高温作用的各种设备基础，大部分都带有裂缝。而且这种裂缝的开展较宽，许多裂缝宽为 0.5～3mm，远远超过规范允许值，但一般对承载能力并无威胁。

问题在于裂缝漏水和降低耐热工程持久承载力所带来的危害很大。漏水可以影响加热温度，关系到产品质量；对于地下电气设备和金属溶液可引起剧烈的爆炸事故（如与铁水混合、电极泡水等）；或引起电气控制设备受潮，电线短路等。

常见的设备基础的温度与应力分布如图 11-20 所示。炉体侧壁温度正常或稍高于周围气温，但炉底温度较高，可达 60～150℃，使基础底板的温度上升并呈不均匀分布，一般中部较高，两边较低，中心与边缘的温差可达 50～100℃，形成了空间温度场。

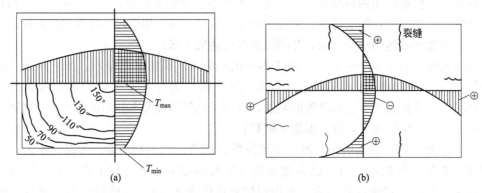

图 11-20　受高温作用的设备基础底板的温度场、应力与裂缝

（a）温度分布；（b）应力分布

我们可以忽略基础的温度沿深度的变化，只考虑平面问题，由于对称性，又可以近似地将平面问题分为两个方向的单向问题。设计计算边长为 $2L$，由中心至计算方向任意点距离为 y。

根据实测资料，可以假定温度由最高到最低沿抛物线分布：

$$T(y) = T_0 \left(1 - \frac{y^2}{L^2} \right)$$

$$T_0 = T_{max} - T_{min}$$

自约束应力，按照"等效荷载法"：

$$\sigma_x(y) = -E\alpha T(y) + E\alpha \frac{1}{2L} \int_{-L}^{L} T(y) \mathrm{d}y$$

最大弹性应力：

$$\sigma_{xmax} = \sigma_{x=\pm L} = \frac{2}{3} E\alpha T_0$$

考虑平面应力状态及徐变引起的应力松弛：

$$\sigma_{xmax}^* = \frac{2E\alpha T_0}{3(1-\mu)} H(t, \tau) \tag{11-22}$$

式中　$H(t, \tau)$——根据温度变化速度，慢速取 0.3，较快取 0.5；

　　　μ——侧向变形系数，一般取 0.15。

当 $\sigma_{xmax}^* > R_f$

或

$$\varepsilon_{max} = \frac{2\alpha T_0}{3(1-\mu)} H(t, \tau) > \varepsilon_f$$

则开裂。

受热结构的裂缝一般难以避免，开裂后又难以封闭，所以往往被迫采用渗排水层的处理方法，在已开裂的基础四周补做盲沟排水并由积水井抽出。当外部不易施工时，亦可在内部设 $b \times h = 150\mathrm{mm} \times 200\mathrm{mm}$ 的排水沟和布置相应的积水井，同时做化学灌浆堵漏，必要时再做钢丝网细石混凝土面层。

因此，对于各种承受高温的设备基础、加热炉体，相对外约束说来，控制开裂的基本原则应该是"以放为主"，采取各种可微动及滑移构造。

承受高温作用结构，相对自约束应力说来，梁板结构形式比等截面厚板结构具有更高的抗裂能力。

11.7　控制自约束应力裂缝，提高炉龄与爆炸裂缝

加热炉是冶金、机械、化工等生产企业的重要加热设备，加热炉炉体的使用寿命对作业率和能源消耗的影响很大。与世界先进水平相比，我国加热炉的使用寿命较低，主要是包括材料、结构及使用维护等方面的原因。国内外已有许多进展，但一般研究和设计主要是从耐火材料的材质选择角度来考虑如何提高炉龄。随着人们对加热炉在生产使用中破损情况的分析，得出的结论是：冶金设备寿命偏低的原因，除了与选定的耐火材料材质有关以外，往往是由于设计和使用对耐热结构的认识不足造成的，特别是由于结构构件内产生热应力造成裂缝和剥落的事故较多，说明了加热炉炉体结构设计和生产使用方式的重要性。这个问题已在国外引起研究和设计部门的重视。所以在选择合理的炉材和炉体结构的同时，还应研究升温和降温过程对炉体热应力的影响，国内炉体的设计和使用主要依靠经验，缺乏理论根据。

近几年来，轧钢加热炉的发展趋向是高效化和大型化，炉顶跨度要求 10m 以上，吊挂式结构外约束极微小，是炉体结构的良好形式。

此外，与铁水或钢水直接接触之耐热结构同样具有结构问题，耐热材料一般具有受热收缩性质，尤其是水结合材料，失水收缩比普通混凝土收缩大十余倍。结构越长，体积越大，非均匀热缩越显著，其热缩自约束应力与降温自约束应力具有相同性质，可使结构材料在耐热性能尚未发挥之前严重开裂，铁水或钢水潜入并贯穿裂缝，导致承重钢结构的破坏。例如某工程 2m 宽、19m 长、300mm 厚的捣打耐火衬里仅在 200～600℃烘炉阶段出现了大量 20～40mm 宽的裂缝。结构受热，高温从截面外边缘向截面中心衰减，较高温度区水分迅速蒸发，产生较大热缩，热缩使表面产生拉应力。但同时

又产生较大热膨胀，所以升温阶段高温区由于膨胀受到约束而出现压应力或不大的拉应力。但是，降温后热膨胀消失，而热缩是不可逆的，从而引起很高的自约束残余拉应力，导致严重开裂，见图 11-21。从照片中可看出外边受热区严重开裂，而截面中心区却较完整，说明该捣打料含水量高，受热干燥收缩很大，超过了热膨胀，导致与热弹应力相反的应力状态。

1. 不稳定温度场

加热炉炉体在生产过程中经受着频繁的冷热交替，它的各个微小部分随着温度的变化，体积也发生着膨胀或收缩的变化。由于炉体各部所受的外在约束以及自身各部分之间的相互约束，这种体积变化不能自由地发生，于是就产生应力，即所谓热应力。

图 11-21　耐火捣打料衬里的裂缝（从破坏后的衬砌中截取一段）

要计算炉体中的热应力，必须首先确定温度场，一般说这种温度场是不稳定温度场，也就是说炉体中每一点的温度 T 是时间 t 和直角坐标 x、y、z 的函数，即 $T=f(x, y, z, t)$。在实用中，这个温度函数可由两种方法得到，第一种方法是通过热传导计算：

$$\frac{\partial T}{\partial t}=\frac{\lambda}{C\gamma}\left(\frac{\partial^2 T}{\partial x^2}+\frac{\partial^2 T}{\partial y^2}+\frac{\partial^2 T}{\partial z^2}\right) \tag{11-23}$$

如果假定炉膛温度是均匀的，则温度只在板厚方向（y 方向）变化，上式可化为：

$$\left.\begin{aligned}\frac{\partial T}{\partial t}&=\alpha\ \frac{\partial^2 T}{\partial y}\\\alpha&=\frac{\lambda}{C\gamma}\end{aligned}\right\} \tag{11-24}$$

式中　λ——材料的导热系数；

　　　C——材料的比热；

　　　γ——材料的比重。

这是一个计算一维温度场的偏微分方程，根据初始条件和边界条件可求得方程的解。实际应用中可通过简单的方法求解。

第二种是实测法，通过在炉体中埋置热电偶，测定实际炉顶中的温度梯度，根据炉体在升温、降温过程中每一时间间隔中的温度梯度，作为热应力计算的依据，这是比较简单而准确的方法，本节所介绍的例题采用后一种方法。

2. 吊挂炉顶的热应力

吊挂炉顶内热应力数值取决于炉膛内火焰或降温速度和散热条件，一般说速度越快则热应力越大，炉体容易损坏。

1）基本假定

假设炉膛温度均匀，炉子长度方向的吊挂力也保持均匀不变，则这时炉顶材料在各种温度下的弹性模量 E 和泊松比 μ 却是变化的，但材料的变形和应力仍假定符合胡克定律。这样就可把顶板热应力计算的空间问题简化为平面应变问题，大大减少计算的工作量。

2）计算

按照热弹性理论，假定炉体纵长方向全约束，则问题归结为平面应变问题的三个方程组。物理方程为：

$$\left.\begin{aligned}\varepsilon_x&=\frac{1-\mu^2}{E}\left(\sigma_x-\frac{\mu}{1-\mu}\sigma_y\right)+(1+\mu)\alpha T\\\varepsilon_y&=\frac{1-\mu^2}{E}\left(\sigma_y-\frac{\mu}{1-\mu}\sigma_x\right)+(1+\mu)\alpha T\\\gamma_{xy}&=\frac{2(1+\mu)}{E}\tau_{xy}\\\sigma_z&=\mu(\sigma_x+\sigma_y)-E\alpha T\end{aligned}\right\} \tag{11-25}$$

式中　α——材料线膨胀系数；

T——各点承受的温差；

x——炉顶横向；

y——顶板厚度方向；

z——纵长向。

几何方程为：

$$\left.\begin{array}{l} \varepsilon_x = \dfrac{\partial u}{\partial x} \\[2mm] \varepsilon_y = \dfrac{\partial v}{\partial y} \\[2mm] \gamma_{xy} = \dfrac{\partial u}{\partial y} + \dfrac{\partial v}{\partial x} \end{array}\right\} \tag{11-26}$$

式中　u、v——水平及垂直方向位移。

平衡方程：

$$\left.\begin{array}{l} \dfrac{\partial \sigma_x}{\partial x} + \dfrac{\partial \tau_{xy}}{\partial y} = 0 \\[2mm] \dfrac{\partial \sigma_y}{\partial y} + \dfrac{\partial \tau_{xy}}{\partial x} = 0 \end{array}\right\} \tag{11-27}$$

以上方程组共有 9 个方程，包括未知数也是 9 个，但由于是偏微分方程，难于要求得出精确解。

3）电算法（有限单元法）

应用电子计算机计算热应力十分方便。首先把一个连续弹性体变成一个有若干个有限大小的构件，这些构件仅在节点处相互连系，这就是通常的有限单元计算法。本书例题计算中采用的单元是三角形，所有节点都取为铰接。

在每一个单元上都可以把节点力 $\{F\}$ 用节点位移 $\{\delta\}^e$ 来表示，具有静力平衡关系式：

$$\{F\}^e = [K]\{\delta\}^e - [B]^T[D][110]^T \alpha t \iint T \mathrm{d}x \mathrm{d}y \tag{11-28}$$

其中：

$$\{F\}^e = \left\{\begin{array}{c} F_i \\ F_j \\ F_m \end{array}\right\} = \left\{\begin{array}{c} U_i \\ V_i \\ U_j \\ V_j \\ U_m \\ V_m \end{array}\right\} \tag{11-29}$$

$$\{\delta\}^e = \left\{\begin{array}{c} \delta_i \\ \delta_j \\ \delta_m \end{array}\right\} = \left\{\begin{array}{c} u_i \\ v_i \\ u_j \\ v_j \\ u_m \\ v_m \end{array}\right\} \tag{11-30}$$

$$[K] = \begin{Bmatrix} K_{ii} & K_{ij} & K_{im} \\ K_{ji} & K_{jj} & K_{jm} \\ K_{mi} & K_{mj} & K_{mm} \end{Bmatrix} \tag{11-31}$$

式中　U_n、V_n——节点力 F_n 在节点 n 处沿 x、y 方向分解的节点分力；

u_n、v_n——节点 n 处沿 x、y 方向的基本位移未知量（$n=i$，j，m）；

[K]——一个 6×6 的矩阵，称为该单元的刚度矩阵。

对平面应变问题：

$$[K_{rs}] = \frac{E(1-\mu)t}{4(1+\mu)(1-2\mu)\Delta}$$

$$\times \begin{Bmatrix} b_r b_s + \dfrac{1-2\mu}{2(1-\mu)} c_r c_s & \dfrac{\mu}{1-\mu} b_r c_s + \dfrac{1-2\mu}{2(1-\mu)} c_r b_s \\ \dfrac{\mu}{1-\mu} c_r b_s + \dfrac{1+2\mu}{2(1-\mu)} b_r c_s & c_r c_s + \dfrac{1-2\mu}{2(1-\mu)} b_r b_s \end{Bmatrix} \tag{11-32}$$

$$(r=i,j,m;s=i,j,m)$$

其中 Δ 为三角形单元 i、j、m 的面积：

$$\left. \begin{aligned} b_i &= y_j - y_m & c_i &= x_m - x_j \\ b_j &= y_m - y_i & c_j &= x_i - x_m \\ b_m &= y_i - y_j & c_m &= x_j - x_i \end{aligned} \right\} \tag{11-33}$$

x、y 是单元各节点的坐标。

t 为计算图形的宽度，对于平面应变问题 t 可取为 1。

静力平衡关系式右边第一项是由外荷重引起的节点力，第二项是考虑变温影响的等效节点荷重，此项可以换算成：

$$\{R\}^e = \begin{Bmatrix} X_i \\ Y_i \\ X_j \\ Y_j \\ X_m \\ Y_m \end{Bmatrix} = \frac{a(T_i + T_j + T_m)Et}{6(1-2\mu)} \begin{Bmatrix} b_i \\ c_i \\ b_j \\ c_j \\ b_m \\ c_m \end{Bmatrix} \tag{11-34}$$

其中 T_i、T_j、T_m 分别为该单元在三个节点 i、j、m 处的温差。

静力平衡关系式列出了节点 U_i、V_i、U_j、V_j……用节点位移 u_i、v_i、u_j、v_j……表示的关系式，代入节点平衡方程式：

$$\sum\{F_i\}^e = \begin{Bmatrix} X_i \\ Y_i \end{Bmatrix} \tag{11-35}$$

得到以节点位移为未知数的联立方程组，求解得出节点位移后，再代入下列方程：

$$\{\sigma\} = [S]\{\delta\}^e \tag{11-36}$$

其中：
$$\{\sigma\} = \begin{Bmatrix} \sigma_x \\ \sigma_y \\ \tau_{xy} \end{Bmatrix} \qquad (11-37)$$

$[S]$ 是一个 3×6 矩阵，称为应力矩阵：

$$[S] = [S_i S_j S_m] \qquad (11-38)$$

$$[S_n] = \frac{E(1-\mu)}{2(1+\mu)(1-\mu)\Delta} \begin{Bmatrix} b_i & \dfrac{\mu}{1-\mu}c_i \\[2mm] \dfrac{\mu}{1-\mu}b_i & c_i \\[2mm] \dfrac{1-2\mu}{2(1-\mu)}c_i & \dfrac{1-2\mu}{2(1-\mu)}b_i \end{Bmatrix} \qquad (n=i,j,m) \quad (11-39)$$

从上述方程中能够求得单元中的应力 σ_x、σ_y、τ_{xy}。

4）实例

处于急热和急冷温度场作用下的实际吊挂炉顶的一个单元，温度梯度曲线系由实测绘出，求炉顶内的热应力。

（1）计算简图

为简化计算，吊挂炉的上支点在温度场作用下可假定为下支点，实际图形可化为计算简图（图 11-22）。

（2）急热时的热应力与应力松弛

首先把计算简图划分成三角单元，利用结构的对称性可使单元数量减少一半，三角形单元共计 400 个，如图 11-23 所示。

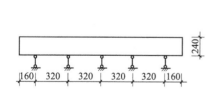

图 11-22　吊挂炉顶热应力
分析简图（mm）

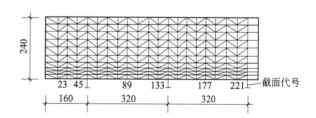

图 11-23　计算单元划分图（mm）

按照前述步骤编制计算程序（略），利用 486 型计算机，可以一次算得法向应力 σ_x、σ_y，切应力 σ_{xy} 和主应力。图 11-24(a) 列出了几个主要断面在不稳定温度场条件下的水平应力 σ_x。

从应力图形可知，急热时炉顶下部产生较大的压应力，最下部由于材料的热弹性模量显著降低，所以压应力也急剧下降。炉顶上半部主要是拉应力和部分压应力。

在生产中的高温持续阶段，应力逐渐松弛，如突然降温，将引起异号应力，即在梁的下边出现较大的拉应力。

（3）急冷时的热应力

炉体发生故障突然停炉，为了使炉子快速冷却，有的厂家常采用鼓风冷却的措施，此进炉顶的温度梯度近乎急冷曲线，在这种温度梯度下炉顶内的热应力 σ_x 如图 11-24（a）所示。原有升温压应力大量松弛后，在炉顶上、下两边发生很大的拉应力，这个拉应力足以使炉顶沿着厚度方向开裂。从计算所得，炉顶下部的法向应力 σ_y 也是拉应力，这个拉应力能引起炉顶内水平裂缝的出现。当水平裂缝与沿厚度方向的裂缝重合时，即出现剥落破坏，所以急冷是导致炉顶破损的重要因素，特别当采用泼水冷却时，发生的拉应力更大，剥落破坏更为严重。

某些耐火材料受热失水收缩较大，其结果与降温相同，只需将热缩量换算为当量降温差即可计算其应力。一些结构往往在失水较大强度较低的烘炉阶段便开裂。

除有限元法外，各种梁式结构以及曲率较小的拱式或曲板结构（拱截面厚度 $2h$ 与拱曲率半径 R 之比，即 $\dfrac{2h}{R}<0.2$），其热应力尚可通过解析方法求解。

具有自由端的梁，截面高 $2h$，两侧面无散热条件，底面于初始时间 $t=0$ 突然承受升温或降温 $T=T_0$，顶面温度始终保持 $T=0$，则 $t>0$ 的任意时刻，截面上不稳定的温度场由下式给出：

$$T(y,\ t)=T_0\sum_{n=0}^{\infty}\left\{\text{erfc}\left[\frac{(2n+1)2h-(h-y)}{2\sqrt{kt}}\right]\right.$$
$$\left.-\text{erfc}\left[\frac{(2n+1)2h+(h-y)}{2\sqrt{kt}}\right]\right\} \tag{11-40}$$

式中　k——梁表面热扩散系数（混凝土一般取 $0.03\text{m}^2/\text{h}$）；

erfc——误差函数符号，上式收敛很快，取 $n=0$。

某文献计算了梁高 $2h=1.52\text{m}$，某文献计算了 $2h=1.78\text{m}$ 及 0.178m 的温度场及相应的弹性应力场，示于图 11-24（b）及图 11-24（c）。在温度场图 11-24（b）中表示出升（降）温后，截面各点，经历不同时间的温度 T（t）与梁底面升（降）温度 T_0 的比值。在图 11-24（c）中示出相应的热弹应力。弹性应力场是按照"等效荷载法"求得的。应力图 11-24（c）中虚线表示厚为 0.78m 梁的应力分布。

3. 受热结构的爆炸裂缝

自从 20 世纪 60 年代初，我们曾在耐热混凝土试件，柱体、块体、锥筒体等构件的加热试验中以及烘炉较快的预热中，遇到试件突然爆炸破裂现象，爆炸时伴随巨大声响。这一现象引起对该种破坏机理的研究。作者认为该现象是与材料中水分蒸发有关的应力剧变过程。许多种耐热材料，特别是耐热混凝土都含有多余的水分，受热后通过毛细孔迅速蒸发，每单位体积的水蒸发后变成约 1244 倍原体积的蒸汽。如果受到约束，在封闭的环境中，必然增加压力，随温度的继续增加，蒸发继续进行，直至饱和状态，当温度到达 200℃ 时，蒸汽饱和压力达 15.855kg/cm^2，即 1.5855MPa；300℃ 时达 8.7621MPa；350℃ 时达 16.861MPa，随温度的增加，压力迅速增加。试件沿厚度蒸发程度是不均匀的，外表面蒸发快，而里面蒸发慢，形成由内向外的膨胀力，足够大时便引起爆裂。试件

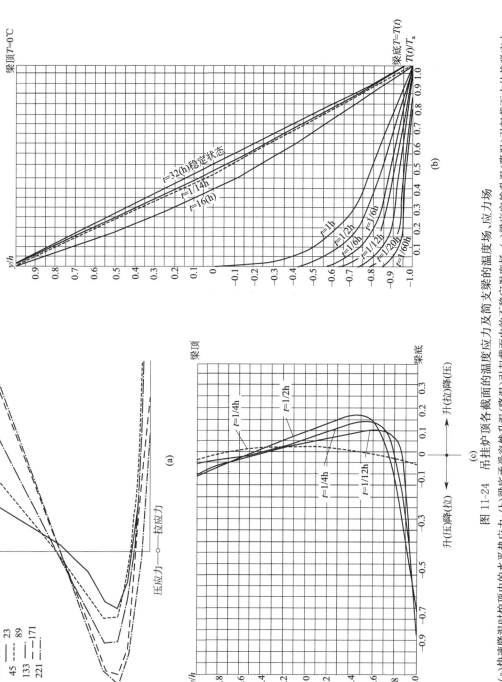

图 11-24 吊挂炉顶各截面的温度应力及简支梁的温度场、应力场

(a) 快速降温时炉顶内的水平热应力；(b) 梁底承受突然升温 (降温) 引起截面内的不稳定温度场；(c) 梁底承受突然升温 (降温) 引起载面内的热弹应力场

含水量多、毛细孔连通性差、加热速度快温度高则爆裂可能性越大。其应力分析可参考本书 3.16 节。

4. 讨论

从上面的数值计算和绘制的曲线可分析如下：

1）各种加热炉的吊挂式耐热构件的温度场呈不稳定状态，根据截面厚度不同，达到稳定温度场的时间亦不同，越厚时间越长，例如 1.5～1.8m 厚的梁，开始升降温时，只是靠受热面局部变化，随后逐渐向深部发展，16h 后有稳定趋势，32h 后才完全稳定（呈线性分布），此时线性温度分布的简支梁内应力完全消失。

2）梁的最不利状态是从升降温开始后不久即出现的，如上述例题约在 $\frac{1}{4}\sim\frac{1}{2}$h 时，对较薄结构将更短。薄壁结构自约束应力远较厚壁为低。

3）将突然一次升降温改成多台阶式缓慢升降温，则自约束应力大为降低，使耐热结构受热尽可能均匀，以控制剥落。

4）受热面温度最高，此区域里，普通粗筋钢材不能与耐火材料共同工作，故配筋及吊挂金属件都应设置在上部低温区。

5）耐热结构主要承受"变形荷载"，因此有关耐热材料的研究，还应朝提高韧性方向努力，使材料在高温及急冷急热中具有良好的变形能力。

纤维配筋耐热结构可避免粗筋混凝土的缺点，使配筋与耐热材料相互约束甚微，有良好的相辅相成条件，从而获得较佳的韧性，在温度应力（包括冷热冲击）及荷载应力作用下具有很高的抗裂性能和抗剥落性能。

6）耐热材料受热失水收缩（热缩）引起的自约束应力与降温应力是等价的，所以在烘炉阶段，即在失水量较大阶段就产生严重开裂，必须控制耐热材料的热缩，选用失水热缩较小及非水结合的胶接材料。从另一方面，提高材料受热粘结强度。

7）加热炉炉体材料和结构形式确定以后，应该通过计算和试验来规定相应的升温和降温制度，要避免快速燃烧和泼水及补吹冷风等冷却措施。

8）耐火可塑料炉顶除工作面附近的烧结层具有较高的热弹性模量外，温度较低部位的热弹性模量远低于烧制品或水泥制品。由于热应力与炉材的弹性模量成正比，因此出现的热应力也较低，从而说明这种炉材与吊挂结构配合后能获较长使用寿命。

9）当炉顶中的热应力超过材料的强度（拉或压）后，即在该部位出现裂缝。裂缝一出现又会引起炉顶内热应力的重新分布，表现为热应力的衰减，所以实际炉顶中的热应力值要比理论值小。

11.8 无缝地面的裂缝控制途径

近代各种生产化工产品的建筑物，自动控制室，超净工程，某些公路路面，飞机跑道等，由于工艺及使用方面的原因，其建造无缝地面、无缝路面的工程量日益增多。

无缝地（路）面建设中一个重要的问题就是裂缝控制问题，让我们用弹性地基上板的温度应力公式来分析这一问题。

地面的应力问题属于平面应力问题，当地面长宽都比较大时，温度应力的基本公式为：

$$\sigma_x = \sigma_y = -\frac{E\alpha T}{1-\mu}\Big(1-\frac{1}{\mathrm{ch}\beta\dfrac{L}{2}}\Big)H(t,\ \tau) \tag{11-41}$$

该式可计算地（路）面相对基层有温差变形时，在面层中产生的水平法向应力。前已说明在温差中包括聚合材料的聚合温差"收缩当量温差"，对工程中常遇的各种聚酯塑料地面，都是主要的参数。

首先必须通过试验了解所用材料的相对收缩变形，又称收缩率，它的定量数值随着材料组成和施工工艺的不同，偏摆很大（如有些塑料的收缩率 $0.7\times10^{-3}\sim5\times10^{-3}$），以 ε_y 表示。为了概念明确，把温度变形与收缩变形分开计算再叠加：

$$\sigma_x = \sigma_y = -\frac{E(\alpha T+\varepsilon_y)}{1-\mu}\Big(1-\frac{1}{\mathrm{ch}\beta\dfrac{L}{2}}\Big)H(t,\ \tau) \tag{11-42}$$

式中　　$\beta=\sqrt{\dfrac{C_x}{HE}}$（$C_x$ 为面层与基层混凝土的水平变形阻力系数，$1.0\sim1.5\mathrm{N/mm^3}$，$H$ 为面层厚度，mm）；

E——面层的弹性模量 $0.8\sim1.5\times10^4\mathrm{MPa}$；

μ——侧向变形系数 $0.2\sim0.3$；

L——地（路）面的最长尺寸。

最不利的情况是降温和收缩叠加，即 T 为负，收缩 ε_y 永远为负值，应力为正（拉应力）。

伸缩缝的间距：

$$L = 1.5\sqrt{\frac{HE}{C_x}}\,\mathrm{arcch}\,\frac{\alpha T+\varepsilon_y}{\alpha T+\varepsilon_y-\varepsilon_p} \tag{11-43}$$

涂层、面层厚度很小（由几毫米至数十毫米）的上层结构，E 值较低，但是基层的约束阻力却很大，L 也很长，由数十米至数千米（无缝公路），因此，从应力公式可看出，$\mathrm{ch}\beta\dfrac{L}{2}$ 是很大的，$\dfrac{1}{\mathrm{ch}\beta\dfrac{L}{2}}$ 便很小了，所以最大的应力：

$$\varepsilon_{x\max}=\varepsilon_{y\max}\approx-\frac{E(\alpha T+\varepsilon_y)}{1-\mu}H(t,\ \tau) \tag{11-44}$$

该值与长度无关，但与收缩变形、降温变形及弹性模量、松弛系数等成正比。为不使无缝地面开裂，必须满足：

$$\sigma_{x\max}=\sigma_{y\max}\leqslant R_f \tag{11-45}$$

亦即任意长度无缝地面的基本条件。

从伸缩缝的公式和最大拉应力的公式中可见，有些参数的变化对无缝地面既有有利方面，也有不利方面，要分析那一方面占主要地位。

例如，从伸缩缝的长度公式中，如能提高层厚 H，则可增大根号项，但是很小，并且从另一方面看，增加 H 会增加聚合收缩，增加聚合温度。从应力公式中，可以明显看出增加 E 会增加应力。另外，降低弹模会降低刚度，所以解决无缝地面的主要方向是：

1）减少材料收缩。从材质组成方面掺加减少收缩的微膨胀材料；从地面的厚度方面采取分层薄层涂抹、薄层浇筑施工工艺，从而减少聚合收缩。

2）减少激烈温差。使温差及收缩尽量缓慢，这不仅能直接降低应力，还可充分利用材料的徐变性质，降低松弛系数（亦即提高极限拉伸）。

3）对于 C_x 从公式中看，越小越好，但是降低 C_x 会对塑料地面粘接强度不利，容易起皮、空腔。所以应服从粘接强度要求，不要降低 C_x，应当提高 C_x，使粘接度更好。

4）提高聚合材料的极限拉伸是很重要的措施，如能使 $\varepsilon_f > \alpha T + \varepsilon_y$，则：

$$\text{arcch} \frac{\alpha T + \varepsilon_y}{\alpha T + \varepsilon_y - \varepsilon_f} \to \infty（符合以抗为主的设计原则）$$

即地面无缝条件得到满足。实施中已有成功之例。由以上论述得出结论：无缝地面不仅在经验上是可行的，在理论上也是有充分依据的。

11.9 由生产热源引起的钢筋混凝土大梁的裂缝

1. 工程裂缝情况

热车间钢筋混凝土结构的裂缝相当普遍，下面介绍一下有代表性的大梁裂缝。

某厂鼓风炉车间在标高 8.6m 的鼓风炉周围和冷凝器下置有几根钢筋混凝土梁，包括鼓风炉南、北面 15 号梁、17 号梁和 3 号梁等，由于这些梁长期处在高温烘烤和漏铅的影响下，出现了许多裂缝，见图 11-25。裂缝多在受热面，与各种受高温结构一样具有共性。为及时掌握裂缝的变化，生产厂在 1976 年 8 月的一次开炉前作了标志和记录，开炉后又作了多次观测，其结果如表 11-7 所示。

混凝土的实际强度等级   表 11-7

梁 号	混凝土强度等级	现有标号	试验时间	备 注
梁 15（南）	C20	C35	1976 年 7 月 5 日	
梁 15（北）	C20	C30	1976 年 7 月 5 日	
梁 17	C20	C30	1976 年 7 月 5 日	
梁 3	C20	C32	1976 年 7 月 5 日	

用混凝土回弹仪对所有的梁进行强度校核，均达到设计标准。

在开炉后测得的有关几根梁和楼板表面处的实际温度，见表 11-8。

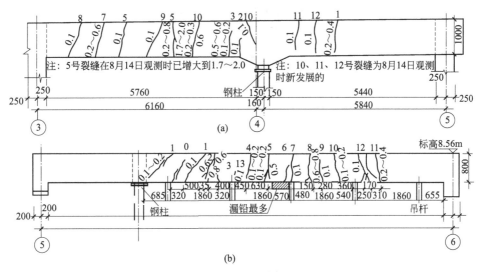

图 11-25 高温炉侧钢筋混凝土大梁的裂缝

(a) 鼓风炉北面冷凝器下的 17 号梁南侧裂缝；(b) 鼓风炉北面 15 号梁裂缝（梁断面 300×300）

钢筋混凝土大梁裂缝处受热状态 表 11-8

梁 号	测温地点	测得温度（℃）	至鼓风炉冷凝器中心线的水平距离(m)	至冷凝器混凝土底板下的垂直距离(m)	备 注（1976 年）
梁 15(北)	5 号裂缝点	80	0.6	0.35	8 月 3 日
		87			9 月 7 日
	8 号裂缝点	97	0.5	0.3	8 月 3 日
梁 17	5 号裂缝点	97	0.55	0.3	8 月 3 日
		97			9 月 7 日
	3 号裂缝点	95	1	0.35	8 月 3 日
在梁 15(北) 和梁 17 之间		100	0	0	在 7 月 26 日测得表面温度为 113℃
		128			9 月 7 日
梁 15(北)	10 号裂缝点		1.43	0.3	在 7 月 19 日测得表面温度为 75℃

有关几根大梁在当年开炉前、后裂缝的数量及其开展情况的比较见表 11-9、表 11-10。

炉北侧大梁（15 号）开裂宽度实测值 表 11-9

梁 号	15 号梁（炉北侧大梁裂缝）							
裂缝名称	1'	0	1	2	3	4	5	6
裂缝宽度	0.1~0.2	0.1	0.1	0.6	0.6	0.1~0.2	0.1~0.2	0.1
梁 号	15 号梁（炉北侧大梁裂缝）							
裂缝名称	7	8	9	10	11	12	13	
裂缝宽度	0.1	0.6~0.8	0.1	0.1~0.2	0.2~0.4	0.1	0.1	

17 号梁开炉前后的裂缝状态 表 11-10

梁 号	裂缝名称	1976 年开炉前 裂缝宽度 （mm）	1976 年 开 炉 后 裂 缝 宽 度 （mm）				备 注
			第一次观测	第二次观测	第三次观测	第四次观测	
梁 17 （位置在鼓风炉北面的冷凝器下）	1	0.2～0.4	0.4			0.6	第五次观测为 0.6 第五次观测为 0.6 5 号裂缝开炉后明显增大，但第二、三次观测结果相同，未见继续增大，8 月 14 日测此裂缝增至 1.7～2.0mm
	2	0.1					
	3	0.1～0.2	0.2	0.5～0.6	0.6		
	4	0.2～0.3	0.4	0.6	0.6		
	5	0.3～0.8	0.6～0.8	1.6	1.6	1.7～2.0	
	6	0.1	0.4～0.6				
	7	0.2～0.6					
	8	0.1					
	9	0.1					

根据测温得知，在冷凝器中心线下两梁间（即 15 号梁和 17 号梁之间）的一米范围内的温度最高，此段受热最大，所以裂缝宽度开展也大。裂缝尚未贯穿全截面，属较深的表面开裂，受压区同样开裂。

开裂出现的主要原因，是由于在冷凝器下所设计的这类普通钢筋混凝土结构的梁、板长期处于反复受热状态，且与高温接触或烘热（在温度 80～120℃），致使混凝土热缩很大，沿截面非均匀分布，表面热缩大于内部热缩，以及混凝土与钢筋的相互约束，形成表面拉应力，受热抗拉疲劳强度降低以及反复受热引起异号应力（拉应力）等。

承受生产高温的结构如中途降温，最容易引起表面开裂，这种梁很难避免裂缝，但采取隔热措施会减轻开裂状况。

其次，由于冷凝器严重漏铅（用点温计测知有关大梁表面温度达 79℃ 的高温，楼板底温度达 100℃ 以上），致使处在其下的有关大梁裂缝继续增大（最大的 17 号梁的 5 号裂缝宽度已开展到 1.6mm，在 8 月 14 日观测时已增到 1.7～2.2mm）。一些老厂房中，由热源烘烤的钢筋混凝土梁都具有类似的裂缝。

大梁的裂缝是由变形变化引起，基本上不影响承载力，混凝土的抗压强度没有降低。所以，为了保护大梁的持久强度，只需如下处理裂缝：把裂缝部分打掉，凿毛露出新鲜混凝土，敷以耐热细石混凝土，再以隔热设施减少热源的辐射作用。

2. 高温下钢筋与混凝土间的约束应力

一般建筑结构中常忽略钢筋与混凝土间的约束应力，将钢筋混凝土视作单一均质结构。但是，当配筋率过高或承受高温作用时，此种应力相当可观，须认真考虑。

钢筋与混凝土的差异变形可能来自不同的线膨胀系数及混凝土的收缩，特别是在高温条件下这种差异尤为显著。

假定钢筋的线膨胀系数为 α_1，混凝土的线膨胀系数为 α_2，它们承受相同的温差 T，参看图 11-26。钢筋和混凝土的差异变形为 ε_0，混凝土被拉伸 ε_s，钢筋被压缩 ε_g，则可写出变形谐调方程：

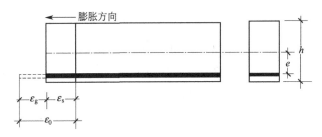

图 11-26　钢筋与混凝土不同膨胀变形谐调

$$\varepsilon_s = \varepsilon_g + \varepsilon_0 \tag{11-46}$$

$$\varepsilon_s = \varepsilon_g + (\alpha_1 - \alpha_2)T$$

$$\frac{\sigma_s}{E_s} = \frac{\sigma_g}{E_g} + (\alpha_1 - \alpha_2)T$$

$$\sigma_g = -(\alpha_1 - \alpha_2)TE_g + n\sigma_s \tag{11-47}$$

式中　$(\alpha_1 - \alpha_2)T$——相对差异变形；

　　　　E_s——混凝土弹性模量；

　　　　E_g——钢筋弹性模量；

　　　　n——E_g/E_s（弹性模量比）。

钢筋配置在梁的受拉区，相对几何中心的偏心距为 e，则钢筋处的混凝土应力：

$$\sigma_s = -\left(\frac{\sigma_g F_g}{F_s} + \frac{\sigma_g F_g e^2}{J_s}\right) = -\left(\mu\sigma_g + \frac{\sigma_g F_g e^2}{J_s}\right) \tag{11-48}$$

式中　μ——截面配筋率；

　　　　J_s——截面惯性矩。

式中负号表示混凝土应力与钢筋应力符号相反。

将式(11-47)代入式(11-48)得混凝土应力：

$$\sigma_s = \mu(\alpha_1 - \alpha_2)TE_g - n\mu\sigma_s + \frac{(\alpha_1 - \alpha_2)TE_g F_g e^2}{J_s} - \frac{n\sigma_s F_g e^2}{J_s}$$

$$\sigma_s + n\mu\sigma_s + \frac{n\sigma_s F_g e^2}{J_s} = (\alpha_1 - \alpha_2)E_g T\left(\mu + \frac{F_g e^2}{J_s}\right)$$

$$\sigma_s = \frac{(\alpha_1 - \alpha_2)E_g T\left(\mu + \dfrac{F_g e^2}{J_s}\right)}{1 + \mu u + n\dfrac{F_g e^2}{J_s}} \tag{11-49}$$

代入式(11-47)得钢筋应力：

$$\sigma_g = -(\alpha_1 - \alpha_2)E_g T + (\alpha_1 - \alpha_2)E_g T \cdot n\frac{\mu + F_g e^2/J_s}{1 + \mu n + nF_g e^2/J_s}$$

$$=-(\alpha_1-\alpha_2)E_g T\left[1-\frac{n(\mu+F_g e^2/J_s)}{1+\mu n+nF_g e^2/J_s}\right] \quad (11-50)$$

举算例如下：设有钢筋混凝土梁，截面 178cm×60cm，$\mu=0.012$，偏心距 $e=80$cm，$J_s=282\times10^3$ cm^4，钢筋线膨胀系数 $\alpha_1=12\times10^{-6}$，混凝土线膨胀系数 $\alpha_2=10\times10^{-6}$，$E_s=2.1\times10^4$N/mm^2，$E_g=2.1\times10^5$N/mm^2，$n=10$，升温 T℃，试求混凝土及钢筋应力。

$$\sigma_s=(12-10)\times10^{-6}\times2.1\times10^5\times T\ \frac{0.012+\dfrac{12800\times800^2}{282\times10^7}}{1+0.012\times10+\dfrac{10\times12800\times800^2}{282\times10^7}}$$

$$=0.0406T(\text{MPa})$$

$$\sigma_g=-(12-10)\times10^{-6}\times2.1\times10^5\times T\left[1-\frac{10\left(0.012+\dfrac{12800\times800^2}{282\times10^7}\right)}{1+0.012\times10+\dfrac{10\times12800\times800^2}{282\times10^7}}\right]$$

$$=-0.014T(\text{MPa})$$

当结构承受 150℃作用时，根据升温缓慢程度，应力松弛系数取 0.3～0.5，据耐热结构升温情况取 0.5，则混凝土的拉应力：

$$\sigma_s=0.0406\times150\times0.5=3.045\text{MPa}>R_f$$

即无外约束条件下仅仅由于钢筋和混凝土的膨胀系数差异而导致开裂，因此得到结论：钢筋不能配置在结构的高温区，为取得较高的抗裂能力可采用纤维耐热混凝土或对结构采取有效隔热措施或采用耐热钢纤维混凝土结构。

以上分析中，我们忽略了混凝土的收缩变形。如考虑收缩，特别是受热收缩，则将因线膨胀引起的差异变形应力与混凝土收缩应力叠加，则混凝土的拉应力将进一步增加，结构开裂的概率更高。

11.10 圆环基础的温度收缩应力与裂缝

某些轴对称特构采用环形基础，由于温度收缩应力可引起常见的放射形（径向）裂缝，如图 11-27 所示，其应力分析如下：

设圆环的平均半径 R，基础宽 b，厚度 h，在降温及收缩作用下圆环自由径向位移 $\Delta R=\alpha TR$，由于基础受到地基摩阻力影响而不能自由移动，产生弹性约束。假定初始位置半径箭头位于 1 处，如自由位移位于 2 处，由于约束而最终位于 1 与 2 之间，即图示半径 R 的箭头位置，则自由位移由实际位移与约束位移组成，按弹性力学表示，即环形基础的实际位移为约束位移与自由位移的代数和：

$$\delta_1=\delta_2+\alpha TR \quad (11-51)$$

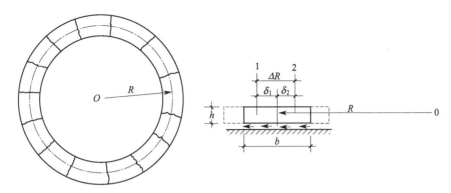

图 11-27　环形基础收缩计算简图

式中　T——综合温差，升温为正，降温为负。

地基位移与剪应力成比例，剪应力合成径向推力 H：

$$\delta_1 = -\frac{\tau}{C_x} = -\frac{H}{bC_x} \tag{11-52}$$

式中　H——单位弧长上的径向推力，$H = b \cdot \tau$。

约束位移是由同一剪应力引起，按薄壁环理论，由径向推力引起的径向位移为：

$$\delta_2 = \frac{HR^2}{EF} \tag{11-53}$$

式中　$F = bh$——环形梁的截面面积。

忽略偏心影响，变形谐调方程：

$$-\frac{H}{bC_x} = \frac{HR^2}{EF} + \alpha TR \tag{11-54}$$

环向拉力：

$$N_\theta = HR, \quad \sigma_\theta = \frac{N_\theta}{bh} \tag{11-55}$$

$$\sigma_\theta = -\frac{1}{bh}\left(\frac{\alpha TR^2}{\dfrac{R^2}{Ebh} + \dfrac{1}{bC_x}}\right) H(t,\ \tau) < R_f \tag{11-56}$$

式中　$H(t,\ \tau)$——应力松弛系数，一般取 0.5，当温差或收缩急剧变化时取 0.8～1.0。

或用变形控制：

$$\varepsilon_\theta = \frac{\sigma_\theta}{E} = -\frac{1}{Ebh}\left(\frac{\alpha TR^2}{\dfrac{R^2}{Ebh} + \dfrac{1}{bC_x}}\right) H(t,\ \tau) < \varepsilon_{pa} \tag{11-57}$$

式中　ε_{pa}——配筋混凝土的极限拉伸。

举算例如下：设有一环形基础，断面 40cm×200cm，平均半径 25m；施工后 30d 遭受降温差 20℃，同时产生收缩；基础位于软弱黏土上，施工养护条件正常，试验算温度收缩应力。

基础经 30d 的平均收缩：

$$r = \frac{L}{F} = \frac{2 \times (200 + 40)}{200 \times 40} = 0.06$$

查几何尺寸对收缩的影响（第 2 章表 2-3），按插入法得 $M_s = 0.672$，其余正常，各系数为 1。

$$\varepsilon_y = 3.24 \times 10^{-4} \times (1 - e^{-0.01 \times 30}) \times 0.672 = 8.4 \times 10^{-5} \times 0.672 = 5.643 \times 10^{-5}$$

收缩当量温差：

$$T_2 = -\frac{\varepsilon_y}{\alpha} = -\frac{5.643 \times 10^{-5}}{10 \times 10^{-6}} = -5.643℃$$

综合温差：

$$T = T_1 + T_2 = -20 - 5.643 = -25.643℃$$

基础环向拉应力（软土地基 $C_x = 0.01\text{N/mm}^3$），按基本公式计算如下：

$$\sigma_\theta = -\frac{1}{bh} \left(\frac{\alpha T R^2}{\dfrac{R^2}{Ebh} + \dfrac{1}{bC_x}} \right) H(t, \tau)$$

$$= \frac{1}{2000 \times 400} \left(\frac{10 \times 10^{-6} \times 25.643 \times 25000^2}{\dfrac{25000^2}{2.1 \times 10^4 \times 2000 \times 400} + \dfrac{1}{2000 \times 0.01}} \right) \times 0.5$$

$$= 2.2976 \times 0.5 = 1.1487\text{MPa} < R_f (\text{不开裂})$$

$$\varepsilon_\theta = \frac{\sigma_\theta}{E} = \frac{1.1487}{2.1 \times 10^4} = 0.547 \times 10^{-4} < \varepsilon_{pa} = 1 \sim 1.2 \times 10^{-4} (\text{不开裂})$$

从以上计算结果可看出，软土地基条件下的混凝土基础，在施工养护优良，收缩及降温均很缓慢的条件下，结构物一般不会出现开裂。但是，这类基础的施工养护条件不易保证。

地基条件较强（C_x 值增加），养护不良，暴露时间较长，水灰比偏大等致使收缩增加，以及基础半径增加等都可使环向拉力增加，特别是遇有急剧降温和急剧收缩时，因松弛系数接近 1.0，很容易引起较大环向应力，导致放射状裂缝。

因此，宜采取加强构造配筋（提高抗拉能力）、优选材质、加强养护、及时回填以及遇有强约束地基设滑动层等技术措施来控制开裂。

11.11 200m 周长环形圈梁大体积混凝土施工裂缝控制[❶]

1. 概况

上海合流污水治理工程彭越浦泵站圆井泵房基坑开挖深度为 26.4m，墙壁是由地下连续墙和钢筋混凝土内衬组成的复合结构。在复合结构的顶部设置有一个环形的钢筋混凝

---

❶ 该工程由宝冶三公司施工，林端豪、张静儒等总工协作。

土圈梁，其断面的高宽分别为 2.5m 和 3.727m，其中心直径为 63.654m，周长为 200m，逆作法施工。钢筋混凝土圈梁施工包括其下的 1m 钢筋混凝土内衬，混凝土量为 2100m³。圈梁与地下连续墙及内衬均为刚接，圈梁类似一圆箍，其作用是使地下连续墙和内衬能够更好地共同工作。为了达到上述目的，设计中未设置伸缩缝。在制定施工方案时，曾设想设置"后浇带"以解决施工中混凝土的温度应力问题，控制混凝土施工裂缝的产生，但由于这样做施工周期长，施工程序多而且麻烦，施工费用增加，以及设计要求等原因，经多次讨论和研究，最后确定了一次浇灌的施工方案。

圆井泵房的 60m 直径、200m 周长且未设置伸缩缝及施工缝的环形闭合大体积钢筋混凝土圈梁，在国内外均属少见，因此施工中的裂缝控制就成为技术攻关的难题。为了避免在大体积混凝土施工过程中因温度应力而产生有害裂缝，施工前对圈梁的裂缝控制进行了计算，而且把理论计算的结果紧密联系现场的施工条件，综合加以考虑，制定了切实可行的施工方案和施工措施。施工时还进行了现场的温度测试，根据混凝土内外温度变化情况，实行温度控制和跟踪管理，做到情报化施工。在设计、施工和科研各方团结协作、紧密配合下，现混凝土浇灌完毕已有数年，钢筋混凝土圈梁未发现裂缝。该工程实践突破了国内外混凝土工程设计和施工的一些规定，为今后类似大体积混凝土工程的设计和施工提供了有益的经验。现将该工程的抗裂理论计算、施工技术措施及现场实测结果分析做一简单介绍。

2. 抗裂理论计算

影响裂缝的因素很多，情况也比较复杂。理论计算不可能准确地考虑到所有影响因素，而只能抓住主要因素，在这些因素间建立一个近似的计算模型，即"基本假定"。通过计算过程基本假定中有关参数的确定，施工人员就能够更好地了解在施工中应采取哪些相应的技术措施，从而使理论计算和施工措施密切配合，以有效地控制施工阶段温度裂缝的产生。

抗裂理论计算内容包括：绝热温升，混凝土各龄期温差及收缩当量温差，混凝土各龄期弹性模量、应力松弛系数及内部拉应力等方面的计算。

1）绝热温升

$$T_{\max} = \frac{WQ}{C\gamma} \tag{11-58}$$

式中　W——每立方米水泥用量（kg/m³）；

　　　Q——每千克水泥产生的水化热（J/kg）；

　　　C——混凝土的比热 [J/(kg·℃)]，取 0.96×10^3 [J/(kg·℃)]；

　　　γ——混凝土重度，取 2400kg/m³。

2）散热温升及温降的预测

由于实际结构都不是绝热的，在水化热温升的同时，就有散热发生。水化热升温直至峰值后，水化热能耗尽，继续散热便引起温度下降，随着时间的延长而逐渐衰减，直至与气温相近。降温曲线通过理论计算，不仅较冗繁，而且由于施工条件难以预测，其理论计算结果也不可能很严格。因此，在圈梁施工阶段抗裂计算时，参照有关 2.5m 厚的大体积

混凝土各龄期实际温升 T_t 与绝热温升 T_{max} 关系的资料，进行计算。其散热温升及绝热温

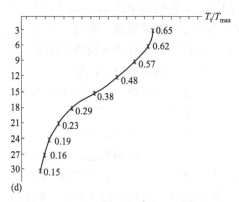

图 11-28　散热温升与绝热温升的关系

升的比值见表 11-11、图 11-28。

T_t/T_{max} 与龄期的关系　　　　　　　　　　　　　　表 11-11

龄　期	3	6	9	12	15	18	21	24	27	30
T_t/T_{max}	0.65	0.62	0.57	0.48	0.38	0.29	0.23	0.19	0.16	0.15

按上表计算所得之值,加上混凝土的入模温度,即为混凝土圈梁中心的计算温度。以此降温曲线代替平均降温曲线,求得近似的解答,则偏于安全。

3)混凝土各龄期的温差

在温度应力计算中,主要考虑结构总降温差引起的外约束应力。降温应力分段计算然后叠加。现取三天为步距,计算至第三十天,其算式为:

$$\Delta T_{t+3} = T_t - T_{t+3} \tag{11-59}$$

式中　$t = 3, 6, 9 \cdots$;

　　ΔT_{t+3}——龄期 t 与 $t+3$ 的温差。

计算结果如图 11-29 所示。

4)各龄期混凝土收缩当量温差(图 11-30)

为方便计算,把混凝土硬化过程中的收缩变形换算为引起同样变形所需的温度,称之为"收缩当量温差"。其换算关系式为:

$$T_y(t) = -\frac{\varepsilon_y(t)}{\alpha} \tag{11-60}$$

$$\varepsilon_y(t) = \varepsilon_y^0 \cdot M_1 \cdot M_2 \cdots M_{10}(1 - e^{-bt}) \tag{11-61}$$

式中　$T_y(t)$——收缩当量温差;

　　$\varepsilon_y(t)$——各龄期混凝土的收缩变形值;

　　α——混凝土线膨胀系数,取为 1.0×10^{-5};

　　ε_y^0——混凝土标准状态下的最终收缩值,取 3.24×10^{-4};

　　b——经验系数,取 0.01;

　$M_1 \cdots M_{10}$——考虑各种非标准条件的修正系数。

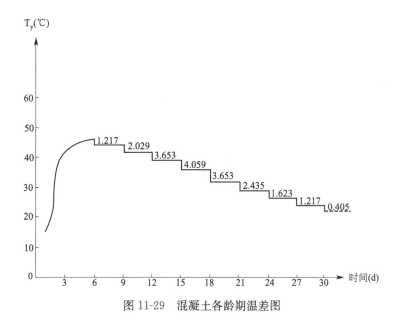

图 11-29 混凝土各龄期温差图

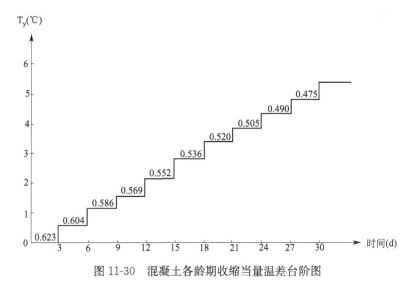

图 11-30 混凝土各龄期收缩当量温差台阶图

以三天为步距,则各阶段的收缩当量温差 $\Delta T'_{t+3}$ 可用下式表示:

$$\Delta T'_{t+3} = T_y(t) + T_y(t+3) \tag{11-62}$$

5)各龄期台阶式综合降温差(图 11-31)

将 $\Delta T'_{t+3}$ 与 ΔT_{t+3} 相加即为各龄期的台阶式综合降温差。

6)各龄期混凝土弹性模量计算公式(图 11-32)

$$E(t) = E_0(1 - e^{-0.09t}) \tag{11-63}$$

式中 $E(t)$——任意龄期混凝土的弹性模量(N/mm²);

E_0——混凝土最终的弹性模量,可近似取 28d 的弹性模量。

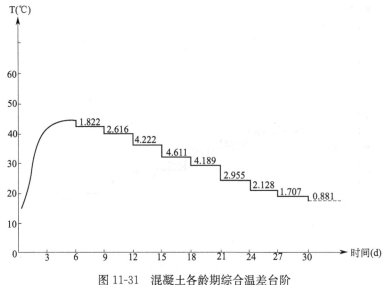

图 11-31 混凝土各龄期综合温差台阶

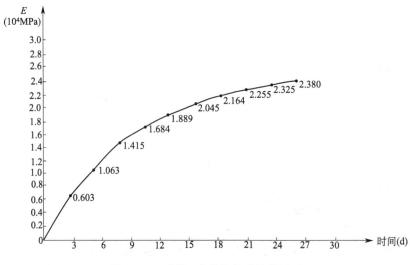

图 11-32 混凝土各龄期的弹性模量图

7)各龄期混凝土应力松弛系数

可按表 2-10、表 2-11 取值。

8)最大拉应力计算(图 11-33)

最大拉应力在圈梁或基础的中部。当为圆环基础时,温度收缩环向拉应力按下式计算:

$$\sigma_\theta = -\frac{1}{bh}\left(\frac{\alpha TR^2}{\dfrac{R^2}{Ebh}+\dfrac{1}{bC_x}}\right)H(t,\tau) < R_f \tag{11-64}$$

将各阶段的综合温差等参数代入上述公式,算出各阶段产生的应力值,然后将其累加即得基础内部总的拉应力。只要这项最大拉应力小于混凝土的允许抗拉强度,则说明混凝土不会开裂。

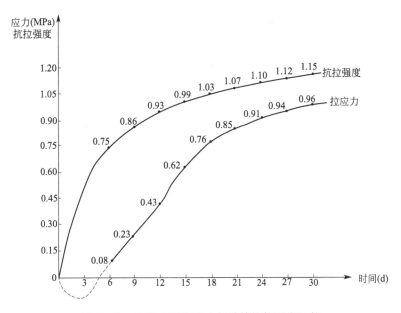

图 11-33　混凝土温度应力与计算抗拉强度比较

3. 测温结果分析

1)测点布置及实测结果

为了摸清圈梁混凝土内部的温度变化情况,在圈梁周边上靠北侧的地下墙 2、5 槽段处,选取两个断面,其测点布置如图 11-34,测温曲线如图 11-35。

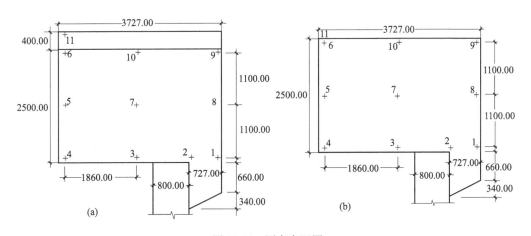

图 11-34　测点布置图

(a)2 槽段测点布置图;(b)5 槽段测点布置图

2)温度梯度

圈梁内的各点温度与圈梁的边界条件有关。边界条件不同,直接影响到圈梁内部温度的分布、温差及温度梯度的大小。当中心温度达到峰值时,沿中轴线两个方向温度变化状况如图 11-36。

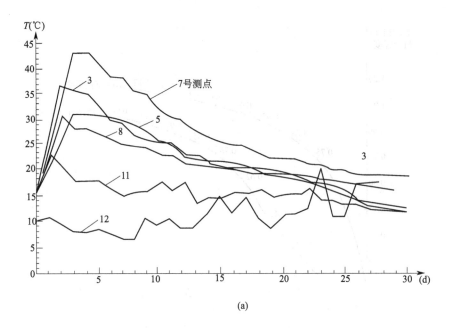

(a)

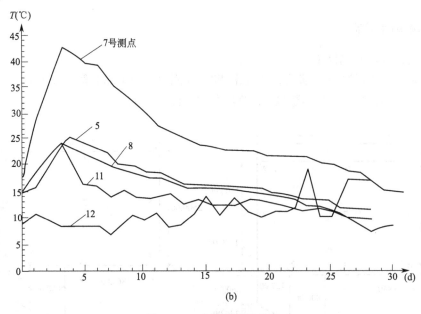

(b)

图 11-35 实测升降温曲线

(a)2 槽段断面；(b)5 槽段断面

3）实测与计算比较

根据测温记录，将所测得圈梁中心部位混凝土（即 7 号测点）各龄期的温度减去入模时的温度（15℃），则得圈梁中心部位混凝土各龄期的散热温升值 T_t，计算该值与绝热温升值 T_{max} 的比值，再把计算结果与原计算假定与绝热温升的比值进行比较，2 槽段断面的对比情况列于表 11-12。从表 11-12 可以看出计算假定与实测值基本接近，从而验证了理论计算的准确程度。

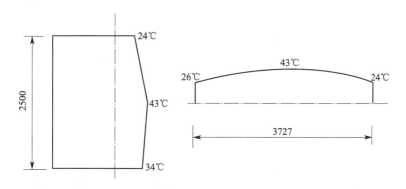

图 11-36   圈梁厚度及横向温度变化图

2 槽段对比表   表 11-12

天(d)	3	6	9	12	15	18	21	24	27	30
计算假定 T_t/T_{max}	0.650	0.620	0.570	0.480	0.380	0.290	0.230	0.190	0.160	0.150
实测结果 T_t/T_{max}	0.689	0.566	0.493	0.394	0.296	0.246	0.197	0.172	0.123	0.123

4)实际拉应力的计算

(1)混凝土的实际拉应力与混凝土的实际抗拉强度比较见图 11-37。图中的"＋"和"·"号分别表示混凝土的实际拉应力和混凝土的实际抗拉强度。

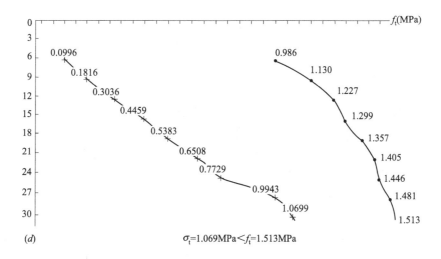

图 11-37   混凝土各龄期的实际拉应力与实际抗拉强度的比较图

(2)混凝土的计算拉应力、实际拉应力、计算抗拉强度、实际抗拉强度的比较结果列于表 11-13。

应力、强度的计算与实测对照表

表 11-13

龄期(d)	6	9	12	15	18	21	24	27	30
计算拉应力(MPa)	0.088	0.227	0.433	0.617	0.764	0.851	0.907	0.940	0.957
实际拉应力(MPa)	0.099	0.187	0.304	0.446	0.538	0.651	0.773	0.994	1.07
计算抗拉强度	0.075	0.086	0.093	0.099	1.03	1.07	1.10	1.13	1.15
实际抗拉强度	0.987	1.13	1.23	1.30	1.36	1.41	1.45	1.48	1.51

4. 结论

1）圈梁混凝土施工裂缝温度控制的计算假定与实际情况基本相符。

2）从实例记录结果来看，塑料薄膜下的混凝土上表面与大气温差最高达 16℃；木模内混凝土表面与大气气温的温差最高达 20℃，大气温度周期波动很大，但混凝土表面温度变化很小，而且以较小的速率降温，即使在第 14d 拆除木模而悬挂两层草袋保温后，也是如此。这说明圈梁混凝土的保温效果良好。

3）从混凝土内部温度变化的情况看，沿厚度的中心线方向，中部温度最高，底部次之，上表面温度最低，圈梁两侧的中心位置温度基本接近，靠砖模一侧，底部的温度高，中部次之，上部温度最低。圈梁混凝土的中心部位温度变化曲线与混凝土上表面的温度变化曲线，两者趋势基本一致，而且随着时间延长逐步接近，其间的差距即为内外温差，也就是说它们之间的温差随着时间的延长而逐步变小。由此可见，混凝土浇灌结束后的初期温差较大，在这期间容易产生表面裂缝，所以初期的混凝土保温养护尤为重要。

4）在大体积混凝土中，温度变化引起的温度应力，有时这种温度应力往往超过普通静力荷载及动力荷载而引起的应力。表 11-13 的数据表明，圈梁混凝土的实际拉应力略大于计算拉应力，小于计算抗拉强度和混凝土的实际抗拉强度，但与混凝土计算抗拉强度相差不多，而温度应力的变化呈非线性的关系。

5）混凝土所用的砂、石料，应采用优质的材料，要严格控制砂、石的含泥量。为了降低水化热，应优先采用低水化热的水泥，根据上部荷载作用的时间，尽可能利用龄期 60d 或 90d 的后期强度。

6）如果有两个以上搅拌站供应混凝土时（圈梁混凝土为两个搅拌站供应），应加强施工组织协调工作，统一使用一种水泥，混凝土配合比应一致，以保证混凝土的质量。

7）施工时混凝土宜采用分层散热浇灌，每层厚度 35cm 左右。这样做既可以使混凝土在浇灌过程中散发一些热量减少温升，又可以为混凝土质量提高均质程度减小离散程度创造有利条件。无疑，分层浇灌混凝土给施工操作带来一些困难，但保证工程质量却是有益的。圈梁混凝土浇灌就是这种施工方法，收到一定的效果。

8）施工实践证明，圈梁外侧因地制宜地采用砖模代替钢模，既解决了施工场地狭小的问题，又解决了混凝土外侧面的保温养护问题，这种施工方案是可行而且有效的。

9）保持适宜的温度养护，能减少混凝土的收缩，充分发挥水泥水化作用，使混凝土抗拉强度潜在能力得到充分发挥。圈梁混凝土浇水养护持续了两个月之久，为防止混凝土产生裂缝起了重要的作用。

10）和其他大体积混凝土工程实践一样，圈梁混凝土工程实践表明，以 30℃作为控制平均降温差及非均匀降温差的最大值是可行的。

　　11）认真做好施工中各个环节的组织管理和平衡协调工作是防止施工裂缝产生的重要因素。圈梁施工现场见图 11-38。

图 11-38　上海合流污水治理工程 200m 周长环梁施工现场

11.12　几种特殊结构变形缝作法

　　在某些环境中，温差及干缩激烈，结构抗裂能力很低，只有采用"放"的办法防止渗漏，防止不规则断裂，采取以下几种变形缝作法。

1. 平缓插筋法

　　对于诸如地铁隧道、工业与科研隧道、飞机跑道、路面共同沟等超长结构，无法取消永久性温度伸缩缝，可采用设"平缓插筋"（Smooth Dowel）的做法。这种方法是直径较粗的连接钢筋，一端固定在变形缝一侧的混凝土内，另一端周围涂以沥青之类的润滑剂伸入变形缝另一侧。当变形缝两侧结构有差异沉降时，沿缝两侧设置的足够数量的平缓插筋提供抗剪切力，使突变改为渐变。而当缝两侧结构有相互水平温度伸缩时，则由于一端钢筋四周润滑剂涂层的作用，不致影响结构的水平移动。考虑到平缓插筋有润滑剂的一端在结构物伸长时易受阻的特点，将该端改为插在一端有封口的预埋套管内，使其有足够的余地自由伸缩，伸缩端亦涂以沥青等涂料，以防锈蚀。这种结构变形缝的做法如图 11-39，其工程实例为北京正负电子对撞机的地下隧道。该工程总长 600 多米，主要由三部分高低、宽窄均不相同的地下隧道组成，在隧道中插有两个半地下大厅及附带一个半地下大厅。由于工艺复杂，对土建环境要求苛刻，无论是差异沉降还是防水要求极为严格。该工程由中国科学院建筑设计院设计，1988 年 10 月 16 日对撞成功，整个土建结构建成已历经数年，未有沉降突变和渗漏现象。

2. 诱导缝及降低有效面积

过去在美国和日本都曾采用过的诱导缝作法，即在钢筋混凝土墙壁和顶板式结构中，每隔一定距离将截面予以削弱（削弱深度为 d'），使在该处引发温度裂缝，然后加以灌浆封闭处理，使其不损害结构物的机能而能正常使用（图 11-40）。诱导缝间距 l 的控制原则，应使在诱导缝以外的位置不产生温度裂缝或不产生比允许宽度大的温度裂缝。缝中预先考虑防水措施设置间距可根据作者推导的类似结构物中所产生的平均温度裂缝间距，取其 1.0～1.5 倍。也可按下式计算（详见第 6 章）：

$$[l] = 1.5 \frac{1}{\beta} \text{arcch} \frac{|\alpha T|}{|\alpha T| - \varepsilon_p} \tag{11-65}$$

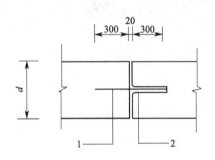

图 11-39 平缓插筋做法
1—插筋⚓25@200，在缝和钢套管内部分四
周涂以一薄层沥青；2—钢套管，内径 $d=30$，$l=350$

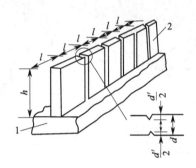

图 11-40 假伸缩缝设置示意
1—基础底板；2—长墙

式中各符号含义同前，T 中包括温差与收缩当量温差。诱导缝的位置宜选择在结构物截面剧变、开洞口处或其附近，并在引发裂缝后能满足防水要求并较容易加以处理的位置，钢筋是连续的。

诱导缝的截面削弱率 d'/d（d'、d 含意见图 11-40）一般为 15％～20％，如果截面削弱率低于 15％，有可能在诱导缝以外位置产生较多和较宽的温度裂缝。诱导缝有多种形式，每种形式都必须考虑引发裂缝后对结构物机能损害较小这一前提，尤其要考虑渗水、剪力传递等情况。图 11-41 示出了几种诱导缝的形式。诱导缝处所引发的裂缝当宽度在 0.1mm 以下时，防水性和耐久性（钢筋抗锈蚀）几乎不成问题，无须对裂缝进行处理。但当裂缝宽度在 0.2mm 以上时，为确保防水性和耐久性，必须对裂缝加以处理。

与诱导缝法的考虑相类似，美国在某科学实验大厅大底板施工时，采用了一种"锯割收缩缝法"（Sawed Contraction Joint）来解决底板的温度收缩裂缝问题。该法是：在钢筋混凝土浇灌 12h 以后，在底板表面每隔一定距离锯割一条深约为三分之一底板厚的槽，待槽中引发温度裂缝并稳定后，亦是将槽清扫干净，先用环氧树脂处理，后填以封闭材料，使底板表面连成一体。

3. 用钢弹簧板连接

在地震区，对于平面突出部分突出主体建筑较多，或在突出部分端头有另一建筑物与其相邻，则在沉降缝两侧相邻建筑物之间连接一定数量的抗水平地震力刚度大而抗垂直沉降刚度小的钢弹簧板，利用相邻建筑来阻止突出部分在地震时的振动，减小应力，具体做法见图 11-42。

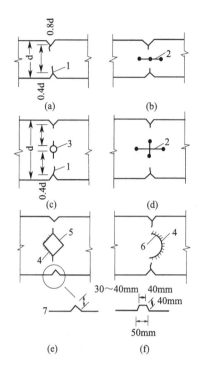

图 11-41 假伸缩缝的形式

（b）、（d）防水假伸缩缝；

（c）、（f）传递剪力假伸缩缝

1—裂缝；2—止水板；3—管子；

4—脱离剂；5—预制混凝土块；6—半圆管；

7—沟槽的两种形状

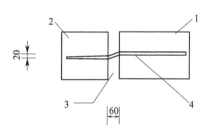

图 11-42 圈梁间钢弹簧板做法

1—Ⅰ的圈梁；2—Ⅱ的圈梁；

3—沉降缝，宽 60mm；4—钢弹簧板，

宽 200mm，厚 6mm

12 民用建筑物的裂缝

12.1 民用建筑物的裂缝概况

民用建筑物包括的范围很广，如砖石与钢筋混凝土的混合结构，各种砌块建筑，混凝土大板结构，高层建筑等。其裂缝种类也极其繁多，如斜裂缝、竖向裂缝、水平裂缝等。裂缝的原因也较复杂，如不均匀沉降、温度变化、收缩、冻融、冻胀、湿陷以及荷载的作用等。不过，裂缝的基本原因可以归纳为两大类：变形变化和荷载变化。本章讨论第一类问题。

1. 斜裂缝

在窗口转角、窗间墙、窗台墙、外墙及内墙上都可能产生裂缝。大多数情况下，纵向墙的上两端部出现斜裂缝的概率高，裂缝往往通过窗口的两对角，且在窗口处缝宽较大，向两边逐渐缩小。在靠近平屋顶下的外墙上或者在内部的横隔墙上和山墙上的斜裂缝，呈正八字形。有些裂缝在建筑物的下部外墙也呈正八字，其形状是下部裂缝宽，向上部逐渐延伸缩小宽度。在个别建筑物上，也发现过倒八字形裂缝。

2. 墙上的水平裂缝

由于上部砌体抗拉与抗剪强度的非均匀性，外墙上的斜裂缝往往与水平裂缝互相组合出现，形成一段斜裂缝和一段水平裂缝相组合的混合裂缝。水平裂缝一般均沿灰缝错开，而斜裂缝，既可能沿灰缝也可能横穿砌块和砖块。

3. 竖向裂缝

这种裂缝常出现在窗台墙上，窗孔的两个下角处，有的出现在墙的顶部，上宽下窄，多数窗台缝出现在底层，二层以上很少发现。

裂缝一般在施工后不久（1～3 个月）就开始出现，并随时间而发展，延续至数月，有的数年才稳定。有些建筑物在承重墙的中部出现竖向裂缝，上宽下窄，墙体如承受负弯矩作用的结构。

混合结构的门窗孔上常设置钢筋混凝土圈梁、过梁等构件，在梁端部的墙面上常出现局部竖向或稍倾斜的裂缝。裂缝中间宽，上下端小，有的还通至窗口下角附近。当过梁不露明（暗梁）时，裂缝细微或不易发现。过梁外露者裂缝都很明显，过梁愈大，裂缝亦较宽长。

在一幢混合结构房屋中往往有两种、甚至数种不同层数的结构，而且楼板相互错开，在错层处的墙面上出现了竖向裂缝，裂缝较宽，有的达数毫米至十余毫米之多。在较长建筑物的楼梯间中，楼板在楼梯间中断开，在楼板的端部墙上亦常出现竖向裂缝。

平屋顶的建筑中，常用女儿墙作为屋顶平台的围栏，起安全围护作用；有的则作为一种建筑艺术的需要而设置各种高度的女儿墙。砖砌女儿墙常出现各种形状的裂缝——竖向、斜向及水平缝。裂缝同时还伴随着女儿墙的外移、外倾及侧向弯曲等现象。

上述几种常见的裂缝中，有些裂缝的原因基本上是清楚的，有些到目前为止尚在探索研究之中。

窗台墙的裂缝原因有多种，如地基的变形、地基反压力和窗间墙对窗台墙的作用，使窗台墙向上弯曲，在墙的 1/2 跨度附近出现弯曲拉应力，导致上宽下窄的竖向裂缝；同时窗间墙给窗台墙的压力作用，在窗角处产生较大的剪应力集中引起下窗角的开裂。

另外的观点认为窗台墙处于几乎是两端嵌固和基础约束的条件下，所以其温度及干缩变形引起较大的约束应力，从而导致开裂。

作者认为两种因素对窗台墙都存在，应力在裂缝处是叠加的，只是在不同地区和不同施工条件下两种因素所占的比例程度将有所不同。

过梁端部和错层部位墙体的裂缝，是由组合结构的变形差异引起的。如过梁的收缩和降温变形在梁端达到最大值，错层的钢筋混凝土楼板在错层处（楼板端处）的变形也达最大值，而砌体在这些部位却没有适应梁板端部变位的余地，变形达到一定数值后，引起局部承拉而开裂。

关于女儿墙的裂缝，必须从女儿墙、保温层、钢筋混凝土顶板的相互作用关系中进行分析。钢筋混凝土顶板受太阳辐射或夏季较高气温作用产生温度变形，而砖砌体的温度偏低且线膨胀系数小于钢筋混凝土的线膨胀系数 50%，所以屋顶板膨胀变形必然推挤女儿墙，致使女儿墙承受剪力和偏心拉力，在最大变形区——墙角区引起竖向、斜向或水平开裂，同时产生明显的侧移。屋顶面层和保温层越厚、越密实，且直接顶接女儿墙侧面时，开裂及外移越加严重。

解决该问题的有效办法是采用"放"的原则，使在屋顶处不具备"抗"的条件，在女儿墙与保温层、面砖等结构之间设置隔离层，如 10~15cm 防水油膏或聚氯乙烯胶泥等柔性材料，或以天沟将其隔离并做好保温隔热并在女儿墙顶适当配置构造筋以提高抗裂能力，可谓"以放为主，抗放兼施"的原则。

12.2　混合结构温度收缩应力与裂缝分析

1. 混合结构的裂缝概况

具有钢筋混凝土平屋顶与砖石砌体承重墙的混合结构，以及用各种轻型砌块填充的框架结构，在工业及民用建筑中，特别在民用建筑中占有相当大的比重。在近些年的国内外建筑实践中发现，在该类建筑的某些工程中出现了与结构变形变化（温度、收缩、不均匀沉降）有关的裂缝，主要是正、倒八字形裂缝，见图 12-1。

在亚洲及热带地区一些国家的建筑物中，这类八字形裂缝尤为突出，已引起建筑科学技术工作者的重视与研究。

1963 年全国裂缝会议上对这类裂缝的形成机理曾进行了定性分析，简单说来有两种辩论得十分激烈的意见：一种意见认为八字形裂缝由温度收缩应力引起；另一种意见认为由地基不均匀下沉引起。较多数的意见认为两种因素都有可能引起八字裂缝。多年来，国内外的许多科研与设计单位在现场调查与理论研究方面进行了大量工作，笔者认为，墙体顶部的正八字或倒八字（少见）裂缝是由温度收缩应力引起的。

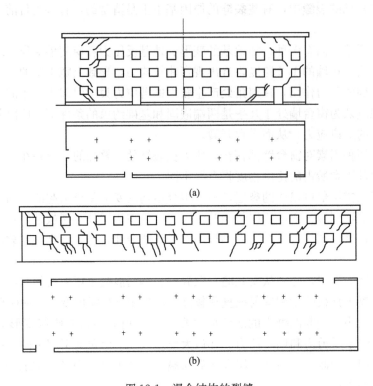

图 12-1　混合结构的裂缝
（a）混合结构的正八字和倒八字缝（常见）；（b）混合结构的倒八字缝（少见）

2. 混合结构的温度应力的较精确分析方法

在国外，如日本，曾探讨过正、倒八字形裂缝原因，但只是作了定性的分析，认为这种裂缝是由温度收缩引起，分析的结构是砌体填充的框架结构，只是裂缝形式为八字形。我国的一些设计单位采用弹性力学方法、有限差分法，对这一问题进行过分析，最有效的方法是有限单元法。

关于混合结构的温度应力裂缝，以色列罗森豪普特（S. Rosenhaupt）、科夫曼（A. Kofman）、罗森哈尔（I. Rosenthal）在 1960 年热带国家混凝土和钢筋混凝土国际会议上提出一篇定量分析及试验的研究报告。论文原名《由于楼板与墙不同热膨胀引起的温度应力》，共分两大部分：第一部分是理论计算方法的研究；第二部分是通过试验室及现场实物试验验证计算理论。该文对混合结构的温度应力的研究颇有参考价值，只是在计算模型中忽略了地基对墙体的约束并假定顶板和墙体具有相同的线膨胀系数。

按照弹性理论，墙体的应力状态属平面应力问题，一般均采用应力函数法，设艾瑞应力函数以 ϕ 表示，它必须满足双调和方程：

$$\frac{\partial^4 \phi}{\partial x^4} + 2 \frac{\partial^4 \phi}{\partial x^2 \partial y^2} + \frac{\partial^4 \phi}{\partial y^4} = 0 \tag{12-1}$$

墙体各点的应力与应力函数的关系：

$$\sigma_x = \frac{\partial^2 \phi}{\partial y^2}, \sigma_y = \frac{\partial^2 \phi}{\partial x^2}, \tau_{xy} = -\frac{\partial^2 \phi}{\partial x \partial y} \tag{12-2}$$

无论采用解析方法，还是数值法，都必须建立符合实际的边界条件。

首先分析墙顶部的边界条件，见图 12-2，假定墙体和顶板各自的线膨胀系数为 α_1 及 α_2，各自升温为 T_1 及 T_2，初始温度皆为 0℃，各自的自由变形为 $\alpha_1 T_1$、$\alpha_2 T_2$，其自由变形差：

$$\Delta \varepsilon = \alpha_2 T_2 - \alpha_1 T_1 \tag{12-3}$$

由于顶板和墙体变形是协调的，顶板受到压缩，墙体受到拉伸。顶板中的压缩应力为 $\sigma_2 = N/F_2$，N 为顶板中的轴向力。根据变形协调条件，顶板和墙板的自由变形差由墙体的拉伸变形 ε_1 和顶板的压缩变形 ε_2 组成，即：

$$\Delta \varepsilon = \varepsilon_1 + \varepsilon_2$$

$$\varepsilon_1 = (\alpha_2 T_2 - \alpha_1 T_1) - \frac{N}{E_2 F_2} \tag{12-4}$$

顶板之水平轴力 N 应与墙顶的剪应力平衡，当墙厚为 t 时，平衡方程式：

$$N = -\int_0^{\frac{L}{2}} t \tau_{xy} dx = -t \int_0^{\frac{L}{2}} \frac{\partial^2 \phi}{\partial x \partial y} dx = -t \frac{\partial \phi}{\partial y} \tag{12-5}$$

墙体的相对拉伸变形：

$$\varepsilon_1 = \frac{\sigma_1}{E_1} = \frac{1}{E_1} \frac{\partial^2 \phi}{\partial y^2} = \frac{\sigma_x}{E_1} \tag{12-6}$$

将式(12-5)、式(12-6) 代入变形协调条件式(12-4) 得：

$$\frac{\partial^2 \phi}{\partial y^2} = E_1 (\alpha_2 T_2 - \alpha_1 T_1) + \frac{t E_1}{b h E_2} \cdot \frac{\partial \phi}{\partial y} \tag{12-7}$$

这是以应力函数表达的顶部边界条件。

在墙体的两端：

$$\phi = \frac{\partial \phi}{\partial x} = \frac{\partial \phi}{\partial y} = 0 \tag{12-8}$$

在墙底边与基础接触面上：

$$\sigma_y = \frac{\partial^2 \phi}{\partial x^2} = p(x) \tag{12-9}$$

式中　$p(x)$——地基反压力。

按上述边界条件求得墙内应力分布。由于计算的复杂性，出现了一些近似计算方法。笔者以前曾用材料力学方法进行过简化分析。

3. 混合结构温度应力近似计算法

近年来，笔者进一步根据结构物相互约束的基本假定：

$$\tau = C_x \cdot u \tag{12-10}$$

我们在计算模型里，将墙体当作地基，而把顶板当作地基上的弹性板，相对墙体，剪应力方向与位移方向一致，故取正号。根据这一基本假定对墙体进行温度应力分析，比材料力学方法有所改进，计算方便并进一步揭示了控制墙体上部正八字形裂缝各主要因素的内在关系。

在建筑平面上分割出与相应外墙共同工作的顶板宽度 b，见图 12-2，顶板厚度为 h，墙体厚度为 t。把墙体看作半无限大平面，在上边缘有厚为 h、宽为 b 的钢筋混凝土板条，混凝土的弹性模量为 E_s，其接触面是紧密连接的。太阳辐射引起楼板的平均温度高于墙体，并且墙体的收缩可能大于楼板。顶板与墙的相对温差在顶板内引起压应力，接触面上产生剪应力，墙体产生水平拉应力，该拉应力数量较小，不致引起竖向裂缝，但可加重剪应力引起的斜裂缝。墙顶的垂直方向只有顶板自重，可以忽略不计。当顶板与墙顶的自由差异变形较大时，通过摩擦阻力使墙内主拉应力达到一定数量（抗拉强度）之后，便引起主拉应力斜裂缝或剪应力水平裂缝，所以正八字斜裂缝是剪拉应力裂缝。（如顶板下是现浇梁，还有可能由于板梁间强约束，在梁中部产生竖向裂缝）。

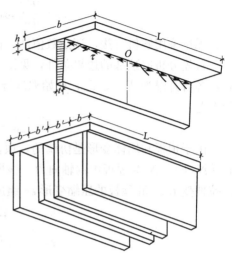

图 12-2 承重墙及顶板平面相互约束及裂缝控制计算简图

板的厚度与跨度比 h/L 是很小的，假定均匀受压（拉）是无疑的，没有换算高度问题。类似弹性地基上的板，在顶板中截取一微段并写出平衡方程为：

$$\frac{\mathrm{d}^2 u}{\mathrm{d}x^2} - \frac{C_x t}{bh E_s} u = 0 \tag{12-11}$$

设：

$$\beta = \sqrt{\frac{C_x t}{bh E_s}} \tag{12-12}$$

则：

$$\frac{\mathrm{d}^2 u}{\mathrm{d}x^2} - \beta^2 u = 0 \tag{12-13}$$

方程的通解：

$$u = A\,\mathrm{ch}\beta x + B\,\mathrm{sh}\beta x \tag{12-14}$$

边界条件：

$$\left.\begin{array}{l} x=0, \quad u=0, \quad \mathrm{sh}0=0, \quad A=0 \\[2mm] x=L/2, \quad \sigma_x=0, \quad B=\dfrac{\alpha T}{\beta\,\mathrm{ch}\beta\dfrac{L}{2}} \end{array}\right\} \tag{12-15}$$

此处： $\alpha T = \alpha_2 T_2 - \alpha_1 T_1$ （顶板与墙体自由变形差）

积分常数求得后代入式(12-14) 得位移解：

$$u = \frac{\alpha T}{\beta\,\mathrm{ch}\beta\dfrac{L}{2}}\,\mathrm{sh}\beta x \tag{12-16}$$

根据基本假定 $\tau = C_x u$ 的关系，求得顶板和墙体间的剪应力。

墙体上边缘的剪应力为：

$$\tau_{xy} = C_x u = \frac{C_x \alpha T}{\beta \mathrm{ch}\beta \dfrac{L}{2}} \mathrm{sh}\beta x \tag{12-17}$$

相对墙来说，τ 的方向和 u 一致，故取正号；相对顶板来说，τ 的方向和 u 相反，则取负号。

当端 $x = \dfrac{L}{2}$ 时，有最大剪应力，或按剪应力修正式(6-87)（剪应力极限值等于摩擦力）：

$$\tau_{\max} = \frac{C_x \alpha T}{\beta} \mathrm{th}\beta \frac{L}{2} \tag{12-18}$$

也可以像前面关于墙与基础的作法一样，把最大应力换算成极限拉伸，再把长度 L 提出来，即是伸缩缝间距。但是在这里由于 L 的变化，其双曲正切 $\mathrm{th}\beta \dfrac{L}{2}$ 的变化较小，即剪应力与伸缩缝间距关系较小，并且温差为太阳辐射引起，系日温差，徐变变形很小，就直接把计算参数代入公式(12-11)，按抗剪强度（或按主拉方向强度即斜截面抗裂）计算便可。

在建筑物的端部，垂直压应力很小，则此区域的主拉应力等于最大剪应力：

$$\sigma_{\mathrm{I}} = \tau_{\max} = \frac{C_x \alpha T}{\beta} \mathrm{th}\beta \frac{L}{2} \tag{12-19}$$

一般砌体的抗拉强度最低，所以在端部容易出现斜裂缝，对于灰缝强度不良的砌体则出现水平裂缝。此种裂缝不仅出现在外墙上，如温差较大，也可能出现在内墙上。

当顶板与墙体材料不同时，式(12-19)中，$\alpha T = \alpha_2 T_2 - \alpha_1 T_1$。

式中　C_x——水平阻力系数，混凝土板与砖墙 $C_x = 0.3 \sim 0.6 \mathrm{N/mm^3}$，混凝土板和钢筋混凝土圈梁 $C_x = 1.0 \mathrm{N/mm^3}$；

　　　t——墙厚；

　　　b——一面墙负担的楼板宽度；

　　　h——顶板厚度；

　　　E_s——混凝土的弹性模量；

　　　α_1——墙的线膨胀系数，砖砌体 5×10^{-6}；

　　　T_1——墙的温差；

　　　α_2——顶板线膨胀系数，混凝土 10×10^{-6}；

　　　T_2——顶板的温差。

从公式(12-19)可看出，剪应力与温差成正比，而与约束阻力，几何尺寸，材料弹性模量呈非线性关系。控制裂缝的主要条件有 8 个，而不只是长度单一，而且长度的影响是较小的。因此，用伸缩缝作为控制裂缝的唯一方法是片面的。这样的分析同建筑物的裂缝调查资料基本上符合。剪应力计算公式也可用修正公式(6-87)，基本相同。

4. 计算例题

以下，我们通过具体例题分析正八字形裂缝的形成机理。

设有一平屋顶建筑，顶板承受太阳的直接辐射作用，板截面的平均最高温度为 50℃，线膨胀系数 $\alpha_2 = 10 \times 10^{-6}$，砖砌体外墙承受的最高平均温度为 30℃，它的线膨胀系数为 5×10^{-6}，初始温度假定都是 0℃（或任一常数）；室内开间，即两纵墙的间距为 6m，即 $2b = 6000$mm，顶板厚 $h = 8$cm，砖墙厚为 37cm，顶板与砖砌体的阻力系数 $C_x = 0.3$N/mm³，建筑物的全长为 $L = 60$m，试求最大剪应力（主拉应力）。

按简化公式：
$$\tau_{max} = \frac{C_x \alpha T}{\beta} \text{th}\beta \frac{L}{2}$$

$$\tau_{max} = \frac{C_x(\alpha_2 T_2 - \alpha_1 T_1)}{\sqrt{\dfrac{C_x t}{bh E_s}}} \text{th}\left(\sqrt{\frac{C_x t}{bh E_s}} \cdot \frac{L}{2}\right) \quad \text{(MPa)} \tag{12-20}$$

$$\tau_{max} = \frac{0.3 \times (10 \times 10^{-6} \times 50 - 5 \times 10^{-6} \times 30)}{\sqrt{\dfrac{0.3 \times 370}{3000 \times 80 \times 2.6 \times 10^4}}} \text{th}\left(\sqrt{\frac{0.3 \times 370}{3000 \times 80 \times 2.6 \times 10^4}} \cdot \frac{60000}{2}\right)$$

$$= \frac{105 \times 10^{-6}}{0.000133} \text{th} 4.00 = 0.7894 \times 0.999 = 0.788 \text{MPa}$$

上述计算为弹性剪应力，考虑升温较快，取应力松弛系数 $H(t) = 0.7 \sim 0.8$，则砖砌体的徐变剪应力 $\tau_{max}^* = \tau_{max} H(t)$ 得：

$$\tau_{max}^* = \sigma_I^* = 0.788 \times 0.7 = 0.5516 > 0.25 \text{MPa} \quad \text{（开裂）}$$

控制裂缝的措施是根据具体条件可增设钢筋混凝土圈梁（墙顶），降低温差，降低 C_x，减少摩阻力，提高端部抗裂能力等。详细计算可见第 6 章的剪力修正。

下面让我们考察一下建筑长度和 C_x 对剪应力的影响，计算结果见表 12-1。

不同阻力系数和长度对剪应力的影响　　　　　表 12-1

C_x(N/mm³)	温　差 $\alpha_2 T_2 - \alpha_1 T_1$	建筑长度 l(mm)	墙体端部剪应力 $\tau_{max} = \sigma_2$(MPa)	徐变剪应力 $\tau_{max}^* = \sigma_I^* = 0.7\tau_{max}$
0.01	$10 \times 10^{-6} \times 50 - 5 \times 10^{-6} \times 30$	60000	0.0896	0.063
0.1	$10 \times 10^{-6} \times 50 - 5 \times 10^{-6} \times 30$	60000	0.446	0.312
0.2	$10 \times 10^{-6} \times 50 - 5 \times 10^{-6} \times 30$	60000	0.641	0.449
0.3	$10 \times 10^{-6} \times 50 - 5 \times 10^{-6} \times 30$	60000	0.786	0.550
0.3	$10 \times 10^{-6} \times 50 - 5 \times 10^{-6} \times 30$	1800000	0.787	0.551
0.6	$10 \times 10^{-6} \times 50 - 5 \times 10^{-6} \times 30$	60000	1.113	0.779
0.8	$10 \times 10^{-6} \times 50 - 5 \times 10^{-6} \times 30$	60000	1.286	0.900
1.0	$10 \times 10^{-6} \times 50 - 5 \times 10^{-6} \times 30$	60000	1.437	1.006

根据上述计算，墙体的剪应力（近似地等于主拉应力）与温差、水平阻力系数 C_x、建筑物长度有关，首先可知同温差成正比。所以欲降低剪应力，可采取隔热措施，以减少温差，比如在屋顶上设置良好的保温隔热层，在屋顶上做通风隔热层，做反辐射热层等。多年来，在实践中发现，八字形裂缝和水平裂缝，经常出现在顶板无隔热层或隔热层效果不佳的结构中。

此外，我们从计算中还可看到每一面纵墙承担的顶层楼板宽度 b 也影响斜裂缝的形成，房间开间愈深，其分担的宽度愈大，剪应力愈高，这种关系和实际相符。

剪应力和水平阻力系数 C_x 呈非线性关系，如 C_x 值降低 33%，则剪应力降低 18%。因此，减少顶板与墙体的约束作用，对于减少剪应力也是有一定效果的。例如，在顶板与墙体间设置滑动层（沥青油毡、滑石粉、白铁皮等），再把圈梁设于滑动层下，如能控制圈梁与顶板之间的可能微动但不能大动（有钢筋拉结），既解决了裂缝问题，又不降低抗震能力，是"放"的方法。也可以将圈梁、顶板连接一体，设框架立柱，其中作女儿墙，是"抗"法。

剪应力和建筑物的长度亦呈非线性关系，增加长度，则剪应力呈非线性增加。但在本例中，当顶板和墙体连接很强时，长度 L 降低 66.7%，则剪应力只减少 5.2%，长度增加 30 倍（由 60m 增至 1800m），其剪应力由 0.55MPa 增加至 0.551MPa。因此，建筑物长度对于剪应力的影响较小。在工程实践中，也存在这种几乎与建筑物长度无关的裂缝，不仅在纵向墙上出现裂缝，而且在横向隔墙上（包括山墙）出现水平和斜向剪力裂缝。笔者还发现某建筑物的纵墙上无裂缝，而在顶板上部的一个小楼梯间平顶下出现水平裂缝。有时该种裂缝出现在内纵墙上（温差大时），这些都说明长度对剪应力有影响，但影响是很小的。

从定量的数值上分析，上述算例所得的剪应力均超过了砖砌体的抗剪强度和抗拉强度。这是因为在算例中假定顶板隔热效果不佳，出现较高的温差，同时选取了较大的 C_x 值（一般在砌体上的楼板，水平阻力系数 $C_x \approx 0.3$MPa/mm），隔热较好的屋顶板与墙体相对温差约 $10 \sim 15$℃。一般顶板与山墙的温差还大于顶板与纵墙的温差。

从材料强度方面分析，砖砌体的抗剪、抗拉强度很低，所以容易引起裂缝，而混凝土墙板的抗剪、抗拉强度较高，裂缝也较少。因此，在砖砌体中设置圈梁与顶板相接，或在砖体中配置钢筋，都可以提高抗裂能力。

顶层楼板由于太阳辐射热引起膨胀，在砌体端部导致的主拉应力破坏，见图 12-3 所示。对于这类裂缝的处理，一般采取抽砖重砌、增设构造柱、增配钢筋网等。

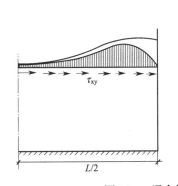
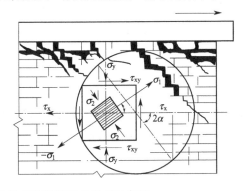

图 12-3 混合结构端部斜裂缝的形成示意图

女儿墙剪力裂缝及修补现场见图 12-4、图 12-5。

图 12-4 女儿墙剪力裂缝　　　　　　　图 12-5 女儿墙剪力裂缝的修补现场

5. 混凝土楼板的收缩

遇有混凝土楼板产生较大的收缩变形时，与楼板相连接的墙体可能产生倒八字缝。在收缩应力计算中，有些国家如苏联是用"总变形系数法"，即线膨胀系数减掉收缩系数得总变形系数。减掉部分很小，因此，构件受热时总是膨胀的，受到约束便引起压应力。

实际上，热膨胀及收缩都有一个时间问题，收缩作用是一个延续时间较长的过程，当受热或由于混凝土材质不良、养护条件不利时，都会加大收缩变形。所以，遇温差较小，膨胀变形不大，收缩变形就可能超过膨胀，其最终结果，构件受热后，不是膨胀变形，而是缩短。在这种情况下，受到约束便出现引起倒八字裂缝的拉应力。

亦可能瞬时受热膨胀，引起墙体正八字形裂缝。后期逐渐收缩使约束应力松弛，如进一步收缩，可能引起倒八字裂缝，注意，温差往往是可逆的，而收缩是不可逆的。

因此，对于各种连续现浇结构，收缩问题应和温度问题分开考虑，其后，将收缩转换为当量温差同温度作用一并计算。现浇结构的收缩量偏摆很大，根据不同的施工条件，小者 1.5×10^{-4}，严重者可达 6×10^{-4}，即相当于降温 15～60℃。因之，为控制裂缝，从设计而言，应有足够的构造筋，合理选择断面；从施工而言，应加强养护，控制水泥用水量，防止风吹日晒及过早拆模。冬季施工避免剧烈温差，特别是降温。

研制新型外加剂，有效地控制变形和开裂，这在国际上已获得了广泛的应用。另一种有效的方法是设置临时伸缩缝，2～3 个月后再浇成整体，但最少不低于 40d，以利在此期间将部分收缩应力释放掉。

6. 构造

为了控制裂缝，滑模施工的墙壁应选择适当的厚度，尽可能双层配筋，配细一些，密一些。亦可在两根粗筋中间配置几根细筋以提高抗裂度，提高极限拉伸。墙体的配筋（指横向钢筋）一般为 0.1％～0.3％。一些国家正在进行利用各种纤维以提高极限拉伸的研究。

为预防顶层楼板受太阳辐射引起墙体开裂，可采用楼板与墙间设滑动层办法（如两层油毡中夹滑石粉），主要设于墙的两端部，如图 12-6 所示虚线。墙体端部增配钢筋网，提高抗裂能力。这里我们提倡"抗""放"结合，即墙体的构造应尽量加强，但顶板与墙的连接应尽可能有"放"的余地，由于抗震要求，此处的构造应该"可微动，不可大动"以防止滑脱。过去曾遇到将楼板和墙浇成整体，出现剪力开裂的情况，这就是因为增大了 C_x 值和约束。在圈梁上设构造柱的女儿墙是抗的有效办法。

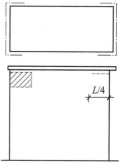

图 12-6 墙体抗剪加固区

近年来各地推广砌块建筑，但是却经常出现裂缝，见图 12-7 (a)、(b)。主要原因是由于砌筑质量不佳，接缝强度低，抗裂性差，刚度弱；其次是砌块收缩比较大，收缩应力高所致。

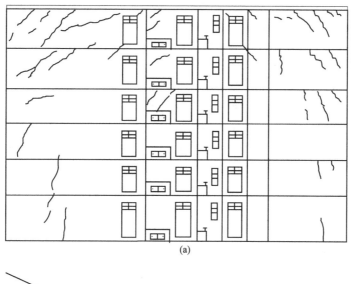

(a)

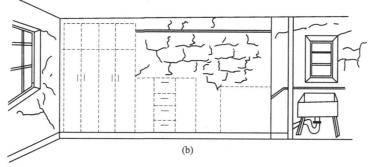

(b)

图 12-7 由于温度收缩应力引起的裂缝

（a）上海市某大型砌块房屋裂缝；（b）墙体沿砌块的裂缝

7. 取消伸缩缝的条件与经验

根据本书提供的简化计算方法，超过伸缩缝规定间距的墙体可能不开裂，小于规定间距的墙体可能开裂。控制裂缝应综合地考虑有关参数，而不能单一地考虑长度。在计算公式中没有引用安全系数，这是因为我们在选用各有关物理力学参数时都考虑了安全要求而偏于安全地取值。温差、收缩、极限拉伸等也都考虑了一般不利情况。因此只要实际工程所处条件能接近计算情况，墙体的控制开裂已具有足够安全度。

但是，一些工程可能遇到更为不利的条件，如约束很强，墙体又有大面积门窗孔，温差及收缩很大等，特别是由地面至某一高度的门孔削弱，由收缩引起的最大拉应力集中于门口上部过梁区，容易引起此区域的开裂。因为约束很强，即便是很短的箱形结构也可能产生严重开裂，在此情况下取抗裂安全系数1.15已足够。

还有一部分约束应力没有计算，就是沿墙高不均匀收缩。一般上部收缩大，下部收缩小，这部分自约束应力与外约束应力叠加会引起上宽下窄的裂缝。不均匀收缩可采取施工措施解决。

控制结构物裂缝还应强调设计与施工合作，设计应根据实际施工条件进行计算，施工应尽力保证设计要求的实现。如施工中的养护问题，保持长时间湿润状态，不受风吹日晒，这样不仅会减少收缩，还会提高极限拉伸（约30%）。所有这些措施付诸实施的关键在于设计和施工都要了解控制开裂的基本过程，并能良好地配合。

如前所述，无论砖石结构、混凝土结构、框架结构以及连续式约束的长墙等都有一个共同的特点：温度应力同结构的长度呈非线性关系，开始改变温度状态时，温度应力随长度的增加而增加，其后随长度的增加，应力增长速率不断衰减，最后稳定于某一常数值。这就向我们提供了超长工程取消伸缩缝的理论依据。

国外，特别是西方国家处理伸缩缝问题的方法繁多而且多数凭经验设计，以下介绍一所200m长办公大楼不设伸缩缝的经验。

美国休斯敦城普罗盾休保险公司一幢五层办公大楼，面积40m×200m，是最长的办公楼之一，没有设伸缩缝。

结构体系是在每层横向预留两条1.5m宽的空档（后浇缝），位于长度约三分之一处，将每层楼面分成三块。楼板混凝土自底层逐层向上浇灌。待28d后，自一楼到顶层，再在后浇缝处浇灌混凝土。所有延伸钢筋，按直径大小，采用搭接和焊接。根据电子计算机计算结果，温差影响和伸缩位移对取消伸缩缝后的结构，没有产生不利后果。

该结构承载在钻孔桩和扩大基础上，钻孔直径75cm，长3m，底部扩大。扩大基础为4.9m×4.9m×0.92m，桩顶和扩大基础在地平面下约2.45m，地基承载力195kN/m²。整个结构体系为预制与现浇相结合，底层地坪筑在现有地平线上1.38m高的填土上，从底层到屋顶都是现浇的。为了经济原因和机械需要，主次梁高度相同，全部采用高强度钢筋。所有外露圆柱和机器间及车库的柱子都用预制。室内典型预制柱子同楼板的连接用铁板焊接，焊接铁板隐埋在10cm厚的轻质填充混凝土楼板内。

在大楼东边，2.3m宽的垂直预制遮阳板同第一排内柱组成抗风框架，承受垂直荷载、水平推力、温差和收缩应力。预制遮阳板和装饰带先放好，同现浇楼板共同结合为整体结构。设计的预制装饰带作为楼板混凝土的模板。这与先浇楼板，后装预制构件的传统作法有所不同。

为了使抗风框架的柱子和横梁很好连续，在下层柱子上面，用预制苯乙烯泡沫塑料圆锥体在楼板上预留穴位。混凝土凝固后，将塑料锥体拆除。上层柱子底部伸出的钢筋插入预留穴位，内灌砂浆。这个工作需要现场的混凝土管理员与预制构件工的密切配合，其他水平力由楼梯间剪力墙承受。外窗墙的性能要求由设计师提供，设计师审查外窗墙的设计和指导动力、静力的全部实样试验工作。

结构设计体系要提供可变动的办公室面积和大量露天面积。楼板活荷载按 $4.883\,\mathrm{kN/m^2}$ 设计，提供了最大可变的辅助工作面积。办公大楼外表采用浅黄色预制板，为了更明显、更突出，使用红磁条形。全部五层面积有 $37200\mathrm{m^2}$，大楼上层内部主要是敞开的办公楼。

车库位置贴近办公楼，与两座预应力后张现浇钢筋混凝土桥梁连接，跨度 16.8m，面积为 $32.5\mathrm{m}\times51.0\mathrm{m}$，分三层可供 1132 辆汽车停放。结构采用单向轻质混凝土搁栅，横梁高度与搁栅相等。由于车库负重较轻，基础一律用钻孔扩底桩。外表装饰用 1113 块预制大墙板。

12.3 地基动态变形引起墙体的开裂

我们在地震区观测到许多结构物的裂缝与温度收缩应力引起的裂缝具有明显的"共性"。在各种建筑物砖墙、混凝土墙及柱上有斜裂缝和交叉的裂缝，其破坏程度首先与地震烈度有关，与动态变形的加速度有关。

地震作用使地基产生动态变形，并通过基础传递给结构物，在结构物上产生惯性力，包括垂直方向与水平方向分力。其中，水平方向惯性力是主要的，并常常引起斜裂缝。地震水平力与温度应力一样，与结构刚度有关。

为说明地基软弱程度对结构地震力的影响，首先假定结构为非弹性变形刚体，与地基通过水平分布弹簧连接，弹簧刚度表示任意点产生单位水平位移所需的剪应力。

选一不动坐标系 yox，地面产生动态变形 x_g、速度 $\dot{x}_\mathrm{g}$、加速度 $\ddot{x}_\mathrm{g}$；结构的变形 x、速度 $\dot{x}$、加速度 $\ddot{x}$，计算模型见图 12-8。以 C_x 表示动态水平阻力系数，即动态弹簧刚度。

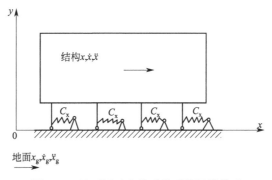

图 12-8 地面运动和基础关系的计算模型

按地基条件，分三种情况：

1）C_x＝常数（一般情况）

已知地面变形（或加速度），可求出结构的位移 $x=x(t)$ 及地面位移 $x_\mathrm{g}=x_\mathrm{g}(t)$，两者的相对位移引起剪应力。

结构地震力与地基剪应力之合相平衡：

$$-C_\mathrm{x}A(x-x_\mathrm{g})-m\ddot{x}=0 \qquad (12\text{-}21)$$

式中　m——结构质量；

　　　A——结构与地基接触面积。

2）$C_x = 0$ 结构、地基为滚轴相连，结构为无约束全自由体，地面运动与结构无关

$$x = \dot{x} = \ddot{x} = 0 \tag{12-22}$$

$$-C_x A(x - x_g) = m\ddot{x} = 0 \tag{12-23}$$

3）$C_x = \infty$ 结构与地基不可能产生相对运动，成为一整体

$$x = x_g, \quad \dot{x} = \ddot{x}_g, \quad \ddot{x} = \ddot{x}_g; \tag{12-24}$$

$$F = C_x A(x - x_g) = -m\ddot{x} = -m\ddot{x}_g \tag{12-25}$$

$$\therefore \quad 0 \leqslant C_x \leqslant \infty, \quad 0 \leqslant |F| \leqslant \text{const} \tag{12-26}$$

C_x 越小（地基越软），地震力 F 越小，但必须注意地面运动频率远大于（或小于）结构固有频率，即 $\omega \gg \lambda$（或 $\omega \ll \lambda$）。当结构为可变形体时，定性关系不变。

当结构与地基间剪应力达到最大值并超过摩擦阻力时，结构将产生滑动。无论地面加速度如何增大，剪应力不再增加，滑动层阻隔了地面剪切波向结构的传播，限制了地震能量的输入。所以，在建筑物下面设柔软地基或滑动层，能达到以放为主的设计原则。

地震力在地基与墙体结合面上引起剪应力，剪应力的一般分布如图 12-9 所示。类似于平屋顶受太阳辐射热引起墙体应力一样，在地基上的墙体内引起主拉应力破坏。地基反复的动态变形就使剪应力方向反复变化，从而引起交叉裂缝。

辽南地震混合结构交叉开裂见图 12-10。

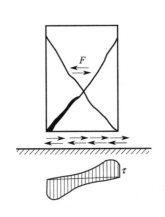

图 12-9　地基与结构间的反复剪应
　　　　　力分布及裂缝示意图

图 12-10　地基动态水平变形引起的交叉裂缝

据现场调查，这种裂缝尚与场地条件（地基条件）有关，许多结构物随场地条件不良而加重了破裂，但有些结构物例外，其破裂程度反而减轻，特别是在比较均匀的软土地基上，甚至产生砂土液化，C_x 值大为减少，水平惯性力亦随着降低，这对于减轻开裂是有益的，符合"放"的原则。

日本鹿岛建设研究所研制成功"开缝耐震壁",在墙上人为地设置许多条竖向开缝,贯穿墙厚,墙体刚度下降,柔性增加。墙体由于开缝的消能作用,结构由脆性剪切破坏转为弯曲塑性破坏,由集中式大断裂转为分散式微小裂缝,符合由抗的设计原则转向以放为主的设计原则。

当然,如果软土地基是非均匀分布的,那么垂直惯性力在垂直方向引起的差异沉降,将对控制结构物的开裂十分不利。

结构物由水平力引起的裂缝特征还可在滑坡区见到。当地基土体或岩体沿某一滑动面(可能是软弱夹层或抗剪强度较低的土层)滑动时,建筑物多出现水平剪力裂缝和主拉应力斜裂缝。

结构物,无论是静态变形变化或是动态变形变化,均有一个"结构刚度相关性"的共同特点:由于静态变形引起的约束应力和动态变形引起的惯性力到达一定数量之后,结构物初期内应力会不断上升,并引起开裂和不断扩展,结构的刚度显著下降。因此,当变形继续作用时,结构物的内应力并不如初期那样速率增加,反而有所降低,内力大部逐渐松弛。这是一个变形变化作用的重要特性。

如高层建筑的剪力墙结构或框架结构在地震动态变形作用下,经历初期振动出现大量裂缝之后,呈现出弹塑性性质,其刚度下降,自振频率降低,阻尼比增加,除弹性位移外不断增加滑动位移,使结构具有更好地吸收地震能量的能力。这与外荷载变化引起内力状态有根本不同之处,它提醒我们,在处理"变形荷载"作用下的结构技术问题时,加强结构系统的"构造设计"防止突然性坍塌,比提高结构件本身的强度还重要。

12.4　地基变形引起结构物的裂缝

在软土、填土、填料、冲沟、古河道、暗渠以及各种不均匀地基上建造结构物,或者地基虽然相当均匀,但是荷载差别过大,结构物刚度差别悬殊时,都应当特别注意由于差异沉降变形引起的裂缝问题。

除了岩石以外,土中的应力及变形状态都是随时间变化的。结构物承受外荷载造成的应力状态,必然因地基变形引起附加的应力和应变,这一状态具有"变形变化"的特点。

在设计施工中如不注意到它的特点,往往导致建筑物和结构的开裂,影响使用,严重者将引起停产事故。

在结构物地基基础设计中,应对建设场地工程地质情况有充分的了解,应特别注意在旧建筑物旁建设重大的新建筑物,后者沉降远大于前者,使旧建筑物造成严重的裂缝(剪力裂缝或整体弯曲裂缝),受害者是旧建筑物。

应注意所设计的工程附近有无深坑开挖、井点降水、深井降水、大面积堆料、填土和打桩等,因为这些施工过程都可能引起所设计工程产生附加沉降和水平位移,特别是在软土条件下。

工程设计中,应同时考虑地基处理和结构选型,不同的地基处理方法有不同的结构形式与之相适应。

地基不均匀沉降裂缝是多种多样的,有些裂缝尚随时间长期变化,裂缝宽度有几厘米至数十厘米之多。裂缝主要分为剪力裂缝和弯曲裂缝。

1. 墙体中下部区域的正八字裂缝

一般情况下，地基受到上部传递的压力，引起地基的沉降变形呈凹形，常叫作"盆形沉降曲面"，状如倒置的双曲扁壳，见图 12-11。这是由于中部压力相互影响高于边缘处相互影响，以及边缘处非受载区地基对受载区下沉有剪切阻力等共同作用的结果，它使地基反压力在边缘区偏高。建筑物地基反压力实测中，发现土压力随时间的变化，从梯度较大的马鞍形向梯度较小的马鞍形过渡如图 12-11 中 1、2 线。

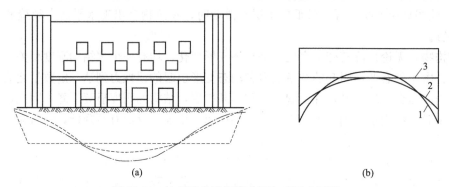

(a)　　　　　　　　　　　　　　　　(b)

图 12-11　地基的盆形沉降曲面与反压力图形
(a) 盆形沉降曲线；(b) 1、2—马鞍型地基反力；3—均布地基反力

沉降曲线有时被假定为圆弧曲线、抛物线、对数曲线、指数曲线等。这种沉降使建筑物形成中部沉降大、端部沉降小的弯曲，产生正弯矩。结构中下部受拉，端部受剪，特别是由于端部地基反压力梯度很大，墙体的剪应力很高，墙体由于剪力形成的主拉应力破裂，裂缝呈正八字形，见图 12-12(a)；局部不均匀沉陷引起的正八字裂缝见图 12-12(b)、(c)。

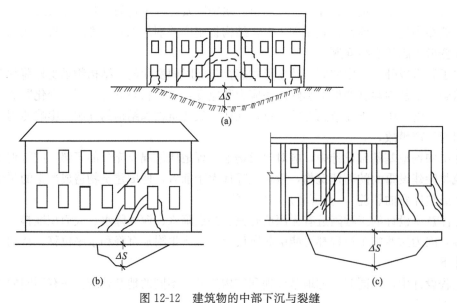

(a)

(b)　　　　　　　　　　　　　　　　(c)

图 12-12　建筑物的中部下沉与裂缝
(a) 较大盆形沉降引起的正八字裂缝；(b)、(c) 局部不均匀沉陷引起的正八字裂缝

墙体裂缝越靠近地基和门窗孔部位越严重。由于中上部受压并在开裂后有"拱"作

用，裂缝只在中下部剪力激增区、高剪力区、反压力梯度剧变区、中下部开裂区的墙体处有自重下坠作用，造成垂直方向拉应力，可能形成水平裂缝。

2. 墙体斜向裂缝

当地基中部有回填砂、石，或中部地基坚硬而端部软弱，或由于荷载相差悬殊、建筑物端部沉降大于中部时，会形成负弯矩和受到剪切作用。主拉应力引起的斜裂缝与差异情况见图 12-13。

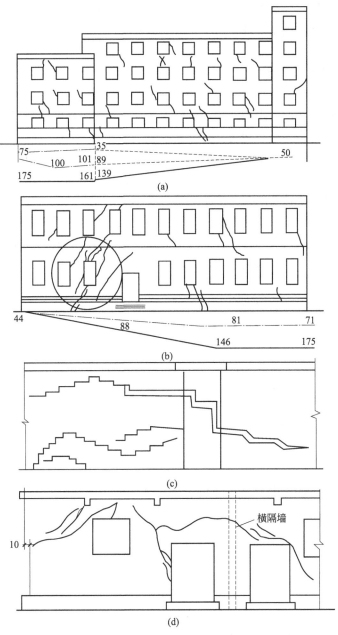

图 12-13 主拉应力引起的斜裂缝和水平裂缝同差异沉降的关系

（a）多层建筑的斜裂缝；（b）某建筑物的正八字裂缝；（c）、（d）某单层建筑的水平裂缝

从图 12-13(c) 中还可以看出，局部的差异沉降不仅可以引起斜裂缝，而且由于垂直沉降引起砌体中的水平裂缝，说明砌体中存在着垂直方向的下沉应力。

3. 纯剪裂缝

当地基差异沉降比较集中时，将引起纯剪裂缝。由于窗间墙受垂直压力，灰缝沉降大，而窗台部分上部为自由面，会在相交的窗角处产生应力集中引起裂缝。而在较大窗台上又可能受弯曲，中部开裂。

另外，由于外墙与内墙先后在不同时间砌筑，后砌的内墙下沉（地基或灰缝）受到先砌外墙的约束，可能在内墙上部引起"剪拉斜裂缝"。

12.5 地基差异沉降引起的墙体剪力裂缝

差异沉降使结构物产生附加内力。一般说来，不均匀沉降的砖石房屋的墙体，在分析其变形及应力时属于平面应力问题。

地基上建筑物的墙体因承受自重、附加荷重及地基反压力的作用而产生内力和变形。如果已知基础底边的变形、反压力分布，则墙体内力是可解的。由于建筑物的形状、大小和刚度不同，地基土质性质的差异，使地基具有不同的反压力分布规律和变形曲线形状。若建筑物的整体刚度愈小，或留缝愈多，即柔性愈大，则地基反压力的分布越接近于附加荷载的分布，此时不均匀沉降较大，而结构内力较小；若刚度愈大，即柔性愈小，则地基反压力的分布愈不同于附加荷载的分布，接近马鞍形分布此时不均匀沉降较小，结构内力较大。

为了分析不均匀沉降引起的斜裂缝，须求解墙板中内力。地基上墙板还带有许多门窗孔，采用解析方法，严格地求解带有不规则多孔板的内力是非常复杂和困难的，而有限单元法可有效地解决这类课题，以下介绍该法的计算原则。

墙板上有自重和附加荷载，将附加荷载折算成自重，总单位自重为 g（N/mm^3），墙板应力分析属于弹性力学的平面应力问题。其基本微分方程：

$$\frac{\partial^4 \phi}{\partial x^4} + 2\frac{\partial^4 \phi}{\partial x^2 \partial y^2} + \frac{\partial^4 \phi}{\partial y^4} = 0 \tag{12-27}$$

式中 ϕ——艾瑞应力函数。

应力函数 ϕ 既要满足上述基本微分方程，又须满足墙体的边界条件，考虑自重（包括附加荷载），则应力可直接求得：

$$\sigma_x = \frac{\partial^2 \phi}{\partial y^2}, \sigma_y = \frac{\partial^2 \phi}{\partial x^2} - g(H-y) \tag{12-28}$$

$$\tau_{xy} = -\frac{\partial^2 \phi}{\partial x \partial y} \tag{12-29}$$

边界条件：设有地基上墙板 $ABCD$，其长度为 L，由檐口至基础的高度 H（图 12-14）。在墙的两边上，AD 和 BC 为自由边：

$$(\sigma_x)_{x=\pm\frac{L}{2}}=0, \quad (\tau_{xy})_{x=\pm\frac{L}{2}}=0 \tag{12-30}$$

墙的上边缘 $y=H$ 处，有屋顶荷载 $w(x)$ 和温度变形（顶板与墙变形之差）：

$$(\sigma_y)_{y=H}=w(x), \quad (\varepsilon_x)_{y=H}=(\alpha_2 T_2-\alpha_1 T_1)+\frac{\sigma_x}{E_s} \tag{12-31}$$

由于顶板的轴压（拉）刚度远大于墙体的受拉刚度，顶板的约束变形很小，故为简化计算，忽略顶板的约束变形：

$$\varepsilon_{y=H}^2=\alpha_2 T_2-\alpha_1 T_1 \tag{12-32}$$

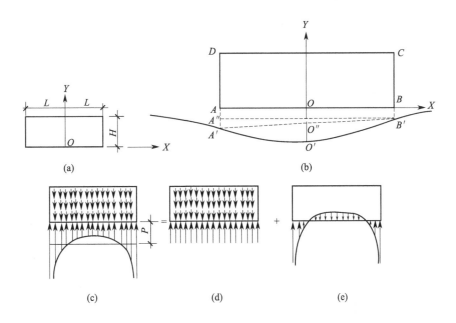

图 12-14 墙体不均匀沉降内力分析简图

墙板底边 AB，支承在弹性地基上时，受墙板荷重 q 作用即产生沉降，设其沉降曲线为 $AA'O'B'$。在图 12-14 上，作 $A''B'$，平行于 AB，则 $AA''=BB''$ 代表建筑物的均匀沉降值。$A'A''/AB$ 为它的微小倾侧角，而 $A'O'B'$ 曲线则为不均匀沉降的分布状态。房屋的倾侧一般很小，可忽视之。

在弹性基地上，底边反力的分布按弹性地基半无限大弹性体假设，用郭尔布诺夫-坡沙道夫公式及表格绘成为曲线状，如图 12-14(c) 所示，两端单位反力值远较中间者为大。如果在该曲线上作一水平线表示平均反力 B_p，则弹性地基上反力作用就可分解为两部分：

1）平均反力，该力与墙体自重（包括附加荷载）的全体重量平衡，反力与自重大小相等，方向相反。墙体受到均压，产生均匀沉降，不引起墙内剪应力，见图 12-14(d)。

2）非均匀的异号反压力作用于墙体，引起剪应力和主拉应力，见图 12-14(e)。

根据不同方法的分析结果，由于盆形沉降曲线引起剪力分布在墙体下部约在 $x=\dfrac{L}{4}\sim$

$\dfrac{L}{2}$区域较高，主拉应力超过抗拉强度便引起正八字形裂缝。顶板温度变形引起剪力与主拉应力并同样呈正八字形裂缝，但集中在顶层靠近顶板区域。

该计算为我们提供了有关现场出现的八字形裂缝机理分析基础和处理方法。

12.6 地基相邻影响差异沉降引起的裂缝

地基的不均匀沉降还可能引起整体弯曲破坏。如建筑物的整体性很强，砌筑质量较好，且有若干圈梁，这种由楼板、圈梁、砌体组成的整体式结构在非均匀沉降作用下，相邻建筑压力叠加影响，可能产生整体弯曲应力破坏，见图12-15。

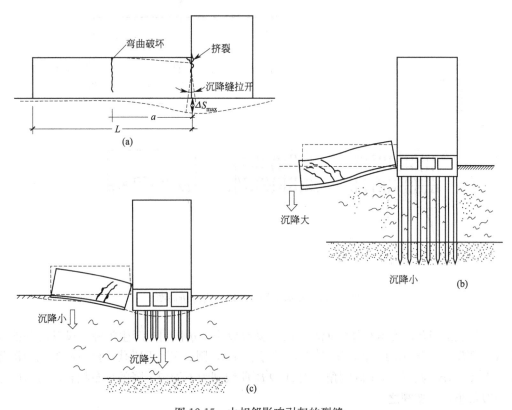

图12-15　由相邻影响引起的裂缝

(a) 整体弯曲；(b) 主楼沉降小裙房沉降大的相邻影响（剪裂）；(c) 主楼沉降大裙房沉降小的相邻影响（剪裂）

对于整体弯曲破坏的结构物采用材料力学中梁的弯曲理论，更能接近实际。沉降情况可能很复杂，最常见的是单侧偏沉的情况，假定沉降是线性的，其变形类似悬臂梁的弯曲，如果令悬臂梁的变形与地基差异沉降相同，必须在悬臂梁上作用一组"等效荷载"，该组等效荷载的形状应该与地基沉降曲线成比例，则认为梁在此等效荷载作用下的内力和差异沉降引起的内力是相同的，见图12-16。

按材料力学方法，任意厚度悬臂梁在三角形反力作用下，其变形与外力的关系：

$$\frac{x}{a}=\xi$$

$$M_{\max} = -\frac{\overline{q}_{\mathrm{m}}a^2}{3}, \ M(x) = -\frac{\overline{q}_{\mathrm{m}}x^2}{6}(3-\xi) \tag{12-33}$$

$$Q_{\max} = \frac{\overline{q}_{\mathrm{m}}a}{2}, \ Q(x) = -\frac{\overline{q}_{\mathrm{m}}x}{2}(2-\xi) \tag{12-34}$$

转角：

$$\theta(x) = -\frac{\overline{q}_{\mathrm{m}}a^3}{24EJ}(3-4\xi^3+\xi^4) \tag{12-35}$$

$$\theta_{\max} = -\frac{\overline{q}_{\mathrm{m}}a^3}{8EJ}, \ \overline{q}_{\mathrm{m}}(\mathrm{N/mm}) \tag{12-36}$$

挠度：

$$\Delta S(x) = \frac{\overline{q}_{\mathrm{m}}a^4}{120EJ}(11-15\xi+5\xi^4-\xi^5) \tag{12-37}$$

$$\Delta S_{\max} = \frac{11\overline{q}_{\mathrm{m}}a^4}{120EJ} \tag{12-38}$$

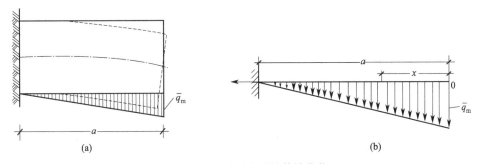

图 12-16　悬臂梁变形的等效荷载

当已知差异沉降 $\Delta S_{\max}$，假定不均匀沉降是部分线性的，可根据公式（12-36）求出最大弯曲等效荷载，即作用在梁中心面上的分布力 $\overline{q}_{\max}$，以 $\overline{q}_{\mathrm{m}}$ 代表：

$$\overline{q}_{\mathrm{m}} = \frac{120\Delta S_{\max}EJ}{11a^4} \tag{12-39}$$

已知 q_{m}，便可求出最大弯矩：

$$M_{x=a}^{\max} = -\frac{\overline{q}_{\mathrm{m}}a^2}{3} \tag{12-40}$$

最大的应力位于建筑物的上边缘：

$$\sigma_{x\max} = \frac{M_{\max}}{W} = \frac{M_{\max}}{J} \cdot \frac{2h}{2} \tag{12-41}$$

式中　$2h$——建筑物墙高。

考虑到不均匀沉降是缓慢进行的，根据缓慢程度在弹性应力上乘以松弛系数 $\beta =$

$0.3\sim0.5$。一般沉降在几个月时间内发生的都可取 0.3，在施工期间发生的可取 0.5，突发性沉降取 $0.7\sim0.8$，则最终应力：

$$\sigma^*_{x\,max}=\beta\sigma_{x\,max}\leqslant R_f \tag{12-42}$$

当顶部有圈梁时，须算出带圈梁墙体的刚度 E_0J_0，据此算出 q_m、M_{max} 和截面上各位置的应力，验算强度。

兹举例计算如后。

某工程为 M2.5 号砂浆、MU7.5 红砖结构，$R=3.5$MPa，长为 40m，位于非均匀的软土地基上。由于附近有重荷载作用，以及沿建筑物一侧较软地基局部降水、取水等原因，建筑墙体产生 $\Delta S_{max}=10$cm，墙高 $2h=1200$cm，墙厚为 37cm，墙顶设有混凝土圈梁，估算结构抗裂性能。

砖砌体弹性模量：$E=700R=700\times3.5=2450$MPa。

不均匀下沉的墙体长度：$a\approx\dfrac{1}{2}L=20$m，将 $\dfrac{1}{2}L$ 处看作悬臂梁的嵌固端。

$$J=5.328\times10^{13}\mathrm{mm}^4,\quad EJ=2450\times5.328\times10^{13}=1.305\times10^{17}\mathrm{N\cdot mm}^2$$

$$\overline{q}_{max}=\frac{120\times\Delta S_{max}\times EJ}{11a^4}=\frac{120\times100\times1.305\times10^{17}}{11\times20000^4}=890.02\mathrm{N/mm}$$

$$M_{max}=-\frac{\overline{q}_{max}a^2}{3}=-\frac{890.02\times20000^2}{3}=-1.187\times10^5\mathrm{kN\cdot m}\text{（沉降缓慢发展）}$$

$$\sigma^*_{x\,max}=\beta\frac{M_{max}}{J}\cdot\frac{2h}{2}=0.3\frac{1.187\times10^{11}\times2\times6000}{2\times5.328\times10^{13}}=4.009\mathrm{MPa}$$

MU75 砖砌墙体的抗拉强度：$R_f=0.25$MPa

$$\sigma^*_{x\,max}=4.009>R_f=0.25\mathrm{MPa}\quad\text{必然开裂，裂缝在}\frac{1}{2}L\text{处。}$$

为了控制砌体开裂可采取配置钢筋或增设钢筋混凝土圈梁的措施。

地基上混合墙体结构由于地基不均匀下沉，不仅可表现为整体弯曲裂缝，许多情况下，如局部软土下沉、相邻建筑物影响、施工降水等都可引起局部剪力裂缝，裂缝一般呈斜向（图 12-17），对很高的墙体尤为突出。有些墙体弯曲应力虽然很高，但是结构的局部抗剪能力薄弱，同样可引起斜裂缝。

墙板应力分析无法用材力方法解决，是属于弹性力学的平面应力问题，根据图 12-18 所示计算简图，按弹性力学方法，应力函数双调和方程：

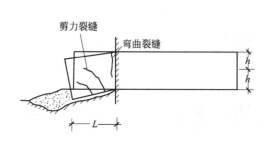

图 12-17 建筑物边缘区域局部下沉引起的开裂

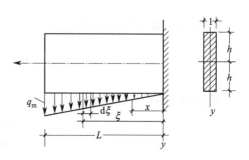

图 12-18 墙体单侧偏沉的计算简图

$$\frac{\partial^4 \phi}{\partial x^4} + 2\frac{\partial^4 \phi}{\partial x^2 \partial y^2} + \frac{\partial^4 \phi}{\partial y^4} = 0 (即 \nabla^4 \phi = 0) \tag{12-43}$$

根据应力函数在边界上的物理意义（ϕ 为力矩，其导数为外力）可得：

在墙板上边缘的边界上，$y = -h$（图 12-18）。与材力方法不同，取墙厚为单位厚度，面荷载 q（N/mm^2）。

$$\phi = 0, \frac{\partial \phi}{\partial x} = 0, \frac{\partial \phi}{\partial y} = 0 \tag{12-44}$$

在墙板自由端的边界上（$x = l$）：

$$\phi = 0, \frac{\partial \phi}{\partial x} = 0, \frac{\partial \phi}{\partial y} = 0 \tag{12-45}$$

墙板下边缘上（$y = h$）任意点处，微力 $q_m \xi \mathrm{d}\xi / l$ 对计算点 x 处力矩和：

$$\phi = \int_x^l \frac{q_m \xi}{l}(\xi - x)\mathrm{d}\xi = \frac{q_m}{l}\left[\frac{1}{3}(l^3 - x^3) - \frac{x}{2}(l^2 - x^2)\right]$$

$$= \frac{q_m}{l}\left[\frac{1}{6}x^3 - \frac{l^2}{2}x + \frac{1}{3}l^3\right] \tag{12-46}$$

$$\frac{\partial \phi}{\partial x} = -\int_x^l \frac{q_m \xi}{l}\mathrm{d}\xi = -\frac{q_m}{2l}(l^2 - x^2) = \frac{q_m}{l}\left(\frac{1}{2}x^2 - \frac{l^2}{2}\right) \tag{12-47}$$

$$\frac{\partial \phi}{\partial y} = 0 \tag{12-48}$$

由上述边界上的应力函数可以看出，我们可设：

$$\phi = f_0(y) + f_1(y)x + f_2(y)x^3 \tag{12-49}$$

在墙板上边缘的边界上（$y = -h$）：

$$\left.\begin{array}{l} f_0 = 0, \ f_1 = 0, \ f_2 = 0 \\ f'_0 = 0, \ f'_1 = 0, \ f'_2 = 0 \end{array}\right\} \tag{12-50}$$

在墙板自由端的边界上（$x = l$）：

$$\left.\begin{array}{l} f_0(y) + f_1(y)l + f_2(y)l^3 = 0 \\ f_1(y) + 3f_2(y)l^2 = 0 \\ f'_0(y) + f'_1(y)l + f'_2(y)l^3 = 0 \end{array}\right\} \tag{12-51}$$

在墙板下边缘的边界上（$y = h$）：

$$\left.\begin{array}{l} f_0 = \dfrac{q_m l^2}{3}, \ f_1 = -\dfrac{q_m l}{2}, \ f_2 = \dfrac{q_m}{6l} \\ \\ f'_0 = 0, \ f'_1 = 0, \ f'_2 = 0 \end{array}\right\} \tag{12-52}$$

由 ϕ 必须满足 $\nabla^4 \phi = 0$，即：

$$\frac{\mathrm{d}^4 f_0}{\mathrm{d}y^4} + \left(\frac{\mathrm{d}^4 f_1}{\mathrm{d}y^4} + 12\frac{\mathrm{d}^2 f_2}{\mathrm{d}y^2}\right)x + \frac{\mathrm{d}^4 f_0}{\mathrm{d}y^4}x^2 = 0 \tag{12-53}$$

所以有：

$$\left. \begin{array}{l} \dfrac{\mathrm{d}^4 f_0}{\mathrm{d}y^4} = 0 \cdots\cdots\cdots\cdots\cdots\cdots\cdots(1) \\[3mm] \dfrac{\mathrm{d}^4 f_2}{\mathrm{d}y^4} = 0 \cdots\cdots\cdots\cdots\cdots\cdots\cdots(2) \\[3mm] \dfrac{\mathrm{d}^4 f_1}{\mathrm{d}y^4} + 12\dfrac{\mathrm{d}^2 f_2}{\mathrm{d}y^2} = 0 \cdots\cdots\cdots(3) \end{array} \right\} \tag{12-54}$$

再由式(12-54) 的 (1)、(2)、(3) 式可以看出，f_0、f_1、f_2 有四个积分常数，因此我们先利用在板上边缘墙的边界上和在墙板下边缘的边界上，这二种边界条件来确定 $f_0(y)$、$f_1(y)$、$f_2(y)$。

　　求 $f_0(y)$ 的边界条件：

$$\left. \begin{array}{l} y = -h \text{ 时，} f_0 = 0, \ f'_0 = 0 \\[2mm] y = h \text{ 时，} f_0 = \dfrac{q_{\mathrm{m}}l^2}{3}, \ f'_0 = 0 \end{array} \right\} \tag{12-55}$$

　　求 $f_1(y)$ 的边界条件：

$$\left. \begin{array}{l} y = -h \text{ 时，} f_0 = 0, \ f'_1 = 0 \\[2mm] y = h \text{ 时，} f_1 = -\dfrac{ql}{2}, \ f'_1 = 0 \end{array} \right\} \tag{12-56}$$

　　求 $f_2(y)$ 的边界条件：

$$\left. \begin{array}{l} y = -h \text{ 时，} f_2 = 0, \ f'_2 = 0 \\[2mm] y = h \text{ 时，} f_2 = \dfrac{q_{\mathrm{m}}}{6l}, \ f'_2 = 0 \end{array} \right\} \tag{12-57}$$

下面我们来确定函数 $f_0(y)$、$f_1(y)$、$f_2(y)$。
由式 (12-54) 的 (1) 式得： $\quad f_0(y) = c_1 y^3 + c_2 y^2 + c_3 y + c_4$

$$\left. \begin{array}{ll} \left. \begin{array}{l} -c_1 h^3 + c_2 h^2 - c_3 h + c_4 = 0 \quad & f_0 = 0 \\[2mm] 3c_1 h^2 - 2c_2 h + c_3 = 0 & f'_0 = 0 \end{array} \right\} y = -h \\[6mm] \left. \begin{array}{l} c_1 h^3 + c_2 h^2 + c_3 h + c_4 = \dfrac{q_{\mathrm{m}}l^2}{3} \quad & f_0 = \dfrac{q_{\mathrm{m}}l^2}{3} \\[3mm] 3c_1 h^2 + 2c_2 h + c_3 = 0 & f'_0 = 0 \end{array} \right\} y = h \end{array} \right\} \tag{12-58}$$

　　由此得： $\qquad f_0(y) = \dfrac{q_{\mathrm{m}}l^2}{3}\left[\dfrac{1}{2} + \dfrac{3y}{4h} - \dfrac{y^3}{4h^3}\right] \tag{12-59}$

　　由式(12-54) 的 (2) 式得： $f_2(y) = c_1 y^3 + c_2 y^2 + c_3 y + c_4$

$$\left. \begin{array}{ll} \left. \begin{array}{l} -c_1 h^3 + c_2 h^2 - c_3 h + c_4 = 0 \quad & f_2 = 0 \\[2mm] 3c_1 h^2 - 2c_2 h + c_3 = 0 & f'_2 = 0 \end{array} \right\} y = -h \\[6mm] \left. \begin{array}{l} c_1 h^3 + c_2 h^2 + c_3 h + c_4 = \dfrac{q_{\mathrm{m}}}{6l} \quad & f_2 = \dfrac{q_{\mathrm{m}}}{6l} \\[3mm] 3c_1 h^2 + 2c_2 h + c_3 = 0 & f'_2 = 0 \end{array} \right\} y = h \end{array} \right\} \tag{12-60}$$

由此得：
$$f_2(y) = \frac{q_m}{6l}\left[\frac{1}{2} + \frac{3y}{4h} - \frac{y^3}{4h^3}\right] \tag{12-61}$$

由式(12-54) 的 （3） 式得：

因为：
$$\frac{d^2 f_2}{dy^2} = \frac{q_m}{6l} \cdot \left(-\frac{6y}{4h^3}\right) = -\frac{q_m y}{4h^3 l}$$

$$\frac{d^4 f_1}{dy^4} = -12\frac{d^2 f_2}{dy^2} = -12\left(-\frac{q_m y}{4h^3 l}\right) = \frac{3q_m}{h^3 l}y \tag{12-62}$$

所以有：

$$f_1(y) = \frac{q_m y^5}{40h^3 l} + c_1 y^3 + c_2 y^2 + c_3 y + c_4 \tag{12-63}$$

$$\left.\begin{array}{ll} -c_1 h^3 + c_2 h^2 - c_3 h + c_4 = \dfrac{q_m h^2}{40l} & f_1 = 0 \\[2mm] 3c_1 h^2 - 2c_2 h + c_3 \ = -\dfrac{q_m h}{ql} & f_1' = 0 \end{array}\right\} \ y = -h$$

$$\left.\begin{array}{ll} c_1 h^3 + c_2 h^2 + c_3 h + c_4 = -\dfrac{q_m h^2}{40l} - \dfrac{q_m l}{2} & f_1 = -\dfrac{q_m l}{2} \\[2mm] 3c_1 h^2 + 2c_2 h + c_3 = -\dfrac{q_m h}{8l} & f_1' = 0 \end{array}\right\} \ y = h$$

$$\Big\} \tag{12-64}$$

$$\left.\begin{array}{l} c_1 = -\dfrac{q_m}{20lh} + \dfrac{q_m l}{8h^3}, \ \ c_2 = 0, \ \ c_3 = -\dfrac{3q_m l}{8h} + \dfrac{q_m h}{40l}, \ \ c_4 = -\dfrac{q_m l}{4h} \\[3mm] f_1(y) = \dfrac{q_m y^5}{40h^3 l} + \left(-\dfrac{q_m}{20lh} + \dfrac{q_m l}{8h^3}\right)y^3 + \left(-\dfrac{3q_m l}{8h} + \dfrac{q_m h}{40l}\right)y - \dfrac{q_m l}{4h} \end{array}\right\} \tag{12-65}$$

因此应力函数：

$$\phi = \frac{q_m l^2}{3}\left[\frac{1}{2} + \frac{3y}{4h} - \frac{y^3}{4h^3}\right] + \frac{q_m}{6l}\left[\frac{1}{2} + \frac{3y}{4h} - \frac{y^3}{4h^3}\right]x^3$$

$$+ \left[\frac{q_m y^5}{40h^3 l} + \left(-\frac{q_m}{20lh} + \frac{q_m l}{8h^3}\right)y^3 + \left(-\frac{3q_m l}{8h} + \frac{q_m h}{40l}\right)y - \frac{q_m l}{4h}\right]x \tag{12-66}$$

$$\sigma_x = \frac{\partial^2 \phi}{\partial y^2}$$

$$\sigma_x = -\frac{q_m l^2}{2h^3}y - \frac{q_m y}{4h^3 l}x^3 + \left[\frac{q_m y^3}{2h^3 l} + \left(-\frac{q_m}{20lh} + \frac{q_m l}{8h^3}\right)6y\right]x \tag{12-67}$$

$$\sigma_y = \frac{\partial^2 \phi}{\partial x^2}$$

$$\sigma_y = \frac{q_m}{l}\left[\frac{1}{2} + \frac{3y}{4h} - \frac{y^3}{4h^3}\right]x \tag{12-68}$$

$$\tau_{xy} = -\frac{\partial^2 \phi}{\partial x \partial y}$$

$$\tau_{xy} = -\frac{q_m}{6l}\left[\frac{3}{4h} - \frac{3y^2}{4h^3}\right]3x^2 - \left[\frac{q_m y^4}{8h^3 l} + \left(-\frac{q_m}{20lh} + \frac{q_m l}{8h^3}\right)3y^2\right.$$

$$\left. + \left(-\frac{3q_m l}{8h} + \frac{q_m h}{40l}\right)\right] \tag{12-69}$$

通过计算，在墙板自由端的边界上（$x=l$），在墙板嵌固边的边界上（$x=0$），上述应力满足边界上的合力条件。

在墙板自由端的边界上（$x=l$）：

$$\int_{-h}^{h}\sigma_x dy = 0, \qquad \int_{-h}^{h}\tau_{xy}dy = 0, \qquad \int_{-h}^{h}\sigma_x y dy = 0 \tag{12-70}$$

在墙板嵌固端的边界上（$x=0$）：

$$\int_{-h}^{h}\sigma_x dy = 0, \qquad \int_{-h}^{h}\tau_{xy}dy = -\int_0^l \frac{q_m x}{l}dx = -\frac{q_m l}{2}, \tag{12-71}$$

$$\int_{-h}^{h}\sigma_x y dy = -\int_0^l \frac{q_m x}{l}x dx = -\frac{q_m l^2}{3} \tag{12-72}$$

按弹性力学方法复核算例如下：采用前示例题的全部条件以示对比，等效荷载 q_m 按前例材力法取值，即根据 ΔS_{max} 算出 $\bar{q}_m$，将 $\bar{q}_m$ 除以墙厚 t，用 $q_m = \bar{q}_m/t$ 首先计算 σ_x、σ_y 及 τ_{xy}，再计算主拉应力及各点主拉应力方向，得出主拉应力轨迹线如图 12-19 所示。

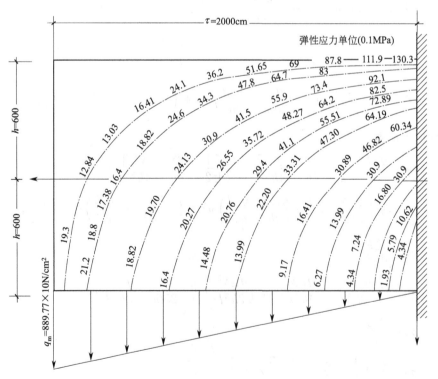

图 12-19 墙体单侧偏沉的主拉应力轨迹线

图中应力为弹性应力，乘以松弛系数（$\beta = 0.3 \sim 0.5$）得考虑徐变的应力。由图可知，嵌固端即建筑物中部墙面可能首先出现整体弯曲裂缝，但由主拉应力轨迹线中看出，在墙面的薄弱处也可能出现斜裂缝。特别是整体性差，高长比较大时，出现斜裂缝的可能性就更大。

当建筑物的墙体高长比较大，下沉只是墙体的局部区域，如图 12-17 所示。较为精确的方法是采用弹性力学方法计算等效荷载：图 12-20(a) 示某墙体端部产生沉降，差异沉降区段长度为 L，差异沉降为 ΔS，由于沉降影响区域是局部的，假定墙体沿高度方向和右侧墙体方向为无限大。

为求 ΔS 与等效力 q_m 间关系，先计算单位厚度半无限大平面上三角形均布荷载与变位间的关系如图 12-20(b)。

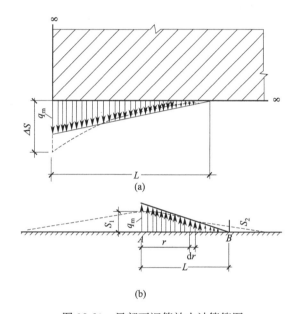

图 12-20　局部下沉等效力计算简图

(a) 1/4 无限大墙体局部下沉与等效外力；(b) 半无限大墙体的三角荷载与变位

已知半无限平面上沿单位厚度分布集中力 P 作用下，距集中力 r 的某点垂直变位（相对距集中力为 ξ 某一基点）S：

$$S = \frac{2P}{\pi E} \ln \frac{\xi}{r} \tag{12-73}$$

式中　E——墙体的弹性模量。

当荷载为三角形连续荷载时，每段 dr 上作用微分力 $dq = q\,dr$，由 dq 引起 A 点变位 dS_1：

$$dS_1 = \frac{2dq}{\pi E} \ln \frac{\xi}{r}; \quad q = q_m(L-r)\frac{1}{L};$$

$$dq = q\,dr = \frac{q_m}{L}(L-r)\,dr;$$

$$dS_1 = \frac{2q_m}{\pi EL}(L-r)\ln \frac{\xi}{r}\,dr;$$

$$S_1 = \frac{2q_\mathrm{m}}{\pi EL} \int_0^L (L-r) \ln\frac{\xi}{r} \mathrm{d}r$$

$$= \frac{2q_\mathrm{m}}{\pi EL} \left[\int_0^L (L-r)(\ln\xi - \ln r)\mathrm{d}r \right]$$

$$= \frac{2q_\mathrm{m}}{\pi EL} \left[\ln\xi \int_0^L (L-r)\mathrm{d}r - \int_0^L (L-r)\ln r\,\mathrm{d}r \right]$$

$$= \frac{q_\mathrm{m}L}{2\pi E}[2\mathrm{lh}\xi - 2\ln L + 3] \tag{12-74}$$

同法求得 B 点的垂直变位 S_2：

$$S_2 = \frac{2q_\mathrm{m}}{\pi EL} \int_0^L r' \ln\frac{\xi}{r'} \mathrm{d}r' = \frac{q_\mathrm{m}}{2\pi E}[2\mathrm{lh}\xi - 2\ln L + 1] \tag{12-75}$$

A 点和 B 点的变位差：

$$\Delta S = S_1 - S_2 = \frac{q_\mathrm{m}L}{\pi E}, \quad q_\mathrm{m} = \frac{\pi E \Delta S}{L} \tag{12-76}$$

墙体的沉降（图 12-16a）为 1/4 无限平面，其沉降比半无限大平面增加约一倍，故近似地取：

$$q_\mathrm{m} = \frac{\pi E \Delta S}{2L} = \frac{\pi E}{2L}(S_1 - S_2) \tag{12-77}$$

将单位面积上等效荷载 q_m 代入式(12-67)、式(12-68)、式(12-69) 并注意 $L=a$，可得局部下沉之应力场。

12.7 地基处理的"抗"与"放"问题

地基、基础、建筑物构成一个整体，共同工作。其内力及变形状态与土的性质、建筑物与地基的刚度、基础与建筑物的尺寸形状、材料的弹塑性性质、徐变等有关，十分复杂，因而不能精确计算。不同设计方法所完成的混凝土或钢筋设计断面差别很大，所以，本学科的研究与开发还负有艰巨任务。

一种设计原则是把结构物设计得刚度很小，这样，结构物便能适应地基的变形，地基反压力分布接近外荷载分布，见图 12-21(c)。但结构不均匀沉降变形很大，必须把结构设计得柔性相当大以适应很大的变形要求，此时内应力不高，称为以"放"为主的原则。路面、飞机跑道、地基中管道等都可视为柔性结构，但一般建筑物相对地基说来都是刚度相当大的结构，为了达到"放"的目的，根据建筑物的高低差、荷载差以及地基条件，把建筑物以沉降缝分成许多单元，见图 12-21(b)，其内力大为削减，实际上达到了"以放为主"的目的。沉降缝的宽度必须保证建筑物的倾斜不致引起碰撞破坏，即 $\Delta L \geqslant H\sin\theta_\mathrm{AB}$。

另一种设计原则是把结构物刚度设计得很大很长而不设置沉降缝。这样，不均匀沉降很小，地基反压力分布与荷载分布差别很大（端部集中），沉降小而结构内应力增高，必须使结构材料具有相当高的强度，称为以"抗"为主的原则，见图 12-21(a)。

在设计方案确定后，结构物和地基的刚度、强度、弹塑性质都在随时间变化，最不利

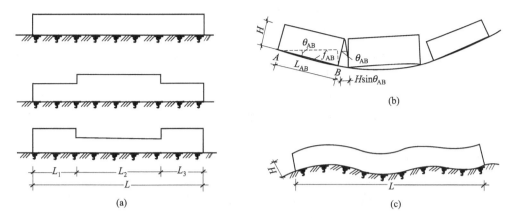

图 12-21 整体连续与分缝结构（抗与放）示意图

的沉降将在建成后一定时期发生。设计中应满足以下两点要求：

1) 以"放"为主。必须满足建筑物使用时极限变形（包括极限倾斜）的要求，如柔性基础、设置沉降缝等。

2) 以"抗"为主。必须满足建筑物材料极限强度的要求，并且满足不出现有害裂缝的要求。如在混合结构中提高整体性，砖石结构中至少在顶部或中部设置几道圈梁，这些对抵抗不均匀沉降是非常有利的。

考虑到地基与基础以及上部结构的共同作用，软土地基、填土地基等容易引起结构的倾斜和开裂。据经验，地基处理中仍然是桩基最可靠，但代价较高；其次是土体加固，如旋喷法、搅拌法、强夯法等，但必须根据工程特点，只在一定条件下适用。作为与地基处理相适应，抗不均沉降的基础形式，条基比独立基础好，筏基比条基好。箱形基础的空间刚度较大，具有较高的"抗"不均匀沉降的能力，比板式（筏式）基础抗挠刚度（空间大可增加剪力墙）高数至数十倍，有条件时应尽量加以利用。特别在软土条件下，一些重要建筑，上部整体框架与箱基共同工作，可以减少不均匀沉降引起开裂的危害。如武钢一米七工程，荷载复杂，长达 686m 筏式基础不设沉降缝，跨越局部软土地基，满足了生产要求。

近年来，软土地基处理中，为调整已有建筑物的倾斜和控制开裂，在基础下以"静压"方法沉桩的技术，获得显著成效，特别是在基础上自锚反力架的锚杆静压桩技术取得迅速进展。各种桩基和基础共同作用控制沉降，符合以"抗"为主的原则。

为考虑地基与建筑物的共同工作，地基与建筑物的相对刚度可根据葛尔布诺夫方法加以确定，该法中弹性地基的柔性指数：

$$t = \frac{\pi E_0 a^3 b}{2(1-\mu_0^2)EJ} \tag{12-78}$$

式中　E_0——地基土的变形模量；

　　　μ_0——地基土的泊松比；

　　　EJ——地基上梁、板或箱体刚度；

　　　a、b——基础的半长和半宽。

柔性指数表示了任意具体的建筑物和地基的相对刚度。从式中可以看出，如果建筑物和基础抗弯刚度越大，地基越软弱，则柔性指数就越小，结构物或基础的相对刚度越大。这时在外荷载作用下，地基的反压力越往两端集中，则中部弯矩越大，这就需要结构具有足够的强度，满足刚性结构物最大弯矩的要求。箱形基础 EJ 很大，但弯矩也增加，差异沉降小，所以在构造方面为使建筑物的基础和墙体共同工作，在墙体中应增加圈梁和设置剪力墙横隔墙等以共同承受最大力矩。一般软土地基上的建筑物柔性指数都较小，为了简化计算，可按假定为弹性地基上的刚性结构计算。

在较好的地基上，地基的变形模量较高，而地基上基础板的抗弯刚度较小，结构物的几何尺寸较长，则柔性指数显著增加。这时基础结构接近于柔性板，而上部混合结构又不能和基础共同工作，此时地基的沉降与荷载的分布有紧密关系，地基承受处的荷载大，该处的沉降与变形也较大，但弯矩较小，强度问题不大，此时，必须使建筑物能适应沉降的要求，亦即最大的沉降不会给建筑物的使用带来有害影响。由于近代建筑对变形要求严格，一般不宜采用此法。

沉降缝的合理设置原则为：

1）当建筑物和地基的相对刚度、柔性指数较小，结构材料的强度不能满足最大弯曲力矩要求时，设置沉降缝可降低弯矩，但必须满足变形要求及防水要求。

2）当建筑物高低差别较大，或因其他原因地基承受荷载差别较大时，可以设置沉降缝。

3）当建筑物平面形状比较复杂悬殊时，可设置沉降缝，将整个建筑物分为若干体形比较简单的沉降单元。

4）地基处理方法不同时（例如部分采用桩基，部分采用天然地基），应设沉降缝将地基处理方法不同的各部分分开。在这种设缝中，必须注意到结构物的沉降缝是截然断开的，但地基沉降不是截然断开的，而是连续的，所以必须注意下沉时沉降缝两侧建筑物的相互牵扯所引起的开裂。一般在相邻影响中，受害者常常是沉降较小者。

5）采用两种或多种结构形式的建筑（例如部分为砖墙承重，部分为框架结构），应设沉降缝将不同结构形成的各部分分开。

6）分期建设的建筑物，应在分期施工的交界处设沉降缝。

对于出现裂缝的混合结构，可根据地基沉降稳定情况，进行加固。如局部拆除重砌，配制钢筋网外包细石混凝土，采用钢筋混凝土套箍，在砌体中增配钢筋网等都会取得有效的加固效果。

按习惯作法，设置沉降缝从基础到结构全部断开，在某些条件下，不尽合理，因为地基一般不存在截然分开的差异沉降。所以，结构差异沉降不大，依靠整体刚度可起"抗"的作用以调整两相邻建筑的沉降者，其沉降缝的作法可只断开上部结构，而基础采用较强的整体结构，借以减少一些差异沉降，即下部"抗"，上部"放"的办法，见图 12-22。该作法的基础，有可能开裂，但无安全问题，并可减少上部结构差异沉降。

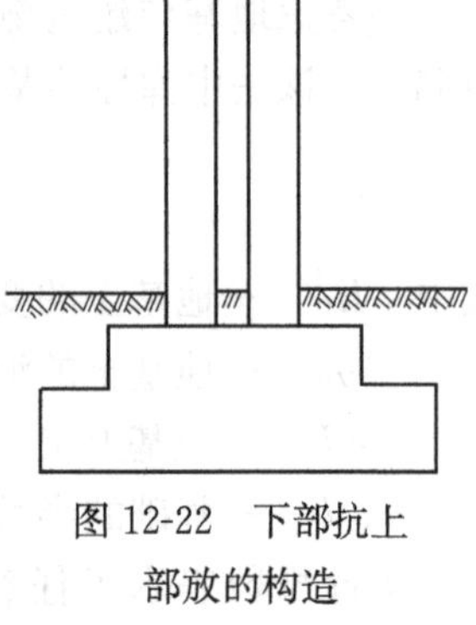

图 12-22 下部抗上部放的构造

12.8 变形速率和允许变形

建筑物的下沉、水平位移、温湿度引起的变形以及人工调偏、给建筑物强迫变形等，除了绝对数量外，变形速率是很重要的。只要变形是缓慢的，则多数建筑物能经受较大的变形而不造成破坏。其主要原因就是由于建筑材料都具有徐变特性，在变形过程中，其内应力会随着变形速度的下降而松弛，建筑物能适应缓慢的变形而不开裂，这一"变形变化"的特点应在工程实践中予以充分利用。

不同建筑物高长比对砖石结构极限相对弯曲（梁或墙跨中挠度和跨度比值）影响见表 12-2。一般情况下，建筑物允许倾斜和相对弯曲可按使用要求由表 12-3 选定大致的控制标准。

长高比对极限相对弯曲的影响 表 12-2

建筑物的长高比 L/H	3	5	7	9	10
砖砌体极限相对弯曲	0.4×10^{-3}	0.7×10^{-3}	0.99×10^{-3}	1.27×10^{-3}	1.41×10^{-3}

各种建筑物的允许倾斜和容许相对弯曲 表 12-3

0		1	2	3	4	5	6	7		
控 制 标 准		使 用 要 求						高层钢结构		
		生产设备正常运转	砖砌建筑不出现裂缝（无圈梁）	砖砌建筑允许轻微裂缝（无圈梁）	框架及排架有严重裂缝	桥式吊车正常运行	砖石建筑结构性破坏	外观显著倾斜	晴天有太阳	阴天无太阳
（倾斜）两点间差异沉降两点间距离	缓慢变化	$\frac{1}{1000}$	$\frac{1}{250}$	$\frac{1}{150}$	$\frac{1}{1000}$	$\frac{1}{3000}$	$\frac{1}{50}$	$\frac{1}{250}$	$\frac{1}{1000}$	$\frac{1}{2000}$
	时瞬变化	$\frac{1}{1000}$	$\frac{1}{500}$	$\frac{1}{300}$	$\frac{1}{2000}$	$\frac{1}{3000}$	$\frac{1}{100}$	$\frac{1}{250}$	$\frac{1}{1000}$	$\frac{1}{2000}$
（相对弯曲）墙、梁的跨中挠度墙、梁的跨度	缓慢变化	$\frac{1}{2000}$	$\frac{1}{500}$	$\frac{1}{300}$	—	—	$\frac{1}{100}$	—	—	—
	瞬时变化	$\frac{1}{2000}$	$\frac{1}{1000}$	$\frac{1}{600}$	—	—	$\frac{1}{200}$	—	—	—

注：高层钢结构的量测时，风力小于四级。

13 低温条件下混凝土工程的裂缝控制

13.1 一般概念

混凝土在低温条件下施工是国内外普遍重视的技术课题之一。混凝土处于负温条件时，首先是拌合水出现反常性质。众所周知，水冻结成冰，体积要增大 9%。如果混凝土的强度低于 5MPa 时受冻，形成的冰会部分地或全部地破坏混凝土。结构强度很低的混凝土受冻后，强度不能恢复，因此将恶化混凝土的物理力学性能和建筑技术性能。

根据混凝土的抗冻理论，受冻前普通混凝土"临界"强度的概念是：当混凝土的早期强度达到"临界"强度时，可保证不遭受冻害。对于 C20～C30 混凝土，其临界值为设计强度的 40%，C40～C50 混凝土，其临界值为设计强度的 30%。总之，混凝土的"临界"强度，其数值不应低于 5MPa。苏联已把它订入规范（СНиПШ-В. 1-70）中。

一种比较有影响的见解是，把混凝土在负温下的受冻大致分为四种情况。

1. 初龄受冻

混凝土刚浇筑完毕，还没有来得及水化，立即遭受绝对值很大的负温（如－20℃或更低）冻结，由于冻结前混凝土没有任何强度，特别是对于水泥用量小、水化热极低的低强度混凝土，即从流动的液态迅速冻结成固态。从统计资料可见，低温条件下水泥石中各种水分结冰情况如下：

－4℃，水泥石中水分 60% 结冰；

－12℃，水泥石中水分 80% 结冰；

－30℃，水泥石中水分 98% 结冰；

－50℃，水泥石中水分 99% 结冰。

大量的实验表明，在此情况下，不管冻结时间多久，待恢复正温养护后，水泥的水化作用还会从头开始，后期强度基本上可达到设计强度。

2. 幼龄受冻

水泥初凝后，由于负温绝对值较小而缓慢受冻，混凝土中的水分在冻结期间已有部分转移。它与土的冻胀极其相似，造成破坏的原因并不是由于水变成冰而产生的冰晶膨胀压力，而是由于水分转移后，引起混凝土内水分的重新分布。受冻时，在混凝土内部生成扁平冰聚体。对于外部水分少、压力小的部分产生很大的破坏推力，造成严重的物理损害，一般强度损失可达 30%～60%。在混凝土冬季施工中应该特别防治的是遭受这种情况的冻害。

3. 成龄受冻

这时混凝土中的水泥水化已经进行到凝聚结晶阶段，或者说混凝土凝固体所具备的抗拉和抗压强度，足够抵御由于冻胀产生的破坏性拉应力和压应力。这个阶段便是规范所规定的"临界"强度，此时冻结，混凝土强度最大损失不超过 5%。

4. 终龄受冻

即达到设计强度之后受冻，这已属于混凝土抗冻性研究的范围，见 13.3 节。

为保证混凝土在负温条件下的硬化，并保证强度在更广泛的负温范围内增加，在混凝土和钢筋混凝土冬季施工中的两大主要措施是：第一，采用一些技术方法，保证硬化中的混凝土获得正温，使其达到临界温度以上；第二，在混凝土拌合水中掺防冻剂，保证混凝土在低温和负温条件下硬化。这两大措施能互相补充，从而扩大了混凝土冬季施工中的允许温度范围。

在混凝土拌合水中掺加化学防冻剂，主要目的在于降低水溶液的冰点。

冬季混凝土施工的技术方法主要有电气加热法、暖棚法、地下蓄热法、蒸气加热法等。下面就某几大混凝土工程施工的实践，论述不同地区、不同条件下冬季施工的技术方法和成功的经验以及裂缝控制的问题。

13.2 较低温条件下混凝土施工的裂缝控制

我国有相当多的地区，冬季最低温度为 $-10 \sim -5$℃，即便是南方地区，混凝土施工也可能在较低温度下进行。为了控制裂缝和确保混凝土不受冻，是否需要特殊的施工措施，让我们来分析一下某些地区混凝土施工的早期受冻和混凝土的裂缝控制问题。如以上海为例，冬季气温状况如表 13-1，相对湿度如表 13-2。

1873～1967 年上海地区寒冷季节气温状况（℃）　　　　　　表 13-1

月　份		1	2	10	11	12
日最高气温的月平均值		8.0	9.3	22.3	16.1	9.9
日最低气温的月平均值		0.8	2.3	14.9	7.7	2.0
月平均气温		3.9	5.3	18.2	11.4	5.4
极	最高气温	23.3	28.5	33.6	29.8	24.1
	出现日期（日）	19　　21	27	2	3	16
	出现年份（年）	1908　1921	1921	1946	1914	1921
	最低气温	−12.1	−10.3	1.1	−5.1	−10.2
	出现日期（日）	9	3	25	25	30
值	出现年份（年）	1893	1940	1877	1922	1917

1873～1976 年上海地区寒冷季节相对湿度（%）　　　　　　表 13-2

月　份	1	2	10	11	12
月平均相对湿度	77	78	78	78	77
最小相对湿度	9	6	14	15	7

寒冷季节湿度偏低，气候干燥。按照大体积混凝土"冬季施工"的定义，混凝土施工时日平均温度在 5℃ 以下，或最低温度在 −3℃ 以下。根据上海地区气温状况，从当年 10 月至次年 2 月间大部分时间处于"冬季施工"的边缘范畴，有少数日期和寒流袭击时必须考虑冬季施工措施，采取专门的施工工艺。

冬季施工工艺重点是解决混凝土早期受冻问题，也就是混凝土到达允许临界强度之前受冻的问题。

1. 混凝土的早期受冻问题

新浇筑的混凝土，最容易遭受冻害的部位是大块四周深度不大的表面层、各种棱角处、新老混凝土的接触处和施工缝部位等。

大体积及中体积混凝土内部是不会遭受冻害的，水化热作用使混凝土内部温度上升，早期温度都在 5℃ 以上。冬季混凝土施工应当考虑结构的这一特点，气温在 −5℃ 以上仍然可以按普通方法施工，只有在特别寒冷时期，混凝土遭受 −4～−10℃ 以下的初凝温度，才能引起冻害。受冻害的混凝土强度显著降低，28d 的抗压强度降低约 45%，60d 的降低约 60%，在很小的水压作用下便引起渗漏，严重降低了防水能力。抗拉强度降低 70%～80%，虽然长期养护，但利用后期强度也无法挽回强度损失。

当分层大间歇施工时，施工缝处可能在 0℃ 以下硬化，此时新旧混凝土的不透水性和结合强度都会遭到严重的破坏。

面层受冻害的混凝土容易酥松、剥落，造成露筋，使设备下部地脚螺栓松动。

预防冻害的施工技术有下列数点：

1）确保混凝土在强度达到 5MPa 之前，不遭受负温作用。

2）新老混凝土相接的施工缝处混凝土必须在 0℃ 以上浇筑。如老混凝土的表面处在露天状态 0℃ 以下，必须采取保温措施提高表面温度，待支模后除去保温层使施工缝的混凝土在 0℃ 以上浇筑。

3）混凝土的水灰比对混凝土的抗冻性有决定性的影响。随着水灰比的增加，抗冻性、抗拉强度和极限拉伸都降低，适宜的水灰比为 0.6～0.65，越小越好。浇筑时坍落度为 7～10cm。

4）砂石骨料中不得含有冻块，严格控制骨料粒径。原材料配合比不稳定，容易引起开裂。

5）不宜抛毛石，否则增加孔隙。级配不良，会降低抗冻性和抗拉强度。

6）捣固不良易造成蜂窝麻面，破坏混凝土表面的完整性，引起渗漏，降低抗冻性。光滑的表面抗冻性良好，毛面麻面抗冻性差。施工缝有防冻要求的，不宜提前凿毛。

7）养护对抗冻、抗裂都极为重要，要求保温保湿效果良好，可用草袋、草帘、锯末、麻袋、油布、泡沫塑料、玻璃棉毡、塑料涂层等物覆盖以及砂层保温和积水保温、防干等。

8）冬季的混凝土施工工艺主要包括三种方法：

蓄热法——它利用保温材料或临时保温防风棚保持混凝土原有的热量和水化热量，维持混凝土硬化的温度，不采取其他特殊措施。这种方法适用于华东地区和类似华东地区气候的区域（例如宝钢工程所在地）；

主动加热法——模板外通蒸汽,模板内以电热加温,原材料加热等;

暖棚法——在工程外面搭盖暖棚,棚内设电热风机、蒸汽热风机、暖气片、火炉采暖等。

其他还有加抗冻早强掺合剂的方法,如氯盐,但钢筋混凝土工程不宜采用。

2. 冬季混凝土的裂缝控制问题

1) 混凝土裂缝按形成时期分类

混凝土的裂缝按形成过程的时间可分为下面三类:

(1) 初期裂缝

初期是指浇筑后的升温期。在此期间,由于水化热使混凝土浇筑后 2~3d 温度急剧上升,内热外冷引起"自约束应力",超过混凝土抗拉强度即引起初期裂缝。我国水工结构和某些国外规程采用控制温差 20℃ 的办法控制初期裂缝,宝钢工程采用 30℃ 控制初期裂缝。

(2) 中期裂缝

中期是指水化热降温期。当水化热温升到达峰值之后逐渐下降,水化热散尽时结构物的温度接近于周围气温。此期间结构物冷缩(另外还增加干缩)引起"外约束应力",超过混凝土抗拉强度便引起中期裂缝。

(3) 后期裂缝

后期是指"准稳定期"。当混凝土接近周围气温之后即保持相对稳定,随季节温度和日温度而变化。有的工程由于受到生产上的散热作用,有的暴露在外面受到寒流袭击,引起裂缝,在此期间还有干缩作用。这些称作后期裂缝。

根据过去大体积混凝土设备基础施工经验,混凝土的表面裂缝占 90%;裂缝宽度小于 0.5mm 的占 94%,一般都在 0.1~0.2mm。裂缝大部分呈垂直方向,少数裂缝呈水平方向。水平裂缝多数在施工缝部位。裂缝的长度一般不超过 3~5m。

有些断面单薄窄长的结构出现了贯穿性的裂缝。

观测结果说明,上述裂缝的出现、扩展、增加都随温湿度的变化而变化。寒冷季节中经常出现的寒潮袭击是引起大量表面性裂缝的主要原因。

2) 控制冬季裂缝的施工技术措施

(1) 通过保温,严格控制内外温差,允许最大温差约为 30℃;但是,实践证明该温差规定尚有潜力。

(2) 合理安排浇筑程序以减少温差,薄层连续浇筑是个比较好的办法。分层大间歇(15d 至 2 个月)浇筑,裂缝显著增加。水工结构工程曾有过经验,当间歇时间 2 个月时,几乎每一个浇筑块中间都有一条贯穿性裂缝。

(3) 改善混凝土的性能,提高均匀性。控制砂、石骨料的规格、含泥量、强度等级。力争避免坍落度波动太大的情况出现(6~26cm)。应当指出,只靠提高强度等级来提高抗裂性,帮助不大。像宝钢的混凝土工程,强度等级一般是偏高的,不宜再提高强度等级,徒然增加水泥消耗。

考虑到大型设备基础的荷载一般经数月至一年后才有可能全部施加,所以应当利用后期强度减低水泥用量,降低水化热,减少收缩,这些是有利于控制裂缝的。有些国家,如日本、美国都是提倡利用 90d 强度。宝钢工程利用 60d 强度作为大块式设备基础的设计强度等级及筏式基础的设计强度等级是留有余地的，不仅有利于控制裂缝，还有显著的经济效益。但对负载较早的薄壁受弯构件，则不应利用后期强度。

（4）可以应用预制模板作为设备基础的一部分，使设备基础在早期就具有强度很高的表面层，使混凝土在表面区，在最陡峻的温度梯度区有较高的抗裂度。当无条件采用预制板时，在大块、厚壁结构中加强面层构造钢筋对控制表面裂缝也是有效的。

（5）变截面处及薄弱环节配筋不足的地方适当增加一些构造钢筋网片，以提高抗裂性。

（6）拆模时间对抗裂性是很重要的，一般为 14～30d，最好不低于 30d，拆模后应立即保温或回填。

（7）冬季施工要特别重视保温养护，保温可减小截面温差及提高抗拉能力。保温层的效果和质量用"放热系数"来评定。具有多层材料的放热系数 β 值由下式确定：

$$\beta = \frac{k}{0.5 + \dfrac{\delta_1}{\lambda_1} + \dfrac{\delta_2}{\lambda_2} + \cdots + \dfrac{\delta_n}{\lambda_n}} \tag{13-1}$$

式中　δ_i——每层的厚度；

　　　λ_i——每层的导热系数；

　　　k——修正系数，按混凝土受风吹影响确定，钢模拆模之前，风速小于 4m/s，$k=1.3$；当风速很大时（远大于 4m/s），$k=1.5$；拆模后用草袋或帆布保护时，$k=2.6$（风速 <4m/s），远大于 4m/s 时，$k=3.0$。

常用材料的放热系数 $[J/(m^2 \cdot h \cdot ℃)]$　　　　　　　　表 13-3

保温材料	木模板	草　袋	油　布	帆　布	裸露表面
风速（m/s）	2～6	0.5～1.5	0.5～1.5	0.5～1.5	0.5～1.5
湿　度	潮　湿	潮　湿	干　燥	潮　湿	潮　湿
厚度（cm）	2.5	5.0	0.2	0.5	0
β	$1.547×10^4$	$1.045×10^4$	$1.526×10^4$	$2.215×10^4$	$4.305×10^4$

表 13-3 所列为常用材料的放热系数值，由表可知，草袋最佳，油布次之，帆布较差，露天最坏。草袋、草帘之类材料易得，价格低廉，应大量采用。

（8）砂层保温。混凝土工程的侧表面保温容易，而对于上表面的保温和养护则不易。因为，经常有人操作、支模、放线，上面有层状材料易损坏且不方便。此时上面覆以 20～30cm 砂层最好。在非严寒地区早期采用湿砂，后期采用干砂，既可保温又可保持早期的潮湿状态，有效地防止裂缝，并可以就地取材，重复使用，施工方便。

（9）积水保温。在冬季温度一般不太低的地区，在积水不至冻结的结构物上积水 10～20cm，不仅可以保温，还可以起养护作用。

（10）利用水化热自我养护。华东地区浇筑混凝土时的气温可能达到零度左右，甚至达 -5℃，按一般混凝土工程规范之规定应停止浇筑，但是对于 0.8m 厚以上的混凝土结构物，在上述温度条件下完全可以继续浇筑，只要采取保温防风措施即可。对混凝土集料无须加热，也不必采用暖棚方法，这类大体积混凝土可以依靠自己散发的水化热自我养护。例如某 1.2m 厚的混凝土沉井墙壁，浇筑时气温 -5～+2℃，采取两层草袋保温，浇筑后 3d 的混凝土温度始终保持在正温度，表面温度平均5℃，中心温度平均28℃，井壁没有开裂。

保温、防寒潮是非常重要的技术措施，保温层的放热系数在$\beta=6$和$\beta=2$两种不同的情况下，由于内外温差引起的温度应力，前者比后者增大28%。有的工程还必须设挡风帆布棚。

一般情况下，冬季施工时，由于混凝土分层浇灌，常用厚度为300～500mm，入模温度6～10℃，其后温度逐渐上升。由于水化热引起的温度应力并不显著，所以早期混凝土强度问题很值得注意。

湖北江边引水工程在气温为−5～−2℃的条件下浇灌，充分利用水化热"自我养护"，采取草包保温，外部有挡风棚，1.2m厚混凝土温度由7℃升至28℃，内外温差10℃左右，混凝土处于良好的热湿条件下养护，混凝土的强度正常上升，结构没有出现裂缝。施工时期的测温见表13-4。类似的工程已完成几项，都取得良好效果，质量得到保证，加速了施工进度，并节约了冬季施工费用。

湖北某工程在较低温度下浇筑后的测温记录（℃） 表 13-4

（最低气温−5℃～−2℃，水泥用量380～400kg/m³，壁厚1.2m）

时　间	气温	帆布棚内		混凝土内		混凝土表面（草包接头部位）		混凝土与草包间	
		南　侧	北　侧	南　侧	北　侧	南　侧	北　侧	南　侧	北　侧
15日　7：30	−2	−1	—	13.5	—	8	—	—	—
10：00	2	7.5	3.5	17	17	—	8.5	—	—
14：00	—								
16：00	8	10	5	22	18	13	9	18	12
18：00	1.5	4.5	5	22	17	11	7.5	16	14.5
20：00	2	7.0	5.5	25	20	14	13.5	20.5	20
22：00	2	7.0	—	27	—	17	16	21	—
16日　4：00	−1	—	—	—	—	—	—	—	—
8：00	0.5	4.5	0.5	23	23	9.5	7	14	13
12：00	7	7.5	7.5	24	23	11	10.5	17	15
16：00	8.5	9.5	7.5	24	24	13	12	16	17
1：900	6	—	—	—	—	—	—	18	—
22：00	2	7.5	7	—	—	—	—	15	—
17日　4：00	−5	5	—	—	—	—	—	—	—
8：00	−4	—	—	—	—	—	—	24	21
12：00	—	15	12	23	27	17	17	—	—
16：00	—	9	7	21.5	27	14	14	23	20
18：00	2	—	—	28.5	28	—	—	—	—
21：00	3	8	8	28.5	28	15	14	21	20
24：00	1	5	5	28	27	13	13	18.5	17
18日　3：00	1	5	5	28	28	—	—	19	20
5：20	0	5	5.5	28	27	16	13	16	15
8：00	2.5	9	5	27	26	17	14	18.5	19
12：00	10	7.5	7	26	27	9	13	19	20
17：00	6	6.5	8	26	26	10	13	15.5	19
21：00	3	8	7	28	28	11	12	22	21
19日　1：30	2	6	5	26	28	10	11	19	18
9：00	0	5	5	25	26	10	11	18	16

长江水下大体积混凝土沉井工程亦于冬季施工，与前一工程不同之处，是采用了长距离泵送混凝工艺，水灰比0.7，坍落度12～15cm，砂率35%，泵送距离约25km，所以控制裂缝的难度较大。最担心的问题，仍然是大流态混凝土是否会在零下温度条件下

（－2～－1℃）受冻的问题，经采用"自我养护"的方法，取得了成功。测温记录见表13-5。

浇灌时间 (d)	温度（℃）				备注
	常温	表层温度		深层温度	
		井内	井外		
5	4.4	8	8	9.3	
10	2	10.1	7	11.4	
15	1.5	10.8	7	13.2	
20	3.5	13	9	15.8	
25	4	15.2	9	18.6	
30	2	17.1	8	21	
35	2	18.5	9	23	
40	5	18.4	8	24.1	
45	4.5	18.3	11	23.3	
50	2	18.5	10	23.5	
55	4	18	10	23.8	
60	3	16.8	10	21	
65	2	17.6	11	22.3	
70	4.5	18.1	13	20.9	
75	4	17.6		20.8	

某沉井工程混凝土浇灌时间与温度变化情况　　　　　　表13-5

注：1. 此温度为井内下层各测点之平均值；上海基础公司实测；

2. 混凝土出料温度为7～10℃，入仓温度为6～8℃，模板与草袋之间的温度为3～9℃。

此工程施工时的现场情况见图13-1。为了掌握沉井混凝土在较低温度条件下，在泵送浇灌过程中的温度变化规律，在井壁中埋设测温点，现场实测情景见图13-2。直径43.5m、壁厚1.5m大体积混凝土沉井下沉，沉入长江23.5m，投入运行至今未发现裂缝及渗漏。

图13-1　冬季施工的长江水上沉井采用挡风棚泵送混凝土浇筑现场情况

近年来，泵送混凝土工艺获得较大发展，流态混凝土的水灰比较高（0.68～0.70），对抗冻性有不利影响，下面略加介绍。

不加气的流态混凝土的抗冻性比基准混凝土低。25 次冻融循环相对动弹性模量降低率，基准混凝土为 15.6%，流态混凝土为 36.4%。

抗冻性降低的原因是由于流态混凝土的塌落度大。坍落大虽然便于施工，但是容易使浇灌后处于静止状态的混凝土骨料下沉，而出现泌水现象。拌合水浮在混凝土表面或聚集在集料或钢筋的下面，前者使混凝土表面疏松，后者形成气孔和微裂缝，因而使抗冻性能降低。

引入一定空气（4%）的流态混凝土的抗冻性能有明显改善，同基准混凝土相似。日本为了提高流态混凝土的抗冻性能，一般采用掺加气剂，有冻融要求的混凝土，采用小于0.5 的水灰比，为此应另外掺减水剂。

流态混凝土虽然有很多优点，但是，实践时间还很短，有些问题尚需要进一步研究，如大流态化工艺给新拌混凝土质量带来的变化，流态混凝土的抗冻性、耐久性等。有关流态混凝土的施工规范也应根据施工经验尽快予以制定。冬季施工的取水泵房见图 13-2、图 13-3。

图 13-2　现场混凝土井壁水化
热温升实测情景

图 13-3　长江取水泵房，直径 43m 大
体积混凝土沉井，沉入长江 23.5m
后，正常运行至今无渗漏

13.3　低温（—45～0℃）对混凝土变形的影响

在我国北方地区（包括部分南方地区），一些露天结构物承受 —30～0℃ 范围的低温作用。按常规计算结构物的温度应力时，结构材料都是"热胀冷缩"的。例如升温为 T 的自由相对变形 $\varepsilon_0 = \alpha T$（线膨胀系数及温差都取正值），此时，变形是"热胀"，即表现为伸长。当这一变形完全被约束时便引起应力 $\sigma = -E\alpha T$。

如材料在某负温区间（—10～—4℃）范围内是"冷胀热缩"的，那么，变形及应力将改变符号（因为 α 须取负值），引起应力性质的变化。弹性约束状态下的应力应变亦具有相同性质。

的确，过去有些试验资料说明，材料在 $-30\sim0℃$ 范围内呈现"冷胀热缩"现象，这种现象在结构设计的温度应力计算中如何考虑。为了弄清这个问题，让我们首先分析一下混凝土为什么会出现这种"反常"现象。

按构造理论，混凝土由固相、气相和液相组成。由水泥石和骨料形成的不规则骨架，其间充满大量孔隙，孔隙中充满水和气体。混凝土的孔隙包括三种：水泥凝胶孔、收缩孔及毛细孔。其中水泥凝胶孔的平均半径约在 100Å（$\text{Å}=1\times10^{-10}$ m）以下，收缩孔及毛细孔较为粗大，约 $0.1\sim1\mu m$（$1000\sim10000\text{Å}$）。

试验证明，在混凝土内具有 1000Å（10^{-5} cm）以下的小孔隙中，水分冻结条件是必须在 $-30℃$ 以下的低温；因此，一般工程所遇的气温范围内（$-30\sim0℃$），半径小于 1000Å（10^{-5} cm）的孔隙中，水分不会冻结，即不会产生"冷胀"现象。

孔隙半径超过 1000Å（10^{-5} cm）的收缩及毛细孔充满水时，当温度降至（$-30\sim0℃$），混凝土将产生冻结膨胀，即所谓"冷胀"现象。有明显冻胀的温度区间约为 $-10\sim-4℃$。

从已有的试验资料分析，"冷胀"现象可以定性，严格定量尚有一定困难。这个量与混凝土的孔隙率、水灰比及孔隙中充满水的程度有关。不同温湿度环境，不同结构形式，其冷胀率也很不一致。何况许多参数在使用中都是变化的，例如导热系数及弹性模量等。

我们只要看一下其中主要因素，孔隙中充水度与冻胀量的关系就可大致认识到冷胀的程度。

现对混凝土试件采用不同的水灰比和不同的水泥石体积率（单位体积混凝土试件内水泥石的体积），做三种不同程度的充水，充水后在 $-30\sim0℃$ 条件下量测温度变形。

第一充水状态，在相对湿度 100% 的水蒸气中养护充水（环境温度在 $20\pm2℃$），较细的毛细管（半径小于 10^{-5} cm，大于 10^{-6} cm 的）首先产生毛细凝结吸水现象，较粗孔隙不具有毛细吸水特点暂不充水。

第二充水状态，将试件置于水中使孔隙自然灌水，此时较粗孔隙、裂缝以及不密实的部位均得到充水，但试件中一些封闭的孔隙仍然得不到充水。

第三充水状态，将试件置于孔隙真空（真空度 $740\sim750$mm 水银柱）状态下充水，使得一些封闭的孔隙也得到充水。

然后，对每种充水程度的试件进行低温变形实测，温度变形示于图 13-4。

还有一些其他的试验，基本上与图 13-4 的结果相同，不再重复。

由图 13-4 可看出，水灰比越大，其冻胀性也越大，起显著作用的是混凝土孔隙充水程度。第一状态充水及第二状态充水的混凝土在 $-10\sim0℃$ 有很小的冻胀，其值约等于 4×10^{-6}，相当于混凝土线膨胀系数的 1/3 左右。第三状态充水的冻胀很大，特别是在 $-10℃$ 左右发生的跳跃性的冻胀，其值达到 50×10^{-6}，超过混凝土线膨胀系数 5 倍左右。这样的冻胀量将在结构中引起明显的膨胀应力，直至引起结构物的破坏。

但是，在实际工程中，我们经常遇到的是第一充水状态和第二充水状态。第三充水状态在一般工程中几乎是没有的。

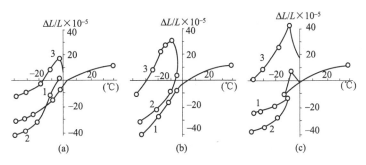

图 13-4　混凝土的温度变形

（a）水灰比＝0.2 试件；（b）水灰比＝0.3 试件；（c）水灰比＝0.4 试件

注：各试件水泥石占混凝土体积的 30％；曲线 1、2、3 所示为第一、二、三种充水状态。

所以，当混凝土表面不密实，孔隙及裂缝中含水较多时，在 0～−10℃范围内，可能引起冻胀裂缝，造成表面酥松、剥落，引起钢筋锈蚀和降低持久强度等。

其次，再分析一下按常规的计算方法，其中也存在一定问题。假定混凝土在−10℃左右的线冻胀系数为 α_0，温差为 T，自由相对变形为 $\alpha_0 T$，则全约束时的温度应力：

$$\sigma = -E\alpha_0 T$$

弹性约束时，冻胀应力将小于 $E\alpha_0 T$，假定：

$$\sigma' = -\eta E\alpha_0 T$$

式中，$\eta < 1$。

实际上，混凝土是骨架结构，只有孔隙中的水才结冰膨胀，而骨架不但不膨胀反而收缩，那么由于降温，在一个自由体中引起初始微观的自约束应力，骨架承受拉应力，冰块承受压应力，而这种初始应力可能超过或接近：

$$\sigma'' = E\alpha_0 T$$

最终混凝土骨架的应力用叠加原理（宏观约束加微观应力）：

$$\sigma = \sigma' + \sigma'' = -\eta E\alpha_0 T + E\alpha_0 T = E\alpha_0 T(1 - \eta)$$

当 $\eta < 1$ 时，混凝土出现拉应力，这可说明计算冻胀应力时，如忽略初始应力，有可能得出异号应力结果，与实际状态有了性质上的误差。

但是，计算初始微观应力是困难的，如果进一步考虑钢筋在冻胀应力中的作用，问题就更加复杂，这方面还有待今后研究解决，目前尚无实用计算方法。

考虑到一般工程的孔隙充水程度较轻，冻胀量较小，由冻胀引起微观自约束应力占主要地位，实际上是混凝土的"抗冻性"问题；同时考虑到目前条件下，计算这种应力状态是相当困难的，又很难符合实际情况。因此，计算"冷胀热缩"引起的应力状态是没有必要的。我们把努力方向转到从材料、构造及施工方面提高混凝土的抗冻性，会更有现实意义，这方面有许多经验值得参考。

如在设计构造上考虑防渗层，涂防水砂浆、涂"氯磺化聚乙烯"塑料抗渗层，在池壁内外表面抹 2cm 厚水泥砂浆护面等。在施工中则降低水灰比，提高密实度，加强捣固和采取养护措施等。

从另外一个试验资料（图 13-5）看，长期与水接触的混凝土温度约高于 -4℃ 时，混凝土材料表现为"热胀冷缩"，如果温度降低到 $-20\sim-4\text{℃}$ 时，混凝土材料表现为"冷胀热缩"，待温度下降至 -45℃ 以下时，混凝土材料又表现为"热胀冷缩"。

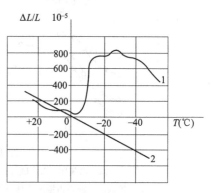

图 13-5 混凝土负温下的变形
1—真空中饱水的混凝土试件；
2—干燥的混凝土试件

从图 13-5 中亦可见，当混凝土是不与水接触的干燥试件时，在任何温度区间，它始终与温差呈线性关系的"热胀冷缩"，所以为了防止混凝土受冻胀裂，减少混凝土的水灰比，尽量避免干湿交替作用，避免低温季节与水的接触，特别是在混凝土早期龄期阶段（此时含水量高、强度低，容易引起裂缝及破坏），对某些结构作砂浆粉刷、面砖护面都可起到有效的保护作用。对于壁厚超过 300mm 的大体积混凝土（实际是中体积混凝土），充分利用水泥水化热采用保温养护，就不会因受到冻胀而产生裂缝。

13.4 现浇钢筋混凝土露天墙式结构冬季施工的防冻与防裂经验

近年来，在处理引进工程伸缩缝问题的实践中常遇到国内外设计规定发生矛盾的现象，有些国外的设计中因为工艺上的困难，不允许设置伸缩缝，而按我国规范则是超长度结构物，必须设置伸缩缝，为此经常引起争议。技术谈判的结果往往维持原设计方案，如果没有技术措施跟上，则有些结构物建成后开裂严重，又导致无休止的责任谈判。

北京某工程是露天现浇长墙结构，又是冬季施工，对于裂缝问题确实担心。由于设计、施工严密配合，采取了一系列控制裂缝的措施，保证了工程，满足了生产要求，这里主要叙述一下设计和施工方面的具体措施。

1. 工程概况

该工程是由梁板柱构成的露天现浇钢筋混凝土框架结构（图 13-6）。

墙长 66m，高 17.27m，厚 0.4m，分别在 3.7、4.8、5.5、9.5m 标高处设有现浇钢筋混凝土平台，未设计伸缩缝，由于工期要求紧，全部钢筋混凝土量（地上部分）共 2050m³，都在冬季施工。质量要求也很严格，不允许留垂直施工缝，不允许出现裂缝。针对工程防冻防裂的特点，施工单位制定了一整套施工技术措施，做到精心施工。该工程于 1974 年 11 月 6 日开始浇灌至 12 月 27 日浇灌完毕。经过一年时间的考验，经检查，整个构筑物尚未发现 0.3mm 以上的裂纹，达到了设计要求，取得了防冻防裂的预期效果，使我们对大型现浇钢筋混凝土构筑物冬季施工的防冻防裂积累了经验。

2. 设计方面的依据

与设计院配合，将原设计Φ12 间距为 200mm 的钢筋改为Φ8，间距 100mm，以有效地提高长墙的抗裂能力，从材质上提高抗拉能力。

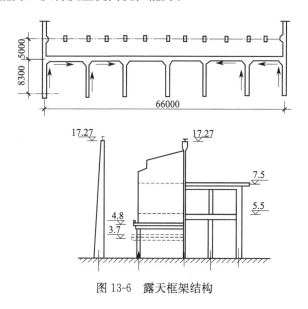

图 13-6 露天框架结构

抗裂验算如下所示：

设计中应采用的伸缩缝平均间距：

$$[L] = 1.5 \sqrt{\frac{EH}{C_x}} \operatorname{arcch} \frac{|\alpha T|}{|\alpha T| - \varepsilon_p}$$

本例中所取参数值：

$E = 2.1 \times 10^4 \text{MPa}; \ R_p = 2.1 \text{MPa}; \ H = 0.2 \times 66 = 13.2 \text{m};$

$p = 100 \times \dfrac{20 \cdot \pi d^2 / 4}{100 \times 40} = 0.252; \ \alpha = 1 \times 10^{-5}; \ C_x = 1 \text{N/mm}^3;$

$\varepsilon_p = 0.5 R_p \left(1 + \dfrac{p}{d}\right) \times 10^{-5} = 0.5 \times 2.1 \times \left(1 + \dfrac{0.25}{0.8}\right) \times 10^{-5} = 13.8 \times 10^{-5}$

考虑正常徐变（施工质优，养护好，降温缓慢）：

$$\varepsilon_p = 2 \times 13.8 \times 10^{-5} = 27.6 \times 10^{-5}$$

收缩当量温差：

$$\varepsilon_y(t) = 3.24 \times 10^{-4} (1 - e^{-0.01 \times 30}) = 8.4 \times 10^{-5}$$

$$T_2 = \varepsilon_y(t) / \alpha = 8.4 \times 10^{-5} / 10^{-5} = 8.4 \text{℃}$$

养护期间，墙壁平均温度 8℃，墙中心平均温度 25℃，取两者平均值 16.5℃，室外平均温度－5℃，则温差：

$$T_1 = 16.5 + 5 = 21.5℃$$

计算温差：

$$T = T_1 + T_2 = 21.5 + 8.4 = 29.9℃$$

则平均伸缩缝间距：

$$[L] = 1.5\sqrt{\frac{21000 \times 13200}{1}} \, \text{arcch} \, \frac{10^{-5} \times 29.9}{(29.9 - 27.6) \times 10^{-5}} = 81330\text{mm} \approx 81\text{m}$$

$$[L] = 81\text{m} > L = 66\text{m}(安全)$$

3. 施工方案的确定

混凝土的防冻防裂是保证该工程质量的两个主要方面，由于在防冻措施中必须要考虑防裂，因而防裂即成了主要矛盾。在防裂的措施中，关键是减少混凝土的收缩，而减少混凝土的收缩必须从材料、设计、施工等方面采取措施。

从施工角度讲，主要是防止混凝土在硬化过程中由于湿度收缩和自由收缩所产生的裂缝，而混凝土硬化过程中的温度收缩对环境（如温度、风速、湿度）以及自身的水灰比都是极其敏感的。自生收缩值仅占温度收缩的 10%～15%。观察混凝土的全部硬化和收缩过程是较长的，按试验资料，要持续三年以上，但收缩值在早期三个月左右将完成总收缩值的 60%～70%。由于混凝土在硬化的早期抗拉强度低，如处理不当，往往抵抗不了由于自由水的蒸发和温度迅速降低而产生的收缩应力。所以，应把防裂措施的重点放在早期，即混凝土浇灌后 3～4 个月这段时间内如何克服温度收缩上。

施工单位采用了以供气前采用蓄热法，供气后采用蒸汽浇水养护法为特点的一整套冬季施工措施。

4. 防冻防裂的主要措施

1) 供气前采用蓄热法

原来确定 1974 年 11 月 10 日供气到现场，由于种种原因而延误，于 12 月 19 日才开始供气。因此在混凝土浇灌初期，就面临着现场没有通气而进度又必须上去的严重局面。进入 12 月后，室外最低温度已在－10℃以下，能不能在－10℃的低温情况下采用蓄热法。

（1）采用蓄热法的依据

混凝土早期受冻，主要原因是混凝土内部自由水结冰后体积膨胀，产生内部应力。当早期强度低，不能抵抗破坏应力时，混凝土组织受到破坏，轻则降低强度，重则开裂，甚至整个结构破坏。混凝土的温度收缩也在于自由水蒸发，温度迅速降低而产生收缩应力。当早期强度低、不能抵抗这种破坏应力时，则混凝土被拉断而产生裂缝。可见两者都是由于这部分自由水所造成。避免这种破坏，从抗冻讲，是依靠强度的增加；从防裂讲，一方面靠强度的增加，增加抵抗力，另一方面是减少破坏力。而我们一般采用减少破坏力的措施，这对混凝土强度的增加也是有利的。因此，混凝土的抗冻和防裂有着统一的方面。但是，单纯提高混凝土强度的措施，有些情况下对防裂有利，有些情况下又可能不利，因此混凝土的防冻与防裂又有着矛盾的方面。同时必须认识到，抗冻强度问题短期可以解决，而防裂问题则须较长时期才能解决。这虽是两者在时间上的差异，却说明了防裂措施基本适用于抗冻。

采取蓄热法，取消了补充热源，对混凝土的防冻、防裂要比蒸汽法困难得多。但从理论上讲，从以往经验看，只要处理得当，还是可以办到的。

蓄热覆盖的厚度按热工计算的结果确定。对梁板平面结构则采用"自养法"，即在结构表面先铺设一层塑料薄膜，再用草垫等保温，利用混凝土硬化过程蒸发出来的自由水做为养护水，可取得良好的效果。

（2）蓄热法的强度控制

提高混凝土早期强度对防冻防裂都有益，一般做法是掺加早强剂，但目前各种早强剂都增加混凝土的收缩。为了排除对混凝土防裂的不利因素，确定不掺早强剂。但混凝土集中搅拌台由于供气困难，混凝土出厂温度低，这又给蓄热法造成困难。因之，对用蓄热法施工确无保证的部位，采取控制混凝土冷却至零度时的强度，均按最低标准即以抗冻强度的 40% 来控制；对由于工期需要以 70% 的强度控制拆模的梁板结构，首先采用蓄热法，使之达到抗冻强度，待供气后，补充加热，二次升温，再使之达到拆模强度或设计强度；对于单纯蓄热法不能满足要求的部位，则采用电炉提高室温的补充措施，从而保证了继续施工。这样，在无气的条件下，大胆地进行混凝土的防冻、防裂的实践，较好地解决了质量与进度的关系。

从另一方面考虑，如果提高混凝土强度，会增加水泥用量，加大混凝土自生收缩，不利于混凝土的防裂。故决定不采用提高混凝土强度的办法。

2）供气后采用蒸汽浇水养护法

地上结构的 16 个施工段，共计 2050m³ 的混凝土，供气后浇灌了 6 个施工段，计830m³，约占总量的 40%，而且是处在北京的严寒季节。由于蒸汽管道是自下而上连通的，所以按蒸汽养护的常规，总是采用汽套法，用花管喷气，使养护的结构处于高温，尽快使之达到设计强度，然后停气拆模。

由于考虑到结构温度变化造成的内部与表面的温差及表面与大气的温差，都是产生裂缝的原因，所以这次对梁板结构，采用了蒸汽暖棚法。对防爆墙和吊车梁，采用了蒸汽伴管法。所谓蒸汽伴管法，是对墙梁结构，两侧敷设蒸汽管道，管道外侧再用草袋等保温材料组成隔热围壁。蒸汽暖棚法的室内温度，蒸汽伴管法的围壁内温度，均严格控制在 5～10℃ 内，这样，混凝土就处于正温度下较缓慢的硬化过程中，避免了由于温度过高、温差过大引起开裂的不利因素。

在冬季，一般情况下是不浇水养护的，但为了加强混凝土在硬化过程中的环境湿度，采取了浇水养护，并利用蒸汽为浇水养护创造条件。本工程在平台上和防爆墙的顶部、中部设置喷水管，用一台泵将蒸汽热力管线的回水抽回，进行浇热水养护，每天的养护以保持模板湿润不干为准。

当混凝土达到设计强度的 80% 以后，我们仍然继续供气养护达一个月之久，其目的就是造成浇水养护的条件，使混凝土始终处在湿润状态。

3）延长拆模时间，搭设挡风墙

本工程的模板工作量很大，但为了保持一定的温度，全部模板一次制作完成，在本工程中不作周转。混凝土收缩主要是在早期三个月内进行，以后的收缩量很小。根据这一规律，延迟拆模时间1～3个月，这样就避免了混凝土因过早裸露、风吹、日晒而脱水。同时为了防止裂纹产生，采用了大块模板预制、桁架支模等一系列措施加强模板的刚度，保持稳定性。

冬季主要刮西北风。为了保证混凝土不直接受风吹，同时为了保证长墙模板的稳定性以便于操作，在9.50m平台以上至17.5m高度，搭设了西、北两面挡风墙。挡风墙是利用防爆墙的外脚手架用苫布搭铺而成。

4）严格选择混凝土的原材料及配合比

混凝土中的砂石含泥量与混凝土的收缩有很大的关系。含泥量愈大，对防裂愈不利。含泥块尤其有害，一般含泥块3％～7％可增加收缩的一倍（与含泥量为零比较），会使混凝土的弹性模量和抗拉强度降低。因此本工程选用含泥量不到1％的易县中砂、八宝山0.5～3.2mm粒径的碎卵石，同时不断地做含泥量试验，严格控制砂、石质量。

混凝土收缩随水灰比增加而增加。我们使用的是32.5级普通硅酸盐水泥，采用尽量减小单位体积用量，严格控制水灰比在0.6以下，选用低砂率，坍落度在1～3cm，个别部分如需要提高强度则采用增加水泥用量而不增加用水量（即减小水灰比）等措施。混凝土配合比见表13-6。

防爆墙工程混凝土配合比 表13-6

混凝土强度等级	配 合 比	水 灰 比	坍落度（cm）	使用部位
C20	$\dfrac{294}{1:2.14:4.55}$	0.6	1～3	基础
C30	$\dfrac{393}{1:1.47:3.28}$	0.46	1～3	仅用于柱、墙和梁
C30	$\dfrac{383}{1:1.53:3.14}$	0.44	1～3	仅用于防爆墙

注：水泥：32.5级琉璃河普通水泥；

砂：易县中砂，平均粒径0.44mm，含泥量0.9％；

碎卵石：0.5～3.2mm的北京八宝山碎卵石，含泥量0.26％～2.2％。

为了进行强度试验，在现场共制作试块58组，其中标准养护30组，"自然养护"28组。从试块试压结果来看，均达到设计要求。

5）浇灌方案的确定

防裂的重要方法之一就是保证混凝土浇灌连续、密实、整体，以提高混凝土的抗拉强度，减少收缩量。因此施工方案就是要确保浇灌的连续，尽量减少施工缝。由于设计要求不留垂直施工缝，只留水平施工缝，所以把整个地面以上工程分成六个施工阶段，每段有一水平施工缝。地坪以上分别在+5.5m、10.81m、16.37m标高设一道水平施工缝。框架部分则按施工规范设置施工缝，即柱上的施工缝设置在梁底下50mm处。

每个施工段分若干施工薄层，每层浇灌高度为30cm，每层混凝土在两个小时内施工完毕，然后再接浇上层，每一施工段连续浇灌完。

每层施工是从中间分头向外或由外向内进行，每浇灌层接槎处不允许在同一垂直线段上，两槎相错最少 1.5m。

水平施工缝在新老混凝土浇捣前先用同一混凝土强度等级的砂浆浇灌 20mm，再浇捣混凝土，以确保混凝土的连续密实。

6）增加温度钢筋

沿混凝土表面较细较密地配制温度钢筋可以提高极限拉伸值。当配筋率为 1‰～2‰ 时，收缩减少 30％～50％。

把原设计配制的温度钢筋由 Φ12@200mm 改为 Φ8@100mm，并且在所有的薄弱环节，如预留孔洞、截面减弱部位等增加加强钢筋，取得了较好的效果。

7）加强冬季施工的管理

为了确保混凝土的强度，避免早期受冻，对每一施工部位坚持热工计算和冬季施工管理制度。从 11 月 15 日进入冬季施工后，不论蓄热法施工，还是蒸汽法施工，每个施工段都根据具体条件，进行热工计算，按计算结果，进行施工与保温。热工计算公式是多因素的、概略性的，不会十分精确。但从实际结果来看，只要取值恰当，就有相当程度的可靠性，用来指导施工是有把握的。

冬季施工管理工作，是保证措施贯彻的重要环节。严格执行保温、养护、测温、记录和资料整理分析等制度，对工程施工的成功起着重要作用。

5. 施工经验

工程经过将近两年的考验，未发现有害裂缝。施工单位的总结为：

1）针对混凝土本身具有的温度收缩、自生收缩的基本物理力学性质，采取防裂措施，是抓住了主要矛盾。精选原材料，配制低流动性、低砂率的混凝土（表 13-7），是从材料内部提高其防裂的因素。而延长拆模时间（3～4 个月），加强浇水养护等措施，则是从外部改善其防裂条件。两者结合，既提高了硬化的抵抗力，又减少了破坏力。

混凝土的配合比 表 13-7

强度等级	配 合 比	水 灰 比	坍落度	使用说明
C20	$\dfrac{294}{1:2.14:4.55}$	0.6	1～3	未注明的所有部位
C30	$\dfrac{393}{1:1.47:3.28}$	0.46	1～3	仅用于①～②轴线柱、墙，⑤轴线 5.05～16.37m 柱、梁
C30	$\dfrac{383}{1:1.53:3.14}$	0.44	1～3	仅用于③～④轴线 5.5～8.5m 防爆墙

注：水泥：32.5 级普通水泥（琉璃河）；

砂：易县中砂（含泥量 1.8％～3.2％）；

碎卵石：北京八宝山 0.5～3.2mm（含泥量 0.2％）。

2）冬季施工条件下，混凝土的抗冻与防裂措施，有着统一的一面，又有矛盾的一面，因此，需要正确处理两者的关系。对于某些单纯对防冻有利（如掺早强剂和高温养护），而对防裂无利的措施，以不采用为宜。

3）根据工程的测温统计资料以及现场试块资料提供的数据，蓄热法施工的混凝土，一般是在达到 C12～C15 号后停止硬化，但继续在保温材料和模板的保护下养护 2～4 个月，拆模时未发生裂缝，说明混凝土与足够的温度筋共同作用，抵抗收缩应力，能渡过最敏感阶段，使之完成全部收缩值 1.5～2×10⁻⁴ 的 60%～70%。拆除模板至今未发现裂缝，则说明达到设计强度的混凝土，与足够的温度筋共同的作用，能抵抗大气温差（日温差、年温差、太阳辐射）产生的温度收缩应力以及剩余的收缩应力。

4) 提高混凝土的强度与抗裂的关系，实质上也是混凝土强度与抗裂的关系。本工程设计为 C20，而实际达到 C30 以上，提高为 C30 的混凝土，实际达到 C45 以上，都超过了 50%（强度的主要原因是使用了琉璃河水泥厂生产的 32.5 级散装水泥，随出厂，随使用，实际活性可达 42.5 级，本应利用这部分强度，由于使用甚急和为了保证安全起见，配合比未予调整）。不论哪种情况，均未产生裂缝。我们认为，强度高了，对抗裂利多弊少。从长远的观点看，强度提高后，混凝土的基本力学性能都大幅度改善，势必对抵抗剩余收缩应力和日常温度应力提供有利条件。从短期的观察来看，在采用同样原材料、坍落度的前提下，水泥的增多并不意味着自由水的增多，因此，处理得当，也是利多弊少。当然，还有节约的问题，因此，从施工角度讲，不应任意提高强度作为防裂的主要措施。

13.5 地基低温变形引起基础的破裂

各种大型制氧机空气分馏塔是一种深冷设备，容器外壁温度约－180℃。低温容器架于设备基础上，距基础顶面约 300～500mm，容器壁与基础之间充填高效能的轻质隔冷材料——珠光砂，其下部为珠光砂混凝土，再下面便是承重的混凝土基础，最下边便是土，见图 13-7。

由于地基、基础至深冷设备存在很大的温差（自－180～＋15℃），必然产生由下向上方的热量流动，从高温向低温方向流动。这一现象常被人们说成是从上面向下面的低温设备"散冷"，称为"冷损"。

地基土是多孔隙结构，含水丰富，含水量大于起始冻胀含水量时，受到 0℃ 以下的低温作用便产生冻结膨胀，地基土膨胀变形达数十厘米，足以使基础弯曲破裂、倾斜、甚至导致停产。国内外都曾出现过这类重大事故，造成很大的经济损失（图 13-8）。

1973 年以后冶金部组织了设计、施工、科研相结合的技术攻关，通过工程事故现场调查研究分析，得出如下结论：

1) 生产不正常的设备，会产生大量漏液（－180～－200℃冷液），跑冷，使基础遭受剧烈的超低温作用。而正常运转的质量优良的设备，没有漏液，没有发生冻胀事故。

2) 设备基础的一般防冷措施，即便是珠光砂混凝土加紫铜板防水或实体现浇素混凝土承重基础外包钢板，都不能防止冻胀。

3) 无论地基中是否有地下水，土中含水量是高或低，都可能冻胀。

4) 凡是自然通风孔的基础一律无冻胀事故，见图 13-9 和图 13-10。

5) 制氧机空分塔一旦停产即引起一系列连锁反应，如炼钢生产也因之直接受到影响，经济损失很大，必须采取有效技术措施控制基础和设备的倾斜度约为千分之一。

我们于 1973 年，在大量的调研和材料试验基础上，提出了设计规程，其中控制地基冻胀的核心是在基础中设置自然通风孔，它可以使设备基础传冷到通风孔，在这里被自然气温散掉（亦即阻碍了地基热量继续向上传导），从而保证地基永远处于正温条件下。

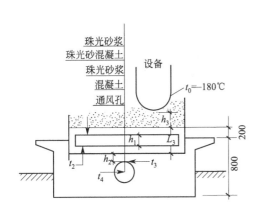

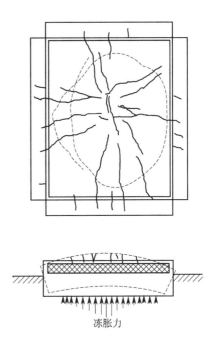

图 13-7　空气分离塔设备基础热工计算简图　　　　图 13-8　空分塔基础受地基冻胀破坏

作者认为，将低温容器设备与基础之间的珠光砂增加填厚 6～11cm（珠光砂厚度≥40cm）便可代替珠光砂混凝土隔冷层，还能更好地减少冷损作用，而这一点是容易做到的。

图 13-9　具有自然通风孔的空气分离塔基础　　　　图 13-10　基础边缘设有排水沟的空气分离塔基础

1. 热工分析

设备基础的热工计算根据热传导原理，通过各层的热流相等：

$$q = k_1 \frac{t_2 - t_1}{h_1} = k_2 \frac{t_3 - t_2}{h_2} = k_3 \frac{t_1 - t_0}{h_3} = \alpha F(t_4 - t_3) \qquad (13\text{-}2)$$

式中　　q——热量 $[J/(m^2 \cdot h)]$；

k_1、k_2、k_3——导热系数 $[J/(m \cdot h \cdot ℃)]$；

t_0、t_1、t_2——各层边界温度（℃）；

t_3——通风孔边界温度（℃）；

t_4——通风孔空气温度（℃）；

α——混凝土表面向空气传热系数，为 $4.18 \times 10^4 J/(m^2 \cdot h \cdot ℃)$；

F——单位面积 $1 m^2$；

h_1、h_2、h_3——各层材料厚度（m）其中 h_1 为珠光砂混凝土厚度，h_2 为通风孔上部普通混凝土厚度，h_3 为珠光砂厚度；

t_0——容器外壁温度，为 $-180℃$。

2. 计算例题（图 13-7）

$$q = k_1 \frac{t_2 - t_1}{h_1} = k_2 \frac{t_3 - t_2}{h_2} = \alpha F(t_4 - t_3) \qquad (13\text{-}3)$$

$$k_1 \frac{t_2 - t_1}{h_1} = 836 \times \frac{t_2 - (-20)}{0.3} = 2786.7 t_2 + 55733.3 \qquad (13\text{-}4)$$

$$k_2 \frac{t_3 - t_2}{h_2} = 5852 \frac{t_3 - t_2}{0.3} = 19506.7 t_3 - 19506.7 t_2 \qquad (13\text{-}5)$$

$$\alpha F(t_4 - t_3) = 4.18 \times 104 \times 1(20 - t_3) = 836000 - 41800 t_3 \qquad (13\text{-}6)$$

式(13-5)、式(13-6) 相等：

$$19506.7 t_3 - 19506.7 t_2 = 836000 - 41800 t_3$$

$$61306.7 t_3 = 19506.7 t_2 + 836000$$

$$t_3 = 0.318 t_2 + 13.63 \qquad (13\text{-}7)$$

将式(13-7) 代入式(13-5)：

$$19506.7(0.318 t_2 + 13.63) - 19506.7 t_2 = 6203.1 t_2 + 265876.3 - 19506.7 t$$

$$= 265876.7 - 13303.6 t_2 \qquad (13\text{-}8)$$

式(13-8) 与式(13-4) 相等：

$$2786.7 t_2 + 55733.3 = 265876.7 - 13303.6 t_2$$

$$16090.3 t_2 = 210143.4$$

$$t_2 = 13.06℃ \qquad (13\text{-}9)$$

代入式(13-7)：

$$t_3 = 0.318 \times 13.06 + 13.63 = 4.15 + 13.63$$

$$t_3 = 17.78℃ \qquad (13\text{-}10)$$

将 t_2 值代入式（13-4）求 q 值：

$$q = 2786.7 \times 13.06 + 57733.3 = 94.13 \times 10^3 J/(m^2 \cdot h)$$

3. 空分塔基础表面温度与珠光砂厚度

由于使用了绝缘材料珠光砂，所以在机械表面为－180℃，据使用经验传到空分塔基础表面的温度 t_1 不低于－20℃。为保证此隔热效应，机械到基础面之间应保证有一定的距离 h_3，此即最小的珠光砂充填厚度。计算如下：

珠光砂的传热系数 $k_3 = 0.167 \times 10^3 J/(m \cdot h \cdot ℃)$

代入式(13-3)：

$$94.13 = 0.167 \times \frac{-20 - (-180)}{h_3}$$

$$h_3 = 0.28m$$

4. 结论

表13-8为空气分离塔基础热工计算结果，其中第一项系采用 $k_1 = 836J/(m \cdot h \cdot ℃)$ 的珠光砂混凝土隔冷层作为某引进工程的隔冷措施。珠光砂混凝土的重度、强度及导热系数等技术要求严格，给施工带来很多困难。但主要是因为采用了通风孔，才使地基保持零上温度，由计算可知，该温度与隔冷层无关。该类工程在确保地基不受冻的同时还应使"冷损"保持在 $94.13 \times 10^3 J/(m^2 \cdot h)$ 以下。

当我们采用 $k_1 \leqslant 4.18 \times 10^3 J/(m^2 \cdot h \cdot ℃)$ 的任何隔冷层时，只需将容器下部珠光砂加厚 $6 \sim 11cm$，使各层基础温度均在零度以上，且"冷损" $q = 78.58 \times 10^2 J/(m^2 \cdot h)$ 小于珠光砂混凝土隔冷层的 $q = 94.13 \times 10^3 J/(m^2 \cdot h)$，即"冷损"比珠光砂混凝土隔冷层 $[k_1 = 836J/(m \cdot h \cdot ℃)]$ 减少 16.4% 即可。

空气分离塔基础热工计算结果 表13-8

隔 冷 层 种 类	各层边界温度 t 与"冷损"q				
	$t_1(℃)$	$t_2(℃)$	$t_3(℃)$	$t_4(℃)$	$q(J/m^2h)$
$k_1 = 836J/(m \cdot h \cdot ℃)$珠光砂混凝土 $h_3 = 0.29m$	－20	13.06	17.78	20	94.13×10^3
$k_1 = 4.18 \times 10^3 J/(m \cdot h \cdot ℃)$的隔冷材料 $h_3 = 0.29m$	4.35	11.97	17.46	20	106.3×10^3
$k_1 = 4.18 \times 10^3 J/(m \cdot h \cdot ℃)$的隔冷材料取 $h_3 = 0.4m$	8.41	14.16	18.1	20	78.58×10^3
取消隔冷层 $h_3 = 0.29m$	6.41		17.43	20	107.6×10^3
取消隔冷层 $h_3 = 0.35m$	8.61		17.84	20	90.2×10^3
取消隔冷层 $h_3 = 0.4m$	9.96		18.3	20	79.5×10^3

又当我们取消隔冷层，容器下部珠光砂加厚 11cm 时，其基础表面温度 $t_1 = 9.96℃$ 大于珠光砂混凝土隔冷层上表面温度 $t_1 = -20℃$，且"冷损" $q = 79.5 \times 10^3 J/(m^2 \cdot h)$ 小于

珠光砂混凝土隔冷层的 $q = 94.13 \times 10^3 \mathrm{J/(m^2 \cdot h)}$，即"冷损"比珠光砂混凝土隔冷层（$k_1 = 0.2$）减少 15.5%。

无论采用何种方案，通风孔是决定地基不受冻胀的关键因素，这与大量的实际调查相符。如遇有特殊重要工程，采用取消隔冷层方案，本书作者推荐采用双层交叉的通风孔，防止"冷桥"作用，确保地基不受冻胀，见图 13-11。根据空分基础的构造厚度和配筋，设置双层孔，其承载力仍能满足设计要求。发生事故时，可强制通风或送蒸汽。

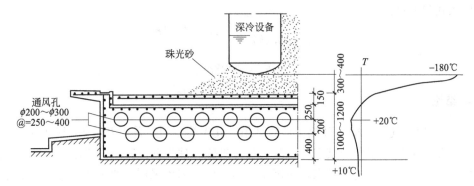

图 13-11 具有双层通风孔的空气分馏塔基础

具有通风孔的基础的严格热工分析是复杂的，上述热工计算是笔者参考某引进工程的设计计算所进行的近似的分析，主要是还考虑了近年来我国的使用和建设经验。

作为编制该规程的参加者，经十年实践之后，现在补充个人一些新的意见如下：

1）珠光砂混凝土隔冷层作用不大

自然通风孔是非常有效的根本措施，其他方面的措施都是辅助性的。珠光砂混凝土隔冷层的材料配制及施工技术要求很严格，标准也很高，不易做到。在现场经常遇到导热系数和强度的矛盾，其次，现场试验条件及施工质量控制方面也常遇到困难。

热工分析表明，珠光砂混凝土作隔冷层，唯一的好处是冷损减少 14%，为达到此目的只需增加 6cm 厚珠光砂即可。所以，取消珠光砂混凝土层（珠光砂厚≥35cm），基础温度都在零度以上，不存在受冻问题，混凝土直接承重，对设计施工创造很大方便。

2）承重混凝土的特殊抗冻融要求是不必要的

关于承重混凝土，一般采用 C20～C25，基础上下配置两层钢筋（常用 $\phi 16$～$\phi 18@200\mathrm{mm}$），混凝土是密实的，施工质量达到内实外光，其上再作一层钢筋网细石混凝土防渗调平层（也可用防水砂浆或防水混凝土面层）。这种基础都有一般的抗冻能力。自然通风孔的上部基础部分一般高出地面，不会泡水受湿；通风孔下部混凝土经常处于正温条件下，万一基础受潮，也是轻微的或是第一类充水，在不太低的负温（$t \geq -10℃$）条件下，成龄混凝土的强度远超过临界值强度，是不可能受反复冻融破坏的。即便遇有设备漏液，那也不是经常的，一般钢筋混凝土结构都能承担这样偶然的事故冻融作用。由于成龄混凝土承受某种程度冻胀，强度损失很小（5%以下），因此，特殊的冻融次数及防水要求（M75、P12）是没有必要的。

自然通风孔的设置不仅是控制地基不受冻胀的根本措施，同时，对于减少水化热引起的温度应力也是有效的措施。

自然通风孔对生产维护也很重要，例如，万一由于某种无法预计的原因，如设备漏液地基出现冻胀现象，在通风孔中强制通蒸汽或送热风亦可使刚出现的受冻地基迅速恢复原状，从而达到控制事故发生的目的。

生产中对设备基础须长期维护，确保基础周围排水条件和通风孔的畅通。尽管地基遭受轻微冻融对强度影响不大，但可增大压缩性和透水性，从而导致倾斜，必须防止土壤受冻和差异下沉。

这样做的空分设备基础既能满足生产工艺要求，又大为简化施工。

13.6 八万吨散粮筒仓超长大体积混凝土在—8℃条件下浇灌的裂缝控制

上海港民生装卸公司八万吨级筒仓工程位于浦东大道民生路黄浦江畔，由上海民用建筑设计院设计，上海市建三公司施工，上海市建材公司供应混凝土，作者担任技术顾问。

基础全长 125.2m，宽 38.26m，厚度 1.8m，不设任何变形缝及后浇带，一次连续浇捣，混凝土量 8700m³，平面如图 13-12 所示。大体积混凝土浇灌中遭受了在上海五十年一遇的—8℃严寒。混凝土设计强度等级为 C28R60，相当于 C23R28，由 4 座搅拌站供应，最近 10km 最远 28km。采取如下措施控制大体积混凝土的质量：

1) 优选混凝土的配合比，在配合比（表 13-9）选定后又临时根据温度下降幅度进行了调整。

	配合比表	表 13-9
材　料	品　种	每 1m³ 用量(kg)
水	自来水	192
水泥	425 矿	325
砂	中　砂	645
碎石	5～40mm	1100
外掺料	Ⅱ级粉煤灰	65
外加剂	WL-1 型减水剂	2.6

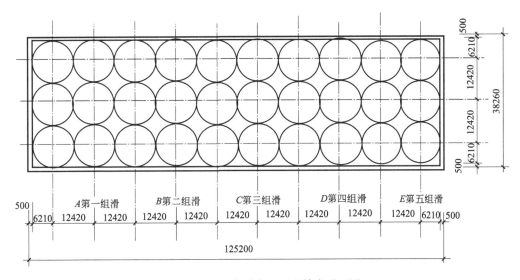

图 13-12　上海浦东八万吨筒仓平面图

2) 对混凝土的搅拌系统和运输设备，采取了保温防冻措施，适当增加搅拌时间。

3）现场搭设临时保温棚（防雨布），棚中混凝土仍然采取一层塑料薄膜二层草袋养护。

4）建立信息化施工通信网络，组织抢修应急队伍。施工过程中曾发生几次气温骤降，道路结冰、桥梁封闭、水管冻裂，混凝土泵车输送管被冻堵塞等诸多困难，但是大体积混凝土入模温度最低5℃，最高温升42.8℃，硬化过程中部区保持在20℃～30℃，靠近草包内边缘处的温度约5℃～13℃，因此，从1991年12月27日上午10：45分开始浇灌，至31日早6时全部浇完，大体积混凝土始终未受冻害，最后强度超过C28R60的设计要求，如28d强度已达30～35MPa，该例在上海尚属首次。

本工程有关设缝与否问题的讨论与理论计算均采用本书的计算公式进行计算与分析，计算与实测是接近的。已建成的浦东八万吨筒仓见图13-13。

图13-13   上海浦东八万吨筒仓结构

14 荷载裂缝分析

桁架式屋盖结构的种类很多。在钢筋混凝土结构方面，有多边形屋架、梯形屋架和托架；在型钢和混凝土结构方面，有用角钢作下弦的钢筋混凝土拱形屋架；在预应力钢筋混凝土结构方面，有拱形屋架、梯形屋架和托架。拉杆有分散配筋的，也有配置排筋的。拉杆预应力筋可用变形钢筋，亦可用钢绞线。这些结构在多年的使用过程中曾发现产生不同程度的裂缝。裂缝的主要类型是垂直于承拉杆件轴线的横向裂缝，其次是倾斜于杆件轴线的裂缝，以及少数平行于杆件轴线的纵向裂缝等。就其产生的部位来说，主要有杆件上的裂缝，节点处的裂缝。

现就桁架裂缝宽度的理论计算值与工程实践的关系做一分析如后。

国内外关于钢筋混凝土桁架曾进行过大量的实验，理论计算宽度一般小于实际工程的裂缝宽度，在定量上离散性很大。国内外有关受拉杆的裂缝计算都是建立在试验室试验基础之上的，而且裂缝的开展计算公式都采用纯经验公式，许多计算结果与实际工程的裂缝出入颇大。其主要原因有如下几点：

1) 现场工程结构形式复杂，其所处条件与实验室条件悬殊。

2) 材质物理力学性质，特别是抗拉强度，波动很大。

3) 施工条件变化很多，施工技术、质量相差很大。

4) 下弦杆配筋率很高，一般可达 $5\%\sim17\%$，混凝土保护层太薄，在这种情况下，钢筋与混凝土的粘结应力远低于正常情况。从下弦配置排筋与分散钢筋的裂缝资料可以说明钢筋与混凝土粘结力对裂缝宽度的影响程度。因为配置排筋的下弦，浇捣混凝土更不易保证钢筋与混凝土紧密粘结，所以配置排筋下弦的裂缝宽度离散性很大，且比分散配筋的下弦裂缝宽度偏大 $60\%\sim107\%$。

5) 在高配筋率的构件中，混凝土收缩明显受到钢筋约束而产生的自约束应力是不可忽略的，因此下弦杆在受力前已有残余收缩应力，再受力后则很容易产生裂缝，有的杆件甚至尚未受力即已开裂，所以在计算中应考虑收缩应力（或收缩应变）。

6) 施工时钢筋可能不直，造成钢筋应力不均匀现象。

7) 通过试验室试验、统计整理的经验公式的应用有局限性，尚不能揭示其内在规律。

8) 在外荷载作用下，承拉杆一般在 $30\%\sim40\%$ 设计荷载时即出现裂缝；预应力屋架在 100% 设计荷载时出现裂缝，而其极限承载力则约为设计荷载的 2.5 倍。屋架一般由于承压杆的纵向受压而破坏。

以下结合上海某影剧院 24m 跨度普通钢筋混凝土屋架的下弦杆裂缝及其他几个典型工程实例，进行分析计算。

14.1 上海某影剧院 24m 普通钢筋混凝土桥式屋架下弦裂缝问题

该屋顶屋架采用上海某建筑设计公司设计的桥式屋架。屋架安装后，多数屋架在使用

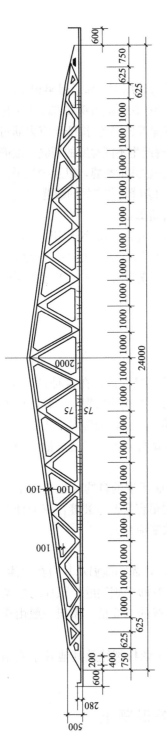

图 14-1　某影剧院屋盖 24m 跨普通混凝土屋架裂缝情况

各种受拉杆件实测及计算数据统计汇总表（按当时规范计算）　表 14-1

序号	屋架跨度 (m)	杆件类型	混凝土强度等级	实测间距裂缝 L (cm)	达到总数的下列 %时实测裂缝宽度值(mm)		实际配筋 (mm)	钢筋应力 (MPa)	按 НиТу 123—55 公式计算		按 CHN II—62 公式计算		按规范 GBJ10—89 公式计算		按本书推荐公式计算裂缝间距与计算裂缝宽度			
					3%	5%			L (cm)	δ_f (mm)	L (cm)	δ_f (mm)	L (cm)	δ_f (mm)	最小 L_{min} (cm)	最小 δ_{min} (mm)	最大 δ_{max} (mm)	平均 δ_f (mm)
1	18	全部下弦	C30	19.8	0.634	0.563	6Φ22	138.5	2.14	0.0141	2.99	0.019	10.09	0.130	17.88	0.098	0.235	0.172
2	18	全部下弦	C30	22.1	0.319	0.283	6Φ25	107.0	1.85	0.009	2.53	0.0124	9.721	0.101	20.35	0.085	0.206	0.151
3	18	全部下弦	C30	24.8	0.443	0.410	6Φ28	85.4	3.09	0.013	3.09	0.0121	9.422	0.077	22.90	0.073	0.185	0.135
4	24	全部下弦	C40	19.4	0.313	0.304	6Φ25	214.0	1.81	0.016	2.53	0.0217	9.721	0.208	14.98	0.129	0.316	0.225
5	24	全部下弦	C40	20.5	0.276	0.211	6Φ28	170.8	3.09	0.0215	3.09	0.0210	9.422	0.161	16.41	0.116	0.278	0.197
6	18	全部下弦	C40	9.1	0.272	0.240	6Φ22	162.9	2.14	0.0166	2.99	0.0216	10.09	0.159	17.28	0.113	0.268	0.196
7	18	全部下弦	C30	8.32	0.222	0.214	6Φ25	126.1	3.62	0.0217	3.62	0.0204	17.21	0.120	18.70	0.093	0.227	0.164
8	24	全部下弦	C30	17.0	0.278	0.258	6Φ28	170.7	3.09	0.0252	3.09	0.0246	9.422	0.162	15.97	0.108	0.273	0.191
9	24	下弦端	C30	17.5	0.072	0.068	4Φ25 1Φ29 1Φ29	166.0	9.02	0.0628	9.02	0.0668	12.68	0.199	19.90	0.132	0.306	0.229
10	24	下弦中	C30	14.4	0.076	0.073	3Φ22 4Φ25	190.0	5.62	0.051	5.62	0.0492	10.75	0.201	16.40	0.125	0.299	0.218

续表

序号	屋架跨度(m)	杆件类型	混凝土强度等级	实测裂缝间距 L (cm)	达到总数的下列%时实测裂缝宽度(mm) 3%	5%	实际配筋 (mm)	钢筋应力 (MPa)	按 HиTy 123—55 公式计算 L (cm)	δ_f (mm)	按 CHN II—62 公式计算 L (cm)	δ_f (mm)	按规范 GBJ10—89 公式计算 L (cm)	δ_f (mm)	按本书推荐公式计算裂缝间距与裂缝宽度 最小 L_{min} (cm)	最小 δ_{min} (mm)	最大 δ_{max} (mm)	平均 δ_f (mm)
11	24	下弦端	C30	18.3	0.144	0.143	4Φ25 1Φ29 4Φ25	166.0	9.02	0.0628	9.02	0.0668	12.68	0.199	19.90	0.132	0.306	0.229
12	24	下弦中	C30	13.4	0.131	0.120	1Φ29 3Φ22	190.0	5.62	0.051	5.62	0.0492	10.75	0.201	16.40	0.125	0.299	0.218
13	24	下弦端	C30	16.8	0.081	0.074	4Φ25 1Φ29 4Φ25	139.0	9.02	0.0515	9.02	0.0559	12.67	0.163	19.90	0.132	0.256	0.192
14	24	下弦中	C30	16.9	0.051	0.050	1Φ29 3Φ22	159.0	5.62	0.0427	5.62	0.0412	10.75	0.167	16.40	0.125	0.251	0.182
15	12	I杆	C30	10.62	0.110	0.100	4Φ25	204.0	5.66	0.0523	7.92	0.074	13.15	0.262	16.81	0.138	0.323	0.239
16	12	II杆	C30	12.86	0.121	0.120	6Φ25	235.0	3.67	0.0411	5.14	0.0562	11.08	0.262	14.05	0.133	0.322	0.232
17	12	I	C20	10.57	0.122	0.120	4Φ25	204.0	5.66	0.0523	7.92	0.074	13.15	0.262	16.81	0.138	0.323	0.239
18	12	II	C20	11.54	0.196	0.176	6Φ25	235.0	3.67	0.0411	5.14	0.0562	11.08	0.262	14.05	0.133	0.322	0.232
19	12	I	C20	10.57	0.109	0.108	4Φ25	204.0	5.66	0.0523	7.92	0.074	13.15	0.262	16.81	0.138	0.323	0.239
20	12	II	C20	12.87	0.150	0.146	6Φ25	235.0	3.67	0.0411	5.14	0.0562	11.08	0.262	14.05	0.133	0.322	0.232
21	12	I	C20	12.6	0.131	0.129	4Φ25	204.0	5.66	0.0523	7.92	0.074	13.15	0.262	16.81	0.149	0.323	0.239
22	12	II	C20	13.63	0.190	0.180	6Φ25	235.0	3.67	0.0411	5.14	0.0562	11.08	0.262	14.05	0.143	0.322	0.232
23	12	I	C30	12.36	0.228	0.223	4Φ25	204.0	5.66	0.0523	7.92	0.074	13.15	0.256	18.11	0.149	0.345	0.257
24	12	II	C30	14.06	0.211	0.222	6Φ25	235.0	3.67	0.0411	5.14	0.0558	11.08	0.259	15.11	0.143	0.343	0.249
25	12	I	C30	10.0	0.107	0.107	4Φ25	204.0	5.66	0.0523	7.92	0.0729	13.05	0.256	18.11	0.149	0.345	0.257
26	12	II	C30	9.0	0.238	0.213	6Φ25	235.0	3.67	0.0411	5.14	0.0558	11.08	0.259	15.11	0.143	0.343	0.249
27	12	I	C30	6.15	0.144	0.142	4Φ25	204.0	5.66	0.0523	7.62	0.0729	13.05	0.256	18.11	0.149	0.345	0.257
28	12	II	C30	15.0	0.231	0.228	6Φ25	235.0	3.67	0.0411	5.14	0.0558	11.08	0.259	15.11	0.143	0.343	0.249
29	24	下弦	C30				2Φ18	519.6					8.465	0.464	14.60	0.143	0.711	0.529
30	24	下弦	C30				2Φ18	430.9					8.465	0.382	15.04	0.139	0.617	0.451
31	24	下弦	C30				2Φ18	366.7					8.465	0.321	15.46	0.136	0.528	0.394
32	24	下弦	C30				2Φ18	295.8					8.465	0.256	16.61	0.127	0.454	0.340

续表

序号	屋架跨度 (m)	杆件类型	混凝土强度等级	实测间距裂缝 L (cm)	达到总数的下列%时实测裂缝宽度值(mm)		实际配筋 (mm)	钢筋应力 (MPa)	按 НиТу 123-55 公式计算		按 CHN П-62 公式计算		按规范 GBJ10-89 公式计算		按本书推荐公式计算裂缝间距与裂缝宽度			
					3%	5%			L (cm)	δ_f (mm)	L (cm)	δ_f (mm)	L (cm)	δ_f (mm)	最小 L_{min} (cm)	最小 δ_{min} (mm)	最大 δ_{max} (mm)	平均 δ_f (mm)
33	24	下弦	C30				2Φ18	215.8					8.465	0.182	17.89	0.118	0.353	0.266
34	24	下弦	C30				2Φ18	158.8					8.465	0.129	19.18	0.111	0.275	0.209
35	24	下弦	C30				2Φ18	588.8					8.465	0.529	13.77	0.151	0.765	0.567
36	24	下弦	C30				2Φ18	488.1					8.465	0.435	14.14	0.148	0.649	0.482
37	24	下弦	C30				2Φ18	415.0					8.465	0.367	14.47	0.145	0.564	0.419
38	24	下弦	C30				2Φ18	334.3					8.465	0.292	15.46	0.136	0.481	0.359
39	24	下弦	C30				2Φ18	243.6					8.465	0.208	16.65	0.126	0.374	0.281
40	24	下弦	C30				2Φ18	178.9					8.465	0.147	17.87	0.118	0.292	0.220

说明：上表中 1~5 项为北京某厂多边形屋架下弦杆裂缝情况统计；6~8 是 1962 年的多边形屋架试验数据,这是对已使用三年的两榀新制的 18m 屋架进行的荷载试验；9~14 是沈阳某厂梯形屋架实测及计算数据的统计；15~28 是洛阳某厂托架实测及计算数据的统计；29~40 是上海某影剧院屋架的实测和计算数据。裂缝间距根据本书推荐的公式:

裂缝宽度计算公式:

$$L_{min} = \frac{1}{\beta} ch^{-1} \frac{P}{P - E_s A_s (\epsilon_p - \epsilon_y)}$$

$$\epsilon_p = 1 \times 10^{-4}, \quad \epsilon_y = 3.24 \times 10^{-4} \times (1 - e^{-0.01 \times 28})$$

裂缝间距程序设计:

$$\delta_f = 2 \left[\frac{P}{A_g E_g \beta} th \frac{\beta L}{2} - \frac{P}{E_s A_s} \cdot \frac{L}{2} + \frac{P}{A_s E_s \beta} th \frac{\beta L}{2} \right]$$

裂缝宽度程序设计:

$$f(ABCDE) = \sqrt{2.1E6 \times A^2} \times (\sqrt{GA^2} \times \sqrt{E\pi \div B \div H} \times th \sqrt{GA^2} \times \sqrt{F} \div 2 \times (1 + E\pi GA^2 \div BC - E\pi GFA^2 \div 2BC)$$

$$f(ABCDEFGH) = 2DG^{-1} \times (\sqrt{GA^2} \times \sqrt{E\pi \div B \div 200} \times ch^{-1}[1 - C \times RM \times B \div (E\pi DA^2)]^{-1}$$

在程序中,变量 $A:r;B:A_s;C:E_s;D:\sigma_g;E:n$;常量 $F:L,G:E_g=2.1E6;H=200$ 将 $\epsilon_p - \epsilon_y$ 存入 RM。

表 14-2

各种受拉构件实测和计算裂缝宽度及长度比较

序号	4/9	4/11	4/13	4/15	5/10	5/12	5/14	5/16	6/10	6/12	6/14	6/16	5/17	5/18	6/17	6/18
1	9.25	6.62	1.96	1.11	44.96	33.37	4.87	6.47	39.93	29.63	4.33	5.74	2.70	3.69	2.40	3.27
2	11.95	8.74	2.27	1.08	34.67	25.73	3.16	3.75	30.76	22.82	2.80	3.33	1.55	2.11	1.34	1.87
3	8.03	8.03	2.63	1.08	35.44	36.61	5.75	6.07	32.8	33.88	5.32	5.62	2.40	3.28	2.22	3.04
4	10.72	7.67	2.00	1.29	19.69	14.42	1.51	2.43	19.12	14.01	1.46	2.36	0.991	1.39	0.96	1.35
5	6.63	6.63	2.18	1.25	12.84	13.14	1.71	2.38	9.81	10.05	1.31	1.82	0.993	1.40	0.76	1.07
6	4.25	3.04	0.90	0.53	16.39	12.59	1.71	2.41	14.46	11.11	1.51	2.12	1.02	1.39	0.90	1.22
7	2.30	2.30	0.86	0.44	10.23	10.88	1.85	2.39	9.86	10.49	1.78	2.30	0.98	1.35	0.94	1.31
8	5.50	5.50	1.80	1.06	11.03	11.30	1.72	2.57	10.24	10.49	1.59	2.39	1.02	1.46	0.95	1.35
9	1.94	1.94	1.38	0.88	1.15	1.08	0.36	0.55	1.08	1.02	0.34	0.52	0.24	0.31	0.22	0.30
10	2.56	2.56	1.34	0.88	1.49	1.54	0.38	0.61	1.43	1.48	0.36	0.58	0.25	0.35	0.24	0.34
11	2.03	2.03	1.44	0.92	2.29	2.16	0.72	1.09	2.27	2.14	0.72	1.08	0.47	0.63	0.47	0.62
12	2.38	2.38	1.25	0.82	2.57	2.67	0.65	1.05	2.36	2.44	0.60	0.96	0.44	0.60	0.40	0.55
13	1.86	1.86	1.33	0.77	1.57	1.45	0.50	0.61	1.43	1.32	0.45	0.56	0.32	0.42	0.29	0.39
14	3.01	3.01	1.57	0.94	1.19	1.24	0.31	0.41	1.18	1.22	0.30	0.40	0.20	0.28	0.20	0.28
15	1.88	1.34	0.81	0.63	2.10	1.49	0.42	0.80	1.91	1.35	0.38	0.72	0.34	0.46	0.31	0.42
16	3.50	2.50	1.16	0.91	2.94	2.15	0.46	0.91	2.92	2.14	0.46	0.90	0.38	0.52	0.37	0.52
17	1.87	1.33	0.80	0.63	2.33	1.65	0.47	0.88	2.29	1.62	0.46	0.87	0.38	0.51	0.37	0.50
18	3.14	2.25	1.04	0.82	4.77	3.49	0.75	1.47	4.28	3.13	0.67	1.32	0.61	0.85	0.55	0.76
19	1.87	1.33	0.80	0.63	2.08	1.47	0.42	0.79	2.07	1.46	0.41	0.78	0.34	0.46	0.33	0.45
20	3.51	2.50	1.16	0.92	3.65	2.67	0.57	1.13	3.55	2.60	0.56	1.10	0.47	0.65	0.45	0.63
21	2.23	1.59	0.96	0.75	2.50	1.77	0.5	1.88	2.47	1.74	0.49	0.87	0.41	0.55	0.40	0.54
22	3.71	2.65	1.23	0.95	4.62	3.38	0.73	1.33	4.38	3.20	0.69	1.26	0.59	0.82	0.56	0.78
23	2.18	1.56	0.94	0.68	4.36	3.08	0.89	0.153	4.26	3.01	0.87	1.50	0.66	0.89	0.65	0.88
24	3.83	2.74	1.27	0.94	5.13	3.78	0.82	1.48	5.40	3.98	0.86	1.55	0.62	0.85	0.65	0.89
25	1.77	1.26	0.77	0.55	2.05	1.47	0.42	0.72	2.05	1.47	0.42	0.72	0.31	0.42	0.31	0.42
26	2.45	1.75	0.81	0.60	5.79	4.27	0.92	1.66	5.18	3.82	0.82	1.49	0.69	0.96	0.62	0.86
27	1.09	0.78	0.47	0.34	2.75	1.98	0.56	0.97	2.72	1.95	0.56	0.95	0.42	0.56	0.41	0.55
28	4.08	2.92	1.35	0.99	5.62	4.14	0.89	1.62	5.55	4.09	0.88	1.60	0.67	0.93	0.67	0.92

初期就开始出现裂缝，以后陆续发展，经过一年后逐渐稳定，屋架结构形式及裂缝情况见图 14-1。其中观众大厅舞台上部悬吊面光灯的二榀屋架下弦裂缝开展较多且严重。笔者着重对桥式屋架下弦的裂缝问题进行了分析和研究，具体计算公式和数值，请参阅表 14-1～表 14-6。通过观测和计算后认为可作如下处理：

1）裂缝补缝封闭

根据当时裂缝开展情况可不进行强度加固（即不采用钢桁架加固的方案），而只对下弦裂缝进行一次观测记录，然后用环氧树脂进行补缝封闭。

2）定期监视观测

补缝后每隔二至三个月定期对构件裂缝观测一次，监视裂缝发展情况，写出观测检查报告，并由影剧院专人负责，严格执行。

3）严格限制荷载

因悬吊面光灯的屋架已超载 50%，故绝不允许在悬吊面光灯的屋架上再增加新荷载，只限面光灯操作人员一人，这定为一条制度。

裂缝修补后，经一段时间的使用，再进行一次观测，如无新的发展变化，就不再进行其他修补处理。

为了进一步验证本书推荐公式的实际性，我们进行了广泛的调查研究和计算。其中有对北京某厂多边形屋架下弦杆裂缝情况统计，沈阳某厂梯形屋架实测及计算数据的统计，洛阳某厂托架实测及计算数据的统计，验算了 1962 年的多边形屋架试验数据（这是对已使用三年的一榀 24m 和完全相同的两榀新制的 18m 屋架进行的荷载试验）。通过将该影剧院屋架裂缝的实测和计算数据与上述诸统计数据相比较，可以得出这样的结论，即本书的推荐公式比国外其他的一些计算公式更切合实际情况。

实测裂缝间距与公式计算裂缝间距的相对误差值表（%） 表 14-3

（计算公式的相对误差值）

序号	4与9	4与11	4与13	4与15	序号	4与9	4与11	4与13	4与15
1	825	562	96	10.7	15	87.6	34.1	−19.2	−86.8
2	1095	774	127	8.5	16	250	150	16	−9.8
3	703	703	163	8.3	17	86.7	33.5	−19.6	−87.1
4	972	667	99.6	29.5	18	214	125	4.2	−17.9
5	563	563	118	24.9	19	86.7	33.5	−19.6	−3.71
6	325	204	−9.8	−47	20	250	150	16	−9.8
7	130	130	−14.4	−55.5	21	123	59.1	−4.2	−25
8	450	450	80.4	6.4	22	271	165	23	−3
9	94	94	38	−12.1	23	118	56	−6	−31.8
10	156	156	34	−12.2	24	283	174	26.9	−7
11	103	103	44.3	−8	25	76.7	26.3	−23.4	−44.8
12	138	138	24.7	−18.3	26	145	75.1	−18.8	−40.4
13	86.3	86.3	32.6	−15.6	27	8.6	−22.3	−52.9	−66
14	201	201	58.2	3	28	308	192	35	−0.7

注：序号中的编号与汇总表同；表中负号表示公式计算裂缝间距比实测裂缝间距大。

公式计算值与实测值绝对误差在 0.5 倍以内的保证率统计表（％） 表 14-4

（按当时规范计算）

计算公式种类	宽 度 与 间 距	
	裂 缝 宽 度	裂 缝 间 距
HиTy123—55	10.7	3.6
CHN M—62	17.9	10.7
规范 GBJ 10—89	25	53.4
本书建议	32	71.4

实测裂缝宽度与公式计算裂缝宽度的相对误差值表（％） 表 14-5

序号	6与10	6与12	6与14	6与16	序号	6与10	6与12	6与14	6与16
1	4531	2863	333	283	15	91.2	35.1	−61.8	−51.7
2	3044	2182	180	121	16	192	114	−54.2	−39.7
3	3053	3288	432	273	17	129	62	−54.2	−42
4	1800	1301	46	57.5	18	328	213	−32.8	−11.6
5	881	905	31.1	21.2	19	107	45.9	−58.8	−47.8
6	1346	1011	51	42	20	255	159.8	−44.3	−26.6
7	886	949	78.3	52.9	21	146.7	74.3	−50.8	−42.2
8	924	949	59.3	59.3	22	338	220	−31.3	−16.3
9	8.3	1.8	−65.8	−65.7	23	326	201	−12.9	0
10	43.1	54.5	−63.7	−61	24	440	298	−14.3	3.3
11	128	114	28.1	27.8	25	105	46.8	−58.2	−52
12	135	144	−40.3	−35.8	26	418	282	−17.8	−0.9
13	43.7	32.4	−54.6	−62.6	27	172	94.8	−44.5	−36.3
14	17.1	17.1	−70.1	−73.3	28	455	309	−11.9	0

注：序号中的编号与汇总表相同；表中负号表示公式计算裂缝宽度比实测裂缝宽度大。

公式计算值与实测值绝对误差在 1 倍以内的保证率统计表（％） 表 14-6

（按当时规范计算）

计算公式种类	宽 度 与 间 距	
	裂 缝 宽 度	裂 缝 间 距
HиTy123—55	17.9	25
CHN M—62	35.7	35.7
规范 GBJ 10—89	53.6	89.3
本书建议	67.9	92.9

14.2 工程实例（某工程矩形梁的裂缝）

1. 钢筋混凝土矩形梁断面配筋情况及裂缝情况

某工程采用混合结构，屋面为现浇钢筋混凝土梁板结构。浇灌后 14d 拆模，发现有 0.1～0.35mm 裂缝，矩形结构及断面配筋情况见图 14-2(a) 所示。$A_g = 19.63 \text{cm}^2$，$\mu = 0.64\%$，混凝土 C20，钢筋 HRB335，$K = 1.4$。

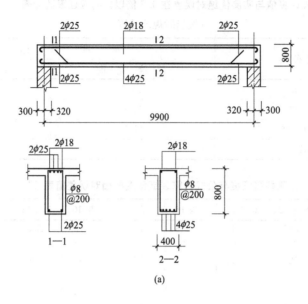

(a)

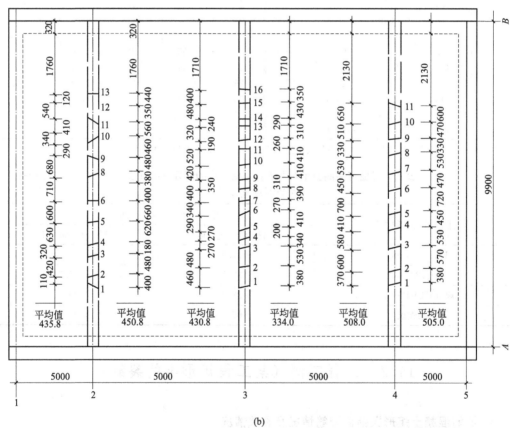

(b)

图 14-2 钢筋混凝土大梁结构配筋及裂缝图

（a）大梁的构造；（b）顶板平面及各梁裂缝间距图

该工程主要荷载为自重，屋面只有防水层尚未施工，附加活荷载占比重很小。跨中自重弯矩 $M=331.77\text{kN}\cdot\text{m}$，支座弯矩为 $221.2\text{kN}\cdot\text{m}$，其平面结构裂缝情况见图 14-2(b)、表 14-7。

裂缝宽度统计表　　　　　　　　　　　　　　表 14-7

	1	2	3	4	5	6	7	8	9	10	11	12	13	14	15	16	平均值	
2 线	0.11	0.14	0.13	0.10	0.29	0.25	0.27	0.24	0.28	0.28	0.17	0.20	0.11				0.20	右侧
	0.09	0.09	0.20	0.10	0.34	0.22	0.19	0.23	0.27	0.21	0.22	0.22	0.10				0.19	左侧
3 线	0.22	0.24	0.24	0.16	0.19	0.22	0.17	0.36	0.43	0.24	0.22	0.21	0.23	0.21	0.21	0.16	0.23	右侧
	0.24	0.21	0.22	0.20	0.18	0.22	0.15	0.36	0.33	0.26	0.18	0.23	0.25	0.22	0.24	0.15	0.23	左侧
4 线	0.20	0.24	0.35	0.28	0.30	0.38	0.36	0.31	0.23	0.20	0.13						0.27	右侧
	0.22	0.26	0.28	0.32	0.24	0.33	0.12	0.25	0.24	0.16	0.11						0.23	左侧

2. 钢筋混凝土矩形梁在弯矩作用下裂缝验算

14d 龄期的极限拉伸与抗拉强度：

$$\varepsilon_{\text{p}}(\tau)_{\tau=14\text{d}}=0.8\varepsilon_{\text{p}}(28)(\lg\tau)^{\frac{2}{3}}=0.8\times1\times10^{-4}\times(\lg14)^{\frac{2}{3}}$$

$$=0.8\times10^{-4}\times1.09=0.87\times10^{-4}$$

$$R_{\text{f}}(\tau)_{\tau=14\text{d}}=0.8R_{\text{f}}(28)(\lg\tau)^{\frac{2}{3}}=0.8\times1.6\times1.095=1.4\text{MPa}$$

$$R_{\text{f}}=1.6\text{MPa}$$

按照拆模条件，结构强度已达设计强度的 80%，可以拆模。但是像这类较大跨度现浇结构的主要荷载是自重，其自重弯矩较大，自重应力较高，一般自重弯矩超过抗裂弯矩，所以，产生裂缝的可能性很大。

梁在未开裂时的受压区高度 Z_0 和 开裂时的受压区高度 Z_0' 的计算：

$$Z_0=\frac{\left(n\mu+\dfrac{1}{2}\right)h}{1+n\mu}$$

代入：$n=\dfrac{E_{\text{g}}}{E_{\text{s}}}=\dfrac{2.0\times10^5}{2.6\times10^4}=7.69$，$\mu=\dfrac{A_{\text{g}}}{bh_0}=0.0064$，$h=800\text{mm}$

得：

$$Z_0=\frac{(7.69\times0.0064+0.5)\times800}{1+7.69\times0.0064}=418.85\text{mm}$$

$$Z_0'=n\mu\left(-1+\sqrt{1+\frac{2}{n\mu}}\right)h=7.69\times0.0064\left(-1+\sqrt{1+\frac{2}{7.69\times0.0064}}\right)\times800$$

$$=214.7\text{mm}$$

最大裂缝间距 $[L_{\max}]$：

$$[L_{\max}]=\frac{2}{\beta}\text{arcch}\frac{M\left(h-\dfrac{Z_0}{3}\right)}{M\left(h-\dfrac{Z_0'}{3}\right)-\dfrac{h-Z_0}{3}\times\left(h-\dfrac{Z_0'}{3}\right)bhE_{\text{s}}\varepsilon_{\text{p}}}$$

$$C_x = \frac{1}{\sqrt{\mu}} = \frac{1}{\sqrt{0.0064}} = 12.5 \text{N/mm}^2$$

$$\beta = \sqrt{\frac{2C_x}{E_g r}} = \sqrt{\frac{4C_x}{E_g \varphi}} = \sqrt{\frac{4 \times 12.5}{2 \times 10^5 \times 25}} = 0.00316$$

$$E_s = 2.6 \times 10^4 \text{MPa}, \quad E_g = 2 \times 10^5 \text{MPa}$$

$$\varepsilon_p = 0.87 \times 10^{-4} - 3.24 \times 10^{-4} \times (1 - e^{-0.14}) = 4.46 \times 10^{-5}$$

$$[L_{\max}] = \frac{2}{\beta} \text{arcch} \frac{M\left(h - \frac{Z_0}{3}\right)}{M\left(h - \frac{Z'_0}{3}\right) - \frac{(h - Z_0)}{3}\left(h - \frac{Z'_0}{3}\right) bh E_s \varepsilon_p}$$

$$= \frac{2}{0.00316} \text{arcch} \frac{3.3177 \times 10^8 \times \left(800 - \frac{418.85}{3}\right)}{3.3177 \times 10^8 \left(800 - \frac{214.7}{3}\right) - \frac{(800 - 418.85)}{3} \times \left(800 - \frac{214.7}{3}\right)}$$

$$\times 400 \times 800 \times 2.6 \times 10^4 \times 4.46 \times 10^{-5}$$

$$= \frac{2}{0.00316} \text{arcch} \frac{2.19 \times 10^{11}}{2.416 \times 10^{11} - 3.434 \times 10^{10}}$$

$$= 212 \text{mm}$$

$$[L_{\min}] = \frac{1}{2}[L_{\max}] = \frac{1}{2} \times 212 = 106 \text{mm}$$

$$[L] = \frac{[L_{\max}] + [L_{\min}]}{2} = \frac{212 + 106}{2} = 159 \text{mm}$$

抗裂力矩：

$$M_t = \frac{r R_f (h - Z_0) bh}{3\left(1 - \frac{1}{\text{ch}\beta \frac{L}{2}}\right)}$$

$$= \frac{1.7 \times 1.4 \times (800 - 418.85) \times 400 \times 800}{3 \times \left[1 - \frac{1}{\text{ch}\left(0.00316 \times \frac{9900}{2}\right)}\right]}$$

$$= 96.76 \times 10^6 \text{N} \cdot \text{mm} = 96.76 \text{kN} \cdot \text{m}$$

大梁的自重力矩（包括顶）：

$$M = 331.77 \text{kN} \cdot \text{m} > 96.76 \text{kN} \cdot \text{m} \qquad \text{（必然开裂）}$$

平均裂缝宽度：

$$\delta_f = \frac{2M}{\left(h - \frac{Z'_0}{3}\right)\beta} \text{th}\left\{\beta \frac{[L]}{2}\right\} \times \left[\frac{1}{A_g E_g} + \frac{3\left(h - \frac{Z_0}{3}\right)}{(h - Z_0) bh E_s}\right] - \frac{3ML}{(h - Z_0) bh E_s}$$

$$= \frac{2 \times 331770000}{\left(800 - \dfrac{214.7}{3}\right) \times 0.00316} \times \text{th}\left(0.00316 \times \frac{159}{2}\right)$$

$$\times \left[\frac{1}{1963 \times 2.0 \times 10^5} + \frac{3 \times \left(800 - \dfrac{418.85}{3}\right)}{(800 - 418.85) \times 400 \times 800 \times 2.6 \times 10^4}\right]$$

$$- \frac{3 \times 331770000 \times 159}{(800 - 418.85) \times 400 \times 800 \times 2.6 \times 10^4}$$

$$= 2.8850 \times 10^8 \times \text{th} 0.251 \times [2.54 \times 10^{-9} + 0.6247 \times 10^{-9}] - 5.00 \times 10^{-2}$$

$$= 0.71 \times 10^8 \times 3.1647 \times 10^{-9} - 5.00 \times 10^{-2}$$

$$= 0.175 \text{mm}$$

最大裂缝宽度：（将 $L_{\max}$ 代入上式得）

$$\delta_{f\max} = 24.41 \times 10^{-2} - 6.65 \times 10^{-2} = 0.178 \text{mm}$$

最小裂缝宽度：（将 $L_{\min}$ 代入上式得）

$$\delta_{f\min} = 12.55 \times 10^{-2} - 3.33 \times 10^{-2} = 0.092 \text{mm}$$

裂缝产生后钢筋的最大应力：

$$\sigma_{g\max} = \frac{M}{A_g\left(h - \dfrac{Z'_0}{3}\right)} = \frac{331770000}{1963\left(800 - \dfrac{214.7}{3}\right)}$$

$$= 231.962 \text{MPa}$$

$$\sigma_{g\max} = 231.962 < 360 \text{MPa}$$

$$K = \frac{360}{231.962} = 1.5520$$

3. 处理结论

为了校核安全度，进行了现场载荷试验，裂缝没有明显发展，工程可视为安全可靠，只用环氧树脂涂抹表面封闭即可继续施工，不作为质量事故处理。当然，如果能较晚拆模，待抗拉强度及极限拉伸在一段时间内有进一步增长，可能不会开裂，或开裂极为轻微。

14.3 12m 工字形屋面梁的裂缝验算与试验对比

该结构试验的荷载简图如图 14-3(a) 所示，各级荷载及相应的裂缝注于图上，断面见图 14-3(b)。

验算试验梁第八级荷载时，距梁右端 4.4m 处腹板开裂区的截面，该截面之弯矩 $M = 399700000 \text{N} \cdot \text{mm}$，采用简化计算法。

混凝土 C30，$R_f = 2.1 \text{MPa}$，$E_g = 2.1 \times 10^5 \text{N/mm}^2$，$E_s = 3 \times 10^4 \text{MPa}$，$A_g = 2829 \text{mm}^2$，$Z_0 = Z'_0 = 449.4 \text{mm}$，$A_s = 1179 \text{cm}^2$，$\mu = A_g/A_s = 0.02399$，$C_x = \dfrac{1}{\sqrt{\mu}} =$

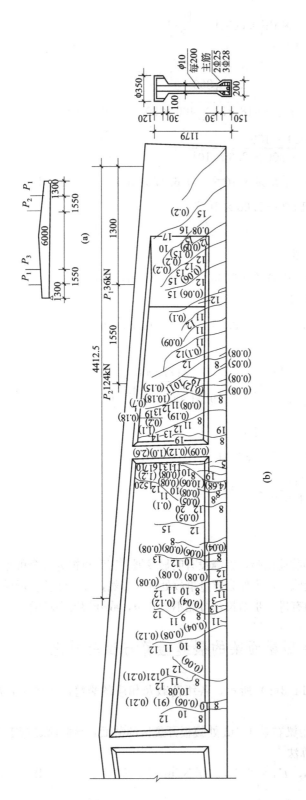

注：图中无括弧数字表示加荷次数；括弧内数字表示裂缝宽度（mm）。

图 14-3　12m 工字型屋面梁裂缝图

加荷次数	4	5	6	7	8	9	10	11	12	13	14	15	16	17	18	19
标准荷载（10kN）	0.6	0.7	0.8	0.9	1.0	1.2	1.4	1.6	1.8	2.0	2.2	2.4	2.6	2.8	2.9	3.0

$\dfrac{1}{\sqrt{0.02399}}=6.456\text{N/mm}^3$，因 $\Phi 28$ 的钢筋位于截面受拉最下端，取 $\varphi=28\text{mm}$，则：

$$\beta=\sqrt{\dfrac{4C_x}{E_g\varphi}}=\sqrt{\dfrac{4\times 6.456}{2.1\times 10^5\times 28}}=0.002096$$

考虑到梁的下翼缘配筋集中，其配筋率达 $28.29/（20\times 16.5）=8.6\%$，因此混凝土收缩所受到的钢筋约束引起的约束应力应该从抗拉强度中减去，即在下翼缘受力前已有残余应力，其余的抗拉能力承受弯矩 M 作用。

1. 收缩变形

$$\varepsilon_y=3.24\times 10^{-4}(1-e^{-0.01t})$$

当 $t=28$，$\varepsilon_y=3.24\times 10^{-4}\times 0.244=0.79\times 10^{-4}$ 时，

全约束弹性收缩应力：$\sigma_y=-E_s\varepsilon_y=2.373\text{MPa}$

全约束徐变收缩应力：$\sigma_y^*=\sigma_y H（t,\tau）=2.373\times 0.5=1.18\text{MPa}$

2. 弹性约束徐变应力

$$\sigma_y^*=1.18\times 0.9=1.062，\qquad R_f=2.1\text{MPa}$$

实际剩余抗拉强度以 R_f' 表示，则：

$$R_f'=R_f-1.062=1.038$$

以 $R_f'=1.0\text{MPa}$ 代入进行验算：

$$\sigma_s''=\dfrac{h-Z_0-h_i}{h-Z_0}R_f=\dfrac{1179-449.4-165}{1179-449.4}=0.774\text{MPa}$$

$$A=\dfrac{1}{3}\times 0.774\times（1179-165-449.4）\times（1179-165）\times 100$$

$$+\dfrac{1}{2}\times（1.0+0.774）\times\left（1179-\dfrac{449.4}{3}-\dfrac{165}{2}\right）\times 165\times 200$$

$$=14770613.52+27710855.7=42481469.22\text{N}\cdot\text{mm}$$

$$B=\dfrac{A}{R_f'}=A\qquad（R_f'=1\text{MPa}）$$

B 值亦可按（4-64）式计算：（校核性验算）

$$B=\dfrac{1}{3}\times\dfrac{（1179-449.4-165）^2}{1179-449.4}\times（1179-165）\times 100$$

$$+\dfrac{1}{2}\times\left（1+\dfrac{1179-449.4-165}{1179-449.4}\right）\times\left（1179-\dfrac{449.4}{3}-\dfrac{165}{2}\right）\times 165\times 200$$

$$=42476207.27$$

最小裂缝间距的计算：

$$[L_{\min}]=\dfrac{1}{\beta}\text{arcch}\dfrac{M}{M-A}=\dfrac{1}{0.002096}\text{arcch}\dfrac{399700000}{399700000-42481469.22}$$

$$=471.1870\text{arcch}1.11892=471.1870\times 0.482986=230.475\text{mm}$$

最大裂缝间距：

$$[L_{\max}]=2[L_{\min}]=2\times 230.475=460.949\text{mm}$$

平均裂缝间距:

$$[L] = 1.5[L_{min}] = 1.5 \times 230.475 = 345.712 \text{mm}$$

3. 裂缝宽度

$$B = 42476207, \quad \beta = 0.002096, \quad A_g = 2829 \text{mm}^2$$

$$E_g = 2.1 \times 10^5 \text{MPa}, \quad E_s = 3 \times 10^4 \text{MPa}$$

$$M = 399700000 \text{N} \cdot \text{mm}, \quad Z_0 = Z'_0 = 449.4 \text{mm}(平均受压区高度)$$

最小裂缝宽度:

$$\delta_{f\,min} = \frac{2M}{\left(h - \dfrac{Z'_0}{3}\right)\beta} \text{th} \frac{\beta L}{2} \left[\frac{1}{A_g E_g} + \frac{h - \dfrac{Z'_0}{3}}{BE_s} \right] - \frac{ML}{BE_s}$$

$$= \frac{2 \times 399700000}{\left(1179 - \dfrac{449.4}{3}\right) \times 0.002096} \text{th} \frac{0.002096 \times 230.475}{2}$$

$$\times \left[\frac{1}{2829 \times 2.1 \times 10^5} + \frac{1179 - \dfrac{449.4}{3}}{42476205 \times 3 \times 10^4} \right]$$

$$- \frac{399700000 \times 230.475}{42476205 \times 3 \times 10^4} = 0.2135 - 0.0723$$

$$= 0.141 \text{mm}$$

平均裂缝宽度:

$$\delta_f = \frac{2 \times 399700000}{\left(1179 - \dfrac{449.4}{3}\right) \times 0.002096} \text{th}\left(\frac{0.002096 \times 345.712}{2} \right)$$

$$\times \left[\frac{1}{2829 \times 2.1 \times 10^5} + \frac{1179 - \dfrac{449.4}{3}}{42476205 \times 3 \times 10^4} \right] - \frac{399700000 \times 345.712}{42476205 \times 3 \times 10^4}$$

$$= 0.3201 - 0.1085$$

$$= 0.212 \text{mm}$$

最大裂缝宽度:

$$\delta_f = 0.4136 - 0.1446 = 0.269 \text{mm}$$

4. 计算结果与实际比较

计算结果与实际比较见表 14-8。

理论计算与试验结果对比　　　　　　　　　　　　　　表 14-8

	L_{max} (mm)	L (mm)	L_{min} (mm)	δ_{max} (mm)	δ_{min} (mm)	δ (mm)
理论值	460.95	345.71	230.48	0.27	0.14	0.21
试验值	650.00	360.00	105.00	0.12	0.04~0.08	0.08~0.10

从表 14-8 的比较中可看出，理论计算的裂缝间距（平均值）与实测值比较接近，而裂缝宽度都超过了实测值，而且超过较多，这可能由于理论上裂缝宽度的推导是建立在两条裂缝之间的混凝土变形与钢筋变形之差上，忽略了钢筋对相邻段变形的牵制作用。将来有待根据统计资料，以经验系数加以修正。

14.4　上海某影剧院工程楼座大梁裂缝

上海某影剧院工程是某地重点工程项目，楼下 1000 座位，楼上 500 座位。楼座大梁是承受二楼挑台的主梁，采用现浇钢筋混凝土箱形梁，跨度为 $24m$，剖面图见图 14-4。由于工程急，采用边设计边施工的方法。该工程于 1976 年 5 月破土动工至 1979 年 9 月竣工，准备同年 10 月底交工使用。

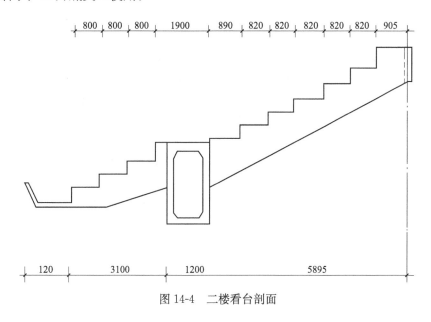

图 14-4　二楼看台剖面

1. 裂缝情况

在工程验收时，发现楼座空腹大梁中部出现许多垂直裂缝，端部出现许多斜裂缝，同时还发现在观众厅屋顶的 24m 跨混凝土屋架下弦杆出现许多垂直裂缝。大部分裂缝宽度在 $0.1\sim0.3mm$ 之间，有的裂缝达 $0.4mm$，裂缝间距 $15\sim40cm$，有些裂缝尚在扩展。裂缝从 1979 年 7 月至 1980 年 7 月间的扩展情况见图 14-5。

该工程的箱形大梁，是一种先进的结构形式，可以节约混凝土 $35\%\sim40\%$，既减轻自重，又具有承受弯曲和扭曲的良好性能。但要求有高水平的施工技术，以确保薄壁空心结构的质量。该工程施工质量却很差，有许多蜂窝、麻面、露筋和模板不规则的现象，形成断面厚薄不均，养护也不良。

2. 裂缝处理

经分析，该工程自重荷载占比重很大（$85\%\sim90\%$），活荷载占比重较小，根据裂缝

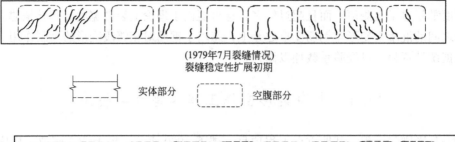

(1979年7月裂缝情况)
裂缝稳定性扩展初期

实体部分　　　空腹部分

2400

1980年7月裂缝情况
裂缝稳定性扩展后期

图 14-5　某影剧院工程楼座大梁裂缝扩展情况

宽度判断，承载力尚不会受到影响。采用边观测边试验（不断增加楼上活荷载，同时观测裂缝扩展情况）的方法，证实了预先的估计。增加活荷载时，裂缝有微小的扩展，数量也有所增加，但很快就稳定下来。经 17 个月的边使用边观测，裂缝已不再扩展。因此，对该大梁不作承载力加固（承载力加固方案是在大梁下加柱子），只进行裂缝修补处理。具体办法是：

1）蜂窝、麻面、露筋、孔洞等都用环氧砂浆压力灌注，由于内部是空心的，只能适当地把裂缝封闭。

2）大梁端部的斜裂缝个别达 0.4mm 宽，采用环氧糠醛树脂封闭。

该工程使用至今（1987 年），裂缝稳定，使用正常。

3. 裂缝发生原因

由于施工质量不佳，钢筋使用应力偏高（受拉筋 173.5MPa，剪力箍筋 106.0MPa），在自重荷载占设计荷载的 $80\% \sim 90\%$ 条件下，荷载及收缩作用必然发生裂缝。大梁的薄壁部分是箱形梁的薄弱环节，对施工质量更加敏感，所以开裂更加严重。

4. 裂缝计算

原设计按规范计算的裂缝宽度：

$$\delta_{f\,max} = \psi \frac{\sigma_g}{E_g} L_f = 2.0 \times \frac{173.5}{2 \times 10^5} \times 93.6 = 0.1623 \text{mm} < 0.2 \text{mm}$$

裂缝间距 $[L] = 9.36$cm，裂缝宽 $\delta_{f\,max} = 0.1623$mm 都与实际不符。实际裂缝间距为 $15 \sim 40$cm；实际裂缝宽度为 $0.1 \sim 0.3$mm，少数为 0.4mm。

如果采用本书推荐的计算方法，以工字形断面代换箱形断面（图 14-6）计算：

1）裂缝间距

$$[L_{max}] = \frac{2}{\beta} \text{arcch} \frac{M}{M - A_f}$$

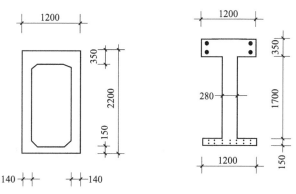

图 14-6　简化计算示意图

其中：
$$\beta=\sqrt{\frac{2C_x}{E_g r}}(E_g=2.1\times10^5\text{MPa}, r=\text{钢筋半径}\ 1.4\text{cm}, C_x=\frac{1}{\sqrt{\mu}},$$

$$M=769.32\times10^7\text{N}\cdot\text{mm})$$

$$\mu=0.62\%(\text{配筋率}), C_x=\frac{1}{\sqrt{0.0062}}=\frac{1}{0.0787}=12.70\text{N/mm}^3$$

$$\beta=\sqrt{\frac{2\times12.70}{2.1\times10^5\times14}}=0.00294\ \frac{1}{\text{mm}}$$

受压区高度 Z_0 的确定：

裂缝发生前 $Z_0=0.6h$，裂缝发生后 $Z_0'=0.4h$。

平均受压区高度 $\bar{Z}_0=\frac{1}{2}\ (Z_0+Z_0')\ =0.5h$。

$$A_f=\frac{1}{3}\sigma_s''(h-h_i-\bar{Z}_0)(h-h_i)b+\frac{1}{2}(R_f+\sigma_s'')\left(h-\frac{Z_0}{3}-\frac{h_i}{2}\right)h_i b_i$$

其中：$b_i=1200\text{mm}$，$\bar{Z}_0=0.5h=0.5\times2200=1100\text{mm}$，$h_i=150\text{mm}$，$b=280\text{mm}$。

$$R_f=1.5\text{MPa}(\text{混凝土的抗拉强度})$$

$$\sigma_s''=\frac{2200-1100-150}{2200-1100}\times1.5=1.295\text{MPa}$$

代入上式得：

$$A_f=\frac{1}{3}\times1.295\times(2200-150-1100)\times(2200-150)\times280$$

$$+\frac{1}{2}\times(1.5+1.295)\times\left(2200-\frac{1100}{3}-\frac{150}{2}\right)\times150\times1200$$

$$=677695744.8$$

最大裂缝间距：

$$[L_{\max}]=\frac{2}{0.00294}\text{arc ch}\frac{769.32\times10^7}{769.32\times10^7-A_f}=680.27\text{arc ch}1.0996$$

$$=680.27\times0.436=296.599\text{mm}$$

最小裂缝间距：

$$[L_{\min}] = \frac{1}{2}[L_{\max}] = 148.2995\text{mm}$$

平均裂缝间距：

$$[L] = 1.5[L_{\min}] = 222.449\text{mm}$$

2）裂缝宽度

$$\delta_f = \frac{2M}{\left(h - \frac{Z_0}{3}\right)\beta}\text{th}\beta\frac{h}{2} + \left[\frac{1}{A_g E_g} + \frac{h - \frac{\overline{Z}_0}{3}}{BE_s}\right] - \frac{ML}{BE_s}$$

其中：

$$B = \frac{1}{3} \times \frac{(h - \overline{Z}_0 - h')^2}{h - \overline{Z}_0}(h - h')b + \frac{1}{2}\left(1 + \frac{h - \overline{Z}_0 - h_i}{h - Z_0}\right)$$

$$\times \left(h - \frac{\overline{Z}_0}{3} - \frac{h_i}{2}\right)h_i b + \left[1 - \frac{h'_i}{2(h - \overline{Z}_0)}\right]\left(h - \frac{Z_0}{3} - \frac{h'}{2}\right)h'b'$$

$$B = \frac{1}{3} \times \frac{(2200 - 1100 - 150)^2}{2200 - 1100} \times (2200 - 150) \times 280 + \frac{1}{2}\left(1 + \frac{2200 - 1100 - 150}{2200 - 1100}\right)$$

$$\times \left(2200 - \frac{1100}{3} - \frac{150}{2}\right) \times 150 \times 1200 = 451900757.5$$

$$M = 769.32 \times 10^7 \text{N} \cdot \text{mm}, \quad E_s = 2.1 \times 10^4 \text{MPa}$$

$$L = [L_{\max}]$$

则最大裂缝宽度为：

$$\delta_{f\,\max} = \frac{2 \times 769.32 \times 10^7}{\left(2200 - \frac{1100}{3}\right) \times 0.002939}\text{th}\left(0.002939 \times \frac{296.7}{2}\right)$$

$$\times \left[\frac{1}{23979 \times 2.1 \times 10^5} + \frac{2200 - \frac{1100}{3}}{451900757.5 \times 2.1 \times 10^4}\right]$$

$$- \frac{769.32 \times 10^7 \times 296.7}{451900757.5 \times 2.1 \times 10^4}$$

$$= \frac{1.53864 \times 10^{10}}{1833 \times 0.002939}\text{th}0.436 \times [1.985864 \times 10^{-10} + 1.93151 \times 10^{-10}] - 0.241$$

$$= 0.2856 \times 10^{10} \times 0.41 \times 3.917 \times 10^{-10} - 0.241$$

$$= 0.459 - 0.241 = 0.218\text{mm}$$

$$\delta_{f\,\min} = 0.2856 \times 10^{10} \times 0.21 \times 3.917 \times 10^{-10} - 0.12$$

$$= 0.234 - 0.12 = 0.11\text{mm}$$

$$\delta_f = 0.2856 \times 10^{10} \times 0.316 \times 3.917 \times 10^{-10} - 0.18$$

$$= 0.354 - 0.18 = 0.174\text{mm}$$

理论计算： $\delta_f = 0.11 \sim 0.218\text{mm}$

现场实测： $\delta_f = 0.1 \sim 0.3\text{mm}$

3）裂缝处最大钢筋应力的验算

$$\delta_{g\,max} = \frac{M}{A_g\left(h - \frac{Z'_0}{3}\right)}$$

其中：$Z'_0 = 0.4h = 0.4 \times 220 = 88cm$

$$\sigma_{g\,max} = \frac{769.32 \times 10^7}{23979\left(2200 - \frac{880}{3}\right)} = \frac{769.32 \times 10^7}{45719960} = 168.238MPa（钢筋应力）$$

5. 结论

楼座大梁在两年左右时间内，裂缝的扩展与增加属于稳定性变化，故在承载力方面是安全可靠的，只需封闭裂缝，确保持久强度不受影响，包括 0.4mm 宽的斜裂缝一并封闭。

当处理工程裂缝事故时，靠近梁端部经常发现斜裂缝，有些裂缝超过允许宽度，只要剪力筋与纵筋能保证极限抗力，主要还要检查在受压区是否有压酥性的破坏裂缝，这种裂缝常出现在很大的剪力作用阶段，所谓"压剪破坏"，必须加以防止，见图 14-7。

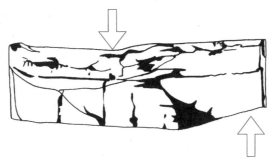

图 14-7　梁的压剪破坏

在现浇梁板式结构中，除荷载配筋外，必须在非受拉区考虑承受温度收缩应力的构造配筋，如多跨连续板的受压区及梁的腰筋等都应加强构造配筋，是经常产生裂缝的部位。

15 结构物裂缝的修补

钢筋混凝土结构物的裂缝虽说不可避免，但其危害程度可以控制。

总的说来，裂缝控制技术包括开裂前的预防与开裂后的处理两部分。

本书前部分，已全面论述了预防为主的控制技术。本章拟对于那些复杂结构物可能出现的预计不到的裂缝及其处理技术，即开裂后的处理技术进行阐述。

由于大约占 80％的裂缝因变形变化所引起，而这种裂缝无承载力危险。因此，可采用防水型化学灌浆技术作一般表面处理。

对于降低承载力的裂缝，必须采用补强型化学灌浆技术处理之。

化学灌浆技术，不仅是土建施工中应掌握的技术，而且是生产企业建筑维护不可缺少的措施之一。近年来，作为开裂后的处理技术，已逐渐发展成为一门新兴的学科。

过去，防渗堵漏被单纯地看作是质量事故处理和工程上的"修修补补"，认为工艺简单、操作容易。随着近代建设规模的发展，国际上如日本、美国、法国、英国、苏联等国家在化学灌浆技术方面发展相当迅速，化灌材料不下数百种之多，化灌工艺及机具都日趋现代化。我国近年来也有新发展，各工业部门都有专门的研究开发组织从事工作，特别是在发展经济高效的堵水材料方面，已取得了不少经验，成功地解决了一大批工程的防渗堵漏问题。

设计上如何对待裂缝处理问题尚值得研究。当设计大型现浇工程（结构复杂，所处环境多变，几何尺寸长达数百米甚至好几公里连续现浇），虽然通过裂缝控制措施可以减少裂缝，但总还要出现裂缝；而且已知经裂缝处理后的工程和完整不裂的新工程一样能满足使用要求。由此，就产生了一个问题，即可否在设计上预先考虑裂缝部位，使该处构造更加薄弱（不是构造加强），如在结构的某一截面中，预埋橡皮囊，在初凝时抽出以减薄结构厚度，形成薄弱环节，让裂缝出现在该处，类似施工期间的"后浇缝"，便于日后化灌处理。这样，既可让不可避免的裂缝出现在该处，又可便于随后的及时处理，保证工程质量。以该方法取消伸缩缝，是否可以认为是一种科学的"预开裂"设计思想呢？又是否降低了设计质量呢？实质上，"后浇缝"的设计就是这种思想的一种体现，不能认为这是会降低工程质量的设计指导思想，而应该看作是一种较之留伸缩缝更合理的科学技术措施，称作"先放后抗"的施工方法。

现就化学灌浆技术课题，简要地介绍一些有关单位修补裂缝的好经验如后。

15.1 地下构筑物的防渗堵漏

1. 概述

随着建设规模的发展和新技术的使用，工程建设中的地下构筑物日益增多，地下工程的防渗堵漏工作，已作为重要技术课题，提到议事日程上来。地下构筑物漏水，轻则造成使用不便，引起钢筋锈蚀，影响建筑物的寿命，减少机器设备使用年限；重则由于湿度增大或漏水而酿成设备事故；还会因泥沙流失、淘空地基，造成局部下沉和断裂，危害建筑物的安全。

地下构筑物漏水的原因很多，有的是构筑物本身设计不合理，施工方案欠妥和施工操作不善，或是对地基条件、气温变化、材料性能等因素的影响考虑不周等。此外还有由于在原有建筑物附近为兴建其他建筑物而降水或开挖基坑等原因造成沉降和位移引起开裂。

前已阐述了许多"事前预防"的技术措施，下面将介绍"事后处理"的一些办法。

什么样的裂缝该修补，什么样的裂缝可以不予处理，各地经验颇不一致，国内外也不尽相同，这在很大程度上取决于使用要求。日本已有规程，我国目前大致按表 15-1 的界限来处理裂缝，效果尚可。该建议不仅用于地下结构，也可用于地上结构。

修补与不修补的缝宽界限（mm）　　　　　　　　　　表 15-1

工程重要程度 区分 \ 环境		耐久性（结构所处环境）			防水防气，防射线要求
		恶 劣 的	中 等 的	轻 微 的	
（A）必要修补的	大	0.5 以上	0.6 以上	0.8 以上	0.2 以上
	中	0.6 以上	0.7 以上	0.9 以上	0.2 以上
	小	0.7 以上	0.8 以上	1.0 以上	0.2 以上
（B）不必要修补的	大	0.2 以下	0.3 以下	0.4 以下	0.05 以下
	中	0.3 以下	0.4 以下	0.5 以下	0.05 以下
	小	0.4 以下	0.5 以下	0.6 以下	0.05 以下

注：表中所列耐久性的各等级主要指结构的腐蚀状况，有承载力不足的结构物裂缝应另行考虑。介于（A）及（B）之间者根据使用条件酌情处理。

表 15-1 的规定宽度是一般情况。由于工程所处条件不同，裂缝渗漏状况往往差别很大。例如武钢一米七工程和宝钢等一些地下构筑物，虽然裂缝状况相似，但是凡回填砂、矿渣的部位，漏水较重，而回填黏土的部位渗漏较轻。有的缝宽虽然达 0.2mm，也可能经过一段时期渗漏后自愈，但周围用砂、碎石、矿渣等回填的部位，裂缝没有自愈现象。所以在处理裂缝时，对裂缝工程周围环境还应多作具体分析。

一般说来，根据裂缝扩展的不同程度采取不同的处理方法：宽度在 0.3～0.5mm，最大至 1.0mm 时采用化学灌浆；当裂缝宽度达 1.0mm 以上时，可采用比表面积为 9000cm^2/g 的研磨水泥灌浆，这种水泥可以灌注的最小裂缝宽度为 0.6mm；用国产水泥水灰比为 0.6 时，可注入的平均缝宽为 0.53mm 以上，数毫米宽的裂缝就可以直接用 32.5 级普通水泥灌浆。

2. 地下构筑物常见漏水部位

1）施工缝漏水

施工缝没有设置止水带或未采用企口缝，接缝处有泥浆、灰渣等异物及蜂窝麻面等混凝土缺陷引起漏水。

2）沉降缝、伸缩缝漏水

止水带接头粘接不良，接头处漏水，止水带埋设不当，四周漏水。差异沉降过大，止水带断裂；法兰式止水带压接不严密，回填土不密实，裂缝周围受流动水冲击漏水等。

3) 预制下水管道接头漏水

4) 埋设件漏水

埋设件四周混凝土不密实，贯通螺栓或预埋管铁件未焊止水板，拆模过早，贯通螺栓转动等引起漏水。

5) 混凝土蜂窝麻面漏水

混凝土振捣不实或严重分离而缺少砂浆，模板接缝不严密，砂浆流失，泌水严重冲走砂浆等原因造成蜂窝麻面而漏水。

3. 混凝土裂缝漏水

1) 产生裂缝的主要原因

由于气温或生产热变化、水泥水化热及收缩作用而产生变形变化，引起应力裂缝；差异沉降产生裂缝；附近基础施工影响（打桩、开挖、降水、撞击和重压等），回填土的垂直或水平压力不均匀产生裂缝。

2) 预防方法

减少混凝土凝固期间的内外温差，加强后期养护，控制水灰比，增加隔热保温，减少收缩。作好地基加固处理工作，恰当设置沉降缝，加强工程的施工规划管理工作，合理安排降水、打桩程序，尽量做到按先深后浅的程序施工，减少相互干扰。对于填土厚度不等处，设计上应考虑减少不均匀沉降影响的措施，施工中尽可能做到在垂直和水平方向上均匀回填。

4. 防渗的封闭方法

这种方法主要用于混凝土表面修补或构筑防渗屏幕，迎水的一面尤其要注意在回填之前按要求作好这项工作。常用封闭材料如：

1) 高强微膨胀砂浆。可用于蜂窝麻面的修补，常用的有两种配合比（以下各配合比均为重量比）。

配合比之一：

浇筑水泥（52.5级）：黄砂（中砂）：减水剂 Sn-Ⅱ

　　　100　　　 ：　200　　 ：　　0.5

铝粉（工业用）：自来水

　0～0.004　 ：　40

配合比之二：

地勘水泥（R 型、早强）：中砂：减水剂 Sn-Ⅱ

　　　　100　　　　 ：200 ：　　0.5

铝粉（工业用）：自来水

　0～0.004　 ：35～40

2) 抗渗聚合物砂浆。可用于抗渗要求较高的部位抹面，也可用于修补蜂窝麻面。下面为其中的一种配合比：

普通水泥(425 号)：中砂：水(自来水)：LP-37 养生剂(pH＝7～8)： OP 乳化剂(40%)

　　100　　　 ：200 ： 20～30 ：　 15～30　　　 ：　　 1～3

3）混凝土表面喷涂薄膜养生液。

4）环氧玻璃钢封闭材料。

5. 压力灌浆法

将堵漏的材料配成浆液，用压送设备（压力 0.2～0.4MPa）将其注入混凝土缝隙以及外部土层的孔隙中，使其扩散、胶凝、固化，可达到闭塞渗水通道，加固结构的目的，见图 15-1。最近冶建院材料所开发了"自动压力落浆新工艺"。

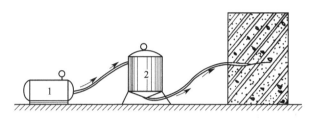

图 15-1 压力灌浆示意图
1—空压机；2—浆罐；3—裂缝工程

灌浆材料有颗粒性材料和非颗粒性材料两大类。水泥、石灰、黏土等属于颗粒性材料。非颗粒材料即一般所说的化学灌浆材料如环氧树脂类、聚氨酯类、水玻璃类等，它们有较好的可灌性，可控制凝固时间，强度也较高，但价格昂贵，毒性较大，施工工艺复杂。灌浆材料的种类很多，各有一定的适用条件，使用时要恰当地选择材料和方法，方能达到预期的效果。下面简单介绍几种常用的材料。

1）水泥灌浆材料

一般采用 32.5 级普通水泥，水灰比 0.5～0.6，掺 1‰的 Sn-Ⅱ型减水剂，用压浆罐或砂浆泵输送均可。它可用于大空洞的填充及混凝土蜂窝麻面缺陷的修补等。这种水泥净浆材料工艺简单，便于供应，只是凝固时间不能按要求控制。

某游泳池产生严重裂缝的化学灌浆前后见图 15-2。

（a）

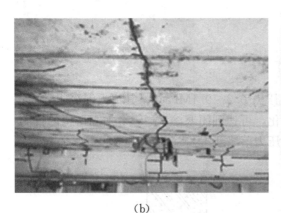
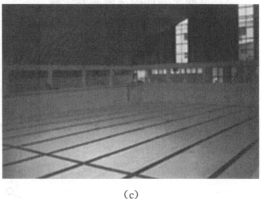

(b)   (c)

图 15-2　游泳池开裂的化学灌浆前后

(a) 裂缝化学灌浆；(b) 裂缝状况；(c) 处理后状况

2）水泥-水玻璃灌浆材料

水玻璃：模数（M）2.4～2.6，浓度 35～40 波美，比重 1.32～1.38。

水泥浆：普通水泥（32.5 级）配制，水灰比 0.75～1。

缓凝剂：磷酸钠等，用量为水泥重量的 1％～3％。

促凝剂：石灰等，必要时可用，按不超过 15％的配比掺入。

3）环氧糠酮灌浆材料

它由五种组分混合而成，主剂为环氧树脂、糠醛，稀释剂用丙酮、二甲苯，固化剂为乙二胺等，促凝剂为苯酚、间苯二酚等，填充料可用煤焦油、水泥等。

拌合后的环氧糠酮浆液是棕黄色的透明液体，相对密度约为 1.06，黏度 10～20×10^{-3}Pa·s，固化时间 24～48h。凝固后的抗压强度为 50～80MPa，抗拉强度为 8～16MPa。用已拉断的水泥砂浆受拉试件，作环氧糠酮浆液同混凝土的粘接抗拉强度试验，干粘强度为 1.9～2.8MPa，湿粘时为 1～2MPa。

4）聚氨酯灌浆材料

聚氨酯有水溶性和非水溶性两种，还可掺入其他材料，使之具有一定的弹性。这里简要介绍非水溶性聚氨酯的一些性能，这种浆液常被称为"氰凝"。

聚氨酯的组分包括预聚体、催化剂、稀释剂、表面活性剂、乳化剂和缓凝剂等。

浆液配成后为黄褐色透明液体，相对密度约 1.5，黏度约 9×10^{-3}Pa·s。固砂抗压强度（龄期三天）：在空气中养护为 8.12MPa，水中养护为 5.78MPa。粘结抗拉强度（在空气中养护三天）：干粘为 1.13MPa，湿粘为 1.03MPa。

5）丙烯酰胺、甲基丙烯酸酯类浆液

丙烯酰胺浆材，俗称"丙凝"，起始浆液的黏度仅 1.2×10^{-3}Pa·s，接近于水的黏度，可灌入粒径 0.01mm 甚至更细的土层中。浆液胶凝时间可在瞬时至数十分钟内调节，适宜于快速堵水。但它的强度极低，凝胶后的体积湿胀干缩变化较大，适宜用于长期浸水部位的堵漏。

甲基丙烯酸酯俗称"甲凝"，浆液起始黏度低于水，在 0.7～1.0×10^{-3}Pa·s，可灌注 0.05mm 的微细裂缝，抗压强度 70～100MPa，粘接抗拉强度 1.2～2.2MPa。但施工工艺较复杂，不易掌握。由于强度高且耐热，甲凝可用于加固混凝土。

6. 防渗堵漏施工

地下构筑物的防渗也应以预防为主。在设计和制订施工方案的过程中就应规定好妥善的措施，施工过程中认真搞好混凝土工程本体及伸缩缝、施工缝的质量，堵塞其他一切可能形成的渗水通路。

结构完工，回填之前，即应检查一下有无裂缝或其他渗水的通路，尽可能处理好，至少要设法予以封闭，以便于今后的处理。一般来说，防渗措施均应尽量做在迎水的一面，这样，比较容易施工和保证防渗能力，而且可以将地下水阻拦在结构物之外，以免钢筋受到腐蚀。

防渗砂浆或薄膜的施工，保证质量的关键是做好基层处理工作。基层表面的污垢都要清除干净，油污、锈斑不易除去时，可以采取机械打磨或化学材料清洗等措施。根据涂敷材料的种类，应使基层表面的粗糙度、湿度、温度等达到相应的要求。

在结构完工且已回填又无法从迎水面进行处理的情况下，可以采用灌浆作业以堵塞地下水的渗透，同时也可以起到加固混凝土的作用。但在条件许可时，还是以由两侧同时封闭并灌注为佳。其操作步骤大体为：凿槽以便于裂缝的封闭─→埋设灌浆嘴─→封闭裂缝─→压水或压气检查封闭的质量和灌浆嘴是否贯通，并选择灌浆参数─→灌浆─→切除灌浆嘴─→裂缝的表面处理工作。

灌浆堵漏是否成功，关键在于材料选择和施工方案的制定是否恰当，以及施工操作是否正确。

化学灌浆材料大部分为易燃、有毒，施工时必须做好防火和人身保护工作。

7. 地下工程堵漏需注意的问题

1) 开槽时防止裂缝跑出槽外

一般裂缝很纤细，在开凿时，应将原状裂缝明确标出，然后以原状缝为中心线凿槽，这样方能保证开槽中包含着所要处理的裂缝。

2) 所开槽应坚实洁净

将槽内疏松之物除去，形成坚实的沟槽；随后用高压水将浮灰冲出，使原状裂缝暴露出来；日后注浆，浆液可在槽内畅通流动，并能注入缝隙。不致因有浮动物而堵塞浆液通道。

3) 封堵的开槽应具有耐 5 个水压的能力 （0.5MPa）

4) 注浆材料的选择

视裂缝大小，漏水与否选择注浆材料。

封堵漏水缺陷，应使用凝结时间可调节的水硬性止水浆液。丙凝和聚氨酯即属此类性能的材料。

裂缝宽度小于 0.2mm 也可采用丙凝注浆液；裂缝宽度 大于 0.2mm 应采用聚氨酯材料。

非水溶性聚氨酯有 TT-1、TT-2、PPT-901 等。近年来还有 AF、L20 等牌号的水溶性聚氨酯浆材问世，水溶性聚氨酯凝胶后有弹塑性，且能遇水膨胀，是一种新型的灌浆材料。

上述两种浆液应按裂缝宽度大小和结构状况等恰当的选择，往往是几种浆材综合运用。如氰凝与环氧糠酮合用，水泥与其他浆材合用等。

根据漏水量大小，在配制浆液时，应采用凝结时间合适的配方。凝结时间不合适，将收不到止水效果，这是关系修补成败的关键问题。

对于宽度变化的裂缝，必须设置第二道防水层，才能取得长期止水效果：第一道防水层充填于裂缝的内部，由于最好的材料也难以适应变形；第二道防水层应采用具备止水和变形两种功能的韧性材料（例如聚氯乙烯胶泥，弹性聚氨酯等）。

凝结时间较慢的环氧糠酮浆液不宜单独用于涌水部位的灌浆。因为它凝结时间长，浆液易在其凝结前即被冲跑，不可能产生止水效果，它仅宜用来灌注潮湿缝和较轻的漏水部位。

混凝土大面积的渗漏止水，以丙凝效果为好，因为它黏度与水接近。在压力作用下，它还能渗入微细的裂缝和孔隙中，这是其他注浆材料所不具备的优点，但须注意丙凝对地下水的污染。

15.2 某热轧厂箱形基础化学灌浆实例

1. 化学灌浆材料

1）浆材的选用

某厂热轧基础混凝土裂缝大部分涌水和渗水，化学灌浆处理主要是止水，防止钢筋锈蚀，同时要求有一定的强度。考虑到各种浆材的技术性能及材料供应情况，确定采用聚氨酯和环氧树脂两种浆材。

2）聚氨酯浆材的性能和配方

（1）聚氨酯的特性

聚氨酯浆材是 20 世纪 60 年代初期才发展起来的新浆材，主要用在建筑物的堵漏、防渗及其他加固方面。按浆材性质可分为水溶性及非水溶性两大类。热轧设备基础混凝土处理时，使用非水溶性的聚氨酯浆材，其特性概述如下：

① 浆液遇水前是稳定的（如在施工过程中，采用的"一步法"各组分和"二步法"的预聚体），便于储运；

② 浆液在裂缝中遇水后便与水直接反应生成凝胶体，因此，浆液遇一定量的水不会被稀释或流失，适于处理涌水、渗水、潮湿的裂缝；

③ 浆液遇水反应时，释放出二氧化碳气体，边凝固边膨胀，最终生成不溶于水的凝胶，同时由于释放出二氧化碳形成一定的压力，从而产生其他化学灌浆材料所不具备的二次渗透现象，因此，增大了浆液的扩散半径，提高了处理效果；

④ 凝胶体的强度较高，随着地层中水压的增高，形成的凝胶体，其密实度和抗渗也随之增高，因此，裂缝处理后既可防渗又具有一定的强度，而凝胶体固化很快，几小时至一、二天就可达到最大强度，能满足快速处理裂缝的要求；

⑤ 浆液的凝结时间可以控制，并可采用单液灌浆，因此，工艺操作和灌浆机具都较简便。

（2）聚氨酯浆材的配制工艺

本工程采用了"一步法"及"二步法"的配制工艺

① "一步法"配制工艺。所谓"一步法",即在配制工艺上采用的主剂(异氰酸酯与聚醚),不经过预聚反应,而直接与助剂(溶剂、催化剂、泡沫稳定剂等)一步混合灌入裂缝中去,使其在裂缝中预聚、交联、发泡,从而生成凝胶体。

"一步法"聚氨酯浆液的配方见表15-2。

"一步法"聚氨酯浆液配方 表 15-2

（重量比）

名　称	数　量
多次甲基多苯基聚异氰酸酯	100
N-303 聚醚	67
丙酮	42
三乙醇胺	2
发泡灵	1

② "二步法"配制工艺。所谓"二步法",即在配制工艺上,第一步将主剂(异氰酯与聚醚)经预聚反应制得预聚体(末端带有遇水能反应的异氰酸酯基的大分子化合物);第二步把预聚体与助剂(溶剂、催化剂、泡沫稳定剂)混合,注入裂缝中进行交联、发泡,生成凝胶体。

③ 预聚体的制备。预聚体的组成见表15-3。

预聚体的组成 表 15-3

（重量比）

名　称	PU-1	PU-2
甲基二异氰酸酯(TD1)	300	—
邻苯二甲酸二丁酯	100	—
N-204 聚醚	100	—
N-303 聚醚	100	—
丙酮	100	—
TT-1	—	100
TT-2	—	100
N-330 聚醚	—	50
二甲苯	—	25

注:1. PU-1 和 PU-2 为预聚体的二种配比;TT-1 及 TT-2 系天津塑料二厂生产的堵漏剂;

2. TT-1 由 TD1 和 N-303 聚醚预聚而成。TT-2 由 TD1 和 N-204 聚醚预聚而成,它们的 NCO/OH=4.0。

根据配浆量的需要按表 15-3 配比称量,依次加入搪瓷桶中,人工搅拌,因反应发热,必要时用水冷却,使温度保持在 50℃左右;随着放热的减少,温度下降,待降至接近气温,再加入丙酮或二甲苯,放至次日备用。

配制方法:发泡灵(泡沫稳定剂)和稀释剂都可先加入预聚体中。现场灌浆前配浆时只需把预聚体和催化剂(三乙胺或三乙醇胺)定量混合均匀即可进行灌浆。催化剂使用量较小,为了减少称取误差,可配成 50% 的丙酮溶液(即催化剂与丙酮各半)。为了现场配浆方便,先测出预聚体及催化剂的相对密度,再把重量比换算成体积比。

3)环氧树脂浆材的配方及性能

(1)环氧树脂浆材的配方及性能

环氧树脂浆材是由主剂、稀释剂、促凝剂、固化剂四个组分组成。

表 15-4 中的主剂环氧树脂是二酚基丙烷型(或双酚 A 型)的环氧树脂。一般采用 E-44 (6101 号)和 E-42(634 号)两种,此种环氧树脂黏度较低,价格不高,供应较多。618 号环氧树脂黏度最低,但价格较高,性能欠佳,故很少使用。

环氧树脂浆材的组分 表 15-4

组分	作　用	材　料　名　称
1	主　剂	环氧树脂
2	稀释剂	糠醛、丙酮
3	促凝剂	苯酚、间苯二酚、焦性没食子酸
4	固化剂	乙二胺、半醛亚胺、半酮亚胺

(2) 环氧树脂浆液的配制工艺

1 号配方的配制工艺:1 号配方环氧树脂浆液中稀释剂的糠醛、丙酮用量,采用等重量比,促凝剂一般用苯酚。固化剂使用无水乙二胺或水合乙二胺。为了便于现场配浆,可预先在室内将环氧树脂与糠醛混合配成主液,这样现场灌浆时浆液温度较低。再将主液与苯酚、丙酮、乙二胺混合均匀后即可灌注,配浆见表 15-5。

1 号配方环氧树脂浆液组分及现场配浆表 表 15-5

名　　称	浆液组分(重量比)	现场配浆(体积比)
环氧树脂	100	主液
糠　　醛	40	主液
丙　　酮	40	0.41
苯　　酚	10~15	0.75~0.113
水合乙二胺	25	0.21

2 号配方的配制工艺:2 号配方环氧树脂浆液中稀释剂糠醛、丙酮用量是采用等克分子比(重量为 96:58),为计算简便,重量比取 1.5:1.0。促凝剂主要采用苯酚、间苯二酚、焦性没食子酸等三种。为了降低配浆时发热量,采用半酮亚胺或半醛亚胺作固化剂。如配浆量小,发热量不大,也可按表 15-6 配比直接使用乙二胺作固化剂。

2 号配方环氧树脂浆液组分及现场配浆表 表 15-6

名　　称	浆液组分(重量比)	现场配浆(体积比)
环氧树脂	100	主液
糠　　醛	60	—
丙　　酮	40	0.20
苯酚、间苯二酚	0~20	0~0.15
焦性没食子酸	3~5	—
水合乙二胺	25	—
半酮亚胺(水合)	—	0.36

半酮亚胺的配制如下:将搪瓷桶(30L)放在流动水中,先在桶中倒入 10L(9.6kg)无水乙二胺(98%),然后再倒入 11.3L(6.88kg)丙酮,搅拌均匀后加盖(不要盖严),经数分钟后,反应发热,温度逐渐上升。调节冷水的流动速度,控制液温不超过 90℃。反应 3 小时后,待温度下降至室温时,倒入密闭容器中备用。

为了便于现场配浆,预先在室内将环氧树脂与糠醛混合配成主液,灌浆前再按表15-6 的配比混合即成浆液。

配浆时先将促凝剂溶于丙酮中，然后与主液混合，最后迅速加入半酮亚胺，搅拌均匀倒入灌浆桶中。

苯酚用量不改变，在配制主液时先加入主液中，其他的促凝剂必须在灌浆前才加入。

2. 灌浆工艺

查清裂缝的部位及周围的工作条件，裂缝开裂的宽、长、深度，贯穿情况及漏水情况后，确定处理方案。化学灌浆的顺序如下：

1）凿槽

热轧基础为钢筋混凝土结构，裂缝深度一般为 1～1.5m，最大不超过 2m，故决定采用骑缝灌浆。用钢钎沿裂缝将混凝土表面打开，凿成"V"形槽。一般干裂缝槽宽为 80～100mm，槽深 50mm，涌水裂缝槽口宽为 100～150mm。

2）埋设浆嘴

浆嘴宜埋入裂缝（涌水）最宽处，浆嘴间距根据裂缝大小、走向、漏水情况而定，一般 0.5mm 宽的裂缝浆嘴间距取 30～50cm，5mm 宽的裂缝取 50～100cm，遇垂直贯穿缝必须在两面埋设浆嘴，且交错布设。

3）封缝

浆嘴埋设后，即可进行封缝。封缝的目的是防止压浆时浆液外漏，以提高灌浆压力，使浆液压到裂缝深部，从而保证灌浆质量，因此，封缝是很重要的工艺，不可疏忽。

干裂缝封缝时，先在"V"形槽面上用毛刷涂刷环氧基液，厚度为 1～2mm，待初凝时即用水泥砂浆抹平。

涌水裂缝封缝前，先把水引走，再用水泥砂浆抹平。如封闭不牢，可在缝面用环氧基液粘贴一层玻璃布，以提高承受压力。

4）压水（压气）检查

封缝后养护数天，待砂浆有一定强度，进行压水或压气检查，了解浆嘴与裂缝是否畅通，检查封缝是否牢固密实，并寻求灌浆参数。压水检查的压力应符合灌浆设计压力。压水时，观察裂缝是否有漏水现象，如有漏水，则重新封补。

压气检查的压力应以设计灌浆压力为准，压气时在砂浆封闭层表面（干、湿裂缝）刷一层肥皂水，如有漏气则可见肥皂水起泡，用红铅笔对该处作出标记，以便补封。压气要检查浆嘴串通情况，即沿裂缝自下而上（垂直），自一端到另一端（横缝），每一个浆嘴都要进行压气检查，以便选定浆嘴。

5）配料

根据压水检查所估计的凝结时间，聚氨酯浆液先作发泡试验，以确定催化剂的用量。然后按确定的浆液配比，先配制环氧主液，或聚氨酯预聚体，待准备就绪，再把主液或预聚体配制成浆液。

6）灌浆

灌浆使用的机具（手摇泵、搪瓷桶、量具、软管等）要求干净无水分，灌浆前可用少量丙酮清洗。

将配制好的浆液放入浆桶中，用标尺插进浆桶中，作出灌浆记录，压浆前把其余浆嘴及排水（气）嘴的阀门打开。压浆时，一开始即达到设计灌浆压力，注意观察浆嘴排水

（气）情况，待有纯浆排出，即把阀门关闭。一般灌浆按照自下而上（直缝），自一端向另一端（横缝），循序渐进。如裂缝涌水，可先从涌水量大的嘴孔进浆。防止空气混入浆内，以免影响粘结性能。

7）结束灌浆的标准

在正常压浆情况下，进浆量逐渐减少到 0.01L/min 左右，再继续压注数分钟，即可结束灌浆（具体时间视浆液凝结时间而定）。随即及时用丙酮将管路沾浆顶入缝中，预计丙酮沾满管路后，即停止压浆。

8）封孔

灌浆后一般经 3～7d，查清楚浆嘴内的浆液确已凝结后可用压水方法检查灌浆效果，如止漏效果良好，把浆嘴上的阀门取下来，将露出混凝土面的浆嘴用钢锯锯去，再用水泥砂浆抹平。

3. 涌水缝处理

电缆沟通廊底板涌水缝，长 5m、宽 1mm、深 1.1m，涌水量 14L/h，采用聚氨酯材料（一步法）灌浆堵水处理后，立即止水。经雨季观察，全缝止水，个别嘴孔冒汗，堵水效果良好。

换辊道通廊底板涌水缝，长 4.9m、宽 1mm、深 1.85m，涌水量 15L/h，采用聚氨酯材料（二步法）灌浆堵水处理后，立即止水，经雨季观察，个别嘴孔冒汗，全缝止水，堵水效果良好。

电缆沟内通廊底板涌水缝，长 5m、宽 2.5mm、深 1.1m，涌水量 48L/h，采用环氧树脂（2 号配方）灌浆处理，经二次补浆后，全缝止水，个别嘴孔冒汗，也取得良好的效果。

浆液按表 15-6 配方进行配制。

4. 潮湿缝处理

主电室挡土墙垂直贯穿缝，长 6.5m、宽 2mm、深 2m，墙下部 0.5m 渗水（120mL/h）。回填土前墙外面粘两层沥青麻布，回填土后采用环氧树脂材料（1 号配方）灌浆处理。因浆液外漏，墙下部 2.5m 处嘴孔仍渗水，经二次补浆后，雨季观察全缝干燥，个别嘴孔稍有潮湿，防渗效果良好。

浆液按表 15-5 配方进行配制。

5. 干缝处理

油库内墙与主电室隔墙柱下贯穿缝，长 7.5m、宽 1～2mm、深 0.6m。为了补强，采用环氧树脂材料（1 号配方）灌浆处理。经几年后观察，灌浆效果基本良好。

6. 化学灌浆工作中值得注意的问题

按上述方法处理的裂缝基本是成功的，裂缝的涌水及渗水已被止住。但有数条裂缝个别嘴孔部位仍有冒汗或微量渗水现象，原因有如下几方面：

1）浆液本身尚存在缺点，如聚氨酯发泡体本身的抗渗黏性尚不理想。

2）灌浆结束过早，浆液未填满裂缝面，浆液固化后还有水的通道。

3）浆液凝结时间过长，结束灌浆后，缝面浆液仍继续慢慢流到缝外去，使缝面局部脱空。个别裂缝浆液注入量大大超过缝面的容积，初步分析主要是浆液外漏渗入土层。

值得注意的问题是：

1）环氧树脂浆材要控制凝结时间，以免外漏；聚氨酯浆材要提高抗渗性能，增大粘结性能，降低收缩率，从而做到裂缝经一次处理后便全部止水不冒汗。

2）宽缝处理时，可在浆液中加适当的水泥，以降低成本。

3）改进输送泵，做到小型、轻便、灵活，一个人可以操作使用。

4）尽量不凿槽，用环氧玻璃布粘贴封闭缝面。

5）几种浆液配方密切配合使用，防止外漏，配料与压浆要配合好，减少浪费。

6）灌浆时间最好在裂缝稳定后，在冬季温度最低而裂缝开展最大时，可收到较好的效果。

15.3 采用甲凝修补大体积混凝土裂缝的经验

甲凝是化灌中常用的材料之一。在处理武钢一米七及宝钢某些工程中的露天承重结构裂缝时，使用效果较好，但缺乏详细的施工记录。这里拟介绍的一些经验，供广大建筑人员在今后的化灌工作中参考。

甲凝黏度低、渗性好、胶结牢、强度高，并能任意控制在几分钟至几小时内聚合成坚硬牢固的凝胶。用它粘补 0.2mm 以下的混凝土细裂缝，有着水泥、沥青、水玻璃、环氧树脂等材料所不能及的功效。20 世纪 70 年代初，一些基建部门先后试验成功并进入实际使用。

1. 某拱坝裂缝

某拱坝裂缝情况见图 15-3。

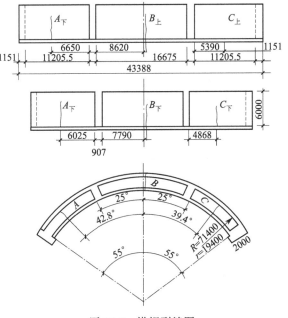

图 15-3 拱坝裂缝图

坝体为半径 14m，中心角 110°～140° 的薄壁半圆筒。全高 20m，顶跨 39m。竖向分作 4 阶，环向划成 3 段。用 C15 混凝土逐阶分段浇筑，先留两道柱式收缩缝，后期封灌成拱。

第一坝阶高 6m、厚 2m、曲长 43m。1972 年 5 月依次浇筑西、东、中三个坝段（混凝土用量在中间段约为 200m³，两侧段各 160m³），拆模后发现，三段弧墙的迎水面和背水面的中部，都有一条细裂缝。经过缝位测查及浸渗验证，说明坝体被穿透，是贯穿性裂缝，缝通上下游。

这三条裂缝有共同的特征：都在坝段中央；皆为半径方向；都有四、五米长，一缝到底，很少交叉，很少间断缝齿咬合，左右没有错痕。开裂的主要原因是混凝土拌制时水泥用量过多，水灰比偏大，气温又高，养护不够充分，致使浇筑体产生大量水化热，混凝土温升较高，降温及收缩变形较大，受到地基的约束出现较大的拉应力，其最大值在坝段中部（符合本书第六章开裂机理），超过抗拉强度开裂，每段从中间分为两段，应力释放后稳定。继续向上浇筑时，施工单位改进配合比，现场加强了养护，增补了技术措施。

水坝封拱后，上游水头曾一度升高至 3m，下游面各条缝的 1～2m 高处有白浆渗析，是氢氧化钙液体析出，说明缝直通上下游。这样的裂缝只作表面处理是无济于事的，必须完全固结裂缝，复原整体，才能确保安全蓄水。现场进行了试验，为确保强度及整体性采用甲凝注液。

2. 甲凝配制

1）配合比和性能

甲凝是由单体甲基丙烯酸酯加引发剂和促凝剂而生成的高分子聚合物，为了控制反应条件，可适量地掺入不同作用的调节剂，通常采用表 15-7(a) 所列的材料配制。

甲凝的化学组成　　　　　　　　　　　　　　　　表 15-7(a)

材料名称	作用	状态	性质	用量范围(%)	代用材料
甲基丙烯酸甲酯	主剂	无色液体	易聚合	100	邻苯二甲酸二丁酯
丙烯腈	增塑剂	无色液体	有腐蚀性	10～15	
甲基-丙烯酸	亲水剂	无色液体	易聚合成水溶性聚合物	0～5	
水杨酸	解热剂	白色纤毛状粉末	有毒性	0～1	
过氧化苯甲酰	引发剂	白色细晶粒	易燃撞击受热时易氧化	0.5～2	过氧化氢高硼酸盐
对甲苯亚磺酸	抗氧剂	水溶性白色结晶	易氧化	0～0.5	
二甲基苯胺	促凝剂	无色油状液体	微溶水，易挥发	0.5～2	
铁氰化钾	抑制剂	赤褐色粉末	水溶液易水解	0～0.5	二乙基苯酸

甲凝的主要物理力学性能　　　　　　　　　　　　表 15-7(b)

	项　目	数　值	备　注
浆液	黏度(0.1Pa·s)	0.97	20℃的水为 1.005
	表面张力(dyn/cm²)	23	是水的 1/3
凝胶	抗压强度(MPa)	63.5～82.0	用 8 字试件进行抗拉试验未在粘结面断环氧树脂收缩率<70%
	抗拉强度(MPa)	21.3～22.2	
	与混凝土粘结强度(MPa)	3.0	
	收缩率(%)	<0.1	
	化学稳定性	耐酸、碱、汽油	

2）影响因素

甲凝从配液预聚到压浆聚凝，一直进行着连锁型的放热反应。反应的速度及程度跟许多因素有关。施工时需要特别注意的是氧、水、黏度、配量。

（1）氧

氧对单体聚合的影响很突出，并且在低温下起阻聚作用，在高温下起催化作用。因为在聚合初期，过量的氧会使已活性化的单体分子生成过氧化物，从而破坏极性基的聚合倾向，阻碍高分子链的增长。所以，将刚配好的浆液接触空气，就长期无聚合物生成，停滞在流态或黏稠态。但是温度升高以后，情况就不同，过氧化物受热逐渐解体，反过来变成活化中心。温度越高，活化能越大，甚至导致爆发性聚合。因此，在甲凝聚合中，隔氧比纯化单体的除氧更为重要。实践证明，只要密封预聚至 45℃ 以上再灌注，即使不加抗氧剂，也能够结成坚硬固体。

（2）水

甲基丙烯酸甲酯的水溶性非常弱，配液预聚时，由于加了一点亲水剂，水中的 pH 值有助于引发剂的分解，所以原剂含有微量的水分影响并不大。但是，当注浆聚凝时再遇水，则影响很大。这说明水是干扰甲凝聚合的分散介质。如同预聚时必须隔氧一样，注浆时必须隔水。所以，补缝前应先对缝面进行干燥处理，否则就会影响粘结质量。

（3）黏度

甲凝的黏度是单体转化率的一种标志，可以用浆液的温度来判别、衡量，见表 15-8。

甲凝的温度同黏度、聚合程度的关系 表 15-8

温度（℃）	＜40	45～50	55～60	65～70	75～80
相应黏度	不黏	带黏	较黏	极黏	凝固
聚合程度	始聚	半聚	大聚	爆聚	完聚

黏度增长的快慢，不仅取决于聚合时间的长短，而且与环境温度的高低，剂料（特别是引发剂）掺量的多少有关。选择合适的注浆黏度，是补缝工艺的重要一环。太稀，容易被混凝土毛孔吸渗跑浆；过稠，又可能造成压注困难，甚至在输液中途便胶凝堵管。通过试验得知，在注浆压力为 0.4～0.6MPa 的条件下，灌注呈黏稠状的浆液最为恰当。相应的预聚温度为 45～55℃，同隔氧要求的下限温度恰好是一致的。

（4）配量

一次配量多，放热大，聚合快；一次配量少，放热少，聚合慢。这是明显的规律，但是，施工中并不容易把握。为了避免材料浪费或窝工，按配量表（表 15-9）先定出各种配量的适用情况和预聚时间，施工时依缝对号。

拱坝补缝甲凝配量表 表 15-9

一次配料量（mL）	1（主剂）	100	200	400
	2	15	30	60
	3	3	6	12
	4	1	2	4
	5	1.54	3.07	6.14
	6	1	2	4

总量(mL)	121.54	243.08	486.16
适用场合	① 裂缝顶部	① 裂缝中上部及根部	① 裂缝腹部
	② 缝宽 0.2mm 以下	② 缝宽 0.2~0.5mm	② 缝宽 0.5mm 以上
	③ 嘴位不良,进浆慢	③ 嘴位一般	③ 嘴位好,进浆快
	④ 补充灌注	④ 正常灌注	④ 开始正常灌注
预聚时间(从加二甲基苯胺到注浆)(分)	20~25	25~30	30~35

注：中午气温高，预聚时间短些；早晚气温偏低，预聚时间长些。

3. 注浆

根据试验显示的规律和拱坝工作面的具体条件，在复查裂缝之后，制订了注浆计划，对每条缝的进浆量，所需时间及灌注中可能出现的问题作了估算和分析，施工单位采取的程序和做法如下。

1）缝面清理

为了保证质量，修补前必须把缝面清理干净：①用钢丝刷和压缩空气自上而下扫刷缝面，确保裂缝左右 8cm 内洁净无尘；②做好上游排水导流，裂缝根部筑小围堰，掏尽渗水后，用电吹风将缝吹干；③布嘴前用丙酮和苯液沿缝迹擦洗。

2）定位布嘴

这是注浆顺利与否的关键。嘴位选择不当，进浆量少且慢；粘嘴不牢，就可能错动或冲落，造成返工或浆液喷溅。为此应：①先巡视全缝，按大约 50cm 的间距分段初选嘴位，再用刻度放大镜以 10cm 左右的幅度上下移动，找出最清晰的位置，用红铅笔划定，并依序编号，记录相应缝宽；②裂缝首尾端均须布嘴，转岔处尚应加嘴；③在所定嘴位上预插一根细针，将钢嘴底盘周边抹一细圈 1~2mm 的环氧胶泥（谨防太多了堵孔），对准细针徐徐套入，贴紧缝面后，再用环氧胶泥将底盘外缘与混凝土粘固，并注意观察钢嘴与细针的相对位置，如有错动，则应掀开，重新检查缝面，重新对嘴；④布嘴胶泥宜少配，加快硬固（配方见表 15-10），必要时可用工业胶布协助固位。

环氧胶泥配合比　　　　　　　　　　　　　　表 15-10

材 料 名 称	重　量　比	
	布嘴胶泥	闭嘴胶泥
环氧树脂(6101)	100	100
邻苯二甲酸二丁酯(工业用)	30	30
三乙烯四胺	12~14	10~12
水泥	350~400	250~300

注：配制量掌握在二十分钟内用完，宜少量多次配用。

3）封闭缝口

嘴子布好后，用油工铲将闭缝环氧胶泥均匀平整地刮到裂缝缝口上，厚度约 0.5cm，宽度为 5~6cm，遇到麻面处应酌情加宽。接触钢嘴底盘处，为连接牢固，最好多抹一层胶泥。

4）压风试漏

为了检查嘴子是否通达，缝口是否密闭，灌浆前先要灌气：①向一嘴压风（$P=$

0.3～0.4MPa），若其他嘴都有气流喷出（有时甚至发出响声），则说明完全相通；若某嘴连抹上肥皂水都毫无反应，则说明此嘴布设不良，应予返工；若仅个别嘴不透气，则可能属于连通不良，也可能某个嘴孔堵塞了，暂作记号，待换嘴试验后再决定取舍。对受污染的裂缝，这一步宜在闭缝之前进行，以便布嘴后先用风吹除嘴内灰屑，并起到干燥缝面的作用。②将各嘴套上乳胶管，留一嘴压风，在附近两嘴间的闭缝层上下左右，来回刷肥皂水两遍，风冒泡处均应用红笔划出。逐嘴查试后，小漏处可用石蜡涂补，严重处仍使用环氧胶泥加抹封漏。③处理后，酌情选嘴作二次试漏。

拱坝各条缝试风的结果，约有 60% 的嘴是上、下游面相通的，90% 以上的嘴是垂直上下互通的，进一步显示出开裂的严重性。

5) 灌注甲凝

在充分作好上述准备工序的基础上，便可自下而上，先一面再另一面的对缝注浆。步骤是：①关闭截止阀，将输浆管端部套在注浆嘴上，用细铅丝拴紧，防止滑脱。②将按需量配制的、预聚至 50℃ 左右的浆液倒入压浆罐并且盖严。③打开截止阀，再逐渐打开风门，缓缓升压，把浆顶入缝内。④观察压力表变化，操作风门，使压力保持在 0.5～0.6MPa。若风压微微下降，说明正在进浆；若风压长时间稳定或有超过 0.6MPa 的趋势，则说明已经饱和，需换嘴注浆。⑤观察玻璃管内流动情况，通知继续配浆的数量及加促凝剂的时间。一次配量灌完后，重复以上流程续注。⑥待上面的一个嘴出浆时，可立即用乳胶管将浆嘴封套，把罐内剩余的浆液注完后再换嘴。也可立即关闭风门，降低压浆罐的高度，让输浆管内的剩余浆液流回罐内，再关闭截止阀，拔出胶管，换嘴后再注浆。

拱坝三条裂缝的注浆情况详见表 15-11。A 缝有一个嘴进了 2000mL 浆液，可是 B 缝顶部有一个嘴连 100mL 都没进完。有的嘴灌注时，上面三个嘴（计 1.6m 高）几乎同时出浆。但是上游面或下游面的甲凝在坝体内的交联情况不详，按甲凝的垂直渗透能力来估计，水平渗透 1m 还是能够达到的。

拱坝裂缝注浆统计 表 15-11

缝　　号	A		B		C		总　　计
	上游面	下游面	上游面	下游面	上游面	下游面	
注入浆液(mL)	1940	5560	1940	2180	2300	3900	18000
浪费浆液(mL)	120	720	480	480	120	360	2280

6) 封孔收尾

每个嘴子注满后，要马上套封乳胶管，以防甲凝组分的挥发及空气中的氧对聚合反应的影响。四小时后，可将嘴子敲下，抹上闭缝胶泥。嘴子上的粘结物可用火烧去，擦洗后，以备再用。

每次注浆完毕，都应将所用的全部器具及时用丙酮或苯液洗净。如压浆罐外有甲凝凝堵，也可用火烧除。输浆管凝堵，则宜更换，如用溶剂冲洗费用偏高不划算。

该拱坝采用甲凝补缝是成功的，现已蓄水 20m，满荷受力，无沿缝渗漏情况。通过这一实践，可以认为：

(1) 甲凝的可灌性好，力学强度比混凝土高，确实是细裂缝补强防渗的优级材料。

(2) 甲凝注浆不仅可以处理短浅的细缝，而且可以处理大裂面的细缝；不仅适用于一般混凝土结构构件，而且完全可以用于水坝、桥涵、隧道、矿井、岩基等各类工程建筑的裂缝修补，所以是一种很有发展前途的化学粘结法。

（3）甲凝注浆的设备简单，操作不论工作面大小都能适应。

（4）普通甲凝忌水，不能作为直接的堵漏材料，还要求粘结面必须干燥，因此，其应用有一定的局限性。但近年来出现有改性亲水甲凝，在宝钢工程中应用的抗压强度达 100MPa。

（5）甲凝材料费用比较昂贵，而且目前原材料又供不应求，较难购置。

15.4 氯化铁防水技术

从 20 世纪 70 年代起，我国东北大学及山东省建筑科学研究所等单位在氯化铁防水技术的研究与应用方面获得很大成就。防水剂的主要原料为轧钢废料——氧化铁皮和工业盐酸组成。该技术以改善混凝土的内部组织来达到防水的目的，其工艺流程主要是：

氧化铁皮＋工业硫酸（重量比 1：2）$\longrightarrow$ 气催法（0.5～1h）$\longrightarrow$ 防水剂成品

氯化铁防水剂的防水性能良好而稳定，用氯化铁防水剂配制的砂浆（氯化铁砂浆）及混凝土（氯化铁混凝土）抗渗抗压抗腐蚀性均好。其原理是在混凝土（砂浆）拌合物中进行了合理级配，使骨料间填充密实，再加入适量的氯化铁防水剂与水泥中易溶于水的氢氧化钙起作用，便产生了一种难溶胶体，因胶体填充了砂浆及混凝土中的微孔和裂隙，故而提高了抗渗能力和强度。

1. 氯化铁防水方法

氯化铁防水有两种方法：一是氯化铁砂浆抹面；对地面、墙面、顶面采取五层砂浆抹面防水。二是浇筑氯化铁混凝土；采用于承重结构的防水混凝土及钢筋混凝土的捣制。

2. 氯化铁防水的优缺点

优点有：

1）操作简单，施工方便，工艺容易掌握，便于推广。

2）货源充足，价格便宜，经济效果好。

3）防水效果较好、可靠。

缺点是在无压情况下有效，带压堵漏无效，遇有压力漏水情况必须采用辅助措施。

科研单位为了探索氯化铁防水混凝土的最优配比进行了大量试验，一种较好的配比如表 15-12 所示。

氯化铁防水混凝土抗渗指标对比表 表 15-12

水泥品种及强度等级	混凝土配合比 水泥：砂：石；水灰比	氯化铁防水剂掺量 （%）	（养护七天）抗渗等级	渗水高度 （cm）
矿渣硅酸盐 32.5 级	1：2：3.5；0.449	1.2～3	＞38	0

注：氧化铁掺量指固体物含量。

抗压强度可提高 35% 左右，对各种溶液的作用，如酸、碱、油、盐、氨水等也有一定抗蚀能力。

表 15-13 中对比了各种不同氯化铁防水剂掺量的砂浆抗压强度，表 15-14 则为各不同生产单位氯化铁防水剂的主要指标。

氯化铁防水砂浆抗压强度对比表　　　　　　　　　　表 15-13

水泥品种及强度等级	氯化铁防水剂掺量（%）	抗压强度（MPa）		提高或降低 %	备　　注
		7d	28d		
矿渣硅酸盐 水泥 32.5 级	0	34.5	51.5		
	3	41.1	58.1	+13	
	5	44.8	64.5	+25	

注：矿渣硅酸盐水泥 32.5 级掺 3%，防水剂 28d 提高 13%，7 年龄期提高 21%。

氯化铁防水剂主要指标　　　　　　　　　　表 15-14

研制单位	防水剂生产单位	比　　重	氯化铁防水剂溶液含量（g/L）		
			$FeCl_3$	$FeCl_2$	合　计
苏联	苏联	>1.30	—	—	—
山　东	青岛化工厂	1.30～1.32	322	8.36	330.36
	滥情化工厂		45.5	346	387.5
东　北	东北大学	1.42～1.44	339.71	236.71	570.05
	沈阳南七化工厂		294.81	294.81	585.32
	第一冶金建设公司		236.50	259.34	495.81

研制单位对氯化铁砂浆及混凝土的防渗机理也进行了宏观及微观的研究工作，探索了氯化铁砂浆及混凝土钢筋的锈蚀问题，发现无锈蚀现象。

氯化铁砂浆及混凝土在国内一批重大的地下、水下工程，如人防、隧道、矿井、水池、国防等上百项工程（像知名的沈阳浑河隧道、武钢 2 号泵站等）中推广应用，并取得了很大成功。

15.5　地上结构物裂缝的一般修补方法

对受损坏的地上钢筋混凝土梁、柱、屋架等结构物在恢复使用之前，必须作妥善的修补处理，否则建筑物不能安全使用，会留下隐患，严重者势必造成安全事故。为修补钢筋混凝土梁、柱、屋架的裂缝，使之恢复或增加承载能力，达到安全使用的目的，过去多采用钢材加固处理，用这种方法加固钢筋混凝土梁、柱、屋架等大量的裂缝，不仅用钢量大，施工困难，且工期较长不能满足迅速恢复生产的要求。

为了保证修复工程质量和加快施工进度，常用化学灌浆法修补钢筋混凝土柱、屋架等大部分裂缝，仅少量损坏严重者才采用钢材加固处理，以迅速地完成钢筋混凝土构筑物裂缝的修复工作。现举例介绍如下。

1. 结构物裂缝的概况

地震区某厂有钢筋混凝土柱 200 多根，普通钢筋混凝土屋架 140 多榀，还有一些钢筋混凝土竖向支承。在强烈地震以后，产生了各种各样的裂缝，一般多在 1mm 以下，包括有一些 0.2mm 以下的裂缝，个别裂缝宽达 2mm 以上。因地震而产生的大小裂缝的共同点是，裂缝内部都比较干净，对采用化学灌浆法修补具备有利条件。裂缝大体上有以下三种形式：

1）非贯通裂缝

这种裂缝的宽度一般都较小，大多在 0.5mm 以下，而且裂缝的一端较大，然后越来越小。

2）环状裂缝

它是沿钢筋混凝土梁、柱形成的横向环状裂缝，缝的宽度一般在 1mm 以下，有的裂缝可能是贯通的。

3）端部混凝土酥松的裂缝

这种裂缝一般大小为 1mm，缝的端部混凝土酥松程度也不相同。

2. 化学灌浆材料及施工

上述三种不同形式的裂缝分别对待：其中（1）、（2）两种裂缝采用环氧灌缝处理，修复的大小裂缝共一千多条。后一种裂缝中，因破坏严重钢筋已受拉伸者，由于失去原有功能，需用钢材或其他方法进行加固；对钢筋无明显塑性变形，混凝土未严重破碎者，仍采用环氧灌缝处理，不过对这种裂缝，首先应将酥松混凝土部分去掉，表面涂抹 0.5~1mm 环氧煤焦油胶泥，待初凝后用 1：2 水泥砂浆堵洞抹平，凝固后再进行环氧灌浆处理。在这种情况下环氧灌浆材料不仅能充满裂缝，还能把酥松的混凝土重新粘结在一起，起到加固的效果。环氧煤焦油胶泥配合比见表 15-15。

环氧煤焦油胶泥配合比　　　　　　表 15-15

材 料 名 称	规　　格	配合比（重量计）
环氧树脂	E-44(或 E-42)	100
煤焦油	高温焦油，用时脱水	33
二乙烯三胺（或乙二胺）	工　业	13~15(8~10)
甲　苯	工　业	0~10
水　泥		100~150

一般环氧灌缝材料具有良好的物理力学性能，抗拉强度一般在 15.0MPa 以上，抗压强度一般在 60.0MPa 以上，与混凝土的黏结力一般大于 2.5MPa。但环氧树脂的黏度很大，为满足施工黏度要求，需加适当的稀释剂加以稀释。

某厂修补时配制试验的环氧灌浆液的配合比和性能如表 15-16 所示。

环氧灌浆液的配合比和性能　　　　　　表 15-16

材料名称	规　　格	配　　合　　比　　（重量计）				
环氧树脂	E-44(6101 号) 或 E-42(634 号)	100	100	100	100	100
甲　苯	工　业	34~40	—	—	—	—
糠　醛	工　业	—	20~25	50	50	10
丙　酮	工　业	—	20~25	60	60	20
苯　酚	工　业	—	—	10	—	—
乙二胺	工　业	8~10	15~20	20	20	—
丙酮-乙二胺	自配	—	—	—	—	—
糠醛-乙二胺	自配	—	—	—	—	33
施工使用性能		固化快，流动性稍差	2d 后为弹性体，流动性较好	7d 后为弹性体，流动性很好	6d 后为弹性体，流动性很好	4d 后为弹性体，流动性很好

根据上述各种浆液的施工使用性能，决定修补裂缝主要使用甲苯作稀释剂配成环氧浆液，以便加快施工进度。在灌浆以前，必须将裂缝两侧 2～3cm 处混凝土表面灰尘、浮渣及松散层等清除干净，露出混凝土本体。然后用油工刀把环氧胶泥（配合比见表 15-17）刮抹在已用甲苯擦干净的灌浆嘴的底盘上，厚度为 1mm 左右，然后将灌浆嘴的进浆孔对准裂缝贴到所定的位置上即可。灌浆嘴粘住以后，沿裂缝两侧薄涂一层环氧底漆（配合比见表 15-18），以便封缝时胶泥粘结良好。涂环氧底漆的宽度为 2～3cm。涂完环氧底漆后，封闭裂缝时，用油工刀将封闭裂缝用的环氧胶泥（配合比见表 15-19）刮抹到裂缝处，胶泥厚度在 1mm 左右，封缝宽度为 2～3cm。刮抹胶泥时尽可能防止小孔并使之表面平整，以保证裂缝的密封效果，能承受较高的灌浆压力。待封闭裂缝用的胶泥固化以后（一般在常温下经过一天时间即可）进行灌浆。灌浆前，一方面在灌浆嘴口上套好长约 8cm 的乳胶管，作为灌浆时进浆和封闭之用；另一方面进行通气，检查裂缝封闭情况和灌浆嘴与裂缝的连通情况。若封闭不严，对不严实处可用水玻璃防水剂（配合比见表 15-20）堵漏，然后把配好的环氧灌浆液（配合比见表 15-16）倒入压浆罐中加压并往裂缝内灌浆。此时，需要保持灌浆压力 0.2MPa 以上，待浆液从进浆嘴进入到从另一灌浆嘴流出时，用细铁丝把出浆嘴口上胶管封闭，然后继续加压灌浆，直到压力基本稳定后，再保持一定的灌浆时间。时间长短看裂缝大小和灌浆嘴埋设的间距而定，一般在 2min 左右。结束灌浆时，必须在设计灌浆压力下封闭所有的浆嘴，以保持裂缝内浆液的压力，使固结体密实，与缝壁粘结牢固。待裂缝内的浆液不流以后，即可将灌浆嘴打下，并用封闭裂缝用的环氧胶泥或掺入水泥的灌浆液把灌浆嘴封好。至此，裂缝的修补工作即告完成。取下的灌浆嘴用火烧掉固化的浆液，刮干净并用砂纸打磨一下灌浆嘴的底盘，即可反复使用。

环氧胶泥配合比   表 15-17

材 料 名 称	规 格	配方Ⅰ(重量计)	配方Ⅱ(重量计)
环氧树脂	E-44(6101 号)或 E-42(634 号)	100	100
邻苯二甲酸二丁酯	工业	30	10
甲 苯	工业	—	10
二乙烯三胺	工业	13～15	13～15
（或乙二胺）		(8～10)	(8～10)
水 泥		350～400	350～400

环氧底漆配合比   表 15-18

材料名称	规 格	配 合 比 （重量计）
环氧树脂	E-44(6101 号)或 E-42(634 号)	100
邻苯二甲酸二丁酯	工业	10
甲 苯	工业	50
乙 二 胺	工业	8～10

封缝用的环氧胶泥配合比   表 15-19

材 料 名 称	规 格	配合比Ⅰ(重量计)	配合比Ⅱ(重量计)
环氧树脂	E-44(6101 号)或 E-42(634 号)	100	100
邻苯二甲酸二丁酯	工业	30	10
甲 苯	工业	—	10
二乙烯三胺(或乙二胺)	工业	13～15(8～10)	13～15(8～10)
水 泥		250～300	250～300

材　料　名　称	规　　格	配合比(重量计)	备　　注
水玻璃	工业	400	配好的溶液比重为 1.50 左右
硫酸铜	工业	1	
重铬酸钾	工业	1	
水	自来水	适量	

水玻璃水泥浆防水剂　　　　　　　　　　表 15-20

注：1. 先将硫酸铜和重铬酸钾溶于适量的热水中，待冷却到室温后，将此溶液分数次倾入水玻璃中，充分搅拌均匀，即成防水剂，放在带盖的容器中备用；

2. 使用时，取出部分防水剂加入适量的硅酸盐水泥，即成水玻璃水泥浆。

3. 关于保证裂缝修补的质量问题

采用环氧灌浆修补钢筋混凝土构筑物的裂缝，在国内外应用较广，因为这种方法操作简便，易于掌握，技术比较成熟，用它修补钢筋混凝土构筑物因地震而产生的裂缝也取得较好的效果。实践证明，这是修补钢筋混凝土构筑物的一种较好的方法。但是应注意到，裂缝修补质量的好坏，与操作质量和施工经验有很大关系。

首先，要把好粘贴灌浆嘴这一关。应根据裂缝的走向考虑布置灌浆嘴的位置，同时灌浆嘴要粘在裂缝较宽处，并使灌浆嘴的进浆孔对准裂缝，保证灌浆嘴与裂缝连通。在一条裂缝上应布置进浆、排气、出浆用的灌浆嘴，至于灌浆嘴的间距要根据裂缝的大小和结构形状确定。形状复杂的裂缝应在裂缝的交错处加设灌浆嘴，可多粘几个。贯通裂缝必须在两面粘灌浆嘴，且交错进行。总之，粘贴的灌浆嘴要四通八达，以便灌浆时进浆顺利。

其次，要把好灌浆压力关。修补的钢筋混凝土构筑物裂缝一般都比较细小，因此完全靠压力把浆液注到裂缝内部。裂缝内浆液是否饱满取决于灌浆的压力大小。为了保证浆液能充满裂缝内的空间，灌浆压力不能低于 0.2MPa，而且在灌浆过程中还必须封住进浆嘴和出浆嘴，以保证裂缝内的浆液在有压力的状态下固化，否则会造成裂缝内浆液不满。实践证明，灌浆的施工操作比较简单，但要求仔细，只要认真进行操作，一般都可以保证修补质量。在施工前需做模拟试验，灌浆完毕固化以后，应砸开混凝土进行仔细检查。若浆液都渗透到了混凝土最微小裂缝中，把混凝土粘结在一起，用大锤把试件砸断时，也没有发现原裂缝处断开，那就说明效果较好。

15.6　可延性堵漏构造

当结构整体连续时，各点的变形很小，变形被分散，一旦形成裂缝，便使得变形集中，裂缝宽度在波动着。如裂缝间距很长，裂缝宽度随着时间而波动的幅度很大，则堵漏较为困难，因为这种裂缝有较大的可延性。有的裂缝曾经注入过止水浆液，短期内也不渗不漏，可是后来又开裂，逐渐发生渗漏，可见这种裂缝仅靠注浆止水，仍不能解决漏水问题。为保证长远止水效果，有些单位正在研制和开发弹性灌浆材料。

新中国成立以来各工业部门，如建筑、水利、农业、交通、国防等工业部门基建和使用方面都体验到伸缩缝漏水部位较多是最难处理的防水问题。我们调查了一条五公里长的地下通廊，在三百余条漏水部位中，伸缩缝漏水部位 160 余处占 50%。伸缩缝的堵漏必须采用可延性堵漏技术，研制韧性材料。这种材料延伸率较高，如弹性聚氨酯和弹性环氧材料。下面介绍一种有利于克服这种活动裂缝的可延性止水方法。

煤焦油聚氯乙烯胶泥,是一种定型防水材料,有较好的防水效果和一定的弹性。在常温下,与混凝土的粘结力大于0.1MPa,延伸率大于100%。该材料不能顶水使用,使用部位必须干燥,材料最好在热状态下施工。

首先,在活动裂缝中注入止水浆液以稳定裂缝;其次在裂缝表面涂刷一层过渡层(胶泥:糠醛＝1:2)材料,以保证煤焦油聚氯乙烯胶泥的粘结效果。因为该种胶泥在混凝土中的渗透性很差,直接与混凝土粘结的效果不佳。然后将备制好的煤焦油聚氯乙烯胶泥倒入锅中,用文火加热,同时进行搅拌,当温度升到135℃,恒温5min后,将其灌入槽内。灌注的胶泥温度不宜低于110℃,厚度在40mm左右,冷却后再在其上用水泥砂浆抹光,见图15-4,一般使用效果较好。与此同时,再介绍其他两种可延性堵漏构造,见图15-5和图15-6。

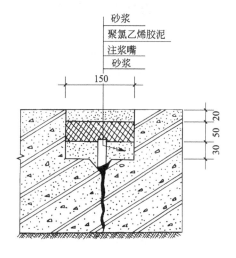

图 15-4 活动裂缝或伸缩缝可延性
堵漏构造之一

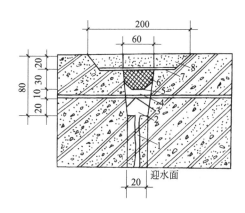

图 15-5 活动裂缝成伸缩缝可延性堵漏构造之二
1—裂缝或伸缩缝;2—丙凝;3—白铁皮;4—快硬
水泥砂浆;5—环氧胶泥;6—防水油膏;
7—玻璃布;8—水泥砂浆

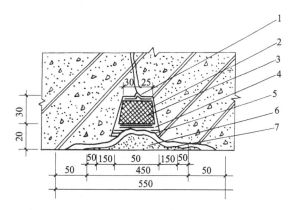

图 15-6 活动裂缝成伸缩缝可延性堵漏构造之三
1—环氧胶泥玻璃布;2—环氧胶泥;3—沥青油膏;4—玛琋脂;
5—麻布两层;6—水泥砂浆;7—砂浆找平

由图可见,可延性堵漏的施工比较复杂,如能使用具有较高延伸性能的材料作为化灌材料,则构造大为简化,直接用一种材料封缝便可起到既防渗又能适应变形要求的作用。当前,水溶性聚氨酯、弹性聚氨酯和弹性环氧等注浆材料,正逐步获得应用和推广。从变形角度,要求这类材料的延伸率能长期保持在 5×10^{-3} 以上才能适应变形的要求。在混凝土工程裂缝处理中,一般具有 5cm 宽的堵缝带(凿缝宽度)可承担 $5 \times 5 \times 10^{-3} = 0.025\text{cm} = 0.25\text{mm}$ 的变形,超过了一般裂缝波动幅度。

15.7 从材料的角度看控制裂缝的发展方向

大家知道,现代建筑材料的发展趋势是"提高强度",创造高强钢筋和高强混凝土。发展的目的是节约材料和减轻自重。在某些特殊领域,如预应力跨度结构,其应用是很有价值的。在超高层建筑中可减小截面,减轻自重。

但是,一般建筑结构中,从结构的裂缝控制观点看来,高强的建筑材料优越性得不到充分发挥,在设计强度的 30% 以内,材料已经开裂,而且高强材料往往伴随着脆性。有些工程,在其结构强度还远未发挥出来的时候,即因为开裂而进行了加固补强,提高混凝土的抗压强度对抗拉作用不大。如 C10~C20 的混凝土的抗拉强度约为抗压强度的十分之一,($R_f = 0.1R$,C60 时 $R_f = 0.05R$)。所以建筑材料如能向提高"韧性"的方向发展,将会有更大的国民经济意义。

国内外 50 年代发展起来的钢丝网水泥就是一例。钢丝网水泥也是一种钢筋混凝土。它由粒径 0.5~1.5mm 的细骨料和水泥组成混凝土,用直径 1mm 的细钢丝网分散配筋,组成一种新的复合材料,具备了一系列普通混凝土所不能具备的特性:高弹性,良好的抗裂稳定性,具有相当高的抗拉能力,相应的较高强度和适应薄壁结构等,在各种轻型大跨度屋盖结构、大型容器和中小造船工程的应用中进展很大。

值得注意的是,这样配筋的砂浆混凝土结构在弯曲与轴拉作用下,第一批裂缝的出现不仅与水泥材料活性及用量有关,而且与配筋率有显著关系。相同配筋率条件下,增加钢筋与砂浆接触面积可提高钢丝网水泥的抗拉强度。钢丝网水泥极限抗拉强度达 8.0MPa 以上。细钢丝网与砂浆的结合可以使它的极限拉伸接近钢丝的极限拉伸。

其出现裂缝的拉应力为 3.1~3.2MPa,极限拉伸为 $5 \sim 6 \times 10^{-4}$,构件完全断裂的相对变形 $\varepsilon = 15 \sim 18 \times 10^{-4}$,这些都远远超过了普通钢筋混凝土的抗裂性能,所以这种结构具有很高的抗渗能力(可抵抗 10 个以上水压头)。

为改善混凝土脆性,提高其韧性,从 60 年代开始,对纤维混凝土进行了大量的研究。有的国家 1972 年获专利权,最近几年,我国也开始了这方面的研究,并在高速公路路面、桥面板、特构中获得初步应用。纤维种类很多,如塑料、玻璃、钢丝等。用直径为 0.005~0.015mm 的玻璃丝,0.15~0.75mm 的尼龙丝、钢丝等,纤维长 0.1~7.62cm 分散地掺在混凝土中,组成一种新的复合材料。它可以提高抗拉强度 1~3 倍,抗弯强度 1~5 倍,提高冲击韧性 10 余倍。其机理是缓和混凝土内部应力集中,提高了抗裂能力。

以体积配筋率为 1.5% 的钢纤维混凝土为例,与普通混凝土比较,早期抗裂强度可提高 1.5~2 倍,抗拉抗弯强度提高 1.5~1.8 倍,极限拉伸(即开裂强度)可达 4.6MPa,延伸率提高 2 倍左右,抗压强度提高约 1.3 倍,抗剪强度提高 1.5~2 倍。此外钢纤维混凝土的韧性是普通混凝土的 $40\sim200$ 倍，耐冲击性能约为普通混凝土的 $5\sim10$ 倍。

复合材料的变形性能包括拉伸、压缩、剪切、扭转、弯曲、转角等。近年来，纤维增强的耐热材料获得进展，这些新成就展现了钢筋混凝土朝着提高韧性方面研究的广阔前景。

一项新技术的发展不可缺少的条件是经济效益，在大量应用中必须考虑这一因素。钢纤维混凝土在力学性能方面具备很大的优点，但一般说来，其造价比较昂贵，目前只在特殊工程中获得应用。

塑料混凝土的研制已进行多年，在已研制成功的塑料混凝土中，有的类型完全可以满足高延伸率性能的要求，但仍然由于昂贵的造价而不能大量推广应用。

近年来国外关于微膨胀混凝土的研究与应用有新的发展，特别是用在一些中小型工程上效果比较显著。其主要的问题是膨胀稳定性，有些材料不易达到控制微膨胀的施工要求；有些材料早期膨胀，后期收缩；有些则徐变太大，应力松弛颇多，预膨胀压应力衰减显著，后期收缩虽然较小，但后期弹模增加，仍然可产生显著的拉应力。其最终结果达不到长期收缩的补偿目的。关于这类材料的稳定性方面的改善问题还要做许多工作，特别注意早期微膨胀产生的预应力被早期徐变松弛的缺陷。新材料的开发固然是很重要的一方面，但正如本书的基本观点，控制裂缝是必然综合结构、施工、材料、地基基础、环境诸多因素的综合技术。应特别重视材料试验条件与实际结构状况的差异。

16 工程结构裂缝控制新发展

16.1 大体积混凝土的瞬态温度场和温度收缩应力的计算机仿真[1]

对于大体积混凝土，我们希望既能实现一次浇筑不设任何施工缝或后浇带，又能保证混凝土结构不产生有害的贯穿性裂缝。为此，需要控制混凝土在浇筑和凝固养护时期的温度场和温度收缩应力，只要使混凝土在各龄期的温度收缩应力小于相应时期的混凝土抗拉强度，则这一目标是可以实现的。

我们以某大型地下建筑的筏式底板为例，在 DO960 数模混合仿真系统（DORNI—ER960 SIMULATION SYSTEM）上对混凝土的瞬态温度场和温度收缩应力进行了数模混合仿真。由于仿真中可同时计及混凝土各项参数、环境条件和一些参数（例如混凝土弹性模量、松弛系数等）随时间的连续变化，因此，可较精确地仿真混凝土表面至中心各层的温度分布及其随龄期的连续变化和混凝土的温度收缩应力。仿真结果表明，像这样的大面积筏式底板一次浇筑（不设施工缝或后浇带）而不产生有害的贯穿性裂缝是能实现的。

1. 温度场的物理模型和数学模型

该大面积混凝土底板的平面尺寸达 $160\text{m}\times140\text{m}$，厚度为 0.8m。底板浇筑在土壤地基上，上部假设用两层草袋覆盖养护。因此，混凝土上部水化热经草袋导热，草袋则由空气对流散热，混凝土下部则经土壤导热。其与外界的热交换如图 16-1 所示。

底板下面的土壤地基应视为半无限大物体。按不稳定热理论，当混凝土温度发生变化时，受混凝土温度影响的土壤深度不是一个定值，而是随时间的增加而增加的变量。理论上说，随着时间 t 的增加，受影响的土壤深度 x 也将不断增加。但实际上达到一定温度后土壤的温度变化已很小，在工程上可视为已无影响。根据实践经验，在计算中，将受影响的土壤深度取为 1.5m。

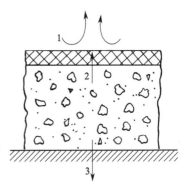

图 16-1 热交换的物理模型
1—草袋通过空气散热；2—混凝土上部经草袋导热；3—混凝土下部经土壤导热

有内热源的瞬态温度场可用下述偏微分方程描述：

$$\rho c \frac{\partial T}{\partial t} = \frac{\partial}{\partial X}\left(K_x \frac{\partial T}{\partial X}\right) + \frac{\partial}{\partial Y}\left(K_y \frac{\partial T}{\partial Y}\right) + \frac{\partial}{\partial Z}\left(K_z \frac{\partial T}{\partial Z}\right) + f(X,Y,Z,t) \quad (16\text{-}1)$$

❶ 参加本课题研究的有黄善衡教授。

式中　　　　　ρ——混凝土的质量密度（kg/m^3）；

　　　　　　　c——混凝土的比热（J/kg·℃）；

　　　　　　　T——混凝土的温度（℃）；

　　　　　　　t——时间（s）或（d）；

　　K_x、K_y、K_z——混凝土在 X，Y，Z 三个方向上的导热系数；

　　$f(X,Y,Z,t)$——热源的放热率(J/m^3·s)。

对于大多数大体积混凝土，其厚度远比平面尺寸小，这样可忽略混凝土温度沿其长度和宽度方向的变化而只需考虑沿厚度方向的变化。因此问题可简化为一维瞬态热传导问题，同时认为混凝土的导热系数为常量，热源的放热率也只是时间的函数而与空间变量无关。这样式(16-1)可简化为：

$$\rho c \frac{\partial T}{\partial t} = K \frac{\partial^2 T}{\partial X^2} + f(t) \tag{16-2}$$

上式是空间变量 X 和时间变量 t 的二维偏微分方程，也就是我们求解温度场的数学模型。

2. 温度场在数模混合仿真系统上的求解

整个仿真求解是利用先进的 DO960 数模混合仿真系统进行的，该仿真系统是由电子数字计算机和电子模拟计算机所组成，两者通过中间接口（主要是 ADC 和 DAC）相连接。数模混合仿真系统既有数字机的运算精度高、存储容量大、逻辑功能强的特点，又有模拟机运算解题速度快（对复杂系统的动态过程可实现实时仿真）、人机联系方便、计算结果显示直观方便等优点。

为了对式（16-2）求解，我们将空间变量 X 离散而对时间 t 连续积分求解。为此，我们将混凝土上的保温覆盖材料、混凝土本身及受影响的土壤沿厚度方向分段，每一分段的温度以其中心处的温度来代表，再根据每一分段的热交换情况、初始条件和边界条件，写出每一分段的温度表达式。据此可排出在数模混合仿真系统上求解瞬态温度场的模拟结构图如图 16-2 所示。图中 E 为模拟计算机的基准电压，Q 为水化热，T_0 为草袋表面温度，T_1 为草袋中心温度，T_2 为混凝土第 1 分段温度，$T_{1,0}$ 为土壤第 2 分段温度，$T_{1,1}$ 为土壤第 3 分段温度。

我们取了三个不同的水化热系数 m（0.3，0.5，0.676）进行了仿真求解，所有其他参数的值见表 16-1。所求得的三种水化热系数时的混凝土底板中心的温度场曲线 T 示于图 16-3（图中也画出了相应的温度收缩应力 $\sigma_{X,\max}^*$ 的曲线）。

仿真计算参数　　　　　　　　　　　　　　　　　　　　　表 16-1

	符号	名称	数值	单位		符号	名称	数值	单位
1	$\Delta X1$	草袋厚度	0.06	m	11	K_2	混凝土导热系数	2.710	W/m·℃
2	$\Delta X2$	混凝土分段厚度	0.1143	m	12	K_3	土壤的导热系数	0.586	W/m·℃
3	$\Delta X3$	土壤分段厚度	0.50	m	13	α	对流放热系数	5.815	W/m^2·℃
4	ρ_1	草袋的密度	300	kg/m^3	14	T_a	空气温度	20	℃
5	ρ_2	混凝土密度	2400	kg/m^3	15	$T_{1,0}$	草袋初温	20	℃
6	ρ_3	土壤的密度	1750	kg/m^3	16	$T_{2,0}$	混凝土初温	25	℃
7	c_1	草袋的比热	1.256	kJ/kg·℃	17	$T_{3,0}$	土壤初温	15	℃
8	c_2	混凝土比热	0.963	kJ/kg·℃	18	Q_0	水泥的水化热	272	kJ/kg
9	c_3	土壤的比热	1.005	kJ/kg·℃	19	W	水泥含量	275	kg/m^2
10	K_1	草袋的导热系数	0.140	W/m·℃					

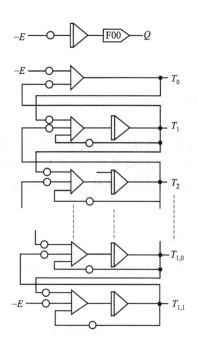

图 16-2 瞬态温度场的模拟结构示意

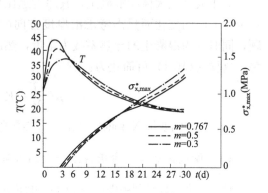

图 16-3 不同水化热系数时的温度
场和温度收缩应力

3. 温度收缩应力

任何混凝土结构物在浇灌后的升温和降温过程中其温度分布都是不均匀的，主要产生表面裂缝，而平均降温差则引起外约束，它才是产生贯穿性裂缝的主要原因。因此，我们在验算贯穿性裂缝时，只取截面中的均匀降温差。同时，为简化计算并偏于安全起见，取混凝土中部温度作为全截面的均匀温度。该温度由峰值降至周围气温的过程便是引起混凝土内拉应力的过程。

1）温度应力

温度应力的计算中水平应力 σ_x 是设计的主要控制应力，是经常引起垂直裂缝的主要应力。为了较为确切地计算早期龄期混凝土的温度应力，考虑弹性模量 $E(t)$ 与应力松弛系数 $H(t, \tau)$ 随时间的变化，可将整个龄期分为许多时间区段 Δt，在各区段内可将 $E(t)$ 和 $H(t, \tau)$ 看作常量，最后叠加即可得考虑徐变作用的温度应力 $\sigma_{X, \max}^{*}$。同时，一般大块或厚板均属二维平面应力，计及这一因素则有：

$$\sigma_{X, \max}^{*} = \sum_{i=1}^{n} \Delta \sigma_i = \frac{\alpha}{1-\mu} \sum_{i=1}^{n} \left(1 - \frac{1}{\text{ch}\beta_i \frac{l}{2}}\right) \Delta T_i E(t_i) H(t, \tau_i) \qquad (16\text{-}3)$$

$$\beta_i = \sqrt{\frac{C_x}{h E(t_i)}} \qquad (16\text{-}4)$$

式中　　α——混凝土的线胀系数；

　　　　μ——混凝土的泊松系数；

　　　　C_x——地基的水平阻力系数；

h——混凝土的厚度；

$E(t_i)$——各时间区段的混凝土弹性模量；

l——混凝土结构的长度；

ΔT_i——各时间区段内混凝土的温降；

$H(t, \tau_i)$——由第 i 段龄期 τ_i 经 $t-\tau_i$ 时间的应力松弛系数。

2）收缩应力

收缩应力加剧了温度应力，可能导致混凝土开裂。因此，在混凝土的应力计算中，必须把收缩应力考虑在内。收缩的机理比较复杂，随许多具体条件的差异而变化。根据国内外统计资料，可用下列指数函数表达式进行收缩值的计算：

$$\varepsilon_y(t)=\varepsilon_y^0 M_1 M_2 \cdots M_{10}(1-e^{-0.01t}) \tag{16-5}$$

式中　　　$\varepsilon_y(t)$——任意时间的收缩；

t——由浇灌至计算时的时间（d）；

ε_y^0——最终收缩，即 $\varepsilon_y(\infty)$，标准状态下 $\varepsilon_y^0=3.24\times10^{-4}$；

M_1、M_2、$\cdots M_{10}$——考虑各种非标准条件的修正系数。

随后把"收缩"换算成"收缩当量温差"，也就是将收缩产生的变形换算成引起同样大小变形所需的温度差：

$$T_y(t)=\frac{\varepsilon_y(t)}{\alpha} \tag{16-6}$$

与降温差的处理方法一样，将总的收缩当量温差 T_y 分成许多区段 ΔT_y，则 $T_y=\sum\Delta T_y$。将各区段的降温差 ΔT 与相应区段的收缩温差 ΔY_y 相加，就得到各区段的综合降温差 ΔT_t，即：

$$\Delta T_t=\Delta T+\Delta T_y \tag{16-7}$$

总的综合降温差 T_t 等于各区段综合降温差之和：

$$T_t=\sum\Delta T_t=\sum(\Delta T+\Delta T_y)=T+T_y \tag{16-8}$$

各龄期混凝土的弹性模量 $E(t)$ 是按下式计算的

$$E(t)=E_0(1-e^{-0.09t}) \tag{16-9}$$

式中　E_0——最终的弹性模量，一般取 28d 的弹性模量 2.6×10^4（MPa）；

t——时间（d）。

各龄期混凝土的松弛系数 $H(t, \tau)$ 按本书取为：

$H_{(3)}=0.186$	$H_{(6)}=0.208$	$H_{(9)}=0.214$
$H_{(12)}=0.215$	$H_{(15)}=0.233$	$H_{(18)}=0.252$
$H_{(21)}=0.301$	$H_{(24)}=0.367$	$H_{(27)}=0.473$
$H_{(30)}=1.000$		

3）温度收缩应力在数模混合仿真系统上的求解

如果在计算温度应力的式(16-3) 中用综合降温差 ΔT_t 代替降温差 ΔT，则可得计及弹性模量 $E(t)$ 的变化及徐变作用的温度收缩应力的计算式：

$$\sigma_{X, max}^* = \frac{\alpha}{1-\mu}\sum_{i=1}^n\left(1-\frac{1}{\mathrm{ch}\beta_i\frac{1}{2}}\right)(\Delta T_t)_i E(t_i) H(t, \tau_i) \tag{16-10}$$

上式是个近似计算式，时间区段分得越细小则计算结果越精确。

考虑到数模混合仿真系统的特点，对式(16-10)作了变换以得到能在数模混合仿真系统上求解的精确计算式。

由式(16-10)有：

$$\sigma_{X,max}^* = \frac{\alpha}{1-\mu} \sum_{i=1}^{n} \left(1 - \frac{1}{\mathrm{ch}\beta_i \frac{1}{2}}\right) E(t_i) H(t, \tau_i) \frac{(\Delta T_t)_i}{\Delta t} \cdot \Delta t$$

如时间区段 $\Delta t \to 0$，对上式取极限：

$$\lim_{\Delta t \to 0} \sum_{i=1}^{n} \left(1 - \frac{1}{\mathrm{ch}\beta_i \frac{l}{2}}\right) E(t_i) H(t, \tau_i) \frac{(\Delta T_t)_i}{\Delta t} \cdot \Delta t$$

$$= \int \left(1 - \frac{1}{\mathrm{ch}\beta \frac{l}{2}}\right) E(t) H(t, \tau) \frac{\mathrm{d}T_t}{\mathrm{d}t} \mathrm{d}t$$

由此可得：

$$\sigma_{X,max}^* = \frac{\alpha}{1-\mu} \int \left(1 - \frac{1}{\mathrm{ch}\beta \frac{l}{2}}\right) E(t) H(t, \tau) T_t' \mathrm{d}t \tag{16-11}$$

式(16-11)是在数模混合仿真系统上求解温度收缩应力 $\sigma_{x,max}^*$ 的精确表达式，由此可得求解 $\sigma_{x,max}^*$ 的模拟结构图如图 16-4 所示。求得的三种不同水化热系数的 $\sigma_{x,max}^*$ 已示于图 16-4 上。

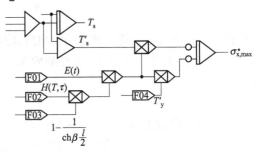

图 16-4   温度收缩应力的模拟结构示意

4. 仿真结果与分析

1) 在其他参数相同的情况下，仅因为 m 值不同所得的温度场和温度收缩应力亦有很大区别，主要结果如表 16-2 所示。只要求得的 $\sigma_{x,max}^*$ 小于混凝土的许用应力且施工时所用材料的各项物性参数、环境和施工条件等能满足仿真中所取的数值，则一次浇灌不留施工缝而不产生有害的贯穿性裂缝是可以实现的。

仿真主要结果   表 16-2

水化热系数 m	混凝土初温 (℃)	最高温度 (℃)	最大温升 (℃)	降温差 ΔT (℃)	温度收缩应力 $\sigma_{x,max}^*$ (MPa)
0.3	25	37.3	12.3	17.5	1.334
0.5	25	41	16	21.5	1.245
0.767	25	44.3	19.3	25.5	1.196

2) 水化热系数 m、降温差 ΔT 与温度收缩应力 $\sigma_{x,max}^*$ 之间的关系。一般情况下混凝土浇灌后温升越高、降温差 ΔT 越大，则其产生的温度收缩应力越大，但在我们的仿真结果中出现了相反的情况。

从表 16-2 可以看出，$m = 0.767$ 时，其降温差 T 达 25.5℃（最大），但应力仅 1.196MPa（最小）；而 $m = 0.3$ 时，其降温差为 17.5℃（最小），但应力则达 1.334MPa（最大）。这种结果是否合理。

经过分析，我们认为这一结果是有道理的。因为 m 的大小表征着水化热释放的快慢，m 大则水化热释放速度快；反之，则释放速度慢。而每千克水泥的总的水化热数值都是相同的。

$m = 0.767$ 时，水化热释放很快，因此混凝土温升快，峰值也高。从温度场曲线可见，在浇灌后 2d 即达到温度峰值 44℃，随后由于水化热迅速减少，因此温度亦迅速降低，而在后期其温降较小，温度曲线亦较平坦。$m = 0.3$ 时，其水化热释放缓慢，温升也漫，达到的温度峰值也较低，在浇灌后约 4d 才达到峰值 37.5℃。此后温度虽逐渐降低，因仍有不少水化热逐渐释放出来，故降温较缓慢，直至后期仍有较大的温降。我们以第 12d 的时间为界检查其前后降温差的大小如表 16-3 所示。

前后期降温差分布　　　　　　　　　　　　　　　　表 16-3

水化热系数 m	0～12 天降温差（℃）	13～30 天降温差（℃）	总降温差（℃）
0.3	7.75	9.75	17.5
0.5	12.75	8.75	21.5
0.767	17	8.5	25.5

由于混凝土在浇灌后的初期其弹性模量 $E(t)$ 和松弛系数 $H(t, \tau)$ 的数值都很小，在此期间即使有较大的降温差，所引起的温度收缩应力亦很小。尔后随着混凝土逐渐硬化，其 $E(t)$ 和 $H(t, \tau)$ 的值迅速增大，这时即使降温差不太大，引起的温度收缩应力却很大。

$m = 0.767$ 时，虽然其总的降温差最大（25.5℃），但大部分（17℃）发生在前期，后期仅 8.5℃。而 $m = 0.3$ 时，虽然总的降温差仅 17.5℃，但其后期的降温差却达 9.75℃，大于 $m = 0.767$ 时的 8.5℃，因此，其温度收缩应力亦就大于 $m = 0.767$ 时的应力。

3）通过仿真求解可以看出，混凝土的温升和降温差虽然与混凝土的温度应力有密切的联系，但两者又不是一回事。对于控制混凝土的裂缝而言，归根结底是要控制其应力而不是控制其温差。一般情况下，控制了温差也就间接控制了应力，可实现对裂缝的控制，但有时控制了温差却仍然达不到控制应力的要求。本文对不同 m 值所作的仿真结果便是一例，这或许有助于说明为什么采取同样的温差控制方法，有的工程不裂而有的工程仍开裂。

4）根据仿真研究的结果，建议在混凝土浇灌后的初期不进行保温而只洒水养护，尽量使水化热在初期多散发一些，使混凝土温度多降低一些，至后期再进行保温养护。这样可充分利用初期弹性模量 $E(t)$ 和松弛系数 $H(t, \tau)$ 都比较小的有利条件，降低混凝土总的温度收缩应力（当然在这样时也必须考虑到混凝土的初期强度本身也较低。因此，必须使该时期的总应力小于同期的许用应力）。

5）在其他条件相同时，从减小温度收缩应力的角度看，选用水化热系数 m 较大的水泥品种反而有利，虽然它可能使混凝土的温度峰值和降温差都较大。

16.2 大体积现浇混凝土结构裂缝控制专家系统❶

专家系统是当前人工智能领域中非常活跃的一个分支。它是利用计算机技术，采集并以适当表示方法把领域专家的知识存入知识库中，并按专家的推理方式和求解策略，解决特定领域中尚需专家才能解决的困难问题。专家系统与人类专家相比，具有成本低、易于传播、永久保存性等优点。近几年，专家系统也在土木工程中有较大的发展，而微型计算机的普及又为其应用提供了方便。

在土木工程中，高层建筑箱形基础、大型设备基础、隧道、水池、连续墙、地基板及路面等都是大体积的现浇混凝土结构，其整体性要求高，影响、决定着整个结构的承载能力和使用性能，而且常常有防渗防漏的要求。

实际工程中，经常因为设计或施工的原因，出现有害裂缝，从而影响使用，拖延工期，造成巨大经济损失。如某厂一条隧道施工仅一年，堵漏竟用了 3 年，堵漏费用超过了原始造价。近二十年来，经作者咨询、处理的工程裂缝问题每年均有 30 个以上。随着建设规模的扩大和工程进度的加快，加之结构形式的复杂化，裂缝问题日益严重。我国处理这类问题的专家较少，还远不能满足实际工程的需要，而一个没有经验的新手，需要长期在实际工程中培养和锻炼才能达到专家的水平。

本文介绍的专家系统 CRACK 就是基于已经成熟的专家经验而建立的。它可以用于检查大体积混凝土的设计质量、施工质量，分析裂缝成因及其危害程度，并提供相应的修复措施。当这一专家系统经大量工程的检验成熟后，一个有混凝土结构基础知识的工程技术人员使用该系统，就能大体以一个专家的水平来处理大体积混凝土裂缝问题。

1. 大体积混凝土结构裂缝问题的特点

大体积混凝土的裂缝与材料、施工、环境条件、设计及外荷载等 30 多种因素有关，工程中裂缝现象常常是几种因素同时起作用，给分析和诊断带来困难。

对外荷载而言，一般只需满足相应的设计和施工规范要求，有害裂缝是可以避免的，而且外荷载引起的裂缝宽度比较小，钢筋应力比较高。

温度收缩裂缝是大体积混凝土的内部约束和外部约束引起的。大体积混凝土浇筑后水泥水化热量大，混凝土内部温度高，在降温阶段块体收缩，由于地基或结构其他部分的约束，会产生很大的温度应力。这些应力一旦超过混凝土当时龄期的抗拉强度，就会产生裂缝，这种裂缝会贯穿整个截面；对于较厚的混凝土块体，由于表面散热快，温度较低，内外温差产生表面拉应力，还会产生表面裂缝。此外，混凝土浇筑后由于水分散失及一些化学变化，还会引起体积收缩，从而引起收缩应力，它与温度应力共同作用，加剧了混凝土的开裂。

实际结构的施工条件很复杂，影响因素众多，在已有的工程实例中，有些伸缩缝间距比规范规定值大几倍，甚至十几倍，仍无有害裂缝产生，说明简单套用规范并不能解决裂缝问题。这是因为：

---

❶ 参加本课题研究的有秦权教授、李永录高级工程师。

1) 混凝土材料变异性大，但温度收缩作用又以浇筑后 30d 内最易发生，这段时间内混凝土由流体逐渐硬化，其材料性质因受施工期间多种因素影响使变异性更大。

2) 温度收缩作用使混凝土受拉，但混凝土抗拉强度低，变异性较抗压强度大，且设计规范很少利用混凝土的抗拉强度来承受，这方面的研究工作也较少。

3) 温度收缩裂缝引起的应力及开裂难以准确地进行分析，也不易用试验确定，因为模型试验难以如实反映施工中的各种因素，足尺试验成本又过大，只能靠工程上积累。因此，要想培养这方面的专家，需要长期的现场实践。

近二十年来，我国通过大量大体积混凝土结构的设计和施工，积累了丰富的经验，各施工单位有现场第一手资料，而且温度场理论有限元法的普及，也都为建立大体积混凝土裂缝问题专家系统提供了方便。

2. 专家知识的获取

知识的获取是专家系统的"瓶颈"，专家系统的质量和性能取决于专家知识的质量和数量。本系统的专家知识来自以下四个方面：

1) 有关的设计、施工规范。这些规范是大量的工程经验的概括和总结，对防止裂缝产生起着重要作用，是成文的"共享"型的知识。

2) 已有的基础理论和方法。包括混凝土硬化知识、热传导和温度场理论、温度应力分析的理论以及有限元法等。计算机的高速计算能力使我们能利用这些理论对结构进行细致的分析，为实际判断和量测提供了依据。这些属于"深知识"的知识，在本系统中用二个外部程序 TMPRT（一维温度场）和 DETECT（二维温度场，待移植）表示。

3) 一些经验数据。大体积混凝土的裂缝开展受多种因素影响，如结构尺寸和形状、建筑材料、天气情况、施工条件等。在上百个工程施工过程中积累的实测数据是定量分析不可缺少的，这部分数据由外部程序 START 处理后，可以随时调用。

4) 启发性知识。专家的优点在于通过长期的实践而得到的对事物的直觉判断能力，以及迅速而灵活地处理问题的能力。专家系统的核心就是使其具备专家在该领域内解决问题的这些经验知识和方法，特别是专家在不完全、不精确或不确定信息基础上进行推理作出结论的能力。获取专家头脑中经验的知识，是系统建立的关键。我们用产生式规则表示专家知识，每条准则的可靠度用一个 Certainty Factor 来描述。知识库由一组有关准则组成。

3. 系统的结构及工作过程

本专家系统具备下述功能：
1) 检查设计质量，主要是看是否符合有关设计规范的最低要求。
2) 检查施工质量，主要是看是否符合有关施工规范的最低要求。
3) 判断分析裂缝成因。
4) 分析裂缝的严重程度并提供处理对策。

实际上，控制工程结构裂缝的问题，由于设计人员不熟悉施工，而施工人员又不熟悉设计，往往会产生一些疏忽或误会。所以，需要设计和施工两方面的人员协同工作。本专家系统集合了为解决裂缝问题所需的设计、施工两方面的知识，形成了一个针对具体领域的一体化知识库（Integrated K. B.），大大方便了用户处理裂缝问题的工作。

我们把专家系统分成 4 个子系统 CRACK1、CRACK2、CRACK3 和 CRACK4，如图 16-5 所示。

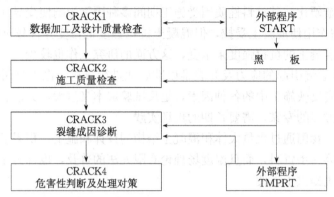

图 16-5 大体积混凝土裂缝控制专家系统 CRACK 的结构

下面分别介绍 4 个子知识库及有关外部程序。

1）外部程序 START：用于数据输入和整理。这一任务是由一千行左右的 FORTRAN 语言程序完成的，需读入的数据包括：

结构类型：大型设备基础、长墙、池壁/底板、隧道壁/底板/顶板、高层建筑剪力墙、高层建筑箱形基础墙体/底板、路面、带式或筏式基础等。

结构数据：混凝土强度等级、主筋数据、构造筋数据、与应力集中有关的数据（如孔、变截面及平/立面突变以及沉降/施工/伸缩缝等）。

地基数据：地基土类别、桩基有关数据、基础底面形状及有关数据、沉降值等。

施工数据：水泥、骨料、水灰比、水泥用量、养护、振捣情况、施工时的天气、施工荷载及使用环境等数据。

这些参数由外程 START 整理后，转入一个称作黑板的公共数据库上，与其他知识库和外部程序连接。

2）设计质量检查子系统 CRACK1：不合理的设计是导致裂缝产生的重要原因。CRACK1 根据有关的规范对设计的各个环节进行检查，其准则的建立主要依据相应的设计规范。本子系统的示意图见图 16-6。

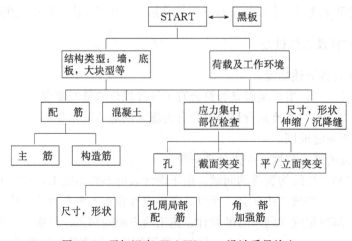

图 16-6 子知识库 CRACK1——设计质量检查

3）施工质量检查子系统 CRACK2：大体积混凝土裂缝问题大多是因施工造成的，施工过程条件多变，影响因素众多。CRACK2 对各个因素逐一检查，包括建筑材料（配筋、水泥、外加剂、骨料等）、施工方法（搅拌、浇筑、振捣、养护、模板）及施工缝、垫层等。这些知识有些来源于施工规范，有些来源于工程实例的总结和专家经验。所以该部分内容需要与专家密切配合，将有关知识进行整理。该知识库的另一个功能就是对于待施工的工程，根据其工程条件，提供一套施工参数，防止裂缝的产生。其示意图见图 16-7。

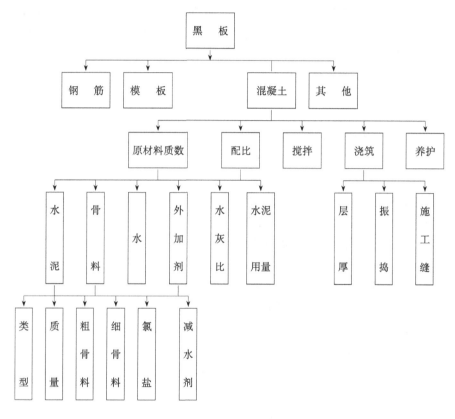

图 16-7 子知识库 CRACK2——施工质量检查的阶层图

4）诊断裂缝成因的子系统 CRACK3：这个知识库是专家系统的核心。它完全按领域专家在推断裂缝成因时的思路进行推理，首先把实测的裂缝数据按下述内容分类：

（1）开裂时间及发展过程：施工期间出现的裂缝，使用期间出现的裂缝，稳定的裂缝，发展的裂缝。

（2）裂缝种类及部位：均布平行裂缝、端/角/边缘部位裂缝，应力集中部位裂缝，施工质量低劣处裂缝。

（3）裂缝方向：纵向、横向、对角、八字、倒八字、龟裂。

（4）裂缝深度：贯穿裂缝、深裂缝、表面裂缝。

（5）裂缝长度：通长裂缝、长裂缝、局部裂缝。

（6）裂缝间距：按量测值填写。

（7）裂缝宽度：最大宽度、按实测值填写。

然后根据上述各层的线索逐步缩小目标，找出裂缝成因，包括以下 5 类：

（1）温度/收缩裂缝。

（2）差异沉降裂缝。

（3）荷载裂缝。

（4）钢筋锈蚀裂缝。

（5）施工质量低劣的裂缝。

其中温度收缩裂缝需要根据实际设计施工数据计算裂缝间距及宽度，这需要根据混凝土水化热建立热传导方程，由此确定不稳定温度场，再考虑混凝土热胀系数，计算结构中不同时期的温度应力，还需计算混凝土失去水分时的收缩，以及早期混凝土的徐变，从而确定由温度及收缩造成的应力分布。由于早期混凝土的材料性质变异性强，且施工因素多变，又对温度收缩应力影响显著，实际对施工阶段的影响数据不可能测得十分细致，因此不可能得到精确的温度/收缩应力。我们已经有了施工单位常规记录的施工因素大量数据，以及大量现场施工时实测到的温升历史，以及应力分布数据，并在长期处理裂缝时摸索出了一套可靠实用的简化分析方法，所以自行编制了一个 760 行的计算温度/收缩应力的 FORTRAN 程序 TMPRT，而没有依靠已由国外引进的带有温度应力及裂缝单元的著名大型有限元分析程序（如 MSC/NASTRAN、ANSYS、ASKA 等）。当这个子系统经过一些推理后，认定有可能是由温度/收缩因素引起开裂时，此系统立即执行 TMPRT，并将结果返回，然后比较计算结果与实测数据，以便做最后结论。CRACK3 的示意图见 16-8，TMPRT 的示意图见图 16-9。

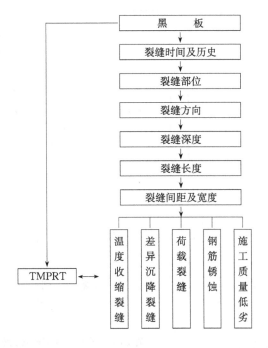

图 16-8 子知识库 CRACK3——诊断裂缝成因

TMPRT 能考虑平面应力及平面变形状态，能计算不稳定环境温度场中厚壁结构的温度滞后，也能考虑厚壁结构中之温差引起的自约束应力。当用 TMPRT 诊断时它先计算温度应力然后判断是否开裂，如开裂，则计算裂缝间距及宽度，并与量测值比较。当用 TMPRT 作为设计助手时，它能求解一个复杂的非线性方程，确定伸缩缝的合理间距。这个程序已在一些实际工程上试用过，结果相当满意。

5）判断裂缝危害程度及给出处理对策的子系统 CRACK4：当确定了引起裂缝的原因后，再根据结构的重要性、裂缝部位的重要性、荷载和工作环境及裂缝的稳定程度来判断裂缝之危害程度，并根据我国积累的大量实用的处理方法中推荐出最合适的方法。

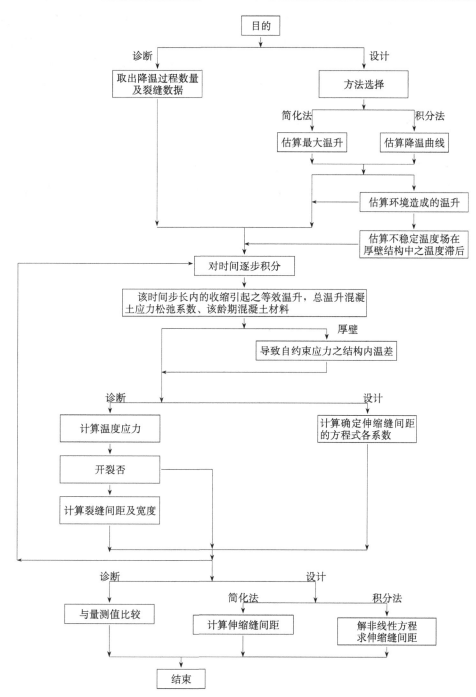

图 16-9　计算温度/收缩裂缝的外部程序 TMPRT 之主框图

16.3　工程实例的验证

　　一个专家系统能实用，需要大量不同特点的工程实例验证。该系统首先在航天部一个在建工程上进行了试用，对象为一正方形厚板基础，平面尺寸 $25m \times 25m$，厚 $1.7m$，混凝土总浇筑量 $1100m^3$。在施工前和完工后，对该大型基础进行了预测和诊断，计算结果与现场测温结果比较接近，预测结果与专家结论一致。之后又在中国援建工程——巴基斯坦恰希玛核电站基础底板大体积混凝土结构、上海合流污水治理工程 200m 周长环形圈梁大体积混凝土、香港油柑头水处理中心二期工程、上海地铁工程、深圳和上海等地许多高层与超高层建筑箱形基础等工程中应用。在试用时可丰富本专家系统知识库的内容，又可发现系统的缺陷和错误。

通过大体积混凝土裂缝控制专家系统 CRACK 试验原型的建立和试用，表明本系统确实可以在设计、施工和诊断中成为人们的有力助手，并在某种程度上起到领域专家的作用。但本专家系统要达到实用化，还需更多工程实例的验证，以改进不定性推理的一致性，进一步完善专家知识，并进一步增强外部程序的能力。下面给出巴基斯坦洽希玛核电站大体积混凝土结构裂缝控制专家系统输出报告的一部分内容。

Structure Name：CHASHMA Nuclear Power Station Foundation
Design：China
Construction：Zhongyuan Construction Corp. Ltd.
User name：WANG TIE MENG
Using date：04—10—1993
Using time：14：23：12

Part 1
(Basic parameters：)

Structure type：Foundation slab
Structure length (cm)：8700
Structure width (cm)：3000
Structure height (cm)：350
Buried depth (cm)：1260
Concrete grade：C30
          60 day strength
Cement weight per cubic meter (kg)：320
Water cement ratio：0.60
Cement type：slag cement
Cement grade (MPa)：42.5
Cement fineness：4900
aggregate type：granite
main reinforcement diameter (cm)：2.5
main reinforcement space (cm)：150
structural reinforcement diameter (cm)：2.5
structural reinforcement space (cm)：150
subsoil type：hard clay
fineness modula of sand：2.6
pumping pipe diameter (mm)：150

Part 2
(Design aid)
＊Design is O. K.
＊Structure size is O. K.
＊structural reinforcement diameter is too big.
  8—14mm bar with space 150—200mm can sustain temperature stress effectively.
  structural bar rate is 0.3%～0.5%

∗ In the hole area should set additional reinforcement or angle steel.

At the corner of hole set two 12mm space 150mm, length equal to 600mm reinforcement double layers.

∗ In the China code (GBJ 10—89), the in—site casting concrete structure. and underground, the expansion joint space must less than 30m, this structure overpass this limit.

∗ No settlement joint was set.

Part3

(construction aid)

∗ The structure has no permanent joint.

∗ Thc output of this expert system confidence factor is 71. 9%

∗ The water used is river water

river water ingredient varied sharply, so must test its chemical composition, salt content in one liter water must less than 5000mg sulfate content in one liter water must less than 7000mg

PH value must less than 4.

Mortar sample strength test must be taken with the river water. if the strength less than 90% that of ordinary water.

the river water should not be used.

∗ The used cement type is:

slag cement

slag cement is sensitive to early drying, so should tighten the surface moist.

∗ The minimum cement weight per cubic meter (kg) =320

The maximum cement weight per cubic meter (kg) =600

The maximum allowed water cement ratio=0. 6

The minimum cement grade (MPa) =42. 5

proper water cement ratio is 0. 5—0. 65

∗ The coarse aggregate is:

Gravel

soil content in gravel must less than 1%

needle—like or flake—like impure substances will increase concrete validity and reduce its workbility and strength, so its content in coarse aggregate must less than 15%

∗ Be sure to have better pumping and casting, the maximum size of gravel is (cm):

4

∗ The sand used is:

medium sand

Allowed minimum sand rate (%) =35

soil content in sand must less than 3%

∗ Water reducer can increase concrete slump, delay harden time, reduce water content, decrease its shrinkage.

the water reducer used is

MF water reducer

water reducer content is (weight of cement)

0.0025

water reducer quantity must be correct and homogeneous mixed.

* Flyash or likely material should better be added to the mixture.

mixing time should be longer for 1 minute.

flyash content is (weight of cement%):

12

flyash weight per cubic meter concrete (kg):

40

Temperature curve:

time point	day	temperature
1	3.0	70.3
2	4.0	65.9
3	5.0	64.0
4	6.0	62.0
5	7.0	59.9
6	8.0	57.8
7	9.0	55.6
8	10.0	54.0
9	11.0	52.3
10	12.0	50.7
11	13.0	49.4
12	14.0	48.1
13	15.0	46.8
14	16.0	45.6
15	17.0	44.4
16	18.0	43.3
17	19.0	42.3
18	20.0	41.4
19	21.0	40.4
20	22.0	39.6
21	23.0	38.8
22	24.0	38.0
23	25.0	37.4
24	26.0	36.7
25	27.0	36.0
26	28.0	34.6
27	29.0	33.2
28	30.0	31.7
29	33.0	30.2
30	36.0	28.7
31	39.0	27.2
32	42.0	26.0
33	45.0	25.4
34	48.0	25.2
35	51.0	24.9
36	54.0	24.6
37	57.0	23.9

Calculation result：

temperature difference between surface and center：
   29. 3
Surface stress (MPa)：   0. 71
Tensile strength (MPa)：0. 78
Internal restraint stress can not cause surface cracking.

External restraint stress can not cause deep cracking.
real stress (MPa)：1. 73
Tensile stress (MPa)：1. 87

MIX PROPORTION PIE CHART

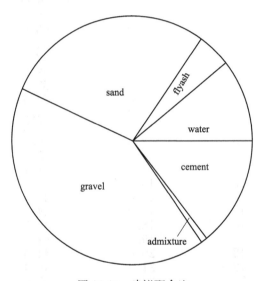

图 16-10   建议配合比

Recommended mix proportion：

Material	weight （kg）	ratio
water：	190.	0. 5067
cement：	375.	1. 0000
sand：	744.	1. 9840
gravel：	1038.	2. 7680
flyash：	40.	0. 1067
admixture	1. 35	0. 0036

Concrete strength—time relationship

day	compress strength （MPa×10）	tensile strength （MPa×10）
1	37.50	0.00
3	100.00	10.26
5	137.50	13.23
7	175.00	15.02
9	182.14	16.28
11	189.29	17.26
13	196.43	18.05
15	203.57	18.72
17	210.71	19.29
19	217.86	19.79
21	225.00	20.24
23	232.14	20.64
25	239.29	21.01
27	246.43	21.34
29	250.78	21.65
40	274.60	23.71
50	285.64	24.66
60	294.42	25.42
90	313.48	27.06

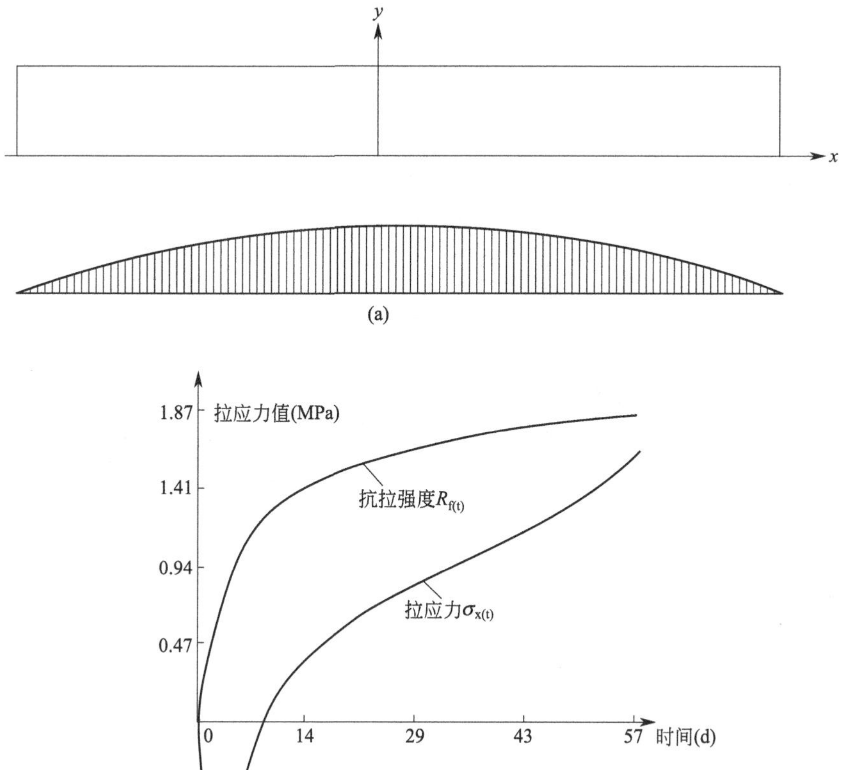

图 16-11 拉应力分布及拉应力与抗拉强度增长曲线

（a）拉应力分布；（b）拉应力与抗拉强度增长曲线（专家系统）

在巴基斯坦 CHASHMA，夏季气候炎热，气温可达 45℃以上，为了实现温控，降低入模温度，采用拌冰屑降温方法。图 16-12 为温控曲线。图 16-13 为现场制冰屑设备。

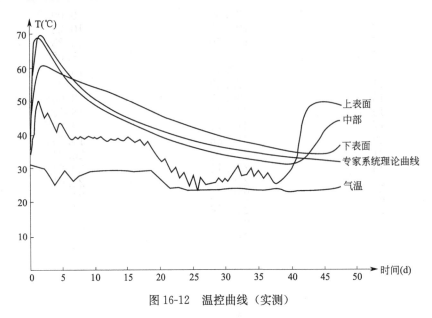

图 16-12 温控曲线（实测）

图 16-13 现场搅拌站制冰屑设备

17 "跳仓法"施工的应用

17.1 "跳仓法"施工工艺

1. 永久变形缝法及混合施工法

国内外，习惯上认为永久性伸缩缝是控制裂缝的较为普遍的办法。

图 17-1　永久性伸缩缝，本工程长度 80m，原本设置了一条伸缩缝，但为了考虑美观
要求而设置了对称的两条永久性伸缩缝，类似工程也有时出现

永久性伸缩缝的缺点：

永久性伸缩缝（胀及缩）经常成为渗漏水的泉源，在地震区伸缩缝宽度必须满足抗震缝的要求，在某些建筑造型要求较高的工程中，往往需要设置对称布置的伸缩缝见图 17-1，带来许多不利，有些工程的伸缩缝修补困难，特别是水池不易修复。公路桥梁及飞机跑道有胀缝（易破损行车跳动修复投资大）、缩缝（假缝）的措施。笔者曾于 20 世纪 50 年代多次对苏联规范提出异议，发表于苏联《Промышленное Строительство》1958No10、1961No4，引起国际性讨论。作者提出装配影响、徐变影响、裂缝影响，提出框架排架近似计算法、在工民建领域利用后期强度及取消永久性伸缩缝的条件。"留缝

不一定不裂，不留缝不一定裂"。20 世纪 70 年代后期苏联规范及中国规范都增加了如下注："注：如有成熟经验及可靠依据，可增减上述伸缩缝间距"其工程实例见图 17-2。

图 17-2 某工程地下车库永久性伸缩缝双层橡胶止水带漏水堵漏实况，有中埋式止水带和外贴式止水带，结果由于止水带和混凝土的结合不良，被地下水层层击破，现场灌浆的照片

但是，并不是说明永久性伸缩缝不能使用，上述情况只是说明永久性变形缝不是解决裂缝问题的唯一方法并有经常出现的缺点。如果结构形式较规则，特别注意施工质量，认真组织，精心施工，则永久性变形缝仍然是可以应用的。如奥运会某些工程、深圳会展中心、大型航空机场航站楼、许多地下隧道及地铁车站等近年来经常采用永久性伸缩缝和后浇带以及"跳仓法"相组合的混合施工方法。

例如深圳会展中心总长 540m，永久性伸缩缝间距 120m，期间每隔 30m 设一条后浇带，至今使用正常；奥运会体育场伸缩缝间距 150m，中间设后浇带；南京玄武湖隧道伸缩缝；九华山隧道采用 90m 及 60m 伸缩缝间距，中间采用跳仓施工，跳仓间距 15m 和 30m；上海浦东机场一期采用 80m 伸缩缝间距和后浇带法结合施工；上海竹园污水处理厂的地下隧道，按规范设置永久性伸缩缝（只取消了膨胀剂），采取了严格的施工措施，变形缝质量优良，变形缝渗漏情况得到了良好的控制，已经作为科技成果通过鉴定。

在过去许多地下工程中的渗漏水修复工程中，裂缝容易处理，但变形缝比较困难。所以，如果结构形式简单，采用永久性伸缩缝，必须有严格的施工技术措施，确保止水带与混凝土的良好的结合。

2. 关于抗震缝是否也可以取消的问题

1976 年 7 月 28 日唐山大地震及前辽南地震后，对大地震的震害作了大量的调查研究工作，工作极有成效，并在此基础上结合理论研究编制了抗震规范。国外有关抗震著作文献中都有将建筑物或构筑物根据地震波波长的要求分段，或者根据体型复杂，平面不规则，设置永久性变形缝必须满足抗震要求，也就是"抗震缝"的要求，据不同的高长比每隔一定长度或在质量变化较大的部位设置"抗震缝"，通过变形缝的水平位移达到减轻震害的目的。

笔者认为从地面运动的特点，将建筑物或构筑物分成小块的结构内力一般情况下比连续超长结构的内力小，通过抗震缝释放能量，是"以放为主"的设计原则，原理是正确的，但是实际的情况是如何呢？笔者参加了两次地震后的现场调查，观察到许多设置永久性变形缝的工程在地震过程中发生"碰撞破裂"现象，甚至在远离震中的北京地区亦不少见。不同地质条件地震特征，地震波的波长变化较大，根据地震波波长确定建筑物的长度也是困难的。欲想两个相邻结构不产生碰撞，必须把两个完全不同质量的结构隔离的距离满足足够的宽度，才能避免撞坏和降低地震内力，这个宽度是无法预知的，只好确定一个较宽的变形缝宽度和大致的建筑物长度。这样做，该缝又给建筑物的正常使用带来渗漏、保温、防雨以及经常反复变形对结构装修和整体性的不利影响，而且宽缝的耐久性构造至今也没有解决，是建筑物业主最头痛的问题。这种抗震缝发挥功能的概率是间隔多少年才有一次也不清楚，但是日常生活中经常都要忍受宽缝带来的缺点，如北京工人体育场的变形缝就是这样，留变形缝是"弊大于利"。

所以，笔者提出不要设抗震缝，从"以放为主"转向"以抗为主"的设计原则，超长结构在地面运动时，有较大的内应力，利用结构抗力抵抗地震力。当然遇有高烈度地震时，有可能作用效应大于抗力时，结构产生断裂裂缝。笔者的调查说明，这种裂缝是不会引起倒塌破坏的，是可以满足"裂而不倒"的抗震原则的，这种裂缝是可以通过化学灌浆处理技术修复的，但无缝结构对于建筑物的长期正常使用却带来许多优点。

同时，笔者建议在有些高层建筑中不可避免设置变形缝时，不按抗震要求扩宽变形缝，宁肯将来的偶然碰撞，即便出现裂缝，同样可以很快得到修复，这样做换来的是良好的长期正常使用状态。何况抗震缝的宽度与诸多因素有关，诸如地震波波长、相邻建筑的质量、高度、结构体型、地基刚度、地震能量、建筑材料等。抗震缝的合理宽度很难确定，即留了抗震缝也难保不产生碰撞。如果不设置抗震缝，最不利的情况是出现裂缝，现代处理裂缝的技术已可完全修复。因此，不设抗震缝是"利大于弊"的。目前有许多设计院并不专门考虑抗震缝的设置，而是结合沉降缝和温度伸缩缝的设置考虑抗震的要求，如果沉降缝和伸缩缝被后浇带或"跳仓法"取代的话，这样抗震缝的设置也就没有必要了。

3. "后浇带"法

在现浇整体式钢筋混凝土结构中，只在施工期间保留的临时性变形缝，称为"后浇带"。该缝根据具体条件，保留一定时间后，再进行填充封闭，后浇成连续整体的无伸缩缝结构。因为这种缝只在施工期间存在，所以是一种较宽的临时性的特殊的施工缝。但是，又因为它的目的是取消结构中永久性变形缝，与结构的温度收缩应力和差异沉降有关，所以它又是一种设计中的伸缩缝和沉降缝，一种临时的变形缝。它既是施工措施，又是设计手段。"后浇带"分为两种：温度后浇带和沉降后浇带。温度后浇带的封闭时间为45d至2个月；沉降后浇带的封闭时间是在主楼封顶后，工期拖延较长。

这种缝首先应满足削减温度收缩应力的需要，还要尽力与施工缝相结合（因为后浇带的分段可能与施工分段相结合），为施工创造便利条件。

我国最早的（新中国成立前）后浇带与实践是湖北大冶钢厂的 850 初轧机小型基础，该基础全长为 37m，中间设置一道后浇带，缝宽为 700mm，后浇带把基础分为 16550、

19750mm 两段，后浇带间隔时间 6 周，基础用防水混凝土。基础埋深－6～－5m，地下水位在－4.19～－1.16m。其后在笔者参与下，1958 年 12 月人民大会堂主体结构 132m 设两条 1m 宽的后浇带，取消了永久性伸缩缝，这是我国大型公共建筑及民用建筑中最早的后浇带，并在我国许多重大工程中陆续被采用。二十余年的实践证明，后浇带是一种扩大伸缩缝间距和取消伸缩缝的有效措施。湖北大冶钢厂 850 车间设备基础、人民大会堂立体框架、首都工人体育馆、鞍钢某工程、武钢一米七工程某冷轧水处理工程、热轧水处理工程、首都体育场等，都成功地应用了"后浇带"方法，取消了伸缩缝，已为现行规范所采纳。这样做的优点是对结构抗震、防水有利，简化建筑构造，便于施工，并可节约一些材料（如橡胶带、紫铜板、金属片等）。此外，无伸缩缝结构的裂缝处理也比处理伸缩缝漏水容易。当然，后浇带的清理与凿毛也会给填缝施工带来一定的麻烦。

1）后浇带的设计原则

分析许多大体积混凝土实际裂缝的出现过程，基本可分为三个活动期。一般大体积钢筋混凝土结构承受的温差有气温、水化热温差及生产散发热温差。混凝土入仓后，经 24～30h 可达最高温度，最高水化热引起的温度比入模温度约高 30～35℃，以后根据不同速度降温，经 10～30d 降至周围气温，此期间大约还进行 15％～25％的收缩，地基亦可能出现早期的不均匀沉降，有些结构在这期间出现裂缝，对此阶段称为"早期裂缝活动期"。往后到 3～6 个月，收缩完成 60％～80％，可能出现"中期裂缝"。至一年左右，收缩完成 95％，可能出现"后期裂缝"。因此，结构出现裂缝与降温和收缩有直接关系。

施工一年之后，如无外界条件变化，一般结构将处于裂缝"稳定期"，出现裂缝概率很小。但是，也有例外情况，当结构养护不良，遇有突然风吹曝晒或结构拆建大修，引起湿度急剧变化，以及急剧降温、寒潮袭击引起激烈温差等不利因素，都有可能随时引起裂缝，有些结构由于地基变形变化引起开裂。特别是近期发生的早期裂缝现象，在拆模时就出现，甚至拆模前就已经出现，特别是高强高性能混凝土尤为常见。这种收缩称为"早期塑性收缩"，包括自身收缩、沉缩和水分蒸发收缩。这种收缩发生在混凝土浇灌后 12h 以内，因此加重了施工初期混凝土变形效应较大的特征。针对这种特征采取"抗放兼施，先放后抗"的原则，进行工程结构的裂缝控制。

如上所述，地下或半地下结构经常遭受的最大温差、收缩及沉降等变形作用是在施工期间发生，在这之后的温差就比较小，只剩余一部分收缩。工程实践说明，一些现浇混凝土结构出现裂缝大多在"早期裂缝活动期"，特别是施工条件多变，回填不及时，养护较差的情况下，更容易出现"早期裂缝"。所以有些工程在尚未投入使用或刚刚投入使用时，就出现裂缝漏水现象。

前面已经讲过，结构长度是影响温度应力的因素之一，并且只在一定范围之内（结构长度较小）对温度应力影响较为显著。同时考虑到较小尺寸的分块浇筑比较大尺寸连续浇筑质量更容易控制。为了削减温度应力，取消伸缩缝，可把总温差分为两部分：在第一部分温差经历时间内，把结构分为许多段，每段的长度尽量小一些，并与施工缝结合起来，可有效地减少温度收缩应力；在施工后期，尽早回填土，把这许多段浇成整体，再继续承受第二部分温差和收缩，两部分的温差和收缩应力叠加小于混凝土设计抗拉强度或约束应变小于混凝土的极限拉伸，这就是利用"后浇带"办法控制裂缝并达到不设置永久性伸缩缝的目的的原理。这已被国内许多单位在一些重大工程中应用，并已在实践中获得良好的效果，是一种有效的方法。

2）后浇带间距

后浇带间距首先应考虑能有效地削减温度收缩应力，其次考虑与施工缝结合。后浇带间距按下式计算。通过计算及实践经验调查，在正常施工条件下，后浇带的间距为 20～30m，不宜超过 40m。

$$[L] = 1.5\sqrt{\frac{EH}{C_x}}\,\text{arcch}\,\frac{|\alpha T|}{|\alpha T| - \varepsilon_{pa}} \tag{17-1}$$

式中　L——后浇带平均间距；

　　　E——混凝土弹性模量；

　　C_x——地基或基础水平阻力系数；

　　　α——混凝土线膨胀系数；

　　　T——互相约束结构的综合降温差，包括收缩当量温差；

　　ε_{pa}——钢筋混凝土的极限拉伸，（1～3.0）×10^{-4}，根据养护条件、降温速率、混凝土配合比有所不同；

　　　H——底板厚度或板墙高度。

3）后浇带保留时间

当时，我们估计通过后浇带释放的收缩应力较高、混凝土的抗拉能力很低，所以，后浇带保留时间越长越好，但必须在施工期间不致影响设备安装，一般不应少于 45d，最宜 60d（考虑施工可能），在此期间，"早期温差"以及至少有 30% 的收缩都已完成。连续或约束条件下不同温差和极限拉伸的关系如图 17-3 所示。

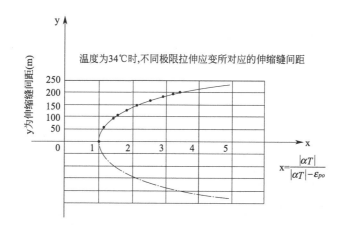

$$[L] = 1.5\sqrt{\frac{EH}{C_x}}\,\text{arcch}\,\frac{|\alpha T|}{|\alpha T| - \varepsilon_{pa}}$$

令 $R = 1.5\sqrt{\frac{EH}{C_x}}$，$y = \text{arcch}\,\frac{|\alpha T|}{|\alpha T| - \varepsilon_{pa}}$，$X = \frac{|\alpha T|}{|\alpha T| - \varepsilon_{pa}}$；则 $[L] = R \cdot y(x)$

$C_x \to 0$，$[L] \to \infty$；$C_x \to \infty$，$[L] \to 0$

$\alpha T > \varepsilon_{pa}$，$[L] = \text{const}$

$\alpha T > \varepsilon_{pa}$，取 $\alpha T = \varepsilon_{pa}$　$[L] \to \infty$

$\varepsilon_{pa} \to 0$，$[L] = 0$

图 17-3　连续式约束条件下不同温差和极限拉伸的最大允许长度曲线

4）后浇带的宽度及构造

后浇带的理论宽度，只需 1cm，已足够保证温度收缩变形，但是考虑施工方便，并避免应力集中，使"后浇带"在填充后承受第二部分温差及收缩作用下的内应力（即约束变形），一般宽度应在 70～100cm 左右，实践中较多采用 100cm。后浇带处钢筋连续不断，不必担心附加应力引起钢筋破断（为便于清理凿毛或释放更多应力亦可断开钢筋）。后浇带可做成企口式，见图 17-4。无论何种形式，后浇前都必须凿毛清理干净，首都某重点工程后浇带的支模与浇筑后情况见图 17-5(a)，图 17-5(b) 是武钢一米七工程水池池壁"后浇带"。后来，常用钢板网做模板，近年来又用快易收口网代替钢板网（市场已有供应）。

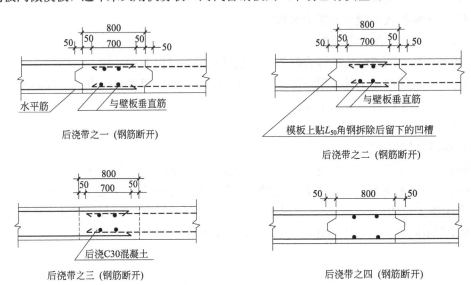

图 17-4 后浇带的构造

（a）   图 17-5 "后浇带" 实际工程   （b）

（a）钢筋不断的首都某工程"后浇带"；（b）武钢一米七工程超长水池壁及板墙"后浇带"

5）后浇带的填充材料

早期，后浇带采用浇筑水泥及其他微膨胀水泥，例如普通水泥铝粉等配制混凝土。后来，多数后浇带的混凝土中掺有膨胀外加剂，由于后浇带的宽度较小，膨胀剂的作用不明显。近年来，有些工程发现掺膨胀剂的后浇带二次开裂的现象，后浇带的开裂分为两种：

沿纵向开裂，出现两条裂缝；沿横向裂缝，每隔 1～2m 一条横向断裂。最近中京艺苑超长大体积混凝土结构的部分后浇带（施工早期结构中留的一部分后浇带，其后全部取消）采用普通等强混凝土填充，效果很好，所以建议采用普通水泥拌制的混凝土，在中低强度等级（C20～C25）混凝土结构中，要求填充混凝土比原结构的强度等级高一级，其他强度等级均采用等强混凝土填充，加强潮湿养护（不少于 15d）。我国有些工程的"后浇带"是用普通混凝土填充的，没有发现问题。

后浇带的模板过去都用木模，支模及拆模都比较麻烦，钢筋从板条拼成的模板中穿过。近年来，国内外成功地采用了不必拆除的，与钢筋骨架连接的预制钢板网模板（称之为快易收口网）。

设计中，当地下地上均为现浇结构时，"后浇带"应贯通地下及地上结构，遇梁断梁，遇墙断墙（钢筋不断），遇板断板，必须在设计中标定留缝位置，施工中还应注意拆模后支撑。墙的"后浇带"与底板相同，可作企口式，有防水要求的结构宜作企口式。"后浇带"应尽力设在梁或墙中内力较小位置，后浇带处的钢筋有连续不断和断开再接两种方法，都是可行的。

在近年来的建设经验中，采用后浇带法代替永久性伸缩缝是已经相当成熟的经验，是一项技术进步，今后仍然可以推广采用。

4. 关于有条件地取消后浇带

1）后浇带法的不足

由于主（裙）房的自重、基础埋深、工程桩的桩径（长）不尽相同，在施工过程中将造成主、裙房在垂直方向上的沉降有一定的差异，对于一个连续的基础底板，这种差异沉降将引起较大的剪力和弯矩，在一定的条件下可能造成底板开裂漏水，甚至更大的破坏，为此采用了沉降后浇带，即在施工阶段，主体结构封顶前阶段，后浇带起到了释放差异沉降的作用，称为沉降后浇带。

同时由于结构超长，温度应力是一个不容忽视的问题。设置施工后浇带能部分的解决释放施工过程中大体积混凝土底板在浇筑前期由于水泥水化热升温膨胀后，在降温过程中产生的拉应力，称之为温度收缩后浇带。

上述两种后浇带的作用已被实践所肯定，然而，在实际施工操作过程中，后浇带往往带来一系列问题，主要有以下五点：

（1）留于基础底板上的沉降后浇带，将经历整个结构施工的全过程，直至结构封顶，对于高层和超高层建筑，需要几个月甚至几年的时间，在这样长的时间里，后浇带中将不可避免地落进各种各样的垃圾杂物，由于底板钢筋较粗较密，再加上局部加强筋，使得清理工作非常艰难，而若不清理干净，势必影响工程质量（图 17-6）。

（2）温度收缩后浇带以及沉降后浇带都是贯穿整个地下、地上结构，所到之处遇梁断梁，遇墙断墙，遇板断板，给施工带来很多的不便，甚至影响施工进度。

（3）在后浇带灌充混凝土前，需将两侧混凝土凿毛，施工非常麻烦（图 17-7），而新老混凝土的粘接强度很难保证，又由于浇筑时间差，造成底板混凝土的干缩大部分已于后浇带灌充前完成。因此，后浇带混凝土的干缩极易在新老混凝土的连接处产生裂缝，同时说明后浇带内混凝土外掺的膨胀剂没有起到补偿收缩的作用。设置施工后浇带的初衷是防止底板裂缝的产生，而后浇带处理不好却人为地在每条后浇带处造成两条贯穿裂缝，引起漏水，如图17-8所示。最近在上海德国中心工程中发现后浇带横向断裂裂缝。

图 17-6　后浇带的垃圾清理现场　　　　图 17-7　后浇带打毛清理困难

（4）在软土地基中，尤其是上海，地下水位较高，一般在−1.5～−0.5m，后浇带填充前，地下室处于漏水状态，严重影响施工。

（5）在地下工程大底板浇筑之后，陆续浇灌外墙及上层顶板，拆除底部支撑时，整体底板能起到基坑维护的支撑作用，但后浇带的存在将底板分成若干块，换撑时（爆炸支撑）底板抗水平力的能力不足，必需采取特殊措施方能保证底板整体性。

如果取消或尽早灌充后浇带混凝土，将基本克服上述诸多困难，给施工带来很多便利，唯一需要解决的问题是如何取消后浇带。主—裙楼的沉降差引起的弯曲应力及底板和侧墙温度应力是否会导致底板开裂，笔者经过分析计算，在

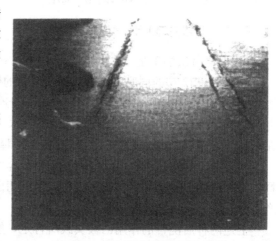

图 17-8　后浇带的倒缩开裂与修补

10 余栋高层建筑工程施工前提出取消后浇带的建议，采取"跳仓法"施工工艺（将后浇带改为施工缝），供当时业主和设计单位考虑，最后采纳了取消后浇带的建议，工程完全正常使用。

2）取消后浇带的理论依据

基础工程的温度收缩应力和结构的长度呈非线性关系，长度是控制裂缝因素之一而不是唯一的裂缝因素，所以采取"跳仓法"释放早期温度收缩应力并尽量利用混凝土的抗拉能力，调节其他有关因素仍可以做到取消后浇带而不产生有害的裂缝。跳仓间隔时间7～10d。

后浇带释放差异沉降问题，我们在多年来对软土地基条件下桩筏及桩箱基础的沉降观测，不仅竣工前后的观测（上海已有的资料主要是竣工前的观测）最长的观测时间3～6年，建成后的长期资料尚未见到，宝钢在工程投入使用后，设备部继续进行了长达 18 年

的详细观测,说明后浇带在结构封顶前能释放的差异沉降应力约 20%～45%;如果主(裙)楼(上海高层建筑)的地基处理得当,均采用打桩处理,最后发现施工阶段主(裙)楼的差异沉降甚微。因此,可以得到这样结论:例如差异荷载很大的结构,地基差异沉降解决的较好,软弱地基条件下均采用桩基,良好地基条件下可采用天然地基(如北京某些工程),沉降后浇带完全可以取消。一般设计并不因为后浇带而减少或间断配筋,配筋是连续的;如果遇有沉降缝的设置,须验算和补强构造措施。我们在上海一些软土地基桩箱基础调查中,在主裙楼的地基处理适宜条件下,发现主(裙)楼均采用桩基筏板基础的后浇带封闭时,没有差异沉降(后浇带处连在一起的素混凝土垫层表面砂浆也无裂纹),是一个证明,沉降后浇带在这里起了"安慰作用"。

根据实测,桩筏及桩箱基础的差异沉降与基础的整体刚度有明显的关系,主(裙)楼的基础联合为一体的差异沉降小于主(裙)楼以后浇带或沉降缝分离基础的差异沉降。

所以,取消后浇带,以主(裙)楼的桩基调节差异沉降,利用主(裙)楼联体基础的整体刚度来减少差异沉降和控制相对差异沉降(即控制倾斜率)是完全可能的。这就是把各种不同荷载的基础连成一"船式基础"的依据。按照笔者的"抗与放"的原则,这是以"抗"为主导思想的解决不同荷载下基础差异沉降的新方法,它与习惯上必须设缝的指导思想相比是一种新概念。

取消沉降后浇带的条件:

(1)根据工程地质条件对主(裙)楼联体基础的沉降进行计算(采用结构与地基共同作用的程序计算)。结合经验进行修订与调整,控制联体基础的最大差异沉降 $\Delta S \leqslant$ 30mm,控制相对差异沉降 $i \leqslant 1/500～1/1000$。

(2)施工中主(裙)楼施工缝合拢间隔时间仍然不少于 7～10d,施工同时进行沉降观测,如果施工缝合拢前发现沉降异常,如主(裙)楼差异沉降大于 10mm,则应适当延长合拢时间。差异沉降计算仍含有不准确因素,但一般计算大于实际,偏于安全。

3)实际工程实例

(1)上海世界金融大厦(图 17-9)、人民广场地下车库、浦贸大厦、新上海国际大厦、瑞丰大厦、上海衡山路国际网球中心、上海人民广场地铁车站 367m 超长地下工程、苏州河治理彭浦泵站等都取消了后浇带,至今使用正常,避免了后浇带的开裂现象,提高了基础的整体性。

(2)宝钢、武钢、首钢、太钢等多项 500 余米超长轧机基础均取消后浇带,采取分段跳仓施工方法,至今使用正常。

(3)青岛国际会展中心,预应力大跨结构,混凝土 C40,优选配合比,加强保温保湿养护,控制裂缝取得成功,获得山东省科技进步一等奖。

(4)上海浦东邮电处理车间地上框架 172m×165m 取消伸缩缝,1996 年施工。

(5)上海外高桥电厂大体积混凝土 61m×47.5m,厚 4.75m,采用普通混凝土 C30,利用后期强度 R60,水灰比 0.526,较高掺量粉煤灰 100kg/m³,普通混凝土 12740m³,无缝连续浇筑,取得控制裂缝的成功。

(6)上海国际网球中心主楼与裙楼荷载差别巨大,主楼与裙楼连接处原设计采用沉降

图 17-9　上海陆家嘴国际金融开发
区世界金融大厦（取消沉降后浇带实例）

后浇带，后来在施工中发现后浇带的严重漏水缺点，根据笔者的建议，取消了沉降后浇带，主楼与裙楼的差异沉降控制在 30mm 以内，相对沉降 1/500～1/1000，结构使用至今没有发现任何不良后果（已经有 8 年了）。

5. "跳仓法"设计施工特征及历史背景

1）"跳仓法"的特征及其历史背景

冶金工业领域具有大量的地下工程，特别是轧钢系统，地下的大体积混凝土工程量几乎占全部量的 80%，这类工程还有许多特点：

（1）大幅度的超长，基础结构从数百米至近千米，采用箱筏结构，超宽 80～200m，厚度 1～2.5m。

（2）结构位于地下深度较深，由一般的 8m 至最深的 30m 是典型的超长超宽超厚大体积混凝土结构。

（3）地下空间具有重要的使用功能要求，包括各种自动化设备、电器设备、各种电缆管线、控制设备、通风机、油库设备以及各种电缆隧道等，基础断面多变，孔道密布，管线纵横，结构极为复杂。

（4）基础结构承受极不均匀的荷载，局部有数百吨的轧机和轻型的辊道基础，很难做纵横交叉的永久性变形缝，如沉降缝、伸缩缝及抗震缝等。

（5）基础结构在不同部位承受温度作用，不同的动力荷载，不同的振动疲劳作用。

（6）钢板轧钢质量要求非常严格，对差异沉降、变形、裂缝、防水及耐久性都有较严格的要求。

在复杂的轧钢机基础结构工程中，大体积混凝土的施工经验说明，较小分块浇筑比超长大块连续浇筑混凝土的均质性较好，质量容易得到控制。因此，"分块后浇"及"分块跳仓"比超长连续浇筑的裂缝容易控制。

早在 20 世纪 60 年代中期，根据工程的重要性、技术的复杂及其难度，国内多次组织了课题进行技术攻关，对国内的鞍钢、武钢、包钢、首钢、太钢以及有色冶金基地的地下混凝土工程进行了大量的调查研究，开展了科学试验和技术攻关，获得了大量的第一手资料，并应用于工程设计，采取了不同的方法，解决永久性变形缝的渗漏缺点问题，如扩大伸缩缝间距、减少伸缩缝数量、改进变形构造和施工质量等，主要还是设缝和后浇带方法。后浇带法是取消永久性变形缝（温度后浇带及沉降后浇带）的巨大进步，但是后浇带的垃圾清理及填缝时间过长也是不小的缺点，近年来有些工程发现后浇带再开裂（一条裂缝变两条裂缝）现象。

1974 年，从日本引进代号为"1700"工程，即一米七工程，是当时国际上最先进的轧钢工程，该工程的土建结构全部由日本设计，设备基础连续长度 686m，宽度 80～120m，基础厚度 2～3m，侧墙厚度 1.5～2.0m，为地下箱筏结构，地基为沙质黏土，原方案拟采用桩基加固地基，最后经过研讨取消了桩基方案而采用了天然地基。

日方设计超长超宽设备基础，不采用任何变形缝基础结构，只有分段施工缝，形成整体无缝箱筏基础，内部靠边墙设排水沟。基础整体像一条船，把所有的大小重力都置于一个连续不断的箱筏之上，可称为"船式基础"。关于裂缝控制及变形缝问题没有具体交代，该问题转由施工单位解决和处理。

中方针对本问题的严重性，该工程与国内的设计规范矛盾，曾多次同日方进行谈判，未获明确结果，没有书面依据，中方决定按日方设计施工，中国第十九冶金建设公司（现在宝钢冶金建设公司）采取"地基分段开挖、混凝土分段跳仓浇筑"施工，组成了设计施工科研专题设计攻关小组，进行了温度及应力测试。采取了材料和施工的技术措施，最终结果，基础沿全长出现了不同程度的裂缝，有的部位裂缝频率很高，有的裂缝间距 4.5m，有的裂缝频率很低，约 300m 范围内，很少开裂，在变截面应力集中部位具有较宽的冷缩裂缝，通过反向实测，测得裂缝处钢筋应力与荷载效应钢筋应力有根本的区别（按荷载效应钢筋应力屈服）。

在混凝土骨料含泥量达到 6%～8% 范围内，裂缝频率最高。应力测试结果是：混凝土结构的约束应力和长度呈非线性关系，裂缝和长度亦呈非线性关系。根据实测提出了剪应力与水平位移成正比的假定，推导出主拉应力及主拉应变的解析公式，这是用有限元法所不能解决的。

1977 年 12 月，在上海宝山吴淞口地区筹备建设上海宝山钢铁厂，1978 年 2 月，开始同日本新日本制铁株式会社进行宝钢初步设计的技术谈判，同时于 1978 年 5 月派出由设计施工和科研组成的 A 阶段设计审查团兼考察任务。我们考察和参观了日本君津厂、大分厂、八幡厂等多家现代化大型钢厂，发现了他们超长超宽大型热轧厂的大体积混凝土基础工程，全都采用"跳仓法"施工，只限于热轧厂，其他工程仍照规范设缝跳仓施工分块长度 30～40m，间隔时间 7～10d，有些工程甚至间隔数月没有永久性变形缝，没有后浇带，没有沉降缝，只有施工缝。尽管还存在裂缝化学灌浆的痕迹，但是多年使用经验说明，它完全满足现代化生产使用功能的要求。

　　日本"跳仓法"施工，也仅限于热轧带钢厂的超长设备基础，在其他工业建筑和民用建筑中大多采用永久性变形缝方法。

　　考察同时，同日本专家进行了技术交流，中方希望能得到热轧厂超长基础跳仓施工"跳仓法"的理论依据。日方的专家回答不一，但是基本都是凭经验，没有理论依据。有的说日本是多地震国，一旦发生地震，裂缝容易修补，但变形缝很难修复。而且在施工中，大量纵横交错的橡胶止水带，给施工带来难以克服的困难，所以在箱体内部底板和外墙交界处设排水沟，可自动排出裂缝渗漏出的水，从而满足自动化生产环境的要求。他们认为"跳仓法"施工只是一种不得已的分段施工方法，与温度收缩应力无关，最后把这一个如何设计计算、如何选材、如何施工的裂缝控制问题留给了中方施工单位。

　　我们从1978年以来，不断地进行现场测试，不断地完善跳仓施工的裂缝控制技术，用"抗放兼施，先放后抗"的理论对地下工程大体积混凝土跳仓施工，不设变形缝，不设后浇带，只有施工缝，允许出现无害裂缝（对少量的贯穿性裂缝采取化学灌浆处理）的设计理论及计算依据做了探索，计算方法简单、明了、实用，并配合设计施工在国内许多超长地下工程中推广应用，取消了温度后浇带和沉降后浇带。如1978年12月上海宝钢初轧总长912m，采用跳仓地基开挖，混凝土跳仓浇筑、上海宝钢1～5期工程的高炉、热风炉、转炉、各种轧钢厂，特别是热轧、宽厚板轧钢、上钢一厂热轧大体积混凝土超长超宽超深基础均不采用"后浇带法"采用"跳仓法"施工，至今使用正常；上海世界金融大厦，裙房挑出46.5m，裙房与主楼间取消沉降后浇带；上海东海商业中心、上海金融广场、上海浦贸大厦、上海远东国际大厦、上海浦东锦江大酒店、荷载差别巨大的上海国际网球中心、上海联升大厦、新上海国际大厦及上海瑞丰大厦、上海八万人体育场等。此外还有武钢热轧、首钢迁安热轧、深圳市重大工程市民广场等。近两年来，与北京方圆监理公司配合，与设计施工紧密合作，梅兰芳大剧院、蓝色港湾、居然大厦等超长工程取得了成功的应用。2003～2004年在大连城市广场等多项大体积混凝土工程中获得成功的应用，并由冶建总院检测中心对大体积混凝土的温度场及应力场进行了详细的观测，简化计算理论接近实测。

　　笔者经过多年来的"跳仓法"直接参与施工现场监测，经验积累和理论探索，开始结合设计施工和科研，将这一"跳仓法"施工技术与工程结构裂缝控制联系起来，以"跳仓法"施工取代永久性变形缝和后浇带的有效技术措施，并用"抗与放"的理论加以说明。将这一技术推广到国内一些重大民用超长超厚大体积混凝土工程中去，并初步取得了良好的裂缝控制效果，取消了温度后浇带和沉降后浇带，尽管出现了一些轻微的裂缝，经过处理，完全满足承载力、正常使用及耐久性要求。许多成果通过了专家技术鉴定，获得了工期短、投资低、施工方便、质量可靠等良好的技术和经济效益，它所采用的方法是普通大体积混凝土的常规方法，没有特别的高新技术，也就是笔者衷心提出"普通混凝土好好打"的方法，这一技术还可以推广到市政、桥梁、地铁、核电、火电、隧道、水工、特构等领域的混凝土的工程中去，不是习惯上常用的分段施工方法，而是作为控制超长结构裂缝，取代永久性变形缝和后浇带的方法，可以认为是后浇带技术的进一步发展，虽然以前在不同的建设领域都有过应用，但是作为取代永久性变形缝的技术措施，它具有广阔的难以估量的前景。国内外，由于建筑工程的迅速发展，城市人口集中，用地紧张，城市交通地铁以及汽车运输不得不开发地下空间和高层建筑，超长超宽大体积混凝土的变形缝问题是结构设计中的重要问题。

2) 现代建筑结构的特点

国家城镇化迅速发展，建筑占地面积紧张，地下空间开发势在必行，大量地上高层和超高层及地下连体空间结构的不断扩大，形成"多塔楼大底盘"的结构特点，超长超宽超深的大体积混凝土结构形式日趋增多，按现行规范和设计常规，每隔一定距离设伸缩缝，在垂直荷载差异比较大或地基状态变化较大的地下工程中，必须设置沉降缝。多年的建设经验说明，这些永久性变形缝是地下工程，包括地上工程渗漏水的源泉，并且治理困难，对工程结构的耐久性带来负面影响。数十年来，人们开始用后浇带取代永久性变形缝，这是一项永久性变形缝的改进，但是后浇带法清理垃圾困难，填充材料的配合比必须掺有膨胀剂，时常由于膨胀剂的收缩落差，引起后浇带混凝土后期倒缩开裂，造成施工麻烦和拖延工期，特别是沉降后浇带必须等待结构沉降稳定后才能封填，后浇带严重的拖延工期，多年来我们探索了工程结构的变形效应，近年来发现承受变形作用越来越显示出它的早期特性，水化热升降温比较快，混凝土的收缩在施工期间比较大，特别是在混凝土终凝前后的早期塑性收缩更大，几乎是普通干燥收缩的 10 倍。在这种情况下，笔者试图把工业建筑热轧厂、超长轧机基础的跳仓法施工方法移植到民用建筑中来。多塔楼大底盘建筑示意图如图 17-10 所示。

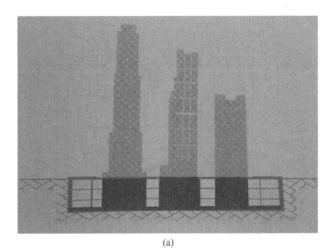

(a)

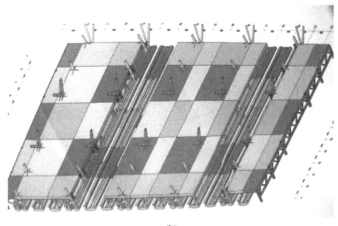

(b)

图 17-10 多塔楼大底盘建筑示意图

3）地下工程混凝土条件最适宜于"跳仓法"

总结地下工程温湿度变化的规律，地下工程在施工中承受的温度和湿度变化较大，特别是混凝土的早期塑性收缩很大，而在地下回填土以后，正常使用阶段，温湿度变化较小。我们常说地下建筑是"冬暖夏凉"，根据这样环境，施工阶段中所发生的温度应力远大于混凝土材料的抗拉能力，完全靠"抗"的办法是很难抗得住的，应当采取"抗放兼施"，早期将结构以较短尺寸分仓间歇 7～10d 释放应力。其后陆续进行封仓，利用混凝土弹性抗拉能力抵抗较小的温度收缩应力，即"先放后抗"，最后"以抗为主"的办法。

大体积混凝土在工民建结构尺寸条件下，实际是属于中体积钢筋混凝土结构，其水化热不应该像水工那样起到头等重要作用，必须埋设冷却水管进行三次冷却。在工民建领域从不采用此法，因为对外约束应力弊大于利。但是，由于近代胶凝材料的活性不断提高，水化热和收缩对结构的影响也逐渐提高到十分重要的地位。工程裂缝质量问题层出不穷，经过大量的观测，可以看到，工民建结构虽然其体积尚大不到大体积混凝土的规模，但是具有大体积混凝土性质。绝大多数裂缝系温度收缩应力引起。工民建梁板结构及墙板温度变化情况，如图 17-11 所示。

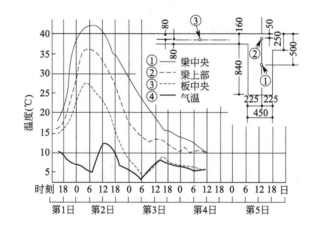

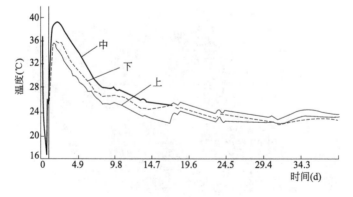

图 17-11 工民建梁板结构及墙板温度变化情况

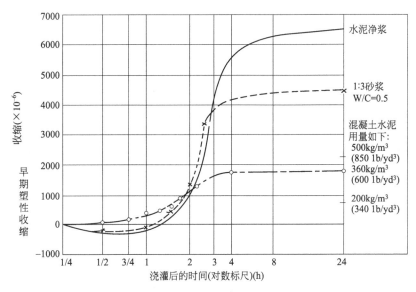

图 17-12　混凝土拌合物的水泥用量对早期收缩的影响

　　从图中可以看出，当结构截面厚度不大于 500mm（梁、板、墙等），水化热温升迅速达到峰值（1～2d），对于 C20～C25 的混凝土，温度峰值约为 40～45℃，C25～C30 的混凝土，温度峰值约 45～50℃，以后迅速下降，经过 5～7d，接近于环境温度。所以，温度变化也是早期偏高偏快，同时截面厚度越小，里表温差越小。如果混凝土强度 C30～C40，其温度峰值可达 50～60℃，混凝土的强度 C40～C60，则温度峰值将提高 50～70℃，收缩量也大幅增加，但是抗拉能力增加很少，则开裂概率显著增加。

　　相对于高强混凝土，如预应力混凝土、高强高性能混凝土，其水化热温度的峰值可高达 60～80℃，这样的温度峰值迅速下降的时候引起的早期拉应力很高。

　　与此同时，混凝土的早期塑性收缩也是大的，见图 17-12，从图中可看出混凝土浇灌 24h 之内收缩令人感到惊讶，所以早期的养护和二次压光是多么重要。因此，采用临时性的分块释放一大部分温度收缩效应，经过 7～10d 后，再合拢连成整体，剩余的降温及收缩作用将由混凝土的抗拉应变来承受。

　　"跳仓法"的实践证明，这样做是可行的，混凝土的抗力还有潜力可以利用，这就是"先放后抗"的设计原则。这一原则和后浇带的原理是一致的，只是后浇带改变成为施工缝。

　　那么就出现了一个矛盾，为什么后浇带的间隔时间是 45d 至 2 个月，而跳仓间隔的时间是 7～10d，我们在实际施工过程中，有时间隔 3 天浇筑的混凝土也没有出现问题，这就是因为，"后浇带法"开始时，我们希望尽量利用分块间隔阶段更多的释放一些温度收缩应力，而对于混凝土的抗拉能力估计偏低。所以，多延长一些后浇带的间隔时间，但是在这方面，实践走在理论的前面，许多跳仓施工的实际情况最短期间歇 3～7d 的工程，都没有出现问题。因此，两种方法原则一致，但在具体做法方面出现了差异，这对于后浇带做法是偏于安全的。那么可以提出这样一个问题：可不可以缩短后浇带的封闭时间，笔者认为是可能的，关键在于是否严格认真执行普通大体积混凝土设计施工方法。

6. "跳仓法"的施工缝构造设计

1) 防水施工缝（分仓施工缝）

地下工程采取"跳仓法"施工，施工缝的构造对地下工程的防水是十分重要的，有些重大工程的渗漏来源于施工缝，总结"跳仓法"施工的经验，施工缝有以下几种构造，构造方法是很简单的，但是混凝土浇灌前的施工缝止水钢板的设置必须稳定可靠，不得随意变形和移位，必要时需要增加钢筋骨架通过焊接方式加以固定。下一段混凝土浇灌之前，对上一段混凝土的施工缝，必须将浮浆清理干净并打毛，宜用水湿润后再浇灌混凝土，注意施工缝处的振捣质量，施工缝宜采用不拆模钢筋骨架贴钢丝网 20 目的方法，加强施工缝处的养护（图 17-13）。不宜采用快易收口网做施工缝。

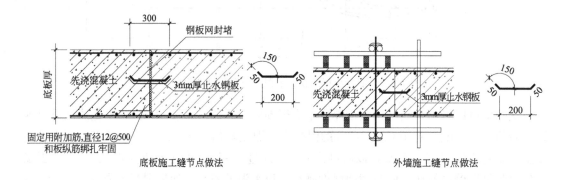

底板施工缝节点做法　　　　　外墙施工缝节点做法

地下室负二层~地下室顶板后浇带分区图

D4-1 827m²	D4-2 1329m²	D4-3 1233m²	D4-4 870m²
D2-3 361m²	D2-4 656m²	D2-5 691m²	D1-4 464m²
D3-3 1410m²	D2-1 2460m²	D2-2 2251m²	D1-3 1631m²
D3-2 1737m²	塔楼柱 7195m²		D1-2 2013m²
D3-1 1882m²			D1-1 2107m²

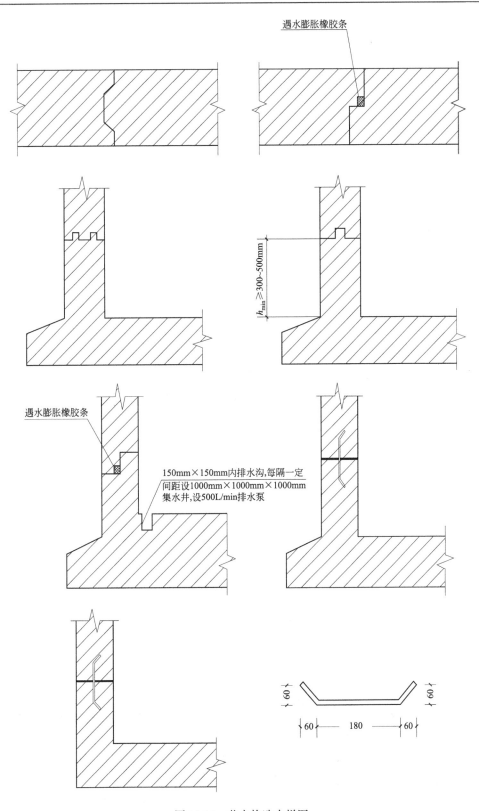

图 17-13 节点构造大样图

2）防排结合的施工缝构造示意图

见图 17-14。

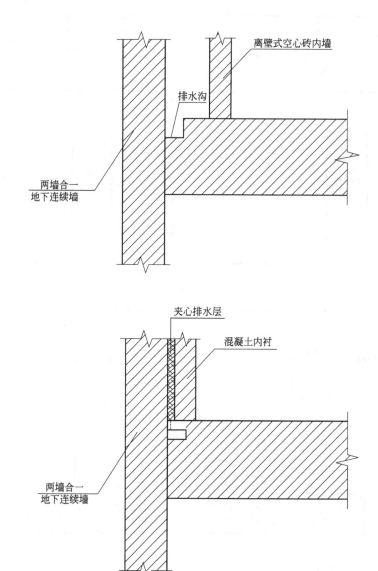

图 17-14 防排结合的施工缝构造示意图

3）主体结构与通廊的连接刚性节点防水构造（图 17-15）

许多地下箱体结构在不同的部位和通廊连接，按照习惯的做法，在该连接处设置沉降缝，以满足主体结构与通廊的差异沉降，这是"以放为主"的原则。但是，多年来，采用沉降缝的做法有时引起渗漏，甚至渗漏情况十分严重，如某钢厂初轧厂地下主体结构与通廊的连接问题，长期得不到很好的处理。所以，我们建议，采取刚接的施工缝方法，即在主体结构留一段悬臂支托，留出插筋，其后将通廊与主体结构整体连接，只有施工缝，没有沉降缝，主体结构与通廊的差异沉降宜控制在 30mm 以内，通廊的相对沉降即通廊的

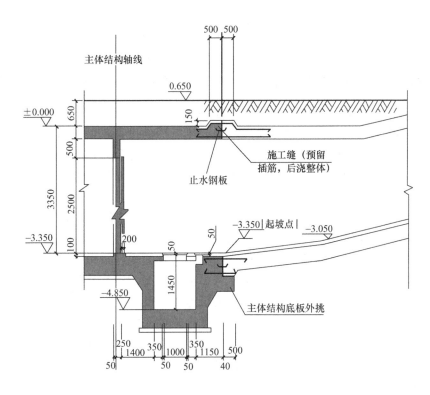

图 17-15 主体结构与通廊的连接刚性节点构造
（地基处理必须满足不产生有害差异沉降）

倾斜不超过 1/500，软土地基上的通廊有可能产生较大的差异沉降，须对通廊地基进行适当的加固，减少沉降。万一出现较大的差异沉降，引起节点裂缝者，采取化学灌浆处理方法。这样的方法已经在类似节点堵漏中获得应用。

本节所介绍的各种构造，设计时还可以根据工程实际条件综合地选择不同的构造措施加以组合，以达到更好的防水效果。

超长大体积混凝土的裂缝控制与地下工程的防水有直接关系。地下工程，容易产生渗漏，对使用功能及耐久性都有直接影响。所以，许多工程都采用了"多道防线，综合治理"的方法。

笔者根据大量实践经验，混凝土一旦开裂，目前所用的各种防水材料都很难保证不渗漏，对多道防线的设计措施，往往层层击破，最后产生严重渗漏，而且不易修复。宝钢多年的大量地下工程的防水设计建立在以混凝土本体防水为主，控制不出现或减少有害裂缝，从而不做外防水。内部排水沟的设置只是一种辅助的后备措施，实践中没有得到充分的利用。

这样做的地下工程难免有渗漏水的现象，渗漏水的源泉主要是"三缝"，即变形缝、施工缝和裂缝，其中施工缝和裂缝容易采取化学灌浆技术修复，而变形缝比较困难。所以，我们提倡尽量不留或少留永久性变形缝，包括温度伸缩缝和沉降缝。目前，对于变形缝的堵漏已经取得了很多成果，并在实际工程中得到了不断的应用。

17.2 "跳仓法"施工实践

1. 最早的"跳仓法"施工实例，裂缝控制的现场研究——武钢一米七热轧带钢厂箱基

1975 年 2 月，武钢一米七热轧带钢厂是由日本引进的年产 300 万 t 的大型热轧板厂，为适应现代化大型轧机工艺要求，一米七热轧厂的设备基础由日方设计，中方施工。设备基础设计的结构选型、构造处理和结构计算等与我国现行规范和习惯做法均有许多不同之处。例如，为适应现代化轧制工艺多层空间布置的要求，轧制线基础采用了以超长大型箱体结构为主的结构形式，不同于过去习惯采用管线暗埋的大块体基础形式；整个轧制线基础（从加热炉至卷曲机，包括厂房柱基础）686m 长，50～80m宽，形成连续的整体结构，不同于过去习惯采用分块的单独设备基础和独立柱基础；整个轧制线的基础都不留伸缩缝和沉降缝，不同于我国现行规范最大伸缩缝间距 30m的规定。日方设计只在地下工程留置排水沟，从不认为"跳仓法"施工是解决温度收缩应力的措施，裂缝如何控制这个难题留给了施工单位。湖北省建设武钢一米七轧钢工程指挥部组织了设计、施工及科研单位的联合攻关小组，首先对地基处理进行了大量的现场调查和计算分析，取消了原设计的桩基方案，而采用了天然地基，在结构方面，对超长箱基结构温度收缩应力进行长时期的观测，对结构的裂缝部位采取反向测试法，测得不同裂缝宽度的钢筋应力，探索裂缝的规律及其应力与结构长度的关系。其他构造方面，如地脚螺栓的埋设、防水设施、钢筋和埋设的布置、施工缝留设等，也均有显著的特点。总的来说，这个设计既能适应现代化生产特点和便于技术改造，又有利于机械化快速施工，加快进度，节约投资，方便施工，提高了结构的整体性，有利于生产，减少了后期有关施工缝及变形缝的渗漏及其修复工作。

大型建设现场就是一个科研工作的现场，从武钢一米七开始，以工程实体检测为主，探索控制裂缝的规律，直至 20 世纪 70 年代末，结构实体检测技术在上海宝钢吸收引进的检测技术（图 17-16、图 17-17），使得我们的实体检测装备获得巨大的进步。

图 17-16 上海宝钢可移动式遥控实体检测试验室（冶金部建筑研究总院检测中心）

图 17-17 上海宝钢大体积混凝土温度场、应力场、裂缝变形等自动监测设备

1) 基础的施工程序

武钢一米七箱体设备基础（平面布置图见图 17-18）的施工次序为，首先从中部精轧区基础开始施工，然后，同时向前（粗轧机区、加热炉区）、向后（卷曲机后）延伸。这就是施工单位所提出的"中间开挖，向两头分段延伸，混凝土分段跳仓浇筑"的方案。

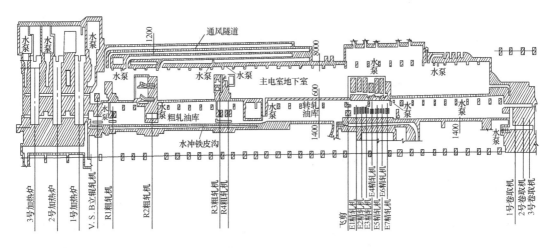

图 17-18 武钢一米七轧钢厂基础平面布置图

1975 年 5 月，土建开始浇灌精轧机基础垫层，1976 年 6 月，土建机电公司安装设备，混凝土基础工程的施工时间为一年。

箱体基础的混凝土强度统一为 C25（按日本圆柱体强度 180 号）分别采用"新华"

"一冶""邯郸"等水泥厂生产的 42.5 级矿渣水泥，同时也采用了少量的朝鲜麓牌 52.5 级水泥。由于水泥混堆和保管不善，将 52.5 级水泥当 42.5 级水泥使用，尤其是将 42.5 级当 32.5 级使用较多，约占 32.5 级水泥的 20%～30%。

混凝土采用的粗骨料有两种，施工初期多用碎石，后期多用矿渣，混凝土的配合比统一由十九冶三公司实验室提供。工程施工开始，C20 混凝土采用 32.5 级水泥为 378kg/m³、368kg/m³，随后减至 348kg/m³。有的部位掺入了减水剂，有的部位没有掺。减水剂有两种，开始用"NNO"，后来货源不足改用木质磺酸钙，掺入减水剂的混凝土用水泥减至 331kg/m³，现场搅拌时间也由原来的 40s 减至 10～20s。混凝土的坍落度按试验室要求为 4～6cm，或减少至 3～5cm。加水过程没有严格控制，所以在现场实测的混凝土坍落度波动较大，加水不均。现场混凝土未留试块，均以搅拌站留的试块为准。

当时，混凝土试块强度平均为 230 号，300 号以上的试块只占 15%，在 1975 年 5 月 13 日～8 月 4 日期间平均试块强度只有 205 号，而在 1976 年 6 月又高达 367 号，因此，试块强度早期过低，后期增长较快，离散性较大。

箱体基础钢筋主要采用 16Mn 钢。由于箱体基础的外形比较整齐，所以配筋也较简单。钢筋直径的种类较少。基础的横向（箱体的短向）配置受力筋，基本用 Φ18、Φ20、Φ22 三种，纵向配置构造筋 Φ14 一种。横向钢筋间距为 150mm、200mm，纵向钢筋间距为 150mm、200mm、300mm。除基础边角处的钢筋需要加工外，大部分钢筋不必加工，而是将原材料直接运至现场进行绑扎。钢筋搭接长度为 40 倍钢筋直径。搭接数量在同一断面最初为 100%，后经研究改为 50%。

基础模板主要是钢模，由 1.6m³ 的翻斗车将混凝土从搅拌站运来，混凝土的浇灌工作是利用容量为 0.12m³ 的双轮手推车和通过串筒将混凝土浇灌到基础之中，首先浇灌大底板，其次立墙、立柱、立墩，最后再浇灌箱基的顶板。因此，形成三道水平施工缝，在底板上 300mm 处设置水平施工缝。沿基础长度每隔 30～70m 左右，设置一道垂直缝（跳仓距离），施工缝留在结构受力较低的部位（一般留在跨度的 1/3 处），顶板及底板的施工缝位置基本一致。

本工程的施工缝的构造形式分以下三种：

（1）企口缝，底板和外墙的垂直缝用凹缝，外墙的水平缝用凸缝。

（2）平缝，内墙的水平缝和垂直缝、顶板的垂直缝、柱和设备基础的水平缝等均采用平缝。

（3）钢丝网缝，顶板和加热炉基础的垂直施工缝多采用了钢丝网接缝。钢丝网保留在基础中，无需拆模。分仓浇筑时间间歇 7～10d，个别 1～2 个月。

每个施工单元大约连续浇筑 1200～2000m³，混凝土的振捣一般采用振动棒，浇筑的次序都是由单元的一端向另一端推进，或者由两端向中间推进。分薄层浇筑较为困难。

混凝土的养护是采用覆盖草袋浇水的方法，养护时间一般 3～5d，施工初期养护较差，后期有所改进。

曾在精轧区底板采用砖砌小坎灌水养护的办法，混凝土泡水产生膨胀，但是由于下一道工序的要求，加紧放线支模，突然将水放掉，混凝土直接暴露在风吹日晒的条件下，承受激烈的干燥和水化热降温，增大了混凝土的拉应力，此区域混凝土的浇灌时间是在

1975 年 6～8 月（武汉炎热季节），最高气温 38～39℃，水灰比控制不严，粗骨料含泥量严重超标，最高达 6%～7%，裂缝大量增多，试块抗压强度最低只有 C13。

2）基础裂缝出现的规律

箱体基础出现的裂缝主要出现在施工早期的精轧区，其他部位较少，裂缝宽度一般都在 0.2mm 左右，少数 1～2mm，粗轧区、卷曲机及加热炉区的裂缝也是比较少的。

基础全长范围内要求尽早回填土，但实际回填不均，精轧区回填最晚，精轧区墙板的竖向裂缝间距最小 3～5m，最大 7～8m。精轧区发现较多裂缝后，立即召开紧急会议，分析裂缝原因，加强技术的严格管理，后续各段裂缝数量明显减少，最长 200 余米范围内无明显肉眼可见裂缝。裂缝状况有如下特征：

（1）热轧设备基础的裂缝均出现在施工阶段，从 1975 年 6 月开始，至同年冬季，在精轧区裂缝最多，在浇灌后 14d 开始出现裂缝，特别是突然失水暴露风吹日晒条件下区域的混凝土裂缝较大，约 1 个月，多数裂缝基本稳定，少数裂缝出现在冬季，精轧区的裂缝占全部裂缝的 70%，其他区域经检查，有的长度在 100～200 余米范围内，没有发现明显开裂。

（2）炎热季节浇灌的混凝土比秋冬季节浇灌的混凝土裂缝要多，裂缝的主方向是与纵长方向垂直，即与构造配筋方向垂直，而与横向（较短方向）平行。

（3）构造配筋率较低的部位，构造钢筋间距较大的部位，裂缝较多；构造配筋率较高的部位裂缝较少（本工程的构造配筋为 $\phi 14@200～300$）。

（4）沿基础平面，裂缝沿外部边缘向基础内部延伸，边缘处裂缝宽度大于内部裂缝宽度（基础水化热散热及收缩都是从边缘向内部逐渐减少）。

（5）在裂缝深度方面，裂缝一般呈外宽内窄现象，许多裂缝的深度只有 250～300mm（基础厚度 2.5m）。大部分裂缝属表面性质，另外一些裂缝贯穿全截面。在裂缝处理工程中，发现有少量外窄内宽的裂缝。

（6）箱形基础的底板及墙板裂缝较多，顶板未发现明显裂缝。

（7）回填土较早的部位裂缝较少或基本不裂，回填土较晚的部位裂缝较多。

（8）掺入减水剂区域的裂缝较轻，不掺减水剂依靠增加用水增加坍落度的区域裂缝较多。

（9）以矿渣作粗骨料的混凝土裂缝轻微（矿渣含泥量为 0）。

（10）大体积混凝土底板浇灌的初凝到终凝阶段，发现断断续续的、裂缝长度和裂缝间距都很小、裂缝宽度较大的早期塑性裂缝。基础裂缝有渗漏现象的都采取了化学灌浆处理（宝冶和长江科学院），确保了正常使用及耐久性，至今正常生产使用。

3）逆向思维，反向测试，温度应力近似计算解析法

如此超长超宽的大型地下箱体基础，其受力状态到底如何，尚不得而知，所以，组成了专题技术攻关小组，埋设了测温、测应力、测沉降等仪器，进行了现场监测。测到了由于水泥水化热引起的温度变化，测得不同部位的沉降位移，都在规范允许范围之内。

钢筋的应力很低，均在仪器量测误差范围之内，说明钢筋应力与设计应力差别很大。基础的不同部位出现了不同程度的裂缝。我们当时设想裂缝处钢筋应力可能较大，参考国内外规范，裂缝宽度和钢筋应力成正比关系。我们采取机械式引伸仪，在已经开裂的部位

测试开裂处钢筋的应力，这是一种反向测试，这种测试方法能够真实地反映裂缝处钢筋应力对基础结构安全度的影响，测试结果与假设有很大的不同：在裂缝宽度较窄的范围内，钢筋应力与裂缝宽度几乎成比例增加；当裂缝宽度由 2mm 增加到 7mm 时，钢筋应力由270MPa 增加到 370MPa，钢筋应力和裂缝宽度呈非线性关系（如按荷载效应计算，钢筋早已屈服）。根据现场许多裂缝工程的反分析，即运用逆向思维方法，初步推导出温度应力近似计算的解析方法，解释了一米七轧机工程中的各种裂缝现象。后期又不断进行现场工程实测，通过处理大量裂缝现象的反向推理，逐步改进完善温度应力近似计算解析法中的各种与温度应力有关的工程参数，使得解析法更加简单、明了、实用，为"跳仓法"施工工艺及"抗与放"的设计原则提供了良好的理论基础。

　　武钢一米七轧钢基础，超长 686m，混凝土浇筑于武汉最炎热的季节（1975 年 7 月），现场的管理工作比较困难，在精轧区浇灌初期，大底板便出现了较多的裂缝，裂缝均呈横向，从外向内延伸，见图 17-19。

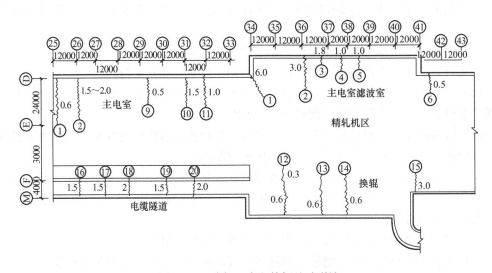

图 17-19　武钢一米七轧钢基础裂缝

　　除了底板，在外墙也出现了竖向有规律的裂缝，笔者配合设计和施工单位进行了长期的现场研究，根据裂缝的规律，探索了超长地下工程的温度收缩应力近似解析计算方法和有限元方法。

　　有限元方法的优点是计算局部应力能获得大量的精确的数字结果，这些是无法用手工计算的，但是有限元的缺点是很难找到超长达数百米的基础控制裂缝的规律性问题，当然这种方法比较时尚，容易为许多科研和设计选用。

　　解析方法是一种经典的方法，它不可能像有限元法得到局部的大量的数值解，但是它的优点是能给出整体结构的规律性结果，所以笔者经过对比后采取结合现场测试和处理裂缝的反分析方法，探索近似的解析计算方法，获得了温度收缩应力与结构长度呈非线性关系的规律，提出了"抗与放"的设计原则，取消和扩大伸缩缝间距的条件以及温度收缩裂缝宽度的近似计算方法。这些方法经过 30 年来的现场处理裂缝经验的不断改进，使之计算结果更加接近于实际，在许多工程中获得了较为广泛的应用。

2. 宝钢大型 300t 氧气顶吹转炉基础大体积混凝土的裂缝控制

超长超厚宝钢大型 300t 氧气顶吹转炉基础一次连续浇灌的工程实例，基础采用了平面尺寸为 31.3m×90.8m（相当于"跳仓法"施工的跳仓尺寸为 90.8m），厚为 2.5m 的整体筏式基础。基础下面布有 252Φ914.4（直径）×11mm（厚度），长 60m 的钢管桩，施工时采用 C20（1979 年 6 月，最早采用大流动度商品混凝土）大流动度泵送混凝土，浇灌时间 28h。日本设计，底部和顶部钢筋采用Φ32@150 双向布置，含筋率为 0.4%。按我国设计规范规定，地下连续现浇混凝土结构的伸缩缝间距不得超过 30m，外方设计也有类似的规定。对这一问题进行了详细的研究，工期紧，质量要求高，基础在投入使用后承受高温及振动影响，所以耐久性要求很高，如何进行施工，中日双方进行了多次谈判，为了控制裂缝，日方提出按日本习惯，大体积混凝土应按"水平分层，垂直分缝"的办法施工，我们在总结武钢一米七经验的基础上与上海建工集团三公司合作，在"抗与放"的理论指导下，进行了解析方法的近似计算，严格优选混凝土材料的配合比，加强保温保湿养护，采用"一次连续浇筑"的方法，即按我方方案施工，不采用冷却水管进行混凝土冷却，不掺任何特殊外加剂，只采用双掺技术（粉煤灰＋普通减水剂），于 1979 年 5 月 30 日上午开始浇灌，经过 28h 浇灌 7000m³，超长超厚大体积混凝土裂缝控制取得圆满成功，见图 17-20。这就是在宝钢"普通混凝土好好打"的最初成果，该基础经过 27 年的严峻使用条件的考验，其使用功能及耐久性没有任何问题，仍然能够满足现代化生产的要求。

图 17-20　浇灌现场

（1979 年 5 月 30 日我国最早引进大型搅拌站，由两台 180m³/h 供应泵
送商品混凝土，超长 90.8m，宽 30m，厚 2.5m，无冷却水管，无变
形缝无后浇带，一次连续浇筑，取得控制裂缝的完全成功）

我方考虑了本基础的自约束应力和外约束应力，进行了详细的解析方法近似理论计算和相应的施工技术准备，进行了温度控制。

1）转炉炼钢基础大体积混凝土的自约束（内约束）应力计算

（1）最高绝热温升

$$T_{rmax} = \frac{W \cdot Q}{c\gamma}$$
(17-2)

式中　T_{rmax}——绝热温升（℃），是指在基础四周无任何散热条件、无任何热损耗的条件下，水泥与水化合后产生的反应热（水化热）全部转化为温升后的最高温度；

　　　　Q——水泥水化热（J/kg），用中低热的强度等级为 32.5 矿渣硅酸盐水泥，其 28d 的水化热为 334×10^3 J/kg；

　　　　W——每立方米混凝土中水泥的实际用量（kg/m³），为了降低水化热，利用 60d 的强度为 22.5MPa，水泥用量 280 kg/m³；

　　　　c——混凝土的比热，J/(kg·℃)，取 0.96×10^3 J/(kg·℃)；

　　　　γ——混凝土的重度（kg/m³），取 2400kg/m³。

代入各值得：

$$T_{rmax} = \frac{280 \times 334 \times 10^3}{0.96 \times 10^3 \times 2400} = 40.5℃$$

基础处于散热条件下，考虑上下表面一维散热，应用差分法计算的结果，散热影响系数约为 0.6（时间越长，散热系数越小），水化热温升 $T_{max} = 0.6 \times 40.5 = 24.3℃$，预算基础中心最高温度 28＋24.3＝52.3℃（28℃为入模温度）。

（2）各龄期的实际温升情况与计算温差

根据浇灌时实测混凝土的入模温度为 28℃，求各龄期水化热升降温值。根据差分法算得基础中心温度 31.8℃，预算中心部位降温差 52.3－31.8＝20.5℃。

（3）实际非均匀温度分布及降温差

结构裂缝的主要原因是降温和收缩。转炉基础施工中，对 2.5m 厚大底板的水化热温升及一个月内的降温状态作了观测，在标准断面中选择出大底板顶部 C_1、中部 C_3 及底部 C_5 三测点，其温度变化见表 17-1。任一降温差（水化热温差加上收缩当量温差）都可以分解为平均降温差和非均匀降温差。前者产生外约束应力，是产生贯穿性裂缝的主要原因，后者引起自约束应力，主要引起表面裂缝，因此，首先要控制好两个降温差，减少和避免裂缝的开展。非均匀降温差过去一般都将混凝土内外温差控制在 20℃，这次采用了 30℃的规定。在一般情况下，现浇混凝土结构升温阶段出现裂缝的可能性不大。

C_1、C_3、C_5 测点逐日温度升降值（℃）　　　　　　　　表 17-1

日　期	1	2	3	4	5	6	7	8	9	10	11	12	13	14	15
C_1 测点	35	35.5	38.5	39	36	35	34.8	34.5	33.9	32.5	31	30.5	31	30.5	29.5
C_3 测点	38	50.5	52	51.7	50.5	49.5	48.5	47	46	45	43.5	42.5	41.5	40.5	39.5
C_5 测点	36	39.2	42	42.5	43	43	43	42.5	42	41.2	40.5	40.5	40	39.5	39
日　期	16	17	18	19	20	21	22	23	24	25	26	27	28	29	30
C_1 测点	29	30	30	29.5	29.5	29.7	28.5	29.3	29	29	29	28.5	28.2	27.9	28.5
C_3 测点	38.5	38	37.5	36.5	36.2	35.7	35.4	35	34.8	34.5	34	33.5	32.5	32.3	32
C_5 测点	38	38	37.5	36.7	36.5	36	35.5	35.3	35	34.7	34.5	34	33.2	33	33

温度应力计算中，首先须算出总降温差，过去常以水化热最高温升与基础最终稳定温度之差作为总降温差，计算方便且偏于安全。实际上，水化热最高温度只发生在截面的中下部，全截面的平均温度略低于水化热最高温度，控制贯穿性裂缝的温差应该是平均最高温度与稳定温度之差。以下就温差问题作简单的分析。

根据过去实测结果，由于底板上下表面散热的条件不同，因此在断面上的温差呈非对称抛物线分布，但是在本工程保温良好条件下，混凝土浇灌 3d 时即已接近对称抛物线，上下边缘差 3.5℃。为了简化计算，可将一个非对称抛物线假定为称抛物线，这在实际工程上也是允许的，即取表达式：

$$T(y) = T_1 + T_4\left(1 - \frac{y^2}{h^2}\right) \quad (-h < y < h) \tag{17-3}$$

式中　$T(y)$——基础断面上离开中心轴距离为 y 处的温度；

　　　$2h$——基础厚度；

　　　y——基础断面上任意一点离开中心轴的距离；

　　　T_0——混凝土入模温度（28℃）；

　　　T_1——在两层草包养护下混凝土的表面温度（℃）；

　　　T_2——$T_1 - T_0$；

　　　T_3——基础中心最高温度（℃）；

　　　T_4——$T_3 - T_1$；

　　$T_0(t)$——平均温度 $T_1 + \frac{2}{3}T_4$。

①混凝土浇灌后 3d，中心最高温度达 52℃，上边缘由 28℃上升至 38.5℃，中心与边缘最大温差 13.5℃，按抛物线假定求得平均最高温度：

$$\underset{t=3d}{T_0(t)} = T_1 + \frac{2}{3}T_4 = 38.5 + \frac{2}{3} \times 13.5 = 47.5℃ < 52℃$$

②浇灌后 30d，环境气温 27℃，中心与边缘温差 5℃，截面的平均温度：

$$\underset{t=30d}{T_0(t)} = 27 + \frac{2}{3} \times 5 = 30.33℃$$

实际总降温差：

$$T = T_0(3) - T_0(30) = 47.5 - 30.33 = 17.17℃$$

计算温差 20℃，误差 20 - 17.17 = 2.83℃（偏于安全且误差不大）。

自约束应力（上表面最大拉应力）按下式计算：

$$\sigma_{xmax} = \frac{0.375E\alpha T_0}{1 - \mu} \times H(t, \tau)$$

由于本工程的保温保湿条件很好，松弛系数 $H(t, \tau)$ 取 0.3，按规范，弹性模量 E 取 2.6×10^4 MPa，则上表面的最大拉应力 σ_{xmax}：

$$\sigma_{xmax} = \frac{0.1125E\alpha T_0}{1 - \mu} = 0.465\text{MPa} \ll 1.5\text{MPa}（现场无表面裂缝）$$

2）外约束应力的计算

在温度应力计算中，主要考虑基础总降温差引起的外约束应力。外约束应力经常引起贯穿性裂缝。总降温差偏于安全地取水化热最高温升冷却至某时的环境气温差（本例取

20℃），将总降温差分成台阶（步距 3d）式降温计算如下（养护期间 30d）：

①3d$T_{(3)}$＝52℃（实际最高温升与施工前理论估算接近）；

②6d$T_{(6)}$＝49.5℃，$\Delta T'_{(6)}$＝52－49.5＝2.5℃；

③9d$T_{(9)}$＝46℃，$\Delta T'_{(9)}$＝49.5－46＝3.5℃；

④12d$T_{(12)}$＝42.5℃，$\Delta T'_{(12)}$＝46－42.5＝3.5℃；

⑤15d$T_{(15)}$＝39.5℃，$\Delta T'_{(15)}$＝42.5－39.5＝3.0℃；

⑥18d$T_{(18)}$＝37.5℃，$\Delta T'_{(18)}$＝39.5－37.5＝2.0℃；

⑦21d$T_{(21)}$＝35.7℃，$\Delta T'_{(21)}$＝37.5－35.7＝1.8℃；

⑧24d$T_{(24)}$＝34.8℃，$\Delta T'_{(24)}$＝35.7－34.8＝0.9℃；

⑨27d$T_{(27)}$＝33.5℃，$\Delta T'_{(27)}$＝34.8－33.5＝1.3℃；

⑩30d$T_{(30)}$＝32℃，$\Delta T'_{(30)}$＝33.5－32＝1.5℃。

控制结构贯穿性裂缝主要由混凝土截面平均降温差引起，根据已往观测资料，偏于安全的取截面中部的升降温曲线为依据。如本工程实测基础中心点 C_3 的升降温曲线及分段计算中，采取近似的台阶温差划分，有限增量法。

（1）各龄期混凝土收缩当量温差

混凝土随着多余水分的蒸发必将引起体积的收缩，其收缩量甚大，机理比较复杂，随着许多具体条件的差异而变化，根据国内外统计资料，可用下列指数函数表达式进行收缩值的计算：

$$\varepsilon_y(t)＝\varepsilon_y^0 M_1 \cdots M_{12}(1-e^{-0.01t}) \tag{17-4}$$

式中　　$\varepsilon_y(t)$——任意时间的收缩（mm/mm）；

t——由浇灌时至计算时，以天为单位的时间值；

$\varepsilon_y^0＝\varepsilon_y(\infty)$——最终收缩（mm/mm），标准状态下 $\varepsilon_y^0＝3.24\times10^{-4}$；

$M_1 \cdots M_{12}$——考虑各种非标准条件的修正系数；

M_1——水泥品种为矿渣水泥，取 1.25；

M_2——水泥细度为 4900 孔，取 1.35；

M_3——骨料为花岗石，取 1.00；

M_4——水灰比为 0.709，取 1.64；

M_5——水泥浆量为 0.2，取 1.00；

M_6——自然养护 30 天，取 0.93；

M_7——环境相对湿度为 90%，取 0.54；

M_8——水力半径倒数为 $L/F＝\dfrac{3630}{782500}＝0.004639＝0.0046\text{cm}^{-1}$，取 0.54；

考虑筏基三面水分蒸发，横截面长度等于 3130＋250＋250＝3630cm，横截面积 $F＝3130\times250＝782500\text{cm}^2$；

M_9——机械振捣，取 1.00；

M_{10}——含筋率为 0.4%，取 0.9；

M_{11}——风速影响系数，取 1.0；

M_{12}——环境温度影响系数，取 1.0。

混凝土内的水分蒸发引起体积收缩，这种收缩过程总是由表及里，逐步发展的。由于湿度不均匀，收缩变形也随之不均匀，基础的平均收缩变形助长了温度变形引起的应力，可能导致混凝土开裂，因此在温度应力计算中必须把收缩这个因素考虑进去。为了计算方便把收缩换算成"收缩当量温差"，就是说收缩产生的变形，相当于降温引起同样变形所需要的温度。

$$T_y(t) = \frac{\varepsilon_y(t)}{\alpha} \qquad (17-5)$$

计算各时期的收缩及台阶式当量温差：

①30d

$$\varepsilon_y(30) = 3.24 \times 10^{-4} \times 1.25 \times 1.35 \times 1.00 \times 1.64 \times 1.00 \times 0.93 \times$$
$$0.54 \times 0.54 \times 1.00 \times 0.9 \times (1 - e^{-0.01 \times 30})$$
$$= 0.567 \times 10^{-4}$$

$$T_y(30) = \frac{0.567 \times 10^{-4}}{1 \times 10^{-5}} = 5.67℃$$

②27d　　　　　$\varepsilon_y(27) = 0.518 \times 10^{-4}$
　　　　　　　　$T_y(27) = 5.18℃$

③24d　　　　　$\varepsilon_y(24) = 0.467 \times 10^{-4}$
　　　　　　　　$T_y(24) = 4.67℃$

④21d　　　　　$\varepsilon_y(21) = 0.415 \times 10^{-4}$
　　　　　　　　$T_y(21) = 4.15℃$

⑤18d　　　　　$\varepsilon_y(18) = 0.361 \times 10^{-4}$
　　　　　　　　$T_y(18) = 3.61℃$

⑥15d　　　　　$\varepsilon_y(15) = 0.305 \times 10^{-4}$
　　　　　　　　$T_y(15) = 3.05℃$

⑦12d　　　　　$\varepsilon_y(12) = 0.248 \times 10^{-4}$
　　　　　　　　$T_y(12) = 2.48℃$

⑧9d　　　　　　$\varepsilon_y(9) = 0.189 \times 10^{-4}$
　　　　　　　　$T_y(9) = 1.89℃$

⑨6d　　　　　　$\varepsilon_y(6) = 0.127 \times 10^{-4}$
　　　　　　　　$T_y(6) = 1.27℃$

⑩3d　　　　　　$\varepsilon_y(3) = 0.065 \times 10^{-4}$
　　　　　　　　$T_y(3) = 0.65℃$

台阶式收缩当量温差：

① $\Delta T_y(6) = 1.27 - 0.65 = 0.62℃$

② $\Delta T_y(9) = 0.62℃$

③ $\Delta T_y(12) = 0.59℃$

④ $\Delta T_y(15) = 0.57℃$

⑤ $\Delta T_y(18) = 0.56℃$

⑥ $\Delta T_y(21) = 0.54℃$

⑦ $\Delta T_y(24) = 0.52℃$

⑧ $\Delta T_y(27) = 0.51℃$

⑨ $\Delta T_y(30)=0.49℃$

（2）台阶式综合降温差及总综合温差

①各阶段台阶式降温的温差

为了较精确地计算考虑徐变作用下的温度应力，把总降温分成若干台阶式降温，分别计算出各阶段降温引起的应力，最后叠加得出总降温应力。台阶式综合温差 $\Delta T(t)=\Delta T'(t)+\Delta T_y(t)$：

$$\Delta T_{(6)}=2.5℃+0.62℃=3.12℃$$
$$\Delta T_{(9)}=3.5℃+0.62℃=4.12℃$$
$$\Delta T_{(12)}=3.5℃+0.59℃=4.09℃$$
$$\Delta T_{(15)}=3.0℃+0.57℃=3.57℃$$
$$\Delta T_{(18)}=2.0℃+0.56℃=2.56℃$$
$$\Delta T_{(21)}=1.8℃+0.54℃=2.34℃$$
$$\Delta T_{(24)}=0.90℃+0.52℃=1.42℃$$
$$\Delta T_{(27)}=1.3℃+0.51℃=1.81℃$$
$$\Delta T_{(30)}=1.5℃+0.49℃=1.99℃$$

②总综合温差

$$T=\Delta T_{(6)}+\Delta T_{(9)}+\cdots+\Delta T_{(30)}$$
$$=3.12+4.12+4.09+3.57+2.56+2.34+1.42+1.81+1.99$$
$$=25.02℃$$

以上各种降温差均为负值。

（3）各龄期的混凝土弹性模量

基础混凝土浇灌初期，处于升温阶段，呈塑性状态，混凝土的弹性模量很小，由变形变化引起的应力也很小，温度应力一般可忽略不计。经过数日，弹性模量随时间迅速上升，此时由变形变化引起的应力状态（即混凝土降温引起拉应力）随着弹性模量的上升显著增加，因此必需考虑弹性模量的变化规律，一般按下列公式计算：

$$E_{(t)}=E_o(1-e^{-0.09t}) \tag{17-6}$$

式中　$E_{(t)}$——任意龄期的弹性模量；

　　　E_o——最终的弹性模量，一般取成龄的弹性模量 $2.6\times10^4 N/mm^2$；

　　　t——混凝土浇灌后到计算时的天数。

各时段弹性模量：

$$E_{(1)}=0.224\times10^4 N/mm^2$$
$$E_{(2)}=0.428\times10^4 N/mm^2$$
$$E_{(3)}=0.615\times10^4 N/mm^2$$
$$E_{(6)}=1.08\times10^4 N/mm^2$$
$$E_{(9)}=1.443\times10^4 N/mm^2$$
$$E_{(12)}=1.717\times10^4 N/mm^2$$
$$E_{(15)}=1.926\times10^4 N/mm^2$$
$$E_{(18)}=2.085\times10^4 N/mm^2$$
$$E_{(21)}=2.21\times10^4 N/mm^2$$

$$E_{(24)} = 2.30 \times 10^4 \, \text{N/mm}^2$$

$$E_{(27)} = 2.37 \times 10^4 \, \text{N/mm}^2$$

$$E_{(30)} = 2.43 \times 10^4 \, \text{N/mm}^2$$

（4）各龄期混凝土松弛系数

当结构的变形保持不变时，结构内的应力因徐变而随时间衰减的现象称松弛。

在计算温度应力时，徐变所导致的温度应力的松弛，有益于防止裂缝的开展。徐变可使混凝土的长期极限抗拉值增加一倍左右，即提高了混凝土的极限变形能力，因此在计算混凝土的抗裂性时显然需要把松弛考虑进去。其松弛程度同加荷时混凝土的龄期有关，龄期越早，徐变引起的松弛亦越大。其次同应力作用时间长短有关，时间越长则松弛越大，根据"考虑徐变计算混凝土及钢筋混凝土结构的温度及温度的应力"，考虑龄期及荷载持续时间影响下的应力松弛系数为 $H(t=30, \tau=3,6,9\cdots)$：

$$H_{(1)} = H_{(2)} = 0.186,$$

$$H_{(3)} = 0.186, \ H_{(6)} = 0.208, \ H_{(9)} = 0.214,$$

$$H_{(12)} = 0.215, \ H_{(15)} = 0.233, \ H_{(18)} = 0.252,$$

$$H_{(21)} = 0.301, \ H_{(24)} = 0.524, \ H_{(27)} = 0.570,$$

$$H_{(30)} = 1.0$$

（5）控制贯穿性裂缝的最大拉应力计算

$$\sigma(t) = -\frac{\alpha}{1-\mu} \sum_{i=1}^{n} \left[1 - \frac{1}{\text{ch}\beta_i \frac{L}{2}} \right] E_i(t) \Delta T_i H_i(t, \tau_i) \tag{17-7}$$

$$\beta = \sqrt{\frac{C_x}{HE}}$$

式中　$\sigma(t)$——各龄期混凝土基础所承受的温度应力；

　　　$E_i(t)$——各龄期混凝土的弹性模量；

　　　α——混凝土线膨胀系数 1.0×10^{-5}；

　　　ΔT_i——各龄期综合温差，均以负值代入；

　　　μ——泊松比，当基础为双向受力时取 0.15；

$H_i(t, \tau_i)$——各龄期混凝土松弛系数；

　　　L——基础的长度，本例为 90800mm；

　　　H——基础底板厚度（2500mm）；

　　　C_x——总阻力系数（地基水平剪切刚度），N/mm³，此处 $C_x = C_{x1} + C_{x2}$；

　　　C_{x1}——宝钢地区软土地基侧向刚度系数，取 1×10^{-2} N/mm³；

　　　C_{x2}——地基单位面积侧向刚度受钢管桩影响系数，$C_{x2} = \dfrac{Q}{F}$；

　　　Q——钢管桩产生单位位移时的水平力（N/mm）；

　　　F——每根桩分担的地基面积 3m×3m＝9m²＝9×10^4 cm²＝9×10^6 mm²。

当钢管桩与基础铰接时：

$$Q = 2EJ \left(\sqrt[4]{\frac{K_h \cdot D}{4EJ}} \right)^3 \tag{17-8}$$

式中　K_h——侧向压缩刚度系数 1×10^{-2} N/mm³；

　　　E——钢管桩的弹性模量 2.0×10^5 MPa；

　　　J——钢管桩（$\Phi914.4$mm×11mm）的惯性矩，$J = 319 \times 10^7$ mm⁴；

　　　D——钢管桩的直径 $\Phi914.4$mm。

本例中：

$$Q = 2 \times 2.0 \times 10^5 \times 319 \times 10^7 \left[\sqrt[4]{\frac{914.4 \times 10^{-2}}{4 \times 2.0 \times 10^5 \times 319 \times 10^7}} \right]^3$$

$$= 1.869 \times 10^4 \text{N/mm}$$

$$C_{x2} = \frac{Q}{F} = \frac{1.869 \times 10^4}{9 \times 10^6} = 0.207 \times 10^{-2} \text{ N/mm}^3$$

$$C_x = C_{x1} + C_{x2} = (1 + 0.207) \times 10^{-2} \text{ N/mm}^3$$

①1d

（第 1 台阶降温）自第 1d 至第 30d 的徐变应力：

$$\beta = \sqrt{\frac{1.207 \times 10^{-2}}{2500 \times 0.224 \times 10^4}} = 4.64 \times 10^{-5}$$

$$\beta \frac{L}{2} = 4.64 \times 10^{-5} \times \frac{90800}{2} = 2.108$$

查双曲线函数表得 $\mathrm{ch}\beta \dfrac{L}{2} = 4.177$。

$$\sigma_{(1)} = -\frac{0.224 \times 10^4 \times 1.0 \times 10^{-5} \times 9}{1 - 0.15} \times \left(1 - \frac{1}{4.177}\right) \times 0.186$$

$$= -0.0336 \text{MPa}$$

②2d

（第 2 台阶降温）自第 2d 至第 30d 的徐变应力：

$$\beta = \sqrt{\frac{1.207 \times 10^{-2}}{2500 \times 0.428 \times 10^4}} = 3.36 \times 10^{-5}$$

$$\beta \frac{L}{2} = 3.36 \times 10^{-5} \times \frac{90800}{2} = 1.5248$$

查双曲线函数表得 $\mathrm{ch}\beta \dfrac{L}{2} = 2.406$。

$$\sigma_{(2)} = -\frac{0.428 \times 10^4 \times 1.0 \times 10^{-5} \times 9}{1 - 0.15} \times \left(1 - \frac{1}{2.406}\right) \times 0.186$$

$$= -0.0493 \text{MPa}$$

③3d

（第 3 台阶降温）自第 3d 至第 30d 的徐变应力：

$$\beta = \sqrt{\frac{1.207 \times 10^{-2}}{2500 \times 0.615 \times 10^4}} = 2.80 \times 10^{-5}$$

$$\beta \frac{L}{2} = 2.80 \times 10^{-5} \times \frac{1}{2} \times 90800 = 1.272$$

查双曲线函数表得 $\mathrm{ch}\beta\dfrac{L}{2}=1.924$。

$$\sigma_{(3)}=-\frac{0.615\times10^{4}\times1.0\times10^{-5}\times4}{1-0.15}\times\left(1-\frac{1}{1.924}\right)\times0.186$$

$$=-0.02585\mathrm{MPa}$$

④6d

（第 4 台阶降温）自第 6d 至第 30d 的徐变应力：

$$\beta=\sqrt{\frac{1.207\times10^{-2}}{2500\times1.08\times10^{4}}}=\sqrt{0.0447\times10^{-8}}$$

$$=0.000021=2.1\times10^{-5}$$

$$\beta\frac{L}{2}=0.000021\times\frac{90800}{2}=0.9534$$

查双曲线函数表得 $\mathrm{ch}\beta\dfrac{L}{2}=1.490$。

$$\sigma_{(6)}=\frac{1.08\times10^{4}\times1.0\times10^{-5}\times3.12}{1-0.15}\times\left(1-\frac{1}{1.490}\right)\times0.208$$

$$=0.0271\mathrm{MPa}$$

⑤9d

（第 5 台阶降温）自第 9d 至第 30d 的徐变应力：

$$\beta=\sqrt{\frac{1.207\times10^{-2}}{2500\times1.443\times10^{4}}}=0.0000183=1.8\times10^{-5}$$

$$\beta\frac{L}{2}=0.8172$$

查表得 $\mathrm{ch}\beta\dfrac{L}{2}=1.35$。

$$\sigma_{(9)}=\frac{1.443\times10^{4}\times1.0\times10^{-5}\times4.12}{1-0.15}\times\left(1-\frac{1}{1.35}\right)\times0.214$$

$$=0.0390\mathrm{MPa}$$

⑥12d

（第 6 台阶降温）自第 12d 至第 30d 的徐变应力：

$$\beta=\sqrt{\frac{1.207\times10^{-2}}{2500\times1.926\times10^{4}}}=0.0000168=1.68\times10^{-5}$$

$$\beta\frac{L}{2}=0.7627$$

查表得 $\mathrm{ch}\beta\dfrac{L}{2}=1.30$。

$$\sigma_{(12)}=\frac{1.717\times10^{4}\times1.0\times10^{-5}\times4.81}{1-0.15}\times\left(1-\frac{1}{1.30}\right)\times0.215$$

$$=0.0410\mathrm{MPa}$$

⑦15d

（第 7 台阶降温）自 15d 至第 30d 的徐变应力：

$$\beta = \sqrt{\frac{1.207 \times 10^{-2}}{2500 \times 1.926 \times 10^4}} = 0.0000158 = 1.58 \times 10^{-5}$$

$$\beta \frac{L}{2} = 0.717$$

查表得 $\mathrm{ch}\beta \dfrac{L}{2} = 1.27$。

$$\sigma_{(15)} = \frac{1.924 \times 10^4 \times 1.0 \times 10^{-5} \times 3.57}{1 - 0.15} \times \left(1 - \frac{1}{1.27}\right) \times 0.233$$

$$= 0.040 \mathrm{MPa}$$

⑧18d

（第 8 台阶降温）自第 18d 至第 30d 的徐变应力：

$$\beta = \sqrt{\frac{1.207 \times 10^{-2}}{2500 \times 2.085 \times 10^4}} = 0.0000152 = 1.52 \times 10^{-5}$$

$$\beta \frac{L}{2} = 0.69$$

查表得 $\mathrm{ch}\beta \dfrac{L}{2} = 1.25$。

$$\sigma_{(18)} = \frac{2.085 \times 10^4 \times 1.0 \times 10^{-5} \times 2.56}{1 - 0.15} \times \left(1 - \frac{1}{1.25}\right) \times 0.252$$

$$= 0.0317 \mathrm{MPa}$$

⑨21d

（第 9 台阶降温）自第 21d 至第 30d 的徐变应力：

$$\beta = \sqrt{\frac{1.207 \times 10^{-2}}{2500 \times 2.21 \times 10^4}} = 0.0000148 = 1.48 \times 10^{-5}$$

$$\beta \frac{L}{2} = 0.672$$

查表得 $\mathrm{ch}\beta \dfrac{L}{2} = 1.23$。

$$\sigma_{(21)} = \frac{2.21 \times 10^4 \times 1.0 \times 10^{-5} \times 2.34}{1 - 0.15} \times \left(1 - \frac{1}{1.23}\right) \times 0.301$$

$$= 0.0343 \mathrm{MPa}$$

⑩24d

（第 10 台阶降温）自 24d 至第 30d 的徐变应力：

$$\beta=\sqrt{\frac{1.207\times10^{-2}}{2500\times2.30\times10^4}}=0.0000148=1.48\times10^{-5}$$

$$\beta\frac{L}{2}=0.658$$

查表得 $ch\beta\dfrac{L}{2}=1.22$。

$$\sigma_{(24)}=\frac{2.30\times10^4\times1.0\times10^{-5}\times1.42}{1-0.15}\times\left(1-\frac{1}{1.22}\right)\times0.524$$

$$=0.0363\text{MPa}$$

⑪27d

(第11台阶降温）自第27d至第30d的徐变应力：

$$\beta=\sqrt{\frac{1.207\times10^{-2}}{2500\times2.37\times10^4}}=0.0000143=1.43\times10^{-5}$$

$$\beta\frac{L}{2}=0.649$$

查表得 $ch\beta\dfrac{L}{2}=1.21$。

$$\sigma_{(27)}=\frac{2.37\times10^4\times1.0\times10^{-5}\times1.81}{1-0.15}\times\left(1-\frac{1}{1.21}\right)\times0.57$$

$$=0.050\text{MPa}$$

⑫30d

(第12台阶降温）即第30d的徐变应力：

$$\beta=\sqrt{\frac{1.207\times10^{-2}}{2500\times2.43\times10^4}}=0.0000141=1.41\times10^{-5}$$

$$\beta\frac{L}{2}=0.64$$

查表得 $ch\beta\dfrac{L}{2}=1.21$。

$$\sigma_{(30)}=\frac{2.43\times10^4\times1.0\times10^{-5}\times1.99}{1-0.15}\times\left(1-\frac{1}{1.21}\right)\times1$$

$$=0.099\text{MPa}$$

⑬总降温产生的最大拉应力

$$\sigma_{\max}^{*}=-0.0337-0.0493-0.02585+0.0271+0.0390+0.0410+0.040+$$

$$0.0317+0.0343+0.0363+0.050+0.099=0.29\text{MPa}$$

混凝土 C20，取 $R_{\mathrm{f}}=1.3\text{MPa}$：

$$K = \frac{R_f}{\sigma_{\max}^*} = \frac{1.3}{0.29} = 4.48 > 1.15,\ \text{满足抗裂条件。}$$

以上计算结果如图 17-21 所示。

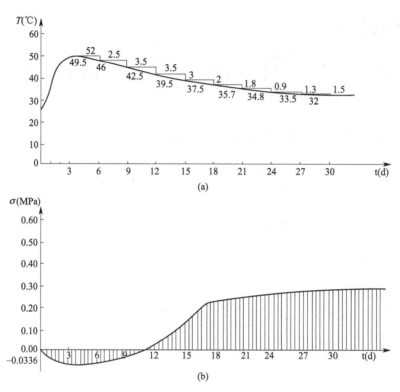

混凝土龄期30d的温度及温度应力(底板$L/2$处)

图 17-21　基础中心降温曲线

（a）升降温的有限增量划分；（b）温度应力与龄时的关系

3. 上钢一厂 428m 超长大型地下箱形基础 "跳仓法" 混凝土裂缝控制实践

1）工程概况及特点

宝钢集团一钢不锈钢 1780mm 热轧工程是一大型现代化轧钢工程，于 2001 年 6 月开工建设，计划于 2003 年底建成投产。1780mm 热轧主要由板坯库、加热炉、主轧线（含主电室、轧线电气室）、钢卷库组成。设备基础为超长超宽整体自防水箱形基础，总长428.4m，宽 81.75～100m，深 −12～−9.6m，混凝土量达 13.2 万 m³。

地质条件：自然地坪绝对标高为 +4.44m 左右，①层为杂填土，层厚 0.8～5.4m 不等，②层为粉质黏土，③层为淤泥质粉质黏土，④层为粉质黏土。大型箱形基础埋植于第④层土中，最高地下水位为 −0.5m。根据地质条件，采用 PHC 长桩处理地基，桩长56～76m，桩距 3～5m。

本工程主轧线设备基础由日本设计（重钢院负责结构配筋），第二十冶金建设公司施工，宝钢监理公司负责监理工作。国外设计中对本工程的裂缝控制未作任何具体交代，只在设备基础中留有排水沟（意思是"裂了就堵，堵不住就排"的被动措施），关于超大型混凝土工程的裂缝控制问题留给了中方自行解决。

基础超长，按现行规范，地下室外墙伸缩缝许可间距为 30m，而本工程总长为 428.4m，宽度近 100m，如果按规范设置永久性伸缩缝，必然造成大量纵横立体交叉的橡胶止水带，给工程的渗漏留下大量隐患，对结构抗震极为不利。基础底标高较深，地下水压力大，整个箱形基础的防水及裂缝控制的技术难度较大。

2）施工方案及裂缝控制措施的选择

尽管设计从"堵漏"和"排水"的角度考虑了地下室的渗漏问题，但是施工阶段出现大量贯穿性裂缝，将引起严重渗漏，仅靠设计采用的排水沟排水已远远不能满足现代化生产要求，通常还需要大量的灌浆堵漏工作，多年来一直都要花费大量资金、时间反复堵漏。

经过多次的技术研讨，总结国内外类似工程裂缝控制的经验与教训，并根据地下结构的最不利工况是施工阶段、使用阶段地下结构处于水土包围之中温度收缩应力较小等原理，制定了"抗放兼施，先放后抗，以抗为主"的"分块跳仓浇筑综合技术措施"。

3）"分块跳仓浇筑综合技术措施"的施工工艺及具体措施

先将超长基础分为许多长度为 40m 左右的小块，经过短期（7～10d）的应力释放，再将分块连成整体，依靠抗拉强度抵抗以后下一段的温度收缩应力。根据图纸和现场施工的实际情况，箱形基础主轧线底板共分成了 17 块，侧墙共分成 22 段，顶板分成了 20 块；加热炉底板分成了 4 块，侧墙共分成 5 段。基础分块详图见图 17-22 箱形基础底板分块图；图 17-23 箱形基础侧墙分块图；图 17-24 箱形基础顶板分块图。

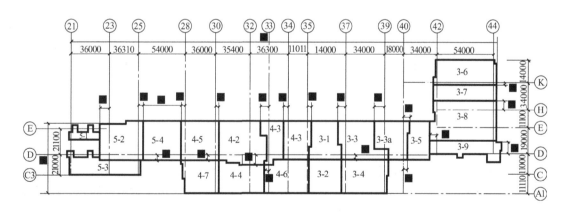

图 17-22　箱形基础底板分块图

（1）材料的选用和质量控制

矿渣水泥虽然水化热比普通硅酸盐水泥低，但泌水、干缩性比普通硅酸盐水泥大，按水泥用量为 338kg/m³，入模温度取 15℃计算，采用矿渣水泥和采用普通硅酸盐水泥的估算和混凝土基础中心的最高温度分别为 T_0 矿 $=48.8℃$，T_0 普 $=51.24℃$。综合考虑后，决定选用强度等级为 42.5 的普通硅酸盐水泥。对商品混凝土除要求连续供应外，对骨料含泥量提出严格要求，本工程用砂石的含泥量小于 1%。

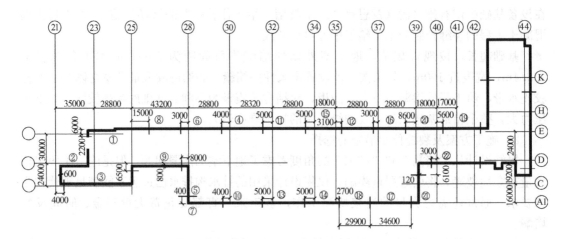

图 17-23 箱形基础侧墙分块图

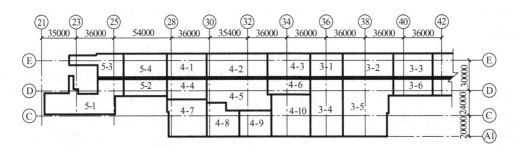

图 17-24 箱形基础顶板分块图

（2）设置合理构造配筋

在配筋率不变的情况下，调整箱形基础侧墙的构造配筋减小钢筋直径、加密钢筋间距（φ18@100），通长配置，并放在受力筋的外侧；本工程设计还在底板主筋上铺设了一层φ4@200 的钢筋网。

（3）过程质量控制

严格控制混凝土的坍落度，浇筑前混凝土的坍落度控制在（12±2）cm 范围内，并每次浇筑混凝土时，前 5 车全部测试，坍落度稳定后每 2h 测一次，坍落度超过规定要求时一律退回；振捣采用分区定人振捣方式，每一浇筑处（每一泵车）配备 3～4 台振捣棒，并每一振捣棒配 2 人，并且及时排除泌水；混凝土压光后，及时覆盖塑料薄膜，然后再覆盖理论计算厚度的草袋或麻袋进行保温保湿养护，养护时间不少于 14d。同时根据测温结果（内外温差）调整草袋的覆盖层数；拆模后，及时回填侧墙外的覆土，减少墙体内外温差，有效控制了后期混凝土裂缝的产生。

4）实施效果

宝钢集团上海一钢公司不锈钢轧钢工程箱形基础，外方图纸脱期 2 个月。在边设计边施工的情况下，箱形基础只用了 7 个月 25 天，于 2002 年 8 月 27 日提前封闭，比国内同类工程提前 6 个月以上，其中底板混凝土浇筑从 2002 年 1 月 2 日～3 月 10 日浇筑完只用了 68d 时间。底板从施工完至今基本没有出现有害裂缝和渗漏现象。精、粗轧电气室

（-6.5m）侧墙长374.4m基本没有渗漏，仅出现十几条宽度0.2mm以下的轻微裂缝，为机电设备、管道、电缆桥架的安装创造了良好的施工环境。裂缝情况可见表17-2，工程实景情况可见图17-25及图17-26。

裂缝情况统计评定　　　　　　　　　　　　　　　表17-2

构筑物部位	长　墙		底　板		顶　板	
控制标准	条数率	长度率	条数率	长度率	条数率	长度率
本工程箱形基础	0.0267	0.08	0	0	0	0
一般地下构筑物	0.12～0.4	1.0～2.0	0.2～0.5	0.5～1.0	0.15～0.4	0.5～1.0

图17-25　上海宝钢集团一厂1780不锈钢厂地下工程顶部

图17-26　上海宝钢集团一厂不锈钢厂地下工程"跳仓法"
施工，428m无缝超长箱基地下混凝土质量外观，裂缝控制取得圆满成功
（照片中左侧墙体竖向钢板系设备安装预埋件）

我国的设计规范对荷载裂缝有计算公式，并有严格的宽度限制，对于变形引起的裂缝没有计算规定，只规定了每隔一定距离留一条伸缩缝，即"留缝就不裂"的设计原则。

在工程实践中已经证明，结构是否开裂与许多因素有关，留缝与否，并不是决定结构

是否开裂的唯一条件,留缝不一定不裂,不留缝也不一定开裂。

5)施工阶段最小"跳仓块"间距(跳仓块长度)计算

箱形基础总长 428.4m,考虑断面尺寸、施工工艺、基坑开挖深度及荷载分布,先整体将主轧线与加热炉分成两大区,主轧线、加热炉分别采用在施工中合理布置"跳仓块"的施工方法。施工顺序:先施工底板,预留施工缝,再施工侧墙,最后施工顶板,侧墙施工完以后及时回填土。在此取主轧线底板实际施工的跳仓块进行了计算分析。

(1)计算混凝土收缩量(本工程跳仓间隔时间 10~15d,计算取 15d)

$$\varepsilon_y(t) = \varepsilon_y^0 M_1 \cdots M_{12}(1 - e^{-0.01t}) \qquad (17\text{-}9)$$

式中　$\varepsilon_y(t)$——任意时间的收缩(mm/mm);

　　　t——由浇灌时至计算时,以天为单位的时间值;

　$\varepsilon_y^0 = \varepsilon_y(\infty)$——最终收缩(mm/mm),标准状态下 $\varepsilon_y^0 = 3.24 \times 10^{-4}$;

　$M_1 \cdots M_{12}$——考虑各种非标准条件的修正系数;

　　　M_1——水泥品种为普通水泥,取 1.0;

　　　M_2——水泥细度为 4900 孔,取 1.35;

　　　M_3——骨料为花岗岩粗骨料,取 1.00;

　　　M_4——水灰比为 0.55,取 1.24;

　　　M_5——水泥浆量为 0.2,取 1.00;

　　　M_6——自然养护 15d,取 0.93;

　　　M_7——环境相对湿度为 90%,取 0.54;

　　　M_8——水力半径倒数为 0.007,取 0.54;

　　　M_9——机械振捣,取 1.00;

　　　M_{10}——含筋率为 0.2%(侧墙钢筋随深度、截面而变化),取 0.9;

　　　M_{11}——风速影响系数,取 1.0;

　　　M_{12}——环境温度影响系数,取 1.0。

$$\varepsilon(15) = 3.24 \times 10^{-4} \times 1.0 \times 1.35 \times 1.0 \times 1.24 \times 1.0 \times 0.93 \times$$
$$0.54 \times 0.54 \times 1.0 \times 0.9(1 - e^{-0.01 \times 15})$$
$$= 3.24 \times 10^{-4} \times 0.409 \times (1 - 0.861) = 0.184 \times 10^{-4}$$
$$\varepsilon(13) = 3.24 \times 10^{-4} \times 0.409 \times (1 - 0.878) = 0.162 \times 10^{-4}$$
$$\varepsilon(10) = 3.24 \times 10^{-4} \times 0.409 \times (1 - 0.904) = 0.127 \times 10^{-4}$$
$$\varepsilon(7) = 3.24 \times 10^{-4} \times 0.409 \times (1 - 0.932) = 0.09 \times 10^{-4}$$
$$\varepsilon(4) = 3.24 \times 10^{-4} \times 0.409 \times (1 - 0.961) = 0.05 \times 10^{-4}$$

(2)混凝土收缩当量温差:$T_y(t) = \varepsilon(t)/\alpha$($\alpha$ 为线膨胀系数,$\alpha = 1 \times 10^{-5}/℃$)

$$T_y(15) = 0.184 \times 10^{-4}/1 \times 10^{-5} = 1.8℃$$
$$T_y(13) = 1.6℃$$
$$T_y(10) = 1.3℃$$
$$T_y(7) = 0.9℃$$
$$T_y(4) = 0.5℃$$
$$\Delta T_y(7) = T_y(7) - T_y(4) = 0.9 - 0.5 = 0.4℃$$

$$\Delta T_y(10) = T_y(10) - T_y(7) = 1.3 - 0.9 = 0.4℃$$

$$\Delta T_y(13) = T_y(13) - T_y(10) = 1.6 - 1.3 = 0.3℃$$

$$\Delta T_y(15) = T_y(15) - T_y(13) = 1.8 - 1.6 = 0.2℃$$

台阶式综合温差计算为:

$$\Delta T(t) = \Delta T'(t) + \Delta T_y(t) \tag{17-10}$$

式中　$\Delta T'(t)$ ——为实测降温结果(℃);

　　　$\Delta T_y(t)$ ——各阶段收缩当量温差。

$$\Delta T(7) = 13 + 0.4 = 13.4℃$$

$$\Delta T(10) = 7 + 0.4 = 7.4℃$$

$$\Delta T(13) = 8 + 0.3 = 8.3℃$$

$$\Delta T(15) = 5 + 0.2 = 5.2℃$$

(3) 总综合温差

$$T = \Delta T(7) + \Delta T(10) + \cdots + \Delta T(15)$$
$$= 13.4 + 7.4 + 8.3 + 5.2 = 34.3℃$$

(4) 各龄期的混凝土弹性模量

基础混凝土浇灌初期,混凝土的弹性模量很小,由变形变化引起的应力也很小,温度应力一般可忽略不计。经过数日,弹性模量随时间迅速上升,此时由变形变化引起的应力状态随着弹性模量的上升显著增加,因此必须考虑弹性模量的变化规律,一般按下列公式计算:

$$E_{(t)} = E_0(1 - e^{-0.09t}) \tag{17-11}$$

式中　$E_{(t)}$ ——任意龄期的弹性模量;

　　　E_0 ——最终的弹性模量,一般取成龄的弹性模量 $2.6 \times 10^4 \text{N/mm}^2$;

　　　t ——混凝土浇灌后到计算时的天数。

$$E_{(4)} = 2.6 \times 10^4(1 - e^{-0.09 \times 4}) = 0.786 \times 10^4 \text{N/mm}$$

$$E_{(7)} = 2.6 \times 10^4(1 - e^{-0.09 \times 7}) = 1.215 \times 10^4 \text{N/mm}$$

$$E_{(10)} = 2.6 \times 10^4(1 - e^{-0.09 \times 10}) = 1.543 \times 10^4 \text{N/mm}$$

$$E_{(13)} = 2.6 \times 10^4(1 - e^{-0.09 \times 13}) = 1.793 \times 10^4 \text{N/mm}$$

$$E_{(15)} = 2.6 \times 10^4(1 - e^{-0.09 \times 15}) = 1.926 \times 10^4 \text{N/mm}$$

(5) 各龄期混凝土松弛系数

$$H_{(4)} = 0.187, \quad H_{(7)} = 0.239$$

$$H_{(10)} = 0.245, \quad H_{(13)} = 0.251$$

$$H_{(15)} = 1.0$$

(6) 最大拉应力计算

$$\sigma(t) = -\frac{\alpha}{1-\mu} \sum_{i=1}^{n} (1 - \frac{1}{\text{ch}\beta_i \frac{L}{2}}) E_i(t) \Delta T_i H_i(t, \tau_i) \tag{17-12}$$

式中　$\sigma(t)$ ——各龄期混凝土基础所承受的温度应力;

　　　$E_i(t)$ ——各龄期混凝土的弹性模量;

　　　α ——混凝土线膨胀系数 1.0×10^{-5};

ΔT_i——各龄期综合温差,均以负值代入;

μ——泊松比,当基础为双向受力时取 0.15;

$H(t,\tau_i)$——各龄期混凝土松弛系数。

当 PHC 桩与基础铰接时:

$$Q = 2EJ \left(\sqrt[4]{\frac{K_h \cdot D}{4EJ}}\right)^3 \tag{17-13}$$

式中 K_h——侧向压缩刚度系数 $1 \times 10^{-2} \text{N/mm}^3$;

E——混凝土管桩的弹性模量 C80 时,为 $3.8 \times 10^4 \text{MPa}$;

J——混凝土管桩的惯性矩,当采用 $\phi 600 \times 110$ 桩时,$J = 534 \times 10^7 \text{mm}^4$;

F——每根桩分担的地基面积,$3.0\text{m} \times 5.0\text{m} = 15 \times 10^6 \text{mm}^2$;

D——桩的直径取 600。

$$Q = 2 \times 3.8 \times 10^4 \times 534 \times 10^7 \left(\sqrt[4]{\frac{600 \times 10^{-2}}{4 \times 3.8 \times 10^4 \times 534 \times 10^7}}\right)^3$$

$$= 1.023 \times 10^4 \text{N/mm}$$

$$C_{x2} = \frac{Q}{F} = \frac{1.023 \times 10^4}{15 \times 10^6} = 0.068 \times 10^{-2} \text{N/mm}^3$$

$$C_x = C_{x1} + C_{x2} = (1 + 0.068) \times 10^{-2} \text{N/mm}^3 = 1.068 \times 10^{-2} \text{N/mm}^3$$

$$\sigma_{(7)} = \frac{1 \times 10^{-5}}{1 - 0.15} \times 1.215 \times 10^4 \times 13.4 \times \left(1 - \frac{1}{1.112}\right) \times 0.239 = 0.0489 \text{MPa}$$

$$\sigma_{(10)} = \frac{1 \times 10^{-5}}{1 - 0.15} \times 1.543 \times 10^4 \times 7.4 \times \left(1 - \frac{1}{1.094}\right) \times 0.245 = 0.0282 \text{MPa}$$

$$\sigma_{(13)} = \frac{1 \times 10^{-5}}{1 - 0.15} \times 1.793 \times 10^4 \times 8.3 \times \left(1 - \frac{1}{1.080}\right) \times 0.251 = 0.0340 \text{MPa}$$

$$\sigma_{(15)} = \frac{1 \times 10^{-5}}{1 - 0.15} \times 1.926 \times 10^4 \times 5.2 \times \left(1 - \frac{1}{1.075}\right) \times 1.0 = 0.0821 \text{MPa}$$

总降温产生的最大拉应力

$$\sigma_{\max}^* = \sigma_{(7)} + \sigma_{(10)} + \sigma_{(13)} + \sigma_{(15)}$$

$$= 0.0507 + 0.0294 + 0.0339 + 0.0863 = 0.1919 \text{MPa}$$

混凝土 C30,$R_f = 2.0 \text{MPa}$

$$K = \frac{R_f}{\sigma_{\max}^*} = \frac{2.0}{0.1919} = 10.42 > 1.15 \text{ 满足抗裂条件}$$

如果长度按原工程总长度 $L = 428.4\text{m}$ 一次整体浇筑条件下计算:

$$\sigma_{\max}^* = \sigma_{(1)} + \sigma_{(10)} + \sigma_{(13)} + \sigma_{(15)} = 2.3424 \text{MPa}$$

当混凝土 C30,标准抗拉强度为 $R_f = 2.01 \text{MPa}$(28d 强度),$k = \dfrac{R_f}{\sigma_{\max}} = \dfrac{2.0}{2.3424} = 0.85 < 1.15$,不满足抗安全度要求。

因此得出结论:超长工程跳仓法是一项有效的控制裂缝的技术措施,本工程最后决定分仓长度 40m 进行施工,取得控制裂缝圆满成功,至今正常。

在综合温差的控制中，考虑了采用磨细粉煤灰、严格控制入模温度、坚持墙体与模板整体养护、拆模后尽快回填覆土的技术措施。

（7）混凝土弹性极限拉伸考虑配筋影响

$$\varepsilon_{pa}=0.5R_f(1+\rho/d)\times10^{-4}$$
$$=0.5\times2.0\times(1+0.56/0.18)\times10^{-4}=1.31\times10^{-4}$$

式中　C30 混凝土钢筋直径 $d=1.8$cm，$R_f=2.0$MPa；

　　ρ——配筋率×100=0.56%×100=0.56。

考虑徐变影响：$\varepsilon_p=2\varepsilon_{pa}=2.62\times10^{-4}$。

为增强钢筋混凝土的弹性极限拉伸变形，构造钢筋宜放在受力钢筋的外侧，同时应尽快回填覆土。

（8）计算最小裂缝间距，即最小跳仓块的长度 $[L]_{min}$

$$[L]_{min}=\sqrt{\frac{HE}{C_x}}\text{arcosh}\left(\frac{|\alpha T|}{|\alpha T|-\varepsilon_P}\right)$$
$$=\sqrt{\frac{1500\times1.926\times10^4}{0.01068}}\text{arcosh}\left(\frac{|1\times10^{-5}\times34.3|}{|1\times10^{-5}\times34.3|-2.62\times10^{-4}}\right)$$
$$=110400\text{mm}=110.4\text{m}$$

其中，混凝土弹性模量为 $E=1.926\times10^4$MPa，$\alpha=1\times10^{-5}$，$H=1500$mm。

从计算可知：底板混凝土最小跳仓块理论长度为 110.4m，最大跳仓块长度为 110.4×2=220.8m，平均跳仓块长度为 $\frac{1}{2}$(110.4+220.8)=165.6m，在此范围内时，混凝土就不会产生裂缝。考虑超长大体积混凝土的收缩变形、结构尺寸、设备基础的荷载分布、基础情况、底板的施工环境条件复杂性；同时综合考虑基坑开挖地基土体蠕变、结构受力部位在施工中可能出现的不确定因素，以及底板、侧墙和顶板的跳仓块之间的相互协调关系。根据宝钢经验，施工时跳仓块长度偏于安全地取 30~40m 左右布置是合理的。

6）跳仓块合拢后（封闭后）的裂缝控制验算

施工中，相邻跳仓块封仓混凝土浇筑，交叉进行，跳仓块封闭后的应力高于封闭前的应力（已为实测所验证）。周围土回填后，底板、侧墙及箱形基础结构连成整体（428.4m），底板跳仓全过程最长时间间隔 2 个月，验算其温度收缩应力及约束应变，控制最大约束应变小于混凝土的极限拉伸。

（1）混凝土收缩量（2 个月）
$$\varepsilon(60)=0.6\times10^{-4}$$

（2）混凝土收缩当量温差
$$T_1=\Delta T(60)=T_y(60)-T_y(15)=6-1.84=4.16℃$$

（3）混凝土水化热温差

跳仓块封闭时混凝土内温度：$T_2=21℃$。

（4）土壤介质年温差变化

上海宝钢地区土壤介质年温差变化最大为 20℃。

（5）综合温差

$$T = T_1 + 20 = 4.16 + 20 = 24.16℃$$

（6）回填后混凝土的最大剩余极限拉伸 ε_{te}

$$\varepsilon_{te} = 2\varepsilon_{pa} - \varepsilon = 2.62 \times 10^{-4} - 0.069 \times 10^{-4} = 2.55 \times 10^{-4}$$

（7）计算裂缝间距

$$[L] = \sqrt{\frac{HE}{C_x}} \text{arcosh}\left(\frac{|\alpha T|}{|\alpha T| - \varepsilon_P}\right)$$

$$= \sqrt{\frac{1500 \times 3 \times 10^4}{0.01122}} \text{arcosh}\left(\frac{|1 \times 10^{-5} \times 24.16|}{|1 \times 10^{-5} \times 24.16| - 2.55 \times 10^{-4}}\right)$$

$$= 63330 \times \text{arcosh}[(2.416 \times 10^{-4})/(-0.134 \times 10^{-4})] \to \infty$$

"跳仓法"施工中必须考虑到随着分段跳仓施工的不断进行，回填土工作应及时进行或紧跟着进行外防水，潮湿土壤中混凝土收缩趋于 0，甚至微膨胀，以避免混凝土较长时间的暴露在空气中，承受较大的收缩和温差作用，确保实际工况与理论计算接近。

在严格的施工条件下，超长结构可以取消变形缝，本工程采取跳仓长度为 40m，从理论计算可知，平均长度为 302.4m，最大可达 403.2m，计算参数仍然取得偏于安全。如果材料选择得当，施工养护条件严格，地基上超长大体积混凝土底板可以做到 300m 以上。任意长度不产生裂缝的主要条件是：混凝土弹性极限拉伸 $\varepsilon_p \geqslant \alpha T$（混凝土温度收缩相对变形）。超长地下混凝土结构"跳仓法"的施工工艺成功地从理论和实践上解决了混凝土结构的裂缝控制问题。

紧接本工程之后，二十冶金建设公司在中冶建研总院技术公司配合下，在河北迁安，为首都钢铁公司建造 2160 轧钢工程，超长超宽 318m×80m，仍然采取"跳仓法"施工，大体积混凝土裂缝控制取得圆满成功。

4. 中京艺苑工程取消后浇带"跳仓法"施工

1）工程概况

中京艺苑（含梅兰芳大剧院）工程（图 17-27、图 17-28），由光大房地产开发公司开发、中原设计院设计、中建一局二公司施工、北京方圆监理公司监理。本工程是由一个从事京剧演出的剧场、两栋写字楼和一栋酒店组成的群体建筑，集办公、演出、餐饮、商业、客房等功能为一体。总建筑面积 16.1 万 m^2，其中地下 4.9 万 m^2、地上 11.2 万 m^2。

本工程地下三层（局部四层），地上有三栋高层（1、2、3 号楼）和一个剧院，1 号楼地上 20 层，檐高 85.0m；2 号楼地上 18 层，檐高 74.2m；3 号楼地上 20 层，檐高 79.7m；剧院地上 4 层，檐高 26.4m。

本工程结构形式主要为框架剪力墙结构，筏板基础，基础埋深为 -18.78m，在基础埋深范围内无地下水，不需要采取降水措施。基础底板厚度分别为 700mm、1100mm、1400mm 和 2500mm，设计混凝土强度等级为 C40P8，设有沉降后浇带和伸缩后浇带，后浇带宽度为 1000mm，基础底板被划分为 13 块。框架柱设计混凝土强度等级为 C60、C50、C40，剪力墙设计混凝土强度等级为 C50、C40，梁板设计混凝土强度等级为 C30。

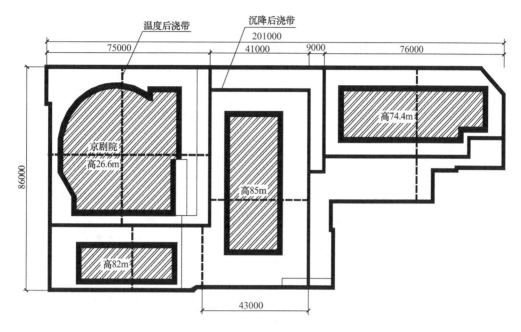

图 17-27 原留后浇带平面图

图 17-28 中京艺苑透视图

2) 取消沉降后浇带和温度后浇带

运用"抗放相结合"的设计原则,专家组和设计院、施工单位及监理公司共同论证,本工程的基础持力层为天然砂卵石地基,具有较高的承载力,同时考虑四层楼箱筏基础的整体刚度和地基共同作用,抗差异沉降的潜力较大,决定采用天然地基。施工过程中曾留有部分后浇带,后经多点观测,差异沉降最大值只有 0.55mm,相对差异沉降小于1/500,经专家组(王铁梦、袁炳麟、李国胜、杨嗣信、韩素芳、朱琨)、业主、设计、施工单位及监理单位协商同意,取消全部沉降后浇带 758m,取消温度后浇带 3385m。

3) 控制裂缝主要技术措施

(1) 基础底板混凝土施工方法和控制要点

①混凝土分层放斜坡浇筑, 每层厚度控制在 500mm 以内, 每步错开 5000mm 左右为宜。

②控制好混凝土的坍落度, 同时要求混凝土搅拌站适当延长混凝土的初凝时间。

③加强混凝土振捣的管理, 下层混凝土没有振实不允许浇筑上层混凝土, 且上层混凝土必须在下层混凝土初凝前进行浇筑。

④混凝土表面的抹压, 要求抹压不少于 3 遍, 同时要掌握好抹压时间, 以消除混凝土表面早期塑性收缩裂缝。

⑤混凝土浇筑后, 混凝土的养护不及时或不充分也是混凝土表面出现裂缝的主要原因之一。本工程基础底板采取蓄水养护的方法, 蓄水深度为 100mm, 注意避免突然失水干燥。地梁侧面与顶部等不具备蓄水养护条件的, 采用花管喷水加人工浇水养护, 确保混凝土表面保持湿润状态, 混凝土养护时间不少于 14d。

(2) 大体积混凝土的测温与试块的留置

①为了及时掌握混凝土温度变化的内外温差情况, 本工程采用电子测温的方法。底板测温点布设要求: 底板内共设了 35 个测温点, 每个点设上、中、下三层测温深度, 上点距板上皮 150mm, 下点距板下皮 100mm, 中间的点位于板厚的 1/2 处。

②混凝土试块的留置, 本工程基础底板混凝土施工时, 除按规范要求留置了部分 3、7、14、60 和 90d 的混凝土试块, 及时掌握了混凝土采取双掺技术后利用后期强度的增长情况, 同时也为今后的工程管理积累了宝贵的实践经验和真实数据。

(3) 地下室外墙混凝土施工控制裂缝方案

由于本工程的地下室外墙总长度达到了 570m, 使得外墙的混凝土施工比较困难, 针对工程实际情况, 为了减少混凝土的收缩裂缝, 本工程外墙施工时按 30m 左右为一跳仓块, 共分 17 块来浇筑, 每块均留竖向施工缝, 采用双层钢板网封堵, 该墙体施工缝同楼板混凝土同时浇筑。

(4) 取消 UEA 膨胀剂

考虑到 UEA 微膨胀外加剂的水化反应需要大量供水, 对混凝土养护要求比较高, 混凝土几乎要浸泡在水里, 现场施工要做到这点很难实现。掺加 UEA 膨胀外加剂混凝土如达不到这样的养护条件, 混凝土因水养护不足反而更容易出现裂缝。试验表明, 同样自然养护条件下的混凝土体积变化并没有什么差异。普通混凝土所需要的水不是很多, 养护只要按规范去做, 难度不大, 很容易满足混凝土的养护条件。因此, 决定混凝土内不掺加 UEA 膨胀剂。

4) 主要技术措施及施工成果鉴定 (图 17-29)

全部基础设置了 40 个测温点, 浇筑后 3d, 水化热温度升至峰值, 当板厚 1200mm 时, 最高温度峰值为 52.5℃; 当板厚为 2250mm 时, 混凝土的养护比较严格, 控制里表温差始终在 25℃范围之内, 混凝土降温速率小于 1.5℃/d, 表面温度与大气温度之差小于 25℃, 施工过程中对混凝土结构的温度收缩应力进行了详细的计算, 并通过温控措施确保了混凝土裂缝控制圆满成功。在建设施工初期, 留的部分后浇带采用普通等强混凝土填充, 未掺膨胀剂, 至今未发现开裂现象。

图 17-29 中京艺苑取消后浇带专家鉴定会

通过优化设计，减少底板厚度，利用混凝土后期强度，不掺膨胀剂等措施，节约投资
151.34 万元，提前结构工期 18d。

最后组织专家鉴定委员会，通过专家鉴定，给予较高评价并建议推广应用。

5. 大连城市广场"跳仓法"施工裂缝控制技术

1）工程概况

大连城市广场于 2003 年 3 月 17 日开始采用"跳仓法"浇筑大体积混凝土。大连城市
广场是大连市的重点工程，建筑面积 30 万 m²，由三个建筑区组成，每个区域各有一栋
28 层的高层建筑，地基为岩石地基，其中主要单体基础 140m×80m。施工中不留伸缩
缝，不留沉降缝，不设后浇带，采用"跳仓法"施工。

2）技术措施

（1）基础底板和基岩之间设置三层油毡滑动层，减小基岩对基础底板在降温过程中产
生的外约束应力。

（2）在基础变截面增厚处设置 5cm 的聚苯乙烯泡沫板，减缓由于变截面带来的应力
集中现象。

（3）采用"跳仓法"浇筑方法，在保证混凝土不开裂的前提下流水作业，缩短
工期。

（4）在施工缝上设置钢板止水带并界面凿毛，清理浮浆，使新老混凝土紧密结合。

3）材料（北京冶建新技术公司）

采用水化热较低的 P.O32.5R 普通硅酸盐水泥，降低总水化热和收缩；砂选用含泥
量小于 3%，细度模数不小于 2.6 的级配砂；粗骨料选用含泥量小于 1%，粒径 5～
31.5mm 和 5～25mm 的双级配碎石；外加剂选用 YJ-2 型泵送减水剂，减少混凝土收缩；

掺合料选用普通二级粉煤灰，降低水泥用量。利用 60d 强度作为设计值，出机坍落度 18～20cm。

4）养护工艺

（1）基础混凝土在初凝后进行二次压光，覆盖一层塑料薄膜、一层草垫保温进行养护，养护时间至少为一个月。

（2）后续施工撤去草垫保温层，利用基础开挖出干燥土直接回铺在基础底板上，继续进行保温养护，在不影响养护效果的前提下减少相关开支，降低成本。

6. 温度场及应力场的监测（中冶集团建筑研究总院检测中心）（图 17-30～图 17-33）

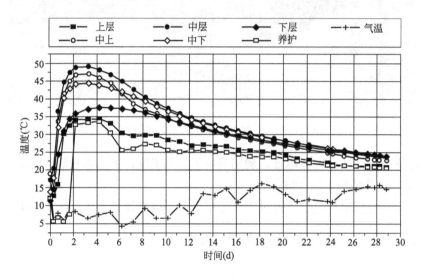

图 17-30 大底板中部水化热温度升降曲线

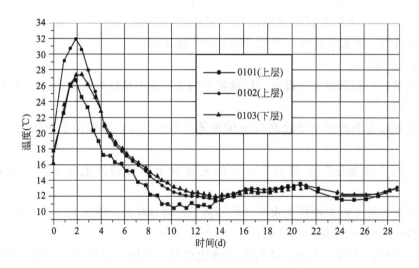

图 17-31 大底板边部区域水化热温度升降曲线

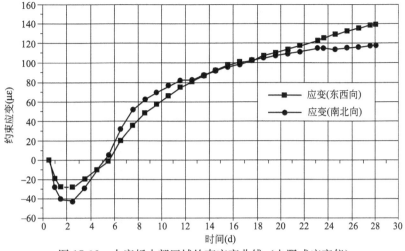

图 17-32 大底板中部区域约束应变曲线（电阻式应变仪）

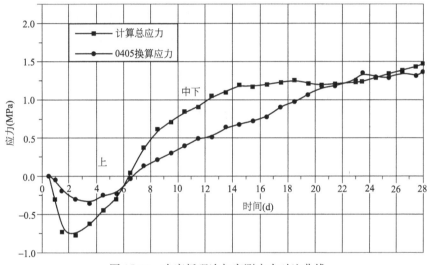

图 17-33 大底板理论与实测应力对比曲线

7. 412 米超长地下商业街无缝跳仓法裂缝控制实践

1）工程概况厦门市梧村汽车站地下商业街位于厦禾路路面以下，全长约 412m，总宽度 30 余米，是联系厦门火车站及汽车站的一个重要的地下商业通道，工程平面图见图 17-34。该项目由厦门中建东北设计院设计，中国京冶工程技术厦门分公司施工，华信混凝土工程开发有限公司供应混凝土。按照混凝土结构设计规范现浇地下室墙壁类结构伸缩缝的最大间距应小于 30m，而该地下建筑纵向需设置 13 条永久伸缩缝，同时地下商业街与高层塔楼的地下室之间宜设置沉降缝，厦门市常年地下水位很高，这些永久性变形缝必然会导致严重的渗漏，从而可能使地下商业街难以完成预定设计的建筑正常使用功能。由于该项目技术难道非常之大，建设方聘请作者担任该工程的技术顾问。根据业主要求，该项目不留伸缩缝，不设置膨胀加强带及后浇带，不掺加膨胀剂，作者在多年超长结构研究的基础上，综合运用了"抗与放"的理论，采用新的超长无缝跳仓法施工工艺，成功地控制了该项目的裂缝问题,工程从 2007 年建成使用至今,没有渗漏现象使用状况良好,见图 17-35。

图 17-34　总平面图　　　　　　　　图 17-35　商业街内景

2)无缝跳仓施工

因整个商业街均位于厦门火车站与汽车站之间,该位置建筑密集,交通繁忙,为了尽量减小对地面交通影响,地下商业街采用逆作法进行施工,并且采取沿道路宽度方向分为两部分,一半施工,一半通车,依次对调。分仓示意图见图 17-36。

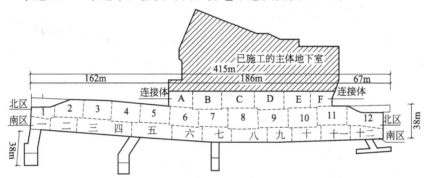

图 17-36　跳仓施工分仓示意图

3)温度应力观测

在作者指导下,本工程由上海大学土木工程系李东教授团队对混凝土的温度场及应力场进行了长期全面的观测。通过在混凝土中埋置电阻式自补偿混凝土应变传感器(图 17-37),对跳仓法施工全过程的温度及应力观测,在国内外尚属首次。观测的典型温度及应力实时曲线见图 17-38 及图 17-39。

图 17-37　混凝土应变现场实时监测系统

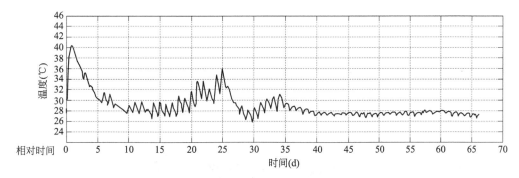

图 17-38 实测混凝土升温实时曲线

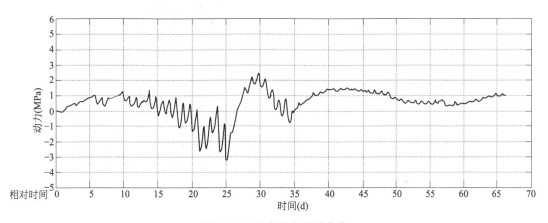

图 17-39 温度应力实时曲线

4）总结

本工程综合运用了超长结构设计、施工、材料应用的最新研究成果，取得了跳仓法无

缝施工的圆满成功，引来全国各地的业内代表前来参观（图 17-40），使该技术获得空前的推广应用。其中，上海世博会建设方参观后将世博会主题馆350 米超长地下人防改变原来的预应力设计，采用跳仓无缝施工，节省了大量造价及施工工期，取得了裂缝控制及防水的圆满成功。

8. "跳仓法"在隧道工程中的应用

全国城市快速轨道交通以及市政输水等工程隧道建设发展迅速，如近年来南京建设了两条轨道交

图 17-40 代表前来参观

通隧道：玄武湖隧道和九华山隧道。上海轨道交通设计院及铁二院采用的永久性伸缩缝间距为 90m 和 60m，隧道长度都在 2.5～3.0km，使用年限为 100 年，抗震烈度为 7 度，设计单位合理地选择了大体积混凝土的强度等级为 C30，抗渗等级为 P8。

九华山隧道（图 17-41）在 60m 间距的永久性伸缩缝之间，分 4×15m 的 4 段跳仓施工（中铁十五局），施工过程中，混凝土结构的早期裂缝控制取得了良好效果，个别部位出现一些轻微裂缝另一条跨越湖底的隧道，掺了 8% 的膨胀剂，湖水引起五处变形缝挤裂

渗漏，进行修补。

图 17-41　南京九华山隧道 15m 分段跳仓施工现场
（中铁十五局施工，2004～2005）

本工程采用了聚羧酸减水剂。

17.3 "跳仓法"施工经验

1. 工程经验典型实例

1）1979 宝钢初轧超长箱型设备基础（图 17-42）

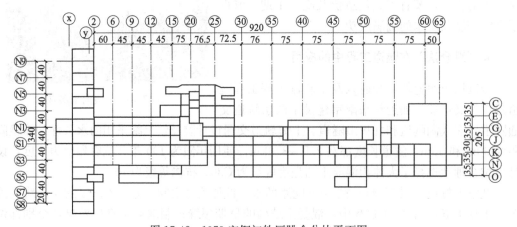

图 17-42　1979 宝钢初轧厂跳仓分块平面图

长 912.95m,宽 80m,共分五区 12 片 116 块跳仓施工,混凝土强度 C25,混凝土结构长墙部分有轻微裂缝,经处理使用至今已 25 年,完全满足现代化生产使用要求,地下室靠外墙有内排水沟,二十冶金建设公司施工。自从 1975 年武钢 1700 工程超长地下结构采用跳仓施工技术,至今已三十来年,完成了许多类似工程,经过了长期使用考验。

2)上海浦东新区超长地下车库

上海浦东新区某超长地下车库(浦东监理公司、宝业建筑公司等)面积 9437m²,$L = 145.4$m,$B = 87.4$m,建于 2001 年 4 月。采取普通混凝土,优选有利于体积稳定性配合比,采用后浇带,加强保温保湿养护,加强构造设计,现场组织攻关小组,对降温过程进行跟踪观测,并严格控制水灰比与坍落度,取消永久性伸缩缝和膨胀剂,运用综合控制原则,取得控制裂缝成功。上海建委科技委专家鉴定会几乎查不到可见裂缝,见《解放日报》报道。

3)上海八万人体育场(图 17-43)

图 17-43 上海八万人体育场

1999 年,上海八万人体育场:周长 1100m,直径 300 余米,原方案拟采用膨胀剂补偿收缩,后在施工中被取消。采取分块跳仓浇灌,取消伸缩缝,划分 24 块跳仓施工,只有施工缝,C30R60 混凝土,利用后期强度,优选配合比及外加剂,严格养护,成立了现场控制裂缝专题组把关,最后只有轻微无害裂缝,经处理使工程完全满足正常使用要求,上海建工集团八公司施工、上海民用建筑设计院设计。与北京工人体育场相比(24 条永久伸缩缝将体育场分割为 24 块),避免了留伸缩缝造成渗漏的缺点(北京工人体育场多次耗费巨资修补伸缩缝的渗漏)。

4)厦门国际会展中心(图 17-44)

1999 年,厦门国际会展中心系超长大体积混凝土结构:137m×80m,原考虑各种措施,如钢纤维、UEA 膨胀剂、提高混凝土强度等。后来宝冶总承包建设,与厦门建委及设计院协商,决定不采取任何特殊措施,只用"抗放兼施"的综合措施,从材料的优选,强度的合理选择,构造配筋,严格的施工养护,开发多孔管道的喷淋装置,长时间潮湿养护,采用大间距后浇带方便施工,不仅取得裂缝控制成功,与原方案比较节约千余万元投资。

5)上海浦西某高层

上海浦西某高层:地下车库平面尺寸 207m×60m,这种超长,宽度较小的地下工程容易产生横向断裂,经上海建委科技委的优化,采用两条后浇带,外墙作应力释放缝,混

图 17-44 厦门国际会展中心

凝土优选有利于混凝土稳定性配合比，严格施工，保温保湿养护，最后取得控制裂缝的成功，与原方案（采用膨胀剂）相比，节约大量投资。

6）上海浦东新区陆家嘴金融开发区某广场

上海浦东新区陆家嘴金融开发区某广场：由国外某设计事务所设计，某国总承包。结构设计尺寸 270m×110m，应用后浇带，混凝土掺膨胀剂，混凝土采用高强度 C40～C60，无梁楼盖，严重开裂 5000 余条，花费大量投资进行化学灌浆修补裂缝。

7）深圳某大厦

深圳某大厦：地上 25 层，地下 3 层，现浇框筒结构，混凝土 C40P8，水泥 42.5 级用量 450kg/m³，施工时为便于泵送，现场加水，水量 210～250kg/m³，坍落度 18～20cm，现场钻芯强度波动大，最低只有 C15。大梁的腰筋间距最大 400～500mm，有些腰筋被遗漏。施工质量严重不良。地下一层至三层大梁裂缝 1600 余条，板面裂缝 40 余条，筒壁上裂缝 60 余条，外墙裂缝 210 条，裂缝宽度 0.3～0.7mm，渗漏严重，该工程由上海宝冶化学灌浆进行修补，最后满足设计要求。

8）上海某花园地下车库

上海某花园地下车库：采用预应力结构，混凝土的配合比，水泥 42.5 级 410kg/m³，水 198kg/m³，砂 660kg/m³，石子 1034kg/m³，粉煤灰 75kg/m³，加膨胀剂并设 2m 宽的加强带，结构尺寸只有 42m×30m，略微超长，水泥用量高，水灰比大，养护不足，结果出现严重开裂，裂缝宽度 0.1～0.2mm，50 余条，墙端还出现对称斜裂缝。

9）北京毛主席纪念堂（图 17-45）

北京毛主席纪念堂：钢筋混凝土箱基，混凝土方桩，地上框架结构，箱基平面尺寸 90m×90m，筏式底板 1.0m 厚，进行了温控并纵横各设两道间距 30m 后浇带，由于底板配筋密集，后浇带中清理垃圾困难，结构至今使用正常。

10）上海世界金融大厦、人民广场地下车库、浦贸大厦、新上海国际大厦、瑞丰大厦、国际网球中心、苏州河治理彭浦泵站等都取消后浇带。上海市重点工程：1991 年上海人民广场、地铁车站超长 368m；1993 年上海市人民广场地下空间 175m×165m、1997 年上海市民防大厦等重点工程都成功地采用了"跳仓法"施工，取消了后浇带，至今使用正常。

11）宝钢初轧厂 912m 超长、宽厚板轧钢 490m 超长、1580 轧钢 530m 超长、1780 轧钢 428m 超长以及最近的 1880 轧钢超长 500m，超长轧机基础均取消后浇带，采取分段跳

图 17-45 毛主席纪念堂

仓施工方法,至今使用正常,取得裂缝控制的成功。

12) 青岛国际会展中心

青岛国际会展中心,预应力大跨结构,混凝土 C40,优选配合比,加强保温保湿养护,控制裂缝取得成功,获得山东省科技进步一等奖。

13) 上海浦东邮电处理车间

上海浦东邮电处理车间地上框架 172m×165m,取消伸缩缝,1996 年施工。

14) 上海外高桥电厂

上海外高桥电厂大体积混凝土 61m×47.5m,厚 4.75m,采用普通混凝土 C30,利用后期强度 R60,水灰比 0.526,较高掺量粉煤灰 100kg/m³,普通混凝土 12740m³,无缝连续浇筑,上海电建施工,华东电力设计院设计,取得控制裂缝的成功。

15) 深圳会展中心 (2003~2005 年)

深圳会展中心 (图 17-46,2003~2005 年),深圳会展中心 540m×282m,伸缩缝间距 90~120m,30~40m 后浇带,通过优选混凝土配合比、扩大伸缩缝间距 (90~120m),超长达 540m 的混凝土结构取得控制裂缝的圆满成功。C30P8R60 混凝土,水 160kg/m³、水泥 235kg/m³、砂子 794kg/m³、石子 1080kg/m³、粉煤灰 100kg/m³、外加剂 6.9kg/m³、水胶比 0.49。混凝土由安托山公司供应。

16) 首都国家大剧院 (图 17-47)

首都国家大剧院 (长轴 200m,短轴 142m,后浇带三条),工程位于北京市西城区石碑胡同 4 号,人民大会堂西侧,临近天安门广场、人民大会堂、中南海、长安街等重要建筑物与重要区域,为全额国家财政拨款的国家重点工程,由法国 AEROPOROTS DE PARIS 设计公司设计。工程总占地面积 120115m²,总建筑面积 145000m²,其中地上部分 53600m²,地下部分 91400m²,建筑总高 45.35m。

图 17-46　深圳会展中心 540m×282m 超长工程施工现场

图 17-47　国家大剧院鸟瞰图

整个建筑由南侧建筑、北侧建筑、中心建筑三部分组成，分别为 201、202、203 区。基础平面是长轴为 200.932m，短轴为 142m 椭圆。

基础结构及混凝土裂缝控制（后浇带法）：箱基底部第 5 层土作为结构的持力层，为第四纪卵石、圆砾石沉积层，承载力 $f_{ka}＝350kPa$。基础底板（1000，600 厚双层）地梁，外墙 800 厚，C30，掺聚丙烯纤维，设后浇带。内部剪力墙、柱为 C40。

底板、外墙板的抗渗等级为：$H/h＝(26-1.45)/1＝24.55$（P12）。

－26m 以下的底板、外墙板的抗渗等级为 P16。C30、C40 混凝土水泥的强度等级为普硅 32.5 级和 42.5 级。结构设计寿命 100 年，水灰比不大于 0.5，水泥最少用量不小于 275kg/m³，氯离子含量不大于 0.15％，碱骨料含量不大于 3.0kg/m³，混凝土保护层厚度 40mm，延长轴方向设两条后浇带，延短轴方向设一条后浇带。

　　注：2001 年 8 月 23 日，专家论证：不使用膨胀剂类型添加剂。北京电视中心、奥运会游泳中心、首都国际机场三期、上海浦东机场二期均未采用膨胀剂。

　　17）2003～2004 年深圳市民广场（图 17-48）

图 17-48　深圳市民广场施工现场

无伸缩缝地下工程，跳仓施工，240m×220m 取消后浇带。

　　18）上广电—日本 NEC237×135m 框架井字梁结构（"跳仓法"，2004，图 17-49）

图 17-49　上广电—日本 NEC 超长超宽井字梁结构"跳仓法"施工现场

19) 北京蓝色港湾 (图 17-50、图 17-51)

图 17-50 北京朝阳公园蓝色港湾超长 386m 工程总平面及施工现场

北京蓝色港湾超长 386m, 跳仓施工, 北京市建筑设计院设计, 中国新兴建设施工 (2005~2006), 北京方圆监理公司监理, 386m×163m 跳仓施工无后浇带, 底板厚 400mm, 柱网 8.4m×8.4m, 底板向上反梁, 净高 900mm, 填充碎石, 上覆 150 厚钢筋 混凝土地板, 水下工程取得控制裂缝的圆满成功, 科技成果尚待鉴定。

图 17-51 蓝色港湾上反梁地下室

20）上海宝钢股份 4350 超大型高炉基础

上海宝钢股份 4350 超大型高炉基础（图 17-52），超厚大体积混凝土 9m，分三层浇筑，最后一层 4～4.6m。有的在炎热季节，一次浇筑中心最高温度 73℃。里表最大温差曾达到 46℃，不设冷却水管，混凝土采用 C25～C30R60（4 座高炉基础），结构仍然未发现开裂，可见里表温差的规定还有潜力。

图 17-52 上海宝钢股份 4350 超大型高炉基础

21）秦山核电站

秦山核电站（图 17-53），1983 年，我国最早自行设计的第一座核电站，发电能力 30 万 kW。超长超宽大体积混凝土基础，坐落在岩石地基上，平面尺寸 85m×90m，底板的设计强度为 C30，混凝土总量为 1.9 万 m³。笔者配合上海核工业设计院夏祖讽总工程师等合作研究如何控制岩石地基上强约束条件下，大体积混凝土底板的裂缝控制。经过细致

图 17-53　秦山核电站一期工程外貌

的研究，并进行了强约束条件下的计算分析，在地基设置沥青油毡滑动层，降低基岩的约束达 65%～70%；同时采取严格控制入模温度，要求夏季浇筑温度控制在 28～30℃；加强构造配筋，秦山一厂核岛底板的配筋率一般为 0.3%～0.5%，平均体积配筋率为 125kg/m³，从而确保了核设备基础的裂缝控制取得圆满成功。后来在其他从国外引进的核电技术工程中，核反应堆基础采用高强预应力混凝土（C50），结果在施工中发生了许多裂缝，引起了国家核安全局的重视，经研究和对外技术谈判，笔者认为：大体积混凝土块体基础没有必要作预应力结构，类似的宝钢高炉基础采用中低强度 C25，裂缝控制都非常成功，使用条件有动力和高温影响，耐久性也得到保证，所以主要责任在外方设计。经过化学灌浆处理，混凝土裂缝对承载力及耐久性不会产生有害影响。

22）太原钢铁公司 4350 超大型高炉基础

太原钢铁公司 4350 超大型高炉基础（图 17-54），长 46.2m，宽 32.6m，C30 普通混凝土，超厚 7.34m 一次连续浇筑，到目前为止是一次整浇最厚的混凝土不设冷却水管（2004 年 4 月 5 日）。保温保湿、养护棚现场，取得控制裂缝的成功。

图 17-54　太钢大型高炉基础一次浇筑 7.34m，无冷却水管

23) 中央电视台（图 17-55）

中央电视台，底板厚度 7.5m，最厚达 10.9m，52 层，底板平面尺寸 220m×215m，C40 混凝土。建设方进行了详细的温度场和应力场测试，优选混凝土配合比，优选不同的外加剂，做了大量的试验，包括是否掺膨胀剂的对比试验。最后选用粉煤灰掺量占胶凝材料 50% 的高性能混凝土，没有采用任何特殊的外加剂，没有采用冷却水管进行冷却，基础工程已基本完工，超长、超宽、超厚大体积混凝土结构经检查，没有发现有害裂缝。

图 17-55　中央电视台超长超厚大体积混凝土浇灌现场

24) 上海某超长超厚大体积混凝土分层浇灌开裂的教训

本工程采用分层分块施工方案，水平分缝，上下分两层，每层 2m。C40 混凝土分层浇筑间隔 10d，其结果在第一层上表面出现了大量的龟裂，因为这层混凝土没有水平钢筋，而早期收缩较大，养护又不到位，在第二层混凝土上出现了竖向裂缝，即第二层混凝土受到第一层已经硬化混凝土的约束。因此，我们坚持在工民建领域一次连续浇筑施工方案，也不设置冷却水管，取消水平分缝。后来我们在某大桥桥墩 C50 混凝土上发现类似地分层浇筑外约束裂缝。

25) 北京某工程地下室采用免振自密和膨胀加强带混凝土的裂缝（图 17-56）

某工程为框架和砖混混合结构：地下室为钢筋混凝土箱体结构，一层为框架结构，2～4 层为砖混结构。

本工程总长达 78.5m，施工时在轴线⑤～⑥间 1/3 跨处设 2.0m 宽膨胀带，添加 FS 防水膨胀剂。由于施工场地非常狭窄，同时也为了减少施工中的噪声扰民问题，在施工 A～D 和 1～11 轴墙、顶板、柱子时采用了新型的免振捣自密实混凝土。混凝土强度等级为 C40P8，配合比如下表所示。

配合比　表 17-3

材料名称	水泥 (32.5)	水	砂子 (中砂)	石子	DFS-2	UEA	FA
每 m³ 混凝土用量 (kg)	324	189	784	784	15.68	36	180

图 17-56　北京某地下工程裂缝修补部分现场照片

地下室底板于 1997 年 6 月 5 日开始浇筑,6 月 7 日晚浇筑完毕,外墙和顶板于 7 月 4 日开始浇筑,7 月 6 日晚浇筑完毕。7 月 4 日浇筑时大气温度最高 35℃,最低温度为 2.5℃。浇筑 5～6h 后开始养护,采用高压喷枪润湿混凝土表面,24h 后采用塑料薄膜覆盖,充分洒水润湿。覆盖养护共进行 13d,其后采取每天洒水 2～3 次进行养护,浇筑 14d 后拆模。

在浇筑后的第三天上午,发现墙板上面出现了二三条裂缝,宽度为 0.3mm 左右。至 7 月 23 号上午共发现了顶板裂缝 18 条,包括 2 条贯穿通长缝。宽度最大的两条约 0.4～6mm 宽,至 6 个月裂缝总长发展到 982m。

26) 北京电视台中心工程

北京电视台(图 17-57)中心工程,超长超厚一次连续浇筑大体积无微膨胀剂混凝土裂缝控制技术(北京建工集团有限责任公司总承包二部、北京市建设工程质量监督总站、北京电视中心工程建设办公室、冶建院远达监理公司监理,北京市建筑设计研究院等单位)。

该工程综合楼平面尺寸 88.2m×77.45m,2m 厚(局部厚达 6.5m),本工程基础结构长 67m,宽 61m,高 4.3m,厚 1.0m、1.2m,基础结构形式为筏片基础及桩基础。主楼基础底板大体积混凝土结构全部采用商品混凝土,不设任何形式的施工缝、变形缝、沉降缝、伸缩缝、加强带和后浇带,昼夜施工,混凝土一次连续浇筑完毕。结构设计上采用中低强度的 C35、C40 商品混凝土,并采用混凝土的 60d 后期强度来评定混凝土的质量,实行"双掺"法,大量掺加 I 级粉煤灰,来等量替代水泥用量,降低水化热,不掺任何种类的微膨胀剂,只掺高效减水剂。选择合理的配筋。砂选用质地坚硬、级配良好的 B 类低碱活性天然中、粗砂,含泥量不大于 1%。石子选用粒径

图 17-57　北京电视台效果图

5～25mm 的低碱自然连续级配的机碎石或卵石，含泥量不大于 1‰。优选混凝土配合比，胶凝材料的总量在 408kg/m³，其中水泥掺量为 248kg/m³；混凝土的碱含量不大于 3 kg/m³。基础底板混凝土表面下加钢丝网，并加强二次抹压。采用一层塑料布和两层保温被进行保温和保湿双重养护，养护时间持续 30d。基础工程没有出现有害裂缝，组织了专家鉴定会给予好评。

27）宝钢 1580 工程热轧箱型基础跳仓施工技术

宝钢三期 1580 热轧工程，全长 535m，基础宽度 83.5～110m，基础大底板 1.5m 厚，采取"跳仓施工法"，同时采取了综合技术措施，确保裂缝控制的成功。主要技术措施：

（1）充分利用混凝土的后期强度，C30R60，水灰比 0.53，当时无聚羧酸高效减水剂现场的坍落度控制在 10～14cm。外掺粉煤灰，50kg/m³；掺 XP－Ⅲ型液体高效减水剂。严格控制粗、细骨料的含泥量，粗骨料为粒径 5～40mm 碎石，连续级配和中、粗砂细骨料。水泥选用 32.5 级矿渣硅酸盐水泥（一般情况下，在宝钢也选用普通硅酸盐水泥）。

（2）墙板的配筋规格、位置及间距都进行调整，将原设计的 Φ16@200 用 Φ12@100 代替，并把水平构造筋放在竖向受力筋的外侧，施工缝采用企口连接，在结构复杂变截面的部位，增设了钢筋网片。

（3）控制入模温度，在泵车的水平输送管上覆盖一层草袋，并经常喷洒凉水，以减少太阳直射产生的升温，每车混凝土都进行坍落度的测试，控制最大坍落度不超过 14cm。施工中及时排除泌水，确保混凝土的表面质量，并及时进行二次压光。混凝土保湿养护时间 15d 至 1 个月。混凝土基础内设置了多处测温点，进行了温控，最高温度

57℃左右。

通过上述措施,超长跳仓施工的热轧基础没有出现有害裂缝。

28) 我国建在风化岩石地基上筏基的裂缝

我国某地某重点地下工程,平面尺寸 66.8m×32.2m,中间设一条后浇带,地下四层,超长大体积混凝土筏基,设有抗浮锚杆,筏基厚度较薄,500mm,柱基础下设下反承台,基础设后浇带,采用 MD-HKB 膨胀外加剂和结晶渗透型防水剂,施工后出现大量贯穿性龟裂,见图 17-58,引起严重渗漏,但是在板墙上却未发现开裂及渗漏现象。

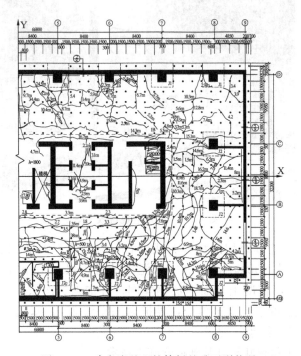

图 17-58　建在岩基上的筏板基础开裂状况

本工程的筏式底板超长很少并设有后浇带,一般不会引起开裂,但是由于混凝土的强度等级为 C40,其收缩及水化热偏大(降温约 25℃,收缩当量温差约 30℃),风化岩石地基对筏基强约束,柱基承台嵌入基岩,板厚较薄,使筏板的各向约束应力几乎相同,接近于最大约束应力:

$$\sigma_{xmax} = \sigma_{ymax} = \sigma_{\theta max} = \frac{-E\alpha T}{1-\mu} \times H(t,\tau) > f_t$$

从而出现贯穿性龟裂,龟裂的分布与长度无关,说明约束已接近全约束,约束度接近 100%,导致与长度无关的贯穿性裂缝。裂缝总长度达 5000 余米。

外墙的混凝土 C40 具有较大的温度和收缩作用,按常规更容易开裂,但并未开裂,这是因为筏式底板大量贯穿性开裂后,底板几乎成粉碎性开裂,成为墙体与基岩的隔离层,其上的墙体受底板的约束程度大为降低,故墙体逃脱了严重开裂"厄运",出现了板裂墙不裂的现象,这是工程裂缝现象中罕见的。

如果在筏基与基岩之间设置滑动间隔层(二毡三油、沥青砂、碎石层),缓冲基岩对底板的约束，就不会出现这样的开裂。在不设隔离层条件下，欲达到不开裂的状态，只能求助于：

$$\alpha T < \varepsilon_p$$

由于较高强混凝土的收缩较大，水化热也较高，降温较快，极限拉伸有限，配筋也没有考虑该要求，混凝土厚度偏小，所以，一般是很难做得到的，裂缝概率是很高的。

虽然底板开裂的比较严重，但通过现代化学灌浆技术处理，结构的承载能力仍然能够得到保证。本工程由北京金草田科技有限公司按照"堵排结合"的原则进行化学灌浆处理，最终确保结构满足承载力、正常使用及耐久性要求。

29) 北京居然大厦

2006 年，北京居然大厦，建设甲方：居然之家，施工：中建国际，设计：中天王董设计公司，监理：北京方圆监理公司。地上 17 层，地下 3 层，面积 18420m²，地下基础底板东西长 120.25m，南北宽 54.56m，埋深 16.97m。地上部分由钢筋混凝土筒体和外钢框架结构组成，其基础底板在内筒处厚为 2300mm，筒体外四周的底板厚为 800mm，基础上反梁梁高 2300mm，其外墙钢筋混凝土厚度为 400mm。

原设计地下 3 层的筒体东西两侧设有 1000mm 宽南北向的后浇带，贯通底板、外墙及顶板。其中底板后浇带总长 125m，外墙后浇带总长 28.1m，顶板后浇带总长 322.8m，总计 475.9m 长。本工程后浇带设计要求："应待两侧混凝土施工完成 45d 后，用比原混凝土高一个等级的补偿收缩混凝土浇筑。"

地下部分的底板（基础梁）外墙及有回填土的顶板均为 C40P8 防水混凝土。

经过专家组、设计、监理、施工共同研讨，达成共识，采取如下改进技术措施：

（1）取消东西两侧贯通南北地下结构底板、外墙、楼顶板的后浇带两条。将基础底板（包括基础梁）共分成 8 块，采用"跳仓法"施工，跳仓块间隔时间 7d 以上。外墙采用分段浇筑混凝土，每段长度一般为 30m 左右。

（2）取消膨胀剂。

（3）充分利用混凝土的后期强度，笔者原打算用 60d 强度取代 28d 强度，从而降低水化热和收缩，监理公司魏镜宇提出用 90d 强度更好，被采纳。掺用粉煤灰和矿粉降低前期的水化热。基础底板采用 C40 防水混凝土的 90d 龄期强度，外墙采用 C40 防水混凝土 60d 龄期强度，有利于底板、外墙混凝土裂缝的控制。

（4）优选原材料、优选配合比，优选供应商品混凝土搅拌站。

（5）对外墙及楼板加强构造措施，采取用"细而密"的构造钢筋。

（6）采取保温保湿养护措施。

最终达到结构整体性强，加快工期，减少施工劳动量，施工方便，节约投资 90.3 万元，工程结构裂缝控制取得成功。

2. 我国目前混凝土结构的裂缝状况

在工民建领域，由于材料不断高强化，结构设计混凝土强度也不断高强化，泵送商品混凝土的发展，混凝土结构由于变形效应引起的裂缝日趋增加，但由于变形效应涉及的因素具有高度的随机性和离散性，各种结构的裂缝也很难定量，只能概率性质地表示如下（表 17-4、表 17-5）：

天津某住宅小区共有30栋楼，1380户，5052间的楼板，其裂缝状态 表17-4

	被调查的栋数	有裂缝的栋数	有裂缝栋数的比例
按每栋计算	30	28	93.33%
按每户计算	1380	505	36.59%
按每间房计算	5052	903	17.87%

上海某小区 表17-5

	被调查的数量	有裂缝的数量	有裂缝的占调查总量的比例
按每栋计算	20	15	75%
按每户计算	920	300	32.6%
按每间房计算	2601	505	19.4%

在超长大体积混凝土结构中，裂缝概率最高的是板墙，出现裂缝的墙数约占总墙数65%～70%，这是因为温差及收缩大，约束度高的原因。超长大底板的裂缝概率约为20%左右，这是因为底板受地基的约束度偏低，但应特别注意浇灌在坚硬岩石上的混凝土大底板，如果没有采取隔离层措施，其裂缝概率会达到80%以上。

在暗挖和逆作法施工的地下工程中，由于温湿度条件较好，其裂缝概率只有10%～15%。较厚的大体积混凝土表面裂缝约占85%～90%，贯穿性裂缝较少；而薄壁结构，贯穿性裂缝约占70%。裂缝出现时间为混凝土终凝前后和拆模初期，系早期塑性裂缝，因此必须加强早期保温保湿养护。

从上述大致调查情况来看，如果就每栋楼来计算，几乎每栋内的楼板都有裂缝现象，但就每一户来计算，有裂缝的楼板数量只有35%左右。而实际上按每一个房间来计算，同样的楼板的裂缝的概率约为17%～20%。

目前国内外，裂缝处理的化学灌浆处理技术发展迅速，上述工程的裂缝95%以上都通过化学灌浆和表面封闭，确保了工程的正常使用功能和耐久性，无需采用承载力补强加固的措施，如粘贴碳纤维或推倒重建等措施。

所以，我们只要采取精心设计、精心施工、精心选材，按照"普通混凝土好好打"的严格要求，裂缝状况会不断地好转，达到用户满意的程度。

跳仓法施工原本是保留变形缝条件下的分段施工中常用的方法，与工程结构的裂缝控制无关，但是经过多年的实践，笔者发现它是一种有效的裂缝控制新技术和新措施，它符合"抗与放"的设计原则，在现代混凝土早期变形效应较大条件下最有实用价值、最简单、可操作性最佳、容易施工、工期短、投资少，具有广阔的应用前景。2005年，我国某钢厂从德国引进热轧设备，德国进行基础设计，采用永久性伸缩缝法。中国对口设计院修改为"后浇带法"。宝冶施工时采用"跳仓法"施工。目前已正常投产，实践走在设计和规范前面，我们应当在应用中不断总结经验，使它进一步完善和推广应用。

设计任务首先最大限度的利用"放"的作用，设置永久性变形缝，通过变形缝的位移、徐变、塑性变形或微裂缝耗散能量，降低作用效应，降低温度收缩应力和约束应变。其次是提高和增强抗拉性能、韧性和均质性，吸收能量，提高"抗"的能力，不设永久性变形缝和后浇带，这是以"抗"为主的设计原则。通常是利用二者的协调作用即抗放兼施，以"抗"吸收能量为主，或用耗散能量以"放"为主的方法。二者共同作用达到抗裂目的，并满足能量守恒的定律。

$$E_{in}=W_e+W_p+W_c+W_u+W_{pl} \tag{17-14}$$

式中　E_{in}——输入结构总变形能；

　　　W_e——提高极限拉伸和抗拉能量（抗）；

　　　W_p——徐变耗散能（放）；

　　　W_c——微裂耗散能（放）；

　　　W_n——位移释放能（放）；

　　　W_{pl}——塑性变形耗能（放）。

部分掺膨胀剂引起工程严重开裂的实例图示见图 17-59～图 17-61。

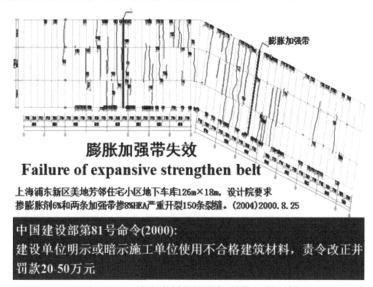

图 17-59　掺膨胀剂的膨胀加强带开裂实例

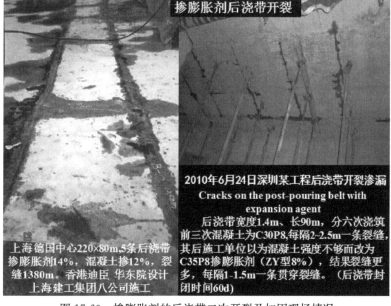

图 17-60　掺膨胀剂的后浇带二次开裂及加固现场情况

Application of expansive agent in concrete
某部地下工程掺膨胀剂混凝土的裂缝
（C40掺微膨胀剂UEA免振自密混凝坍落度25cm）

一、工程概况 1997.8.10

总综合楼工程为框架和砖混混全结构：地下室为钢筋混凝土箱体结构，一层为框架结构，二~四层为砖混结构。地下室平面示意图见附图1。

本工程总长达78.5m，施工时在轴线⑤~⑥间三分之一跨处设2.0m宽膨胀带。添加FS防水膨胀剂。由于施工场地非常狭窄。同时也为了减少施工中的噪音扰民问题，在施工A~D和1~11轴墙、顶板、粒子时采用了新型的免振捣自密实混凝土。混凝土标号为C40S8，配合比如表1所示。

地下室底板于1997年6月5日开始浇筑，6月7日晚浇筑完毕。例墙和顶板于7月4日开始浇筑，7月6日晚浇筑完毕。7月4日浇筑时大气温度最高35℃，最低温度为2.5℃。浇筑5~6小时后开始 养护，采用高压喷枪洞湿混凝土表面，24小时后采用塑料薄膜覆盖，充分洒水润湿。覆盖养护共进行13天，其后采取每天洒水2~3次进行养护，浇筑14天后拆模。

在浇筑后的第三天上午，发现墙板上面出现了二、三条裂缝，宽度为0.3mm左右至7月23号上午共发现了顶板裂缝18条，包括2条贯穿通长缝。宽度最大的两条约0.4~6mm宽，至6个月裂缝发展到982m。

材料名称	水泥(32.5)	水	砂子(中沙)	石子	DFS−2	UEA	FA
每方混凝土用量（kg）	324	189	784	784	15.68	36	180

图 17-61　掺膨胀剂工程实例

　　笔者近 30 年来参与了近 30 项超长大型地下基础工程的跳仓法施工，取消永久性变形缝和后浇带的结果基本上是成功的。虽然工程数量和全国超长大型地下工程总量相比还是"冰山一角"，只是迈出了一小步，并且也出现了一些无害的非结构性裂缝，但是出现的这些无害的非结构性裂缝并非跳仓法所特有的缺陷。可以说，跳仓法在取代传统的永久性变形缝和后浇带这一重大规范性技术难题方面，却是迈出了一大步。

国际上最早的无缝跳仓法工程——中国武钢热轧 1975.5
（中国武钢一米七热轧工程 686m 超长箱基船式基础）

武钢"一米七"轧机工程，是 20 世纪 70 年代国家重点建设项目，厂房总长 1032m，宽 207m，混凝土浇筑量 1560000m³，其中热轧超长大体积混凝土箱形结构，是我国最早采用超长大体积混凝土 BOX 基础（箱基），无缝超长达 686m。按规范和常规设计，应设置立体交叉的伸缩缝、沉降缝或后浇带。由于永久性变形缝必将给工程带来渗漏、施工困难、拖延工期，对生产工艺和结构抗震带来不利影响等，决定采用无缝施工（无伸缩缝、无沉降缝和后浇带），将主电控制室、通信电缆沟、通风隧道、油库及厂房柱基全部设在大型箱筏基础上，并取消全部桩基，形成无缝船式基础，抵抗温度应力和沉降应力。结合多年处理裂缝的经验，探索结构设计、施工和材料相结合的控制裂缝综合措施，从理论方面，温度应力与长度呈非线性关系，温度应力有最大值，如果能控制结构变形的作用应变，小于等于结构的极限拉伸，则即便结构任意长度趋于无穷大，结构也不至于出现有害裂缝。研究出对约束应力采取"抗与放"的设计原则，将超长结构进行 40～50m 分仓，采取递推式或棋盘式跳仓流水施工，相邻仓间隔时间不少于 7～10d，封仓时，前仓结构温度收缩应力得到显著的松弛，总应力下降，此期间混凝土的抗拉性能有所提高。本工程是跳仓法源头，2015 年北京市编写出地方规范 DB11/T 1200—2015《超长大体积混凝土跳仓法技术规范》。

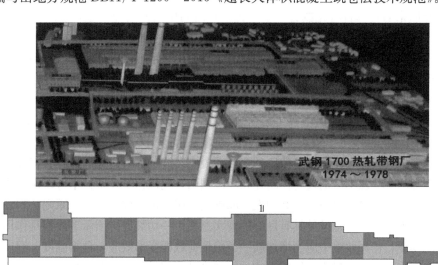

武钢 1700 热轧带钢厂
1974～1978

686m

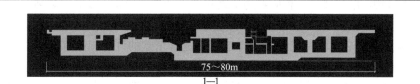

75～80m

1—1

18 混凝土工程裂缝控制探索之路

18.1 实践的需求改变了我的人生轨迹

时光倒流到 20 世纪 50 年代，我作为新中国成立后第一批大学生，正赶上了新旧交替的伟大时代，不愿意虚度光阴和随波逐流，为祖国建设做一点贡献。新中国成立初期东北开始了大规模经济建设，在大学学习期间，联系自己的特长和爱好，决心学习建筑艺术专业，梦想做一名建筑师，在东北 156 项重点工程中在苏联专家指导下，进行毕业前的实习，这也是我最早的接触实践，我同时作为苏联专家的俄文翻译，每走到一个工地，中国的工程技术人员通过我的翻译向苏联专家提出许多建筑实践中的技术难题，其中比较多的问题是建筑物温度伸缩缝和变形缝的问题，如东北铁道部齐齐哈尔机车车辆工厂、沈阳电机厂、沈阳某变压器厂、鞍钢大型轧钢厂等工地。现场工程师们提出了许多类似问题，实践直觉告诉我们，建筑物的温度伸缩缝设置与裂缝出现规律无明显直接关系，与当时苏联规范规定有一定矛盾，苏联专家认为这纯属偶然现象，苏联规范是按苏联经验和弹性理论决定的，应该无条件执行。而当时我感觉这偶然现象背后可能隐藏着必然规律，查阅资料，并没有先驱者对这一不起眼的课题进行研究。不成为学术界研究问题，却是规范性质问题而且是国际性规范问题。年轻的我，理想是热衷于建筑艺术的研究，曾梦想当一名建筑师，因此原来的打算暂时先搁置一下，先抽点时间搞搞伸缩缝问题，然后再从事心爱的建筑艺术专业。没想到我对伸缩缝与裂缝控制问题进行的研究和探索一发而不可收，研究和探索中发现其涉及领域之广，问题之多，远远超出了我原先的设想。在茫茫知识海洋中，查不到对口资料，路该怎么走，渺茫无序，只能作为一个拓荒者艰难前行，一路上风风雨雨跌跌撞撞走过了将近 60 年，遇到数不清的困难，始终不离不弃，跌倒再爬起，实践的需求，改变了我一生的追求和生活轨迹，这一探索之路竟成了我的终生事业和追求，整整跑过了 60 年。混凝土工程裂缝的探索必须联系混凝土材料、结构和施工，研究温度、收缩、地基变形等效应。控制裂缝的新理念，混凝土裂缝是不可避免的，其有害程度是可控制的，工程师的全部艺术是把裂缝控制在无害范围内，现代化学灌浆技术可以作为终饰工程处理好无害裂缝。解决裂缝问题最好的设计原则是应用"抗与放"的设计原则，辩证统一了设缝与无缝两大流派。概念设计具有良好的现实意义。一切裂缝与质量事故都是作用效应与结构抗力的博弈，作用效应中应当增加新一类隐形荷载即变形效应，包括温度、湿度和地基变形效应。提出最新的混凝土无缝施工法——跳仓法，将结构、材料、施工和地基联合起来进行研究和应用，解决实际工程问题为最终目的。变形效应是一个新的领域。

20 世纪 50 年代初期，正当全国学习苏联的高潮，苏联专家认为苏联规范是根据苏联建设经和弹验性理论计算决定的，执行这一规范有东欧的许多国家如德国以及中国。工业建筑框架结构温度应力的计算是按苏联"单层工业厂房柱结构计算理论"，该计算理论是依据弹性假定，框架结构的温度应力和结构长度成正比即线性关系，柱间剪刀撑大大增加框架侧移刚度，不算则已，一算应力过分偏高（热弹理论计算工程不仅数量级偏高而且有可能产生定性的误差，如某核电站核岛的实际工程裂缝出现在理论计算的受压区，而受拉区反而安全无恙），故当时只好按苏联温度伸缩缝许可间距进行设计。一般认为如果设计院按规范留了伸缩缝，则结构开裂的责任有施工方负责；如果设计没有留伸缩缝，则结构开裂由设计方负责。这样就把是否留伸缩缝作为开裂判断唯一依据。对于中国的工程技术人员来讲，当时国内执行的设计规范也是照搬了这个规定，这些规范是必须执行的金科玉律，保留至今。然而，1954 年夏毕业前实习，苏联教授带我们去苏联援华项目铁道部、机械部、冶金部等许多工程现场教学实习时，在厂里发现混凝土框架长度 150 余米铸造车间并没有设伸缩缝。这个长度超出规范规定 3 倍的建筑物没有预先留伸缩缝，既没有影响到建筑物的质量，而且又有良好的外观。为什么会出现这种反常的现象？设计人员由于没有按照规范留伸缩缝而受到批评，但是工程没有开裂，苏联专家的回答是，对设计者既不要批评，因为工程没裂，但也不要表扬，因为他没有按苏联规范设计。有好几个工地的中国技术人员都提出类似问题，专家们回答，这纯属个别的"偶然现象"，不具有普遍性，没有研究价值。中科院力学所邀请波兰专家讲学，我有机会去请教国际著名力学家基斯尔教授，没想到教授回答和苏联专家一样，纯属"偶然想象"，没有研究价值，波兰也是应用苏联规范，苏联规范又源自德国，东欧和其他国家都有自己的规范，只是间距数值大小有区别。但是，我下意识地认识到这种建设实践中的偶然现象背后，极有可能隐藏了某种必然的规律，而当时并没有先驱者进行这一课题的研究，普遍认为，这是一个不起眼的小课题，没人感兴趣。我决定先抽一点时间搞搞这个伸缩缝问题。我收集了许多温度应力理论的资料，到建科院、北京图书馆、北大数学系、水科院等许多著名研究院都找不到伸缩缝的研究论文和资料，没人对这个课题感兴趣，也没有哪个科研院所列过这样的研究课题，只找到一些力学理论资料，我对那些弹塑性理论数学力学的推导，看也看不懂。建设现场裂缝问题此起彼伏，我决心深入到工程裂缝最多的工程实践中去，从裂缝现象作为研究伸缩缝的切入点，开始对工程实际变形和裂缝扩展规律进行工程实测，实测资料的累计作为分析问题和简化计算方法的基础，收集到第一手大量裂缝资料，同时做了一点小型粗略实验。开始从混凝土结构扩大变形缝间距，取消变形缝，至今发展到无缝设计与施工，在实践中研究与应用。

1955 年哈尔滨工业大学本科毕业后，我被分配留校任助教，开始对建筑裂缝进行全面而深入的研究和探索。最初的研究文章是结合现场反常的裂缝现象与建筑物伸缩缝的关系而开始编写的，当时正处于全国学习苏联的高潮，苏联规范是神圣不可侵犯的，我根据东北 156 项重点苏联援助项目中的某部分工程收集到的"偶然现象"结合工程实践和实测，发现了苏联规范的局限性和片面性，准备对苏联规范提出质疑，对热弹性理论计算方法学习并进行改进和探索，提出多系数简易计算法（弹塑性、裂缝刚度、徐变、装配式影响）可以算出伸缩缝间距，原文见《哈尔滨工业大学学报》1957 No.3，取消永久性伸缩缝条件（当伸缩缝间距扩大到建筑物长度时，即达到取消伸缩缝的目的）。又查到一些其他国家的规范，没有想到，一个不起眼的小课题竟然是对国际性常规的挑战。

第二篇文章是《工业厂房的真实变形实测分析》，并指出："观测到的数据和弹性理论存在较大的差异，结构的真实变形远小于理论值，与诸多条件有关，但主要的是装配式影响"。我战战兢兢地用俄文完成了这篇质疑，质疑苏联规范中有关伸缩缝的规定。研究论文《关于工业建筑横向温度缝和纵向温度缝》，虽然遭受到某些批评和讽刺"铁梦在玩数学游戏，对苏联规范不尊重"，我意识到虽然题目不起眼，但有一定风险，当时许多学术问题都和政治家庭出身挂钩。1957年初在哈工大的学术报告厅，做了工业厂房混凝土框架伸缩缝的初步研究报告，听众感到我对苏联规范和苏联专家的不同意见，听众不欢而散，那是对我第一次打击。我给几个杂志写文章均被退回，同学们担心我会出问题，我还是打起勇气，将论文送给苏联专家库兹明教授审查，他又转送苏联建筑科学院最终审查后建议由苏联的《工业建筑》杂志两次发表，苏联《工业建筑》杂志是国际上颇有名望的技术杂志，在国际广泛流传，《ПромышленноеСтроительство》1958 No. 10、1960 No. 4。

1958年6月我接到杂志主编密尔扎先生的通知：你的论文将于1958年10月号在本刊登出，编辑部总编附加了编辑部"按语"："本问题在苏联尚未得到成熟的解决，本论文具有现实意义，发表中国工程师王铁梦的文章，是为了向本刊读者征求讨论意见"。文章受到苏联同行的广泛关注和讨论，其后该杂志两年内发表6篇讨论文章（有赞成有反对）。

控制混凝土结构裂缝问题是一项综合性技术难题，变形缝的设置只是诸多因素之一，是主要的设计措施，并根据苏联经验编制国家规范，我开始探索厂房排架结构和框架结构联系混凝土特性、温度应力和长度成正比的计算方法，补充了常规弹性理论中忽略了材料、施工及环境条件的常规计算方法，长度不能成为判定裂缝与否的唯一因素，否定了当时留缝与否作为裂缝唯一判别依据，我的文章发表在《建筑学报》1959 No. 1 和《土木工程学报》1961.4、5、6以及《中国土木工程学会上海裂缝会议论文集（1963）》，这样的近似计算将弹性温度应力下降了70%～80%比较接近实际。1959年5月我被借调到建研院与一机部第八设计院签署了在沈阳电机厂主厂房168m长混凝土框架结构取消伸缩缝厂房实验工程合同，进行了分析计算和跟踪观测，发现厂房框架中的剪刀撑，显著增加侧移刚度，超长工程质量正常，裂缝控制取得了成功。这时我发现变形引起的作用效应与结构刚度成比例的特点，作用效应与自身结构刚度成正比，这是与荷载效应有着根本的区别，弹塑性、徐变、微裂缝和装配节点都会软化温度收缩应力，反复温差会引起异号应力，这些因素都与混凝土的龄期有关，苏联规范和弹性理论计算决定伸缩缝间距的规范有被突破的可能。

1. 北京人民大会堂主体结构超长132m临时变形缝工程的实践

1958年，我到北京工作后，被借调到中国建筑科学院工作，随着建科院一批老专家参加了北京国庆十大工程办公室科学技术工作委员会做技术服务工作，十大工程均是超长工程，如何设置伸缩缝问题引起大家的注意，当时中国还没有前人做过系统的研究，由于我做过一点研究并且写出一些论文就被借调到建设部建研院，跟随建研院的专家们为国庆工程科技委做服务工作，于1958年12月28日讨论人民大会堂是否设置伸缩缝的问题做准备工作。国庆工程中最大的工程也是最重要的工程人民大会堂主体结构（图18-1），从大会堂东门到西门主体结构132m长钢筋混凝土框架结构，超过伸缩缝许可间距三倍多，是否需要设置伸缩缝是迫在眉睫的问题，建筑师无法解决变形缝给建筑艺术和构造带来的困难，伸缩缝对建筑造型极为不利，结构工程师希望遵守规范和留伸缩缝，引起热烈争议，研究院的专家组指定我做一些计算方面的筹备工作。人民大会堂主体结构专门委员会于1958年12月28日正式召开了第十一次会议，会议由北京市建筑设计院总工程师兼人民大会堂总工程师朱兆雪主持，主要参加单位有北京市建筑设计院、北京工业建筑设计院、清华大学、建筑科学研究院等，会议专门讨论了温度伸缩缝问题。因为按照当时的混凝土规范，人民大会堂132m超长结构在纵向要设两条温度伸缩缝，将主体结构分成3块。建筑师在设计上很难处理，势必会对建筑的美观、抗震、防水和保温产生不良影响，提出了可否取消，但是结构工程师感到对规范的冲击较大，因为这个长度超过了规范允许的3倍，是典型的超长混凝土工程，又是国家重点工程，出了问题谁负责。

图 18-1　人民大会堂不留伸缩缝采用两条后浇带

最早的后浇带 1958.10～1959.9　　　　　　混凝土梁板 C18 柱子

后浇带的填充用高一级普通混凝土　　　　　C28，保护层厚 25m

中央大厅和人民大会堂主体结构 132m×60.9m，结构师主张每隔 40m

设置一条永久性伸缩缝，建筑师反对，最后设两条后浇带间距44m，带宽 1.0m，

其中一条穿越楼梯，钢筋混凝土梁板柱钢屋架间距6m，17 万 m²，10 个月工期。

　　我根据建研院专家组的要求，并根据过去的初步研究成果，对人民大会堂 132m 主体框架作了温度收缩应力近似计算，考虑到大会堂施工阶段最不利的温差，如不设伸缩缝，框架端部最大位移为 1.7～2.0cm，最大弯矩为 750kN·m。我认为对结构不会产出有害影响，取消温度伸缩缝是很有可能的，从另一方面看，如果根据大会堂施工期间的最大降温差远远超过使用阶段的年温差，可以采用临时性伸缩缝解决施工阶段的最大温差，投入使用以后，永远不会再遇到施工阶段的温差，可以在施工后期约两个月时间封闭临时性伸缩缝，这样可以给结构留有更多的安全度，给建筑师创造很大的方便，既不影响建筑艺术，又不影响结构安全，结构永远不会承受施工期间 20 余度的降温，与会专家对我的建议热烈论证后，希望建议方案能使结构的内力和位移再小一点。我经过近似的计算，认为在 132m 范围内设置两条临时性伸缩缝，可将最大位移减少到 0.6cm，最大弯矩减少到 250kN·m。与会专家工业建筑设计研究院陶逸钟总工程师介绍了北京车站的温度伸缩缝处理情况，北京车站大厅部分，月台及地下道的温度伸缩缝处理经验。会上清华大学汪坦教授认为人民大会堂工程是非常重要的，只许成功，不许失败，应当采用更多的实际调查资料。北京市设计研究院研究室顾鹏程教授提出了结构避免和减少干缩的施工方法。建筑科学院薛绳祖总工程师认为关于伸缩的建议方案是合理的，如结合天安门看台、红十字医院和其他超长工程等。会上胡璘工程师补充说明了施工条件对工程质量的影响，最后经过设计施工论证，由朱兆雪总工程师确定采用两条"临时性1m宽变形缝"后来被称为"后浇带"的技术措施，最终达到了取消永久性伸缩缝的目的。施工过程中我跟踪施工，在现场目睹留临时伸缩缝，缝中钢筋连续不断（论证会上有少数同志主张切断钢筋更能释放应力），其中一条 1m 宽的临时缝穿过楼梯遇到一点麻烦，施工单位给予顺利地解决。

经过两个半月填充普通混凝土，没有掺任何抗裂膨胀剂和抗裂纤维，在工期十分紧张的条件下，施工质量优良，大会堂经过半个多世纪的使用，虽然当时用的混凝土的强度等级只有 C20，结构没有出现断裂问题，主体结构安全可靠，似乎中低强度的混凝土具有良好的韧性和后期强度，施工质量优良，变异性较低（在国庆工程中为了冬期施工掺了一些氯盐引起裂缝做过修补），均质性较好，半个世纪后，有的专家看了人民大会堂结构，认为"再用一百年没问题"。所以后来我们在大量的超长大体积混凝土均采用 C20～C30，并利用后期强度，取得了控制裂缝的圆满成功。例如，宝钢和上海上千万立方米超长大体积混凝土，几乎大部分都采用普通混凝土 C25～C35 强度等级；长江三峡大坝，主要混凝土 C15～C20，利用后期强度，满足了生产和设计要求，耐久性很好。自从 1978 年，从宝钢到全国许多超长大体积混凝土重点工程都采用中低强度，优质普通混凝土，裂缝轻微，防水性能好，宝钢 30 多年一贯采用混凝土本体防水，地下空间满足高度自动化生产要求。

降低混凝土强度，降低混凝土水泥用量，每降低 1kg 水泥，就降低 1kg 二氧化碳的排放量，对环保和绿色混凝土要求十分重要。工程设计经常希望提高强度的方向值得深思，目前国内外许多工程，同等强度的每立方米混凝土水泥用量差别百余千克并不罕见，我国现行的国家规范（图 18-2）：该规范关于必须留永久性伸缩缝许可间距，从苏联到现在已经应用了八十余年，只有数量上改进，没有较大的变化，国际上也大致如此。人民大会堂突破当时不可逾越的苏联规范，只作为个例随着时间的推移，为建筑界淡忘。

National concrete design code 国家混凝土设计规范 **GB-50010-2010** （以放为主）

中华人民共和国国家标准 **GB** （变形效应）

混凝土结构最大允许伸缩缝间距		室内或土中 m	露天 m
框架结构	现浇式	55	35
排架结构	装配式	100	70
剪力墙结构	现浇式	45	30
	装配式	65	40
挡土墙、地下室墙壁等结构	现浇式	30	20
	装配式	40	30

过去国内外，习惯上认为永久性伸缩缝是控制裂缝的唯一办法，但是：

永久性伸缩缝（胀及缩）经常成为渗漏水的泉源，特别是地下工程不易修复。公路桥梁及飞机跑道有胀缝（易破损行车跳动修复投资大）、缩缝（假缝）的措施，有些工程无法设置变形缝。报告人曾于 50 年代多次发现反常现象，现场施工技术人员提出质疑

8.1.3 如有充分依据对下列情况，本规范表 8.1.1 中的伸缩缝最大间距可适当增大。

3. 采用低收缩混凝土材料采取跳仓浇筑、后浇带、控制缝等施工方法，并加强施工养护。

条文说明：**8.1.3** 应该注意的是：设置后浇带可适当增大伸缩缝间距，但不能代替伸缩缝。

图 18-2 国家混凝土设计规范 伸缩缝最大许可间距表

永久性变形缝的设置是把结构分成若干独立结构体，钢筋完全断开，使得弯矩、剪力、拉力等于零，中间以橡胶止水带防水连接，降低超长结构的约束应力，是以放为主设计原则。

多年的实践经验证明，这种以放为主的永久性变形缝内部橡胶止水带和混凝土难以密实结合（图 18-3），加上橡胶带的自然老化并不耐久，平均寿命 15～20 年，俗称"十缝九漏"。

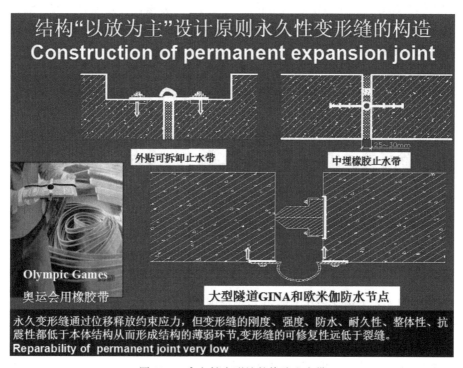

图 18-3　永久性变形缝的橡胶止水带

当时作为一个年轻人，能配合建设单位为人民大会堂和其他超长工程做一些有现实意义的工作，感到十分欣慰（详见国庆工程办公室科学技术工作委员会——工作简报第 23 期）。近代建筑结构的耐久性问题受到人们的普遍认识，国家重点工程普遍采取设计寿命 100 年，香港青马大桥设计寿命 120 年，我们新建造的港珠澳大桥设计寿命也是 120 年，作者认为从永久性变形缝的截面来看（橡胶止水带和外国专利 GINA 橡胶止水节点）的耐久性看来，满足 120 寿命的要求是难以达到的。它是结构的耐久性薄弱环节。大会堂是著者一生中从事超长结构无缝施工研究的第一个工程实践，这恰好说明"机遇是留给有准备的人"那句名言。后来我又参与了首都体育馆、北京军事博物馆等其他国庆工程伸缩缝问题的讨论，提供了一些建议，参考应用。工程实例加强我从有缝到无缝的研究信心及研究方向。

毛主席纪念堂工程（图 18-4）的总结，后浇带法主要困难是清理垃圾和封闭时间过长（45～60d）。中国最早 1979 开始大规模泵送大体积商品混凝土是从宝钢开始的，混凝土控制裂缝的技术难度增加了，工程规模越来越大，多年来，地下超长无缝大体积混凝土箱基迅速发展，从长度 100m、200m、500m，最终达到 1300m（冶金建筑领域，同时也是全国连续最长）同时国内许多重点工程包括一些国防工程和核电站等工程裂缝现象层出不穷，催生了许多新型抗裂材料和技术、掺合料及外加剂，但从我的处理裂缝实践来看，有不少材料经不起实践的考验，一些理论和实验室实验以及一些小规模的模型试验，都无法反映工程实际条件，许多新材料研发者没有注意到从小规模实验和施工到大规模施工和应用的变化规律，我根据多年处理裂缝和宝钢三十五年的实践经验，提出简单而朴素的"普通混凝土好好打"的希望，不掺任何特种掺合料和外加剂，超长大体积混凝土中外掺材料的种类越少越好，施工方法越简单越好，最简单的方法往往是最有效的方法。材料研发不要脱离结构应用，结构设计也不要脱离材料和施工。将裂缝的研究作为变形缝研究切入点问题有更高的综合性。

图 18-4　毛主席纪念堂大体积混凝土桩筏基础 8 层钢筋
1.0m 厚现场温控实况采用 4 条 1m 宽后浇带，不设永久变形缝 90m×90m

　　1963 年中国土木工程学会在上海第一次全国裂缝会议上，按常规判断楼板和女儿墙斜裂缝为差异沉降引起的，经过大量的观察，我认为是误判，实际是收缩与温度应力引起，并且与结构长度无关，与是否留伸缩缝无关，解释了一些所谓的"反常"现象，原来反常是正常现象，特别最常见的混凝土板状结构的龟裂（图 18-5、图 18-6），主要与收缩和双向约束有关。

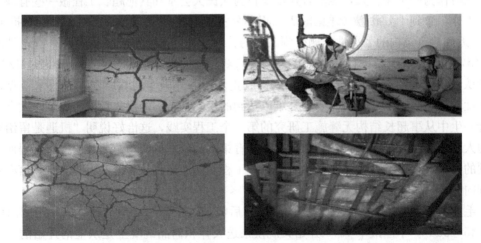

图 18-5　双向约束混凝土板式结构收缩的龟裂永久性变形缝和后浇带经常是漏水的源泉

图 18-6 考察美国某工程车库顶板收缩应力引起的龟裂以应用多年（2006）

我当时争取各种可能机会到重点工程和生产现场进行裂缝现象和变形缝（伸缩缝、沉降缝、抗震缝）关系的研究，裂缝分析与处理结果对变形缝的研究十分重要，我决定把裂缝的研究作为变形缝研究的切入点，这样的决定就把专题研究的广度大大增加了。从祖国的东北严寒地区、西北干旱地区、大江南北湿热地区、鞍钢、武钢、包钢、太钢、攀钢到宝钢等，从冶金工业到核工业交通水运工程等从地下空间开发，从铜陵有色金属矿山到两淮和山西煤矿矿井、桥梁、地铁隧道到地上框架结构、某些国防工程，哪里有重大裂缝事故就主动去第一线配合施工单位分析，解决和处理工程裂缝问题，去得最多的地方还是上海、北京、武汉、深圳、两广、云贵、四川、香港等地区和国外一些重点工程。辽南地震，我是抢险救灾组组员，对地震力引起的裂缝，特别是交叉剪力裂缝和砖混结构进行了研究。

我国大三线二期工程基地正处于大滑坡地带，勘探出三个滑动面，数十万方土体已发生缓慢移动（每天约 3～4mm），有两种意见：一种是滑坡后在进行建设，采用"放"的原则，但工期不允许，我和施工紧密配合，考察滑坡体周围裂缝发展状况，滑坡的核心要素是水，当地正值旱季，离雨季还有 5 个月，此期间抢建 3 排大口径混凝土抗滑桩，用工字钢配筋，增加抗滑力，就有可能把滑坡抗住，用"抗"的原则取代"放"的原则，与设计施工配合，取得圆满成功。地基变形引起混凝土结构裂缝很宽 10～50mm，待地基稳定后，采取化灌处理（图 18-7、图 18-8），我在研究滑坡前，地面裂缝的规律，有可能为预报滑坡做贡献，结合当地水文地质条件和裂缝状态，采用抗与放的原则进行处理。除了混凝土的温度收缩变形，进一步发现地基变形是引起工程结构的另一大原因，包括滑坡和地震以及质量力（地基动态变形），如图 18-9、图 18-10 所示统称为变形效应，有它自己的独特规律，与荷载效应同等重要，不应视为次要问题。

辽南地震、唐山地震、汶川地震本人都深入现场参加抢险救灾并同时调查裂缝与倒塌破坏的关系，地震区简直是结构裂缝与破坏的试验场，开始探索，从裂缝到破坏的发展过程，分析有害与无害裂缝的界限，地震区抗震缝和变形缝的设置，非但无助于减震作用，反而增加了碰撞破坏的现象。整个地球分为 13 个板块，相互运动，它们的分界面就是断裂带，也就是裂缝群，当相邻板块间的相互挤推应力超过定量时便产生微裂缝扩展超过极

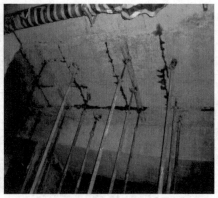

图 18-7　处理大量工民建薄壁工程（楼板和外墙）

2010 年 6 月 24 日深圳某工程后浇带开裂渗漏

Cracks on the post-pouring belt with expansion agent

后浇带宽度 1.4m、长 90m，分六次浇筑前三次混凝土为 C30P8，

每隔 2～2.5m 一条裂缝，其后施工单位以为混凝土强度不够而改为 C35P8 掺膨

胀剂（ZY 型 8％），结果裂缝更多，每隔 1～1.5m 一条贯穿裂缝。（后浇带封闭时间 60d）

图 18-8　双向约束条件下的混凝土收缩应力引起的裂缝（冶建院裂缝处理中心）

图 18-9　四川攀枝花大滑坡现场观测滑动面的相对位移和滑坡上砖混结构裂缝（1987.10）

图 18-10 在大滑坡现场雨季到来之前抢建大口径抗滑桩用"抗"的原则解决滑坡问题

限强度便产生地震，我特别注意到岩石和混凝土裂缝扩展均伴随着声发射，因此可否从断裂带的裂缝扩展规律中预报地震是值得探索的重大技术难题。探索裂缝的发展和扩展规律，对房屋倒塌破坏可以起到良好的预报作用，为今后危房危桥的鉴定提供有价值的参考资料，我对裂缝的研究如痴如醉。1969 年，我在云南中越边境蒙自县劳改农场西山牧马时，研究了树皮裂缝和老人皮肤的均裂及混凝土的表面龟裂，完全出自相同的原理，即湿度应力引起，在工程实践中占有很高的比例，并不像通常想象的那样，"大体积混凝土是水化热引起的裂缝"，而是混凝土的收缩变形引起的裂缝，收缩变形包括自生收缩、早期塑形收缩和碳化收缩以及后期干燥收缩，收缩的机理非常复杂，研究资料较少，必须认真的学习和专研，特别是在工民建、市政工程、交通运输、桥梁工程、核电建设等领域，收缩裂缝无处不在，它与温度应力有不同的物理性质，有时和温度应力同时出现。这里提出了一个重要问题，国家许多重点大体积工程，包括水工结构、核电站等，进行了详细严谨地温控，但仍然出现了大量裂缝，甚至有人说"越温控裂缝越多"，这是因为混凝土主要不是由于水化热温度应力引起，而是收缩应力起了主要作用，经常收缩与温度并存，如何控制尚缺乏精确的设备和仪器，目前还不得而知，重视水化热忽略收缩，特别是地下空间开发中，防水问题是现代建筑裂缝控制中最大的技术难题。图 18-11(a) 为差异沉降引起剪力墙开裂，图 18-11(b) 为温度应力开裂，大量漏水，必须在 48h 内修补完毕，否则自动化生产线全面停产，修补成功。

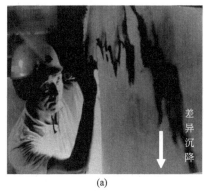

(a)   (b)

图 18-11 承重结构及大型水池的开裂

多种多样的裂缝经常涉足外专业，经常处理跨专业跨学科的裂缝难题，由于对裂缝的酷爱，本着什么不懂就学什么，刻苦努力地学，原本我不喜欢枯燥无味的数学力学，现在已经变成我废寝忘食的学习对象，特别是基础力学的学习，解决不同专业之间的共性问题和特殊性问题。我体会到，在实践中学习的效率远远高于大学课堂。没有上下课，没有节假日，爱不释手的学，重要的是联系实际的学。五花八门的裂缝要求我必须把结构和材料及施工联系成整体进行研究。实践是考验一切理论的唯一标准，结果高于一切。尽全力掌握前人的力学基础理论，这是我最好的手段，但是如何应用这些手段解决工程技术问题中，出现了许多可能创新的闪光点，因为这种应用过程能产生和改变生产力，关于变形缝和裂缝控制问题，对我说来力学是手段，解决工程问题是目的。我写的几本专著都力求简单、明了、实用。学会如何将复杂的问题简单化，即"丢弃芝麻抓西瓜"的方法进行简化，尽管不够精确，只要能解决实际问题，我就很满足了。解决工程问题是我终生奋斗的目标，与力学家不同，工程师的创新是用力学方法解决前人没有解决的工程实际问题。不同专业和不同手段的交叉解决工程问题是创新，是进步。

1969 我在云南草坝劳改农场牧马时，农场欲建设一个加工厂，水泥只有一半，领导叫我解决问题，我就设计一种锥形混凝土空间薄壳基础取代大块式基础，薄壁混凝土既不开裂，又节省一半以上水泥，只是施工麻烦，农场施工的劳改释放犯做得非常认真成功。

后来，在地下空间开发中，如何利用箱体空间薄壁结构扩散土压力，减少沉降，增加结构刚度，考虑地基和结构的共同作用，受到了启发。我和几个老同志完成了一部"薄壳基础工程"著作，由中国科学出版社出版。我曾经三次去都江堰考察，李冰父子治理岷江洪水不采用高坝阻水，而是采用疏导释放的办法取得伟大的成功，是处理一切灾害与裂缝方法中"抗与放"理论的典型实践，设计中，所谓设缝与无缝流派，不是对立的，不外乎是"放与抗"辩证的统一，在不同条件下，考虑相邻专业综合作用，抗放结合，相辅相成。五千余千米长的万里长城就是分段施工，最后连成无缝整体，工程实践中，温度骤降，使结构难以抗拒，经常引起开裂。都江堰"宝瓶口"火烧岩石立即用冷水浇泼，层层分裂剥落岩石形成引水通道，是人类利用热应力为工程服务的最早实例。目前跳仓法是后浇带法的改进，使工程技术进步得到顺利发展，这里已涉及哲学概念。抗与放的原则在抗震、地基处理、抗浮、抗洪、滑坡治理、抗裂等诸多领域可能获得广泛的应用。我从不放过任何裂缝，我所研究的变形效应从温度收缩变形扩展到地基变形，他们在结构中引起的应力状态称为"变形效应"，是一种看不见摸不到的隐形荷载，过去研究成果有限，且尚不成熟，综合性和随机性很高，困难很多，但如果不去综合性的探索就无法解决工程实际问题。

在现代土木建筑工程中，有多少不成功的教训，都是由于仅仅依靠单专业理论和实验室试验，甚至于现场小模型实物实验，脱离工程结构实际，违反了"相似率"，脱离施工及环境条件，试块性质离工程结构还有很大一段距离，没有工程试点应用就大量推广而造成的。

2000 年后，根据外交部和有关部委的要求，赴国外处理一些国际和地区的工程裂缝问题，如美国、俄罗斯、伊朗、巴基斯坦、新加坡等，取得了许多宝贵经验，感觉到国外学术界和工程界差距很大，论文和实践不是一回事。在国内外工程界，我们应当以处理裂缝问题主人翁的态度协助别人，同时掌握到平常无法得到的第一手资料，这样既解决了别人处理裂缝的困难，又使自己的实践经验越来越丰富，中国的建设实践远远超过外国，工程问题的复杂性和多样性是前所未有，处理完裂缝，告别美国前夕，外交部综合司高司长说："今后我外交部在国外如遇类似问题到时还再请你。"这个大舞台为中国科技工作者提供了千载难逢的创新机遇，中国的建设经验也为解决国际工程技术问题做贡献。

1990.10.26 香港九龙 50m 混凝土长悬臂雨篷倒塌酿成 6 死 7 伤（图 18-12）。香港各大报纸头版头条报道了灾难性后果在全港引起恐慌。从国内外的经验分析，悬臂式挑台或阳台事故时有出现，国内外尚无历史依据进行判别，最大弯矩和最大剪力都在悬臂根部，但没有荷载变化，笔者认为工程处于交通动载繁忙地区，是地基动态变形导致结构惯性质量力引起的悬臂结构承受弯剪共同作用，连接构造薄弱，安全度偏低，雨篷倒塌前结构的根部区域早已经陆续出现裂缝，由于雨篷上设置的广告牌和灯饰，人们无法检查出裂缝不断扩展的现象，长期（15 年）质量力反复作用，裂缝累计损伤，最终导致灾难性事故，陕西榆林和深圳罗湖（图 18-13）都出现过质量力裂缝与事故。从此香港许多楼房一旦发现裂缝就被判定"危楼"，人们谈裂色变，香港出现了"裂缝恐惧症"，将裂缝看似洪水猛兽，有的报纸标题为"甜蜜的家危险的家"。本人应邀前往香港做了一个"楼宇有裂缝就会出现危险"专题报告，我根据多年处理裂缝的经验，包括对新中国成立前的工程考察，有些带有裂缝的混凝土结构，在 70 年代还带着裂缝正常工作，所以我把裂缝分为有害和无害两大类裂缝。我们判断有害和无害的界限是根据裂缝的宽度及深度（国际上只用表面宽度判定裂缝有害程度），工程使用功能及结构形式不同而有区别，做了怎样来判定是否危楼的报告，质量力及裂缝深度对裂缝萌生及危害，在国内外资料中尚属首次，原文刊登于香港《头条》期刊第 124 期 26～27 页。香港高质量现代化结构和古老的陈旧建筑质量差别悬殊，危房判定具体问题具体分析。

图 18-12 1990 香港九龙混凝土悬臂雨篷倒塌酿成 6 死 7 伤，抢救现场

将裂缝的研究与危房和危房紧密连接起来，包括辽河、长江和海上的一些桥梁。国外在这方面的解决方法各种各样，混凝土工程裂缝是一项系统工程，经常是找不到直接原

图 18-13 2014 年深圳罗湖区混凝土悬臂雨篷倒塌现场

因，作为"意外事故"处理。质量力引起的裂缝是复杂受力状态，在国内外资料中这是第一次。

我总结出，在重大工程结构要害部位应该创造检查裂缝的条件，混凝土结构的劣化，与裂缝的扩展、动弹模下降、刚度下降有显著的关系，裂缝可预报结构倒塌破坏，混凝土的抗压强度的重视和研究相当充分，但是多维时空复杂受力条件下混凝土性能了解甚微。

2. 早期严重的大体积混凝土裂缝事故

1972 年河南某特厚钢板轧钢基础工程属于超厚大体积工程，基础长度 48m，宽 33m，埋深 11.7m，厚达 5.4m。大体积混凝土国家重点工程，混凝土的浇灌于 1972 年 7 月 27 日至 7 月 30 日，混凝土总量 8625m³，配筋率 320kg/m³，采用当地细沙，石子为当地河卵石，C30 混凝土，水泥用量 337kg/m³，拆模后陆续出现开裂，到 11 月裂缝大量涌现，共分 17 组，其中最严重的有 4 条贯穿性裂缝，国务院列为重大事故，指定冶金部建筑研究院负责分析处理，本人负责技术工作，并配合设计院进行了详细计算，究其原因主要有二点：①大体积混凝土基础直接坐落在岩石上，外约束度过大。②现场根据水电部水管冷却混凝土的经验，在基础内部的许多通廊内设置了十台通风机进行散热（8 月初），此时混凝土在约束后进行冷却降温，可降低水化热温升，但是产生了严重的外约束应力，导致贯穿性开裂，和水电部不同，工民建大体积混凝土水化热都挺高，一般 60～70℃甚至到 80～90℃，上海金茂混凝土温度达 97.5℃，此情况下内部降温会增加外约束应力，弊大于利，其后我们再不用冷却水管了。类似的教训在国内外都有呈现，最严重的是某国外核电站核岛的大体积基础，主要贯穿性开裂的原因是内部设置了蛇形冷却水管，冷却后陆续发现贯穿性开裂，且由于管壁温度梯度较大，又可出现内部放射性裂纹。

2006 年 7 月赴美处理华盛顿的 M-1 号工程裂缝问题，也是由于松模后用 16℃地下水进行养护，增加了裂缝。上海人民广场地下变电站和某大桥桥墩大体积混凝土，采用冷却水管出现了较多的开裂。某国国家核电站核岛基础贯穿性有害裂缝出现在通冷却水之后，宝钢 4 座超大型高炉基础，厚度达 7～9m，从不采用冷却水管，不分层。中央电视台大体积混凝土，最厚达 10.9m，不采用冷却水管降温，不分层。最近上海中心 120m 直径，一次浇 6m 厚，不采用冷却水管，控制裂缝十分成功。我得出结论，混凝土浇筑前对混凝土等原材料冷却降温，浇筑后保温约束前降温，约束后保温，不必担心"暖房效应"，因为温度应力核心是温度梯度，避免周期性日温差，循环性湿度差，预防寒流袭击，防风挡雨等均有必要，特别是大风降温同时发力引起严重开裂，难以预估。冷却水管甚至 3 次冷却，是弊大于利的措施，可否给超厚大体积混凝土取消冷却水管，不按两米分层技术措施提供参考。水电部大体积混凝土有许多好经验值得我们学习但不能照搬照套，某些经验应需改进。

对本工程，最后局部凿除，整体外包钢筋混凝土打围套加层及高压化学灌浆加固措施。当然这样的加固措施，可以保证投产使用，但是耐久性会受到影响。裂缝控制虽然改变了我的初衷，但是实践的需求使得我逐渐深爱上了这个专题。我体会到，科研创新的驱动力有两种：其一是学术的需要，其二是实践的需求。我热爱创新的驱动力是后者，有强大的生命力，在以后多年的大体积工程实践中，不设冷却水管，不分层连续浇筑的成功方法。

3. 武汉钢铁公司一米七轧机混凝土基础施工"跳仓法"的雏形，宝钢开花结果

"文革"后期，我去冶金部云南五七干校，地址是云南中越边境蒙自县，要求知识分子做脱胎换骨的改造，卖掉几乎所有的书籍和资料，停止后续的研究。在劳改农场改造牧马期间，转机出现，冶金部建筑研究院军管队主任陆宏是一位老红军出身的军代表，陆宏同志为了建研院科研工作的需要，把我从干校调回冶金部建筑研究院，从事科研工作，从此，我得以继续开展工程裂缝控制的研究工作。

1974 年，国家重点工程，从日本引进的武钢一米七轧钢工程开工建设。一米七轧钢工程的土建结构全部由日本负责设计，采取了地下箱形筏式结构形式。基础连续长度 686m，宽度 80～120m，基础厚度 2～3m，侧墙厚度 1.5～2.0m。热轧厂生产设备近千米地下工程量占 80％以上，地下沟道纵横管网密布，电机、油库、通信、通风结构复杂，地下深度由 8～30m 承受重荷载、数百处变截面、高温和振动等作用，如果按规范留伸缩缝，这地下工程被大量立体交叉的橡胶止水带分割成许多独立块体基础，这些变形缝是地下工程大量漏水的泉源并且难以修复，特别是日本属于多地震国家，一旦地震橡胶止水带被拉断更难以修复，因此迫使日本的设计理念，不留伸缩缝和沉降缝，基础无次序分段浇筑最后连成整体，裂了不怕，裂了就堵，堵不住就排，地下室靠墙边设置内排水沟，以便排除渗漏水。我深感日本的做法是被动控制。1700 工程指挥部组织了科研专题攻关，进行现场检测和理论分析，探索分段施工流水作业方法，各种荷载无论大小都放在无缝整体的船式基础，我根据热力学第一定律能量守恒的原理，提出"抗与放"的设计原则，这种先分块释放早期较大的温度收缩应力，待连成整体后，尚出现后续较小的温度应力，依靠结构的抗拉能力来抵抗，这就是"先放后抗，以抗为主"设计原则。最后以抗为主的技术

方案代替过去以放为主的技术方案，现实可行，从被动控制走向主动控制，地下工程及保温工程，首先具备试点应用条件。根据测试资料进一步落实跳仓法的细节。这种 686m 的结构基础不设置伸缩缝，不但其设计理念与当时国内的所有设计规范产生了冲突，而且引起了国内相关工程技术人员的争议。为了处理好这个矛盾，建设方曾多次和日方进行谈判，希望能找到一个解决方法，遗憾的是谈判未获得明确结果，日方技术人员内部有两派意见，有的认为结构的温度应力与长度无关，另一派认为有关。没有书面文字依据，按照惯例，中方只能决定按日方设计施工。由当时的中国第十九冶金建设公司负责施工，施工人员按照日方设计要求采取了地基分段开挖，混凝土分段浇筑的施工方法。由于结构超长，土方工程和混凝土工程可以交叉流水，经系统整理，我给此方法起名为"跳仓法"，是超长大体积混凝土无缝（伸缩缝、沉降缝及后浇带）施工新方法。跳仓法这个名词已经存在，那是在保留永久性变形缝和后浇带条件下的跳仓法，只涉及施工而与设计无关。本跳仓法是从设计上取消永久性变形缝和后浇带的新的跳仓法。用施工缝取代后浇带和变形缝，涉及设计和施工在国内外尚未见到，这是第一个被动采取的跳仓法施工特例，我们在现场进行了混凝土裂缝控制应力测试、裂缝测试、施工及材料实验等工作。混凝土浇筑时间在 1975 年 7 月，现场的施工技术和质量管理都比较困难；又正值武汉最炎热的时候，混凝土浇筑后发现在基础上出现了一些裂缝，裂缝的分布很不均匀。裂缝宽度一般都在 0.2mm 左右，少数在 1～2mm；裂缝区的混凝土细骨料含泥量竟达到 6%～8%，一方面降低抗拉强度，一方面增加收缩，但同时也发现基础上有约 300m 的范围内没有一条肉眼可见裂缝。一些贯穿性的裂缝采取环氧树脂化学灌浆，大量的表面裂缝采取环氧封闭，结构承载力毫无影响，所有各种超长结构几乎都有不同程度的裂缝，经调查对比采取泡水养护又急剧干燥裂缝更多，精选材料缓慢长时间塑料薄膜养护，裂缝轻微无害，最后都是通过这种方法处理，满足了设计要求，投入的费用较低。这个重要事实提示我，为了一些无害的裂缝，投入较大的投资控制裂缝是得不偿失的。如果普通混凝土的质量和施工方法能达到优良水平的话，普通混凝土的品质达到高品质水平，在允许不可避免出现防不胜防的裂缝条件下，跳仓法施工做到混凝土结构超长不留伸缩缝、不留沉降缝、不留后浇带是可能的，是较好的方案。跳仓法和后浇带法最后的结果是完全一样的，都是无缝的，只是施工过程不一样，给工程质量和建设周期带来巨大的好处。1978 年上海宝钢开工有诸多热轧工程，宝冶、二十冶、十三冶等都直接参与施工，关键是要形成一整套切实有效的技术措施可以执行。这第一个工程实例上出现了裂缝，根据裂缝原因分析，其本质上并不是由跳仓法施工本身引起的，而主要是由于材料质量和施工养护不到位原因，当时我意识到这种被迫的施工方法很有推广前途，将工程按照 30～40m 分块，排 1、2、3、4、5、6 等次序，先浇灌 1、3、5，后浇灌 2、4、6，相邻仓浇筑的间隔时间不少于 7～10d，释放早期最大的温度收缩应力，施工缝取代后浇带两条缝变一条缝，剩余的温度收缩应力，依靠提高了强度和抗拉性能的混凝土去抵抗，7d 和 10d 是我在实测中和处理裂缝经验统计的结果。这样做工程整体性、防水性、抗差异沉降性、抗震性都得到了提高，没有后浇带，当然也没有后浇带的二次开裂（后浇带中膨胀剂，无水条件下没有膨胀，收缩落差很大，导致开裂）。于 1990 年开始笔者大胆地将这一方法推广到民用建筑领域，对后浇带中采用普通混凝土灌注，不掺膨胀剂，避免后浇带开裂，如上海人民广场地下工程、北京光华路某工程 800 余米长的后浇带和某大剧院部分后浇带用普通混凝土填充。跳仓法的工期比后浇带法提前较多，如广州南站 21m 高空超长大体积混凝土承台采用了跳仓法施工，不掺任何特殊材料，经过铁道部多次专家会议，决定采用跳仓法施工，质量优良并确保了武广高速铁路列车进站的严格工期要求。施工后经检查，超长近 200m 没有发现肉眼可见裂缝。广州世纪云顶地下工程，经建设方的精心施工改变了原来依靠膨胀剂方案，采用跳仓法，施工后经过多次检查，未发现肉眼可见裂缝，同时探索出无缝跳仓法的计算理论。

1974～1978 年武汉钢铁公司 1700mm 热轧厂超长大体积混凝土 686m 无缝最早采用无规则跳仓法的工业建筑工程（船式箱形 BOX 基础）（图 18-14、图 18-15）。按常规，国内外规范 30m 留伸缩缝，荷载差别巨大留沉降缝，同时必须满足抗震缝要求，超过 2m 厚必埋冷却水管，对生产和施工不利。为了探索长度影响，进行了现场试验研究，笔者采用机械式引伸仪测的温度应力与长度呈非线性关系，精轧区出现裂缝用化学灌浆处理正常使用至今。裂缝可修复性远高于永久性变形缝，最不利条件下，宁可结构出现无害裂缝，也要取消永久性变形缝（伸缩缝和沉降缝及后浇带），萌生了一种新的无缝设计理念。

图 18-14　冶金建筑和宝钢许多热轧工程均为超长工程，生产条件不允许设缝，采取无规则分段

图 18-15　自 1975 武钢一米七（十九冶、宝冶）。1979 上海宝钢初轧厂 912m（二十冶）
1580 热轧（宝冶）等采用跳仓施工：该法只在热轧厂应用，其他工程一般按变形缝和后浇带法。

武钢一米七轧机工程，是 20 世纪 70 年代国家重点建设项目，混凝土浇筑量 1560000m³，是我国最早采用超长大体积混凝土裂缝控制的设计施工材料综合法实例，冶金建筑研究院根据冶金部的指示，组成了以副院长带队的武钢一米七技术工作队，作为队员，笔者长期驻扎在施工现场，紧密联系一米七工程的综合特点并结合全国各大钢厂热轧工程相似的施工经验，我整理全部详细资料并命名为"无缝跳仓法"这就是最早的跳仓法施工工艺 1975，其后从 80 年代后期我大胆地将这项技术转向民用与地下工程领域。

在武钢一米七工程中，接触到日本和德国设计理念，更坚定了我的无缝方面的探索。

国外超长设计理念，日本：裂了就堵，堵不住就排。地下箱基外墙根部设排水沟，每隔 30～50m 设自动排水泵。水、电、风、气集中在超长大型箱型基础内。

超长混凝土箱型基础，德国：每隔一定距离设永久性伸缩缝。荷载差别大设沉降缝。平均深度−12m～−9m 地下水压达 1.2at，贯穿性裂缝引起渗漏，土壤及地下水的污染，以及环境湿度增大引起电器设备及钢筋混凝土的腐蚀，甚至短路爆炸使生产线停止运转。

热轧厂生产设备（图 18-16～图 18-20），从加热炉经过粗轧再经精轧再经过冷却直至卷曲，系超长大体积混凝土结构，这是因为热轧连续生产工艺决定了我们的设备基础必须是超长、超宽、超深的大体积混凝土结构。近千米连续地下工程量占 80％以上，地下沟道纵横管网密布，电机、油库、通信、通风结构复杂，地下深度由 8～30m 承受重荷载、数百处变截面、高温和振动等作用，难于采用止水带连接的变形缝，是引起渗漏主要源泉，耐久性及抗震不利，被迫采用无缝整体的船式基础，裂了就堵，堵不住就排。作者提出"抗与放"设计原则，以"抗"为主的无缝浇筑设计技术方案，以预防为主，已处理为辅。例如，宝钢高炉、转炉、连铸等基础。浦钢 4200mm 宽厚板热轧工程地下大体积混凝土基础 1300m，宽度 207m，最深混凝土 245241m³，2005 年 12 月 26 日开工（二十冶、十三冶），2008 年 3 月 18 日竣工投产，采用跳仓法或一次整体无缝浇灌，都很成功。

自从 20 世纪 80 年代后期，经过笔者长期研究试图将跳仓法移植到民用建筑领域，北京朝阳公园蓝色港湾 386m×163m，超长超宽大体积混凝土原设计依靠膨胀剂后经专家论证与设计施工配合改变原方案（图 18-21），采用跳仓法，新兴建设施工，控制裂缝取得圆满成功。

图 18-16 现代化生产设备无法在变形缝基础上设置伸缩节的连续生产设备

图 18-17　封仓后超长大体积混凝土基础热轧厂地下工程分段跳仓法绑钢筋和混凝土

图 18-18　地下热轧带钢厂电器控制设备油库等设备热轧带钢厂生产中无缝连续设备

图 18-19　加热炉→超长粗轧机段→超长热轧机精轧机段→冷却→卷曲超长地下空间结构

图 18-20　从加热炉起至卷曲用箭头表示连续长度 500～1000m

图 18-21　北京蓝色港湾采用跳仓法

现代民用建筑工程超长超宽特点独立式塔楼连体地下车库称之为"多塔楼大底盘"，如下所示：

1）北京梅兰芳大剧院，（图 18-22）大底盘是由多层空间箱型基础组成，具有很大的空间刚度，有效地克服天然地基差异沉降，无缝施工工艺不仅取消了温度后浇带，又取消了沉降后浇带。北京梅兰芳大剧院地下工程 197m×84m，地上三座 21 层塔楼，天然地基，施工中取消后浇带，地下 5 层。包括沉降后浇带和温度后浇带 5000 余米，中建一局施工。

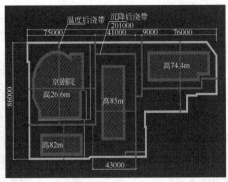

图 18-22　原设计后浇带法后改为跳仓法温度后浇带及沉降后浇带的布置图地下 5 层

2）北京顺义 17 栋高层住宅，一层地下车库 7.65 万 m²，460m×340m 地面覆土

2.3m。2007～2008 年后浇带长 5000m，联体基础差异沉降≤30mm，相对差异沉降不大于 1/1000。

3）顺义望泉寺住宅地下车库 156m×90m。

4）顺义宏城 320m×220m 地下车库跳仓法施工。

5）顺义新城 14 栋塔楼 1 层地下室，300m×100m，C35，2012.05。

6）顺义首都机场商业金融地块 160m×170m，10 栋塔楼 10 层，地下车库 2 层，混凝土 C40，2012.10。

7）顺义区政府办公大楼地下车库 1～2 层 170m×170m，5 万 m^3，取消后浇带纤维素膨胀剂，采用跳仓法，2013.05。

8）顺义杨镇教学楼地下车库 92m×25m，原设计膨胀剂法后改为跳仓法施工，2013.7。

9）顺义港馨家园地下车库 330m×52m，2014.3。

10）广州南站 21m 高空浇筑 3 块 196m 超长大体积混凝土跳仓法施工分仓，最后封仓满足了高铁进站时间（曾研究各种施工方法，均无法满足工期要求）。跳仓法可加快施工进度（图 18-23）。

图 18-23　广州南站

4. 大体积混凝土裂缝控制的现状与研究方向

1）实践：远自 20 世纪 70 年代以来冶金建设至 1986 后，交通枢纽及核电建设等超长大体积混凝土工程，经常发生裂缝现象，工程与荷载无关的情况下出现大量开裂。

2）原因：由变形效应引起（温度、收缩、地基沉陷），约束重要性，水泥不断磨细，单方用量增加，早期强度高，水化热及收缩大抗压强度提高较多，抗拉强度提高甚微，拉压比降低。

3）国际性钢筋混凝土设计规范：地下剪力墙现浇结构伸缩缝间距 30～40m，框架结构 35～55m，装配式结构 70～100m，混凝土分层连续浇筑厚度 2m。预埋冷却水管。

4）超长超厚的定义：超过伸缩缝许可间距者为超长，超过连续浇筑，厚度 2m 者为超厚。

概念设计等于经验 70%＋基本理论 30%，严格理论计算困难。

5）设计程序只考虑荷载效应，忽略了变形效应特别是施工阶段的变形效应。

6）裂缝控制理论：

（1）不允许出现拉应力（主拉应力＝0）$\sigma_1 = 0$；

（2）强度理论（主拉应力＜抗拉强度）$\sigma_1 < [f_t]$；

（3）变形理论（主拉应变＜极限拉伸）$\varepsilon_2 < [\varepsilon_{at}]$；

（4）裂缝宽度（裂缝宽度＜有害裂缝）$W_{max} < [w]$。

7）钢筋混凝土的传统理论：不考虑混凝土的抗拉作用，受拉区由钢筋替代。混凝土一拉就裂，一裂就断。实际远非如此。

8）钢筋混凝土耐久性理论：从正常使用极限状态和现场实测都应当研究允许裂缝和控制裂缝的实用理论。提高混凝土的抗拉韧性，应用解析方法分析温度收缩应力状态，考虑约束应力、约束系数及松弛松弛效应、松弛系数等约束系数法。通过普通混凝土调整配合比，选用高效减水剂及掺合料，达到耐久使用的目的。

9）注意避免膨胀应力 AAR、ASR、DEF 及冻融应力等引起的破坏。

10）结构理论分析：经典解析法及现代有限元法，解析法更合理。

注意膨胀主拉应力与收缩主拉应力方向正交，裂缝方向正交（图 18-24）。混凝土来

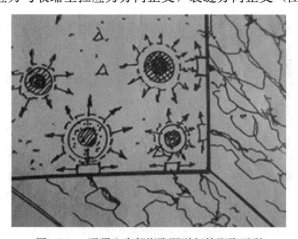

图 18-24　混凝土内部膨胀源引起的膨胀开裂

源广泛制造简单，并具有最复杂的内部构造，是固相、液相和气相，随时间变化的非弹性材料，具有高度的随机性和偶然性，用精确方法计算是没有意义的。有限元法分析应力过高（或由于建模错误又可能过低），有限元只应用于局部分析，不适用于超长大体积混凝土整体分析。有限元法主要应用于自（内）约束应力的计算，看到结果看不到规律和原因，但是五颜六色表现很美，可给学术论文锦上添花。

关于核电建设，对核岛筏基应当做整体分析，考虑温度效应及收缩效应。自约束引起表面裂缝，但是其中有许多浅层及深层裂缝值得认真对待（如某核电站）。外约束引起贯穿裂缝及深层裂缝属有害裂缝范畴，在核电建设中起控制作用，采用解析法分析比有限元法更加联系实际。目前核电站大体积混凝土的理论计算、应力实测及裂缝状态误差太大，甚至定性的误差，误差的主要原因是所用传感器测不准大体积混凝土的约束应变。大体积混凝土工程的应用范围较广：笔者正在探索针对不同结构形式的计算方法，特别是裂缝宽度的分析计算方法。

（1）工民建地下车库商业街、高炉基础、轧钢箱基、炼钢筏基、焦炉筏基、厚板、长墙、块体、梁板及无梁楼盖、核心筒、烟囱基础；

（2）核电建设核反应堆基础、安全壳、常规岛、涵洞、核岛筏基；

（3）火电建设大型发电机及锅炉房基础、烟囱基础、圆柱体、圆环、水池等；

（4）轨道交通包括地铁车站、隧道、桥梁、桥台桥墩、桥塔、公路；

（5）航天及航空工程，航站楼、机场跑道、地下登机通廊；

（6）高速铁路道床、航务工程、码头、船坞；

（7）超长体育建筑、环保工程（污水处理池、垃圾焚烧厂）；

（8）水工建筑、国防工程、地下电站、各种液态天然气储罐。

核电站大体积混凝土常见裂缝种类，根据我处理裂缝的经验核电站结构（核岛及常规岛）的实际裂缝状况与有限元计算完全不符。大体积混凝土超长超厚多维时变特种结构，应探索新的测试技术。

（1）核岛基础筏板的裂缝，楼板、剪力墙的裂缝；

（2）安全壳及其顶盖的裂缝；

（3）恒温恒湿的特殊仓库楼面板的裂缝；

（4）常规岛发电机基础、箱基、输水通廊裂缝。

核电站大体积混凝土的原材料和配合比的优选，发现粗骨料质量不良现象。国外核电专家担心水泥水化过程中产生的钙矾石（低量膨胀剂），在高温和干湿条件下的延迟膨胀（DEF）和水解问题，不允许掺膨胀剂。伸缩缝许可间距和裂缝宽度与无缝长度理论依据是多年梦寐以求的目标。

近年来超长大体积混凝土跳仓法施工中如何减少裂缝，控制不出现有害裂缝，对基本理论需要继续研究和完善。60年代我对工业建筑排架、框架结构以及轴对称结构，探索了近似计算理论，1974年，我在武钢江心取水泵房的大体积混凝土连续式约束条件下近似的设计计算方法，结合施工检测，在现场进行探索和研究基本计算模型，抓住伸缩缝许可间距即无裂缝结构长度和裂缝宽度主要矛盾，经简化到不能再简化的模型基础上，应用静力平衡条件，几何变形相容条件和物理条件，推导了温度应力近似计算基本公式的雏形，应用于武钢江心取水泵房控制裂缝分析中（湖北省给水排水设计院），进一步应用在武汉一米七超长基础，在紧密联系武钢一米七轧钢工程基础施工现场做的温度收缩裂缝规律和混凝土应力测试，特别是根据基础混凝土骨料含泥量达 6%～8%，裂缝间距只有 4m 左右，裂缝密布，而另外区域约 300m 的范围内没有一条肉眼可见裂缝地段的应力测试资料，探索出温度应力和材料质量的关系，结构长度的非线性关系，结构长度较小时，温度应力与长度几乎成正比。超过一定长度以后温度应力逐渐趋于常数（最大值）与长度无关，如果控制温度应力小于最大值，可不设缝。（图 18-25、图 18-26）

图 18-25 超长混凝土墙体最常见的竖向裂缝

图 18-26 香港油柑头污水处理厂池壁裂缝

5. 关于大体积混凝土的新定义和笔者提出的四点技术措施（图 18-27、图 18-28）

New Definition of Mass Concrete（ACI 207R）

任意体量的混凝土，其尺寸足以要求必须采取措施，控制由于水化热及伴随的体积变形（收缩）引起的裂缝者称为"大体积混凝土"。

按我国规定厚度 1.0m（日本规定厚度 0.8m）的结构称为大体积混凝土。

"Any volume of concrete with dimensions large enough to require that measures be taken to cope with the generation of heat and attendant volume change to minimizing cracking".

相对楼板、梁、长墙等厚度小于 1.0m 的结构—"具有大体积混凝土性质的结构"

①入模温度　　　$T_0 \leqslant 30℃$（35）　　　1987　wangtiemeng
②里表温差　　　$\Delta T \leqslant 25℃$（30）　　混凝土截面温度梯度$\leqslant 15℃/m$

注意：高性能混凝土的早期塑性收缩较大，容易导致表面开裂。温控测试中不包括此因素。块体结构里表温差偏大，薄壁结构，降温速率偏快。

③每天降温速率　$\Delta T/\Delta t \leqslant 1.5 \sim 2.0℃/d$

（结构中心温度）控制降温速率比总降温差更加重要

④工民建钢筋混凝土收缩与温度同等重要，以当量温差计入综合温差，硬化前降温，硬化后保温保湿，取消冷却水管，水平不分层，垂直不分缝。

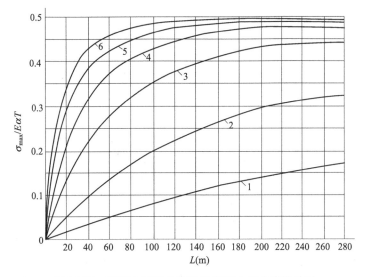

图 18-27　混凝土结构长度与温度应力的非线性关系

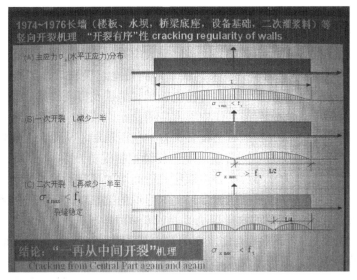

图 18-28　超长混凝土结构由于温度收缩应力引起一再从中间开裂的机理

超长大体积混凝土结构的温度应力按美国混凝土协会 ACI 的约束系数法，只与高长比有关，按照笔者的研究结果不仅与高长比有关并且与绝对长度呈非线性关系，这是笔者多年了梦寐以求的结果，为无缝设计施工打下理论基础（图18-29）。

图18-29 超长超宽超深大体积混凝土施工

在荷载作用下，钢筋应力与裂缝宽度呈线性关系（与荷载效应完全不同，不应当将温度裂缝当作荷载裂缝验算），对混凝土温度应力的近似计算基本公式进行了进一步推导及完善工作，联系材料质量和施工养护条件对于混凝土抗拉性能和温度收缩量的影响，进一步的研究推导，于1976年提出了温度变形的主拉应力和主拉应变的多系数法，考虑约束作用，徐变带来的松弛效应（收缩当量温差考虑十个影响系数）近似计算式，温度应力和刚度成正比，找到我多年梦寐以求的结构长度计算公式，也就是伸缩缝许可间距的公式，进一步推导出裂缝宽度的公式（发表于冶金建筑1976）。探索伸缩缝间距就是裂缝间距，伸缩缝就是人工美化的裂缝，裂缝间距就是伸缩缝间距。当伸缩缝间距扩大到结构长度时，就可以取消伸缩缝。在我处理各种工程裂缝和超长结构时，将长度趋近无穷大，温度应力趋近于常数与长度无关，裂缝宽度和钢筋应力呈非线性关系。

当长度趋近无穷大时，温度应力趋近于常数与长度无关，裂缝宽度和钢筋应力呈非线性关系。温度收缩应力有最大值，如果能控制最大应力超长大体积混凝土无缝整浇工程中裂缝分析与控制获得参考应用，从各大钢铁基地到核电建设领域，如秦山、大亚湾、岭奥、田湾、三门、海阳、红沿河、台山等核电领域，地铁及市政桥梁隧道海工等领域配合建设单位参与处理和分析控制裂缝工作中参考应用。秦山核电厂一期工程，大体积混凝土裂缝控制应用了本计算方法并在岩石上设置沥青油毡滑动层，从而大大地降低了温度收缩应力，确保了应用范围最广的C30普通混凝土裂缝控制成功。

后来在两淮煤矿裂缝透水事故中，在双层井壁间增加了滑动层措施达到了矿井控制裂缝和渗漏的最终目的，这一成果被邀请参加美国组织的第三届国际冻土技术会议。在岩石基础上，有隔离层和无隔离层的水平阻力系数（6~10）×10^{-2}N/mm^3。深圳某重点工程地下车库，筏板厚度50cm，掺有膨胀剂的C40混凝土直接浇灌在岩石地基上，出现了6000m总长贯穿性龟裂，取消了温度后浇带和沉降后浇带（条件是绝对差异沉降小于等于30mm，相对差异沉降不大于1/1000~1/500）。宝钢一期从日本引进一项专利，两个110m超长、9m深大型橡胶水池，抗拉强度虽然不高，但是极限拉伸竟达450%，比混凝土极限拉伸高45000倍，彻底解决了裂缝问题，同理沥青混凝土路面不留变形缝，此地用工程说明基本概念。材料的极限拉伸是裂缝控制和取消后浇带的要害，只要混凝土的极限拉伸应变不小于收缩及冷缩应变。

取消主裙楼沉降缝及后浇带的条件：

（1）主楼与裙楼最大差异沉降 $[\Delta S] \leqslant 30mm$；

（2）相对差异沉降 $[i] \leqslant 1/1000 \sim 1/500$ 根据工程对差异沉降要求的严格程度；

（3）主楼与裙楼施工缝的合拢时间，一般为 $7 \sim 10d$，但可延长合拢时间进行沉降。

根据观测结果确定合拢时间。沉降后浇带取消。1995 上海金都大厦（图 18-30），主楼 30 层，裙楼 4 层，灌注桩基地下室 3 层箱基。上海世界金融大厦八万人体育场（图 18-31）、上海国际网球中心（图 18-30）、上海远东国际大厦、浦贸大厦（图 18-32）等数十项工程主裙楼不设沉降缝取消后浇带取得圆满成功。

图 18-30 1995 上海金都大厦、上海国际网球中心取消沉降后浇带

图 18-31 上海八万人体育场无缝跳仓法施工

周长 1100m，直径 300 余米，原方案采用膨胀剂补偿收缩，后在施工中被取消。采用分块跳仓浇灌，取消伸缩缝，只有施工缝，C30R60 利用后期强度，优选配比及外加剂，严格养护，成立了现场控制裂缝专题组把关，最后只有轻微无害裂缝，经处理使工程完全满足正常使用要求，与北京工人体育场相比（24 条永久伸缩缝将体育场分割为 24 块），避免了留伸缩缝造成渗漏的缺点（北京工人体育场每年耗费巨资修补伸缩缝的渗漏）。类似的工程实例举不胜举。建于 1997 年。

软土地基长江之滨建造现代化钢厂是专家们最关心的问题，是关系到数百万立方米大体积混凝土基础和地下空间裂缝与防水问题，是确保现代化生产的要害。经1978年2月全国专家们热烈的论证，宝钢软弱地基厚度较深60m左右，面积较大，紧靠长江地基比上海市区还更软弱，处理地基难度较高（我院情报室提供资料举例：美国大湖钢厂原料堆场曾发生地基失稳现象），处理地基费用较多。地基处理费用虽然很高，但从全面来看钢铁工业的转型换代，联系上海建厂的优越条件，投资是值得的。我接受香港大公报和文汇报记者的采访，香港大公报和文汇报于1980年3月22日都刊登了我的意见标题为"中国副总工程师王铁梦个人意见——宝钢投资虽然很高换来经验完全值得"，实际宝钢钢管桩处理地基的费用约占总投资的10%，约12亿人民币。按常规国内外专家都重视被加固地基的垂直承载力，经过35年，现在以证明对控制全厂结构差异沉降和水平位移比承载力控制更加重要。

最后肯定了软弱地基上建设现代化钢厂可行性，关键是如何加固软土地基，宝钢软土地基加固方法是决定宝钢工程建设的要害问题。由于当时国内混凝土方桩的试验，深度达不到持力层就被打断，表明无法满足深厚层软弱地基上建设现代化钢

图 18-32 上海陆家嘴世界金融和新上海国际大厦取消温度后浇带和沉降后浇带

厂的要求，日本到处都是填海造地的软土地基，在此基础上建造了许多大型现代化钢铁厂，他们对深层软土地基加固主方法是钢管桩技术，质量好、速度快，因此宝钢一期工程决定采用日本钢管桩加固软土地基处理技术。根据国内当时没有制造和应用钢管桩技术的实际情况，工程所需的钢管桩也一并从日本引进。1978年5月，我们在现场做前期准备工作，进行了日本提供的三种钢管桩的承载力试验；日本还有偿提供了自动化试桩检测设备和仪器，中日双方并按照试验结果确认了钢管桩极限承载力、变形和设计容许荷载，我方则据此估算了钢管桩的引进数量。同年6月，在日本进行技术设计审查。审查地点在日本八幡新日铁技术中心，没有想到在审查钢管桩的垂直承载力时，日本新日铁的谈判人员提出，由于为宝钢建设提供的成品桩壁厚比上海试验桩的壁厚小了3～3.5毫米，根据美国 Seed & Reese 理论计算，成品桩的极限承载力要比试验桩的极限承载力降低约30%，因此他们要求修改双方在上海现场确认的钢管桩极限承载力数据，并要求中方代表审查，

签字同意。这意味着如果同意日方意见，将向日本多买 30％数量的钢管桩，约 5000 万美金，签字后果严重，我们土建组的五个成员一致说不能签。日本人按照美国 Seed & Reese 理论计算，我们的图书资料远在上海，在日本八幡无法得到美国 Seed & Reese 的原始方程的推导依据。在宝钢工程的具体条件下如何应用，是谈判争论的技术关键。我对日本如何应用应用美国 Seed & Reese 计算理论计算书进行了分析研究，发现其中的微分方程和我以前研究过的温度应力微分方程形式基本一致。我当即在住所花费了两天两夜推导出微分方程的详细解答，经过严密验算，确认在宝钢既定的地基情况下，摩擦桩的极限承载力足够，可以采用上海试验桩承载力的试验结果，没有改变的理由。在接下来和日方谈判中，我联系宝钢工程具体条件和日方谈判专家据理力争，指出日方意见中对美国 Seed & Reese 计算法的边界条件有错误，应该维持双方在上海确认的试验结果。经过一个星期的辩论，日方终于同意中方提出的按双方在上海确认的试验结果计算成品钢管桩数量的意见，撤回要求宝钢降低承载力 YB100-33 号文件，即要求宝钢降低钢管桩承载力的文件。这个技术争论的圆满解决，在当时至少节约了 5000 万美元外汇，确保了宝钢高度自动化生产沉降变形的严格要求。

　　钢管桩打入后，土方施工随即开始。1979 年 10 月发生了震惊全国的宝钢地基位移现象（图 18-33），即水平滑移变形现象"宝钢花了几百亿投资，要滑到长江里去，初轧厂钢管桩地基朝长江方向以每天 1mm 的速度滑移"的传闻，各分区指挥部全面观测结果，到处都有不同程度的水平位移，最大接近 400mm，一时震惊国内外，宝钢紧急汇报给党中央国务院。党中央国务院十分关心宝钢地基位移问题，李先念主席亲自批示"慎重慎重再慎重，注意注意再注意，宝钢不能出岔子"，要求宝钢每隔 15d 向中央报告一次。在一次测试中发现，从宝钢 1 号高炉与热风炉的轴线发生桩头位移，经进一步测试证实：各大分项工程都有不同程度的桩头位移现象。特别是正在施工的初轧厂开挖工程，桩基位移尤为严重。宝钢工程指挥部组织了由冶金部建筑研究总院、二十冶、上海基础公司联合试验攻关小组，我担任负责人，于 1980 年 7 月 18 日开展了位移为 361mm 的钢管桩承载力试验，荷载加到了 225t（相当于设计允许荷载的 1.3 倍），证明完全可以达到设计规定的承载能力。7 月 22 日又进行了位移为 376mm 的钢管桩承载力试验，荷载加到了 250t（相当于设计允许荷载的 1.5 倍），钢管桩仍然工作正常，尚未出现破坏迹象。据此，指挥部得出了水平位移小于 300mm 的桩基不作处理，位移超过 300mm 的桩通过具体部位条件进行验算，大部分桩都可以满足安全度的要求不需要加固。我根据实测资料提出了桩基变形分析方法的计算模型。经过这些试验，中日双方一致认为，已经发生的位移桩基在处理后质量是可以放心的。自此之后，指挥部做了大量工作，要求各施工单位注意桩基位移这个问题，在后续的施工中，如二期、三期都发生过桩基位移，最大位移量达 4m 之多，都获得了成功的解决。天津大无缝工程发生了桩基位移现象，邀请宝钢派专家组赴天津现场，解决了现场问题，写出了论文（王铁梦、周志道、陈幼雄）在全国地基会议上进行了交流，宝钢指挥部制订了有关打桩、开挖、降水控制位移技术措施。

　　临时性重大技术难题已获解决，但是为了解决今后还会发生的桩基位移问题，必须从理论上探索规律。国际上关于桩基技术论文多数是在垂直承载力方面，但在水平承载力和变形方面资料很少。在水平位移方面，中日双方都同意应用弹性基础梁的理论作为基础模型进行推导（图 18-34）。

图18-33　1979年10月宝钢发生重大桩基水平位移问题，惊动国内外

图18-34　宝钢桩基水平位移后钢管桩承载力和应变变形试验现场

　　即Y. L. CHANG（张友龄）方法。中方有宝钢顾问委员会首席专家李国豪和宝钢桩基位移实验研究组，有我本人负责（图18-35），虽然基本理论是共同的，但是日方的初始条件将位移桩当作"主动桩"进行推导其结果与实际误差过大不能应用，而我方将位移桩作为"被动桩"推导的结果接近实际，所以以后的桩基位移都是用我推导的公式。

　　宝钢一期投产后，粉煤灰的存放成灾，外运粉煤灰1t倒贴2元，当时粉煤灰的综合利用列入宝钢的公关技术难题，在15m³高炉煤气柜基坑内进行了粉煤灰回填应用。日方得知这一情况后，进行了煤气柜在8级台风作用下的水平位移的分析计算，他们计算得到的结果是超过允许位移数倍，竟达70～100mm，我方做了有限元和按动力基础的理论分析，结果大致相同，位移很大，可能引起煤气柜爆炸。一号高炉离煤气柜很近，如果发生爆炸，后果将不堪设想，这一计算结果震惊了宝钢指挥部。我根据宝钢软土地基位移实验资料假定计算模型，计算结果最大位移只有3～5mm，不可能引起煤气柜的爆炸。分歧很大，怎么办，指挥部又组织了现场科学试验。冶金建筑研究总院结构试验室派出了专职人员和我一起应用宝钢遥控检测集装箱装置，在台风季节进行了长期的观测。

图 18-35　翻译，春松（日），王铁梦，杉浦（日），张善明冶建院地基专家（从左至右）
宝钢桩基位移后在钢管桩承载力试验现场　1980.7.25 上午

通过在不同高度的风压传感器和地基位移的激光法检测得出结论：基础的最大位移在 8 级台风作用下为 1mm，呈反复变形，对煤气柜不产生任何有害影响，由此解决了重大的技术和安全问题。这里可以看出理论计算和有限元分析与工程实际变形最大误差达 70～100 倍，多年来的使用证明，这一现场实测结论是正确的。

在浦东开发建设时期，针对上海软土地基经常出现地基稳定性问题影响工程建设安全性和可靠性，浦东新区采取了新型的领导方法，即将专家和行政领导结合的领导小组处理，建筑密集区的地基基础问题，如陆家嘴地区工程，我和叶克明被推荐为技术专家组的组长和专家黄绍明、周志道等，行政由城建局副局长担任，这样新型组织使得专家意见能得到顺利的执行，处理了大量的工程实际问题，其中有不少工程都出现过桩基位移这个问题，浦东陆家嘴地区超高层建筑深基坑开挖的相邻影响问题，我们专家组深入现场第一线，提出技术处理意见，由行政组监督实践，工程问题获得妥善解决，我体会到在重大工程建设中，这种有行政和专家组成的协调领导小组可以非常有效地解决重大技术难题，有利于大量地下工程混凝土结构裂缝与渗漏控制问题，确保了陆家嘴国际金融开发区顺利建设。

后来宝钢总承包设计院重庆钢铁设计研究院，在总结桩基水平位移和弯曲的内力计算公式时认为："1980 年宝钢处理桩基位移时，曾以国内外专家和王铁梦推导的公式做过分析对比，处理实际工程位移的经验认为，建立在现场实验基础上的王氏公式较为切合实际而且简单实用。"详见《1981 年桩基工程学术论文集——中国建筑学会地基基础学术委员会》，《宝钢 1580 热轧厂工程箱形基础部分桩位移的分析研究与处理意见》，宝钢总承包设计院重庆钢铁设计研究院。

在软土地基高地下水位条件下，由于开挖、降水、打桩等施工过程会引起地基的应力重分布，导致工程现场产生变形（水平位移和沉降及上浮，混凝土裂缝），工程周边地面和部分结构出现裂缝，这是完全正常的现象，他具有临时性和局部性，工程建成后会逐渐恢复，此现象与上海地区地面沉降无关。宝钢三十多年的建设经验，数百项地下工程开挖时都出现过相似情况，全部恢复正常。2012 年 2 月 20 日晚中央台焦点访谈中关于上海中心周边的地面裂缝分析是一个误解。

6. 上海吴淞蕴藻浜（吴淞大桥）大桥九十余条裂缝检定与超载重车通行

宝钢一期工程开工建设初期，现场最大只有 20t 吊车，根本不能满足现代化钢铁企业大型设备施工需要，为了解决这个实际问题，从德国 DEMAG 公司引进了五辆 300t 履带吊车，装载这些吊车的货轮停靠在蕰藻浜南侧的逸仙路上海港九区码头，通过其他任何道路都是无法运到宝钢工地。其原因是当时的吴淞蕰藻浜大桥是宝钢建设初期必经的咽喉要道被人称之为"华山一条路"。而上海和宝山的经济发展已使这座历经了 28 个春夏秋冬的老桥不堪重负，大桥年久失修。管理单位检测到全桥裂缝缠身，因此交通公安局在桥头挂蓝牌白字限制通过该桥的单车总重量不能超过 80t。300t 履带吊车分解后的主机重量有 68t，运送主机的拖车也有 35t，加起来的总重量是 103t，超过了允许载重的 28.75%，桥梁管理单位不放行。货轮虽到了上海却只能停靠在码头不能卸货，每天还要付压港费 4500 美元。当时这个问题已经拖了有半个多月了。

我知道这是一件风险较大的棘手事情，必须先到实地调查，摸清基本情况，做到心中有数再说。大桥位于吴淞镇南，横跨 80 余米宽的蕰藻浜，南接逸仙路，北连同济路，是当时贯通宝山（吴淞）区南北的主要桥梁。1951 年上海市政府投资 269 万元，由华东建筑工程局土木工程处承建。1951 年 6 月 12 日开工，1953 年 2 月 28 日通车，称吴淞蕰藻浜大桥，简称吴淞大桥，此桥为新中国成立后上海市郊最早建成的大跨度钢筋混凝土公路桥。桥梁结构为箱形梁双悬乙型扩大基础钢筋混凝土结构桥，总长度为 126m，宽度 15.2m，车行道 12m。设计车辆载荷为 20t，车流量每分钟 20 车次，桥的跨径 12.04m＋21.8m＋12.04m，桥下一孔通航，低水位通 600～700t 级船，高水位通 200～300t 级船。1979 年宝钢一期工程建设时，这座第四次改建的永久性钢筋混凝土结构公路桥也已经历了 26 年的风风雨雨，虽曾在 1962 年进行过一次加固维修，但由于交通量的不断扩大，桥梁上已出现 90 余条裂缝而且在不断增加。公安局在桥头立牌限载通行。

由于年代久远，桥梁的设计图纸和人员已经难以找到。通过我的不懈努力和恳求，最后在吴淞桥梁管理所的一个破箱子里找到了 1962 年进行的加固维修图，我如获至宝。对于一座带有数百条裂缝和严重变形的桥梁，能否超载通行是一个重大的疑难问题，我必须实事求是，以严谨的科学态度认真对待。根据桥梁裂缝较多的实际情况，我对现场调查时检测到的裂缝按照配筋图进行了结构承载力和裂缝开展宽度的验算，从而区分出了三种不同情况的裂缝来进行桥梁检定和超载重车的通行评估。第一种是动荷载引起的裂缝，宽度都在 0.3mm 以下，其位置一般在最大弯曲受拉区域；在剪力区域则未发现有开裂现象。第二种是因为桥梁基础处理不当而造成了不同沉降，差异沉降产生了裂缝和变形；这种裂缝和变形所占的比例不多，大约在 10% 左右，但其宽度较大，一般在 1～5mm。第三种是混凝土收缩产生的不规则表面分布裂缝，大部分的裂缝深度为 10～15mm，应属无害裂缝范畴。

我对桥梁进行的承载力验算显示：103t 重载车通过时，理论上抗弯强度安全系数有 2.0，斜截面抗剪强度安全系数有 1.7，裂缝开展宽度为 0.28mm。最关键的一点是：这是一座钢筋混凝土悬臂梁桥，根据结构特点和我的经验，这种桥梁的危险截面位于中部预制 12.6m 主梁的两端与悬臂梁的铰接节点处；而在该处我并没有找到荷载应力集中引起的开裂裂缝，这表明当时的桥梁运行是安全正常的，通过 103t 重载车技术上应该没有问题。我经过桥梁结构理论检算和现场裂缝调查研究，对 103t 重载车通过限载 80t 的蕰藻浜大桥虽然有主次裂纹九十余条，但我心中有底，上海交通部门、吴淞和宝山有关方面的领导来宝钢工程指挥部表示了他们的担忧：万一桥毁人亡，将使交通要道全面瘫痪，其后果不堪设想，他们提出了如果出问题时一切法律责任应由宝钢承担的要求，最后由我来承担，此事压力之大，可想而知。

虽然宝钢的领导相信我，全力支持我，表示宝钢愿意承担一切责任，但我也必须做一个万无一失的通行实施方案得到地方交通部门的认可和放行。考虑到各种有可能出现的不利情况和不可预计的因素，经过慎重优化，我最后确定的通行方案是：道路交通临时封锁，只允许重载车以 5km/h 的速度单车缓慢通过。鉴于现有三辆拖车和五台主机部件的现状，选择不同的道路交通临时封锁日期分批分次通过；第一批三辆超载车，分三次先后通过，等第一辆 103t 超载车顺利通过后再放第二、三辆通过；第二批三辆超载车，分两次先后通过。选择合适的车道，通过桥面现浇钢筋混凝土板的分布作用，让桥梁的 6 根主梁都不同程度受力。超载车通过时，我被悬吊在桥梁下面观测超载车通过时裂缝最宽处的动态反应，一方面如发现问题可及时采取相应的对策避免事故，另一方面可以实际检验桥梁结构是否会受到损伤而减少使用寿命。

1979 年 5 月 18 日下午 3 时，蕰藻浜大桥两端临时封锁，上海市交通局、宝钢、吴淞、宝山等相关领导和人员约 200 多人聚集在桥头。我被悬吊在桥顶板底下，离水面 8m，双手紧握老式刻度放大镜，决心对大件过桥时观测裂缝的动态变化，对准一条最宽 0.5～1mm 的裂缝进行观测，第一辆 103t 超载车在我头上的桥面通过时，仔细观察了大桥的裂缝，裂缝扩展只有 0.1mm，车通过后，裂缝恢复原状，没有什么预料不到的问题发生。放行第二辆超载车通过，也没有什么问题发现；接着通过了第三辆 103 吨超载车（图 18-36）。第一批超载车的顺利通过，既证实了原先的评估判断，也打消了很多人的担心。我在桥下观测到的结果是：发现裂缝开合呈弹性，也未发现新的裂缝出现。这说明这次超载车的通过，蕰藻浜大桥并未受到实质性的损伤。第二批也按计划临时封锁道路交通后运到了宝钢工地。事后，我对蕰藻浜大桥的运行状况进行了长期的跟踪观测，发现裂缝有动态变化，既有扩展也有闭合，属于裂缝的弹性稳定性运动，不影响使用。蕰藻浜大桥通过 103t 超载车后又使用了 10 余年（图 18-37）。

图 18-36　宝钢 300t 吊车，超载跨越 90 余条裂缝的吴淞大桥检查关键节点裂缝状况并跟踪观测

1992 年，蕰藻浜大桥第五次重建，主桥桥梁跨度 90m，荷载 450t。大桥建成后，经上海市地名委员会批准，定名为吴淞大桥。10 年后，更换新桥时，我检查了拆卸下来报废的主梁，梁上的裂缝宽度均小于 0.2～0.3mm，绝大部分裂缝也已经闭合，大部分裂缝呈弹性工作状态。普通混凝土桥梁含 90 条裂缝经过 40 年长期疲劳荷载作用，保持弹性工作。桥梁的关键的铰接节点承受剪弯联合作用（图 18-38），耐久疲劳和耐久性差，是桥

梁破坏事故的源泉。吴淞大桥有两处铰接节点。限制水平位移，超过界限由滑移转变成滑脱，导致桥梁失效倒塌。没有候补限位和传力途径。

图 18-37　1979 王铁梦蕰藻浜大桥（吴淞大桥）工作照

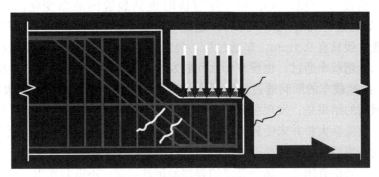

图 18-38　桥梁结构常用铰接节点构造图

1979 宝钢一期工程炼钢厂 300t 氧气顶吹转炉，中国最大的转炉，采用了长 90.8m、宽 31.3m、厚 2.5m 的整体筏式 C20 混凝土基础，基础下面布有 253 根长 60m、直径 914mm 的钢管桩，混凝土量高达 7105m³。日方专家提出转炉基础采用分三段施工的垂直分缝、水平分层的混凝土浇筑方案避免混凝土基础产生裂缝；但这个施工方案在避免裂缝的同时，也产生了施工缝处理工作量较大，既难保证工程质量，又延长工期，浪费大量人力财力的问题。能不能既控制有害裂缝，又不进行垂直分缝、水平分层浇筑施工成了我思考和研究的问题。根据我在武钢施工现场总结的大体积混凝土浇筑经验，我运用在此以前推导出来的混凝土温度变形的主拉应力及主拉应变的工程近似计算式，相对本工程，钢管桩基提高了对基础的约束度，我补充计算了钢管桩的影响，约束度增加 20%。对连续无缝浇筑混凝土的施工方案和原材料的质量进行了详尽严谨地分析计算。理论检算表明：施工控制中如果能做到采取一系列综合措施，如：减少水化热，可以把混凝土水化热里表温差控制在 25℃以下；优化配合比，可以降低混凝土的收缩程度；养护时严密控制混凝土浇筑后混凝土中心的降温速度为每天降温 1℃左右。这样在理论上混凝土抗裂验算的结果是：一次性降温近似计算时，混凝土内部受到的最大抗拉力可以控制在 0.74MPa，混凝土抗裂安全系数为 1.7；分台阶降温近似计算时，混凝土内部受到的最大抗拉力控制在

0.4MPa，混凝土抗裂安全系数为 3.2。1.7～3.2 的抗裂安全系数就满足了混凝土抗裂验
算时安全系数要大于 1.15 的必要条件。虽然我通过理论检算后可以说明连续无缝浇筑混
凝土的施工方案是完全可行的，安全余地较高，但我提出的连续无缝浇筑混凝土的施工方
案是针对我国第一次引进 300t 氧气顶吹转炉炼钢厂，是宝钢的重点工程，未来将承受高
温和动力作用，既没有国内外的施工先例，也不符合当时混凝土结构设计规范中每
20～30m 必须设置伸缩缝的规定。日方现场专家则对此不置可否，我对此方案充满信心。

　　1979 年 5 月，我配合上海市建筑三公司采取了一整套结合实际、相互联系而又相互
制约的综合技术措施。如：选用中低热矿渣硅酸盐水泥，减少水泥用量，增大粗、细骨料
粒径，减少用水量，控制含泥量，掺加大粒径骨料（5～40），控制混凝土的出机及浇筑温
度，准备好塑料薄膜和保温麻袋，在基础不同部位设置了 70 个测温点监测控制混凝土降
温速度。5 月 30 日上午 9 时一声令下，由四个混凝土集中搅拌站同时供应的商品混凝土
源源不断地进入浇筑现场，8 台混凝土泵车同时开动，沿着 90m 的长度方向均匀地把一
车接一车混凝土填满基坑，坍落度控制在（12±2）cm，现场加强了振捣，既不超振也不
漏振，分层放坡浇筑，31 日 13 时，转炉混凝土基础浇筑工作顺利结束。整整 28 个小时
的连续浇筑期间，我几乎没有合过眼，时刻关注着混凝土浇筑的每一个环节。混凝土浇筑
的完成只是裂缝控制的第一步，随后的养护工作我也不敢有丝毫大意。基础上表面用木蟹
抹平后立即通知施工人员盖上草袋浇水养护，在基础混凝土周围形成密不透风的围护层。
我当时根据实践的经验，对超长大体积混凝土的温度收缩应力是主要控制温度梯度，避免
快速降温和快速收缩，绝对温升的高低对温度应力影响较小，关键是温度差，所以采用保
温保湿养护。转炉基础混凝土在水化热作用下快速升温。6 月 1 日下午，天公不作美，气
温突然下降，由于采取了在混凝土基础四周围上了挡风墙，加厚保温棚顶，脚手架下用碘
钨灯加温的技术手段，继续严格保温，温度比较均匀的上升，我意识到温度梯度，温度
差，气温骤降是引起裂缝的主要因素。6 月 29 日养护结束拆模板。浇筑两个月后检查，
7105m³ 混凝土基础通体上下没有一条有害裂缝。这个首创的不留缝连续浇筑大体积混凝
土施工成功的案例为宝钢后续工程大体积混凝土施工的全面推广提供了全新的经验和依
据，它既冲破了国内每 20～30m 必须设置伸缩缝的规定，又突破了国外惯用的"垂直分
缝、水平分层必须埋设冷却水管"施工方案；获得了上海市科技成果奖，是 1987 年获得
国家科学进步特等奖的组成部分。我们编制了块体大体积混凝土施工规范。

　　根据轴对称结构裂缝实际情况研究了圆形结构和环形结构（图 18-39），温度收缩应
力的计算公式。大型钢厂，包括武钢、太钢（创造了超大型高炉基础，7.4m 厚，不掺任
何特殊材料，不埋设冷却水管，一次浇筑成功）、鞍钢、宝钢等厂的高炉、转炉、轧钢等
大体积混凝土基础施工中积累了丰富的第一手资料，上海电建的火力发电厂、上海建工集
团在跨海大桥 6m 厚桥墩等许多重点工程采用了无缝一次整体浇筑的施工工艺取得成功。
经过筛选和研究，我把这些初步研究成果在 1984 年汇总成了由上海科学技术出版社出版
的第一部裂缝控制专著《建筑物的裂缝控制》，该书在 1990 年获得了中华人民共和国新闻
出版署"全国优秀科技图书二等奖"。俗话说"十年磨一剑"，而我这"一剑"却磨了将近
60 年。后来这本书不知怎么传到台湾，台北博远出版有限公司经改写为繁体字包括著者
的名字在台湾出版，畅销于国外，参加了德国法兰克福国际图书展，当宝钢领导同志赴台
湾访问中钢带回我的著作时，我决定选著第二本更加全面的《工程结构裂缝控制》，由中

国建筑工业出版社出版。1997 年 8 月第一版，至今已出版十四期，获得国家科学技术进步奖二等奖、1999 年"全国优秀科技图书奖"暨"科学进步奖（科技著作）"二等奖。

图 18-39   根据现场超大型轴对称结构经常出现裂缝的实践，探索实用计算方法

7. 大体积混凝土低温浇筑驾驭混凝土水化热为我所用，逆向思维，为新水源做贡献

宝钢虽然建在长江入海河口处，但初步设计时，考虑海水倒灌，氯离子含量超标，维持钢铁生产所必需的每天数十万吨工业及生活用水却取自距宝钢 70km 之远的上海西南郊的淀山湖，投资 1.1 亿元的取水管线穿越了上海全境。淀山湖引水工程开工建设后不久，即遇到宝钢工程在一片争议声中下马缓建，引水工程也随之停了下来。宝钢缓建期间，上海各界市民对淀山湖引水工程提出意见：淀山湖作为当时上海唯一的清洁水源，但水量有限，事关上海生产的发展和市民的生存。而宝钢这个用水大户取水淀山湖，对上海的淡水供应和下游的生态平衡，宝钢和上海争水，会不会带来严重的影响。宝钢紧靠在长江边，到 70km 之外的淀山湖去取水，在等待中央对宝钢工程的决策期间，上海和宝钢方面的科技人员把眼光转向了厂区边上源源不尽的滚滚长江水。经过多方研究论证，长江口氯离子含量 1950ppm（mg/L），超过宝钢淡水标准 200ppm，但是氯离子的含量随时间周期性的变化规律，最低含量为 15～20ppm，远低于 200ppm，宝钢和上海的专家提出了大胆的设想，改变淀山湖取水路径（当时淀山湖取水工程已开工），在长江边选择一个合适位置围堤筑坝建湖"避咸蓄淡，建宝山湖，周期性从长江引水"，水库向宝钢长期提供约 20ppm 淡水资源，宝钢长江引水工程方案，在 1983 年 2 月得到了国家计委的开工批准。这是一个在国内外没有先例的用水方案，但这一大胆改变原方案的实施，也使长江引水工程成了一期工程中最晚的开工项目，为了赶上一期工程 85.9 投产的步伐，整个工期必须缩短在二年半内完成。

宝钢长江引水工程的核心是江中直径 43.5m、壁厚 1.5m 的沉井泵房大体积混凝土浇筑必须在寒冬季节施工。1984 年春节前夕，连日寒潮袭击，长江口的气温已经下降到 −9℃，江上温度比岸上温度低 1～2℃，是上海新中国成立以来极端最低温度，大体积混凝土在这样温度下浇灌，必然在负温度下停止水化，其强度等于零。混凝土受寒冻裂，庞大的防水工程结构在长江中失去承载力，其后果不堪设想。责任又一次把我推到风口浪尖，我三次到长江边调查分析，权衡各方面的要求和建议，联系我在武钢一米七工程，江边水泵房在冬季施工的测温资料，最后我想到了利用混凝土硬化过程中必然会产生的水化热来解决问题。当时，按混凝土冬季施工规范，现场准备烧锅炉、搭暖棚、采取蒸汽养护，锅炉已运到现场。在大体积混凝土的裂缝控制中，历来对水化热的要求是越小越好，担心水化热引起开裂，按常规这是一个必须加以控制的不利因素；而我现在产生一种逆向思维，却要创造条件让水化热为我所用，多一些水化热，助我一臂之力，担心水化热不足。我把利用混凝土水化热抗冻防裂的施工方法称作为"自养护法"。其关键是控制温度梯度，采用完善的挡风密封措施以阻断外界的寒冷侵袭，严密监察，精心保温养护和控制温度措施，增加了两层草袋一层防雨篷，确保混凝土在 15℃ 左右环境中硬化，抗裂安全系数提高到 1.5。我和上海基础公司技术人员紧密合作将这个有 5 层楼高的庞然大物，在寒冬里利用水化热自我养护，不用烧锅炉蒸汽养护法，因为该法可使环境温度骤降、温度梯度增加，引起断裂。当时采用的是 25km 长距离泵送混凝土工艺，水灰比 0.6，控制裂缝和防止混凝土冻害的难度大，又必须满足投产，施工中最担心的问题是大流态混凝土是否会在零下温度的环境中受冻开裂，强度等于 0，为了掌握沉井混凝土泵送浇筑过程中在低温条件下的温度变化规律，现场进行了温度实测和监控；现场实测结果，由于水化热的帮助，井壁温度在 7~23℃ 之间，达到了温控预定的要求。上海基础公司对大型沉井采取排水下沉的方法，高水平的下沉到设计标高。施工结束后检查沉井混凝土的质量优良，没有肉眼可见裂缝，沉入长江 23.5m 各大泵房及主控室投入运行，为长江水源投产抢回了两个月的工期。1985 年 8 月 20 日，在全线投产前的一个月，宝山湖水库如期蓄水。一期工程 1985 年 9 月投产时，符合生产需要的淡水源源不断地流入了宝钢厂区。沉井运行至今已有三十年头，未发现裂缝和渗漏现象。宝钢这一避咸取淡的经验为上海市 2000 多万人口的生命用水创造了利好经验，后来上海建成了成行水库，2010 年又在长江口长兴岛水域建造有效库容 4.38 亿 m³——青草沙大型水库。上海市还要用这个避咸取淡的方法建造更多的水库。这对于宝钢和上海市乃至于全国江海交汇区域淡水资源避免咸潮入侵做出了历史性贡献，长江水源流量巨大，为 2000 万人口提供水质优良（二级）。目前水库供水的水质氯离子含量 70~80ppm，小于国家规定 150ppm，是一项为世世代代子孙造福的工程，是日本原设计中没有考虑到的重大问题，使宝钢和上海取得长江优质 Ⅱ 级原水，改变了当地使用 Ⅳ 级水的历史（图 18-40~图 18-42）。

图 18-40　宝钢宝山湖清澈淡水

1978 年起，上海宝钢一期工程开始建设，我从武钢一米七工程被调到上海宝钢工程指挥部工作。中方 A 阶段设计审查时派我参加去日本考察和参观了日本的君津、大分和八幡等多家现代化大型钢铁厂，希望得到这些钢铁生产企业中的超长超宽大型热轧厂的混

图 18-41 宝钢长江取水泵房

图 18-42 1984 年除夕，施工现场－11℃，宝钢江心水泵房大体积混凝土，
利用水化热自养护法控制裂缝取得创造性成功，使宝钢获得长江优质Ⅱ级原水，取代Ⅳ级水

凝土基础工程施工的设计依据。这些工程基础采用裂了就堵、堵不住就排的设计原则，经过多年的使用实践考验，证明了可以完全满足现代化工业生产的使用功能要求。但是，我在日本几个大钢厂的轧钢基础中，还可以看到裂缝化学灌浆的痕迹。专家进行的技术交流中，日方专家的意见都是个人凭经验而得，各人回答不一，没有任何理论依据。普遍的看法认为：温度应力与结构长度没有关系，温度应变与结构长度也无关；他们的施工只是一种不得已的分段施工方法，日本是多地震国，变形缝橡胶止水带无法修复，结构长度与温度应力无关。换句话说，日方人员是知其然不知其所以然。所谓知其然，是指日方人员通

过工程的施工和使用实践考验，认为他们自己在日本国内采用的这种施工方法，墙角设排水沟可以解决超长超宽大型热轧厂的混凝土基础的裂缝问题。所谓不知其所以然，是说日方人员没有作进一步的研究探讨，日本的规范，对各种工民建工程设置永久变形缝的规定，没有变化，这纯属被动的个例。他们只能解释为什么他们采用的办法可以解决这各别难题，是在建设过程中不得已被迫的权宜之计，该情况和我们以前谈的 1975 年武钢一米七工程热轧厂完全类似，日本的工程个例给了我新的启发，我大胆的设想，能不能把热轧的不得已无缝浇筑的经验应用到现代其他工程领域将是一项巨大的技术进步（图 18-43）。

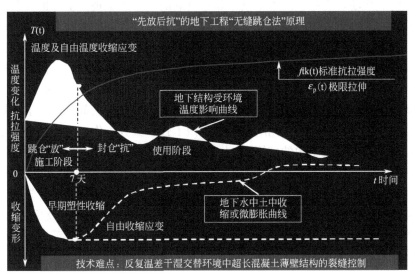

图 18-43　超长大体积混凝土"先放后抗"的地下工程"无缝跳仓法"原理

在日本的技术交流没有取得实质性的进展，我们只能靠自己的力量进行现场调研和观测，对设计、材料和施工等一系列有利于控制裂缝的技术难题进行系统的整理、沉淀和归纳，成为跳仓法的基础资料。特别是通过在宝钢泵送商品混凝土实践和研究，我们成功地认识了其所以然，由被动实施到主动控制，并率先提出了"抗放兼施，先放后抗，以抗为主"的分块跳仓综合技术措施，推动了"跳仓法"施工的研究、发展、推广和完善。

宝钢一期工程大体积混凝土基础第一个"跳仓法"施工在初轧厂（热轧厂类似）实施，它比武汉钢铁公司 1975 年一米七轧机混凝土基础 686m 还长了 230 多米，是当时国内施工中最长的一个大体积混凝土基础。宝钢初轧厂基础长 912m，宽 80m，分五区 12 片 116 仓采用了跳仓施工。分块浇筑施工的分块长度为 30～40m。在 C25 混凝土结构的长墙上，虽部分位置有轻微裂缝产生，但经处理使用至今已达几十年之久，仍能满足现代化大生产的使用要求。宝钢随后在高炉、热风炉、转炉基础和数座大型轧机的大体积混凝土基础施工采用了"无缝浇筑和跳仓法"混凝土基础。该跳仓法与平时不同，它不设变形缝和后浇带。

上海市第一个采用"跳仓法"施工的工程项目是 1992 年建设的人民广场地下车库和商业街，组成专家顾问组，我是专家之一。地下车库长 176m，宽 145m，地下两层，圈顶顶板周长 591.6m。全部结构没有伸缩缝及后浇带，采用普通 C30 混凝土，也没有加特殊外加剂，结构未出现有害裂缝，使用正常。在这个工程中，对超长大体积混凝土温度场和应力场做了详细地观测，采用电阻式自补偿传感器再一次发现温度应力与长度的非线性关系。上海最大的工程是八万人体育场，环形结构超长 800 余米，配合设计（林颖儒等）施工多次探讨了取消伸缩缝和后浇带的施工方案，最后不采用膨胀剂措施，只采用上海宝钢成功应用的跳仓法施工方案，我和上海建工集团叶可明等，始终跟踪工程，良好的扇形分仓布置，优选 C30 配比，0.2～0.3mm 裂缝的出现规律及处理，控制不产生有害承载力裂缝，取得圆满成功（与首都工人体育场 24 条永久性伸缩缝工程相比是一项突破）。其后在大连、河北首钢迁安、武钢、太钢、沙钢等热轧厂超长大体积混凝土都采用了无缝跳仓法。2007 年，冶金建筑厦门分院邀请我去主持了一项 420m 超长地下大体积混凝土无缝工程取得了圆满成功，引起厦门市市领导和建设局的关心和重视。上海世博会主题馆，在三维监理公司和上海市人防办积极支持下，和上海地下设计院的紧密合作，采用了厦门市成果--地下 350m 无缝跳仓法人防工程，取代了原预应力，取消了变形缝和后浇带，建工集团二公司施工，工程质量优良节省了大量的投资，最早交付使用，是世博会唯一的跳仓法施工工程，不掺加膨胀剂和纤维，采取普通混凝土好好打的工程。又在国防工程中使用，某部队及某部队地下工程应用，初建阶段采用抗裂剂（膨胀剂）产生了大量开裂，后被停止。近年中建各局都开始采用跳仓法，我做了技术服务工作，完成了一本专著《抗与放的原则及其在跳仓法施工中的应用》，由中国建筑出版社出版，是这个领域的第一本书，获得 2008 年 10 月中华人民共和国新闻出版总署颁发的"原创图书奖"。在首都北京一批超长大体积混凝土无缝跳仓施工，如梅兰芳大剧院、蓝色港湾、顺义地区先后八个工程陆续成功的建成，至今已经成功的建成了百余项工程。宝钢跳仓法施工最长达 1300 米超长无缝，是国内外最长的工程。许多工程经过多年使用实际情况如何我都进行了回访，虽然都出现过不同程度的无害裂缝，但是没有出现一个失败的先例。

8. 普通混凝土好好打的真正含义

所谓"普通混凝土好好打"，不是我刻意提出来的，是我在总结六十年来控制混凝土工程裂缝和质量经验时，把各地各种工程实践中一些好的做法、特别是在宝钢的三十年实践，地下大体积混凝土不掺膨胀剂，不使用预应力，不掺纤维，不用冷却水管，总体施工质量都满足了现代化生产的设计要求，施工质量要求严格苛求，精炼和总结提供高品质混凝土自然的深刻体会。最朴实顺口讲出的"普通混凝土好好打"，简单而朴素的八个字，是半个世纪以来实践经验的总结。当然，普通混凝土还存在很多问题需要改进和提高。

因为普通混凝土的原材料广泛丰富，容易制取，价格低廉，材料韧性好，结构刚度大，耐久性好，防火性能好，性价比最高，应用广泛，是国内外改变城市面貌的象征。根据国家统计局统计 2011 年我国水泥年产量 20 亿 t，同比增长 16.1%，其中使用最普遍的最多的是 C30～C40，约 50 亿 m³，名列世界前茅，是当代土木建筑工程中用途最广用量最大的工程材料。根据我的经验，混凝土均质性差，抗拉强度低，裂缝控制难度高是耐久性的要害，改善混凝土的均质性和提高混凝土抗拉性能特别是混凝土的极限拉伸，提高韧性是"普通混凝土好好打"的内涵，它包括材料、施工和设计三个方面。普通混凝土好好打——精心设计、精心施工、精料供应，优质普通中低强度混凝土好好打，混凝土以提高韧性和均质性为目标，改进配合比和施工方法以及结构设计综合方法，最终达到耐久性良好的结构工程。

设计：选择混凝土中等强度，加强构造设计、合理配筋、提高延性比，降低约束度，探索设计"延性结构系统"取消永久性变形缝，应用固接取代铰接以抗为主的混凝土本体自防水，以超静定取代静定结构新思路。

施工：从粗放型改进为严谨性，结合不同季节、不同结构形式发展养护技术，控制坍落度，严格执行保温保湿的技术措施，降低温差及收缩差，掌握裂缝处理技术。

材料：抗拉性能的深入研究，优选抗拉、抗弯、抗剪配合比，低水化热，低收缩，严格控制砂石骨料的含泥量（提高抗拉性能，降低收缩），提高均质性，降低变异性，合理优选掺合料、高效减水剂，满足强度要求条件下，尽量减少水泥用量。合理控制水胶比、骨灰比，严格控制粗骨料表面质地和形状。掺合料（粉煤灰及矿粉）是混凝土的抗裂和耐久性不可缺少的重要的组成部分，将混凝土的高效减水剂和掺合料称为混凝土的第五第六组分，普通混凝土具有良好的后期潜力，利用时间控制裂缝。利用混凝土的 60d 和 90d 的强度降低水泥用量，加强研究混凝土的徐变、收缩、热变形等规律，研究质量力引起的裂缝与破坏。混凝土材料领域最大的成就莫过于聚羧酸高效减水剂，对裂缝控制有很多的好处，减水率高，特别是减缩作用（收缩率比只有 0.9～0.95）但是必须看到，应用时注意它的过敏性和其他材料的相容性。目前天然河砂匮乏，研究开发机制砂、海砂的应用技术，势在必行。

利用永久性变形缝释放应力和无缝抵抗应力是抗与放的设计原理（图 18-44），具有重要的实用价值。

图 18-44　在"能量守恒"基础上产生了"抗与放"的设计准则

我们经常看到，同一个设计图纸同一个施工队伍同一个搅拌站按同一个配合比所供应的混凝土，在同一栋楼里个房间裂缝状况是不同的，这就是均质性问题，因为混凝土结构的抗裂性能，具有高度的敏感性，微小的差别就会引起结构的开裂或不开裂。超长混凝土的无缝设计施工—跳仓法取得成功的关键是控制裂缝系统的各关键节点，各节点环环相扣，必须重视认真执行，如图 18-45 所示。

当我梳理处理裂缝的经验时遇到的最大困惑是膨胀剂问题，这是我们中国建设领域中最大的谜团。因为我常被邀请去工程现场处理裂缝时发现因采用膨胀剂后而工程又产生了大量的收缩裂缝，问题占的比例约占 70％～80％，至少可以说，"膨胀剂没有起到补偿收

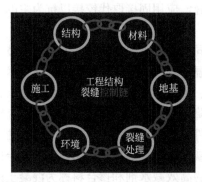 

图 18-45 跳仓法超长大体积混凝土裂缝控制链普通混凝土棱柱体慢速轴拉试验

缩的作用"，这是为什么？我对膨胀剂的认识有一个过程。80 年代末，裂缝层出不穷的时候，我看到有人引证 1965 年美国有人设想"相信未来在所有的水泥中加入膨胀剂，对于解决混凝土的干缩裂纹危害并不是不可能的"，我国著名混凝土专家吴中伟教授指出，"可以预见膨胀剂水泥与补偿收缩——自应力混凝土将有可能在一些工程中逐步代替普通水泥和普通混凝土"。研发者认为 UEA 可以掺入五大水泥中，内掺 10％～12％的 UEA，可以配置成补偿收缩混凝土。UEA 混凝土的凝结时间和坍落度损失比普通混凝土稍快，使用灵活方便，保存期较长，价格便宜用途广泛。美国 ACI223 委员会，混凝土膨胀值等于或稍大于预期的干燥收缩值，通过配筋或其他措施产生预压应力 0.2～0.7MPa，补偿收缩拉应力。膨胀剂限制膨胀率达 0.025％就可以避免收缩裂缝的目的（我和研究生们多年测试，都说明缺乏依据），它可全部补偿了因水泥硬化收缩引起的拉应力，除了抵消水泥硬化的拉应力外尚有剩余，储存与混凝土内部（显然这是创造无收缩裂缝基本依据）。在我国很多资料中一再重复上述观点，生产膨胀剂厂迅速增加，获科研成果奖和专利技术，说我国已成为"膨胀剂大国"，1990 年列为国家重点推广项目，许多工程掺膨胀剂的原因是设计院在图纸上注明了必须掺膨胀剂的要求。但是，通过处理大量工程实践，实际情况如何呢？在我所处理的裂缝经验中，约有 70％～80％的补偿收缩混凝土（掺膨胀剂混凝土，包括膨胀加强带和膨胀后浇带）都未能起到补偿收缩作用，出现了更严重的收缩裂缝，有的工程出现了严重胀裂。

国际上最热门的话题是耐久性问题，从 90 年代初，HPC 由美国传入中国又出现超高性能，由于低水胶比，自干燥收缩应力的显著增大，再掺入需水量很高的膨胀剂，钙矾石含量剧增，需水量高达 74.5％，高强高性能混凝土裂缝更多，脆性增加，防火性能差，制备较困难等不足，耐久性降低，材料的研究与结构的研究尚有较大的差距，我认为在普通混凝土好好打的基础上，研发高性能普通钢筋混凝土工程结构、高延性比和均质性良好的高品质普通混凝土结构是努力方向。例如，不仅要提高材料的韧性而更重要的是改善结构的各种复杂受力条件下结构的延性比（轴力、弯曲、剪切），提高均质性降低变异性，达到普通均质延性钢筋混凝土结构系统目的。试验室试块不等于复杂受力下的结构。

掺膨胀剂的重点工程出现严重收缩开裂（图 18-46）的主要有：上海某地铁车站、中国人民解放军总后勤某地库（工程兵严格施工养护）、上海江桥和康桥垃圾焚烧厂、上海浦东国际机场一期地下通廊、上海石洞口污水处理厂（亚洲最大污水处理厂）、苏州工业园污水处理厂、某核电站常规岛、北京首都国际机场二期、北京东方广场、上海浦东新区德国中心、深圳皇港口岸某工程、湖北某电厂、北京巨石公寓、山东某大厦掺"高强混凝土掺膨胀剂"、上海浦东某住宅地下车库、深圳华侨城保龄球中心（当时亚洲最大的保龄球场）、上海世博会某场馆、武汉湖北某大厦、深圳世界大学生运动会体育馆、武汉某表演场等。上海正大广场掺膨胀剂，5000 余米裂缝，由法国某公司总承包，十分担心对结构承载力的影响，邀请我去分析处理，类似问题举不胜举，都是我参与处理的裂缝。近年来国内外做了实验研究，都说明补偿收缩的前提是必须有大量的水供给，这个条件在一般淋水养护条件水不够用，从水到空气产生收缩落差，施工坍落度损失很大，最终达不到补偿收缩的目的，花了很多钱，收缩裂缝更多，开裂时间延长。所以很多工程，开始用后来就不用了。如首都机场二期用三期不用，浦东国际机场一期用二期不用，中央电视台超长超宽超厚大体积混凝土，通过大量的对比实验，专家组决定不用。北京电视台、奥运会水立方、洛阳正大广场、上海正大广场掺膨胀剂的教训等等，不采用膨胀剂，结构正常。上海某黄浦江隧道，深圳-香港某通道（先掺膨胀剂开裂，后停掺，裂缝控制成功）以及上海某大型国防工程设备基础无收缩灌浆料 UGM 严重收缩开裂，都说明了这些问题的实际情况和技术论文销售宣传差距太大。首都国家大剧院最深达 -32 m，2001 年 8 月 23 日专家论证不掺膨胀剂类添加剂。台山核电会议，法国专家们担心中国混凝土水泥水化延迟钙矾石破坏。

图 18-46　掺膨胀剂后某地下工程补偿收缩混凝土严重开裂修补现场实况

关于 DEF 延迟钙矾石膨胀剂破坏的论证：

（1）中国膨胀剂的膨胀源一般采用钙矾石 $C_3A \cdot 3CaSO_4 \cdot 32H_2O$ ，必须有大量供水条件，（$65 \sim 75$℃受热脱水分解）法国专家要求小于 65℃，预防脱水破坏膨胀剂中含有硫酸根，对钢筋锈蚀和耐久性不利，急剧降低坍落度。2009 年 8 月为 AP1000 核电工程进行对比试验，决定不掺膨胀剂和纤维。

（2）混凝土浇筑后由于施工供水不足的干燥作用，沉积在混凝土微裂缝中的钙矾石后期硬化后再遇水膨胀时，便产生延迟钙矾石破坏。

（3）中国在某些工程中掺膨胀剂，企图达到补偿收缩目的，有可能引起延迟钙矾石破坏，混凝土浇筑坍落度损失快，不掺膨胀剂和纤维。

（4）北京东直门某工程掺氧化钙类膨胀剂，水中养护引起试块早期膨胀破坏。试块呈现膨胀压应力酥裂，最后决定报废筏板基础，上部减少一层。2004 年作者前往江西某高炉基础混凝土中，掺有大量氧化镁类膨胀源，使基础产生剧烈膨胀，将高炉炉壳钢板胀裂，炉内千余度高温的铁水外溢，重大安全质量事故。作者赴南京处理玄武湖隧道，在施工后期回灌水位后，掺膨胀外加剂的隧道在湖水覆盖后产生延迟膨胀变形，使得多条伸缩缝被挤碎，造成渗漏，必须抢修加固。同地区另外一条隧道不掺膨胀剂类外加剂，没有产生裂缝和渗漏，至今正常使用。

（5）法国技术规范，混凝土试件（混凝土自然形成的钙矾石）经过泡水与38℃烘箱反复7d共70周的试验：ε≤0.06%膨胀变形。

（6）掺膨胀剂的混凝土普遍具有倒缩的性质，引起更加严重的开裂。

湖北某大厦工程及某地下车库，施工时混凝土中都加了 UEA 膨胀剂，堵裂修补后一再继续开裂，认为使用者有责，先后进行了三次调整配合比，还不得不处理大量收缩裂缝。首都机场二期，北京东方广场、上海浦东机场二期都有过相似的过程，由于本人的观点引起商业利益的纠纷，所以我对膨胀剂的态度很明确：如来征求我的意见，我则劝你不用；至于是不是采纳我的意见，则悉听尊便。如果出现了裂缝找到我，我尽力协助分析，挽救工程。湖北某电厂烟筒基础、上海某大工程掺了膨胀剂严重开裂，业主要求推倒重来，邀请我到场分析，我提出加固处理的办法，挽回了建设方的名誉及经济损失，有的工程掺了也没开裂，是否是膨胀剂起了作用尚不得而知。因为宝钢 30 年 800 万 m³，不掺膨胀剂工程正常，我感到混凝土工程界在技术上对膨胀剂有争议很正常，但不应该被商业利益所左右，这方面问题太复杂了，我建议设计院不应当在图纸上注明采用膨胀剂的要求，膨胀剂检验标准规范是采用泡水试验环境，远远脱离工程实践条件，泡水试验得到限制膨胀率，对结构温度收缩应力没有实用价值（建筑工程有无穷多个约束度及收缩差别巨大）。2006 年我应邀去美国华盛顿处理 M-1 号工程裂缝，现场曾用 4 种配合比浇灌 11 次，其中有一方案（美方专家提出），采用美国生产的膨胀剂按美国补偿收缩混凝土规定，将膨胀剂掺入混凝土，仍然出现较多的收缩开裂。没有起到补偿收缩作用，最后我建议取消膨胀剂，取消引气剂，提高水胶比，加强构造设计，不采用松模浇水冷却，不采用养护剂，采取普通混凝土好好打的方法，取得良好控制裂缝效果。已经停工的工程得以立即复工，其后将 7000 美金购买的美国生产的试用膨胀剂全部退货时，美国经理说，"你们买的时候我就提醒过你们，应用这种材料是有风险的，你们不听，现在来退货是不应该的"。最后还是给予退货。

2004 年在上海召开高性能混凝土国际会议，我在会上向瑞典知名学者提出"你们是否应用膨胀剂补偿收缩混凝土？"他的回答，"不可控，不用"。我在南昌钢厂、三明钢厂、北京巨石公寓和南京某水下工程胀裂渗漏事故等项目中，处理了膨胀剂（包括钙矾石、氧化镁及氧化钙），在充分供水环境中膨胀应力引起的破坏很难加固处理造成了生产和经济方面的损失，面对该类材料变形性质的随机性，膨胀少了不起作用，膨胀多了造成结构破坏，膨胀早了应力松弛了，膨胀晚了延迟钙矾石破坏（DEF）。如上海垃圾焚烧场、首都机场二期、东方广场都有膨胀剂专家参与，还是产生了严重的收缩裂缝，大量的裂缝事故责任都归罪于使用者而与研发无关，提请膨胀剂研发者仔细考虑，到底是研发者的责任，还是使用者的责任？现在的膨胀剂规范，包括限制膨胀率，能否判别裂缝责任的归宿？关于收缩及膨胀变形的实验方法，如比长仪、卧式收缩仪、平板式收缩仪、圆环收缩仪等所测试的结果，只能反映材料一个侧面，无法反映超长超宽超厚大体积混凝土结构的真实性质。深圳世界大学生运动会开会前夕，我应邀到深圳某大型体育馆屋盖现浇混凝土梁板结构 70m 超长中间设一条膨胀加强带，出现了严重收缩开裂，多次专家会议论证，采取体外预应力法加固，考虑国际影响，本人提出了采取环氧树脂化学灌浆处理，不用体外预应力，和设计院密切配合，经济合理地解决了实际问题。最近某军区两项重大工程查膨胀剂引起严重开裂（与未掺膨胀剂区域对比），本人协助处理完毕。上海浦东东方路保利广场按设计院指定掺膨胀剂，结果严重开裂。宝钢建设 30 余年浇灌了近 800 万 m³ 地下大体积混凝土从来不掺膨胀剂，节省大量投资，工程质量优良（图 18-47）。

　　针对国家重点工程第三代核电站，中核混凝土股份有限公司进行了对比试验，得出结论，否决了膨胀剂的使用（图 18-48），并建议设计院取消纤维。

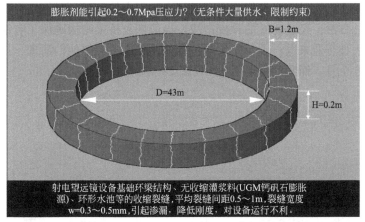

图 18-47　某重点基础工程无收缩灌浆料（掺膨胀剂）的收缩裂缝

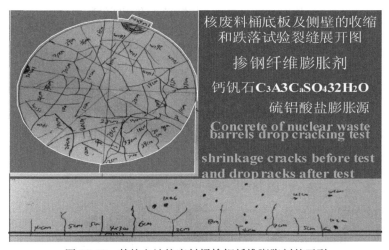

图 18-48　某核电站核废料桶掺钢纤维膨胀剂的开裂

　　1987 年 8 月 13 日上午 9 点，宝钢主原料码头 4 号泊位，一艘悬挂巴拿马国旗的"大鹰海"号 5 万 t 巨轮，由于退潮时轮船缆绳拉断，巨轮如脱缰野马迅速漂向下游，拦腰撞断码头引桥，撞断长度达 4 跨钢结构，断裂宽度 160m，这是我一生中见过的最大裂缝。宝钢原料码头是上海最大的十万吨级码头，供应宝钢原料的"咽喉"被撞断了，宝钢生产受到严重威胁，当晚中央电视台《新闻联播》播报了此事件，如何尽快恢复生产是当时最大问题，此事已惊动党中央国务院。8 月 20 日，当时的国家主席江泽民和国务院副总理李鹏冒雨亲临现场视察，黎明总指挥在码头上向中央领导汇报了事故过程，我在第一时间记录下全过程。当时施工抢救方案有两种意见：一是重新制造、架设新桥梁，但工期过长，时间不允许；二是打捞、检修重新启用旧桥梁。我仔细研究了结构的构造特点，认为桥梁结构由于温度应力控制的需要，采用一端固定、一端滑动的结构，被撞击后端部破坏整体滑落，薄弱环节保护了桥梁整体，不会对桥梁的结构造成致命损坏，将其打捞上后，只需对节点及破坏部位进行修复（估计修复可能性较大），这样就能大大加快抢修速度，尽快恢复生产。后经宝钢领导和专家对上述两方案研讨决策，决定采用第二套施工方案。在宝钢工程指挥部领导下，各大建设公司投入数千人进行抢险救灾，我带领研究生吃住在原料码头上，配合打捞局潜水员们共同商讨打捞过程中如何减少对钢结构伤害，实施最低弯矩起吊和绑扎方法。经过81d的日夜奋战，提前恢复桥梁结构确保了宝钢生产。当时指挥部收到国外大型企业来电，表示愿意承包抢修此项任务，但他们清理、打捞、设计、制造、施工需要6个月，而我们只用了81d（图18-49～图18-52）。

图18-49　巴拿马"大鹰海"巨轮撞断码头

图18-50　码头引桥160m宽断裂

图18-51　江泽民、李鹏到现场视察断裂状况，水上巨型浮吊打捞江底被撞坏的桥梁实况

图 18-52　参加紧急抢修原料码头工程，经过 81d 抢修码头全部恢复生产

9. 宝钢建设三十周年（1978～2008 年）总结大会

宝钢建设现场所遇到的大体积混凝土和地基基础经验比我整个前半生混凝土量还多，为宝钢建设做出了一定贡献，积累了丰富的经验。1987 年为"宝钢一期施工新技术"向国家申请科技进步特等奖，宝钢指挥部派我到北京去进行答辩。在北京京西宾馆面对国内各界专家评委们的提问时，我代表宝钢详细介绍宝钢建设施工中深厚层软土地基处理、高地下水位深层结构防水、桩基位移、大面积矿石堆载、地基稳定性、超长大体积混凝土跳仓法无缝施工、新型钢结构及高强度螺栓以及高温、防水抗渗、超低温、高速动力、化学腐蚀等重大问题的科技攻关及创新过程，特别报告了建筑工程的变形效应问题，最后，专家们给予热烈的鼓掌（一般评奖委员不给被评奖人鼓掌）投票表决一致通过了宝钢的申请，获得 1988 年国家科学进步特等奖，这是新中国成立以来施工领域中的最高奖，是对参加宝钢建设的十万大军的鼓励。后来为工程裂缝的研究与专著又获得了国家科技进步二等奖。

自 1978 年至今经过数万人的艰苦努力，宝钢人向国家交出了一份满意的答卷：第一，在软弱地基条件下，现代化的宝钢成功建成，并获得国家科技进步特等奖。第二，宝钢成功的投产，并进入世界五百强，成为世界具有竞争力的钢铁联合企业。第三，中国钢铁工业实现了跨越式发展，为上海和全国培养出了人才和一大批科技成果。我是参与者，历史的见证人（图 18-53）。

宝钢建设工程年 800 万 m^3 混凝土的施工现场，使我在大体积混凝土研究与裂缝控制方面获得了新的升华，也给我提供了一个探索混凝土工程裂缝控制问题难得遇到的大舞台。而我们在这个舞台上施展的才华和拼搏，也得到了宝钢技术人员和我研究生的密切配合才能取得初步成果。在 2008 年 12 月 22 日下午举行的宝钢建设三十周年纪念大会上，由时任上海市委书记的俞正声给我颁奖，被授予"宝钢功勋人物"的光荣称号。我感到在

图 18-53 在长江入海河口三角洲，软土地基，高地下水位条件下建成现代化大型钢铁联合企业

裂缝控制的研究工作还是初步的不成熟。离开学校，一直工作在各工程现场，宝钢是我一生最长的工作现场，把一生最好的时光奉献给了宝钢和国家重点工程，虽然早已退休但到目前为止仍在为宝钢的扩改建及国内外工程界奉献自己的力量，宝钢专门组织了"王铁梦工程结构团队"，将我一生的经验传承给年轻人。

特别是设计方面的创新精神实在是太淡薄了，不管什么事都要去按规范，洋人学者怎么说，外国规范怎么定，有限元计算是判决问题的最后结论，自己给自己画地为牢。其实它们都应该接受实践的考验。有一次我们在日本和日本人谈判，我们针对大面积堆料对钢管桩的负摩擦问题，提出按日本设计规范计算负摩擦的意见，日本专家说了这么一句话"我感到惊讶，没想到一个外国人尊重日本规范比日本人尊重日本规范还厉害，该问题在日本尚未成熟的解决，不要按日本规范设计"。日本人的这句话耐人寻味。宝钢大面积钢卷堆料场对于承重桩基负摩擦效应设计理念尚不成熟现场情况（图18-54）。

图 18-54　宝钢大面积堆料引起承重桩负摩擦的现场

上海某工程倒塌后，高强混凝土 C80 预应力混凝土管桩脆性断裂的端口（图 18-55）。混凝土裂缝控制技术和跳仓方法从宝钢成功开展后推广到了上海的一些工程施工中。从上海地区成功开展后又推广到了北京、深圳、香港乃至全国很多地方。跨出国门后，也在一些不同体系的混凝土设计规范的国家和地区得到了应用，如：巴基斯坦（图 18-56）（解决优选最低水泥用量，缺乏粉煤灰以石粉代替，C30 大体积混凝土，气温达 45℃以上，研发裂缝专家系统分析计算问题）、伊朗（德黑兰地铁裂缝的原因分析及改进）、美国（岩石地基，灌混凝土配合比，水胶比，松模冷却，膨胀剂及养护等问题）和俄罗斯（处理及分析工程裂缝，高水泥用量，高强度，高密度）等。从工业建筑到市政、桥梁、地铁、核电、火电、隧道、民用建筑和特种结构等为多个领域技术服务。70 年代末，中国改革开放初期，建设宝钢工程为上海和全国提供了宝贵的经验。

图 18-55　由于开挖及堆土效应造成颠覆倒塌，C80 预应力高强钢筋混凝土全部脆性断裂的断口

图 18-56　赴巴基斯坦核电站 C30 大体积混凝土浇筑前 86 天研究降低入模温度及无 FA 配合比

10. 为上海和浦东新区软土地基中相邻影响和国际裂缝技术难题做出贡献

1994 年上海浦东建设中，上海浦东新区城市建设局成立陆家嘴地区地基基础工程施工协调专家组，我和叶可明院士担任专家组组长，专家组有芮晓玲、黄绍铭、周志道、张耀庭、陈标等，在东方路一侧兴建了中达大厦、浦贸大厦、石油大厦和煤炭大厦四幢紧密相邻的高层建筑，其中中达大厦和浦贸大厦的基坑相邻距离只有 15cm，基础施工对相邻建筑物的影响特别严重。如果处理不当，相邻建筑施工极有可能危及周围建筑物安全。为解决这个难题，我们专家组提出了建造两个大联合基坑的设想，避免了相邻建筑施工有可能危及周围建筑物安全的现象发生。四个业主、四家不同的设计施工单位联合成为两个基坑施工团队，共同来解决困难。我承担了中达和浦贸联合基坑的设计并负责两个联合基坑的全部监测工作。工程实施时，我采用了约束应变检测系统来解决有关联合基坑的关键性技术问题，实时记录和掌握基础工程内的细微变化，确保基坑的安全与稳定。在陆家嘴国际金融开发区有数百项高层和超高层建筑拔地而起，地下工程极为复杂，编制了条例，采用了新技术措施，至今使用正常，避免了永久性变形缝的漏水现象。在陆家嘴许多国际金融大厦地下工程中，不仅进行了相邻影响控制，还在新上海国际大厦、世界金融大厦、锦江饭店等地下工程中，结合取消沉降后浇带、温度后浇带，做了温度场和应力场量测等，进一步证明了温度收缩应力与长度呈非线性关系，被授予"浦东首届科技功臣"的称号。

最高人民法院在审理 1991 年南京发生的某公司在某日报社相邻处建造一幢高层建筑时，未考虑相邻建筑物安全的违章施工，某公司不服江苏省高级人民法院一审判决某公司赔偿某日报社各项损失数百万元而上诉到最高人民法院。鉴于我在宝钢和浦东建设中有处理这方面问题的经验，最高人民法院在 1996 年 5 月开庭时请我到场作纯技术性的陈述，为最终判决提供依据；最高人民法院当庭做出了驳回某公司上诉，维持原判的终审判决。判决后，某公司老板特意在法院门口等我，问某日报社给了我多少钱，我回答一分钱没有，在南京请我吃了一顿饭，有好多人陪客。

2006 年 7 月接到北京邀请前往外交部参加中美双向视频会议，工程是超长超宽超深大体积混凝土工程，产生较多的开裂，现场已停工，经过双方方专家的论证后被派往华盛顿进行现场的调查及处理。工程混凝土采用工程设计强度为 C40，试块强度都在 C50 以上，水胶比很低，地质条件为花岗岩地基，约束度很高，浇筑后一天松模，用地下水（16℃）养护，拆模就发现裂缝间距最小 800mm，最大 1.6m，裂缝宽度 0.2～0.3mm，如图 18-57 所示，结合美国某工程现场实际施工条件进行了计算，属早期塑性收缩、自干燥收缩及冷缩裂缝，调整了配合比改进的施工养护，提高了水胶比，配合总承包及施工，取消引气剂和养护剂，膨胀剂退货，裂缝问题得到了圆满的解决，随即复工。

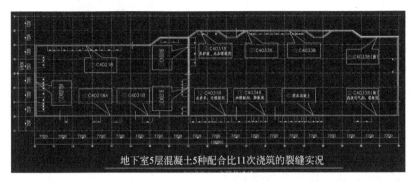

图 18-57 应邀赴美，处理美国某超长超深大体积混凝土裂缝现场及裂缝实际状况

2007 年应邀赴俄罗斯某工程处理了相似问题，如图 18-58～图 18-60 所示。

图 18-58 2006 年胡锦涛和普京共同主持战略合作协议签证仪式其中最大项目——波罗的海明珠工程

香港-深圳某地下通道是国家重点工程，设计要求 0 收缩后又改为 0.02%，施工单位不得不掺膨胀剂，施工初期发现严重开裂，召开专家会议取消膨胀剂加强侧墙养护，最后成功投产。

1979 年煤炭部高杨文部长要求我协助处理矿井裂缝透水事故问题。煤炭领域最大灾

图 18-59 俄罗斯某工程南广场超长大体积混凝土墙壁大量竖向开裂分析与处理

难是瓦斯爆炸和透水事故（图18-61），两淮煤矿发现矿井大量环向裂缝每天漏水量6～8t，笔者按高杨文部长指示前往现场处理，现场已有煤炭部许多专家工程师们进行探索和现场测试，从采煤竖井所受到的岩土压力进行分析，无论如何也算不出来裂缝的机理，我到现场后，换了一个角度，从井壁的竖向温度应力进行分析，属支护井壁和承重井壁之间的约束应力引起，采用滑动防水层处理，又经过 11 个矿井的应用成功，取得成功并应邀参加了1982 年美国第三届国际冻土会议，编入论文集。

矿井环形裂缝透水问题的处理过程，说明"他山之石，可以攻玉"，不同专业之间的相互交流和碰撞会闪烁出颠覆性创新的火花。

近年来，我还经常应邀到全国各地举办裂缝控制专题报告并参加了一些国际裂缝控制技术讲座和科学交流会，如亚特兰大、德国埃森、新加坡国立大学等地，推广交流自己的研究成果，到一些大学给青年学子们讲解传授混凝土裂缝控制的专业知识。在学生们的提问和

图 18-60 2007 年应俄罗斯波罗的海 "明珠工程" 建设公司邀请担任高级技术顾问

交流中，我仿佛看到了自己年轻时的身影，热情坦率帮助青年人是我的职责。我经常在夜深人静时习惯做理论推导工作，培养了一些博士生和硕士生，目前他们在各自的岗位上起到了技术带头作用。近年来，全国许多地方出现了工程地基不均匀沉

降、水平位移、滑坡和深基坑支护问题，我参加了一些国内外的重大事故处理，特别是国内工程质量事故，有些是考虑各方面关系，避重就轻，大事化小，小事化了，没有认真详细的总结，我认为总结一个工程失败的教训比总结十个工程成功的经验还重要。许多结论归罪于施工及超载使用问题，还有设计方面值得深思的问题，设计方面的反思和改进十分重要，常被忽略，没有起到对后人的警示作用。北京建设局非常重视跳仓法，2007～2014两次大型报告会（图18-62）。应邀参加跨海跨江大桥及核电站等高性能混凝土结构裂缝控制分析讨论会（图18-63）。上海宝钢大厦超长地下大体积混凝土结构跳仓法无温度沉降后浇带最新成果（地基SMW工法）（图18-64）。广东湛江宝钢高炉基础，大体积混凝土的浇筑及拆模，成功控制裂缝（图18-65）。

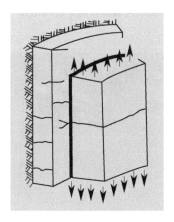

The Third International   Symposium on
GROUND FREEZING 21-24June 1982U. S. Army
Cold Regions Research and Engineering Laboratory

A Study of Sinking Deep Shaft Using Artificial
Freezing，Design of Shaft Linings and Method of
Preventing Seepage
Wang Tiemeng Qiu Shiwu

图 18-61 双层矿井井壁由于裂缝引起透水事故，应用"放"原则柔性滑动层控制裂缝及透水应邀 Coal mine flooding accident   HANOVER USA 1982

图 18-62 北京城市建设局举办跳仓法设计施工讲座 2014 第二次报告 650 人会场

图 18-63 应邀参加跨海跨江大桥及核电站等高性能混凝土结构裂缝控制分析讨论会

图 18-64 上海宝钢大厦超长地下大体积混凝土结构跳仓法无温度沉降后浇带最
新成果（地基 SMW 工法）

最近浙江某地出现了房屋倒塌重大事故（图 18-66），其实两年前称发现砌体结构出现裂缝并不断扩展，引起人们的注意，2013 年有关专业单位鉴定为 C 级局部危房，居民部分搬离，直至砖混结构裂缝发展到极限状态，我从倒塌现象初步估计，墙角处砌体主要承重部位的裂缝扩展，构造柱混凝土强度低，砌体砂浆强度也低，破坏性的装修，泡水后地基沉降雪上加霜，多年房屋裂缝累积损伤，使转角区结构，经过仅仅十余年，到达了承载力极限状态，砖混结构的构造设计与施工，如构造梁柱薄弱。导致 1 个半单元突然倒塌，1 死 6 伤，1 个 21 岁女孩倒塌后 8h 从废墟中获救。近年来倒楼、塌桥、滑坡、雨篷倒塌等重大事故时有出现都是从裂缝开始，经过扩展到达破坏。裂缝扩张过程的研究是十分重要，也是作用效应和结构抗力的博弈。将裂缝和倒塌破坏联系起来，越来越感到任重道远，这个领域有大量的未知数，需要我们不断的探索和创新。道路是艰难的，处理大量工程裂缝和质量事故始终伴随着巨大的风险，要敢于担当和对最后结果负责。

亚洲混凝土协会在广西南宁召开的 2011 年中国与亚洲混凝土可持续发展论坛会议上授予我"中国与亚洲混凝土行业杰出贡献奖"（图 18-67～图 18-69）。

图 18-65 广东湛江钢厂 1 号高炉大体积基础施工，控制裂缝圆满成功

图 18-66 2014 浙江某地砖混结构经过 20 年的使用倒塌

图 18-67 2010 年 12 月应新加坡国立大学和 ACCI 邀请作超长大体积混凝土裂缝报告

图 18-68 2011 年获得亚洲混凝土协会"杰出贡献奖"

图 18-69 2011 年中国与亚洲混凝土可持续发展论坛中外会议代表

颁奖词：亚洲混凝土协会 ACCI 2011 致王铁梦专家，因他对于混凝土产业杰出的贡献。

如今，钢筋混凝土领域和科技技术方面的困难不仅是要提高或是更新，而是要颠覆传统设缝做法与理念并且打破现存的标准与规则，这不仅仅需要坚实的理论基础和长期丰富经验的积累，也更需要在 60 年来前进过程中面对各种风险的勇气不断挑战自我，不断超越自我的拼搏。王铁梦专家的成就着实反映了这些精神。他承担着解决现场建筑实际问题的责任，他是创造一系列关于大型混凝土裂缝控制的观点，工程结构的温度应力与结构长度呈非线性关系并最早对苏联规范提出不同意见的第一人，提出了无缝设计新理念与跳仓法新工艺，这个新方法被中国的工程师们称作"王铁梦法"，现也被广泛地运用。这个方法和"抗与放"理论已经被国内大量的混凝土项目所应用。此外，无缝建筑的运用范围已经从数百米线性长度延伸至 1300 米，并且同时为人们对于混凝土材料日益增长的应用，提供了良好的条件，适应地下空间开发中超长超厚大体积混凝土不设缝、不设后浇带、不埋冷却水管等新技术发展的需求。

王铁梦专家过去对于混凝土产业的贡献不仅仅局限于裂缝控制，还反映在科学和技术领域之外的发展，如软土地基水平位移及大型滑坡问题以及城市危桥、危房的分析与加固处理。这些都是我们工程师同志们一起学习和奋斗的目标。对于王铁梦在混凝土结构伸缩缝、后浇带及无缝跳仓法的杰出贡献，突破了多年来的规范和常规是具有颠覆性的技术创新，我们亚洲混凝土建筑协会很荣幸地颁发"2011 年度杰出贡献奖"，并且献以我们崇高的敬意。

11. 传承与创新

行文至此，我回顾自己走了近 60 年的探索之路的主要片段。和学院派所进行的理论研究工作不同，我所走的探索之路一直是在沿着现场发现问题，又以现场施工技术人员都可以掌握的技术措施方法去解决现场裂缝控制的实际问题。不是单纯地以温度应力理论谈温度应力，而是综合性材料结构施工，以长期大量的处理裂缝经验为基础，运用前人的力学手段，抗与放的哲学概念，探索统一了混凝土结构有缝与无缝的辩证关系，为工程裂缝控制找到一系列简单、明了和实用的方法，是概念设计原则。

多年的探索告诉我，裂缝控制的技术或方法不少是被现场的实际问题逼出来的。当常规技术和方法不能解决现实问题时，偶然现象往往就会成为创新和成功的源泉，而这些创新一开始并不十分完善，需要长期艰辛的努力和拼搏，我永远对自己不满意，深感自己还有很多缺点和不足仍需要进一步的实践和研究去完善和提高。不断在探索中超越经验积累和专业的局限，在不断地否定自我的过程中前进，不断扩充视野，挑战自我，提高研究水平，再多做一些对工程实践有意义的探索工作。

我的探索工作的激情，经受多年的磨炼，在前人学者已有的成果基础上，在同志们热情帮助与支持下，为了解决工程实际问题，长期以来我始终满怀激情，关于变形缝的研究我从没有拿过国家经费。今天我国的大规模的经济建设是一个无硝烟的战场，我们无时无刻不再接受新的挑战，需要我们具备创新的精神去迎接挑战。我们每天都在爬坡，这一生走南闯北、风餐露宿，经受酸甜苦辣的坎坷，感到人生的价值，使一些乍看起来"不可能"最后变成"可能"（图 18-70～图 18-72）。

图 18-70　2008 时任上海市委书记的俞正声颁发"宝钢功勋人物"证书

图 18-71　上海市人民政府建设和交通委员会颁发的奖状（2005 年）

图 18-72　笔者获 1988 年国家科技进步特等奖

12. 为国内外重点工程服务（图 18-73～图 18-80）

图 18-73　本项目紧靠苏州河，上海著名的黑臭河水，混凝土结构一旦开裂污水
对环境密集的居民区产生严重后果，笔者作为技术顾问配合宝冶施工，
采取了一系列控制了裂缝的新方法，最后取得圆满成功

图 18-74　2006 年 7 月应外交部的指示和中建美国公司的邀请，赴美国处理 M-1 工程早期裂缝

图 18-75   上海世博会主题馆无缝跳仓法技术总结大会

上海世博会主题馆唯一地下人防 350m 超长大体积混凝土 Shanghai EXPO 无缝跳仓法施工技术总结大会 2009

图 18-76   香港油柑头水处理厂

设计配筋过密（9％～10％）造成自约束力裂缝

中冶集团香港分公司承包，由于配筋率过高造成严重开裂，罚金达 1650 万经分析计算和技术谈判，撤回罚金。

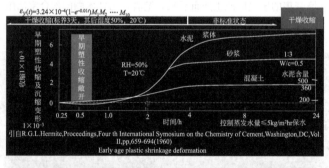

图 18-77   无缝跳仓法施工工艺，在北京得到建设局支持或的迅速发展

图 18-78　厦门国际会展中心

厦门国际会展中心系超长体积混凝土构:

4×137×80m（后浇带法），原考虑各种措施（钢纤维，膨胀剂 UEA，提高混凝土强度等）。

后来宝冶总承包建设，与厦门建委及设计院协商决定不采取任何特配筋，

只用《抗放结合》的综合措施，从材料的优选，强度的合理选择，

构造配筋，严格的施工养护，开发多孔管道的喷淋装置，

长时间潮湿养护，采用大间距后浇带方便施工，

不仅取得裂缝控制成功，与原方案比较节约

千余万元投资，由华信混凝土公司优

化混凝土配合比，供应混凝土。

　　1997 年，厦门市重点工程经国家招标，由于宝冶具有大体积混凝土施工经验，最后中标，本人担任技术顾问。厦门华信混凝土公司供应大体积混凝土，邓兴才总工为此做了许多试验和配合比，厦门市设计院紧密配合修改了设计，最后取得圆满成功，其后又进行了梧村汽车站地下工程（420m 超长，由中冶厦门分公司承包）跳仓施工，海峡交流中心等许多超长工程都采用了无缝跳仓法。

图 18-79　中国建筑四局具有丰富的超高层建设经验，广州东塔施工期间邀请作者担任技术顾问

　　最大的地下空间开发，超长超宽超深大型地下大体积混凝土采用"逆作跳仓法"，取消后浇带，由倪天增副市长亲自指挥下设专家顾问组，本人作为专家组成员，做了温度应力分析和施工方法建议，最后取得控制裂缝圆满成功。1991 年施工至今已有 26 年，1994年～1996 年二期工程。

图 19-80　上海人民广场

18.2　工程裂缝处理的实践经验

超长大体积混凝土的工程越来越多，结构形式越来越复杂，如何控制混凝土的裂缝是困扰广大工程技术人员的难题。80％的混凝土裂缝问题不是荷载引起的，而是由于变形效应引起的，即温度收缩应力超过混凝土抗拉强度导致裂缝产生。作者根据多年处理裂缝的工作经验和现场实践研究，提出采用综合控制法来控制裂缝，即将结构设计、材料和施工等多因素综合考虑，从控制原材料的质量、优选混凝土配合比、加强保温保湿和构造设计等方面出发，利用结构温度的应力和长度的关系和"抗"与"放"的原理，采用"跳仓法"来控制混凝土的裂缝，这种方法在国内几百个工程中得到应用。近期的某些试验结果显示：当没有充分供水条件时，混凝土的限制膨胀率等于零，即补偿收缩作用等于零，其结果是收缩裂缝和渗漏更加严重，大量工程实际施工环境是不具备充分供水的条件，所以许多工程实际没有收到补偿收缩的效果，而产生更加严重的开裂。

与此同时，为了解决混凝土的收缩裂缝问题，在材料领域出现了很多新型抗裂材料，特别是膨胀剂在国内得到广泛应用，即利用膨胀剂的膨胀效应引起的预压应力来补偿混凝土的收缩拉应力，从而抑制混凝土开裂。不过，作者根据处理大量工程裂缝的经验发现了一个匪夷所思的现象，掺加膨胀剂不但没有达到补偿收缩的效果，反而导致混凝土产生更加严重的开裂，如东方广场、首都机场二号航站楼地下工程、上海浦东机场一期地下工程、解放军总后勤地下工程、深圳华为、深圳华润、深圳嘉里前海（氧化镁）、甘肃兰州（三种膨胀剂裂缝达两千余条）等诸多重大工程，见图 18-82～图 18-92。大部分工程技术人员只关注混凝土收缩拉应力引起的裂缝问题，却忽视了混凝土后期膨胀应力导致的混凝土开裂。国际上把混凝土因膨胀剂的掺入使得硬化后发生的延迟膨胀应力破坏现象称为"延迟钙矾石生成"，简称"DEF（Delayed Ettringite Formation）"。作者曾在 2004 年上海高性能混凝土国际会议上向瑞典知名学者（图 18-81）提出"你们是否应用膨胀剂补偿收缩混凝土?"得到的回答是"不可控，不用，不确定性因素太多""Because its resistance stress is uncontrolled。"

以下将结合作者参与处理裂缝的具体工程实例对相关处理经验进行阐述。中国膨胀剂的使用均是由设计院在图纸上注明提出的要求。

图 18-81　作者与瑞典知名学者上海

图 18-82　上海含有膨胀源的某地下室底板由于后期膨胀应力挤压，
在长期地下水作用下形成后期挤压隆起失稳破坏

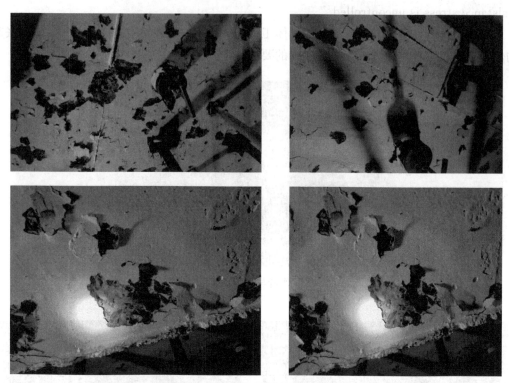

图 18-83　含有膨胀源的杂质骨料在混凝土强度增长后期形成膨胀应力，导致混凝土爆裂破坏

图 18-84　直接浇灌在岩石上掺加 MD-HKB 型微膨胀剂的 C40 筏板，采用结晶渗透型防水，
出现大量贯穿性裂缝，长达 6000m，地下水位高于地表 30cm

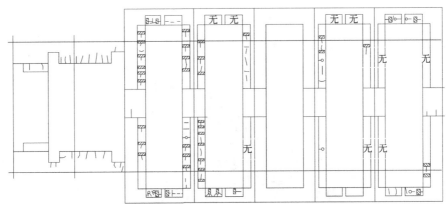

图 18-85　江苏某核电站采用无收缩灌浆料后产生的收缩裂缝

图 18-86　上海张江高科科技园德国中心地下工程掺 14% UEA 施工时无水导致结构与后浇带严重开裂

图 18-87　北京某重点地下工程双掺（10%、12%）膨胀剂导致混凝土出现裂缝破坏

图 18-88　（碱集料反应）延迟钙矾石氧化钙、氧化镁以及硫化亚铁 FeS 等杂质形成爆裂或水平裂缝

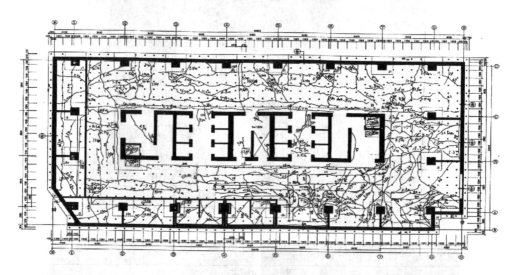

图 18-89　深圳某工程设计采用 MDHKB 膨胀剂，高密度贯穿性龟裂引起大面积渗水

图 18-90　深圳某大厦 98 层核心筒顶部不掺膨胀剂，不埋冷却水管，基础大体积混凝凝土裂缝控制成功

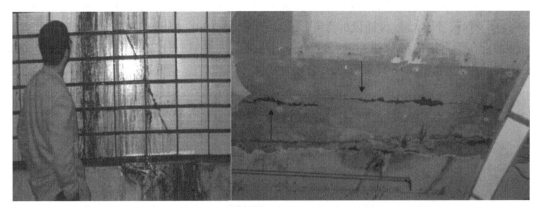

图 18-91　上海沉管隧道掺 UEA 和 TMS 两种膨胀减水剂后顶板产生裂缝 1082.1m，
侧墙裂缝 119.3m，底板裂缝 67.5m，管节之间变形缝采用橡胶止水带连接，橡胶带已坏

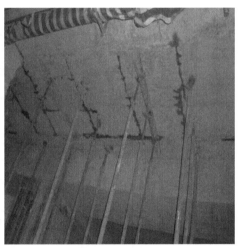

图 18-92　上海德国中心底板 220 m×80m，5 条底板后浇带掺膨胀剂 14%，
裂缝从施工后半月开裂延续至 6 个月之后，裂缝长度达 1380m。水位上升后，
后浇带膨胀压应力导致双边挤裂产生"DEF 破坏"，造成严重的渗漏破坏

1. 江苏某湖底隧道使用膨胀剂导致伸缩缝挤碎

1）工程概况

该隧道工程全长 2.66km，暗埋段长 2.23km，其中湖底隧道长约 1.7km。隧道主体为双向 6 车道，宽约 32m，单洞净宽为 13.6m，通行净高 4.5m。隧道工程自 2001 年 11 月开工，于 2003 年 4 月底竣工通车。

2）膨胀剂掺入对湖底隧道混凝土结构裂缝、变形的影响和分析

隧道全长均为明开挖施工，混凝土结构底板厚 1000mm，外侧墙厚 800mm，属超长、大体积混凝土结构。隧道主体采用补偿收缩混凝土 C30P8，JM-3 型高效复合微膨胀外加剂的掺入量为 6%～8%。隧道每隔 90m（管节）设一道变形缝，变形缝设计值为 6mm。

工程现场采用了布里渊光时域应变测量技术（BOTDR）对隧道变形、裂缝的发生和

发展情况进行了监测。图 18-93 所示为玄武湖隧道光纤布置断面图，其中 S6、S4、S7 和 N4、N4、N7、N1、N6 为铺设的光纤。图 18-94、图 18-95 分别为南隧洞北侧墙和北隧洞南侧墙近 3 个月内的部分伸缩缝开度的变化情况（伸缩缝开度以张开为正，闭合为负），监测时间为 2003 年 4 月 21 日至 7 月 30 日。

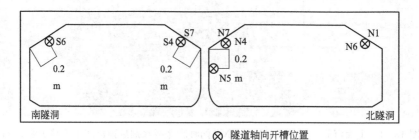

S6
S4
S7
N7
N4
N1
N6
N5
0.2
m
0.2
m
0.2
m
南隧洞
北隧洞
隧道轴向开槽位置

图 18-93　隧道光纤布置断面图

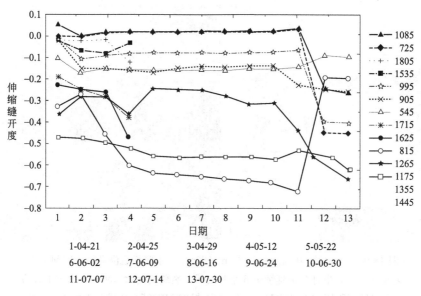

伸缩缝开度
日期
1085
725
1805
1535
995
905
545
1715
1625
815
1265
1175
1355
1445
1-04-21　2-04-25　3-04-29　4-05-12　5-05-22
6-06-02　7-06-09　8-06-16　9-06-24　10-06-30
11-07-07　12-07-14　13-07-30

图 18-94　南隧洞北侧墙部分伸缩缝开度的变化曲线

从图中可以看出，随着温度的升高，混凝土发生膨胀，伸缩缝的开度出现闭合。图 18-94 中 815 和 1175 处的伸缩缝闭合量分别达到了 0.72cm 和 0.61cm，图 18-95 中 1715 处伸缩缝闭合量达到了 0.83cm，都超过了伸缩缝设计值 0.6cm。究其原因，是由于膨胀剂的掺入使得混凝土硬化后发生“延迟钙矾石生成（DEF）”现象，混凝土内部生成膨胀性的钙矾石，且混凝土膨胀量不可预控，收缩裂缝不可控，加之施工完成后大部分结构处于玄武湖水下，充足的水分供应形成了延迟钙矾石生成的膨胀应力必需条件，造成玄武湖隧道混凝土结构开裂与渗漏，变形超过设计值，变形缝两侧混凝土相互挤压产生破坏，引起渗水渗漏等工程问题，严重危害了隧道安全。为了探索温度收缩应力的原理，作者从 20 世纪 50 年代起一直在观测永久性变形缝的开合度，绝大部分工程的变形缝实际变形缝都是展开性，都比原来预留的变形都要宽，没有出现本工程闭合性的变形。

图 18-96 所示为玄武湖隧道现场变形缝两侧混凝土挤压破坏图，是属于延迟性膨胀应

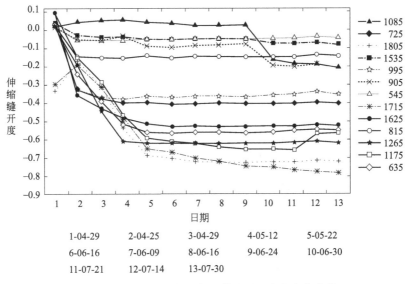

图 18-95 北隧洞南侧墙部分伸缩缝开度的变化曲线

力引起的破坏和渗漏。

表 18-1 所示为玄武湖隧道渗水渗漏情况明细表，图 18-97 所示为与表 1 序号相对应的现场照片。对于我国江湖河海中及其附近的各种工程施工工况，以及施工期间无水后期有水的工程结构，如桥隧与核电站等均相似。对于采用补偿收缩混凝土都应当特别慎重，防止由于延迟性膨胀应力引起的破坏。

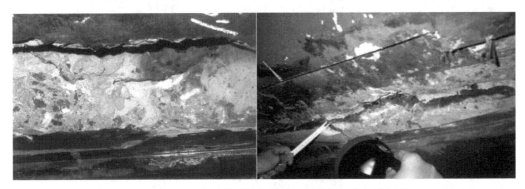

图 18-96 玄武湖隧道现场变形缝两侧混凝土挤压破坏图

玄武湖隧道渗水渗漏情况明细表　　　　　　　　　　　　　　　　　　　表 18-1

序号	部位	渗水渗漏程度
1	南匝道 K0＋172～K0＋180 南侧路边（长度 8m）	一般
2	南匝道 K0＋182～K0＋185 北侧路边（长度 3m）	较严重
3	南匝道 K0＋219～K0＋222 北侧路边（长度 3m）	较严重
4	南匝道 K0＋225～K0＋228 南侧路边（长度 3m）	一般
5	南匝道 K0＋290～K0＋293 南侧路边（长度 3m）	一般

续表

序号	部位	渗水渗漏程度
6	南匝道 K0+298～K0+308 南侧路边（长度 10m）	一般
7	南匝道 K0+318～K0+320 北侧路边（长度 2m）	较严重
8	南匝道 K0+325～K0+330 南侧路边（长度 5m）	一般
9	南匝道 K0+383～K0+392 北侧路边（长度 5m）	一般
10	南匝道 K0+377～K0+422 南侧路边（长度 42m）	较严重
11	北匝道 K0+229～K0+230 北侧路边（长度 1m）	较严重
12	北匝道 K0+322～K0+327 北侧路边（长度 5m）	一般
13	北匝道 K0+388～K0+418 北侧路边（长度 30m）	一般
14	南道 K0-220～K0-265 南侧路边（长度 40m）	一般
15	南道 K0+240～K0+255 南侧路边（长度 15m）	较严重
16	南道 K0+275～K0+300 南侧路边（长度 25m）	一般
17	南道 K0+320 变形缝南侧顶部	严重
18	南道 K0+320 变形缝北侧顶部	一般
19	南道 K1+875 路中	严重
20	北道 K1+685～K1+715 北侧路边（长度 30m）	一般
21	北道 K1+085 变形缝中部	一般
22	北道 K1+000～k1+003 北侧路边（长度 3m）	一般
23	北道 K0+005～k0+008 北侧路边（长度 3m）	较严重
24	北道 K1+175 变形缝北侧顶部	一般
25、26	K0-175 电缆通道（含安全通道）	严重
27	南道 K0+815 变形缝北侧顶部	一般
28	南匝道进口第二道变形缝（K0+387.5）中间顶部	一般

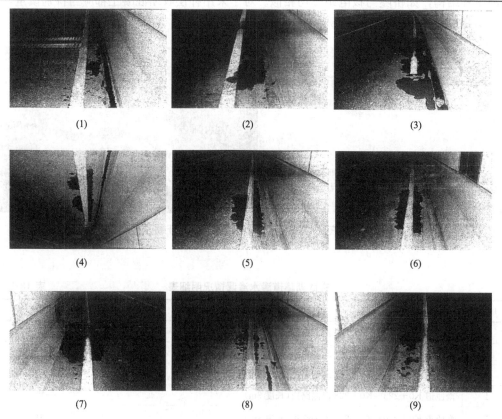

(1)　　　　　　　　　(2)　　　　　　　　　(3)

(4)　　　　　　　　　(5)　　　　　　　　　(6)

(7)　　　　　　　　　(8)　　　　　　　　　(9)

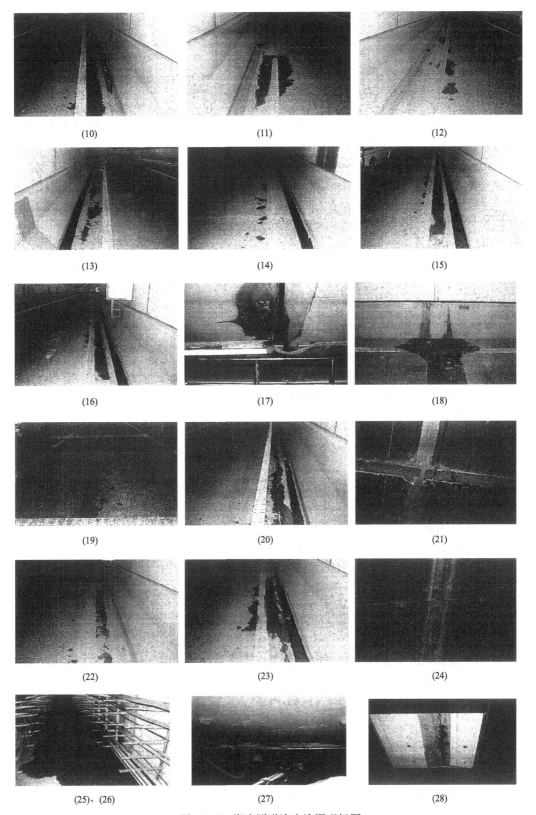

(10)　　　　　　　　　(11)　　　　　　　　　(12)

(13)　　　　　　　　　(14)　　　　　　　　　(15)

(16)　　　　　　　　　(17)　　　　　　　　　(18)

(19)　　　　　　　　　(20)　　　　　　　　　(21)

(22)　　　　　　　　　(23)　　　　　　　　　(24)

(25)、(26)　　　　　　　(27)　　　　　　　　　(28)

图 18-97　湖底隧道渗水渗漏现场图

2. 江苏某隧道取消膨胀剂掺入没有产生延迟膨胀现象

1）工程概况

该隧道工程主线全长 2.79km，它包括山体隧道和湖底隧道两段，湖底段长约 1600m。工程主线为双向六车道隧道开挖最大宽度为 32.06m，高度 10.33m，隧道中墙设计为内净宽 2.0m 的空心墙，其内部空间设置管廊及管线维修安全通道。该隧道设计安全等级为一级，使用年限 100 年。

2）混凝土施工技术措施

该隧道下穿湖底，在参考某湖底隧道设计经验的基础上，作出了如下调整：取消了膨胀剂，采用新型的聚羧酸系高效减水剂作为外加剂。

高性能混凝土外加剂的选择是混凝土成败的关键因素之一。以往的隧道工程，混凝土外加剂通常采用膨胀剂，利用补偿收缩来减少混凝土收缩裂缝，然而膨胀剂对养护要求极高。本隧道首次采用了聚羧酸系高效减水剂作为混凝土外加剂，该外加剂集减水、保坍、减缩等功能于一体，有延缓水泥水化放热和降低放热速率峰值、降低内部收缩应力的功效。

3）工程应用效果

该隧道通过对混凝土外加剂在本工程环境的适应性分析试验研究，和对混凝土温度应力的建模分析和现场试验，最终选用新型聚羧酸系高效减水剂而舍弃了使用膨胀剂，改进抗渗混凝土配合比，控制了混凝土的裂缝，大大减小了混凝土的收缩量，取得了湖底隧道不渗不漏的效果。

3. 某核电工程常规岛底板混凝土结构取消膨胀剂的使用

本工程常规岛底板为 C30P10 混凝土，设计龄期 60d，有抗裂要求。设计文件中规定，底板混凝土掺入 WG-HEA 型膨胀剂和 WK-2 型聚丙纤维以满足混凝土的抗渗防裂要求。

常规岛底板混凝土施工方案评审会否决了膨胀剂的使用，理由是含有膨胀性能的外加剂其膨胀时间、膨胀量大小和产生膨胀的条件受多种因素影响，施工和养护时难以控制，不利于大体积混凝土的质量控制。大量工程实践表明，若养护条件达不到要求，混凝土的收缩将会比不加膨胀剂的情形大得多，甚至还会产生大量裂缝。在不加膨胀剂的情况下，采取其他减少收缩的技术措施同样能保证混凝土不产生裂缝，且裂缝控制风险很小，这一点已在大量工程实践中得到证明。

4. 福建某核电厂 1 号机组核电安全壳结构应用无收缩灌浆料修补（掺膨胀剂）后期混凝土裂缝产生情况

2011 年 12 月某核电站安全壳工地发现了不良接茬冷缝迹象和表面色差，要求进行停工整改。2012 年 3 月召开专家会议决定，开槽灌浆，使用掺有膨胀剂无收缩的 CGM-1 高效收缩灌浆料。2015 年本工程经检查发现，灌浆处出现 10 条，裂缝最大宽度 0.3mm，部分修改后有渗漏锈蚀，预埋件锈蚀。裂缝观察设置 10 个裂缝观测区，其结果显示：

（1）设备闸门孔两侧加厚区至过渡区，存在可见裂缝 10 条，均位于原有混凝土分层浇筑界面，水平走向，由孔洞边缘向加厚过渡区延伸，宽度 0.05～0.2mm，长度 200～

1700mm，集中于标高 21～27m。设备闸门孔加厚区为水平钢束的锚固区，存在锚具后封堵混凝土，存在混凝土表面干缩裂缝。

（2）在穹顶部位 51m/40.91gr 绘制的 2m×2m 的裂缝观测区内，存在一条长 0.6m、宽度为 0.05mm 的表面混凝土收缩裂纹。

（3）在筒身部位 26.5m/340.91gr 绘制的 2m×2m 的裂缝观测区内，存在一条长 0.25m、宽度为 0.05mm 的混凝土表面收缩裂缝。

（4）在筒身与扶壁柱相交部位 25.5m/313.334gr 绘制的 2m×2m 的裂缝观测区内，扶壁柱的二次浇筑区上存在形状不规则的最大宽度为 0.15mm 的混凝土表面收缩裂缝。

（5）在筒身与扶壁柱相交部位 24.5m/0.00gr 绘制的 2m×2m 的裂缝观测区内，扶壁柱的二次浇筑区上存在形状不规则的最大宽度为 0.2mm 的混凝土表面收缩裂缝。如表 18-2 和表 18-3 所示。

试验前安全壳表面裂缝观测区内缺陷　　　　　　　　　　　表 18-2

序号	标高（m）	方位（gr）	结构部位	裂缝等缺陷变化
1	+24.05	40.910	筒壁中间高度处	无
2	+26.50	340.910	筒壁中间高度处	可见裂缝 1 条，宽 0.05mm，长 250mm
3	+22.90	227.350	设备闸门孔筒壁交界处	无
4	+22.90	185.982	设备闸门孔筒壁交界处	无
5	+22.90	/	设备闸门孔周围	存在可见裂缝 10 条，均位于原有混凝土分层浇筑界面，水平走向，由孔洞边缘向加厚过渡区延伸，宽 0.05～0.2mm，长 200～1700mm，集中于标高 21～27m
6	+24.50	0.000	扶壁柱与筒壁相交处	可见裂缝 4 条，均位于扶壁柱二次浇筑区位置，不规则走向，宽 0.1～0.2mm，长 300～1700mm
7	+25.50	313.334	扶壁柱与筒壁相交处	可见裂缝 3 条，均位于扶壁柱二次浇筑区位置，竖向，宽 0.05～0.2mm，长 240～1600mm
8	+51.00	0.000	环梁与穹顶连接处	钢筋头外露，无其他缺陷
9	+51.00	40.910	环梁与穹顶连接处	可见裂缝 1 条，宽 0.05mm，长 500mm
10	+56.68	/	穹顶中心	无

安全壳外表混凝土检查结果综述　　　　　　　　　　　表 18-3

序号	原始记录编号	标高（m）	方位（gr）	缺陷代码	描述
1	42	−11.5	278	FI	长 1.1m，宽 0.05m，竖向裂缝
2	41	−11.2	270	SU	长约 1.2m，竖向
3	38	−6	323	FI	长 0.78m，宽 0.05mm，竖向裂缝
4	39	−6	340	CO	钢筋头外露锈蚀
5	40	−6	13	FI	长 0.38m，宽 0.15mm
6	31	−6	275	CO	钢筋头外露锈蚀
7	32	−6	260	CO	预埋件锈蚀
8	34	−5	300	CO	钢筋头外露锈蚀（扶壁柱底部）
9	35	−5	300	CO	预埋件锈蚀（扶壁柱底部）

续表

序号	原始记录编号	标高(m)	方位(gr)	缺陷代码	描述
10	36	−5	313	CO	预埋件锈蚀
11	37	−5	313	CO	预埋件锈蚀
12	33	−4	245	CO	预埋件锈蚀(−7m处筒身普遍存在)
13	88	1.1	217	CO	预埋件外露锈蚀,上下间隔约3m成对出现,尺寸0.2m×0.2m
14	89	1.1	189	CO	预埋件外露锈蚀,上下间隔约3m成对出现,尺寸0.2m×0.2m
15	62	1.3	113	CO	扶壁柱左侧钢筋外露锈蚀
16	90	1.5	181	CO	螺栓孔外露锈蚀
17	63	3.9	117	CO	筒壁预埋件外露锈蚀,沿筒壁向上每隔2m均由此缺陷
18	68	8	112	CO	扶壁柱左侧钢筋外露锈蚀
19	64	10.5	112	CO	扶壁柱左侧钢筋外露锈蚀
20	67	12.1	109	CA	螺栓孔未封堵密实
21	65	12.3	112	NCCA	筒壁局部空洞,小面积蜂窝麻面
22	66	12.6	120	NC	筒壁小面积蜂窝麻面
23	69	14.1	112	CA	螺栓孔封堵不密实
24	54	14.6	112	CO	扶壁柱正面左侧2根钢筋头外露锈蚀
25	55	16.4	195	CO	扶壁柱正面左侧多处钢筋外露锈蚀
26	73	21	195	FI	闸门区变截面区,长1.7m,宽0.15mm,横向裂缝
27	74	22	195	FI	闸门区变截面区,长0.4m,宽0.1mm,横向裂缝
28	75	22.1	194	FI	闸门区变截面区,长0.2m,宽0.1mm,横向裂缝
29	76	22.6	195	FI	闸门区变截面区,长0.5m,宽小于0.05mm,横向裂缝
30	77	23.1	195	FI	闸门区变截面区,长0.3m,宽小于0.05mm,横向裂缝
31	81	23.6	220	FI	闸门区变截面区,长0.57m,宽0.1mm,横向裂缝
32	82	23.9	220	FI	闸门区变截面区,长0.62m,宽0.05mm,横向裂缝
33	83	24	220	FI	闸门区变截面区,长1m,宽0.15mm,横向裂缝
34	84	25.5	221	FI	闸门区变截面区,长1.3m,宽0.2mm,横向裂缝
35	85	27	220	FI	闸门区变截面区,长0.6m,宽0.05mm,横向裂缝
36	78	28	190	CO	预埋钢管头外露锈蚀
37	86	28.5	223	CO	预埋件外露锈蚀
38	80	28.6	206	DX	闸门口上方变截面处混凝土剥落0.9m×0.3m
39	87	29.2	213	CO	钢筋外露锈蚀
40	79	29.5	194	NC	闸门口变截面区,蜂窝麻面,0.55m×0.5m
41	72	49m	60	FI	环梁变截面处,长1.5m,宽0.15mm,竖向
42	2	50m	33.3	FI	筒身与穹顶连接处,长1.5m,宽0.25mm,斜向裂缝
43	2	50m	30	FI	筒身与穹顶连接处,长1.5m,宽0.25mm,斜向裂缝
44	4	50m	25.6	FI	筒身与穹顶连接处,长1.5m,宽0.2mm,斜向裂缝

续表

序号	原始记录编号	标高(m)	方位(gr)	缺陷代码	描述
45	5	50m	22.2	FI	筒身与穹顶连接处,长1.2m,宽0.2mm,竖向裂缝
46	7	50m	16.7	FI	筒身与穹顶连接处,长1.2m,宽0.15mm,竖向裂缝
47	8	50m	0.0	FI	筒身与穹顶连接处,长1.2m,宽0.15mm,竖向裂缝
48	9	50m	397.8	FI	筒身与穹顶连接处,长1.2m,宽0.1mm,竖向裂缝
49	10	50m	394.4	FI	筒身与穹顶连接处,长1.5m,宽0.15mm,竖向裂缝
50	11	50m	392.2	FI	筒身与穹顶连接处,长1.2m,宽0.2mm,竖向裂缝
51	12	50m	391.1	FI	筒身与穹顶连接处,长1.6m,宽0.1mm,斜向裂缝
52	13	50m	355.6	FI	筒身与穹顶连接处,长1.0m,宽0.1mm,横向裂缝
53	14	50m	356.7	FI	筒身与穹顶连接处,长1.5m,宽0.2mm,斜向裂缝
54	15	50m	350	FI	筒身与穹顶连接处,长2.0m,宽0.25mm,斜向不规则裂缝
55	16	50m	344.4	FI	筒身与穹顶连接处,长1.6m,宽0.2mm,斜向裂缝
56	17	50m	333.3	FI	筒身与穹顶连接处,长1.5m,宽0.2mm,斜向裂缝
57	18	50m	250	FI	筒身与穹顶连接处,宽0.30mm,不规则裂缝
58	19	50m	233.3	FI	筒身与穹顶连接处,长1.5m,宽0.3mm,斜向裂缝
59	20	50m	177.8	FI	筒身与穹顶连接处,长1.2m,宽0.2mm,竖向裂缝
60	21	50m	166.7	FI	筒身与穹顶连接处,长3.0m,宽0.3mm,不规则裂缝
61	22	50m	161.1	FI	筒身与穹顶连接处,长1.2m,宽0.25mm,竖向裂缝
62	23	50m	150	FI	筒身与穹顶连接处,长1.2m,宽0.25mm,竖向裂缝
63	24	50m	147.8	FI	筒身与穹顶连接处,长1.2m,宽0.25mm,竖向裂缝
64	25	50m	133.3	FI	筒身与穹顶连接处,长1.2m,宽0.25mm,竖向裂缝
65	26	50m	127.8	FI	筒身与穹顶连接处,长1.5m,宽0.2mm,斜向裂缝
66	27	50m	111.1	FI	筒身与穹顶连接处,长1.6m,宽0.25mm,斜向裂缝
67	28	50m	100	FI	筒身与穹顶连接处,长1.5m,宽0.2mm,斜向裂缝
68	29	50m	88.9	FI	筒身与穹顶连接处,长1.2m,宽0.2mm,竖向裂缝
69	30	50m	66.7	FI	筒身与穹顶连接处,长1.2m,宽0.2mm,竖向裂缝
70	57	50m	190	CO	钢筋头外露锈蚀
71	58	50m	190	FI	长1.0m,宽0.15mm,竖向裂缝
72	60	50m	120	NC	蜂窝麻面0.4m×0.7m
73	61	50m	100	DX	女儿墙与环梁交界处,混凝土坑洞、裂缝及蜂窝麻面,普遍现象
74	71	50m	60	CE	表面开裂
75	56	50.3m	150	FI	环梁上,长1.5m,宽0.2mm,横向裂缝(模板缝,普遍存在)
76	3	50.4m	27.8	FI	筒身与穹顶连接处,宽0.25mm,不规则裂缝
77	6	50.5m	21.1	DX	筒身与穹顶连接处,200mm×200mm,混凝土表面不平整
78	59	50.5m	120	FI	长0.8m,宽0.2mm,横向裂缝
79	70	50.5m	60	FI	长1m,宽0.15mm,横向裂缝
80	50	53m	250	NC	蜂窝麻面1m×2m

续表

序号	原始记录编号	标高(m)	方位(gr)	缺陷代码	描述
81	49	54m	250	CO	钢筋外露锈蚀(穹顶普遍存在)
82	44	55m	35	FI	长0.3m,宽0.2mm,横向裂缝
83	47	55m	355	DX	避雷钢条固定螺栓外露锈蚀,且固定螺栓位置混凝土有坑槽(普遍现象)
84	48	55m	340	FI	长0.9m,宽0.15mm,横向裂缝
85	51	55m	230	FI	长0.35m,宽0.2mm,横向裂缝
86	53	55m	100	FI	长0.5m,宽0.2mm,横向裂缝
87	43	55.5m	35	FI	长0.65m,宽0.2mm,横向裂缝
88	45	55.6m	13	FI	长0.3m,宽0.2mm,横向裂缝
89	46	55.6m	370	FI	长0.58m,宽0.2mm,横向裂
90	52	56m	220	CO	钢管头外露锈蚀(穹顶普遍存在)

注:缺陷代码

裂纹:FI	锈蚀:CO	渗流痕迹:SU
坑窝麻面:NC	表面开裂:CE	水泥碎片:EP
空洞:CA	混凝土离析:SE	其他缺陷:DX

以上检查结果表明,总体而言,安全壳结构的外观质量良好。

5. 华为岗头配套厂房项目掺入膨胀剂后楼板裂缝情况

本工程由停车场、司机休息楼、岗亭及室外道路等配套公共区域组成,总建筑面积12.9876万 m^2,停车场地下两层,地上六层。停车场地下室单层面积约21000m^2,长宽均为145.2m,地上单层面积约为13000m^2,长宽均为117.6m。

本工程厂房为超长结构,应甲方要求采用无缝浇筑技术,不设后浇带。在混凝土中掺入高效低碱型膨胀剂并设置加强带,膨胀剂掺量和加强带设置方案由外加剂厂家提供。膨胀剂的掺入使得南、北区楼板产生大量裂缝,裂缝分布如图18-98和图18-99所示。2015年9月8日作者与中建四局冷总一起前往现场。

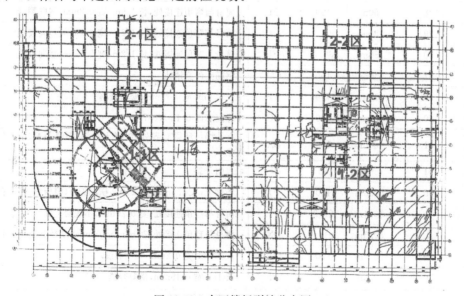

图18-98 南区楼板裂缝分布图

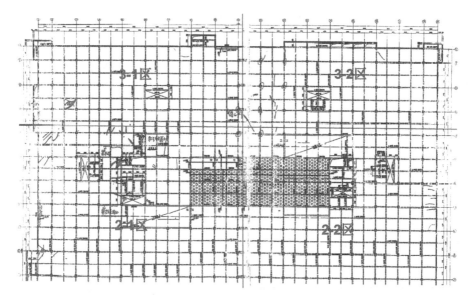

图 18-99　北区楼板裂缝分布图

6. 中央电视台新台址主楼筏板超大体积混凝土掺与不掺对比试验

中央电视台新台址建设工程主楼建筑面积为 472998m²，建筑高度 234m。本工程主楼底板南北长 292.7m，东西宽 219.7m，塔楼区基底标高为－27.400～－21.000m，裙房和基底区基底标高为－20.500～－15.600m。基底标高变化大，错台较多，塔楼区底板厚度为 4.5m～10.9m，裙楼和基座区厚度为 1.3m～2.5m。基础筏板强度为 C40，抗渗等级为 P8。原设计掺入膨胀剂，在进行 180 组掺入与不掺入对比试验后决定取消膨胀剂掺入，并加强施工养护，裂缝控制取得圆满成功。如图 18-100 所示。

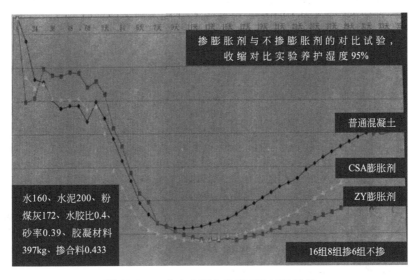

图 18-100　中央电视台收缩对比试验结果

7. 某天文台射电望远镜设备基础大量收缩裂缝

某天文台射电望远镜设备基础采用无收缩灌浆料（含 UGM 钙矾石膨胀源），产生大量裂缝，裂缝平均间距 0.5～1m，裂缝宽度 0.3～0.5m，说明膨胀剂不可能引起 0.2～0.7MPa 的预压应力，却产生了约束环向拉应力裂缝。裂缝的产生会引起渗漏，降低刚度，对设备运行不利。

英国著名混凝土学者内维尔认为"使用膨胀水泥也不可能配制出'无收缩'混凝土，在湿养护停止后，便会产生收缩，但可调节膨胀的大小，使膨胀和以后的收缩在数值上相等；大部分的钙矾石应该在水泥获得一定强度以后形成，否则，膨胀力将消耗在仍然是塑性混凝土的变形中，结果膨胀就不会受到约束，也不会产生预压应力，另一方面，如果钙矾石较长时间地继续快速形成，则可能会发生破坏性的膨胀"，如图 18-101 所示。

图 18-101　某天文台射电望远镜设备基础采用无收缩灌浆料

8. 膨胀应力引起的混凝土粉碎性酥裂破坏

2001 年 3 月 9 日作者应邀处理北京某公寓工程问题，其筏基底板掺 CEA 膨胀剂，膨胀剂膨胀压应力超过混凝土的抗压强度导致水中试块全部粉碎性酥裂，强度基本没有，原底板报废，只能重新做垫层，重新绑钢筋，打混凝土，如图 18-102 所示。

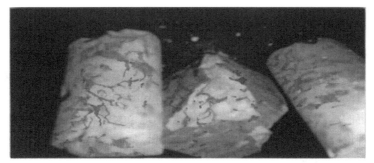

图 18-102 北京某公寓膨胀应力引起的混凝土粉碎性酥裂破坏

9. 美国华盛顿 M-1 号工程裂缝处理

2006 年作者应邀去美国华盛顿处理 M-1 号工程裂缝，现场曾用 4 种配合比浇筑 11 次，其中有美方专家提出，采用美国生产的膨胀剂按美国补偿收缩混凝土规定，将膨胀剂掺入混凝土，仍然出现较多的收缩裂缝，没有起到补偿收缩的作用。作者建议取消膨胀剂和引气剂，提高水胶比，加强构造设计，不采用松模浇水冷却，不采用养护剂，采取普通混凝土好好打的方法，最终取得良好裂缝控制效果，已经停工的工程得以复工。其后将 7 千美金购买的美国生产的试用膨胀剂全部退货时，美国经理说："你们买的时候就提醒过你们，应用这种材料是有风险的，你们不听，现在来退货是不应该的"，如图 18-103 所示。

图 18-103 美国华盛顿 M-1 号工程裂缝处理

10. 宝钢钢管桩和 PHC 桩基位移

1979～1980 年宝钢全厂各主要工程地基均发生水平位移现象，最大 300～500mm，引起国内外的高度重视，香港大公报、文汇报都有转载传闻"宝钢建在沙滩上随时可能滑到长江里去"。1980 年进行了位移为 361mm 和 376mm 的钢管桩承载力试验，证明完全可以达到设计规定的承载力。桩基的变形决定了宝钢地下大体积混凝土的开裂与渗漏，根据位移桩试验和理论研究，不予补强加固，至今完好，如图 18-104 所示。

图 18-104 宝钢桩基水平位移后钢管桩承载力和应变变形试验现场

11. 延迟膨胀应力引起的破坏——氧化镁（MgO）膨胀源后期膨胀氧化镁延迟膨胀引起高炉结构的爆裂

2004 年 7 月江西某钢铁厂利用炼钢炉内衬耐火砖经破碎后作为混凝土的再生骨料，浇筑高炉基础的台墩，但该耐火砖含有大量氧化镁，在一定的温湿度条件下，产生剧烈的不可控膨胀。因高炉外侧的厚钢板炉壳延伸到基础台墩，台墩膨胀应力将其外侧的厚钢板胀裂后裂缝延伸到高炉外侧的炉壳，造成煤气和铁水外溢，引起事故后经紧急抢修对钢板重新补焊。对台墩混凝土钻芯取样后发现含氧化镁的混凝土已经完全呈粉酥状挤压粉裂。上海市普陀路 211 号 1 号楼钢筋混凝土框架出现过类似质量事故，该结构的混凝土因含有氧化镁杂质，经若干年使用后产生后期膨胀爆裂。这些混凝土的粉酥胀裂现象与北京某公寓在水中养护的掺氧化钙类膨胀剂 CEA 的混凝土试件的粉酥状破坏相似。近年来我国各种膨胀剂发展迅速，被称为膨胀剂大国。对氧化钙、氧化镁、钙矾石类膨胀剂因其收缩和膨胀的不可控性，特别在遇有干湿交替的环境可能产生由于供水条件不足，收缩落差引起更加严重的收缩裂缝，或者由于结构后期长期处于水中条件而产生延迟性膨胀应力破坏。对此应该进行细致深入的调查研究和使用效果回访，并联系工程实际条件开展详细的科学试验，以确保工程结构的安全可靠性。例如田智超、李长成、刘立最近的试验结果：当结构环境没有充足供水时，限制膨胀率为零。如图 18-105 和图 18-106 所示。

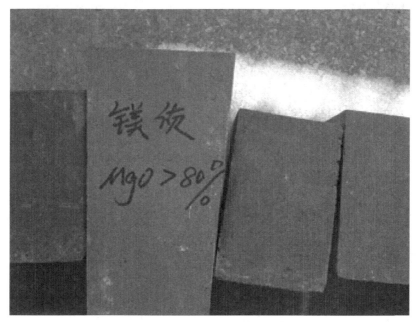

图 18-105　炼钢炉内衬耐火砖

现在大量的工程都是出于干湿交替的环境中，特别需要慎重延迟膨胀应力引起的破坏。

2017 年 9 月 14 日，作者应邀前往深圳前海嘉里工程项目处理掺氧化镁膨胀剂没有起到补偿收缩作用引起开裂与渗漏的工程问题。配合比：水 153、水泥泥 301、粉煤灰 68、沙 721、石 1037、减水剂 7.67、膨胀剂 41（属性氧化钙）、阻锈剂 21。裂缝达 400 多条，多数为贯穿性裂缝，见图 18-107。氧化镁长期化学作用是否存在后期延迟破坏的可能，有待进一步探讨。有许多工程利用炼钢厂的含氧化镁极不均匀的钢渣做回填地基，造成工程结构严重开裂。

12. 杭州国际博览中心（G20 主会场）

杭州国际博览中心（G20 主会场）中建八局施工，总建筑面积 841584m²，如图 18-108 所示，其中，地上面积 3106201m²，地下面积 530964m²，550m×340m 在原设计后浇带位置设计跳仓法施工缝，跳仓施工缝把基础底板分为 84 仓，裂缝控制取得圆满成功。2016 年 9 月 4 日在杭州国际博览中心召开 G20 峰会。

图 18-106 炼钢炉内衬耐火砖经破碎做再生混凝土骨料中氧化镁引起后期膨胀应力

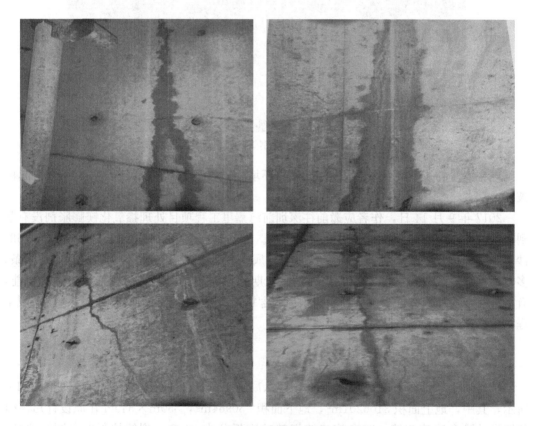

图 18-107 掺氧化钙膨胀剂引起的开裂

图 18-108　跳仓法施工缝在 G20 主会场的应用

附录　跳仓法工程实例表

超长大体积混凝土无缝跳仓法箱筏基础最长 1300m、最厚 8m，不埋冷却水管、不掺膨胀剂、不设伸缩缝、不设沉降缝、不设后浇带主要工程实例。

序号	工程名称	施工时间	工程内容结构特点
1	武钢 1700 热轧带钢厂	1975.6	地下箱筏设备基础总长 686m，40m 间距跳仓施工，无害裂缝经化灌处理至今满足正常使用要求，十九冶施工
2	上海宝钢初轧厂	1979.4	箱筏设备基础总长 912m，共分五区 12 片 116 块跳仓分块尺寸 40～75m，出现轻微裂缝，满足多年正常使用
3	上海宝钢三百吨氧气顶吹转炉基础(一次整体浇筑)	1979.6	基础三吹二，受力不均并承受高温和疲劳作用，结构尺寸 91m×30m，厚度 2.5m，采用保温保湿加强养护和严格控制坍落度(12cm±2cm)等措施，实现一次整体浇筑，控制裂缝成功
4	上海人民广场地铁车站	1991	车站为两层结构地下连续墙，底板及楼板跳仓施工，混凝土强度等级 C23P6，32.5 级矿渣水泥，严格控制沙石骨料含泥量，控制裂缝效果良好，总长 367.8mm
5	上海八万吨筒仓基础工程(一次整体浇筑)	1992.2	八万吨筒仓基础 125.2m×33.26m，厚度 1.8m，不留伸缩缝及后浇带，在 - 8℃严寒条件下，C30 普通混凝土，原设计中曾考虑采用膨胀剂，之后被取消，利用水化热实现自养户，跳仓法浇筑控制裂缝成功
6	上海人民广场地下车库及商业街及地下空间开发	1991	平面尺寸 175m×146m，开挖深度 11m，跳仓法施工，分仓长度 40～62m，逆作法控制裂缝成功
7	上海金都大厦	1993	基础平面 65m×45m，取消温度后浇带及沉降后浇带，至今使用正常
8	上海外滩金融广场	1994	基础结构平面 63.3m×45.5m，底板厚度 2.5m，取消主裙楼后浇带，至今使用正常
9	上海宝钢 1580 热轧	1994	平面 530m×80m，采用跳仓法施工，混凝土 C30R60 出现过轻微裂缝至今生产正常，宝冶施工
10	上海国际网球中心	1994	两栋高 22 层塔楼，中部设 3～4 层楼高的室内网球场，框剪结构，采用桩箱基础、塔楼与体育馆原设两条沉降后浇带，经验算差异沉降小于 30mm，提前封闭后浇带
11	上海八万人体育场	1995	体育场箱基直径 300m，采用跳仓法施工，无伸缩缝后浇带，混凝土强度 C35R60，共分 24 块跳仓，取消膨胀剂，施工中出现轻微裂缝，至今使用正常
12	上海浦贸大厦	1996	基础结构平面 67m×48m，主楼底板厚度 2.3m，裙楼底板厚度 1.2m 取消主裙楼后浇带，至今使用正常
13	上海瑞丰大厦	1996	箱基 50m×50m，跳仓施工取消后浇带，未发现有害裂缝
14	上海远东国际大厦	1998	基础结构平面 80m×40m，混凝土 C30P6，取消主裙楼沉降后浇带和温度后浇带，至今使用正常
15	新上海国际大厦	1999	主楼 38 层，地下四层，基础平面 76m×40m，取消温度后浇带及沉降后浇带，至今使用正常
16	上海浦东新区世界金融大厦	1999	主楼 43 层，裙楼 4 层，箱基 57m×33m，呈钻石形，最长边 80m。底板厚 2.9m，裙楼挑出 46m，取消主裙楼的沉降后浇带和温度后浇带
17	上海虹口商城	2001	主楼地下二层，地上二十二层，裙房地下二层，地上六层，最大差异沉降为 2.9m，取消温度及沉降后浇带，至今使用正常

序号	工程名称	施工时间	工程内容结构特点
18	上钢一厂 1780 不锈钢工程	2001.6	总长 428.4m,宽 81.75~100m,深－12 ～－9.6m,混凝土量达 13.2 万 m³,采用跳仓施工技术,取得控制裂缝的圆满成功。获得国内外专家的一致好评
19	大连城市广场	2003	由三个建筑区组成,主体基础 140m×80m,采用跳仓法施工,进行了详细的温度场及应力场的监测,没有发现肉眼可见裂缝
20	上海宝钢宽厚板	2004	箱基 490m×80m,采用跳仓法施工,混凝土强度 C30,控制裂缝成功
21	南京九华山隧道	2004	扩大永久性伸缩缝间距 60m,分 4m×15m,跳仓施工,控制裂缝效果良好
22	武汉钢铁公司 2250 工程	2004	本工程 510m×80m,引进德国设备,德国原设计采用永久性伸缩缝法,经我国对口设计院改为后浇带法,后经施工单位改为跳仓施工法,控制裂缝效果良好
23	深圳市民广场	2004	地下车库两层,平面尺寸 240m×220m,采用跳仓施工,控制裂缝效果良好,已正常投入使用
24	上光电-日本 NEC	2004	结构为地上框架井字梁结构 237m×135m 两栋建筑,均采用跳仓法施工,控制裂缝取得圆满成功
25	首钢迁安 2160 热轧	2005	结构平面 318m×80m,采用跳仓法施工,取得控制裂缝圆满成功
26	北京王府井大厦(澳门中心)	2005	基础东西 65m,南北 113m,地下 3 层,地上 14 层,"跳仓法"施工缝代替后浇带,C40 混凝土 90d 强度
27	上海宝钢 1880 热轧	2006	箱基 600m×80m,采用跳仓法施工出现过轻微的裂缝,控制裂缝成功
28	北京中京艺苑(梅兰芳大剧院)	2006	由大剧场两栋写字楼一栋酒店组成地下连体四层车库,201m×86m,取消了沉降后浇带和温度后浇带分 13 块跳仓施工,取消后浇带 655m 前部分后浇带采用普通混凝土(不加膨胀剂),不仅取得了控制裂缝的圆满成功,而且节约投资 151.34 万元
29	北京蓝色港湾	2006	结构长度 386m×163m,位于北京朝阳公园三面环水工程,采用跳仓法施工,采用反梁结构,取消膨胀剂,裂缝控制取得圆满成功
30	北京居然大厦	2006	地下结构东西长 120.25m,南北宽 54.56m,埋深 16.97m,取消后浇带,取消膨胀剂,利用 90d 后期强度,采用跳仓法施工。取得控制裂缝圆满成功,节约投资 90.3 万
31	太钢热轧	2006	超常大型箱体基础,跳仓法施工,控制裂缝圆满成功
32	沙钢宽厚板热轧厂	2006	采用后浇带法和跳仓法施工,控制裂缝良好
33	昆山光电厂	2006	超长框架结构平面 324m×162m,采用跳仓法和部分后浇带法施工
34	望京嘉美风尚二期	2006	地下 3 层,地上 24~26 层两栋塔楼以 5 层裙房相连接。地下室"跳仓法"施工,取消 UEA 采用混凝土后期强度,节约成本
35	上海浦钢 4200 热轧	2006	地下轧钢基础超长 636m×(77~200)m,跳仓施工至今生产正常,车间长度 1300m 二十冶跳仓施工
36	太原集团公司 2250 热轧工程	2006	基础主轧线全长 438m,基础厚度 1.5m,局部 2.5m,墙板厚度 1.1m,顶板厚度 1.2m,建筑面积 30000m²,采用分块跳仓施工,计算了温度收缩应力,加强施工管理,跳仓施工,控制裂缝成功
37	金顶商贸区 C 地块(北京)	2007	四栋高层塔楼 15 层,5 层裙楼连体地下室,平面 190m×100m,地下 3 层取消后浇带,包括温度及沉降后浇带,采用跳仓法,不掺特殊外加剂,控制裂缝成功
38	北京光华路南 SOHO	2007	地下 4 层地上 14 层 24086m²,提前封闭沉降后浇带,C40 混凝土,60d 强度取消温度后浇带提前封闭沉降后浇带
39	北京妇女活动中心二期	2007	地下 4 层,局部 5 层,地上 6~11 层,基础结构平面 205m×110m,底板厚 80~120cm。全部取消地下室后浇带,无有害裂缝、无渗漏,加快工期 28d,节约资金 12 万元

序号	工程名称	施工时间	工程内容结构特点
40	北京王府井45号综合楼	2007	地上8层,地下3层,设计C40混凝土采用90d强度,"跳仓法"利于现场文明施工管理,节约工程投资
41	北京农业广播电视教育中心	2007	地下2层,地上21层,通过取消基础飞边,减薄基础底板,降低混凝土强度等级,地下室采取"跳仓法"等施工措施,节省投资约700万元
42	北京新华联大厦	2007	地下3层、地上23层,通过取消筏板基础部分飞边,将主楼梁板基础由原设计100cm厚度改为80cm,减薄裙房抗水板混凝土厚度,地下室采取"跳仓法"施工基础底板90d,地下室墙60d强度,节约投资约600万元,并加快了工程进度
43	青岛奥帆赛场	2007	地下超长结构306m×183m,原设计不设永久性伸缩缝,采用后浇带和膨胀加强带法,最后采用跳仓法施工,控制裂缝取得成功,加快了进度
44	上海浦钢4200宽厚板轧钢	2007	超长超宽底下箱形基础1300m×80m,采用C30~C35,跳仓法施工,取得裂缝控制成功,只在加热炉区出现少量裂缝,经处理完全满足生产要求
45	广州世纪去顶地下车库	2008	地下车库3层,120m×100m,分仓距离约40m,地上4栋塔楼34层,取得控制裂缝的圆满成功
46	中国现代(鲁迅)文艺馆(方圆公司监理)	2008	地下1层,地上6层,基础长42m,宽21m,C40混凝土60d龄期,取消后浇带
47	北京仁和日升地下车库	2008	大型地下车库300m×246m采用跳仓法施工
48	北京广安门住宅小区C区公建工程	2009	地下3层、地上局部15层,基础长118.7m,宽98.9m,跳仓法取消后浇带
49	北京中国航天二院23所91号科研楼(电子大楼)	2009	地下1层,地上11层,平面基本为"山"字形,东西长165.2m,最窄处24m,地下室跳仓法施工,上部结构留后浇带7~10d浇筑
50	广州新客站	2009	21m高空浇筑大体积混凝土,196m×125m、196m×100m、196m×75m的梁板结构,梁高3.2m,为高速铁路需要,工期紧迫,采用跳仓法满足工期要求,控制裂缝成功
51	上海世博会主题馆地下人防	2009	超长350m×45m两层地下空间,包括商场车库及人防,采用跳仓法无缝施工,已按优良工程验收
52	厦门车站前广场梧村地下商业街	2006~2009	地下商业街采用现浇钢筋混凝土箱体结构,超长420m,宽40m,180m×20m,采用40~50m分块跳仓间歇时间7d,主要干道部分采用逆做法施工,C30R60已完成50%,未发现有害裂缝
53	深圳安托山综合大楼	2007~2009	地下一层,地上17层,整体框架现浇结构,148m×80m,地下室采用跳仓法施工。楼板跳仓法与后浇带法结合,后浇带封闭时间7d,地下室不做外防水,取得控制裂缝的圆满成功
54	北京大龙房产裕龙花园	2007~2009	地下工程460m×340m采用跳仓法施工,取消温度后浇带及沉降后浇带
55	抚顺万达广场项目	2010	项目底板:315m×182m,取消所有底板、外墙及楼板温度后浇带,跳仓法施工
56	青奥城(会议中心)工程	2010	地下室底板:195m×215m,取消所有底板、外墙及楼板温度后浇带,跳仓法施工
57	青岛滨海嘉年华大型商住娱乐城	2010	大型地下车库,550m×400m地下车库(4万个车位),跳仓法施工,接近尾声,质量良好,原设计后浇带48条后浇带3800m
58	首钢1580热轧超长箱基	2010	筏式箱基长650m,宽120m,采用跳仓法施工,工程质量优良,控制裂缝成功
59	南京航空物流集散中心大厦	2010.6	本工程系超长超宽543m×139m,地下一层,地上两层,总体高度21.6m的钢筋混凝土框架结构,原设计采用永久性伸缩缝,分块尺寸放大为72.8m×84m,在每块中间双向各设一条后浇带,封闭时间按规范为2个月,后浇带分块尺寸为47m×37m在工程施工已完成80%条件下,根据跳仓法原则,提前封闭后浇带,达到加快工期的目的,最后取得圆满成功

续表

序号	工程名称	施工时间	工程内容结构特点
60	宝钢综合大楼	2011	地上 24 层,地下 2 层,裙楼 3 层,平面尺寸 180m×60m,基坑深 13m,底板 1.6m、1m,墙厚 600mm,采用跳仓法施工,分块尺寸 60m×60m 控制裂缝圆满成功
61	义乌世贸中心广场	2011	4 栋塔楼大底盘地下 3 层,250m×200m,C40P8,采用跳仓法施工,控制裂缝和防水圆满成功
62	贵阳龙洞国际机场航站楼(扩建项目)	2011	结构平面,255m×116m,地上两层框架结构,高 9m,跨距15～18m,预应力混凝土结构,C40,采用跳仓法施工,控制裂缝成功
63	杭州世博中心项目	2011	项目底板:550m×340m,取消所有底板后浇带,跳仓法施工
64	上海虹桥 SOHO 商务广场	2011	项目底板:360m×222m,取消所有底板后浇带,跳仓法施工
65	青岛李沧万达广场	2011	项目底板:320m×152m,取消所有底板、外墙及楼板温度后浇带,跳仓法施工
66	天津社会山广场项目	2011	地下室底板:410m×256m,取消所有底板、外墙及楼板温度后浇带,跳仓法施工
67	银川国际会议中心项目	2011	地下室底板:187m×166m,取消所有底板、外墙及楼板温度后浇带,跳仓法施工
68	北京顺义望泉寺住宅地下车库	2011.6	地下车库平面尺寸 160m×90m,底板厚度 400～600mm,上翻梁 1000mm×700mm,混凝土强度等级 C35,地下车库房防水等级二级,底板分八块跳仓施工,目前正在施工
69	顺义新城多塔楼地下车库	2012	14 栋塔楼 1 层地下室,300m×100m,C35,跳仓法施工
70	海峡国际社区	2012	超长超宽大型地下车库 2 层,160m×80m,C35,采用跳仓法施工
71	国家自然博物馆	2012	超长超宽工程,南北长 204m,东西宽 123m,采用混凝土 C40P8,地基采用灌注桩,设承台和拉梁,在承台上浇灌超长剪力墙混凝土,采用跳仓法施工,出现轻微裂缝
72	北京顺义首都机场商业金融地块项目	2012	地下车库箱筏基础 160m×170m,10 栋塔楼(9～10 层),混凝土强度 C35～C50,利用后期强度采用跳仓法施工
73	广州东塔群楼区	2012	地下工程 5 层,天然地基用彩条布做滑动层,裙楼 5～10 层,非对称布置,有抗浮锚杆,距地铁最近 6m,采用跳仓法施工
74	鄂尔多斯体育中心	2012	框架结构,基础长轴 168m,短轴 140m,厚度 3m、2.5m、1.3m,环带型大体积混凝土,宽度 40～60m,C40,采用跳仓法施工,控制裂缝成功
75	鄂尔多斯体育场	2012	长轴 325m,短轴 300m,底板厚度 1.8m,C40,跳仓法施工,控制裂缝成功
76	光华路 SOHO 工程二期	2012	地下 4 层,长 209m,宽 77m,沉降后浇带 209m,原设计主楼封顶后填充,经专家论证,沉降后浇带拖延工期,影响主杆管线安装和机电工程施工,影响钢结构和幕墙的施工,两侧梁板构建的支撑结构不能拆除,连接钢筋锈蚀,易造成现场安全隐患,决定提前填充
77	北京农业银行项目	2012	项目底板:100m×2422m,取消所有底板、外墙及楼板温度后浇带,跳仓法施工
78	沈阳万达项目	2012	项目底板:368m×92m,取消底板、外墙及楼板温度后浇带,跳仓法施工(对已留的后浇带,封填时间 7d)
79	武汉瑞安项目	2012	项目底板:400m×102m,取消所有底板、外墙及楼板温度后浇带,跳仓法施工
80	中国园林博物馆	2012.2	基础底板、地下室顶梁板、首层梁板 C40 补偿收缩混凝土改普通混凝土,基础跳仓法施工取消后浇带
81	航城广场项目	2012.8	地下室二层,长 160m,宽 160m,地上 10 栋各 8～9 层,跳仓法施工取消部分后浇带取消微膨胀剂
82	青海大厦	2013.2	地下 4 层,地上 18 层,取消膨胀加强带,地下室跳仓法施工,外墙 C55 混凝土改为 C35,建议用 60d 强度

续表

序号	工程名称	施工时间	工程内容结构特点
83	武警部队北京老干部活动用房	2013.2	地上 6 层,地下 2 层,长 120m,宽 80m,取消 UEA,跳仓法施工,施工缝代替后浇带
84	北京市公安局 808 项目	2013.2	跳仓法施工取消后浇带
85	北京铁路信号电子加工中心	2013.3	地下室底板混凝土采用 90d 强度,外墙梁板 60d 强度,跳仓法施工取消后浇带
86	世界之花工程	2013.4	地下室 330m×310m,跳仓法施工取消后浇带
87	北京常营居住区商业地块地下车库	2010	地下两层 46000m²,本工程超长超宽 313.5m×152.9m,C35P8,采用跳仓法施工,共分 18 仓,取得控制裂缝圆满成功
88	江门益丞国际广场项目	2013	本工程为大型城市综合体,六栋 32 层塔楼、一栋 23 层酒店、一栋 12 层办公楼、4 层商业裙楼、3 层地下室,平面尺寸 335m×162m,地下约 12.49 万 m²,混凝土强度 C35P8～P12,分为 31 仓跳仓法施工
89	昆山长发豪郡花园地下车库	2013	地下车库一层平面尺寸 400m×156m,底板厚 400mm,外墙厚 325mm,采用 C30P6 跳仓法施工中
90	青岛国际啤酒城一期工程地下车库	2013	平面尺寸 190m×132m,底板 9 仓,顶板 22 仓,采用 C30P6,利用 60d 后期强度,跳仓法施工,控制裂缝成功
91	上海中国博览会综合体(中国最大博览会)	2013	超长超宽大面积混凝土预应力楼板位于 16m 标高,楼板由 8 个花瓣组成,基本尺寸 334m×130m,采用跳仓法
92	北京宋庆龄基金会少年培训中心	2014	上反梁筏式底板 146m×90m,主楼 9 层,裙楼 3 层,取消温度后浇带及沉降后浇带,取消纤维膨胀剂,采用跳仓法
93	洛阳正大广场	2014	超长大体积混凝土结构不设温度后浇带和沉降后浇带,其中最高建筑 52 层,裙楼 5 层,商务中心为超长大体积混凝土 269m
94	扬州一中教学楼	2013	92m×25m 地上七层,地上一层,原设计采用膨胀剂法后取消,采用跳仓法施工
95	北京顺义温馨花园地下车库	2014	地下车库 330m×52m 采用跳仓法施工
96	北京中关村国际电子城	2014	多塔楼大底盘 186m×120m 地下三层,地基处理 CFG 桩基,地下车库采用抗浮锚杆,地下结构采用上反梁取消温度后浇带和沉降后浇带
97	长沙步步高商务中心	2015	地下工程超长超宽 561m×330m,原设计后浇带,诱导缝和膨胀剂,后在施工中被取消,采用跳仓法施工 C35 普通混凝土改进构造配筋和配合比
98	贵阳 5A 地块大型地下工程(办公区和商务区)	2013	占地面积 8.5 万 m²,由 7 栋塔楼地下三层,商务区地下二层,地基复杂,连体地下车库,超长超宽 400m×200m,采用跳仓法施工
99	上海市普陀区真如副中心商住楼	2015	6 栋塔楼大底盘地下室,高度 27 层、29 层等 6 栋,地下室南北长 260m,东西宽 120m,基坑开挖面积 31000m²,地下三层,C35P8,采用跳仓法施工(取代后浇带法)
100	南宁华润中心	2010	底板面积 38165m²,大底板厚度 700mm,塔楼部位 3.5m,混凝土为 C35P8,跳仓分为 23 仓,每仓浇筑时间不超过 24h,混凝土坍落度不超过 160mm,采用跳仓法施工。未出现有害裂缝
101	杭州国际博览中心 G20 会场	2013	总建筑面积 841584m²,其中:地上面积 3106201m²,地下面积 530964m²,550m×340m,在原设计后浇带位置设计跳仓法施工缝,跳仓施工缝把基础底板分为 84 仓,裂缝控制取得圆满成功
102	东莞寰宇汇金中心	2014	地下建筑面积为 16.7 万 m²,6 栋塔楼及部分裙房和大底盘地下车库 3 层,最高为 58 层楼,平面尺寸 288m×207m,分 41 仓跳仓施工
103	东莞国贸中心	2014	地下室总建筑面积 36.3 万 m²,地下底板建筑面积 94615m²,裙楼底板建筑面积 76651m²,最高 62 层,裙楼底板分 26 仓跳仓施工

序号	工程名称	施工时间	工程内容结构特点
104	北京常营居住区地下车库	2010	框架剪力墙结构,面积 4.6 万 m²。地下两层,平面 310.8m×151.2m,筏板厚 500mm,基础梁高 1.4m,分 18 仓浇筑,采用跳仓法施工控制裂缝圆满成功
105	厦门特房山水杰座地下车库	2012	本工程具有 3 栋塔楼,在连体大底盘的线性基础上,地下室为两层,基础为梁板结构,平均强度 C30P8,底板厚度 0.5~2.3m,电梯井局部为 5.55m,采用跳仓法施工,基础平面尺寸为 164m×85m
106	贵阳新世界 5 块	2015	整体地下室平面尺寸为超长超宽大体积混凝土,分商务区和办公区,办公区有 4 栋高层塔楼,地下室 2~3 层,是典型的多塔楼大底盘工程,采用跳仓施工,取消了后浇带
107	广州岭南新世界	2016	地下车库 198m×142m,地下三层,混凝土强度 C35,水泥用量 200,矿粉与粉煤灰之比 1:3,采用跳仓法
108	沈阳金管家工程	2015	地下工程 3 花瓣形基础,厚度 4~8m,C40P8,R60,采取跳仓法施工
109	北京顺义新城第 13 街区办公楼	2016	建筑面积 17.1 万 m² 其中地下 5.7 万 m²,地上 11.4 万 m²,筏板平面尺寸:165.5m×202.1m,筏板面积 2.9 万 m²,属超长超宽大体积混凝土。建筑层数:9 层/一2 层,建筑高度:43.9m
110	北京顺义新仁和镇全寺村定向安置房工程 1 号地下车库	2016	总建筑面积 41220m²,南北长 206.8m,东西长 245.6m,地下三层,地上 11~15 层,绝对标高 33.95m
111	北京顺义顺美服装股份有限公司研发厂房及附属设施工程一期 1 号、2 号楼	2016	总建筑 31210m²,地下二层,地上 9 层,绝对标高 28.5m
112	青岛国际啤酒城二期工程地下车库	2015	平面尺寸 190m×132m,底板 9 仓,顶板 22 仓,采用 C30P6,利用 60d 后期强度,跳仓法施工,控制裂缝成功
113	宝钢 1880 热轧带钢工程	2007	热轧设备基础,长 188mm,宽 42m,深 9.6m,筏板基础厚 1.5m,大型箱基不设永久性变形缝和后浇带。二十冶施工,采取从一侧拆管倒退浇筑法。施工缝采用快易收口网,工程任何控制成功,施工期提前 79d
114	北京六里屯商业办公及住宅项目	2014	地下 9.4 万 m²,地上 12.8 万 m²,地上最高 18 层
115	青岛万达东方影都(大剧院、住宅)	2015	总建筑面积 2.4 万 m²,南北长 95m,东西长 110m,基础底板标高 -13.45m,框架剪力墙体系,八栋 30 万 m²,基础 295m×264m
116	北京市槐房再生水厂	2015	159.47m×116.33m,东西分 6 道后浇带,南北 5 道后浇带
117	北京文化创意展示及配套设施楼等 3 项工程	2015	84857m²,地下 22300m²,平面尺寸 147m×74m,底板 8 仓,10 层高 42.7m
118	北京朝阳大屯 6 号地,保障房及开闭站地下人防车库	2015	地下室南北长 203m,东西 138m,地下三层,地上 14 层
119	北京顺义新城商业大卖场	2016	总建筑面积 50995.6m²,地下 3 层,142.8m×76.8m
120	北京行政副中心 A2 楼	2016	基础 336m×160m,后浇带长 1310m,地下 2 层
121	北京怀柔新城综合商业	2016	大体积混凝土,长 143.6m,宽 72.5m,地下 4 层,办公楼 23 层
122	北京王佐镇 C 区住宅	2017	地下 1 层车库,地上 2~6 层,380m×190m,建筑总面积 94862m²,地下 36494m²,地上 58398m²
123	桂林谥达时尚园	2016	成衣仓库基础 92m×50m,成衣工艺中心 1714m×50m
124	青岛新机场航站楼	2016	面积 28.1 万 m²,地下 2 层,地上 4 层
125	北京鲜活产品集散	2016	61 万 m²,地下 3.3 万 m²,地上 2.8 万 m²,平面尺寸 690m×500m

参 考 文 献

[1] П. А. 列宾杰尔著，物理化学力学，洪安海译．北京：中国工业出版社，1964.

[2] ひびわれ调査研究委员会の报告ユソクリートのひびわれ调査补修に关するアンクート结果について．ユンクリート工学，1982，(6).

[3] 武田昭彦等．膨胀ユソクリートによゐ钢桥床板のひびわれ对策．ユンクリート工学，1982，(3).

[4] 陈树生．钢筋混凝土特构裂缝调查与分析．宝钢工程技术，1980，(5).

[5] Control of Cracking in Concrete Structures reported by ACI Committee 224，1980，12.

[6] S. Sygula. Vergleichende Untersuchungen über Biegeri Formelen für Stahlbeton Beton and Stahlbetonbau，1981，(5).

[7] 冶金部北京钢铁设计院，十三冶金建设公司．单柱伸缩缝在工业建筑中的应用．冶金建筑情报资料．1971，(4).

[8] А. А. Гвоздёв. Прочность структурные изменения идеформаций бетона，Москва Сройиздат. 1978.

[9] 王铁梦、张炳泉．高温车间钢筋混凝土吊车梁裂缝应力的探讨．冶金建筑技术资料，1963，(9).

[10] 于公纯．在深厚表土冻结中永久井壁的裂漏及其制止．1984.

[11] 王铁梦．钢筋混凝土采矿立井环状裂缝的形成机理．工业建筑，1983，(5).

[12] С. В. Александровский. Расчет бетонных и желзобетонных конструкций на изменения температуры и влажности с учётом ползучести. Москва. 1973.

[13] 船坞规范编写组温度应力与温度控制小组．混凝土船坞温度应力与温度控制的调查报告．

[14] 湖北省建设武钢一米七轧机工程指挥部．一米七热轧箱体基础．

[15] S. Timoshenko, S. Woinowsky—krieger. Theory of Plates and Shells McGraw—Hill Book Company，1959.

[16] 王铁梦．工业及民用建筑温度伸缩缝许可间距的研究．土木工程学报，1960，(2).

[17] 王铁梦．关于工业厂房温度伸缩缝的初步研究．哈尔滨工业大学学报，1957，(3).

[18] 王铁梦主编．制氧空分设备基础设计、施工暂行规定（草案）编制说明．冶金建筑，1974增刊.

[19] 王铁梦．建筑结构的几种裂缝分析．土木工程学报，1960，(3).

[20] H. X. 阿鲁久涅扬．蠕变理论中的若干问题．北京：科学出版社，1959.

[21] Г. Н. Маслов. Температурная задача теории упругости известия ВНИИГ Т. 13. Л，1934.

[22] 王铁梦．工业厂房的温度应力温度伸缩缝的研究．（苏联）工业建筑学报（Промышленноф строительство），1958，(10).

[23] 王铁梦．工业厂房温度变形的研究．（苏联）工业建筑学报（Промышленное строительство），1960，(4) №4.

[24] 王铁梦．框架结构温度应力计算法．土木工程学报，1960，(3).

[25] 王铁梦．大型公共建筑的温度伸缩缝问题．建筑学报，1959，(2).

[26] 王铁梦．变形变化引起的结构裂缝问题．冶金建筑，1976 (4～6)，1977，(1～6)，1978，(1) 连载10篇.

[27] 王铁梦．大型钢筋混凝土设备基础的裂缝控制．宝钢工程技术，1979，(7).

[28] 王铁梦．建筑结构温度收缩应力与裂缝的研究．结构物裂缝问题学术会议论文集．（第1册），上海中国土木工程学会．1963.

[29] 王铁梦. 高温车间等高排架热应力分析. 中国金属学会论文集冶金建筑文集，冶金建筑研究院，1963.

[30] 王铁梦. 冬季混凝土工程质量与裂缝控制. 宝钢工程技术，1979，(4).

[31] 王铁梦. 控制泵送 7000 立方米钢筋混凝土基础裂缝成果. 施工技术，1980，(5).

[32] ACI Committee：Cause, Evalution and Repair of Cracks in Concrete Structures, Reapproved 1998.

[33] H. R. Lu, S. Swaddiwudhipong and T. H. Wee：Evalution of thermal crack by a probabilistic model using the tensile strain capacity, Magazine of Concrete Research, 2001, 53, No. 01, February, 25～30.

[34] Pietro Lura, Ole Mejlhede Jensen, Klaas van Breugel：Autogenous shrinkage in high-performance cement paste：An evaluation of basic mechanisms, Cement and Concrete Research 33 (2003) 223～232.

[35] Salah A. Altoubat and David A. Lange：Creep, Shrinkage, and Cracking of Restrained Concrete at Early Age, ACI Materials Journal, July-August, 2001.

[36] Oliver Bernard, Franz-Josef Ulm, John T. Germaine：Volume and deviator creep of calcium-leached cement-based materials, Cement and Concrete Research 33 (2003) 1127-1136.

[37] 许勤，俞海勇，夏春红，卢建敏，庄文华：长期荷载效应下混凝土构件变形性能研究报告，上海市建筑科学研究院有限公司工程结构与机械技术研究所，2005.10.

[38] 黎文芳，黄芳正，董奇石，李乾南，王铁梦，胡成，陈太平，朱正庭，王吉望. 武钢一米七热轧箱体基础. 湖北省建设武钢一米七轧机工程指挥部，1978.

[39] 夏祖讽. 夏祖讽核工业土建专业论文选. 上海核工程研究设计院，2001.5.

[40] 中冶集团建筑研究总院检测中心. 大连城市广场工程大体积混凝土温控防裂技术报告. 中冶集团建筑研究总院工程结构试验室，北京冶建新技术公司，2003.8.

[41] 束廉阶，张翎，张华刚，胡震洪，陈国华，朱益民. 大体积混凝土施工技术指南. 上海电力建筑工程公司，2000.6.

[42] 侯宝隆，陈强，蒋之峰. 建筑物的接缝处理. 地震出版社，1993.

[43] Г. Д. Цикрели. Сопротивление растяжению неармированных и армированных бетонов, 1965.

[44] И. М. Грущко, А. Г. Ильин：С. Т. Рашевский, Прочность бетонов на растяжение, 1973.

[45] 鉄筋コソクリート造のひび割れ対策（設計・施工）指針・同解説，日本建築学会，1990.

[46] ACI Committee：Control of Cracking in Concrete Structures, 2003.

[47] H. Li, T. H. Wee, and S. F. Wong, Eearly-Age Creep and Shringkage of Blended Cement Concrete, ACI Materials Journal, January-Februaty 2002.

[48] Jin-Keun Kim, Sang Hun Han, Seok Kyun Park：Effect of temperature and aging on the mechanical of concrete Part Ⅱ. Prediction model, Cement and Concrete Research 32 (2002) 1095-1100.

[49] Y. Yuan, Z. L. Wan：Prediction of cracking within early-age concrete due to thermal, drying and creep behavior, Cement and Concrete Research 32 (2002) 1053-1059.

[50] Sun-Kyu Park, Won-Jun Ko and Hyeong-Yeol Kim：Estimation of torsional crack width for concrete structural members, Magazine of Concrete Research, 2001, 53, No. 5, October, 337-345.

[51] W. Zheng, A. K. H. Kwan, and P. k. k. Lee：Direct Tension Test of Concrete, ACI Materials Journal, January-February 2001.

[52] 清华大学抗震抗爆工程研究室. 钢筋混凝土结构构件在冲击荷载下的性能，北京：清华大学出版社，1986.

[53] ACI：ACI MANUAL CONCRETE PRACTICE, ACI, 2006.

[54] Jin-Keun Kim, Sang Hun Han, Young Chul Song：Effect of temperature and aging on the mechanical of concrete Part Ⅰ. Experimental results, Cement and Concrete Research 32 (2002)

1087-1094.

[55] Yingshu Yuan, Guo Li, Yue Cai: Modeling for prediction of restrained shrinkage effect in concrete repair, Cement and Concrete Research 33 (2003) 347-352.

[56] Hans-Wolf Reinhardt, Martin Jooss: Permeability and self-healing of cracked concrete as a function of temperature and crack width, Cement and Concrete Research 33 (2003) 981-985.

[57] 尹健, 周士琼, 谢友均. 高强高性能混凝土极限拉应变性能研究. 工业建筑, 2000 年第 30 卷第 7 期.

[58] 王德法, 张浩博, 黄松梅. 混凝土受拉徐变中破坏时间与持荷应力关系研究. 西安交通大学学报, 1999.10 第 33 卷, 第 10 期.

[59] 尹健, 周士琼. 高性能混凝土轴心抗拉强度与劈裂抗拉强度试验研究. 长沙铁道学院学报, 2001 年 6 月第 19 卷第 2 期.

[60] ACI 306R-88: Cold Weather Concreting, ACI, 1997.

[61] ACI 305R-99: Hot Weather Concrete, ACI, 2003.

[62] 上海宝钢建筑新技术研究发展中心. 上海虹口商场基础底板大体积混凝土温度场检测报告.

[63] Evans R H, et al: Microcracking and Stress-strain Curve for Concrete in Tension, Materials and Structures, 1968 (1, 2).

[64] Mitsuru Satio: Characteristics of Micro-Cracking in Concrete under Static and Repeated Tensile Loading, Cement and Concrete Research, 1987.17.

[65] Д-р техн. наук, проф. А. Е. ШЕЙКИН: О структуре и трещиностойкости бетонов, Технология бетонов.

[66] 周红兵. 薄型滤排水层地下防水新技术在"两墙合一"的地下室外防水中的应用研究. 建筑施工. 第 26 卷第 4 期. 2004.

[67] Roland Bleszynski, R. Doug Hooton, Michae D. A. Thomas, and Chris A. Rogers, Durability of Ternary Blend Concrete with Silica Fume and Blast-Furnace Slag: Laboratory and Outdoor Exposure Site Studies, ACI Materials Journal, September-October 2002.

[68] Ole Mejlhede Jensen, Per Freiesleben Hansen: Water-entrained cenmet-based materials Ⅱ. Experimental observation, Cement and Concrete Research 32 (2002) 973-978.

[69] Onstantin Freidin: Effect of aggregate on shrinkage crack-resistance of steam cured concrete, Magazine of Concrete Research, 2001, 53. No. 2, April, 85-89.

[70] 叶亮, 钱晓倩. HSPC. 泵送混凝土与楼板收缩裂缝, 2004.5.

[71] ACI207.1. R-96: Mass Concrete, ACI, 1996.

[72] 王伯钧, 仲维华, 王政, 李卫. 超长无变形缝 170m 现浇钢筋混凝土框架结构伸缩缝设置的设计研究. 上海邮电设计院, 2001.10.

[73] 李晓芬, 刘伟. 商品混凝土早龄期受拉强度的试验研究. 工业建筑. 第 36 卷. 2006.6.

[74] 游有鲲, 钱春香, 缪昌文. 高强混凝土高温爆裂抑制措施研究. 混凝土. 2005 年第 10 期.

[75] 戴航, 丁大钧, 蓝宗建. 混凝土保护层厚度对轴心受拉构件裂缝间距及裂缝宽度影响的试验研究. 工业建筑, 1990.1.

[76] 韩素芳, 耿维恕, 夏靖华, 沙志国. 钢筋混凝土结构裂缝控制指南. 北京: 化学工业出版社, 2005.

[77] 西安建筑科技大学, 西安市第四建筑工程公司, 西安市建筑工程公司. 大体积混凝土裂缝控制, 1997.8.

[78] 中国建筑第一工程局第二建筑公司, 北京方圆工程建设监理有限责任公司. 中京艺苑工程大体积混凝土取消后浇带控制裂缝技术的研究与应用, 2006.1.

[79] 杨华全, 王迎春, 李家正, 王仲华. 三峡工程大坝混凝土的配合比优化设计试验研究. 混凝土.

2002 年第 11 期.

[80] 杨富亮. 三峡工程混凝土的温度控制措施. 混凝土，2001 年第 9 期.

[81] 翟宇辉. 地下连通道与主体结构间沉降缝防渗处理. 上海建设科技，2005 年第 6 期.

[82] 张林俊，宋玉普，吴智敏. 混凝土轴拉试验轴拉保证措施的研究. 试验技术与管理，2003（2）.

[83] 周士琼. 普通混凝土受拉性能的试验研究. 中国公路学报，1994（7）

[84] GB/T 50081—2002　普通混凝土力学性能试验方法标准.

[85] 金贤玉，沈毅，李宗津. 高强混凝土的早龄期特性试验研究，混凝土与水泥制品，2003（5）.

[86] P 梅泰. 混凝土的结构、性能与材料. 祝永年，译，上海：同济大学出版社，1991.

[87] 徐荣年，徐欣磊. 工程结构裂缝控制—"王铁梦法"应用实例集. 北京：中国建筑工业出版社，2005.6.

[88] 王铁梦. 工程结构裂缝控制. 北京：中国建筑工业出版社，1997 年 8 月第一版，2006 年第 13 次重印版.

[89] Qiu shiwu, Wang tiemeng：A study of Sinking Deep Shafts Using Artificial Freezing. Design of Shaft Linings and Method of Preventing Seepage. U. S. Army Cold Regions Research and Engineering Laboratory，USA，第三届国际冻土会议，1982.

[90] Wang tiemeng, Qin quan, Li yonglu：An Expert System for diagnosing Repairing Cracks in Cast-in-Place Concrete Structure Sixth Intern. Conference on Computing in Civil Engineering. Atlanta U. S. A，1989. 9. 11～1989. 9. 13.

[91] 王铁梦. 建筑物的裂缝控制. 上海：上海科技出版社，1987.

[92] 王铁梦. 大型公共建筑中的温度伸缩缝问题. 建筑学报. 1959 年第 2 期.

[93] ［英］A・M・内维尔著. 混凝土的性质. 北京：中国建筑工业出版社，1983. 1.

[94] 王铁梦. 建筑结构的温度-收缩应力与裂缝. 结构物裂缝问题学术会议论文选集（第 2 册）中国土木工程学会、中国建筑学会编，1963.

[95] 王铁梦. 温度伸缩问题. 武钢一米七工程科技专题，1974～1978.

[96] 大体积混凝土取消后浇带控制裂缝技术的研究与应用鉴定资料. 中国建筑第一工程局第二公司、北京方圆工程建设监理公司，2006.

[97] 张雄，毛若卿，易师信，张小伟等. 商品混凝土现浇楼板裂缝控制技术研究. 同济大学等八个单位，2003. 11. 20.

[98] 电子厂房建筑工程成套施工技术研究. 上海宝冶建设有限公司，2006.

[99] 罗国强，罗刚，罗诚. 混凝土与砌体结构裂缝控制技术. 北京：中国建材工业出版社，2006. 7.

[100] 谭克驹，苏丛柏. 旱西门地下工程墙壁裂缝原因分析. 太钢施工技术，1979. 12.

[101] R. L' H ERMITE, Volume changes of concrete, Proc. 4th Int. Symp. on the Chemistry of cement, Washington D. C., 1960, PP. 659-694.

[102] Effect of Restrain, Volume Change, and Reinforcement on Cracking of Mass Concrete. ACI MATERIALS JOURNAL COMMITTEE REPORT No. 87-M31 ACI 207. 2R. reported by ACI committee 207.

[103] 蒋硕忠，张捷. 绿色化学灌浆技术. 武汉：长江出版社. 第十一次全国化学灌浆交流会论文集，2006.

[104] 蒋硕忠，谭日升. 三峡工程泄洪坝段上游面混凝土竖向裂缝的修补处理. 广州化学. 第 27 卷 2002 年 12 月.

[105] С. В. Александровский. Расчет бетонных и железобетонных конструкций на изменения температуры ивлажности сучётом ползучести. Москва. 1973.

[106] Г. Н. Маслов. Температурная задача теории упругости нзвестия ВНИИГ Т. 13. Л, 1934.

[107] Г. Д. Цискрели. Сопротивление растяжению неармированных и армированных бетонов, 1954.

[108] 糜建华.毗邻建筑施工侵害带来警示.东方建设,1996年第六期.

[109] 易木激情,执着于完美——著名工程裂缝专家王铁梦.东方建设,1996年第六期.

[110] 潘士达,吴晓泉,等.关于东方广场地库1～3层南北外墙混凝土裂缝的调查及裂缝实物照.1998.8(内部资料).

[111] 栾尧,闫培渝,杨耀辉,等.大掺量粉煤灰混凝土在大体积结构中的应用.混凝土,2006.11.

[112] 胡成,董奇石.武钢1700热轧轧制线工程大型箱体基础整体结构分析和程序设计.1979.3(重庆钢铁设计院内部资料).

[113] 康明,华建民,徐智勇,等.风速与环境温度对混凝土早期收缩影响.2014.

[114] 危鼎,王铁梦,王桂玲,等隧道侧墙裂缝特性与变化规律研究.施工技术.2012.4.

[115] 王景贤,王淑丽.混凝土体积安定性的检测方法研究.混凝土技术创新与冶金建设新进展研讨会—论文集,2012.

[116] 董玉明.混凝土体积安定性不良的成因及检测方法.铁道建筑,2006.5.

[117] 徐容年,徐欣磊.工程结构裂缝控制—"王铁梦法"应用实例集.北京:中国建筑出版社,2005.6.

[118] 徐容年,徐欣磊.工程结构裂缝控制—"王铁梦法"应用实例集(第二级)北京:中国建筑出版社,2010.5.

[119] 徐容年.工程结构裂缝控制—步入"王铁梦法"及诠补.北京:中国建筑工业出版社,2012.8.

王铁梦研究成果

一、主要获奖成果

1. 专著《工程结构裂缝控制》，2002 年获国家科技进步二等奖。

2. 《宝钢一期工程施工新技术》，成果审查答辩人，1988 年 7 月获国家科技进步特等奖。

3. 《薄壳基础工程的研究与应用》，主编 32.8 万字，合作编写，中国科学出版社出版，1975 年 12 月一版，1976 年 12 月二版（该书曾参加 1978 年在德国法兰克福的国际书展），1978 年获全国科学大会奖。

4. 《宝钢连铸和热轧工程深基拉锚及地下连续墙施工技术》，1988 年 12 月获冶金部科技成果一等奖。

5. 《武钢一米七热轧箱体基础》，1981 年获冶金部科技成果二等奖。

6. 《超长超厚 92 米转炉基础裂缝控制》，1980 年获上海重大科技成果奖。

二、主要专著、研究报告和论文

1. 《防水混凝土》（参加编著），中国建筑工业出版社，1978 年。

2. 《"抗与放"的设计原则及其在"跳仓法"施工中的应用》，中国建筑工业出版社，2007 年。

3. 工业及民用建筑温度伸缩缝的研究，《哈尔滨工业大学学报》，1957. No. 3。

4. 工业厂房的温度应力温度伸缩缝的研究，苏联《工业建筑》，1958.10。

5. ВАНТЭ. МЫН，《ПромышленноеСтроительство》，1958No. 10。

6. 王铁梦、周志道、陈幼雄，软土地基桩基位移的研究，桩基工程学术会议论文集—中国建筑学会地基基础学术委员会，1981。

7. 工业厂房的温度变形的研究，苏联《工业建筑》，1960.4。

8. 工业及民用建筑温度伸缩缝许可间距的研究，中国《土木工程学报》，1960. No. 2。

9. 框架结构温度应力计算法，中国《土木工程学报》，1960. No. 3。

10. 建筑结构的几种裂缝分析，中国《土木工程学报》，1960. No. 3。

11. 变形变化引起的结构物裂缝问题，共 10 篇专题报告，中国《冶金建筑》连载 10 期，1976. No. 4-6，1977. No. 1-6，1978. No. 1。

12. 建筑结构温度收缩应力裂缝的研究，中国土木工程学会、中国建筑学会，上海裂缝会议论文集，1965.10。

13. 大体积现浇混凝土裂缝控制的专家系统，中国《工业建筑》，1990. No. 6。

14. 超长体积混凝土设备基础的裂缝控制，中国《混凝土坝技术》，1988.2。

15. 桩基位移的试验研究与理论分析，中国《土木基础》，1986 年（宝钢一期工程施工科技成果）。

16. 控制收缩裂缝的主要因素王铁梦教授 18 条，中国《混凝土》，2003.11。

17. Wang Tiemeng, Qiu Shiwu, "A Study of Sinking Deep Shafts Using Artificial Freezing, Design of Shaft Linings and Method of Preventing Seepage". The Third International Symposium on "GROUND FREEZING" 21-24 June 1982, HANOVER U. S. A.

18. Wang Tiemeng "Study on Controlling of Deep Shaft Sinking". REP，No. 124. CRIBC.

19. Wang Tiemeng "Comprehensive Considerations in the Baoshan Steel Works in China". Steel Technology International. 1990. No. 1.

20. Wang Tiemeng. Analysis of Crack Problem of the Stage Ⅱ Project HongKong Water water treatment Plant. 1995. 6.

21. 现浇双层混凝土井壁的温度应力与裂缝建井技术，1981. 3。

22. 上海地域における地盘及ひ基础工学に关すゐ新しい进展，第二回日中建筑构造技术交流会论文集，1995. 10. 29。

23. 超长大体积混凝土设备基础的裂缝控制混凝土坝技术，1988. 1。

24. 建筑工程裂缝的研究与实践，中外科技，TECHNOLOGY POLICY AND MANAGEMENT，1994. 5。

25. 王铁梦、王新荣，Engineering Crack Expert Wang Tiemeng，TECHNOLOGY POLICY AND MANAGEMENT，1994. 5。

26. 超长超厚大体积钢筋混凝土结构裂缝控制理论与实践（第二版），中国土木工程学会混凝土及预应力混凝土分会，化学工业出版社，2006. 2。

27. 楼宇有裂缝就会出现危险？香港头条周刊访谈录（第一百二十四期），1990. 11。

28. 钢筋混凝土结构的裂缝控制，全国混凝土行业科技论文集，中国建筑业协会混凝土分会，2000. 10。

29. 软土地基条件下地下工程安全稳定性控制，东方建设城建科技，1998（第一期）。

30. 关于地下工程裂缝控制问题特种结构，1992. 2。

31. 抗与放原理及其工程应用——宝钢工程技术，1993. 4。

32. 工程裂缝控制探索之路（上）——施工技术（2014. 5）资讯。

33. 工程裂缝控制探索之路（中）——施工技术（2014. 7）资讯。

34. 工程裂缝控制探索之路（下）——施工技术（2014. 9）资讯。

35. 化学灌浆是工程结构裂缝控制的重要组分，是工程质量的最后保证。中国重庆首届化学灌浆与防水堵漏裂缝控制技术研讨会文集，2006. 3。

36. IGARASHI S-I WATANABE A A. Experimental Study on preven-tion of autogenous deformation by internal curing using super-ab-sorbent polymer particles [J]. International RILEM Conference on Volume Changes of Hardening Concrete：Testing and Mitigation，2006；77-86.

37. Wang Tiemeng. Interaction of soil and foundation for cracking control in foundation engineering. International symposium on soil improvement and pile foundation，NANJING · CHINA 25-27 MARCH，1992.

38. 香港油柑头水厂二期工程裂缝问题的分析，1995. 11. 20。

39. Д. Д. БАРКАН，ДИНАМИКАОСНОВАНИИИФУНДАМЕНТОВ ГЛАВА1 §4 Козфичиент улругого равномерного сдвига грунга，1948。

编　后　语

　　工程结构裂缝探索之路并非一帆风顺，只有实践才是检验自然界一切因果关系的证明，实践是检验一切理论的唯一标准，实践是我们最好的老师。自然界除了运动的物质，什么都没有，运动是绝对的，静止是相对的。自然界一切物质都处于永恒的运动与变化之中，因此建筑工程和地质工程中的一切裂缝，都是活裂缝没有静止的死裂缝，笔者在南京观察到玄武湖隧道的伸缩缝的开合度（由南京大学地球物理系采用光纤法观测），在西安观察到地质构造的发展（西安建筑科技大学），他们的变化必然服从热力学第一定律——能量守恒定律，约束变位与实际变位之和等于自由变位的总和。

　　建筑结构领域安全与质量问题，引起普遍的重视，一切工程结构的破坏与倒塌都是从裂缝开始的，建筑实践中裂缝扩展从微观研究、细观研究到宏观研究已经做了大量研究，充分证明作用效益已经和工程结构自身抗力的博弈，始终贯穿全建筑工程施工与使用的过程。过去我们对荷载效益研究的相当充分和成熟，各国专家学者已经提供了大量的计算程序和规程规范，但是对于变形效应研究的相当不足。在目前广泛应用的程序中，几乎忽略了施工过程中变形效应，特别是混凝土硬化过程中的变形效应研究更少、更加缺乏，人们发现在施工过程中的质量和事故越来越多，有时束手无策，工程结构的变形效应具有高度的随机性和偶然性，目前国内外已有学者和科研部门，从混凝土裂缝的微观规律进行了定量的微观、细观及宏观研究，它们都是随着时间的变化而变化，对这些看不到、摸不到的"荷载"是无时无刻不在进行着。总结过去的建筑实践，我们总结提出"抗与放"的设计原则，这一原则是符合能量守恒定律。工程师的全部努力应该是尽可能降低外界的变形作用效应和提高结构材料的抗拉能力。

　　60年来，从国际上常用设缝以放为主的方法来释放变形效应引起的内力，到今天我们提出无缝以抗为主的无缝方法，取消后浇带（临时性变形缝）和变形缝来解决裂缝控制问题，走过了漫长艰辛的道路，还有大量更多、更细致的工作需要我们去完成，应该总结和积累更多的实践资料并在工程实践中不断改进和完善这种以抗为主的无缝设计方法和理念。

　　在高度信息化的时代，人们接触实践的机会越来越少了，但是土木建筑工作者应当更多地走到实践中去，汲取生生不息的营养，实践是我们创作灵感的沃土，过分相信计算机程序和有限元设计方法会犯错误的。

　　人生如梦，岁月如歌，一眨眼60余载匆匆而过，每个人的生命里，都有过灿烂辉煌，也都有过低迷和暗淡时刻，种种滋味尽在其中，一切都会过去，如同一首歌，无论怎么精彩，总有谢幕的时候。这就是人生的真谛。人的一生要勇于探索和开拓，不能总是墨守成规、循规蹈矩。在探索之路上充满了荆棘和坎坷，这就要我们拿出最大的勇气面对、迎接和挑战它，所有的规范和规程都有时间和环境的局限性，因此必然会被突破，历史将会改写，记录将会刷新，这就是永恒的自然规律。

　　在我人生里，把对裂缝的追求作为自己生活重要组成部分，长期以来无论遇到什么艰难险阻都不离不弃，把一个不起眼的问题作为自己的挚爱。回首过去感慨万千，在这里只是本人一点感触，仅供各位同行同仁共勉。

　　最后请允许我赠给年轻朋友一点建议：在高度信息化的时代，人们接触实践的机会越来越少了，但是土木建筑工作者应当更多地走到实践中去，吸取生生不息的营养，实践是我们创作灵感的沃土，是检验一切理论的唯一标准，过分相信计算机程序会犯错误的。在我国半个多世纪大规模经济建设实践中，提供许多实践经验，为技术创新提供了保证条件。看未来，挑战无止境，让激情与生命同步，今天不去创新，明天就无法生存，用实践缩短梦想与现实的距离，记忆的力量让我们回到起跑线。

　　在本书的编写过程中得到了以下人员的协助：眭少峰、徐永年、陈洋、李东、秦福华、张家和、牛红霞、吴启超、罗斯、王雷、李永录、秦权、邓兴才、冷孤廷、危鼎、张同洲，在此表示衷心地感谢。

该书第一版荣获：

国家科学技术进步奖二等奖

冶金工业部科学技术进步奖二等奖

第四届国家图书奖提名奖

1999 年"全国优秀科技图书奖"暨"科技进步奖（科技著作）"二等奖